Germar Müller und Bernd Ponick

Theorie elektrischer Maschinen

Germar Müller und Bernd Ponick

Theorie elektrischer Maschinen

6., völlig neu bearbeitete Auflage

WILEY-VCH Verlag GmbH & Co. KGaA

Autoren

Prof. Dr.-Ing. Germar Müller
Technische Universität Dresden,
Elektrotechnisches Institut, Dresden, Deutschland
e-mail: gmueller@eti.et.tu-dresden.de

Prof. Dr.-Ing. Bernd Ponick
Universität Hannover, Institut für Antriebssysteme
und Leistungselektronik, Hannover, Deutschland
e-mail: ponick@ial.uni-hannover.de

Titelbild
Feldbilder einer vierpoligen Synchronmaschine
Links: bei Wirksamkeit der synchronen Reaktanz x_d
Rechts: bei Wirksamkeit der subtransienten
Reaktanz x_d''

■ 6., völlig neu bearb. Auflage 2009

Alle Bücher von Wiley-VCH werden sorgfältig erarbeitet. Dennoch übernehmen Autoren, Herausgeber und Verlag in keinem Fall, einschließlich des vorliegenden Werkes, für die Richtigkeit von Angaben, Hinweisen und Ratschlägen sowie für eventuelle Druckfehler irgendeine Haftung.

Bibliografische Information Der Deutschen Nationalbibliothek
Die Deutsche Nationalbibliothek verzeichnet diese Publikation in der Deutschen Nationalbibliografie; detaillierte bibliografische Daten sind im Internet über <http://dnb.d-nb.de> abrufbar.

© 2009 WILEY-VCH Verlag GmbH & Co KGaA, Weinheim

Alle Rechte, insbesondere die der Übersetzung in andere Sprachen, vorbehalten. Kein Teil dieses Buches darf ohne schriftliche Genehmigung des Verlages in irgendeiner Form – durch Fotokopie, Mikroverfilmung oder irgendein anderes Verfahren – reproduziert oder in eine von Maschinen, insbesondere von Datenverarbeitungsmaschinen, verwendbare Sprache übertragen oder übersetzt werden Die Wiedergabe von Warenbezeichnungen, Handelsnamen oder sonstigen Kennzeichen in diesem Buch berechtigt nicht zu der Annahme, dass diese von jedermann frei benutzt werden dürfen. Vielmehr kann es sich auch dann um eingetragene Warenzeichen oder sonstige gesetzlich geschützte Kennzeichen handeln, wenn sie nicht eigens als solche markiert sind.

Satz: Steingraeber Satztechnik GmbH, Dienheim
Druck: betz-druck GmbH, Darmstadt
Bindung: Litges & Dopf GmbH, Heppenheim

Printed in the Federal Republic of Germany
Gedruckt auf säurefreiem Papier

ISBN: 978-3-527-40526-8

Gewidmet jenen,

> *denen es nicht vergönnt ist,*
> *sich der großartigen Harmonie*
> *des Theoriegebäudes der elektrischen Maschinen zu erfreuen,*
> *sondern deren mühsame Aufgabe darin besteht,*
> *ihre Produktion zu gewährleisten.*

Vorwort zur 6. Auflage

Mit dem vorliegenden Band *Theorie elektrischer Maschinen* wird die Neuauflage der Reihe *Elektrische Maschinen* abgeschlossen, innerhalb der in den letzten beiden Jahren bereits die Neubearbeitungen der Bände *Grundlagen elektrischer Maschinen* und *Berechnung elektrischer Maschinen* erschienen sind. Wie die zahlreichen Bezugnahmen und die Verwendung einheitlicher Begriffe und Formelzeichen zeigen, sind die drei Bände auf vielfältige Weise miteinander verknüpft.

Der vorliegende Band verfolgt die Absicht, Methoden zur analytischen Behandlung rotierender elektrischer Maschinen zu bieten und diese in ein geschlossenes Theoriegebäude einzubetten. Mit Hilfe dieser Methoden werden dann allgemeine Modelle für rotierende elektrische Maschinen entwickelt. Besonderer Wert ist dabei auf die saubere Einführung der verschiedenen Komponentensysteme der Stranggrößen von Dreiphasenmaschinen und deren Interpretation gelegt worden. Das gilt in erster Linie für die sog. Raumzeiger, die im vorliegenden Band als komplexe Augenblickswerte bezeichnet werden, aber auch für die d-q-0-Komponenten und die α-β-0-Komponenten. Die mit diesen Modellen abgeleiteten Aussagen über das Betriebsverhalten rotierender elektrischer Maschinen in nichtstationären und in besonderen stationären Betriebszuständen sollen jedoch letztlich nur als Beispiele dienen und es dem Leser ermöglichen, eigene Probleme auf analoge Weise zu lösen.

Bereits in die letzte Auflage des Bands *Theorie elektrischer Maschinen* sind auch Elemente eingeflossen, die in mehreren Auflagen unter dem Titel *Betriebsverhalten rotierender elektrischer Maschinen* erschienen waren. Die vorliegende Neuauflage wurde demgegenüber noch einmal vollständig überarbeitet und ist nun in fünf Kapitel gegliedert. Deren erstes widmet sich der grundlegenden Darstellung der für die Behandlung einzelner Maschinenarten erforderlichen Zusammenhänge. Es beginnt mit einer zusammenfassenden Darstellung der Gleichungen des elektromagnetischen Felds und der Einführung des Maxwellschen Spannungstensors, mit dessen Hilfe sich einerseits eine Reihe einfacher Modellvorstellungen über den Mechanismus der Drehmomentbildung begründen lassen und andererseits Möglichkeiten für das tiefere Verständnis dieser Vorgänge erschlossen werden. Unter den folgenden Abschnitten ist vor allem derjenige zum Feldaufbau grundlegend erweitert und ein neuer über die Wirkung kurzgeschlossener Wicklungsteile auf das Feld ergänzt worden.

In den Kapiteln 2 und 3 folgen eingehende Untersuchungen zu Dreiphasen-Induktionsmaschinen und Dreiphasen-Synchronmaschinen, die vor allem in Bezug auf die Darstellung von Oberwellenerscheinungen im stationären Betrieb ergänzt und um zusätzliche Beispiele für nichtstationäre Betriebszustände erweitert wurden. Gleichstrommaschinen und Einphasenmaschinen werden dann in knapperer Form in den Kapiteln 4 und 5 behandelt. Gegenüber der Darstellung im Band *Grundlagen elektrischer Maschinen* wird dabei stets von allgemeinen analytischen Beschreibungen ausgegangen, die sowohl für nichtstationäre als auch für anomale stationäre Betriebszustände anwendbar sind.

Die Neuauflage dieses Bands wird – wie schon die Neuauflagen der Bände *Grundlagen elektrischer Maschinen* und *Berechnung elektrischer Maschinen* – gemeinsam von Prof. Müller, dem bisherigen alleinigen Autor dieses Bands und Herausgeber der Reihe *Elektrische Maschinen*, und von Prof. Ponick als neuem Mitautor und Mitherausgeber bearbeitet. Es ist uns ein Bedürfnis, an dieser Stelle denjenigen zu danken, die uns bei der vorliegenden Überarbeitung unterstützt haben, vor allem Frau Duensing und Herrn Braunisch für die sorgfältige Erstellung zahlreicher Bilder und Frau Wind, die sich der Mühe des Korrekturlesens unterzogen hat. Unser Dank gilt aber auch denen, die dazu beitrugen, die für diese Überarbeitung und die Erarbeitung der Vorauflagen erforderliche Zeit zu gewinnen. Dem Verlag Wiley-VCH, Weinheim, und dort insbesondere Frau Werner danken wir für die angenehme Zusammenarbeit und die Möglichkeit, das Werk in nunmehr insgesamt sechster Auflage erscheinen zu lassen.

Dresden und Hannover　　　　　　　　　　　　　　　　　　　　　　　*Germar Müller*
im Juli 2008　　　　　　　　　　　　　　　　　　　　　　　　　　　　*Bernd Ponick*

Vorwort zur 1. Auflage von 1967

Das vorliegende Buch ist in erster Linie für Studierende der Fachrichtung elektrische Maschinen sowie benachbarter Fachrichtungen der Starkstromtechnik gedacht. Es soll darüber hinaus dem bereits in der Praxis tätigen Ingenieur helfen, seine Vorstellungen über den Mechanismus der elektrischen Maschine zu festigen und sich in moderne Betrachtungsweisen einzuarbeiten.

Das Buch setzt die Kenntnis und Anwendungsfähigkeit der Grundgesetze voraus. Ihre Formulierungen und die daran gebundenen Vorzeichenvereinbarungen werden in einem einleitenden Kapitel vorangestellt. Es ist angestrebt worden, sämtliche Schritte bei der Entwicklung der Theorie der elektrischen Maschinen sauber aus diesen Formulierungen der Grundgesetze zu entwickeln.

Hinsichtlich der speziellen Thematik des Buches wird angenommen, dass der Leser in einer ersten Ausbildungsstufe prinzipielle Kenntnisse über den Aufbau und die Wirkungsweise der rotierenden Maschinen erworben hat. Auf die Behandlung der konstruktiven Gestaltung und die Abbildung ausgeführter Maschinen ist deshalb verzichtet worden.

Ausgangspunkt sämtlicher Untersuchungen bilden die physikalischen Verhältnisse in der Maschine. Sie werden unter Abwägen der erforderlichen Vereinfachungen in die mathematische Beschreibung überführt. Erst daran anschließend erfolgt die Einführung von Modellvorstellungen, die für praktische Untersuchungen große Bedeutung besitzen. Dadurch bleibt die Verbindung mit den physikalischen Gegebenheiten auf jeder Stufe der Entwicklung erhalten.

Das Buch gliedert sich in drei Hauptabschnitte.

Der erste Hauptabschnitt vermittelt die allgemeinen Grundlagen der Theorie elektrischer Maschinen. Dabei werden zunächst die prinzipiellen Ausführungsformen elektrischer Maschinen aus einer allgemeinen Behandlung des Mechanismus' der elektromechanischen Energieumformung hergeleitet. Diese Betrachtungen sollen zeigen, dass die dem Leser bekannte Mannigfaltigkeit der Ausführungsformen elektrischer Maschinen nicht chaotisch ist, sondern in ein wohlgeordnetes System gefasst werden kann. Gleichzeitig wird die Kenntnis gewonnen, was für Wicklungsarten in den zu betrachtenden Maschinen prinzipiell auftreten, so dass anschließend die Ausführungsformen der realen Wicklungen elektrischer Maschinen hergeleitet werden können. Darauf aufbauend lassen sich die Eigenschaften dieser Wicklungen hinsichtlich der Spannung, die in ihnen induziert wird, entwickeln. Damit ist der elektromagnetische Mechanismus in der Maschine der Erfassung zugänglich gemacht, so dass die Spannungsgleichungen der einzelnen elektrischen Kreise aufgestellt werden können. Es verbleibt als letzte Aufgabe des ersten Hauptabschnitts, die Analyse des elektromechanischen Energieumsatzes durchzuführen, aus der allgemeine Beziehungen für das Drehmoment und die Bewegungsgleichung der Maschine gewonnen werden.

Der zweite Hauptabschnitt befasst sich mit dem stationären Betrieb der rotierenden Maschinen. Hier werden die Erkenntnisse des ersten Abschnitts auf einer ersten, relativ einfachen Ebene angewendet. Dabei erfahren die einzelnen Maschinenarten eine getrennte Behandlung. Ausgangspunkt der Betrachtungen sind in allen Fällen die Spannungsgleichungen und die Gleichung für das Drehmoment. Entsprechend dem prinzipiellen Vorgehen bei der Herleitung dieser Beziehungen bleibt die Verbindung der auftretenden Parameter mit der Geometrie der betrachteten Maschine stets erhalten. Die Berechnung der Maschinen sowie die quantitative Vorausbestimmung ihres Betriebsverhaltens kann deshalb unmittelbar auf den erhaltenen Ergebnissen aufbauen. Aus den Spannungsgleichungen werden die bekannten Hilfsmittel zur Demonstration des Betriebsverhaltens wie Zeigerbilder und Ortskurven entwickelt. Das gleiche gilt für die Ersatzschaltbilder. Der Einfluss der Nichtlinearität des magnetischen Kreises auf das stationäre Betriebsverhalten wird berücksichtigt. Es ist jedoch nicht versucht worden, die damit verbundenen Schwierigkeiten zu bagatellisieren, sondern es wurde darauf geachtet, dass die jeweils erforderlichen zusätzlichen Annahmen zum Ausdruck kommen.

Der dritte Hauptabschnitt ist dem nichtstationären Betrieb der rotierenden elektrischen Maschinen gewidmet. Dazu werden die Erkenntnisse des ersten Hauptabschnitts nunmehr auf einer höheren Ebene angewendet. Man erhält die allgemeinen Spannungsgleichungen und die allgemeine Bewegungsgleichung der einzelnen Maschinenarten. Ausgehend von diesen Gleichungen werden verschiedene charakteristische nichtstationäre Betriebszustände untersucht. Besonders ausführlich wird in diesem Hauptabschnitt die Synchronmaschine behandelt, für die der nichtstationäre Betrieb große Bedeutung besitzt. In diesem Zusammenhang ist der Einführung der d-q-0-Komponenten und der α-β-0-Komponenten sowie der komplexen Augenblickswerte besondere Aufmerksamkeit gewidmet worden. Das gleiche gilt für die heute international übliche Einführung bezogener Größen. Dieser Aufwand erschien notwendig, um den Anschluss an die moderne Literatur herzustellen.

Ich nehme die Gelegenheit wahr, an dieser Stelle Herrn Ing. W. Markert für die Unterstützung bei der Durchsicht der Korrekturen und dem Entwurf der Bilder zu danken. Herrn Dr.-Ing. Gladun bin ich durch Beiträge verpflichtet, die als Ergebnis zahlreicher Diskussionen in die Abfassung des Manuskripts eingeflossen sind. Dem

Verlag und insbesondere Herrn Fischmann danke ich für das bereitwillige Eingehen auf meine Wünsche und das aufgebrachte Verständnis für gewisse Terminverzüge.

Ilmenau und Dresden *Germar Müller*

Inhaltsverzeichnis

Vorwort zur 6. Auflage *V*

Vorwort zur 1. Auflage *VII*

Formelzeichen *XVII*

1	**Grundlegende Zusammenhänge** *1*	
1.1	Grundgleichungen *1*	
1.1.1	Gleichungen des elektromagnetischen Felds *1*	
1.1.2	Beziehungen für die Kräfte im magnetischen Feld *16*	
1.2	Systematisierung der rotierenden elektrischen Maschinen *31*	
1.2.1	Triviale Systematisierungen *31*	
1.2.2	Systematisierung nach der Lage der Feldwirbel *33*	
1.2.3	Systematisierung nach dem Mechanismus der Drehmomentbildung *40*	
1.3	Hilfsmittel zur Entwicklung anwendungsfreundlicher Modelle *43*	
1.3.1	Allgemeines zur Modellbildung *43*	
1.3.2	Behandlungsebenen aus Sicht der Feldgleichungen *44*	
1.3.3	Behandlungsebenen aus Sicht der Maschinenausführungen und Betriebszustände *46*	
1.3.4	Behandlungsebenen aus Sicht der Eigenschaften der Magnetwerkstoffe *47*	
1.3.5	Behandlungsebenen nichtstationärer Betriebszustände *49*	
1.3.6	Aufteilung des Magnetfelds in das Luftspaltfeld und Streufelder *54*	
1.3.7	Anwendung der Drehfeldtheorie *55*	
1.3.8	Anwendung des Prinzips der Hauptwellenverkettung *56*	
1.3.9	Anwendung der Methode der symmetrischen Komponenten *59*	
1.3.10	Anwendung des Prinzips der Flusskonstanz *60*	
1.4	Wicklungen *62*	
1.4.1	Wicklungen mit ausgebildeten Strängen *62*	
1.4.2	Kommutatorwicklungen *71*	
1.5	Feldaufbau *74*	

Theorie elektrischer Maschinen, Germar Müller und Bernd Ponick
Copyright © 2009 WILEY-VCH Verlag GmbH & Co. KGaA, Weinheim
ISBN: 978-3-527-40526-8

1.5.1 Problematik der Feldbestimmung 74
1.5.2 Beschreibung des Luftspaltfelds und der Größen zu seiner Ermittlung 77
1.5.3 Grundformen der Induktionsverteilung und der Größen zu ihrer Ermittlung 84
1.5.4 Reale Luftspaltfelder 89
1.5.5 Durchflutungsverteilungen von Wicklungen und Wicklungsteilen 92
1.5.6 Luftspaltleitwert 121
1.5.7 Bestimmung der Induktionsverteilung 126
1.6 Spannungsinduktion 138
1.6.1 Entwicklung der Spannungsgleichung aus dem Induktionsgesetz 138
1.6.2 Flussverkettung und induzierte Spannung einer einzelnen Spule aufgrund des Luftspaltfelds 141
1.6.3 Flussverkettung von gleichmäßig am Umfang verteilten Spulen 144
1.6.4 Flussverkettung und induzierte Spannung eines Wicklungszweigs aufgrund des Luftspaltfelds 145
1.6.5 Spannungsinduktion in einem Kommutatoranker aufgrund des Luftspaltfelds 150
1.6.6 Einfluss der Schrägung 154
1.6.7 Flussverkettungen und induzierte Spannungen aufgrund von Streufeldern 158
1.6.8 Spannungsinduktion in einem Kommutatoranker aufgrund von Streufeldern 159
1.7 Kräfte, Drehmomente und Bewegungsgleichungen 160
1.7.1 Allgemeine Grundlagen der elektromechanischen Energiewandlung 162
1.7.2 Methoden zur Ermittlung des Drehmoments 177
1.7.3 Beziehungen zur Ermittlung der Kräfte auf Bauteile 190
1.7.4 Drehmomente charakteristischer Ausführungsformen rotierender elektrischer Maschinen 193
1.7.5 Entstehung der Oberwellenmomente 202
1.7.6 Radialkräfte und Geräuschanregungen 206
1.7.7 Die elektrische Maschine im elektromechanischen System 209
1.8 Allgemeine Behandlung der magnetisch linearen und stromverdrängungsfreien Maschine 219
1.8.1 Maschinen mit zwei rotationssymmetrischen Hauptelementen mit Strangwicklungen 219
1.8.2 Maschinen mit Käfigwicklungen im Läufer 236
1.8.3 Maschinen mit ausgeprägten Polen 249
1.9 Rückwirkung kurzgeschlossener Wicklungsteile auf das Luftspaltfeld 256
1.9.1 Flüsse, Ströme und Durchflutungswellen einer Käfigwicklung 256
1.9.2 Spannungsgleichung einer Käfigwicklung 263
1.9.3 Einführung des Felddämpfungsfaktors 266
1.9.4 Ersatznetzwerke zur Berücksichtigung der Stromverdrängung 268

1.9.5 Felddämpfung durch parallele Wicklungszweige *270*
1.10 Betrieb von Dreiphasenmaschinen am Umrichter *273*

2 Dreiphasen-Induktionsmaschine *283*
2.1 Modelle für stromverdrängungsfreie Maschinen mit Schleifring- oder Einfachkäfigläufer *283*
2.1.1 Allgemeine Form der Spannungsgleichungen *283*
2.1.2 Gleichungssystem in der Schreibweise mit komplexen Augenblickswerten *285*
2.1.3 Beschreibung allgemeiner Betriebszustände in einem gemeinsamen Koordinatensystem *287*
2.1.4 Komplexe Augenblickswerte stationärer symmetrischer Dreiphasensysteme *302*
2.1.5 Spannungsgleichungen für den stationären Betrieb am starren, symmetrischen Netz *304*
2.1.6 Spannungsgleichungen für den stationären Betrieb ohne Ersatzwicklung für den Käfig *306*
2.1.7 Spannungsgleichungen für den stationären Betrieb mit transformierten Läufergrößen *309*
2.2 Modelle für Maschinen mit Stromverdrängungsläufer *314*
2.2.1 Beziehung für das Drehmoment *315*
2.2.2 Maschinen mit Doppelkäfigläufer bei stromverdrängungsfreien Einzelkäfigen *316*
2.2.3 Maschinen mit stromverdrängungsbehaftetem Läufer *326*
2.3 Stationäres Betriebsverhalten *327*
2.3.1 Stromverdrängungsfreie Maschinen mit Schleifring- oder Einfachkäfigläufer *327*
2.3.2 Maschine mit Doppelkäfigläufer *343*
2.3.3 Einfluss der Sättigung *353*
2.4 Besondere stationäre Betriebszustände *355*
2.4.1 Betrieb am unsymmetrischen Spannungssystem *356*
2.4.2 Betrieb am Netz mit variabler Frequenz *365*
2.4.3 Betrieb mit nicht sinusförmigen Strömen und Spannungen *373*
2.4.4 Einphasenbetrieb *379*
2.4.5 Weitere unsymmetrische Schaltungen *389*
2.5 Oberwellenerscheinungen im stationären Betrieb *393*
2.5.1 Oberwellenspektrum *393*
2.5.2 Asynchrone Oberwellenmomente *397*
2.5.3 Synchrone Oberwellenmomente *408*
2.5.4 Zusätzliche Verluste *414*
2.5.5 Magnetische Geräusche *415*
2.6 Nichtstationäre Betriebszustände *418*

2.6.1 Allgemeines zum Auftreten und zur Behandlung 418
2.6.2 Quasistationäre Drehzahländerungen am starren Netz 419
2.6.3 Allgemeine Näherungsbeziehungen 424
2.6.4 Einschalten der stillstehenden Maschine 430
2.6.5 Einschalten einer umlaufenden Maschine 437
2.6.6 Dreipoliger Stoßkurzschluss 438
2.6.7 Zweipoliger Stoßkurzschluss 443
2.6.8 Umschalten auf ein anderes Netz 447
2.6.9 Feldorientierte Regelung 450

3 Dreiphasen-Synchronmaschine 465
3.1 Modelle auf Basis der Hauptwellenverkettung 465
3.1.1 Allgemeine Form des Gleichungssystems mit einer Ersatzdämpferwicklung je Achse 465
3.1.2 Gleichungssystem der Schenkelpolmaschine unter Einführung der d-q-0-Komponenten 472
3.1.3 Gleichungssystem der Schenkelpolmaschine unter Einführung bezogener Größen 476
3.1.4 Komplexe Augenblickswerte der Ankergrößen und die d-q-0-Komponenten 485
3.1.5 Einführung der α-β-0-Komponenten 487
3.1.6 Vereinfachte Vollpolmaschine 489
3.1.7 Klassifizierung der Betriebszustände 492
3.1.8 Allgemeine Behandlung der Spannungs- und Flussverkettungsgleichungen 496
3.1.9 Gleichungssystem bei kleinen Änderungen sämtlicher Größen 521
3.1.10 Flussverkettungsgleichungen unter Einführung transformierter Größen des Polsystems 525
3.2 Besondere stationäre Betriebszustände 532
3.2.1 Betrieb unter unsymmetrischen Betriebsbedingungen 533
3.2.2 Erzwungene Pendelungen bei Betrieb am starren Netz mit Bemessungsfrequenz 544
3.2.3 Betrieb am Netz variabler Frequenz 548
3.2.4 Betrieb mit nicht sinusförmigen Strömen und Spannungen 551
3.2.5 Stromrichtermotoren 555
3.3 Oberwellenerscheinungen im stationären Betrieb 571
3.3.1 Oberwellenspektrum 571
3.3.2 Asynchrone Oberwellenmomente 574
3.3.3 Synchrone Oberwellenmomente 575
3.3.4 Zusätzliche Verluste 575
3.3.5 Magnetische Geräusche 576

3.4	Nichtstationäre Betriebszustände	578
3.4.1	Allgemeines zum Auftreten und zur Behandlung	578
3.4.2	Asynchroner Anlauf und Intrittfallen	579
3.4.3	Synchronisation	590
3.4.4	Übergangsvorgänge in der Nähe des Synchronismus	591
3.4.5	Dreipoliger Stoßkurzschluss	611
3.4.6	Unsymmetrische Stoßkurzschlüsse	627
3.4.7	Feldorientierte Regelung	637

4	**Gleichstrommaschine**	**641**
4.1	Allgemeines Gleichungssystem und Betriebsverhalten	641
4.1.1	Allgemeines Gleichungssystem	641
4.1.2	Klassifizierung der Betriebszustände	644
4.1.3	Vereinfachte Behandlung des stationären Betriebs bei konstantem Fluss	646
4.2	Spezielle nichtstationäre Betriebszustände	649
4.2.1	Allgemeine Behandlung von Vorgängen mit $\Phi_\mathrm{B} = $ konst.	649
4.2.2	Vorgänge bei Änderung der Ankerspannung	652
4.2.3	Vorgänge bei Änderung des Widerstands im Ankerkreis	655
4.2.4	Vorgänge bei Änderung der Erregerspannung	657
4.2.5	Belastungsstoß	660

5	**Maschinen für Betrieb am Einphasennetz**	**665**
5.1	Einphasen-Induktionsmaschine	665
5.1.1	Allgemeine Behandlung des stationären Betriebs	666
5.1.2	Sonderfall der Einphasen-Induktionsmaschine ohne Hilfsstrang	675
5.1.3	Anzugsverhalten der Einphasen-Induktionsmaschine mit Hilfsstrang	677
5.1.4	Symmetrischer Betrieb	679
5.2	Einphasen-Synchronmaschine	682

	Anhang	**691**
I	Integralsätze	691
II	Beziehungen der Vektoranalysis	692
III	Fourier-Koeffizienten	693
IV	Trigonometrische Umformungen	694
V	Korrespondierende Funktionen der Laplace-Transformation	695
VI	Faltungen	696

Literaturverzeichnis   697

Sachverzeichnis   701

Formelzeichen

a	Zahl der parallelen Zweige bei Strangwicklungen	$\mathbb{G}$	Menge der geraden natürlichen Zahlen
a	Zahl der parallelen Zweigpaare bzw. Kreise bei Kommutatorwicklungen	h	Höhe, allgemein
$\underline{a}$	$\mathrm{e}^{\mathrm{j}2\pi/3}$	$\boldsymbol{H}, H$	magnetische Feldstärke
a, b, c	Strangbezeichnungen einer Drehstromwicklung	H	Trägheitskonstante
		H	Enthalpie
$\boldsymbol{A}, A$	Fläche, Querschnittsfläche	H_c	Koerzitivfeldstärke
A	Strombelag	i, I	Stromstärke, allgemein
b	Breite, allgemein	i	ganze Zahl
$\boldsymbol{B}, B$	magnetische Induktion	i_μ, I_μ	Magnetisierungsstrom
B_r	Remanenzinduktion	I_k	Dauerkurzschlussstrom
c, C	Konstante, Faktor	I_k'	Übergangskurzschlussstrom
c	Federkonstante	I_k''	Stoßkurzschlusswechselstrom
c	Maschinenkonstante der Gleichstrommaschine	I_s	Stoßkurzschlussstrom
c	Lichtgeschwindigkeit im leeren Raum	Im	Imaginärteil einer komplexen Größe
		IW	Integrationsweg
C	Polformkoeffizient	j	ganze Zahl
C	Kapazität	j	imaginäre Einheit
C	Kontur	J	Massenträgheitsmoment
$\boldsymbol{C}$	Transformationsmatrix	k	ganze Zahl
d	Dicke	k	Kommutatorstegzahl, Ankerspulenzahl
d	Dämpfungskonstante	k	Koppelfaktor
$\mathrm{d}g$	Differential der Größe g	$\underline{K}$	Kreis in der komplexen Ebene
D	Bohrungsdurchmesser	$\underline{K}$	komplexe Synchronisierziffer
D	Lehrsches Dämpfungsmaß	K_D	Dämpfungskonstante
$\boldsymbol{D}, D$	Verschiebungsflussdichte	k_M	Drehmomentverhältnis
$\boldsymbol{e}$	Einheitsvektor	k_c	Carterscher Faktor
e	Exzentrizität	k_r	Widerstandsverhältnis zur Berücksichtigung der Stromverdrängung
e, E	induzierte Spannung	K_S	Synchronisierkonstante
E	Elastizitätsmodul	k_x	Reaktanzverhältnis zur Berücksichtigung der Stromverdrängung
$\boldsymbol{E}, E$	elektrische Feldstärke	l	Länge, allgemein
f	Funktion, allgemein	l	Gesamtlänge des Blechpakets (einschl. radialer Kühlkanäle)
f	Frequenz		
f_d	Eigenfrequenz	L	Induktivität, allgemein
$\boldsymbol{f}_V$	Volumendichte der Kraft	L_{aa}	Selbstinduktivität einer Wicklung a
$\boldsymbol{F}, F$	Kraft	L_{ab}	Gegeninduktivität zwischen zwei Wicklungen a und b
$F_\mathrm{fd}(\mathrm{p})$	Operatorenkoeffizient		
g	ganze Zahl	L_i	Gesamtstreuinduktivität
$\underline{G}$	Gerade in der komplexen Ebene	m	ganze Zahl
$G_\mathrm{fd}(\mathrm{p})$	Operatorenkoeffizient	m	Strangzahl einer Strangwicklung
ggT	größter gemeinsamer Teiler		

m	Gangzahl einer Kommutatorwicklung	s	Schlupf
m	Maßstab, allgemein	$\boldsymbol{s}, s$	Weg
m	Masse	$\boldsymbol{S}, S$	Stromdichte
m, M	Drehmoment, allgemein	t	Zeit
M	Kreismittelpunkt	t	Zahl der Kreise im Nutenspannungsstern, Zahl der Urverteilungen
M_i	inneres Drehmoment	$\boldsymbol{T}, T$	Maxwellscher Spannungstensor
n	ganze Zahl	T	Periodendauer
n	Drehzahl	T	Zeitabschnitt
n_0	synchrone Drehzahl	T	Zeitkonstante
N	Nutzahl	T_a	Ankerzeitkonstante
N	Entmagnetisierungsfaktor	T_an	Normalanlaufzeit
$N(\mathrm{p})$	Nennerpolynom	T_k	Kommutierungsdauer
N^*	Nutzahl der Urwicklung	T_m	elektromechanische Zeitkonstante
$\mathbb{N}$	Menge der natürlichen Zahlen	u, U	Spannung, allgemein
$\mathbb{N}_0$	Menge der natürlichen Zahlen erweitert um 0	u'	Spannung hinter der Gesamtstreureaktanz
p	Laplaceoperator	U	innere Energie eines Gases
p	Polpaarzahl	$u_\mathrm{p}, U_\mathrm{p}$	Polradspannung
p	Druck	u'_p	Spannung hinter der transienten Reaktanz
p^*	Polpaarzahl der Urwicklung	u''_p	Spannung hinter der subtransienten Reaktanz
p, P	Leistung, allgemein		
P	Wirkleistung	$\mathbb{U}$	Menge der ungeraden natürlichen Zahlen
P	Punkt		
$\underline{P}$	komplexe Leistung	$ü$	Betrag des komplexen Übersetzungsverhältnisses der Induktionsmaschine
P_i	innere Leistung		
P_mech	mechanische Leistung		
p_q	Querdruck auf einen Flussröhrenabschnitt	$ü_\mathrm{h}$	reelles Übersetzungsverhältnis der Induktionsmaschine
P_q	Blindleistung	$\boldsymbol{v}, v$	Umfangsgeschwindigkeit, Geschwindigkeit
P_s	Scheinleistung		
P_v	Verlustleistung	v	spezifische Verluste
P_δ	Luftspaltleistung	V	magnetischer Spannungsabfall
q	Lochzahl, Nutzahl je Pol und Strang	$\boldsymbol{V}$	Vektor, allgemein
		$\mathcal{V}$	Volumen
Q	Zahl der Spulen einer Spulengruppe	w	Windungszahl, allgemein
		w	Strangwindungszahl, Zweigwindungszahl
Q	Ladung		
r	Radius, allgemein	W	Spulenweite
r	Koordinate in radialer Richtung	W_B	Bürstenweite
r	bezogener Widerstand	W	Energie, allgemein
$\boldsymbol{r}$	Ortsvektor	W_a	Anlaufwärme
R	Widerstand	W_kin	kinetische Energie
R_m	magnetischer Widerstand	W_m	magnetische Energie
R_v	Vorwiderstand	x	Koordinate, allgemein
Re	Realteil einer komplexen Größe	x	Längenkoordinate in Umfangsrichtung

x	Strecke in Ortskurven	δ	Luftspaltlänge
x	bezogene Reaktanz	δ_i	ideelle Luftspaltlänge unter Berücksichtigung der Nutung
X	Reaktanz		
$x_d(p)$	Reaktanzoperator in der Längsachse	δ_i''	ideelle Luftspaltlänge unter Berücksichtigung von Nutung und magnetischem Spannungsabfall im Eisen
X_d	synchrone Längsreaktanz		
X_h	Hauptfeldreaktanz		
X_i	Gesamtstreureaktanz	δ_{nm}	Kronecker-Symbol
$x_q(p)$	Reaktanzoperator in der Querachse	Δg	Änderung einer Größe g, Differenz
		ε	bezogene Exzentrizität
X_q	synchrone Querreaktanz	ε	Winkel der komplexen Augenblickswerte
X_σ	Streureaktanz		
$X_\varnothing$	Durchmesserreaktanz	ε	Widerstandsverhältnis beim Doppelkäfigläufer
X_0	Nullreaktanz		
X_2	Inversreaktanz	ε	Dielektrizitätskonstante
y	Koordinate, allgemein	ε'	Nutschrägungswinkel
y	Verformung	ε_0	Dielektrizitätskonstante des leeren Raums
y	Wicklungsschritt, allgemein		
$\underline{Y}$	komplexer Leitwert	ε_r	relative Dielektrizitätskonstante
y_v	Verkürzungsschritt	ζ	bezogene Koordinate in axialer Richtung
$y_\varnothing$	Durchmesserschritt (ungesehnte Spule)		
		ζ	Resonanzmodul
z	Koordinate, allgemein	η	Wirkungsgrad
z	Leiterzahl, allgemein	η	Spulenweite in bezogenen Koordinaten
z	Schalthäufigkeit		
$\underline{Z}$	komplexer Widerstand	η	Abstand einander durch Ausgleichsleiter parallelgeschalteter Spulengruppen
$Z(p)$	Zählerpolynom		
$\mathbb{Z}$	Menge der ganzen Zahlen		
α	Winkel, allgemein	η_B	bezogene Bürstenweite
α	Zündwinkel	ϑ	Läuferlage
α, β	Strangbezeichnungen einer zweisträngigen Ersatzwicklung	Θ	Durchflutung
		Θ	Durchflutungsverteilung (Felderregerkurve) des Luftspaltfelds
α_i	ideeller Polbedeckungsfaktor		
α_n'	Nutteilungswinkel	κ	elektrische Leitfähigkeit
α_p	Abplattungsfaktor	κ	Stoßfaktor
α_{zg}	Zonenbreite der Spulengruppe in bezogenen Koordinaten	λ	Ordnungszahl einer Oberschwingung
γ	bezogene Winkelkoordinate ($= p\gamma'$)	λ	relativer magnetischer Leitwert
		Λ	magnetischer Leitwert
γ'	Winkelkoordinate	λ_δ	relativer Luftspaltleitwert
$\gamma_0^*, \gamma_0^{*\prime}$	Koordinaten des Integrationsrückwegs bei der Bestimmung von $\Theta(\gamma)$ bzw. $\Theta(\gamma')$	λ_g	Verhältnis der Grundschwingungsfrequenzen
		μ	Permeabilität
		μ'	Ordnungszahl bzw. Polpaarzahl einer Drehwelle
δ	Polradwinkel		
δ	Winkel zwischen den Durchflutungshauptwellen	$\tilde{\mu}'$	vorzeichenbehafteter Feldwellenparameter
		μ_0	Permeabilität des leeren Raums

μ_{Fe}	Permeabilität des Eisens		**Indizes**	
μ_r	relative Permeabilität			
ν	bezogene Ordnungszahl bzw. Polpaarzahl einer Drehwelle		a	Anker
			a	Anzugs-
ν'	Ordnungszahl bzw. Polpaarzahl einer Drehwelle		a	Strangbezeichnung
			(a)	Anfangswert
$\tilde{\nu}'$	vorzeichenbehafteter Feldwellenparameter		A	Arbeitsmaschine
			A	Strombelag
ξ	Wicklungsfaktor		as	asymmetrisch
ξ_{gr}	Gruppenfaktor, Zonenfaktor		b	Strangbezeichnung
ξ_K	Kopplungsfaktor		B	Bürste, Bürstenpaar
ξ_n	Nutschlitzfaktor, Breitenfaktor		B	Induktion
ξ_{schr}	Schrägungsfaktor		B	Belastung
ξ_{sp}	Spulenfaktor, Sehnungsfaktor		bez	bezogen, Bezug
ρ	ganze Zahl		c	Strangbezeichnung
ρ	Winkel allgemein		c	koerzitiv
ρ	Dichte eines Stoffs		C	Kapazität
ρ	Raumladungsdichte		d	Längsachse, Längsfeldkomponente
ρ	Abstand von in demselben Zweig hintereinandergeschalteten Spulengruppen		d	Eigen-
			D	Dämpferkäfig
			D	Drehfeld
ϱ	Steuerwinkel		dyn	dynamisch
ϱ	Streufaktor		e	Erregerwicklung
ϱ	Dämpfungsdekrement		e	induzierte Spannung
σ	Streukoeffizient		(e)	Endwert
σ	Zugspannung		ers	Ersatz
σ_l	Längszug auf einen Flussröhrenabschnitt		F	Feld, feldbildend
			fd	Erregerwicklung bei Synchronmaschinen
τ	mechanische Spannung, Schubspannung		Fe	Eisen, ferromagnetischer Werkstoff
τ	normierte Zeitkonstante		g	gegeninduktiver Anteil
τ	Teilung		g	Gegensystem (symmetrische Komponente)
τ_n	Nutteilung			
τ_p	Polteilung		g	Grundschwingung
τ_{schr}	Schrägungsschritt		gr	Spulengruppe
φ	Phasenverschiebung zwischen u und i		gr	Grenzwert
			h	Hauptfeld
φ_g	Phasenlage einer Wechselgröße g		hyst	Hysterese
			i	ideell
φ	Füllfaktor		i	inneres
φ_m	magnetisches Skalarpotential		i, I	Strom
Φ	magnetischer Fluss		i	allgemeine Bezifferung
ψ	Flussverkettung		j	allgemeine Bezifferung
ω	Kreisfrequenz		k	Kurzschluss
ω_d	Eigenkreisfrequenz		k	allgemeine Bezifferung
Ω	mechanische Winkelgeschwindigkeit		K	Kopplung

K	Kupplung	r	rotatorisch
K	Kondensator	r,R	Widerstand
K	allgemeines Koordinatensystem	r	rechts
kin	kinetisch	rb	Reibung
kipp	Kipppunkt	rem	Remanenz
krit	kritisch	res	resultierend
l	Leerlauf	s	selbstinduktiver Anteil
l	längs	s	Stab
l	links	s	Stoß
L	Leiter, Leitung	s	scheinbar
L	Induktivität	S	Synchronisation
LE	Leiter-Erde	S	Schalter
LL	Leiter-Leiter	schr	Schrägung
m	magnetisch	soll	Sollwert
m	Mittelwert	sp	Spule
m	Mitsystem (symmetrische Komponente)	st	Steg
m	elektromechanisch	st	Stirnraum
M	Drehmoment, drehmomentbildend	stat	stationär
M	Magnet, Magnetkreis	str	Strang
M	Masche	syn	synchron
M	Maschine	t	Tangentialkomponente
max	Maximalwert	T	Transformator
mech	mechanisch	T	Thyristor
min	Minimalwert	tr	transformatorisch
n	normal, Normalkomponente	u	Spannung
n	Nut, Nutung	u	Umladung
N	Bemessungsbetrieb, Bemessungswert	uh	Hauptfeldspannung
Netz	Netz	v	Verlust
NH	Nutharmonische	v	vorgeschaltet
o	Oberwelle	V	Stromrichterventil
p	bezogen auf Hauptwelle	$\mathcal{V}$	Volumen
p	Pol	vzb	vorzeichenbehaftet
p	Pendelung	w	Wicklung, Windung
p	Pulsung	w	Wirkanteil, Realteil
P	Leistung	W	Widerstands-
P	Puls	W	Wechselfeld
per	periodisch	x, y, z	Komponenten
q	Querachse, Querfeldkomponente	x	Reaktanz
q	Blindanteil, Imaginärteil	Y	Leitwert
r	Rücken	z	Zahn
r	radial	z	Zusatz
r	Ring	Z	Impedanz
		Z	Zündung
		ze	Zone
		ZK	Zwischenkreis

zw	Zweig	
α, β	Komponenten, Strangbezeichnungen von Ersatzwicklungen	
δ	Luftspalt	
ε	Exzentrizität	
λ	bezogen auf λ. Oberschwingung	
μ	Magnetisierung	
μ	bezogen auf μ. Harmonische	
μ'	bezogen auf μ'. Harmonische	
ν	bezogen auf ν. Harmonische	
ν'	bezogen auf ν'. Harmonische	
$\tilde{\nu}'$	bezogen auf den Feldwellenparameter $\tilde{\nu}'$	
ρ	allgemeine Bezifferung	
σ	Streuung, Streufeld	
Φ	Fluss	
φ	Umfangsrichtung	
0	Bezugswert	
0	Anfangswert	
0	Synchronismus	
0	Leerlauf	
0	Nullsystem (symmetrische Komponente)	
1	Ständer	
2	Läufer	
2	invers	
(2)	zweisträngig	
(3)	dreisträngig	
I	Außenkäfig	
I	Einphasenbetrieb	
I	einpoliger Kurzschluss	
II	Innenkäfig	
II	zweipoliger Kurzschluss	
III	dreipoliger Kurzschluss	
+, −	Vorzeichenhinweis	
$\varnothing$	bezogen auf den Durchmesser	

Zusätzliche Kennzeichnung der Größen

$\boldsymbol{x}$	gerichtete Größe, Vektor, Matrix
$\hat{x}$	Amplitude
$\bar{x}$	zeitlicher Mittelwert
$\underline{x}$	komplexe Größe, Größe der komplexen Wechselstromrechnung
x^*	Unterscheidungskennzeichen, allgemein
x^*	konjugiert komplexe Größe
x'	Unterscheidungskennzeichen, allgemein
x'	Winkel im Koordinatensystem γ'
x'	auf die Ständerwicklung transformiert
x'	transienter Anteil
x''	Unterscheidungskennzeichen, allgemein
x''	subtransienter Anteil
$\tilde{x}$	Unterscheidungskennzeichen, allgemein
$\check{x}$	bezogene Größe
x^+	transformierte Größe
$\dot{x}$	zeitliche Ableitung
$\vec{x}$	komplexer Augenblickswert, Raumzeiger
$\vec{x}^{\mathrm{F}}$	komplexer Augenblickswert im Feldkoordinatensystem
$\vec{x}^{\mathrm{K}}$	komplexer Augenblickswert im allgemeinen Koordinatensystem
$\vec{x}^{\mathrm{L}}$	komplexer Augenblickswert im Läuferkoordinatensystem
$\vec{x}^{\mathrm{N}}$	komplexer Augenblickswert im Netzkoordinatensystem
$\vec{x}^{\mathrm{S}}$	komplexer Augenblickswert im Ständerkoordinatensystem

1 Grundlegende Zusammenhänge

1.1 Grundgleichungen

1.1.1 Gleichungen des elektromagnetischen Felds

1.1.1.1 Gleichungen des elektromagnetischen Felds in ruhenden Medien

Die Erscheinungen im elektromagnetischen Feld werden durch ein System von Gleichungen für die Feldgrößen beschrieben, die sog. Maxwellschen Gleichungen. Sie setzen sich zusammen aus

- der Formulierung des Induktionsgesetzes,
- der Formulierung des Durchflutungsgesetzes,
- den Aussagen über die Quelldichten der Strömungsgrößen.

Außerdem müssen die stoffabhängigen Beziehungen zwischen den einzelnen Feldgrößen in Form der sog. Materialgleichungen gegeben sein.

Für das gesamte Gleichungssystem existieren verschiedene Formulierungen, die sich hinsichtlich der Anzahl eingeführter Feldgrößen und der Darstellung der Materialgleichungen unterscheiden. Am gebräuchlichsten ist eine Formulierung, die je zwei Feldgrößen des elektrischen Felds (E, D) und des magnetischen Felds (H, B) verwendet. Der Einfluss von ruhenden Medien, die im Feldraum eingelagert sind, wird durch makroskopische Modelle in Form von Beziehungen zwischen den jeweils einander zugeordneten Feldgrößen beschrieben. Das vollständige System der Differentialgleichungen in einem beschreibenden Koordinatensystem ist in Tabelle 1.1.1 zusammengestellt. Der Übergang zur Integralform kann mit Hilfe der Integralsätze von *Gauß* und *Stokes* erfolgen (s. Anh. I).

Die Materialgleichungen für Medien, die im beschreibenden Koordinatensystem ruhen, gibt Tabelle 1.1.2 wieder. Die in den Gleichungen des elektromagnetischen

Tabelle 1.1.1 Differentialgleichungssystem des elektromagnetischen Felds

Durchflutungsgesetz	$\text{rot } \boldsymbol{H} = \boldsymbol{S} + \dfrac{\partial \boldsymbol{D}}{\partial t}$
Induktionsgesetz	$\text{rot } \boldsymbol{E} = -\dfrac{\partial \boldsymbol{B}}{\partial t}$
Aussagen über die Quelldichte der Strömungsgrößen	$\text{div } \boldsymbol{B} = 0$ $\text{div } \boldsymbol{D} = \rho$ $\text{div } \boldsymbol{S} = -\dfrac{\partial \rho}{\partial t}$

Tabelle 1.1.2 Materialgleichungen für ruhende Medien

	allgemeine Formulierung	Formulierung bei linearen Materialeigenschaften
Magnetisches Feld	$\boldsymbol{B} = \boldsymbol{B}(\boldsymbol{H})$	$\boldsymbol{B} = \mu \boldsymbol{H} = \mu_0 \mu_\text{r} \boldsymbol{H}$
Dielektrisches Feld	$\boldsymbol{D} = \boldsymbol{D}(\boldsymbol{E})$	$\boldsymbol{D} = \varepsilon \boldsymbol{E} = \varepsilon_0 \varepsilon_\text{r} \boldsymbol{E}$
Elektrisches Strömungsfeld	$\boldsymbol{S} = \boldsymbol{S}(\boldsymbol{E})$	$\boldsymbol{S} = \kappa \boldsymbol{E}$

Felds nach den Tabellen 1.1.1 und 1.1.2 verwendeten Formelzeichen haben folgende Bedeutung:

$\boldsymbol{H}$	magnetische Feldstärke
$\boldsymbol{B}$	magnetische Induktion (Flussdichte)
μ	Permabilität
μ_0	Permabilität des leeren Raums
μ_r	relative Permabilität
$\boldsymbol{E}$	elektrische Feldstärke
$\boldsymbol{D}$	Verschiebungsflussdichte
ρ	Raumladungsdichte
ε	Dielektrizitätskonstante
ε_0	Dielektrizitätskonstante des leeren Raums
ε_r	relative Dielektrizitätskonstante
$\boldsymbol{S}$	elektrische Stromdichte
κ	elektrische Leitfähigkeit

1.1.1.2 Gleichungen des quasistationären Magnetfelds in ruhenden Medien

Die elektromagnetischen Erscheinungen in rotierenden elektrischen Maschinen werden mit großer Genauigkeit auf der Grundlage des *quasistationären Magnetfelds* beschrieben. Dabei bleibt der Einfluss des Felds der Verschiebungsflussdichte $\boldsymbol{D}$ auf das magnetische Feld im Durchflutungsgesetz unberücksichtigt und ebenso der Einfluss der Raumladungsdichte ρ auf das elektrische Strömungsfeld, so dass man eine vereinfachte Feldbeschreibung erhält. Ihre Gültigkeit ist entsprechend den Abmessungen der elektrischen Maschinen lediglich für extrem schnell verlaufende Vorgänge nicht mehr gegeben. Derartige Vorgänge sind nur im Zusammenhang mit dem Einlaufen von Stoßspannungswellen zu erwarten. In diesem Fall muss von den Feldgleichungen in der allgemeinen Form nach Tabelle 1.1.1 ausgegangen werden.

Aus dem allgemeinen Differentialgleichungssystem nach Tabelle 1.1.1 erhält man die Differentialform des Gleichungssystems für das quasistationäre Magnetfeld, wie es in der mittleren Spalte von Tabelle 1.1.3 dargestellt ist. Die Materialgleichungen für ruhende Medien sind weiterhin durch Tabelle 1.1.2 gegeben. Dabei wird die für das dielektrische Feld jetzt nicht mehr benötigt.

Aus der Differentialform der einzelnen Gleichungen folgt ihre Integralform durch Anwendung der Integralsätze von *Gauß* und *Stokes* (s. Anh. I). Sie liefert die in der dritten Spalte von Tabelle 1.1.3 angegebenen Beziehungen. Dabei sind die $\oint_C \boldsymbol{F} \cdot \mathrm{d}\boldsymbol{s}$ Umlaufintegrale längs einer im beschreibenden Koordinatensystem zunächst zeitlich konstanten Kontur C, von der die zeitlich konstante Fläche A aufgespannt wird, und $\int \boldsymbol{F} \cdot \mathrm{d}\boldsymbol{A}$ Flächenintegrale, die über diese Fläche zu erstrecken sind. Zwischen dem Flächenelement $\mathrm{d}\boldsymbol{A}$ auf der Fläche A und dem durch das Wegelement $\mathrm{d}\boldsymbol{s}$ festgelegten Umlaufsinn um die Kontur C besteht Rechtsschraubenzuordnung (s. Bild 1.1.3). Die Integrale $\oint_A \boldsymbol{F} \cdot \mathrm{d}\boldsymbol{A}$ in Tabelle 1.1.3 sind Hüllintegrale über eine geschlossene Fläche A. Die Anwendung des Integralsatzes nach *Stokes* auf die Differentialform des Induktionsgesetzes liefert als allgemeine Integralform des Induktionsgesetzes

$$\oint_C \boldsymbol{E} \cdot \mathrm{d}\boldsymbol{s} = -\int_A \frac{\partial \boldsymbol{B}}{\partial t} \cdot \mathrm{d}\boldsymbol{A} \ . \tag{1.1.1}$$

Dabei können sich im allgemeinen Fall die Kontur C und damit die von ihr aufgespannte Fläche A im beschreibenden Koordinatensystem als Funktion der Zeit bewegen und deformieren.

Wenn die Kontur C und damit die von ihr aufgespannte Fläche A im beschreibenden Koordinatensystem keine Funktionen der Zeit sind, kann die zeitliche Ableitung in (1.1.1) auch nach der Integration der magnetischen Induktion über die Fläche erfolgen. Außerdem ist das Integral $\int_A \boldsymbol{B} \cdot \mathrm{d}\boldsymbol{A}$ dann nur noch eine Funktion der Zeit, so dass die partielle Ableitung $\partial/\partial t$ durch die totale Ableitung $\mathrm{d}/\mathrm{d}t$ ersetzt werden kann. Damit erhält man dann die in Tabelle 1.1.3 enthaltene Integralform des Induktionsgesetzes.

In dem Sonderfall, dass die betrachteten Vorgänge in einem leitfähigen Gebiet stattfinden, das im beschreibenden Koordinatensystem ruht, folgt aus der Differentialform

1 Grundlegende Zusammenhänge

Tabelle 1.1.3 Gleichungssysteme des quasistationären Magnetfelds

	Differentialform	Integralform für ruhende Integrationswege
Durchflutungsgesetz	$\operatorname{rot} \boldsymbol{H} = \boldsymbol{S}$	$\oint_C \boldsymbol{H} \cdot \mathrm{d}\boldsymbol{s} = \int_A \boldsymbol{S} \cdot \mathrm{d}\boldsymbol{A}$
Induktionsgesetz	$\operatorname{rot} \boldsymbol{E} = -\dfrac{\partial \boldsymbol{B}}{\partial t}$	$\oint_C \boldsymbol{E} \cdot \mathrm{d}\boldsymbol{s} = -\dfrac{\mathrm{d}}{\mathrm{d}t} \int_A \boldsymbol{B} \cdot \mathrm{d}\boldsymbol{A}$
Aussagen über die Quelldichte der Strömungsgrößen	$\operatorname{div} \boldsymbol{B} = 0$ $\operatorname{div} \boldsymbol{S} = 0$	$\oint \boldsymbol{B} \cdot \mathrm{d}\boldsymbol{A} = 0$ $\oint \boldsymbol{S} \cdot \mathrm{d}\boldsymbol{A} = 0$

des Induktionsgesetzes durch Einführen der Materialgleichung

$$\operatorname{rot} \frac{\boldsymbol{S}}{\kappa} = -\frac{\partial \boldsymbol{B}}{\partial t} \, , \tag{1.1.2}$$

und die Integralform geht über in

$$\oint_C \frac{\boldsymbol{S}}{\kappa} \cdot \mathrm{d}\boldsymbol{s} = -\frac{\mathrm{d}}{\mathrm{d}t} \int_A \boldsymbol{B} \cdot \mathrm{d}\boldsymbol{A} \, . \tag{1.1.3}$$

In dem Sonderfall, dass die Kontur C des Integrationswegs entsprechend Bild 1.1.1 auf einem Teil C_1 über ein Klemmenpaar und auf einem Teil C_2 entlang einer aus ruhenden, linienhaften Leitern bestehenden Spule verläuft, die an das Klemmenpaar angeschlossen ist, folgt aus der Integralform des Induktionsgesetzes nach Tabelle 1.1.3

$$\oint_C \boldsymbol{E} \cdot \mathrm{d}\boldsymbol{s} = \int_{C_1} \boldsymbol{E} \cdot \mathrm{d}\boldsymbol{s} + \int_{C_2} \boldsymbol{E} \cdot \mathrm{d}\boldsymbol{s} = -\frac{\mathrm{d}}{\mathrm{d}t} \int_A \boldsymbol{B} \cdot \mathrm{d}\boldsymbol{A} \, . \tag{1.1.4}$$

Die Linienintegrale in (1.1.4) lassen sich überführen in

$$\int_{C_1} \boldsymbol{E} \cdot \mathrm{d}\boldsymbol{s} = \int_1^2 \boldsymbol{E} \cdot \mathrm{d}\boldsymbol{s} = -u \tag{1.1.5}$$

$$\int_{C_2} \boldsymbol{E} \cdot \mathrm{d}\boldsymbol{s} = \int_2^1 \boldsymbol{E} \cdot \mathrm{d}\boldsymbol{s} = \int_2^1 \frac{\boldsymbol{S}}{\kappa} \cdot \mathrm{d}\boldsymbol{s} = i \int_2^1 \frac{\mathrm{d}\boldsymbol{s}}{\kappa A_\mathrm{L}(s)\,\mathrm{d}s} \cdot \mathrm{d}\boldsymbol{s} = i \int_2^1 \frac{\mathrm{d}s}{\kappa A_\mathrm{L}(s)} = iR \, . \tag{1.1.6}$$

Damit erhält man aus (1.1.4) die Spannungsgleichung

$$u = Ri + \frac{\mathrm{d}}{\mathrm{d}t} \int_A \boldsymbol{B} \cdot \mathrm{d}\boldsymbol{A} \, . \tag{1.1.7}$$

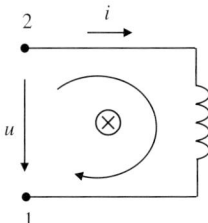

Bild 1.1.1 Entwicklung der Spannungsgleichung einer ruhenden Spule

Unter Einführung der Flussverkettung entsprechend

$$\int_A \boldsymbol{B} \cdot \mathrm{d}\boldsymbol{A} = \psi \tag{1.1.8}$$

folgt daraus

$$u = Ri + \frac{\mathrm{d}\psi}{\mathrm{d}t} \tag{1.1.9}$$

mit der Klemmenspannung u, dem Strom i, dem Widerstand R und der Flussverkettung ψ der Spule. Dabei rührt ψ im allgemeinen Fall vom eigenen Strom in der betrachteten Spule, aber auch von Strömen anderer Spulen her, die Beiträge zum Feld in der betrachteten Spule liefern.

Das Versagen des Gleichungssystems nach Tabelle 1.1.3 bei Vorhandensein bewegter Medien wird z. B. offenbar, wenn die Erscheinung der unipolaren Induktion in einer leitfähigen, rotierenden, kreisförmigen Scheibe nach Bild 1.1.2 in einem achsengleichen, rotationssymmetrischen, zeitlich konstanten Magnetfeld gedeutet werden soll. Der ruhende Integrationsweg von a nach b über die Klemmen und von c nach d über die rotierende Scheibe wird von einem zeitlich konstanten Fluss durchsetzt. Die Integralform des Induktionsgesetzes nach Tabelle 1.1.3 macht also die Aussage $\oint \boldsymbol{E} \cdot \mathrm{d}\boldsymbol{s} = 0$. Wenn zur Vereinfachung der Betrachtung auch noch angenommen wird, dass an die Klemmen kein äußeres Netz angeschlossen ist und damit $i = 0$ ist, verschwindet auch der Spannungsabfall

$$\int_d^c \boldsymbol{E} \cdot \mathrm{d}\boldsymbol{s} = \int_d^c \frac{\boldsymbol{S}}{\kappa} \cdot \mathrm{d}\boldsymbol{s}$$

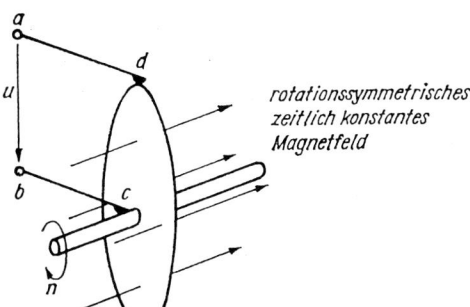

Bild 1.1.2 Erscheinung der unipolaren Induktion in einer rotierenden Scheibe in einem achsengleichen, rotationssymmetrischen Magnetfeld

über der Scheibe und der über ihren Zuleitungen, und damit folgt auch für die Klemmenspannung

$$u = \int_a^b \boldsymbol{E} \cdot \mathrm{d}\boldsymbol{s} = 0 \,.$$

Es dürften also entgegen der Erfahrung keine Induktionserscheinungen auftreten. Die Anwesenheit bewegter Medien im Feldraum erfordert offensichtlich eine Erweiterung des Theoriegebäudes.

1.1.1.3 Differentialform der Gleichungen des quasistationären Magnetfelds bei Anwesenheit bewegter Leitergebiete

Die Berücksichtigung bewegter Medien im System der Gleichungen des elektromagnetischen Felds erfolgt in der Literatur je nach Auffassung und Anspruch hinsichtlich des Gültigkeitsbereichs auf unterschiedlichen Wegen. Für die Belange der Erscheinungen in rotierenden elektrischen Maschinen und damit unter der Voraussetzung eines quasistationären Magnetfelds führt der im Folgenden eingeschlagene Weg mit relativ wenig Aufwand auf die interessierenden Beziehungen.

Die Materialgleichung des elektrischen Strömungsfelds für ein Leitergebiet, das im beschreibenden Koordinatensystem ruht, ist das makroskopische Abbild der mikroskopischen Erscheinung, dass eine im Leitergebiet eingebettete Ladung Q entsprechend

$$\boldsymbol{F} = Q\boldsymbol{E} \qquad (1.1.10)$$

im elektrischen Feld der Feldstärke $\boldsymbol{E}$ eine Kraft $\boldsymbol{F}$ erfährt, durch die sie in Richtung der Kraft und damit der elektrischen Feldstärke beschleunigt wird. Die Anwesenheit eines magnetischen Felds und damit einer magnetischen Induktion $\boldsymbol{B}$ hat keinen Einfluss auf die Kraft, der die ruhende Ladung ausgesetzt ist. Der Bewegungsvorgang endet beim Zusammenstoß des Ladungsträgers mit dem Restgitter des Leitergebiets und beginnt dann von neuem. Es stellt sich eine mittlere Geschwindigkeit der Ladungsträger in Richtung der elektrischen Feldstärke ein. Sie bestimmt zusammen mit der Ladungsdichte die Stromdichte, deren Richtung also durch die Richtung der elektrischen Feldstärke gegeben und deren Betrag proportional zum Betrag der elektrischen Feldstärke sein wird. Damit lässt sich formulieren

$$\boldsymbol{S} = \kappa \boldsymbol{E} \,. \qquad (1.1.11)$$

Man erhält die bereits in Tabelle 1.1.2 wiedergegebene Materialgleichung, wobei also das betrachtete Leitergebiet in dem beschreibenden Koordinatensystem ruht, in dem die Feldgrößen $\boldsymbol{S}$ und $\boldsymbol{E}$ dargestellt sind.

Wenn sich das betrachtete Leitergebiet im beschreibenden Koordinatensystem mit der Geschwindigkeit $\boldsymbol{v}$ bewegt, erfährt ein eingebetteter Ladungsträger eine Kraft, die durch die Lorentz-Kraft gegeben ist als

$$\boldsymbol{F} = Q(\boldsymbol{E} + \boldsymbol{v} \times \boldsymbol{B}) \,. \qquad (1.1.12)$$

Die Kraft auf die Ladungsträger im Leitergebiet hat also jetzt eine Komponente, die vom elektrischen Feld herrührt, und eine zweite, deren Ursache die Bewegung des Leitergebiets im Magnetfeld ist. Da diese Kraft nunmehr an die Stelle der Kraft nach (1.1.10) tritt, um über die Beschleunigung der Ladungsträger die Stromdichte in dem sich bewegenden Leitergebiet zu bestimmen, erhält man als Materialgleichung

$$\boldsymbol{S} = \kappa(\boldsymbol{E} + \boldsymbol{v} \times \boldsymbol{B}) \,. \tag{1.1.13}$$

Dabei sind $\boldsymbol{S}$, $\boldsymbol{E}$ und $\boldsymbol{B}$ wiederum die Feldgrößen, die im beschreibenden Koordinatensytem beobachtet werden, in dem sich das Leitergebiet an der betrachteten Stelle und in dem betrachteten Zeitpunkt mit der Geschwindigkeit $\boldsymbol{v}$ bewegt.

Wenn also im beschreibenden Koordinatensytem ein bewegtes Leitergebilde existiert, das an einer betrachteten Stelle $\boldsymbol{r}$ zu einem betrachteten Zeitpunkt t die Geschwindigkeit $\boldsymbol{v} = \boldsymbol{v}(\boldsymbol{r},t)$ besitzt, gilt in diesem anstelle der Materialgleichung nach Tabelle 1.1.2 bzw. nach (1.1.11) jetzt die Materialgleichung (1.1.13).

In dem Sonderfall, dass die betrachteten Vorgänge in einem bewegten Leitergebiet stattfinden, folgt aus der Differentialform des Induktionsgesetzes nach Tabelle 1.1.3 durch Einführen der Materialgleichung (1.1.13)

$$\operatorname{rot} \frac{\boldsymbol{S}}{\kappa} = -\frac{\partial \boldsymbol{B}}{\partial t} + \operatorname{rot}(\boldsymbol{v} \times \boldsymbol{B}) \tag{1.1.14}$$

bzw.

$$\operatorname{rot}\left[\frac{\boldsymbol{S}}{\kappa} - (\boldsymbol{v} \times \boldsymbol{B})\right] = -\frac{\partial \boldsymbol{B}}{\partial t} \,. \tag{1.1.15}$$

Wenn das Magnetfeld außerdem zeitlich konstant ist, wird also

$$\operatorname{rot} \frac{\boldsymbol{S}}{\kappa} = \operatorname{rot}(\boldsymbol{v} \times \boldsymbol{B}) \,, \tag{1.1.16}$$

aber es ist $\boldsymbol{S} \neq \kappa(\boldsymbol{v} \times \boldsymbol{B})$. Ein derartiger Fall liegt z. B. bei der Wirbelstrombremse vor, wobei eine leitfähige, kreisförmige Scheibe in einem zeitlich konstanten Magnetfeld rotiert, das nicht rotationssymmetrisch zur Achse der Scheibe ist. Das Strömungsfeld in der Scheibe wird dann durch (1.1.16) unter Beachtung der Beziehung für die Quellenfreiheit der elektrischen Strömung beschrieben.

1.1.1.4 Integralform der Gleichungen des quasistationären Magnetfelds bei Anwesenheit bewegter Leitergebiete

Die Feldgleichungen in Integralform lassen sich, ausgehend von der Differentialform, mit Hilfe der Integralsätze nach *Stokes* und *Gauß* (s. Anh. I) gewinnen. Für den Fall, dass in einer zu betrachtenden Anordnung keine bewegten Leitergebiete existieren, sind die auf diesem Weg zu gewinnenden Feldgleichungen in Integralform bereits in Tabelle 1.1.3 aufgenommen worden. Ihre Lösung bietet in manchen Fällen gewisse Vorteile gegenüber dem gebräuchlichen Weg über die Differentialgleichungen. Darüber hinaus lassen sich, ausgehend von der Integralform der Feldgleichungen, bestimmte

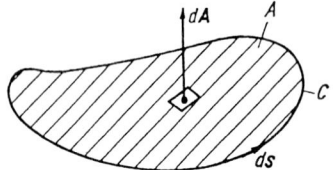

Bild 1.1.3 Rechtsschraubenzuordnung zwischen dem Flächenelement dA auf der Fläche A und dem Umlaufsinn ds des Integrationswegs längs der Kontur C

Integralgrößen einführen und die Beziehungen zwischen diesen Integralgrößen gewinnen. Derartige Integralgrößen sind z. B. Stromstärke, Spannungsabfall, Durchflutung, Flussverkettung usw. Wichtige auf diesem Weg gewinnbare Beziehungen zwischen Integralgrößen sind die Maschen- und Knotenpunktsätze. Auf dem gleichen Weg erhält man auch die Spannungsgleichung einer ruhenden Spule aus quasilinienhaften Leitern, wie bereits im Abschnitt 1.1.1.2 gezeigt wurde. Im Folgenden wird die Gesamtheit der Feldgleichungen in Integralform nochmals zusammenfassend betrachtet und dabei einerseits die Anwesenheit von bewegten Leitergebieten und andererseits auch die Möglichkeit einer Bewegung der Integrationswege einbezogen.

a) Durchflutungsgesetz

Aus der Differentialform des Durchflutungsgesetzes nach Tabelle 1.1.3 folgt durch Bilden des Flächenintegrals über eine Fläche A mit der Kontur C

$$\int_A \boldsymbol{S} \cdot \mathrm{d}\boldsymbol{A} = \int_A \mathrm{rot}\,\boldsymbol{H} \cdot \mathrm{d}\boldsymbol{A}\,.$$

Die rechte Seite dieser Beziehung lässt sich mit Hilfe des Stokesschen Satzes in ein Umlaufintegral entlang der Kontur C der Fläche A umwandeln. Damit wird

$$\boxed{\int_A \boldsymbol{S} \cdot \mathrm{d}\boldsymbol{A} = \oint_C \boldsymbol{H} \cdot \mathrm{d}\boldsymbol{s}}\,. \qquad (1.1.17)$$

Dabei besteht eine Rechtsschraubenzuordnung zwischen d$\boldsymbol{A}$ und dem Umlaufsinn des Integrationswegs d$\boldsymbol{s}$, wie Bild 1.1.3 veranschaulicht. Da der Stokessche Satz in jedem Augenblick gilt und das Durchflutungsgesetz eine zeitliche Proportionalität zwischen der Stromdichte und der Rotation der magnetischen Feldstärke beinhaltet, übt eine Bewegung des Integrationswegs keinen Einfluss auf die Integralform des Durchflutungsgesetzes nach (1.1.17) aus.

b) Aussagen über die Quellenfreiheit der Strömungsgrößen

Mit Hilfe des Gaußschen Satzes folgt die Integralform zur Aussage der Quellenfreiheit des magnetischen Felds aus $\mathrm{div}\,\boldsymbol{B} = 0$ unmittelbar zu

$$\oint_A \boldsymbol{B} \cdot \mathrm{d}\boldsymbol{A} = 0\,. \qquad (1.1.18)$$

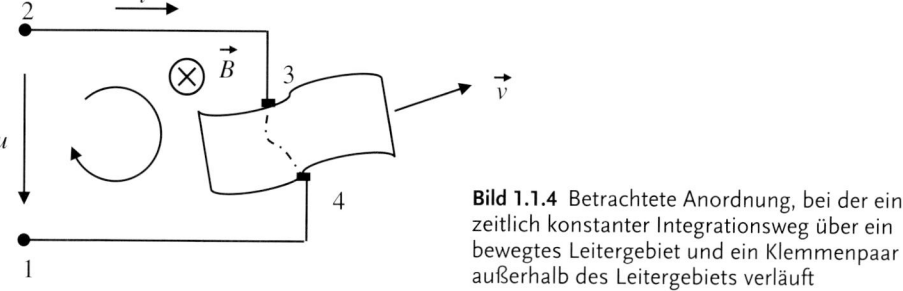

Bild 1.1.4 Betrachtete Anordnung, bei der ein zeitlich konstanter Integrationsweg über ein bewegtes Leitergebiet und ein Klemmenpaar außerhalb des Leitergebiets verläuft

Analog dazu erhält man aus $\operatorname{div} \boldsymbol{S} = 0$ als Integralform der Aussage der Quellenfreiheit des elektrischen Strömungsfelds

$$\oint_A \boldsymbol{S} \cdot \mathrm{d}\boldsymbol{A} = 0 \,. \tag{1.1.19}$$

In beiden Fällen hat eine Bewegung der Hüllfläche, über die das Integral zu erstrecken ist, keinen Einfluss auf die Form der Beziehungen. Es gelten, wie im Fall des Durchflutungsgesetzes, die gleichen Beziehungen wie bei zeitlich unveränderlichen Integrationswegen und -flächen.

c) Induktionsgesetz

Wenn die Medien im beschreibenden Koordinatensystem ruhen und der Integrationsweg bzw. die Kontur C und damit die von dieser aufgespannte Fläche A zeitlich konstant sind, erhält man – wie bereits im Abschnitt 1.1.1.2 ausgeführt wurde – aus der Differentialform des Induktionsgesetzes $\operatorname{rot} \boldsymbol{E} = -\partial \boldsymbol{B}/\partial t$ entsprechend der zweiten Spalte von Tabelle 1.1.3 mit Hilfe des Stokesschen Satzes zunächst die Integralform nach (1.1.1) und daraus

$$\oint_C \boldsymbol{E} \cdot \mathrm{d}\boldsymbol{s} = -\frac{\mathrm{d}}{\mathrm{d}t} \int_A \boldsymbol{B} \cdot \mathrm{d}\boldsymbol{A} \,. \tag{1.1.20}$$

Diese Beziehung wurde bereits in die dritte Spalte von Tabelle 1.1.3 aufgenommen.

Es soll nunmehr zunächst der Fall betrachtet werden, dass der Integrationsweg zwar nach wie vor im beschreibenden Koordinatensystem zeitlich konstant ist, aber zum Teil über ein Leitergebiet verläuft, das sich im beschreibenden Koordinatensystem an einer betrachteten Stelle $\boldsymbol{r}$ zu einem betrachteten Zeitpunkt t mit der Geschwindigkeit $\boldsymbol{v} = \boldsymbol{v}(\boldsymbol{r}, t)$ bewegt. Außerhalb des Leitergebiets soll der Integrationsweg entsprechend Bild 1.1.4 über widerstandslos gedachte Leiter und ein Klemmenpaar verlaufen.

Aus der allgemeinen Integralform des Induktionsgesetzes nach (1.1.1) folgt dann unter Beachtung der bereits im Abschnitt 1.1.1.2 angestellten Überlegungen zum Integral $\int_A (\partial \boldsymbol{B}/\partial t) \cdot \mathrm{d}\boldsymbol{A}$

$$\oint_C \boldsymbol{E}\cdot\mathrm{d}\boldsymbol{s} = \int_1^2 \boldsymbol{E}\cdot\mathrm{d}\boldsymbol{s} + \int_2^3 \boldsymbol{E}\cdot\mathrm{d}\boldsymbol{s} + \int_3^4 \boldsymbol{E}\cdot\mathrm{d}\boldsymbol{s} + \int_4^1 \boldsymbol{E}\cdot\mathrm{d}\boldsymbol{s} = -\int_A \frac{\partial \boldsymbol{B}}{\partial t}\cdot\mathrm{d}\boldsymbol{A} = -\frac{\mathrm{d}}{\mathrm{d}t}\int_A \boldsymbol{B}\cdot\mathrm{d}\boldsymbol{A}\ . \tag{1.1.21}$$

Das erste Linienintegral liefert über

$$u = -\int_1^2 \boldsymbol{E}\cdot\mathrm{d}\boldsymbol{s} \tag{1.1.22}$$

die Klemmenspannung. In den Linienintegralen $\int_2^3 \boldsymbol{E}\cdot\mathrm{d}\boldsymbol{s}$ sowie $\int_4^1 \boldsymbol{E}\cdot\mathrm{d}\boldsymbol{s}$ gilt die Materialgleichung $\boldsymbol{S} = \kappa\boldsymbol{E}$ nach (1.1.11); sie verschwinden also im angenommenen Fall widerstandsloser Zuleitungen.

Das Integral $\int_3^4 \boldsymbol{E}\cdot\mathrm{d}\boldsymbol{s}$ verläuft im bewegten Leitergebiet, und folglich gilt die Materialgleichung $\boldsymbol{S} = \kappa(\boldsymbol{E} + \boldsymbol{v}\times\boldsymbol{B})$ nach (1.1.13). Damit folgt aus (1.1.21)

$$u = \int_3^4 \frac{\boldsymbol{S}}{\kappa}\cdot\mathrm{d}\boldsymbol{s} - \int_3^4 (\boldsymbol{v}\times\boldsymbol{B})\cdot\mathrm{d}\boldsymbol{s} + \frac{\mathrm{d}}{\mathrm{d}t}\int_A \boldsymbol{B}\cdot\mathrm{d}\boldsymbol{A}\ . \tag{1.1.23}$$

Im Vergleich zu einer Anordnung mit ausschließlich ruhenden Leiteranordnungen tritt im Umlaufintegral das zusätzliche Linienintegral $\int (\boldsymbol{v}\times\boldsymbol{B})\cdot\mathrm{d}\boldsymbol{s}$ in Erscheinung, das als eine durch unipolare Induktion induzierte Spannung aufgefasst werden kann. Diese tritt auch dann in Erscheinung, wenn das Magnetfeld im beschreibenden Koordinatensystem zeitlich konstant ist, so dass

$$\frac{\mathrm{d}}{\mathrm{d}t}\int_A \boldsymbol{B}\cdot\mathrm{d}\boldsymbol{A} = 0$$

wird und (1.1.23) übergeht in

$$u = \int_3^4 \frac{\boldsymbol{S}}{\kappa}\cdot\mathrm{d}\boldsymbol{s} - \int_3^4 (\boldsymbol{v}\times\boldsymbol{B})\cdot\mathrm{d}\boldsymbol{s}\ . \tag{1.1.24}$$

Wenn der betrachtete Vorgang ausschließlich in dem bewegten Leitergebiet bei zeitlich konstantem Magnetfeld stattfindet, folgt für einen ruhenden Integrationsweg aus (1.1.22)

$$\oint_C \boldsymbol{E}\cdot\mathrm{d}\boldsymbol{s} = \oint_C \frac{\boldsymbol{S}}{\kappa}\cdot\mathrm{d}\boldsymbol{s} - \oint_C (\boldsymbol{v}\times\boldsymbol{B})\cdot\mathrm{d}\boldsymbol{s} = 0\ ; \tag{1.1.25}$$

es gilt also

$$\oint_C \frac{\boldsymbol{S}}{\kappa}\cdot\mathrm{d}\boldsymbol{s} = \oint_C (\boldsymbol{v}\times\boldsymbol{B})\cdot\mathrm{d}\boldsymbol{s}\ . \tag{1.1.26}$$

Im allgemeinen Fall ändert sich die Kontur C und damit die von ihr aufgespannte Fläche A als Funktion der Zeit. Es wird also die Intergralform des Induktionsgesetzes

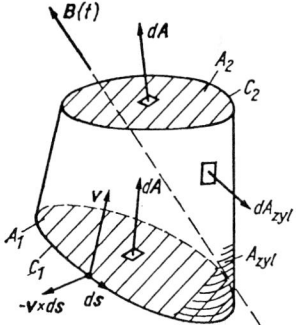

Bild 1.1.5 Zur Ermittlung von $(\mathrm{d}/\mathrm{d}t)\int_A \boldsymbol{B} \cdot \mathrm{d}\boldsymbol{A}$ für den Fall, dass sich die Fläche A als Funktion der Zeit in ihrer Lage und Größe ändert

benötigt, die dies berücksichtigt. Dieser Fall ist gerade für elektromechanische Energiewandler dadurch von besonderem Interesse, dass sich dort oft Schleifen aus quasilinienhaften Leitern, z. B. in Form von Wicklungen oder Wicklungselementen, im zeitlich veränderlichen Magnetfeld bewegen.

Formal erhält man die Integralform des Induktionsgesetzes nach (1.1.1) durch Anwendung des Stokesschen Satzes auf die Differentialform in Tabelle 1.1.3. Da dieser in jedem Zeitpunkt gilt, kann sich dabei auch die Kontur als $C(t)$ und damit die von ihr aufgespannte Fläche als $A(t)$ zeitlich ändern, und man erhält

$$\oint_{C(t)} \boldsymbol{E} \cdot \mathrm{d}\boldsymbol{s} = -\int_{A(t)} \frac{\partial \boldsymbol{B}}{\partial t} \cdot \mathrm{d}\boldsymbol{A} \,. \tag{1.1.27}$$

Darauf war schon im Abschnitt 1.1.1.2 hingewiesen worden. Da sich aber nunmehr die von der Kontur aufgespannte Fläche zeitlich ändert, kann die Differentiation nach der Zeit in $\int_{A(t)}(\partial \boldsymbol{B}/\partial t) \cdot \mathrm{d}\boldsymbol{A}$ nicht mehr nach der Integration erfolgen, so dass ein analoger Übergang wie von (1.1.1) auf (1.1.20) nicht möglich ist. Es wird eine gesonderte Betrachtung erforderlich.

Die Untersuchungen werden vereinfacht, wenn man von der Vermutung ausgeht, dass unter dem Einfluss der Bewegung des Integrationswegs ebenso wie unter dem eines bewegten Leitergebiets bei feststehendem Integrationsweg im Umlaufintegral ein zusätzlicher Anteil in Erscheinung tritt. Dementsprechend wird im Folgenden der Ausdruck $(\mathrm{d}/\mathrm{d}t) \int_{A(t)} \boldsymbol{B} \cdot \mathrm{d}\boldsymbol{A}$ in der Hoffnung untersucht, dass er sich durch den Ausdruck $\int_{A(t)}(\partial \boldsymbol{B}/\partial t) \cdot \mathrm{d}\boldsymbol{A}$ und einen Beitrag zum Umlaufintegral darstellen lässt. Die betrachtete Anordnung zeigt Bild 1.1.5. Die Kontur C ist zum Zeitpunkt t hinsichtlich Lage und Gestalt durch C_1 und zum Zeitpunkt $t + \Delta t$ durch C_2 gegeben. Die zugehörigen Flächen sind A_1 und A_2. Während der Bewegung durchläuft die Kontur die Mantelfläche A_{zyl} eines Zylinders. Das magnetische Feld, in dem sich die Kontur C bewegt, ist selbst zeitlich veränderlich. Ausgehend von der Definition des Differentialquotienten

$$\frac{\mathrm{d}f(x)}{\mathrm{d}x} = \lim_{\Delta x \to 0} \frac{f(x + \Delta x) - f(x)}{\Delta x}$$

erhält man für die Anordnung nach Bild 1.1.5

$$\frac{\mathrm{d}}{\mathrm{d}t} \int_{A(t)} \boldsymbol{B} \cdot \mathrm{d}\boldsymbol{A} = \lim_{\Delta t \to 0} \left\{ \frac{\int_{A_2} \boldsymbol{B}(t+\Delta t) \cdot \mathrm{d}\boldsymbol{A} - \int_{A_1} \boldsymbol{B}(t) \cdot \mathrm{d}\boldsymbol{A}}{\Delta t} \right\} . \qquad (1.1.28)$$

Die Quellenfreiheit des magnetischen Felds liefert entsprechend (1.1.18) für den Zeitpunkt t die Aussage

$$\int_{A_2} \boldsymbol{B}(t) \cdot \mathrm{d}\boldsymbol{A} + \int_{A_{\mathrm{zyl}}} \boldsymbol{B}(t) \cdot \mathrm{d}\boldsymbol{A} = \int_{A_1} \boldsymbol{B}(t) \cdot \mathrm{d}\boldsymbol{A} . \qquad (1.1.29)$$

Das Integral $\int_A \boldsymbol{B}(t+\Delta t) \cdot \mathrm{d}\boldsymbol{A}$ in (1.1.28) lässt sich durch Reihenentwicklung von $\boldsymbol{B}(t)$ entsprechend $\boldsymbol{B}(t+\Delta t) = \boldsymbol{B}(t) + (\partial \boldsymbol{B}/\partial t)\Delta t$ ausdrücken als

$$\int_{A_2} \boldsymbol{B}(t+\Delta t) \cdot \mathrm{d}\boldsymbol{A} = \int_{A_2} \boldsymbol{B}(t) \cdot \mathrm{d}\boldsymbol{A} + \int_{A_2} \frac{\partial \boldsymbol{B}}{\partial t} \Delta t \cdot \mathrm{d}\boldsymbol{A} . \qquad (1.1.30)$$

Mit (1.1.29) und (1.1.30) geht (1.1.28) über in

$$\frac{\mathrm{d}}{\mathrm{d}t} \int_{A(t)} \boldsymbol{B} \cdot \mathrm{d}\boldsymbol{A} = \lim_{\Delta t \to 0} \left\{ \frac{\int_{A_2} \frac{\partial \boldsymbol{B}}{\partial t} \Delta t \cdot \mathrm{d}\boldsymbol{A} - \int_{A_{\mathrm{zyl}}} \boldsymbol{B}(t) \cdot \mathrm{d}\boldsymbol{A}}{\Delta t} \right\} . \qquad (1.1.31)$$

Mit dem Grenzübergang $\Delta t \to 0$ wird $A_2 = A_1 = A$, und Bild 1.1.5 liefert die Aussage $\mathrm{d}\boldsymbol{A}_{\mathrm{zyl}} = -\boldsymbol{v}\Delta t \times \mathrm{d}\boldsymbol{s}$. Damit geht (1.1.31) über in

$$\frac{\mathrm{d}}{\mathrm{d}t} \int_{A(t)} \boldsymbol{B} \cdot \mathrm{d}\boldsymbol{A} = \int_{A(t)} \frac{\partial \boldsymbol{B}}{\partial t} \cdot \mathrm{d}\boldsymbol{A} + \oint_{C(t)} \boldsymbol{B} \cdot \boldsymbol{v} \times \mathrm{d}\boldsymbol{s} .$$

Damit ist tatsächlich eine Beziehung gefunden worden, mit deren Hilfe $\int (\partial \boldsymbol{B}/\partial t) \cdot \mathrm{d}\boldsymbol{A}$ durch $(\mathrm{d}/\mathrm{d}t) \int \boldsymbol{B} \cdot \mathrm{d}\boldsymbol{A}$ ersetzt werden kann. Unter Berücksichtigung von

$$\boldsymbol{B} \cdot \boldsymbol{v} \times \mathrm{d}\boldsymbol{s} = -\boldsymbol{v} \times \boldsymbol{B} \cdot \mathrm{d}\boldsymbol{s}$$

wird

$$\int_{A(t)} \frac{\partial \boldsymbol{B}}{\partial t} \cdot \mathrm{d}\boldsymbol{A} = \frac{\mathrm{d}}{\mathrm{d}t} \int_{A(t)} \boldsymbol{B} \cdot \mathrm{d}\boldsymbol{A} + \oint_{C(t)} (\boldsymbol{v} \times \boldsymbol{B}) \cdot \mathrm{d}\boldsymbol{s} . \qquad (1.1.32)$$

Damit geht die bei zeitlicher Änderung der Kontur gültige Integralform des Induktionsgesetzes nach (1.1.27) über in

$$\boxed{\oint_{C(t)} \boldsymbol{E} \cdot \mathrm{d}\boldsymbol{s} = -\frac{\mathrm{d}}{\mathrm{d}t} \int_{A(t)} \boldsymbol{B} \cdot \mathrm{d}\boldsymbol{A} - \oint_{C(t)} (\boldsymbol{v} \times \boldsymbol{B}) \cdot \mathrm{d}\boldsymbol{s}} . \qquad (1.1.33)$$

Diese Integralform des Induktionsgesetzes interessiert vor allem für eine Anordnung nach Bild 1.1.6. Dabei ist an einem im beschreibenden Koordinatensystem ruhenden Klemmenpaar eine Leiterschleife aus einem quasilinienhaften Leiter angeschlossen,

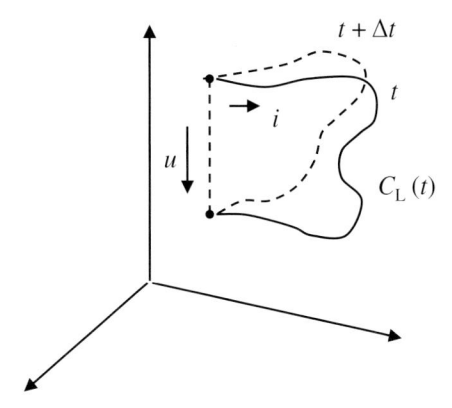

Bild 1.1.6 Zur Anwendung des Induktionsgesetzes auf eine Leiterschleife, die von einem quasilinienhaften, sich beliebig bewegenden Leiter gebildet wird

die sich in Abhängigkeit von der Zeit beliebig bewegt und auch deformiert. Das Umlaufintegral $\oint_{C(t)} \boldsymbol{E} \cdot \mathrm{d}\boldsymbol{s}$ längs der Kontur $C(t)$ zerfällt in ein Linienintegral entlang des zeitunabhängigen Integrationswegs C_K über das Klemmenpaar und ein Linienintegral entlang des zeitabhängigen Integrationswegs $C_\mathrm{L}(t)$, der fest mit dem Leiter verbunden ist. Man erhält aus (1.1.33)

$$\oint_{C(t)} \boldsymbol{E} \cdot \mathrm{d}\boldsymbol{s} = \int_{C_\mathrm{K}} \boldsymbol{E} \cdot \mathrm{d}\boldsymbol{s} + \int_{C_\mathrm{L}(t)} \boldsymbol{E} \cdot \mathrm{d}\boldsymbol{s} = -\frac{\mathrm{d}}{\mathrm{d}t}\int_{A(t)} \boldsymbol{B} \cdot \mathrm{d}\boldsymbol{A} - \oint_{C(t)} (\boldsymbol{v} \times \boldsymbol{B}) \cdot \mathrm{d}\boldsymbol{s} \,. \tag{1.1.34}$$

Dabei liefert das Integral über C_K wiederum die Klemmenspannung entsprechend

$$u = -\int_{C_\mathrm{K}} \boldsymbol{E} \cdot \mathrm{d}\boldsymbol{s} \,, \tag{1.1.35}$$

und damit erhält man als Spannungsgleichung

$$u = \int_{C_\mathrm{L}(t)} (\boldsymbol{E} + \boldsymbol{v} \times \boldsymbol{B}) \cdot \mathrm{d}\boldsymbol{s} + \frac{\mathrm{d}}{\mathrm{d}t}\int_{A(t)} \boldsymbol{B} \cdot \mathrm{d}\boldsymbol{A} \,. \tag{1.1.36}$$

Da der Integrationsweg $C_\mathrm{L}(t)$ überall fest mit dem bewegten Leiter verbunden ist, gilt dort die Materialgleichung (1.1.13). Es wird also durch Einführen der Stromdichte entsprechend

$$\boldsymbol{S} = \frac{i}{A_\mathrm{L}(s,t)}\frac{\mathrm{d}\boldsymbol{s}}{\mathrm{d}s} \tag{1.1.37}$$

mit dem Leiterquerschnitt $A_\mathrm{L}(s,t)$ aus dem Linienintegral über $C_\mathrm{L}(t)$ in (1.1.51)

$$\int_{C_\mathrm{L}(t)} (\boldsymbol{E} + \boldsymbol{v} \times \boldsymbol{B}) \cdot \mathrm{d}\boldsymbol{s} = \int_{C_\mathrm{L}(t)} \frac{\boldsymbol{S}}{\kappa} \cdot \mathrm{d}\boldsymbol{s} = i \int_{C_\mathrm{L}(t)} \frac{\mathrm{d}s}{\kappa A_\mathrm{L}(s,t)} = iR_\mathrm{L}(t) \,, \tag{1.1.38}$$

wobei
$$R_\mathrm{L}(t) = \int_{C_\mathrm{L}(t)} \frac{\mathrm{d}s}{\kappa A_\mathrm{L}(s,t)} \tag{1.1.39}$$

der Widerstand der Leiterschleife ist, der sich in Abhängigkeit von deren Deformation zeitlich ändern kann. Durch Einführen von (1.1.38) geht die Spannungsgleichung nach

(1.1.36) über in

$$u = R_{\mathrm{L}}(t)i + \frac{\mathrm{d}}{\mathrm{d}t}\int_{A(t)} \boldsymbol{B} \cdot \mathrm{d}\boldsymbol{A}. \qquad (1.1.40)$$

Damit kann die induzierte Spannung in einer sich beliebig bewegenden und deformierenden Leiterschleife ermittelt werden, indem die zeitliche Änderung der Flussverkettung bestimmt wird, die sich unter dem Einfluss sowohl der zeitlichen Änderung des Magnetfelds im beschreibenden Koordinatensystem als auch der von der Schleife aufgespannten Fläche ergibt. Dieser Sonderfall liegt auch bei den Läuferspulen rotierender elektrischer Maschinen vor. Für diese gilt also eine Integralform des Induktionsgesetzes, die der für ruhende Spulen identisch ist, wenn der Integrationsweg entlang der Leiter geführt wird. Dementsprechend ist dann auch das Integral $\int \boldsymbol{B} \cdot \mathrm{d}\boldsymbol{A}$ zu bilden. Auf diesen Sachverhalt war bereits in der Einleitung zum Band *Grundlagen elektrischer Maschinen* hingewiesen worden, und darauf aufbauend wurde dort die Analyse des Betriebsverhaltens durchgeführt. Der Beweis war nunmehr innerhalb des vorliegenden Bands nachzuholen. Dabei wird mit den dargelegten Betrachtungen des Abschnitts 1.1.1.4 gleichzeitig die Grundlage zur Untersuchung beliebiger – auch nichtlinienhafter – bewegter Leiteranordnungen geschaffen.

1.1.1.5 Unipolare Induktion

Im Abschnitt 1.1.1.1, Seite 1, war die Erscheinung der unipolaren Induktion zum Anlass genommen worden, eine Erweiterung des Theoriegebäudes zu fordern, das durch die Gleichungen des elektromagnetischen Felds in der üblichen Form entsprechend den Tabellen 1.1.1 bis 1.1.3 gegeben ist.

Nachdem diese Erweiterung nunmehr durch das Einbeziehen bewegter Leitergebiete in die Formulierung der Feldgleichungen erfolgt ist, müssen diese auch die Erscheinung der unipolaren Induktion wiedergeben. Dazu wird nochmals die Anordnung nach Bild 1.1.2 betrachtet, bei der sich in einem zeitlich konstanten, rotationssymmetrischen Feld achsengleich ein rotationssymmetrischer Induktionskörper bewegt. Um eine einfache Form des elektrischen Strömungsfelds zu erhalten, wird jedoch jetzt angenommen, dass sowohl der äußere als auch der innere Schleifkontakt als Flüssigkeitskontakt ausgebildet ist, so dass gleichmäßig leitende Kontakte entlang des gesamten Umfangs beider Kontaktbahnen bestehen. Das elektrische Strömungsfeld ist dann rotationssymmetrisch. Es ruft seinerseits ein Magnetfeld hervor, das keine Komponente in Richtung der Rotationsachse des Induktionskörpers aufweist und deshalb keinen Einfluss auf die Induktionsvorgänge ausübt. Voraussetzung für die Rotationssymmetrie des elektrischen Strömungsfelds ist, dass auch das Feld der Größe $(\boldsymbol{v} \times \boldsymbol{B})$ diese Symmetrie aufweist.

Zur Analyse der auftretenden Erscheinungen ist im Bild 1.1.7 ein Integrationsweg eingetragen, der im beschreibenden Koordinatensystem ruht und relativ zu dem sich der scheibenförmige Induktionskörper bewegt. Außerhalb der Scheibe verläuft der Integrationsweg über ein Klemmenpaar; es gilt also (1.1.24). Die Stromdichte in der

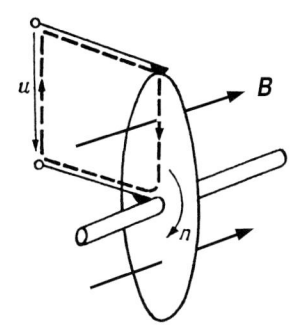

Bild 1.1.7 Aufstellung der Spannungsgleichung der Anordnung nach Bild 1.1.2

Scheibe besitzt nur eine Radialkomponente mit dem Betrag

$$S = \frac{i}{2\pi r d} \quad (1.1.41)$$

mit der Dicke d der Scheibe. Ebenso erhält man für $(\boldsymbol{v} \times \boldsymbol{B})$ – wie bereits festgestellt wurde – nur eine Radialkomponente, deren Betrag gegeben ist zu

$$|\boldsymbol{v} \times \boldsymbol{B}| = \Omega B r \quad (1.1.42)$$

mit der mechanischen Winkelgeschwindigkeit Ω, wobei für die Geschwindigkeit in Abhängigkeit vom Radius

$$v = \Omega r = 2\pi n r \quad (1.1.43)$$

eingeführt wurde. Der Betrag der Stromdichte nimmt also entsprechend (1.1.41) von innen nach außen ab, während der von $(\boldsymbol{v} \times \boldsymbol{B})$ entsprechend (1.1.42) zunimmt. Für einen Integrationsweg, der an einer Stelle des Umfangs radial von innen nach außen verläuft und an einer anderen Stelle radial von außen nach innen zurückkehrt, gilt (1.1.26). Aus (1.1.24) erhält man mit (1.1.35), (1.1.41) und (1.1.42)

$$\begin{aligned} u &= \frac{1}{\kappa} i \int_{r_\mathrm{i}}^{r_\mathrm{a}} \frac{\mathrm{d}r}{2\pi r d} + \Omega B \int_{r_\mathrm{i}}^{r_\mathrm{a}} r\, \mathrm{d}r \\ &= \frac{1}{\kappa} \frac{1}{2\pi d} \ln\left(\frac{r_\mathrm{a}}{r_\mathrm{i}}\right) i + 2\pi n B \frac{r_\mathrm{a}^2 - r_\mathrm{i}^2}{2} = Ri + \Phi n \end{aligned} \quad (1.1.44)$$

mit dem Widerstand der Scheibe entsprechend

$$R = \frac{1}{\kappa} \frac{1}{2\pi d} \ln\left(\frac{r_\mathrm{a}}{r_\mathrm{i}}\right) \quad (1.1.45)$$

und dem Fluss

$$\Phi = B\left(r_\mathrm{a}^2 - r_\mathrm{i}^2\right)\pi, \quad (1.1.46)$$

der die Scheibe zwischen den beiden Kontaktbahnen mit den Radien r_a und r_i durchsetzt.

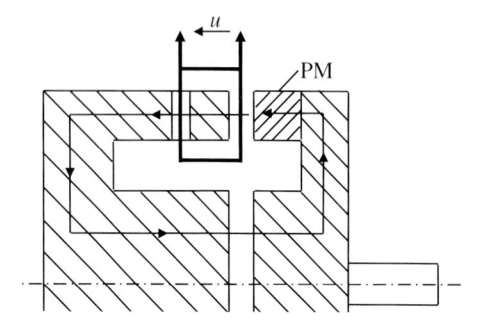

Bild 1.1.8 Analyse der vermeintlichen Erfindung einer bürstenlosen Unipolarmaschine

Vor einer Reihe von Jahren haben in der Fachpresse aufwändige Auseinandersetzungen mit vermeintlichen Erfindungen von bürstenlosen Unipolarmaschinen stattgefunden. Die Analyse dieser Anordnungen erfordert mit dem bereitgestellten Apparat nur wenige Gedankenschritte. Die vermeintlichen Erfindungen haben ihren Ursprung meist in dem Modell des Schneidens von Feldlinien als Ursache eines Induktionsvorgangs, wobei im Fall bewegter Medien zusätzlich gewisse Vorstellungen über das Mitbewegen von Feldlinien impliziert werden. Eine entsprechende Anordnung zeigt Bild 1.1.8. Eine Spule liegt mit einer Spulenseite in einem Luftspalt, während die andere durch eine feldfreie Öffnung des Magnetkreises geführt ist. Ein Teil des Magnetkreises mit dem permanentmagnetischen Ringmagneten PM rotiert. Das Funktionieren der Anordnung wird so erklärt, dass die mitrotierenden Feldlinien im Luftspalt die Leiter der Spule in einer Spulenseite schneiden und dadurch dort Spannungen induzieren. Eine Anwendung von (1.1.7) liefert jedoch für einen Integrationsweg entlang des Spulenleiters, wenn zur Vereinfachung nur der Leerlauf betrachtet wird,

$$u = \frac{\mathrm{d}}{\mathrm{d}t}\int \boldsymbol{B}\cdot\mathrm{d}\boldsymbol{A} = 0\,.$$

Es wird also keine Spannung induziert.

1.1.2
Beziehungen für die Kräfte im magnetischen Feld

1.1.2.1 Einführung des Maxwellschen Spannungstensors

Die folgende Entwicklung gewinnt den Maxwellschen Spannungstensor ausgehend von der Kraftwirkung auf freie Ladungsträger im magnetischen Feld. Eine eingehende Analyse zeigt, dass man das gleiche Ergebnis erhält, wenn die Kraftwirkung auf ein Medium aufgrund der Ortsabhängigkeit der Permeabilität berücksichtigt wird [76, 78].

Aus der Beziehung für die *Lorentz-Kraft* auf eine bewegte Ladung Q nach (1.1.12) folgt mit Bild 1.1.9 für die *Volumendichte f_V der Kraft* auf einen Strom freier Ladungsträger mit den Ladungen Q_i und den Geschwindigkeiten v_i

$$\boldsymbol{f}_V = \lim_{\Delta\mathcal{V}\to 0}\frac{\sum Q_i \boldsymbol{v}_i \times \boldsymbol{B}}{\Delta\mathcal{V}}\,.$$

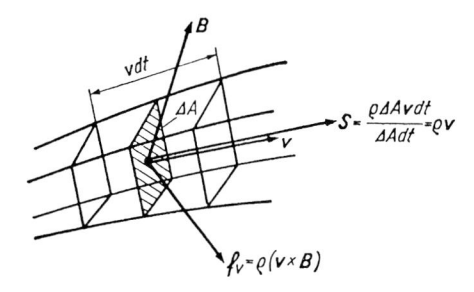

Bild 1.1.9 Zur Ermittlung der Beziehung für die Volumendichte der Kraft auf einen Strom freier Ladungsträger

Dabei ist

$$S = \lim_{\Delta \mathcal{V} \to 0} \frac{\sum Q_i v_i}{\Delta \mathcal{V}} = \rho v \qquad (1.1.47)$$

die Stromdichte der freien Ladungsträger mit der Ladungsdichte ρ und der mittleren Geschwindigkeit v, so dass die Beziehung für $f_\mathcal{V}$ übergeht in

$$f_\mathcal{V} = S \times B \;. \qquad (1.1.48)$$

Diese Kraftwirkung auf die Ladungsträger wird zur Kraftwirkung auf das Medium, in dem die Ladungsträger geführt werden, wenn ein entsprechender Übertragungsmechanismus vorhanden ist. Das trifft für die Vorgänge im Leiter zu.

In (1.1.48) lässt sich die Stromdichte S der freien Ladungsträger mit Hilfe des Durchflutungsgesetzes

$$\operatorname{rot} H = \nabla \times H = S$$

durch die Feldgröße H ausdrücken (s. Tab. 1.1.3, S. 4). Wenn gleichzeitig $\mu =$ konst. vorausgesetzt und damit $B = \mu H$ eingeführt wird, erhält man

$$f_\mathcal{V} = \mu(\nabla \times H) \times H \;.$$

Daraus folgt entsprechend einer Beziehung der Vektoranalysis (s. Anh. II)

$$f_\mathcal{V} = \mu(H \cdot \nabla)H - \frac{\mu}{2}\nabla(H \cdot H) \;. \qquad (1.1.49)$$

Dieser Ausdruck lässt sich vorteilhaft weiterentwickeln, wenn man zur Komponentendarstellung übergeht. Dazu werden die Koordinaten als x_1, x_2, x_3, d. h. allgemein als x_i, und die Komponenten eines Vektors V als V_1, V_2, V_3, d. h. allgemein als V_i, eingeführt. Für die folgende Ableitung wird weiterhin die Summationskonvention verwendet, die aussagt, dass eine Summation über $n = 1, \ldots, 3$ erfolgt, wenn sich der Index in einem einfachen Term wiederholt. Es gilt also

$$\frac{\partial V_n}{\partial x_n} = \frac{\partial V_1}{\partial x_1} + \frac{\partial V_2}{\partial x_2} + \frac{\partial V_3}{\partial x_3} = \nabla \cdot V \qquad (1.1.50)$$

und

$$V_n \frac{\partial}{\partial x_n} = V_1 \frac{\partial}{\partial x_1} + V_2 \frac{\partial}{\partial x_2} + V_3 \frac{\partial}{\partial x_3} = V \cdot \nabla \;. \qquad (1.1.51)$$

Demgegenüber repräsentiert $\partial V_m/\partial x_n$ die Ableitung der Komponente V_m des Vektors $\boldsymbol{V}$ bezüglich der Koordinate x_n. Unter Verwendung des *Kronecker-Symbols* δ_{nm} mit der Definition

$$\delta_{nm} = \begin{cases} 1 & \text{für } m = n \\ 0 & \text{für } m \neq n \end{cases}$$

wird dann

$$\delta_{mn} V_n = V_m \tag{1.1.52}$$

und

$$\delta_{mn} \frac{\partial}{\partial x_n} = \frac{\partial}{\partial x_m} \, . \tag{1.1.53}$$

Mit (1.1.50), (1.1.51) und (1.1.52) folgt aus (1.1.49) für die Komponente $f_{\mathcal{V}m}$

$$\begin{aligned} f_{\mathcal{V}m} &= \mu H_n \frac{\partial}{\partial x_n} H_m - \frac{\mu}{2} \frac{\partial}{\partial x_m} H_k H_k \\ &= \frac{\partial}{\partial x_n} \left(\mu H_n H_m - \frac{\mu}{2} \delta_{nm} H_k H_k \right) - H_m \frac{\partial \mu H_n}{\partial x_n} \, . \end{aligned} \tag{1.1.54}$$

In (1.1.54) verschwindet der zweite Term entsprechend

$$H_m \frac{\partial \mu H_n}{\partial x_n} = H_m (\nabla \cdot \mu \boldsymbol{H}) = H_m \nabla \cdot \boldsymbol{B} = H_m \operatorname{div} \boldsymbol{B} = 0$$

wegen der Quellenfreiheit der magnetischen Induktion (s. Tab. 1.1.3). Wenn man für den ersten Term zunächst rein formal als Abkürzung

$$T_{mn} = \mu H_n H_m - \frac{\mu}{2} \delta_{mn} H_k H_k \tag{1.1.55}$$

einführt, geht (1.1.54) über in

$$f_{\mathcal{V}m} = \frac{\partial T_{mn}}{\partial x_n} \, . \tag{1.1.56}$$

Die Komponente F_m der Kraft auf ein Gebilde innerhalb des Volumens $\mathcal{V}$ erhält man durch Integration über die Volumendichte der Kraft nach (1.1.56) zu

$$F_m = \int_{\mathcal{V}} f_{\mathcal{V}m} \, \mathrm{d}\mathcal{V} = \int_{\mathcal{V}} \frac{\partial T_{mn}}{\partial x_n} \, \mathrm{d}\mathcal{V} \, . \tag{1.1.57}$$

Dieses Volumenintegral lässt sich mit Hilfe des Gaußschen Satzes (s. Anh. I) in ein Oberflächenintegral umwandeln, wenn T_{m1}, T_{m2} und T_{m3} als Komponenten eines Vektors aufgefasst werden. Man erhält

$$\begin{aligned} F_m &= \int_{\mathcal{V}} \frac{\partial T_{mn}}{\partial x_n} \, \mathrm{d}\mathcal{V} = \int_{\mathcal{V}} \left(\frac{\partial T_{m1}}{\partial x_1} + \frac{\partial T_{m2}}{\partial x_2} + \frac{\partial T_{m3}}{\partial x_3} \right) \mathrm{d}\mathcal{V} \\ &= \oint (T_{m1} \, \mathrm{d}A_1 + T_{m2} \, \mathrm{d}A_2 + T_{m3} \, \mathrm{d}A_3) = \oint T_{mn} n_n \, \mathrm{d}A \, . \end{aligned} \tag{1.1.58}$$

Dabei wurde davon Gebrauch gemacht, dass sich der Vektor

$$\mathrm{d}\boldsymbol{A} = \boldsymbol{e}_1\,\mathrm{d}A_1 + \boldsymbol{e}_2\,\mathrm{d}A_2 + \boldsymbol{e}_3\,\mathrm{d}A_3$$

darstellen lässt als

$$\mathrm{d}\boldsymbol{A} = \boldsymbol{n}\,\mathrm{d}A\,, \tag{1.1.59}$$

wenn der Einheitsnormalenvektor $\boldsymbol{n}$ mit den Komponenten n_1, n_2 und n_3 als

$$\boldsymbol{n} = \boldsymbol{e}_1 n_1 + \boldsymbol{e}_2 n_2 + \boldsymbol{e}_3 n_3 \tag{1.1.60}$$

eingeführt wird.

Mit (1.1.58) kann die resultierende Kraft auf ein Gebilde innerhalb eines Volumens $\mathcal{V}$ aus der Kenntnis des magnetischen Felds an der Oberfläche gewonnen werden. Dabei ist es – wie bereits eingangs erwähnt – gleichgültig, durch welchen inneren Mechanismus die Kraftwirkung entsteht. Es können also sowohl Grenzflächenkräfte als auch Kräfte auf freie Ladungsträger als auch innere Kräfte in ferromagnetischen Körpern aufgrund der Ortsabhängigkeit der Permeabilität vorliegen. Mit (1.1.58) liegt damit eine Formulierung für die Kraft auf der mechanischen Seite eines Energiewandlers vor, wie sie analog dazu in Form des Induktionsgesetzes für die induzierte Spannung auf der elektrischen Seite existiert. Auch in der Formulierung des Induktionsgesetzes in Integralform (s. Tab. 1.1.3) ist es gleichgültig, durch welchen inneren Mechanismus es zur Änderung der Flussverkettung $\psi = \int \boldsymbol{B}\cdot\mathrm{d}\boldsymbol{A}$ einer Spule kommt.

Mit (1.1.58) ist auch eine physikalische Interpretation der durch (1.1.55) zunächst rein formal eingeführten Größen T_{mn} gegeben. Diese Größen haben die Dimension einer mechanischen Spannung. Für ein Oberflächenelement $\boldsymbol{e}_n\,\mathrm{d}A$ ist T_{nn} die Normalspannung, während die anderen beiden T_{mn} Schubspannungen darstellen, die in der Fläche $\mathrm{d}A$ in Richtung der anderen beiden Koordinaten wirken. Im Bild 1.1.10 ist dieser Sachverhalt für ein Flächenelement $\mathrm{d}\boldsymbol{A} = \boldsymbol{e}_1\,\mathrm{d}A$ dargestellt. Der Integrand in (1.1.58) stellt die Komponente τ_m in Richtung der Koordinate x_m eines Vektors $\boldsymbol{\tau}$ dar, der die Flächendichte der Kraft durch ein beliebig gelegenes Oberflächenelement mit dem Normalenvektor $\boldsymbol{n}$ angibt. Dabei gilt

$$\tau_m = T_{mn}n_n = T_{m1}n_1 + T_{m2}n_2 + T_{m3}n_3\,.$$

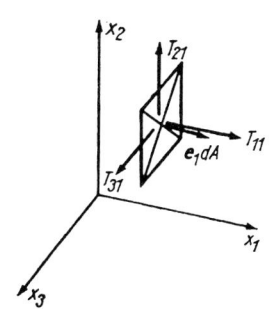

Bild 1.1.10 Deutung der Komponenten des Spannungstensors als Normal- und Schubspannungen an einem Flächenelement $\boldsymbol{e}_1\,\mathrm{d}A$

Die neun Komponenten T_{mn} bilden, als Matrix geordnet, den sog. *Maxwellschen Spannungstensor*

$$\boldsymbol{T} = \begin{pmatrix} T_{11} & T_{12} & T_{13} \\ T_{21} & T_{22} & T_{23} \\ T_{31} & T_{32} & T_{33} \end{pmatrix} \quad . \tag{1.1.61}$$

Die Komponenten T_{mn} des Maxwellschen Spannungstensors werden allein durch das H-Feld bestimmt. Mit (1.1.55) erhält man in ausgeschriebener Form

$$\boldsymbol{T} = \begin{pmatrix} \mu H_1^2 - \frac{1}{2}\mu H^2 & \mu H_1 H_2 & \mu H_1 H_3 \\ \mu H_2 H_1 & \mu H_2^2 - \frac{1}{2}\mu H^2 & \mu H_2 H_3 \\ \mu H_3 H_1 & \mu H_3 H_2 & \mu H_3^2 - \frac{1}{2}\mu H^2 \end{pmatrix} \quad . \tag{1.1.62}$$

Die gleiche Beziehung für den Maxwellschen Spannungstensor ergibt sich, wenn jene Kraftwirkungen berücksichtigt werden, die auf ein Medium aufgrund der Ortsabhängigkeit der Permeabilität ausgeübt werden.

Der Maxwellsche Spannungstensor ist offensichtlich symmetrisch, d. h. es ist $T_{mn} = T_{nm}$. Er ordnet jedem Raumpunkt, in dem ein Magnetfeld existiert, einen fiktiven mechanischen Spannungszustand zu. Von diesem ausgehend, lassen sich die in einem Punkt wirksamen Volumendichten der Kraft und mit (1.1.58) die auf ein gegebenes Volumen wirkende Kraft berechnen. Wenn das Koordinatensystem in einem Raumpunkt so gelegt wird, dass die Koordinate x_1 mit der Feldrichtung zusammenfällt, so dass $H = H_1$ und $H_2 = H_3 = 0$ ist, nimmt der Spannungstensor nach (1.1.62) die Form

$$T = \begin{pmatrix} \frac{1}{2}\mu H^2 & 0 & 0 \\ 0 & -\frac{1}{2}\mu H^2 & 0 \\ 0 & 0 & -\frac{1}{2}\mu H^2 \end{pmatrix} \tag{1.1.63}$$

an. Die Beziehung (1.1.63) bringt die Faradaysche Vorstellung zum Ausdruck, dass auf einen Flussröhrenabschnitt ein *Längszug* $\sigma_1 = 1/2\,\mu H^2$ und ein *Querdruck* $p_\mathrm{q} = 1/2\,\mu H^2$ ausgeübt wird.

1.1.2.2 Anwendung des Maxwellschen Spannungstensors zur Ermittlung des Drehmoments

Mit Hilfe des Maxwellschen Spannungstensors lässt sich das Drehmoment einer rotierenden elektrischen Maschine ausgehend vom Luftspaltfeld gewinnen, ohne dass von vornherein Ersatzanordnungen für die stromdurchflossenen Leiter und Vereinfachungen hinsichtlich der Geometrie des Luftspaltraums eingeführt werden. Es lässt sich im Gegenteil herausarbeiten, unter welchen Voraussetzungen Modellvorstellungen berechtigt sind, die sich eingebürgert haben und i. Allg. ohne tieferes Nachdenken Anwendung finden. Darüber hinaus kann man durch entsprechende Wahl der Integrationsfläche Aussagen darüber erhalten, welche Mechanismen an der Bildung des

Drehmoments beteiligt sind. Schließlich lassen sich eine Reihe allgemeiner Erkenntnisse über die Voraussetzungen gewinnen, die erfüllt sein müssen, damit überhaupt ein Drehmoment entwickelt wird.

Man erhält die Umfangskraft auf den Läufer bzw. den Ständer einer rotierenden elektrischen Maschine und damit das Drehmoment, wenn (1.1.58) auf eine geschlossene Integrationsfläche angewendet wird, die den Läufer einschließt und durch den Luftspalt verläuft. Dabei wird im Folgenden zur Vereinfachung darauf verzichtet, die Krümmung des Luftspaltraums zu berücksichtigen. Weiterhin soll das Feld außerhalb des Luftspaltraums vernachlässigt werden, so dass auf den Stirnflächen der Integrationsfläche $T = 0$ herrscht und diese keinen Betrag zum Drehmoment liefern.

a) Ermittlung des Drehmoments aus den Feldgrößen auf einer Kreiszylinderfläche im Luftspalt

Es bietet sich an, die Integrationsfläche I als Kreiszylinderfläche koaxial zur Maschinenachse in den Luftspalt zu legen (s. Bild 1.1.11). Das Flächenelement $\mathrm{d}\boldsymbol{A}_I$ auf der Integrationsfläche hat dann nur eine Komponente in Richtung der Koordinate x_1, d. h. es ist $\mathrm{d}\boldsymbol{A}_I = \boldsymbol{e}_1\,\mathrm{d}A$ bzw. $\mathrm{d}A_1 = n_1\,\mathrm{d}A$ mit $n_1 = 1$ und $n_2 = n_3 = 0$. Die Umfangskraft F_t, die in tangentialer Richtung an der Integrationsfläche angreift, hat die Richtung der Koordinate $x_2 = x$, d. h. es ist $F_\mathrm{t} = F_2$. Damit liefert (1.1.58) mit $\mu = \mu_0$ für die Kraft

$$F_\mathrm{t} = F_2 = \oint T_{21} n_1\,\mathrm{d}A = \mu_0 \int_I H_2 H_1\,\mathrm{d}A = \mu_0 l_\mathrm{i} \int_0^{D\pi} H_\mathrm{t} H_\mathrm{n}\,\mathrm{d}x \;, \qquad (1.1.64)$$

und man erhält für das Drehmoment unter Einführung des Durchmesser D der Integrationsfläche I und der ideellen Länge l_i

$$\boxed{m = F_\mathrm{t} \frac{D}{2} = \frac{D l_\mathrm{i}}{2} \mu_0 \int_0^{D\pi} H_\mathrm{t} H_\mathrm{n}\,\mathrm{d}x} \;. \qquad (1.1.65)$$

Dabei bezeichnen H_t und H_n die Tangential- bzw. Normalkomponente der magnetischen Feldstärke auf der Integrationsfläche. Mit (1.1.65) wird das Drehmoment aus den Feldgrößen im Luftspalt durch Integration gewonnen. Damit ist für das Drehmoment als mechanische Integralgröße ein gleichartiger Bestimmungsweg gewonnen wie für die induzierte Spannung als elektrische Integralgröße. Es muss allerdings zur Bestimmung des Drehmoments über ein Produkt von Feldgrößen integriert werden, während man die induzierte Spannung durch Integration allein über die Feldgröße

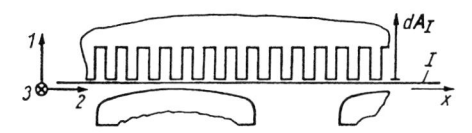

Bild 1.1.11 Zur Ermittlung des Drehmoments einer rotierenden elektrischen Maschine mit Hilfe des Maxwellschen Spannungstensors

H_n erhält. Gegenüber dem allgemein üblichen Weg, der das Drehmoment über eine Energiebilanz unter Verwendung der induzierten Spannung gewinnt und der auch im Band *Grundlagen elektrischer Maschinen* beschritten wurde, ist es zur Anwendung von (1.1.65) erforderlich, das Luftspaltfeld genauer zu kennen. Man erhält andererseits einen tieferen Einblick in den Mechanismus der Entstehung des Drehmoments. Die größere Einfachheit des Weges über die Energiebilanz ist letztlich dadurch begründet, dass man sich die Wicklungen aus linienhaften Leitern bestehend denkt und die Energie damit auf der elektrischen Seite als Produkt aus den Integralgrößen Stromstärke und Spannung darstellbar ist. Die Produktbildung findet also in diesem Fall auf der Ebene von Integralgrößen statt.

Wenn eine Integrationsfläche mit anderem Durchmesser D verwendet wird, verändern sich die Verläufe $H_t(x)$ und $H_n(x)$ in einem betrachteten Zeitpunkt, aber der Wert des Integrals $\int_0^{D\pi} H_t H_n \, dx$ in (1.1.65) bleibt unverändert, da man den gleichen Wert für das Drehmoment erhalten muss.

b) Zusammenwirken von Harmonischen der Feldkomponenten H_n und H_t

In einer rotierenden elektrischen Maschine hat die Beschreibung des Luftspaltfelds entlang einer Koordinate x in Umfangsrichtung stets periodischen Charakter. Im einfachsten Fall ist die Periodenlänge gleich dem Umfang $D\pi$. Die Feldkomponenten H_n und H_t auf der Integrationsfläche sind dann ebenfalls periodische Funktionen von x und lassen sich allgemein in jedem Augenblick darstellen als

$$H_t = \sum \hat{H}_{t\nu'} \cos\left(\nu' \frac{2\pi}{D\pi} x - \varphi_{t\nu'}\right) \tag{1.1.66a}$$

$$H_n = \sum \hat{H}_{n\mu'} \cos\left(\mu' \frac{2\pi}{D\pi} x - \varphi_{n\mu'}\right) . \tag{1.1.66b}$$

Die Integration über den Umfang $D\pi$ entsprechend (1.1.65) liefert nur für Produkte der Tangential- und Normalkomponenten solcher Harmonischen von Null verschiedene Werte, die gleiche Ordnungszahlen aufweisen, d. h. für

$$\mu' = \nu' .$$

Ein Drehmoment wird also in irgendeinem Zeitpunkt nur durch das Zusammenwirken einer tangentialen Feldkomponente mit einer normalen Feldkomponente gleicher Ordnungszahl gebildet. Es beträgt

$$m_{\nu'} = \mu_0 \frac{\pi}{2} D^2 l_i \hat{H}_{t\nu'} \hat{H}_{n\nu'} \cos(\varphi_{t\nu'} - \varphi_{n\nu'}) . \tag{1.1.67}$$

Daraus folgt als weitere Erkenntnis, dass zwei Feldwellen H_t und H_n trotz gleicher Ordnungszahl dann kein Drehmoment bilden, wenn sie um eine viertel Wellenlänge gegeneinander versetzt sind.

c) Einführung von Ersatzanordnungen zur Ermittlung des Drehmoments

Die tatsächliche Geometrie des Luftspaltraums und die tatsächliche Anordnung der stromdurchflossenen Leiter in Nuten können offensichtlich dann durch Ersatzanordnungen nachgebildet werden, wenn diese das gleiche Luftspaltfeld bzw. die gleichen Komponenten H_t und H_n auf der Integrationsfläche hervorrufen. Derartige Ersatzanordnungen sind z. B. solche, die anstelle der tatsächlichen Anordnung der stromdurchflossenen Leiter flächenhafte Strömungen – sog. *Strombeläge* – auf der dem Luftspalt zugewendeten Oberfläche des betrachteten *Hauptelements*, d. h. des Ständers oder des Läufers, verwenden.

Man erhält einfache und damit bequem handhabbare Ersatzanordnungen, wenn auf die Nachbildung von Feinheiten des Feldverlaufs verzichtet wird. Solche Feinheiten rühren vor allem vom Einfluss der offenen Nuten auf das Feldbild und von der Konzentration der stromdurchflossenen Leiter in den Nuten her. Sie sind i. Allg. von sekundärem Einfluss auf das Drehmoment.

Wenn der Einfluss der Nutung auf das Luftspaltfeld vernachlässigt wird, erhält man eine glatte Oberfläche des betrachteten Hauptelements. Dabei muss der Luftspalt etwas vergrößert gedacht werden, um bei gleicher Durchflutung gleiche über die Nutteilung gemittelte Werte des Luftspaltfelds zu erhalten. Die stromdurchflossenen Leiter des betrachteten Hauptelements sind dann entweder in Nuten mit unendlich schmalen Nutschlitzen untergebracht zu denken, oder sie werden durch einen Strombelag A auf der glatten Oberfläche ersetzt.

Der Strombelag A wiederum kann den tatsächlichen Verlauf der Durchflutungsverteilung durch seinen Verlauf $A(x)$ entlang einer Umfangskoordinate x mehr oder weniger genau nachbilden. Im einfachsten Fall wird der Strombelag abschnittsweise als konstant angenommen, d. h. die Durchflutung einer Nut wird gleichmäßig über die Nutteilung verteilt. Man erhält einen treppenförmigen Verlauf $A(x)$. In einer weiteren Vereinfachung unterwirft man diesen Verlauf der harmonischen Analyse und betrachtet die einzelnen Harmonischen. Eine bessere Wiedergabe des Einflusses der Konzentration der stromdurchflossenen Leiter auf die Nuten erhält man, wenn der Strombelag als Dirac-Impuls mit einer Fläche entsprechend der Nutdurchflutung an der Stelle der Nutschlitzmitte angesetzt wird. In Tabelle 1.1.4 sind die verschiedenen Möglichkeiten hinsichtlich der Einführung von Ersatzanordnungen zusammengestellt.

Es ist naheliegend, die Integrationsfläche mit einer der beiden dem Luftspaltraum zugewendeten Oberflächen der Hauptelemente zusammenfallen zu lassen. Dann liegt der Strombelag des betreffenden Hauptelements auf der Integrationsfläche. Er bestimmt nach der Aussage des Durchflutungsgesetzes auf den im Bild 1.1.12 eingetragenen Integrationsweg unmittelbar die Tangentialkomponente H_t der magnetischen Feldstärke auf der Integrationsfläche zu

$$H_\text{t}(x) = A(x) \,, \qquad (1.1.68)$$

Tabelle 1.1.4 Ersatzanordnungen für ein genutetes Hauptelement hinsichtlich des von den stromdurchflossenen Leitern aufgebauten Luftspaltfelds

Reale Anordnung	Ersatzanordnung mit Nutschlitzbreite $b_s \to 0$	Ersatzanordnung mit Strombelag		
		konstant über der Nutteilung	konstant über der Nutöffnung	als Dirac-Impuls

sinusförmig entsprechend der harmonischen Analyse der Verteilung des Strombelags der Ersatzanordnung oder zugeordnet den entsprechenden Harmonischen der Feldgrößen des Luftspaltfelds

solange auf dem Rückweg des Integrationswegs durch das Hauptelement kein magnetischer Spannungsabfall auftritt. Diese Voraussetzung trifft auf alle Fälle zu, wenn mit $\mu_{Fe} \to \infty$ gerechnet wird. Sie ist aber i. Allg. auch unter realen Bedingungen weitgehend erfüllt, da die Feldstärken im Eisen vergleichsweise klein und vorwiegend senkrecht zur Koordinate x gerichtet sind. Unter Voraussetzung der Gültigkeit von (1.1.68) geht (1.1.65) für das Drehmoment über in

$$m = \frac{1}{2} D l_i \mu_0 \int_0^{D\pi} H_n(x) A(x) \, dx = \frac{1}{2} D l_i \int_0^{D\pi} B_n(x) A(x) \, dx \, . \tag{1.1.69}$$

Diese Beziehung erhält man auch über die Volumendichte der Kraft auf eine elektrische Strömung im magnetischen Feld nach (1.1.48), wenn über das Volumen der stromführenden Schicht mit $S(x) \, dV = l_i A(x) \, dx$ integriert wird. In (1.1.69) ist dann $B_n(x)$ die Normalkomponente der Induktion des resultierenden Luftspaltfelds auf der

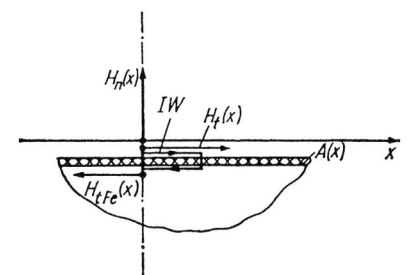

Bild 1.1.12 Zur Ermittlung des Einflusses der magnetischen Feldstärke im Eisen auf die Beziehung zwischen Strombelag und Tangentialkomponente der Feldstärke an der Oberfläche eines Hauptelements

ungenuteten gedachten Oberfläche des betrachteten Hauptelements. Sie wird aufgebaut unter der Wirkung des Strombelags $A(x)$ auf der Oberfläche des betrachteten Hauptelements und der Ströme des anderen Hauptelements. Letztere haben aber – wie bereits erwähnt – keinen Einfluss auf die Tangentialkomponente $H_\mathrm{t} = A$ auf der Oberfläche des betrachteten Hauptelements.

Wenn im betrachteten Hauptelement $\mu \neq \infty$ herrscht, liefert die Anwendung des Durchflutungsgesetzes auf den Integrationsweg im Bild 1.1.12 mit der dort eingetragenen Zählrichtung für die tangentiale Komponente $H_\mathrm{t\,Fe}$ der Feldstärke im Eisen

$$H_\mathrm{t}(x) = A(x) - H_\mathrm{t\,Fe}(x) \,. \tag{1.1.70}$$

Damit wird $H_\mathrm{t}(x) < A(x)$, und man erhält entsprechend (1.1.65) ein kleineres Drehmoment. Dabei bleibt der Beitrag der stromführenden Schicht unverändert, aber an der darunter liegenden Grenzfläche zum Gebiet mit $\mu = \mu_\mathrm{Fe}$ greifen Schubspannungen nach Maßgabe von H_n und $H_\mathrm{t\,Fe}$ an und liefern ein entgegengerichtetes Drehmoment, das sich wiederum mit Hilfe von (1.1.65) bestimmen lässt. Eine oberflächliche Betrachtung der Verhältnisse lässt diesen Sachverhalt leicht verlorengehen.

d) Anordnungen mit zwei rotationssymmetrischen Hauptelementen

Wenn beide Hauptelemente 1 und 2 rotationssymmetrisch sind und der Einfluss der Nutung nicht berücksichtigt werden soll, stehen sich die beiden glatten Oberflächen der Hauptelemente im Abstand der konstanten Luftspaltlänge δ gegenüber. Dabei tragen sie die Strombeläge $A_1(x)$ und $A_2(x)$, wenn man die tatsächliche Verteilung der stromdurchflossenen Leiter durch Strombeläge ersetzt. Bild 1.1.13 zeigt einen Abschnitt des Luftspaltraums, wobei die positiven Zählrichtungen für die einzelnen Größen angegeben sind. Es wird angenommen, dass in beiden Hauptelementen mit $\mu_\mathrm{Fe} \to \infty$ gerechnet werden kann.

Die Tangentialkomponenten H_t1 und H_t2 der magnetischen Feldstärke auf den Oberflächen der Hauptelemente werden jeweils nur vom eigenen Strombelag bestimmt. Es gilt mit $\mu_\mathrm{Fe} \to \infty$ entsprechend (1.1.68)

$$H_\mathrm{t1} = H_\mathrm{t1}(A_1) = A_1 \tag{1.1.71a}$$

$$H_\mathrm{t2} = H_\mathrm{t2}(A_2) = -A_2 \,. \tag{1.1.71b}$$

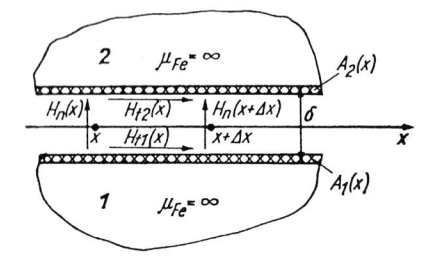

Bild 1.1.13 Zur Ermittlung des Zusammenhangs zwischen den Feldkomponenten an den Oberflächen der Hauptelemente und den Strombelägen bei konstantem Luftspalt

Demgegenüber rührt die Normalkomponente H_n der magnetischen Feldstärke im Luftspalt von der gemeinsamen Wirkung beider Strombeläge her, d. h. es ist

$$H_\mathrm{n} = H_\mathrm{n}(A_1, A_2) = H_\mathrm{n}(A_1) + H_\mathrm{n}(A_2) \ ,$$

und man erhält durch Anwendung des Durchflutungsgesetzes

$$\delta \frac{\mathrm{d}H_\mathrm{n}}{\mathrm{d}x} = \delta \frac{\mathrm{d}H_\mathrm{n}(A_1)}{\mathrm{d}x} + \delta \frac{\mathrm{d}H_\mathrm{n}(A_2)}{\mathrm{d}x} = -A_1(x) - A_2(x) \ . \tag{1.1.72}$$

Es soll nun zunächst eine Strombelagswelle eines Hauptelements, z. B. des Hauptelements 1, betrachtet werden. Diese ruft entsprechend (1.1.71a) eine Welle der Tangentialkomponente der magnetischen Feldstärke auf der Oberfläche des Hauptelements 1 hervor entsprechend

$$H_{\mathrm{t}1\nu'} = A_{1\nu'} \ .$$

Außerdem entsteht eine Welle der Normalkomponente der magnetischen Feldstärke im Luftspalt, für die man mit (1.1.72)

$$\delta \frac{\mathrm{d}H_{\mathrm{n}\nu'}}{\mathrm{d}x} = -A_{1\nu'}$$

erhält. Damit gilt

$$H_{\mathrm{t}\nu'} = -\delta \frac{\mathrm{d}H_{\mathrm{n}\nu'}}{\mathrm{d}x} \ , \tag{1.1.73}$$

d. h. die Wellen der beiden Feldkomponenten auf der Oberfläche des betrachteten Hauptelements sind um eine viertel Wellenlänge gegeneinander verschoben. Wenn diese Oberfläche als Integrationsfläche zur Bestimmung des Drehmoments nach (1.1.65) verwendet wird, gewinnt man unmittelbar die Aussage, dass herrührend von einer einzelnen Strombelagswelle kein Drehmoment entsteht. Das gleiche Ergebnis erhält man natürlich für jede andere Lage der Integrationsfläche. Wenn man sie z. B. ganz zur Oberfläche des Hauptelements 2 hin verschiebt, wird $H_{\mathrm{t}\nu'} = H_{\mathrm{t}2} = 0$ und damit wiederum kein Drehmoment berechnet.

Aus den vorstehenden Betrachtungen folgt die wichtige Erkenntnis, dass im Fall $\delta =$ konst. nur dann ein Drehmoment entstehen kann, wenn beide Hauptelemente Strombelagswellen der entsprechenden Ordnungszahl führen. Aus der Sicht der Lage der Integrationsfläche auf der Oberfläche des Hauptelements 1 ergibt sich dann, dass die Welle der Tangentialkomponente entsprechend (1.1.71a) allein von der Strombelagswelle $A_{1\nu'}$ des Hauptelements 1 und die für die Drehmomentbildung wirksame Welle der Normalkomponente $H_{n\nu'}$ entsprechend (1.1.72) allein von der Strombelagswelle $A_{2\nu'}$ des Hauptelements 2 herrührt.

Die Wellen des Luftspaltfelds werden i. Allg. nur als die Wellen der Normalkomponenten der Luftspaltinduktion beschrieben. Von einem Zusammenwirken solcher Feldwellen zur Drehmomentbildung kann man offensichtlich nur deshalb sprechen, weil der Normalkomponente über (1.1.73) notwendig eine Tangentialkomponente zugeordnet ist. Die Entstehung des Drehmoments aus dem Zusammenwirken einer Ständerwelle und einer Läuferwelle des Luftspaltfelds, die jeweils als die Wellen der Normalkomponenten verstanden werden, kann dann auf zwei Arten gedeutet werden: Aus der Sicht einer Integrationsfläche, die auf der Ständeroberfläche liegt, reagiert die der Ständerwelle dort zugeordnete Welle der Tangentialkomponente des Felds mit der Läuferwelle. Wenn man als Integrationsfläche die Läuferoberfläche benutzt, wirkt dort die der Läuferwelle zugeordnete Welle der Tangentialkomponente mit der Ständerwelle zusammen.

e) Gewinnung von Aussagen über den Mechanismus der Drehmomentbildung

Wichtige Erkenntnisse über die Entstehung eines Drehmoments in Anordnungen mit konstantem Luftspalt herrührend von Feldwellen einer Ordnungszahl wurden bereits im Unterabschnitt 1.1.2.2d gewonnen.

Im vorliegenden Unterabschnitt soll zunächst eine Interpretation des Ergebnisses erfolgen, das als (1.1.65) für das Drehmoment einer rotierenden elektrischen Maschine mit Hilfe des Maxwellschen Spannungstensors erhalten wurde, wobei die Integrationsfläche eine koaxial im Luftspalt liegende Kreiszylinderfläche ist. Das Produkt der beiden Feldkomponenten H_n und H_t hat nur an solchen Stellen einen endlichen Wert, wo beide Komponenten vorhanden sind. Das bedeutet, dass die Feldlinien die Integrationsfläche nicht oder zumindest nicht überall senkrecht durchstoßen dürfen. Sie müssen vielmehr im Mittel gegenüber der Normalen geneigt sein, und zwar in Richtung des am betrachteten Hauptelement angreifenden Drehmoments. Das bedeutet, dass im Mittel mit einem Vorzeichenwechsel der Normalkomponente auch ein Vorzeichenwechsel der Tangentialkomponente verbunden sein muss. Diese Überlegungen lassen sich veranschaulichen, wenn man die Integrationsfläche, angepasst an den Verlauf der Feldlinien, in kleinen Abschnitten abwechselnd in Richtung der Feldstärke, d. h. entlang einer Feldlinie, und in Richtung senkrecht dazu führt. Dabei soll die Integrationsfläche entsprechend Bild 1.1.14a im Mittel die ursprüngliche Gestalt einer Kreiszylinderoberfläche behalten. In dem jeweils angepassten Koordinatensystem x'_1, x'_2 gilt für den Spannungstensor (1.1.63). Man erhält die Teilkräfte auf die kleinen Abschnitte der Integrationsfläche unmittelbar aus dem Längszug σ_1 und dem Querdruck p_q auf die Flussröhrenabschnitte. Die Tangentialkomponenten dieser Teilkräfte wiederum liefern Beiträge zur Umfangskraft bzw. zum Drehmoment. Im Bild 1.1.14b

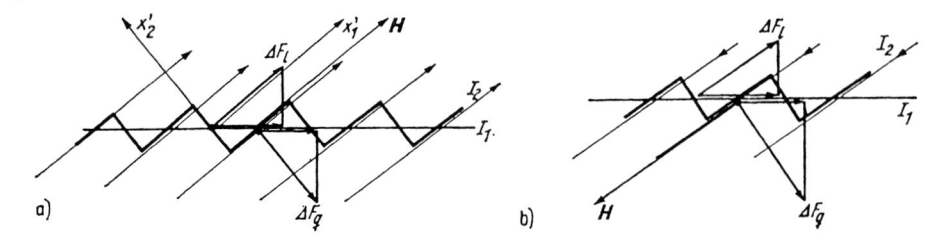

Bild 1.1.14 Deutung der Entstehung des Drehmoments aus dem Längszug und dem Querdruck der Flussröhrenabschnitte im Luftspalt.
a) Einführung einer dem Verlauf der Feldlinien angepassten Integrationsfläche und Teilkräfte auf zwei zusammengehörige Abschnitte der Integrationsfläche;
b) Teilkräfte bei Umkehr der Feldrichtung.
I_1 ursprüngliche Integrationsfläche
I_2 angepasste Integrationsfläche

wird demonstriert, dass sich in einem anderen Bereich der Integrationsfläche mit umgekehrter Richtung der Normalkomponente des Felds auch die Tangentialkomponente umkehren muss, wenn die Komponenten der beiden Teilkräfte das Drehmoment des ersten Abschnitts unterstützen sollen.

Betrachtet man ein Hauptelement mit ausgeprägter Nutung und legt die Integrationsfläche zur Ermittlung des Drehmoments mit Hilfe von (1.1.65) als Kreiszylinderfläche auf die Oberfläche des Hauptelements, so erkennt man aus Bild 1.1.15, dass die drehmomentbildenden Tangentialkomponenten der Kräfte vom Feld im Gebiet der Nutöffnung herrühren. An der dem Luftspalt zugewendeten Seite der Zahnköpfe entstehen keine Tangentialkomponenten der Kräfte.

An dieser Stelle bietet es sich an, die Aufmerksamkeit darauf zu lenken, dass sich die Verteilung der Schubspannungen τ auf der kreiszylinderförmigen Integrationsfläche

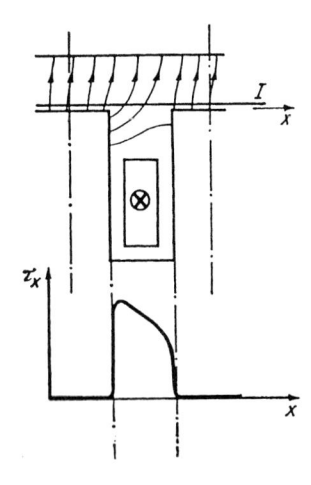

Bild 1.1.15 Entstehung der Umfangskraft auf einer kreiszylindrischen Integrationsfläche, die über die Flanken der Zahnköpfe verläuft, aus der Schubspannung τ im Bereich der Nutöffnung

Bild 1.1.16 Zur Änderung der Schubspannungsverteilung auf der Integrationsfläche in Abhängigkeit von deren Lage im Luftspalt

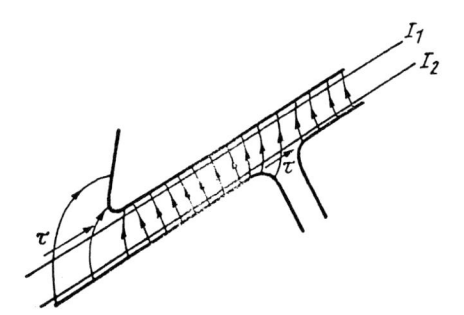

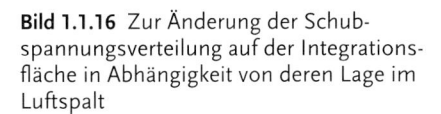

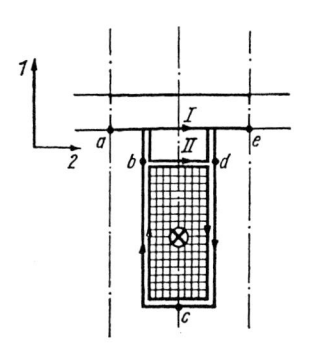

Bild 1.1.17 Spuren der Integrationsflächen zur Ermittlung der einzelnen Anteile zum Beitrag einer Nutteilung zur Umfangskraft

in Abhängigkeit von deren Lage im Luftspalt i. Allg. stark ändert. Dabei folgt diese Änderung nicht etwa unmittelbar dem Verlauf der Feldlinien. Im Bild 1.1.16 wird dieser Sachverhalt am Beispiel erläutert.

Um den Mechanismus der Entstehung der drehmomentbildenden Kräfte weiter zu analysieren, sind im Bild 1.1.17 die Spuren einer Reihe von Integrationsflächen eingetragen. Man erhält den Beitrag F_n einer Nutteilung zur Umfangskraft unter Benutzung der Integrationsflächen I oder II zu

$$F_\mathrm{n} = \int_a^e \ldots = \int_a^b \ldots + \int_b^d \ldots + \int_d^e \ldots \;. \qquad (1.1.74)$$

Demgegenüber liefert die Integration über die Leiteroberfläche unmittelbar die Kraft F_{nL} auf das stromdurchflossene Leiterpaket in der Nut zu

$$F_\mathrm{nL} = \int_b^d \ldots + \int_d^c \ldots + \int_c^b \ldots \;. \qquad (1.1.75)$$

Die Differenz zwischen F_n und F_{nL} stellt die im oder am ferromagnetischen Körper des betrachteten Hauptelements angreifende Kraft $F_{n\,Fe}$ dar. Man erhält sie aus (1.1.74) und (1.1.75) zu

$$F_\mathrm{n\,Fe} = F_\mathrm{n} - F_\mathrm{nL} = \int_a^c \ldots + \int_c^e \ldots \;, \qquad (1.1.76)$$

d. h. unter Benutzung einer Integrationsfläche, die unmittelbar an der Oberfläche des ferromagnetischen Körpers entlanggeführt wird. Solange $\mu_{Fe} \to \infty$ gilt, entstehen in dessen Innerem wegen $H_{Fe} = 0$ keine Kräfte, so dass der durch (1.1.76) gegebene Anteil Grenzflächenkräfte repräsentiert, die besonders an einer der beiden Zahnflanken

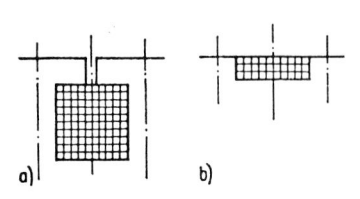

Bild 1.1.18 Extreme Nutformen.
a) Praktisch ohne Kraftwirkung auf die stromdurchflossenen Leiter;
b) überwiegender Anteil der Kraftwirkung auf die stromdurchflossenen Leiter

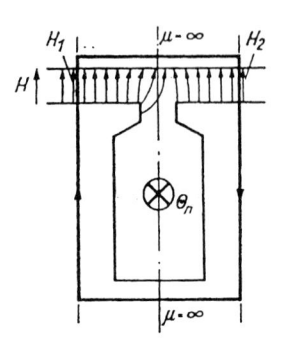

Bild 1.1.19 Zur Ermittlung der Kraft auf eine Nutteilung aus dem Querdruck auf die Feldlinien im Bereich der Zahnmitte

in der Nähe der Nutöffnung angreifen (vgl. Bild 1.1.15). Wenn $\mu_{Fe} \to \infty$ nicht mehr gilt, können auch an den dem Luftspalt zugewendeten Seiten der Zahnköpfe Grenzflächenkräfte in tangentialer Richtung auftreten, und wenn schließlich berücksichtigt wird, dass $\mu_{Fe} \neq$ konst. ist, verlagert sich ein Teil der nach (1.1.76) ermittelten Kräfte ins Innere des ferromagnetischen Körpers. Wie sich die Kraft F_n auf die beiden Anteile $F_{n\,Fe}$ und F_{nL} aufteilt, hängt von der speziellen Ausführung der Geometrie der Nutteilung ab. Im Bild 1.1.18a ist eine Ausführung gezeigt, bei der praktisch kein Anteil F_{nL} auftritt, während dieser Anteil bei der Ausführung nach Bild 1.1.18b überwiegt. Im Fall der Ersatzanordnung mit Strombelag und glatter Oberfläche tritt allein der Anteil F_{nL} auf, solange $\mu_{Fe} \to \infty$ ist. Bei realen Nutgeometrien überwiegt der Anteil $F_{n\,Fe}$.

Bild 1.1.19 zeigt nochmals eine Nutteilung eines Hauptelements, dem sich ein ungenutetes Hauptelement gegenüber befindet. Zur Ermittlung der Kraft F_n ist die Integrationsfläche in die Oberfläche des gegenüberliegenden Hauptelements gelegt worden. Wenn man annimmt, dass $\mu_{Fe} \to \infty$ gilt und das Luftspaltfeld im Gebiet der Zahnmitte quasihomogen ist, erhält man als Aussage des Durchflutungsgesetzes entlang der Spur der Integrationsfläche

$$(H_1 - H_2)\delta = \Theta_n . \tag{1.1.77}$$

Dabei ist Θ_n die Nutdurchflutung. Zur Kraft in Umfangsrichtung liefern nur die durch den Luftspalt verlaufenden Abschnitte der Integrationsfläche Beiträge. Man erhält mit (1.1.63) aus (1.1.58)

$$F_n = \oint T_{2n} n_n \, dA = \frac{\mu}{2}(H_1^2 - H_2^2) l_i \delta . \tag{1.1.78}$$

Die Umfangskraft entsteht für diese Integrationsfläche aus den Unterschieden des Querdruckes auf die Flussröhrenabschnitte in Zahnmitte. Wenn man (1.1.77) in (1.1.78) einsetzt und gleichzeitig beachtet, dass $\mu_0 1/2 (H_1 + H_2)$ die mittlere Luftspaltinduktion B_m über der betrachteten Nutteilung ist, ergibt sich

$$F_\mathrm{n} = \Theta_\mathrm{n} B_\mathrm{m} l_\mathrm{i} \,. \tag{1.1.79}$$

Das ist die Kraft, die die stromdurchflossenen Leiter der Nut im Luftspaltfeld der Induktion B erfahren würden. Man kann sich also die Leiter auf der Ankeroberfläche angeordnet denken. Auf diesem Weg wird nochmals bestätigt, dass es berechtigt ist, anstelle der stromdurchflossenen Leiter in den Nuten einen Strombelag auf der Oberfläche des betrachteten Hauptelements vorzusehen. Dabei ist dann $\Theta_\mathrm{n} = A\tau_\mathrm{n}$, wenn dieser Strombelag über der Nutteilung als konstant angesetzt wird (vgl. Tab. 1.1.4).

1.2
Systematisierung der rotierenden elektrischen Maschinen

Jede Systematisierung der rotierenden elektrischen Maschinen muss sich an bestimmten Eigenschaften orientieren. Sie ist damit von der Blickrichtung abhängig, unter der ein Ordnungsprinzip gesucht wird. Eine einheitliche Systematisierung ist also weder zu erwarten noch möglich. Die Systematisierung unter einem Aspekt führt notwendigerweise zu Einordnungsschwierigkeiten unter einem anderen Aspekt. Die geschlossenen Darstellungen des Gesamtgebiets der rotierenden elektrischen Maschinen leiden oft unter dem Zwang, den sie sich durch die Entscheidung hinsichtlich der Systematisierung selbst auferlegt haben. Es erscheint deshalb sinnvoll, den weiteren Betrachtungen einige Gedanken zu den Möglichkeiten der Systematisierung voranzustellen.

1.2.1
Triviale Systematisierungen

Unter trivialen Systematisierungen sollen solche verstanden werden, die sich aus dem grundsätzlichen Aufbau, dem Verwendungszweck und den nach außen in Erscheinung tretenden Eigenschaften und Parametern ergeben. Sie betrachten also den inneren Mechanismus nicht oder nur oberflächlich. Dabei herrscht eine große Mannigfaltigkeit, so dass die folgende Zusammenfassung wichtiger derartiger Systematisierungen keinen Anspruch auf Vollständigkeit erhebt.

Unter dem Blickwinkel der *Baugröße* werden Kleinst-, Klein-, Mittel- und Großmaschinen unterschieden. Im untersten Bereich spricht man auch von Mikromaschinen. Die Grenzen zwischen den so gekennzeichneten Baugrößen sind nicht einheitlich fixiert. Meist spricht man bei einer Bemessungsleistung bis zu 1 W von Kleinstmaschinen, bis zu 1 kW von Kleinmaschinen, bis zu 1 MW von Mittelmaschinen und darüber von Großmaschinen.

Von der *Läuferart* her ist grundsätzlich zu unterscheiden zwischen Kommutatormaschinen mit Kommutatoranker und Schleifringläufermaschinen mit Schleifringläufer.[1] Besondere Formen des Läufers von Induktionsmaschinen sind die Kurzschlussläufer bzw. Käfigläufer sowie die Massivläufer. Sie führen auf Kurzschlussläufer- bzw. Käfigläufermaschinen sowie Massivläufermaschinen. In Form spezieller Ausführungsformen des Läufers gibt es weiterhin Scheibenläufermaschinen und Glockenläufer- bzw. Hohlläufermaschinen. Im ersten Fall rotiert ein scheibenförmiger Läufer in einem meist axialen Magnetfeld. Im zweiten Fall bildet der Läufer einen Hohlzylinder, der im radialen Magnetfeld zwischen innerem und äußerem Ständerteil rotiert.

Ausgehend von der *Kühlung* unterscheidet man zunächst entsprechend dem verwendeten Kühlmittel luftgekühlte, wassergekühlte und wasserstoffgekühlte Maschinen. Unter dem Gesichtspunkt der Kühlmittelführung werden Bezeichnungen gebraucht wie oberflächenbelüftete Maschinen, durchzugsbelüftete Maschinen usw., die sich an die Kennzeichnung des jeweiligen Kühlsystems nach IEC 60034-6 (DIN EN 60034-6) anlehnen.

Entsprechend dem realisierten *Schutzgrad* spricht man von offenen Maschinen, geschlossenen Maschinen, explosionsgeschützten Maschinen usw. Vielfach werden auch die IEC-Kennzeichnungen für den Schutzgrad nach IEC 60034-5 (DIN EN 60034-5) herangezogen und Bezeichnungen verwendet wie IP-44-Maschine usw.

Ausgehend von der *Art der Zusammenschaltung zwischen der Ständer- und der Läuferwicklung* werden die Bezeichnungen Nebenschlussmaschine und Reihenschlussmaschine verwendet.

Unter dem Blickwinkel der Kennzeichen der Spannungen und Ströme an den Klemmen wird zunächst entsprechend der Stromart unterschieden zwischen Gleichstrommaschinen, Wechselstrommaschinen und Drehstrommaschinen bzw. auch Einphasen- und Dreiphasen-Wechselstrommaschinen. Die Höhe der Bemessungsspannung führt zur Unterscheidung zwischen Niederspannungs- und Hochspannungsmaschinen. Unter *Konstantspannungsgeneratoren* versteht man Generatoren, die unter Ein- oder Anbau geeigneter Hilfseinrichtungen eine weitgehend belastungsunabhängige Spannung zur Verfügung stellen.

Je nach der im Bemessungsbetrieb vorliegenden Richtung des *Leistungsflusses* unterscheidet man Motoren und Generatoren. Eine Blindleistungsmaschine realisiert lediglich bestimmte Strom-Spannungs-Beziehungen an den Klemmen; es findet aber – von den Verlusten abgesehen – kein Leistungsumsatz statt.

Die Kennzeichen der mechanischen Größen an der Welle führen unter dem Gesichtspunkt des *Drehzahl-Drehmoment-Verhaltens* zur Unterscheidung zwischen Maschinen mit synchronem Verhalten, Maschinen mit Nebenschlussverhalten und Maschinen mit Reihenschlussverhalten.

---

1) Diese Unterscheidung kann eigentlich schon nicht mehr zu den trivialen gerechnet werden, da sie auch wichtige Unterschiede im inneren Mechanismus nach sich zieht. Im ersten Fall steht die Wicklungsachse des Läufers als Ganzes relativ zum Ständer fest, während sie sich im zweiten Fall mit dem Läufer mitbewegt. Das spielt eine große Rolle in der sog. *allgemeinen Theorie rotierender elektrischer Maschinen*.

Schrittmotoren führen diskontinuierliche Drehbewegungen in diskreten Schritten durch.

Ausgehend von *konstruktiven Besonderheiten* sind, entsprechend wichtigen an- oder eingebauten Antriebselementen, Bezeichnungen wie Getriebemotor, Bremsmotor usw. üblich. Wenn eine besonders augenfällige, vom üblichen abweichende konstruktive Gestaltung vorliegt, drückt sich das oft auch in einer entsprechenden Bezeichnung der Maschine aus, z. B. beim Tatzlagermotor, beim Schirmgenerator usw.

Vom *Aufbau des Magnetfelds* her ist entsprechend der Art der Einspeisung einer gleichstromdurchflossenen Erregerwicklung zu unterscheiden zwischen fremderregten Maschinen und selbsterregten Maschinen. Wenn das Magnetfeld mit Hilfe eines permanentmagnetischen Abschnitts im Magnetkreis aufgebaut wird, liegt eine permanentmagneterregte – oder kurz: permanenterregte – Maschine vor.

Aus der Sicht des Anwenders stellt der *Verwendungszweck* ein wichtiges Unterscheidungsmerkmal dar. Im Bereich kleiner bis mittlerer Leistungen werden Maschinen auf den Markt gebracht, die für verschiedene Aufgaben eingesetzt werden können. Man spricht dann von *Maschinen für allgemeine Verwendung*. Sie werden – vornehmlich als Motoren – auch in Form von Typenreihen mit genormten Leistungen auf der einen und genormten Anbaumaßen auf der anderen Seite als sog. *Normmotoren* bereitgestellt. Dabei gibt es auch Modifikationen mit besonders hohen Werten des Wirkungsgrads, die als *Energiesparmotoren* bezeichnet werden. Demgegenüber unterscheidet man bei großen Generatoren hinsichtlich der vorgesehenen Antriebsmaschinen zwischen Turbogeneratoren, Wasserkraft- bzw. Hydrogeneratoren, Windgeneratoren und Dieselgeneratoren. Motoren werden im Bereich großer Leistungen – und unter besonderen Gesichtspunkten auch in anderen Leistungsbereichen – vielfach für bestimmte Antriebsaufgaben gefertigt, z. B. als Walzmotoren, Fördermotoren, Bahnmotoren, Kranmotoren, Aufzugsmotoren, Ladewindenmotoren, Webmaschinenmotoren, Nähmaschinenmotoren, Stellmotoren usw.

1.2.2
Systematisierung nach der Lage der Feldwirbel

Die rotierenden elektrischen Maschinen benötigen einen magnetischen Kreis, in dem sich die Wirbel des magnetischen Felds ausbilden können. Außerdem sind Leiteranordnungen erforderlich, die diese Feldwirbel erregen, und solche, in denen von den Feldwirbeln her Spannungen induziert werden. Die Wirbel müssen, um den elektromechanischen Energieumsatz zu ermöglichen, zum Teil im feststehenden und zum Teil im rotierenden Hauptelement der Maschine verlaufen. Ausgehend von einem Zylinderkoordinatensystem entsprechend Bild 1.2.1, dessen z-Achse gleichzeitig die Rotationsachse der Maschine bilden soll, ergibt sich eine Reihe ausgezeichneter Lagen der Feldwirbel und damit der zugeordneten Spulen. Diese werden im Folgenden entwickelt und führen auf ein grundlegendes Ordnungsprinzip.

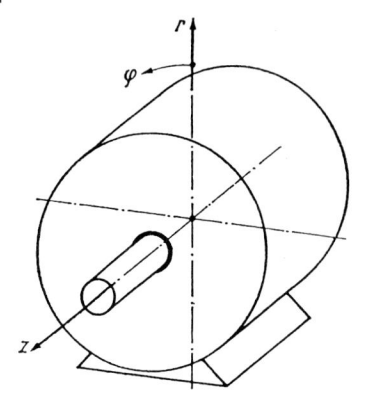

Bild 1.2.1 Koordinatensystem zur Einführung von Feldwirbeln mit ausgezeichneten Lagen

1.2.2.1 Feldwirbel in der r-φ-Ebene

Die Wirbel müssen entsprechend Bild 1.2.2a für eine symmetrische Anordnung gleichartig sein und paarweise mit alternierendem Umlaufsinn auftreten. Es ist erforderlich, dass die beiden Hauptelemente der Maschine ineinander angeordnet sind. Der Luftspalt, der zwischen Ständer und Läufer liegt bzw. der sich zwischen dem inneren und dem äußeren Teil eines Hauptelements befindet und in den das andere Hauptelement dann als Glocke hineinragt, ist radial gerichtet (s. Bild 1.2.2b). Das Luftspaltfeld in diesem Raum wird vor allem durch die Radialkomponente B_r beschrieben. Man beobachtet, von einer der Stirnseiten her gesehen, in Umfangsrichtung aufeinander folgend Gebiete mit wechselnder Richtung der Komponente B_r im Luftspalt. Ein derartiges Gebiet wird als *Pol* bezeichnet. Die Anzahl $2p$ der Pole ist gleich der der Feldwirbel; zwei benachbarte Pole bilden ein *Polpaar*. Man spricht von einem *heteropolaren Feld*. Die Anordnung mit radialem Luftspalt und heteropolarem Feld liegt der Mehrzahl der rotierenden elektrischen Maschinen zugrunde.

Die den Feldwirbeln zuzuordnenden Spulen müssen aus Sicht des Durchflutungsgesetzes Spulenseiten in Richtung e_z aufweisen (s. Bild 1.2.2c). Aus Sicht des Induktionsgesetzes erfordern sie Spulenachsen, die entweder in Richtung e_r (s. Bild 1.2.2d) oder in Richtung e_φ liegen (s. Bild 1.2.2e). Im ersten – und praktisch heute allein bedeutsamen – Fall kommt in den von den Spulen aufgespannten Flächen die Komponente B_r des Feldwirbels zur Wirkung und im zweiten die Komponente B_φ. Die Spulen liegen i. Allg. in Aussparungen in Form von Nuten oder Pollücken der beiden Hauptelemente; sie können aber auch unmittelbar auf der Oberfläche eines Hauptelements angeordnet sein. Dabei brauchen nicht beide Hauptelemente Wicklungen zu tragen. Schließlich besteht auch die Möglichkeit, dass eine Wicklung freitragend als Glocke in den Luftspaltraum ragt, der zwischen dem inneren und dem äußeren Teil eines der beiden Hauptelemente existiert, wobei die Glocke dann das andere Hauptelement bildet.

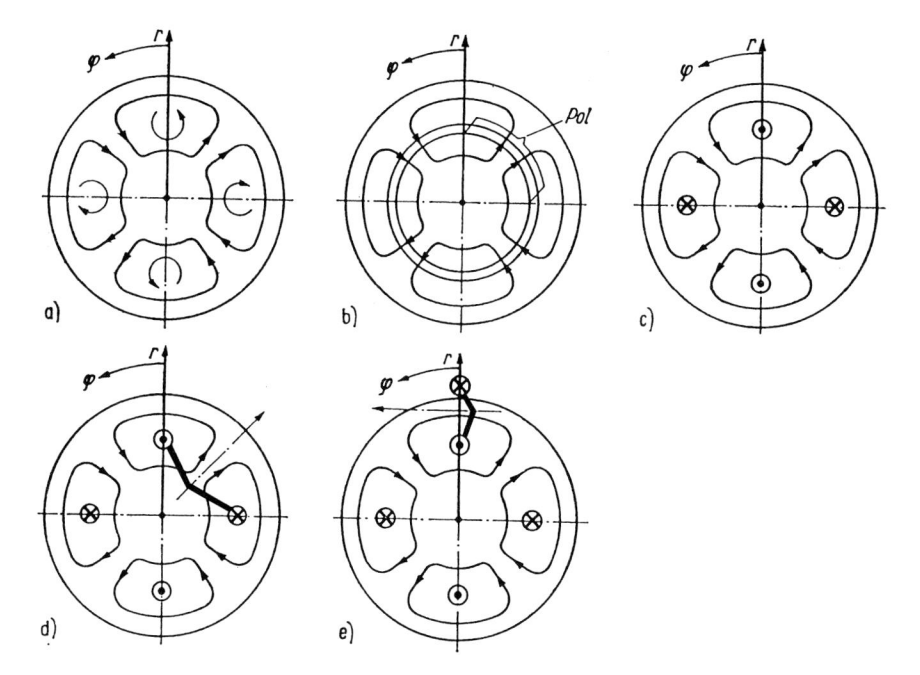

Bild 1.2.2 Entstehung der Anordnung mit radialem Luftspalt und heteropolarem Feld in der r-φ-Ebene für $2p = 4$.
a) Lage der Wirbel;
b) Einführung des radialen Luftspalts;
c) erforderliche Lage der Spulenseiten aus Sicht des Durchflutungsgesetzes;
d) Lage einer Spule mit der Spulenachse in Richtung $\boldsymbol{e}_\mathrm{r}$;
e) Lage einer Spule mit der Spulenachse in Richtung $\boldsymbol{e}_\varphi$

1.2.2.2 Feldwirbel in der z-φ-Ebene

Die Feldwirbel in der z-φ-Ebene müssen entsprechend Bild 1.2.3a für eine symmetrische Anordnung gleichartig sein und paarweise mit alternierendem Umlaufsinn auftreten. Die Hauptelemente der Maschine sind jedoch hintereinander anzuordnen, so dass ein axial gerichteter Luftspalt entsteht (s. Bild 1.2.3b). Dieser trennt entweder Ständer und Läufer voneinander, oder er existiert zwischen zwei Ständerteilen und nimmt einen scheibenförmigen Läufer auf bzw. ein scheibenförmiger Ständer befindet sich zwischen zwei Läuferteilen. Das Luftspaltfeld ist im Wesentlichen durch die Komponente B_z gekennzeichnet, die von Pol zu Pol die Richtung ändert. Es liegt also wiederum ein heteropolares Feld vor.

Die Spulen zur Erregung der Feldwirbel müssen aus Sicht des Durchflutungsgesetzes Spulenseiten in Richtung $\boldsymbol{e}_\mathrm{r}$ aufweisen (s. Bild 1.2.3c). Aus Sicht des Induktionsgesetzes benötigen sie Spulenachsen, die in Richtung $\boldsymbol{e}_\mathrm{z}$ liegen (s. Bild 1.2.3d) oder auch in Richtung $\boldsymbol{e}_\varphi$.

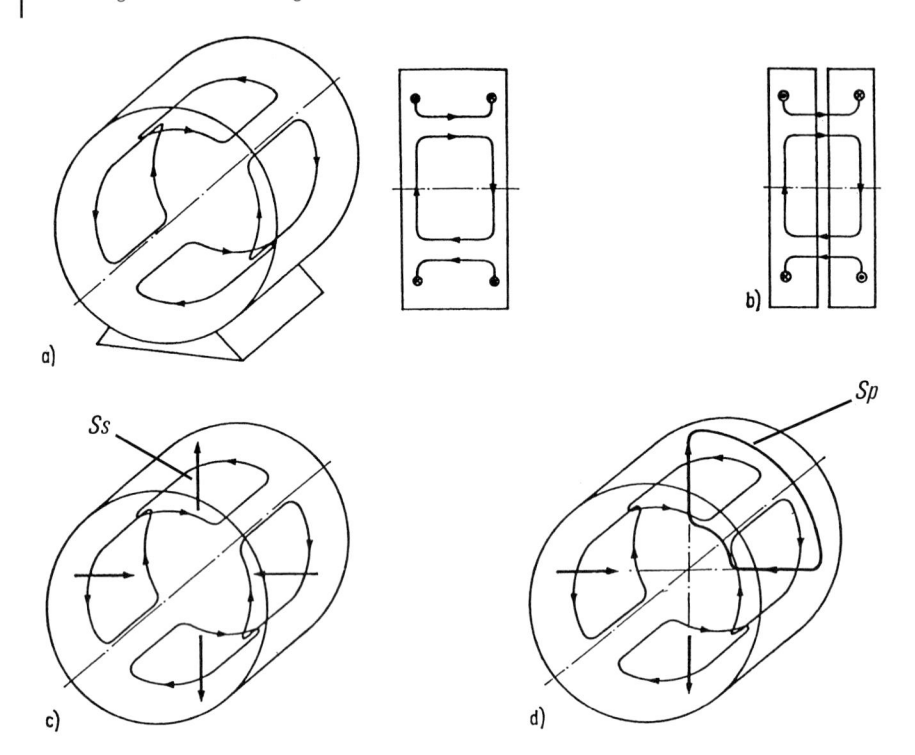

Bild 1.2.3 Entstehung der Anordnung mit axialem Luftspalt und heteropolarem Feld in der z-φ-Ebene für $2p = 4$.
a) Lage der Wirbel;
b) Entstehung des axialen Luftspalts;
c) erforderliche Lage der Spulenseiten (Ss) aus Sicht des Durchflutungsgesetzes;
d) Lage einer Spule (Sp) mit der Spulenachse in Richtung e_z

Rotierende elektrische Maschinen mit axialem Luftspalt finden sich z. B. als Gleichstrom-Stellmotoren mit einem Scheibenläufer, der eine aus dünnem Kupferblech ausgeschnittene Wicklung trägt, als Schrittmotoren mit einem aus einer permanentmagnetischen Scheibe bestehenden Läufer oder als Laufwerksantriebe mit einem scheibenförmigen, meist eisenlosen Ständer, auf dessen einer Seite permanentmagnetische Abschnitte und auf dessen anderer Seite ein weichmagnetischer Rückschluss rotieren. Es gibt auch Ausführungen von Induktionsmotoren mit axialem Luftspalt.

1.2.2.3 Feldwirbel in der r-z-Ebene

Wenn eine – von Nuten abgesehen – rotationssymmetrische Anordnung vorliegt, existiert nur ein gleichmäßig um den Umfang verteilter Feldwirbel, der sich entsprechend Bild 1.2.4a um eine kreisförmig in sich geschlossene Achse ausbildet. Bei Einführung eines radialen Luftspalts, der Ständer und Läufer voneinander trennt, entstehen in

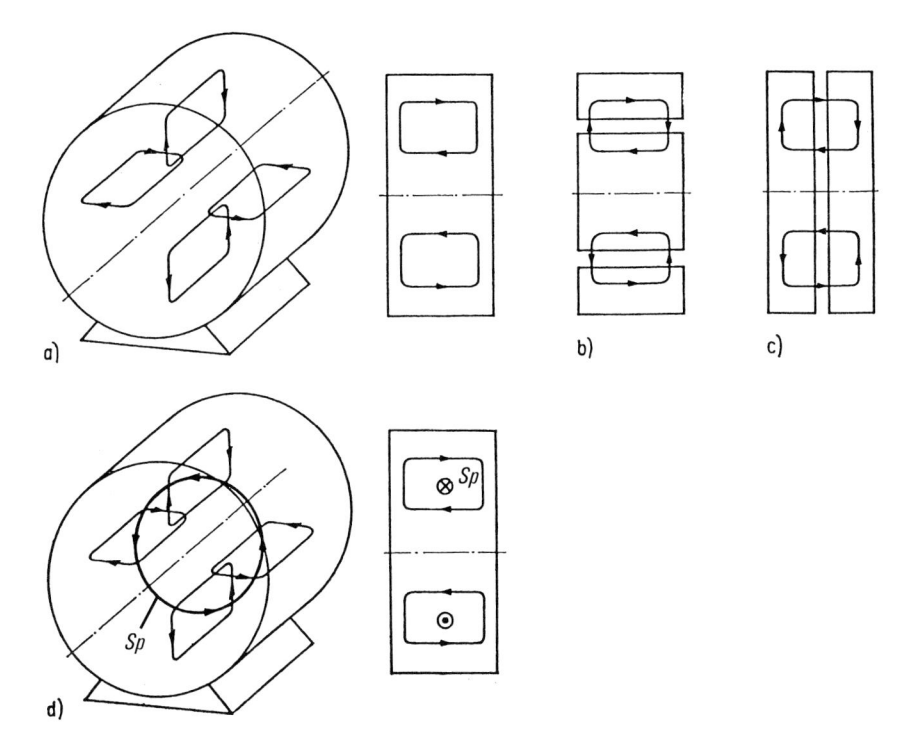

Bild 1.2.4 Entstehung der Anordnungen mit homopolarem Feld.
a) Lage des Feldwirbels;
b) Entstehung zweier ineinander liegender aktiver Zonen bei
   Einführung eines radialen Luftspalts;
c) Entstehung zweier hintereinander liegender aktiver Zonen bei
   Einführung eines axialen Luftspalts;
d) erforderliche Lage der Spule (Sp) aus Sicht des
   Durchflutungsgesetzes

axialer Richtung zwei Zonen (s. Bild 1.2.4b). In der einen verläuft das Feld entlang des gesamten Umfangs von außen nach innen und in der anderen von innen nach außen. Es liegt jeweils ein *homopolares Feld* vor. Wenn ein axialer Luftspalt eingeführt wird, entstehen die beiden Zonen in radialer Richtung. Falls der Läufer als Glocke oder Scheibe ausgebildet ist und in einen Luftspaltraum zwischen zwei Teilen des Ständers hineinragen soll, wird nur eine der beiden Zonen benötigt.

Den Feldwirbeln zugeordnet erfordert das Durchflutungsgesetz eine Erregerspule als Zylinderspule, deren Achse mit der Maschinenachse übereinstimmt (s. Bild 1.2.4d). In einer Reihe von Anwendungen des Prinzips wird diese mit Gleichstrom gespeist oder durch einen entsprechend angeordneten permanentmagnetischen Abschnitt ersetzt. Die dem Luftspalt zugewendeten Oberflächen sind genutet. In Spulen mit Achsen in Richtung e_r bei der Ausführung nach Bild 1.2.4b bzw. in Richtung e_z bei der Ausführung nach Bild 1.2.3c, die in den Ständernuten untergebracht sind, treten dann in Abhängigkeit von der Läuferbewegung Flusspulsationen auf, ohne dass sich die Feldrichtung umkehrt. Es kommt zur Spannungsinduktion und damit zur Möglichkeit eines elektromechanischen Energieumsatzes. Auf dieser Grundlage arbeiteten die vor dem Zeitalter der Leistungselektronik üblichen *Mittelfrequenzgeneratoren*, die zur Bereitstellung von Strömen und Spannungen im Bereich einiger hundert Hertz dienten. Eine heute übliche Anwendung des Prinzips der homopolaren Erregung durch eine gleichstromgespeiste Zylinderspule bzw. entsprechend angeordnete permanentmagnetische Abschnitte findet sich bei der Ausführung von Schrittmotoren als homopolar erregte *Hybridschrittmotoren* (s. Bd. *Grundlagen elektrischer Maschinen*, Abschn. 8.1.1). Sobald bei einem solchen Motor in den Spulen mit Achsen in Richtung e_r allerdings ein Strom fließt, resultieren aus diesem Feldwirbel in der r-φ-Ebene, welche sich dem homopolaren Feldwirbel in der r-z-Ebene zu einem komplizierteren dreidimensionalen Verlauf überlagern.

Eine andere Anwendung liegt bei der Unipolarmaschine vor (vgl. Abschn. 1.1.1.4, S. 7). Dabei rotiert eine rotationssymmetrische Scheibe in einer der beiden Zonen mit homopolarem rotationssymmetrischen Feld (s. Bild 1.2.3c). Der Luftspalt, in dem die zweite Zone auftreten würde, entfällt.

Wenn die den Feldwirbeln im Bild 1.2.4d zuzuordnende Zylinderspule als Ankerwicklung vorgesehen wird, gelangt man zu dem als *Transversalflussmaschine* bezeichneten Maschinenkonzept [13]. Dabei wird der Ständer in Umfangsrichtung in eine größere Zahl von Ankerelementen aufgelöst. Ihr Abstand voneinander beträgt etwa das Doppelte ihrer Breite. Der als Glocke in den Luftspalt der Ankerelemente hineinragende Läufer trägt permanentmagnetische Abschnitte mit etwa der Breite der Ankerelemente, die alternierend radial gerichtet magnetisiert sind und Flüsse durch die Ankerelemente antreiben. In Abhängigkeit von der Läuferbewegung werden alle Ankerelemente auf Grund der Zuordnung ihrer Geometrien zur Geometrie der permanentmagnetischen Abschnitte des Läufers von gleichphasigen Wechselflüssen durchsetzt. Man erhält über den gesamten Luftspaltraum gesehen ein homopolares Wechselfeld. Dabei ist die Induktion entlang des Umfangs im Gebiet zwischen den Ankerelementen jeweils eingesattelt. Herrührend von den Wechselflüssen in den Ankerelementen kommt es zur Spannungsinduktion in der Zylinderspule und damit zur Möglichkeit eines elektromechanischen Energieumsatzes. Bild 1.2.5 zeigt schematisch den Bereich zweier Ankerelemente AE einer entsprechend ausgeführten Maschine. Dabei wurde der in die Luftspalte der Ankerelemente ragende Läufer L nur als Band aneinandergereihter permanentmagnetischer Abschnitte PM dargestellt. An die Stelle der permanentmagnetischen Abschnitte kann auch eine Reluktanzstruktur treten. Der Anreiz der Anwendung des Transversalflusskonzepts besteht darin, dass im Gegensatz zu konventionellen Maschinen die Fläche A_a, die für die Unterbringung der Ankerwicklung zur Verfügung steht, und die Fläche A_Φ, die den bereitstellbaren Fluss bestimmt, voneinander unabhängig sind.

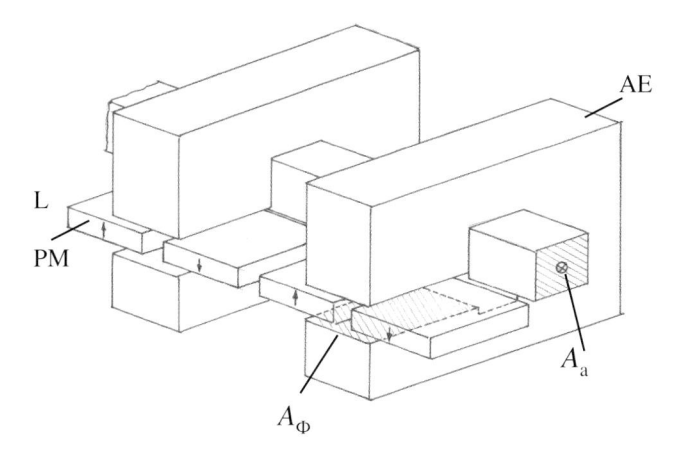

Bild 1.2.5 Schematische Darstellung des Ausschnitts mit zwei Ankerelementen einer Transversalflussmaschine mit Permanenterregung

1.2.2.4 Klauenpolprinzip

Den in den Abschnitten 1.2.2.1 bis 1.2.2.3 betrachteten Anordnungen ist gemeinsam, dass die Feldwirbel relativ einfache Verläufe aufweisen und jeweils nur zwei Feldkomponenten besitzen. Dem zugeordnet liegen dann relativ einfache Formen des Magnetkreises vor. Das führt auf der anderen Seite dazu, dass die einfachste Ausführung der Wicklung als eine Zylinderspule, deren Achse mit der Rotationsachse der Maschine zusammenfällt, nur im Zusammenhang mit der homopolaren Erregung eingesetzt werden kann (s. Bild 1.2.4d) und damit in der Anwendung eingeschränkt ist.

Um in Abwandlung des Transversalflussprinzips ein heteropolares Luftspaltfeld mit einer derartigen Zylinderspule zusammenwirken zu lassen, sind Feldwirbel erforderlich, die kompliziertere Verläufe aufweisen und alle Feldkomponenten besitzen. Das geschieht bei der Anwendung des Klauenpolprinzips dadurch, dass die von der Zylinderspule herrührenden Feldwirbel durch eine entsprechende Gestaltung des Magnetkreises deformiert werden (s. Bild 1.2.6a). Der Magnetkreis umfasst die Zylinderspule mit abwechselnd von beiden Stirnseiten ausgehenden Klauen. Diese stellen die Pole dar, von denen aus sich das Feld über den Luftspalt und das andere, rotationssymmetrische Hauptelement wie bei einer heteropolaren Erregung schließt. Die entstehenden Feldwirbel erfordern aus der Sicht des Durchflutungsgesetzes im Hauptelement mit den Klauenpolen Spulenseiten in Richtung e_φ und im anderen Hauptelement solche in Richtung e_z mit von Pol zu Pol wechselnder Stromrichtung (s. Bild 1.2.6b). Aus der Sicht des Induktionsgesetzes erfordert das Hauptelement mit den Klauenpolen die Zylinderspule, während die Spulenseiten des anderen Hauptelements zu Spulen verbunden werden müssen, die analog zu Bild 1.2.2d Spulenachsen in Richtung e_r haben oder im Prinzip auch analog zu Bild 1.2.2e solche in Richtung e_φ. Anstelle einer

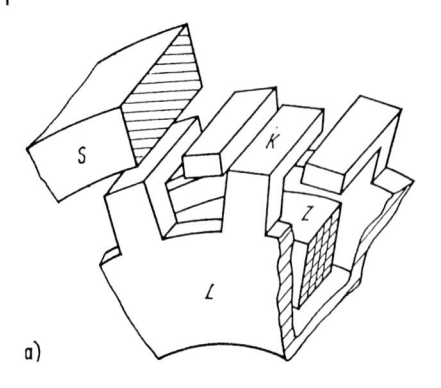

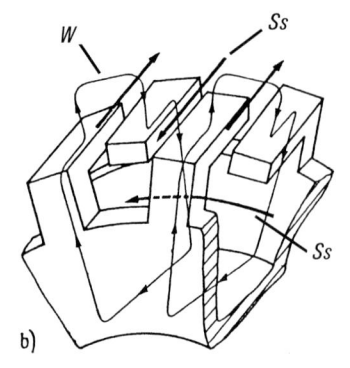

Bild 1.2.6 Entstehung der Anordnung mit Klauenpolerregung.
a) Gestaltung des Magnetkreises aus einem rotationssymmetrischen Hauptelement S (hier Ständer), einer Zylinderspule Z mit Spulenachse in der Maschinenachse und einem Hauptelement L (hier Läufer) mit Klauenpolen K;
b) Feldwirbel W und zugeordnete Lage der Spulenseiten Ss in beiden Hauptelementen aus Sicht des Durchflutungsgesetzes

Wicklung kann das rotationssymmetrische Hauptelement natürlich auch permanentmagnetische Abschnitte mit entsprechender Magnetisierungsrichtung besitzen.

Das Klauenpolprinzip wird z. B. im Läufer von Lichtmaschinen für Kraftfahrzeuge eingesetzt oder auch im Ständer – d. h. als Anker – von Fahrradlichtmaschinen oder von permanenterregten Schrittmotoren, wobei im letztgenannten Fall mehrsträngige Ausführungen dadurch realisiert werden, dass mehrere gleichartige Klauenpolsysteme axial hintereinander angeordnet werden.

1.2.3
Systematisierung nach dem Mechanismus der Drehmomentbildung

Für den Entstehungsprozess des Drehmoments einer rotierenden elektrischen Maschine gibt es eine Reihe grundsätzlicher Mechanismen. Im einfachsten Fall kommt in einer Ausführungsform einer elektrischen Maschine nur ein derartiger Mechanismus zur Wirkung. In vielen Fällen bzw. bei entsprechend verfeinerter Betrachtung sind es mehrere. Eine eingehende Betrachtung dieser Mechanismen erfolgt im Abschnitt 1.7. An dieser Stelle sollen lediglich ihre prinzipiellen Eigenheiten aufgezeigt werden, aus denen sich die Gesichtspunkte zur Systematisierung ableiten.

Im Unterabschnitt 1.1.2.2b, Seite 22, war erkannt worden, dass zur Entstehung eines Drehmoments Wellen gleicher Ordnungszahl für die Tangential- und die Normalkomponente der magnetischen Feldstärke auf einer koaxial im Luftspalt liegenden Integrationsfläche existieren müssen. Ein zeitlich konstantes Drehmoment erfordert darüber hinaus, dass diese beiden Feldwellen relativ zueinander ruhen, aber nicht gerade um eine viertel Wellenlänge gegeneinander verschoben sind.

Wenn ein konstanter Luftspalt vorliegt und in den Magnetkreisabschnitten beider Hauptelemente Hystereseerscheinungen keine Rolle spielen, müssen entsprechend den Betrachtungen im Unterabschnitt 1.1.2.2d beide Hauptelemente Strombeläge führen oder permanentmagnetische Abschnitte besitzen. Das Drehmoment entsteht dann aus dem Zusammenwirken einer Feldwelle des Ständers mit einer Feldwelle des Läufers. Man kann die Gruppe der auf diese Weise entstehenden Drehmomente rotierender elektrischer Maschinen als *elektrodynamische Drehmomente* bezeichnen. Innerhalb dieser Gruppe gibt es zwei grundsätzliche Mechanismen; sie führen auf die asynchronen und die synchronen Drehmomente.

Der Mechanismus des *asynchronen Drehmoments* ist dadurch gekennzeichnet, dass die Feldwelle des Läufers durch Induktionswirkung der entsprechenden Feldwelle des Ständers entsteht oder umgekehrt. Dadurch laufen beide Feldwellen unabhängig von der Drehzahl stets mit der gleichen Geschwindigkeit um bzw. sind stets relativ zueinander in Ruhe. Das asynchrone Drehmoment verschwindet offensichtlich bei jener Drehzahl, bei der die Feldwelle des Ständers relativ zum Läufer stillsteht bzw. umgekehrt die des Läufers relativ zum Ständer, so dass keine Induktionswirkung zustande kommt. Asynchrone Drehmomente treten z. B. bei der Dreiphasen-Induktionsmaschine auf, die im Band *Grundlagen elektrischer Maschinen* ausführlich behandelt wurde. Sie sind darüber hinaus in allen Ausführungsformen von Einphasen-Induktionsmaschinen, beim Anlauf von Synchronmaschinen u. a. wirksam. Ferner treten sie als parasitäre Drehmomente in Form sog. asynchroner Oberwellenmomente in Erscheinung, die von Oberwellen des Luftspaltfelds herrühren (s. Abschn. 1.7.5, S. 202, u. 2.5.2, S. 397).

Ein *synchrones Drehmoment* entsteht aus dem Zusammenwirken einer Feldwelle des Ständers mit einer Feldwelle des Läufers, die unabhängig voneinander durch entsprechende Ströme im Ständer und Läufer aufgebaut werden und dadurch nur bei einer bestimmten Läuferdrehzahl relativ zueinander in Ruhe sind. Bei dieser Drehzahl ist dann ein zeitlich konstantes Drehmoment zu beobachten, während bei jeder anderen Pendelmomente entstehen, deren Frequenz von der Differenzdrehzahl zwischen den beiden Feldwellen abhängt. Ein synchrones Drehmoment entsteht insbesondere, wenn eines der beiden Hauptelemente mit Gleichstrom erregt wird. Es existiert dann bei jener Drehzahl, bei der die Feldwelle des anderen Hauptelements relativ zu dem mit Gleichstrom erregten stillsteht. Dieser Mechanismus liegt besonders bei der Dreiphasen-Synchronmaschine vor, die im Band *Grundlagen elektrischer Maschinen* ausführlich behandelt wurde. Er kommt außerdem bei Einphasen-Synchronmaschinen zur Wirkung. Synchrone Drehmomente treten ferner vor allem in Induktionsmaschinen als parasitäre Drehmomente auf, die wiederum von Oberwellen des Luftspaltfelds herrühren und als synchrone Oberwellenmomente bezeichnet werden (s. Abschn. 1.7.5 u. 2.5.3, S. 408).

Der erforderliche Gleichlauf zwischen einer Ständerwelle und einer Läuferwelle bei von der Drehzahl unabhängigen Speisequellen für Ständer und Läufer kann bei jeder beliebigen Drehzahl dadurch erreicht werden, dass zwischen die Speisequelle des einen Hauptelements und seine Wicklung ein Frequenzwandler geschaltet wird. Dieser muss dann die Frequenz der Ströme des nachgeschalteten Hauptelements in Abhängigkeit von der Drehzahl so einstellen, dass die von ihm erregte Feldwelle relativ zu der Feldwelle des anderen Hauptelements ruht. Die bekannteste Form eines derartigen Frequenzwandlers ist der Kommutator. Der betrachtete Mechanismus kommt bei der Gleichstrommaschine und bei anderen Kommutatormaschinen zur Wirkung. Im Sonderfall der Gleichstrommaschine baut die Ständerwicklung ein Gleichfeld auf, und die Frequenz der Läuferströme wird mit Hilfe des Kommutators so gesteuert, dass auch der rotierende Läufer relativ zum Ständer ein zeitlich konstantes Feld erregt. Geht man von den Strömen in den Wicklungen der beiden Hauptelemente aus, so liegen synchrone Drehmomente vor. In diese Betrachtungsweise fügen sich die *elektronisch kommutierten Gleichstrommaschinen* zwanglos ein. Diese im oberen Leistungsbereich als *Stromrichtermotor* und im unteren als *Elektronikmotor* bezeichneten Maschinen sind vom Aufbau her Synchronmaschinen. Ihre Anker werden über eine Stromrichterschaltung eingespeist, die in Abhängigkeit von der Drehzahl und der Lage des Läufers gesteuert wird.

Außerhalb der großen Gruppe der elektrodynamischen Drehmomente gibt es weitere Mechanismen der Drehmomentbildung in rotierenden elektrischen Maschinen, die an die Eigenschaften des Eisens im magnetischen Kreis gebunden sind und im Folgenden betrachtet werden.

Als *Reluktanzmoment* bezeichnet man ein Drehmoment, das dadurch entsteht, dass sich der magnetische Widerstand, die sog. Reluktanz, für das magnetische Feld einer Wicklung auf einem der beiden Hauptelemente in Abhängigkeit von der Lage des anderen, unbewickelten Hauptelements ändert. In *Reluktanzmaschinen*, die auf der Grundlage von Reluktanzmomenten arbeiten, tragen i. Allg. beide Hauptelemente eine ausgeprägte Nutung. Zumindest muss eines der beiden Hauptelemente von der Rotationssymmetrie merklich abweichen. Wenn man von diesem Fall ausgeht, lässt sich die Entstehung des Reluktanzmoments aus dem Zusammenwirken der Strombelagswelle auf der Oberfläche des rotationssymmetrischen Hauptelements mit der dort zu beobachtenden Welle der Normalkomponente des Luftspaltfelds deuten. Letztere wird von der Strombelagswelle des rotationssymmetrischen Hauptelements erregt, ist aber unter dem Einfluss der Nutung des anderen Hauptelements, die der Wellenlänge der Strombelagswelle angepasst sein muss, verschoben. Diese Verschiebung beträgt im Idealfall eine viertel Wellenlänge gegenüber jener Verlagerung, wie sie im Fall eines konstanten Luftspalts auftreten würde. Dadurch kommt es zur Entwicklung eines konstanten Drehmoments.

Das *Hysteresemoment* entsteht unter dem Einfluss einer ausgeprägten Hysterese des Materials für Abschnitte des magnetischen Kreises in einem der beiden Hauptelemente. Das betrifft i. Allg. den Läufer, der dann eine vollständige Rotationssymmetrie aufweist und keine Wicklung trägt. Der Ständer ist im einfachsten Fall – abgesehen von der Nutung – ebenfalls rotationssymmetrisch. Die Strombelagswelle des Ständers bestimmt die Welle der Tangentialkomponente der Feldstärke auf der Ständeroberfläche. Sie läuft außerhalb des Synchronismus relativ zum Läufer um und ruft eine Normalkomponente des Luftspaltfelds hervor, die unter dem Einfluss der Hysterese nacheilt, so dass sie gegenüber der Verlagerung um eine viertel Wellenlänge, die ohne den Einfluss der Hysterese vorhanden wäre, verschoben wird. Dadurch entsteht ein Drehmoment, das offensichtlich unabhängig von der Relativdrehzahl zwischen Strombelagswelle und Läufer ist. Im Fall des Synchronismus geht der Mechanismus in den des synchronen Drehmoments über.

1.3
Hilfsmittel zur Entwicklung anwendungsfreundlicher Modelle

1.3.1
Allgemeines zur Modellbildung

Ziel der Modellbildung ist es, das Betriebsverhalten einer rotierenden elektrischen Maschine, d. h. das nach außen in Erscheinung tretende Verhalten, das an der Welle und den elektrischen Zuleitungen beobachtet wird, quantitativ zu beschreiben. Diese Beschreibung liegt dann in Form mathematischer Beziehungen oder von deren grafischer Interpretation vor. Die Modellbildung erfolgt entweder analytisch von den physikalischen Vorgängen im Inneren der Maschine ausgehend, oder man beschreibt das beobachtete Verhalten, wie es nach außen in Erscheinung tritt, mit Hilfe empirisch gefundener Beziehungen.

Die analytische Behandlung der rotierenden elektrischen Maschinen beruht auf der Anwendung der allgemeinen Feldgleichungen auf die elektromagnetischen Vorgänge im Inneren der Maschine. Dabei kann die Auflösung so weit gehen, dass die für einen Vorgang maßgebenden Parameter auf die geometrischen Abmessungen und die Werkstoffeigenschaften zurückgeführt werden. In diesem Fall zielt die Analyse darauf ab, Berechnungsalgorithmen für diese Parameter bereitzustellen und damit das Betriebsverhalten der rechnerischen Vorausbestimmung zugänglich zu machen. Die Integration der Feldgleichungen kann sich jedoch auch darauf beschränken, Parameter einzuführen, die lediglich Proportionalitätsfaktoren darstellen und nicht auf die geometrischen Abmessungen und die Werkstoffeigenschaften zurückgeführt sind. Derartige Parameter sind z. B. Induktivitäten als Proportionalitätsfaktoren zwischen einer Flussverkettung und einem Strom. In diesem Fall zielt die Analyse auf die experimentelle Bestimmung der Parameter ab.

Die Modellbildung über einen empirisch gefundenen funktionellen Zusammenhang zwischen interessierenden Größen führt auf Parameter, die a priori zunächst nur der experimentellen Bestimmung zugänglich sind. Dabei ist es erforderlich, die Messvorschrift für diese Parameter den Betriebszuständen anzupassen, für die sie gültig sein sollen. Oft werden Ergebnisse der analytischen Behandlung nachträglich verifiziert, indem sie gewissermaßen als empirisch gefundene Zusammenhänge gedeutet und die auftretenden Parameter den speziellen Betriebszuständen entsprechend experimentell bestimmt werden.

1.3.2
Behandlungsebenen aus Sicht der Feldgleichungen

Allgemeiner Ausgangspunkt der analytischen Behandlung rotierender elektrischer Maschinen sind die Feldgleichungen des quasistationären Magnetfelds in Differentialform (s. Abschn. 1.1.1, S. 1). Ihre Anwendung auf die betrachtete Anordnung macht stets vereinfachende Annahmen erforderlich. Diese müssen so gewählt werden, dass die zu untersuchenden Einflüsse möglichst gut erfasst und nicht durch andere überdeckt werden. Die Lösung der Feldgleichungen liefert schließlich Beziehungen zwischen Integralgrößen – wie Spannungen, Stromstärken und Flussverkettungen –, die über Integralparameter – wie Widerstände und Induktivitäten – miteinander verknüpft sind. Dabei werden diese Integralparameter als Funktion der Geometrie und der Werkstoffdaten gewonnen, wenn sie nicht von vornherein nur als Proportionalitätsfaktoren eingeführt wurden.

Die analytische Behandlung der rotierenden elektrischen Maschinen kann in gewissem Umfang auch unter Verwendung der Integralform der Feldgleichungen erfolgen (s. Abschn. 1.1.1.4, S. 7). Das gilt für das Induktionsgesetz hinsichtlich seiner Anwendung auf eine Wicklung, wenn diese aus linienhaften Leitern bestehend angenommen wird. Man erhält aus der *Integralform des Induktionsgesetzes* nach (1.1.33) entsprechend (1.1.40) unmittelbar die Spannungsgleichung der betrachteten Wicklung zu

$$u = Ri + \frac{\mathrm{d}\psi}{\mathrm{d}t} . \tag{1.3.1}$$

Dabei ist die Flussverkettung ψ durch Integration der Induktion über die Fläche, die vom durch die linienhaften Leiter vorgegebenen Integrationsweg aufgespannt wird, entsprechend $\int \boldsymbol{B} \cdot \mathrm{d}\boldsymbol{A}$ zu bilden. Wenn massive Abschnitte des magnetischen Kreises hinsichtlich der darin auftretenden Wirbelströme durch Wicklungen aus linienhaften Leitern ersetzt werden, gilt (1.3.1) für alle stromführenden Kreise einer Maschine. In diesem Fall sind die Flussverkettungen aller elektrischen Kreise der Maschine Funktionen aller Ströme in der Maschine, aber nicht ihrer zeitlichen Änderung. Man erhält ein Feld, wie es die gerade existierenden Augenblickswerte der Ströme als Gleichströme aufbauen würden. Es liegt eine Beschreibung auf der Grundlage des stationären Magnetfelds vor. Damit ist die Voraussetzung für die voneinander unabhängige

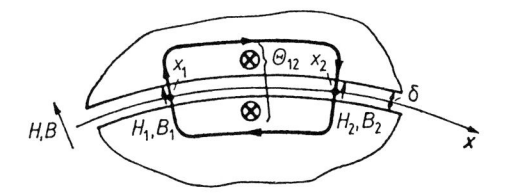

Bild 1.3.1 Anwendung der Integralform des Durchflutungsgesetzes auf eine Maschine mit $\delta =$ konst.

Betrachtung des Feldaufbaus und der Spannungsinduktion gegeben, die i. Allg. von vornherein als gegeben angenommen wird und von der auch in den Abschnitten 1.5 und 1.6 ausgegangen wird.

Die *Integralform des Durchflutungsgesetzes* nach (1.1.17), Seite 8, kann unmittelbar zur Bestimmung des Luftspaltfelds herangezogen werden, wenn bei konstantem Luftspalt der Länge δ vorausgesetzt wird, dass $\mu_{\text{Fe}} \to \infty$ ist und das Feld als quasihomogen angesehen werden kann. Man erhält dann mit Bild 1.3.1 für einen Integrationsweg, der an der Stelle x_1 nach außen durch den Luftspalt tritt und an der Stelle x_2 zurückkehrt,

$$\oint \boldsymbol{H} \cdot \mathrm{d}\boldsymbol{s} = H_1 \delta - H_2 \delta = \frac{B_1 - B_2}{\mu_0} \delta = \Theta_{12} \ . \tag{1.3.2}$$

Die Integralform des Durchflutungsgesetzes liefert auch dann noch Aussagen über das Luftspaltfeld, wenn zwar ein Hauptelement ausgeprägte Pole aufweist, aber aus allgemeinen Untersuchungen die Feldform $B/B_{\text{bez}} = f(x)$ bei Erregung in einer der magnetischen Symmetrieachsen bekannt ist. Schließlich kann man unter gewissen Abstrichen hinsichtlich der Genauigkeit der erhaltenen Ergebnisse über die Integralform des Durchflutungsgesetzes auch dann noch Aussagen über das Luftspaltfeld erhalten, wenn sich die Luftspaltlänge entlang des Umfangs beliebig verändert. Darauf wird im Abschnitt 1.5.7, Seite 126, genauer eingegangen.

Die Integralform des Durchflutungsgesetzes kann zur Bestimmung des Luftspaltfelds auch auf Integrationswege angewendet werden, die entsprechend Bild 1.3.2 an einer Stelle x nach außen durch den Luftspalt verlaufen und sich außerhalb der Wicklungsköpfe über den Stirnraum schließen. Dabei ist allerdings zu beachten, dass in einem allgemeinen Fall ein magnetischer Spannungsabfall V_{st} zwischen den Rücken von Ständer und Läufer auf dem Weg außerhalb der Wicklungsköpfe existiert. Es ist also unter Vernachlässigung der magnetischen Spannungsabfälle im Eisen, d. h. bei $\mu_{\text{Fe}} \to \infty$, mit Bild 1.3.2

$$\oint \boldsymbol{H} \cdot \mathrm{d}\boldsymbol{s} = H\delta + V_{\text{st}} = \frac{B}{\mu_0}\delta + V_{\text{st}} = \Theta_{\text{st}} \ . \tag{1.3.3}$$

Solange mit $\mu_{\text{Fe}} \to \infty$ gerechnet werden kann und in den Rücken von Ständer und Läufer in Umfangsrichtung keine Luftspalte vorhanden sind, hat V_{st} entlang des Umfangs überall den gleichen Wert. Das folgt aus der Anwendung des Durchflutungsgesetzes auf Integrationswege, die entsprechend Bild 1.3.3 verlaufen und für die

$$\oint \boldsymbol{H} \cdot \mathrm{d}\boldsymbol{s} = V_{\text{st1}} - V_{\text{st2}} = 0$$

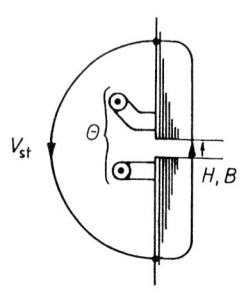

Bild 1.3.2 Anwendung der Integralform des Durchflutungsgesetzes auf einen Integrationsweg, der sich über den Stirnraum schließt

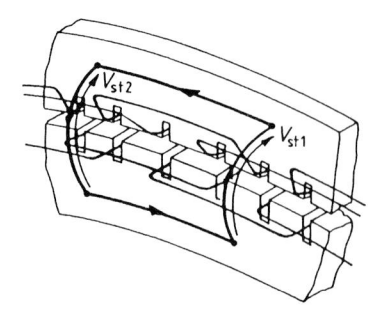

Bild 1.3.3 Nachweis für die Konstanz von V_{st} entlang des Umfangs

ist. Dementsprechend existiert im Fall endlicher Werte von V_{st} ein *homopolares Feld*, das sich über den Luftspalt und den Stirnraum schließt. Ein Teil davon tritt über die Welle der Maschine aus bzw. ein und wird durch den sog. *Wellenfluss* charakterisiert. In diesem homopolaren Feld werden in der Welle bei Rotation unipolare Spannungen induziert, durch die Ströme angetrieben werden.

Wenn der äußere Stirnraum als magnetisch nicht leitend angesehen werden kann, existiert auch bei endlichen Werten von V_{st} kein homopolares Feld. Andererseits nimmt V_{st} nur unter besonderen Bedingungen endliche Werte an. Darauf wird im Abschnitt 1.5.7.2, Seite 128, näher eingegangen.

1.3.3
Behandlungsebenen aus Sicht der Maschinenausführungen und Betriebszustände

Rotierende elektrische Maschinen weisen i. Allg. eine Reihe von Symmetrieeigenschaften auf, deren Berücksichtigung die Analyse von vornherein wesentlich vereinfacht. Zu diesen Symmetrieeigenschaften gehört vor allem der sich periodisch in jedem Polpaar wiederholende Aufbau. Im Allgemeinen wird bei der Analyse des Betriebsverhaltens angenommen, dass diese Symmetrie vollständig ist, so dass es genügt, die elektromagnetischen Vorgänge im Bereich eines Polpaars zu untersuchen. Dabei werden auch geringfügige Abweichungen von der Symmetrie – z. B. durch die Anwendung von Bruchlochwicklungen – in Kauf genommen. Eine weitere Symmetrieeigenschaft ist dadurch gegeben, dass die Wicklungsstränge mehrsträngiger Maschinen gleichartig aufgebaut und um einen von der Strangzahl abhängigen Teil der Polpaarteilung gegeneinander versetzt sind. Im Zusammenhang damit, dass die elektrischen Größen dieser Wicklungsstränge im stationären Betrieb unter symmetrischen Netzbedingungen symmetrische Mehrphasensysteme (s. Bild 1.5.22, S. 113) darstellen, genügt es dann, nur die Vorgänge in einem Strang zu betrachten.

Die Modelle zur Ermittlung des Betriebsverhaltens der rotierenden elektrischen Maschinen berücksichtigen die vorliegenden Symmetrieeigenschaften i. Allg. von vornherein. Diese Modelle sind dann natürlich untauglich, wenn Störungen der Symmetrie vorliegen und deren Einfluss erfasst werden soll.

Die Behandlungsebenen bei der Analyse des Betriebsverhaltens rotierender elektrischer Maschinen unterscheiden sich im Grad ihres Zuschnitts auf spezielle Ausführungsformen und spezielle Betriebszustände. Im einfachsten Fall werden die Feldgleichungen auf eine spezielle Ausführung einer Maschine und einen speziellen Betriebszustand angewendet, der dann i. Allg. der stationäre Betrieb ist. Das ist auch die Vorgehensweise im Band *Grundlagen elektrischer Maschinen*. Im allgemeinsten Fall wendet man die Feldgleichungen auf eine ganze Gruppe von Maschinen an, ohne dass zunächst ein spezieller Betriebszustand festgelegt wird. Ein derartiges Vorgehen führt auf die *Allgemeine Theorie rotierender elektrischer Maschinen* [1, 21, 28].

Zwischen diesen beiden Extremfällen liegt eine Betrachtungsweise, bei der die Feldgleichungen zwar von vornherein auf eine spezielle Maschine angewendet werden, aber zunächst keine Festlegung des Betriebszustands erfolgt. Damit sind die nichtstationären sowie auch die Betriebszustände bei unsymmetrischen Netzbedingungen von vornherein in die Betrachtungen einbezogen. Die stationären Betriebszustände und jene bei symmetrischen Netzbedingungen bilden einfache Sonderfälle. Auf diese Weise wird in einer Reihe von Abschnitten des vorliegenden Bands vorgegangen werden.

Auch hinsichtlich dieser Behandlungsebenen gilt, dass Modelle, die unter Berücksichtigung vereinfachender Voraussetzungen entstanden sind, ihre Gültigkeit verlieren, wenn diese Voraussetzungen verlassen werden. Das gilt z. B. für Versuche, die für den stationären Betrieb entwickelten Modelle zur Untersuchung nichtstationärer Betriebszustände heranzuziehen. Das klingt selbstverständlich, wird aber bisweilen missachtet.

1.3.4
Behandlungsebenen aus Sicht der Eigenschaften der Magnetwerkstoffe

Die realen Eigenschaften der weich- und hartmagnetischen Stoffe sind in geschlossener analytischer Form kaum zu berücksichtigen. Ursache dafür ist der nichtlineare, mehrdeutige und von der Vorgeschichte abhängige Verlauf der Magnetisierungskurve $B(H)$ des verwendeten Werkstoffs. Außerdem kommt es in weich- oder hartmagnetischen Abschnitten eines Magnetkreises bei zeitlich veränderlichem Feld zur Ausbildung von Wirbelströmen. Vielfach genügt es, diese Einflüsse genähert zu erfassen. Dazu gibt es die folgende Reihe von *Behandlungsebenen*, die unterschiedlich hohen Ansprüchen gerecht werden:

1. genäherte Berücksichtigung der Nichtlinearität, der Hysterese und der Wirbelströme;

2. genäherte Berücksichtigung nur der Nichtlinearität oder nur der Hysterese und/oder der Wirbelströme;
3. Annahme magnetisch linearer Verhältnisse und fehlender Wirbelströme, d. h. $\mu_{Fe} =$ konst. und $\kappa_{Fe} = 0$;
4. Annahme $\mu_{Fe} \to \infty$ und $\kappa_{Fe} = 0$.

Die Behandlungsebene 1 wird bei der Berechnung elektrischer Maschinen für weich- und hartmagnetische Abschnitte des magnetischen Kreises angewendet, auch wenn sie eine Wechselmagnetisierung erfahren. Dabei wird für die Anwendung des Durchflutungsgesetzes auf einen Integrationsweg durch den betrachteten Abschnitt ein eindeutiger Zusammenhang $B(H)$ entsprechend der Neukurve vorausgesetzt. Die Einflüsse der Hysterese und der Wirbelströme werden mit Hilfe der durch Messung gewonnenen spezifischen Verluste des eingesetzten Materials und seiner Beanspruchung hinsichtlich Induktionsamplitude $\hat{B}$ und Frequenz f bestimmt.

Die Behandlungsebene 2 wird hinsichtlich der Berücksichtigung der Nichtlinearität bei der Entwicklung von Modellen elektrischer Maschinen angewendet, die den Einfluss der Sättigung des magnetischen Kreises auf das Betriebsverhalten hinsichtlich des Luftspaltfelds genähert berücksichtigen. Dabei muss versucht werden, den zugehörigen Anteil der Flussverkettung der einzelnen Wicklungen als Funktion der resultierenden Durchflutung auszudrücken, die für das Luftspaltfeld verantwortlich ist. Die Behandlungsebene 2 muss auch hinsichtlich der Berücksichtigung der Hysterese für permanentmagnetische Abschnitte eines magnetischen Kreises angewendet werden, da deren Verhalten wesentlich durch die Hystereseerscheinung und ihre Nichtlinearität bestimmt wird.

Die Behandlungsebenen 3 und 4 führen auf Modelle mit linearen magnetischen Verhältnissen. Sie sind vielfach Ausgangspunkt für die analytische Behandlung des Betriebsverhaltens überhaupt. Die auf diesem Weg erhaltenen Ergebnisse werden dann oft nachträglich modifiziert, um die realen Eigenschaften des Eisens wenigstens näherungsweise zu berücksichtigen. Das geschieht z. B. dadurch, dass vom Arbeitspunkt abhängige Induktivitäten eingeführt werden. Eine andere derartige Modifikation besteht darin, dass man in Ersatzschaltbildern, die unter Vernachlässigung der Hysterese und der Wirbelströme gewonnen wurden, nachträglich Widerstände einführt, die den Ummagnetisierungsverlusten zugeordnet sind.

Die Behandlungsebene 4 mit $\mu_{Fe} \to \infty$ gestattet eine relativ einfache Bestimmung des Luftspaltfelds. Sie hat deshalb besondere Bedeutung, wenn allgemeine Gleichungssysteme für eine Maschine oder eine Gruppe von Maschinen entwickelt werden sollen. Für die Streufelder sind die Annahmen entsprechend der Behandlungsebene 4 von vornherein weitgehend erfüllt und werden deshalb bei der Entwicklung der Modelle praktisch durchgängig vorausgesetzt.

1.3.5
Behandlungsebenen nichtstationärer Betriebszustände

1.3.5.1 Kennzeichen nichtstationärer Betriebszustände

Nichtstationäre Betriebszustände sind dadurch gekennzeichnet, dass sich elektrische Größen, die an den Klemmen der Maschine zu beobachten sind, und mechanische Größen, die an ihrer Welle auftreten, beliebig zeitlich ändern. Diese Größen stellen also weder Gleichgrößen noch eingeschwungene Wechselgrößen dar. Die analytische Behandlung nichtstationärer Betriebszustände erfordert deshalb, dass von beliebig zeitlich veränderlichen Augenblickswerten aller Variablen der Maschine ausgegangen wird. Die Beziehungen zwischen diesen Variablen bilden dann das allgemeine Gleichungssystem einer Maschine. Es stellt ein System von gewöhnlichen Differentialgleichungen und algebraischen Gleichungen dar. Das Verhalten im stationären Betrieb erhält man als eine partikuläre Lösung dieses Gleichungssystems.

Das stationäre Betriebsverhalten wird entsprechend den Aussagen des Abschnitts 1.3.3 oft gesondert untersucht (vgl. Bd. *Grundlagen elektrischer Maschinen*). Dabei wird von vornherein das spezielle Zeitverhalten der Variablen berücksichtigt, das sie im normalen Betrieb zeigen, so dass man einfache Gleichungen erhält. Es ist allerdings zu beachten, dass eine Maschine andere stationäre Betriebszustände einnehmen kann, bei denen die Variablen ein anderes Zeitverhalten aufweisen. Derartige Betriebszustände werden im Folgenden als *außerordentliche stationäre Betriebszustände* bezeichnet. Das trifft z. B. für den asynchronen Betrieb einer Synchronmaschine oder für den Betrieb von Dreiphasenmaschinen am Einphasennetz zu. In diesen Fällen versagen natürlich die für den normalen stationären Betrieb entwickelten Modelle. Es müssen vielmehr Modelle entwickelt werden, die vom speziellen Zeitverhalten der Variablen in dem zu untersuchenden anomalen stationären Betriebszustand ausgehen, oder man verwendet von vornherein das allgemeine Gleichungssystem.

Bei der Behandlung stationärer Betriebszustände ist es i. Allg. möglich, die elektrische Maschine allein, d. h. losgelöst vom gesamten elektromechanischen System, zu betrachten. Das zugeordnete Modell liefert die interessierenden Zusammenhänge zwischen einzelnen elektrischen und mechanischen Variablen unter speziellen Betriebsbedingungen des stationären Betriebs, z. B. als $n = f(M)$ bei Betrieb am starren Netz $U =$ konst. oder als $U = f(I)$ bei Betrieb am starren Antrieb mit $n =$ konst. Diese Abhängigkeiten lassen sich als Kennlinien bzw. Kennlinienfelder darstellen, z. B. in Form der Drehzahl-Drehmoment-Kennlinien oder der Strom-Spannungs-Kennlinien usw.

Bei der Behandlung nichtstationärer Betriebszustände ist es erforderlich, das gesamte elektromechanische System zu betrachten. Man muss also sowohl das speisende Netz bzw. die Speiseeinrichtung auf der elektrischen Seite als auch die gekuppelte Arbeitsmaschine auf der mechanischen Seite in die Analyse einbeziehen. Das gleiche gilt für den Regler oder die Regler, falls eine geregelte Anordnung vorliegt. Dabei bereitet es besondere Schwierigkeiten, das Verhalten von Stromrichterschaltungen als Speiseeinrichtung zu erfassen. Ihre Wirkungsweise beruht auf der Nichtlinearität des Strom-Spannungs-Verhaltens ihrer Bauelemente. Diese Nichtlinearität lässt eine geschlossene Erfassung des Verhaltens der Stromrichterschaltung im nichtstationären Betrieb nicht zu.

Die Lösung des allgemeinen Gleichungssystems eines elektromechanischen Systems für einen zu untersuchenden speziellen Betriebszustand ist nur in Sonderfällen geschlossen möglich. Es müssen deshalb i. Allg. von vornherein Möglichkeiten zur Vereinfachung des Modells gesucht werden. Das muss mit dem Ziel geschehen, die jeweils dominierenden Einflüsse möglichst gut zu erfassen. Andererseits steht heute die numerische Simulation als Hilfsmittel zur Lösung des Gleichungssystems zur Verfügung. Dabei können die Maschinenmodelle auch allgemeiner gehalten werden, d. h. sie können in weniger starkem Maß vereinfacht werden. Das gilt z. B. hinsichtlich der Erfassung von Kurzschlusskreisen und Nichtlinearitäten des Magnetkreises. Es bereitet auch keine Schwierigkeiten, das Verhalten von Stromrichterschaltungen im elektromechanischen System mittels numerischer Simulationen zu erfassen.

1.3.5.2 Formen nichtstationärer Betriebszustände

Nichtstationäre Betriebszustände treten vor allem in Form von Übergangsvorgängen auf, die einen stationären Ausgangszustand mit den Ausgangsgrößen $g_{(a)}$ mit einem neuen stationären Endzustand mit den Endgrößen $g_{(e)}$ verbinden. Derartige Übergangsvorgänge werden dadurch ausgelöst, dass entweder in den äußeren Netzen, mit denen die Maschine über ihre Klemmen verbunden ist, oder in der Arbeitsmaschine, mit der sie über ihre Welle zusammenarbeitet, Änderungen auftreten. Änderungen in den äußeren Netzen ergeben sich u. a. durch

- Kurzschlüsse und Schalthandlungen im Netz,
- Änderungen der Spannung einer Speiseeinrichtung zur Spannungssteuerung oder Drehzahlsteuerung.

Änderungen der Arbeitsmaschinen sind u. a. gegeben durch

- Änderungen des Drehmoments,
- Änderungen der Drehzahl-Drehmoment-Kennlinie der Arbeitsmaschine.

Ein nichtstationärer Betriebszustand kann bewusst ausgelöst werden. In diesem Fall gehört er zum Betriebsregime der Maschine. Das trifft z. B. für die Drehzahlsteuerung oder für Änderungen des Drehmoments der Arbeitsmaschine zu. Ein nichtstationärer Betriebszustand kann jedoch auch als Störung auftreten. Mit derartigen Betriebszuständen muss gerechnet werden, obwohl sie normalerweise nicht zum Betriebsregime der Maschine gehören. Das betrifft z. B. alle Kurzschlüsse und Schalthandlungen im äußeren Netz.

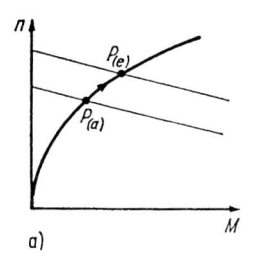

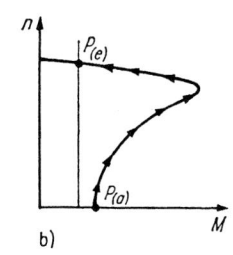

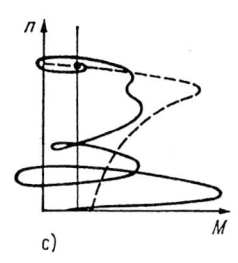

Bild 1.3.4 Übergangsvorgänge, die mit Drehzahländerungen verbunden sind, in der n-M-Ebene.
a) Drehzahlsteuerung eines Lüfterantriebs mit einem Gleichstrom-Nebenschlussmotor durch Ankerspannungssteuerung, quasistationärer Verlauf;
b) Hochlauf eines Induktionsmotors gegen ein konstantes Drehmoment der Arbeitsmaschine, quasistationärer Verlauf;
c) Hochlauf eines Induktionsmotors gegen ein konstantes Drehmoment der Arbeitsmaschine, Verlauf außerhalb der Gültigkeit der quasistationären Betrachtung

1.3.5.3 Quasistationäre Betrachtung von Drehzahländerungen

Während eines Übergangsvorgangs finden im allgemeinen Fall sowohl elektromagnetische Ausgleichsvorgänge als auch mechanische Ausgleichsvorgänge in Form von Drehzahländerungen statt. Beide sind miteinander über die inneren Mechanismen in der Maschine verknüpft, die sich im allgemeinen Gleichungssystem niederschlagen. Diese unmittelbare Kopplung lockert sich in dem Maß, wie sich die elektromagnetischen und die mechanischen Eigenvorgänge in ihrer Geschwindigkeit unterscheiden. Für den Fall, dass die elektromagnetischen Vorgänge wesentlich schneller ablaufen als die mechanischen, lassen sich letztere auf der Grundlage einer quasistationären Betrachtung erfassen. Dabei wird von der Annahme ausgegangen, dass während des mechanischen Übergangsvorgangs bei jeder Drehzahl jene elektromagnetischen Verhältnisse in der Maschine vorliegen, die im stationären Betrieb bei dieser Drehzahl anzutreffen sind. Auf diese Weise werden vielfach folgende Vorgänge untersucht:

– Hochlaufvorgänge,
– Vorgänge bei der Drehzahlsteuerung,
– Vorgänge bei Laständerungen.

Dabei wandert der Arbeitspunkt im stationären Kennlinienfeld $M(n)$ während eines Übergangsvorgangs von einem Ausgangspunkt $P_{(a)}$ zu einem Endpunkt $P_{(e)}$ entlang der maßgebenden stationären Kennlinien. Im Bild 1.3.4a,b sind Beispiele quasistationärer Drehzahländerungen dargestellt.

Die quasistationäre Betrachtungsweise von Übergangsvorgängen, die mit Drehzahländerungen verbunden sind, verdankt ihre Beliebtheit zweifellos der Möglichkeit, die Vorgänge im stationären Kennlinienfeld zu verfolgen. Ihre Gültigkeit geht in dem Maß verloren, wie die Drehzahländerungen schneller werden und damit in Zeiten stattfinden, die für die elektromagnetischen Ausgleichsvorgänge charakteristisch sind. Die elektromagnetischen Größen in einem Zeitpunkt, in dem eine bestimmte Drehzahl n herrscht, stimmen dann nicht mehr mit jenen überein, die im stationären Betrieb bei dieser Drehzahl n vorliegen. Beim Einschalten eines Motors z. B. wird zunächst das Feld aufgebaut, aber es beginnt gleichzeitig schon der Hochlaufvorgang. Damit erhält man notwendigerweise andere Drehmomente und damit einen anderen Verlauf $n(t)$ als bei der quasistationären Betrachtungsweise. Wenn man die während des Übergangsvorgangs auftretenden Wertepaare der Drehzahl und des Drehmoments in die n-M-Ebene einträgt, entsteht ein Verlauf, der wesentlich von dem der stationären Drehzahl-Drehmoment-Kennlinie abweichen kann. Er ist außerdem vom Schaltaugenblick und von zusätzlichen Parametern abhängig, z. B. vom Massenträgheitsmoment des gesamten Antriebs. Es gibt also nicht etwa eine *dynamische Kennlinie*, sondern man erhält Lösungsfunktionen $M(n)$ in der n-M-Ebene. Im Bild 1.3.4c wird dieser Sachverhalt am Beispiel des Hochlaufs eines Induktionsmotors gegen ein konstantes Drehmoment der Arbeitsmaschine demonstriert.

1.3.5.4 Numerische Simulation nichtstationärer Betriebszustände

Die Methode der numerischen Simulation beruht allgemein darauf, dass die Differentialgleichungen, die ein betrachtetes System beschreiben, in einem Zeitschrittverfahren numerisch gelöst werden. Dabei wird der Funktionswert einer Variablen g, ausgehend von ihrem Wert g_n zur Zeit t_n, für einen Zeitschritt Δt später, d. h. für den Zeitpunkt

$$t_{n+1} = t_n + \Delta t \tag{1.3.4}$$

als
$$g_{n+1} = g_n + f_n \Delta t \tag{1.3.5}$$

ermittelt. Dazu müssen alle Differentialgleichungen des Systems erster Ordnung sein und in die sog. Zustandsform überführt werden. Diese drückt die Ableitung $\mathrm{d}g/\mathrm{d}t$ einer Variablen als Funktion ihres Funktionswerts g und der Funktionswerte anderer Variabler $h, i, \ldots$ des Systems aus als

$$\frac{\mathrm{d}g}{\mathrm{d}t} = f(g, h, i, \ldots) \, . \tag{1.3.6}$$

Differentialgleichungen höherer Ordnung können durch Einführen von zusätzlichen Variablen in mehrere Differentialgleichungen erster Ordnung überführt werden. Man erhält z. B. aus der Bewegungsgleichung eines starren Körpers mit der Masse m unter dem Einfluss einer Kraft F, die gegeben ist als

$$F = m \frac{\mathrm{d}^2 x}{\mathrm{d}t^2}$$

die beiden Zustandsgleichungen

$$\frac{dv}{dt} = \frac{1}{m}F$$
$$\frac{dx}{dt} = v\,,$$

wobei v die Geschwindigkeit des Körpers ist.

Neben den Zustandsgleichungen wird das betrachtete System im allgemeinen Fall durch einen Satz von algebraischen Gleichungen beschrieben. Diese liefern aus den neuen Funktionswerten der Zustandsvariablen, die entsprechend (1.3.5) am Ende des Zeitschritts Δt existieren, die neuen Funktionswerte der übrigen Variablen.

Im Fall der elektrischen Maschinen entstehen Zustandsdifferentialgleichungen aus den Spannungsgleichungen der einzelnen elektrischen Kreise und aus der Bewegungsgleichung. Die Spannungsgleichungen liefern Werte der Flussverkettungen, die am Ende eines Zeitschritts als neue Werte existieren. Um aus diesen die zugeordneten Ströme zu bestimmen, werden als algebraische Gleichungen die Flussverkettungsgleichungen benötigt, d. h. die Beziehungen zwischen den Flussverkettungen und den Strömen, in die im allgemeinen Fall noch die augenblickliche Lage des Läufers eingeht. Sie werden außerdem von der Nichtlinearität des magnetischen Kreises beeinflusst.

Bei der Anwendung der numerischen Simulation bereiten Nichtlinearitäten keine prinzipiellen Schwierigkeiten. Das betrifft sowohl das Auftreten von Produkten aus Variablen als auch das Erfassen der nichtlinearen Eigenschaften des magnetischen Kreises. Im Hinblick auf letzteres ist es allerdings erforderlich, Modelle der elektrischen Maschinen zu entwickeln, die es gestatten, die Nichtlinearität des magnetischen Kreises quantitativ zu beschreiben.

Für die praktische Anwendung der numerischen Simulation stehen heute leistungsfähige Programmpakete zur Verfügung, die entweder von vornherein für Simulationsaufgaben entwickelt wurden oder für die Netzwerkanalyse geeignet sind. Zur Erfassung der inneren Vorgänge in elektrischen Maschinen während eines nichtstationären Vorgangs, d. h. zur unmittelbaren Lösung des beschreibenden Algebro-Differentialgleichungssystems, sind letztere besonders geeignet [38].

Als Ergebnis der Anwendung der numerischen Simulation erhält man den zeitlichen Verlauf der interessierenden Größen. Durch Variation der im Gleichungssystem auftretenden Parameter lässt sich deren Einfluss auf den Verlauf ermitteln. Ein derartiges Vorgehen erfordert es, in dem der Simulation zugrundeliegenden Gleichungssystem solche Parameter erscheinen zu lassen,

– die unmittelbar zwischen den interessierenden Variablen vermitteln, wie z. B. die Gesamtstreuinduktivität,
– die der Berechnung oder Messung zugänglich sind.

Die Maschinenmodelle müssen unter diesen Aspekten entwickelt werden. Die Anwendung der numerischen Simulation lässt auch die Einführung bezogener, d. h. auf eine festgelegte Bezugsgröße normierter Größen in einem neuen Licht erscheinen. Diese Methode hat in der Theorie der Synchronmaschine weite Verbreitung gefunden und erfordert eine entsprechende Aufbereitung der Gleichungssysteme.

Das Ergebnis der numerischen Simulation – z. B. der zeitliche Verlauf einer interessierenden Größe – lässt oft nicht erkennen, ob diesem Verlauf einzelne Komponenten – z. B. bestimmte Frequenzanteile – zugrunde liegen, die auf bestimmte Mechanismen zurückgeführt werden können. Das erschwert es, die Ursache einer Erscheinung zu erkennen und Schlussfolgerungen bezüglich der Dimensionierung der Maschine oder der Gestaltung der äußeren elektrischen Kreise abzuleiten. Aus dieser Sicht bleiben geschlossene Näherungslösungen und allgemeine Betrachtungen über die inneren Mechanismen nach wie vor bedeutsam. Andererseits kann auch die Anwendung der numerischen Simulation helfen, tiefere Einblicke in die inneren Mechanismen zu gewinnen, wenn die erforderlichen grundlegenden Kenntnisse zur Verfügung stehen.

1.3.6
Aufteilung des Magnetfelds in das Luftspaltfeld und Streufelder

Die Aufteilung des Felds einer Wicklung oder eines Wicklungssystems in das *Luftspaltfeld* und *Streufelder* ist stets möglich, sieht aber von Zeitpunkt zu Zeitpunkt in Abhängigkeit von der Läuferstellung etwas anders aus.[2] Deshalb ist die Feldaufteilung nur im Zusammenhang mit den Annahmen sinnvoll, dass die Streufelder unabhängig von der Läuferbewegung und weitgehend sättigungsunabhängig sind. Sie führt jedoch auf sehr praktikable Modelle, die sich vor allem in der Berechnungspraxis bewährt haben.

Sofern die Streuung auf das Betriebsverhalten Einfluss nimmt, wirkt sie stets in Form der Gesamtstreuung zwischen zwei Wicklungen bzw. Wicklungssystemen.[3] Wenn die Vorstellung der Feldaufteilung verwendet wird, erhält man die Gesamtstreuinduktivität additiv aus den Einzelstreuinduktivitäten und jenem Anteil, der von der unvollständigen Kopplung der beiden Wicklungen bzw. Wicklungssysteme über das Luftspaltfeld herrührt. Dieser ist dadurch bedingt, dass die beiden Wicklungssysteme unterschiedlich in Nuten verteilt sind und im allgemeinen Fall gegeneinander eine Schrägung aufweisen.

Wenn der Einfluss der Streufelder auf die magnetische Beanspruchung einzelner Abschnitte des magnetischen Kreises ermittelt werden soll, muss eigentlich das resultierende Gesamtfeld in der Maschine betrachtet werden. Mit Hilfe entsprechend festgelegter Einzelstreuinduktivitäten lässt sich der Fluss in charakteristischen Quer-

---

[2] Das war bereits im Abschnitt 2.4.1 des Bands *Grundlagen elektrischer Maschinen* herausgearbeitet worden. Da dort von vornherein auf die Verhältnisse im stationären Betrieb abgezielt wurde, ist es erforderlich, die Fragen an dieser Stelle noch einmal aus der Sicht eines beliebigen Betriebszustands zu untersuchen.

[3] Das trifft z. B. für die Induktionsmaschine zu, deren Verhalten im stationären Betrieb wesentlich durch die Gesamtstreureaktanz beeinflusst wird (s. Bd. *Grundlagen elektrischer Maschinen*, Abschn. 5.5.1).

schnitten der Maschine näherungsweise ermitteln und als Maß für die magnetische Beanspruchung verwenden.

Im Zusammenhang mit der Einführung von Einzelstreuinduktivitäten tritt oft die Frage nach der räumlichen Begrenzung der zugehörigen Streufelder auf. Diese Frage kann nie aus der Sicht des Einzelstreufelds heraus, sondern nur aus der des zugeordneten Gesamtfelds beantwortet werden. Sie rührt meist an die Gültigkeitsgrenze der Feldaufteilung.

1.3.7
Anwendung der Drehfeldtheorie

Die Orts- und Zeitabhängigkeit des Luftspaltfelds $B(\gamma', t)$ und der zu seiner Ermittlung verwendeten Größen Strombelag $A(\gamma', t)$, Durchflutung $\Theta(\gamma', t)$ und Luftspaltleitwert $\lambda_\delta(\gamma', t)$ weicht praktisch immer von derjenigen einer ideal sinusförmigen *Hauptwelle* mit der Ordnungszahl $\nu' = p$ ab, wie sie bei Induktions- oder Synchronmaschinen anzustreben ist. Das führt zu einer Reihe von technischen Wirkungen wie zusätzlichen Verlusten, Geräuschanregungen oder Pendelungen des Drehmoments. Um die meist komplizierte Orts- und Zeitabhängigkeit dieser Größen besser überblicken und das Betriebsverhalten von Induktions- und Synchronmaschinen vorausberechnen zu können, aber auch um die Ursachen störender Effekte analysieren zu können, hat sich die von *Jordan* in den 1950er Jahren begründete Drehfeldtheorie als besonders leistungsfähiges Werkzeug erwiesen. Sie besitzt gegenüber anderen Ansätzen den Vorteil, die betrachteten Effekte für den Sonderfall des stationären Betriebs jeweils bis hin zu ihren physikalischen Ursachen verfolgen zu können. Dazu werden die genannten Größen g in Reihen von Drehwellen entsprechend

$$g(\gamma', t) = \sum_{\nu'} \hat{g}_{\nu'} \cos(\tilde{\nu}'\gamma' - \omega_{\nu'} t - \varphi_{\nu'}) \qquad (1.3.7)$$

entwickelt. Das ist dann zulässig, wenn näherungsweise lineare magnetische Verhältnisse vorliegen. Sättigungserscheinungen lassen sich nur grob in Form von zusätzlichen Drehwellen des Luftspaltleitwerts in das Kalkül einbeziehen.

Mit $\tilde{\nu}'$ wurde in (1.3.7) der *Feldwellenparameter* eingeführt, dessen Betrag der Ordnungszahl ν' der Drehwelle entspricht. Die Kreisfrequenz $\omega_{\nu'}$ ist stets positiv, so dass das Vorzeichen des Feldwellenparameters die Umlaufrichtung der Welle angibt: Bei $\tilde{\nu}' > 0$ bewegt sich die Drehwelle in Richtung der Koordinate γ' fort, und bei $\tilde{\nu}' < 0$ bewegt sie sich in Gegenrichtung zu γ'.

Die Winkelgeschwindigkeit, mit der sich die Drehwelle im Koordinatensystem γ' bewegt, lässt sich auf einfache Weise dadurch ermitteln, dass bei Bewegung mit dieser Winkelgeschwindigkeit das Argument der Kosinusfunktion in (1.3.7) $\tilde{\nu}'\gamma' - \omega_{\nu'} t - \varphi_{\nu'} = c =$ konst. ist. Das lässt sich zu

$$\gamma' = \frac{1}{\tilde{\nu}'}(\omega_{\nu'} t + \varphi_{\nu'} + c)$$

umstellen, woraus sich durch Diffenzieren die Winkelgeschwindigkeit und die Drehzahl der Drehwelle ergeben als

$$\Omega_{\nu'} = \frac{d\gamma'}{dt} = \frac{\omega_{\nu'}}{\tilde{\nu}'} \qquad (1.3.8a)$$

bzw.
$$n_{\nu'} = \frac{1}{2\pi}\Omega_{\nu'} = \frac{1}{2\pi}\frac{\omega_{\nu'}}{\tilde{\nu}'} \; . \qquad (1.3.8b)$$

Auf diese Weise erhält man i. Allg. auch für die Berechnung von Parasitäreffekten einfache analytische Ausdrücke. Das darf jedoch nicht darüber hinwegtäuschen, dass deren numerische Auswertung immer dann Probleme bereitet, wenn es wie z. B. bei der Berechnung zusätzlicher Verluste um die Summenwirkung aller Drehwellen geht. Die Drehfeldtheorie eignet sich jedoch hervorragend zur Berechnung von Erscheinungen wie z. B. Oberwellenmomenten, an denen nur wenige Drehwellen beteiligt sind.

Bei der analytischen Behandlung rotierender elektrischer Maschinen und insbesondere bei der Anwendung der Drehfeldtheorie ist es erforderlich, die Begriffe Oberwelle und Oberschwingung sorgfältig auseinanderzuhalten:

– Unter einer *Oberschwingung* versteht man eine Harmonische der periodischen Abhängigkeit einer Größe von der Zeit.
– Unter einer *Oberwelle* versteht man eine Harmonische der periodischen Abhängigkeit einer Größe von einer Ortskoordinate.
– Als *Oberwellenfelder* oder kurz *Oberfelder* bezeichnet man die Oberwellen der Luftspaltinduktion.

Ströme und Spannungen, aber auch Kräfte oder das Drehmoment können daher zwar Oberschwingungen, jedoch nie Oberwellen aufweisen. Strombelag, Luftspaltleitwert, Durchflutung und Induktion besitzen dagegen Oberwellen.

1.3.8
Anwendung des Prinzips der Hauptwellenverkettung

Die Verkettung zwischen zwei Wicklungssystemen, die sich auf verschiedenen Seiten des Luftspalts befinden, erfolgt über das Luftspaltfeld. Es ist zu erwarten, dass sie eine komplizierte Abhängigkeit von der Stellung des Läufers relativ zum Ständer aufweisen wird. Um diese Abhängigkeit zu vereinfachen, müssen geeignete Annahmen über den Verkettungsmechanismus zwischen den beiden Wicklungssystemen getroffen werden. Das führt auf die Anwendung des Prinzips der Hauptwellenverkettung.[4]

---

[4] Das Prinzip war bereits im Abschnitt 4.2.1 des Bands *Grundlagen elektrischer Maschinen* für den Fall des stationären Betriebs einer Drehfeldmaschine eingeführt worden. An dieser Stelle ist es erforderlich, die entsprechenden Überlegungen auf einen beliebigen Betriebszustand zu erweitern.

1.3.8.1 Maschinen mit konstantem Luftspalt

Für die Verkettung zwischen Ständer und Läufer wird bei Maschinen mit konstantem Luftspalt angenommen, dass sie in jedem Augenblick nur über die resultierende Hauptwelle der Induktionsverteilung erfolgt. Man erhält einen Verkettungsmechanismus, wie er prinzipiell im Bild 1.3.5 dargestellt ist. Aufgrund dieser Vorstellungen von den magnetischen Verhältnissen übernimmt die resultierende Induktionshauptwelle die Rolle eines Hauptfelds. Jeder Strang der beiden Wicklungssysteme ist mit diesem Feld verkettet. Darüber hinaus besitzt er eine Flussverkettung mit den Streufeldern im Nut-, Wicklungskopf- und Zahnkopfraum, die von den Strömen in sämtlichen auf der gleichen Seite des Luftspalts befindlichen Strängen aufgebaut werden, sowie mit den im Luftspalt entstehenden Oberwellenfeldern dieser Ströme. Es besteht also die Vorstellung, dass die Ständerstränge nur mit jenen Oberwellenfeldern verkettet sind, die von den Ständerströmen herrühren, und die Läuferstränge nur mit jenen der Läuferströme. Dadurch erhält man einen Anteil in der Streuflussverkettung eines Strangs, der den Oberwellen des Luftspaltfelds zugeordnet ist, die von den auf der gleichen Seite des Luftspalts liegenden Strängen hervorgerufen werden. Dieser Teil der Streuflussverkettung wird deshalb als *Oberwellenstreuung* oder z. T. auch als *doppeltverkettete Streuung* bezeichnet.

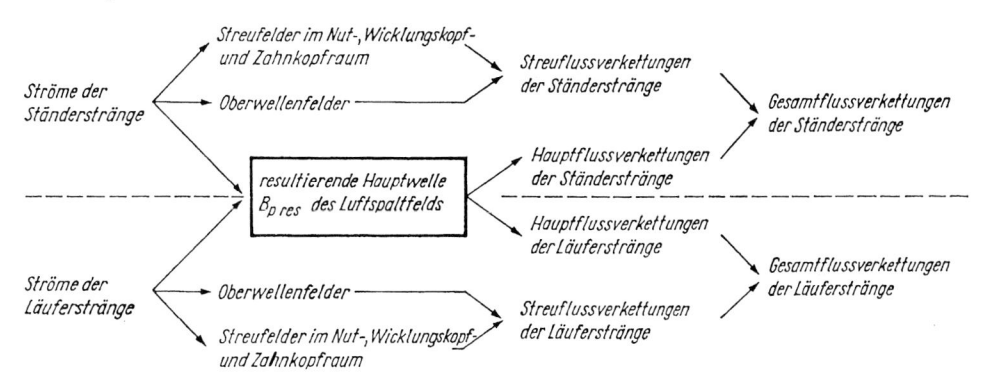

Bild 1.3.5 Verkettungsmechanismus auf Basis des Prinzips der Hauptwellenverkettung für eine Maschine mit konstantem Luftspalt

Wenn das Prinzip der Hauptwellenverkettung angewendet wird, werden natürlich solche Erscheinungen nicht erfasst, die an die Verkettung zwischen dem Ständer- und dem Läuferwicklungssystem über Oberwellenfelder gebunden sind. Das gilt z. B. für das Auftreten der Oberwellenmomente (s. Abschn. 1.7.5, S. 202).

1.3.8.2 Maschinen mit ausgeprägten Polen

Im Fall des Vorhandenseins ausgeprägter Pole in einem der beiden Hauptelemente sind etwas weitergehende Annahmen erforderlich, um eine einfache Abhängigkeit der Verkettung zwischen Ständer und Läufer von der Läuferstellung zu erhalten. Das

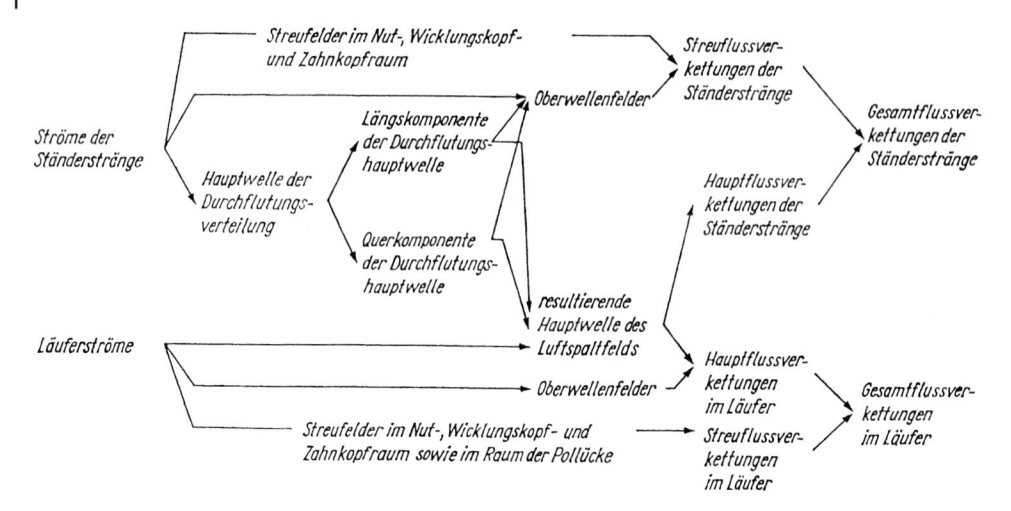

Bild 1.3.6 Verkettungsmechanismus auf Basis des Prinzips der Hauptwellenverkettung für eine Maschine mit ausgeprägten Polen im Läufer

gilt nicht für das Hauptelement mit ausgeprägten Polen, das im Weiteren der Läufer sein soll und dem sich das rotationssymmetrische Hauptelement gegenüber befindet. Für den Läufer genügt nach wie vor die Annahme, dass nur die Hauptwelle seiner Induktionsverteilung zu Verkettungen mit den Ständersträngen führt. Hinsichtlich des Feldaufbaus durch die Ständerstränge ist es jedoch erforderlich, die magnetische Asymmetrie des Läufers zu berücksichtigen. Dazu muss gegenüber dem Fall zweier rotationssymmetrischer Hauptelemente verschärfend angenommen werden, dass nur die Hauptwelle der Durchflutungsverteilung der Ständerstränge zum Aufbau eines Luftspaltfelds führt und dass dieses durch die magnetische Asymmetrie beeinflusst wird. Diese Hauptwelle lässt sich in jedem Augenblick in zwei Komponenten bezüglich der magnetischen Symmetrieachsen des Läufers zerlegen. Die Induktionshauptwellen, die von diesen Durchflutungskomponenten aufgebaut werden, sind mit den Ständersträngen und den Läuferkreisen verkettet. Darüber hinaus besitzen die Ständerstränge Flussverkettungen mit den Streufeldern im Nut-, Wicklungskopf- und Zahnkopfraum sowie mit ihren eigenen Oberwellenfeldern. Für diese Verkettungen muss angenommen werden, dass sie von der magnetischen Asymmetrie des Polsystems unbeeinflusst bleiben. Das gilt also sowohl für alle Induktionswellen, die von den Durchflutungsoberwellen herrühren, als auch für die Induktionsoberwellen, die von den Durchflutungshauptwellen aufgebaut werden. Die Läuferkreise sind zusätzlich zu der Verkettung mit der resultierenden Hauptwelle des Luftspaltfelds mit ihren Oberwellenfeldern und den Streufeldern im Nut-, Wicklungskopf- und Zahnkopfraum sowie im Raum der Pollücke verkettet. Der angenommene Verkettungsmechanismus ist im Bild 1.3.6 dargestellt.

1.3.9
Anwendung der Methode der symmetrischen Komponenten

Die Methode der symmetrischen Komponenten dient zur Untersuchung von Anordnungen, die für das Dreiphasennetz vorgesehen sind, bei denen aber durch äußere Einflüsse die Ströme und Spannungen im eingeschwungenen Zustand keine symmetrischen Dreiphasensysteme darstellen. Dabei werden einem unsymmetrischen System der Strang- oder Leitergrößen über eine Transformationsbeziehung drei symmetrische Systeme zugeordnet, ein Mitsystem m, ein Gegensystem g und ein Nullsystem 0.[5] Die Spannungs- bzw. Flussverkettungsgleichungen für die Strang- oder Leitergrößen werden der Transformation unterworfen und gehen dabei in entsprechende Gleichungen für die symmetrischen Komponenten dieser Größen über. Die Methode bietet offensichtlich dann Vorteile, wenn die so gewonnenen Beziehungen einfacher als die Ausgangsgleichungen aufgebaut sind, und besonders, wenn sie voneinander unabhängig sind. Dazu muss die betrachtete Anordnung eine gewisse Symmetrie aufweisen, die dadurch gekennzeichnet ist, dass die in den Spannungsgleichungen der drei Stränge den Einzelerscheinungen zugeordneten Parameter wie Widerstände, Selbst- und Gegeninduktivitäten und Koppelkapazitäten untereinander gleich sind. Diese Bedingungen gelten auch für die Anwendung der Methode der symmetrischen Komponenten auf rotierende elektrische Maschinen. Die Methode kann offenbar dann mit Vorteil eingesetzt werden, wenn stationäre Betriebszustände in symmetrischen Mehrphasenmaschinen unter unsymmetrischen Betriebsbedingungen zu untersuchen sind. Dabei muss außer der Symmetrie auch Linearität der magnetischen Verhältnisse vorausgesetzt werden, da sich sonst die Spannungsgleichungen bzw. die Flussverkettungsgleichungen nicht transformieren lassen. Um die Methode der symmetrischen Komponenten anwenden zu können, muss das Verhalten der betrachteten Maschine gegenüber dem Mitsystem, dem Gegensystem und dem Nullsystem bekannt sein. Das Verhalten gegenüber dem Mitsystem entspricht dem Verhalten im normalen stationären Betrieb der Maschine. Um das Verhalten gegenüber dem Gegensystem und dem Nullsystem zu ermitteln, muss, vom speziellen Zeitverhalten der Ströme und Spannungen bzw. Flussverkettungen ausgehend, das jeweils gültige Modell gesondert entwickelt werden, oder es muss von vornherein vom allgemeinen Gleichungssystem der betrachteten Maschine ausgegangen werden (s. Abschn. 1.3.5.1). Als Ergebnis erhält man für jede der drei Komponenten eine Spannungsgleichung und eine Beziehung für das Drehmoment, die miteinander über die Drehzahl verknüpft sind.

Die Untersuchung eines speziellen unsymmetrischen Betriebszustands erfordert zunächst, dass die gegebenen Betriebsbedingungen für die Strang- bzw. Leitergrößen an den Klemmen der Maschine in die zugeordneten Betriebsbedingungen für die sym-

---

[5] Die Kennzeichnung der symmetrischen Komponenten musste zur Wahrung der Übersichtlichkeit mit m, g, 0 statt mit 1, 2, 0 vorgenommen werden, wie in den Normen empfohlen wird. Das ist auch bereits im Band *Grundlagen elektrischer Maschinen* geschehen.

metrischen Komponenten überführt werden. Davon ausgehend lassen sich aus den Spannungsgleichungen für die symmetrischen Komponenten die unbekannten symmetrischen Komponenten der Ströme und Spannungen sowie die Anteile zum Drehmoment der einzelnen symmetrischen Komponenten bestimmen. Die Rücktransformation der symmetrischen Komponenten der Ströme und Spannungen liefert die unbekannten, d. h. nicht durch die Betriebsbedingungen vorgegebenen Ströme und Spannungen der Stränge bzw. Leiter. Die einzelnen Anteile zum Drehmoment ergeben das resultierende Drehmoment der Maschine im betrachteten unsymmetrischen Betriebszustand zu

$$M = M_\mathrm{m} + M_\mathrm{g} + M_0 \ . \tag{1.3.9}$$

Dabei kann auch von gemessenen Werten der Drehmomentkomponenten in Abhängigkeit von den Spannungs- oder Stromkomponenten und der Drehzahl ausgegangen werden. Auf diesem Weg werden z. B. gewöhnlich die Drehzahl-Drehmoment-Kennlinien für unsymmetrische Anlass- und Bremsschaltungen von Induktionsmaschinen ermittelt (s. Abschn. 2.4.5, S. 389).

1.3.10
Anwendung des Prinzips der Flusskonstanz

Die Spannungsgleichungen eines kurzgeschlossenen elektrischen Kreises j aus linienhaften oder quasilinienhaften Leitern, der eine Spule oder eine Wicklung oder auch die Masche eines Kurzschlusskäfigs sein kann, lautet ausgehend von (1.3.1)

$$0 = R_j i_j + \frac{\mathrm{d}\psi_j}{\mathrm{d}t} \ .$$

Daraus folgt für die Flussverkettung der Spule nach irgendeiner äußeren Störung zur Zeit $t = 0$, die auf das Feld in der Spule Einfluss zu nehmen sucht,

$$\psi_j = \psi_{j(\mathrm{a})} - \int_0^t R_j i_j \, \mathrm{d}t \ . \tag{1.3.10}$$

Unmittelbar nach der Störung bzw. näherungsweise während einer gewissen Zeitspanne danach kann das zweite Glied auf der rechten Seite von (1.3.10) vernachlässigt werden, und man erhält

$$\psi_j = \psi_{j(\mathrm{a})} \ . \tag{1.3.11}$$

Das ist das Prinzip der Flusskonstanz, das korrekter als Prinzip der Konstanz der Flussverkettung bezeichnet werden müsste. Es besagt, dass ein kurzgeschlossener elektrischer Kreis stets bestrebt ist, seine Flussverkettung aufrechtzuerhalten. Dazu fließen in der Spule entsprechende Ströme, sobald sich die äußere Erregung des Felds ändert. Für rotierende Maschinen hat das Prinzip insofern eine besondere Bedeutung,

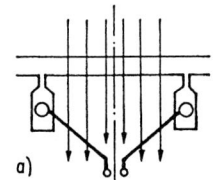

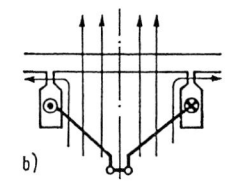

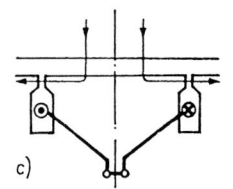

Bild 1.3.7 Spule in einem äußeren Feld mit zeitlich sinusförmigem Verlauf.
a) Offene Spule im äußeren Feld;
b) Rückwirkungsfeld der kurzgeschlossenen Spule;
c) resultierendes Feld aus der Überlagerung des äußeren Felds und des Rückwirkungsfelds der kurzgeschlossenen Spule

als es natürlich unabhängig von der Relativbewegung zwischen den Wicklungssystemen im Ständer und denen im Läufer gilt. Andererseits erwachsen die Schwierigkeiten bei der Behandlung nichtstationärer Betriebszustände rotierender elektrischer Maschinen gerade aus dieser Relativbewegung. Durch Anwendung des Prinzips der Flusskonstanz gelingt es, die an sich komplizierten Vorgänge durchsichtig zu machen und verhältnismäßig leicht Näherungslösungen anzugeben.

Für den Fall, dass ein kurzgeschlossener elektrischer Kreis aus linienhaften Leitern einem zeitlich sinusförmigen Feld ausgesetzt ist, folgt aus (1.3.1) für $\omega \to \infty$

$$\psi = 0 . \tag{1.3.12}$$

Die Flussverkettung eines kurzgeschlossenen elektrischen Kreises in einem zeitlich sinusförmigen Feld ist bei hinreichend großer Frequenz praktisch Null. Für eine einzelne kurzgeschlossene Windung aus einem linienhaften Leiter bedeutet dies, dass mit der Flussverkettung auch der sie durchsetzende Fluss verschwindet. Das Feld wird unter der Wirkung eines entsprechenden Stroms in der Windung vollständig aus ihr herausgedrängt. Wenn man die Flussverkettung eines elektrischen Kreises entsprechend $\psi = \psi_h + \psi_\sigma$ aufteilt in den vom resultierenden Luftspaltfeld herrührenden Anteil ψ_h und den vom Streufeld der Spule selbst herrührenden Anteil ψ_σ, folgt aus (1.3.12)

$$\psi_\sigma = -\psi_h .$$

Die Spule baut ein Streufeld auf, dessen Flussverkettung gerade jene aufhebt, die mit dem resultierenden Luftspaltfeld besteht. Das Feld wird – wie man sagt – auf die Streuwege verdrängt. Im Bild 1.3.7 werden diese Überlegungen veranschaulicht. Solange die Spule nicht kurzgeschlossen ist, wird sie vom äußeren Feld durchsetzt (s. Bild 1.3.7a). Wenn man den Kurzschluss herstellt, fließt durch Induktionswirkung ein Strom, der auf das Ursachenfeld zurückwirkt und sowohl ein Luftspaltfeld als auch ein Streufeld aufbaut (s. Bild 1.3.7b). Dabei muss die Flussverkettung der betrachteten Spule gerade die mit dem äußeren Feld bestehende aufheben. In der Überlagerung schließt sich das durch die Rückwirkung des Spulenstroms geschwächte äußere Feld über die Streuwege der betrachteten Spule (s. Bild 1.3.7c). In manchen Fällen, z. B. im Zusammenhang mit einer Stromrichterspeisung, wirken auf eine kurzgeschlossene Spule zwei Komponenten des äußeren Felds mit stark unterschiedlichen Frequenzen. Dann kann für die hohe Frequenz (1.3.12) gelten, während für die niedrige Frequenz mit der tatsächlichen Spannungsgleichung unter Berücksichtigung des ohmschen Widerstands gerechnet werden muss.

1.4 Wicklungen

Ziel der folgenden Darlegungen ist es, eine Gesamtschau über die ausführbaren Wicklungsarten aus möglichst allgemeiner Sicht zu geben. Diese Sicht muss vermittelt werden, damit in den folgenden Abschnitten über den Feldaufbau und die Spannungsinduktion in rotierenden elektrischen Maschinen der theoretische Apparat bereitgestellt werden kann, mit dessen Hilfe dann im Kapitel 1 des Bands *Berechnung elektrischer Maschinen* die eingehende Analyse der Wicklungen vorgenommen wird. Dieser Absicht entsprechend bietet es sich an, im Weiteren von der Systematisierung der rotierenden elektrischen Maschinen nach der Lage der Feldwirbel auszugehen, die im Abschnitt 1.2.2, Seite 33, vorgenommen wurde. Damit steht die große Gruppe elektrischer Maschinen mit einem radialen, heteropolaren Luftspaltfeld (s. Abschn. 1.2.2.1), das durch axial gerichtete Ströme erregt wird, im Vordergrund der Betrachtungen. Die speziellen Wicklungen einer Reihe von Reluktanzmaschinen werden aus den Betrachtungen ausgeklammert, da sie sich nur im Zusammenhang mit der realen Maschinenausführung einführen lassen. Ferner wird darauf verzichtet, Ausführungen zu trivialen Wicklungen sowie auch zu Käfigwicklungen zu machen.[6]

1.4.1 Wicklungen mit ausgebildeten Strängen

1.4.1.1 Allgemeines

Wicklungen mit ausgebildeten Strängen sind in gleichmäßig genuteten Hauptelementen untergebracht.[7] Für die Strangzahl m werden die Werte 1, 2, 3 und bisweilen 5 ausgeführt. In großen stromrichtergespeisten Maschinen finden z. T. sechssträngige Ständerwicklungen Verwendung, die auch als zwei dreisträngige Wicklungen aufgefasst werden können, die gegeneinander um ein Sechstel der Polteilung versetzt sind.

---

[6] Für grundlegende Begriffe zur Beschreibung und Kennzeichnung der wichtigsten Wicklungsarten s. auch Bd. *Grundlagen elektrischer Maschinen*, Abschn. 2.3.1.2, 3.2.3 u. 4.1.2.2 bzw. Bd. *Berechnung elektrischer Maschinen*, Abschn. 1.1.

[7] Lediglich bei als Einschichtwicklung ausgeführten Zahnspulenwicklungen werden oft auch abwechselnd breitere bewickelte und schmalere unbewickelte Zähne ausgeführt.

Die Zuordnung der Spulen zu den Strängen und die zugehörigen Mehrphasensysteme werden ausführlich im Abschnitt 1.2.1 des Bands *Berechnung elektrischer Maschinen* behandelt.

Mit wachsender Strangzahl erhält das Spektrum der von ihnen aufgebauten Feldwellen weniger Harmonische. In den meisten Fällen sind die Stränge untereinander gleichartig aufgebaut und um einen bestimmten Teil der Polteilung gegeneinander versetzt angeordnet. Unterschiedlich aufgebaut sind eigentlich nur Haupt- und Hilfsstrang von Einphasen-Induktionsmaschinen.

Wenn das betrachtete Hauptelement N Nuten aufweist und eine Wicklung für p Polpaare unterzubringen ist, stehen je Strang und Pol

$$q = \frac{N}{2pm} \tag{1.4.1}$$

Nuten zur Verfügung. Die Größe q wird als *Lochzahl* bezeichnet.

Die Leiter bzw. Spulenseiten eines Strangs sind in bestimmten, über den Umfang verteilten Nuten untergebracht und so zusammengeschaltet, dass der Strang als Ganzes

– bevorzugt auf eine Feldwelle mit der auf den Gesamtumfang bezogenen Ordnungszahl $\nu' = p$ reagiert bzw.
– bevorzugt ein Feld der Ordnungszahl $\nu' = p$, das als *Hauptwellenfeld* oder kurz *Hauptfeld* bezeichnet werden soll, aufbaut.

Dabei werden die einzelnen Spulenseiten, wenn man sie entsprechend der vorliegenden Zusammenschaltung verfolgt, in alternierender Richtung durchlaufen. Jeweils zwei unmittelbar aufeinander folgende Spulenseiten können als *Spule* betrachtet werden. Wenn die Spulenseiten aus mehr als einem Leiter bestehen, spricht man von einer *Spulenwicklung*, im anderen Fall von einer *Stabwicklung*. Nebeneinander liegende Spulen eines Strangs bilden eine *Spulengruppe*. Sie sind im Fall der sog. *Schleifenwicklung* unmittelbar hintereinandergeschaltet. Dagegen werden bei der *Wellenwicklung* unmittelbar hintereinander solche Spulen geschaltet, die benachbarten Polpaaren angehören. Davon wird bei Stabwicklungen Gebrauch gemacht, da sich dann die Zahl der äußeren Schaltverbindungen reduziert.

Die Spulengruppen eines Strangs sind im einfachsten Fall hintereinandergeschaltet. Dann existieren keine *parallelen Zweige*. Im anderen Extremfall lassen sich alle Spulengruppen eines Strangs unter bestimmten Bedingungen auch parallelschalten, und man erhält die maximal ausführbare Zahl von $a_{\max}$ parallelen Zweigen. Die Spulengruppen können aber auch zu einer kleineren Zahl von a parallelen Zweigen zusammengeführt werden, deren jeder seinerseits aus der Hintereinanderschaltung von mehreren Spulengruppen besteht. Die Notwendigkeit der Ausführung paralleler Zweige ergibt sich nach Maßgabe der Spannungs-Leistungs-Zuordnung der betrachteten Maschine und ggf. weiterer Kriterien, die im Abschnitt 1.9.5, Seite 270, behandelt werden.

Die folgenden Betrachtungen gehen zunächst stets von der Schleifenwicklung aus. Wenn der Strang Strom führt, entsteht eine der Zusammenschaltung entsprechende Verteilung und Richtungszuordnung der stromdurchflossenen Leiter. Da das vom betrachteten Strang aufgebaute Luftspaltfeld nur von der Lage der Leiter und der Richtung der Ströme in den Leitern abhängt, erhält man offensichtlich einen elektromagnetisch gleichwertigen Wicklungsstrang, wenn die zugeordneten Spulenseiten unter Beibehaltung der Durchlaufrichtungen in einer beliebigen anderen Folge hintereinandergeschaltet werden. Für die elektromagnetischen Eigenschaften des Strangs bezüglich des Luftspaltfelds ist also nur die Zuordnung der Spulenseiten einschließlich ihres Durchlaufsinns maßgebend. Die Art der Hintereinanderschaltung der Spulenseiten und die dabei vorzusehende paarweise Vereinigung von Spulenseiten zu Spulen erfolgt unter den Gesichtspunkten, dass die Wicklung als Ganzes gewisse Symmetrien im Aufbau aufweist, fertigungstechnisch günstig ist und einen möglichst geringen Materialaufwand erfordert. Diese Gesichtspunkte führen dazu, dass praktisch ausgeführte Wicklungen entweder generell aus gleichartigen Spulen gleicher Weite bestehen oder aus gleichartigen Spulengruppen, die ihrerseits jeweils aus mehreren Spulen ungleicher Weite, aber gleicher Spulenachse aufgebaut sind. Man spricht dann von koaxialen oder konzentrischen Spulengruppen. Dabei ist die *Spulenweite* W stets ungefähr gleich der *Polteilung*

$$\tau_\mathrm{p} = \frac{D\pi}{2p} \tag{1.4.2}$$

bzw. der *Wicklungsschritt* y ungefähr gleich dem *Durchmesserschritt*

$$y_\varnothing = \frac{N}{2p} \ . \tag{1.4.3}$$

Spulen mit $W \neq \tau_\mathrm{p}$ bzw. $y \neq y_\varnothing$ bezeichnet man als gesehnte Spulen und solche mit $W = \tau_\mathrm{p}$ bzw. $y = y_\varnothing$ als ungesehnt. Es werden sowohl Einschicht- als auch Zweischichtwicklungen ausgeführt. Im ersten Fall liegt in jeder Nut eine Spulenseite, so dass eine Spule zwei Nuten vollständig belegt. Im zweiten Fall ist in jeder Nut eine Ober- und eine Unterschichtspulenseite untergebracht. Jede Spule füllt mit jeder ihrer Spulenseiten, von denen i. Allg. eine in der Oberschicht und die andere in der Unterschicht liegt, eine halbe Nut. Außerdem werden Zweischichtwicklungen praktisch stets aus Spulen gleicher Weite aufgebaut.

Eine besondere Ausführungsform von Wicklungen mit ausgebildeten Strängen bilden die Zahnspulenwicklungen, deren Spulenweite nur einer Nutteilung entspricht und bei denen im Fall einer Zweischichtwicklung die beiden Spulenseiten einer Nut meist nebeneinander statt übereinander liegen (s. Bd. *Berechnung elektrischer Maschinen*, Abschn. 1.2.2.3g).

1.4.1.2 Ganzlochwicklungen

Wenn man von der *Einschichtwicklung* ausgeht, besitzt jeder Strang im einfachsten Fall im Bereich jedes Polpaars eine gleichartige Spulengruppe aus Q Spulen, die in $2Q$

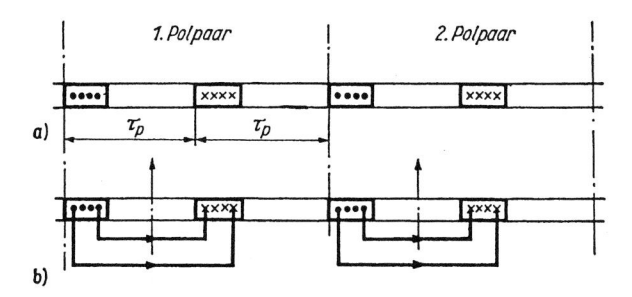

Bild 1.4.1 Ein Strang einer Einschicht-Ganzlochwicklung.
a) Zonenplan;
b) Zonenplan mit angedeuteten Spulenköpfen bei
 Ausführung mit Spulen ungleicher Weite

Nuten untergebracht sind. Dabei sind die p Spulengruppen eines Strangs gleichmäßig im Abstand $D\pi/p = 2\tau_\mathrm{p}$ am Umfang verteilt. Wenn alle N Nuten bewickelt sind, wie dies in den meisten Fällen zutrifft, gilt

$$Q = q = \frac{N}{2pm}\ .$$

Man erhält die große Gruppe der Ganzlochwicklungen. Im Bild 1.4.1a ist der sog. *Zonenplan* für einen Strang einer Einschicht-Ganzlochwicklung dargestellt. Den Bereich, den die nebeneinander liegenden Spulenseiten eines Strangs belegen, bezeichnet man als Zone. Ihre Ausdehnung in Umfangsrichtung ist die Zonenbreite. Um die Verbindung zwischen Zonenplan und tatsächlicher Wicklung zu verdeutlichen, sind im Bild 1.4.1b die Spulenköpfe angedeutet, die man erhält, wenn Spulen ungleicher Weite ausgeführt werden. Der Abstand aufeinander folgender Zonen, deren Spulenseiten eine Spulengruppe bilden, wurde im Bild 1.4.1 von vornherein gleich der Polteilung gemacht.

Die Zonenpläne vollständiger Einschicht-Ganzlochwicklungen sind im Bild 1.4.2 für verschiedene Strangzahlen dargestellt. Dabei wurden folgende allgemeine *Darstellungskonventionen* benutzt:

– Die Stränge werden mit $a, b, c, \ldots$ bezeichnet.
– Zonen, in denen die Spulenseiten in die Darstellungsebene hinein durchlaufen werden, erhalten die Bezeichnung $+a, +b$ usw.
– Zonen, in denen die Spulenseiten aus der Darstellungsebene heraus durchlaufen werden, erhalten die Bezeichnung $-a, -b$ usw.

Um die Übersichtlichkeit zu erhöhen, wurden die Zonen des Strangs a jeweils besonders hervorgehoben. Für die einsträngige Wicklung ist im Bild 1.2.2b der i. Allg. aus ökonomischen Gründen praktisch realisierte Fall dargestellt, dass nur etwa 2/3 der vorhandenen Nuten bewickelt sind. Aus Bild 1.4.2 folgt, dass im Fall der vollständigen Bewicklung auf eine Zone mit $Q = q = N/(2pm)$ Nuten des ersten Strangs eine

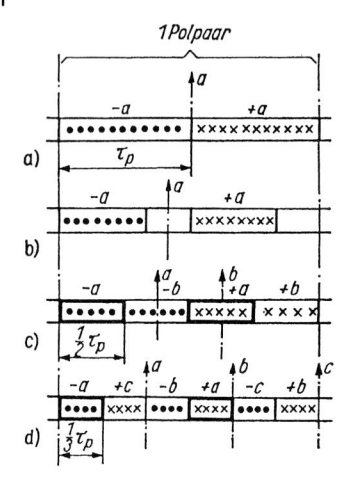

Bild 1.4.2 Zonenpläne für Einschicht-Ganzlochwicklungen.
a) $m = 1$, vollständig bewickelt;
b) $m = 1$, Bewicklung von $2/3$ der Nuten;
c) $m = 2$;
d) $m = 3$

Zone mit q Nuten des zweiten Strangs folgt. Dieser Prozess setzt sich fort, bis auf eine Zone mit q Nuten des m. Strangs wieder eine Zone des ersten Strangs folgt. Diese hat also zu der ersten Zone des gleichen Strangs den Abstand von $mq = N/(2p)$ Nuten, d. h. den Abstand der Polteilung. Denkt man sich die Wicklung mit Spulen gleicher Weite ausgeführt, so müsste deren Weite gleich der Polteilung sein. Die Einschicht-Ganzlochwicklung verhält sich demnach so, als ob nur ungesehnte Spulen vorhanden wären. Die in Wirklichkeit vorgesehenen Spulen ungleicher Weite haben eine mittlere Weite, die gleich der Polteilung ist. Eine vollständig bewickelte Einschicht-Ganzlochwicklung lässt sich also nicht ohne Weiteres sehnen, es sei denn, man verzichtet auf zusammenhängende Zonen.

Im Fall der *Zweischichtwicklung* entsprechen den $2Q$ Nuten, die einem betrachteten Strang in einem Polpaar angehören, auch $2Q$ Spulen. Wenn diese in den gleichen Nuten untergebracht sind wie bei der zugeordneten Einschichtwicklung und jede Spule entsprechend der üblichen Ausführung von Zweischichtwicklungen eine Ober- und eine Unterschichtspulenseite hat, erhält man zwei Spulengruppen je Polpaar und Strang, die im entgegengesetzten Sinn durchlaufen werden. Bild 1.4.3a zeigt den Zonenplan für einen Strang einer derartigen Wicklung (vgl. Bild 1.4.1). Die Lage der Spulenköpfe ist im Bild 1.4.3b angedeutet. Die Wicklung hat die gleiche Zonenbreite wie die zugeordnete Einschichtwicklung. Wenn aus den $2Q$ Spulen je Polpaar eine Spulengruppe gebildet wird, erhält man eine *Zweischichtwicklung mit doppelter Zonenbreite*. Den Zonenplan eines Strangs einer derartigen Wicklung sowie die angedeutete Lage der Spulenköpfe zeigt Bild 1.4.4. Bei diesen Wicklungen belegt offensichtlich ein Strang in einer Schicht Nuten, die in der anderen Schicht von einem anderen Strang eingenommen werden. Bei der Zweischichtwicklung mit einfacher Zonenbreite nach Bild 1.4.3 war dies zunächst nicht der Fall.

Die Bedeutung der Zweischichtwicklung liegt darin, dass sie eine einfache Möglichkeit zur *Sehnung* bietet. Dazu wird die Spulenweite W kleiner als die Polteilung

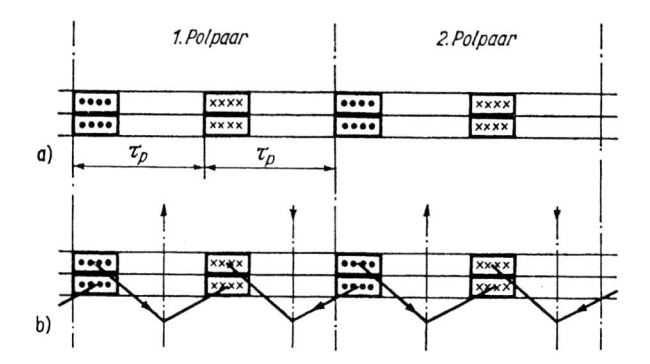

Bild 1.4.3 Ein Strang einer ungesehnten Zweischichtwicklung in der üblichen Ausführung mit einfacher Zonenbreite.
a) Zonenplan;
b) Zonenplan mit angedeuteten Spulenköpfen

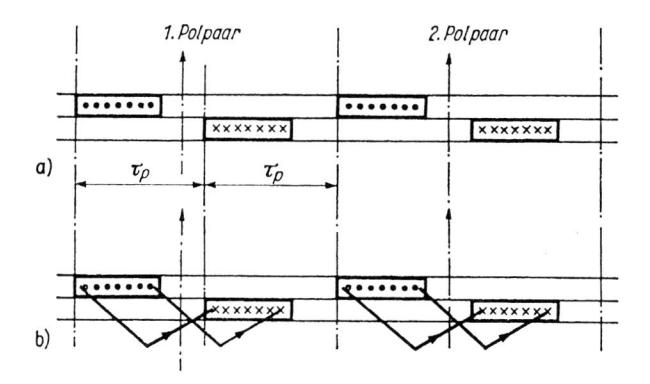

Bild 1.4.4 Ein Strang einer ungesehnten Zweischichtwicklung mit doppelter Zonenbreite.
a) Zonenplan;
b) Zonenplan mit angedeuteten Spulenköpfen

τ_p gemacht. Dem entspricht im Zonenplan, dass sich alle Unterschichtzonen nach Maßgabe der Verkleinerung der Spulenweite verschieben. Eine derartige Wicklung weist hinsichtlich ihres Oberwellenverhaltens gegenüber der ungesehnten Wicklung Vorteile auf. Darin liegt der Vorteil der Zweischichtwicklungen. Im Bild 1.4.5 sind in Analogie zu Bild 1.4.2 die Zonenpläne vollständig bewickelter, gesehnter *Zweischichtwicklungen mit einfacher Zonenbreite* für verschiedene Strangzahlen dargestellt. Man erkennt, dass im Fall einer Sehnung auch bei der Zweischichtwicklung mit einfacher Zonenbreite Ober- und Unterschichtspulenseiten in einem Teil der Nuten verschiedenen Strängen angehören.

Bei einer *Zweischicht-Ganzlochwicklung mit doppelter Zonenbreite* liegen in einer Zone $Q = 2q$ Spulen eines Strangs nebeneinander. Zonen, die in einer Schicht demselben

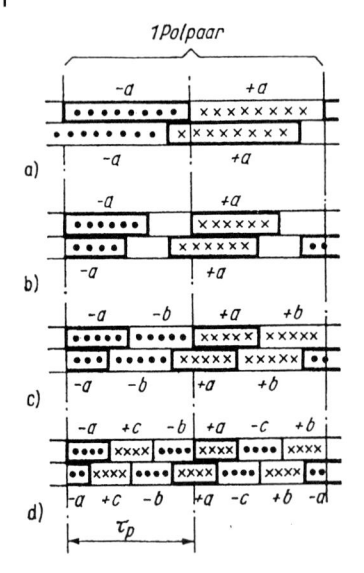

Bild 1.4.5 Zonenpläne gesehnter Zweischicht-Ganzlochwicklungen mit einfacher Zonenbreite (vgl. Bild 1.4.2).
a) $m = 1$, vollständig bewickelt;
b) $m = 1$, Bewicklung von nur $2/3$ der Nuten;
c) $m = 2$;
d) $m = 3$

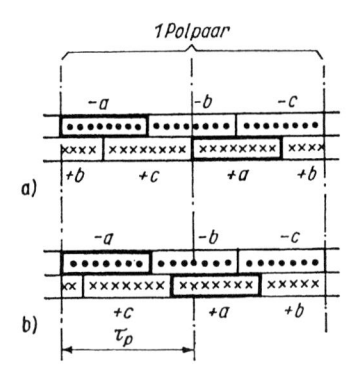

Bild 1.4.6 Zonenpläne dreisträngiger Zweischicht-Ganzlochwicklungen mit doppelter Zonenbreite.
a) Ungesehnt;
b) gesehnt

Strang angehören, müssen demnach einen Abstand von $2qm = N/p$ Nuten aufweisen, d. h. von der doppelten Polteilung. Jeder Strang hat also im Bereich eines Polpaars in einer Schicht nur eine Zone. Die Zonenbreite beträgt

$$2q\tau_\mathrm{n} = \frac{2}{m}\tau_\mathrm{p} \; ,$$

d. h. den m. Teil der doppelten Polteilung. Für $m = 2$ würde eine Zone eines Strangs demnach bereits eine ganze Polteilung einnehmen, so dass kein zweiter, um eine halbe Polteilung versetzter Strang unterzubringen ist. Für $m = 3$ dagegen nimmt die Zone eines Strangs $2\tau_\mathrm{p}/3$ ein. Es kann unmittelbar folgend der nächste Strang in dem erforderlichen Abstand von $2\tau_\mathrm{p}/3$ vorgesehen werden. Im Bild 1.4.4 wurde deshalb von vornherein ein Strang einer dreisträngigen Wicklung dargestellt. Die Zonenpläne für eine vollständige dreisträngige Zweischichtwicklung mit doppelter Zonenbreite sind im Bild 1.4.6a ohne und im Bild 1.4.6b mit Sehnung dargestellt.

Die Stränge von Ganzlochwicklungen haben die grundlegende Eigenschaft, dass sich ihr Aufbau nach jedem Polpaar wiederholt, d. h. eine Periodizität entsprechend der doppelten Polteilung aufweist. Falls diese Periodizität nicht durch andere Einflüsse gestört wird – z. B. durch eine exzentrische Lage des Läufers in der Ständerbohrung –, ruft ein Strom in einem derartigen Strang ein Luftspaltfeld der gleichen Periodizität hervor. Die niedrigste Harmonische in Bezug auf den Gesamtumfang hat dann die Ordnungszahl $\nu' = p$; sie stellt also von vornherein die Hauptwelle dar, und es treten nur die Harmonischen

$$\nu' = \nu p \text{ mit } \nu \in \mathbb{N} \tag{1.4.4}$$

auf. Dabei ist ν die Ordnungszahl der Harmonischen in Bezug auf die Polpaarteilung bzw. im Vergleich zur Hauptwelle mit $\nu' = p$. Wie später allgemein gezeigt wird, kann ein derartiger Strang auch nur auf Luftspaltfelder der Ordnungszahlen $\nu' = \nu p$ mit $\nu \geq 1$ reagieren, d. h. nur mit solchen Luftspaltfeldern entsteht eine endliche Flussverkettung. Die Stränge von Einschicht-Ganzlochwicklungen und von Zweischicht-Ganzlochwicklungen mit einfacher Zonenbreite haben die zusätzliche Eigenschaft, dass sich die Leiterverteilung bei wechselndem Durchlaufsinn bereits nach einer Polteilung wiederholt (s. Bilder 1.4.2 u. 1.4.5). Dementsprechend erhält man eine Stromverteilung, die der Symmetrieeigenschaft $f(x + \tau_\mathrm{p}) = -f(x)$ unterliegt. Diese Eigenschaft weisen nur die Harmonischen mit in Bezug auf die Hauptwelle ungerader Ordnungszahl auf. Dementsprechend ruft ein Strang einer Einschicht-Ganzlochwicklung bzw. einer Zweischicht-Ganzlochwicklung mit einfacher Zonenbreite nur Harmonische

$$\nu' = \nu p \text{ mit } \nu \in \mathbb{U} \tag{1.4.5}$$

hervor bzw. reagiert auch nur auf diese Harmonischen des Luftspaltfelds.

Die Stränge von Zweischicht-Ganzlochwicklungen mit doppelter Zonenbreite besitzen Stromverteilungen, die der Symmetrieeigenschaft $f(x + \tau_\mathrm{p}) = -f(x)$ nicht genügen (s. Bild 1.4.6). Damit treten entsprechend (1.4.4) auch die Harmonischen mit bezüglich der Hauptwelle gerader Ordnungszahl auf. Aus diesem Grund werden Zweischichtwicklungen mit doppelter Zonenbreite nur dann angewendet, wenn die Ausführung mit einfacher Zonenbreite nicht möglich ist. Eine angezapfte Kommutatorwicklung z. B. bildet automatisch eine Wicklung mit doppelter Zonenbreite.

Wellenwicklungen werden fast immer als Zweischichtwicklungen ausgeführt. Dabei besteht ein Wellenzug aus den Einzelwellen der in einer Zone nebeneinander liegenden Spulenseiten jeweils einer Schicht des betrachteten Strangs, die alternierend die Ober- und die Unterschicht bilden. Es entstehen zwei derartige Wellenzüge, die über sog. *Umkehrverbindungen* hintereinander- oder parallelgeschaltet werden. Eine eingehende Behandlung findet sich im Band *Berechnung elektrischer Maschinen* z. B. im Abschnitt 1.1.1.2.

1.4.1.3 Bruchlochwicklungen

Die im Abschnitt 1.4.1.2 betrachtete Menge der Ganzlochwicklungen stellt eine Untermenge aller denkbaren Wicklungen mit Spulenseiten gleicher Leiterzahl dar. Sie ist dadurch gekennzeichnet, dass jedem Strang in jedem Polpaar die gleiche Anzahl von Nuten zur Verfügung steht und damit ein mit der Polpaarteilung periodischer Aufbau möglich wird. Es verbleibt die Untermenge der sog. Bruchlochwicklungen. Diese Wicklungen stellen offensichtlich den allgemeineren Fall dar. Sie sind dadurch

Bild 1.4.7 Zonenplan eines Strangs einer Einschicht-Bruchlochwicklung mit $p = 5$, $q = 8/5 = 1^3/_5$

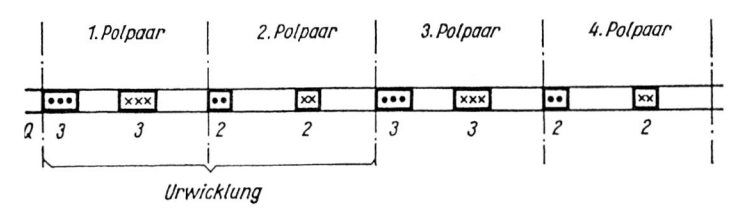

Bild 1.4.8 Zonenplan eines Strangs einer Einschicht-Bruchlochwicklung mit $p = 4$, $q = 2^1/_2$

gekennzeichnet, dass einem Strang innerhalb der einzelnen Polteilungen unterschiedliche Nutzahlen $Q_1, \ldots, Q_{2p}$ zur Verfügung stehen. Damit erhält man natürlich auch Spulengruppen mit unterschiedlichen Spulenzahlen. Es sind sowohl Einschicht- als auch Zweischichtwicklungen ausführbar. Die mittlere Anzahl von Nuten, die ein Strang im Bereich einer Polteilung belegt, wird eine gebrochene Zahl entsprechend

$$q = \frac{\sum Q}{2p} \qquad (1.4.6)$$

im Fall einer Zweischichtwicklung. Ein Strang einer Bruchlochwicklung weist im Extremfall entlang des Gesamtumfangs gar keine Periodizität im Aufbau auf. Bild 1.4.7 zeigt als Beispiel den Zonenplan eines Strangs einer Einschichtwicklung für $p = 5$ mit $q = 16/10 = 1^3/_5$. Man erkennt, dass die Verteilung der Spulenseiten keine Periodizität besitzt. In diesem Fall hat die niedrigste bezüglich des Gesamtumfangs auftretende Feldwelle die Ordnungszahl $\nu'_{\min} = 1$, und es sind alle Feldwellen mit $\nu' \geq 1$ denkbar. Dabei wird natürlich die Hauptwelle mit $\nu' = p$ besonders stark ausgeprägt sein. Bezüglich der Hauptwelle bzw. bezüglich der doppelten Polteilung existieren jedoch nicht nur Oberwellen mit $\nu' > p$ bzw. $\nu > 1$, sondern auch sog. *Unterwellen* mit $\nu' < p$ bzw. $\nu < 1$.

Wenn sich der Aufbau eines Strangs bereits nach jeweils p^* Polpaaren bzw. $2p^*$ Polteilungen wiederholt, erhält man p/p^* gleichwertige Teile der Gesamtwicklung. Ein derartiger Teil wird als *Urwicklung* bezeichnet. Er bestimmt die Periodizität des Aufbaus und damit das Spektrum der auftretenden Harmonischen des Luftspaltfelds. Im Bild 1.4.8 ist der Zonenplan einer Einschichtwicklung für $p = 4$ mit $q = 20/8 = 2^1/_2$ dargestellt. Offensichtlich wiederholt sich der Aufbau des Strangs bereits nach $p^* = 2$ Polpaaren. Die Gesamtwicklung zerfällt in $p/p^* = 2$ Urwicklungen. Die niedrigste bezüglich des Gesamtumfangs auftretende Ordnungszahl ist also $\nu'_{\min} = p/p^*$, und es existieren alle Harmonischen

$$\nu' = p\nu = gp/p^* \text{ mit } g \in \mathbb{N} \,. \tag{1.4.7}$$

Eine Sonderausführung der Bruchlochwicklungen stellen die sog. Zahnspulenwicklungen dar, bei denen jede Spule nur einen Zahn umfasst und damit den Schritt $y = 1$ besitzt. Da mit Rücksicht auf den Wicklungsfaktor der Hauptwelle y in etwa einer Polteilung entsprechen muss, ergibt sich daraus eine Nutzahl N von etwa $2p$ und eine Lochzahl $q < 1$ (s. Bd. *Berechnung elektrischer Maschinen*, Abschn. 1.2.2.3g).

1.4.2
Kommutatorwicklungen

Der Kommutatoranker ist dadurch gekennzeichnet, dass er sich als Ganzes über die Bürsten gesehen hinsichtlich des Feldaufbaus wie eine stationäre Spule verhält, nicht aber hinsichtlich der Spannungsinduktion. Dazu sind die Ankerspulen so mit den Kommutatorstegen verbunden, dass zwischen den im Abstand einer Polteilung aufsitzenden Bürsten Ankerzweige aus hintereinandergeschalteten Spulen entstehen, die vom Ständer aus gesehen im Bereich einer Polteilung in der einen Richtung und im Bereich der Nachbarpolteilung in der entgegengesetzten Richtung durchlaufen werden. Diese Form der Hintereinanderschaltung bleibt auch bei der Drehung des Läufers erhalten, da alle Spulenseiten in der Reihenfolge ihrer Lage an die Kommutatorstege angeschlossen sind. Es entsteht eine *pseudostationäre Spule*. Eine Einzelspule verbleibt in einem Ankerzweig, während sie sich um eine Polteilung weiterbewegt. Danach wird sie bei Umkehr des Durchlaufsinns in den nächsten Ankerzweig eingefügt. Während dieses Prozesses ist sie durch eine Bürste kurzgeschlossen. Die Lage der Bürste bestimmt also – allgemein gesehen – die Lage der Bereiche, in denen die Spulenseiten jeweils in einer Richtung durchlaufen werden, bzw. die Lage der Ankerzweige. Wenn über die Bürsten Gleichstrom eingespeist wird, rufen die Ankerzweige Wirbel des Magnetfelds hervor, die relativ zu den Bürsten und damit relativ zum Ständer ruhen. Die einzelnen Spulen führen nahezu rechteckförmige Wechselströme. Die Umkehr ihrer Stromrichtung, d. h. die Kommutierung, erfolgt – wie bereits erwähnt –, während sie durch eine Bürste kurzgeschlossen sind. Über die Bürsten gesehen, wird in jedem Ankerzweig des Kommutatorankers bei Rotation im zeitlich konstanten Feld eine zeitlich konstante Spannung induziert, wenn man von einer gewissen Welligkeit absieht, die durch die endliche Zahl der Nuten und Kommutatorstege bedingt ist. Diese Spannung wurde im Abschnitt 3.3.2 des Bands *Grundlagen elektrischer Maschinen* ermittelt. Die dabei vorausgesetzte einfache Wicklung ist dadurch gekennzeichnet, dass der betrachtete Ankerzweig aus unmittelbar benachbarten Spulen besteht. Die Ableitung würde auf das gleiche Ergebnis führen, wenn nur jede zweite oder jede k. Spule in den Ankerzweig eingeschaltet wäre. Unerlässlich ist jedoch, dass die Spulen eines An-

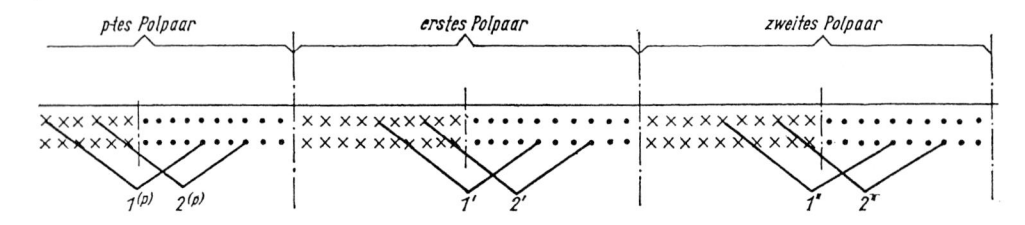

Bild 1.4.9 Erforderliche Verteilung der Durchlaufrichtungen zur Realisierung einer $2p$-poligen pseudostationären Spule

kerzweigs gleichmäßig über den Bereich verteilt sind, den der Ankerzweig am Umfang einnimmt.

Aus den angestellten Betrachtungen lässt sich verallgemeinern, dass eine beliebige Kommutatorwicklung dann funktionsfähig ist, wenn sie folgende Bedingungen erfüllt:

1. Bei einer Maschine mit p Polpaaren muss die Durchlaufrichtung durch die Spulenseiten bei aufsitzenden Bürsten von Polteilung zu Polteilung wechseln, damit eine $2p$-polige pseudostationäre Spule entsteht (s. Bild 1.4.9).
2. Benachbarte Spulenseiten müssen an benachbarten Kommutatorstegen angeschlossen sein, damit, von den Bürsten her gesehen, unabhängig von der augenblicklichen Lage des Läufers stets die gleiche Wicklungsanordnung vorliegt.
3. Innerhalb eines Polpaars müssen gleichmäßig verteilte Spulen von den Bürsten aus gesehen in Reihe geschaltet erscheinen, damit der vorausgesetzte Mechanismus der Spannungsinduktion erhalten bleibt.
4. Die gesamte Wicklung muss in sich geschlossen sein oder aus mehreren in sich geschlossenen Teilen bestehen.

Da stets Zweischichtwicklungen ausgeführt werden, deren sämtliche k Spulen den gleichen Wicklungsschritt $y_1 \approx k/(2p)$ als ersten Teilschritt aufweisen, erhält man unter Beachtung von Bedingung 2. die allgemeine Ausgangsanordnung sämtlicher Kommutatorwicklungen nach Bild 1.4.10a. Die Anfänge der Spulen sind aufeinander folgend an die Kommutatorstege angeschlossen. Dabei ist noch keine Entscheidung darüber gefällt worden, wie die Spulenanfänge zum Kommutator zu ziehen sind, um der Lage der Bürsten in der Maschine und dem Erfordernis einer zweckmäßigen Führung der Schaltverbindungen zwischen Spule und Kommutator Rechnung zu tragen.

Ausgehend von Bild 1.4.10a ist für die Art der entstehenden Kommutatorwicklung entscheidend, an welchen Kommutatorsteg das Ende einer ersten Spule geführt wird. Da benachbarte Spulenenden wieder an benachbarte Kommutatorstege angeschlossen werden müssen, ist damit die gesamte Wicklung festgelegt. Insbesondere wird auch darüber entschieden, ob eine Wellen- oder eine Schleifenwicklung entsteht. Die erste Verbindung eines Spulenendes muss allerdings so zum Kommutator geführt werden, dass überhaupt eine größere Anzahl von Spulen in einem Ankerzweig zwischen zwei Bürsten hintereinandergeschaltet sind.

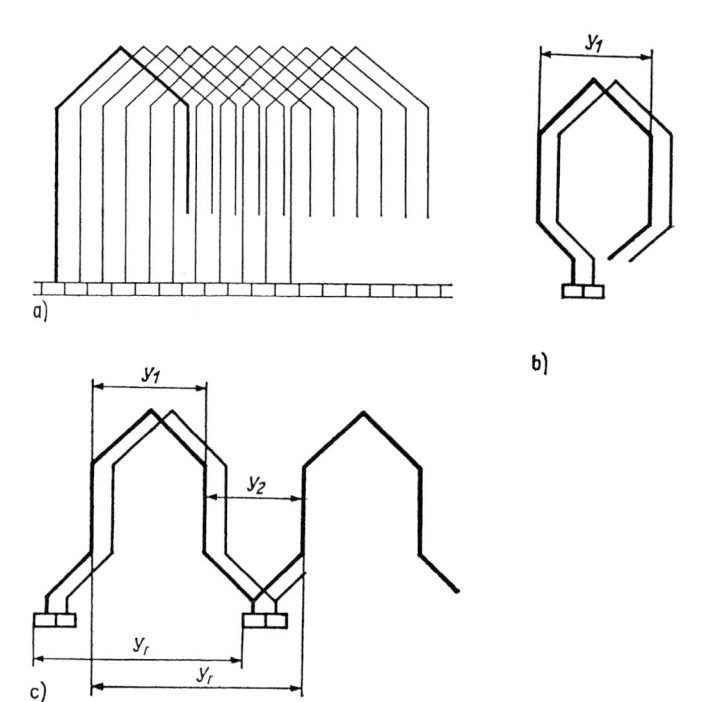

Bild 1.4.10 Ausgangsanordnungen der Kommutatorwicklungen.
a) Allgemein;
b) bei allen Schleifenwicklungen;
c) bei allen Wellenwicklungen

Im Band *Grundlagen elektrischer Maschinen* wurden nur solche Kommutatorwicklungen betrachtet, bei denen unmittelbar benachbarte Spulenseiten in einem Ankerzweig erscheinen. Das ist die Gruppe der *eingängigen Wicklungen*. Die erste Verbindung eines Spulenendes mit dem Kommutator kann jedoch auch so vorgenommen werden, dass nur jede zweite oder jede dritte oder jede vierte der am Umfang nebeneinander liegenden Spulen einem Ankerzweig zugeordnet wird. Auf diese Weise entstehen die zwei-, drei- oder viergängigen Wicklungen. Sie werden allgemein als *mehrgängige Wicklungen* bezeichnet.

Die erste Verbindung eines Spulenendes mit dem Kommutator entscheidet – wie bereits erwähnt – ausgehend von Bild 1.4.10a auch darüber, ob eine Schleifen- oder eine Wellenwicklung entsteht. Man erhält die Gruppe der Schleifenwicklungen, wenn die im Bereich eines Polpaars liegenden Spulen, die einen Ankerzweig bilden sollen, unmittelbar hintereinandergeschaltet werden. Im Bild 1.4.9 folgt also auf die Spule 1′ im ersten Polpaar die Spule 2′ im gleichen Polpaar usw. Dabei können zwischen den Spulen 1′ und 2′ je nach der Anzahl der Gänge weitere Spulen liegen, und zwar $m-1$ Spulen bei m Gängen. Um diese Art der Hintereinanderschaltung zu erreichen, müssen die Spulenenden in Richtung auf die Verbindungsstellen der Spulenanfänge hin zum Kommutator geführt werden. Eine zweckmäßige Herstellung der Schaltverbindungen erfordert es dann, beide Verbindungsstellen in die Nähe der Spulenmitte zu legen. Man erhält die Ausgangsordnung aller Schleifenwicklungen nach Bild 1.4.10b.

Die Gruppe der Wellenwicklungen entsteht, wenn zunächst alle Spulen hintereinandergeschaltet werden, die sich in den einzelnen Polpaaren etwa an gleicher Stelle befinden. Darauf folgt die nächste in den Ankerzweig aufzunehmende Spule im ersten Polpaar, der sich wiederum die entsprechenden Spulen in den weiteren Polpaaren anschließen. Im Bild 1.4.9 folgen also auf die Spule 1' die Spulen 1'' bis $1^{(p)}$ und darauf erst die Spule 2' usw. Ein Durchlauf durch alle Polpaare liefert einen Wellenzug, z. B. 1', 1'', …, $1^{(p)}$. Zwischen aufeinander folgenden Wellenzügen liegen je nach Anzahl der Gänge weitere Wellenzüge, und zwar $m-1$ Wellenzüge bei m Gängen. Um die beschriebene Art der Hintereinanderschaltung zu erreichen, muss das Spulenende einer Spule zum Spulenanfang der folgenden Spule geführt werden, die sich im benachbarten Polpaar befindet. Eine zweckmäßige Herstellung der Schaltverbindungen erfordert es dann, die beiden Verbindungsstellen einer Spule mit dem Kommutator in die Nähe der Mitte zwischen den aufeinander folgenden Spulenseiten zu legen. Man erhält die Ausgangsanordnung aller Wellenwicklungen nach Bild 1.4.10c.

Die verschiedenen Ausführungen von Kommutatorwicklungen werden ausführlich im Abschnitt 1.3 des Bands *Berechnung elektrischer Maschinen* behandelt. Dort wird auch erläutert, dass sich der Strom hinter jeder Bürste in mehrere Ankerzweige aufspaltet, die dann zueinander parallelgeschaltet sind, wobei die Zahl der parallelen Zweige im Fall von Schleifenwicklungen über $2a = 2pm$ von der Polzahl und der Gangzahl und im Fall von Wellenwicklungen über $2a = 2m$ nur von der Gangzahl abhängt.

1.5
Feldaufbau

1.5.1
Problematik der Feldbestimmung

Das magnetische Feld ist in zweifacher Hinsicht im Mechanismus der elektromechanischen Energiewandlung wirksam:

1. Es bestimmt über die Normal- und Tangentialkomponente des Luftspaltfelds das Drehmoment (s. Abschn. 1.1.2, S. 16).
2. Es vermittelt zwischen den Strömen und den induzierten Spannungen in den Wicklungen unter Berücksichtigung der Drehbewegung des Läufers.

Grundsätzlich ist festzustellen, dass das magnetische Feld in einer elektrischen Maschine dreidimensional ist und nur in gewissen Bereichen mehr oder weniger genähert als zweidimensionales und damit ebenes Feld angesehen werden kann. Dazu gehört weitgehend das Luftspaltfeld und ganz sicher nicht das Feld im Stirnraum. Andererseits nimmt das Luftspaltfeld maßgebenden Einfluss auf die elektromagnetischen Vorgänge in der Maschine und bestimmt damit ihr Betriebsverhalten. Um dieses überschaubar zu erfassen, ist es erforderlich und i. Allg. hinreichend, von der zweidimensionalen Darstellung auszugehen.

Für die Spannungsinduktion durch das Luftspaltfeld ist dessen Normalkomponente verantwortlich. Da das Drehmoment i. Allg. über eine Energiebilanz unter Verwendung der induzierten Spannung ermittelt wird (s. Bd. *Grundlagen elektrischer Maschinen*, Abschn. 2.2) und nicht durch Integration über den Maxwellschen Spannungstensor im Luftspaltraum, ist die Kenntnis der Normalkomponente des Luftspaltfelds weitgehend hinreichend. Aus diesem Grund konzentrieren sich die Untersuchungen über das Luftspaltfeld auf die Normalkomponente (s. Bd. *Grundlagen elektrischer Maschinen*, Abschn. 2.4.2).

An die Feldberechnung sind auch bei einer zweidimensionalen Betrachtung des Luftspaltfelds unterschiedliche Anforderungen zu stellen. Im Fall der allgemeinen Analyse des Betriebsverhaltens wird angestrebt, dieses in möglichst geschlossener Form unter Verwendung bestimmter Parameter zu beschreiben, die unabhängig von den speziellen Betriebsbedingungen sind. Dieses Ziel kann natürlich nur unter gewissen Abstrichen an die Treffsicherheit der Aussagen verfolgt werden. Es erfordert aus der Sicht der Bestimmung des magnetischen Felds, dass das Zusammenwirken der Wicklungen von Ständer und Läufer beim Aufbau des Luftspaltfelds auf einer gewissen Behandlungsebene in Form geschlossener Beziehungen quantitativ erfasst werden muss. Dagegen genügt es für die Streufelder, die verantwortlichen Ströme zu kennen und Streuinduktivitäten als Proportionalitätsfaktoren zu den Streuflussverkettungen einzuführen. Im Fall der Nachrechnung einer konkreten Konstruktion kommt es darauf an, das Verhalten in einem bestimmten Betriebspunkt mit großer Treffsicherheit und konsequent von der Geometrie und den Werkstoffeigenschaften ausgehend zu bestimmen. Dabei muss besonders die Nichtlinearität der weichmagnetischen und der hartmagnetischen Werkstoffe berücksichtigt werden. Die vorstehenden Überlegungen fixieren die erforderliche Behandlung des Feldaufbaus im vorliegenden Band und grenzen diese gleichzeitig gegenüber der wesentlich tiefergehenden im Band *Berechnung elektrischer Maschinen* ab.

Die quantitative Bestimmung des magnetischen Felds in einer rotierenden elektrischen Maschine bereitet erhebliche Schwierigkeiten. Dafür sind die im Folgenden aufgeführten Ursachen verantwortlich:

– Das Feld ist – wie bereits erwähnt – in Strenge stets dreidimensional und nur in gewissen Bereichen als zweidimensional und im Extremfall als homogenes Feld betrachtbar.
– Es sind i. Allg. mehrere Wicklungen bzw. Wicklungssysteme am Aufbau des Felds beteiligt.

- Es liegen komplizierte Randbedingungen vor, und zwar einmal durch die Verteilung der stromdurchflossenen Leiter entsprechend dem Aufbau der Wicklungssysteme und zum anderen durch die Formgebung des magnetischen Kreises, insbesondere des Luftspaltraums.
- Die Randbedingungen für das Feld ändern sich mit der Bewegung des Läufers.
- Die für den Aufbau des magnetischen Kreises eingesetzten weich- und hartmagnetischen Werkstoffe haben ausgesprochen nichtlineare Eigenschaften.

Um das magnetische Feld trotz der aufgezeigten Schwierigkeiten näherungsweise quantitativ in Form geschlossener Beziehungen bestimmen zu können, wird von verschiedenen, im Folgenden zusammengestellten Möglichkeiten der Vereinfachung Gebrauch gemacht:

1. Aufteilung des Gesamtfelds in das Luftspaltfeld und in Streufelder im Verein mit der Annahme, dass nur das Luftspaltfeld von der Läuferbewegung beeinflusst wird (s. Abschn. 1.3.6, S. 54);
2. Annahme eines abschnittsweise homogenen Felds sowohl im Luftspalt als auch in anderen Abschnitten des magnetischen Kreises;
3. ggf. Vernachlässigung des Einflusses der Nutung auf das Luftspaltfeld durch Annahme unendlich schmaler Nutschlitze, wobei statt mit der geometrischen Luftspaltlänge δ mit der etwas größeren ideellen Luftspaltlänge δ_i gerechnet werden muss (s. Bd. *Grundlagen elektrischer Maschinen*, Abschn. 2.4.2, u. Bd. *Berechnung elektrischer Maschinen*, Abschn. 2.3.2);
4. Annahme eines quasihomogenen Felds im Luftspaltraum, so dass trotz Änderungen der magnetischen Spannung V_δ über dem Luftspalt und der Luftspaltlänge δ an jeder Stelle γ'

$$V_\delta(\gamma') = H_n(\gamma')\delta(\gamma') \qquad (1.5.1)$$

gilt mit der Normalkomponente $H_n(\gamma')$ der magnetischen Feldstärke auf der Integrationsfläche im Luftspalt, auf der das Luftspaltfeld beschrieben wird;
5. Annahme von $\mu_{Fe} \to \infty$ für die weichmagnetischen Abschnitte des magnetischen Kreises bzw. Einführung eines Luftspalts δ_i'', der außer dem Einfluss der Nutung die Beiträge der magnetischen Spannungsabfälle über den übrigen Abschnitten des magnetischen Kreises an der für den Feldaufbau maßgebenden Durchflutung berücksichtigt;
6. Annahme einer linearen Entmagnetisierungskurve $B(H)$ für hartmagnetische Werkstoffe;
7. Annahme ebener Felder bzw. Ersatz der tatsächlichen Anordnung durch einen Abschnitt einer unendlich langen Anordnung, z. B. für das Luftspaltfeld oder das Streufeld im Nut- und Zahnkopfraum von Maschinen mit radialem Luftspalt;
8. Beschränkung auf das Feld der resultierenden Durchflutungshauptwelle, die durch Überlagerung der Durchflutungshauptwellen des Ständers und des Läufers entsteht;

9. Nachrechnung des magnetischen Kreises für den Fall des Leerlaufs, in dem nur ein Wicklungssystem im Ständer oder im Läufer Strom führt, und nachträgliche korrigierende Berücksichtigung der Belastungsströme.

Einen Ausweg aus den Schwierigkeiten der Feldbestimmung bietet die Anwendung der *numerischen Feldberechung* (s. Bd. *Berechnung elektrischer Maschinen*, Abschn. 9.3). Die dafür bevorzugt eingesetzte Methode der Finiten Elemente ist – vor allem für die Berechnung ebener Felder – weit ausgereift. Dabei wird das zu untersuchende Feldgebiet mit seinen Randbedingungen mit einem Gitternetz unterschiedlicher Dichte überzogen und das Vektorpotential in den Knoten des Netzes berechnet. Für die praktische Anwendung der numerischen Feldberechnung stehen ausgereifte Programmpakete zur Verfügung. Sie liefern über die Zwischenstufe des Vektorpotentials die Induktionswerte an interessierenden Stellen und damit auch die Induktionsverteilung über einer Integrationsfläche im Luftspalt bzw. die Flüsse durch gegebene Flächen. Man erhält allerdings die Induktionsverteilung zunächst nur für einen bestimmten Zeitpunkt und nicht in ihrem Gesamtverlauf. Daraus können die einzelnen Harmonischen der Induktion durch eine Fourier-Analyse gewonnen werden, allerdings wiederum zunächst nur für den bestimmten Zeitpunkt oder als zeitharmonische Rechnung für den Fall einer sinusförmigen, einfrequenten zeitlichen Änderung aller Größen. Um in anderen Fällen die Zeitabhängigkeit der einzelnen Feldwellen bestimmen zu können, müssen auch für einen stationären Betriebszustand Feldberechnungen für viele aufeinander folgende Zeitpunkte vorgenommen werden. Da in realen Maschinen Oberwellenfelder auftreten, die sich relativ zum Ständer oder relativ zum Läufer mit hoher Frequenz ändern, bereitet ein derartiges Vorgehen Schwierigkeiten. Die Schwierigkeiten entfallen natürlich, wenn ein betrachtetes Oberwellenfeld ein reines Drehfeld darstellt, d. h. eine konstante Amplitude besitzt, deren Größe aus einer einzigen Feldberechnung ermittelt werden kann.

1.5.2
Beschreibung des Luftspaltfelds und der Größen zu seiner Ermittlung

1.5.2.1 Einführung der Koordinaten x und γ'

Die Induktionsverteilung im Luftspalt einer heteropolar erregten Maschine ändert sich periodisch entlang einer in Umfangsrichtung verlaufenden Koordinate x. Dasselbe gilt für die Verteilung der für die Entstehung der Induktionsverteilung verantwortlichen Durchflutung und den maßgebenden magnetischen Leitwert. Diese Koordinate ist entweder als Ständerkoordinate x_1 oder als Läuferkoordinate x_2 entlang der Integrationsfläche zu führen, die man sich zur Ermittlung des Drehmoments im Luftspalt liegend vorstellen muss und die zweckmäßigerweise auf die Oberfläche des einen oder des anderen Hauptelements gelegt wird (s. Abschn. 1.1.2.2, S. 20). In axialer Richtung wird das Luftspaltfeld entsprechend der Annahme eines ebenen Felds als konstant über der *ideellen Länge* l_i angesehen. Aus den Überlegungen zur Periodizität des Wick-

Bild 1.5.1 Einführung der bezogenen Koordinaten.
a) Maschine mit radialem Luftspalt;
b) Maschine mit axialem Luftspalt;
c) abgewickelte Darstellung mit Koordinaten γ_1' und γ_2';
d) abgewickelte Darstellung mit Koordinaten γ_1 und γ_2 (Sonderfall der Periodizität bezüglich der Polpaarteilung)

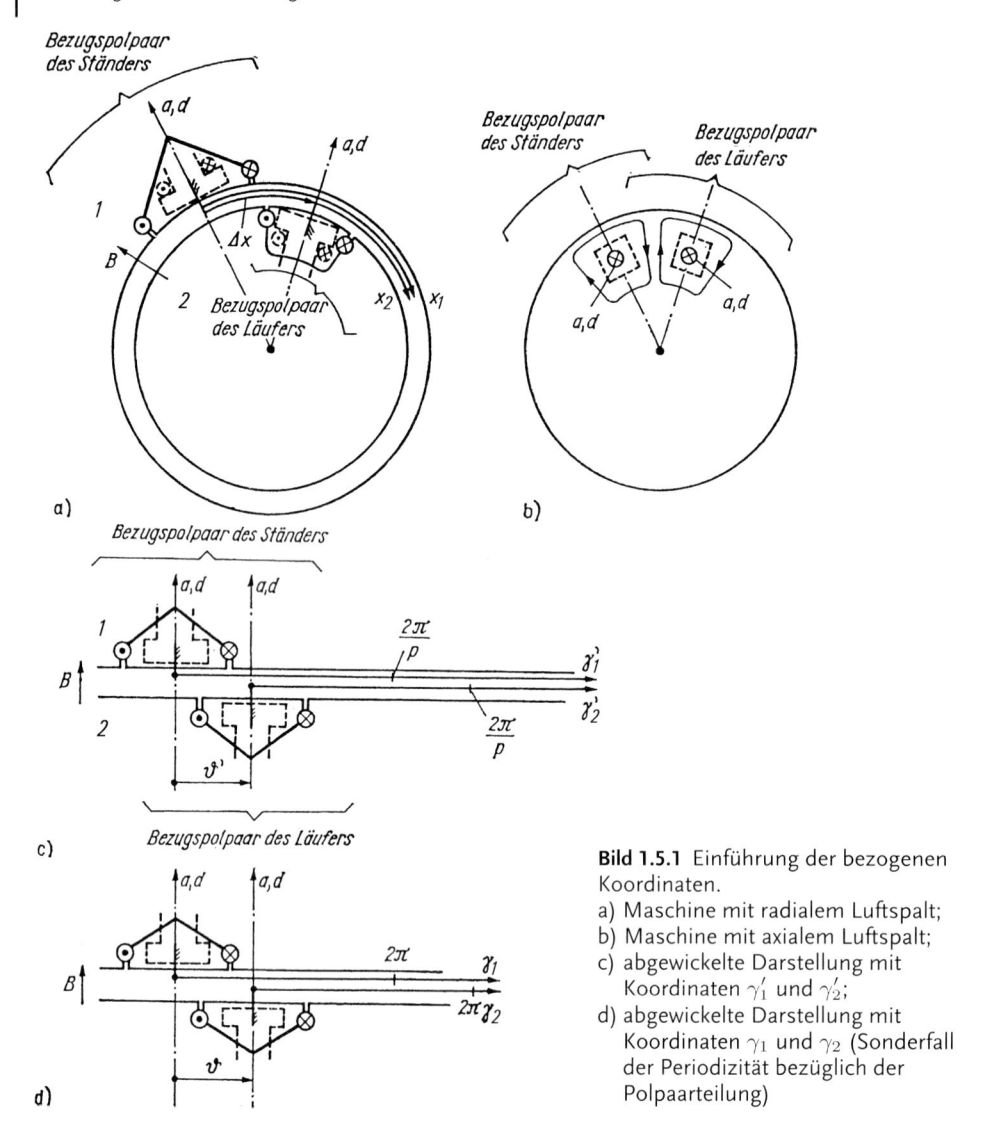

lungsaufbaus im Abschnitt 1.4.1.3, Seite 69, folgt, dass die Periode des Luftspaltfelds im Extremfall erst durch den Gesamtumfang, d. h. durch $2p$ Polteilungen, gegeben ist. Damit sind die einzelnen Polpaare nicht mehr gleichberechtigt, und es ist erforderlich, im Ständer und im Läufer je ein *Bezugspolpaar* festzulegen, in dessen Achse des Strangs a bzw. in dessen Längsachse des Polsystems die Koordinaten x_1 bzw. x_2 beginnen (s. Bild 1.5.1).

Unter der *Induktionsverteilung* oder *Feldkurve* wird die Abhängigkeit der Normalkomponente der Induktion auf einer im Luftspalt liegenden Integrationsfläche als Funktion einer Koordinate in Umfangsrichtung bezeichnet. Dabei wird vereinbart, dass die Induktion nach außen und in der abgewickelten Darstellung nach oben positiv zu zählen ist. Eine allgemeine Welle der Induktionsverteilung hat bezüglich des Gesamtumfangs eine Ordnungszahl ν'. Die Polpaarzahl p, für die eine Maschine bemessen ist, legt die Hauptwelle mit der auf den Gesamtumfang bezogenen Ordnungszahl $\nu' = p$ fest. Für Oberwellen, die bezüglich der Hauptwelle die sog. *bezogene Ordnungszahl* ν besitzen, gilt bezogen auf den Gesamtumfang

$$\nu' = \nu p . \tag{1.5.2}$$

Für Wellen, deren Ordnungszahl $\nu' < p$ und damit kleiner als die der Hauptwelle ist und die deshalb auch als *Unterwellen* bezeichnet werden, wird die Ordnungszahl ν bezüglich der Hauptwelle eine gebrochene Zahl, die kleiner als Eins ist.

Zur Vereinfachung der Darstellung bietet es sich an, eine Koordinate γ' einzuführen entsprechend

$$\boxed{\gamma' = \frac{x}{D/2} = \frac{\pi}{p\tau_\mathrm{p}} x} . \tag{1.5.3}$$

Dies ist der räumliche Winkel, unter dem ein betrachteter Punkt auf der Integrationsfläche im Luftspalt gegenüber der Bezugsachse versetzt erscheint und der im Band *Berechnung elektrischer Maschinen*, Abschnitt 1.1, als *Winkelkoordinate* eingeführt wurde.

1.5.2.2 Einführung von Harmonischen und Drehwellen

Mit der Definition nach (1.5.3) wird eine Induktionswelle des Luftspaltfelds mit der auf den Gesamtumfang bezogenen Ordnungszahl ν' nach (1.5.2) beschrieben durch

$$B_{\nu'} = \hat{B}_{\nu'} \cos \nu' \left(\gamma' - \gamma'_{\mathrm{B}\nu'} \right) . \tag{1.5.4}$$

Dabei ist die Amplitude der Induktionswelle ebenso wie ihre Lage im Koordinatensystem im allgemeinen Fall eine beliebige Funktion der Zeit, d. h. es ist

$$B_{\nu'}(\gamma', t) = \hat{B}_{\nu'}(t) \cos \nu' \left[\gamma' - \gamma'_{\mathrm{B}\nu'}(t) \right] . \tag{1.5.5}$$

In (1.5.5) bestimmt $\gamma'_{\mathrm{B}\nu'}(t)$ die augenblickliche Lage eines Maximums der Induktionswelle im Koordinatensystem γ'. Die weiteren Maxima liegen bei $\gamma'_{\mathrm{B}\nu'} + g 2\pi/\nu'$ mit $g \in \mathbb{Z}$.

Wenn weniger die Lage der Feldwelle in Abhängigkeit von der Zeit als ihr Zeitverlauf an einer bestimmten Stelle interessiert, empfiehlt sich die Darstellung

$$B_{\nu'} = \hat{B}_{\nu'}(t) \cos \left[\nu' \gamma' - \varphi_{\mathrm{B}\nu'}(t) \right] \tag{1.5.6}$$

mit $\quad \varphi_{\mathrm{B}\nu'}(t) = \nu' \gamma'_{\mathrm{B}\nu'}(t) . \tag{1.5.7}$

Eine allgemeine Induktionswelle nach (1.5.5) bzw. (1.5.6) soll als *Harmonische* bezeichnet werden. Für eine bestimmte Ordnungszahl ν' existiert also immer genau eine

Harmonische mit i. Allg. – vor allem bei dynamischen Vorgängen – zeitlich veränderlicher Amplitude und Lage der Maxima.

Im Sonderfall des stationären Betriebs besitzen alle Größen einen zeitlich periodischen Verlauf. Damit lässt sich jede Harmonische gemäß dem im Abschnitt 1.3.7, Seite 55, beschriebenen Grundansatz der Drehfeldtheorie als eine Summe von *Drehwellen* mit jeweils konstanter Amplitude $\hat{B}_{\nu'\lambda}$ und konstanter Umlaufdrehzahl $n_{\nu'\lambda}$ bzw. konstanter Kreisfrequenz $\omega_{\nu'\lambda}$ sowie konstanter Phasenlage $\varphi_{B\nu'}$ entsprechend

$$B_{\nu'}(\gamma',t) = \sum_\lambda \hat{B}_{\nu'\lambda} \cos\left(\tilde{\nu}'\gamma' - \omega_{\nu'\lambda}t - \varphi_{B\nu'\lambda}\right) \tag{1.5.8}$$

$$= \sum_\lambda \hat{B}_{\nu'\lambda} \cos\left(\tilde{\nu}'\gamma' - 2\pi\nu' n_{\nu'\lambda}t - \varphi_{B\nu'\lambda}\right)$$

darstellen, die sich nur in ihrer Kreisfrequenz – hier gekennzeichnet durch die Ordnungszahl λ der zugehörigen Oberschwingung – oder in ihrer Umlaufrichtung, d. h. im Vorzeichen des Feldwellenparameters $\tilde{\nu}' = \pm \nu'$, voneinander unterscheiden.

Zur Ermittlung der Induktionsverteilung war bereits im Abschnitt 2.4.3.2 des Bands *Grundlagen elektrischer Maschinen* die Durchflutungsverteilung eingeführt worden. Eine eingehendere Betrachtung dieser Hilfsgröße erfolgt im Abschnitt 1.5.7.2 des vorliegenden Bands. An dieser Stelle ist nur festzuhalten, dass die Durchflutungsverteilung ebenso wie die Strombelagsverteilung, aus der sie hervorgeht, oder wie die Induktionsverteilung eine periodische Funktion entlang einer im Luftspalt liegenden Koordinate ist. Im Zusammenhang mit der Erfassung des Einflusses von Unregelmäßigkeiten der dem Luftspalt zugewendeten Oberflächen des Ständer- und Läuferblechpakets wird im Abschnitt 1.5.6 als weitere Hilfsgröße der längenbezogene magnetische Leitwert des Luftspalts eingeführt. Er besitzt einen konstanten Mittelwert und wiederum einen mit einer im Luftspalt liegenden Koordinate periodischen Anteil. Der Durchflutungsverteilung und dem periodischen Anteil des längenbezogenen magnetischen Leitwerts lassen sich ebenso wie der Induktionsverteilung Harmonische bzw. Drehwellen zuordnen.

1.5.2.3 Einführung der bezogenen Koordinate γ

Wenn nur die Hauptwelle mit $\nu' = p$ betrachtet wird oder aufgrund der vorliegenden Symmetrieeigenschaften nur Harmonische mit den Ordnungszahlen $\nu' = \nu p$ und $\nu \geq 1$ vorhanden sind, bietet es sich an, eine bezogene Koordinate

$$\gamma = \frac{\pi}{\tau_\mathrm{p}} x = p\gamma' \tag{1.5.9}$$

einzuführen. Die Harmonische nach (1.5.5) bzw. (1.5.6) stellt sich dann mit ν nach (1.5.2) dar als

$$B_{\nu'}(t) = \hat{B}_{\nu'}(t) \cos\nu\left[\gamma - \gamma_{B\nu'}(t)\right] = \hat{B}_{\nu'}(t) \cos\left[\nu\gamma - \varphi_{B\nu'}(t)\right] \tag{1.5.10}$$

mit $\quad \gamma_{B\nu'}(t) = p\gamma'_{B\nu'}(t) = \dfrac{\varphi_{B\nu'}}{\nu}.$ \hfill (1.5.11)

Dabei bestimmt $\gamma_{\text{B}\nu'}(t)$ die augenblickliche Lage eines Maximums der Induktionsharmonischen im Koordinatensystem γ. Die weiteren Maxima liegen bei $\gamma_{\text{B}\nu'} + g2\pi/\nu$ mit einer ganzen Zahl g.

Im Sonderfall des stationären Betriebs lässt sich jede Harmonische analog zu (1.5.8) als eine Summe von Drehwellen mit jeweils konstanter Amplitude $\hat{B}_{\nu'\lambda}$ und konstanter Umlaufdrehzahl $n_{\nu'\lambda}$ bzw. konstanter Kreisfrequenz $\omega_{\nu'\lambda}$ entsprechend

$$B_{\nu'}(\gamma, t) = \sum_{\lambda} \hat{B}_{\nu'\lambda} \cos(\tilde{\nu}\gamma - \omega_{\nu'\lambda} t - \varphi_{\text{B}\nu'\lambda}) \tag{1.5.12}$$

$$= \sum_{\lambda} \hat{B}_{\nu'\lambda} \cos(\tilde{\nu}\gamma - 2\pi\nu p n_{\nu'\lambda} t - \varphi_{\text{B}\nu'\lambda})$$

darstellen.

Im Koordinatensystem γ erscheint die *Hauptwelle* des Luftspaltfelds als

$$B_{\text{p}}(\gamma, t) = \hat{B}_{\text{p}}(t) \cos[\gamma - \gamma_{\text{Bp}}(t)] . \tag{1.5.13}$$

Sie stellt also die erste Harmonische im Koordinatensystem γ, d. h. bezüglich der Polpaarteilung, dar und wird deshalb auch als *Grundwelle* oder genauer als Grundwelle bezüglich der Polpaarteilung bezeichnet.

Die bezogene Koordinate γ durchläuft innerhalb der Polpaarteilung den Wert 2π. Sie entspricht dem sog. *elektrischen Winkel*, unter dem ein betrachteter Punkt auf der Integrationsfläche im Luftspaltraum gegenüber der Bezugsachse erscheint.

Bei Maschinen mit axialem Luftspalt muss eine Koordinate zur Beschreibung des Luftspaltfelds auf einer scheibenförmigen Integrationsfläche in Umfangsrichtung bei konstantem radialen Abstand geführt werden (s. Bild 1.5.1b). Dabei erhält man je nach der Größe dieses Abstands unterschiedliche Werte für die Polteilung. Diese Unterschiede verschwinden, wenn wiederum bezogene Koordinaten entsprechend (1.5.3) und (1.5.9) eingeführt werden. Damit erhält man für die beiden Ausführungsformen der rotierenden elektrischen Maschine, die mit radialem und die mit axialem Luftspalt, gleiche Beschreibungsfunktionen für das Luftspaltfeld. Die abgewickelten Darstellungen des Luftspaltraums und der Koordinaten gehen ineinander über (s. Bild 1.5.1c,d).

1.5.2.4 Zusammenhang zwischen Ständer- und Läuferkoordinate

Das Läuferkoordinatensystem x_2 bzw. γ'_2 bzw. γ_2 ist gegenüber dem Ständerkoordinatensystem x_1 bzw. γ'_1 bzw. γ_1 verschoben. Dabei ist die Verschiebung Δx bzw. ϑ' bzw. ϑ im allgemeinen Fall eine beliebige Funktion der Zeit und durch die Läuferbewegung gegeben. Es gilt also mit Bild 1.5.1 für die einzelnen Darstellungsformen

$$x_1 = x_2 + \Delta x(t) \tag{1.5.14a}$$

$$\gamma'_1 = \gamma'_2 + \vartheta'(t) \tag{1.5.14b}$$

$$\gamma_1 = \gamma_2 + \vartheta(t) \tag{1.5.14c}$$

mit
$$\vartheta' = \frac{\pi}{p\tau_\mathrm{p}}\Delta x \qquad (1.5.14\mathrm{d})$$

bzw.
$$\vartheta = \frac{\pi}{\tau_\mathrm{p}}\Delta x \ . \qquad (1.5.14\mathrm{e})$$

Für den Sonderfall des Betriebs mit konstanter Drehzahl n erhält man für die Verschiebung zwischen Ständer- und Läuferkoordinate in den einzelnen Darstellungsformen

$$\Delta x(t) = vt + \Delta x_0 = D\pi nt + \Delta x_0 = 2p\tau_\mathrm{p} nt + \Delta x_0 \qquad (1.5.15\mathrm{a})$$
$$\vartheta'(t) = 2\pi nt + \vartheta'_0 = \Omega t + \vartheta'_0 \qquad (1.5.15\mathrm{b})$$
$$\vartheta(t) = 2\pi pnt + \vartheta_0 = p\Omega t + \vartheta_0 \ . \qquad (1.5.15\mathrm{c})$$

Die Winkelgeschwindigkeit Ω zwischen den Koordinaten γ'_1 und γ'_2 ist naturgemäß identisch der Winkelgeschwindigkeit des Läufers.

1.5.2.5 Komplexe Darstellung von Harmonischen und Drehwellen

Bei der Ermittlung des resultierenden Felds eines Wicklungsstrangs oder einer Wicklung oder der Wicklungen von Ständer und Läufer geht man i. Allg. so vor, dass die einzelnen Harmonischen des resultierenden Felds aus den entsprechenden Harmonischen der Felder der Wicklungen bestimmt werden. Voraussetzung dafür ist die Gültigkeit des Überlagerungsprinzips, d. h. es muss ein linearer Zusammenhang zwischen der Feldgröße und dem zugehörigen Strom bestehen. Diese Voraussetzung ist für die Induktionsverteilungen nur solange erfüllt, wie in den weichmagnetischen Abschnitten des magnetischen Kreises mit $\mu_\mathrm{Fe} \to \infty$ oder wenigstens mit $\mu_\mathrm{Fe} =$ konst. gerechnet werden kann. Die Durchflutungsverteilungen (s. Abschn. 1.5.5.1 bzw. Bd. *Grundlagen elektrischer Maschinen*, Abschn. 2.4.3.2) dagegen sind streng proportional zu den erregenden Strömen, so dass das Überlagerungsprinzip ohne Einschränkung gilt. Sie sind deshalb stets Ausgangspunkt der Feldermittlung. Die aufgezeigte Vorgehensweise erfordert, dass Harmonische gleicher Wellenlänge bzw. gleicher Ordnungszahl addiert werden, die gegeneinander räumlich verschoben sind. Die Amplituden der Harmonischen und ihre Verschiebung gegeneinander sind dabei in zunächst beliebiger Weise zeitabhängig.

Zur Durchführung der Überlagerung mehrerer Harmonischer gleicher Ordnungszahl empfiehlt es sich, diese in komplexer Form darzustellen. Das soll am Beispiel einer Induktionsharmonischen nach (1.5.4) geschehen; es lässt sich aber direkt auf Strombelags-, Durchflutungs- oder Leitwertswellen übertragen. Man erhält mit Hilfe der Eulerschen Beziehung

$$B_{\nu'} = \mathrm{Re}\left\{\hat{B}_{\nu'}\mathrm{e}^{\mathrm{j}\nu'\gamma'_{\mathrm{B}\nu'}}\mathrm{e}^{-\mathrm{j}\nu'\gamma'}\right\} = \mathrm{Re}\left\{\hat{B}_{\nu'}\mathrm{e}^{\mathrm{j}\varphi_{\mathrm{B}\nu'}}\mathrm{e}^{-\mathrm{j}\nu'\gamma'}\right\} = \mathrm{Re}\left\{\vec{B}_{\nu'}\mathrm{e}^{-\mathrm{j}\nu'\gamma'}\right\}\ .$$
(1.5.16a)

Wenn man von der Darstellung der Harmonischen im Koordinatensystem γ ausgeht, erhält man aus (1.5.10)

$$B_{\nu'} = \mathrm{Re}\left\{\hat{B}_{\nu'}\mathrm{e}^{\mathrm{j}\nu\gamma_{\mathrm{B}\nu'}}\mathrm{e}^{-\mathrm{j}\nu\gamma}\right\} = \mathrm{Re}\left\{\hat{B}_{\nu'}\mathrm{e}^{\mathrm{j}\varphi_{\mathrm{B}\nu'}}\mathrm{e}^{-\mathrm{j}\nu\gamma}\right\} = \mathrm{Re}\left\{\vec{B}_{\nu'}\mathrm{e}^{-\mathrm{j}\nu\gamma}\right\}\ . \qquad (1.5.16\mathrm{b})$$

In (1.5.16a,b) ist die komplexe Größe $\vec{B}_{\nu'}$ gegeben durch

$$\vec{B}_{\nu'} = \hat{B}_{\nu'}e^{j\nu'\gamma'_{B\nu'}} = \hat{B}_{\nu'}e^{j\varphi_{B\nu'}} = \hat{B}_{\nu'}e^{j\nu\gamma_{B\nu'}} \ . \tag{1.5.17}$$

Sie beinhaltet die Informationen über Amplitude und Lage der Harmonischen in einem betrachteten Augenblick und wird als *Raumzeiger* bezeichnet. Zur Unterscheidung von anderen komplexen Größen werden Raumzeiger durch einen Pfeil gekennzeichnet.

Die Addition zweier Harmonischer $B_{\nu'1}$ und $B_{\nu'2}$ mit gleicher Ordnungszahl $\nu = \nu'/p$ liefert

$$B_{\nu'} = B_{\nu'1} + B_{\nu'2} = \mathrm{Re}\left\{(\vec{B}_{\nu'1}+\vec{B}_{\nu'2})e^{-j\nu'\gamma'}\right\} = \mathrm{Re}\left\{(\vec{B}_{\nu'1}+\vec{B}_{\nu'2})e^{-j\nu\gamma}\right\} \ . \tag{1.5.18}$$

Es ist also

$$\vec{B}_{\nu'} = \vec{B}_{\nu'1} + \vec{B}_{\nu'2} \ . \tag{1.5.19}$$

Die zugeordneten Raumzeiger addieren sich in der komplexen Ebene wie Vektoren (s. Bild 1.5.2). In (1.5.16a,b) sind $\gamma'_{B\nu'}$ bzw. $\gamma_{B\nu}$ bzw. $\varphi_{B\nu'}$ Funktionen der Zeit und bringen direkt die Bewegung der Harmonischen im Koordinatensystem γ' bzw. γ zum Ausdruck. Da aber mit Einführung von $\vec{B}_{\nu'}$ die örtliche Abhängigkeit der Harmonischen von der Koordinate γ' bzw. γ eliminiert wurde und dem Winkel von $\vec{B}_\nu$ nicht angesehen werden kann, wo das Koordinatensystem befestigt ist, in dem seine Zeitabhängigkeit den Bewegungsvorgang beschreibt, ist es erforderlich, den Raumzeiger $\vec{B}_{\nu'}$ bezüglich der Fixierung des Koordinatensystems, in dem er die Harmonische beschreibt, zu kennzeichnen. Das geschieht durch einen Superskript S als $\vec{B}_{\nu'}^{\mathrm{S}}$ für ein Koordinatensystem, das am Ständer befestigt ist, und ein Superskript L als $\vec{B}_{\nu'}^{\mathrm{L}}$ für ein solches, das am Läufer fixiert ist.

Im Sonderfall des stationären Betriebs ändert sich $\gamma'_{B\nu'}$ bzw. $\gamma_{B\nu'}$ zeitproportional entsprechend

$$\nu'\gamma'_{B\nu'}(t) = \nu\gamma_{B\nu'}(t) = \omega_{\nu'}t + \varphi_{B\nu'} \ . \tag{1.5.20}$$

Damit wird (1.5.17) zu

$$\vec{B}_{\nu'} = \hat{B}_{\nu'}e^{(j\omega_{\nu'}t+\varphi_{B\nu'})} = \underline{B}_{\nu'}e^{j\omega_{\nu'}t} \ , \tag{1.5.21}$$

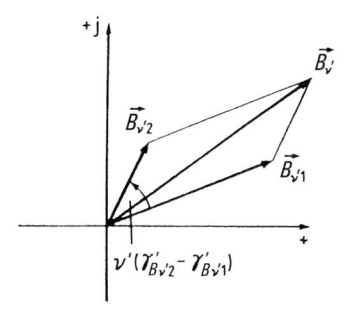

Bild 1.5.2 Überlagerung zweier Harmonischer $\vec{B}_{\nu'1}$ und $\vec{B}_{\nu'2}$ gleicher Ordnungszahl zur Harmonischen $\vec{B}_{\nu'}$ mit Hilfe der zugeordneten Raumzeiger

wobei die Darstellung der Harmonischen in der komplexen Wechselstromrechnung eingeführt wurde als

$$\underline{B}_{\nu'} = \hat{B}_{\nu'} \mathrm{e}^{\mathrm{j}\varphi_{\mathrm{B}\nu'}} = \vec{B}_{\nu'} \mathrm{e}^{-\mathrm{j}\omega_{\nu'} t} \ . \quad (1.5.22)$$

1.5.3
Grundformen der Induktionsverteilung und der Größen zu ihrer Ermittlung

In Tabelle 1.5.1 sind eine Reihe typischer Formen des Luftspaltfelds aus einheitlicher Sicht zusammengeführt. Dabei sei noch einmal daran erinnert, dass ein gegebenes Feld in jedem Koordinatensystem einer anderen Beschreibungsfunktion genügt. Die Grundformen des Luftspaltfelds sind Erscheinungsformen, wie sie von einem der beiden Hauptelemente aus, d. h. in dessen Koordinatensystem, beobachtet werden.

Das *Gleichfeld* ist, vom betrachteten Hauptelement aus gesehen, zeitlich konstant. Seine Induktionsverteilung $B(\gamma)$ folgt im allgemeinen Fall einer beliebigen periodischen Funktion. Im Fall des *Hauptwellengleichfelds*, das auch als Grundwellengleichfeld bezüglich der Polpaarteilung bezeichnet werden kann, gilt

$$B(\gamma') = \hat{B}_{\mathrm{p}} \cos p(\gamma' - \gamma'_{\mathrm{G}}) \quad (1.5.23\mathrm{a})$$

bzw.
$$B(\gamma) = \hat{B}_{\mathrm{p}} \cos(\gamma - \gamma_{\mathrm{G}}) \ . \quad (1.5.23\mathrm{b})$$

Sein Aufbau erfordert, dass im betrachteten Hauptelement Gleichströme fließen oder ein permanentmagnetischer Abschnitt vorgesehen ist.

Das *Wechselfeld* ist dadurch gekennzeichnet, dass sich die Induktionswerte im betrachteten Koordinatensystem γ' an jeder Stelle zeitlich sinusförmig und phasengleich ändern. Die örtliche Abhängigkeit von der Koordinate γ' ist im allgemeinen Fall beliebig periodisch. Eine einzelne Harmonische dieses Felds nennt man ein *sinusförmiges Wechselfeld*. Die erste Harmonische bezüglich der Polpaarteilung bildet das *Hauptwellenwechselfeld*

$$B(\gamma', t) = \hat{B}_{\mathrm{p}} \cos p(\gamma' - \gamma'_{\mathrm{W}}) \cos(\omega t + \varphi_{\mathrm{W}}) \quad (1.5.24\mathrm{a})$$

bzw.
$$B(\gamma, t) = \hat{B}_{\mathrm{p}} \cos(\gamma - \gamma_{\mathrm{W}}) \cos(\omega t + \varphi_{\mathrm{W}}) \ . \quad (1.5.24\mathrm{b})$$

Es kann auch als Grundwellenwechselfeld bezüglich der Polpaarteilung bezeichnet werden. Dabei ist $\hat{B}_{\mathrm{p}}$ die räumliche und zeitliche Amplitude. Sie tritt an der Stelle $\gamma' = \gamma'_{\mathrm{W}}$ auf und herrscht in den Zeitpunkten mit $\omega t + \varphi_{\mathrm{W}} = 2\pi g$ und $g \in \mathbb{Z}$. Die räumliche Amplitude $\hat{B}_{\mathrm{p}} \cos(\omega t + \varphi_{\mathrm{W}})$ ändert sich zeitlich sinusförmig mit der Kreisfrequenz ω. Die zeitliche Amplitude $\hat{B}_{\mathrm{p}} \cos p(\gamma' - \gamma'_{\mathrm{W}})$ ist eine sinusförmige Funktion des Orts. Aus der Darstellung in Tabelle 1.5.1 wie auch aus (1.5.24a) erkennt man, dass ein sinusförmiges Wechselfeld als *stehende Welle* angesprochen werden kann.

Das *Kreisdrehfeld* oder kurz *Drehfeld* ist eine sinusförmige Induktionsverteilung, die sich im Koordinatensystem des betrachteten Hauptelements mit konstanter Geschwindigkeit bewegt. Es stellt also eine *fortschreitende Welle* dar. Ein Drehfeld, dessen Wel-

Tabelle 1.5.1 Grundformen des Luftspaltfelds

Grundform des Luftspaltfelds $B(\gamma)$	Induktionsverteilung	Komplexe Darstellung	Raumzeiger
Gleichfeld $B(\gamma) = B_{\text{per}}(\gamma)$			
Hauptwellengleichfeld $B(\gamma) = \hat{B}_{\text{p}} \cos(\gamma - \gamma_{\text{G}})$		$\vec{B} = \hat{B}_{\text{p}} e^{j\gamma_{\text{G}}}$	

Grundform des Luftspaltfelds $B(\gamma)$	Induktionsverteilung	Komplexe Darstellung	Raumzeiger
Hauptwellenwechselfeld $B(\gamma) = \hat{B}_P \cos(\gamma - \gamma_W)$ $\cdot \cos(\omega t + \varphi_W)$		$\vec{B} = \hat{B}_P e^{j\gamma_W} \cos(\omega t + \varphi_W)$	
Hauptwellendrehfeld $B(\gamma) = \hat{B}_P \cos(\gamma - \omega t - \gamma_D)$		$\vec{B} = \hat{B}_P e^{j(\omega t + \gamma_D)}$	

lenlänge gleich der Polpaarteilung ist, bezeichnet man als *Hauptwellendrehfeld*. Es lässt sich formulieren als

$$B(\gamma', t) = \hat{B}_\text{p} \cos(p\gamma' - \omega t - p\gamma'_\text{D}) = \hat{B}_\text{p} \cos(p\gamma' - \omega t - \varphi_\text{D}) \quad (1.5.25\text{a})$$

bzw. $\quad B(\gamma, t) = \hat{B}_\text{p} \cos(\gamma - \omega t - \gamma_\text{D}) = \hat{B}_\text{p} \cos(\gamma - \omega t - \varphi_\text{D}) \quad (1.5.25\text{b})$

und kann auch als Grundwellendrehfeld bezüglich der Polpaarteilung bezeichnet werden. Ein in Bezug auf die Koordinate γ' negativ umlaufendes Hauptwellendrehfeld wird, wie im Abschnitt 1.3.7, Seite 55, erläutert, als

$$B(\gamma', t) = \hat{B}_\text{p} \cos(-p\gamma' - \omega t - p\gamma'_\text{D}) = \hat{B}_\text{p} \cos(-p\gamma' - \omega t - \varphi_\text{D})$$

bzw. $\quad B(\gamma, t) = \hat{B}_\text{p} \cos(-\gamma - \omega t - \gamma_\text{D}) = \hat{B}_\text{p} \cos(-\gamma - \omega t - \varphi_\text{D})$

beschrieben. In jedem Zeitpunkt t ist die Induktion örtlich sinusförmig verteilt. An jeder Stelle γ' ändert sich die Induktion zeitlich sinusförmig mit der Kreisfrequenz ω bzw. mit der Frequenz

$$f = \frac{\omega}{2\pi} . \quad (1.5.26)$$

Die tatsächliche Geschwindigkeit $v_{\text{D}\gamma}$ des Drehfelds entlang der Integrationsfläche, auf der die Koordinate γ' bzw. γ liegt, erhält man mit (1.5.10) und (1.3.8a) zu

$$v_\text{D} = \frac{\tau_\text{p}}{\pi}\omega = \frac{\omega D}{2p} . \quad (1.5.27)$$

Seine Drehzahl beträgt

$$n_\text{D} = \frac{v_\text{D}}{D\pi} = \frac{1}{p}\frac{\omega}{2\pi} . \quad (1.5.28)$$

Ein Drehfeld, das in einem Koordinatensystem beobachtet wird, erscheint aus Sicht eines anderen Koordinatensystems, das sich relativ zum ersten mit konstanter Geschwindigkeit bewegt, wieder als ein Drehfeld, wobei sich allerdings die Geschwindigkeit ändert. Ein Hauptwellendrehfeld im Ständerkoordinatensystem

$$B(\gamma'_1, t) = \hat{B}_\text{p} \cos(p\gamma'_1 - \omega_1 t - \varphi_{\text{Bp}})$$

wird z. B. im Läuferkoordinatensystem γ'_2 entsprechend (1.5.14b) und (1.5.15b) beobachtet als

$$B(\gamma'_2, t) = \hat{B}_\text{p} \cos\left[p\gamma'_2 - (\omega_1 - p\Omega)t - \varphi_{\text{Bp}} - p\vartheta'_0\right] .$$

Das ist ein Drehfeld, das vom Läufer aus betrachtet die Kreisfrequenz $\omega_2 = \omega_1 - p\Omega$ besitzt bzw. sich relativ zum Läufer mit der Drehzahl $n_{\text{D}2} = n_{\text{D}1} - n$ bewegt. Für den Fall, dass das Drehfeld relativ zum Ständer die gleiche Geschwindigkeit wie der Läufer

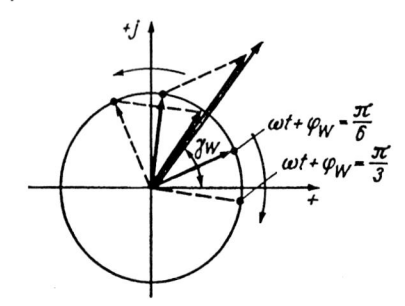

Bild 1.5.3 Darstellung der Zerlegung eines Hauptwellenwechselfelds in zwei gegenläufige Hauptwellendrehfelder in der komplexen Ebene

hat, d. h. wenn $n_{D1} = n$ und $\omega_1 = p\Omega$ sind, beobachtet man relativ zum Läufer das Hauptwellengleichfeld

$$B(\gamma_2', t) = \hat{B}_p \cos(p\gamma_2' - \varphi_{Bp} - p\vartheta_0') = \hat{B}_p \cos p(\gamma_2' - \gamma_G') \,. \tag{1.5.29}$$

Umgekehrt erscheint ein derartiges Läufergleichfeld im Koordinatensystem des Ständers als Drehfeld mit der Drehzahl $n_{D1} = n$ des Läufers.

Eine übergeordnete Betrachtungsweise kann das Hauptwellengleichfeld offenbar als ein Hauptwellendrehfeld mit verschwindender Umlaufgeschwindigkeit ansehen. Andererseits lässt sich auch zwischen dem Hauptwellenwechselfeld und dem Hauptwellendrehfeld ein Zusammenhang herstellen, da ersteres als Überlagerung zweier gegenläufiger Hauptwellendrehfelder deutbar ist. Dieser Sachverhalt folgt unmittelbar aus der komplexen Darstellung des Hauptwellenwechselfelds nach Tabelle 1.5.1 mit $\cos\alpha = 1/2\,(e^{j\alpha} + e^{-j\alpha})$ zu (s. Bd. *Grundlagen elektrischer Maschinen*, Abschn. 4.1.2.2)

$$\boxed{\begin{aligned}\vec{B} &= \hat{B}_p e^{j\gamma_W} \cos(\omega t + \varphi_W) \\ &= \frac{1}{2}\hat{B}_p e^{j(\omega t + \varphi_W + \gamma_W)} + \frac{1}{2}\hat{B}_p e^{j(-\omega t - \varphi_W + \gamma_W)}\end{aligned}} \,. \tag{1.5.30}$$

Bild 1.5.3 zeigt die zugeordnete Darstellung in der komplexen Ebene. Die Zerlegbarkeit eines Wechselfelds in zwei gegenläufige Drehfelder entsprechend (1.5.30) bildet die Grundlage für den Aufbau eines reinen Hauptwellendrehfelds als resultierendes Luftspaltfeld mit Hilfe mehrerer gegeneinander räumlich versetzter Wicklungsstränge, in denen zeitlich gegeneinander phasenverschobene Wechselströme fließen. Wenn zwei gegenläufige Drehfelder unterschiedliche Amplituden aufweisen, entsteht eine Mischform aus Kreisdrehfeld und Wechselfeld, die als *elliptisches Drehfeld* bezeichnet wird.

Die vorstehenden Betrachtungen zeigen, dass für die Luftspaltfelder einer rotierenden elektrischen Maschine im stationären Betrieb stets eine Verbindung zum Drehfeld besteht. Das Drehfeld und sein Zusammenspiel mit den Wicklungen hat deshalb bei der Analyse des stationären Betriebs der rotierenden elektrischen Maschinen eine zentrale Bedeutung. Der zugehörige theoretische Apparat wird unter dem Begriff *Drehfeldtheorie* zusammengefasst (s. auch Abschn. 1.3.7, S. 55).

1.5.4
Reale Luftspaltfelder

Die Grundformen des Luftspaltfelds nach Abschnitt 1.5.3 liegen dem inneren Mechanismus zugrunde, der das angestrebte stationäre Betriebsverhalten der verschiedenen Ausführungsformen rotierender elektrischer Maschinen bestimmt. Sie werden hinsichtlich der Feldform dadurch zu realisieren angestrebt, dass man

– die Windungen auf mehrere Spulen verteilt,
– die Luftspaltgeometrie entsprechend gestaltet,
– Unsymmetrien vermeidet, die eine Störung der Periodizität des Felds entsprechend der Polpaarzahl herbeiführen.

Reale Luftspaltfelder weichen von den angestrebten Grundformen mehr oder weniger ab. Diese Abweichungen rufen i. Allg. Erscheinungen hervor, die nicht erwünscht sind. Dazu gehören z. B. die asynchronen und die synchronen Oberwellenmomente bei Induktionsmaschinen, Drehmomentpulsation bei Gleichstrommaschinen usw. Es wird deshalb von der Dimensionierung der Maschine her angestrebt, die Abweichungen von der jeweiligen Grundform des Luftspaltfelds möglichst gering zu halten. Das liefert umgekehrt die Berechtigung dafür, bei der Analyse des grundsätzlichen Betriebsverhaltens zunächst jeweils von der Grundform des Luftspaltfelds auszugehen.

Die Ursachen der Abweichungen der realen Luftspaltfelder von den Grundformen werden im Folgenden zusammenfassend dargestellt:

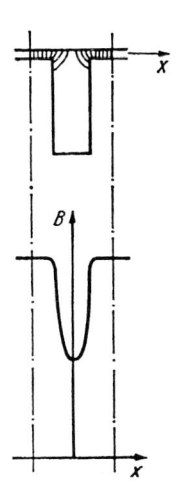

Bild 1.5.4 Feldbild und Induktionsverteilung unter dem Einfluss der Nutöffnung im Bereich einer Nutteilung

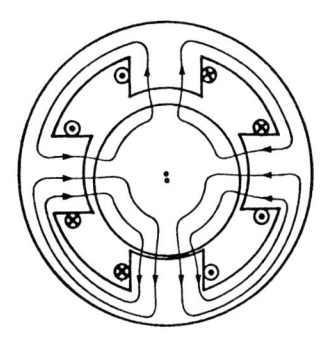

Bild 1.5.5 Prinzipieller Verlauf der Feldlinien einer vierpoligen, gleichstromerregten Maschine unter dem Einfluss einer exzentrischen Lage der Läuferachse zur Ständerbohrung

1. Wicklungen mit ausgebildeten Strängen werden entsprechend Abschnitt 1.4.1, Seite 62, dadurch realisiert, dass man die Windungszahl, die innerhalb eines Polpaars auf einen Strang entfällt, auf eine endliche Anzahl von Spulen gleicher Windungszahl verteilt, die im Normalfall in Nuten untergebracht sind. Die Windungen sind also nicht sinusförmig am Umfang verteilt, um einen rein sinusförmigen Strombelag hervorzurufen, bzw. sie liegen nicht gleichmäßig und unendlich dicht verteilt und haben deshalb keinen konstanten Strombelag zur Folge (vgl. Tab. 1.1.4, S. 24). Im Bereich einer Nutteilung wirkt von der betrachteten Wicklung her auf das Luftspaltfeld eine konstante Durchflutung. Man erhält eine treppenförmige Induktionsverteilung.

2. Die Geometrie des Luftspaltraums lässt sich durch die Formgebung der Polschuhe von Hauptelementen mit ausgeprägten Polen aus konstruktiven Gründen nicht so gestalten, dass eine rein sinusförmige Induktionsverteilung entsteht. Außerdem erhält man von einem sinusförmigen Strombelag auf dem rotationssymmetrischen Hauptelement unter dem Einfluss ausgeprägter Pole auf dem anderen Hauptelement eine nicht sinusförmige Induktionsverteilung.

3. Unter dem Einfluss der Nutöffnung entstehen Einsattelungen in der Induktionsverteilung. Diese sind umso stärker ausgeprägt, je breiter die Nutöffnung ist. Im Spektrum der Harmonischen der Induktionsverteilung erhält man herrührend von diesen Einsattlungen eine Reihe charakteristischer Harmonischer, die sog. *Nutungs-*

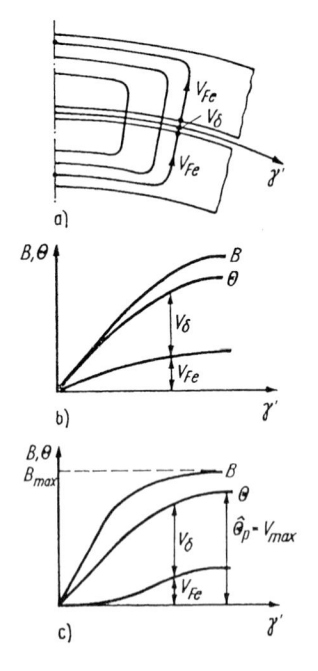

Bild 1.5.6 Entstehung der Sättigungsharmonischen.
a) Integrationswege entlang von Feldlinien für verschiedene γ';
b) Aufteilung der sinusförmigen Durchflutung Θ auf die magnetischen Spannungsabfälle V_δ und V_{Fe} sowie die Induktionsverteilung B bei linearen magnetischen Verhältnissen;
c) Aufteilung der sinusförmigen Durchflutung Θ auf die magnetischen Spannungsabfälle V_δ und V_{Fe} sowie Induktionsverteilung bei nichtlinearer Magnetisierungskurve $B(H)$ der weichmagnetischen Abschnitte

harmonischen (s. Abschn. 1.5.7.3, S. 133). Bild 1.5.4 zeigt das Feldbild im Bereich einer Nutteilung und die zugeordnete Induktionsverteilung.

4. Wenn sich der Wicklungsaufbau nicht streng innerhalb jedes Polpaars wiederholt, sondern wie bei Bruchlochwicklungen erst nach mehreren Polpaaren, enthält die Induktionsverteilung dieser Wicklung Harmonische mit Ordnungszahlen $\nu' < p$, d. h. sog. Unterwellen (s. Abschn. 1.4.1.3, S. 69).

5. Unter dem Einfluss einer exzentrischen Lage des Läufers relativ zur Ständerbohrung wird die Periodizität des Luftspaltfelds bezüglich der Polpaarteilung gestört. Die Induktionsverteilung enthält dementsprechend Harmonische, die mit der Ordnungszahl $\nu' = 1$ beginnen. Bild 1.5.5 zeigt den prinzipiellen Einfluss der Läuferexzentrizität auf das Luftspaltfeld einer vierpoligen Maschine. Die analytische Behandlung erfolgt im Abschnitt 1.5.7.4, Seite 135.

6. Unter dem Einfluss der Nichtlinearität der Magnetisierungskurve $B(H)$ des Magnetmaterials entsteht selbst bei sinusförmigem Strombelag und konstantem Luftspalt eine nicht sinusförmige Induktionsverteilung. Ursache dafür ist, dass man für die einzelnen Integrationswege im Bild 1.5.6 eine unterschiedliche und von der Aussteuerung abhängige Aufteilung der zur Verfügung stehenden Durchflutung auf die magnetischen Spannungsabfälle V_δ und V_{Fe} über dem Luftspalt und über dem übrigen magnetischen Kreis erhält. Wenn sich die Durchflutung, entsprechend dem sinusförmigen Strombelag, sinusförmig entlang der Koordinate γ' im Luftspalt ändert, so gilt dies dann nicht mehr für den magnetischen Spannungsabfall über dem Luftspalt und damit auch nicht mehr für die Induktionsverteilung. Man erhält die sog. *Sättigungsharmonischen*.

7. Im allgemeinen Fall muss damit gerechnet werden, dass sich entsprechend Bild 1.5.7 Feldwirbel ausbilden, die sich außerhalb der Wicklungsköpfe vom Ständerrücken zum Läuferrücken – auch über inaktive Bauteile wie die Welle – schließen. Ursache eines derartigen Felds kann z. B. ein Ringstrom im Stirnraum sein. Das Feld schließt sich über den Luftspalt und ruft dort eine in Umfangsrichtung konstante Induktion hervor. Es entsteht eine homopolare Komponente des Luftspaltfelds, ein sog. *Unipolarfeld*. Der Fluss, der sich herrührend von einem derartigen Feld über die Läuferwelle schließt, wird auch als *Wellenfluss* bezeichnet. Auf die Erscheinung war bereits im Abschnitt 1.3.2, Seite 44, hingewiesen worden. Sie wird im Abschnitt 1.5.7.2, Seite 128, eingehend behandelt.

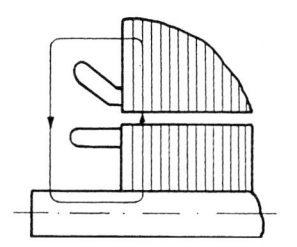

Bild 1.5.7 Feldwirbel im Stirnraum

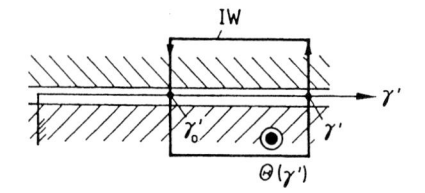

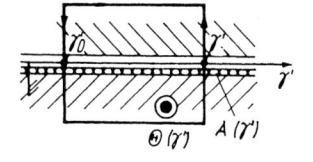

Bild 1.5.8 Lage des Integrationswegs IW für die Durchflutung $\Theta(\gamma')$

Bild 1.5.9 Zur Ermittlung der Durchflutungsverteilung $\Theta(\gamma')$ aus dem Strombelag $A(\gamma')$

1.5.5
Durchflutungsverteilungen von Wicklungen und Wicklungsteilen

1.5.5.1 Ermittlung der Durchflutungsverteilung aus dem Strombelag

Die Durchflutungsverteilung – auch *Felderregerkurve* genannt – stellt ein Hilfsmittel dar, um das Luftspaltfeld vor allem von in Nuten verteilten Wicklungen unmittelbar aus der Anwendung der Integralform des Durchflutungsgesetzes, d. h. ohne das eigentlich existierende Feldproblem zu lösen, und damit letztlich natürlich näherungsweise zu bestimmen. Dabei ist die Durchflutung $\Theta(\gamma')$ entsprechend Bild 1.5.8 einem Integrationsweg zugeordnet, der an einer solchen festgehaltenen Stelle γ'_0 durch den Luftspalt zurückkehrt, dass $\Theta(\gamma')$ rein periodisch wird, also keinen Gleichanteil enthält. Es ist also

$$\Theta(\gamma') = \Theta(\gamma', \gamma'_0) = \Theta_{\text{per}}(\gamma') \ . \tag{1.5.31}$$

Das Durchflutungsgesetz macht für den Integrationsweg IW im Bild 1.5.8 die Aussage

$$\Theta(\gamma') = \left(\sum_{\text{vzb}} i\right)_{\gamma', \gamma'_0} . \tag{1.5.32}$$

Wenn man den Integrationsweg an einer beliebigen Stelle γ'^*_0 zurückkehren lässt, ist die Durchflutungsverteilung $\Theta(\gamma')$ durch den periodischen Anteil der Durchflutung $\Theta(\gamma', \gamma'^*_0)$ gegeben. Die Durchflutung $\Theta(\gamma')$ ändert sich jeweils sprunghaft um die Durchflutung einer Nut, d. h. um die Summe der Ströme in der Nut, wenn der Integrationsweg über den zunächst unendlich schmal gedachten Nutschlitz weiterrückt.

Wenn der tatsächlichen Verteilung der stromdurchflossenen Leiter ein Strombelag zugeordnet wird (s. Tab. 1.1.4, S. 24), erhält man mit Bild 1.5.9

$$\Theta(\gamma') = -\frac{D}{2} \int_{\gamma'_0}^{\gamma'} A(\gamma') \, d\gamma' \tag{1.5.33a}$$

bzw.

$$\Theta(\gamma) = -\frac{\tau_p}{\pi} \int_{\gamma_0}^{\gamma} A(\gamma) \, d\gamma \ . \tag{1.5.33b}$$

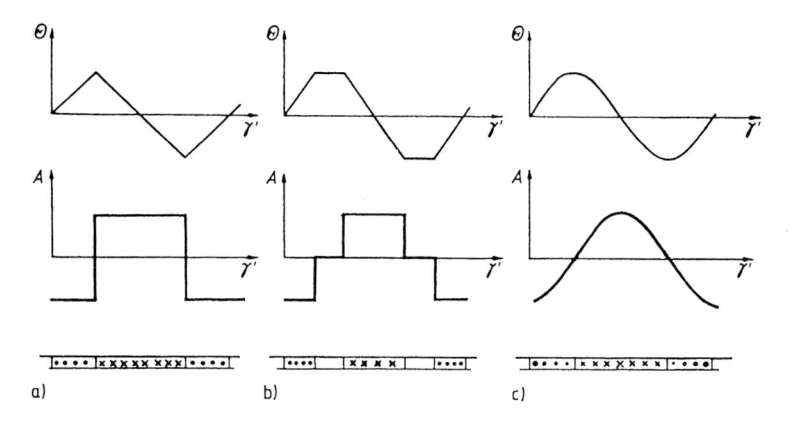

Bild 1.5.10 Einfache Durchflutungsverteilungen $\Theta(\gamma')$ und zugehörige fein verteilte Strombeläge $A(\gamma')$.
a) $\Theta(\gamma')$ dreieckförmig (Kommutatoranker bei k bzw. $N \to \infty$);
b) $\Theta(\gamma')$ trapezförmig (Kommutatoranker, Wicklungsstrang mit $Q \to \infty$);
c) $\Theta(\gamma')$ sinusförmig (Wicklungsstrang genähert)

Die Durchflutungsverteilung ist also die Integralkurve der Strombelagsverteilung, welche unmittelbar aus den Strömen in den Wicklungen bzw. Wicklungsteilen bei bekanntem *Zonenplan*, d. h. der Lage der Wicklungsteile am Umfang, erstellt werden kann. Daraus folgt umgekehrt

$$\frac{\partial \Theta(\gamma')}{\partial \gamma'} = -\frac{D}{2} A(\gamma') \tag{1.5.34a}$$

bzw.

$$\frac{\partial \Theta(\gamma)}{\partial \gamma} = -\frac{\tau_\mathrm{p}}{\pi} A(\gamma) \,. \tag{1.5.34b}$$

Mit Hilfe von (1.5.34a,b) lässt sich einer gegebenen Durchflutungsverteilung ein Strombelag A zuordnen und umgekehrt mit (1.5.33a,b) jedem Strombelag A – abhängig von der Stelle γ'_0 – eine Durchflutungsverteilung Θ. Im Bild 1.5.10 sind einige einfache Durchflutungsverteilungen $\Theta(\gamma')$ und die zugehörigen Strombeläge $A(\gamma')$ dargestellt. Wenn der Strombelag als über einen bestimmten Bereich – z. B. den Nutschlitz – verteilt angenommen wird, so ergibt sich eine trapezförmige Durchflutungsverteilung, und wenn er in der Mitte des Nutschlitzes konzentriert angenommen wird, so ist die Durchflutungsverteilung treppenförmig.

Mit Hilfe von (1.5.34a,b) lassen sich insbesondere die Harmonischen einer Durchflutungsverteilung und die Harmonischen eines Strombelags einander zuordnen. Die Durchflutungsverteilung steht also in einem linearen Zusammenhang zur Stromverteilung bzw. zum Strombelag. Es spielt dabei keine Rolle, wie sich der Strombelag als Funktion der Zeit ändert, da sich die Strombelags- und die Durchflutungsverteilung – abgesehen von der durch (1.5.34a,b) gegebenen Verschiebung um eine Viertel Pe-

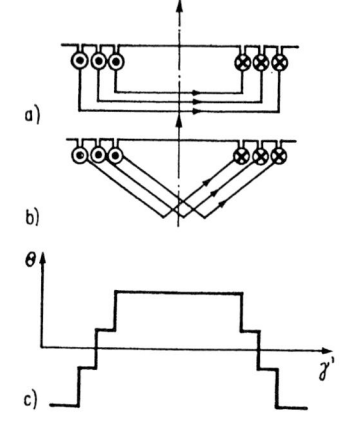

Bild 1.5.11 Durchflutungsverteilung einer Spulengruppe mit $Q = 3$ Spulen.
a) Ausführung der Spulengruppen mit Spulen ungleicher Weite;
b) Ausführung der Spulengruppen mit Spulen gleicher Weite;
c) Durchflutungsverteilung

riode der Harmonischen in Umfangsrichtung – zeitlich völlig synchron zueinander bewegen. Es gilt das Überlagerungsprinzip.

Die Durchflutungsverteilung einer Wicklung lässt sich stets unmittelbar durch Anwendung von (1.5.32) bestimmen. Bei Annahme einer konzentrierten Nutdurchflutung ändert sich $\Theta(\gamma')$ dabei jeweils um den Gesamtstrom einer Nut, wenn der Integrationsweg über den Nutschlitz an der Stelle γ' weiterrückt. Man erhält für $\Theta(\gamma')$ eine Treppenkurve mit periodischem Charakter. Sie lässt sich mit Hilfe der harmonischen Analyse als Spektrum von Harmonischen darstellen. Dabei interessiert in erster Linie die Hauptwelle mit der Ordnungszahl $\nu' = p$. Aufgrund der Gültigkeit des Überlagerungsprinzips für $\Theta(\gamma')$ ist es zur Bestimmung des Spektrums der Durchflutungsharmonischen einfacher, wenn man die Durchflutungsharmonischen der einzelnen Elemente der betrachteten Wicklung, d. h. der Spulen, Spulengruppen usw., bestimmt und diese zu den resultierenden Durchflutungsharmonischen überlagert. Da die Durchflutungsverteilung nur durch die Lage der stromdurchflossenen Leiter und nicht durch die Art der Verbindung der Leiter im Wicklungskopf bestimmt wird, kann die tatsächliche Art dieser Verbindung auch durch eine andere, gleichwertige ersetzt gedacht werden, wenn dadurch die Feldbestimmung vereinfacht wird. In diesem Sinne empfiehlt es sich, die Spulen der Spulengruppen von Einschichtwicklungen, die gewöhnlich mit ungleichen Weiten ausgeführt werden, durch Spulen gleicher Weite ersetzt zu denken. Die Spulen dieser Weite bilden dann das Wicklungselement, aus dem die gesamte Wicklung aufgebaut ist. Im Bild 1.5.11 wird diese Überlegung am Beispiel einer Spulengruppe mit $Q = 3$ Spulen demonstriert.

1.5.5.2 Durchflutungsverteilung einer einzelnen Spule

Die Spule stellt das für den Feldaufbau maßgebende Element einer Wicklung dar. Wenn die Durchflutungsverteilung einer Spule bekannt ist, kann davon ausgehend die Durchflutungsverteilung einer Spulengruppe oder eines Wicklungsstrangs oder einer Wicklung gewonnen werden. Es wird deshalb im Folgenden zunächst diese Durchflu-

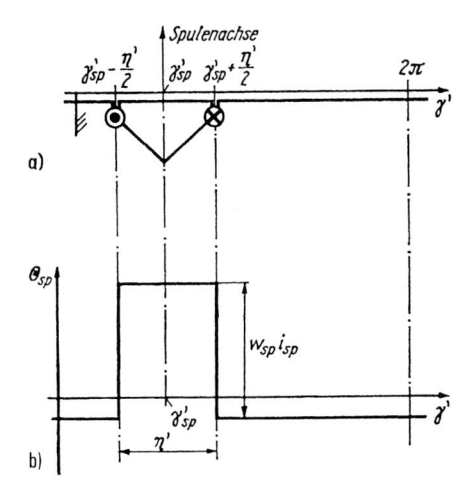

Bild 1.5.12 Durchflutungsverteilung einer einzelnen Spule.
a) Untersuchte Anordnung;
b) $\Theta_{\text{sp}}(\gamma')$

tungsverteilung betrachtet. Dabei kann man nicht von vornherein voraussetzen, dass in jeder Polpaarteilung jeweils an der gleichen Stelle eine gleichartige Spule liegt, die vom gleichen Strom durchflossen wird. Dieser Fall tritt nur bei Ganzlochwicklungen auf, die sich hinsichtlich des Wicklungsaufbaus nach jeder Polpaarteilung wiederholen. Im Sinne einer allgemeinen Behandlung wird deshalb zunächst eine einzelne Spule betrachtet, deren Achse entsprechend Bild 1.5.12a an der Stelle γ'_{sp} liegt. Ihre Weite W ist im Fall einer ungesehnten Spule gleich der Polteilung τ_{p} der Hauptwelle, im Koordinatensystem γ' bzw. γ beträgt ihre Weite dann $\eta' = \pi/p$ bzw. $\eta = \pi$ und ihr Wicklungsschritt y entspricht dem Durchmesserschritt $y_\varnothing = N/(2p)$. Wenn eine gesehnte Spule mit einem Wicklungsschritt $y < y_\varnothing$ ausgeführt wird, erhält man für die bezogene Spulenweite

$$\eta' = \frac{y}{y_\varnothing}\frac{\pi}{p}. \tag{1.5.35}$$

Die Durchflutung $\Theta_{\text{sp}}(\gamma')$ springt an den Stellen der Koordinaten der Nutschlitze, d. h. bei $\gamma'_{\text{sp}} - \eta'/2$ und $\gamma'_{\text{sp}} + \eta'/2$, um jeweils $w_{\text{sp}}i_{\text{sp}}$. Man erhält einen rechteckförmigen Verlauf $\Theta_{\text{sp}}(\gamma')$, wie ihn Bild 1.5.12b zeigt. Die harmonische Analyse des periodischen Anteils liefert[8]

$$\Theta_{\text{sp}}(\gamma') = \sum_{\nu'} \frac{4}{\pi}\frac{w_{\text{sp}}}{2}\sin\left(\nu'\frac{\eta'}{2}\right)\frac{1}{\nu'}i_{\text{sp}}\cos\nu'(\gamma' - \gamma'_{\text{sp}}). \tag{1.5.36}$$

Alle Harmonischen sind symmetrisch zur Lage γ'_{sp} der Spulenachse. Der Faktor $\sin\nu'\eta'/2$ in (1.5.36) wird als *Spulenfaktor* oder *Sehnungsfaktor*

---

[8] Die benötigten Fourier-Reihen sind im Anhang III zusammengestellt.

1 Grundlegende Zusammenhänge

$$\boxed{\xi_{\text{sp},\nu'} = \sin\nu'\frac{\eta'}{2} = \sin\frac{\nu'}{p}\frac{y}{y_\varnothing}\frac{\pi}{2}} \qquad (1.5.37a)$$

bzw.

$$\boxed{\xi_{\text{sp},\nu} = \sin\nu\frac{\eta}{2} = \sin\nu\frac{y}{y_\varnothing}\frac{\pi}{2}} \qquad (1.5.37b)$$

definiert. Er regelt zusammen mit dem Augenblickswert des Spulenstroms das Vorzeichen des Extremwerts der Durchflutung an der Stelle γ'_{sp}, d. h. ob an der Stelle der Spulenachse der positive oder negative Amplitudenwert der Durchflutungsharmonischen erscheint. Außerdem bringt er den Einfluss der Sehnung gegenüber einer sog. *Durchmesserspule* zum Ausdruck, deren Spulenweite der Polteilung der Hauptwelle entspricht. Aus den vorstehenden Untersuchungen folgt, dass die einzelne Spule praktisch alle Durchflutungsharmonischen $\nu' \in \mathbb{N}$ enthält mit Ausnahme jener, für die der Spulenfaktor zu Null wird. Letzteres tritt entsprechend (1.5.37a) ein für

$$\nu' = g\frac{2p}{y/y_\varnothing} \text{ mit } g \in \mathbb{N}.$$

Diese Ordnungszahlen entsprechen solchen Durchflutungsharmonischen, deren Wellenlänge ein ganzzahliger Teil der Spulenweite ist. Derartige Harmonische können entsprechend der Theorie der harmonischen Analyse in einer Rechteckwelle nicht enthalten sein. Um das Amplitudenspektrum der Durchflutungsharmonischen allgemein darzustellen, wird die Amplitude $\hat{\Theta}_{\nu'}$ der ν'. Harmonischen nach (1.5.36) auf die Amplitude $\hat{\Theta}_{p\varnothing}$ der Hauptwelle mit $\nu' = p$ bezogen, die im Fall einer ungesehnten Spule mit dem Wicklungsschritt $y = y_\varnothing$ auftritt. Unter Einführung von η' nach (1.5.35) erhält man durch Hinarbeiten auf eine Darstellungsform $\sin x/x$

$$\frac{\hat{\Theta}_{\nu'}}{\hat{\Theta}_{p\varnothing}} = \frac{y}{y_\varnothing}\frac{\pi}{2}\frac{\sin\dfrac{\nu'}{p}\dfrac{y}{y_\varnothing}\dfrac{\pi}{2}}{\dfrac{\nu'}{p}\dfrac{y}{y_\varnothing}\dfrac{\pi}{2}}. \qquad (1.5.38)$$

Die Einhüllende dieses normierten Spektrums folgt also in Abhängigkeit von der Ordnungszahl ν' der Funktion $\sin x/x$. Sie ist im Bild 1.5.13a auf $y/y_\varnothing$ bezogen dargestellt. Bild 1.5.13b zeigt das Spektrum der Durchflutungsamplituden, wenn eine ungesehnte Spule für $p = 4$ vorliegt. Man erkennt, dass außer der Hauptwelle mit $\nu' = p = 4$ und Oberwellen bezüglich der Hauptwelle auch weitere Durchflutungswellen auftreten, insbesondere solche mit $\nu' < p$. Wenn die Spule auf $y/y_\varnothing = 0{,}8$ gesehnt wird, erhält man das Spektrum der Durchflutungsamplituden nach Bild 1.5.13c. Es weist aus, dass die Amplitude der Hauptwelle und in noch größerem Maß die dargestellten Harmonischem mit ungerader bezogener Ordnungszahl $\nu'/p = \nu \in \mathbb{U}$ kleiner geworden sind. Im vorliegenden Beispiel verschwindet die Harmonische mit $\nu' = 5p$ sogar vollständig. Diese Verkleinerung der Oberwellen gegenüber der Hauptwelle ist letztlich der Effekt, den man durch die Sehnung erreichen will.

Bisher ist die Durchflutungsverteilung einer einzelnen Spule betrachtet worden. Sie ruft ein breites Band von Durchflutungsharmonischen hervor, wobei außer der erwünschten Hauptwelle mit $\nu' = p$ praktisch alle Durchflutungsharmonischen beginnend mit $\nu' = 1$ vorhanden sind. Wenn weitere Spulen den gleichen Strom führen und damit am Aufbau des Felds beteiligt sind, überlagern sich die einzelnen Harmonischen ihrer Durchflutungsverteilungen jeweils zu einer resultierenden Durchflutungsharmonischen. Dabei ist zu beachten, dass die von den einzelnen Spulen herrührenden Harmonischen einer bestimmten Ordnungszahl nach Maßgabe der Lage dieser Spulen gegeneinander verschoben sind. Dadurch bleibt die Amplitude der resultierenden Durchflutungsharmonischen stets kleiner als die Summe der Amplituden der entsprechenden Durchflutungsharmonischen der einzelnen Spulen. Insbesondere löschen sich solche Harmonischen gegenseitig aus, deren z Einzelwellen bei gleicher Amplitude um ein Vielfaches von $2\pi/z$, das aber kein Vielfaches von 2π sein darf, gegeneinander verschoben sind. Diesen Sachverhalt erkennt man unmittelbar aus der

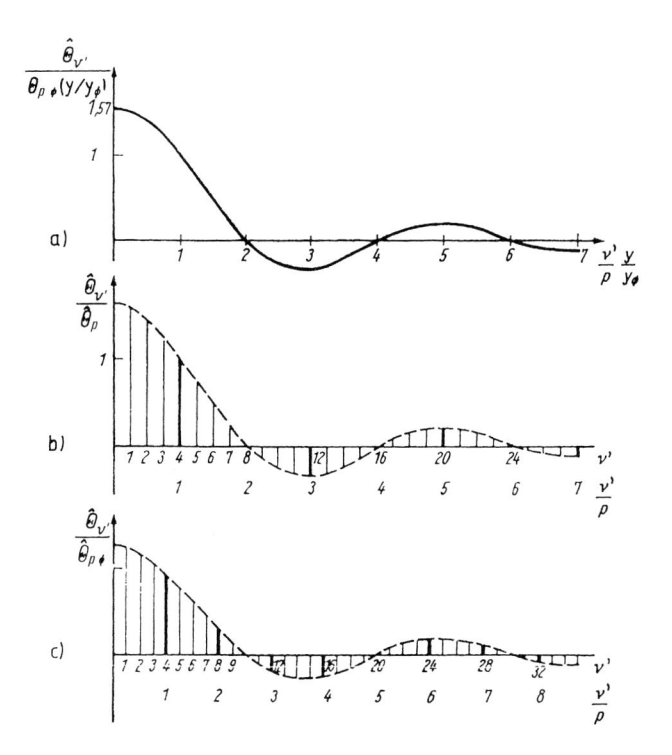

Bild 1.5.13 Durchflutungsharmonische einer einzelnen Spule.
a) Einhüllende des normierten Amplitudenspektrums $\hat{\Theta}_{\nu'}/(\hat{\Theta}_{\text{p}\varnothing} y/y_\varnothing)$;
b) normiertes Amplitudenspektrum $\hat{\Theta}_{\nu'}/\hat{\Theta}_\text{p}$ für $p = 4$ und $y = y_\varnothing$;
c) normiertes Amplitudenspektrum $\hat{\Theta}_{\nu'}/\hat{\Theta}_{\text{p}\varnothing}$ für $p = 4$ und $y = 0{,}8 y_\varnothing$

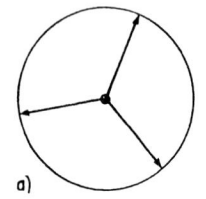

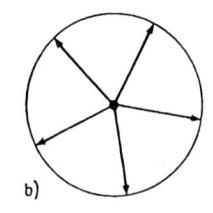

Bild 1.5.14 Komplexe Darstellung von z Durchflutungsharmonischen gleicher Amplitude, die gegeneinander um ein Vielfaches von $2\pi/z$, das kein Vielfaches von 2π ist, verschoben sind.
a) $z = 3$; b) $z = 5$

komplexen Darstellung entsprechend (1.5.16a), Seite 82, und der Addition in der komplexen Ebene nach (1.5.19). Er wird im Bild 1.5.14 für $z = 3$ und $z = 5$ erläutert.

Die Synthese von Wicklungen muss das Ziel verfolgen, durch das Zusammenschalten geeigneter Spulen als resultierende Durchflutungsverteilung nur die geforderte Hauptwelle zu erhalten und alle anderen Harmonischen zum Verschwinden zu bringen. Selbstverständlich wird dieses Ziel nicht in vollem Umfang erreichbar sein.

1.5.5.3 Durchflutungsverteilung von gleichmäßig am Umfang verteilten Spulen

Eine wesentliche Reduzierung der außer der Hauptwelle erregten Harmonischen ist zu erwarten, wenn in jedem Polpaar jeweils an der gleichen Stelle bezüglich der Polpaarteilung, d. h. gleichmäßig auf dem Gesamtumfang verteilt, je eine Spule des aufzubauenden Wicklungsstrangs untergebracht wird. Es sind dann p Spulen im Abstand von $\Delta\gamma' = 2\pi/p$ vorhanden, die der gleiche Strom durchfließt. Das ist von vornherein gesichert, wenn die Spulen hintereinandergeschaltet sind, kann aber auch bei Parallelschaltung oder Teilparallelschaltung der Spulen gewährleistet sein, wenn der Gesamtaufbau der Wicklung die dafür erforderlichen Symmetrieeigenschaften aufweist. Im allgemeinen Fall existieren dann in einem Strang a parallele Zweige mit dem Strom $i_{\mathrm{zw}} = i_{\mathrm{sp}} = i/a$. Selbstverständlich bilden dann auch die übrigen Spulen der Wicklung derartige Sätze von den gleichen Strom führenden p Spulen, so dass eine Stromverteilung entsteht, die sich in jedem Polpaar periodisch wiederholt. Diese Periodizität des Aufbaus und der Stromverteilung muss dann auch die Durchflutungsverteilung aufweisen. Sie besitzt im Koordinatensystem γ' eine Periodenlänge entsprechend der Polpaarteilung $2\pi/p$, so dass als niedrigste Harmonische die Hauptwelle auftritt und darüber hinaus nur deren Oberwellen in Erscheinung treten können, d. h. die Harmonischen der Ordnungszahlen $\nu'/p \in \mathbb{N}$. Es genügt, das Feld nur eines Polpaars zu betrachten. Die Unterbringung von p gleichmäßig am Umfang verteilten Spulen für einen aufzubauenden Wicklungsstrang erfordert, dass N/p eine ganze Zahl ist. Dieser Fall liegt bei Ganzlochwicklungen vor, bei denen die Lochzahl $q = N/(2pm)$ eine ganze Zahl ist. Auf diese Sonderstellung der Ganzlochwicklung wurde schon im Abschnitt 1.4.1.2, Seite 64, hingewiesen.

Im allgemeinen Fall ist N/p und damit auch q keine ganze Zahl. Eine an der gleichen Stelle der Polpaarteilung liegende Spule findet sich dann erst nach jeweils p^* Polpaaren,

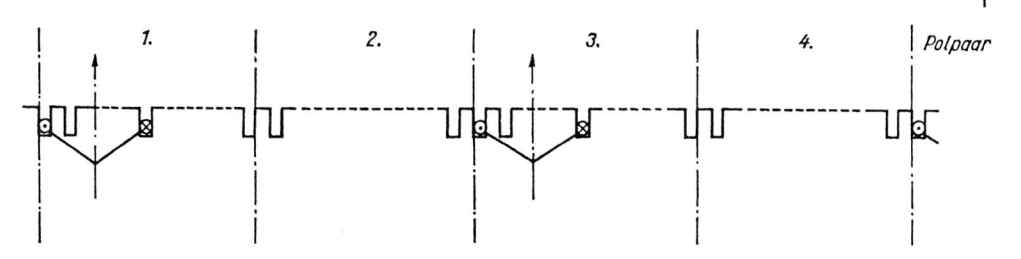

Bild 1.5.15 Hauptelement mit $p = 4$ und $N/p \notin \mathbb{N}$, aber $t = 2$, d. h. $2N/p \in \mathbb{N}$

zu denen dann die ganze Zahl von $N^* = (N/p)p^*$ Nuten gehören. Damit erhält man

$$t = \frac{N}{N^*} = \frac{p}{p^*}$$

gleichmäßig am Umfang verteilte Spulen, deren jede in jeder der sog. *Urwicklungen* (s. Abschn. 1.4.1.3 u. Bd. *Berechnung elektrischer Maschinen*, Abschn. 1.2.1.6) an der gleichen Stelle der $2p^*$ Polteilungen einer Urwicklung liegt, so dass sie jeweils eine nach Betrag und Lage gleiche Durchflutungshauptwelle hervorrufen, wenn sie vom gleichen Strom durchflossen werden. Bild 1.5.15 zeigt als Beispiel den Fall mit $p = 4$ und $t = 2$. Die gleichmäßig verteilten Spulen sind um $\alpha^* = 2\pi/t$ und nicht mehr um $2\pi/p$ gegeneinander versetzt. Wenn dieser allgemeine Fall betrachtet wird, erhält man ausgehend von (1.5.36) durch Überlagerung der von den t Spulen erregten Durchflutungsharmonischen einer Ordnungszahl ν' in der komplexen Darstellung nach (1.5.16a), Seite 82,

$$\vec{\Theta}_{\mathrm{sp},\nu'} = \frac{4}{\pi} \frac{w_{\mathrm{sp}}}{2} \xi_{\mathrm{sp},\nu'} \frac{1}{\nu'} i_{\mathrm{sp}} \underbrace{\sum_{\rho=1}^{t} e^{\mathrm{j}\nu'[\gamma'_{\mathrm{sp}}+(\rho-1)\alpha^*]}}_{\vec{A}_{\nu'}} \ . \qquad (1.5.39)$$

Dabei stellen die Summanden der mit $\vec{A}_{\nu'}$ bezeichneten Summe in der komplexen Ebene t Zeiger dar, die gegeneinander um $\nu'\alpha^* = \nu'(2\pi/t)$ gedreht sind, so dass sie sich gegenseitig aufheben, wenn nicht $\nu'(2\pi/t)$ selbst ein Vielfaches von 2π ist, da dann die t Zeiger gleichphasig werden. Es können also nur solche Harmonischen auftreten, für die $\nu'(2\pi/t) = g2\pi$ gilt, d. h. es existieren die Harmonischen

$$\nu' = gt = g\frac{p}{p^*} \quad \mathrm{mit}\ g \in \mathbb{N}\ . \qquad (1.5.40)$$

Die Durchflutungsverteilung weist im Koordinatensystem γ' eine Periodenlänge von $2\pi/t$ auf. Dementsprechend erhält man als niedrigste Ordnungszahl eine Harmonische mit $\nu' = t$ und darüber hinaus nur Harmonische, deren Ordnungszahl ein Vielfaches davon ist. Das Spektrum ist also gegenüber dem Extremfall, dass nur eine

Einzelspule erregt wurde, deutlich weniger dicht besetzt. Für die existierenden Harmonischen sind alle Zeiger der Summe $\vec{A}_{\nu'}$ in (1.5.39) gleichgerichtet, so dass die Summation unmittelbar liefert

$$\vec{A}_{\nu'} = t \mathrm{e}^{\mathrm{j}\nu'\gamma'_{\mathrm{sp}}} \ .$$

Damit erhält man für die Durchflutungsharmonische der Ordnungszahl ν' unter Einführung des Spulenfaktors nach (1.5.37a) und mit $t = p/p^*$

$$\Theta_{\mathrm{sp},\nu'}(\gamma') = \frac{4}{\pi} \frac{w_{\mathrm{sp}}}{2} \frac{p}{p^*} \xi_{\mathrm{sp},\nu'} \frac{1}{\nu'} i_{\mathrm{sp}} \cos \nu'(\gamma' - \gamma'_{\mathrm{sp}}) \ . \tag{1.5.41}$$

Im Sonderfall der *Ganzlochwicklung* stehen jeweils p gleichmäßig am Umfang verteilte Spulen zur Verfügung. Es ist also $p^* = 1$ bzw. $t = p$, und damit existieren entsprechend (1.5.40) nur die Harmonischen mit den Ordnungszahlen $\nu = \nu'/p \in \mathbb{N}$, d. h. nur die Hauptwelle und deren Oberwellen, und damit geht (1.5.41) über in

$$\Theta_{\mathrm{sp},\nu'}(\gamma') = \frac{4}{\pi} \frac{w_{\mathrm{sp}}}{2} \xi_{\mathrm{sp},\nu'} \frac{p}{\nu'} i_{\mathrm{sp}} \cos \nu'(\gamma' - \gamma'_{\mathrm{sp}}) \ . \tag{1.5.42}$$

Ungesehnte Einzelspulen besitzen den Durchmesserschritt $y = y_\varnothing$. Der Spulenfaktor nach (1.5.37a) geht dann über in

$$\xi_{\mathrm{sp},\nu'} = \sin \frac{\nu'}{p} \frac{\pi}{2} \ .$$

Er verschwindet für alle geraden Ordnungszahlen $\nu'/p \in \mathbb{G}$.[9] Damit erhält man für die Durchflutungsverteilung eines Satzes von p ungesehnten, gleichmäßig verteilten Spulen einer Ganzlochwicklung, die den gleichen Strom i_{sp} führen,

$$\Theta_{\mathrm{sp}}(\gamma') = \frac{4}{\pi} \frac{w_{\mathrm{sp}}}{2} i_{\mathrm{sp}} \left\{ \cos p(\gamma' - \gamma'_{\mathrm{sp}}) - \frac{1}{3} \cos 3p(\gamma' - \gamma'_{\mathrm{sp}}) + \frac{1}{5} \cos 5p(\gamma' - \gamma'_{\mathrm{sp}}) \right. \\ \left. - \frac{1}{7} \cos 7p(\gamma' - \gamma'_{\mathrm{sp}}) \pm \ldots \right\} \ .$$

Die positiven oder negativen Amplitudenwerte sämtlicher Harmonischen treten in der Spulenachse, also bei $\gamma' - \gamma'_{\mathrm{sp}}$ auf. Sie sind bei $i > 0$ für die Harmonischen der Ordnungszahlen $\nu' = p, 5p, 9p, \ldots$ positiv und für die der Ordnungszahlen $\nu' = 3p$, $7p, 11p, \ldots$ negativ. Die Amplituden $\hat{\Theta}_{\nu'}$ sind proportional zu p/ν'. Man erhält also, bezogen auf die Hauptwellenamplitude,

$$\left| \frac{\hat{\Theta}_{\nu'}}{\hat{\Theta}_{\mathrm{p}}} \right| = \frac{p}{\nu'} \ .$$

Das Spektrum ist im Bild 1.5.16 dargestellt; es hat hyperbolischen Verlauf.

---

[9] Dieses Ergebnis der Rechnung folgt auch unmittelbar aus den Symmetrieeigenschaften des Verlaufs $\Theta(\gamma')$: Es ist $\Theta(\gamma' + \pi/p) = -\Theta(\gamma')$, und damit verschwinden die Harmonischen mit den geraden Ordnungszahlen $\nu'/p \in \mathbb{G}$.

Gesehnte Einzelspulen haben einen Wicklungsschritt y, der um einen *Verkürzungsschritt* $y_v = y_\varnothing - y$ kleiner ist als der Durchmesserschritt. In diesem Fall wird der Spulenfaktor für $\nu'/p = \nu \in \mathbb{G}$ nicht zu Null, so dass diese Harmonischen mit gerader bezogener Ordnungszahl auftreten. Andererseits werden die Harmonischen mit ungerader bezogener Ordnungszahl $\nu'/p = \nu \in \mathbb{U}$ nach Maßgabe des Spulenfaktors verkleinert. Da die Harmonischen mit gerader bezogener Ordnungszahl bei der Zusammenschaltung der Spulen zum Wicklungsstrang i. Allg. wieder verschwinden, interessiert vor allem der zweite Einfluss. Mit seiner Hilfe können die stark ausgebildeten Oberwellen mit niedrigen Ordnungszahlen geschwächt bzw. einzelne Harmonische ganz zum Verschwinden gebracht werden. Um die Hauptwelle durch die Sehnung möglichst wenig zu beeinflussen, darf y nur wenig kleiner als $y_\varnothing$ gemacht werden, damit $\xi_{\mathrm{sp},p} \approx 1$ bleibt. Es kann untersucht werden, für welchen kleinsten Wert von y_v die gewünschte Schwächung der Oberwellen eintritt. Man erhält aus (1.5.37a) mit $y = y_\varnothing - y_v$

$$\xi_{\mathrm{sp},\nu'} = \sin \frac{\nu'}{p}\left(1 - \frac{y_v}{y_\varnothing}\right)\frac{\pi}{2} = \sin\frac{\nu'}{p}\frac{\pi}{2}\cos\frac{\nu'}{p}\frac{y_v}{y_\varnothing}\frac{\pi}{2} - \cos\frac{\nu'}{p}\frac{\pi}{2}\sin\frac{\nu'}{p}\frac{y_v}{y_\varnothing}\frac{\pi}{2} \ . \quad (1.5.43)$$

Für $\nu'/p = \nu \in \mathbb{U}$ existiert wegen $\cos \nu'\pi/(2p) = 0$ nur der erste Summand in (1.5.43), so dass $\xi_{\mathrm{sp},\nu'} = 0$ wird, wenn das Argument der ersten Kosinus-Funktion die Werte

$$\frac{\nu'}{p}\frac{y_v}{y_\varnothing}\frac{\pi}{2} = g\frac{\pi}{2} \ \text{mit}\ g \in \mathbb{U}$$

annimmt. Der kleinste *Verkürzungsschritt*, bei dem eine Harmonische mit $\nu'/p \in \mathbb{U}$ verschwindet, ist demnach

$$y_v = \frac{p}{\nu'}y_\varnothing = \frac{y_\varnothing}{\nu} \ , \quad (1.5.44)$$

und der auszuführende Wicklungsschritt ist

$$y = y_\varnothing - y_v = \frac{\nu' - p}{\nu'}y_\varnothing \ . \quad (1.5.45)$$

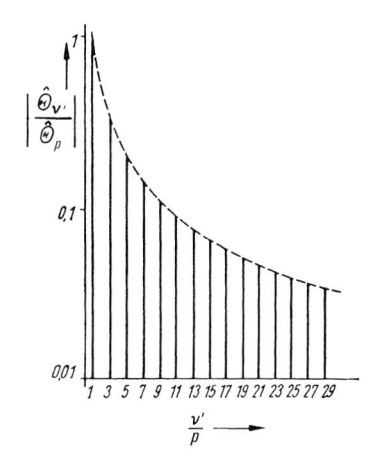

Bild 1.5.16 Amplitudenspektrum der Durchflutungsverteilung eines Satzes von p gleichmäßig verteilten, ungesehnten Einzelspulen einer Ganzlochwicklung (logarithmische Darstellung)

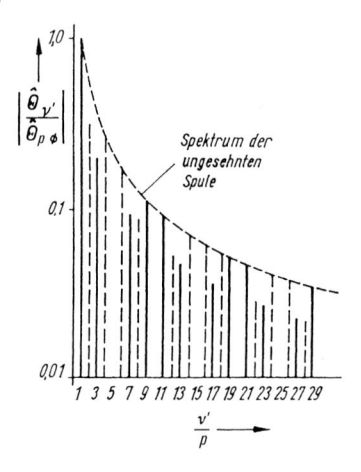

Bild 1.5.17 Amplitudenspektrum der Durchflutungsverteilung eines Satzes von p gleichmäßig verteilten, gesehnten Einzelspulen einer Ganzlochwicklung mit $y = 0{,}8y_\varnothing$ bzw. $y_v = 0{,}2y_\varnothing$ (logarithmische Darstellung)

Die dritte Harmonische verschwindet also bei $y_v = y_\varnothing/3$ bzw. $y = 2y_\varnothing/3$, die fünfte bei $y_v = y_\varnothing/5$ bzw. $y = 4y_\varnothing/5$ usw. Voraussetzung ist, dass die entsprechenden Werte des Wicklungsschritts y ganzzahlig werden und damit überhaupt ausgeführt werden können. Wenn dies nicht der Fall ist, wählt man y als ausführbaren Wert zwischen jenen beiden Werten, die zur Unterdrückung der beiden Oberwellen mit den größten Amplituden erforderlich wären. Im Bild 1.5.17 ist das Spektrum eines Satzes gesehnter Einzelspulen mit $y = 0{,}8y_\varnothing$ bzw. $y_v = 0{,}2y_\varnothing$ bezogen auf die Größe der Hauptwellenamplitude $\hat{\Theta}_{p\varnothing}$ eines Satzes ungesehnter Spulen dargestellt. Die Harmonischen mit gerader bezogener Ordnungszahl sind nur gestrichelt angedeutet, da sie i. Allg. nicht interessieren. Man erkennt, dass die Harmonischen mit $\nu' = 5p$ und $15p$ verschwinden und ihnen benachbarte Harmonische gegenüber dem ungesehnten Zustand verkleinert werden.

1.5.5.4 Durchflutungsverteilung von p gleichmäßig am Umfang verteilten Spulengruppen bei Ganzlochwicklungen

Im Normalfall einer Ganzlochwicklung bestehen alle Spulengruppen aus jeweils Q nebeneinander liegenden und hintereinandergeschalteten Spulen gleicher Windungszahl und werden vom gleichen Strom i_{sp} durchflossen. Dabei sind die Spulenströme und damit die Ströme in allen Spulen eines Strangs zwingend gleich, wenn alle Spulen hintereinandergeschaltet sind. Die Gleichheit aller Spulenströme eines Strangs kann aber auch bei Parallelschaltung oder Teilparallelschaltung der Spulengruppen gewährleistet sein, wenn der Gesamtaufbau der Wicklung die dafür erforderlichen Symmetrieeigenschaften aufweist. Im allgemeinen Fall existieren dann in einem Strang wiederum a parallele Zweige mit dem Strom $i_{\text{zw}} = i_{\text{sp}} = i/a$. Der Wicklungsstrang setzt sich aus einem Satz von p oder $2p$ gleichmäßig am Umfang verteilten derartigen Spulengruppen zusammen. Im Bild 1.5.18 ist eine Spulengruppe mit Spulen gleicher Weite dargestellt. Der Abstand zwischen je zwei Spulen ist im Koordinatensystem γ' gleich dem *Nutteilungswinkel*

$$\alpha'_n = \frac{2\pi}{N} \;,$$

und die Achse der Spule 1 befindet sich an der Stelle γ'_{sp1}. Die Q nebeneinander liegenden Spulenseiten belegen einen Bereich des Umfangs, der als *Zonenbreite* bezeichnet wird. Sie umfasst den Winkel $\alpha'_{ze} = Q\alpha'_n$. Ausgehend von (1.5.42) als Beziehung für die Harmonische mit der Ordnungszahl ν' eines Satzes von gleichmäßig verteilten Einzelspulen, erhält man unter Verwendung der komplexen Darstellung entsprechend (1.5.16a), Seite 82, für die Harmonische mit der Ordnungszahl ν' eines Satzes von gleichmäßig verteilten und vom gleichen Strom durchflossenen Spulengruppen

$$\vec{\Theta}_{\mathrm{gr},\nu'} = \frac{4}{\pi} \frac{w_{\mathrm{sp}}}{2} \xi_{\mathrm{sp},\nu'} \frac{p}{\nu'} i_{\mathrm{sp}} \underbrace{\sum_{\rho=1}^{Q} \mathrm{e}^{-\mathrm{j}\nu'[\gamma'_{\mathrm{sp}1}+(\rho-1)\alpha'_n]}}_{\vec{A}_{\nu'}} \;.$$

Die Summe $\vec{A}_{\nu'}$ lässt sich darstellen als

$$\vec{A}_{\nu'} = \mathrm{e}^{-\mathrm{j}\nu'\gamma'_{\mathrm{sp}1}} \left(1 + \mathrm{e}^{-\mathrm{j}\nu'\alpha'_n} + \mathrm{e}^{-\mathrm{j}\nu'2\alpha'_n} + \ldots + \mathrm{e}^{-\mathrm{j}\nu'(Q-1)\alpha'_n}\right) \;.$$

Dabei stellt der Klammerausdruck eine geometrische Reihe mit dem Anfangsglied 1 und dem Quotienten $\mathrm{e}^{-\mathrm{j}\nu'\alpha'_n}$ dar, die sich summieren lässt zu

$$1 + \mathrm{e}^{-\mathrm{j}\nu'\alpha'_n} + \ldots + \mathrm{e}^{-\mathrm{j}\nu'(Q-1)\alpha'_n} = \frac{\mathrm{e}^{-\mathrm{j}Q\nu'\alpha'_n}-1}{\mathrm{e}^{-\mathrm{j}\nu'\alpha'_n}-1} = \frac{\sin\nu'Q\dfrac{\alpha'_n}{2}}{\sin\nu'\dfrac{\alpha'_n}{2}} \mathrm{e}^{-\mathrm{j}\nu'(Q-1)\alpha'_n/2} \;.$$

(1.5.46)

Damit erhält man für die Harmonische mit der Ordnungszahl ν' eines Satzes von gleichmäßig verteilten und vom gleichen Strom durchflossenen Spulengruppen

$$\Theta_{\mathrm{gr},\nu'}(\gamma') = \frac{4}{\pi} \frac{w_{\mathrm{sp}}Q}{2} \xi_{\mathrm{sp},\nu'} \xi_{\mathrm{gr},\nu'} \frac{p}{\nu'} i \cos\nu'(\gamma'-\gamma'_{\mathrm{gr}}) \;, \qquad (1.5.47)$$

wenn der *Gruppenfaktor* bzw. *Zonenfaktor*

$$\xi_{\mathrm{gr},\nu'} = \frac{\sin\nu'Q\dfrac{\alpha'_n}{2}}{Q\sin\nu'\dfrac{\alpha'_n}{2}} = \frac{\sin\nu'\dfrac{\alpha'_{\mathrm{ze}}}{2}}{Q\sin\nu'\dfrac{\alpha'_n}{2}} = \frac{\sin\nu'Q\dfrac{\pi}{N}}{Q\sin\nu'\dfrac{\pi}{N}} \qquad (1.5.48\mathrm{a})$$

bzw.

$$\xi_{\mathrm{gr},\nu} = \frac{\sin\nu Q\dfrac{\alpha_n}{2}}{Q\sin\nu\dfrac{\alpha_n}{2}} = \frac{\sin\nu\dfrac{\alpha_{\mathrm{ze}}}{2}}{Q\sin\nu\dfrac{\alpha_n}{2}} = \frac{\sin\nu pQ\dfrac{\pi}{N}}{Q\sin\nu p\dfrac{\pi}{N}} \qquad (1.5.48\mathrm{b})$$

und die Koordinate

$$\gamma'_{\mathrm{gr}} = \gamma'_{\mathrm{sp}1} + (Q-1)\frac{\alpha'_n}{2}$$

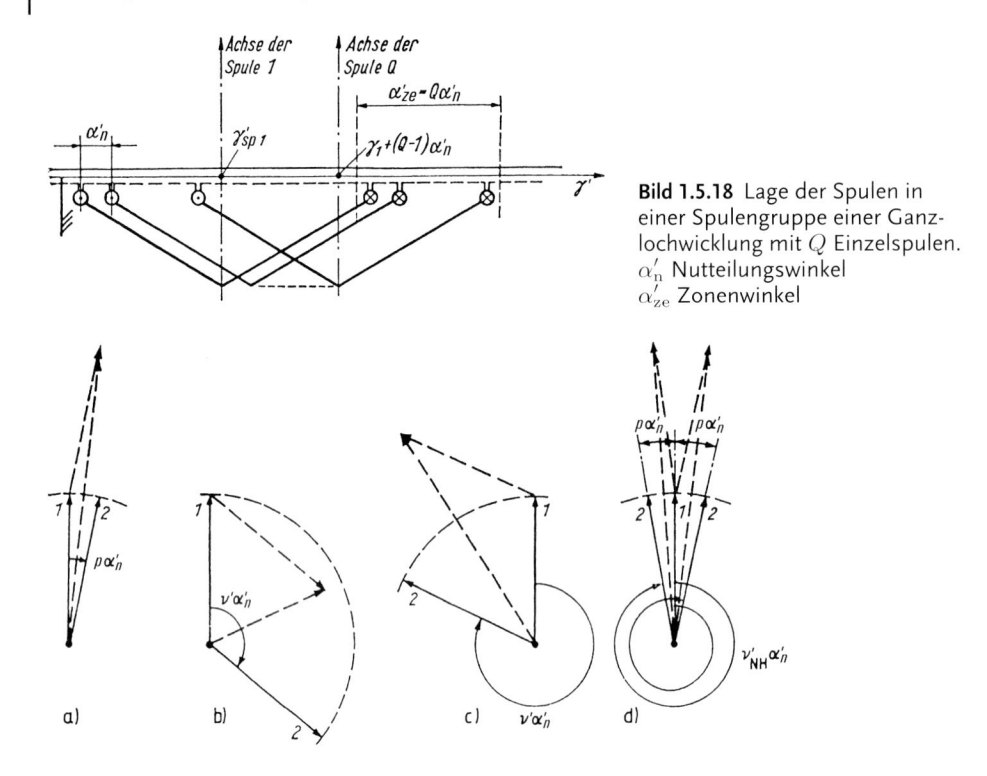

Bild 1.5.18 Lage der Spulen in einer Spulengruppe einer Ganzlochwicklung mit Q Einzelspulen.
α'_n Nutteilungswinkel
α'_ze Zonenwinkel

Bild 1.5.19 Addition der Durchflutungswellen zweier nebeneinander liegender Spulen in der komplexen Ebene.
a) Für die Hauptwelle;
b) für $\nu'/p > 1$ bei abnehmendem Gruppenfaktor;
c) für $\nu'/p > 1$ bei wieder zunehmendem Gruppenfaktor;
d) für die Nutharmonischen

der Achse der ersten Spulengruppe eingeführt werden. Die Amplitude einer Harmonischen der p Spulengruppen beträgt nicht das Q-fache der Amplitude einer der p Einzelspulen, sondern ist wegen der Verteilung der Qw_sp Windungen auf Q Einzelspulen um den Gruppenfaktor geringer. Für den Extremfall $Q = 1$ wird $\xi_{\mathrm{gr},\nu'} = 1$, und (1.5.47) geht in (1.5.42) über. Wenn $Q > 1$ ist, hat der Gruppenfaktor für jede Harmonische einen anderen Wert und ändert sich, wie die folgenden Betrachtungen zeigen werden, periodisch mit ν'/p.

Die Hauptwellen der Durchflutungsverteilungen zweier nebeneinander liegender Spulen sind um den Nutteilungswinkel $\alpha'_\mathrm{n} = 2\pi/N$ gegeneinander verschoben. Da α'_n klein ist, wird die resultierende Amplitude zweier benachbarter Durchflutungshauptwellen entsprechend Bild 1.5.19a nahezu das Doppelte der Einzelamplituden, d. h. der Gruppenfaktor beträgt ungefähr Eins. Mit wachsender Ordnungszahl ν' wird die relative Verschiebung $\nu'\alpha'_\mathrm{n}$ zwischen den zu überlagernden Harmonischen zweier nebeneinander liegender Spulen größer. Die Folge davon ist, dass die resultierende Amplitude und damit der Gruppenfaktor zunächst kleiner werden (s. Bild 1.5.19b), um von einer bestimmten Ordnungszahl an wieder anzusteigen (s. Bild 1.5.19c). Schließlich gibt es Ordnungszahlen, für die $\nu'\alpha'_n$ in der Nähe von 2π oder einem Vielfachen davon liegt. Die entsprechenden Durchflutungswellen sind also ungefähr oder genau um eine volle Wellenlänge gegeneinander versetzt. Die resultierende Amplitude wird wieder nahezu oder genau gleich dem Doppelten der Einzelamplitude; der Gruppenfaktor hat einen Wert von fast Eins. Derartige Durchflutungsharmonische sind also besonders stark ausgebildet; sie werden als *Nutharmonische* bezeichnet. Für den hier betrachteten Fall der Ganzlochwicklung mit einer ganzen Lochzahl $q = N/(2pm)$ entfällt auf die Polteilung eine ganze Anzahl von Nuten und damit auf das Polpaar eine gerade Anzahl von N/p Nuten. Damit ist $2\pi/(p\alpha'_n) = N/p \in \mathbb{G}$. Zwei nebeneinander liegende Einzelspulen müssen also entsprechend Bild 1.5.19d Paare von Durchflutungsharmonischen mit aufeinander folgenden ungeraden Werten der bezogenen – d. h. auf die Ordnungszahl der Hauptwelle bezogenen – Ordnungszahl $\nu = \nu'/p$ haben, die jeweils um $|p\alpha'_n|$ gegeneinander verschoben sind. Es besteht also für diese Oberwellen die gleiche Verschiebung wie für die Hauptwelle (vgl. Bild 1.5.19a). Dann muss auch der Betrag ihres Gruppenfaktors gleich dem der Hauptwelle sein. Die Ordnungszahlen der Nutharmonischen ν'_{NH} bestimmen sich entsprechend Bild 1.5.19d aus der Bedingung $\nu'_{\text{NH}}\alpha'_n = g2\pi \pm p\alpha'_n$ mit $g \in \mathbb{N}$. Daraus folgt

$$\boxed{\nu'_{\text{NH}} = g\frac{2\pi}{\alpha'_n} \pm p = gN \pm p}, \tag{1.5.49}$$

wobei das Wertepaar für $g = 1$ als Nutharmonische erster Ordnung und das für $g = 2$ als Nutharmonische zweiter Ordnung usw. bezeichnet wird. Man beachte, dass die Ordnungszahlen der Nutharmonischen nach (1.5.49) identisch mit den Ordnungszahlen der Nutungsharmonischen nach (1.5.130), Seite 133, sind, die in der Induktionsverteilung unter dem Einfluss der Nutöffnungen auftreten. Setzt man (1.5.49) in die Beziehung (1.5.48a) für den Gruppenfaktor ein, so erhält man

$$|\xi_{\text{gr,NH}}| = \left|\frac{\sin pQ\frac{\alpha'_n}{2}}{Q\sin p\frac{\alpha'_n}{2}}\right| = \left|\frac{\sin pQ\frac{\pi}{N}}{Q\sin p\frac{\pi}{N}}\right| = |\xi_{\text{gr,p}}|. \tag{1.5.50}$$

Das Ergebnis der oben angestellten Überlegungen wird also formal bestätigt. Der Betrag des Gruppenfaktors einer Nutharmonischen ist gleich dem der Hauptwelle. Man könnte versucht sein, die Nutharmonischen durch eine zweckmäßige Sehnung verkleinern zu wollen. Derartig geringe Sehnungen lassen sich jedoch nicht ausführen, da der Wicklungsschritt eine ganze Zahl bleiben muss. Außerdem erhält man durch Einführen von (1.5.49) in den Spulenfaktor nach (1.5.37a) mit $y_\varnothing = N/2p$

$$|\xi_{\text{sp,NH}}| = \left|\sin \frac{\nu'_{\text{NH}}}{p}\frac{y}{y_\varnothing}\frac{\pi}{2}\right| = \left|\sin\left(\frac{\nu'_{\text{NH}}}{p}\frac{y}{y_\varnothing}\frac{\pi}{2} + gy\pi\right)\right| = |\xi_{\text{sp,p}}|.$$

Der Betrag des Spulenfaktors einer Nutharmonischen ist also unabhängig davon, was für eine Sehnung vorgenommen wird, gleich dem der Hauptwelle. Die einzige Möglichkeit, die Nutharmonischen klein zu halten, besteht darin, ihre Ordnungszahl durch große Werte von N/p hoch zu legen. Die entsprechenden Harmonischen erscheinen dann schon im Spektrum der Einzelspule mit kleiner Amplitude.

1.5.5.5 Durchflutungsverteilung eines Wicklungsstrangs
a) Einschicht-Ganzlochwicklung

Die vollständig bewickelte Einschicht-Ganzlochwicklung besitzt je Strang und Polpaar eine Gruppe von $q = N/(2pm)$ ungesehnten Spulen (s. Abschn. 1.4.1.2, S. 64). Die ν. Durchflutungsharmonische $\Theta_{\text{str},\nu'}$ eines Strangs dieser Wicklung folgt also unmittelbar aus der eines Satzes von p gleichmäßig verteilten Spulengruppen. Dabei ist im einfachsten Fall der Hintereinanderschaltung aller Spulengruppen

$$w_{\text{sp}}Q = w_{\text{sp}}q = \frac{w}{p} \tag{1.5.51}$$

mit der hintereinandergeschalteten Gesamtwindungszahl w des Strangs, der sog. *Strangwindungszahl* oder *spannungshaltenden Windungszahl*. Der Spulenstrom $i_{\text{sp}} = i$ entspricht dann dem Strangstrom. Mit $\xi_{\text{sp},\nu'} = \sin \nu'\pi/(2p)$ entsprechend (1.5.37a) mit $y = y_\emptyset$ erhält man aus (1.5.47)

$$\Theta_{\text{str},\nu'}(\gamma') = \frac{4}{\pi} \frac{w}{2p} \frac{p}{\nu'} \sin \frac{\nu'}{p} \frac{\pi}{2} \xi_{\text{gr},\nu'} i \cos \nu'(\gamma' - \gamma'_{\text{str}}) \,, \tag{1.5.52}$$

wobei $\gamma'_{\text{str}} = \gamma'_{\text{gr}}$ die Koordinate der Achse des Strangs bezeichnet. Wenn parallele Zweige ausgeführt sind und die vollständige Schaltung der Wicklung sicherstellt, dass alle Zweigströme und damit alle Spulenströme eines Strangs gleich sind, erhält man als Beziehung zwischen der Windungszahl $w_{\text{sp}}Q = w_{\text{sp}}q$ einer Spulengruppe und der hintereinandergeschalteten Gesamtwindungszahl w eines Strangs, die gleichzeitig die hintereinandergeschaltete Gesamtwindungszahl eines der parallelen Zweige ist,

$$w_{\text{sp}}Q = w_{\text{sp}}q = \frac{a}{p}w \,, \tag{1.5.53}$$

und zwischen dem Spulenstrom i_{sp} und dem Strangstrom i besteht die Beziehung

$$i_{\text{sp}} = \frac{i}{a} \,. \tag{1.5.54}$$

Mit (1.5.53) und (1.5.54) folgt aus (1.5.47) wiederum (1.5.52). Diese Beziehung lässt sich auf die allgemeine Form für die Durchflutungsharmonische mit der Ordnungszahl ν' eines Wicklungsstrangs einer Ganzlochwicklung

$$\boxed{\Theta_{\text{str},\nu'} = \frac{4}{\pi} \frac{w\xi_{\nu'}}{2p} \frac{p}{\nu'} i \cos \nu'(\gamma' - \gamma'_{\text{str}})} \tag{1.5.55}$$

bringen, wobei der *Wicklungsfaktor* $\xi_{\nu'}$ eingeführt wurde und w die hintereinandergeschaltete Windungszahl jedes der ausgeführten parallelen Zweige ist. Der Wicklungsfaktor ist im vorliegenden Fall der vollständig bewickelten Einschicht-Ganzlochwicklung mit (1.5.48a) und $q = Q$ gegeben durch

$$\boxed{\xi_{\nu'} = \sin\frac{\nu'}{p}\frac{\pi}{2}\frac{\sin\nu' q \frac{\pi}{N}}{q\sin\nu'\frac{\pi}{N}} \quad \text{mit} \quad \frac{\nu'}{p} \in \mathbb{U}}. \tag{1.5.56}$$

Der Faktor $\sin\nu'\pi/(2p)$ sorgt dafür, dass keine Oberwellen mit $\nu'/p \in \mathbb{G}$ auftreten. Gegenüber dem Spektrum eines Satzes von p gleichmäßig verteilten ungesehnten Einzelspulen (s. Bild 1.5.17) sind die Harmonischen nach Maßgabe des Gruppenfaktors geschwächt. Alle Harmonischen sind symmetrisch zur Lage γ'_{str} der Strangachse. Der Wicklungsfaktor regelt zusammen mit dem Augenblickswert des Stroms das Vorzeichen des Extremwerts der Durchflutungsharmonischen an der Stelle γ'_{str}. Er ist also als vorzeichenbehaftete Größe eingeführt worden und ergibt sich auch so aus (1.5.56).

Die Bilder 1.5.20a und b zeigen die Spektren der Wicklungsfaktoren und der auf die Amplitude $\Theta_{\text{str,p}}$ der Durchflutungshauptwelle bezogenen Durchflutungsharmonischen für zwei dreisträngige Wicklungen mit einer Zonenbreite von $\alpha'_{\text{ze}} = 60°/p$ und Lochzahlen $q = 2$ bzw. $q = 4$. Für $q = 2$ wird $N/p = 2qm = 12$, und man erhält die Ordnungszahlen der Nutharmonischen erster Ordnung nach (1.5.49) zu $\nu'_{\text{NH}} = 11p$, $13p$ und die zweiter Ordnung zu $\nu'_{\text{NH}} = 23p, 25p$. Für $q = 4$ ist $N/p = 24$, und (1.5.49) liefert für die Ordnungszahlen der Nutharmonischen erster Ordnung $\nu'_{\text{NH}} = 23p, 25p$. Die Nutharmonischen sind im Spektrum der Wicklungsfaktoren deutlich zu erkennen, da $|\xi_{\text{NH}}| = |\xi_p|$ ist. Im Spektrum der normierten Durchflutungsharmonischen $|\hat{\Theta}_{\text{str},\nu'}/\hat{\Theta}_{\text{str,p}}|$ erscheinen die Nutharmonischen in der gleichen Größe wie bei einer ungesehnten Einzelspule.

b) Zweischicht-Ganzlochwicklung

Die vollständig bewickelte Zweischicht-Ganzlochwicklung mit einfacher Zonenbreite besitzt je Polpaar zwei gleichartige Spulengruppen mit $Q = q = N/(2pm)$ Spulen, deren Achsen um eine Polteilung gegeneinander versetzt sind und die ungleichsinnig durchlaufen werden (s. Abschn. 1.4.1.2, S. 64, u. Bilder 1.4.3 u. 1.4.5). Die Einzelspulen sind im allgemeinen Fall gesehnt. Die Durchflutungsharmonischen der beiden Gruppen erhält man mit Bild 1.5.21 unmittelbar aus (1.5.47) mit $w_{\text{sp}}Q = w/(2p)$, d. h. bei Hintereinanderschaltung aller Spulengruppen, zu

$$\Theta_{\text{I},\nu'}(\gamma') = \frac{4}{\pi}\frac{w}{4p}\xi_{\text{sp},\nu'}\xi_{\text{gr},\nu'}\frac{p}{\nu'}i\cos\nu'(\gamma' - \gamma'_{\text{str}})$$

$$\Theta_{\text{II},\nu'}(\gamma') = -\frac{4}{\pi}\frac{w}{4p}\xi_{\text{sp},\nu'}\xi_{\text{gr},\nu'}\frac{p}{\nu'}i\cos\nu'\left(\gamma' - \gamma'_{\text{str}} - \frac{\pi}{p}\right).$$

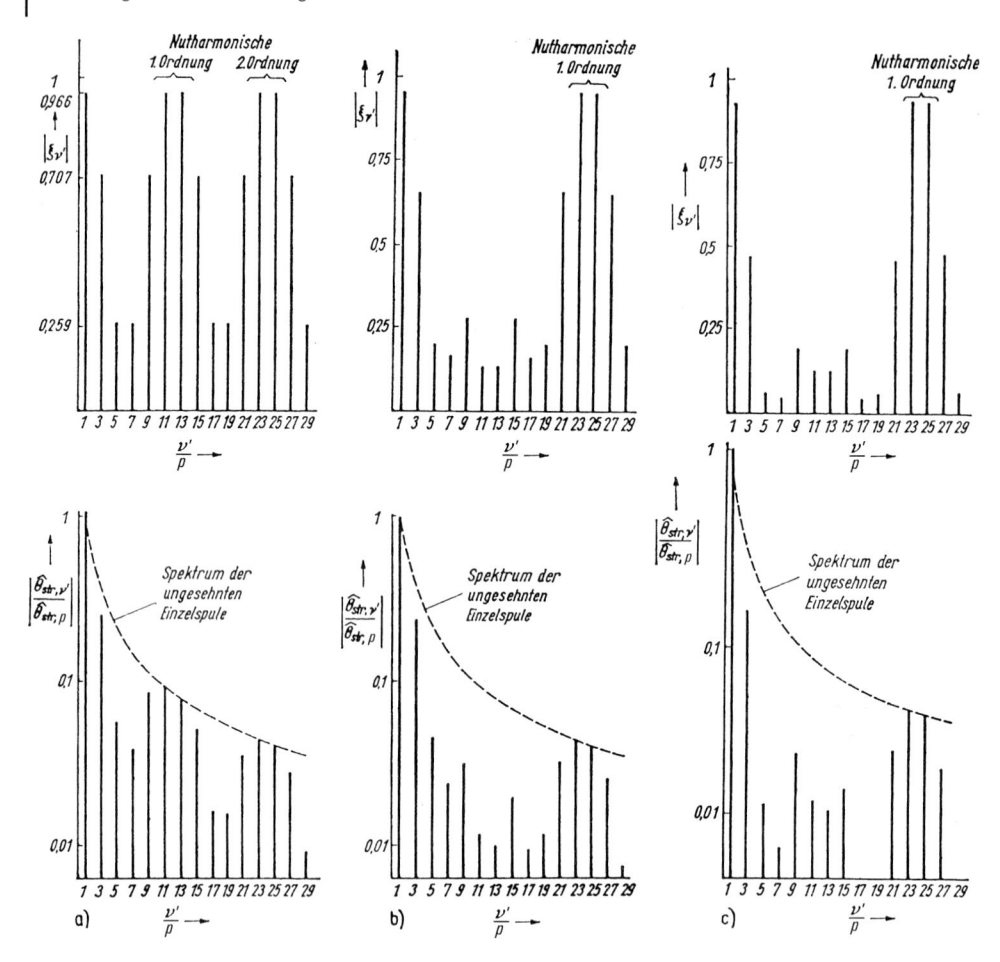

Bild 1.5.20 Spektren der Wicklungsfaktoren und der Durchflutungsharmonischen eines Strangs vollständig bewickelter Ganzlochwicklungen für $m = 3$ (logarithmische Darstellung).
a) Einschichtwicklung mit $q = 2$;
b) Einschichtwicklung mit $q = 4$;
c) Zweischichtwicklung mit $q = 4$ und $y_v = 2$

Dabei wurde als Wicklungsachse des Strangs die Achse der positiv durchlaufenen Gruppe verwendet. Die resultierende Durchflutungsharmonische des Strangs erhält man über $\Theta_{\text{str},\nu'} = \Theta_{\text{I},\nu'} + \Theta_{\text{II},\nu'}$ mit den entsprechenden trigonometrischen Umformungen nach Anhang IV sowie unter Beachtung von $\sin \pi\nu'/p = 0$ für $\nu'/p \in \mathbb{N}$ zu

$$\Theta_{\text{str},\nu'}(\gamma') = \frac{4}{\pi} \frac{w}{2p} \xi_{\text{sp},\nu'} \xi_{\text{gr},\nu'} \sin^2 \left(\frac{\nu'}{p} \frac{\pi}{2} \right) i \cos \nu'(\gamma' - \gamma'_{\text{str}}) . \qquad (1.5.57)$$

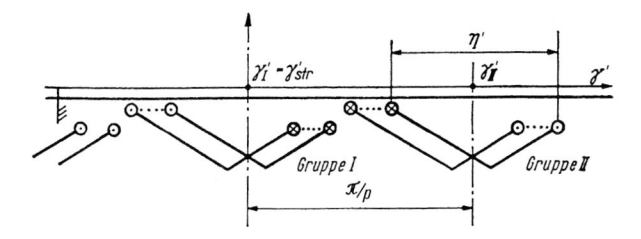

Bild 1.5.21 Schematische Darstellung der beiden Spulengruppen I und II einer Zweischicht-Ganzlochwicklung mit einfacher Zonenbreite und gesehnten Spulen

Aus dem Vergleich mit der allgemeinen Form für die Durchflutungsharmonische ν' nach (1.5.55) folgt für den Wicklungsfaktor der vollständig bewickelten Zweischicht-Ganzlochwicklung mit einfacher Zonenbreite

$$\xi_{\nu'} = \xi_{\text{sp},\nu'}\xi_{\text{gr},\nu'} \sin^2 \frac{\nu'}{p}\frac{\pi}{2}, \qquad (1.5.58\text{a})$$

wobei für den Spulenfaktor (1.5.37a) gilt. Der Faktor $\sin^2 \nu'\pi/(2p)$ bringt zum Ausdruck, dass trotz der Sehnung keine Harmonischen mit $\nu'/p \in \mathbb{G}$ auftreten, so dass (1.5.58a) als

$$\boxed{\xi_{\nu'} = \xi_{\text{sp},\nu'}\xi_{\text{gr},\nu'} \text{ für } \frac{\nu'}{p} \in \mathbb{U}} \qquad (1.5.58\text{b})$$

geschrieben werden kann. Das Spektrum enthält die ungeradzahligen Vielfachen von p, die im Vergleich zur Einschicht-Ganzlochwicklung durch eine zweckmäßige Sehnung verkleinert werden können (s. Abschn. 1.5.5.2).

Wenn parallele Zweige ausgeführt sind, gelten wiederum die Überlegungen, die im Zusammenhang mit der Formulierung der allgemeinen Form für die Durchflutungsharmonische mit der Ordnungszahl ν' eines Strangs einer Ganzlochwicklung als (1.5.55) angestellt wurden. Demnach bleibt die Beziehung erhalten, wenn w die hintereinandergeschaltete Gesamtwindungszahl jedes der parallelen Zweige und damit auch des Strangs darstellt und i der Strangstrom ist, d. h. die Summe der a gleichen Zweigströme.

Auch im Fall der Zweischicht-Ganzlochwicklung sind alle Harmonischen symmetrisch zur Lage γ'_{str} der Strangachse, und der vorzeichenbehaftete Wicklungsfaktor regelt das Vorzeichen des Extremwerts der Durchflutung an der Stelle γ'_{str}. Bei unsymmetrischen Wicklungen wird sich der Wicklungsfaktor nicht mehr sinnvoll vorzeichenbehaftet einführen lassen, da die Extremwerte der einzelnen Durchflutungsharmonischen nicht mehr notwendig an derselben Stelle liegen.

Im Bild 1.5.20c sind die Spektren der Wicklungsfaktoren und der bezogenen Durchflutungsharmonischen einer dreisträngigen Wicklung mit $p = 4$ bei Sehnung um 2 Nutteilungen dargestellt. Statt $y_\varnothing = N/(2p) = qm = 12$ ist also $y = 10$ ausgeführt worden. Der Vergleich mit den Spektren der zugeordneten Einschichtwicklung nach Bild 1.5.20b zeigt, dass die Wicklungsfaktoren und damit die Durchflutungsharmonischen durch die Sehnung i. Allg. verkleinert werden. Das gilt besonders für die

Oberwellen 5p und 7p, denn eine Sehnung um $y_v = y_\varnothing/6$ liegt in der Nähe der Werte $y_v = y_\varnothing/5$ bzw. $y_v = y_\varnothing/7$, bei denen die Oberwellen 5p bzw. 7p vollständig zum Verschwinden gebracht würden. Unbeeinflusst von der Sehnung bleiben wiederum die Nutharmonischen.

c) Bruchlochwicklungen und unsymmetrische Wicklungen

Im allgemeinen Fall, der Bruchlochwicklungen, unvollständig bewickelte Wicklungen sowie solche mit anderen Symmetriestörungen einschließt, wiederholt sich der Aufbau des Wicklungsstrangs erst nach mehreren Polpaaren oder gar erst nach einem vollständigen Umlauf, d. h. nach p Polpaaren. Es ist dann erforderlich, ein Bezugspolpaar festzulegen, in dem der Ursprung des Koordinatensystems γ' liegt (s. Bild 1.5.1, S. 78). Der Strang soll nach wie vor w hintereinandergeschaltete Windungen besitzen. Wenn man sich diese gleichmäßig auf p am Umfang verteilte ungesehnte Einzelspulen verteilt denkt, erhält man für die Amplitude der Durchflutungsharmonischen mit der Ordnungszahl ν' einen Wert von

$$\hat{\Theta}_{\text{str},\nu'} = \frac{4}{\pi} \frac{w}{2} \frac{1}{\nu'} i \ .$$

Die tatsächliche Durchflutungsamplitude $\hat{\Theta}_{\text{str},\nu'}$ weicht davon durch folgende Einflüsse ab:

– Verteilung der w Windungen auf mehr oder auch weniger als p Einzelspulen,
– unterschiedliche Sehnung der Spulen,
– unterschiedliche Anzahl von Spulen innerhalb der einzelnen Polpaare,
– unterschiedliche Lage der Spulen eines Strangs innerhalb der einzelnen Polpaare,
– unterschiedliche Windungszahlen der Spulen.

Es soll zunächst ein allgemeiner Zweig eines Strangs betrachtet werden. Er besteht aus der Hintereinanderschaltung von n_{zw} beliebig verteilten Spulen ρ mit beliebiger Spulenweite und damit für die einzelnen Harmonischen beliebigen Spulenfaktoren nach (1.5.37a), aber gleichem Strom i_{sp}. Man erhält für die Durchflutungsharmonische mit der Ordnungszahl ν' in der komplexen Darstellung nach (1.5.16a), Seite 82, in Analogie zur Entstehung von (1.5.39)

$$\Theta_{\text{zw},\nu'}(\gamma') = \frac{4}{\pi} \frac{1}{2} \frac{1}{\nu'} i_{\text{sp}} \text{Re}\left\{\underbrace{\sum_{\rho=1}^{n_{\text{zw}}} w_{\text{sp}\rho} \xi_{\text{sp}\rho,\nu'} e^{j\nu'\gamma'_{\text{sp}\rho}}}_{\vec{A}_{\text{zw}\nu'}} e^{-j\nu'\gamma'}\right\} \ . \qquad (1.5.59)$$

Die Summe $\vec{A}_{\text{zw}\nu'}$ lässt sich unter Einführung eines Wicklungsfaktors in einer allgemeinen Definition, d. h. in einer weitergehenden Verallgemeinerung als bereits in (1.5.55) geschehen und insbesondere dadurch gekennzeichnet, dass er generell als positiv eingeführt wird und damit die Lage der Durchflutungswelle durch den Winkel der Hilfsgröße $\vec{A}_{\text{zw}\nu'}$ festgelegt wird, mit der hintereinandergeschalteten Windungszahl des Zweigs

$$w_{\text{zw}} = \sum_{\rho=1}^{n_{\text{zw}}} w_{\text{sp}\rho} \tag{1.5.60}$$

darstellen als

$$\vec{A}_{\text{zw}\nu'} = A_{\text{zw}\nu'} e^{j\varphi_{A\text{zw}\nu'}} = \sum_{\rho=1}^{n_{\text{zw}}} w_{\text{sp}\rho} \xi_{\text{sp}\rho,\nu'} e^{j\nu'\gamma'_{\text{sp}\rho}} = w_{\text{zw}} \xi_{\text{zw},\nu'} e^{j\nu'\gamma'_{\text{zw},\nu'}} \tag{1.5.61}$$

mit $\gamma'_{\text{zw},\nu'} = \varphi_{A\text{zw}\nu'}/\nu'$. Damit erhält man für die Durchflutungsharmonische mit der Ordnungszahl ν' des Zweigs

$$\Theta_{\text{zw},\nu'}(\gamma') = \frac{4}{\pi} \frac{w_{\text{zw}} \xi_{\text{zw},\nu'}}{2} \frac{1}{\nu'} i_{\text{sp}} \cos\nu' \left(\gamma' - \gamma'_{\text{zw},\nu'} \right) . \tag{1.5.62}$$

Wenn parallele Zweige ausgeführt werden, muss durch den Gesamtaufbau der Wicklung gesichert sein, dass alle Zweige den gleichen Aufbau aufweisen und die Zweigströme eines Strangs untereinander gleich sind. Dann liefert jeder der a Zweige einen Beitrag entsprechend (1.5.62) zur Durchflutungsharmonischen des Strangs, und der Strom in den einzelnen Zweigen bzw. deren Spulen steht zum Strangstrom i in der Beziehung

$$i_{\text{zw}} = i_{\text{sp}} = \frac{i}{a} . \tag{1.5.63}$$

Damit erhält man für die Durchflutungsharmonischen des Strangs

$$\Theta_{\text{str},\nu'}(\gamma') = \frac{4}{\pi} \frac{w \xi_{\nu'}}{2} \frac{1}{\nu'} i \cos\nu' \left(\gamma' - \gamma'_{\text{str},\nu'} \right) \tag{1.5.64}$$

mit der hintereinandergeschalteten Gesamtwindungszahl $w = w_{\text{zw}}$ des Strangs, dem Wicklungsfaktor $\xi_{\nu'} = \xi_{\text{zw},\nu'}$ und $\gamma'_{\text{str},\nu'} = \gamma'_{\text{zw},\nu'}$.

In dem Sonderfall, dass keine parallelen Zweige vorhanden sind, ergibt sich die Durchflutungsharmonische des Strangs nach (1.5.64) mit $i_{\text{sp}} = i$ unmittelbar ausgehend von (1.5.59) mit $w_{\text{zw}} = w$ in (1.5.60) und mit

$$\vec{A}_{\text{str}\nu'} = \sum_{\rho=1}^{n_{\text{zw}}} w_{\text{sp}\rho} \xi_{\text{sp}\rho,\nu'} e^{j\nu'\gamma'_{\text{sp}\rho}} = w\xi_{\nu'} e^{j\nu'\gamma'_{\text{str},\nu'}} . \tag{1.5.65}$$

Bei Bruchlochwicklungen ist die Wicklungsachse des Strangs für alle Harmonischen gleich, so dass das Vorzeichen von $\xi_{\nu'}$ dann wie bei Ganzlochwicklungen davon abhängt, welche der möglichen Koordinaten $\gamma'_{\text{str},\nu'}$ zur Beschreibung der Durchflutungsharmonischen verwendet wurde.

Dagegen ergibt sich bei unsymmetrischen Wicklungen im Gegensatz zu (1.5.55) aufgrund der fehlenden Symmetrie des Aufbaus für jede Harmonische eine andere Lage $\gamma'_{\text{str},\nu'}$ der Wicklungsachse des Strangs, die gleichzeitig die Lage des Durchflutungsmaximums innerhalb des Bezugspolpaars bestimmt. Sie ergibt sich als Winkel der komplexen Hilfsgröße $\vec{A}_{\mathrm{str}\nu'}$. Der Wicklungsfaktor ist dann automatisch eine positive Größe. Zumindest ist es wenig sinnvoll, ihm negative Werte und eine entsprechend modifizierte Lage der Amplitude der Durchflutungsharmonischen zuzuordnen.

Der vorzeichenfreie Wicklungsfaktor $\xi_{\nu'}$ einer Durchflutungsharmonischen und die Lage γ'_{str} ihrer Amplitude können über die harmonische Analyse der Durchflutungsverteilung z. B. auf dem hier dargelegten Weg über die komplexen Hilfsgrößen $\vec{A}_{\mathrm{zw}\nu'}$ nach (1.5.61) bzw. $\vec{A}_{\mathrm{str}\nu'}$ nach (1.5.65) gewonnen werden. Es ist jedoch üblich, zur Ermittlung des vorzeichenfreien Wicklungsfaktors eine Methode anzuwenden, die nicht vom Feldaufbau durch einen Wicklungsstrang, sondern von der Wirkung einer Drehwelle der Induktion auf den Strang in Form der Spannungsinduktion ausgeht und wobei – wie im Abschnitt 1.6 zu zeigen ist – wiederum der vorzeichenfreie Wicklungsfaktor in Erscheinung tritt. Auf diesen Weg wird ausführlich im Abschnitt 1.2.3 des Bands *Berechnung elektrischer Maschinen* eingegangen.

Meist interessieren nur die bezüglich der Hauptwelle vorhandenen Oberwellen. In diesem Fall geht (1.5.64), dargestellt im bezogenen Koordinatensystem γ, über in

$$\boxed{\Theta_{\mathrm{str},\nu}(\gamma) = \frac{4}{\pi}\frac{w\xi_{\nu'}}{2p}\frac{1}{\nu}i\cos\nu(\gamma - \gamma_{\mathrm{str},\nu})} \quad . \tag{1.5.66}$$

Dabei lässt sich der Wicklungsfaktor $\xi_{\nu'}$, jedenfalls solange ein gewisser Grad der Symmetrie des Wicklungsaufbaus erhalten ist, ähnlich wie bei Ganzlochwicklungen durch Einzelfaktoren ausdrücken. Solange die Wicklung aus Spulen gleicher Weite besteht, ist einer dieser Faktoren der Spulenfaktor nach (1.5.37a).

1.5.5.6 Durchflutungsverteilung einer symmetrisch gespeisten mehrsträngigen Wicklung

Bei einer mehrsträngigen Wicklung beeinflussen sich die von den einzelnen Strängen erzeugten Durchflutungsverteilungen abhängig von der Art der Speisung. Vor dem Hintergrund der Erzielung eines maximalen Drehmoments bei minimalen parasitären Erscheinungen wird man i. Allg. bestrebt sein, eine mehrsträngige Wicklung symmetrisch zu speisen. Darunter versteht man, dass die m Stränge mit Strömen gleicher Amplitude gespeist werden, die entsprechend dem räumlichen Versatz der Strangachsen im Koordinatensystem γ zeitlich gegeneinander phasenverschoben sind. Diese Versatzwinkel und Phasenverschiebungen werden im Band *Berechnung elektrischer Maschinen*, Abschnitt 1.2.1.1, entwickelt und sind im Bild 1.5.22 für die Strangzahlen $m = 2$ bis 6 dargestellt.

Im üblichen Fall einer aus einem symmetrischen Dreiphasennetz gespeisten dreisträngigen Ganzlochwicklung beträgt der räumliche Versatz der Strangachsen jeweils zwei Drittel einer Polteilung, d. h. die Strangachsen des Ständers liegen bei

$$\gamma'_{\mathrm{str}\,a} = 0 \;,\;\; \gamma'_{\mathrm{str}\,b} = \frac{2\pi}{3p} \;,\;\; \gamma'_{\mathrm{str}\,c} = \frac{4\pi}{3p} \tag{1.5.67a}$$

bzw.

$$\gamma_{\mathrm{str}\,a} = 0 \;,\;\; \gamma_{\mathrm{str}\,b} = \frac{2\pi}{3} \;,\;\; \gamma_{\mathrm{str}\,c} = \frac{4\pi}{3} \;, \tag{1.5.67b}$$

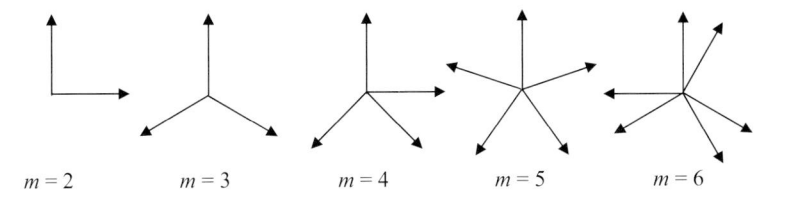

Bild 1.5.22 Mehrphasensysteme zur symmetrischen Speisung mehrsträngiger Wicklungen

und die drei Ständerströme bilden im Sonderfall des stationären Betriebs ein symmetrisches Dreiphasensystem mit positiver Phasenfolge und der Kreisfrequenz ω entsprechend

$$i_a = \hat{i} \cos(\omega t + \varphi_i) \tag{1.5.68a}$$
$$i_b = \hat{i} \cos(\omega t + \varphi_i - 2\pi/3) \tag{1.5.68b}$$
$$i_c = \hat{i} \cos(\omega t + \varphi_i - 4\pi/3) \ . \tag{1.5.68c}$$

Die Durchflutungswelle mit der Ordnungszahl ν' erhält man durch Überlagerung der Durchflutungswellen der drei Stränge ausgehend von (1.5.55) mit (1.5.68a,b,c) und (1.5.67a) sowie unter Anwendung der trigonometrischen Umformung nach Anhang IV zu

$$\begin{aligned}
\Theta_{\nu'}(\gamma', t) \\
= \frac{1}{2}\frac{4}{\pi}\frac{w\xi_{\nu'}}{2\nu'}\hat{i} &\left\{ \begin{array}{l} \cos[\nu'\gamma' + \omega t + \varphi_i] + \cos\left[\nu'\gamma' + \omega t + \varphi_i - \left(\frac{\nu'}{p}+1\right)\frac{2\pi}{3}\right] \\ + \cos\left[\nu'\gamma' + \omega t + \varphi_i - \left(\frac{\nu'}{p}+1\right)\frac{4\pi}{3}\right] \end{array} \right\} \\
+ \frac{1}{2}\frac{4}{\pi}\frac{w\xi_{\nu'}}{2\nu'}\hat{i} &\left\{ \begin{array}{l} \cos[\nu'\gamma' - \omega t - \varphi_i] + \cos\left[\nu'\gamma' - \omega t - \varphi_i - \left(\frac{\nu'}{p}-1\right)\frac{2\pi}{3}\right] \\ + \cos\left[\nu'\gamma' - \omega t - \varphi_i - \left(\frac{\nu'}{p}-1\right)\frac{4\pi}{3}\right] \end{array} \right\} .
\end{aligned}$$
$$\tag{1.5.69}$$

Dabei stellt der erste Anteil die Summe von drei negativ umlaufenden und der zweite die von drei positiv umlaufenden Durchflutungswellen dar. Diese Summen sind i. Allg. Null, da sie von drei Sinusgrößen gebildet werden, die um ein Vielfaches von $2\pi/3$ gegeneinander verschoben sind. Lediglich dann, wenn dieses Vielfache von $2\pi/3$ gerade auf ein Vielfaches von 2π führt, sind die drei Sinusgrößen phasengleich, so dass sie sich zu einer Sinusgröße mit der dreifachen Amplitude überlagern. Dementsprechend erhält man nach (1.5.69) eine positiv umlaufende Welle, wenn $(\nu'/p - 1)/3$ eine ganze

Zahl ist, während sich eine negativ umlaufende Welle bei einem ganzzahligen Wert von $(\nu'/p + 1)/3$ ergibt. Beide Fälle lassen sich auf die gemeinsame Darstellungsform

$$\Theta_{\nu'}(\gamma', t) = \frac{3}{2} \frac{4}{\pi} \frac{w\xi_{\nu'}}{2\nu'} \hat{i} \cos(\tilde{\nu}'\gamma' - \omega t - \varphi_i) \tag{1.5.70}$$

mit $$\tilde{\nu}' = p(1 + 3g) \quad \text{und} \quad g \in \mathbb{Z} \tag{1.5.71}$$

bringen. Im allgemeinen Fall einer m-strängigen Wicklung addieren sich m Drehwellen der einzelnen Stränge zur resultierenden Durchflutungswelle, und (1.5.70) wird zu

$$\Theta_{\nu'}(\gamma', t) = \frac{m}{2} \frac{4}{\pi} \frac{w\xi_{\nu'}}{2\nu'} \hat{i} \cos(\tilde{\nu}'\gamma' - \omega t - \varphi_i) = \hat{\Theta}_p \frac{\xi_{\nu'}}{\xi_p} \frac{p}{\nu'} \cos(\tilde{\nu}'\gamma' - \omega t - \varphi_i) \tag{1.5.72}$$

mit $$\hat{\Theta}_p = \frac{m}{2} \frac{4}{\pi} \frac{w\xi_p}{2p} \hat{i} . \tag{1.5.73}$$

Dabei ist $\hat{\Theta}_p$ die Durchflutungsamplitude der Hauptwelle mit $\nu' = p$.

Im Spektrum der Durchflutungswellen nach (1.5.71) löschen sich Wellen mit den Ordnungszahlen $\nu' = 3gp$ aus, und Wellen mit gerader Ordnungszahl $\nu'/p \in \mathbb{G}$ treten im Normalfall von Ganzlochwicklungen mit einfacher Zonenbreite nicht auf, da ihr Wicklungsfaktor entsprechend (1.5.56) bzw. (1.5.58b) verschwindet. Für die Feldwellenparameter $\tilde{\nu}'$ des Spektrums der Durchflutungswellen erhält man dann

$$\tilde{\nu}' = p(1 + 2mg) \quad \text{mit } g \in \mathbb{Z} , \tag{1.5.74a}$$

wobei die Strangzahl m mindestens einen ungeradzahligen Teiler enthalten muss. Von den Fällen ohne ungeradzahligen Teiler der Strangzahl interessieren nur zweisträngige Wicklungen mit einfacher Zonenbreite, für die

$$\tilde{\nu}' = p(1 + 4g) \quad \text{mit } g \in \mathbb{Z} \tag{1.5.74b}$$

gilt. Für Bruchlochwicklungen lässt sich (1.5.74a) nach *Kremser* [45] auf

$$\tilde{\nu}' = p\left(1 + \frac{2m}{n}g\right) \quad \text{mit } g \in \mathbb{Z} \tag{1.5.74c}$$

erweitern, wobei mit n der Nenner der Lochzahl q bezeichnet wird und m wiederum mindestens einen ungeradzahligen Teiler enthalten muss. Es muss betont werden, dass (1.5.74a) bzw. (1.5.74c) nur gelten, wenn die Stränge mit der normalen, d. h. der Abfolge der Stränge am Umfang entsprechenden Phasenfolge gespeist werden. Dies ist im stationären Betrieb für die Grundschwingung des Stroms immer gegeben, aber i. Allg. nicht für Oberschwingungen, wie sie z. B. bei Speisung aus einem Frequenzumrichter auftreten. Abhängig von deren Phasenfolge erzeugen Oberschwingungen also ein anderes Spektrum der Durchflutungswellen.

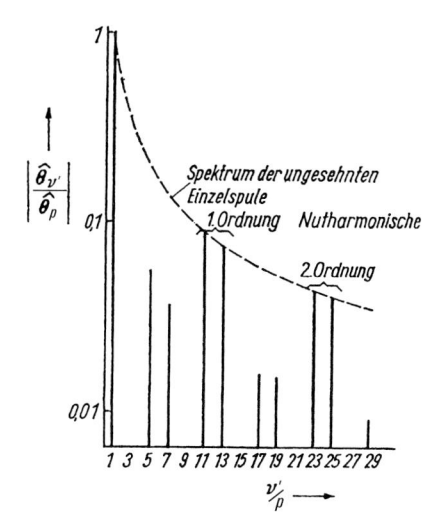

Bild 1.5.23 Spektrum der Durchflutungswellen einer dreisträngigen Einschichtwicklung mit $q = 2$ (vgl. Bild 1.5.20a)

Im Bild 1.5.23 ist das Spektrum der resultierenden Durchflutungsverteilung einer dreisträngigen Wicklung dargestellt, deren einzelne Stränge ein Spektrum nach Bild 1.5.20a liefern. Man erkennt, dass Wellen mit durch $3p$ teilbarer Ordnungszahl ν' verschwinden. Außerdem wird ein weiteres Mal die Sonderstellung der Nutharmonischen deutlich.

Die Winkelgeschwindigkeit einer Welle $\Theta_{\nu'}(\gamma', t)$ nach (1.5.72) beträgt (s. Abschn. 1.3.7, S. 55)

$$\frac{d\gamma'}{dt} = \frac{\omega}{\tilde{\nu}'}, \tag{1.5.75}$$

und damit gilt für ihre Drehzahl

$$n_{\nu'} = \frac{1}{2\pi}\frac{d\gamma'}{dt} = \frac{f}{\tilde{\nu}'} = \frac{pn_0}{\tilde{\nu}'} = \frac{n_0}{\tilde{\nu}}, \tag{1.5.76}$$

wobei $n_0 = f/p$ die Drehzahl der Hauptwelle ist. Negative Werte von $\tilde{\nu}'$ liefern Wellen, die in Richtung $\gamma' < 0$ – d. h. negativ – umlaufen, während positive Werte von $\tilde{\nu}'$ positiv umlaufende Wellen zur Folge haben.

Die Harmonische mit der Ordnungszahl ν' nach (1.5.74a,b,c) bewegt sich mit dem $\nu'/p = \nu$. Teil der Geschwindigkeit der Hauptwelle. An einer beliebigen Stelle γ' ändert sich ihre Durchflutung deshalb mit der gleichen Frequenz wie die der Hauptwelle. Damit rufen Oberwellenfelder der Ströme unter dem Einfluss des mittleren Luftspaltleitwerts Flussverkettungsanteile in den Strängen hervor, die die gleiche Frequenz wie die Ströme aufweisen. Das ist auch deshalb nicht anders zu erwarten, weil die betrachtete Anordnung ein lineares System darstellt.

1.5.5.7 Durchflutungsverteilung von Kommutatorwicklungen

Bei Kommutatorwicklungen von Gleichstrom- oder Einphasen-Wechselstrommaschinen interessiert vor allem die Durchflutungsverteilung des gesamten Kommutatorankers, der über im Abstand einer Polteilung angeordnete Bürsten eingespeist wird. Die Bürsten befinden sich in der sog. Durchmesserstellung. Bei Annahme praktisch ungesehnter Einzelspulen und eines fein verteilten Strombelags, d. h. von $N/p \to \infty$, sowie bei Vernachlässigung des Einflusses der gerade kommutierenden Spulen ist der Betrag des Strombelags in Umfangsrichtung konstant. Bei z_a Leitern am Umfang, die jeweils den Zweigstrom $i_\mathrm{zw} = i/(2a)$ führen, gilt für den Strombelag

$$A = \frac{z_\mathrm{a}}{\pi D} \frac{i}{2a} . \qquad (1.5.77)$$

Aus dieser rechteckförmigen Strombelagsverteilung resultiert nach (1.5.33a), Seite 92, eine Dreieckkurve als Durchflutungsverteilung, wie sie im Bild 1.5.24 dargestellt ist. Ihr Maximalwert folgt aus dem eingezeichneten Integrationsweg, der eine halbe Polteilung umfasst, zu

$$\Theta_\mathrm{max} = \frac{\tau_\mathrm{p}}{2}|A| = \frac{z_\mathrm{a}}{8pa}i , \qquad (1.5.78)$$

und ihre Hauptwelle ergibt sich zu

$$\boxed{\Theta_\mathrm{p}(\gamma') = \frac{1}{\pi^2} \frac{z_\mathrm{a}}{pa} i \cos\left(p\gamma' - p\gamma'_\mathrm{B} + \frac{\pi}{2}\right)} , \qquad (1.5.79)$$

wobei γ'_B die Lage der Achse eines Bürstenpaars bezeichnet.

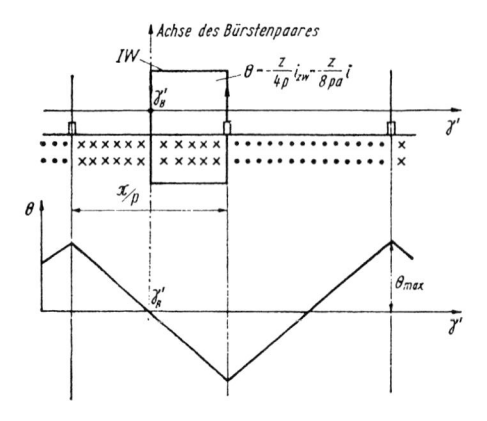

Bild 1.5.24 Stromverteilung und Durchflutungsverteilung des gesamten Kommutatorankers, der über zwei Durchmesserbürsten eingespeist wird.
IW Integrationsweg

1.5.5.8 Auftreten einer mittleren Stirnraumdurchflutung

Unter der Stirnraumdurchflutung $\Theta_\mathrm{st}(\gamma')$ versteht man die Durchflutung für einen Integrationsweg, der an der Stelle γ' nach außen durch den Luftspalt tritt und sich außerhalb der Wicklungsköpfe über Gehäuse, Lagerschilde und Welle oder durch Luft

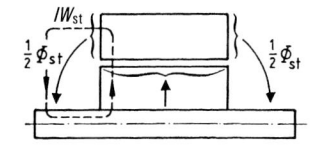

Bild 1.5.25 Feldwirbel im Stirnraum, die eine homopolare Komponente des Luftspaltfelds bilden und zum Teil als Wellenfluss über die Maschinenwelle verlaufen

vom Ständerrücken zum Läuferrücken schließt, so dass die Stirnraumdurchflutung auf diesem Weg einen Fluss

$$\Phi_{\mathrm{st}} = \frac{D}{2} l_\mathrm{i} \int_0^{2\pi} B(\gamma') \, \mathrm{d}\gamma' = D\pi l_\mathrm{i} B_\mathrm{m} \tag{1.5.80}$$

treiben kann (s. Bild 1.5.25).

Unter den Annahmen, dass die Summe der von außen in den Stirnkopfraum eintretenden Durchflutungen Null ist – was i. Allg. erfüllt ist, da die Zuleitungen der drei Stränge zum Wicklungskopf direkt nebeneinander liegen – und dass $\mu_\mathrm{Fe} \to \infty$ gilt, ist der magnetische Spannungsabfall $V_{\mathrm{st\,m}}$ zwischen dem Ständer- und dem Läuferrücken für diesen Integrationsweg unabhängig von dessen Lage im Koordinatensystem γ', da Ständer- und Läuferblechpaket dann magnetische Äquipotentialflächen darstellen (s. auch Abschn. 1.3.2, S. 44). Diese Aussage wird in Strenge nicht mehr gelten, wenn die Annahme $\mu_\mathrm{Fe} \to \infty$ für die Rückengebiete fallengelassen wird bzw. wenn die Blechpakete im Ständer durch Luftspalte in Umfangsrichtung unterbrochen sind, wie sie bei der Ausführung mit geteilten Ständerblechpaketen entstehen.

Für den Integrationsweg IW_st im Bild 1.5.25 liefert das Durchflutungsgesetz die Aussage

$$V_\delta(\gamma') + V_{\mathrm{st\,m}} = \Theta_\mathrm{st}(\gamma') \,. \tag{1.5.81}$$

Dabei kann die Durchflutung $\Theta_\mathrm{st}(\gamma')$ außer einem periodischen Anteil $\Theta_{\mathrm{st\,per}}(\gamma')$ auch einen Mittelwert $\Theta_{\mathrm{st\,m}}$ besitzen, der z. B. durch einen Ringstrom um die Maschinenachse hervorgerufen wird. Es ist also im allgemeinen Fall

$$\Theta_\mathrm{st}(\gamma') = \Theta_{\mathrm{st\,m}} + \Theta_{\mathrm{st\,per}}(\gamma') \,. \tag{1.5.82}$$

Der magnetische Spannungsabfall über dem Luftspalt besitzt im allgemeinen Fall herrührend von einer homopolaren Komponente des Luftspaltfelds ebenfalls einen konstanten Mittelwert $V_{\delta\,\mathrm{m}}$ und kann als

$$V_\delta(\gamma') = V_{\delta\,\mathrm{m}} + V_{\delta\,\mathrm{per}}(\gamma') \tag{1.5.83}$$

formuliert werden. Aus (1.5.81) bis (1.5.83) folgt als Beziehung zwischen den periodischen Anteilen

$$\boxed{V_{\delta\mathrm{per}}(\gamma') = \Theta_{\mathrm{st\,per}}(\gamma')} \tag{1.5.84}$$

und als Beziehung zwischen den Mittelwerten

$$\boxed{V_{\delta\,\mathrm{m}} + V_{\mathrm{st\,m}} = \Theta_{\mathrm{st\,m}} \,.} \tag{1.5.85}$$

Der magnetische Spannungsabfall über dem Luftspalt und damit auch das Luftspaltfeld lassen sich also direkt aus der Tangentialdurchflutung im Stirnraum ermitteln – ein Zusammenhang, der schon vor dem ersten Weltkrieg von *Görges* erkannt wurde.

Eine mittlere Stirnraumdurchflutung $\Theta_{\text{st m}}$ treibt, wie im Bild 1.5.25 dargestellt, einen Fluss Φ_{st}, dessen Größe vor allem durch den magnetischen Widerstand im Stirnraum begrenzt wird. Ursachen für das Auftreten einer mittleren Stirnraumdurchflutung können in der Führung der Zuleitungen zu den Wicklungssträngen und der Verbindungen zwischen den Spulengruppen gesucht werden. Um diese durchaus denkbaren Einflüsse zu erfassen, wäre es allerdings erforderlich gewesen, die beiden Stirnräume getrennt zu betrachten. Das ist nicht geschehen, da durch die Zuleitungen i. Allg. nur kleine Beiträge zur Stirnraumdurchflutung geliefert werden, wenn von Maschinen mit extrem kleinen Windungszahlen und einer großen Anzahl paralleler Zweige abgesehen wird. In solchen Fällen kann es jedoch durchaus erforderlich werden, den Einfluss der Führung der Zuleitungen und der Verbindungen zwischen den Spulengruppen auf die Stirnraumdurchflutung zu berücksichtigen. Beachtenswerte Beiträge zur mittleren Stirnraumdurchflutung können jedoch durch die Gestaltung der Wicklungsköpfe bzw. durch die Art der Bildung der Spulengruppen sowie die spezielle Art der Einspeisung einer Wicklung entstehen, wie im Folgenden zu zeigen ist. Dazu werden nachstehend wichtige Wicklungsarten bezüglich ihres Beitrags zur mittleren Stirnraumdurchflutung untersucht.

Ein *Wicklungsstrang einer Einschichtwicklung*, die nicht mit geteilten Spulengruppen ausgeführt ist, weist eine Anordnung der Wicklungsköpfe der Spulengruppen auf, die schematisch im Bild 1.5.26a für den Fall $q = 1$ dargestellt ist. Man erkennt im Bild 1.5.26b, dass $\Theta_{\text{st}}(\gamma')$ im Gebiet zwischen den Spulengruppen jeweils Null ist, im Bereich der Spulengruppen jedoch einen positiven Wert besitzt. Damit entsteht eine mittlere Stirnraumdurchflutung.

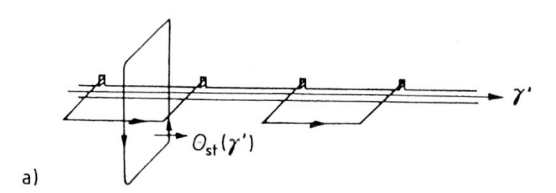

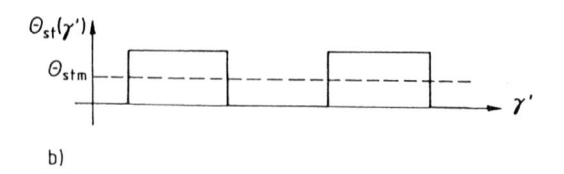

Bild 1.5.26 Ermittlung der Stirnraumdurchflutung für einen Strang einer Einschichtwicklung mit $q = 1$.
a) Anordnung der Wicklungsköpfe und Lage des Integrationswegs;
b) Verlauf der Stirnraumdurchflutung $\Theta_{\text{st}}(\gamma')$

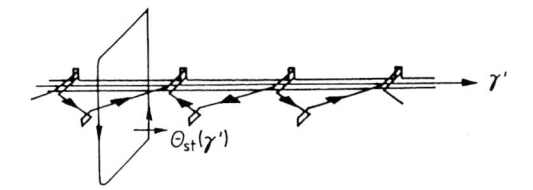

Bild 1.5.27 Ermittlung der mittleren Stirnraumdurchflutung für einen Strang einer Zweischichtwicklung

Ein *Wicklungsstrang einer Zweischichtwicklung* mit einfacher Zonenbreite weist eine Anordnung der Spulenköpfe auf, die im Bild 1.5.27 für den Fall einer ungesehnten Wicklung mit $q = 1$ schematisch dargestellt ist. Man erkennt, dass ein rein periodischer Verlauf $\Theta_{\text{st}}(\gamma')$ entsteht. Die mittlere Stirnraumdurchflutung verschwindet. Die gleichen Verhältnisse wie bei der Zweischichtwicklung liegen vor, wenn eine *Einschichtwicklung mit geteilten Spulengruppen* ausgeführt wird. Andererseits liefert ein Strang einer *Zweischichtwicklung mit doppelter Zonenbreite* eine Stirnraumdurchflutung wie die Einschichtwicklung nach Bild 1.5.26.

In einer *dreisträngigen Wicklung* können unabhängig von der Art ihrer Einspeisung keine mittleren Stirnraumdurchflutungen auftreten, wenn die Stränge selbst keine derartigen Beiträge liefern. Insbesondere erhält man also herrührend von einer dreisträngigen Zweischichtwicklung einfacher Zonenbreite in keinem Fall eine mittlere Stirnraumdurchflutung. Wenn die Stränge ihrerseits eine mittlere Stirnraumdurchflutung hervorrufen, wie für den Fall der Einschichtwicklung nach Bild 1.5.26 gezeigt wurde, überlagern sich die Beiträge der Stränge zu einer resultierenden mittleren Stirnraumdurchflutung. Diese ist bei gleichartigem Aufbau der Wicklungsstränge proportional zur Summe der Strangströme. Man erhält auch in diesem Fall keine resultierende mittlere Stirnraumdurchflutung, wenn die Strangströme ein symmetrisches Dreiphasensystem mit positiver oder negativer Phasenfolge bilden bzw. nur derartige Komponenten besitzen. Demgegenüber liefert eine Nullkomponente der Strangströme in diesem Fall eine dieser Nullkomponente proportionale mittlere Stirnraumdurchflutung.

Im Fall eines *Kurzschlusskäfigs* bilden die Stabströme bzw. die Maschenströme und damit die Ringströme bei Symmetrie des Aufbaus und der Anregung durch das Luftspaltfeld symmetrische Mehrphasensysteme. Da die Ringströme jeweils die Stirnraumdurchflutung bestimmen, erhält man in jedem Augenblick einen rein periodischen, in Näherung sinusförmigen Verlauf der Stirnraumdurchflutung $\Theta_{\text{st}}(\gamma')$, d. h. es tritt keine mittlere Stirnraumdurchflutung auf. Diese örtlich sinusförmige Verteilung der Stirnraumdurchflutung bewegt sich im stationären Betrieb relativ zum Läufer nach Maßgabe der Frequenz der Läufergrößen. Sie stellt im Koordinatensystem des Läufers eine fortschreitende Welle dar. Relativ zum Ständer beobachtet man diese entsprechend der Überlagerung mit der Drehbewegung des Läufers mit Ständerfrequenz.

1.5.5.9 Zusammenhang zwischen Durchflutung, Stirnraumdurchflutung und magnetischem Spannungsabfall über dem Luftspalt

Vereinbarungsgemäß muss der Integrationsweg zur Ermittlung der Durchflutung $\Theta(\gamma')$ über eine festgehaltene Stelle γ'_0 geführt werden, die so gewählt wird, dass $\Theta(\gamma')$ keinen Gleichanteil enthält. Die Anwendung des Durchflutungsgesetzes ergibt unter Verwendung von (1.5.83)

$$\Theta(\gamma') = \Theta_{\text{per}}(\gamma') = V_\delta(\gamma') - V_\delta(\gamma'_0) = V_{\delta\,\text{m}} + V_{\delta\,\text{per}}(\gamma') - V_\delta(\gamma'_0)\,. \tag{1.5.86}$$

Hieraus folgt zum einen $V_\delta(\gamma'_0) = V_{\delta\,\text{m}}$ und zum anderen mit (1.5.84)

$$\boxed{V_{\delta\,\text{per}}(\gamma') = \Theta_{\text{st per}}(\gamma') = \Theta_{\text{per}}(\gamma') = \Theta(\gamma')}\,. \tag{1.5.87}$$

Aus (1.5.87) gewinnt man die wichtige Erkenntnis, dass man die periodische Komponente der Luftspaltspannung $V_{\delta\,\text{per}}(\gamma')$ gleichermaßen über die Anwendung des Durchflutungsgesetzes auf den Integrationsweg IW oder auf den Integrationsweg IW_{st} im Bild 1.5.25 bestimmen kann.

Auf der Ebene der Durchflutungen besagt (1.5.87), dass man die periodische Komponente $\Theta_{\text{per}}(\gamma') = \Theta(\gamma')$ der Durchflutungsverteilung auch als periodische Komponente $\Theta_{\text{st per}}(\gamma')$ der Durchflutung über einen Integrationsweg IW_{st} erhält, der sich über den Stirnraum schließt. Da $\Theta_{\text{st}}(\gamma')$ entsprechend den Betrachtungen im Abschnitt 1.5.5.8 vor allem nur dann einen Mittelwert $\Theta_{\text{st m}}$ als mittlere Stirnraumdurchflutung besitzt, wenn eine Ringströmung um die Welle existiert, bietet die Verwendung von $\Theta_{\text{st}}(\gamma')$ den Vorteil, dass man sich in den meisten Fällen nicht um den von der Lage des Rückwegs des Integrationswegs abhängigen Mittelwert der Durchflutungsverteilung zu kümmern braucht. Außerdem erhält man bei der Verwendung von $\Theta_{\text{st}}(\gamma')$ – auch falls eine Ringströmung vorhanden ist – von vornherein den Mittelwert $\Theta_{\text{st m}}$ als eine Ursache einer homopolaren Komponente des Luftspaltfelds. Bei der Verwendung der üblichen Durchflutungsverteilung wird dieser Einfluss nicht erfasst. Es kann jedoch nicht übersehen werden, dass die praktische Ermittlung der Durchflutungsverteilung $\Theta(\gamma')$ einfacher ist, da dazu nur der Maschinenquerschnitt betrachtet werden muss. Die Bestimmung von $\Theta_{\text{st}}(\gamma')$ dagegen erfordert die Betrachtung der Ausführung der Wicklung im Wicklungskopf.

Zwei Durchflutungsverteilungen $\Theta_1(\gamma')$ und $\Theta_2(\gamma')$, die auch von Spulen bzw. Wicklungen auf verschiedenen Seiten des Luftspalts herrühren können, lassen sich zur resultierenden Durchflutungsverteilung $\Theta_{\text{res}}(\gamma')$ überlagern. Die resultierende Durchflutungsverteilung muss ebenso wie die beiden zu überlagernden Durchflutungsverteilungen eine rein periodische Funktion sein. Dazu ist eine bestimmte Lage $\gamma'_{0\,\text{res}}$ des Integrationsrückwegs erforderlich. Die entsprechenden Koordinaten für $\Theta_1(\gamma')$ und $\Theta_2(\gamma')$ sind γ'_{01} und γ'_{02} (s. Bild 1.5.28). Die Einzeldurchflutungen $\Theta_1(\gamma', \gamma'_{0\,\text{res}})$ und $\Theta_2(\gamma', \gamma'_{0\,\text{res}})$ für Integrationswege, die über $\gamma'_{0\,\text{res}}$ zurückkehren, liefern $\Theta_{\text{res}}(\gamma')$ als

$$\Theta_{\text{res}}(\gamma') = \Theta_1(\gamma', \gamma'_{0\,\text{res}}) + \Theta_2(\gamma', \gamma'_{0\,\text{res}})\,.$$

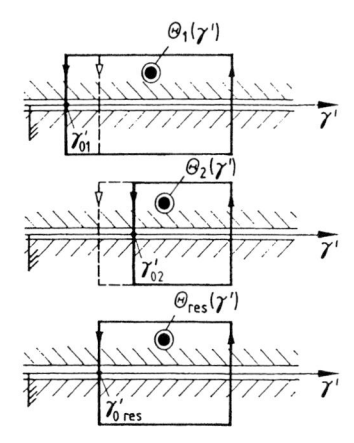

Bild 1.5.28 Zur Überlagerung zweier Durchflutungsverteilungen

Daraus folgt

$$\Theta_{\text{res}}(\gamma') = \Theta_1(\gamma') + \Theta_1(\gamma'_{01}, \gamma'_{0\,\text{res}}) + \Theta_2(\gamma') + \Theta_2(\gamma'_{02}, \gamma'_{0\,\text{res}}) \,.$$

Da $\Theta_{\text{res}}(\gamma')$ ebenso wie $\Theta_1(\gamma')$ und $\Theta_2(\gamma')$ rein periodisch ist, müssen sich die konstanten Anteile $\Theta_1(\gamma'_{01}, \gamma'_{0\,\text{res}})$ und $\Theta_2('\gamma'_{02}, \gamma'_{0\,\text{res}})$ gegeneinander aufheben. Es wird also

$$\boxed{\Theta_{\text{res}}(\gamma') = \Theta_1(\gamma') + \Theta_2(\gamma')} \,. \tag{1.5.88}$$

1.5.6
Luftspaltleitwert

Zur Ermittlung des Luftspaltfelds $B(\gamma')$ muss neben der Durchflutungsverteilung $\Theta(\gamma')$ bzw. der magnetischen Spannung $V_\delta(\gamma')$ über dem Luftspalt auch dessen längenbezogener magnetischer Leitwert $\lambda_\delta(\gamma')$ bekannt sein. Dieser besitzt im allgemeinen Fall außer einem konstanten Anteil

$$\lambda_{\delta 0} = \frac{\mu_0}{\delta''_i} \tag{1.5.89}$$

auch eine periodische Komponente, so dass sich

$$\lambda_\delta(\gamma') = \lambda_{\delta 0} + \lambda_{\delta\text{per}}(\gamma') \tag{1.5.90}$$

formulieren lässt. Dabei ändert sich der periodische Anteil i. Allg. bei einer Bewegung des Läufers, d. h. in Abhängigkeit von dessen Lagewinkel ϑ'. Er lässt sich grundsätzlich als Summe von Harmonischen darstellen, deren Amplituden jeweils konstant sind und die deshalb im Folgenden als Leitwertswellen bezeichnet werden. Für eine genaue Berechnung dieser Amplituden existieren meist keine geschlossenen analytischen Lösungen, sondern bestenfalls mit beträchtlichem numerischem Aufwand gewonnene Näherungen.

Im Folgenden sollen insbesondere die Ordnungszahlen der durch verschiedene geometrische Ursachen generierten Leitwertswellen ermittelt werden.

1.5.6.1 Leitwertswellen aufgrund der Nutschlitze und Pollücken

Im Bereich der Nutschlitze ist der Luftspaltleitwert im Vergleich zum Zahnbereich geringer. Die entstehende Leitwertsfunktion ist periodisch mit der Nutteilung, so dass die Ordnungszahlen der durch die N Nuten entstehenden Leitwertswellen ganzzahlige Vielfache von N sind. Die durch die Nuten verursachte Leitwertsfunktion lässt sich im Koordinatensystem des betrachteten Hauptelements formulieren als

$$\lambda_\delta(\gamma') = \lambda_{\delta 0} + \sum_{\nu'} \hat{\lambda}_{\delta \nu'} \cos(\nu'\gamma' - \varphi_{\lambda \nu'}) \tag{1.5.91}$$

mit $\qquad \nu' = gN$ und $g \in \mathbb{N}$.

Da der Koordinatenursprung entweder in der Mitte eines Zahns oder in der Mitte eines Nutschlitzes liegt, bestimmt der Winkel $\varphi_{\lambda\nu'}$, ob die entsprechende Leitwertswelle im Koordinatenursprung ein Maximum oder ein Minimum hat und nimmt daher nur die Werte 0 oder π an. Im Sonderfall des stationären Betriebs wird die Leitwertsfunktion aufgrund der Nutung eines Läufers mit N_2 gleichmäßig am Umfang verteilten Nuten in einem ständerfesten Koordinatensystem unter Verwendung von (1.5.14b) und (1.5.15b), Seite 82, durch

$$\lambda_\delta(\gamma', t) = \lambda_{\delta 0} + \sum_{\nu'} \hat{\lambda}_{\delta \nu'} \cos\left(\nu'\gamma' - \nu'\Omega t - \nu'\vartheta'_0 - \varphi_{\lambda \nu'}\right) \tag{1.5.92}$$

mit $\qquad \nu' = g_2 N_2$ und $g_2 \in \mathbb{N}$

beschrieben.

Die bis in die 1980er Jahre hinein vorgestellten Verfahren zur geschlossenen Berechnung der Amplituden der Leitwertswellen basierten meist auf eher intuitiv gewonnenen Ersatzfunktionen und lieferten bestenfalls für die Amplitude der ersten Leitwertswelle einen brauchbaren Wert. Heute werden meist die von *Kolbe* in [41] ermittelten abschnittsweise definierten Ersatzfunktionen verwendet, die auf den Ergebnissen einer großen Zahl numerischer Feldberechnungen für unterschiedliche Geometrien basieren. Da diese Ersatzfunktionen üblicherweise mit Computern ausgewertet werden müssen, soll auf die Angabe der Rechenbeziehungen an dieser Stelle verzichtet werden.

Bei der Ermittlung des resultierenden Leitwerts aus Ständer- und Läufernutung ist zu berücksichtigen, dass dabei eine Reihenschaltung zweier sich tangential gegeneinander bewegender Teilleitwerte vorliegt. Hierdurch entstehen zusätzlich die sog. Leitwertswellen der gegenseitigen Nutung mit den Ordnungszahlen

$$\nu' = |g_1 N_1 \pm g_2 N_2|. \tag{1.5.93}$$

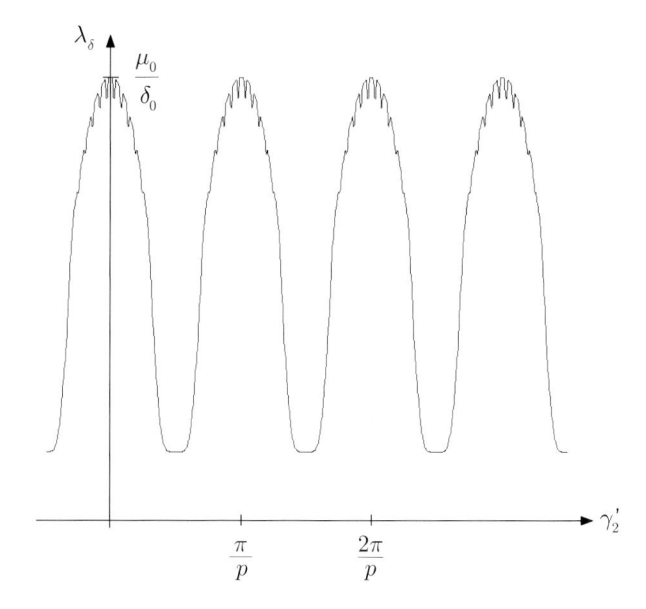

Bild 1.5.29 Verlauf des Luftspaltleitwerts für den Läufer einer Schenkelpol-Synchronmaschine

Die Ermittlung der Amplituden dieser Leitwertswellen mit Hilfe einer zweidimensionalen Fouriertransformation oder analytischer Näherungen wird ausführlich in [61] behandelt.

Die Pollücke bei Gleichstrommaschinen oder Schenkelpol-Synchronmaschinen kann näherungsweise als eine breite Nut aufgefasst werden. Die hierdurch hervorgerufene Leitwertsfunktion lässt sich analog zu (1.5.91) bzw. (1.5.92) entwickeln, was auf Leitwertswellen aller Ordnungszahlen $\nu' = g2p$ führt. Bild 1.5.29 zeigt den Verlauf einer solchen Leitwertsfunktion am Beispiel einer vierpoligen Schenkelpol-Synchronmaschine. Die kleinen lokalen Minima der Leitwertsfunktion im Bereich der Polschuhe sind auf die Nutöffnungen der dort angeordneten zusätzlichen Käfigwicklung zurückzuführen. Solange die Käfignuten auf allen Polen die gleiche Verteilung haben, entstehen hierdurch jedoch keine zusätzlichen Ordnungszahlen der Leitwertsfunktion.

Aber auch bei Vollpol-Synchronmaschinen existiert eine magnetische Anisotropie in Längs- und Querachse dadurch, dass im Bereich der Querachse die Erregernuten angeordnet sind und sich im Bereich der Längsachse jeweils ein breiter Hauptzahn befindet. Da sich die dadurch gebildete Leitwertsfunktion ebenso wie die Pollücke bei Schenkelpol-Synchronmaschinen $2p$-mal am Umfang wiederholt, ergeben sich für Vollpol-Synchronmaschinen dieselben Ordnungszahlen der Leitwertsfunktion wie für Schenkelpol-Synchronmaschinen. Die Leitwertswellen besitzen jedoch i. Allg. deutlich geringere Amplituden.

1.5.6.2 Leitwertswellen aufgrund von Exzentrizitäten

Exzentrizitäten durch eine Verlagerung der Achse des Läufers gegenüber der Achse des Ständers sind bei elektrischen Maschinen unvermeidlich. Sie entstehen z. B. durch die Durchbiegung der Welle oder durch Montageungenauigkeiten. Darüber hinaus können Exzentrizitäten als Störfall während des Betriebs auftreten.

Wenn man die exzentrische Verlagerung der Achse des Läufers gegenüber der Achse des Ständers wie im Bild 1.5.30 als e und die *relative Exzentrizität* als

$$\varepsilon = \frac{e}{\delta} \tag{1.5.94}$$

einführt, so lässt sich der Luftspalt unter der praktisch stets erfüllten Voraussetzung $\delta \ll D/2$ durch die analytische Funktion

$$\delta(\gamma') = \delta \left[1 + \varepsilon \cos(\gamma' - \gamma'_\varepsilon)\right] \tag{1.5.95}$$

ausdrücken. Dabei bezeichnet γ'_ε die Lage der engsten Luftspaltstelle.

In Bezug auf die Bahnbewegung des Läufers unterscheidet man zwischen statischer und dynamischer Exzentrizität (s. Bd. *Berechnung elektrischer Maschinen*, Abschn. 7.3.4). Bei einer statischen Exzentrizität liegt die engste Luftspaltstelle vom Ständer aus betrachtet stets an der gleichen Stelle $\gamma'_{\varepsilon 1}$ des Umfangs, so dass $\gamma'_\varepsilon = \gamma'_{\varepsilon 1} = $ konst. ist. Bei einer dynamischen Exzentrizität läuft die engste Luftspaltstelle vom Ständer aus betrachtet entsprechend $\gamma'_\varepsilon = \gamma'_\varepsilon(t) = \vartheta'(t) + \gamma'_{\varepsilon 2}$ um, wobei $\gamma'_{\varepsilon 2}$ die Lage der engsten Luftspaltstelle in Läuferkoordinaten bezeichnet. Der Luftspaltleitwert

$$\lambda_\delta(\gamma') = \frac{\mu_0}{\delta(\gamma')} = \frac{\mu_0}{\delta} \frac{1}{1 + \cos(\gamma' - \gamma'_\varepsilon)}$$

lässt sich in eine Fourier-Reihe

$$\lambda_\delta(\gamma') = \lambda_{\delta 0} + \sum_{\nu'} \hat{\lambda}_{\delta \nu'} \cos\left(\nu' \gamma' - \nu' \gamma'_\varepsilon\right) \text{ mit } \nu' \in \mathbb{N} \tag{1.5.96}$$

entwickeln. Eine Exzentrizität hat also Leitwertswellen aller Ordnungszahlen zur Folge. Der mittlere Leitwert $\lambda_{\delta 0}$ und die Amplituden der Leitwertswellen wurden von *Frohne* [20] als

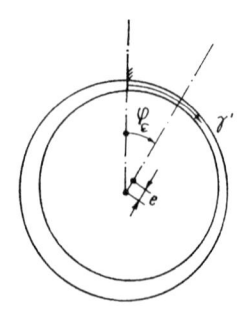

Bild 1.5.30 Ausgangsanordnung zur Ermittlung der Exzentrizitätsoberwellen des Luftspaltfelds

$$\lambda_{\delta 0} = \frac{\mu_0}{\delta} \frac{1}{\sqrt{1-\varepsilon^2}} \tag{1.5.97}$$

$$\hat{\lambda}_{\delta\nu'} = 2\lambda_{\delta 0} \left(\frac{1-\sqrt{1-\varepsilon^2}}{\varepsilon} \right)^{\nu'} \tag{1.5.98}$$

ermittelt. Für praktische Rechnungen müssen dabei der magnetisch wirksame Luftspalt δ''_i sowie die *magnetisch wirksame Exzentrizität*

$$\varepsilon'' = \frac{e}{\delta''_\mathrm{i}} \tag{1.5.99}$$

eingesetzt werden.

Da sich der Magnetisierungsstrom einer Maschine umgekehrt proportional zur Hauptreaktanz ändert und diese wiederum proportional zu $\lambda_{\delta 0}$ ist, folgt aus (1.5.97), dass der Magnetisierungsstrom mit wachsender Exzentrizität proportional zu $\sqrt{1-\varepsilon^2}$ sinkt. Diese recht starke Abhängigkeit ist natürlich auch experimentell z. B. durch Messung des Leerlaufstroms einer Induktionsmaschine nachweisbar.

Im Sonderfall des stationären Betriebs gilt (1.5.15b), und (1.5.96) wird im Fall einer dynamischen Exzentrizität zu

$$\lambda_\delta(\gamma', t) = \lambda_{\delta 0} + \sum_{\nu'} \hat{\lambda}_{\delta\nu'} \cos\left(\nu'\gamma' - \nu'\Omega t - \nu'\gamma'_{\varepsilon 2} - \nu'\vartheta'_0\right) \quad \text{mit } \nu' \in \mathbb{N}. \tag{1.5.100}$$

Unter Beschränkung auf die erste Leitwertswelle und unter Einbeziehung statischer Exzentrizitäten lässt sich die Leitwertsfunktion somit als

$$\lambda_\delta(\gamma', t) = \lambda_{\delta 0} + \hat{\lambda}_{\delta 1} \cos\left(\gamma' - \omega_\varepsilon t - \varphi_\varepsilon\right) \tag{1.5.101}$$

darstellen, wobei im Fall einer statischen Exzentrizität $\omega_\varepsilon = 0$ und $\varphi_\varepsilon = \gamma'_{\varepsilon 1}$ ist und im Fall einer dynamischen Exzentrizität $\omega_\varepsilon = \Omega$ und $\varphi_\varepsilon = \gamma'_{\varepsilon 2} + \vartheta'_0$ gilt.

1.5.6.3 Leitwertswellen aufgrund der Sättigung

Die heute vorkommenden Zahn- und Rückeninduktionen in der Größenordnung von 1,5 bis 2 T liegen z. T. weit im Bereich der Sättigung der Magnetisierungkurve der für den magnetischen Kreis verwendeten weichmagnetischen Werkstoffe. Der magnetische Spannungsabfall der Zahn- und Rückengebiete V_Fe ist dann in Strenge nicht mehr proportional zum magnetischen Spannungsabfall V_δ des Luftspalts und kann daher auch nicht mehr alleine in Form einer Vergrößerung der mittleren Luftspaltlänge auf den Wert δ''_i und damit einer konstanten Verringerung des Luftspaltleitwerts berücksichtigt werden.

Die größte Sättigung der Zähne bzw. der Joche tritt jeweils an den Stellen des Umfanges ein, an denen das für die magnetische Beanspruchung in erster Linie verantwortliche Hauptwellenfeld sein Maximum erreicht. Am Maschinenumfang treten folglich gleichmäßig verteilt $2p$ Stellen mit der größten Sättigung bzw. mit dem geringsten magnetischen Leitwert auf, d. h. die Sättigung kommt einer Leitwertswelle mit der Ordnungszahl $\nu' = 2p$ gleich. Die Stellen mit der größten Sättigung bewegen sich synchron zum Hauptwellenfeld $B_p(\gamma', t)$ mit dessen Winkelgeschwindigkeit Ω_{Bp}. Der Luftspaltleitwert aufgrund der Sättigung kann daher als

$$\lambda_\delta(\gamma', t) = \lambda_{\delta 0} + \sum_{\nu'} \hat{\lambda}_{\delta \nu'} \cos\left(\nu'\gamma' - \nu'\Omega_{\mathrm{Bp}}t - \varphi_{\mathrm{Bp}}\right) \quad (1.5.102)$$

mit $\quad\quad\quad\quad \nu' = g2p \text{ und } g \in \mathbb{N}$

formuliert werden. Leitwertswellen mit $\nu' > 2p$ spielen i. Allg. keine Rolle. Da sich die Amplitude der Hauptwelle im allgemeinen Fall zeitabhängig ändern kann, sind auch der magnetische Spannungsabfall V_{Fe} und damit die Amplitude des mittleren Leitwerts und der Leitwertswellen in Strenge Funktionen der Zeit. Für praktische Rechnungen kann diese Abhängigkeit jedoch meist außer Acht gelassen werten.

Im Sonderfall des stationären Betriebs sind $\lambda_{\delta 0}$ und $\hat{\lambda}_{\delta \nu'}$ in jedem Fall konstant, und für die Winkelgeschwindigkeit des Hauptwellenfelds gilt $\Omega_{\mathrm{Bp}} = \omega/p$.

Der Vollständigkeit halber soll erwähnt werden, dass auch Materialanisotropien, z. B. bei Blechen mit magnetischer Vorzugsrichtung, zusätzliche Leitwertswellen der Ordnungszahl $\nu' = g2$ hervorrufen können. Hierauf soll jedoch nicht näher eingegangen werden.

1.5.7
Bestimmung der Induktionsverteilung

1.5.7.1 Betrachtung des Luftspaltfelds als quasihomogenes Feld

In Tabelle 1.5.2 sind grundsätzliche Beziehungen zur Bestimmung des Luftspaltfelds zusammengestellt (s. Bd. *Grundlagen elektrischer Maschinen*, Abschn. 2.4.3). Diese Beziehungen gehen von der Annahme aus, dass zumindest innerhalb von Abschnitten mit konstanter Luftspaltlänge δ ein quasihomogenes, ausschließlich in radialer Richtung verlaufendes Feld vorliegt.

Der magnetische Spannungsabfall $V_\delta(\gamma')$ für einen Integrationsweg, der an einer bestimmten Stelle γ' durch die Integrationsfläche im Luftspalt tritt, ergibt sich bei konstantem Luftspalt δ mit Bild 1.5.31 zu

$$V_\delta(\gamma') = \int_A^B \boldsymbol{H}(\gamma') \cdot \mathrm{d}\boldsymbol{s} = H(\gamma')\delta = \frac{1}{\mu_0} B(\gamma')\delta \,. \quad (1.5.103)$$

Unter dem Einfluss der Nutöffnungen kommt es zu Einsattelungen des Feldverlaufs (s. Bild 1.5.4, S. 89). Wenn dieser Effekt vernachlässigt werden soll, nimmt man unendlich schmale Nutschlitze an und muss dafür den Luftspalt am gesamten Umfang auf die ideale Luftspaltlänge $\delta_i = \mathrm{konst.}$ vergrößern, um bei gleichem magnetischen Spannungsabfall den gleichen Fluss durch die Nutteilung bzw. eine dem mittleren

Tabelle 1.5.2 Zusammenstellung der Beziehungen zur Bestimmung des Luftspaltfelds aus dem Band *Grundlagen elektrischer Maschinen*

Anordnung	Maßgebende Durchflutung	Induktionsverteilung $\mu_{\mathrm{Fe}} \to \infty$	$\mu_{\mathrm{Fe}} \neq \infty$
	$\Theta_{\mathrm{p}} = \Theta(0)$	$B(\gamma') = \dfrac{\mu_0}{\delta_{i0}} \Theta_{\mathrm{p}} f(\gamma')$ $f(\gamma')$ Feldform	$B(\gamma') = \dfrac{\mu_0}{\delta_{i0}}(\Theta_{\mathrm{p}} - V_{\mathrm{Fe}\,0}) f(\gamma')$ $\approx \dfrac{\mu_0}{\delta''_{i0}} \Theta_{\mathrm{p}}$
	$\Theta(\gamma')$	$B(\gamma') = \dfrac{\mu_0}{\delta_i} \Theta(\gamma')$	$B(\gamma') = \dfrac{\mu_0}{\delta_i}[\Theta(\gamma') - V_{\mathrm{Fe}}(\gamma')]$ $\approx \dfrac{\mu_0}{\delta''_i} \Theta(\gamma')$
	$\Theta(\gamma') = \Theta_{\mathrm{dp}}(\gamma') + \Theta_{\mathrm{qp}}(\gamma')$ $= \hat{\Theta}_{\mathrm{dp}} \cos p\gamma' + \hat{\Theta}_{\mathrm{qp}} \cos\left(p\gamma' - \dfrac{\pi}{2}\right)$	$B_{\mathrm{p}}(\gamma') = B_{\mathrm{dp}}(\gamma') + B_{\mathrm{qp}}(\gamma')$ $= \hat{B}_{\mathrm{dp}} \cos p\gamma' + \hat{B}_{\mathrm{qp}} \cos\left(p\gamma' - \dfrac{\pi}{2}\right)$ $\hat{B}_{\mathrm{dp}} = C_{\mathrm{adp}} \dfrac{\mu_0}{\delta''_{i0}} \hat{\Theta}_{\mathrm{dp}}$ $\hat{B}_{\mathrm{qp}} = C_{\mathrm{aqp}} \dfrac{\mu_0}{\delta''_{i0}} \hat{\Theta}_{\mathrm{qp}}$ $C_{\mathrm{adp}}, C_{\mathrm{aqp}}$ Polformkoeffizienten	

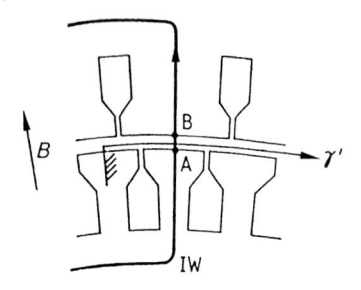

Bild 1.5.31 Ausschnitt des Luftspaltraums einer Maschine mit zwei rotationssymmetrischen Hauptelementen. IW Integrationsweg

Wert des tatsächlichen Verlaufs entsprechende Induktion zu erhalten. An die Stelle von (1.5.103) tritt bei Vernachlässigung des Einflusses der Nutöffnungen

$$V_\delta(\gamma') = H(\gamma')\delta_i = \frac{1}{\mu_0}B(\gamma')\delta_i \,. \qquad (1.5.104)$$

Die ideelle Luftspaltlänge wird mit Hilfe des *Carterschen Faktors* k_c als $\delta_i = k_c\delta$ bestimmt. Dieser ist stets größer als Eins und wird für den Fall ermittelt, dass wie im Bild 1.5.4 über benachbarten Zahnköpfen gleiche Luftspaltinduktionen herrschen. Im Allgemeinen unterscheiden sich diese Induktionswerte nach Maßgabe der Feldform. Wenn diese innerhalb einer Nutteilung merkliche Änderungen aufweist, ist es eigentlich nicht mehr korrekt, den Carterschen Faktor und die über ihn definierte ideelle Luftspaltlänge anzuwenden.

Die Vorstellung des quasihomogenen Luftspaltfelds und damit die Gültigkeit von (1.5.103) kann auch dann noch aufrechterhalten werden, wenn sich die Luftspaltlänge als Funktion von γ' in gewissem Maß ändert. Man erhält dann

$$V_\delta(\gamma') = H(\gamma')\delta(\gamma') = \frac{1}{\mu_0}B(\gamma')\delta(\gamma') \,. \qquad (1.5.105)$$

Aus (1.5.105) folgt

$$B(\gamma') = \frac{\mu_0}{\delta(\gamma')}V_\delta(\gamma') \,. \qquad (1.5.106)$$

Die Gültigkeit dieser Beziehung ist zunächst daran gebunden, dass sich die Luftspaltlänge innerhalb eines Abschnitts auf der Koordinate γ', der der Luftspaltlänge selbst entspricht, nur geringfügig ändert. Andernfalls ist nicht zu erwarten, dass ein quasihomogenes Feld entsteht. Diese Voraussetzung ist z. B. für die Erweiterung des Luftspalts entlang des Polbogens von Maschinen mit ausgeprägten Polen erfüllt oder auch für die Luftspaltänderungen aufgrund einer exzentrischen Läuferlage. Sie ist mit Sicherheit nicht für die Erweiterung des Luftspalts erfüllt, den die Nutöffnungen oder die Pollücken darstellen.

1.5.7.2 Allgemeine Beziehungen für die Induktionsverteilung
Die Beziehung (1.5.106) lässt sich verallgemeinern zu

$$B(\gamma') = \lambda_\delta(\gamma')V_\delta(\gamma') \,. \qquad (1.5.107)$$

Sowohl der Luftspaltleitwert als auch der magnetische Spannungsabfall über dem Luftspalt bestehen entsprechend (1.5.90) bzw. (1.5.83) aus einem konstanten und einem periodischen Anteil. Die Gültigkeit von (1.5.107) ist entsprechend den Ausführungen im Abschnitt 1.5.7.1 insofern eingeschränkt, als sich einer der beiden Faktoren im Vergleich zum anderen jeweils nur geringfügig ändern darf. Das ist z. B. nicht mehr erfüllt, wenn der Einfluss der Nutöffnungen auf das Feld von solchen Harmonischen der Durchflutungsverteilung ermittelt werden soll, deren Ordnungszahl ν' nicht mehr klein gegenüber der Nutzahl ist. Diese Einschränkung wird bei den folgenden Ausführungen außer Acht gelassen.

Als weitere Näherung soll das Überlagerungsgesetz weiterhin gültig sein, obgleich dies in Strenge nicht mehr der Fall ist, sobald der magnetische Kreis aus realen weichmagnetischen Werkstoffen aufgebaut ist. Dieser Sachverhalt ist von Bedeutung, wenn man die einzelnen Harmonischen der Induktionsverteilung aus der Überlagerung der Beiträge der einzelnen Spulen bzw. Wicklungsteile bestimmen will. Der magnetische Spannungsabfall in den weichmagnetischen Abschnitten soll näherungsweise durch einen vergrößerten mittleren Luftspalt δ_i'' sowie ggf. in Form der im Abschnitt 1.5.6.3 eingeführten Leitwertswellen der Sättigung berücksichtigt werden.

Die Induktionsverteilung setzt sich im allgemeinen Fall aus einer mittleren, homopolaren Induktion B_m und einem periodischen Anteil B_per zusammen. Mit dem Ansatz nach (1.5.107), der unter der Annahme eines quasihomogenen Luftspaltfelds formuliert werden konnte, folgt mit (1.5.90), (1.5.83), (1.5.85) und (1.5.87)

$$\begin{aligned} B(\gamma') &= B_\mathrm{m} + B_\mathrm{per}(\gamma') \\ &= [\lambda_{\delta 0} + \lambda_{\delta\,\mathrm{per}}(\gamma')]\,[V_{\delta\mathrm{m}} + V_{\delta\,\mathrm{per}}(\gamma')] \\ &= [\lambda_{\delta 0} + \lambda_{\delta\,\mathrm{per}}(\gamma')]\,[\Theta_{\mathrm{st\,m}} - V_{\mathrm{st\,m}} + \Theta(\gamma')] \\ &= \lambda_{\delta 0}\Theta(\gamma') + [\lambda_{\delta 0} + \lambda_{\delta\mathrm{per}}(\gamma')]\,(\Theta_{\mathrm{st\,m}} - V_{\mathrm{st\,m}}) + \lambda_{\delta\mathrm{per}}(\gamma')\Theta(\gamma')\,. \end{aligned} \quad (1.5.108)$$

Die über den konstanten Anteil des Luftspaltleitwerts erregten Induktionsharmonischen werden als *Wicklungsfelder* bezeichnet und die über Leitwertswellen erregten als *parametrische Felder*. Der Name rührt daher, dass sie Ordnungszahlen besitzen, die in der Strombelags- und Durchflutungsverteilung gar nicht existieren.

a) Periodische Komponente der Induktionsverteilung

Im allgemeinen Fall besitzen die Durchflutungsverteilung und der Luftspaltleitwert beliebige Zeitverläufe. Wenn ihre räumlich periodischen Anteile entsprechend

$$\Theta(\gamma',t) = \Theta_\mathrm{per}(\gamma',t) = \sum_{\nu'} \hat{\Theta}_{\nu'}(t)\cos\left[\nu'\gamma' - \varphi_{\Theta\nu'}(t)\right] \quad (1.5.109)$$

$$\lambda_{\delta\mathrm{per}}(\gamma',t) = \sum_{\mu'} \hat{\lambda}_{\delta\mu'}\cos\left[\mu'\gamma' - \varphi_{\lambda\mu'}(t)\right] \quad (1.5.110)$$

als Summen von Harmonischen geschrieben werden, folgt der periodische Anteil $B_\mathrm{per}(\gamma')$ der Induktionsverteilung unter Berücksichtigung seiner Zeitabhängigkeit aus

(1.5.108) zu

$$B_{\text{per}}(\gamma', t) = \lambda_{\delta 0} \sum_{\nu'} \hat{\Theta}_{\nu'}(t) \cos\left[\nu'\gamma' - \varphi_{\Theta\nu'}(t)\right] \quad (1.5.111)$$

$$+ (\Theta_{\text{st m}} - V_{\text{st m}}) \sum_{\mu'} \hat{\lambda}_{\delta\mu'} \cos\left[\mu'\gamma' - \varphi_{\lambda\mu'}(t)\right]$$

$$+ \sum_{\nu' \pm \mu' \neq 0} \frac{\hat{\lambda}_{\delta\mu'}\hat{\Theta}_{\nu'}(t)}{2} \left\{ \begin{array}{l} \cos\left[(\nu' + \mu')\gamma' - \varphi_{\Theta\nu'}(t) - \varphi_{\lambda\mu'}(t)\right] \\ + \cos\left[(\nu' - \mu')\gamma' - \varphi_{\Theta\nu'}(t) + \varphi_{\lambda\mu'}(t)\right] \end{array} \right\}.$$

Dabei ist zu beachten, dass an der Bildung einer Harmonischen der Induktionsverteilung i. Allg. verschiedene Summanden beteiligt sind.

Im Sonderfall des stationären Betriebs lassen sich die periodischen Anteile von Durchflutungsverteilung und Luftspaltleitwert entsprechend

$$\Theta(\gamma', t) = \sum_{\nu'} \hat{\Theta}_{\nu'} \cos(\tilde{\nu}'\gamma' - \omega_{\nu'}t - \varphi_{\Theta\nu'}) \quad (1.5.112)$$

$$\lambda_{\delta\text{per}}(\gamma', t) = \sum_{\mu'} \hat{\lambda}_{\delta\mu'} \cos(\tilde{\mu}'\gamma' - \omega_{\mu'}t - \varphi_{\lambda\mu'}) \quad (1.5.113)$$

als Summen von Drehwellen schreiben, und (1.5.111) wird zu

$$B_{\text{per}}(\gamma', t) = \lambda_{\delta 0} \sum_{\nu'} \hat{\Theta}_{\nu'} \cos(\tilde{\nu}'\gamma' - \omega_{\nu'}t - \varphi_{\Theta\nu'}) \quad (1.5.114)$$

$$+ (\Theta_{\text{st m}} - V_{\text{st m}}) \sum_{\mu'} \hat{\lambda}_{\delta\mu'} \cos(\tilde{\mu}'\gamma' - \omega_{\mu'}t - \varphi_{\lambda\mu'})$$

$$+ \sum_{\tilde{\nu}' \pm \tilde{\mu}' \neq 0} \frac{\hat{\lambda}_{\delta\mu'}\hat{\Theta}_{\nu'}}{2} \left\{ \begin{array}{l} \cos\left[(\tilde{\nu}' + \tilde{\mu}')\gamma' - (\omega_{\nu'} + \omega_{\mu'})t - (\varphi_{\Theta\nu'} + \varphi_{\lambda\mu'})\right] \\ + \cos\left[(\tilde{\nu}' - \tilde{\mu}')\gamma' - (\omega_{\nu'} - \omega_{\mu'})t - (\varphi_{\Theta\nu'} - \varphi_{\lambda\mu'})\right] \end{array} \right\}.$$

In beiden Fällen besteht der periodische Anteil $B_{\text{per}}(\gamma', t)$ des Luftspaltfelds also zunächst aus einem Beitrag, dessen Ortsabhängigkeit unmittelbar durch die der Durchflutungsverteilung $\Theta(\gamma', t)$ gegeben ist, sowie einem zweiten Beitrag, dessen Ortsabhängigkeit allein durch den periodischen Anteil $\lambda_{\delta\text{per}}(\gamma', t)$ der Leitwertsfunktion bestimmt wird. Daneben existiert ein dritter Beitrag, der den periodischen Anteil des Produkts von $\lambda_{\delta\text{per}}(\gamma', t)$ und $\Theta(\gamma', t)$ darstellt und der im Folgenden als $B_{\lambda\text{per}}(\gamma', t)$ abgekürzt wird. Im stationären Betrieb entstehen aus der Wechselwirkung einer Drehwelle der Durchflutungsverteilung und einer Drehwelle des Luftspaltleitwerts also zwei Drehwellen der Induktionsverteilung, deren Feldwellenparameter und damit auch Ordnungszahlen sich aus der Summe $\tilde{\nu}' + \tilde{\mu}'$ bzw. der Differenz $\tilde{\nu}' - \tilde{\mu}'$ der Feldwellenparameter der Durchflutungswelle und der Leitwertswelle ergeben. Im Sonderfall von $\mu' = \nu'$ entsteht ein periodischer Anteil mit der Ordnungszahl $2\nu'$ und ein Beitrag zur homopolaren Induktion B_{m}.

Die allgemeine Beziehung (1.5.111) für die periodische Komponente der Induktionsverteilung vereinfacht sich in den Sonderfällen, die in den Unterabschnitten c bis e zu betrachten sind.

b) Homopolare Komponente der Induktionsverteilung

Da das Produkt $\lambda_{\delta\mathrm{per}}(\gamma')\Theta(\gamma')$ als letzter Summand in (1.5.108) – wie im Unterabschnitt a erwähnt – im Sonderfall von $\mu' = \nu'$, d. h. bei Vorhandensein einer Durchflutungsharmonischen und einer Leitwertswelle gleicher Ordnungszahl, auch einen Mittelwert enthält, ergibt sich die homopolare Komponente der Induktionsverteilung im allgemeinen Fall beliebiger Zeitabhängigkeit aus (1.5.108) mit (1.5.109) und (1.5.110) zu

$$B_{\mathrm{m}}(t) = \lambda_{\delta 0}\left[\Theta_{\mathrm{st\,m}}(t) - V_{\mathrm{st\,m}}(t)\right] + \sum_{\nu'=\mu'} \frac{\hat{\lambda}_{\delta\mu'}\hat{\Theta}_{\nu'}(t)}{2} \cos\left[\varphi_{\Theta\nu'}(t) - \varphi_{\lambda\mu'}(t)\right]$$

$$+ \sum_{\nu'=-\mu'} \frac{\hat{\lambda}_{\delta\mu'}\hat{\Theta}_{\nu'}(t)}{2} \cos\left[(\varphi_{\Theta\nu'}(t) + \varphi_{\lambda\mu'}(t)\right] . \quad (1.5.115)$$

Dabei ist zu beachten, dass die homopolare Induktion und der magnetische Spannungsabfall im Stirnraum zueinander proportional sind. Wenn mit

$$\Phi_{\mathrm{st}} = \pi D l_{\mathrm{i}} B_{\mathrm{m}} \quad (1.5.116)$$

der homopolare Fluss durch beide Stirnräume bezeichnet wird und diesen der magnetische Leitwert Λ_{st} zugeordnet wird, dann steht dieser zum magnetischen Spannungsabfall im Stirnraum in dem Zusammenhang

$$V_{\mathrm{st\,m}} = \frac{\Phi_{\mathrm{st}}}{\Lambda_{\mathrm{st}}} = \frac{\pi D l_{\mathrm{i}} B_{\mathrm{m}}}{\Lambda_{\mathrm{st}}} . \quad (1.5.117)$$

Damit wird (1.5.115) zu

$$B_{\mathrm{m}}(t) = \frac{\Lambda_{\mathrm{st}}}{\Lambda_{\mathrm{st}} + \pi D l_{\mathrm{i}} \lambda_{\delta 0}} \Bigg\{ \lambda_{\delta 0} \hat{\Theta}_{\mathrm{st\,m}}(t) + \sum_{\nu'=\mu'} \frac{\hat{\lambda}_{\delta\mu'}\hat{\Theta}_{\nu'}(t)}{2} \cos\left[\varphi_{\Theta\nu'}(t) - \varphi_{\lambda\mu'}(t)\right]$$

$$+ \sum_{\nu'=-\mu'} \frac{\hat{\lambda}_{\delta\mu'}\hat{\Theta}_{\nu'}(t)}{2} \cos\left[\varphi_{\Theta\nu'}(t) + \varphi_{\lambda\mu'}(t)\right] \Bigg\} . \quad (1.5.118)$$

Im Sonderfall des stationären Betriebs wird (1.5.118) mit (1.5.112) und (1.5.113) zu

$$B_{\mathrm{m}}(t) = \frac{\Lambda_{\mathrm{st}}}{\Lambda_{\mathrm{st}} + \pi D l_{\mathrm{i}} \lambda_{\delta 0}} \Bigg\{ \lambda_{\delta 0}\hat{\Theta}_{\mathrm{st\,m}}(t)$$

$$+ \sum_{\tilde{\nu}'=\tilde{\mu}'} \frac{\hat{\lambda}_{\delta\mu'}\hat{\Theta}_{\nu'}}{2} \cos\left[(\omega_{\nu'} - \omega_{\mu'})t + (\varphi_{\Theta\nu'} - \varphi_{\lambda\mu'})\right]$$

$$+ \sum_{\tilde{\nu}'=-\tilde{\mu}'} \frac{\hat{\lambda}_{\delta\mu'}\hat{\Theta}_{\nu'}}{2} \cos\left[(\omega_{\nu'} + \omega_{\mu'})t + (\varphi_{\Theta\nu'} + \varphi_{\lambda\mu'})\right] \Bigg\} . \quad (1.5.119)$$

Eine homopolare Komponente $B_{\mathrm{m}}(t)$ des Luftspaltfelds tritt also dann auf, wenn eine mittlere Durchflutung $\Theta_{\mathrm{st\,m}}(t)$ vorhanden ist, die auch von einer Ringströmung herrühren kann, oder wenn das Produkt $\lambda_{\delta\mathrm{per}}(\gamma', t)\Theta(\gamma', t)$ einen Mittelwert besitzt. Dieser Mittelwert wird im Folgenden als $B_{\lambda\mathrm{m}}(t)$ abgekürzt.

c) Sonderfall eines konstanten Luftspalts

Im Sonderfall $\lambda_{\delta\text{per}}(\gamma',t) = 0$ liegt ein konstanter Luftspalt vor. Sättigung sowie Exzentrizitäten treten nicht auf, und der Einfluss der Nutung wird vernachlässigt bzw. in seiner mittleren Wirkung durch den Carterschen Faktor berücksichtigt. Aus (1.5.118) folgt dann

$$B_\text{m}(t) = \frac{\Lambda_\text{st}\lambda_{\delta 0}}{\Lambda_\text{st} + \pi D l_\text{i}\lambda_{\delta 0}}\Theta_\text{st m}(t) \,. \tag{1.5.120}$$

Die homopolare Komponente des Luftspaltfelds wird allein von der mittleren Stirnraumdurchflutung $\Theta_\text{st m}$ hervorgerufen. Verschwindet diese, so ist auch kein homopolares Feld vorhanden. Für die periodische Komponente des Luftspaltfelds liefert (1.5.111)

$$B_\text{per}(\gamma',t) = \lambda_{\delta 0}\Theta(\gamma',t) = \frac{\mu_0}{\delta_\text{i}''}\Theta(\gamma',t) \,. \tag{1.5.121}$$

Das ist die bereits in Tabelle 1.5.2 aus dem Band *Grundlagen elektrischer Maschinen* übernommene Beziehung.

d) Sonderfall verschwindender mittlerer Stirnraumdurchflutung

Wenn entsprechend $\Theta_\text{st m}(t) = 0$ keine mittlere Stirnraumdurchflutung existiert, nimmt die homopolare Komponente des Luftspaltfelds nach (1.5.118) den Wert

$$B_\text{m}(t) = \frac{\Lambda_\text{st}}{\Lambda_\text{st} + \pi D l_\text{i}\lambda_{\delta 0}} B_{\lambda\text{m}}(t) \tag{1.5.122}$$

an. Sie existiert nur, wenn das Produkt $\lambda_{\delta\text{per}}(\gamma',t)\Theta(\gamma',t)$ einen Mittelwert $B_{\lambda\text{m}}(t)$ besitzt und tritt natürlich auch nur dann in Erscheinung, wenn der magnetische Leitwert des Stirnraums nicht verschwindet. In dem Extremfall $\Lambda_\text{st} \gg \pi D l_\text{i}\lambda_{\delta 0}$ wird

$$B_\text{m}(t) = B_{\lambda\text{m}}(t) \,,$$

und die periodische Komponente folgt aus (1.5.111) und (1.5.117) zu

$$B_\text{per}(\gamma',t) = \lambda_{\delta 0}\Theta(\gamma',t) + B_{\lambda\text{per}}(\gamma',t) \quad \frac{\pi D l_\text{i}\lambda_{\delta\text{per}}(\gamma',t)}{\Lambda_\text{st}}B_{\lambda\text{m}} \,. \tag{1.5.123}$$

Für den Fall, dass das Produkt $\lambda_{\delta\text{per}}(\gamma',t)\Theta(\gamma',t)$ keinen Mittelwert $B_{\lambda\text{m}}(t)$ besitzt und damit keine homopolare Komponente des Luftspaltfelds auftritt, geht (1.5.123) über in

$$B_\text{per}(\gamma',t) = \lambda_{\delta 0}\Theta(\gamma',t) + B_{\lambda\text{per}}(\gamma',t)$$
$$= [\lambda_{\delta 0} + \lambda_{\delta\text{per}}(\gamma',t)]\Theta(\gamma',t)$$
$$= \lambda_\delta(\gamma',t)\Theta(\gamma',t) \,. \tag{1.5.124}$$

e) Sonderfall eines verschwindenden Mittelwerts $B_{\lambda m}$

Wenn das Produkt $\lambda_{\delta\text{per}}(\gamma',t)\Theta(\gamma',t)$ keinen Mittelwert $B_{\lambda m}(t)$ besitzt, folgt aus (1.5.118) mit $B_{\lambda m}(t) = 0$

$$B_{\text{m}}(t) = \frac{\Lambda_{\text{st}}\lambda_{\delta 0}}{\Lambda_{\text{st}} + \pi D l_{\text{i}}\lambda_{\delta 0}}\Theta_{\text{st m}}(t) \,, \qquad (1.5.125)$$

d. h. eine homopolare Komponente des Luftspaltfelds kann nur von einem endlichen Wert der mittleren Stirnraumdurchflutung herrühren.

1.5.7.3 Nutungsharmonische der Durchflutungshauptwelle

Die Durchflutungshauptwelle ist gegeben als

$$\Theta_{\text{p}}(\gamma',t) = \hat{\Theta}_{\text{p}}(t) \cos\left[p\gamma' - \varphi_{\Theta\text{p}}(t)\right] \,. \qquad (1.5.126)$$

In (1.5.109) ist also $\nu' = p$. Im Zusammenwirken mit dieser Durchflutungshauptwelle liefert die Leitwertsfunktion nach (1.5.91) bzw. (1.5.92), Seite 122, bei verschwindender mittlerer Stirnraumdurchflutung und wegen $kN \neq p$ nach (1.5.124)

$$\begin{aligned} B(\gamma',t) &= \lambda_{\delta 0}\hat{\Theta}_{\text{p}}(t)\cos\left[p\gamma' - \varphi_{\Theta\text{p}}(t)\right] \\ &+ \sum_g \frac{\hat{\lambda}_{\delta\,gN}\hat{\Theta}_{\text{p}}(t)}{2} \left\{ \begin{aligned} &\cos\left[(gN+p)\gamma' - \varphi_{\lambda\,gN}(t) - \varphi_{\Theta\text{p}}(t)\right] \\ &+ \cos\left[(gN-p)\gamma' - \varphi_{\lambda\,gN}(t) + \varphi_{\Theta\text{p}}(t)\right] \end{aligned} \right\} \end{aligned} \qquad (1.5.127)$$

mit $g \in \mathbb{N}$. Für den Sonderfall des stationären Betriebs gilt analog dazu

$$\Theta_{\text{p}}(\gamma',t) = \hat{\Theta}_{\text{p}}\cos(p\gamma' - \omega t - \varphi_{\Theta\text{p}}) \qquad (1.5.128)$$

$$\begin{aligned} B(\gamma',t) &= \lambda_{\delta 0}\hat{\Theta}_{\text{p}}\cos(p\gamma' - \omega t - \varphi_{\Theta\text{p}}) \\ &+ \sum_g \frac{\hat{\lambda}_{\delta\,gN}\hat{\Theta}_{\text{p}}}{2} \left\{ \begin{aligned} &\cos[(gN+p)\gamma' - (\omega_{gN}+\omega)t - (\varphi_{\lambda\,gN} + \varphi_{\Theta\text{p}})] \\ &+ \cos[(gN-p)\gamma' - (\omega_{gN}-\omega)t - (\varphi_{\lambda\,gN} - \varphi_{\Theta\text{p}})] \end{aligned} \right\} , \end{aligned} \qquad (1.5.129)$$

wobei für die Ständernutung nach (1.5.91) $\omega_{gN} = 0$ und für die Läufernutung nach (1.5.92) $\omega_{gN} = gN\Omega$ gilt. Man erhält außer der Hauptwelle Harmonische bzw. Drehwellen mit jeweils gleicher Amplitude und den Ordnungszahlen

$$\nu' = gN \pm p \text{ mit } g \in \mathbb{N} \,. \qquad (1.5.130)$$

Das sind die sog. *Nutungsharmonischen*.

Ein derartiges Oberwellenpaar überlagert sich zu einer Induktionsverteilung, die im Bereich einer Polteilung eine Wellenlänge entsprechend der Nutteilung aufweist, nach Maßgabe der Polpaarzahl moduliert ist und den Phasensprung an der Stelle des Nulldurchgangs der Hauptwelle richtig wiedergibt. Die Verhältnisse werden im Bild 1.5.32 veranschaulicht.

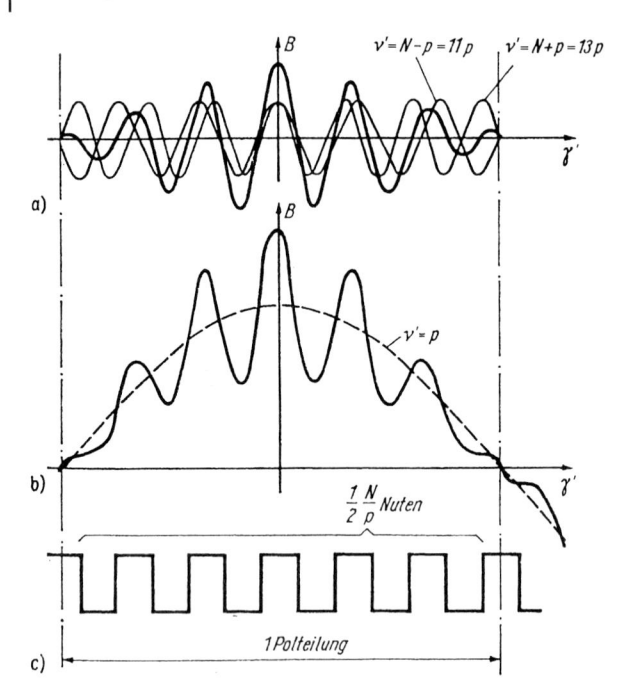

Bild 1.5.32 Nutungsharmonische der Durchflutungshauptwelle für $N/p = 12$ im Koordinatensystem γ'.
a) Das Paar der Nutungsharmonischen mit den Ordnungszahlen $\nu' = N + p = 13p$ und $\nu' = N - p = 11p$ und seine Überlagerung;
b) Überlagerung der Nutungsharmonischen mit dem Hauptwellenfeld;
c) zugeordnete Nutung des betrachteten Hauptelements

Die Nutungsharmonischen besitzen die gleichen Ordnungszahlen und im stationären Betrieb auch die gleichen Kreisfrequenzen wie die nutharmonischen Wicklungsfelder und müssen zu diesen phasenrichtig addiert werden. Die diesbezüglichen Untersuchungsergebnisse von *Jordan* und *Boller* sind im Bild 1.5.33 dargestellt: Die Nutungsharmonischen liegen stets in Gegenphase zum Magnetisierungsstrom. Die nutharmonischen Wicklungsfelder sind für positives Vorzeichen der Polpaarzahlen in Phase mit dem jeweiligen Strom, für negatives Vorzeichen in Gegenphase. So kommt es, dass die resultierende Harmonische betragsmäßig größer oder auch kleiner als das nutharmonische Wicklungsfeld sein kann.

Im Fall einer Schenkelpol-Synchronmaschine besitzt die mit Abstand größte der durch die Pollücken bewirkten Leitwertswellen des Läufers die Ordnungszahl $2p$. Aus dieser entstehen analog zu (1.5.127) mit $\nu' = 2p$ statt $\nu' = gN$ die Induktionsharmonischen

$$B(\gamma', t) = \lambda_{\delta 0} \hat{\Theta}_{\mathrm{p}}(t) \cos[p\gamma' - \varphi_{\Theta\mathrm{p}}(t)] \tag{1.5.131}$$
$$+ \frac{\hat{\lambda}_{\delta\, 2\mathrm{p}} \hat{\Theta}_{\mathrm{p}}(t)}{2} \left\{ \cos[3p\gamma' - \varphi_{\lambda\, 2\mathrm{p}}(t) - \varphi_{\Theta\mathrm{p}}(t)] + \cos[p\gamma' - \varphi_{\lambda\, 2\mathrm{p}}(t) + \varphi_{\Theta\mathrm{p}}(t)] \right\}$$

bzw. im Sonderfall des stationären Betriebs analog zu (1.5.130) mit $\nu' = 2p$ und $\omega_{2p} = 2p\Omega = 2\omega$ bei synchroner Drehzahl des Läufers die Induktionswellen

$$B(\gamma', t) = \lambda_{\delta 0} \hat{\Theta}_{\mathrm{p}} \cos(p\gamma' - \omega t - \varphi_{\Theta\mathrm{p}}) \tag{1.5.132}$$
$$+ \frac{\hat{\lambda}_{\delta\, 2\mathrm{p}} \hat{\Theta}_{\mathrm{p}}}{2} \left\{ \cos[3p\gamma' - 3\omega t - \varphi_{\lambda\, 2\mathrm{p}} - \varphi_{\Theta\mathrm{p}}] + \cos[p\gamma' - \omega t - \varphi_{\lambda\, 2\mathrm{p}} + \varphi_{\Theta\mathrm{p}}] \right\}.$$

Eine der beiden entstehenden parametrischen Harmonischen bzw. Drehwellen liefert also einen Beitrag zur resultierenden Hauptwelle; die Ordnungszahl der anderen entspricht der dreifachen Polpaarzahl der Maschine, und sie besitzt im stationären Betrieb die dreifache Grundfrequenz. Da eine Harmonische mit $\nu' = 3p$ in den Strängen von Dreiphasenmaschinen gleichphasige Spannungen induziert, würde durch sie ein Kreisstrom innerhalb einer Dreieckschaltung der Ständerwicklung getrieben werden. Um dies zu vermeiden, werden die Ständerwicklungen von Schenkelpol-Synchronmaschinen grundsätzlich im Stern geschaltet.

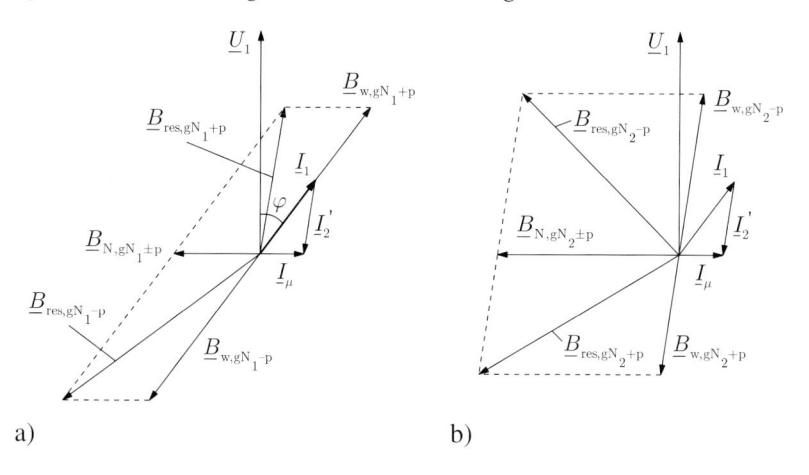

Bild 1.5.33 Addition von Nutungs- und Nutharmonischen.
a) Für den Ständer;
b) für den Läufer

1.5.7.4 Exzentrizitätsharmonische der Durchflutungshauptwelle
Bei praktisch vorkommenden Exzentrizitäten sind die Leitwertswellen mit Ordnungszahlen $\mu' > 1$ vernachlässigbar klein. Im Fall einer exzentrischen Lagerung des Läufers im Luftspalt entsprechend Bild 1.5.30, Seite 124, lässt sich λ_δ daher in erster Näherung

unter Verwendung nur der ersten Leitwertswelle aus (1.5.96) formulieren als

$$\lambda_\delta(\gamma', t) = \lambda_{\delta 0} + \hat{\lambda}_{\delta 1} \cos[\gamma' - \varphi_\varepsilon(t)] \qquad (1.5.133)$$

mit
$$\hat{\lambda}_{\delta 1} = 2\lambda_{\delta 0} \frac{1 - \sqrt{1 - \varepsilon^2}}{\varepsilon} \approx \frac{\varepsilon}{2} \lambda_{\delta 0} \qquad (1.5.134)$$

entsprechend (1.5.98), wobei im Fall einer statischen Exzentrizität $\varphi_\varepsilon(t) = \gamma'_\varepsilon(t) = \gamma'_{\varepsilon 1} = $ konst. und im Fall einer dynamischen Exzentrizität $\varphi_\varepsilon(t) = \gamma'_\varepsilon(t) = \vartheta(t) + \gamma'_{\varepsilon 2}$ gilt. Im Zusammenwirken mit der Durchflutungshauptwelle nach (1.5.126) erhält man aus (1.5.133) die Induktionsverteilung bei verschwindender mittlerer Stirnraumdurchflutung und bei $p \neq 1$ nach (1.5.124) als

$$B(\gamma', t) = \lambda_{\delta 0} \hat{\Theta}_{\mathrm{p}}(t) \cos[p\gamma' - \varphi_{\Theta \mathrm{p}}(t)]$$
$$+ \frac{\hat{\lambda}_{\delta 1} \hat{\Theta}_{\mathrm{p}}(t)}{2} \left\{ \begin{array}{l} \cos[(p+1)\gamma' - \varphi_{\Theta \mathrm{p}}(t) - \varphi_\varepsilon(t)] \\ + \cos[(p-1)\gamma' - \varphi_{\Theta \mathrm{p}}(t) + \varphi_\varepsilon(t)] \end{array} \right\} . \qquad (1.5.135)$$

Im Sonderfall des stationären Betriebs gelten (1.5.128) und (1.5.101), und (1.5.135) wird zu

$$B(\gamma', t) = \lambda_{\delta 0} \hat{\Theta}_{\mathrm{p}} \cos(p\gamma' - \omega t - \varphi_{\Theta \mathrm{p}})$$
$$+ \frac{\hat{\lambda}_{\delta 1} \hat{\Theta}_{\mathrm{p}}}{2} \left\{ \begin{array}{l} \cos[(p+1)\gamma' - (\omega + \omega_\varepsilon)t - (\varphi_{\Theta \mathrm{p}} + \varphi_\varepsilon)] \\ + \cos[(p-1)\gamma' - (\omega - \omega_\varepsilon)t - (\varphi_{\Theta \mathrm{p}} - \varphi_\varepsilon)] \end{array} \right\} . \qquad (1.5.136)$$

Für $p \neq 1$ treten also außer der Hauptwelle mit der Ordnungszahl p zwei Harmonische gleicher Amplitude mit den Ordnungszahlen $p + 1$ und $p - 1$ auf, die als *Exzentrizitätsharmonische* bezeichnet werden.

Wenn dagegen $p = 1$ und damit $\mu' = \nu' = 1$ ist, folgt aus (1.5.108)

$$B(\gamma', t) = \lambda_{\delta 0} \hat{\Theta}_{\mathrm{p}}(t) \cos[\gamma' - \varphi_{\Theta \mathrm{p}}(t)] + \frac{\hat{\lambda}_{\delta 1} \hat{\Theta}_{\mathrm{p}}(t)}{2} \cos[2\gamma' - \varphi_{\Theta \mathrm{p}}(t) - \varphi_\varepsilon(t)]$$
$$+ \frac{\hat{\lambda}_{\delta 1} \hat{\Theta}_{\mathrm{p}}}{2} \frac{\Lambda_{\mathrm{st}}}{\Lambda_{\mathrm{st}} + \pi D l_{\mathrm{i}} \lambda_{\delta 0}} \cos[\varphi_{\Theta \mathrm{p}}(t) - \varphi_\varepsilon(t)] \qquad (1.5.137)$$

bzw. im Sonderfall des stationären Betriebs

$$B(\gamma', t) = \lambda_{\delta 0} \hat{\Theta}_{\mathrm{p}} \cos(\gamma' - \omega t - \varphi_{\Theta \mathrm{p}}) + \frac{\hat{\lambda}_{\delta 1} \hat{\Theta}_{\mathrm{p}}}{2} \cos[2\gamma' - (\omega + \omega_\varepsilon)t - (\varphi_{\Theta \mathrm{p}} + \varphi_\varepsilon)]$$
$$+ \frac{\hat{\lambda}_{\delta 1} \hat{\Theta}_{\mathrm{p}}}{2} \frac{\Lambda_{\mathrm{st}}}{\Lambda_{\mathrm{st}} + \pi D l_{\mathrm{i}} \lambda_{\delta 0}} \cos[(\omega - \omega_\varepsilon)t + (\varphi_{\Theta \mathrm{p}} - \varphi_\varepsilon)] \qquad (1.5.138)$$

Neben der Hauptwelle treten ein Anteil zur homopolaren Induktion sowie eine Exzentrizitätsharmonische mit der Ordnungszahl $\nu' = 2$ auf.

Solange die Ordnungszahlen $p \pm 1$ der Exzentrizitätsharmonischen nicht in den Ordnungszahlen $\nu'/p \in \mathbb{U}$ der von einer Wicklung bzw. einem Wicklungszweig hervorgerufenen Durchflutungswellen enthalten sind, induzieren die Exzentrizitätsharmonischen in dieser bzw. diesem auch keine Spannungen und können folglich auch die Verteilung des Stroms in der Wicklung nicht beeinflussen. Das trifft stets bei Reihenschaltung der Wicklungsteile aller Polpaare zu. Es ist nicht mehr zutreffend, wenn Parallelschaltungen vorliegen und in den Wicklungszweigen aufgrund des verzerrten Felds Spannungen induziert werden. Dann müssen diese wegen der Parallelschaltung gleich sein, und es fließen Ausgleichsströme, die das Feld symmetrieren (s. Abschn. 1.9.5, S. 270).

Im stationären Betrieb betragen die Kreisfrequenzen der Exzentrizitätsharmonischen im Koordinatensystem des Ständers

$$\omega \pm \omega_\varepsilon = \begin{cases} \omega & \text{bei statischer Exzentrizität} \\ \omega \pm \Omega & \text{bei dynamischer Exzentrizität} \end{cases}. \qquad (1.5.139)$$

Im Koordinatensystem des Läufers wird die Kreisfrequenz mit (1.5.14b) und (1.5.15b), Seite 82, zu

$$\omega - (p \pm 1)\Omega \pm \omega_\varepsilon = \begin{cases} \omega - (p \pm 1)\Omega & \text{bei statischer Exzentrizität} \\ \omega - (p \pm 1)\Omega \pm \Omega = \omega - p\Omega & \text{bei dynamischer Exzentrizität} \end{cases}. \qquad (1.5.140)$$

Exzentrizitätsharmonische induzieren also in Käfigwicklungen im Läufer bei statischer Exzentrizität deutlich größere Spannungen als bei dynamischer Exzentrizität und werden daher durch die rückwirkenden Ströme deutlich stärker bedämpft.

Im Fall einer zweipoligen Maschine wird die Ordnungszahl des Exzentrizitätsfelds mit $\nu' = p-1$ zu Null. Bei einer statischen Exzentrizität kann sich i. Allg. trotzdem keine nennenswerte homopolare Feldkomponente ausbilden, da der magnetische Leitwert Λ_{st} im Stirnraum durch das massive Eisen von Welle, Lagerschilden usw. gekennzeichnet ist und für einen Fluss der Kreisfrequenz ω nur gering wäre. Bei einer dynamischen Exzentrizität hingegen ist die Kreisfrequenz des homopolaren Exzentrizitätsfelds $\omega - \Omega$ nur gering, der magnetische Leitwert im Stirnraum ist dementsprechend wesentlich höher und die homopolare Feldkomponente kann sich voll ausbilden.

1.5.7.5 Sättigungsharmonische der Durchflutungshauptwelle

Nach Abschnitt 1.5.6.3, Seite 125, entsteht aufgrund der Eisensättigung vor allem eine Leitwertswelle der Ordnungszahl $2p$ und der Kreisfrequenz 2ω im stationären Betrieb. Da dies dieselbe Ordnungszahl und Kreisfrequenz ist wie aufgrund der Pollücken von Schenkelpol-Synchronmaschinen, entsteht aus der Sättigungsleitwertswelle im Zusammenwirken mit der Durchflutungshauptwelle entsprechend (1.5.131) ein Beitrag zur resultierenden Hauptwelle sowie eine Induktionsharmonische mit $\nu' = 3p$ und $\omega = 3\omega$ im stationären Betrieb, die als *Sättigungsharmonische* bezeichnet wird. Deren Amplitude errechnet sich nach [64] zu

$$\hat{B}_{3\text{p}} = \frac{1 - \dfrac{V_\delta}{V_\delta + V_{\text{Fe}}}}{1 + \dfrac{3V_\delta}{V_\delta + V_{\text{Fe}}}} \hat{B}_{\text{p}}, \qquad (1.5.141)$$

wobei der magnetische Spannungsabfall V_{Fe} in den Blechpaketen von Ständer und Läufer über eine Magnetkreisrechnung (s. Bd. *Berechnung elektrischer Maschinen*, Kap. 2) ermittelt werden muss.

Die Sättigungsharmonische induziert in den Strängen von Dreiphasenmaschinen gleichphasige Spannungen, so dass sich bei im Stern geschalteter Wicklung und nicht angeschlossenem Nullleiter keine Ströme ausbilden können. Bei im Dreieck geschalteter Ständerwicklung fließen hingegen Kreisströme dreifacher Grundfrequenz innerhalb der Wicklung, deren Größe durchaus etwa 30% des Bemessungsstroms ausmachen kann. Von praktischer Bedeutung sind dabei in erster Linie die dadurch entstehenden zusätzlichen Stromwärmeverluste.

1.6
Spannungsinduktion

1.6.1
Entwicklung der Spannungsgleichung aus dem Induktionsgesetz

Die Integralform des Induktionsgesetzes nach (1.1.33), Seite 12, liefert, auf eine Spule aus linienhaften Leitern angewendet, mit den positiven Zählrichtungen entsprechend Bild 1.6.1a die Spannungsgleichung[10]

$$\boxed{u = Ri + \frac{d\psi}{dt} = Ri - e} \qquad (1.6.1)$$

mit der Klemmenspannung u, der Stromstärke i, der Flussverkettung der Spule $\psi = \int \boldsymbol{B} \cdot d\boldsymbol{A}$, dem Widerstand der Spule R sowie der in der Spule induzierten Spannung $e = \oint (\boldsymbol{E} + \boldsymbol{v} \times \boldsymbol{B}) \cdot d\boldsymbol{s}$. Der ohmsche Spannungsabfall Ri entsteht als Linienintegral $Ri = \int (\boldsymbol{E} + \boldsymbol{v} \times \boldsymbol{B}) \cdot d\boldsymbol{s}$ entlang des Leiters, die Klemmenspannung als Linienintegral $\int (\boldsymbol{E} + \boldsymbol{v} \times \boldsymbol{B}) \cdot d\boldsymbol{s}$ von Klemme zu Klemme durch den hinsichtlich des magnetischen Felds feldfrei gedachten Außenraum.

Wenn man das Umlaufintegral nicht in die beiden Linienintegrale u und Ri auflöst, folgt aus (1.1.33)

$$e = -\frac{d\psi}{dt}. \qquad (1.6.2)$$

Innerhalb der großen Gruppe rotierender elektrischer Maschinen, die wenigstens ein rotationssymmetrisches Hauptelement aufweisen, kann die Flussverkettung einer Spule bzw. eines beliebigen Wicklungselements oder einer Wicklung aufgeteilt werden in einen Anteil ψ_δ, der vom Luftspaltfeld herrührt, und einen Anteil ψ_σ, dessen Ursache die Streufelder sind (s. Bild 1.6.1a). Es ist also

$$\boxed{\psi = \psi_\delta + \psi_\sigma} \qquad (1.6.3)$$

---

[10] s. auch Entwicklung von (1.1.40) im Abschn. 1.1.1.4c, S. 9 u. von (1.3.1) im Abschn. 1.3.2, S. 44

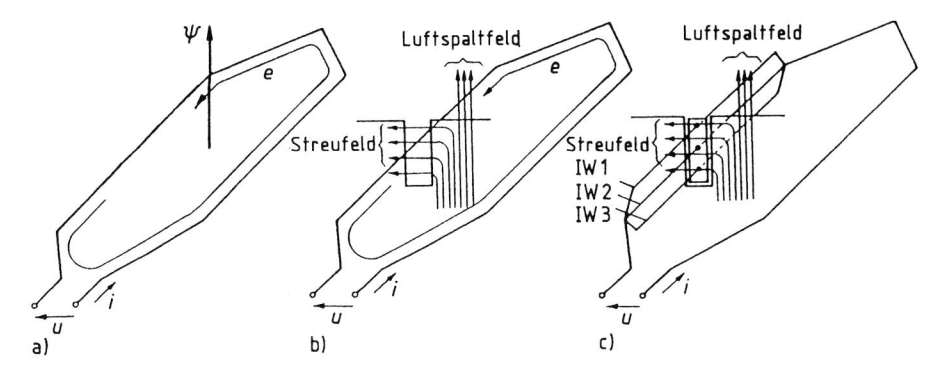

Bild 1.6.1 Zur Entwicklung der Spannungsgleichung einer Spule.
a) Zuordnung der positiven Zählrichtungen von u, i, e und ψ;
b) Spule aus linienhaften oder quasilinienhaften Leitern;
c) Spule aus Leitern mit endlichem Querschnitt, so dass
  Strom- und Flussverdrängungserscheinungen auftreten

und dem zugeordnet entsprechend (1.6.2)

$$\boxed{e = e_\delta + e_\sigma} \ . \tag{1.6.4}$$

Die Streuflussverkettung ψ_σ bzw. die von ihr induzierte Spannung e_σ rühren von den Feldern im Nut-, Wicklungskopf- und Zahnkopfraum bzw. im Polzwischenraum solcher Wicklungen her, die sich auf der gleichen Seite des Luftspalts befinden wie die betrachtete Wicklung. Die Aufteilung entsprechend (1.6.3) oder (1.6.4) erfolgt nach den Überlegungen im Abschnitt 1.3.6, Seite 54, im Zusammenhang mit der Annahme, dass die Streuflussverkettungen unabhängig von der Relativbewegung zwischen Ständer und Läufer sind. Zwischen den Streuflussverkettungen und den maßgebenden Strömen vermitteln dann konstante *Streuinduktivitäten* L_σ entsprechend

$$\psi_\sigma = L_\sigma i \ . \tag{1.6.5}$$

Hinsichtlich der Flussverkettung ψ_δ mit dem Luftspaltfeld müssen i. Allg. weitere vereinfachende Annahmen über den Verkettungsmechanismus zwischen Ständer und Läufer gemacht werden, um die Abhängigkeit von der Relativbewegung zwischen den beiden Hauptelementen Ständer und Läufer erfassen zu können. Die wichtigste derartige Vereinfachung ist die Anwendung des Prinzips der Hauptwellenverkettung (s. Abschn. 1.3.8, S. 56). Wenn der Verkettung mit der Hauptwelle des Luftspaltfelds in diesem Fall die *Hauptflussverkettung* ψ_h zugeordnet und die zugehörige Spannung mit e_h bezeichnet wird, erhält man anstelle von (1.6.3) und (1.6.4)

$$\boxed{\psi = \psi_h + \psi_\sigma} \tag{1.6.6}$$

$$\boxed{e = e_h + e_\sigma} \ . \tag{1.6.7}$$

Dabei sind in ψ_σ bzw. e_σ jetzt auch die Anteile Oberwellenstreuung enthalten (s. Abschn. 1.3.8.1).

Die Beziehungen (1.6.1) bis (1.6.7) lassen sich auch dann noch auf die Wicklungen rotierender elektrischer Maschinen anwenden, wenn diese zwar aus Leitern mit einem endlichen Querschnitt bestehen, aber über diesem Querschnitt in allen betrachteten Betriebszuständen praktisch konstante Stromdichten herrschen. Dem entspricht, dass sich keine Strom- und Flussverdrängungserscheinungen bemerkbar machen. Die Wicklung besteht in diesem Fall aus quasilinienhaften Leitern. Da die Strom- und Flussverdrängungserscheinungen i. Allg. unerwünschte Folgen haben – vor allem in Form von zusätzlichen Verlusten –, werden die Wicklungen normalerweise so dimensioniert, dass man den Einfluss dieser Erscheinungen auf die Spannungsgleichung vernachlässigen kann.[11]

Wenn die Leiterquerschnitte so groß werden, dass bei interessierenden Betriebszuständen merkliche *Strom- und Flussverdrängungserscheinungen* auftreten, bleiben (1.6.1) bis (1.6.7) nicht uneingeschränkt gültig. Wie Bild 1.6.1c erkennen lässt, ändern sich in Abhängigkeit von der Lage des Integrationswegs im Leiter sowohl der Wert des Linienintegrals $\int(\boldsymbol{E}+\boldsymbol{v}\times\boldsymbol{B})\cdot\mathrm{d}\boldsymbol{s} = \int(\boldsymbol{S}/\kappa)\cdot\mathrm{d}\boldsymbol{s}$ entlang des Leiters nach Maßgabe der Stromdichteverteilung über dem Leiter als auch das Flächenintegral $\int \boldsymbol{B}\cdot\mathrm{d}\boldsymbol{A}$. Der Spannungsabfall $u_\mathrm{r} = Ri$ lässt sich nur noch über die Verluste P_vw im Leiter entsprechend $u_\mathrm{r} = P_\mathrm{vw}/i$ einführen. Da das Linienintegral $\int(\boldsymbol{E}+\boldsymbol{v}\times\boldsymbol{B})\cdot\mathrm{d}\boldsymbol{s}$ entlang des Leiters für jeden Integrationsweg einen anderen Wert liefert, muss der Spannungsabfall $u_\mathrm{r} = Ri$ zum Teil auch in dem jeweiligen Wert für $(\mathrm{d}/\mathrm{d}t)\int \boldsymbol{B}\cdot\mathrm{d}\boldsymbol{A}$ enthalten sein. Der zugeordnete Widerstand $R = u_\mathrm{r}/i = P_\mathrm{vw}/i^2$ in (1.6.1) ist damit vom augenblicklichen Betriebszustand abhängig und nicht mehr allein durch die Geometrie bestimmt. Seine Einführung verliert deshalb an sich ihre Berechtigung. Die Flussverkettung ψ in (1.6.1) ist nur noch durch diese Beziehung selbst über die Differenz zwischen der Klemmenspannung u und dem Spannungsabfall $u_\mathrm{r} = P_\mathrm{vw}/i$ definiert. Eine Zuordnung zum Integrationsweg ist nicht mehr möglich.

Wenn das elektromagnetische Feld vollständig, d. h. also auch im Leiterinneren, bekannt ist, indem die Feldgleichungen unter den vorliegenden Betriebs- und Randbedingungen integriert wurden, erhält man natürlich für jeden Integrationsweg die gleiche Klemmenspannung u als

$$u = -\oint(\boldsymbol{E}+\boldsymbol{v}\times\boldsymbol{B})\cdot\mathrm{d}\boldsymbol{s} + \int_{C_\mathrm{L}}(\boldsymbol{E}+\boldsymbol{v}\times\boldsymbol{B})\cdot\mathrm{d}\boldsymbol{s} = \frac{\mathrm{d}}{\mathrm{d}t}\int \boldsymbol{B}\cdot\mathrm{d}\boldsymbol{A} + \int_{C_\mathrm{L}}(\boldsymbol{E}+\boldsymbol{v}\times\boldsymbol{B})\cdot\mathrm{d}\boldsymbol{s}\,.$$
(1.6.8)

Im Zusammenhang mit dem Auftreten von Strom- und Flussverdrängungserscheinungen erweist sich die Aufteilung des Felds in das Luftspaltfeld und die Streufelder ein weiteres Mal als nützlich. Wie man unmittelbar Bild 1.6.1c entnehmen kann, haben diese Erscheinungen keinen Einfluss auf die Flussverkettung ψ_δ mit dem Luftspalt-

---

[11] Das gilt aber z. B. nicht für die Läuferkreise von Induktionsmaschinen mit Käfigläufern, da dort die Stromverdrängungserscheinungen bewusst genutzt werden, um das Anzugsmoment zu vergrößern.

feld bzw. die Flussverkettung ψ_h mit seiner Hauptwelle, sondern lediglich auf die Streuflussverkettung ψ_σ. Daraus folgt im Zusammenhang mit den weiter oben angestellten Überlegungen zunächst, dass sich beim Wirksamwerden von Strom- und Flussverdrängungserscheinungen offenbar keine Widerstände R und Streuinduktivitäten L_σ mehr einführen lassen, die allein durch die Geometrie bestimmt sind. Für beliebig zeitlich veränderliche Vorgänge verlieren beide Größen ihre Berechtigung. Lediglich in dem Sonderfall, dass die Feldgrößen eingeschwungene Sinusgrößen darstellen, lassen sich Werte für R und L_σ angeben, die in den Spannungsgleichungen in der Darstellung der komplexen Wechselstromrechnung zwischen den eingeschwungenen Sinusgrößen wirksam werden, aber außer von der Geometrie auch von der Frequenz abhängig sind (s. Bd. *Berechnung elektrischer Maschinen*, Kap. 5). Dadurch ist auch die Möglichkeit geschaffen, eine Spannungsgleichung, die zunächst ohne Berücksichtigung der Strom- und Flussverdrängungserscheinungen ermittelt wurde, nachträglich zu modifizieren. Man erhält z. B. für die Spannungsgleichung einer einzelnen Spule in der Darstellung der komplexen Wechselstromrechnung, wenn das Streufeld nur vom Strom dieser Spule herrührt,

$$\underline{u} = R(f)\underline{i} + \mathrm{j}\omega L_\sigma(f)\underline{i} + \mathrm{j}\omega \underline{\psi}_\delta \,. \tag{1.6.9}$$

1.6.2
Flussverkettung und induzierte Spannung einer einzelnen Spule aufgrund des Luftspaltfelds

Das Luftspaltfeld wird durch die Induktionsverteilung $B(\gamma)$ bzw. $B(\gamma')$ beschrieben. Die w_sp Windungen einer einzelnen Spule, die in zwei Nuten mit unendlich schmal gedachten Nutschlitzen untergebracht ist, werden sämtlich vom gleichen Fluss $\varPhi_\mathrm{sp}$ durchsetzt. Die zu betrachtende Anordnung zeigt Bild 1.6.2a. Die Spulenachse liegt

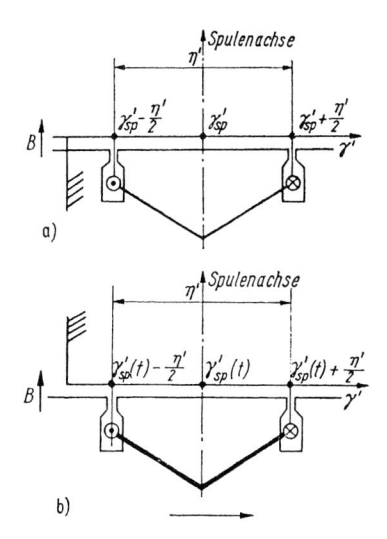

Bild 1.6.2 Koordinaten einer Spule.
a) Im Koordinatensystem γ' ruhend;
b) sich relativ zum Koordinatensystem γ' bewegend

im Koordinatensystem γ' an der Stelle $\gamma'_{\rm sp}$, d. h. sie ruht im Koordinatensystem γ', und die Spulenweite beträgt η'. Die Richtung der Spulenachse stimmt mit der positiven Zählrichtung der Luftspaltinduktion überein. Damit erhält man die Flussverkettung $\psi_{\delta\rm sp}$ der Spule mit dem Luftspaltfeld unter Beachtung von (1.5.9), Seite 80, zu

$$\psi_{\delta\rm sp} = w_{\rm sp}\Phi_{\rm sp} = w_{\rm sp}\frac{p}{\pi}\tau_{\rm p}l_{\rm i}\int_{\gamma'_{\rm sp}-\eta'/2}^{\gamma'_{\rm sp}+\eta'/2} B(\gamma',t)\,{\rm d}\gamma' \ . \tag{1.6.10}$$

In der Spule wird entsprechend (1.6.2) herrührend vom Luftspaltfeld die Spannung

$$e_{\delta\rm sp} = -\frac{{\rm d}\psi_{\delta\rm sp}}{{\rm d}t} = -w_{\rm sp}\frac{{\rm d}\Phi_{\rm sp}}{{\rm d}t} \tag{1.6.11}$$

induziert. Wenn das Feld in einem Koordinatensystem γ' beschrieben wird, in dem sich die Spule bewegt (s. Bild 1.6.2b), wird $\gamma'_{\rm sp} = \gamma'_{\rm sp}(t)$, und man erhält für den Fluss $\Phi_{\rm sp}$ (s. auch Bd. *Grundlagen elektrischer Maschinen*, Abschn. 2.4.4.1)

$$\Phi_{\rm sp} = \frac{p}{\pi}\tau_{\rm p}l_{\rm i}\int_{\gamma'_{\rm sp}(t)-\eta'/2}^{\gamma'_{\rm sp}(t)+\eta'/2} B(\gamma',t)\,{\rm d}\gamma' \ .$$

Es ist also $\Phi_{\rm sp} = \Phi_{\rm sp}(\gamma'_{\rm sp}(t),t)$, und damit wird

$$\boxed{e_{\delta\rm sp} = -w_{\rm sp}\frac{{\rm d}\Phi_{\rm sp}}{{\rm d}t} = -w_{\rm sp}\frac{\partial\Phi_{\rm sp}}{\partial t} - w_{\rm sp}\frac{\partial\Phi_{\rm sp}}{\partial\gamma'_{\rm sp}}\frac{{\rm d}\gamma'_{\rm sp}}{{\rm d}t}} \ . \tag{1.6.12}$$

Die induzierte Spannung enthält einen *Anteil durch Transformation* und einen zweiten *Anteil durch Rotation*. Die Winkelgeschwindigkeit ${\rm d}\gamma'_{\rm sp}/{\rm d}t$ ist dabei gleich der Winkelgeschwindigkeit ${\rm d}\vartheta'/{\rm d}t$ des Hauptelements, das die Spule trägt, gegenüber dem Koordinatensystem, in dem das Feld beschrieben wurde (s. Abschn. 1.5.2.1, S. 77, u. Bild 1.5.1). Für die Änderung $\partial\Phi_{\rm sp}$ des Flusses durch die Spule bei einer Verschiebung um $\partial\gamma'_{\rm sp}$ erhält man unter Beachtung von (1.5.9)

$$\partial\Phi_{\rm sp} = \frac{p}{\pi}\tau_{\rm p}l_{\rm i}\left\{B\left(\gamma'_{\rm sp}+\frac{\eta'}{2}\right) - B\left(\gamma'_{\rm sp}-\frac{\eta'}{2}\right)\right\}\partial\gamma'_{\rm sp} \ .$$

Damit kann (1.6.12) unter Beachtung von (1.5.15b) dargestellt werden als

$$\boxed{e_{\delta\rm sp} = -w_{\rm sp}\frac{\partial\Phi_{\rm sp}}{\partial t} - w_{\rm sp}\frac{p}{\pi}\tau_{\rm p}l_{\rm i}\left\{B\left(\gamma'_{\rm sp}+\frac{\eta'}{2}\right) - B\left(\gamma'_{\rm sp}-\frac{\eta'}{2}\right)\right\}\Omega} \ . \tag{1.6.13}$$

Die Beziehung (1.6.13) ist der Ausgangspunkt zur allgemeinen Betrachtung der Spannungsinduktion im Kommutatoranker.

1.6 Spannungsinduktion

Um die Integration über das Luftspaltfeld entsprechend (1.6.10) geschlossen durchführen zu können, empfiehlt es sich, die einzelnen Harmonischen getrennt zu betrachten. Im allgemeinen Fall[12] wird dazu von einer Induktionsharmonischen mit der Ordnungszahl ν' nach (1.5.5) bzw. (1.5.6), Seite 79,

$$B_{\nu'}(\gamma', t) = \hat{B}_{\nu'}(t) \cos \nu'[\gamma' - \gamma'_{B\nu'}(t)] = \hat{B}_{\nu'}(t) \cos[\nu'\gamma' - \varphi_{B\nu'}(t)] \qquad (1.6.14)$$

ausgegangen, deren räumliche Amplitude $\hat{B}_{\nu'}(t)$ und deren Lage $\gamma'_{B\nu'}(t) = \varphi_{B\nu'}(t)/\nu'$ im Koordinatensystem γ', in dem die betrachtete Spule ruht, zunächst beliebige Funktionen der Zeit sind. Damit folgt aus (1.6.10) für die Flussverkettung mit dem Feld nach (1.6.14)

$$\psi_{\text{sp},\nu'}(t) = w_{\text{sp}} \frac{2}{\pi} \tau_{\text{p}} l_{\text{i}} \hat{B}_{\nu'}(t) \frac{p}{\nu'} \sin \nu' \frac{\eta'}{2} \cos[\varphi_{B\nu'}(t) - \nu'\gamma'_{\text{sp}}] \ . \qquad (1.6.15)$$

Dabei ist

$$\Phi_{\nu'}(t) = \frac{2}{\pi} \tau_{\text{p}} l_{\text{i}} \hat{B}_{\nu'}(t) \frac{p}{\nu'} = \frac{D l_{\text{i}}}{\nu'} \hat{B}_{\nu'}(t)$$

der Fluss einer Halbwelle der betrachteten Induktionsharmonischen. Außerdem erscheint in (1.6.15) der Spulenfaktor $\xi_{\text{sp},\nu'}$ nach (1.5.37a), Seite 96, der bereits in der Beziehung für die entsprechende Durchflutungsharmonische auftrat. Wie dort regelt er das Vorzeichen und bringt den Einfluss der Sehnung zum Ausdruck. Eine Spule, deren Spulenfaktor für eine gewisse Ordnungszahl verschwindet, baut also einerseits keine Durchflutungsharmonische dieser Ordnungszahl auf, besitzt aber andererseits auch keine Flussverkettung mit einer Induktionsharmonischen dieser Ordnungszahl. Die Betrachtungen im Abschnitt 1.6.4 werden zeigen, dass nicht nur der Spulenfaktor, sondern auch andere Faktoren, die den Einfluss der Verteilung der Spulenseiten auf die Nuten beschreiben und für die Durchflutungsharmonische mit der Ordnungszahl ν' eingeführt wurden, gleichermaßen in der Flussverkettung der entsprechenden Anordnung mit einer Induktionsharmonischen mit der Ordnungszahl ν' auftreten.

Die Integration entsprechend (1.6.10) für eine Induktionsharmonische nach (1.6.14) kann elegant dadurch vorgenommen werden, dass die Feldwelle im betrachteten Zeitpunkt zerlegt wird in eine Komponente, deren Maximum an der Stelle der Spulenachse liegt, und eine zweite, die dort durch Null geht. Man erhält aus (1.6.14)

$$\begin{aligned} B_{\nu'}(\gamma', t) &= \hat{B}_{\nu'}(t) \cos \nu'[\gamma' - \gamma'_{B\nu'}(t)] \\ &= \hat{B}_{\nu'}(t) \cos \nu'[\gamma'_{B\nu'}(t) - \gamma'_{\text{sp}}] \cos \nu'(\gamma' - \gamma'_{\text{sp}}) \\ &\quad + \hat{B}_{\nu'}(t) \sin \nu'[\gamma'_{B\nu'}(t) - \gamma'_{\text{sp}}] \sin \nu'(\gamma' - \gamma'_{\text{sp}}) \ . \end{aligned}$$

Einen Beitrag zum Fluss durch die Spule liefert nur der erste Anteil, und man erhält (1.6.15).

---

[12] Der Sonderfall des stationären Betriebs, für den nur die Induktionswirkung einzelner Drehwellen konstanter Amplitude und Kreisfrequenz zu betrachten ist, wird im Abschnitt 1.6.4.3 behandelt.

1.6.3
Flussverkettung von gleichmäßig am Umfang verteilten Spulen

Eine einzelne Spule ist entsprechend den Betrachtungen im Abschnitt 1.6.2 prinzipiell mit Induktionswellen aller auf den Gesamtumfang bezogenen Ordnungszahlen $\nu' \geq 1$ verkettet. Es entfallen lediglich jene Wellen, für die der Spulenfaktor nach (1.5.37a), Seite 96, zu Null wird. Die Hintereinanderschaltung aller vorhandenen Spulen führt auf Wicklungen ohne parallele Zweige, d. h. solche mit $a = 1$. Dabei enthält die Flussverkettung der hintereinandergeschalteten Spulen nur noch Beiträge einiger Induktionswellen, und nicht mehr Beiträge aller Induktionswellen $\nu' \geq 1$. Das zu zeigen, ist das Ziel der folgenden Betrachtungen.

Im einfachen Fall der Ganzlochwicklung stehen zum Aufbau eines Wicklungsstrangs q oder $2q$ Sätze von $t = p$ gleichmäßig am Umfang verteilten Spulen zur Verfügung. Die p Spulen eines derartigen Satzes sind also auf die p Polpaare verteilt und befinden sich jeweils an der gleichen Stelle innerhalb der Polpaarteilung. Im allgemeinen Fall, der die Bruchlochwicklungen einschließt, existieren nur Sätze mit $t < p$ gleichmäßig am Umfang verteilten Spulen. Sie sind um den Winkel $\alpha^* = 2\pi/t$ gegeneinander versetzt. Ein Bereich von $p^* = p/t$ Polpaaren bildet eine *Urwicklung* (vgl. Abschn. 1.5.5.3, S. 98). Im Extremfall ist $t = 1$ und damit $p^* = p$.

Die Flussverkettung eines Satzes von t gleichmäßig über den Umfang verteilten Spulen erhält man ausgehend von (1.6.15) mit $\xi_{\mathrm{sp},\nu'}$ nach (1.5.37a) zu

$$\psi_{\nu'}(t) = w_{\mathrm{sp}}\frac{2}{\pi}\tau_{\mathrm{p}}l_{\mathrm{i}}\hat{B}_{\nu'}(t)\frac{p}{\nu'}\xi_{\mathrm{sp},\nu'}\,\mathrm{Re}\Bigg\{\underbrace{\sum_{\rho=1}^{t}\mathrm{e}^{-\mathrm{j}\nu'[\gamma'_{\mathrm{sp}}+(\rho-1)\alpha^*]}}_{\vec{A}_{\nu'}}\,\mathrm{e}^{-\mathrm{j}\varphi_{\mathrm{B}\nu'}(t)}\Bigg\}. \quad (1.6.16)$$

Die Summe $\vec{A}_{\nu'}$ verschwindet, wenn nicht $\nu'\alpha^* = \nu'2\pi/t$ selbst ein ganzzahliges Vielfaches von 2π ist (vgl. Abschn. 1.5.5.3). Der Satz hintereinandergeschalteter Spulen besitzt also nur mit solchen Induktionsharmonischen eine Flussverkettung, für deren Ordnungszahlen

$$\nu' = gt = g\frac{p}{p^*} \quad \text{mit } g \in \mathbb{N}$$

gilt. Diese Beziehung war bereits als (1.5.40) für die Durchflutungsharmonischen erhalten worden, die ein derartiger Satz von Spulen aufbaut. Hier offenbart sich ein zweites Mal das vollständig analoge Verhalten einer Leiteranordnung hinsichtlich der Durchflutungsharmonischen, die sie aufbaut, und der Induktionsharmonischen, auf die sie reagiert.

Im Sonderfall der Ganzlochwicklung ist $p^* = 1$ bzw. $t = p$ und damit $\nu' = gp$. Die Wicklung reagiert nur auf Oberwellen bezüglich der Hauptwelle, und es genügt, die Wicklung im Bereich eines Polpaars zu betrachten.

1.6.4
Flussverkettung und induzierte Spannung eines Wicklungszweigs aufgrund des Luftspaltfelds

Ein Wicklungsstrang besteht im allgemeinen Fall aus der Parallelschaltung von a gleichwertigen Wicklungszweigen. Die Anordnung der Wicklungszweige muss gewährleisten, dass durch deren Parallelschaltung keine Ausgleichsströme auftreten und alle Zweigströme eines Strangs nach Amplitude und Phase gleich sind. In einem Extremfall bildet der Wicklungsstrang selbst einen einzigen Wicklungszweig, im anderen Extremfall sind alle Spulengruppen einander parallelgeschaltet.

1.6.4.1 Unabhängigkeit der Flussverkettung eines Wicklungszweigs von der Art der Hintereinanderschaltung der Spulenseiten

Im Folgenden wird es sich als nützlich erweisen, eine Spule durch zwei Teilspulen zu ersetzen, die sich jeweils über den Rücken des betrachteten Hauptelements schließen und als Nutenspulen bezeichnet werden sollen. Grundlage dafür ist entsprechend Bild 1.6.3, dass der Fluss Φ_{sp} des Luftspaltfelds durch eine beliebige Spule, deren Spulenseiten die Nuten j und k belegen, wegen der Quellenfreiheit des magnetischen Felds entsprechend

$$\Phi_{\mathrm{sp}} = \Phi_{\mathrm{r}k} - \Phi_{\mathrm{r}j} \qquad (1.6.17)$$

durch die Rückenflüsse $\Phi_{\mathrm{r}j}$ und $\Phi_{\mathrm{r}k}$ des Luftspaltfelds an den Stellen der Nuten j und k ausgedrückt werden kann. Dabei wurden die Spulenachsen der Nutenspulen im Bild 1.6.3 in Richtung positiver Werte der Koordinate γ' gelegt, so dass der Umlaufzählsinn in der rechten Nutenspule mit dem in der tatsächlichen Spule übereinstimmt, während er in der linken Nutenspule diesem entgegengerichtet ist. Die Nutenspulen müssen dementsprechend so hintereinandergeschaltet gedacht sein, dass man die rechte Nutenspule beim Verfolgen der Zusammenschaltung in ihrem Umlaufzählsinn und die linke entgegengesetzt dazu durchläuft.

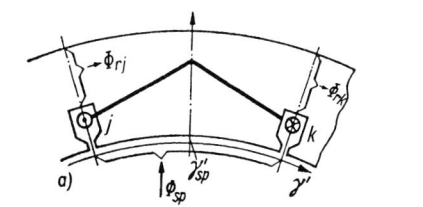

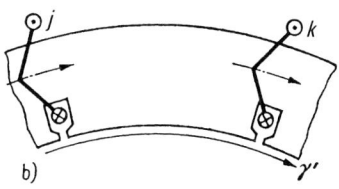

Bild 1.6.3 Ersatz einer Spule in den Nuten j und k durch zwei Nutenspulen.
a) Einführung der Flüsse;
b) Zuordnung der Nutenspulen j und k

Die Flussverkettung eines Wicklungszweigs, der durch das Hintereinanderschalten von n beliebigen Spulen entsteht, lässt sich ausgehend von (1.6.17) darstellen als

$$\psi_{\text{zw}} = \sum_{\rho=1}^{n} w_{\text{sp}\rho}\Phi_{\text{sp}\rho} = \sum_{k=1}^{n} w_{\text{sp}k}\Phi_{\text{r}k} - \sum_{j=1}^{n} w_{\text{sp}j}\Phi_{\text{r}j} = \sum_{\rho=1}^{2n} w_{\text{sp}\rho}\Phi_{\text{r}\rho} \ . \qquad (1.6.18)$$

Die Flussverkettung des Wicklungszweigs ist also allein durch die Summe der Flussverkettungen der Nutenspulen gegeben. Sie wird nicht von der Reihenfolge der Hintereinanderschaltung der Nutenspulen beeinflusst und ist damit unabhängig von der Art der Hintereinanderschaltung der zugeordneten Spulenseiten zu einem Wicklungszweig. Es liegt also auch in dieser Hinsicht das analoge Verhalten wie für die Durchflutungsverteilung vor. Man kann für die Analyse der Eigenschaften eines Wicklungszweigs eine solche Zusammenschaltung annehmen, die sich bequem handhaben lässt.

1.6.4.2 Flussverkettung eines Wicklungszweigs mit der Induktionsharmonischen ν'

Die Flussverkettung eines allgemeinen Wicklungszweigs, der im Unterabschnitt 1.5.5.5c, Seite 110, definiert wurde und aus n beliebigen Spulen mit den Windungszahlen $w_{\text{sp}1}, \ldots, w_{\text{sp}n}$ besteht, mit der Harmonischen mit der Ordnungszahl ν' des Luftspaltfelds nach (1.6.14) erhält man ausgehend von (1.6.15) zu

$$\psi_{\text{zw},\nu'}(t) = \frac{2}{\pi}\tau_{\text{p}}l_{\text{i}}\hat{B}_{\nu'}(t)\frac{p}{\nu'}\text{Re}\underbrace{\left\{\sum_{\rho=1}^{n} w_{\text{sp}\rho}\xi_{\text{sp}\rho,\nu'}e^{j\nu'\gamma'_{\text{sp}\rho}}e^{-j\varphi_{B\nu'}(t)}\right\}}_{\vec{A}_{\nu'}} .$$

Dabei tritt dieselbe Summe $\vec{A}_{\nu'}$ in Erscheinung, die bei der Herleitung einer allgemeinen Formulierung für die Durchflutungsharmonische mit der Ordnungszahl ν' im Unterabschnitt 1.5.5.5c zu einer allgemeinen Definition des vorzeichenfreien Wicklungsfaktors geführt hatte. Wenn dieser entsprechend (1.5.61) eingeführt wird, nimmt die Flussverkettung des Wicklungszweigs mit der Induktionsharmonischen mit der Ordnungszahl ν' nach (1.6.14) die Form

$$\psi_{\text{zw},\nu'}(t) = \frac{2}{\pi}\tau_{\text{p}}l_{\text{i}}\frac{p}{\nu'}\hat{B}_{\nu'}(t)w\xi_{\nu'}\cos(\varphi_{B\nu'}(t) - \nu'\gamma'_{\text{zw}\nu'}) \qquad (1.6.19)$$

an. Damit verdeutlicht sich ein weiteres Mal das analoge Verhalten einer Leiteranordnung hinsichtlich der Durchflutungsharmonischen, die sie aufbaut, und der Induktionsharmonischen, auf die sie reagiert. In beiden Fällen wird der Einfluss der Verteilung der w Windungen auf mehrere unterschiedliche Spulen durch den vorzeichenfreien Wicklungsfaktor $\xi_{\nu'}$ beschrieben. In (1.6.19) ist

$$\boxed{\Phi_{\nu'}(t) = \frac{2}{\pi}\tau_{\text{p}}l_{\text{i}}\frac{p}{\nu'}\hat{B}_{\nu'}(t)\cos[\varphi_{B\nu'}(t) - \nu'\gamma'_{\text{zw}\nu'}]} \qquad (1.6.20)$$

der Fluss der Induktionsharmonischen ν' durch eine Spule, deren Weite gleich der Polteilung $D\pi/(2\nu')$ für die Harmonische mit der Ordnungszahl ν' ist und deren Achse bei $\gamma'_{\text{zw}\nu'}$ liegt. Damit lässt sich (1.6.19) auch darstellen als

$$\boxed{\psi_{\text{zw},\nu'} = w\xi_{\nu'}\Phi_{\nu'}} . \qquad (1.6.21)$$

Insbesondere gilt für die Hauptwelle mit $\Phi_h = \Phi_p$ und $\psi_{zw,\nu'} = \psi_{zw,p}$

$$\psi_{zw,p} = \psi_h = w\xi_p\Phi_h \tag{1.6.22}$$

mit
$$\Phi_h(t) = \frac{2}{\pi}\tau_p l_i \hat{B}_p(t) \cos[\varphi_{Bp}(t) - p\gamma'_{zw\,p}] . \tag{1.6.23}$$

1.6.4.3 Spannungsinduktion eines Drehfelds in einem Wicklungszweig

Im Sonderfall des stationären Betriebs lässt sich die Induktionsverteilung als Summe aus Drehwellen der Form

$$B_{\nu'}(\gamma', t) = \hat{B}_{\nu'} \cos(\tilde{\nu}'\gamma' - \omega_{\nu'}t - \varphi_{B\nu'}) \tag{1.6.24}$$

mit jeweils konstanter Amplitude, Kreisfrequenz und Phasenlage darstellen. Damit ist in (1.6.14)

$$\varphi_{B\nu'}(t) = \nu'\gamma'_{B\nu'}(t) = \omega_{\nu'}t + \varphi_{B\nu'} ,$$

und man erhält für die Flussverkettung $\psi_{zw,\nu'}$ des Wicklungszweigs nach (1.6.19)

$$\psi_{zw,\nu'}(t) = \frac{2}{\pi}\tau_p l_i \hat{B}_{\nu'} \frac{p}{\nu'} w\xi_{\nu'} \cos(\omega_{\nu'}t + \varphi_{B\nu'} - \nu'\gamma'_{zw\nu'}) . \tag{1.6.25}$$

Die Flussverkettung $\psi'_{zw,\nu'}$ ist zeitlich sinusförmig. Ihre Phasenlage hängt von der Lage $\gamma'_{zw\nu'}$ der Zweigachse für die Harmonische mit der Ordnungszahl ν' ab. Bei Übergang zur Darstellung der komplexen Wechselstromrechnung folgt aus (1.6.25)

$$\boxed{\underline{\psi}_{zw,\nu'} = w\xi_{\nu'}\underline{\Phi}_{\nu'} e^{j(\varphi_{B\nu'} - \nu'\gamma'_{zw\nu'})}} \tag{1.6.26}$$

mit dem Fluss einer Halbwelle des Drehfelds

$$\underline{\Phi}_{\nu'} = \frac{2}{\pi}\tau_p l_i \hat{B}_{\nu'} \frac{p}{\nu'} = \frac{Dl_i}{\nu'}\hat{B}_{\nu'} . \tag{1.6.27}$$

Ausgehend von (1.6.26) erhält man für die induzierte Spannung des Wicklungszweigs

$$\boxed{\underline{e}_{zw,\nu'} = -j\omega_{\nu'}\underline{\psi}_{zw,\nu'} = \omega_{\nu'}w\xi_{\nu'}\underline{\Phi}_{\nu'} e^{j(\varphi_{B\nu'} - \nu'\gamma'_{zw\nu'} - \pi/2)}} . \tag{1.6.28}$$

Für den Sonderfall der Hauptwelle gilt

$$\underline{\psi}_{zw,p} = w\xi_p\underline{\Phi}_h \tag{1.6.29}$$

$$\underline{\Phi}_h = \frac{2}{\pi}\tau_p l_i \hat{B}_p e^{j(\varphi_{Bp} - p\gamma'_{zw})} \tag{1.6.30}$$

$$\underline{e}_{h\,zw} = -j\omega w\xi_p\underline{\Phi}_h = \omega w\xi_p\Phi_h e^{j(\varphi_{Bp} - p\gamma'_{zw} - \pi/2)} . \tag{1.6.31}$$

1.6.4.4 Bestimmung des Wicklungsfaktors mit Hilfe des Nutenspannungssterns

Im Abschnitt 1.6.4.1 ist gezeigt worden, dass sich eine beliebige Spule durch zwei Nutenspulen ersetzen lässt, die sich jeweils über den Rücken des betrachteten Hauptelements schließen. Die induzierte Spannung eines Wicklungszweigs ergibt sich dann

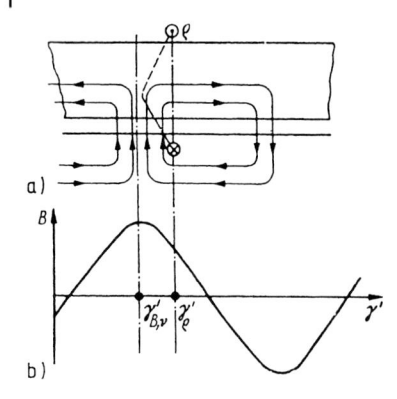

Bild 1.6.4 Zur Ermittlung der Flussverkettung einer Nutenspule mit der ν'. Harmonischen des Luftspaltfelds

ausgehend von (1.6.18) als vorzeichenbehaftete Summe der von den Flussverkettungen der Nutenspulen induzierten Spannungen der Nutenspulen. Diese Spannungen werden als *Nutenspannungen* $e_{n\rho}$ bezeichnet. Es ist also

$$e_{zw} = \sum_{\rho=1}^{2n} e_{n\rho} \, . \tag{1.6.32}$$

Dabei ergibt sich das Vorzeichen durch die Übereinstimmung bzw. Nichtübereinstimmung des Umlaufzählsinns der Nutenspulen mit dem Durchlaufsinn durch den Wicklungszweig. Die Flussverkettung $\psi_{r\rho,\nu'}$ einer Nutenspule ρ mit einer Induktionsharmonischen mit der Ordnungszahl ν' nach (1.6.14) ergibt sich mit Bild 1.6.4 zu

$$\psi_{r\rho\nu'}(t) = w_{sp\rho}\frac{p}{\pi}\tau_p l_i \hat{B}_{\nu'}(t)\int_{\gamma'_{B\nu'}}^{\gamma'_\rho}\cos\nu'[\gamma' - \gamma'_{B\nu'}(t)]\,\mathrm{d}\gamma'$$

$$= w_{sp\rho}\frac{p}{\pi}\tau_p l_i \hat{B}_{\nu'}(t)\frac{1}{\nu'}\sin\nu'[\gamma'_\rho - \gamma'_{B\nu'}(t)] \, .$$

Für den Sonderfall, dass die Induktionsharmonische ein Drehfeld nach (1.6.24) darstellt, d. h. für $\nu'\gamma'_{B\nu'}(t) = w_{\nu'}t + \varphi_{B\nu'}$, folgt daraus unter Einführung von $\Phi_{\nu'}$ entsprechend (1.6.27)

$$\psi_{r\rho,\nu'}(t) = w_{sp\rho}\frac{1}{2}\Phi_{\nu'}\cos\left(\omega_{\nu'}t - \nu'\gamma'_\rho + \varphi_{B\nu'} + \frac{\pi}{2}\right) \, .$$

Daraus erhält man für die *Nutenspannung* $\underline{e}_{n\rho,\nu'}$ der Nut ρ in der Darstellung der komplexen Wechselstromrechnung

$$\underline{e}_{n\rho,\nu'} = -\mathrm{j}\omega_{\nu'}\underline{\psi}_{r\rho,\nu'} = \omega_{\nu'}w_{sp\rho}\frac{1}{2}\Phi_{\nu'}\mathrm{e}^{\mathrm{j}(\varphi_{B\nu'} - \nu'\gamma'_\rho)} \, . \tag{1.6.33}$$

Die Nutenspannungen der einzelnen Nuten ρ unterscheiden sich zunächst in der Phasenlage, wobei die Spannungen aufeinander folgender Nuten um den Winkel

$$\nu'\alpha'_n = \nu\alpha_n = \nu'\frac{2\pi}{N} = \nu\frac{2\pi p}{N} \tag{1.6.34}$$

gegeneinander phasenverschoben sind. Die Nutenspannungen können sich im allgemeinen Fall außerdem nach Maßgabe ihrer Windungszahl $w_{\text{sp}\rho}$ unterscheiden. Die Zeigerdarstellung sämtlicher Nutenspannungen $\underline{e}_{\text{n}\rho,\nu'}$ liefert den sog. *Nutenspannungsstern*. Die induzierte Spannung einer Spule erhält man als Differenz der zugeordneten Nutenspannungen, z. B. für die Spulen im Bild 1.6.3 als

$$\underline{e}_{\text{sp},\nu'} = \underline{e}_{\text{n}k,\nu'} - \underline{e}_{\text{n}j,\nu'} \ . \tag{1.6.35}$$

Die Zeigerdarstellung sämtlicher Spulenspannungen liefert den *Spulenspannungsstern*. Er zeigt, welche Spulen nach Betrag und Phase gleiche Spannung führen und damit unter dem Gesichtspunkt der Wirkung des betrachteten Drehfelds unmittelbar oder in der Reihenschaltung mit anderen Spulen parallelgeschaltet werden können.

Die in einem Wicklungszweig von einer Induktionsdrehwelle mit der Ordnungszahl ν' induzierte Spannung erhält man entsprechend (1.6.32) mit (1.6.33) zu

$$\boxed{\begin{aligned}\underline{e}_{\text{zw},\nu'} &= \sum_\rho \underline{e}_{\text{n}\rho,\nu'} = \left|\sum_\rho \underline{e}_{\text{n}\rho,\nu'}\right| e^{j\varphi_{\text{ezw}\nu'}} \\ &= \sum_\rho \omega_{\nu'} w_{\text{sp}\rho} \frac{1}{2}\Phi_{\nu'} e^{j(\varphi_{B\nu'}-\nu'\gamma'_\rho)} = \sum_\rho \hat{e}_{\text{n}\rho,\nu'} e^{j(\varphi_{B\nu'}-\nu'\gamma'_\rho)}\end{aligned}} \tag{1.6.36}$$

Dabei ist

$$\hat{e}_{\text{n}\rho,\nu'} = \frac{1}{2}\omega_{\nu'} w_{\text{sp}\rho} \Phi_{\nu'}$$

die Amplitude der in der Nutenspule ρ induzierten Spannung, und es gilt wegen $\sum w_{\text{sp}\rho} = w$

$$\sum_\rho \hat{e}_{\text{n}\rho,\nu'} = \omega_{\nu'} w \Phi_{\nu'} \ . \tag{1.6.37}$$

Außerdem ist die in einem Wicklungszweig von einer Induktionsdrehwelle der Ordnungszahl ν' induzierte Spannung durch (1.6.28) gegeben. Aus beiden Beziehungen folgt unter Beachtung von (1.6.37)

$$\left|\sum \underline{e}_{\text{n}\rho,\nu'}\right| e^{j\varphi_{\text{ezw},\nu'}} = \omega_{\nu'} w \xi_{\nu'} \Phi_{\nu'} e^{j(\varphi_{B\nu'}-\nu'\gamma'_{\text{zw}\nu'}-\pi/2)}$$

$$= \sum \hat{e}_{\text{n}\rho,\nu'} \xi_{\nu'} e^{j(\varphi_{B\nu'}-\nu'\gamma'_{\text{zw}\nu'}-\pi/2)} \ . \tag{1.6.38}$$

Damit erhält man den vorzeichenfreien Wicklungsfaktor für die Ordnungszahl ν' zu

$$\xi_{\nu'} = \frac{\left|\sum \underline{e}_{\text{n}\rho,\nu'}\right|}{\sum \hat{e}_{\text{n}\rho,\nu'}} \tag{1.6.39}$$

und die Lage der Wicklungsachse des Zweigs in dem Koordinatensystem, in dem die Lage der Nutenspulen und die Induktionswelle beschrieben wurden, zu

$$\gamma'_{\text{zw}\nu'} = \frac{1}{\nu'}\left(\varphi_{B\nu'} - \varphi_{\text{ezw}\nu'} - \frac{\pi}{2}\right) \ . \tag{1.6.40}$$

Die Beziehung (1.6.39) weist einen eleganten Weg zur Ermittlung des vorzeichenfreien Wicklungsfaktors $\xi_{\nu'}$ eines beliebig ausgeführten Wicklungszweigs für die Ordnungszahl ν'. Man unterstellt eine über die zu untersuchende Wicklung bzw. den zu untersuchenden Wicklungsteil positiv umlaufende Induktionswelle der Ordnungszahl ν', ermittelt den Nutenspannungsstern und daraus über (1.6.39) den vorzeichenfreien Wicklungsfaktor als Verhältnis der geometrischen Summe der Zeiger der Nutenspannungen zu ihrer arithmetischen Summe. Wenn alle Spulen dieselbe Windungszahl w_{sp} aufweisen, haben alle Nutenspannungen dieselbe Amplitude, und der Nutenspannungsstern besteht aus Zeigern gleicher Länge. Der vorzeichenfreie Wicklungsfaktor wird dann nur durch die relative Phasenlage der Nutenspannungen bestimmt. Ihre Amplituden kann man gleich Eins setzen, bzw. es kann mit der aus (1.6.39) mit (1.6.36) und (1.6.37) folgenden Beziehung

$$\xi_{\nu'} = \frac{w_{\mathrm{sp}}}{2w} \left| \sum \mathrm{e}^{-\mathrm{j}\nu'\gamma'_\rho} \right| \qquad (1.6.41)$$

gearbeitet werden.

Die beschriebene Methode zur Ermittlung des Wicklungsfaktors, bei der man ein gegenüber der zu untersuchenden Wicklung umlaufendes Drehfeld entsprechender Ordnungszahl unterstellt, ist nicht daran gebunden, dass betriebsmäßig ein solches Drehfeld auftritt. Andererseits findet diese Methode in der Berechnungspraxis weitgehend – und offenbar berechtigt – Anwendung und wird auch im Abschnitt 1.2.3 des Bands *Berechnung elektrischer Maschinen* genutzt. Vielfach wird jedoch (1.6.39) als Definition des Wicklungsfaktors angesehen, d. h. er wird über die Spannungen definiert, die von einem gedachten Drehfeld induziert werden. Eine derartige Definition verschleiert zunächst den Tatbestand, dass der Wicklungsfaktor der Geometrie einer Wicklung zugeordnet ist. Außerdem ist es dann nicht ohne Weiteres gerechtfertigt, den Wicklungsfaktor bei der Ermittlung der Durchflutungsharmonischen oder bei der Bestimmung der Flussverkettung mit einer Induktionsharmonischen zu verwenden, die keine Drehwellen darstellen, sondern z. B. stehende Wellen.

1.6.5
Spannungsinduktion in einem Kommutatoranker aufgrund des Luftspaltfelds

Die induzierte Spannung in einem Zweig einer Kommutatorwicklung ist in jedem Augenblick durch die Summe der induzierten Spannungen jener Spulen gegeben, die in den betrachteten Zweig eingeschaltet sind. Es ist also eine Anordnung zu untersuchen, die mit den getroffenen Vereinbarungen über den Durchlaufsinn und die Lage der Eintritts- und Austrittsbürsten im Bild 1.6.5 dargestellt ist. Dabei wurden die erste und die letzte Spule des betrachteten Zweigs sowie eine Spule an einer beliebigen Stelle angedeutet und der Umlaufzählsinn für die induzierte Spannung angegeben. Die Beschränkung auf ungesehnte Spulen, die im Abschnitt 1.5.5.7, Seite 115, bei der Ermittlung der Durchflutungsverteilung vorgenommen wurde, wird weiterhin

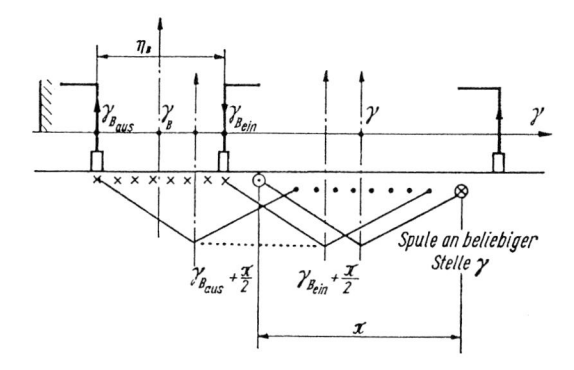

Bild 1.6.5 Ausgangsanordnung zur Ermittlung der induzierten Spannung in einer Kommutatorwicklung

aufrechterhalten. Das gleiche gilt hinsichtlich der Voraussetzung eines bezüglich der Polpaarteilung periodischen Aufbaus, die es ermöglicht, sich auf die Betrachtung eines Polpaars zu beschränken. Entsprechend den Betrachtungen im Abschnitt 1.4.2, Seite 71, werden die Spulen eines Ankerzweigs zwischen zwei Bürsten bei der Bewegung des Ankers laufend ausgewechselt. Dabei bleibt aber, unter der Voraussetzung einer hinreichend großen Spulenzahl, jede Stelle des Bereichs zwischen den beiden Bürsten jederzeit besetzt.

Die Grenzen des Bereichs, innerhalb dessen die induzierten Spannungen der Einzelspulen summiert werden müssen, sind durch die Lage der Bürsten gegeben. Wenn die Spulenzahl hinreichend groß ist, kann die Summation durch eine Integration ersetzt werden. Die Lage der Bürsten bestimmt dann die Integrationsgrenzen. Diese sind offenbar dann keine Funktion der Zeit, wenn sie im bezogenen Koordinatensystem γ_1 des Ständers angegeben werden. Um die Integration in diesem Koordinatensystem durchführen zu können, müssen die induzierten Spannungen der Einzelspulen als Funktion der Ständerkoordinate ermittelt werden. Dazu ist es sinnvoll, das Luftspaltfeld von vornherein in diesem Koordinatensystem zu beschreiben. In diesem Fall erhält man die induzierte Spannung in einer Spule entsprechend den Überlegungen im Abschnitt 1.6.2 über (1.6.13).

Bei Gleichstrom- oder Einphasen-Wechselstrommaschinen interessiert vor allem der Fall, dass die Bürsten im Abstand der Polteilung stehen, d. h. dass $\eta_B = \pi$ ist. Dann haben alle Wicklungszweige die gleiche Windungszahl w. Ihre Größe folgt aus der Gesamtzahl z_a der Ankerleiter und der Anzahl $2a$ der parallelen Zweige der ausgeführten Wicklung zu

$$w = \frac{z_a}{4a}. \quad (1.6.42)$$

Diese Windungszahl ist in einem Wicklungszweig innerhalb einer Zone der Breite π hintereinandergeschaltet. Auf einen Abschnitt $d\gamma_1$ entfallen davon $(w/\pi)\,d\gamma_1$ Windungen. Sie liegen bei Schleifenwicklungen im Bereich eines Polpaars; bei Wellenwicklungen sind sie über alle p Polpaare verteilt. Da Luftspaltfelder vorausgesetzt wurden, die periodisch bezüglich der Polpaarteilung sind, herrscht an den Stellen γ_1, $\gamma_1 + 2\pi$,

$\gamma_1 + 4\pi, \ldots$ die gleiche Induktion. Unter dieser Voraussetzung bestehen hinsichtlich der Spannungsinduktion keine Unterschiede zwischen den beiden Wicklungsarten.

Die $(w/\pi)\,\mathrm{d}\gamma_1$ Windungen, die auf dem Abschnitt $\mathrm{d}\gamma_1$ liegen, liefern zur gesamten induzierten Spannung e_δ des betrachteten Zweigs zwischen den beiden Bürsten in Bezug auf den Durchlaufsinn im Bild 1.6.5 den Beitrag

$$\mathrm{d}e_\delta = -\frac{w}{\pi} e_\mathrm{w}(\gamma_1)\,\mathrm{d}\gamma_1\ .$$

Dabei ist $e_\mathrm{w}(\gamma_1)$ die in einer Windung an der Stelle γ_1 in Bezug auf die Rechtsschraubenzuordnung zur Windungsachse induzierte Spannung, die (1.6.13) mit $w_\mathrm{sp} = 1$ und $\eta = \pi$ gehorcht. Durch Integration erhält man für die gesamte induzierte Spannung e_δ mit den Integrationsgrenzen aus Bild 1.6.5

$$e_\delta = -\frac{w}{\pi} \int_{\gamma_\mathrm{B\,aus}+\pi/2}^{\gamma_\mathrm{B\,ein}+\pi/2} e_\mathrm{w}(\gamma_1)\,\mathrm{d}\gamma_1\ .$$

Wenn für die induzierte Spannung einer Windung an der Stelle γ_1 (1.6.13) mit $\eta = \pi$, $w_\mathrm{sp} = 1$ und $p\Omega = \mathrm{d}\vartheta/\mathrm{d}t$ eingesetzt wird, folgt daraus

$$e_\delta = -\frac{w}{\pi}\frac{\partial}{\partial t}\int_{\gamma_\mathrm{B\,aus}+\pi/2}^{\gamma_\mathrm{B\,ein}+\pi/2} \Phi(\gamma_1)\,\mathrm{d}\gamma_1 \tag{1.6.43}$$

$$+\frac{w}{\pi}\frac{1}{\pi}\tau_\mathrm{p} l_\mathrm{i}\left\{\int_{\gamma_\mathrm{B\,aus}+\pi/2}^{\gamma_\mathrm{B\,ein}+\pi/2} B\left(\gamma_1+\frac{\pi}{2}\right)\mathrm{d}\gamma_1 - \int_{\gamma_\mathrm{B\,aus}+\pi/2}^{\gamma_\mathrm{B\,ein}+\pi/2} B\left(\gamma_1-\frac{\pi}{2}\right)\mathrm{d}\gamma_1\right\}\frac{\mathrm{d}\vartheta}{\mathrm{d}t}\ .$$

Dabei ist $\Phi(\gamma_1)$ der Fluss durch eine ungesehnte Spule, deren Achse an der Stelle γ_1 liegt. Er beträgt

$$\Phi(\gamma_1) = \frac{1}{\pi}\tau_\mathrm{p} l_\mathrm{i}\int_{\gamma_1-\pi/2}^{\gamma_1+\pi/2} B(\gamma_1)\,\mathrm{d}\gamma_1\ . \tag{1.6.44}$$

Im ersten Summanden von (1.6.43) ist $-(w/\pi)\Phi(\gamma_1)\,\mathrm{d}\gamma_1$ der Anteil an der Flussverkettung des Wicklungszweigs, den die $(w/\pi)\,\mathrm{d}\gamma_1$ Windungen auf dem Element $\mathrm{d}\gamma_1$ liefern. Das negative Vorzeichen erscheint dabei deshalb, weil die Windungen mit den Vorzeichenfestlegungen nach Bild 1.6.5 beim Fortschreiten von der Eintritts- zur Austrittsbürste entgegengesetzt zur Rechtsschraubenzuordnung in Bezug auf die Windungsachsen durchlaufen werden. Die Flussverkettung ψ_B des gesamten Kommutatorankers als stationäre Wicklung mit dem Luftspaltfeld gewinnt man durch Integration zu

$$\psi_\mathrm{B} = -\frac{w}{\pi}\int_{\gamma_\mathrm{B\,aus}+\pi/2}^{\gamma_\mathrm{B\,ein}+\pi/2} \Phi(\gamma_1)\,\mathrm{d}\gamma_1\ . \tag{1.6.45}$$

Der zweite Summand in (1.6.43) lässt sich darstellen als $-\dfrac{w}{\pi}(\varPhi_B - \varPhi_B^+)\dfrac{d\vartheta}{dt}$ mit

$$\varPhi_B = \frac{1}{\pi}\tau_p l_i \int_{\gamma_{B\,aus}+\pi/2}^{\gamma_{B\,ein}+\pi/2} B\left(\gamma_1 - \frac{\pi}{2}\right) d\gamma_1 = \frac{1}{\pi}\tau_p l_i \int_{\gamma_{B\,aus}}^{\gamma_{B\,ein}} B(\gamma_1)\, d\gamma_1 \qquad (1.6.46)$$

$$\varPhi_B^+ = \frac{1}{\pi}\tau_p l_i \int_{\gamma_{B\,aus}+\pi/2}^{\gamma_{B\,ein}+\pi/2} B\left(\gamma_1 + \frac{\pi}{2}\right) d\gamma_1 = \frac{1}{\pi}\tau_p l_i \int_{\gamma_{B\,aus}+\pi}^{\gamma_{B\,ein}+\pi} B(\gamma_1)\, d\gamma_1\,. \qquad (1.6.47)$$

$\varPhi_B$ nach (1.6.46) ist der Fluss, der zwischen $\gamma_{B\,aus}$ und $\gamma_{B\,ein}$, d. h. im Gebiet der Oberschichtspulenseiten des betrachteten Zweigs, aus der Ankeroberfläche tritt. Analog dazu ist $\varPhi_B^+$ nach (1.6.47) der Fluss, der den Anker zwischen $\gamma_{B\,aus}+\pi$ und $\gamma_{B\,ein}+\pi$, d. h. im Gebiet der Unterschichtspulenseiten des betrachteten Zweigs, verlässt.

Mit den Beziehungen (1.6.45), (1.6.46) und (1.6.47) geht (1.6.43) für die im Luftspaltfeld induzierte Spannung des Kommutatorankers über in

$$\boxed{e_\delta = -\frac{\partial \psi_B}{\partial t} - \frac{w}{\pi}\left(\varPhi_B - \varPhi_B^+\right)\frac{d\vartheta}{dt}}\,. \qquad (1.6.48)$$

Der erste Anteil der induzierten Spannung nach (1.6.48) wird – wie bei der Spannung der Einzelspule nach (1.6.13) – als *Anteil der Transformation* bezeichnet. Er tritt auf, wenn sich die Flussverkettung ψ_B zeitlich ändert, die der Anker als stationäre Wicklung mit dem Luftspaltfeld besitzt. Voraussetzung dafür ist, dass sich das Luftspaltfeld im Koordinatensystem des Ständers zeitlich ändert.

Der zweite Anteil in (1.6.48) wird – wiederum analog zu dem entsprechenden Anteil in der Spannung der Einzelspule nach (1.6.13) – als *Anteil der Rotation* bezeichnet. Er tritt auch dann auf, wenn das Luftspaltfeld im Koordinatensystem des Ständers zeitlich konstant ist. Dabei ist die Spannung proportional zur Drehzahl und zur Differenz der beiden Flüsse, die im Bereich der Oberschichtspulenseiten des betrachteten Zweigs und im Bereich seiner Unterschichtspulenseiten aus dem Anker treten (s. Bild 1.6.6).

Im Allgemeinen besitzt das Luftspaltfeld die Symmetrieeigenschaft $B(\gamma_1 + \pi) = -B(\gamma_1)$. In diesem Fall folgt aus (1.6.46) und (1.6.47) $\varPhi_B^+ = -\varPhi_B$ (s. Bild 1.6.6), und (1.6.48) geht über in

$$\boxed{e_\delta = -\frac{\partial \psi_B}{\partial t} - 2\frac{w}{\pi}\varPhi_B \frac{d\vartheta}{dt}}\,. \qquad (1.6.49)$$

Die Beziehungen (1.6.48) bzw. (1.6.49) für die induzierte Spannung im Kommutatoranker gelten allgemein, d. h. bei beliebigem Zeitverhalten und beliebiger Form des Luftspaltfelds, das lediglich periodisch bezüglich der Polpaarteilung sein muss. Dabei weisen die beiden Anteile der induzierten Spannung im allgemeinen Fall unterschiedliches Zeitverhalten auf.

Für den Sonderfall, dass relativ zum Ständer ein Gleichfeld existiert, wird $\partial \psi_B / \partial t = 0$, und es tritt nur eine Rotationsspannung auf. Diese Rotationsspannung ist außerdem zeitlich konstant; sie stellt also eine Gleichspannung dar.

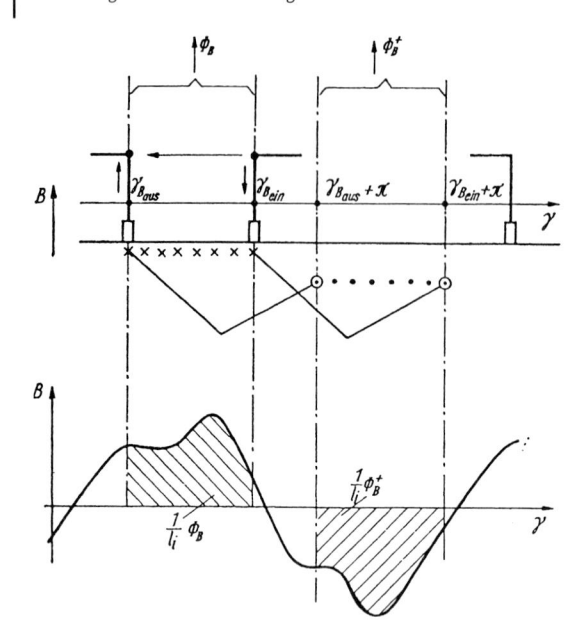

Bild 1.6.6 Deutung der Flüsse Φ_B und Φ_B^+, die für die Rotationsspannung des Kommutatorankers verantwortlich sind

Wenn das Luftspaltfeld ein Wechselfeld oder ein Drehfeld ist, werden ψ_B sowie Φ_B und Φ_B^+ Wechselgrößen gleicher Frequenz. Man erhält für die beiden Anteile Wechselspannungen mit gleicher Frequenz, aber unterschiedlicher Frequenzabhängigkeit ihrer Amplituden. Dabei ist im Fall des Wechselfelds zu beachten, dass nicht notwendig beide Komponenten der induzierten Spannung in Erscheinung treten. Wenn das Feld symmetrisch zu γ_B ist, wird nach (1.6.45) $\psi_B = 0$, und es tritt keine transformatorische Spannung auf. Umgekehrt verschwindet der Rotationsanteil für ein Wechselfeld, das schiefsymmetrisch zu γ_B ist, da in diesem Fall die Flüsse Φ_B und Φ_B^+ nach (1.6.46) und (1.6.47) verschwinden. Ein Drehfeld kann man sich in zwei Wechselfelder zerlegt denken, von denen das eine symmetrisch und das andere schiefsymmetrisch zu γ_B ist. Damit treten in diesem Fall stets beide Anteile der induzierten Spannung auf.

1.6.6
Einfluss der Schrägung

Bisher war bei der Ermittlung der Flussverkettung und damit der induzierten Spannung einer Spule stillschweigend angenommen worden, dass sowohl die Ständer- als auch die Läufernuten parallel zur Maschinenachse verlaufen und damit keine Schrägung vorliegt. In diesem Fall ist die Induktionsverteilung über einer Spule, wenn man von den Randeffekten absieht, keine Funktion einer Koordinate, die in Richtung der Spulenseiten bzw. der Nuten verläuft. Das gilt unabhängig davon, ob das Feld von jenem Hauptelement aus aufgebaut wird, auf dem sich die betrachtete Spule befindet, oder vom gegenüberliegenden. Die Ausgangsgleichung (1.6.10), Seite 142, zur

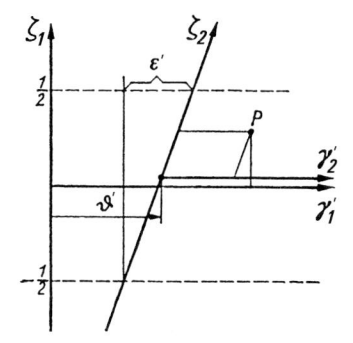

Bild 1.6.7 Zur Transformation zwischen Ständer- und Läuferkoordinatensystem unter dem Einfluss der Schrägung

Ermittlung der Flussverkettung einer Spule enthält also bereits die Einschränkung, dass keine Schrägung vorliegt. Das gleiche gilt für die Transformationsbeziehungen zwischen den Ständer- und den Läuferkoordinaten nach (1.5.14a,b,c), Seite 81.

Wenn die Ständernuten gegenüber den Läufernuten schräggestellt sind, muss bei der Integration der Induktionsverteilung berücksichtigt werden, dass die Luftspaltinduktion und die Integrationsgrenzen axiale Abhängigkeiten aufweisen. Es wird sich jedoch zeigen, dass die Schrägung auf die bisherigen Ergebnisse für die Flussverkettung einer Spule bzw. einer Wicklung lediglich dadurch Einfluss nimmt, dass ein zusätzlicher Faktor auftritt. Damit ist auch die nachträgliche Behandlung des Schrägungseinflusses gerechtfertigt.

Um die axiale Abhängigkeit des Luftspaltfelds bzw. der Integrationsgrenzen beschreiben zu können, ist es erforderlich, entsprechend Bild 1.6.7 bezogene Koordinaten ζ_1 und ζ_2 einzuführen, die in Richtung der Nuten bzw. der Spulenseiten verlaufen.[13] Dabei ist $\zeta = z/l_i$, so dass das Blechpaket der idellen Länge l_i von $\zeta = -1/2$ bis $\zeta = +1/2$ reicht. Die Schrägung der Läufernuten gegenüber den Ständernuten über die Länge l_i betrage τ_{schr}. Dann erhält man als Schrägungswinkel

$$\varepsilon' = \frac{\tau_{\mathrm{schr}}}{\tau_{\mathrm{p}}} \frac{\pi}{p} = \frac{\varepsilon}{p}. \tag{1.6.50}$$

Die Transformationsbeziehungen zwischen den Koordinatensystemen lassen sich aus Bild 1.6.7 ablesen zu

$$\zeta_1 = \zeta_2 = \zeta \tag{1.6.51}$$

und

$$\gamma'_1 = \gamma'_2 + \vartheta' + \varepsilon'\zeta \tag{1.6.52}$$

bzw.

$$\gamma_1 = \gamma_2 + \vartheta + \varepsilon\zeta. \tag{1.6.53}$$

Im Folgenden ist analog zum Vorgehen im Abschnitt 1.6.2, Seite 141, die Flussverkettung einer Spule mit dem Luftspaltfeld unter dem Einfluss der Schrägung zu bestimmen. Da das Luftspaltfeld jetzt nicht mehr in axialer Richtung über der Länge l_i

---

[13] Im Bild 1.6.7 ist der Läufer geschrägt und der Ständer achsenparallel angenommen worden. Maßgebend ist jedoch nur die relative Schrägung zwischen beiden Hauptelementen.

konstant ist, folgt aus $\psi_{\delta\mathrm{sp}} = w_\mathrm{sp} \iint B \,\mathrm{d}x\,\mathrm{d}z$ anstelle von (1.6.10)

$$\psi_{\delta\mathrm{sp}}(t) = w_\mathrm{sp} \frac{p}{\pi} \tau_\mathrm{p} l_\mathrm{i} \int_{-1/2}^{1/2} \int_{\gamma'_\mathrm{sp}-\eta'/2}^{\gamma'_\mathrm{sp}+\eta'/2} B(\gamma', \zeta, t) \,\mathrm{d}\gamma'\,\mathrm{d}\zeta \;. \tag{1.6.54}$$

Um die Integration über das Luftspaltfeld geschlossen durchführen zu können, empfiehlt es sich wieder, die einzelnen Harmonischen bzw. Drehwellen getrennt zu betrachten. Außerdem muss von einer Induktionsharmonischen ausgegangen werden, die vom anderen Hauptelement aufgebaut wird, damit sich der Schrägungseinfluss bemerkbar macht. Dementsprechend wird angenommen, dass die Induktionsharmonische nach (1.6.14) im Ständerkoordinatensystem existiert, und es wird die Flussverkettung einer Läuferspule betrachtet. Dazu muss die Induktionsharmonische zunächst mit Hilfe der Transformationsbeziehung (1.6.52) im Koordinatensystem des Läufers beschrieben werden. Man erhält

$$B_{\nu'}(\gamma'_2, \zeta, t) = \hat{B}_{\nu'}(t) \cos\nu'[\gamma'_2 + \varepsilon'\zeta - \gamma'_{\mathrm{B}\nu'2}(t)] \;.$$

Dabei wurde die Koordinate der Lage des Maximums als $\gamma_{\mathrm{B}\nu'2}(t) = \gamma'_{B\nu'}(t) - \vartheta'(t)$ eingeführt.

Die Flussverkettung einer Läuferspule, deren Achse bei $\gamma'_{2\mathrm{sp}}$ liegt und deren Weite η' beträgt, erhält man ausgehend von (1.6.54), indem dieses Luftspaltfeld erst über γ'_2 und anschließend über ζ integriert wird, mit $\varphi_{\mathrm{B}\nu'2}(t) = \nu'\gamma'_{\mathrm{B}\nu'2}(t)$ entsprechend (1.5.7), Seite 79, zu

$$\psi_{\mathrm{sp},\nu'}(t) = w_\mathrm{sp} \frac{2}{\pi} \tau_\mathrm{p} l_\mathrm{i} \hat{B}_{\nu'}(t) \frac{p}{\nu'} \sin\frac{\nu'\eta'}{2} \frac{\sin\dfrac{\nu'\varepsilon'}{2}}{\dfrac{\nu'\varepsilon'}{2}} \cos[\varphi_{\mathrm{B}\nu'2}(t) - \nu'\gamma'_{2\mathrm{sp}}] \;. \tag{1.6.55}$$

Ein Vergleich mit (1.6.15), Seite 143, zeigt, dass die Flussverkettung mit einer Induktionsharmonischen mit der Ordnungszahl ν' unter dem Einfluss der Schrägung um den *Schrägungsfaktor*

$$\boxed{\xi_{\mathrm{schr},\nu'} = \frac{\sin\dfrac{\nu'\varepsilon'}{2}}{\dfrac{\nu'\varepsilon'}{2}} = \frac{\sin\dfrac{\nu\varepsilon}{2}}{\dfrac{\nu\varepsilon}{2}}} \tag{1.6.56}$$

geändert wird. Der Schrägungsfaktor folgt in Abhängigkeit von $\nu'\varepsilon'/2$ der Funktion $\sin x/x$. Er verschwindet dementsprechend für

$$\nu'\varepsilon' = \nu\varepsilon = g2\pi \text{ mit } g \in \mathbb{N} \;.$$

In diesem Fall besteht für die entsprechende Induktionsharmonische keine Kopplung zwischen Ständer und Läufer. Der kleinste Wert der Schrägung, für den diese Entkopplung auftritt, ergibt sich demnach zu

$$\varepsilon' = \frac{2\pi}{\nu'} \tag{1.6.57}$$

bzw.
$$\tau_{\text{schr}} = \frac{2p\tau_{\text{p}}}{\nu'} \ .$$

Es muss also um die Polpaarteilung jener Harmonischen geschrägt werden, die keine Kopplung hervorrufen soll. Um die Entkopplung für die Nutharmonischen ν'_{NH} erster Ordnung nach (1.5.49), Seite 105, zu erreichen, ist es mit $\nu'_{\text{NH}} \approx N$ erforderlich, um

$$\tau_{\text{schr}} = \frac{2p\tau_{\text{p}}}{N} = \frac{\pi D}{N} = \tau_{\text{n}}$$

zu schrägen, d. h. um eine Nutteilung jenes Hauptelements, das die Nutharmonischen hervorruft.

Es bleibt zu klären, wie sich die Schrägung auf die Flussverkettung einer Spule eines Hauptelements mit ausgeprägten Polen, herrührend vom Feld des gegenüberliegenden, rotationssymmetrischen Hauptelements, auswirkt. Die Frage ist allgemein, d. h. für eine beliebige Durchflutungsharmonische des rotationssymmetrischen Hauptelements, nicht ohne Weiteres zu beantworten. Die folgenden Betrachtungen werden aber zeigen, dass der Einfluss quantitativ erfassbar ist, wenn der Mechanismus der Hauptwellenverkettung entsprechend Abschnitt 1.3.8.2, Seite 57, vorausgesetzt wird. Dabei wird angenommen, dass nur das Feld der Durchflutungshauptwelle des rotationssymmetrischen Hauptelements zu Verkettungen mit dem anderen Hauptelement führt. Wenn man den Läufer als das rotationssymmetrische Hauptelement betrachtet, lässt sich dessen Durchflutungshauptwelle in der Läuferkoordinate γ'_2 darstellen als

$$\Theta_{\text{p2}}(\gamma'_2, t) = \hat{\Theta}_{\text{p2}}(t) \cos p[\gamma'_2 - \gamma'_{\Theta\text{p2}}(t)] \ .$$

Sie wird im Koordinatensystem des Ständers mit (1.6.53) beobachtet als

$$\Theta_{\text{p2}}(\gamma'_1, \zeta, t) = \hat{\Theta}_{\text{p2}}(t) \cos p[\gamma'_1 - \gamma'_{\Theta\text{p1}}(t) - \varepsilon'\zeta] \ , \tag{1.6.58}$$

wobei $\gamma'_{\Theta\text{p1}}(t) = \gamma'_{\Theta\text{p2}}(t) + \vartheta'(t)$ eingeführt wurde.

Wenn man annimmt, dass sich die Induktionsverteilung für jeden Wert ζ so aufbaut, als ob die zugehörige Durchflutungsverteilung über der gesamten Maschinenlänge herrschen würde, ist es sinnvoll, die Durchflutungsverteilung nach (1.6.58) in Abhängigkeit von ζ in ihre Längs- und Querkomponente zu zerlegen. Man erhält

$$\Theta_{\text{p2}}(\gamma'_1, \zeta, t) = \underbrace{\hat{\Theta}_{\text{p2}}(t) \cos p[\gamma'_{\Theta\text{p1}}(t) + \varepsilon'\zeta]}_{\hat{\Theta}_{\text{dp}}(t)} \cos p\gamma'_1$$
$$- \underbrace{\hat{\Theta}_{\text{p2}}(t) \sin p[\gamma'_{\Theta\text{p1}}(t) + \varepsilon'\zeta]}_{\hat{\Theta}_{\text{qp}}(t)} \cos \left(p\gamma'_1 + \frac{\pi}{2}\right) \ .$$

Die Induktionshauptwelle folgt dann mit Hilfe der Beziehungen von Tabelle 1.5.2, Seite 127, zu

$$B_{\mathrm{p}2}(\gamma_1', t) = \frac{\mu_0}{\delta_{\mathrm{i}0}''} C_{\mathrm{adp}} \hat{\Theta}_{\mathrm{dp}}(t) \cos p\gamma_1' - \frac{\mu_0}{\delta_{\mathrm{i}0}''} C_{\mathrm{aqp}} \hat{\Theta}_{\mathrm{qp}} \cos\left(p\gamma_1' - \frac{\pi}{2}\right).$$

Ihre Flussverkettung mit einer Spule in der Längsachse, d. h. mit $\gamma_{1\mathrm{sp}}' = 0$, erhält man mit Hilfe von (1.6.54) zu

$$\psi_{\mathrm{h\,sp}}(t) = w_{\mathrm{sp}} \frac{2}{\pi} \tau_{\mathrm{p}} l_{\mathrm{i}} \frac{\mu_0}{\delta_{\mathrm{i}0}''} C_{\mathrm{adp}} \hat{\Theta}_{\mathrm{p}2}(t) \frac{\sin \frac{p\varepsilon'}{2}}{\frac{p\varepsilon'}{2}} \cos p\gamma_{\Theta\mathrm{p}1}'(t). \qquad (1.6.59)$$

Dabei liefert die Querkomponente der Induktionshauptwelle von vornherein keinen Beitrag. Analog dazu wäre für eine Spule in der Querachse kein Beitrag durch die Längskomponente der Induktionshauptwelle zu erwarten. (1.6.59) weist aus, dass sich der Einfluss der Schrägung wiederum dadurch bemerkbar macht, dass die Flussverkettung um den Schrägungsfaktor verringert wird. Im vorliegenden Fall ist es natürlich der für die Hauptwelle.

Aus den vorstehenden Betrachtungen kann verallgemeinernd zusammengefasst werden, dass es berechtigt ist, die Flussverkettungsgleichungen einer Maschine zunächst ohne Berücksichtigung der Schrägung aufzustellen und den Einfluss der Schrägung durch Multiplikation mit dem entsprechenden Schrägungsfaktor nachträglich zu berücksichtigen. Dabei macht sich die Schrägung natürlich nur in jenen Anteilen der Flussverkettung einer Spule bemerkbar, die von den Wicklungen des anderen Hauptelements herrühren. Auf die Anteile der Flussverkettung einer Spule, die von den Strömen des gleichen Hauptelements herrühren, hat die Schrägung keinen Einfluss.

1.6.7
Flussverkettungen und induzierte Spannungen aufgrund von Streufeldern

Der Streuanteil ψ_σ der Flussverkettung einer Spule bzw. eines ganzen Wicklungszweigs, der entsprechend der Aufteilung nach (1.6.3) bzw. (1.6.6), Seite 139, existiert, liefert die durch Streufelder induzierte Spannung

$$\boxed{e_\sigma = -\frac{\mathrm{d}\psi_\sigma}{\mathrm{d}t}}. \qquad (1.6.60)$$

Die Streufelder werden vereinbarungsgemäß von den Strömen sämtlicher Wicklungen aufgebaut, die auf der gleichen Seite des Luftspalts liegen wie die betrachtete Spule bzw. der betrachtete Wicklungszweig. Da die Feldlinien der Streufelder stets zu einem beträchtlichen Teil in nicht weichmagnetischen Medien verlaufen, kann zwischen der Streuflussverkettung ψ_σ und diesen Strömen auch dann weitgehend Proportionalität angenommen werden, wenn die realen Eiseneigenschaften bei der Bestimmung des Luftspaltfelds Berücksichtigung finden müssen. Die vermittelnden Induktivitäten sind die *Streuinduktivitäten*. Die Streuflussverkettung besteht aus einem selbstinduktiven Anteil, der vom Strom in der betrachteten Spule bzw. im betrachteten Wicklungszweig herrührt, und gegeninduktiven Anteilen, deren Ursache die Ströme benachbarter Spulen bzw. Wicklungszweige sind. Eine derartige gegeninduktive Kopplung über Streufelder liegt z. B. zwischen Ober- und Unterstab eines Doppelkäfigläufers vor. Über Streufelder gegeninduktiv gekoppelt sind auch die Stränge mehrsträngiger, gesehnter Zweischichtwicklungen, und zwar über die Nutstreufelder solcher Nuten, die von zwei Strängen belegt werden (s. Abschn. 1.4.1.2, S. 64, bzw. Bd. *Berechnung elektrischer Maschinen*, Abschn. 3.5.2.2), sowie auch über das Stirnstreufeld.

Eine symmetrische dreisträngige Wicklung weist hinsichtlich der Verkettungen der Stränge mit Streufeldern aufgrund der Symmetrie des Aufbaus die Besonderheit auf, dass die Selbstinduktivitäten $L_{\sigma s}$ aller drei Stränge sowie die Gegeninduktivitäten $L_{\sigma g}$ zwischen je zwei Strängen gleich sind. Die Streuflussverkettungen der drei Stränge lassen sich dementsprechend darstellen als

$$\begin{pmatrix} \psi_{\sigma a} \\ \psi_{\sigma b} \\ \psi_{\sigma c} \end{pmatrix} = \begin{pmatrix} L_{\sigma s} & L_{\sigma g} & L_{\sigma g} \\ L_{\sigma g} & L_{\sigma s} & L_{\sigma g} \\ L_{\sigma g} & L_{\sigma g} & L_{\sigma s} \end{pmatrix} \begin{pmatrix} i_a \\ i_b \\ i_c \end{pmatrix} . \tag{1.6.61}$$

Dabei hat $L_{\sigma g}$ i. Allg. einen negativen Wert. Wenn am Sternpunkt kein Nullleiter angeschlossen ist, d. h. wenn Dreieckschaltung oder Sternschaltung mit stromlosem Sternpunkt vorliegt, gilt $i_a + i_b + i_c = 0$, und man erhält aus (1.6.61)

$$\begin{pmatrix} \psi_{\sigma a} \\ \psi_{\sigma b} \\ \psi_{\sigma c} \end{pmatrix} = \begin{pmatrix} L_{\sigma} & & \\ & L_{\sigma} & \\ & & L_{\sigma} \end{pmatrix} \begin{pmatrix} i_a \\ i_b \\ i_c \end{pmatrix} \tag{1.6.62}$$

mit der *Streuinduktivität der Wicklung*

$$L_{\sigma} = L_{\sigma s} - L_{\sigma g} . \tag{1.6.63}$$

1.6.8
Spannungsinduktion in einem Kommutatoranker aufgrund von Streufeldern

Die Spannungsinduktion durch Streufelder im Kommutatoranker soll im Folgenden anhand der Nutstreuung untersucht werden. Es ist anzunehmen, dass im Stirnraum ähnliche, nur weniger übersichtliche Erscheinungen auftreten. Die Ergebnisse werden deshalb auf das gesamte Streufeld verallgemeinernd übertragen. Es soll zunächst der einfache Fall untersucht werden, dass nur ein Bürstenpaar vorhanden ist. Eine derartige Anordnung, wie sie Bild 1.6.8 in abgewickelter Darstellung zeigt, liegt bei den meisten Kommutatormaschinen vor. In der Oberschicht führen sämtliche Leiter, die sich in einem der Bereiche zwischen den beiden Bürsten befinden, den gleichen

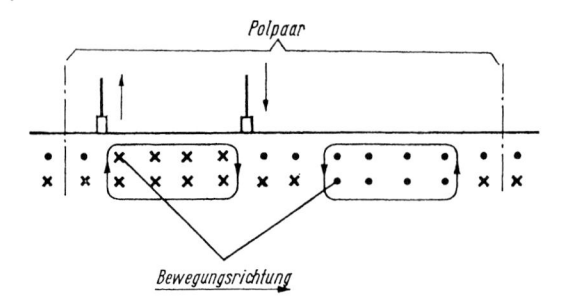

Bild 1.6.8 Zur Spannungsinduktion durch Streufelder im Kommutatoranker, wenn nur ein Bürstenpaar vorhanden ist

Strom. In der Unterschicht fließt der Strom in umgekehrter Richtung durch solche Leiter, die gegenüber der Oberschicht um die Spulenweite versetzt sind. Da die Bürstenweite im Bild 1.6.8 kleiner als die Polteilung gewählt wurde, heben sich in einem Teil der Nuten die Durchflutungen der Unter- und Oberschichtspulenseiten gegeneinander auf. Von den übrigen Spulenseiten werden zwei Wirbel des Nutstreufelds aufgebaut. Sie schließen sich über Zähne, die im Gebiet der Stromwendung liegen. Im Bild 1.6.8 ist das Nutstreufeld angedeutet. Gleichzeitig ist eine Spule angegeben, die sich im betrachteten Zeitpunkt zwischen den beiden Bürsten befindet. Solange sie in diesen Zweig eingeschaltet ist, bleibt ihre Flussverkettung mit dem Nutstreufeld in Abhängigkeit von der Läuferstellung konstant. Herrührend vom Nutstreufeld wird demnach keine Spannung durch Rotation in dem betrachteten Ankerzweig induziert. Eine Spannungsinduktion kann nur zustande kommen, wenn sich das Streufeld zeitlich ändert. Dazu ist es erforderlich, dass sich der Zweigstrom bzw. der Bürstenstrom zeitlich ändert. Unter Einführung einer Streuinduktivität L_σ wird

$$\psi_\sigma = L_\sigma i_{zw}$$

und damit

$$e_\sigma = -\frac{d\psi_\sigma}{dt} = -L_\sigma \frac{di_{zw}}{dt}. \quad (1.6.64)$$

Eine Rotationsspannung wird in solchen Spulen induziert, die den Wirbel des Nutstreufelds verlassen oder in ihn eintreten. Diese Spulen befinden sich jedoch im Bild 1.6.8 gerade in der Stromwendung und sind demzufolge durch die Bürsten kurzgeschlossen. Ihre Spannungen erscheinen nicht als Anteil der induzierten Spannung des Zweigs zwischen den beiden Bürsten. Sie beeinflussen lediglich den Stromwendevorgang und werden dabei als *Stromwendespannung* bezeichnet. Anders gestalten sich die Verhältnisse, wenn weitere Bürsten auf dem Kommutator sitzen.

1.7
Kräfte, Drehmomente und Bewegungsgleichungen

Das Drehmoment entsteht als Folge der in Umfangsrichtung am Läufer – bzw. für das Reaktionsmoment am Ständer – angreifenden Kräfte. Diese wiederum werden als

Kräfte auf freie Ladungsträger, als Grenzflächenkräfte und als innere Kräfte in weich- und hartmagnetischen Abschnitten entwickelt. Sie müssen von der vorliegenden Konstruktion einer rotierenden elektrischen Maschine beherrscht werden. Das gleiche gilt für solche Kräfte, die zwar nicht in Umfangsrichtung wirken, deren Entstehung aber unvermeidlich mit dem Prozess der Energiewandlung einhergeht.

Die grundsätzlichen Beziehungen, mit deren Hilfe sich die Kräfte bzw. Drehmomente aus den Größen des elektromagnetischen Felds ermitteln lassen, sind im Abschnitt 1.1.2, Seite 16, erarbeitet worden. Dabei wurde der Weg über den Maxwellschen Spannungstensor beschritten. Hinsichtlich des Drehmoments erfordert die Anwendung von (1.1.65), dass auf einer Integrationsfläche im Luftspalt der Maschine sowohl die Normalkomponente als auch die Tangentialkomponente des Luftspaltfelds bekannt sind. Mit der Induktionsverteilung, wie sie im Abschnitt 1.5.2, Seite 77, eingeführt wurde, ist jedoch zunächst nur die Normalkomponente bekannt. Wenn man die Integrationsfläche auf die dem Luftspalt zugewendete Oberfläche des Ständers oder des Läufers legt und die Verteilung der stromdurchflossenen Leiter entsprechend den Überlegungen im Unterabschnitt 1.1.2.2c durch einen Strombelag ersetzt, bestimmt dieser entsprechend (1.1.68) unmittelbar die Tangentialkomponente der Feldstärke im Luftspalt, und man erhält das Drehmoment durch Anwendung von (1.1.69). Wenn ein konstanter Luftspalt vorliegt, ruft eine Strombelagswelle auf einem der Hauptelemente entsprechend den Überlegungen im Unterabschnitt 1.1.2.2d auf der Oberfläche dieses Hauptelements eine Tangentialkomponente der Feldstärke hervor, die mit ihr in Phase ist, und eine Normalkomponente der Induktion, die um eine viertel Wellenlänge versetzt ist. Diese beiden Feldwellen bilden aber miteinander kein Drehmoment. Dazu müssen offenbar vom anderen Hauptelement her Feldwellen der gleichen Ordnungszahl aufgebaut werden. Man kann dann davon sprechen, dass ein Drehmoment durch das Zusammenwirken einer Feldwelle des Ständers mit einer Feldwelle des Läufers entsteht. Das gilt nicht mehr, wenn parametrische Effekte wie die Wirkung ausgeprägter Pole oder die der Nutöffnungen in den Mechanismus der Drehmomentbildung einbezogen sind. In diesem Fall ist die Tangentialkomponente der magnetischen Feldstärke auf einer Integrationsfläche im Luftspalt nicht ohne Weiteres zu ermitteln. Unter allgemeinen Bedingungen kann dann nicht auf die Lösung des Feldproblems verzichtet werden. Dabei ist unter allgemeinen Bedingungen insbesondere zu verstehen, dass der entsprechende Beitrag zum Drehmoment in einem nichtstationären Betriebszustand bestimmt werden soll. Wenn dagegen ein stationärer Betriebszustand vorliegt und eine konstante Komponente des Drehmoments ermittelt werden soll, an deren Entstehung parametrische Effekte beteiligt sind, bietet sich der Weg über eine Energiebilanz als Alternative an.

Die Kräfte bzw. Drehmomente lassen sich natürlich generell auf dem Weg einer Energiebilanz bestimmen. Dieser Weg wird im Elektromaschinenbau häufig beschritten (s. Abschn. 1.7.1). Er wurde auch im Abschnitt 2.2.1 des Bands *Grundlagen elektrischer Maschinen* unter Verwendung von Beziehungen eingeschlagen, deren Entwicklung im folgenden Abschnitt des vorliegenden Bands vorgenommen wird. Dabei gewinnt man die Kräfte bzw. Drehmomente relativ einfach. Es geht allerdings die physikalische Durchsichtigkeit der Drehmomentbildung verloren, und man erhält keinerlei Aussagen über die Verteilung der Kräfte.

Die elektrische Maschine ist stets Bestandteil eines elektromechanischen Systems. Sie bringt in dieses System ein Drehmoment und ein Massenträgheitsmoment ein. Die elektromagnetischen Vorgänge in der Maschine sind über den Bewegungsvorgang des Läufers mit den mechanischen Vorgängen verknüpft. Die elektrische Maschine lässt sich deshalb nur in Sonderfällen losgelöst vom elektromechanischen System betrachten. Zu diesen Sonderfällen gehört natürlich vor allem der stationäre Betrieb.

1.7.1
Allgemeine Grundlagen der elektromechanischen Energiewandlung

Für den Prozess der elektromechanischen Energiewandlung lassen sich allgemeine Zusammenhänge formulieren, denen allgemeine Beziehungen zwischen den maßgebenden elektromagnetischen und mechanischen Größen zugeordnet sind. Diese Zusammenhänge sollen im Folgenden entwickelt werden. Im Band *Grundlagen elektrischer Maschinen* wurden einige der bestehenden Beziehungen mit Verweis auf den vorliegenden Band ohne strengen Nachweis ihrer Gültigkeit verwendet. Sie dienten dort im Abschnitt 2.2.1 dazu, die Ausgangsanordnungen der rotierenden elektrischen Maschinen zu entwickeln.

1.7.1.1 Flussverkettungs- und Spannungsgleichungen

Im einfachsten Fall besteht ein elektromechanischer Wandler aus einer Spule und einem weichmagnetischen Körper, der sich relativ zur Spule in einem Freiheitsgrad, also z. B. geradlinig, bewegt, wie im Bild 1.7.1 für eine denkbare reale Anordnung und ihre Abstraktion gezeigt ist. Dabei wird die an dem beweglichen Element angreifende Kraft F positiv gezählt, wenn sie dieses zu größeren Werten von x zu verschieben sucht. Dem entspricht, dass bei $F\,\mathrm{d}x > 0$ bzw. $Fv > 0$ mechanische Leistung abgegeben wird. Der Wicklungswiderstand soll dem vorgeschalteten elektrischen Netzwerk zugeordnet

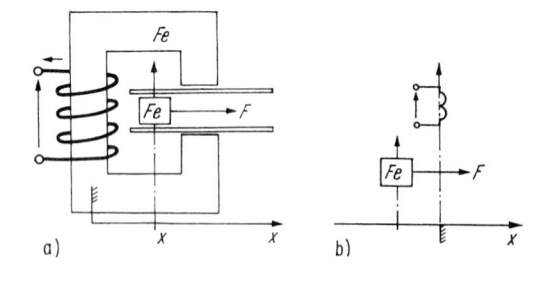

Bild 1.7.1 Einfachster elektromechanischer Wandler mit einem elektrischen Klemmenpaar und einem mechanischen Ausgang.
a) Denkbare reale Anordnung;
b) abstrahierte Anordnung

gedacht sein, so dass die Spannungsgleichung der Spule nach (1.6.1), Seite 138,

$$u = \frac{d\psi}{dt} \qquad (1.7.1)$$

lautet. Eine Betrachtung von Bild 1.7.1 lässt sofort erkennen, dass sich die Flussverkettung ψ der Spule nicht nur in Abhängigkeit vom Strom i in der Spule, sondern auch von der Lage x des weichmagnetischen Körpers ändert. Es ist also

$$\psi = \psi(i, x) , \qquad (1.7.2)$$

wobei der Strom i und die Lage x voneinander unabhängige Systemvariablen sind und beide i. Allg. beliebige Zeitfunktionen darstellen. Damit folgt aus (1.7.1)

$$u = \frac{\partial \psi}{\partial i}\frac{di}{dt} + \frac{\partial \psi}{\partial x}\frac{dx}{dt} . \qquad (1.7.3)$$

Die Spannung besitzt zwei Anteile. Der erste Anteil ist die bekannte selbstinduktive Spannung, die auch dann vorhanden ist, wenn der weichmagnetische Körper stillsteht, d. h. $dx/dt = 0$ ist. Sie verschwindet, wenn der Strom zeitlich konstant ist. Der zweite Anteil ist proportional zur Geschwindigkeit der Bewegung des weichmagnetischen Körpers und stellt deshalb eine *Bewegungsspannung* dar. Sie bringt die Rückwirkung der mechanischen Seite auf die elektrische zum Ausdruck, wenn ein Umsatz mechanischer Energie, d. h. eine Bewegung in Richtung oder in Gegenrichtung zu der am weichmagnetischen Körper angreifenden Kraft erfolgt. Die Bewegungsspannung verschwindet, wenn keine Bewegung stattfindet, d. h. $dx/dt = 0$ ist.

Für den Sonderfall linearer magnetischer Verhältnisse wird unter Einführung der Induktivität L als Proportionalitätsfaktor

$$\psi = L(x)i . \qquad (1.7.4)$$

In einer bestimmten Lage x des weichmagnetischen Körpers besteht Proportionalität zwischen ψ und i. Der Proportionalitätsfaktor ändert sich mit x, d. h. die Abhängigkeit der Flussverkettung von der Systemvariable x erscheint allein in dem Integralparameter Selbstinduktivität, der andererseits stromunabhängig ist. Mit (1.7.4) geht (1.7.3) für den Sonderfall linearer magnetischer Verhältnisse über in

$$u = L(x)\frac{di}{dt} + \frac{dL(x)}{dx}\frac{dx}{dt}i . \qquad (1.7.5)$$

Dabei ist die zweite Komponente wiederum eine Bewegungsspannung. Da sie die Rückwirkung eines Umsatzes mechanischer Energie auf die elektrische Seite zum Ausdruck bringt, gewinnt man bereits aus (1.7.5) die fundamentale Erkenntnis, dass ein elektromechanischer Energieumsatz offenbar nur dann stattfinden kann, wenn sich die maßgebenden Induktivitäten in Abhängigkeit von der mit dem Energieumsatz verbundenen Bewegung ändern.

Ein allgemeiner elektromechanischer Wandler hat n elektrische Klemmenpaare und m mechanische Ausgänge mit je einem Freiheitsgrad, an denen Kräfte bzw. Drehmomente und Wege bzw. Winkel beobachtet werden. Die Flussverkettung des Klemmenpaars k lässt sich deshalb bei geradliniger Bewegung x_k formulieren als

$$\psi_k = \psi_k(i_1, \ldots, i_n, x_1, \ldots, x_m) \,, \tag{1.7.6}$$

wobei die Ströme i_1, ..., i_n der elektrischen Klemmenpaare und die Stellungen x_1, ..., x_m der mechanischen Ausgänge die voneinander unabhängigen Systemvariablen darstellen. Die Spannungsgleichung des Klemmenpaars k lautet dann mit (1.6.1)

$$\boxed{u_k = \frac{\mathrm{d}\psi_k}{\mathrm{d}t} = \sum_{j=1}^{n} \frac{\partial \psi_k}{\partial i_j} \frac{\mathrm{d}i_j}{\mathrm{d}t} + \sum_{i=1}^{m} \frac{\partial \psi_k}{\partial x_i} \frac{\mathrm{d}x_i}{\mathrm{d}t}} \,. \tag{1.7.7}$$

Wenn die Bewegungen nicht geradlinig, sondern als Drehbewegungen erfolgen, treten an die Stelle der Koordinaten x_k die Winkel α_k, und (1.7.6) und (1.7.7) gehen über in

$$\psi_k = \psi_k(i_1, \ldots, i_n, \alpha_1, \ldots, \alpha_m) \tag{1.7.8}$$

$$u_k = \frac{\mathrm{d}\psi_k}{\mathrm{d}t} = \sum_{j=1}^{n} \frac{\partial \psi_k}{\partial i_j} \frac{\mathrm{d}i_j}{\mathrm{d}t} + \sum_{i=1}^{m} \frac{\partial \psi_k}{\partial \alpha_i} \frac{\mathrm{d}\alpha_i}{\mathrm{d}t} \,. \tag{1.7.9}$$

Für den Sonderfall linearer magnetischer Verhältnisse gelten die linearen Flussverkettungsgleichungen, bei denen als Proportionalitätsfaktoren zwischen den Flussverkettungen und den Strömen die Selbst- und Gegeninduktivitäten auftreten (s. Bd. *Grundlagen elektrischer Maschinen*, Abschn. 0.4). Die Flussverkettung ψ_k des Kreises k lässt sich demnach formulieren als

$$\psi_k = L_{k1} i_1 + L_{k2} i_2 + \ldots + L_{kn} i_n = \sum_{j=1}^{n} L_{kj} i_j \,. \tag{1.7.10}$$

Dabei sind in einem allgemeinen elektromechanischen Wandler alle Induktivitäten Funktionen sämtlicher x_i bzw. α_i. Die Spannungsgleichung (1.7.9), die für den Fall gilt, dass alle Bewegungen Drehbewegungen sind, geht über in

$$\boxed{u_k = \frac{\mathrm{d}\psi_k}{\mathrm{d}t} = \sum_{j=1}^{n} L_{kj} \frac{\mathrm{d}i_j}{\mathrm{d}t} + \sum_{i=1}^{m} \sum_{j=1}^{n} \frac{\partial L_{kj}}{\partial \alpha_i} \frac{\mathrm{d}\alpha_i}{\mathrm{d}t} i_j} \,. \tag{1.7.11}$$

Es entstehen zwei Gruppen von Spannungskomponenten. Die erste Gruppe rührt her von der durch Selbstinduktion induzierten Spannung e_{sk} und der Summe der durch Gegeninduktion induzierten Spannungen $\sum e_{gkj}$, die man zur transformatorisch in der Wicklung k induzierten Spannung e_{trk} zusammenfassen kann. Die zweite Gruppe der Spannungskomponenten hat ihre Ursache in den Bewegungsvorgängen $\alpha_i(t)$, die im betrachteten Fall Drehbewegungen darstellen. Diese Komponenten lassen sich zur

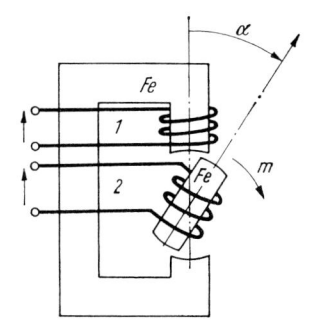

Bild 1.7.2 Elektromechanischer Wandler mit zwei elektrischen Klemmenpaaren und einem mechanischen Ausgang in Form einer Welle

rotatorisch induzierten Spannung $e_{\mathrm{r}k}$ der Wicklung k zusammenfassen. Damit geht (1.7.11) über in

$$u_k = -e_{\mathrm{s}k} - \sum_{\substack{j=1 \\ j\neq k}}^{n} e_{\mathrm{g}kj} - \sum_{i=1}^{m}\sum_{j=1}^{n} e_{\mathrm{r}kji} = -e_{\mathrm{s}k} - e_{\mathrm{tr}k} - e_{\mathrm{r}k} \ . \tag{1.7.12}$$

Für die spätere Entwicklung der Ausgangsanordnungen der rotierenden elektrischen Maschinen haben Wandler mit ein oder zwei elektrischen Klemmenpaaren und einem mechanischen Ausgang in Form einer Welle Bedeutung, wie z. B. im Bild 1.7.2 dargestellt. In diesem Fall lauten die Spannungsgleichungen in ausgeschriebener Form

$$\begin{aligned}
u_1 &= \underbrace{L_{11}(\alpha)\frac{\mathrm{d}i_1}{\mathrm{d}t}}_{-e_{\mathrm{s}1}} + \underbrace{L_{12}(\alpha)\frac{\mathrm{d}i_2}{\mathrm{d}t}}_{-e_{\mathrm{tr}1}} + \underbrace{\frac{\mathrm{d}L_{11}(\alpha)}{\mathrm{d}\alpha}\frac{\mathrm{d}\alpha}{\mathrm{d}t}i_1}_{-e_{\mathrm{r}11}} + \underbrace{\frac{\mathrm{d}L_{12}(\alpha)}{\mathrm{d}\alpha}\frac{\mathrm{d}\alpha}{\mathrm{d}t}i_2}_{-e_{\mathrm{r}12}} \\
&= \quad -e_{\mathrm{s}1} \qquad\quad -e_{\mathrm{tr}1} \qquad\qquad\underbrace{\qquad\qquad\qquad\qquad}_{-e_{\mathrm{r}1}}
\end{aligned} \tag{1.7.13a}$$

$$\begin{aligned}
u_2 &= \underbrace{L_{21}(\alpha)\frac{\mathrm{d}i_1}{\mathrm{d}t}}_{-e_{\mathrm{tr}2}} + \underbrace{L_{22}(\alpha)\frac{\mathrm{d}i_2}{\mathrm{d}t}}_{-e_{\mathrm{s}2}} + \underbrace{\frac{\mathrm{d}L_{21}(\alpha)}{\mathrm{d}\alpha}\frac{\mathrm{d}\alpha}{\mathrm{d}t}i_1}_{-e_{\mathrm{r}21}} + \underbrace{\frac{\mathrm{d}L_{22}(\alpha)}{\mathrm{d}\alpha}\frac{\mathrm{d}\alpha}{\mathrm{d}t}i_2}_{-e_{\mathrm{r}22}} \\
&= \quad -e_{\mathrm{tr}2} \qquad\quad -e_{\mathrm{s}2} \qquad\qquad\underbrace{\qquad\qquad\qquad\qquad}_{-e_{\mathrm{r}2}}
\end{aligned} \tag{1.7.13b}$$

Diese Beziehung wurde bereits im Abschnitt 2.2.1.2 des Bands *Grundlagen elektrischer Maschinen* ohne strengen Nachweis ihrer Entstehung verwendet.

1.7.1.2 Energetische Verhältnisse
a) Aussagen des Energiesatzes

Es wird zunächst wiederum der einfachste Wandler nach Bild 1.7.1 mit einem elektrischen Klemmenpaar und einem mechanischen Ausgang betrachtet. Auf diese Anordnung angewendet, liefert der Energiesatz für den Energieumsatz bei einer Bewegung des weichmagnetischen Körpers um $\mathrm{d}x$ innerhalb der Zeit $\mathrm{d}t$ die Aussage

$$\mathrm{d}W_{\mathrm{m}} = ui\,\mathrm{d}t - F\,\mathrm{d}x \ . \tag{1.7.14}$$

Die gespeicherte magnetische Energie $\mathrm{d}W_\mathrm{m}$ erhöht sich nach Maßgabe der Differenz zwischen der während der Zeit $\mathrm{d}t$ elektrisch zugeführten Energie $ui\,\mathrm{d}t$ und der durch die Bewegung um $\mathrm{d}x$ mechanisch abgegebenen Energie $F\,\mathrm{d}x$. Die Beziehung (1.7.14) bildet die Grundlage für die Realisierbarkeit elektromechanischer Wandler überhaupt, da sich dem System auf zwei Wegen und in zwei Formen Energie zuführen lässt, nämlich als elektrische und als mechanische Energie, und damit prinzipiell auch die Möglichkeit besteht, Energie über den einen Weg in der einen Form zuzuführen und über den anderen in der anderen Form zu entnehmen.

Mit der Spannungsgleichung (1.7.1) des elektrischen Kreises geht (1.7.14) über in

$$\mathrm{d}W_\mathrm{m} = i\,\mathrm{d}\psi - F\,\mathrm{d}x\,. \tag{1.7.15}$$

Daraus ist die Änderung der magnetischen Energie bei kleinen Änderungen der Systemvariablen ψ und x sofort erkennbar. Bei großen Änderungen ist es erforderlich, das Linienintegral in der ψ, x-Ebene zu bilden. Man erhält für die Änderung der gespeicherten magnetischen Energie beim Übergang von einem Zustand a mit ψ_a und x_a in einen Zustand b mit ψ_b und x_b, bei dem ψ nach Maßgabe des speziellen Vorgangs entsprechend Bild 1.7.3 irgendeine Funktion von x ist,

$$W_{\mathrm{m}b} - W_{\mathrm{m}a} = \int_a^b \mathrm{d}W_\mathrm{m} = \int_{\psi_a, x_a}^{\psi_b, x_b} (i\,\mathrm{d}\psi - F\,\mathrm{d}x)\,.$$

Dabei ändern sich natürlich auch i und F nach Maßgabe des speziellen Vorgangs. Es treten die vier Systemvariablen in Erscheinung, und ihre Abängigkeit voneinander bestimmt das Ergebnis. Wenn auf einem anderen Weg in den Zustand a zurückgekehrt wird, muss schließlich wieder die gleiche Energie $W_{\mathrm{m}a}$ gespeichert sein, da der Wandler als verlustlos vorausgesetzt wurde. Es ist also

$$\oint \mathrm{d}W_\mathrm{m} = 0\,,$$

d. h. $\int \mathrm{d}W_\mathrm{m}$ ist unabhängig vom Weg. Das wiederum bedeutet, dass $\mathrm{d}W_\mathrm{m}$ nach (1.7.15) aus mathematischen Gründen ein vollständiges Differential sein muss. Dann müssen aber i und F jeweils als $i = i(\psi, x)$ und $F = F(\psi, x)$ ausdrückbar sein. Es sind also nur zwei der vier Systemvariablen i, ψ, F, x voneinander unabhängig. Die Form von (1.7.15) legt es nahe, dafür ψ und x zu verwenden. Andererseits ist damit die magnetisch gespeicherte Energie als $W_\mathrm{m}(\psi, x)$ nur vom Zustand ψ, x des Systems abhängig. Die gespeicherte magnetische Energie ist also eine *Zustandsgröße*. Davon lässt sich bei der Ermittlung von W_m insofern Gebrauch machen, als man sich einen bequemen Weg im Variablenraum ψ', x' aussuchen kann, um die in einem bestimmten Zustand ψ, x gespeicherte Energie durch Integration von (1.7.15) zu bestimmen.[14] Dabei bietet

---

[14] Die für die Durchführung der Integration jeweils laufenden Variablen werden zweckmäßig durch einen Strich gekennzeichnet.

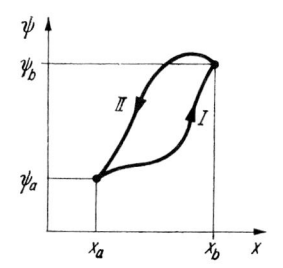

Bild 1.7.3 Übergang von einem Zustand a in einen Zustand b (Weg I) in der ψ, x-Ebene eines elektromechanischen Wandlers nach Bild 1.7.1 und zurück (Weg II)

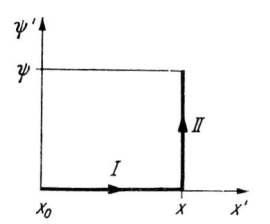

Bild 1.7.4 Vorteilhafter Integrationsweg in der ψ, x-Ebene zur Bestimmung der magnetisch gespeicherten Energie in einem Wandler nach Bild 1.7.1

es sich an, zunächst die Lage x herzustellen, für die die gespeicherte Energie ermittelt werden soll, ehe überhaupt Ströme eingespeist und damit Flussverkettungen aufgebaut werden. Dann ist auf diesem Teilweg I in der ψ, x-Ebene nach Bild 1.7.4 stets $\psi' = 0$ bzw. $\mathrm{d}\psi' = 0$ und andererseits aus physikalischen Gründen $F = 0$, so dass kein Beitrag zum Integral $\int [i(\psi', x')\,\mathrm{d}\psi' - F(\psi', x')\,\mathrm{d}x']$ entsteht. Der Teilweg II des Integrationswegs ist entsprechend Bild 1.7.4 durch $x' = x$ bzw. $\mathrm{d}x' = 0$ gekennzeichnet, so dass man für die gespeicherte magnetische Energie schließlich

$$W_\mathrm{m}(\psi, x) = \int_0^\psi i(\psi', x)\,\mathrm{d}\psi' \tag{1.7.16}$$

erhält. Um die gespeicherte magnetische Energie nach (1.7.16) bestimmen zu können, muss der Zusammenhang zwischen Feld und Strom in der Form $i = i(\psi, x)$ bekannt sein. Im Allgemeinen liegt jedoch die Formulierung $\psi = \psi(i, x)$ vor, aus der man lediglich dann die umgekehrte Zuordnung ohne Schwierigkeiten gewinnen kann, wenn – wie im bisher betrachteten Fall – nur ein elektrischer Kreis vorhanden ist.

Für einen allgemeinen Wandler mit n elektrischen Klemmenpaaren und m mechanischen Ausgängen lautet die Aussage des Energiesatzes in Verallgemeinerung von (1.7.14)

$$\mathrm{d}W_\mathrm{m} = \sum_{j=1}^{n} u_j i_j\,\mathrm{d}t - \sum_{i=1}^{m} F_i\,\mathrm{d}x_i \tag{1.7.17}$$

bzw. unter Einführung der Spannungsgleichung (1.7.7)

$$\mathrm{d}W_\mathrm{m} = \sum_{j=1}^{n} i_j\,\mathrm{d}\psi_j - \sum_{i=1}^{m} F_i\,\mathrm{d}x_i\,. \tag{1.7.18}$$

Die Überlegungen hinsichtlich der Eigenschaften von $\mathrm{d}W_\mathrm{m}$ bleiben erhalten. An die Stelle des zweidimensionalen Variablenraums ψ, x tritt jetzt lediglich der $(n+m)$-dimensionale aller ψ_j und x_i. Da der Wandler als verlustlos vorausgesetzt wurde, ist nach wie vor $\oint dW_m = 0$ bzw. $\int dW_m$ unabhängig vom Weg. Damit muss dW_m nach (1.7.18) aus mathematischen Gründen ein vollständiges Differential sein. Die Zustandsgröße W_m ist also darstellbar als

$$W_m = W_m(\psi_1, \ldots, \psi_n, x_1, \ldots, x_m)\,, \tag{1.7.19}$$

und die Variablen i_j und F_i müssen sich ebenfalls ausdrücken lassen als

$$i_j = i_j(\psi_1, \ldots, \psi_n, x_1, \ldots, x_m) \tag{1.7.20}$$
$$F_i = F_i(\psi_1, \ldots, \psi_n, x_1, \ldots, x_m)\,, \tag{1.7.21}$$

d. h. als Funktionen der sich wegen der Form von (1.7.18) anbietenden Systemvariablen ψ_1, …, ψ_n und x_1, …, x_m. Um die gespeicherte magnetische Energie zu ermitteln, macht man sich wiederum die Erkenntnis zunutze, dass $\int dW_m$ unabhängig vom Weg ist. Es werden zunächst, ehe man irgendwelche Ströme einspeist und damit Flussverkettungen aufbaut, alle mechanischen Ausgänge in jene Lage x_i gebracht, für die die magnetische Energie bestimmt werden soll. Dabei sind alle $d\psi'_j = 0$, und es treten aus physikalischen Gründen keine Kräfte auf, so dass kein Beitrag zu $\int dW_m$ entsteht. Nunmehr werden nacheinander die einzelnen ψ'_j von 0 auf den interessierenden Wert ψ_j gebracht, wobei die anderen Flussverkettungen jeweils konstant bleiben. Damit erhält man

$$\boxed{\begin{aligned}W_m &= \int\limits_0^{\psi_1} i_1(\psi'_1, 0, \ldots, 0, x_1, \ldots, x_m)\, d\psi'_1 \\ &\quad + \int\limits_0^{\psi_2} i_2(\psi_1, \psi'_2, 0, \ldots, 0, x_1, \ldots, x_m)\, d\psi'_2 + \ldots \\ &= \sum_{j=1}^n \int\limits_0^{\psi_j} i_j(\psi_1, \ldots, \psi_{j-1}, \psi'_j, 0, \ldots, 0, x_1, \ldots, x_m)\, d\psi'_j\,.\end{aligned}} \tag{1.7.22}$$

Um die Integration ausführen zu können, wird allerdings der jeweilige Zusammenhang $i(\psi)$ benötigt, der normalerweise nicht gegeben ist, z. B. auch nicht bei der üblichen Darstellungsform im Sonderfall linearer magnetischer Verhältnisse in (1.7.10).

b) Kraft-Energie-Beziehung

Für den einfachsten Wandler nach Bild 1.7.1 war als Aussage des Energiesatzes (1.7.15) erhalten und erkannt worden, dass dW_m dabei ein vollständiges Differential $W_m(\psi, x)$ sein muss. Wenn man nunmehr dW_m als vollständiges Differential der Funktion $W_m(\psi, x)$ bildet, wird

$$dW_m = \frac{\partial W_m(\psi, x)}{\partial \psi}\, d\psi + \frac{\partial W_m(\psi, x)}{\partial x}\, dx\,, \tag{1.7.23}$$

und es folgt durch Vergleich mit dem Energiesatz nach (1.7.15), da die Variablen ψ und x voneinander unabhängig sind,

$$i = \frac{\partial W_\mathrm{m}(\psi, x)}{\partial \psi} \tag{1.7.24}$$

$$F = -\frac{\partial W_\mathrm{m}(\psi, x)}{\partial x} \ . \tag{1.7.25}$$

Beim Anwenden von (1.7.24) und (1.7.25) ist darauf zu achten, dass W_m in der Form $W_\mathrm{m}(\psi, x)$ vorliegen muss. Um diese Beziehung zu ermitteln, wird aber entsprechend (1.7.16) die ungebräuchliche Form $i = i(\psi, x)$ des Zusammenhangs zwischen Feld und Strom benötigt. Das macht sich insbesondere bemerkbar, wenn der allgemeine Wandler mit n elektrischen Klemmenpaaren und m mechanischen Ausgängen betrachtet wird. In diesem Fall ist das vollständige Differential von (1.7.19) zu bilden und mit der Aussage des Energiesatzes nach (1.7.18) zu vergleichen, so dass man unmittelbar

$$i_j = \frac{\partial W_\mathrm{m}(\psi_1, \ldots, \psi_n, x_1, \ldots, x_m)}{\partial \psi_j} \tag{1.7.26}$$

$$F_i = -\frac{\partial W_\mathrm{m}(\psi_1, \ldots, \psi_n, x_1, \ldots, x_m)}{\partial x_i} \tag{1.7.27}$$

erhält, wobei $W_\mathrm{m}(\psi, x)$ entsprechend (1.7.22) aus den Zusammenhängen $i_j(\psi, x)$ gewonnen wird.

Damit ist nunmehr ein Weg entwickelt worden, um die Kräfte bzw. Drehmomente über eine Energiebilanz in geschlossener Form zu ermitteln. Es zeigt sich aber auch, dass dieser Weg nicht recht zweckmäßig ist, da er die Kenntnis ungebräuchlicher Zusammenhänge zwischen Feld und Strom voraussetzt. Es ist naheliegend, leichter handhabbare Beziehungen dadurch gewinnen zu wollen, dass ein Wechsel der Systemvariablen vorgenommen wird. Denn offensichtlich ist die entstandene Schwierigkeit durch die Entscheidung in das Problem hineingetragen worden, die Größen ψ und x als die voneinander unabhängigen Systemvariablen zu verwenden, da damit i als $i(\psi, x)$ erscheint. Der üblicherweise zur Verfügung stehende Zusammenhang $\psi = \psi(i, x)$ muss augenscheinlich dann in die Beschreibung der elektromagnetischen Vorgänge eingehen, wenn anstelle der Größen ψ und x die Größen i und x als Systemvariablen eingeführt werden. Dieser Gedanke führt zwanglos auf die Koenergie als neue Zustandsgröße, die im folgenden Abschnitt eingeführt wird.

c) Kraft-Koenergie-Beziehung

Der Wechsel der Systemvariablen und dessen Folgen sollen wiederum zunächst an dem einfachsten Wandler nach Bild 1.7.1 gezeigt werden. Die Aussage des Energiesatzes nach (1.7.15) lässt sich mit

$$\mathrm{d}(\psi i) = \psi \,\mathrm{d}i + i \,\mathrm{d}\psi \tag{1.7.28}$$

auf die Form

$$\mathrm{d}(\psi i - W_\mathrm{m}) = \psi \,\mathrm{d}i + F \,\mathrm{d}x \tag{1.7.29}$$

bringen. Dabei ist aus den Betrachtungen im Unterabschnitt a bekannt, dass i als $i(\psi, x)$ und F als $F(\psi, x)$ darstellbar sind. Daraus folgt durch entsprechendes Auflösen der bestehenden Beziehungen, dass umgekehrt ψ als $\psi(i, x)$ und F als $F(i, x)$ darstellbar sein müssen. Damit ist aber die rechte Seite von (1.7.29) ein vollständiges Differential; $(\psi i - W_\mathrm{m})$ muss unabhängig vom Weg in der i, x-Ebene sein und stellt also eine Zustandsgröße dar, die als *magnetische Koenergie*

$$\boxed{W'_\mathrm{m} = \psi i - W_\mathrm{m}} \tag{1.7.30}$$

bezeichnet wird. Sie ist entsprechend (1.7.29) darstellbar als $W'_\mathrm{m} = W'_\mathrm{m}(i, x)$. Wenn davon ausgehend das vollständige Differential als

$$\mathrm{d}W'_\mathrm{m} = \frac{\partial W'_\mathrm{m}(i, x)}{\partial i}\,\mathrm{d}i + \frac{\partial W'_\mathrm{m}(i, x)}{\partial x}\,\mathrm{d}x \tag{1.7.31}$$

gebildet wird, erhält man durch Vergleich mit der Aussage des Energiesatzes nach (1.7.29), da die Variablen i und x voneinander unabhängig sind,

$$\psi = \frac{\partial W'_\mathrm{m}(i, x)}{\partial i} \tag{1.7.32}$$

$$F = \frac{\partial W'_\mathrm{m}(i, x)}{\partial x}. \tag{1.7.33}$$

Bei der Anwendung von (1.7.32) und (1.7.33) muss die magnetische Koenergie als Funktion von i und x vorliegen. Man erhält sie für einen bestimmten Zustand i und x durch Integration von (1.7.29), wobei der Tatbestand ausgenutzt werden kann, dass W'_m unabhängig vom Integrationsweg ist. Man wird also ebenso vorgehen wie bei der Ermittlung der magnetischen Energie W_m und zunächst die Lage x herstellen, für die W'_m zu bestimmen ist, ehe ein Strom fließt. Auf diesem Teilweg I im Bild 1.7.5 ist also $\mathrm{d}i' = 0$ und aus physikalischen Gründen $F = 0$, so dass kein Beitrag zum Integral $\int(\psi\,\mathrm{d}i' + F\,\mathrm{d}x')$ entsteht. Der Teilweg II des Integrationswegs ist entsprechend Bild 1.7.5 dadurch gekennzeichnet, dass $x' = x$ und somit $\mathrm{d}x' = 0$ ist, so dass man schließlich für die magnetische Koenergie

$$W'_\mathrm{m}(i, x) = \int_0^i \psi(i', x)\,\mathrm{d}i' \tag{1.7.34}$$

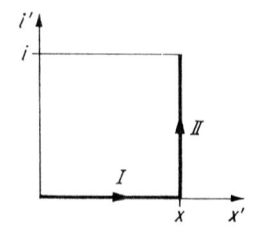

Bild 1.7.5 Vorteilhafter Integrationsweg in der i, x-Ebene zur Bestimmung der magnetischen Koenergie in einem Wandler nach Bild 1.7.1

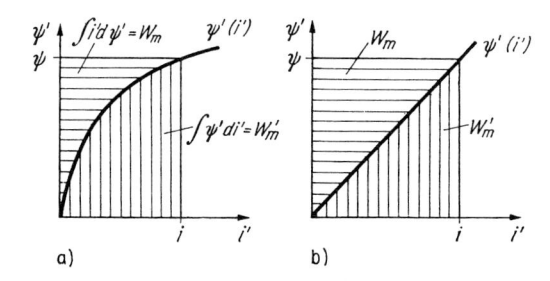

Bild 1.7.6 Deutung der magnetischen Energie W_m und der magnetischen Koenergie W_m' für einen Wandler nach Bild 1.7.1 als Flächen in der ψ, i-Ebene.
a) Bei nichtlinearen magnetischen Verhältnissen;
b) bei linearen magnetischen Verhältnissen

erhält. Dazu wird, wie zu erwarten war, die gebräuchliche Formulierung $\psi = \psi(i, x)$ des Zusammenhangs zwischen Strom und Feld benötigt. Entsprechend (1.7.16) und (1.7.34) lassen sich die Energie und die Koenergie für den einfachsten Wandler mit nur einem elektrischen Kreis, wie Bild 1.7.6a zeigt, geometrisch als Flächen in der ψ, i-Ebene deuten. Dabei spiegelt sich insbesondere auch (1.7.30) wider. Außerdem erkennt man mit Bild 1.7.6b, dass im Sonderfall linearer magnetischer Verhältnisse $W_\mathrm{m}' = W_\mathrm{m}$ ist, jedenfalls für den bisher betrachteten Fall mit nur einem elektrischen Kreis.

Im Fall eines allgemeinen elektromechanischen Wandlers mit n elektrischen Klemmenpaaren und m mechanischen Ausgängen ist die Aussage des Energiesatzes durch (1.7.18) gegeben. Analog zu (1.7.29) lässt sich daraus mit

$$\mathrm{d}(\psi_j i_j) = \psi_j\,\mathrm{d}i_j + i_j\,\mathrm{d}\psi_j \qquad (1.7.35)$$

die Beziehung

$$\sum_{j=1}^n \mathrm{d}(\psi_j i_j) - \mathrm{d}W_\mathrm{m} = \sum_{j=1}^n \mathrm{d}(\psi_j i_j - W_\mathrm{m}) = \sum_{j=1}^n \psi_j\,\mathrm{d}i_j + \sum_{i=1}^m F_i\,\mathrm{d}x_i \qquad (1.7.36)$$

entwickeln. Da sich mit Hilfe von (1.7.20) ψ_j als

$$\psi_j = \psi_j(i_1, \ldots, i_n, x_1, \ldots, x_m) \qquad (1.7.37)$$

und damit unter Beachtung von (1.7.21) F_i als

$$F_i = F_i(i_1, \ldots, i_n, x_1, \ldots, x_m) \qquad (1.7.38)$$

ausdrücken lassen, stellt die rechte Seite von (1.7.36) wiederum ein vollständiges Differential dar, so dass es sich anbietet, als neue Zustandsgröße die magnetische Koenergie

$$\boxed{W_\mathrm{m}' = \sum_{j=1}^n (\psi_j i_j - W_m) = W_\mathrm{m}'(i_1, \ldots, i_n, x_1, \ldots, x_m)} \qquad (1.7.39)$$

einzuführen. Damit geht (1.7.36) als Aussage des Energiesatzes über in

$$\mathrm{d}W_\mathrm{m}' = \sum_{j=1}^n \psi_j\,\mathrm{d}i_j + \sum_{i=1}^m F_i\,\mathrm{d}x_i\,. \qquad (1.7.40)$$

Wenn das vollständige Differential von (1.7.39) gebildet wird, erhält man durch Vergleich mit der Aussage des Energiesatzes, da die Systemvariablen $i_1, \ldots, i_n$ und $x_1, \ldots, x_m$ voneinander unabhängig sind,

$$\psi_j = \frac{\partial W'_m(i_1, \ldots, i_n, x_1, \ldots, x_m)}{\partial i_j} \tag{1.7.41}$$

$$F_i = \frac{\partial W'_m(i_1, \ldots, i_n, x_1, \ldots, x_m)}{\partial x_i}. \tag{1.7.42}$$

Um die Koenergie für einen bestimmten Zustand des Systems zu ermitteln, muss (1.7.40) ausgehend vom energielosen Zustand integriert werden. Da das Integral unabhängig vom Weg ist, wird man wiederum einen für die Integration vorteilhaften Weg benutzen. Dazu empfiehlt es sich, zunächst alle x'_i auf jene Werte x_i einzustellen, für die die Koenergie bestimmt werden soll, bevor irgendwelche Ströme eingespeist werden. Da auf diesen Abschnitten des Integrationswegs alle $di_j = 0$ sind und aus physikalischen Gründen keine Kräfte auftreten, liefern sie keinen Beitrag zu $\int dW'_m$. Der Integrationsweg wird nunmehr zweckmäßig so weitergeführt, dass die einzelnen i'_j nacheinander von 0 auf den interessierenden Wert i_j gebracht werden, wobei die anderen Ströme jeweils konstant bleiben. Man erhält also

$$\begin{aligned} W'_m &= \int_0^{i_1} \psi_1(i'_1, 0, \ldots, 0, x_1, \ldots, x_m)\, di'_1 \\ &+ \int_0^{i_2} \psi_2(i_1, i'_2, 0, \ldots, 0, x_1, \ldots, x_m)\, di'_2 + \ldots \\ &= \sum_{j=1}^n \int_0^{i_j} \psi_j(i_1, i_2, \ldots, i_{j-1}, i'_j, 0, \ldots, 0, x_1, \ldots, x_m)\, di'_j \end{aligned} \tag{1.7.43}$$

Natürlich lässt sich die Koenergie W'_m auch aus der Definition nach (1.7.39) mit W_m nach (1.7.22) bestimmen. Um die in (1.7.41) und (1.7.42) geforderte Form hinsichtlich der Systemvariablen zu erhalten, müssen dabei die Flussverkettungen mit Hilfe von (1.7.37) durch die Ströme ersetzt werden.

Es ist an dieser Stelle nützlich, sich die Analogie zur Thermodynamik in Erinnerung zu rufen. Im Bild 1.7.7 ist die bekannte Darstellung wiedergegeben, bei der in einem

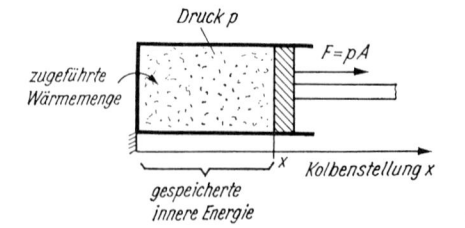

Bild 1.7.7 Analogon zur Thermodynamik

Zylinder ein Arbeitsgas untergebracht ist. Ihm kann von außen in Form einer Wärmemenge $\mathrm{d}Q$ Energie zugeführt und über den beweglichen Kolben mechanische Energie $F\,\mathrm{d}x = Ap\,\mathrm{d}x = p\,\mathrm{d}\mathcal{V}$ abgenommen werden. Der Energiesatz liefert in diesem Fall die Aussage

$$\mathrm{d}U = \mathrm{d}Q - p\,\mathrm{d}\mathcal{V}\,. \tag{1.7.44}$$

Die innere Energie U des Gases erhöht sich nach Maßgabe der Differenz der thermisch zugeführten Energie $\mathrm{d}Q$ und der bei Bewegung um $\mathrm{d}x$ mechanisch abgegebenen Energie $F\,\mathrm{d}x = p\,\mathrm{d}\mathcal{V}$ um $\mathrm{d}U$. Das ist der sog. erste Hauptsatz der Thermodynamik. Seine Formulierung durch (1.7.44) ist vollständig analog zu (1.7.15). Er bildet die Grundlage für die Realisierbarkeit von Wärmekraftmaschinen, da sich dem Arbeitsgas des Systems wiederum auf zwei Wegen Energie in zwei Energieformen zuführen lässt, nämlich hier als Wärme und als mechanische Energie, und damit auch die Möglichkeit besteht, Energie über den einen Weg zuzuführen und über den anderen zu entnehmen.

In der Formulierung des Energiesatzes nach (1.7.44) treten die Systemvariablen Q und $\mathcal{V}$ auf. In vielen Fällen ist es vorteilhafter, mit den Systemvariablen Q und p zu arbeiten. Dazu ist wiederum ein Wechsel der Systemvariablen notwendig. Man erhält mit

$$\mathrm{d}(p\mathcal{V}) = p\,\mathrm{d}\mathcal{V} + \mathcal{V}\,\mathrm{d}p$$

aus (1.7.44)

$$\mathrm{d}(U + p\mathcal{V}) = \mathrm{d}Q + \mathcal{V}\,\mathrm{d}p\,. \tag{1.7.45}$$

Dabei tritt als neue Zustandsgröße die Enthalpie

$$H = U + p\mathcal{V} \tag{1.7.46}$$

in Erscheinung, so dass der Energiesatz schließlich die Form

$$\mathrm{d}H = \mathrm{d}Q + \mathcal{V}\,\mathrm{d}p \tag{1.7.47}$$

annimmt. Auch in dieser Hinsicht ist also die Analogie zur Betrachtungsweise des elektromechanischen Wandlers gegeben.

d) Sonderfall linearer magnetischer Verhältnisse

Auf den Sonderfall linearer magnetischer Verhältnisse war bereits im Unterabschnitt c bei einem Wandler mit nur einem elektrischen Kreis kurz eingegangen worden. Er wird im Folgenden für den allgemeinen Wandler untersucht. Dabei gelten für die einzelnen elektrischen Kreise die Flussverkettungsgleichungen nach (1.7.10). Da diese in der Form $\psi = \psi(i_1, \ldots, i_n, x_1, \ldots, x_m)$ gegeben sind, bereitet die unmittelbare Bestimmung der magnetischen Energie als $W_\mathrm{m}(\psi_1, \ldots, \psi_n, x_1, \ldots, x_m)$ nach (1.7.22) Schwierigkeiten. Dagegen lässt sich durch Einführen der $\mathrm{d}\psi_j$ verhältnismäßig schnell $W_\mathrm{m}(i_1, \ldots, i_n, x_1, \ldots, x_m)$ ermitteln. Man erhält, nachdem alle $x_1, \ldots, x_m$ auf die interessierenden Werte eingestellt worden sind,

$$W_{\mathrm{m}} = \int_0^{\psi_j} \sum_{j=1}^n i_j \, \mathrm{d}\psi_j' = \int_0^{\psi_1,\psi_2,\ldots,\psi_n} [i_1 \, \mathrm{d}\psi_1' + i_2 \, \mathrm{d}\psi_2' + \ldots + i_n \, \mathrm{d}\psi_n']$$

und daraus durch Einführen der Flussverkettungsgleichungen

$$W_{\mathrm{m}} = \int_0^{i_1,i_2,\ldots,i_n} \left\{ \begin{array}{l} i_1' L_{11} \, \mathrm{d}i_1' + i_1' L_{12} \, \mathrm{d}i_2' + i_1' L_{13} \, \mathrm{d}i_3' + \ldots \\ +i_2' L_{21} \, \mathrm{d}i_1' + i_2' L_{22} \, \mathrm{d}i_2' + i_2' L_{23} \, \mathrm{d}i_3' + \ldots \\ +i_3' L_{31} \, \mathrm{d}i_1' + i_3' L_{32} \, \mathrm{d}i_2' + i_3' L_{33} \, \mathrm{d}i_3' + \ldots \\ \vdots \end{array} \right\}.$$

Da W_{m} unabhängig vom Weg ist, werden nunmehr nacheinander die Ströme von 0 auf den interessierenden Wert i_j geändert. Damit erhält man

$$W_{\mathrm{m}} = L_{11} \frac{i_1^2}{2} + L_{12} i_1 i_2 + L_{22} \frac{i_2^2}{2} + L_{13} i_1 i_3 + L_{23} i_2 i_3 + L_{33} \frac{i_3^2}{2} + \ldots \quad (1.7.48)$$

Zur Bestimmung der Koenergie lässt sich unmittelbar (1.7.43) heranziehen. Man erhält nach Einführen der Flussverkettungsgleichungen

$$W_{\mathrm{m}}' = \int_0^{i_1,i_2,\ldots,i_n} \left\{ \begin{array}{l} L_{11} i_1' \, \mathrm{d}i_1' + L_{12} i_2' \, \mathrm{d}i_1' + L_{13} i_3' \, \mathrm{d}i_1' + \ldots \\ +L_{21} i_1' \, \mathrm{d}i_2' + L_{22} i_2' \, \mathrm{d}i_2' + L_{23} i_3' \, \mathrm{d}i_2' + \ldots \\ +L_{31} i_1' \, \mathrm{d}i_3' + L_{32} i_2' \, \mathrm{d}i_3' + L_{33} i_3' \, \mathrm{d}i_3' + \ldots \\ \vdots \end{array} \right\}$$

und daraus, wenn wiederum die Ströme nacheinander von 0 auf die interessierenden Werte i_j geändert werden,

$$W_{\mathrm{m}}' = L_{11} \frac{i_1^2}{2} + L_{21} i_1 i_2 + L_{22} \frac{i_2^2}{2} + L_{31} i_1 i_3 + L_{32} i_2 i_3 + L_{33} \frac{i_3^2}{2} + \ldots \quad (1.7.49)$$

Mit der allgemeinen Eigenschaft $L_{jk} = L_{kj}$ der Gegeninduktivitäten in magnetisch linearen Systemen folgt aus (1.7.48) und (1.7.49), dass unter linearen magnetischen Verhältnissen

$$\boxed{W_{\mathrm{m}}' = W_{\mathrm{m}} = \frac{1}{2} \sum_{j=1}^n \sum_{k=1}^m L_{jk} i_j i_k = \frac{1}{2} \sum_{j=1}^n \psi_j i_j} \quad (1.7.50)$$

ist. Mit (1.7.49) erhält man für die Kraft an einem mechanischen Ausgang i mit geradliniger Bewegung nach (1.7.42)

$$\boxed{F_i = \frac{i_1^2}{2} \frac{\partial L_{11}}{\partial x_i} + i_1 i_2 \frac{\partial L_{12}}{\partial x_i} + \frac{i_2^2}{2} \frac{\partial L_{22}}{\partial x_i} + i_1 i_3 \frac{\partial L_{13}}{\partial x_i} + \ldots}. \quad (1.7.51)$$

Die einzelnen Anteile einer Kraft elektromagnetischen Ursprungs sind proportional zur Änderung der maßgebenden Induktivität bei Bewegung in Richtung dieser Kraft. Andererseits ist für das Auftreten einer Kraft elektromagnetischen Ursprungs offensichtlich Voraussetzung, dass sich mindestens eine der Induktivitäten des Systems ändert, wenn eine Bewegung in Richtung der gewünschten Kraft auftritt.

Wenn die Bewegung am mechanischen Ausgang i eine Drehbewegung darstellt, erscheint in der Formulierung des Energiesatzes nach (1.7.18) anstelle von $F_i \, dx_i$ für die mechanisch abgegebene Energie der Ausdruck $m_i \, d\alpha_i$, wobei m_i das Drehmoment am mechanischen Ausgang i ist. Damit tritt in der weiteren Entwicklung an die Stelle der Lage x_i die Winkellage α_i und an die Stelle der Kraft F_i das Drehmoment m_i. Insbesondere geht (1.7.51) über in

$$m_i = \frac{i_1^2}{2}\frac{\partial L_{11}}{\partial \alpha_i} + i_1 i_2 \frac{\partial L_{12}}{\partial \alpha_i} + \frac{i_2^2}{2}\frac{\partial L_{22}}{\partial \alpha_i} + i_1 i_3 \frac{\partial L_{13}}{\partial \alpha_i} + \ldots \quad . \tag{1.7.52}$$

Für eine Anordnung nach Bild 1.7.2, also für den Sonderfall mit zwei elektrischen Klemmenpaaren und einem mechanischen Ausgang, zu dem die Spannungsgleichungen (1.7.13a,b) gehören, erhält man aus (1.7.52)

$$m = \frac{i_1^2}{2}\frac{dL_{11}}{d\alpha} + i_1 i_2 \frac{dL_{12}}{d\alpha} + \frac{i_2^2}{2}\frac{dL_{22}}{d\alpha} \quad . \tag{1.7.53}$$

Die mechanische Leistung, die über die Welle an das gekuppelte mechanische System abgegeben und über den Prozess der elektromechanischen Energiewandlung gewonnen wird, erhält man aus (1.7.53) zu

$$p_{\text{mech}} = m\frac{d\alpha}{dt} = \frac{i_1^2}{2}\frac{dL_{11}}{d\alpha}\frac{d\alpha}{dt} + i_1 i_2 \frac{dL_{12}}{d\alpha}\frac{d\alpha}{dt} + \frac{i_2^2}{2}\frac{dL_{22}}{d\alpha}\frac{d\alpha}{dt} \quad . \tag{1.7.54}$$

Wie ein Vergleich mit (1.7.13a,b) zeigt, treten in (1.7.54) die Rotationsspannungen e_{rjk} in Erscheinung. Außerdem erkennt man aus (1.7.13a,b), dass mit $L_{21}(\alpha) = L_{12}(\alpha)$ auch $e_{r12}i_1 = e_{r21}i_2$ ist. Damit folgt aus (1.7.54)

$$p_{\text{mech}} = -\frac{1}{2}(e_{r11}i_1 + e_{r12}i_1 + e_{r21}i_2 + e_{r22}i_2) = -\frac{1}{2}(e_{r1}i_1 + e_{r2}i_2) \quad . \tag{1.7.55}$$

Unter dem Gesichtspunkt der Erzeugung eines Drehmoments folgt aus (1.7.53), dass sich mindestens eine der Induktivitäten des Systems mit der Bewegung des Läufers ändern muss, wenn eine elektromechanische Energiewandlung stattfinden soll.

e) Sonderfall zyklischer Vorgänge

Unter zyklischen Vorgängen sollen solche verstanden werden, bei denen sämtliche Systemvariablen in ihrer zeitlichen Abhängigkeit nach jeweils einer Zyklusdauer T gleiche Werte annehmen. Dann ist entsprechend (1.7.19) auch jeweils die gleiche magnetische Energie gespeichert. Aus der Integration von (1.7.17) bzw. (1.7.18) über die Zyklusdauer folgt damit, dass die während dieser Zeit über die elektrischen Klemmenpaare unter Einführung der Spannungsgleichung entsprechend $u_j = \mathrm{d}\psi_j/\mathrm{d}t$ zugeflossene Energie

$$\Delta W_{\mathrm{el}} = \sum_{j=1}^{n} \int_{t}^{t+T} u_j i_j \, \mathrm{d}t' = \sum_{j=1}^{n} \oint i_j \, \mathrm{d}\psi_j \tag{1.7.56}$$

gleich sein muss der über die mechanischen Ausgänge abgeflossenen Energie, die bei geradliniger Bewegung gegeben ist als

$$\Delta W_{\mathrm{mech}} = \sum_{i=1}^{m} \int_{t}^{t+T} F_i \left(\frac{\mathrm{d}x_i}{\mathrm{d}t} \right) \mathrm{d}t' = \sum_{i=1}^{m} \oint F_i \, \mathrm{d}x_i \tag{1.7.57}$$

und bei Drehbewegungen als

$$\Delta W_{\mathrm{mech}} = \sum_{i=1}^{m} \int_{t}^{t+T} m_i \left(\frac{\mathrm{d}\alpha_i}{\mathrm{d}t'} \right) \mathrm{d}t = \sum_{i=1}^{m} \oint m_i \, \mathrm{d}\alpha_i \; . \tag{1.7.58}$$

Dabei erscheinen die Umlaufintegrale dadurch, dass die Systemvariablen am Ende jedes Zyklus' den gleichen Wert besitzen wie am Anfang. Es ist also

$$\Delta W_{\mathrm{mech}} = \Delta W_{\mathrm{el}} \; .$$

Wenn man entsprechend

$$P = \frac{1}{T} \int_{t}^{t+T} p \, \mathrm{d}t'$$

mittlere Leistungen einführt, folgt daraus

$$\sum_{j=1}^{n} P_{\mathrm{el}j} = \sum_{i=1}^{m} P_{\mathrm{mech}i}$$

bzw. für den Sonderfall, dass nur ein mechanischer Ausgang vorhanden ist,

$$\sum_{j=1}^{n} P_{\mathrm{el}j} = P_{\mathrm{mech}} \; . \tag{1.7.59}$$

Bei elektrischen Maschinen, die im stationären Betrieb, d. h. bei konstanter Belastung, am starren Wechselstrom- oder Drehstromnetz arbeiten, ist die Zyklusdauer durch die der Speisefrequenz zugeordnete Periodendauer der Wechselgrößen gegeben. Das gilt allerdings in Strenge nur solange, wie bei der Maschine keine Symmetriestörungen – z. B. in Form von Exzentrizitäten – vorliegen.

1.7.2
Methoden zur Ermittlung des Drehmoments

1.7.2.1 Ermittlung des Drehmoments aus den Feldgrößen des Luftspaltfelds

Das Drehmoment lässt sich entsprechend Unterabschnitt 1.1.2.2a, Seite 21, nach (1.1.65) aus den Feldgrößen des Luftspaltfelds bestimmen, indem das Produkt aus der normalen und der tangentialen Komponente der Feldstärke auf einer Kreiszylinderfläche im Luftspalt über diese Fläche integriert wird.

Wenn eines der beiden Hauptelemente rotationssymmetrisch ist und die Integrationsfläche auf die Oberfläche dieses Hauptelements gelegt wird, lassen sich dessen stromdurchflossene Leiter durch einen Strombelag ersetzen, und es gilt unter der Voraussetzung $\mu_{\text{Fe}} \to \infty$ die Beziehung (1.1.69). Sie liefert dabei entsprechend der Herleitung im Unterabschnitt 1.1.2.2c und mit den Vorzeichenfestlegungen in den Bildern 1.1.11 bis 1.1.13 das Drehmoment auf jenes Hauptelement, das den Strombelag trägt. Wenn also die Integrationsfläche auf der Oberfläche der Ständerbohrung liegt und der Ständerstrombelag eingeführt wird, erhält man über (1.1.69) das auf den Ständer wirkende Drehmoment. Um im Weiteren unter dem Drehmoment stets jenes Drehmoment zu verstehen, das in Richtung der Koordinate x bzw. γ bzw. γ' auf den Läufer wirkt, ist es erforderlich, zwischen dem Ständerstrombelag A_1 und dem Läuferstrombelag A_2 zu unterscheiden. Wenn man gleichzeitig die Winkelkoordinate γ' nach (1.5.3), Seite 79, bzw. die bezogene Winkelkoordinate γ nach (1.5.9) einführt, folgt aus (1.1.69)

$$\boxed{\begin{aligned} m(t) &= \frac{D^2}{4} l_{\text{i}} \int_0^{2\pi} B_{\text{n}}(\gamma',t) A_2(\gamma',t)\,\mathrm{d}\gamma' = -\frac{D^2}{4} l_{\text{i}} \int_0^{2\pi} B_{\text{n}}(\gamma',t) A_1(\gamma',t)\,\mathrm{d}\gamma' \\ m(t) &= \frac{D^2}{4} l_{\text{i}} \int_0^{2\pi} B_{\text{n}}(\gamma,t) A_2(\gamma,t)\,\mathrm{d}\gamma = -\frac{D^2}{4} l_{\text{i}} \int_0^{2\pi} B_{\text{n}}(\gamma,t) A_1(\gamma,t)\,\mathrm{d}\gamma \end{aligned}}$$

(1.7.60a)

(1.7.60b)

Dabei setzt die Anwendbarkeit von (1.7.60b) voraus, dass Periodizität des Aufbaus und damit des Luftspaltfelds bezüglich der Polpaarteilung vorliegt.

Es muss außerdem nochmals daran erinnert werden, dass diese Beziehungen – wie bereits in der Einleitung zum Abschnitt 1.7 dargelegt wurde – dadurch entstanden sind, dass die Tangentialkomponente der magnetischen Feldstärke auf der Integrationsfläche im Luftspalt durch den Strombelag ausgedrückt wurde. Damit lassen sie sich auch nur in solchen Fällen anwenden, in denen der jeweilige Strombelag für die drehmomentbildende Tangentialkomponente des Luftspaltfelds verantwortlich ist. Das ist ein wichtiger Sonderfall.

Dieser Sonderfall liegt insbesondere dann vor, wenn das Drehmoment entwickelt werden soll, das die Hauptwelle der Induktionsverteilung mit den stromdurchflossenen Leitern einer Wicklung bildet, denen eine Hauptwelle des Strombelags zugeordnet werden kann. Für diesen Fall werden innerhalb des vorliegenden Abschnitts aus (1.7.60a,b) spezielle Beziehungen abgeleitet. Die Anwendbarkeit von (1.7.60a,b) ist dagegen nicht gegeben, wenn parametrische Einflüsse wie z. B. Nutöffnungen und ausgeprägte Pole die Tangentialkomponente hervorrufen. Es ist allerdings grundsätzlich möglich, die Wirkung dieser parametrischen Einflüsse in (1.7.60a,b) einzubeziehen. In [62] wird abgeleitet, dass (1.7.60a) sich dann zu

$$m(t) = \frac{D^2}{4} l_\mathrm{i} \int_0^{2\pi} B_\mathrm{n}(\gamma',t) A_2(\gamma',t)\,\mathrm{d}\gamma' + \frac{D}{4} l_\mathrm{i} \int_0^{2\pi} B_\mathrm{n}^2(\gamma',t) \frac{1}{\lambda_{\delta 2}^2(\gamma',t)} \frac{\mathrm{d}\lambda_{\delta 2}(\gamma',t)}{\mathrm{d}\gamma'}\,\mathrm{d}\gamma'$$

$$= -\frac{D^2}{4} l_\mathrm{i} \int_0^{2\pi} B_\mathrm{n}(\gamma',t) A_1(\gamma',t)\,\mathrm{d}\gamma' + \frac{D}{4} l_\mathrm{i} \int_0^{2\pi} B_\mathrm{n}^2(\gamma',t) \frac{1}{\lambda_{\delta 1,t}^2(\gamma')} \frac{\mathrm{d}\lambda_{\delta 1}(\gamma',t)}{\mathrm{d}\gamma'}\,\mathrm{d}\gamma'$$

erweitert, wobei $\lambda_{\delta 1}$ bzw. $\lambda_{\delta 2}$ der Luftspaltleitwert unter Einbeziehung der Leitwertschwankungen nur des Ständers bzw. nur des Läufers ist. Um diese Beziehung einfacher auswerten zu können, empfiehlt es sich, nicht mit dem Luftspaltleitwert λ_δ in dessen Darstellung als Summe von Leitwertswellen zu arbeiten, sondern den Ausdruck

$$\chi(\gamma',t) = \frac{1}{\lambda_{\delta 1}^2(\gamma',t)} \frac{\mathrm{d}\lambda_{\delta 1}(\gamma',t)}{\mathrm{d}\gamma'}$$

als Ganzes in eine Summe von Harmonischen bzw. Drehwellen zu entwickeln.

Um die prinzipiellen Eigenschaften einer Maschine zu erkennen, genügt es, die Hauptwelle der Luftspaltinduktion

$$B_\mathrm{pn}(\gamma,t) = B_\mathrm{p}(\gamma',t) = \hat{B}_\mathrm{p}(t)\cos[\gamma - \gamma_\mathrm{B}(t)] \tag{1.7.61}$$

und die zugehörigen Hauptwellen der Strombeläge

$$A_\mathrm{p}(\gamma,t) = \hat{A}_\mathrm{p}(t)\cos[\gamma - \gamma_\mathrm{A}(t)] \tag{1.7.62}$$

zu betrachten. Die Hauptwelle eines Strombelags nach (1.7.62) ist der Durchflutungshauptwelle

$$\Theta_\mathrm{p}(\gamma,t) = \hat{\Theta}_\mathrm{p}(t)\cos[\gamma - \gamma_\Theta(t)] \tag{1.7.63}$$

der zugehörigen Wicklung zugeordnet. Dabei folgt aus (1.5.33b) bzw. (1.5.34b), Seite 93,

$$\gamma_\Theta(t) = \gamma_\mathrm{A}(t) - \frac{\pi}{2} \tag{1.7.64}$$

$$\hat{\Theta}_\mathrm{p}(t) = \frac{\tau_\mathrm{p}}{\pi}\hat{A}_\mathrm{p}(t) = \frac{D}{2p}\hat{A}_\mathrm{p}(t)\,. \tag{1.7.65}$$

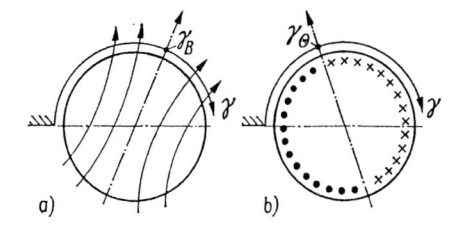

1.7 Kräfte, Drehmomente und Bewegungsgleichungen

Bild 1.7.8 Ermittlung des Hauptwellendrehmoments aus der Induktionshauptwelle und der Hauptwelle des Strombelags.
a) Lage des Hauptwellenfelds;
b) Lage der Hauptwelle des Strombelags

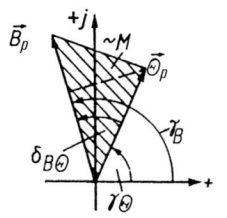

Bild 1.7.9 Raumzeiger der Induktionshauptwelle und der Durchflutungshauptwelle entsprechend Bild 1.7.8

Bild 1.7.8 demonstriert die Lage einer Induktionshauptwelle und der Hauptwelle eines Läuferstrombelags für den Fall einer zweipoligen Maschine unter Angabe der Koordinaten γ_B und γ_Θ. Die zugeordneten Raumzeiger

$$\vec{B}_p = \hat{B}_p(t) e^{j\gamma_B(t)} \tag{1.7.66}$$
$$\vec{\Theta}_p = \hat{\Theta}_p(t) e^{j\gamma_\Theta(t)} \tag{1.7.67}$$

entsprechend Abschnitt 1.5.2.5, Seite 82, sind im Bild 1.7.9 dargestellt. Dabei ist zu beachten, dass die Raumzeiger in der komplexen Ebene spiegelbildlich zu den Achsen durch γ_B bzw. γ_Θ im Bild 1.7.8 angeordnet erscheinen, da die mathematisch positive Umlaufrichtung jener der Koordinate γ entgegengerichtet ist.

Die Integration von (1.7.60b) liefert unter Einführung von (1.7.61) und (1.7.62) bzw. (1.7.63) mit (1.7.64) und (1.7.65)

$$\boxed{\begin{aligned} m(t) &= \frac{\pi}{4} D^2 l_i \hat{A}_{p2}(t) \hat{B}_p(t) \sin \delta_{B\Theta}(t) = -\frac{\pi}{4} D^2 l_i \hat{A}_{p1}(t) \hat{B}_p(t) \sin \delta_{B\Theta}(t) \quad (1.7.68\text{a}) \\ m(t) &= \frac{\pi}{2} D l_i p \hat{\Theta}_{p2}(t) \hat{B}_p(t) \sin \delta_{B\Theta}(t) = -\frac{\pi}{2} D l_i p \hat{\Theta}_{p1}(t) \hat{B}_p(t) \sin \delta_{B\Theta}(t) . \quad (1.7.68\text{b}) \end{aligned}}$$

Dabei ist

$$\delta_{B\Theta} = \gamma_B - \gamma_\Theta . \tag{1.7.69}$$

Mit den Raumzeigern $\vec{B}_p$ und $\vec{\Theta}_{p2}$ bzw. $\vec{\Theta}_{p1}$ entsprechend (1.7.66) und (1.7.67) lässt sich die Beziehung für das Drehmoment auch darstellen als

$$m = \frac{\pi}{2} D l_i p \operatorname{Im}\{\vec{B}_p \vec{\Theta}_{p2}^*\} = -\frac{\pi}{2} D l_i p \operatorname{Im}\{\vec{B}_p \vec{\Theta}_{p1}^*\} . \tag{1.7.70}$$

Das Drehmoment einer gegebenen Maschine in einem betrachteten Betriebszustand ist also proportional zur Fläche des Dreiecks, das von den Raumzeigern $\vec{B}_p$ und $\vec{\Theta}_{p2}$ bzw. $\vec{\Theta}_{p1}$ aufgespannt wird (s. Bild 1.7.9).

Entsprechend (1.7.68a) bzw. (1.7.68b) wird das Drehmoment – oder genauer gesagt: das Hauptwellendrehmoment – einer rotierenden elektrischen Maschine durch das

Wertetripel $\hat{A}_p(t)$, $\hat{B}_p(t)$ und $\delta_{B\Theta}(t)$ bzw. das Wertetripel $\hat{\Theta}_p,(t)$, $\hat{B}_p(t)$ und $\delta_{B\Theta}(t)$ bestimmt. Dabei sind die drei Komponenten eines dieser Tripel im allgemeinen Fall eines nichtstationären Betriebszustands beliebige Zeitfunktionen, die sich aus dem inneren Mechanismus der Maschine und den äußeren Bedingungen an den elektrischen Klemmenpaaren und an der Welle ergeben.

Im *stationären Betrieb*, dessen einzelne Betriebspunkte partikuläre Lösungen des allgemeinen Gleichungssystems der Maschine darstellen, gilt prinzipiell das gleiche. Unter gegebenen äußeren Betriebsbedingungen gehört zu jedem Drehmoment ein Wertetripel $\hat{A}_p$, $\hat{B}_p$ und $\delta_{B\Theta}$ bzw. ein Wertetripel $\hat{\Theta}_p$, $\hat{B}_p$ und $\delta_{B\Theta}$, dessen Komponenten durch den inneren Mechanismus der Maschine bestimmt sind. Ein konstantes Drehmoment erhält man, wenn $\hat{A}_p$, $\hat{B}_p$ und $\delta_{B\Theta}$ zeitlich konstant sind, und ein von Null verschiedenes mittleres Drehmoment erhält man, wenn $\hat{A}_p$ und $\hat{B}_p$ bei $\delta_{B\Theta} = $ konst. Sinusgrößen gleicher Frequenz f darstellen, wobei sich dem mittleren Drehmoment dann Drehmomentpendelungen der Frequenz $2f$ überlagern. Der erste Fall liegt bei allen Drehfeldmaschinen sowie bei der Gleichstrommaschine vor, wobei sich bei letzterer durch eine Betrachtung der Hauptwelle lediglich grundsätzliche Zusammenhänge verdeutlichen lassen. Auf den ersten Fall lassen sich auch die Verhältnisse bei den meisten Einphasenmaschinen zurückführen, indem man von der Möglichkeit der Zerlegung eines Wechselfelds in zwei gegenläufige Drehfelder Gebrauch macht [s. Abschn. 1.5.3, S. 84, u. (1.5.30)]. Damit erfasst er die Mehrzahl aller rotierenden elektrischen Maschinen. Der zweite Fall liegt in reiner Form nur bei Einphasen-Kommutatormaschinen vor. Er lässt sich zwar prinzipiell ebenfalls auf den ersten zurückführen, wird aber dadurch in der Behandlung nicht vereinfacht, da der Kommutatoranker im Drehfeld ein komplizierteres Verhalten aufweist als im Wechselfeld.

Aus den vorstehenden Betrachtungen lässt sich verallgemeinern, dass die Verhaltensweisen der einzelnen Maschinenarten hinsichtlich des von ihnen entwickelten Drehmoments im stationären und im nichtstationären Betrieb letztlich nur dadurch bedingt sind, dass sich die Komponenten des Wertetripels $\hat{A}_p$, $\hat{B}_p$ und $\delta_{B\Theta}$ unter den speziellen Betriebsbedingungen an den elektrischen Klemmenpaaren und an der Welle aufgrund des speziellen inneren Mechanismus' der Maschine in bestimmter Weise einstellen. Wenn man die Speiseeinrichtung in Abhängigkeit von bestimmten Betriebsgrößen der Maschine, z. B. der Drehzahl und der Läuferlage, steuert, werden offenbar zusätzliche Dimensionen möglicher Verhaltensweisen der einzelnen Maschinenarten eröffnet. Dieser Gedankengang ist im Zusammenhang mit der Anwendung moderner elektronischer und leistungselektronischer Baugruppen von außerordentlicher Bedeutung. Auf ihm beruht beispielsweise der *Elektronikmotor* bzw. der *Stromrichtermotor*, die vom Aufbau her Synchronmotoren sind, aber im Zusammenwirken mit der elektronischen Speiseeinrichtung und ihrer Beeinflussung durch die Läuferlage das Verhalten einer Gleichstrommaschine aufweisen (s. Bd. *Grundlagen elektrischer Maschinen*, Abschn. 6.10.2).

1.7 Kräfte, Drehmomente und Bewegungsgleichungen

Der Sonderfall, dass beide Hauptelemente rotationssymmetrisch sind, gestattet es, die Induktionshauptwelle nach (1.7.61) durch die beiden Durchflutungshauptwellen entsprechend

$$B_{\mathrm{p}}(\gamma,t) = \frac{\mu_0}{\delta_{\mathrm{i}}''}\Theta_{\mathrm{p\,res}}(\gamma,t) = \frac{\mu_0}{\delta_{\mathrm{i}}''}[\Theta_{\mathrm{p1}}(\gamma,t) + \Theta_{\mathrm{p2}}(\gamma,t)] \qquad (1.7.71)$$

auszudrücken. In diesem Fall liegt es nahe, auch den Strombelag mit Hilfe von (1.7.64) und (1.7.65) durch die zugeordneten Durchflutungshauptwellen zu ersetzen. Damit erhält man aus (1.7.68b)

$$\boxed{m(t) = \frac{\pi}{2}Dl_{\mathrm{i}}p\frac{\mu_0}{\delta_{\mathrm{i}}''}\hat{\Theta}_{\mathrm{p2}}(t)\hat{\Theta}_{\mathrm{p\,res}}(t)\sin\delta_{\mathrm{res}\,2} = -\frac{\pi}{2}Dl_{\mathrm{i}}p\frac{\mu_0}{\delta_{\mathrm{i}}''}\hat{\Theta}_{\mathrm{p1}}(t)\hat{\Theta}_{\mathrm{p\,res}}(t)\sin\delta_{\mathrm{res}\,1}}$$

(1.7.72)

mit
$$\delta_{\mathrm{res}\,2} = \gamma_{\Theta\mathrm{res}} - \gamma_{\Theta 2}$$
$$\delta_{\mathrm{res}\,1} = \gamma_{\Theta\mathrm{res}} - \gamma_{\Theta 1}\;.$$

Unter Einführung der Raumzeigerdarstellung der Durchflutungshauptwellen (s. Abschn. 1.5.2.5, S. 82) kann man (1.7.72) auch schreiben als

$$m = \frac{\pi}{2}Dl_{\mathrm{i}}p\frac{\mu_0}{\delta_{\mathrm{i}}''}\,\mathrm{Im}\{\vec{\Theta}_{\mathrm{p\,res}}\vec{\Theta}_{\mathrm{p2}}^{*}\} = -\frac{\pi}{2}Dl_{\mathrm{i}}p\frac{\mu_0}{\delta_{\mathrm{i}}''}\,\mathrm{Im}\{\vec{\Theta}_{\mathrm{p\,res}}\vec{\Theta}_{\mathrm{p1}}^{*}\}\;. \qquad (1.7.73)$$

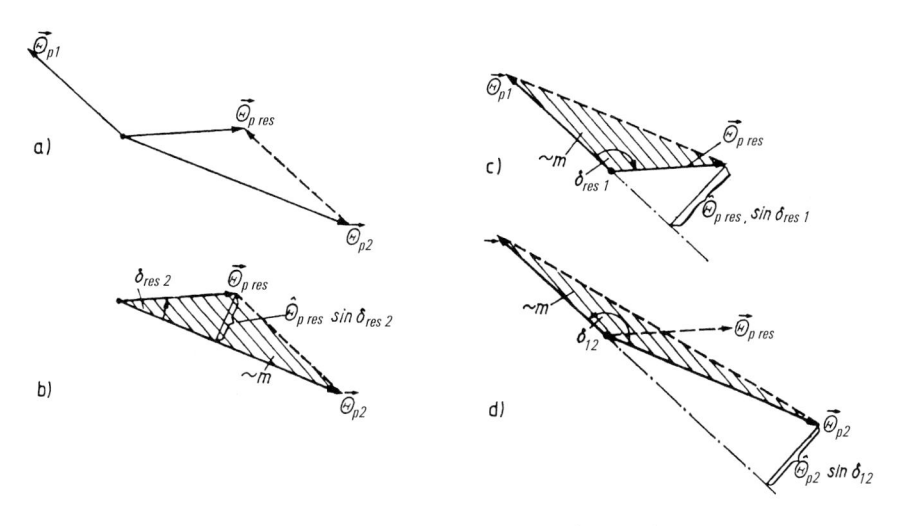

Bild 1.7.10 Ermittlung des Drehmoments aus den Durchflutungshauptwellen, wenn beide Hauptelemente rotationssymmetrisch sind.
a) Darstellung der Durchflutungshauptwellen in der komplexen Ebene;
b) Drehmoment aus $\vec{\Theta}_{\mathrm{p\,res}}$ und $\vec{\Theta}_{\mathrm{p2}}$;
c) Drehmoment aus $\vec{\Theta}_{\mathrm{p\,res}}$ und $\vec{\Theta}_{\mathrm{p1}}$;
d) Drehmoment aus $\vec{\Theta}_{\mathrm{p1}}$ und $\vec{\Theta}_{\mathrm{p2}}$

Da $\vec{\Theta}_{\text{p res}} = \vec{\Theta}_{\text{p1}} + \vec{\Theta}_{\text{p2}}$ und $\text{Im}\{\vec{\Theta}_{\text{p1}}\vec{\Theta}_{\text{p1}}^*\} = \text{Im}\{\vec{\Theta}_{\text{p2}}\vec{\Theta}_{\text{p2}}^*\} = 0$ ist, gilt auch

$$m = \frac{\pi}{2} Dl_i p \frac{\mu_0}{\delta_i''} \text{Im}\{\vec{\Theta}_{\text{p1}}\vec{\Theta}_{\text{p2}}^*\} = \frac{\pi}{2} Dl_i p \frac{\mu_0}{\delta_i''} \hat{\Theta}_{\text{p1}} \hat{\Theta}_{\text{p2}} \sin\delta_{12} \qquad (1.7.74a)$$

bzw. $$m = -\frac{\pi}{2} Dl_i p \frac{\mu_0}{\delta_i''} \text{Im}\{\vec{\Theta}_{\text{p2}}\vec{\Theta}_{\text{p1}}^*\} = -\frac{\pi}{2} Dl_i p \frac{\mu_0}{\delta_i''} \hat{\Theta}_{\text{p2}} \hat{\Theta}_{\text{p1}} \sin\delta_{21} \qquad (1.7.74b)$$

mit $\quad \delta_{12} = -\delta_{21} = \gamma_{\Theta 1} - \gamma_{\Theta 2}$.

Wie Bild 1.7.10 demonstriert, ist das Drehmoment jeweils proportional zur Fläche des Dreiecks, das von $\vec{\Theta}_{\text{p res}}$ und $\vec{\Theta}_{\text{p2}}$ bzw. $\vec{\Theta}_{\text{p1}}$ oder von $\vec{\Theta}_{\text{p2}}$ und $\vec{\Theta}_{\text{p1}}$ aufgespannt wird. Dabei müssen natürlich für einen gegebenen Satz von Durchflutungshauptwellen Dreiecke mit gleichem Flächeninhalt entstehen.

1.7.2.2 Ermittlung des Drehmoments aus der Energiebilanz
a) Allgemeiner Fall

Der allgemeine Fall ist dadurch gekennzeichnet, dass die Energiebilanz für einen beliebigen nichtstationären Betriebszustand aufzustellen ist. Dabei ändert sich die in der Maschine gespeicherte magnetische Energie W_m, so dass die Aussage des Energiesatzes für eine verlustlose Maschine die Form

$$\boxed{dW_m = \sum_{j=1}^{n} u_j i_j \, dt - m \, d\vartheta'} \qquad (1.7.75)$$

annimmt. In dieser Beziehung lässt sich die Klemmenspannung u_j der einzelnen elektrischen Kreise $j = 1, \ldots, n$ aus quasilinienhaften Leitern mit Hilfe des Induktionsgesetzes als

$$u_j = \frac{d\psi_j}{dt}$$

ausdrücken. Da diese Formulierung des Induktionsgesetzes unabhängig vom vorliegenden Mechanismus der Spannungsinduktion ist, erhält man von vornherein Beziehungen für das Drehmoment, die unabhängig von der Art der zugeordneten Kräfte elektromagnetischen Ursprungs sind. Eine analog einheitliche Formulierung für die Bestimmung des Drehmoments aus den Feldgrößen wurde erst mit Hilfe des Maxwellschen Spannungstensors gefunden.

Die Untersuchungen zur Energiebilanz auf der Grundlage von (1.7.75) wurden im Abschnitt 1.7.1 für einen elektromechanischen Wandler durchgeführt, der n elektrische Ausgänge in Form von Klemmenpaaren mit u_j und i_j sowie m mechanische Ausgänge mit F_i und x_i bzw. m_i und α_i besitzt.[15] Die daraus für die rotierenden elektrischen Maschinen mit einem mechanischen Freiheitsgrad angebbaren Beziehungen sind in Tabelle 1.7.1 nochmals zusammengestellt. Dabei sei daran erinnert, dass die

---

[15] Eine ausführliche Darstellung findet sich auch in [78].

Tabelle 1.7.1 Zusammenstellung der Beziehungen zur Ermittlung des Drehmoments aus der Energiebilanz

	Basis magnetische Energie	Basis magnetische Koenergie
Allgemeiner Fall nichtlinearer, aber eindeutiger magnetischer Verhältnisse	$W_\mathrm{m} = \sum_{j=1}^{n} \int_0^{\psi_j} i_j(\psi_1, \psi_2, \ldots, \psi_{j-1}, \psi'_j, 0, \ldots, 0; \vartheta')\,\mathrm{d}\psi'_j$ $i_j = \dfrac{\partial W_\mathrm{m}(\psi_1, \ldots, \psi_n, \vartheta')}{\partial \psi_j}$ $m = \dfrac{\partial W_\mathrm{m}(\psi_1, \ldots, \psi_n, \vartheta')}{\partial \vartheta'}$	$W'_\mathrm{m} = \sum_{j=1}^{n} \int_0^{i_j} \psi_j(i_1, i_2, \ldots, i_{j-1}, i'_j, 0, \ldots, 0; \vartheta')\,\mathrm{d}i'_j$ $\psi_j = -\dfrac{\partial W'_\mathrm{m}(i_1, \ldots, i_n, \vartheta')}{\partial i_j}$ $m = \dfrac{\partial W'_\mathrm{m}(i_1, \ldots, i_n, \vartheta')}{\partial \vartheta'}$
Sonderfall linearer magnetischer Verhältnisse	$W_\mathrm{m} = W'_\mathrm{m} = \dfrac{1}{2}\sum_{j=1}^{n}\sum_{k=1}^{n} L_{jk} i_j i_k$ $m = \dfrac{1}{2}\sum_{j=1}^{n}\sum_{k=1}^{n} i_j i_k \dfrac{\partial L_{jk}}{\partial \vartheta'} = \dfrac{1}{2}\sum_{j=1}^{n} i_j \dfrac{\partial \psi_j}{\partial \vartheta'}$	

Energiebilanz zunächst auf die Flussverkettungen und den Drehwinkel ϑ' als Systemvariablen führt. Es tritt dann die gespeicherte magnetische Energie W_m als Zustandsgröße in Erscheinung. Der angestrebte Wechsel auf die Ströme und Drehwinkel als Systemvariablen führt auf die *magnetische Koenergie* W'_m als zweckmäßig zugeordnete Zustandsgröße.

An dieser Stelle empfiehlt es sich, einige Betrachtungen zur Kommutatormaschine anzuschließen. Wenn sie mit Hilfe der Ergebnisse nach Tabelle 1.7.1 in die Betrachtungen einbezogen werden soll, ist es erforderlich, die k Einzelspulen des Kommutatorankers und ihre Zusammenschaltung in Abhängigkeit von der Läuferstellung zu betrachten. Auf diese Weise würde man auch die Einflüsse der endlichen Spulenzahl des Kommutatorankers und der Nutung auf das Drehmoment erhalten. Dieses hohe Auflösungsvermögen der Analyse wird allerdings durch einen erheblichen Aufwand erkauft. Andererseits interessiert häufig in erster Linie das bezüglich dieser Einflüsse gemittelte Verhalten. Dem entspricht, dass man sich die Kommutatorstegzahl bzw. die Nutzahl unendlich groß denkt. Von dieser Überlegung war auch bereits bei der Ermittlung der im Kommutatoranker induzierten Spannung im Abschnitt 1.6.5, Seite 150, ausgegangen worden. Der Kommutatoranker bildet dann, über ein Bürstenpaar gesehen, jeweils eine pseudostationäre Wicklung. Ein derartiger Ankerkreis verhält sich hinsichtlich des Feldaufbaus wie eine stationäre Wicklung, aber in der Spannungsgleichung tritt entsprechend (1.6.48) außer dem Anteil $\partial\psi/\partial t$ eine Rotationsspannung auf. Es liegt nun nahe, in die Energiebilanz nach (1.7.75) nicht alle Einzelspulen des Ankers, sondern die den Bürstenpaaren zugeordneten Ankerkreise als pseudostationäre Wicklung einzubeziehen. Bild 1.7.11 zeigt eine allgemeine Ausführung einer Kommutatormaschine. Aufgrund der Rotationssymmetrie des Kommutatorankers sind alle Selbst- und Gegeninduktivitäten der Ständerwicklungen und der pseudostationären Wicklung des Läufers konstant. Aus dieser Sicht wird also kein Drehmoment entwickelt. In der Energiebilanz nach (1.7.75) wird durch die Anteile $\mathrm{d}\psi/\mathrm{d}t$ in den Spannungsgleichungen gerade die Änderung $\mathrm{d}W_\mathrm{m}$ der magnetischen Energie bestimmt. Damit verbleibt für die mechanisch abgegebene Energie $m\,\mathrm{d}\vartheta'$ in (1.7.75) jener Anteil in der elektrisch aufgenommenen Leistung, der von den Rotationsspannungen des Kommutatorankers herrührt. Es wird also mit (1.6.48) unter Beachtung von $\vartheta = p\vartheta'$

$$\boxed{m = \sum_j p\frac{w_j}{\pi}i_j(\Phi_{\mathrm{B}j} - \Phi_{\mathrm{B}j}^+)} \,. \tag{1.7.76}$$

Wenn das Magnetfeld die Symmetrieeigenschaft $B(\gamma + \pi) = -B(\gamma)$ besitzt, vereinfacht sich (1.7.76) zu

$$\boxed{m = \sum_j p w_j \frac{2}{\pi} i_j \Phi_{\mathrm{B}j}} \,. \tag{1.7.77}$$

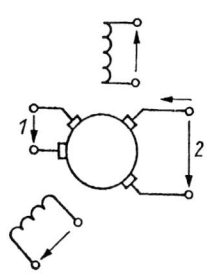

Bild 1.7.11 Beispiel einer allgemeinen Ausführung einer Kommutatormaschine

b) Sonderfall des stationären Betriebs

Der stationäre Betrieb ist dadurch gekennzeichnet, dass über die elektrischen Klemmenpaare und die Welle Leistungen fließen, die zeitlich konstant sind bzw. um einen zeitlich konstanten Mittelwert pendeln. Das gleiche gilt dann für die Verlustleistungen, die als Wärmeströme aus der Maschine treten. Für diese mittleren Leistungen P findet keine Energiespeicherung statt, d. h. die vorzeichenbehaftete Summe der in ein geschlossenes Volumen fließenden Leistungen muss verschwinden. Es gilt also

$$\sum_{\text{vzb}} P = 0 \,, \tag{1.7.78}$$

wobei in diese Bilanz außer den elektrischen und mechanischen Leistungen auch die Wärmeströme einzubeziehen sind, die aus dem Volumen treten. Die aus (1.7.78) für eine rotierende elektrische Maschine unter Berücksichtigung sämtlicher Verlustleistungen P_v folgenden Beziehungen wurden bereits im Band *Grundlagen elektrischer Maschinen*, Abschnitt 2.2.2.3, hergeleitet und sind in Tabelle 1.7.2 nochmals zusammengestellt. Der Leistungsfluss einer Maschine in einem betrachteten Betriebszustand lässt sich verfolgen, wenn die Beziehungen hinzugezogen werden, die den Mechanismus der Entstehung der Verluste beschreiben. Das gelingt relativ einfach für die Reibungsverluste P_{vrb} und die Stromwärmeverluste in den elektrischen Kreisen, wenn sie als $P_{\text{vw}j} = R_j i_j^2$ formuliert werden können, d. h. wenn quasilinienhafte Leiter vorliegen. Das gelingt nicht ohne Weiteres für solche Verluste, die im magnetischen Kreis auftreten, sowie für die zusätzlichen Verluste durch Wirbelströme in den elektrischen Kreisen. Wenn diese Verlustanteile in den Ständerverlusten P_{v1} und den Läuferverlusten P_{v2} vernachlässigt gedacht werden, erhält man die in Tabelle 1.7.3 zusammengestellten Beziehungen, die ebenfalls bereits im Band *Grundlagen elektrischer Maschinen*, Abschnitt 2.2.2.3 hergeleitet wurden. Dabei werden abweichend von der dortigen Darstellung die Ständerkreise jetzt mit $1j$ und die Läuferkreise mit $2j$ gekennzeichnet.

c) Sonderfall des stationären Betriebs einer Drehfeldmaschine bei Anwendung des Prinzips der Hauptwellenverkettung

Wenn die betrachtete Maschine eine Drehfeldmaschine ist und der Leistungsfluss betrachtet wird, der an das Hauptwellendrehfeld mit der Drehzahl n_0 geknüpft ist,

Tabelle 1.7.2 Leistungsfluss für die mittleren Leistungen P im stationären Betrieb allgemein

Anordnung	Beziehungen zwischen den Leistungen
	$P_1 = P_{v1} + P_\delta$
	$P_2 + P_\delta = P_{v2} + P_{\text{mech}}$
	$P_1 + P_2 = P_v + P_{\text{mech}}$
	$P_v = P_{v1} + P_{v2}$
	$P_{\text{mech}} = 2\pi n M$

Bedeutung der Formelzeichen:
- P_1 Leistungsaufnahme des Ständers
- P_2 Leistungsaufnahme des Läufers
- P_δ Luftspaltleistung
- P_{v1} Verlustleistung des Ständers
- P_{v2} Verlustleistung des Läufers
- P_{mech} abgegebene mechanische Leistung

Tabelle 1.7.3 Leistungsfluss für die mittleren Leistungen im stationären Betrieb einer Maschine ohne Ummagnetisierungsverluste und zusätzliche Verluste außerhalb der Wicklungen

Anordnung	Beziehungen zwischen den Leistungen
	$P_1 = P_{vw1} + P_\delta$
	$P_\delta + P_2 = P_{vw2} + P_{i\,\text{mech}}$
	$P_{i\,\text{mech}} = P_{vrb} + P_{\text{mech}}$
	$P_1 + P_2 = P_v + P_{\text{mech}}$
	$P_v = P_{vw1} + P_{vw2} + P_{vrb}$
	$P_{\text{mech}} = 2\pi n M$
	$P_{i\,\text{mech}} = 2\pi n M_i$

Bedeutung der nicht in Tabelle 1.7.2 enthaltenen Formelzeichen:
- P_{vw1} Verlustleistung des Ständers ohne Ummagnetisierungsverluste und zusätzliche Verluste
- P_{vw2} Verlustleistung des Läufers ohne Ummagnetisierungsverluste, zusätzliche Verluste und Reibungsverluste
- P_{vrb} Reibungsverluste durch Lager-, Luft- und Bürstenreibung
- $P_{i\,\text{mech}}$ innere mechanische Leistung

lassen sich aus den Beziehungen nach Tabelle 1.7.3 spezielle Aussagen ableiten, die in Tabelle 1.7.4 zusammengefasst sind. Ihre Ableitung erfolgte bereits in den Abschnitten 4.3.1 und 4.3.4 des Bands *Grundlagen elektrischer Maschinen*.[16] Sie gelten unter den Einschränkungen, die bereits im Unterabschnitt 1.7.2.2b für die Beziehungen in Tabelle 1.7.3 fixiert wurden, und vernachlässigen darüber hinaus die Wirkung der Oberwellendrehfelder im Luftspaltfeld. Dabei bezeichnen φ_1' und φ_2' die Winkel zwischen $\underline{I}_1$ und $-\underline{E}_{h1}$ bzw. zwischen $\underline{I}_2$ und $\underline{E}_{h2}$ (s. Bild 1.7.12).

Die Beziehungen behalten ihre Gültigkeit, wenn anstelle der Wicklungsverluste P_{vw1} und vor allem P_{vw2} die gesamten Verluste P_{v1} bzw. P_{v2} verwendet werden, die im Zusammenhang mit dem Hauptwellenmechanismus auftreten. Insbesondere gilt das in Tabelle 1.7.4 enthaltene Gesetz über die Spaltung der Luftspaltleistung auch unter Einbeziehung der Verluste, die im Läufereisen aufgrund der Hauptwelle des Luftspaltfelds z. B. durch Eisenquerströme (s. Abschn. 2.5.2, S. 397 u. 2.5.4, S. 414) oder Wirbelströme entstehen. Da diese Verlustanteile i. Allg. klein sind gegenüber den bei Anwendung des Prinzips der Hauptwellenverkettung vernachlässigten Verlusten, die durch die Wirkung von Oberwellen auf dem Läufer entstehen und für die die Bezie-

Tabelle 1.7.4 Leistungsfluss einer Drehfeldmaschine ohne Ummagnetisierungsverluste und zusätzliche Verluste im stationären Betrieb auf der Basis der Wirkung allein des Hauptwellendrehfelds

Anordnung	Beziehungen zwischen den Leistungen und für das Drehmoment	
	allgemein ($P_2 \neq 0$)	Vereinfachungen bei kurzgeschlossenem Läufer ($P_2 = 0$)
(Diagramm mit P_1, P_δ, P_{vw1}, P_{vw2}, P_{mech}, $P_{i\,mech}$, P_{vrb}, P_2)	$P_\delta = P_1 - P_{vw1}$ $sP_\delta = P_\delta - P_{i\,mech} = P_{vw2} - P_2$ $P_{i\,mech} = P_{mech} + P_{vrb}$ $P_{i\,mech} = 2\pi n M_i$ $P_{mech} = 2\pi n M$ $\quad = 2\pi n (M_i - M_{rb})$ $P_\delta = 2\pi n_0 M_i$ $M_i = \dfrac{mp}{\sqrt{2}} (w\xi_p)_1 \Phi_h I_1 \cos\varphi_1'$ $\quad = \dfrac{mp}{\sqrt{2}} (w\xi_p)_1 \Phi_h I_2 \cos\varphi_2'$	$sP_\delta = P_\delta - P_{i\,mech}$ $\quad = P_{vw2}$ $P_\delta = \dfrac{P_{vw2}}{s}$ $M_i = \dfrac{1}{2\pi n_0} \dfrac{P_{vw2}}{s}$

[16] Im Band *Grundlagen elektrischer Maschinen*, Abschnitt 2.2.2.3, waren die Verlustleistungen in Ständer und Läufer für den Sonderfall, dass nur Wicklungsverluste auftreten, als P_{vS}' bzw. P_{vL}' bezeichnet worden.

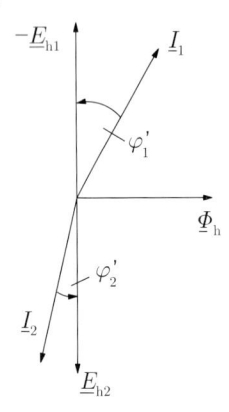

Bild 1.7.12 Zeigerbild der zur Ermittlung des Drehmoments maßgebenden Größen

hungen in Tabelle 1.7.4 nicht gelten, werden zur Vermeidung von Missverständnissen im Folgenden durchgängig P_{vw1} und P_{vw2} anstelle von P_{v1} und P_{v2} verwendet.

d) Komponenten der Luftspaltleistung im stationären Betrieb

Die Beziehungen für die Luftspaltleistung P_δ und die innere mechanische Leistung $P_{\mathrm{i\,mech}}$ sowie für das zugehörige Drehmoment M_{i} in Tabelle 1.7.3

$$P_\delta = \sum \overline{e_{1j} i_{1j}} \tag{1.7.79}$$

$$P_{\mathrm{i\,mech}} = -\sum \overline{e_{1j} i_{1j}} - \sum \overline{e_{2j} i_{2j}} \tag{1.7.80}$$

$$M_{\mathrm{i}} = \frac{1}{2\pi n} P_{\mathrm{i\,mech}} \tag{1.7.81}$$

gelten im stationären Betrieb allgemein. M_{i} ist also das Drehmoment, das durch den elektromagnetischen Prozess hervorgerufen wird und am Läufer angreift. Die Beziehungen können genutzt werden, um Komponenten des Leistungsflusses zu ermitteln, die mit einzelnen Feldwellen unabhängig von ihrem Entstehungsprozess verbunden sind. Das gilt insbesondere auch für solche Feldwellen, die durch parametrische Effekte entstehen und für die es nicht ohne Weiteres möglich ist, die zugehörige tangentiale Feldkomponente über einen Strombelag zu bestimmen. Dabei interessiert vor allem der Fall, dass der Läufer entweder unbewickelt oder mit in sich kurzgeschlossenen Wicklungen versehen ist bzw. betrieben wird. Dann ist $P_2 = 0$, und damit wird

$$\sum \overline{e_{2j} i_{2j}} = \sum R_{2j} \overline{i_{2j}^2} = P_{\mathrm{vw2}} \,, \tag{1.7.82}$$

so dass (1.7.80) übergeht in

$$P_{\mathrm{i\,mech}} = -\sum \overline{e_{1j} i_{1j}} - P_{\mathrm{vw2}} \,. \tag{1.7.83}$$

Daraus erhält man mit (1.7.81)

$$M_{\mathrm{i}} = \frac{1}{2\pi n} \sum \overline{e_{1j} i_{1j}} - \frac{P_{\mathrm{vw2}}}{2\pi n} = \frac{1}{2\pi n} P_\delta - \frac{1}{2\pi n} P_{\mathrm{vw2}} \,. \tag{1.7.84}$$

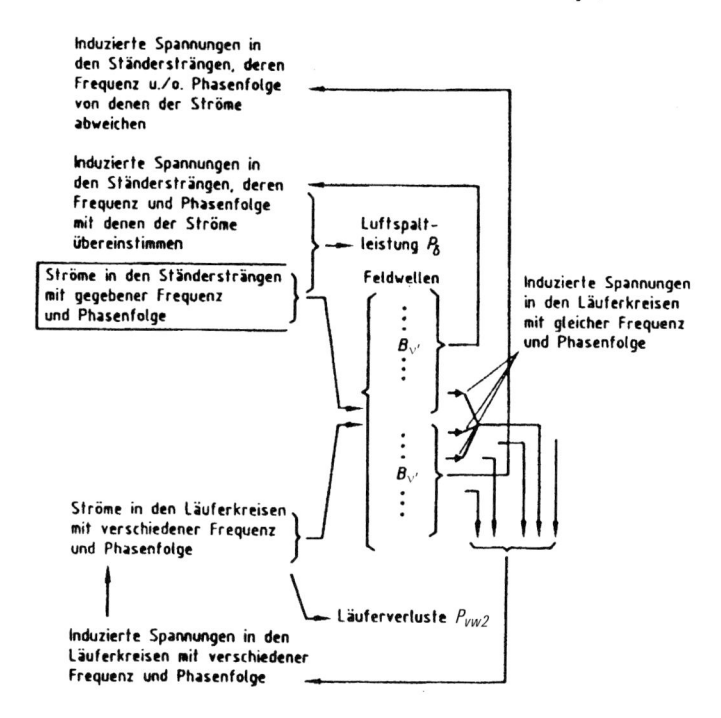

1.7 Kräfte, Drehmomente und Bewegungsgleichungen | 189

Bild 1.7.13 Verkettungsmechanismus über die Oberwellenfelder

Die folgenden Überlegungen sollen die mögliche Vorgehensweise verdeutlichen: Ein sinusförmiger Strom in einem Ständerstrang bzw. ein symmetrisches Dreiphasensystem der Strangströme mit positiver Phasenfolge und der Frequenz f_1 ruft im stationären Betrieb eine Folge von Drehwellen als Induktionsverteilung hervor. Diese Feldwellen entstehen unter dem Einfluss der Verteilung der Wicklung in den Ständernuten und deren Beeinflussung durch Polform, Nutung usw. sowie dadurch, dass die Ständerfelder Läuferströme verursachen, die ihrerseits Folgen von Feldwellen hervorrufen, die der gleichen Beeinflussung unterliegen. Es entsteht also eine Vielzahl von Feldwellen. Der Entstehungsmechanismus ist im Bild 1.7.13 schematisch dargestellt. Eine derartige Feldwelle liefert unabhängig vom Mechanismus ihrer Entstehung dann einen konstanten Beitrag zur Luftspaltleistung nach (1.7.80), wenn sie in der Ständerwicklung Spannungen induziert, die in Frequenz und Phasenfolge mit den Strömen der Ständerwicklung übereinstimmen. Zu diesem Beitrag zur Luftspaltleistung gehört dann über (1.7.84) auch ein Beitrag zum Drehmoment.

Für (1.7.84) ergibt sich folgende Deutung: Das innere Drehmoment M_i entsteht aus dem Drehmoment $P_\delta/(2\pi n)$, das der Luftspaltleistung zugeordnet ist, vermindert um das Drehmoment $P_{\mathrm{vw}2}/(2\pi n)$, das den Verlusten in der Läuferwicklung zugeordnet ist.

Wenn eine Feldwelle ν' allein für eine induzierte Spannung bestimmter Frequenz im Läufer zuständig ist, kann man dieser Feldwelle ihre Läuferverluste $P_{\mathrm{vw}2\nu'}$ zuordnen und unmittelbar $M_{\mathrm{i}\nu'}$ bestimmen als

$$M_{\mathrm{i}\nu'} = \frac{P_{\delta\nu'}}{2\pi n} - \frac{P_{\mathrm{vw}2\nu'}}{2\pi n} \;. \tag{1.7.85}$$

Das trifft z. B. für das Hauptwellenfeld bei der Analyse des Leistungsflusses unter Anwendung des Prinzips der Hauptwellenverkettung zu, so dass sich die Beziehungen nach Tabelle 1.7.4 ergeben. Es ist dann $P_{\mathrm{vw}2\,\mathrm{p}} = sP_{\delta\mathrm{p}}$ und damit

$$M_{\mathrm{ip}} = \frac{1}{2\pi n}(P_{\delta\mathrm{p}} - P_{\mathrm{vw}2\,\mathrm{p}}) = \frac{1}{2\pi n}(P_{\delta\mathrm{p}} - sP_{\delta\mathrm{p}}) = (1-s)\frac{P_{\delta\mathrm{p}}}{2\pi n} = \frac{P_{\mathrm{vw}2\,\mathrm{p}}}{s2\pi n_0} \;.$$

Wenn der Läufer unbewickelt ist wie im Fall einer Reluktanzmaschine oder wenn die betrachtete Feldwelle im Läufer bei der betrachteten Drehzahl keine Spannungen induziert, entstehen keine Läuferverluste, und man erhält unmittelbar

$$M_{\mathrm{i}\nu'} = \frac{P_{\delta\nu'}}{2\pi n} \;. \tag{1.7.86}$$

Im Allgemeinen tragen alle Feldwellen zu den Läuferverlusten bei. Es kann aber sein, dass mehrere Feldwellen in den Läuferkreisen Spannungen gleicher Frequenz und Phasenfolge induzieren, die sich in Abhängigkeit von ihrer relativen Phasenlage zu einer resultierenden Spannung überlagern. Diese treibt dann einen entsprechenden Strom an, der seinerseits Läuferverluste hervorruft, die sich aber nicht mehr den einzelnen Feldwellen zuordnen lassen.

1.7.3
Beziehungen zur Ermittlung der Kräfte auf Bauteile

Die Betrachtungen im Abschnitt 1.7.2 sind darauf ausgerichtet, das Drehmoment als Integralgröße des Wirkens aller Umfangskräfte elektromagnetischen Ursprungs zu erhalten. Dieses Drehmoment ist natürlich die in erster Linie interessierende mechanische Größe einer rotierenden elektrischen Maschine. Darüber hinaus werden jedoch Beziehungen benötigt, mit deren Hilfe sich die Kräfte auf einzelne Bauteile ermitteln lassen, um die mechanische Beanspruchung dieser Bauteile bzw. ihrer Befestigungselemente untersuchen zu können. Dabei ist zu beachten, dass auf die einzelnen Bauteile durchaus nicht nur solche Kräfte wirken, die einen Beitrag zum Drehmoment liefern.

Um die Kräfte aus den Feldgrößen zu bestimmen, muss auf die Beziehungen zurückgegriffen werden, die der Abschnitt 1.1.2, Seite 16, zur Verfügung stellt. Wenn das beanspruchte Bauteil als starrer Körper aufgefasst werden kann und unter der Wirkung der zu ermittelnden Kraft eine Bewegung in einem Freiheitsgrad ausführt, lassen sich auch die Beziehungen verwenden, die aus der Energiebilanz gewonnen wurden und

1.7 Kräfte, Drehmomente und Bewegungsgleichungen

die Kraft durch die Induktivitätsänderung ausdrücken (s. Abschn. 1.7.1, S. 162, bzw. Tab. 1.7.1).

Die Kräfte auf stromdurchflossene Leiter oder Leiterbündel, wie sie z. B. im Wicklungskopf einer rotierenden elektrischen Maschine vorliegen, erhält man unmittelbar mit Hilfe von (1.1.48). Dabei empfiehlt es sich, die Volumendichte $\boldsymbol{f}_\mathcal{V}$ der Kraft von vornherein über die Fläche des Leiterquerschnitts A_L zu integrieren. Man erhält dann unmittelbar die Streckenlast $\boldsymbol{f}$ auf den Leiter an der betrachteten Stelle als

$$\boldsymbol{f} = \int_{A_\mathrm{L}} \boldsymbol{f}_\mathcal{V} \cdot \mathrm{d}\boldsymbol{A} = \int_{A_\mathrm{L}} \boldsymbol{S} \times \boldsymbol{B} \cdot \mathrm{d}A \ . \tag{1.7.87}$$

Wenn angenommen werden kann, dass die Induktion $\boldsymbol{B}$ über dem Leiterquerschnitt konstant ist, folgt daraus

$$\boxed{\boldsymbol{f} = i\left(\frac{\mathrm{d}\boldsymbol{s}}{\mathrm{d}s} \times \boldsymbol{B}\right)} \ , \tag{1.7.88}$$

wobei d$\boldsymbol{s}$ das Wegelement in Richtung des Leiters ist. Die Verhältnisse sind im Bild 1.7.14 dargestellt. Der Betrag der Streckenlast folgt aus (1.7.88) zu

$$f = iB\sin\gamma = iB_\perp \ . \tag{1.7.89}$$

Dabei ist γ der Winkel zwischen d$\boldsymbol{s}$ und $\boldsymbol{B}$; als $\boldsymbol{B}_\perp$ wurde die Komponente der Induktion $\boldsymbol{B}$ eingeführt, die in der Ebene durch $\boldsymbol{B}$ und d$\boldsymbol{s}$ senkrecht auf d$\boldsymbol{s}$ steht.

Die mechanische Beanspruchung eines Bauteils durch Kräfte an den Grenzflächen zwischen Medien mit verschiedener Permeabilität erhält man unmittelbar mit Hilfe des Maxwellschen Spannungstensors nach (1.1.62). Dazu ist es erforderlich, (1.1.58) auf ein Volumenelement anzuwenden, das entsprechend Bild 1.7.15 von der Grenzfläche geschnitten wird und senkrecht zur Grenzfläche verschwindend kleine Abmessungen aufweist. Die Koordinate x_1 soll in Richtung der Normalen zur Grenzfläche liegen, so

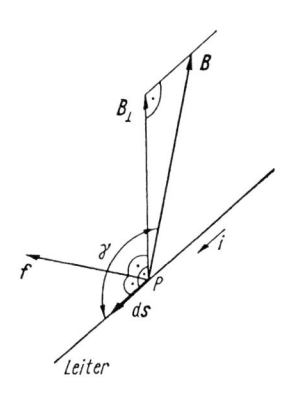

Bild 1.7.14 Zur Ermittlung der Streckenlast f in einem Punkt P auf einen Leiter mit dem Strom i in einem Feld der Induktion $\boldsymbol{B}$

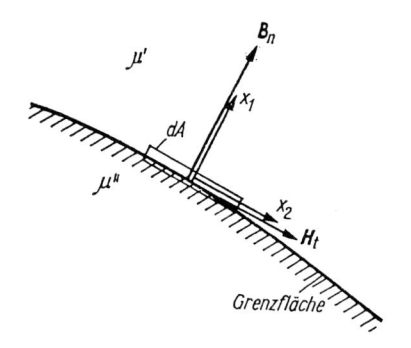

Bild 1.7.15 Zur Ermittlung der Kräfte an der Grenzfläche zwischen Medien mit verschiedenen Permeabilitäten μ

dass sie mit der Richtung der Normalkomponente B_n der Induktion übereinstimmt. Die Koordinate x_2 liegt in der Grenzfläche in Richtung der Tangentialkomponente H_t der Feldstärke. Oberhalb der Grenzfläche herrschen die Größen B', H' und μ' und unterhalb der Grenzfläche die Größen B'', H'' und μ''. Entsprechend den grundsätzlichen Eigenschaften des magnetischen Felds an einer Grenzfläche gilt

$$B_\mathrm{n} = B'_\mathrm{n} = B''_\mathrm{n}$$
$$H_\mathrm{t} = H'_\mathrm{t} = H''_\mathrm{t} \ .$$

Die Komponente $\mathrm{d}F_1$ der Kraft auf das Volumenelement in Richtung der Normalen zur Grenzfläche zum Medium mit μ' hin erhält man aus (1.1.58) zu

$$\mathrm{d}F_1 = [(T'_{11} - T''_{11}) + (T'_{21} - T''_{21})]\,\mathrm{d}A \ . \tag{1.7.90}$$

Daraus folgt für die Normalspannung σ in Richtung zum Medium mit μ' hin durch Einführen der Komponenten des Maxwellschen Spannungstensors aus (1.1.62)

$$\sigma = \frac{\mathrm{d}F_1}{\mathrm{d}A} = \frac{1}{2}\left(\frac{1}{\mu'} - \frac{1}{\mu''}\right)\left[B_\mathrm{n}^2 + \frac{\mu''}{\mu'}B'^2_\mathrm{t}\right] \ . \tag{1.7.91}$$

Dabei ist $T'_{21} - T''_{21} = \mu' H'_\mathrm{n} H'_\mathrm{t} - \mu'' H''_\mathrm{n} H''_\mathrm{t} = 0$, so dass der zweite Term in (1.7.90) keinen Beitrag liefert. Aus dem gleichen Grund verschwindet die Schubspannung entsprechend

$$\tau = \frac{\mathrm{d}F_1}{\mathrm{d}A} = (T'_{12} - T''_{12}) = 0 \ .$$

Unabhängig vom Verlauf der Feldlinien im Bereich der Grenzfläche bzw. unabhängig davon, ob eine Tangentialkomponente der Induktion vorhanden ist oder nicht, entsteht stets nur eine Normalkomponente der mechanischen Spannung an der Grenzfläche zwischen Medien mit verschiedener Permeabilität. Sie ist durch (1.7.91) gegeben.

Für die Anwendung auf rotierende elektrische Maschinen interessieren ausschließlich Grenzflächen zwischen weichmagnetischen Stoffen und solchen mit $\mu = \mu_0$. Wenn das Gebiet unterhalb der Grenzfläche im Bild 1.7.15 als weichmagnetisch mit $\mu'' = \mu_\mathrm{r}\mu_0$ angesehen wird, geht (1.7.91) über in

$$\sigma = \frac{\mu_\mathrm{r} - 1}{2\mu_\mathrm{r}\mu_0}(B_\mathrm{n}^2 + \mu_\mathrm{r} B_\mathrm{t}^2) \ , \tag{1.7.92}$$

wobei B_n und B_t die Induktionswerte im Gebiet mit μ_0 sind. Dabei interessieren in erster Linie die beiden Sonderfälle, dass das Feld entweder senkrecht aus der betrachteten Grenzfläche austritt, die dann eine magnetische Potentialfläche darstellt, oder dass es parallel zur Grenzfläche verläuft. Im ersten Fall, d. h. mit $\boldsymbol{B} = \boldsymbol{B}_\mathrm{n}$, wird

$$\sigma = \frac{\mu_\mathrm{r} - 1}{2\mu_\mathrm{r}\mu_0}B_\mathrm{n}^2 \tag{1.7.93}$$

bzw., wenn mit $\mu_\mathrm{r} \gg 1$ gerechnet werden kann,

$$\boxed{\sigma = \frac{1}{2\mu_0} B_\mathrm{n}^2} . \tag{1.7.94}$$

Im zweiten Fall, d. h. mit $\boldsymbol{B} = \boldsymbol{B}_\mathrm{t}$, folgt aus (1.7.92)

$$\sigma = \frac{\mu_\mathrm{r} - 1}{2\mu_0} B_\mathrm{t}^2 \tag{1.7.95}$$

bzw., wenn mit $\mu_\mathrm{r} \gg 1$ gerechnet werden kann,

$$\sigma = \frac{\mu_\mathrm{r}}{2\mu_0} B_\mathrm{t}^2 . \tag{1.7.96}$$

1.7.4
Drehmomente charakteristischer Ausführungsformen rotierender elektrischer Maschinen

Mit Hilfe der Beziehungen, die im Abschnitt 1.7.2.1 bereitgestellt wurden, und einigen grundsätzlichen Kenntnissen über den inneren Mechanismus der einzelnen Ausführungsformen rotierender elektrischer Maschinen lassen sich ausgehend von den Feldgrößen des Luftspaltfelds grundsätzliche Aussagen über die Abhängigkeiten des Drehmoments unter bestimmten charakteristischen Betriebsbedingungen gewinnen. Mit einem derartigen Vorgehen werden diese Zusammenhänge aus einem anderen Blickwinkel betrachtet, als es i. Allg. üblich und zum Beispiel auch im Band *Grundlagen elektrischer Maschinen* erfolgt ist. Damit gewinnt man auf der anderen Seite zusätzliche Möglichkeiten für das Verständnis des Verhaltens von rotierenden elektrischen Maschinen anderer Ausführungsformen bzw. unter anderen Betriebsbedingungen. Entsprechend der Vorgehensweise im Abschnitt 1.7.2.1 beschränken sich die folgenden Betrachtungen auf solche Effekte, die mit den Hauptwellenfeldern verbunden sind. Das geschieht, um mit dem Hilfsmittel der Raumzeigerdarstellung grundsätzliche Zusammenhänge deutlich zu machen, wobei sich im Fall der Gleichstrommaschine durch eine Hauptwellenbetrachtung jedoch keine für numerische Rechnungen brauchbaren Beziehungen erhalten lassen. Die erforderlichen grundlegenden Kenntnisse über die Luftspaltfelder werden aus den Betrachtungen im Band *Grundlagen elektrischer Maschinen* übernommen. Als Darstellungshilfsmittel finden also die im Abschnitt 1.5.2.5, Seite 82, eingeführten Raumzeiger Verwendung.

1.7.4.1 Gleichstrommaschine
Die Erregerwicklung baut ein Hauptwellenfeld $\vec{B}_\mathrm{pe}$ auf, das im Ständerkoordinatensystem zeitlich konstant ist. Bei hinreichend großer Nut- bzw. Kommutatorstegzahl bildet der Läufer eine pseudostationäre Wicklung. Er verhält sich hinsichtlich des Feldaufbaus wie eine stationäre Wicklung, d. h. die Läuferdurchflutung $\vec{\Theta}_\mathrm{p2} = \vec{\Theta}_\mathrm{pa}$ ist im Ständerkoordinatensystem ebenfalls zeitlich konstant. Sie ist entsprechend der Bürstenstellung

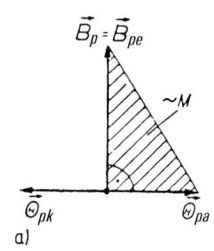

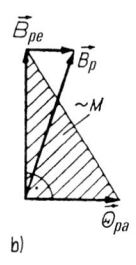

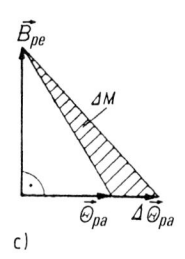

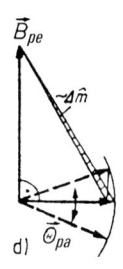

Bild 1.7.16 Ableitung des Drehmomentverhaltens der Gleichstrommaschine aus der Betrachtung der Hauptwellenfelder.
a) Maschine mit Kompensationswicklung;
b) Maschine ohne Kompensationswicklung;
c) Drehmomentänderung aufgrund einer Änderung des Ankerstroms;
d) Amplitude der Drehmomentpulsation aufgrund von Pendelungen der Ankerdurchflutung

gegenüber dem Erregerfeld um eine halbe Polteilung verschoben, d. h. $\vec{B}_{\mathrm{pe}}$ und $\vec{\Theta}_{\mathrm{pa}}$ stehen senkrecht aufeinander. Wenn eine Kompensationswicklung vorhanden ist, wird die Ankerdurchflutung $\vec{\Theta}_{\mathrm{pa}}$ bezüglich ihrer Rückwirkung auf das Luftspaltfeld durch die Durchflutung $\vec{\Theta}_{\mathrm{pk}}$ der Kompensationswicklung kompensiert und damit das resultierende Hauptwellenfeld $\vec{B}_{\mathrm{p}} = \vec{B}_{\mathrm{pe}}$. Man erhält das Zeigerbild der Raumzeiger der Luftspaltfelder nach Bild 1.7.16a. Falls die Kompensationswicklung fehlt, wird zwar das resultierende Feld $\vec{B}_{\mathrm{p}}$ gegenüber dem Erregerfeld $\vec{B}_{\mathrm{pe}}$ geändert, aber für das Drehmoment ist entsprechend (1.7.68b) nur jene Komponente verantwortlich, die senkrecht auf $\vec{\Theta}_{\mathrm{pa}}$ steht und dem Feld des Erregerstroms entspricht (s. Bild 1.7.16b). Das Drehmoment ist proportional zur Fläche des Dreiecks, das von $\vec{B}_{\mathrm{pe}}$ und $\vec{\Theta}_{\mathrm{pa}}$ aufgespannt wird. Es ist aufgrund der Zeitunabhängigkeit dieser Felder zeitlich konstant. Aus den Bildern 1.7.16a und b folgt die wichtige Erkenntnis, dass Gleichstrommaschinen wegen $\delta_{\mathrm{Be}\Theta} = \pi/2$ in jedem Betriebszustand das maximale Drehmoment entwickeln, das mit dem jeweiligen Wertepaar $\vec{B}_{\mathrm{pe}}$ und $\vec{\Theta}_{\mathrm{pa}}$ bzw. für eine betrachtete Maschine mit dem Wertepaar Erregerstrom und Ankerstrom möglich ist. Das gilt besonders auch im nichtstationären Betrieb. Wenn man durch Eingriff in das dem Anker vorgeschaltete Stellglied den Ankerstrom erhöht, wächst das Drehmoment unmittelbar proportional zu dieser Stromänderung (s. Bild 1.7.16c). Das ist die Ursache für die außerordentlich guten dynamischen Eigenschaften der Gleichstrommaschine.

Unter dem Einfluss einer endlichen Nut- bzw. Kommutatorstegzahl schwankt die Lage der Ankerdurchflutung mit der Nutfrequenz um die mittlere Lage senkrecht zur Induktionshauptwelle $\vec{B}_{\mathrm{pe}}$ des Erregerstroms. Dem entspricht, dass sich dem mittleren Drehmoment ein pulsierendes Drehmoment mit der Amplitude $\Delta\hat{m}$ überlagert (s. Bild 1.7.16d).

1.7.4.2 Induktionsmaschine

Die Induktionsmaschine hat einen konstanten Luftspalt, so dass im Verein mit der vereinbarten Beschränkung auf den Einfluss der Hauptwellenfelder von vornherein mit den Durchflutungshauptwellen gerechnet werden kann. Dabei überlagern sich die Durchflutungshauptwellen $\vec{\Theta}_{\mathrm{p}1}$ und $\vec{\Theta}_{\mathrm{p}2}$ des Ständers und des Läufers zur resultierenden Durchflutungshauptwelle $\vec{\Theta}_{\mathrm{p\,res}}$ entsprechend

$$\vec{\Theta}_{\mathrm{p\,res}} = \vec{\Theta}_{\mathrm{p}1} + \vec{\Theta}_{\mathrm{p}2} \ . \tag{1.7.97}$$

Die Durchflutungshauptwellen stellen im Koordinatensystem γ_1 des Ständers Drehwellen dar, die mit synchroner Drehzahl umlaufen. Die zugeordneten Raumzeiger $\vec{\Theta}$ haben konstante Länge und rotieren mit Netzfrequenz. In einem Koordinatensystem, das relativ zum Ständer mit synchroner Drehzahl umläuft, beobachtet man zeitlich konstante Durchflutungshauptwellen. Ihnen zugeordnet sind zeitlich konstante Raumzeiger $\vec{\Theta}$. Sie sind unmittelbar proportional zu den Strömen $\underline{i}_1$ und $\underline{i}_2$ der Stränge a von Ständer und Läufer bzw. zum Magnetisierungsstrom $\underline{i}_\mu$ im Ständerstrang a in der Darstellung der komplexen Wechselstromrechnung. Für die Ströme gilt dementsprechend

$$\underline{i}_\mu (w\xi_{\mathrm{p}})_1 = \underline{i}_1 (w\xi_{\mathrm{p}})_1 + \underline{i}_2 (w\xi_{\mathrm{p}})_2$$

bzw.
$$\underline{i}_\mu = \underline{i}_1 + \frac{(w\xi_{\mathrm{p}})_2}{(w\xi_{\mathrm{p}})_1}\underline{i}_1 = \underline{i}_1 + \underline{i}_2' \ . \tag{1.7.98}$$

Bei der Darstellung in der komplexen Ebene entspricht das Dreieck der Durchflutungen unter der Voraussetzung einer entsprechenden Maßstabswahl dem Dreieck der Ströme nach (1.7.98).

Bei Betrieb am Netz starrer Spannung durchlaufen die Ströme $\underline{i}_1$ und $\underline{i}_2$ und damit die Durchflutungen $\vec{\Theta}_{\mathrm{p}1}$ und $\vec{\Theta}_{\mathrm{p}2}$ in Abhängigkeit von der Drehzahl bzw. vom Schlupf bekanntermaßen einen Kreis (s. Bild 1.7.17). Das Drehmoment ist entsprechend (1.7.72) bzw. Bild 1.7.10 proportional zur Fläche des Dreiecks zwischen $\vec{\Theta}_{\mathrm{p}1}$, $\vec{\Theta}_{\mathrm{p}2}$ und $\vec{\Theta}_{\mathrm{p\,res}}$. Es ist charakteristisch für die Induktionsmaschine, dass diese Fläche wegen $\delta_{\Theta\mathrm{res}} - \delta_{\Theta 1} \neq \pi/2$ bzw. $\delta_{\Theta\mathrm{res}} - \delta_{\Theta 2} \neq \pi/2$ stets kleiner ist als mit den Wertepaaren $\hat{\Theta}_{\mathrm{p}1}$ und $\hat{\Theta}_{\mathrm{p\,res}}$ bzw. $\hat{\Theta}_{\mathrm{p}2}$ und $\hat{\Theta}_{\mathrm{p\,res}}$ prinzipiell erreichbar wäre. Man erkennt ferner aus Bild 1.7.17, dass die Fläche des Durchflutungsdreiecks in Abhängigkeit vom Schlupf einen Maximalwert durchläuft, dem das Kippmoment entspricht.

Wenn die Induktionsmaschine an einem Frequenzstellglied betrieben und mit einer Frequenzerhöhung gleichzeitig die Spannung nachgeführt wird, um das resultierende Feld konstant zu halten, bleibt die Ortskurve nach Bild 1.7.17 erhalten. Die Maschine arbeitet unmittelbar nach einer plötzlichen Frequenzerhöhung bei einem vergrößerten Schlupf, der sich aus der neuen synchronen Drehzahl und der zunächst konstant gebliebenen Läuferdrehzahl ergibt. Dementsprechend bewegt sich der Arbeitspunkt im Bild 1.7.17 sprunghaft von P nach P'. Dabei fließen erheblich größere Ströme, aber die Erhöhung des Drehmoments um ΔM und damit die Beschleunigung in Richtung

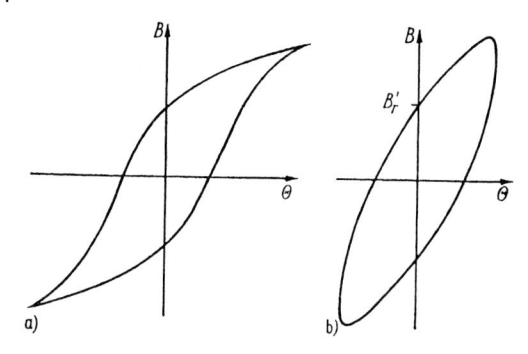

Bild 1.7.22 Zusammenhang zwischen Luftspaltinduktion und Durchflutungsbedarf für Luftspalt und Hystereseschicht beim Hysteresemotor.
a) Tatsächlicher Verlauf;
b) durch eine Ellipse angenäherter Verlauf

$B = B(\Theta)$ nicht sinusförmig. Wenn man sich nur für die Hauptwelle der Induktionsverteilung interessiert, so entspricht dem, dass die Hysteresekurve $B(\Theta)$ durch eine Ellipse angenähert wird (s. Bild 1.7.22b). Von diesem Zusammenhang $B(\Theta)$ ausgehend entsteht eine Induktionshauptwelle $B_\mathrm{p}(\gamma, t)$, die gegenüber der Durchflutungshauptwelle um den Winkel δ_hyst verschoben ist (s. Bild 1.7.23a). Das ist der für die Funktionsweise des Hysteresemotors entscheidende Einfluss der Hystereseschicht. Man erhält damit die für das Entstehen eines Drehmoments erforderliche Verschiebung zwischen der Strombelagswelle auf der Oberfläche der Ständerbohrung als Integrationsfläche bzw. zwischen der zugeordneten Durchflutungswelle und der Normalkomponente B_n des Luftspaltfelds. Die zunächst für einen Zeitpunkt angestellten Überlegungen gelten natürlich für jeden anderen Zeitpunkt ebenso. Damit ruft ein Hauptwellendrehfeld der Durchflutung ein bezüglich der Umlaufrichtung um δ_hyst nacheilendes Hauptwellendrehfeld der Induktion hervor. Dabei sind die Amplituden $\hat{\Theta}_\mathrm{p}$ und $\hat{B}_\mathrm{p}$ sowie die Verschiebung δ_hyst vollständig unabhängig von der Läuferdrehzahl, wenn man vom Sonderfall synchroner Drehzahl absieht.

Das Drehmoment, das unter dem Einfluss der Hystereseschicht im Läufer entsteht, wird als *Hysteresemoment* bezeichnet. Es ergibt sich ausgehend von (1.7.68b) mit $\hat{\Theta}_\mathrm{p1} = \hat{\Theta}_\mathrm{p}$ und $\delta_{B\Theta} = -\delta_\mathrm{hyst}$ zu

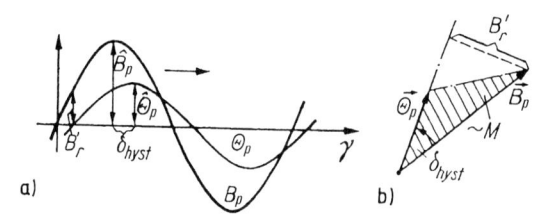

$$M = \frac{\pi}{2} D l_\mathrm{i} p \hat{\Theta}_\mathrm{p} \hat{B}_\mathrm{p} \sin \delta_\mathrm{hyst} \ . \qquad (1.7.99)$$

Bild 1.7.23 Relative Lage der Hauptwellendrehfelder der Durchflutung und der Luftspaltinduktion beim Hysteresemotor.
a) Im Liniendiagramm;
b) als Raumzeiger in der komplexen Ebene

Dabei gilt mit Bild 1.7.23 unter Einführung der Remanenzinduktion B'_r der elliptischen Magnetisierungskurve nach Bild 1.7.22b

$$\sin \delta_\text{hyst} = \frac{B'_\text{r}}{\hat{B}_\text{p}} \ ,$$

und man erhält aus (1.7.99), wenn außerdem die Durchflutungsamplitude mit Hilfe von (1.7.65) durch die Amplitude des Strombelags ausgedrückt wird,

$$M = \frac{\pi}{4} D^2 l_\text{i} \hat{A}_\text{p} B'_\text{r} \ . \tag{1.7.100}$$

Unter Vernachlässigung des Einflusses der ohmschen Spannungsabfälle und der von Streufeldern induzierten Spannungen diktiert die angelegte Spannung das Hauptwellendrehfeld der Luftspaltinduktion hinsichtlich Amplitude und Umlaufgeschwindigkeit. Bei Betrieb am starren Netz erhält man demnach unabhängig von der Drehzahl stets die gleichen Verhältnisse hinsichtlich der Hauptwellen $B_\text{p}(\gamma, t)$ und $\Theta_\text{p}(\gamma, t)$. Daraus folgt, dass einerseits das Hysteresemoment unabhängig von der Drehzahl konstant ist und andererseits auch der Strom, der $\Theta_\text{p}(\gamma, t)$ aufbauen muss, nach Betrag und Phase konstant bleibt. Beim realen Hysteresemotor überlagern sich Erscheinungen, die durch Wirbelströme in der Hystereseschicht hervorgerufen werden und ein zusätzliches, drehzahlabhängiges asynchrones Drehmoment zur Folge haben.

1.7.4.5 Entstehung des Reluktanzmoments

Im Bild 1.7.24 ist der prinzipielle Aufbau einer zweipoligen Reluktanzmaschine dargestellt. Der Ständer soll wiederum eine mehrsträngige Wicklung tragen, die ein Hauptwellendrehfeld des Ankerstrombelags $A_\text{p}(\gamma, t)$ bzw. der Durchflutung $\Theta_\text{p}(\gamma, t)$ hervorruft. Der Läufer ist nicht rotationssymmetrisch. Er setzt einem Luftspaltfeld, das symmetrisch zu seiner Längsachse aufgebaut werden soll, einen kleinen magnetischen Widerstand entgegen, während ein Luftspaltfeld, das symmetrisch zur Querachse aufgebaut werden soll, einen großen magnetischen Widerstand vorfindet.

Wenn die Längsachse des Läufers mit der Symmetrieachse der erregenden Ständerdurchflutung übereinstimmt wie im Bild 1.7.25a, entsteht eine Induktionsverteilung $B(\gamma, t)$ des Luftspaltfelds auf der Ständeroberfläche, deren Hauptwelle $B_\text{p}(\gamma, t)$ keine Verschiebung gegenüber der Durchflutungshauptwelle $\Theta_\text{p}(\gamma, t)$ aufweist. Es wird entsprechend (1.7.68b) kein Drehmoment entwickelt. Sobald jedoch eine Verschiebung zwischen der Längsachse des Läufers und der Symmetrieachse der erregenden Ständerdurchflutung auftritt wie im Bild 1.7.25b, wird das Luftspaltfeld verzerrt, und seine Hauptwelle erhält eine Verschiebung gegenüber der Durchflutungshauptwelle. Es wird ein Drehmoment entwickelt, das man als *Reluktanzmoment* bezeichnet. Dieses Drehmoment wird mit wachsender Verschiebung δ zunächst ansteigen. Wenn die Verschiebung einen Wert von $\delta = \pi/2$ erreicht hat wie im Bild 1.7.25c, liegt die Querachse des Läufers in der Symmetrieachse der Ständerdurchflutung. Es entsteht eine Induktionshauptwelle, die wiederum keine Verschiebung gegenüber der Durchflutungshauptwelle aufweist, so dass kein Drehmoment entwickelt wird. Daraus folgt, dass das Reluktanzmoment zwischen $\delta = 0$ und $\delta = \pi/2$ ein Maximum durchläuft.

1.7.5
Entstehung der Oberwellenmomente

Wie im Abschnitt 1.5.2, Seite 77, dargelegt wurde, lässt sich die Induktionsverteilung im stationären Betrieb im Koordinatensystem γ' eines betrachteten Hauptelements als eine Folge von Drehwellen der Form

$$B_{\nu'}(\gamma', t) = \hat{B}_{\nu'} \cos(\tilde{\nu}'\gamma' - \omega_{\nu'}t + \tilde{\nu}'\varepsilon'\zeta - \varphi_{\nu'}) \tag{1.7.101}$$

mit $\nu' = |\tilde{\nu}'|$ darstellen. Dabei tritt das Glied $\tilde{\nu}'\varepsilon'\zeta$, wie im Abschnitt 1.6.6, Seite 154 erläutert wurde, nur im Fall einer Nutschrägung bei solchen Induktionswellen in Erscheinung, die vom gegenüberliegenden Hauptelement herrühren. Anderseits sind auch nur diese in der Lage, mit dem Strombelag des betrachteten Hauptelements ein Drehmoment zu bilden, wenn man vom Einfluss der Leitwertschwankungen absieht (vgl. Abschn. 1.1.2.2d, S. 25). Der Strombelag des betrachteten Hauptelements lässt sich ebenfalls als Summe von Drehwellen der Form

$$A_{\mu'}(\gamma', t) = \hat{A}_{\mu'} \cos(\tilde{\mu}'\gamma' - \omega_{\mu'}t - \varphi_{\mu'}) \tag{1.7.102}$$

darstellen. Die Drehzahl der Induktionswelle nach (1.7.101) beträgt relativ zum Koordinatensystem γ'

$$n_{\nu'} = \frac{\omega_{\nu'}}{2\pi\tilde{\nu}'} \tag{1.7.103}$$

und die der Strombelagswelle nach (1.7.102)

$$n_{\mu'} = \frac{\omega_{\mu'}}{2\pi\tilde{\mu}'} \,. \tag{1.7.104}$$

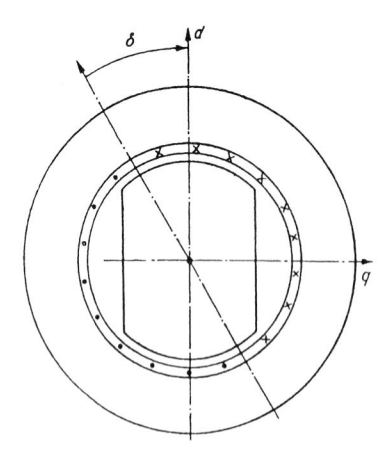

Bild 1.7.24 Prinzipieller Aufbau eines Reluktanzmotors in zweipoliger Ausführung.
d Längsachse
q Querachse

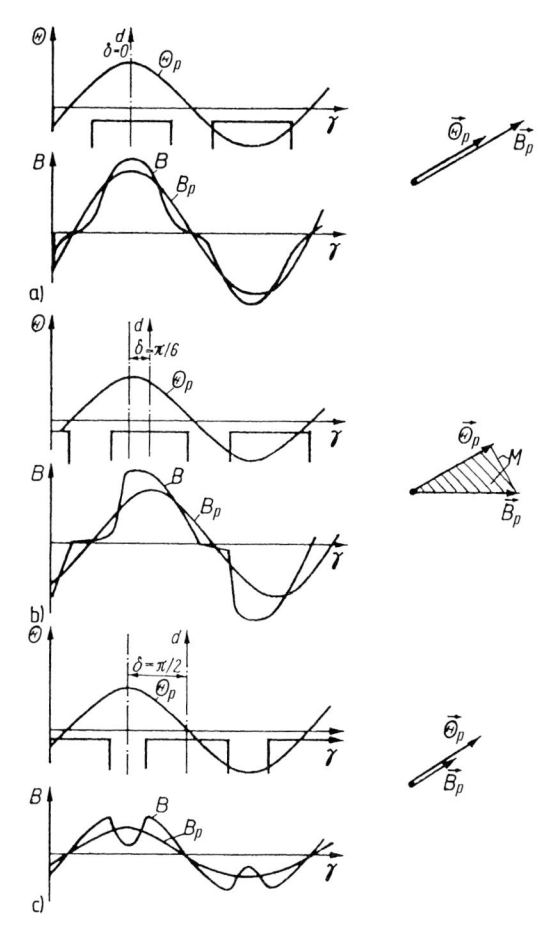

Bild 1.7.25 Zusammenhang zwischen den Hauptwellen der Durchflutung und der Luftspaltinduktion beim Reluktanzmotor.
a) $\delta = 0$; b) $\delta = \pi/6$; c) $\delta = \pi/2$

Beide Drehwellen liefern über (1.7.60a), Seite 177, eine Komponente m des Drehmoments. Dabei ist es zur Berücksichtigung der Schrägung erforderlich, zusätzlich über ζ zu integrieren.[17] Man erhält aus

$$m = \frac{1}{4} D^2 l_\mathrm{i} \int\limits_0^{2\pi} \int\limits_{-1/2}^{+1/2} B_{\nu'} A_{\mu'} \, \mathrm{d}\zeta \, \mathrm{d}\gamma'$$

unter Einführung des Schrägungsfaktors nach (1.6.56), Seite 156,

$$m(t) = \frac{D^2}{8} l_\mathrm{i} \hat{B}_{\nu'} \hat{A}_{\mu'} \xi_{\mathrm{schr},\nu'} \int\limits_0^{2\pi} \left\{ \begin{array}{l} \cos[(\tilde{\nu}' + \tilde{\mu}')\gamma' - (\omega_{\nu'} + \omega_{\mu'})t - \varphi_{\nu'} - \varphi_{\mu'}] \\ + \cos[(\tilde{\nu}' - \tilde{\mu}')\gamma' - (\omega_{\nu'} - \omega_{\mu'})t - \varphi_{\nu'} + \varphi_{\mu'}] \end{array} \right\} \mathrm{d}\gamma' \, .$$

[17] Das ist das analoge Vorgehen wie bei der Ermittlung der Flussverkettung, die im Fall des Vorhandenseins einer Schrägung über (1.6.33), Seite 148, anstelle von (1.6.10) erfolgen muss.

1 Grundlegende Zusammenhänge

Das Integral liefert nur dann einen von Null verschiedenen Wert, wenn entweder $\tilde{\nu}' + \tilde{\mu}' = 0$ oder $\tilde{\nu}' - \tilde{\mu}' = 0$ ist. Man erhält für $\tilde{\nu}' + \tilde{\mu}' = 0$, d. h. für $\tilde{\mu}' = -\tilde{\nu}'$,

$$m(t) = \frac{\pi}{4} D^2 l_i \hat{B}_{\nu'} \hat{A}_{\mu'} \xi_{\text{schr},\nu'} \cos[(\omega_{\nu'} + \omega_{\mu'})t + \varphi_{\nu'} + \varphi_{\mu'}] \qquad (1.7.105)$$

und für $\tilde{\nu}' - \tilde{\mu}' = 0$, d. h. für $\tilde{\mu}' = \tilde{\nu}'$,

$$m(t) = \frac{\pi}{4} D^2 l_i \hat{B}_{\nu'} \hat{A}_{\mu'} \xi_{\text{schr},\nu'} \cos[(\omega_{\nu'} - \omega_{\mu'})t + \varphi_{\nu'} - \varphi_{\mu'}] \,. \qquad (1.7.106)$$

Ein endlicher Wert des Drehmoments entsteht also nur aus dem Zusammenwirken einer Induktionswelle mit einer Strombelagswelle gleicher Ordnungszahl $\mu' = \nu'$. Diese Erkenntnis war bereits im Unterabschnitt 1.1.2.2b, Seite 22, gewonnen worden. Aus (1.7.105) und (1.7.106) folgt weiterhin, dass aus diesem Zusammenwirken zunächst ein Pendelmoment entsteht, wobei 1.7.106 aufgrund des mathematischen Formalismus zunächst auch auf eine negative Kreisfrequenz führen kann. Die Frequenz des Drehmoments erhält man mit (1.7.103) und (1.7.104) unter Beachtung der jeweiligen Beziehung zwischen den Feldwellenparametern in beiden Fällen zu

$$f_{\text{M}} = |\tilde{\nu}'(n_{\nu'} - n_{\mu'})| \,. \qquad (1.7.107)$$

Sie ist also durch die Relativgeschwindigkeit zwischen den beiden Wellen gegeben. Lediglich dann, wenn die beiden Wellen mit der gleichen Drehzahl $n_{\nu'} = n_{\mu'}$ bzw. mit der gleichen Winkelgeschwindigkeit

$$\left(\frac{\text{d}\gamma'}{\text{d}t}\right)_{\nu'} = \left(\frac{\text{d}\gamma'}{\text{d}t}\right)_{\mu'} = \frac{\omega_{\mu'}}{\tilde{\mu}'} = \frac{\omega_{\nu'}}{\tilde{\nu}'} \qquad (1.7.108)$$

umlaufen, erhält man ein konstantes Drehmoment. Im Fall $\tilde{\mu}' = -\tilde{\nu}'$ beträgt es

$$M = \frac{\pi}{4} D^2 l_i \hat{B}_{\nu'} \hat{A}_{\mu'} \xi_{\text{schr},\nu'} \cos(\varphi_{\nu'} + \varphi_{\mu'}) \,, \qquad (1.7.109)$$

und im Fall $\tilde{\mu}' = \tilde{\nu}'$ nimmt es den Wert

$$M = \frac{\pi}{4} D^2 l_i \hat{B}_{\nu'} \hat{A}_{\mu'} \xi_{\text{schr},\nu'} \cos(\varphi_{\nu'} - \varphi_{\mu'}) \qquad (1.7.110)$$

an. Diese Einzelkomponenten des Drehmoments lassen sich in zwei Gruppen unterteilen:

- Der Begriff asynchrones Drehmoment wird verwendet, wenn ein Drehmoment bei jeder beliebigen Drehzahl im stationären Betrieb einen Beitrag zum mittleren Luftspaltdrehmoment leistet. Dies gilt vor allem auch für das Hauptwellen-Drehmoment, hervorgerufen durch das Zusammenwirken des Läufer-Hauptstrombelages mit $\mu' = p$ und des resultierenden Hauptwellenfelds mit $\nu' = p$.
- Unter synchronen Drehmomenten versteht man diejenigen Komponenten, die wie das Hauptwellen-Drehmoment einer Synchronmaschine nur bei einer diskreten Drehzahl zu einem zeitlich konstanten Drehmoment und bei allen übrigen Drehzahlen zu Pendelmomenten führen.

a) Asynchrone Oberwellenmomente

Ebenso wie das Zusammenwirken der Hauptwellen von Strombelag und Induktion bilden offenkundig auch alle von der Ständerwicklung erzeugten Induktionsoberwellen zusammen mit den durch ihre Induktionswirkung in einer kurzgeschlossenen Läuferwicklung entstehenden rückwirkenden Strombelägen asynchrone Drehmomente, da die induzierende Induktionswelle und die rückwirkende Strombelagswelle vom Läufer gesehen dieselbe Frequenz und natürlich auch Ordnungszahl besitzen (s. Abschn. 2.5.2, S.397). Sie werden als asynchrone Oberwellenmomente bezeichnet.

Die Wirkung jeder einzelnen Wicklungsoberwelle kann als eigener *Oberfeldmotor* aufgefasst werden, der eine eigene asynchrone Drehzahl-Drehmoment-Kennlinie erzeugt. Das maximale asynchrone Oberwellenmoment – das Oberwellenkippmoment – tritt analog zum Hauptwellen-Betriebsverhalten der Induktionsmaschine in der Nähe der synchronen Drehzahl der beteiligten Induktionsdrehwelle auf, d. h. entsprechend (1.7.103) mit $\omega_{\nu'} = \omega_1$ bei

$$n_{\nu'} = \frac{\omega_1}{2\pi\tilde{\nu}'} = \frac{pn_0}{\tilde{\nu}'} \ . \tag{1.7.111}$$

Im Fall einer dreisträngigen Ganzlochwicklung existieren als betragskleinste Feldwellenparameter $\tilde{\nu}' = -5p$ und $7p$, so dass sich asynchrone Oberwellenkippmomente nur im oder knapp außerhalb des Drehzahlbereichs $-n_0/5 \leq n \leq n_0/7$ bemerkbar machen können. Da das mittlere Drehmoment durch die Wirkung der asynchronen Oberwellenmomente jeweils oberhalb von $n_{\nu'}$ reduziert wird, kann es durch deren Wirkung zu einem Schnittpunkt der resultierenden Drehzahl-Drehmoment-Kennlinien des Motors und der Arbeitsmaschine kommen. Es besteht daher die Gefahr, dass asynchrone Oberwellenmomente einen vollständigen Anlauf des Antriebs verhindern.

b) Synchrone Oberwellenmomente

Da Strombelagswellen des Läufers aufgrund von Dämpferströmen unabhängig von der Drehzahl n des Läufers zu der sie verursachenden Induktionswelle in Ruhe sein müssen, können aus der Wechselwirkung zwischen beiden nur asynchrone Oberwellenmomente entstehen. Daraus folgt, dass synchrone Oberwellenmomente offenbar nur aus dem Zusammenwirken einer Induktionswelle des Ständers mit einer Strombelagswelle des Läufers entstehen, die von einer anderen Ständerwelle verursacht wird.

Wenn ein synchrones Oberwellenmoment bei $n = 0$ auftritt, kann es den Anlauf gefährden, da dann die Summe aus dem synchronen Oberwellenkippmoment und dem asynchronen Anzugsmoment für eine bestimmte Läuferstellung zu Null werden kann. Synchrone Oberwellenmomente im Stillstand werden auch als *Nutenstellungen* bezeichnet.

Ein synchrones Oberwellenmoment, das im Lauf, d. h. bei $n \neq 0$, auftritt, entartet – wie bereits erwähnt – außerhalb seiner synchronen Drehzahl zu einem Pendelmoment. Aus der Praxis sind keine Fälle bekannt, in denen ein solches synchrones Oberwellenmoment den vollständigen Anlauf eines Motors verhindert hat. Ein Hängenbleiben eines Antriebs bei derjenigen Drehzahl, bei welcher der Motor ein synchrones Oberwellenmoment entwickelt, ist i. Allg. auf ein bei derselben Drehzahl auftretendes asynchrones Oberwellenmoment zurückzuführen. Die außerhalb der synchronen Drehzahl entstehenden Pendelmomentanregungen können allerdings bei langsamem Anlauf die torsionskritischen Drehzahlen des Wellenstrangs anregen.

1.7.6
Radialkräfte und Geräuschanregungen

Im Abschnitt 7.3.2 des Bands *Berechnung elektrischer Maschinen* wird ausführlich gezeigt, dass die Induktionsverteilung aufgrund des Zusammenhangs (vgl. (1.7.95), S. 193)

$$\sigma_\mathrm{r}(\gamma', t) = \frac{1}{2\mu_0} B^2(\gamma', t) \qquad (1.7.112)$$

radial gerichtete Zugspannungswellen an den dem Luftspalt zugewendeten Oberflächen des Ständers und des Läufers hervorruft, welche insbesondere das Ständerblechpaket verformen bzw. zu Schwingungen anregen. Diese Schwingungen sind die Ursache für die sog. *magnetischen Geräusche*. Die auf den Läufer wirkenden Zugspannungswellen haben abgesehen vom Sonderfall eines Außenläufers i. Allg. keine technische Wirkung, da die durch sie hervorgerufenen Verformungen bzw. Schwingungen aufgrund des unter Einbeziehung der Welle großen Flächenwiderstandsmoments des Läufers nur gering sind.

Das Luftspaltfeld lässt sich im stationären Betrieb in der ständerfesten Koordinate γ' als Summe von Drehwellen

$$B(\gamma', t) = \sum_j \hat{B}_{\nu'j} \cos(\tilde{\nu}'_j \gamma' - \omega_{\nu'j} t - \varphi_{\nu'j})$$

$$B(\gamma', t) = B_{\nu'1}(\gamma', t) + B_{\nu'2}(\gamma', t) + B_{\nu'3}(\gamma', t) + \ldots \qquad (1.7.113)$$

darstellen. Mit (1.7.112) ergibt sich daraus die Verteilung der Radialzugspannung zu

$$\sigma_\mathrm{r}(\gamma', t) = \frac{1}{2\mu_0} \Big[B^2_{\nu'1}(\gamma', t) + B^2_{\nu'2}(\gamma', t) + B^2_{\nu'3}(\gamma', t) + \ldots$$
$$+ 2 B_{\nu'1}(\gamma', t) B_{\nu'2}(\gamma', t) + 2 B_{\nu'1}(\gamma', t) B_{\nu'3}(\gamma', t) + \ldots$$
$$+ 2 B_{\nu'2}(\gamma', t) B_{\nu'3}(\gamma', t) + \ldots \Big] . \qquad (1.7.114)$$

Eine Induktionswelle $B_{\nu'j}(\gamma', t)$ liefert also als ersten Beitrag zur resultierenden Zugspannungsverteilung eine Komponente

$$\sigma_{\mathrm{r}jj}(\gamma', t) = \frac{B^2_{\nu'j}(\gamma', t)}{2\mu_0} = \frac{\hat{B}^2_{\nu'j}}{4\mu_0} \left[1 + \cos(2\tilde{\nu}'_j \gamma' - 2\omega_{\nu'j} t - 2\varphi_{\nu'j}) \right] , \qquad (1.7.115)$$

die aus einem konstanten Mittelwert und einer Zugspannungswelle der Ordnungszahl $\nu'_\sigma = 2|\tilde{\nu}'_j|$ besteht, welche das Ständerblechpaket mit der Kreisfrequenz $w_\sigma = 2\omega_{\nu'j}$

anregt. Als weitere Beiträge zur resultierenden Zugspannungsverteilung liefert eine Induktionswelle $B_{\nu'j}(\gamma', t)$ entsprechend (1.7.114) mit jeder anderen Induktionswelle $B_{\nu'i}(\gamma', t)$ eine Komponente

$$\begin{aligned}\sigma_{rij}(\gamma', t) &= \frac{1}{\mu_0} B_{\nu'j}(\gamma', t) B_{\nu'i}(\gamma', t) \\
&= \frac{\hat{B}_{\nu'j}\hat{B}_{\nu'i}}{2\mu_0} \left\{ \cos\left[(\tilde{\nu}'_j + \tilde{\nu}'_i)\gamma' - (\omega_{\nu'j} + \omega_{\nu'i})t - (\varphi_{\nu'j} + \varphi_{\nu'i})\right] \right. \\
&\quad \left. + \cos\left[(\tilde{\nu}'_j - \tilde{\nu}'_i)\gamma' - (\omega_{\nu'j} - \omega_{\nu'i})t - (\varphi_{\nu'j} - \varphi_{\nu'i})\right] \right\}, \quad (1.7.116)\end{aligned}$$

die aus zwei Zugspannungswellen besteht. Die erste regt den Ständer in der Ordnungszahl $\nu'_\sigma = |\tilde{\nu}'_j + \tilde{\nu}'_i|$ mit der Kreisfrequenz $\omega_\sigma = |\omega_{\nu'j} + \omega_{\nu'i}|$ an und die zweite in der Ordnungszahl $\nu'_\sigma = |\tilde{\nu}'_j - \tilde{\nu}'_i|$ mit der Kreisfrequenz $\omega_\sigma = |\omega_{\nu'j} - \omega_{\nu'i}|$. Die resultierende Zugspannungsverteilung besteht demnach aus einem konstanten Mittelwert σ_{rm} und einer Summe von Zugspannungswellen σ_{rk} entsprechend

$$\sigma_{\rm r}(\gamma', t) = \sigma_{\rm rm} + \sum_k \hat{\sigma}_{\rm rk} \cos\left(\tilde{\nu}'_{\sigma k}\gamma' - \omega_{\sigma k}t - \varphi_{\sigma k}\right). \quad (1.7.117)$$

Die Ordnungszahl $\nu'_{\sigma k}$ der Zugspannungswelle entscheidet über die Art der auftretenden Verformung des Blechpakets.

Die statischen Verformungen sind i. Allg. uninteressant klein. Bei der Beurteilung des Wirksamwerdens einer Zugspannungswelle muss vielmehr beachtet werden, dass ein Blechpaket einen schwingungsfähigen Ring darstellt. Dieser ist in der Lage, verschiedene Eigenschwingungen auszuführen, die den Verformungsmöglichkeiten entsprechen (s. Bd. *Berechnung elektrischer Maschinen*, Abschn. 7.3.2). Dabei gehört zu jeder dieser Schwingungsformen eine andere Eigenfrequenz. Nach *Jordan* (z. B. [35]) erhält man für die Verformung nullter Ordnung die Eigenfrequenz

$$f_{\rm d0} = \frac{1}{2\pi} \sqrt{\frac{E}{\rho \Delta_{\rm m1} r_{\rm m}^2}} \quad (1.7.118)$$

mit dem Elastizitätsmodul E, der Dichte ρ, dem mittleren Rückenhalbmesser $r_{\rm m}$ und der aus den Massen $m_{\rm r}$ des Rückens, $m_{\rm z}$ der Zähne sowie der sich ankoppelnden Masse der Wicklung $m'_{\rm w}$ gebildeten Hilfsgröße

$$\Delta_{\rm m1} = \frac{m_{\rm r} + m_{\rm z} + m'_{\rm w}}{m_{\rm r}}.$$

Für Biegeschwingungen mit $\nu'_\sigma \geq 2$ gilt nach [35]

$$f_{{\rm d}\nu'} = f_{\rm d0} \zeta \frac{\nu'_\sigma(\nu'^2_\sigma - 1)}{\sqrt{\nu'^2_\sigma + 1}} \varphi_{\rm r}$$

mit

$$\zeta = \frac{1}{2\sqrt{3}} \frac{h_{\rm r}}{r_{\rm m}},$$

der Rückenhöhe h_r, dem Korrekturfaktor

$$\varphi_\mathrm{r} = \frac{1}{\sqrt{1 + \zeta^2 \dfrac{(\nu_\sigma'^2 - 1)}{(\nu_\sigma'^2 + 1)} \left[3 + \nu_\sigma'^2 \left(4 + \dfrac{\Delta_\mathrm{m2}}{\Delta_\mathrm{m1}}\right)\right]}} \ ,$$

der die Massenträgheit der in Umfangsrichtung schwingenden Teile des Ständers berücksichtigt, sowie den Hilfsgößen

$$\Delta_\mathrm{m2} = 1 + \frac{6Nb_\mathrm{z}h_\mathrm{n}^3}{\pi h_\mathrm{r}^3 r_\mathrm{m}} \Delta_\mathrm{m3} \left[\frac{1}{3} + \frac{h_\mathrm{r}}{2h_\mathrm{n}} + \left(\frac{h_\mathrm{r}}{2h_\mathrm{n}}\right)^2\right]$$

$$\Delta_\mathrm{m3} = \frac{m_\mathrm{z} + m_\mathrm{w}'}{m_\mathrm{z}} \ .$$

Dabei ist N die Nutzahl, b_z die mittlere Zahnbreite und h_n die Nuthöhe. Die Abhängigkeit nach (1.7.118) für die Eigenfrequenz der Nullschwingung ist im Bild 1.7.26 dargestellt.

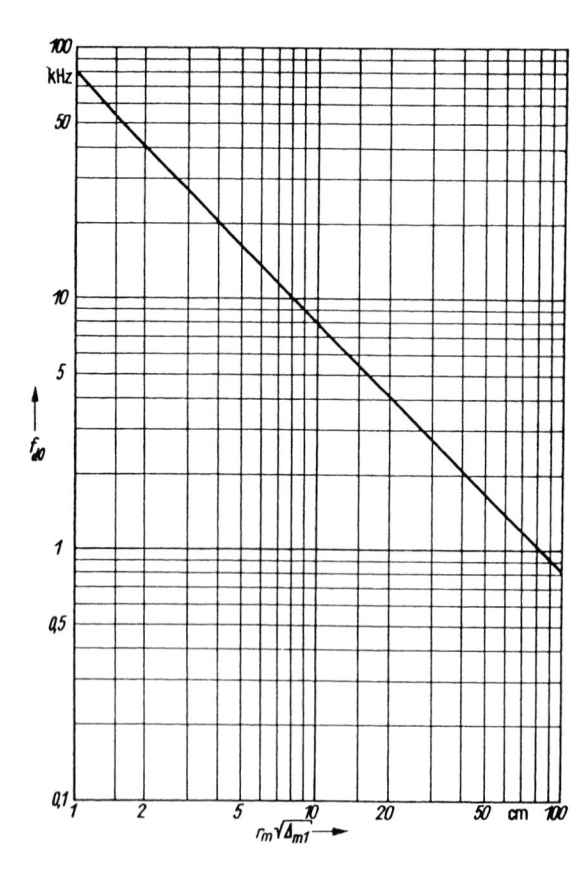

Bild 1.7.26 Eigenfrequenz $f_{\mathrm{d}0}$ eines Blechpakets für die Nullschwingung $\nu_\sigma' = 0$ nach Jordan [35].
r_m mittlerer Rückenhalbmesser
$\Delta_\mathrm{m1} = (m_\mathrm{r} + m_\mathrm{z} + m_\mathrm{w}')/m_\mathrm{r}$
m_r Rückenmasse
m_z Zahnmasse
m_w' angekoppelte Masse der Wicklung

Die magnetischen Geräusche, die durch die radial gerichteten Zugspannungswellen erregt und als Luftschall abgestrahlt werden, setzen sich entsprechend der Vielzahl wirksamer Zugspannungswellen aus einem Gemisch vieler Frequenzen zusammen. Die Schallleistung, die von einer Zugspannungswelle verursacht wird, hängt dabei noch von den Abstrahlungsbedingungen des Gehäuses ab. Eine Zugspannungswelle $\nu'_{\sigma k}$ wird aufgrund der vorstehenden Überlegungen vor allem dann große Verformungen des Blechpakets hervorrufen, wenn ihre Anregefrequenz $f_{\sigma k} = |\omega_{\sigma k}|/2\pi$ in der Nähe der Eigenfrequenz des Blechpakets für die der Ordnungszahl $\nu'_{\sigma k} = |\tilde{\nu}'_{\sigma k}|$ der Zugspannungswelle entsprechende Schwingungsform liegt. Da die Eigenfrequenzen der Blechpakete elektrischer Maschinen i. Allg. im akustischen Bereich liegen, kann es dabei zu ausgeprägten Einzeltönen im Spektrum des magnetischen Geräuschs kommen. Deren Auftreten ist also an die Resonanz des Blechpakets gebunden. Das gleiche Paar von Induktionsdrehwellen bzw. das zugehörige Paar von Zugspannungswellen kann in einer Maschine völlig ungefährlich sein, während es in einer anderen Maschine mit anderen Abmessungen zu einem ausgeprägten Einzelton im magnetischen Geräusch führt. Die Verwendung bestimmter, einmal erprobter Nutzahlkombinationen kann deshalb hinsichtlich der Vermeidung magnetischer Geräusche nicht als zuverlässig angesehen werden.

Auf die Einzelheiten der Entstehung magnetischer Geräusche bei Induktions- und Synchronmaschinen wird in den Abschnitten 2.5.5, Seite 415, und 3.3.5, Seite 576, eingegangen.

1.7.7
Die elektrische Maschine im elektromechanischen System

1.7.7.1 Bewegungsgleichung

Wenn eine elektrische Maschine M entsprechend Bild 1.7.27 mit einer Arbeitsmaschine A gekuppelt ist, findet zwischen beiden i. Allg. ein Energieaustausch statt, d. h. in einem stationären oder nichtstationären Betriebszustand des elektromechanischen Systems fließt mechanische Leistung über die Kupplung. Dabei greift am Läufer der elektrischen Maschine ein Drehmoment m an, das durch Kräfte elektromagnetischen Ursprungs hervorgerufen wird. Die Arbeitsmaschine entwickelt an ihrem Läufer ein Drehmoment m_A, das im allgemeinen Fall von der Drehzahl n, dem Drehwinkel ϑ' und der Zeit abhängig sein wird. Wenn man annehmen kann, dass die Gesamtheit der rotierenden Teile in sich starr ist, erhält man als *Bewegungsgleichung* des Systems

$$\boxed{m + m_A = J\frac{d^2\vartheta'}{dt^2}}. \qquad (1.7.119)$$

Dabei ist J das Massenträgheitsmoment der Gesamtheit der rotierenden Teile.

Für den Fall, dass in den Wellenstrang zwischen der elektrischen Maschine und der Arbeitsmaschine ein Getriebe eingeschaltet ist, stellen J und M_A die auf die Welle der

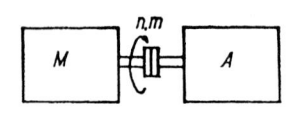

Bild 1.7.27 Elektromechanisches System bestehend aus elektrischer Maschine M und Arbeitsmaschine A

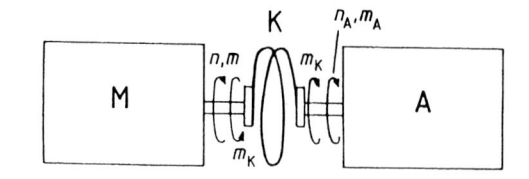

Bild 1.7.28 Elektromechanisches System mit elastischer Kupplung K

elektrischen Maschine bezogenen Werte dar. Wenn keine Abhängigkeit vom Drehwinkel ϑ' vorliegt, kann von vornherein

$$\frac{d^2\vartheta'}{dt^2} = \frac{d\Omega}{dt} = 2\pi\frac{dn}{dt}$$

gesetzt werden. Damit geht die Bewegungsgleichung über in

$$\boxed{m + m_A = 2\pi J \frac{dn}{dt}} \quad . \tag{1.7.120}$$

Eine genauere Betrachtung der Bewegungsvorgänge erfordert es, zwischen der elektrischen Maschine und der Arbeitsmaschine außer einem evtl. vorhandenen Getriebe eine Elastizität, Dämpfung und ggf. auch ein Spiel zu berücksichtigen. Eine Elastizität entsteht durch die endliche Torsionssteifigkeit einer Kupplung oder eines längeren Wellenstrangs und eine Dämpfung durch die innere Materialdämpfung sowie durch ggf. vorhandene gesonderte Dämpfungselemente. Dabei darf das aus der Elastizität herrührende Drehmoment i. Allg. als proportional zum Verdrehwinkel und das aus der Dämpfung herrührende als proportional zur Drehzahldifferenz angesetzt werden. Eine schematische Darstellung der zu betrachtenden Anordnung zeigt Bild 1.7.28. Dabei wird das Drehmoment des elastischen Übertragungsglieds als

$$m_K = c(\vartheta'_M - \vartheta'_A) + d\left(\frac{d\vartheta'_M}{dt} - \frac{d\vartheta'_A}{dt}\right) \tag{1.7.121}$$

eingeführt mit der Federkonstante c, der Dämpfungskonstante d, dem Drehwinkel des Motors ϑ'_M und dem Drehwinkel der Arbeitsmaschine ϑ'_A. An die Stelle der Bewegungsgleichung (1.7.119) treten die beiden über (1.7.121) miteinander gekoppelten Bewegungsgleichungen

$$m - m_K = J_M \frac{d^2\vartheta'_M}{dt^2} \tag{1.7.122a}$$

$$m_K + m_A = J_A \frac{d^2\vartheta'_A}{dt^2} \tag{1.7.122b}$$

mit dem Massenträgheitsmoment J_M des Motors und dem Massenträgheitsmoment J_A der Arbeitsmaschine.

Im Fall von $m = 0$ und $m_A = 0$ erhält man für den Eigenvorgang des ungedämpften Systems aus (1.7.121) bis (1.7.122b) mit $d = 0$

$$0 = c\left(\frac{1}{J_M} + \frac{1}{J_A}\right)\Delta\vartheta' + \frac{d^2\Delta\vartheta'}{dt^2} \tag{1.7.123}$$

mit $\qquad\Delta\vartheta' = \vartheta'_M - \vartheta'_A\,.\tag{1.7.124}$

Man erkennt, dass als Eigenvorgang eine ungedämpfte Schwingung mit der Kreisfrequenz

$$\omega_d = \sqrt{c\left(\frac{1}{J_M} + \frac{1}{J_A}\right)} \tag{1.7.125}$$

auftritt, die natürlich in realen Anordnungen noch eine Dämpfung erfährt.

Mangels genauerer Kenntnisse über die Dämpfungsmechanismen in den Elementen des Wellenstrangs wird die Dämpfung im Maschinenbau wie erwähnt meist als proportional zur Drehzahldifferenz angesetzt. Dabei muss der Dämpfungskoeffizient d i. Allg. entsprechend

$$d = D\frac{2c}{\omega_d} \tag{1.7.126}$$

aus dem sog. Lehrschen Dämpfungsmaß D errechnet werden, weil dieses aus Versuchen bekannt ist oder geschätzt werden kann. Für metallelastische Anordnungen kann mit $D = 0{,}01$ und für Anordnungen mit einer gummielastischen Kupplung mit $D = 0{,}1$ gerechnet werden.

Wenn sich die Massenträgheitsmomente merklich unterscheiden, bestimmt das kleinere die Eigenfrequenz. Der Läufer mit dem kleineren Massenträgheitsmoment schwingt dann gegenüber dem mit praktisch konstanter Drehzahl laufenden Läufer mit dem größeren Massenträgheitsmoment. Die Eigenfrequenz wird umso größer, je starrer die Kupplung ist, d. h. je größer die Federkonstante c ist. Wenn die Kupplung so hinreichend starr und damit die Eigenfrequenz so hinreichend groß bzw. die Periodendauer des Eigenvorgangs so hinreichend klein bleibt, dass sie klein gegenüber einer charakteristischen Zeit im Übergangsvorgang des Systems aus elektrischer Maschine und Arbeitsmaschine ist, kann letzterer über (1.7.119) bzw. (1.7.120) betrachtet werden.

Die einschlägige Literatur [75] zeigt, dass die Modellierung des mechanischen Systems in Form des bisher betrachteten Zwei-Massen-Schwingers fast immer ausreicht, um die Rückwirkungen zwischen den mechanischen und den elektromagnetischen Größen ausreichend genau zu erfassen. Sollen auch die Beanspruchungen in einzelnen Konstruktionsteilen ermittelt werden, muss der Wellenstrang natürlich entsprechend feiner in einen n-Massen-Schwinger zergliedert werden. Wenn n Schwungmassen mit den Massenträgheitsmomenten $J_0 \ldots J_i \ldots J_{n-1}$, an denen jeweils ein äußeres Drehmoment $m_0 \ldots m_i \ldots m_{n-1}$ angreift, durch $n-1$ Kupplungen mit den Federkonstanten $c_1 \ldots c_i \ldots c_{n-1}$ und den Dämpfungskonstanten $d_1 \ldots d_i \ldots d_{n-1}$ verbunden sind, gilt für das Drehmoment in der Kupplung i entsprechend (1.7.121)

$$m_{\mathrm{K}i} = c_i(\vartheta'_{i-1} - \vartheta'_i) + d_i \left(\frac{\mathrm{d}\vartheta'_{i-1}}{\mathrm{d}t} - \frac{\mathrm{d}\vartheta'_i}{\mathrm{d}t} \right) , \qquad (1.7.127)$$

und die Differentialgleichungen der einzelnen Schwungmassen i entwickeln sich aus (1.7.122a,b) zu

$$m_{\mathrm{K}i} + m_i - m_{\mathrm{K}i+1} = J_i \frac{\mathrm{d}^2 \vartheta'_i}{\mathrm{d}t^2} . \qquad (1.7.128)$$

Mangels besserer Erkenntnisse wird (1.7.126) auch auf die Berechnung der Dämpfungskonstanten von n-Massen-Schwingern übertragen als

$$d_i = D \frac{c_i}{\pi f_{\mathrm{d}1}} , \qquad (1.7.129)$$

wobei $f_{\mathrm{d}1} = \omega_{\mathrm{d}1}/(2\pi)$ die erste Torsionseigenfrequenz des Gesamtsystems bezeichnet.

1.7.7.2 Herauslösbarkeit der elektrischen Maschine aus dem elektromechanischen System

Die Bewegungsgleichung (1.7.119) ist Bestandteil des Gleichungssystems, mit dem das elektromechanische System nach Bild 1.7.27 bei starrer Kupplung beschrieben wird. Zu diesem Gleichungssystem gehören weiterhin jene Beziehungen, die zwischen den elektrischen Größen an den Klemmen der elektrischen Maschine und den mechanischen Größen m und ϑ' an ihrer Welle vermitteln. Außerdem müssen streng genommen jene Beziehungen hinzugezogen werden, die den inneren Mechanismus der Arbeitsmaschine erfassen und die zwischen deren Eingangsgrößen und den Ausgangsgrößen m_{A} und ϑ' an der Welle vermitteln. Diese Zusammenhänge sind gewöhnlich für den stationären Betrieb mit $n = $ konst. bekannt und werden dann auch bei quasistationären Vorgängen verwendet. Ihre Beeinflussung durch dynamische Vorgänge, d. h. durch Drehzahländerungen, ist zwar einerseits in vielen Fällen vernachlässigbar, aber andererseits auch wenig bekannt.

Die elektrische Maschine lässt sich offenbar dann aus dem elektromechanischen System herauslösen und losgelöst davon untersuchen, wenn die Vermittlung durch (1.7.119) nicht benötigt wird. Das ist dann der Fall, wenn eine konstante Drehzahl vorliegt. In diesem Fall können also auch nichtstationäre Vorgänge der elektrischen Maschine losgelöst vom elektromechanischen System untersucht werden. Man kann die Konstanz der Drehzahl für die rechnerische Untersuchung dadurch erzwingen, dass man sich das Massenträgheitsmoment unendlich groß denkt. Auf diese Weise lassen sich z. B. alle Kurzschlussvorgänge rotierender elektrischer Maschinen ohne Inanspruchnahme der Bewegungsgleichung betrachten. Die unter der Annahme $J \to \infty$ untersuchten elektromagnetischen Ausgleichsvorgänge rufen natürlich auch Drehmomente hervor, denen zwar das Drehmoment m_{A} der Arbeitsmaschine nicht das Gleichgewicht hält, die aber wegen der Annahme $J \to \infty$ zu keinen Drehzahländerungen führen. Diese Drehmomente können herangezogen werden, um über ihre Wirkung auf das tatsächliche Massenträgheitsmoment im Nachgang abzuschätzen, inwieweit die Annahme einer konstanten Drehzahl im betrachteten Fall berechtigt war.

Die vom elektromechanischen System losgelöste Behandlung der elektrischen Maschine ist in Strenge möglich, wenn ein stationärer Betrieb mit konstanter Drehzahl vorliegt. Die Beziehungen, die das elektromagnetische Verhalten der elektrischen Maschine beschreiben, liefern dann, ausgehend von den vorliegenden Bedingungen an den elektrischen Klemmenpaaren, eine Beziehung für das Drehmoment mit der Drehzahl als Parameter. Wenn im stationären Betrieb winkel- oder zeitabhängige Pendelmomente auftreten, erfordert die Annahme einer konstanten Drehzahl für den mittleren Energieumsatz wiederum, dass $J \to \infty$ vorausgesetzt wird. Andererseits kann unter Verwendung der auf diesem Weg ermittelten Pendelmomente Δm bzw. der Pendelmomente Δm_A der Arbeitsmaschine über

$$\Delta m + \Delta m_A = 2\pi J \frac{d\Delta n}{dt} \qquad (1.7.130)$$

ermittelt werden, mit welchen Abweichungen von der konstanten Drehzahl gerechnet werden muss.

1.7.7.3 Sonderfall des stationären Betriebs

Wenn ein stationärer Betrieb mit konstanter Drehzahl vorliegt, der voraussetzt, dass weder im Drehmoment der elektrischen Maschine noch in dem der Arbeitsmaschine periodische Komponenten, d. h. Pendelanteile, enthalten sind, folgt aus (1.7.119)

$$\boxed{M + M_A = M - M_W = 0} \,. \qquad (1.7.131)$$

Dabei wurde das sog. *Widerstandsmoment* $M_W = -M_A$ eingeführt, das in der elektrischen Antriebstechnik i. Allg. Verwendung findet. Es ist dem Energiefluss von der elektrischen Maschine als Motor zur Arbeitsmaschine insofern angepasst, als in diesem Fall bezogen auf die Drehrichtung sowohl $M > 0$ als auch $M_W > 0$ ist. Die beiden zeitlich konstanten Drehmomente M und M_W sind Funktionen der Drehzahl. Die Beziehung (1.7.131) bringt damit zum Ausdruck, dass sich als Arbeitspunkt des Antriebs jenes Wertepaar $M = M_W$ und n einstellt, das dem Schnittpunkt der beiden Drehzahl-Drehmoment-Kennlinien $M = M(n)$ und $M_W = M_W(n)$ entspricht (s. Bild 1.7.29). Eine Änderung der Lage des Arbeitspunkts und damit des sich einstellenden Wertepaars M und n tritt ein, wenn entweder die Drehzahl-Drehmoment-Kennlinie der Arbeitsmaschine oder die der elektrischen Maschine eine Änderung erfährt. Die Drehzahl-Drehmoment-Kennlinie der Arbeitsmaschine ändert sich, wenn

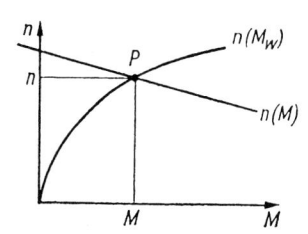

Bild 1.7.29 Arbeitspunkt P als Schnittpunkt der Drehzahl-Drehmoment-Kennlinien der elektrischen Maschine und der Arbeitsmaschine

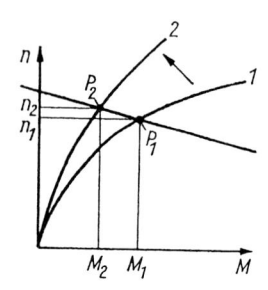

Bild 1.7.30 Änderung der Lage des Arbeitspunkts in der n-M-Ebene von P_1 nach P_2 durch Änderung der Drehzahl-Drehmoment-Kennlinie $n(M_\mathrm{W})$ der Arbeitsmaschine am Beispiel eines Lüfterantriebs

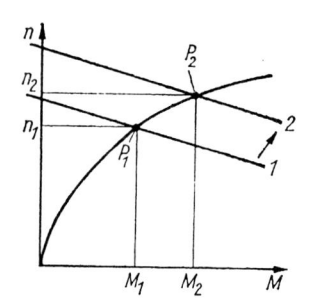

Bild 1.7.31 Drehzahlstellung zur Änderung der Lage des Arbeitspunkts in der n-M-Ebene von P_1 nach P_2 durch Änderung der Drehzahl-Drehmoment-Kennlinie $n(M)$ der elektrischen Maschine

Änderungen in der gekuppelten mechanischen Anordnung auftreten oder bewusst herbeigeführt werden. Bild 1.7.30 zeigt z. B. die Verschiebung des Arbeitspunkts eines Lüfterantriebs unter dem Einfluss einer Änderung des Strömungswiderstands im hydraulischen Kreis. Die Drehzahl-Drehmoment-Kennlinie der elektrischen Maschine kann durch verschiedene vom Maschinentyp abhängige Eingriffsmöglichkeiten bewusst verändert werden. Bild 1.7.31 zeigt dies wiederum am Beispiel eines Lüfterantriebs. Man bezeichnet allgemein alle Eingriffsmöglichkeiten zur Veränderung der Lage der Drehzahl-Drehmoment-Kennlinie einer elektrischen Maschine als *Möglichkeiten zur Drehzahlstellung*. Die betrachteten Beispiele in den Bildern 1.7.30 und 1.7.31 machen aber deutlich, dass sich i. Allg. durch Einflussnahme auf eine der beiden Drehzahl-Drehmoment-Kennlinien sowohl die Drehzahl als auch das Drehmoment ändern. Lediglich in dem Sonderfall, dass die Arbeitsmaschine eine ideale Reibungslast darstellt, d. h. bei $M_\mathrm{W} =$ konst., bewirkt eine Veränderung der Drehzahl-Drehmoment-Kennlinie der elektrischen Maschine nur eine Drehzahländerung.

Eine offene Frage, die im folgenden Abschnitt zu behandeln sein wird, ist, ob jeder Arbeitspunkt, der sich als Schnittpunkt der Drehzahl-Drehmoment-Kennlinien einer elektrischen Maschine und einer Arbeitsmaschine ergibt, auch notwendigerweise stabil ist.

1.7.7.4 Sonderfall des quasistationären Betriebs

Man spricht von quasistationärem Betrieb, wenn während einer Drehzahländerung die stationären Drehzahl-Drehmoment-Kennlinien der elektrischen Maschine und der Arbeitsmaschine durchlaufen werden. Die Bewegungsgleichung (1.7.120) geht damit über in

$$\boxed{M + M_\mathrm{A} = M - M_\mathrm{W} = 2\pi J \frac{\mathrm{d}n}{\mathrm{d}t}}. \qquad (1.7.132)$$

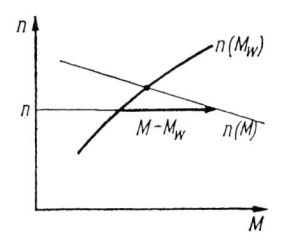

Bild 1.7.32 Deutung der Aussage der Bewegungsgleichung nach (1.7.132) in der Drehzahl-Drehmoment-Ebene

Die Differenz zwischen dem Drehmoment M der elektrischen Maschine und dem Widerstandsmoment $M_\mathrm{W} = -M_\mathrm{A}$ der Arbeitsmaschine bei einer bestimmten Drehzahl bestimmt die Drehzahländerung bzw. die Winkelbeschleunigung des Läufers (s. Bild 1.7.32). Ein quasistationärer Ausgleichsvorgang ist offenbar dann abgeschlossen, wenn die Drehzahl in den Arbeitspunkt, d. h. den Schnittpunkt der beiden Drehzahl-Drehmoment-Kennlinien, hineingelaufen ist. Die Differenz $M - M_\mathrm{W}$ ist dann Null und damit auch die Drehzahländerung. Es hat sich ein neuer stationärer Zustand eingestellt.

Die Gültigkeit von (1.7.132) wird aus Sicht der elektrischen Maschine dadurch begrenzt, dass mit einem mechanischen Ausgleichsvorgang stets auch Änderungen des elektromagnetischen Zustands der Maschine z. B. in Form von Stromänderungen einhergehen. Sie bewirken, dass in den Wicklungen induzierte Spannungen auftreten, die im stationären Betrieb fehlen. Dadurch werden schließlich während eines Übergangsvorgangs andere Drehmomente entwickelt als bei gleicher Drehzahl im stationären Betrieb. Die Gültigkeit der quasistationären Betrachtungsweise setzt also voraus, dass die Drehzahländerungen hinreichend langsam verlaufen, um in jedem Zeitpunkt einen elektromagnetischen Zustand zu erhalten, der dem des stationären Betriebs bei der jeweiligen Drehzahl entspricht.

Wenn die beiden Drehzahl-Drehmoment-Kennlinien $n(M)$ und $n(-M_\mathrm{A}) = n(M_\mathrm{W})$ linear verlaufen, lässt sich das beschleunigende Drehmoment mit Bild 1.7.33a ausdrücken als

$$\Delta M = M + M_\mathrm{A} = M - M_\mathrm{W} = \Delta M_0 \frac{n_{(\mathrm{e})} - n}{n_{(\mathrm{e})}} = \Delta M_0 \frac{\Delta n}{n_{(\mathrm{e})}} \ . \quad (1.7.133)$$

Damit geht (1.7.132) über in

$$\frac{\Delta M_0}{n_{(\mathrm{e})}} \Delta n = 2\pi J \frac{\mathrm{d}\Delta n}{\mathrm{d}t} \ .$$

Das ist eine lineare gewöhnliche Differentialgleichung erster Ordnung für die Drehzahländerung. Sie hat die bekannte Lösung

$$\Delta n = \Delta n_{(\mathrm{a})} \mathrm{e}^{-t/T_\mathrm{m}} \quad (1.7.134)$$

mit der *elektromechanischen Zeitkonstante*

$$T_\mathrm{m} = 2\pi J \frac{n_{(\mathrm{e})}}{\Delta M_0} \quad (1.7.135)$$

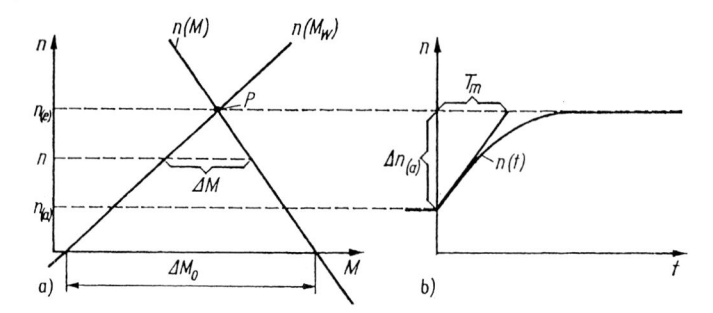

Bild 1.7.33 Quasistationärer Übergangsvorgang bei linearen Kennlinien $n(M)$ und $n(M_\mathrm{W})$.
a) Kennlinien in der Drehzahl-Drehmoment-Ebene;
b) Übergangsvorgang der Drehzahl $n(t)$

und der Ausgangsdrehzahl

$$n_{(\mathrm{a})} = n_{(\mathrm{e})} - \Delta n_{(\mathrm{a})} \;.$$

Die Beziehung (1.7.134) kann man unter Einführung der Drehzahlen anstelle der Drehzahländerungen auch darstellen als

$$n = n_{(\mathrm{e})} - [n_{(\mathrm{e})} - n_{(\mathrm{a})}] \mathrm{e}^{-t/T_\mathrm{m}} \;.$$

Im Fall linearer Kennlinien $n(M)$ und $n(M_\mathrm{W})$ durchläuft die Drehzahl den Bereich zwischen der Ausgangsdrehzahl $n_{(\mathrm{a})}$ und der stationären Enddrehzahl $n_{(\mathrm{e})}$ nach einer Exponentialfunktion mit der Zeitkonstante nach (1.7.135). Dabei ist zu beachten, dass diese Zeitkonstante nicht nur von der Lage der Kennlinie $n(M)$ der elektrischen Maschine abhängt, sondern auch von der der Arbeitsmaschine. Wenn die elektromechanische Zeitkonstante als Maschinenparameter angegeben wird, geschieht dies stillschweigend unter der Voraussetzung, dass die Arbeitsmaschine ein von der Drehzahl unabhängiges Drehmoment hat und ihr Massenträgheitsmoment nicht berücksichtigt wird.

Für den allgemeinen Fall nichtlinearer Kennlinien $n(M)$ und $n(M_\mathrm{W})$ lässt sich keine geschlossene Lösung angeben. Zur Aufbereitung für eine numerische Integration empfiehlt es sich, (1.7.132) zu normieren. Dazu werden die Drehmomente auf das Bemessungsdrehmoment M_N des Motors als $M^* = M/M_\mathrm{N}$ und die Drehzahl auf seine Bemessungsdrehzahl n_N als $n^* = n/n_\mathrm{N}$ bezogen. Wenn gleichzeitig zur Darstellung als Zustandsgleichung übergegangen wird, erhält man

$$\frac{\mathrm{d}n^*}{\mathrm{d}t} = \frac{M_\mathrm{N}}{2\pi J n_\mathrm{N}} [M^*(n^*) - M_\mathrm{W}^*(n^*)] \;. \qquad (1.7.136)$$

Aus (1.7.136) folgt, dass die Drehzahl im Sonderfall $M(n^*) = 1$ und $M_\mathrm{W}^*(n^*) = 0$ eine lineare Funktion der Zeit wird und der Motor innerhalb der Zeit $2\pi J n_\mathrm{N}/M_\mathrm{N}$ von

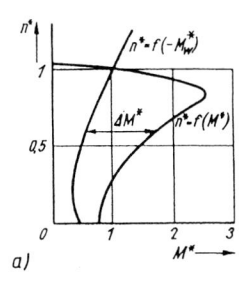

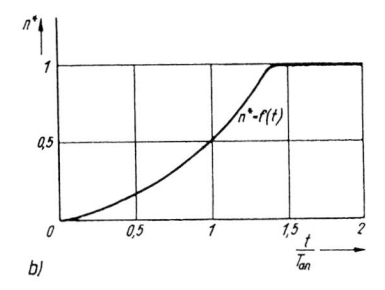

Bild 1.7.34 Ermittlung der Hochlaufkurve $n^* = f(t)$ mit Hilfe der quasistationären Betrachtungsweise über (1.7.138).
a) Kennlinien $n^* = f(M^*)$ und $n^* = f(M_W^*)$;
b) $n^* = f(t)$

$n^* = 0$ auf $n^* = 1$ beschleunigt wird. Diese Zeit wird als *Normalanlaufzeit*

$$T_{aN} = \frac{2\pi J n_N}{M_N} \tag{1.7.137}$$

bezeichnet. Sie gibt offenbar die Zeit an, in der der Antrieb unter Einwirkung des Bemessungsdrehmoments des Motors vom Stillstand auf die Bemessungsdrehzahl beschleunigt würde. Damit folgt aus (1.7.136)

$$\frac{dn^*}{dt} = \frac{1}{T_{aN}}[M^*(n^*) - M_W^*(n^*)] = \frac{\Delta M^*(n^*)}{T_{aN}}. \tag{1.7.138}$$

Im Bild 1.7.34 ist das Ergebnis der numerischen Berechnung des quasistationären Hochlaufvorgangs eines Induktionsmotors dargestellt, der einen Verdichter antreibt.

Mit Hilfe der quasistationären Betrachtungsweise lässt sich auch die Frage nach der Stabilität eines Arbeitspunkts beantworten. Ein Arbeitspunkt ist offenbar dann stabil, wenn die Einheit, bestehend aus der elektrischen Maschine und der Arbeitsmaschine, von einer Drehzahl außerhalb des Arbeitspunkts aus, die sich durch irgendeine vorübergehende Störung eingestellt hat, von selbst wieder in den Arbeitspunkt hineinläuft. Das erfordert, dass für Drehzahlen oberhalb des Arbeitspunkts $M - M_W < 0$ und damit $dn/dt < 0$ und für Drehzahlen unterhalb des Arbeitspunkts $M - M_W > 0$ und damit $dn/dt > 0$ wird. Diese Überlegung lässt sich auch durch die Forderung ausdrücken, dass im Arbeitspunkt

$$\frac{d(M - M_W)}{dn} = \frac{d(M + M_A)}{dn} < 0$$

bzw.
$$\frac{dM}{dn} < \frac{dM_W}{dn} = -\frac{dM_A}{dn} \tag{1.7.139}$$

herrschen muss. Wenn die Kennlinie der elektrischen Maschine abfällt, erhält man mit Bild 1.7.35 einen großen Bereich für die Steigung der Drehzahl-Drehmoment-Kennlinien der Arbeitsmaschine im Arbeitspunkt, in dem stabiler Betrieb vorliegt. Fallende

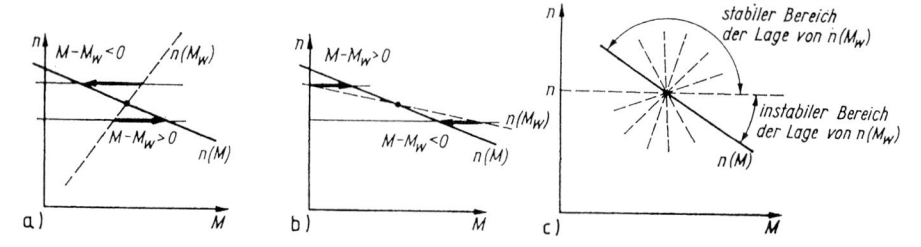

Bild 1.7.35 Ermittlung des Bereichs für die Steigung der Drehzahl-Drehmoment-Kennlinie $n(M_\mathrm{W})$ der Arbeitsmaschine, in dem bei fallender Kennlinie $n(M)$ der elektrischen Maschine stabile Arbeitspunkte vorliegen.
a) Kennlinienpaar mit stabilem Arbeitspunkt;
b) Kennlinienpaar mit instabilem Arbeitspunkt;
c) stabiler und instabiler Bereich der Steigung der Drehzahl-Drehmoment-Kennlinien der Arbeitsmaschine im betrachteten Arbeitspunkt

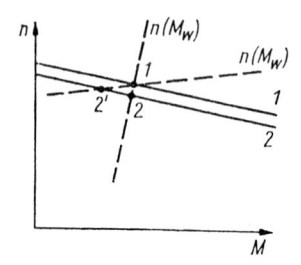

Bild 1.7.36 Änderung der Lage des Arbeitspunkts bei Übergang der Drehzahl-Drehmoment-Kennlinie der elektrischen Maschine von 1 nach 2 bei steilem ($1 \mapsto 2$) und flachem ($1 \mapsto 2'$) Schnittwinkel mit der Kennlinie der Arbeitsmaschine

Motorkennlinien bilden also mit den meisten Kennlinien der Arbeitsmaschine stabile Arbeitspunkte, besonders auch mit Kennlinien $M_\mathrm{W} = $ konst. und allen steigenden Kennlinien $n(M_\mathrm{W})$. Da derartige Kennlinien der Arbeitsmaschine dominieren, werden fallende Kennlinien der elektrischen Maschine oft von vornherein als stabile Kennlinien bezeichnet.

Wenn der Schnittwinkel zwischen den beiden Kennlinien sehr klein wird, nähert man sich offenbar der Stabilitätsgrenze. Kleine Verschiebungen einer Kennlinie führen dann zu großen Verlagerungen des Arbeitspunkts, d. h. zu großen Änderungen der Drehzahl oder des Drehmoments (s. Bild 1.7.36).

Wenn die Drehzahl-Drehmoment-Kennlinie der elektrischen Maschine ansteigt, erhält man mit Bild 1.7.37 einen kleinen Bereich für die Steigung der Drehzahl-Drehmoment-Kennlinien der Arbeitsmaschine im betrachteten Arbeitspunkt, in dem stabiler Betrieb vorliegt. Steigende Drehzahl-Drehmoment-Kennlinien der elektrischen Maschine bilden also mit den meisten Kennlinien der Arbeitsmaschine instabile Arbeitspunkte, besonders auch mit Kennlinien $M_\mathrm{W} = $ konst. Derartige Kennlinien oder Kennlinienäste der elektrischen Maschine werden deshalb oft von vornherein als instabil bezeichnet.

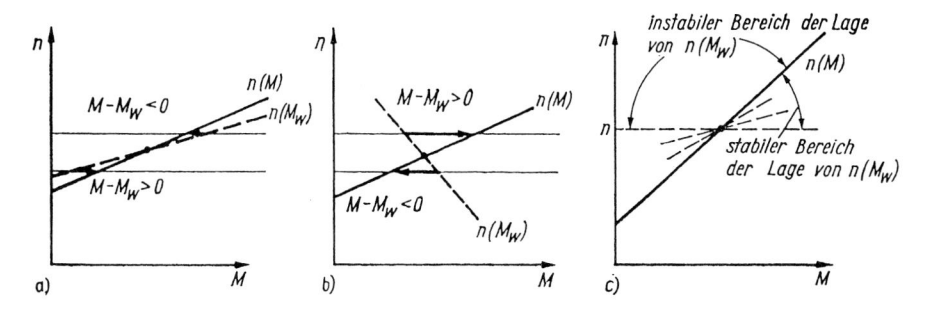

Bild 1.7.37 Ermittlung des Bereichs möglicher Steigungen der Drehzahl-Drehmoment-Kennlinien $n(M_\mathrm{W})$ der Arbeitsmaschine, die bei steigender Kennlinie $n(M)$ der elektrischen Maschine zu stabilen Arbeitspunkten führen.
a) Kennlinienpaar mit stabilem Arbeitspunkt;
b) Kennlinienpaar mit instabilem Arbeitspunkt;
c) stabiler und instabiler Bereich der Steigung der Drehzahl-Drehmoment-Kennlinien der Arbeitsmaschine im betrachteten Arbeitspunkt

1.8
Allgemeine Behandlung der magnetisch linearen und stromverdrängungsfreien Maschine

Die Betrachtungen dieses Abschnitts erfolgen auf Basis des Prinzips der Hauptwellenverkettung. Aus diesem Grund wird vorzugsweise die bezogene Koordinate γ verwendet.

1.8.1
Maschinen mit zwei rotationssymmetrischen Hauptelementen mit Strangwicklungen

1.8.1.1 Allgemeine Beziehungen
Eine Maschine mit zwei rotationssymmetrischen Hauptelementen und ausgebildeten Strängen in Ständer und Läufer weist im allgemeinen Fall hinsichtlich der Wicklungen folgenden Aufbau auf:

Der Ständer trägt m_1 Stränge mit den Bezeichnungen $a_1, b_1, c_1, \ldots, j_1, \ldots$, deren Achsen die beliebigen Lagen $\gamma_{1a}, \gamma_{1b}, \gamma_{1c}, \ldots, \gamma_{1j}, \ldots$ im Koordinatensystem γ_1 des Ständers einnehmen und deren bezüglich der Hauptwelle wirksame Windungszahlen $(w\xi_\mathrm{p})_{1a}, (w\xi_\mathrm{p})_{1b}, (w\xi_\mathrm{p})_{1c}, \ldots, (w\xi_\mathrm{p})_{1j}, \ldots$ sich voneinander unterscheiden können.

Der Läufer weist m_2 Stränge auf mit den Bezeichnungen $a_2, b_2, c_2, \ldots, j_2, \ldots$, deren Achsen die beliebigen Lagen $\gamma_{2a}, \gamma_{2b}, \gamma_{2c}, \ldots, \gamma_{2j}, \ldots$ im Koordinatensystem γ_2 des Läufers einnehmen und deren bezüglich der Hauptwelle wirksame Windungszahlen $(w\xi_\mathrm{p})_{2a}, (w\xi_\mathrm{p})_{2b}, (w\xi_\mathrm{p})_{2c}, \ldots, (w\xi_\mathrm{p})_{2j}, \ldots$ sich ebenfalls voneinander unterscheiden können.

Die Stränge a von Ständer und Läufer werden im Folgenden als Bezugsstränge verwendet. Das gilt z. B. bei der Einführung von Induktivitäten. Die beiden Koordinaten γ_1 und γ_2 sind über die Koordinatentransformation nach (1.5.14c), Seite 81, miteinander verknüpft, wobei die Verschiebung ϑ im allgemeinen Fall eine beliebige Funktion der Zeit ist.

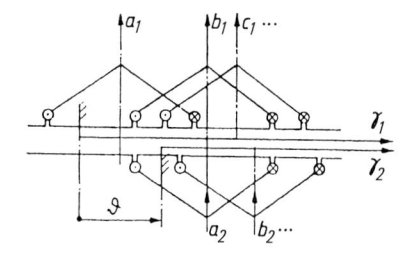

Bild 1.8.1 Allgemeine Ausführung einer Maschine mit zwei rotationssymmetrischen Hauptelementen und Wicklungen mit ausgebildeten Strängen

Die zu untersuchende Anordnung ist im Bild 1.8.1 dargestellt. Im Folgenden wird gezeigt, wie für diese allgemeine Anordnung mit zwei rotationssymmetrischen Hauptelementen die beschreibenden Beziehungen auf Basis der Hauptwellenverkettung gewonnen werden. Diese Beziehungen sind

– die Spannungsgleichungen, die unmittelbar durch (1.6.1), Seite 138, gegeben sind,
– die Flussverkettungsgleichungen,
– die Beziehung für die resultierende Durchflutungshauptwelle.

Davon ausgehend können die speziellen Beziehungen für jede zu betrachtende Anordnung hinsichtlich der Ausführung der Wicklungen von Ständer und Läufer entwickelt werden. In den Abschnitten 1.8.1.2 und 1.8.1.3 werden zwei derartige Beispiele behandelt. Dabei betrifft das Beispiel 1.8.1.2 den wichtigen Fall, dass Ständer und Läufer wie bei der Dreiphasen-Induktionsmaschine mit Schleifringläufer je eine symmetrische dreisträngige Wicklung tragen.

Die Spannungsgleichung eines beliebigen Wicklungsstrangs j in Ständer oder Läufer ist durch (1.6.1) gegeben.

Die Flussverkettung eines Wicklungsstrangs setzt sich entsprechend (1.6.6) aus der Hauptflussverkettung und der Streuflussverkettung zusammen.

Die Streuflussverkettung besteht entsprechend den allgemeinen Betrachtungen im Abschnitt 1.6.7, Seite 158, sowohl aus selbstinduktiven als auch aus gegeninduktiven Anteilen. Man erhält als allgemeine Formulierung

$$\psi_{\sigma j} = \sum_{k=a,b,c,\ldots} L_{\sigma j k} i_k \ . \tag{1.8.1}$$

Dabei sind die Streuinduktivitäten $L_{\sigma jk}$ voraussetzungsgemäß unabhängig von der Lage des Läufers relativ zum Ständer. Der Sonderfall der symmetrischen dreisträngigen

Wicklung war bereits im Abschnitt 1.6.7 behandelt worden. Die Beziehung (1.8.1) nimmt dabei die speziellen Formen von (1.6.61) bzw. (1.6.62) an.

Die Hauptflussverkettung $\psi_{\mathrm{h}j}$ besteht mit der resultierenden Hauptwelle des Luftspaltfelds. Diese wird im Folgenden auf der Basis der Vereinfachungen 2., 3., 5., 7. und 8. bestimmt, die im Abschnitt 1.5.1, Seite 74, erarbeitet wurden. Den Ausgangspunkt bilden die Durchflutungshauptwellen der einzelnen Wicklungsstränge. Sie sind durch (1.5.66), Seite 112, gegeben, indem für die Ordnungszahl $\nu' = p$ eingeführt wird.

Die resultierende Durchflutungshauptwelle erhält man durch Überlagerung der Durchflutungshauptwellen aller Stränge von Ständer und Läufer. Sie beträgt im Koordinatensystem des Ständers unter Beachtung der Koordinatentransformation nach (1.6.53), Seite 155,

$$\Theta_{\mathrm{p}}(\gamma_1, \zeta) = \sum_{1j=1a,1b,1c,\ldots} \frac{4}{\pi} \frac{(w\xi_{\mathrm{p}})_{1j}}{2p} i_{1j} \cos(\gamma_1 - \gamma_{1j})$$

$$+ \sum_{2j=2a,2b,2c,\ldots} \frac{4}{\pi} \frac{(w\xi_{\mathrm{p}})_{2j}}{2p} i_{2j} \cos(\gamma_1 - \gamma_{2j} - \vartheta - \varepsilon\zeta) . \quad (1.8.2)$$

Bei vorhandener Nutschrägung ändert sich die Durchflutungshauptwelle – ebenso wie alle aus dem Zusammenwirken von Ständer und Läufer entstehenden Durchflutungs- und Induktionsharmonischen – also in Amplitude und Lage über die Länge der Maschine [63]. Ihre Beschreibung im Koordinatensystem γ_2 des Läufers lässt sich mit Hilfe von (1.5.14c) ebenfalls sofort angeben.

Die Hauptwelle der Induktionsverteilung erhält man nach (1.5.121), Seite 132, zu

$$B(\gamma) = \frac{\mu_0}{\delta_{\mathrm{i}}''} \Theta(\gamma) . \quad (1.8.3)$$

Die Hauptflussverkettung eines Wicklungsstrangs folgt aus (1.6.22), Seite 147, mit Φ_{h} nach (1.6.23). Dabei ist $\varphi_{\mathrm{Bp}}(t) = \gamma_{\mathrm{Bp}}(t)$ jetzt durch die Lage $\gamma_{\mathrm{Bp}}(t)$ des Maximums der jeweiligen Durchflutungshauptwelle gegeben, und $\gamma_{\mathrm{str\,p}}$ in (1.6.22) ist die Lage der Achse des Wicklungsstrangs, dessen Flussverkettung bestimmt werden soll. Auf der Ebene der Flussverkettungen lässt sich der Einfluss der Nutschrägung zwischen Ständer und Läufer durch Multiplikation mit dem Schrägungsfaktor nach (1.6.56), Seite 156, berücksichtigen, und man erhält für die Hauptflussverkettung eines Ständerstrangs k

$$\psi_{\mathrm{h}1k} = \sum_{1j=1a,1b,1c,\ldots} (w\xi_{\mathrm{p}})_{1k} \frac{2}{\pi} \tau_{\mathrm{p}} l_{\mathrm{i}} \frac{\mu_0}{\delta_{\mathrm{i}}''} \frac{4}{\pi} \frac{(w\xi_{\mathrm{p}})_{1j}}{2p} i_{1j} \cos(\gamma_{1j} - \gamma_{1k}) \quad (1.8.4\mathrm{a})$$

$$+ \sum_{2j=2a,2b,2c,\ldots} (w\xi_{\mathrm{p}})_{1k} \frac{2}{\pi} \tau_{\mathrm{p}} l_{\mathrm{i}} \frac{\mu_0}{\delta_{\mathrm{i}}''} \frac{4}{\pi} \frac{(w\xi_{\mathrm{p}})_{2j}}{2p} \xi_{\mathrm{schr,p}} i_{2j} \cos(\gamma_{2j} - \gamma_{1k} + \vartheta) .$$

Analog dazu ergibt sich für einen Läuferstrang k

$$\psi_{\text{h}2k} = \sum_{1j=1a,1b,1c,\ldots} (w\xi_{\text{p}})_{2k} \frac{2}{\pi} \tau_{\text{p}} l_{\text{i}} \frac{\mu_0}{\delta_{\text{i}}''} \frac{4}{\pi} \frac{(w\xi_{\text{p}})_{1j}}{2p} \xi_{\text{schr,p}} i_{1j} \cos(\gamma_{1j} - \gamma_{2k} - \vartheta)$$

$$+ \sum_{2j=2a,2b,2c,\ldots} (w\xi_{\text{p}})_{2k} \frac{2}{\pi} \tau_{\text{p}} l_{\text{i}} \frac{\mu_0}{\delta_{\text{i}}''} \frac{4}{\pi} \frac{(w\xi_{\text{p}})_{2j}}{2p} i_{2j} \cos(\gamma_{2j} - \gamma_{2k}) \,. \tag{1.8.4b}$$

Die Proportionalitätsfaktoren zwischen den Flussverkettungen und den Strömen stellen Induktivitäten dar, die dem Luftspaltfeld zugeordnet sind. Wenn man die dem Ständerstrang a zugeordnete Selbstinduktivität

$$\boxed{L = \frac{\mu_0}{\delta_{\text{i}}''} \frac{4}{\pi} \frac{2}{\pi} \tau_{\text{p}} l_{\text{i}} \frac{(w\xi_{\text{p}})_{1a}^2}{2p}} \tag{1.8.5}$$

als Bezugsgröße verwendet, geht (1.8.4b) über in

$$\boxed{\begin{aligned}\psi_{\text{h}1k} &= \sum_{1j=1a,1b,1c,\ldots} \frac{(w\xi_{\text{p}})_{1k}}{(w\xi_{\text{p}})_{1a}} \frac{(w\xi_{\text{p}})_{1j}}{(w\xi_{\text{p}})_{1a}} L i_{1j} \cos(\gamma_{1j} - \gamma_{1k}) \\ &+ \sum_{2j=2a,2b,2c,\ldots} \frac{(w\xi_{\text{p}})_{1k}}{(w\xi_{\text{p}})_{1a}} \frac{(w\xi_{\text{p}})_{2a}}{(w\xi_{\text{p}})_{1a}} \frac{(w\xi_{\text{p}})_{2j}}{(w\xi_{\text{p}})_{2a}} \xi_{\text{schr,p}} L i_{2j} \cos(\gamma_{2j} - \gamma_{1k} + \vartheta)\end{aligned}} \tag{1.8.6a}$$

Analog dazu erhält man aus (1.8.4b)

$$\boxed{\begin{aligned}\psi_{\text{h}2k} &= \sum_{1j=1a,1b,1c,\ldots} \frac{(w\xi_{\text{p}})_{2k}}{(w\xi_{\text{p}})_{2a}} \frac{(w\xi_{\text{p}})_{2a}}{(w\xi_{\text{p}})_{1a}} \frac{(w\xi_{\text{p}})_{1j}}{(w\xi_{\text{p}})_{1a}} \xi_{\text{schr,p}} L i_{1j} \cos(\gamma_{1j} - \gamma_{2k} - \vartheta) \\ &+ \sum_{2j=2a,2b,2c,\ldots} \frac{(w\xi_{\text{p}})_{2k}}{(w\xi_{\text{p}})_{2a}} \frac{(w\xi_{\text{p}})_{2j}}{(w\xi_{\text{p}})_{2a}} \frac{(w\xi_{\text{p}})_{2a}^2}{(w\xi_{\text{p}})_{1a}^2} L i_{2j} \cos(\gamma_{2j} - \gamma_{2k})\end{aligned}} \tag{1.8.6b}$$

Die Flussverkettungsgleichungen (1.8.6a,b) bringen zum Ausdruck, dass die Gegeninduktivitäten zwischen einem Ständer- und einem Läuferstrang periodische Funktionen der Läuferlage ϑ sind. Dabei reduzieren sich diese periodischen Funktionen unter der Voraussetzung des Prinzips der Hauptwellenverkettung auf die einfachste Form einer sinusförmigen Abhängigkeit.

1.8.1.2 Maschinen mit symmetrischen dreisträngigen Wicklungen in Ständer und Läufer

Der Sonderfall symmetrischer dreisträngiger Wicklungen in Ständer und Läufer trägt hinsichtlich der Wicklungsparameter die Kennzeichen

$$m_1 = 3 \,;\; (w\xi_{\text{p}})_{1j} = (w\xi_{\text{p}})_1 \,;\; \gamma_{1a} = 0 \,;\; \gamma_{1b} = \frac{2\pi}{3} \,;\; \gamma_{1c} = \frac{4\pi}{3} \tag{1.8.7a}$$

$$m_2 = 3 \,;\; (w\xi_{\text{p}})_{2j} = (w\xi_{\text{p}})_2 \,;\; \gamma_{2a} = 0 \,;\; \gamma_{2b} = \frac{2\pi}{3} \,;\; \gamma_{2c} = \frac{4\pi}{3} \,. \tag{1.8.7b}$$

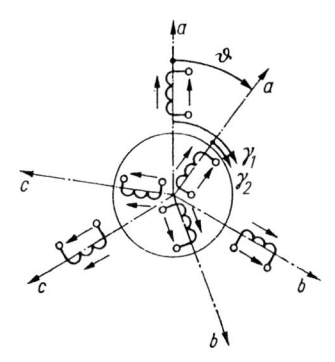

1.8 Allgemeine Behandlung der magnetisch linearen und stromverdrängungsfreien Maschine

Bild 1.8.2 Schematische zweipolige Darstellung einer Maschine mit symmetrischen dreisträngigen Wicklungen in Ständer und Läufer

Dabei wurde jetzt festgelegt, dass die Koordinaten γ_1 und γ_2 ihren Ursprung jeweils in der Achse des Strangs a haben. Die Anordnung der Wicklungsstränge in der schematischen zweipoligen Darstellung zeigt Bild 1.8.2.

Unter Beachtung der speziellen Wicklungsparameter nach (1.8.7a,b) erhält man aus (1.6.6), Seite 139, mit den Streuflussverkettungen nach (1.6.61), Seite 159, und den allgemeinen Beziehungen für die Hauptflussverkettungen nach (1.8.6a,b) für die Flussverkettungen der Ständer- und Läuferstränge

$$\begin{pmatrix}\psi_{1a}\\ \psi_{1b}\\ \psi_{1c}\end{pmatrix} = \begin{pmatrix}(L_{\sigma 1s}+L) & \left(L_{\sigma 1g}-\dfrac{L}{2}\right) & \left(L_{\sigma 1g}-\dfrac{L}{2}\right)\\ \left(L_{\sigma 1g}-\dfrac{L}{2}\right) & (L_{\sigma 1s}+L) & \left(L_{\sigma 1g}-\dfrac{L}{2}\right)\\ \left(L_{\sigma 1g}-\dfrac{L}{2}\right) & \left(L_{\sigma 1g}-\dfrac{L}{2}\right) & (L_{\sigma 1s}+L)\end{pmatrix}\begin{pmatrix}i_{1a}\\ i_{1b}\\ i_{1c}\end{pmatrix} \qquad (1.8.8\text{a})$$

$$+\dfrac{\xi_{\text{schr,p}}}{\ddot{u}_{\text{h}}}L\begin{pmatrix}\cos\vartheta & \cos\left(\vartheta+\dfrac{2\pi}{3}\right) & \cos\left(\vartheta-\dfrac{2\pi}{3}\right)\\ \cos\left(\vartheta-\dfrac{2\pi}{3}\right) & \cos\vartheta & \cos\left(\vartheta+\dfrac{2\pi}{3}\right)\\ \cos\left(\vartheta+\dfrac{2\pi}{3}\right) & \cos\left(\vartheta-\dfrac{2\pi}{3}\right) & \cos\vartheta\end{pmatrix}\begin{pmatrix}i_{2a}\\ i_{2b}\\ i_{2c}\end{pmatrix}$$

$$\begin{pmatrix}\psi_{2a}\\ \psi_{2b}\\ \psi_{2c}\end{pmatrix} = \dfrac{\xi_{\text{schr,p}}}{\ddot{u}_{\text{h}}}L\begin{pmatrix}\cos\vartheta & \cos\left(\vartheta-\dfrac{2\pi}{3}\right) & \cos\left(\vartheta+\dfrac{2\pi}{3}\right)\\ \cos\left(\vartheta+\dfrac{2\pi}{3}\right) & \cos\vartheta & \cos\left(\vartheta-\dfrac{2\pi}{3}\right)\\ \cos\left(\vartheta-\dfrac{2\pi}{3}\right) & \cos\left(\vartheta+\dfrac{2\pi}{3}\right) & \cos\vartheta\end{pmatrix}\begin{pmatrix}i_{1a}\\ i_{1b}\\ i_{1c}\end{pmatrix}$$

$$+\begin{pmatrix}\left(L_{\sigma 2s}+\dfrac{L}{\ddot{u}_{\text{h}}^2}\right) & \left(L_{\sigma 2g}-\dfrac{L}{2\ddot{u}_{\text{h}}^2}\right) & \left(L_{\sigma 2g}-\dfrac{L}{2\ddot{u}_{\text{h}}^2}\right)\\ \left(L_{\sigma 2g}-\dfrac{L}{2\ddot{u}_{\text{h}}^2}\right) & \left(L_{\sigma 2s}+\dfrac{L}{\ddot{u}_{\text{h}}^2}\right) & \left(L_{\sigma 2g}-\dfrac{L}{2\ddot{u}_{\text{h}}^2}\right)\\ \left(L_{\sigma 2g}-\dfrac{L}{2\ddot{u}_{\text{h}}^2}\right) & \left(L_{\sigma 2g}-\dfrac{L}{2\ddot{u}_{\text{h}}^2}\right) & \left(L_{\sigma 2s}+\dfrac{L}{\ddot{u}_{\text{h}}^2}\right)\end{pmatrix}\begin{pmatrix}i_{2a}\\ i_{2b}\\ i_{2c}\end{pmatrix} .\qquad (1.8.8\text{b})$$

Dabei wurde das *Übersetzungsverhältnis*

$$\ddot{u}_\mathrm{h} = \frac{(w\xi_\mathrm{p})_1}{(w\xi_\mathrm{p})_2} \tag{1.8.8c}$$

eingeführt. Außerdem ist zu beachten, dass die der gegenseitigen Kopplung zwischen den Strängen zugeordneten Streuinduktivitäten $L_{\sigma 1\mathrm{g}}$ und $L_{\sigma 2\mathrm{g}}$ i. Allg. negative Werte aufweisen.

In dem Sonderfall, dass weder im Ständer noch im Läufer ein Nullleiter angeschlossen ist bzw. dass ein im Sternpunkt angeschlossener Leiter keinen Strom führt, gilt im Ständer und im Läufer $i_a + i_b + i_c = 0$, d. h. es ist $i_b + i_c = -i_a$. Damit gehen die Beziehungen für die Streuflussverkettungen nach (1.6.61) über in (1.6.62), und man erhält für die Flussverkettungsgleichungen der Ständer- und Läuferstränge einer Maschine mit zwei symmetrischen dreisträngigen Wicklungen

$$\begin{pmatrix} \psi_{1a} \\ \psi_{1b} \\ \psi_{1c} \end{pmatrix} = \begin{pmatrix} (L_{\sigma 1} + L_\mathrm{h}) & & \\ & (L_{\sigma 1} + L_\mathrm{h}) & \\ & & (L_{\sigma 1} + L_\mathrm{h}) \end{pmatrix} \begin{pmatrix} i_{1a} \\ i_{1b} \\ i_{1c} \end{pmatrix}$$

$$+ \frac{\xi_\mathrm{schr,p}}{\ddot{u}_\mathrm{h}} L_\mathrm{h} \frac{2}{3} \begin{pmatrix} \cos\vartheta & \cos\left(\vartheta + \frac{2\pi}{3}\right) & \cos\left(\vartheta - \frac{2\pi}{3}\right) \\ \cos\left(\vartheta - \frac{2\pi}{3}\right) & \cos\vartheta & \cos\left(\vartheta + \frac{2\pi}{3}\right) \\ \cos\left(\vartheta + \frac{2\pi}{3}\right) & \cos\left(\vartheta - \frac{2\pi}{3}\right) & \cos\vartheta \end{pmatrix} \begin{pmatrix} i_{2a} \\ i_{2b} \\ i_{2c} \end{pmatrix} \tag{1.8.9a}$$

$$\begin{pmatrix} \psi_{2a} \\ \psi_{2b} \\ \psi_{2c} \end{pmatrix} = \frac{\xi_\mathrm{schr,p}}{\ddot{u}_\mathrm{h}} L_\mathrm{h} \frac{2}{3} \begin{pmatrix} \cos\vartheta & \cos\left(\vartheta - \frac{2\pi}{3}\right) & \cos\left(\vartheta + \frac{2\pi}{3}\right) \\ \cos\left(\vartheta + \frac{2\pi}{3}\right) & \cos\vartheta & \cos\left(\vartheta - \frac{2\pi}{3}\right) \\ \cos\left(\vartheta - \frac{2\pi}{3}\right) & \cos\left(\vartheta + \frac{2\pi}{3}\right) & \cos\vartheta \end{pmatrix} \begin{pmatrix} i_{1a} \\ i_{1b} \\ i_{1c} \end{pmatrix}$$

$$+ \begin{pmatrix} \left(L_{\sigma 2} + \frac{L_\mathrm{h}}{\ddot{u}_\mathrm{h}^2}\right) & & \\ & \left(L_{\sigma 2} + \frac{L_\mathrm{h}}{\ddot{u}_\mathrm{h}^2}\right) & \\ & & \left(L_{\sigma 2} + \frac{L_\mathrm{h}}{\ddot{u}_\mathrm{h}^2}\right) \end{pmatrix} \begin{pmatrix} i_{2a} \\ i_{2b} \\ i_{2c} \end{pmatrix} \tag{1.8.9b}$$

mit $\quad L_{\sigma 1} = L_{\sigma 1\mathrm{s}} - L_{\sigma 1\mathrm{g}}$
$\quad\quad\;\; L_{\sigma 2} = L_{\sigma 2\mathrm{s}} - L_{\sigma 2\mathrm{g}}$

entsprechend Abschnitt 1.6.2, Seite 141. Dabei wurde die Hauptinduktivität L_h der Ständerwicklung als

$$L_\mathrm{h} = \frac{3}{2} L = \frac{\mu_0}{\delta_\mathrm{i}''} \frac{3}{2} \frac{4}{\pi} \frac{2}{\pi} \tau_\mathrm{p} l_\mathrm{i} \frac{(w\xi_\mathrm{p})_1^2}{2p} \tag{1.8.10}$$

eingeführt (vgl. Bd. *Grundlagen elektrischer Maschinen*, Abschn. 5.4.1). Sie ist der Wirkung des gemeinsamen Hauptwellenfelds der drei Ständerströme in einem Strang zugeordnet. Eine Betrachtung von (1.8.9a,b) zeigt, dass es sich anbietet, zur Vereinfachung ferner die Induktivitäten

$$L_{11} = L_{\sigma 1} + L_{\mathrm{h}} \tag{1.8.11a}$$

$$L_{12} = \frac{(w\xi_{\mathrm{p}})_2}{(w\xi_{\mathrm{p}})_1} \xi_{\mathrm{schr,p}} L_{\mathrm{h}} \tag{1.8.11b}$$

$$L_{22} = L_{\sigma 2} + \frac{(w\xi_{\mathrm{p}})_2^2}{(w\xi_{\mathrm{p}})_1^2} L_{\mathrm{h}} \tag{1.8.11c}$$

einzuführen. Dabei sind $L_{\sigma 1}$ bzw. $L_{\sigma 2}$ die Streuinduktivitäten der Ständer- bzw. Läuferwicklung nach (1.6.62), Seite 159. Die Induktivitäten nach (1.8.11a,b,c) entsprechen unmittelbar den zugeordneten Reaktanzen, wie sie bei der Behandlung des stationären Betriebs gewöhnlich eingeführt werden (vgl. Bd. *Grundlagen elektrischer Maschinen*, Abschn. 5.4.1.1). Im Fall der Maschine mit Käfigläufer sind $(w\xi_{\mathrm{p}})_2$ und $L_{\sigma 2}$ über die Beziehungen in Tabelle 1.8.1 an die Parameter des Käfigs angebunden. Die Flussverkettungsgleichungen (1.8.9a,b) gehen unter Einführung der Induktivitäten nach (1.8.11a,b,c) in ausgeschriebener Form über in

$$\psi_{1a} = L_{11} i_{1a} + L_{12} \frac{2}{3} \left[i_{2a} \cos \vartheta + i_{2b} \cos\left(\vartheta + \frac{2\pi}{3}\right) + i_{2c} \cos\left(\vartheta - \frac{2\pi}{3}\right) \right] \tag{1.8.12a}$$

$$\psi_{1b} = L_{11} i_{1b} + L_{12} \frac{2}{3} \left[i_{2a} \cos\left(\vartheta - \frac{2\pi}{3}\right) + i_{2b} \cos \vartheta + i_{2c} \cos\left(\vartheta + \frac{2\pi}{3}\right) \right] \tag{1.8.12b}$$

$$\psi_{1c} = L_{11} i_{1c} + L_{12} \frac{2}{3} \left[i_{2a} \cos\left(\vartheta + \frac{2\pi}{3}\right) + i_{2b} \cos\left(\vartheta - \frac{2\pi}{3}\right) + i_{2c} \cos \vartheta \right] \tag{1.8.12c}$$

$$\psi_{2a} = L_{22} i_{2a} + L_{12} \frac{2}{3} \left[i_{1a} \cos \vartheta + i_{1b} \cos\left(\vartheta - \frac{2\pi}{3}\right) + i_{1c} \cos\left(\vartheta + \frac{2\pi}{3}\right) \right] \tag{1.8.12d}$$

$$\psi_{2b} = L_{22} i_{2b} + L_{12} \frac{2}{3} \left[i_{1a} \cos\left(\vartheta + \frac{2\pi}{3}\right) + i_{1b} \cos \vartheta + i_{1c} \cos\left(\vartheta - \frac{2\pi}{3}\right) \right] \tag{1.8.12e}$$

$$\psi_{2c} = L_{22} i_{2c} + L_{12} \frac{2}{3} \left[i_{1a} \cos\left(\vartheta - \frac{2\pi}{3}\right) + i_{1b} \cos\left(\vartheta + \frac{2\pi}{3}\right) + i_{1c} \cos \vartheta \right]. \tag{1.8.12f}$$

1.8.1.3 Maschinen mit zwei unterschiedlichen Ständersträngen und einer symmetrischen dreisträngigen Wicklung im Läufer

Als zweiter Sonderfall soll ein solcher betrachtet werden, bei dem im Ständer eine unsymmetrische zweisträngige Wicklung vorliegt, während der Läufer eine symmetrische dreisträngige Wicklung trägt. Wie spätere Betrachtungen zeigen werden, kann diese durch eine äquivalente zweisträngige ersetzt oder als Ersatzwicklung einer beliebigen

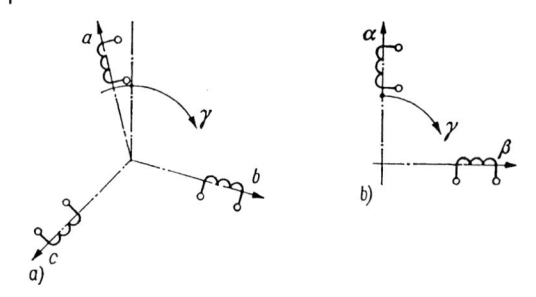

Bild 1.8.4 Zur Umformung einer symmetrischen dreisträngigen Wicklung in eine äquivalente zweisträngige.
a) Dreisträngige Ausgangsanordnung in schematischer Darstellung;
b) zweisträngige Ersatzanordnung in schematischer Darstellung

hauptwelle lässt sich dann darstellen als

$$\Theta = \hat{\Theta}_\alpha \cos\gamma + \hat{\Theta}_\beta \sin\gamma \;. \tag{1.8.16}$$

Die Durchflutungshauptwelle der dreisträngigen Wicklung (s. Bild 1.8.4a) ist gegeben als

$$\Theta = \hat{\Theta}_a \cos(\gamma - \gamma_a) + \hat{\Theta}_b \cos(\gamma - \gamma_b) + \hat{\Theta}_c \cos(\gamma - \gamma_c) \;.$$

Sie lässt sich in die Komponenten bezüglich der Achsen bei $\gamma = \gamma_\alpha = 0$ und $\gamma = \gamma_\beta = \pi/2$ zerlegen als

$$\begin{aligned}\Theta = &(\hat{\Theta}_a \cos\gamma_a + \hat{\Theta}_b \cos\gamma_b + \hat{\Theta}_c \cos\gamma_c)\cos\gamma \\ &+ (\hat{\Theta}_a \sin\gamma_a + \hat{\Theta}_b \sin\gamma_b + \hat{\Theta}_c \sin\gamma_c)\sin\gamma\end{aligned} \tag{1.8.17}$$

mit
$$\gamma_b - \gamma_a = \gamma_c - \gamma_b = \gamma_a - \gamma_c = \frac{2\pi}{3} \;. \tag{1.8.18}$$

Aus dem Vergleich von (1.8.16) mit (1.8.17) folgt unmittelbar

$$\hat{\Theta}_\alpha = \hat{\Theta}_a \cos\gamma_a + \hat{\Theta}_b \cos\gamma_b + \hat{\Theta}_c \cos\gamma_c = \sum_{j=a,b,c} \hat{\Theta}_j \cos\gamma_j \tag{1.8.19a}$$

$$\hat{\Theta}_\beta = \hat{\Theta}_a \sin\gamma_a + \hat{\Theta}_b \sin\gamma_b + \hat{\Theta}_c \sin\gamma_c = \sum_{j=a,b,c} \hat{\Theta}_j \sin\gamma_j \;. \tag{1.8.19b}$$

Umgekehrt lassen sich allerdings die Durchflutungsamplituden der Stränge a, b und c nicht ohne Weiteres durch $\hat{\Theta}_\alpha$ und $\hat{\Theta}_\beta$ ausdrücken. Ursache dafür ist, dass die Durchflutungshauptwelle im dreisträngigen System überbestimmt ist. Die drei Durchflutungshauptwellen der Stränge a, b und c enthalten Anteile gleicher Amplitude, die sich in der Überlagerung gegeneinander aufheben. Dieses Ergebnis wird durch die formale Umformung von (1.8.19a,b) quantifiziert. Man erhält unter Beachtung von (1.8.18) durch Anwendung auf die einzelnen Stränge $j = a, b, c$

$$\hat{\Theta}_\alpha \cos\gamma_j + \hat{\Theta}_\beta \sin\gamma_j = \frac{3}{2}\hat{\Theta}_j - \frac{1}{2}\sum_{k=a,b,c} \hat{\Theta}_k$$

und daraus
$$\hat{\Theta}_j = \frac{2}{3}\hat{\Theta}_\alpha \cos\gamma_j + \frac{2}{3}\hat{\Theta}_\beta \sin\gamma_j + \hat{\Theta}_0 \tag{1.8.20}$$

mit
$$\hat{\Theta}_0 = \frac{1}{3}\sum_{k=a,b,c}\hat{\Theta}_k . \tag{1.8.21}$$

Aus (1.8.19a,b) erhält man mit (1.5.66), Seite 112, unmittelbar die Beziehungen zwischen den Strömen der Stränge α und β einerseits und denen der Stränge a, b und c andererseits als

$$i_\alpha = \frac{(w\xi_\mathrm{p})_{(3)}}{(w\xi_\mathrm{p})_{(2)}}[i_a\cos\gamma_a + i_b\cos\gamma_b + i_c\cos\gamma_c] \tag{1.8.22a}$$

$$i_\beta = \frac{(w\xi_\mathrm{p})_{(3)}}{(w\xi_\mathrm{p})_{(2)}}[i_a\sin\gamma_a + i_b\sin\gamma_b + i_c\sin\gamma_c] . \tag{1.8.22b}$$

Die Durchflutungsamplitude $\hat{\Theta}_0$ ist entsprechend (1.8.21) proportional zur Summe $i_a + i_b + i_c$ der Ströme der dreisträngigen Anordnung. Solange diese Summe Null ist – und dieser Fall soll im Folgenden allein betrachtet werden – verschwindet $\hat{\Theta}_0$. Das trifft zu, wenn bei Sternschaltung kein Nullleiter angeschlossen ist bzw. ein vorhandener Nullleiter keinen Strom führt. Es trifft auch zu, wenn die drei Stränge im Dreieck geschaltet sind, solange nicht eine homopolare Komponente des Luftspaltfelds existiert und berücksichtigt werden muss. Diese würde in den drei Strängen phasengleiche Spannungen induzieren, die einen Ausgleichsstrom innerhalb der Dreieckschaltung antreiben, d. h. eine Stromkomponente, die in allen drei Strängen gleich ist. Sie macht sich in den Strömen der äußeren Zuleitungen nicht bemerkbar. Für diese gilt $i_\mathrm{L1} + i_\mathrm{L2} + i_\mathrm{L3} = 0$. Wenn $i_a + i_b + i_c = 0$ ist, erhält man aus (1.8.20) sofort die umgekehrten Zuordnungen zu (1.8.22a,b) als

$$i_j = \frac{2}{3}\frac{(w\xi_\mathrm{p})_{(2)}}{(w\xi_\mathrm{p})_{(3)}}[i_\alpha\cos\gamma_j + i_\beta\sin\gamma_j] . \tag{1.8.23}$$

Die resultierende Hauptwelle der Induktionsverteilung lässt sich unter Einführung der Komponenten bezüglich $\gamma = \gamma_\alpha = 0$ und $\gamma = \gamma_\beta = \pi/2$ darstellen als

$$B_\mathrm{res} = \hat{B}_\mathrm{res}\cos(\gamma - \gamma_\mathrm{res}) = \hat{B}_\alpha\cos\gamma + \hat{B}_\beta\sin\gamma . \tag{1.8.24}$$

Ein beliebiger Wicklungsstrang j der dreisträngigen Ausgangswicklung besitzt mit dieser Induktionshauptwelle entsprechend (1.6.22) und (1.6.23), Seite 147, die Hauptflussverkettung

$$\psi_{\mathrm{h}j} = (w\xi_\mathrm{p})_{(3)}\frac{2}{\pi}\tau_\mathrm{p}l_\mathrm{i}(\hat{B}_\alpha\cos\gamma_j + \hat{B}_\beta\sin\gamma_j) . \tag{1.8.25}$$

Die Hauptflussverkettung der Ersatzstränge betragen

$$\psi_{\mathrm{h}\alpha} = (w\xi_\mathrm{p})_{(2)}\frac{2}{\pi}\tau_\mathrm{p}l_\mathrm{i}\hat{B}_\alpha \tag{1.8.26a}$$

$$\psi_{\mathrm{h}\beta} = (w\xi_\mathrm{p})_{(2)}\frac{2}{\pi}\tau_\mathrm{p}l_\mathrm{i}\hat{B}_\beta . \tag{1.8.26b}$$

Damit lässt sich die Hauptflussverkettung eines beliebigen Strangs j der dreisträngigen Wicklung mit (1.8.25) durch die Hauptflussverkettungen der Stränge der zweisträngigen Ersatzwicklung ausdrücken als

$$\psi_{\mathrm{h}j} = \frac{(w\xi_{\mathrm{p}})_{(3)}}{(w\xi_{\mathrm{p}})_{(2)}}(\psi_{\mathrm{h}\alpha}\cos\gamma_j + \psi_{\mathrm{h}\beta}\sin\gamma_j) \,. \tag{1.8.27}$$

Da mit (1.8.25) $\psi_{\mathrm{h}a} + \psi_{\mathrm{h}b} + \psi_{\mathrm{h}c} = 0$ ist, erhält man aus (1.8.26a,b) in Analogie zum Zusammenhang zwischen (1.8.19a,b) und (1.8.20) unmittelbar die umgekehrte Zuordnung als

$$\psi_{\mathrm{h}\alpha} = \frac{2}{3}\frac{(w\xi_{\mathrm{p}})_{(2)}}{(w\xi_{\mathrm{p}})_{(3)}} \sum_{j=a,b,c} \psi_{\mathrm{h}j}\cos\gamma_j \tag{1.8.28a}$$

$$\psi_{\mathrm{h}\beta} = \frac{2}{3}\frac{(w\xi_{\mathrm{p}})_{(2)}}{(w\xi_{\mathrm{p}})_{(3)}} \sum_{j=a,b,c} \psi_{\mathrm{h}j}\sin\gamma_j \,. \tag{1.8.28b}$$

Für die Streuflussverkettungen der drei Stränge der Ausgangswicklung gilt (1.6.61), Seite 159. Damit lassen sich ihre Spannungsgleichungen ausgehend von (1.6.1), Seite 138, darstellen als

$$u_j = R_{(3)} i_j + \frac{\mathrm{d}}{\mathrm{d}t}[\psi_{\mathrm{h}j} + (L_{\sigma s} - L_{\sigma g}) i_j + L_{\sigma g}(i_a + i_b + i_c)] \,.$$

Um die Spannungsgleichungen der Ersatzstränge zu gewinnen, werden diese Beziehungen mit dem zugehörigen $\cos\gamma_j$ bzw. $\sin\gamma_j$ multipliziert und addiert. Unter Berücksichtigung von (1.8.22a,b) und (1.8.28a,b) erhält man, wenn jeweils mit $^{2}/_{3}\,(w\xi_{\mathrm{p}})_{(2)}/(w\xi_{\mathrm{p}})_{(3)}$ erweitert wird,

$$\frac{2}{3}\frac{(w\xi_{\mathrm{p}})_{(2)}}{(w\xi_{\mathrm{p}})_{(3)}} \sum_{j=a,b,c} u_j\cos\gamma_j = \left[R_{(3)} + (L_{\sigma s} - L_{\sigma g})\frac{\mathrm{d}}{\mathrm{d}t}\right]\frac{2}{3}\frac{(w\xi_{\mathrm{p}})_{(2)}^2}{(w\xi_{\mathrm{p}})_{(3)}^2} i_\alpha + \frac{\mathrm{d}\psi_{\mathrm{h}\alpha}}{\mathrm{d}t} \tag{1.8.29a}$$

$$\frac{2}{3}\frac{(w\xi_{\mathrm{p}})_{(2)}}{(w\xi_{\mathrm{p}})_{(3)}} \sum_{j=a,b,c} u_j\sin\gamma_j = \left[R_{(3)} + (L_{\sigma s} - L_{\sigma g})\frac{\mathrm{d}}{\mathrm{d}t}\right]\frac{2}{3}\frac{(w\xi_{\mathrm{p}})_{(2)}^2}{(w\xi_{\mathrm{p}})_{(3)}^2} i_\beta + \frac{\mathrm{d}\psi_{\mathrm{h}\beta}}{\mathrm{d}t}, \tag{1.8.29b}$$

wobei entsprechend (1.6.62) $L_{\sigma(3)} = L_{\sigma s} - L_{\sigma g}$ die Streuinduktivität der dreisträngigen Wicklung ist. Die Beziehungen (1.8.29a,b) stellen die Spannungsgleichungen der zweisträngigen Ersatzwicklung dar. Daraus gewinnt man als Zusammenhang zwischen den Spannungen der Ersatzstränge und denen der Ausgangssträge

$$u_\alpha = \frac{2}{3}\frac{(w\xi_{\mathrm{p}})_{(2)}}{(w\xi_{\mathrm{p}})_{(3)}} \sum_{j=a,b,c} u_j\cos\gamma_j \tag{1.8.30a}$$

$$u_\beta = \frac{2}{3}\frac{(w\xi_{\mathrm{p}})_{(2)}}{(w\xi_{\mathrm{p}})_{(3)}} \sum_{j=a,b,c} u_j\sin\gamma_j \,. \tag{1.8.30b}$$

Weiterhin ergeben sich Widerstand und Streuinduktivität der Ersatzstränge als

$$R_{(2)} = \frac{2}{3} \frac{(w\xi_\mathrm{p})_{(2)}^2}{(w\xi_\mathrm{p})_{(3)}^2} R_{(3)} \tag{1.8.31}$$

$$L_{\sigma(2)} = \frac{2}{3} \frac{(w\xi_\mathrm{p})_{(2)}^2}{(w\xi_\mathrm{p})_{(3)}^2} L_{\sigma(3)} \,. \tag{1.8.32}$$

Damit ist es gelungen, die dreisträngige Ausgangsanordnung in eine zweisträngige Ersatzanordnung zu überführen. Man erkennt, dass offensichtlich zunächst Freizügigkeit bezüglich der Wahl der wirksamen Windungszahl $(w\xi_\mathrm{p})_{(2)}$ der Ersatzstränge herrscht. Um diese festzulegen, können verschiedene Gesichtspunkte herangezogen werden. Für die praktische Handhabung bietet es sich an zu fordern, dass im stationären Betrieb die Beträge der Ströme in der zweisträngigen Ersatzanordnung gleich denen der dreisträngigen Ausgangsanordnung werden, d. h. dass $\hat{\imath}_{(2)} = \hat{\imath}_{(3)}$ wird. Mit $\underline{i}_a = \underline{i}, \underline{i}_b = \underline{i}\mathrm{e}^{-\mathrm{j}2\pi/3}, \underline{i}_c = \underline{i}\mathrm{e}^{-\mathrm{j}4\pi/3}$ folgt aus (1.8.22a)

$$\hat{\imath}_\alpha = \frac{(w\xi_\mathrm{p})_{(3)}}{(w\xi_\mathrm{p})_{(2)}} \frac{3}{2} \hat{\imath}_a \,.$$

Das Verhältnis der wirksamen Windungszahlen ist somit festgelegt zu

$$\boxed{\frac{(w\xi_\mathrm{p})_{(2)}}{(w\xi_\mathrm{p})_{(3)}} = \frac{3}{2}}, \tag{1.8.33}$$

und (1.8.31) und (1.8.32) gehen über in

$$\boxed{R_{(2)} = \frac{3}{2} R_{(3)}} \tag{1.8.34}$$

$$\boxed{L_{\sigma(2)} = \frac{3}{2} L_{\sigma(3)}} \,. \tag{1.8.35}$$

Die Überführung einer dreisträngigen in eine zweisträngige Anordnung und umgekehrt ist insbesondere dann einfach, wenn die Stränge kurzgeschlossen sind, d. h. wenn $u_j = 0$ herrscht. Das gilt in den meisten Betriebszuständen für den Läufer der Induktionsmaschine. Wie im Abschnitt 1.8.2.2 gezeigt wird, lassen sich auch Käfigwicklungen durch zweisträngige Wicklungen ersetzen. Diese wiederum kann man mit Hilfe von (1.8.33) bis (1.8.35) in dreisträngige Ersatzwicklungen überführen. Damit lassen sich die Ergebnisse von Untersuchungen irgendwelcher Betriebszustände, die für eine Maschine mit dreisträngigem Schleifringläufer gewonnen wurden, unmittelbar auf die Maschine mit Käfigläufer übertragen.

Im vorliegenden Abschnitt wurde gezeigt, dass sich einem symmetrischen dreisträngigen Wicklungssystem unter Voraussetzung der Gültigkeit des Prinzips der Hauptwellenverkettung ein zweisträngiges System zuordnen lässt. Dabei wurden die Variablen des zweisträngigen Systems mit g_α und g_β bezeichnet, und es zeigt sich, dass in einem allgemeinen Fall mit $g_a + g_b + g_c \neq 0$ eine weitere Variable g_0 hinzugefügt werden muss. Die Variablen g_α, g_β und g_0 des zweisträngigen Ersatzsystems entsprechen den sog. *α-β-0-Komponenten der Stranggrößen*, die später im Abschnitt 3.1.5, Seite 487, als formale Transformation eingeführt werden.

1.8.1.5 Definition und Interpretation der komplexen Augenblickswerte

In den Flussverkettungsgleichungen (1.8.12a–f) treten Kombinationen der Strangströme in Erscheinung, die eine einfache Darstellung des Gleichungssystems der Maschine erwarten lassen, wenn man für die Ströme, Spannungen und Flussverkettungen der beiden Wicklungssysteme die komplexen Augenblickswerte

$$\boxed{\vec{g}_1^{\,\mathrm{S}} = \frac{2}{3}(g_{1a} + \underline{a}g_{1b} + \underline{a}^2 g_{1c})} \tag{1.8.36a}$$

$$\boxed{\vec{g}_2^{\,\mathrm{L}} = \frac{2}{3}(g_{2a} + \underline{a}g_{2b} + \underline{a}^2 g_{2c})} \tag{1.8.36b}$$

mit
$$\underline{a} = \mathrm{e}^{\mathrm{j}2\pi/3} = -\frac{1}{2} + \mathrm{j}\frac{1}{2}\sqrt{3} \tag{1.8.37a}$$

$$\underline{a}^2 = \mathrm{e}^{-\mathrm{j}2\pi/3} = -\frac{1}{2} - \mathrm{j}\frac{1}{2}\sqrt{3} \tag{1.8.37b}$$

einführt. Der Superskript S in (1.8.36a) weist darauf hin, dass dieser komplexe Augenblickswert im Koordinatensystem des Ständers dargestellt ist. Analog dazu zeigt der Superskript L in (1.8.36b) an, dass hier eine Beschreibung im Koordinatensystem des Läufers vorliegt. Die Zweckmäßigkeit dieser Kennzeichnung wird deutlich werden, wenn der Bezug zwischen dem komplexen Augenblickswert der Ströme einer Wicklung und der komplexen Darstellung ihrer Durchflutungshauptwelle herausgearbeitet und der in diesem Zusammenhang plausible Wechsel des für die Beschreibung genutzten Koordinatensystems betrachtet wird. Man kann das Anbringen des Superskripts aber zunächst auch als formalen Akt ansehen, der sichert, dass eine aus (1.8.36a,b) durch eine zweckmäßige Transformation abgeleitete Größe eine andere Kennzeichnung erhalten kann.

Im Bild 1.8.5a ist die Konstruktion eines komplexen Augenblickswerts nach (1.8.36a,b) aus gegebenen Augenblickswerten der Stranggrößen des Ständers oder des Läufers dargestellt. Der komplexe Augenblickswert $\vec{g}$ verändert seine Lage und Größe in der komplexen Ebene nach Maßgabe des beliebigen Zeitverhaltens der Stranggrößen.

Mit Hilfe von (1.8.36a,b) lassen sich die Kombinationen der Strangströme in (1.8.12a–f), die als Faktoren bei L_{12} stehen, unter Berücksichtigung von $\cos\alpha = 1/2\,(\mathrm{e}^{\mathrm{j}\alpha} + \mathrm{e}^{-\mathrm{j}\alpha})$ durch die komplexen Augenblickswerte $\vec{i}_1^{\,\mathrm{S}}$ und $\vec{i}_2^{\,\mathrm{L}}$ ausdrücken. Man erhält z. B. für die Kombination der Strangströme i_{1a}, i_{1b} und i_{1c} in (1.8.12d) $1/2\,\vec{i}_1^{\,\mathrm{S}*}\mathrm{e}^{\mathrm{j}\vartheta} + 1/2\,\vec{i}_1^{\,\mathrm{S}}\mathrm{e}^{-\mathrm{j}\vartheta}$, wobei $\vec{i}_1^{\,\mathrm{S}*}$ die konjugiert komplexe Größe zu $\vec{i}_1^{\,\mathrm{S}}$ ist. Ähnliche Ausdrücke liefern die Kombinationen der Strangströme in den anderen Flussverkettungsgleichungen.

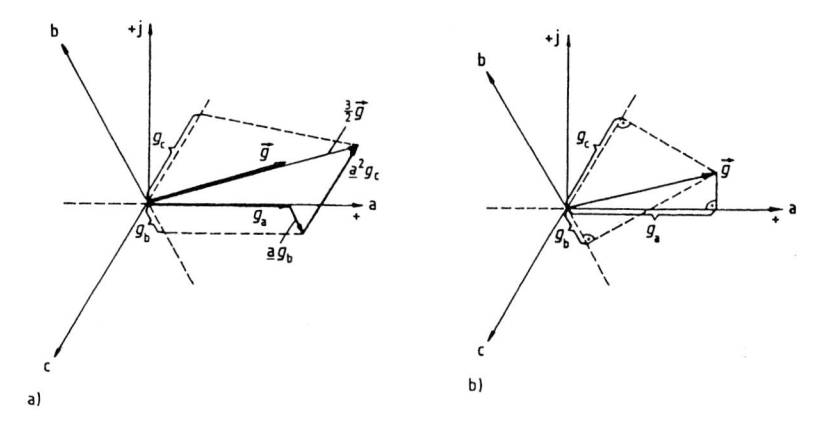

Bild 1.8.5 Komplexer Augenblickswert.
a) Konstruktion von $\vec{g}$ aus den Augenblickswerten g_a, g_b und g_c der Stranggrößen mit $g_c < 0$;
b) Gewinnung der Augenblickswerte der Stranggrößen aus $\vec{g}$

Die Beziehung zwischen dem komplexen Augenblickswert $\vec{g}$ und dem Augenblickswert g_a der Größe des Strangs a folgt in dem betrachteten Sonderfall mit $g_a + g_b + g_c = 0$ unter Beachtung von (1.8.37a,b) aus

$$\vec{g} = \frac{2}{3}(g_a + \underline{a}g_b + \underline{a}^2 g_c) = g_a + j\frac{1}{2}\sqrt{3}(g_b - g_c)$$

zu
$$\boxed{g_a = \operatorname{Re}\{\vec{g}\}}\ . \tag{1.8.38a}$$

Analog dazu erhält man für die Größen der Stränge b und c

$$\boxed{g_b = \operatorname{Re}\{\underline{a}^2 \vec{g}\}} \tag{1.8.38b}$$

$$\boxed{g_c = \operatorname{Re}\{\underline{a}\vec{g}\}}\ . \tag{1.8.38c}$$

Nach (1.8.38a) erhält man den Augenblickswert g_a einer Größe im Strang a als Projektion des komplexen Augenblickswerts $\vec{g}$ auf die reelle Achse. Analog dazu ergibt sich g_b entsprechend (1.8.38b) als Projektion von $\underline{a}^2\vec{g}$ und g_c als die von $\underline{a}\vec{g}$ auf die reelle Achse. Statt $\vec{g}$ zur Gewinnung von $\underline{a}^2\vec{g}$ um $-2\pi/3$ bzw. zur Gewinnung von $\underline{a}\vec{g}$ um $+2\pi/3$ zu drehen, kann man sich das Koordinatensystem in der umgekehrten Richtung, d. h. im ersten Fall um $+2\pi/3$ und im zweiten um $-2\pi/3$ gedreht denken und erhält g_b als Projektion auf die Achse b bei $+2\pi/3$ und g_c als Projektion auf die Achse c bei $-2\pi/3$. Im Bild 1.8.5b wird gezeigt, wie die Stranggrößen aus den komplexen Augenblickswerten gewonnen werden. Dabei wurde von $\vec{g}$ aus Bild 1.8.5a ausgegangen. Wenn $g_a + g_b + g_c = 0$ erfüllt ist, kann der Zusammenhang nach Bild 1.8.5b benutzt werden, um $\vec{g}$ ausgehend von zwei der drei Stranggrößen zu konstruieren.

Die entsprechend (1.8.36a,b) gebildeten komplexen Augenblickswerte der Ströme $\vec{i}_1^{\mathrm{S}}$ und $\vec{i}_2^{\mathrm{L}}$ sind einer anschaulichen Interpretation zugänglich. Man erhält die Durchflutungshauptwelle der Ständerstränge im Koordinatensystem γ_1 des Ständers ausgehend von (1.8.2), Seite 221, unter Beachtung der speziellen Parameter der vorliegenden Anordnung nach (1.8.7a,b) zu

$$\Theta_{\mathrm{p}1}(\gamma_1) = \sum_{j=a,b,c} \Theta_{\mathrm{p}1j}(\gamma_1) = \frac{3}{2}\frac{4}{\pi}\frac{(w\xi_{\mathrm{p}})_1}{2p}\operatorname{Re}\{\vec{i}_1^{\mathrm{S}}\mathrm{e}^{-\mathrm{j}\gamma_1}\}\,. \tag{1.8.39a}$$

Analog dazu ergibt sich für die Durchflutungshauptwelle der Läuferstränge im Koordinatensystem γ_2 des Läufers

$$\Theta_{\mathrm{p}2}(\gamma_2) = \sum_{j=a,b,c} \Theta_{\mathrm{p}2j}(\gamma_2) = \frac{3}{2}\frac{4}{\pi}\frac{(w\xi_{\mathrm{p}})_2}{2p}\operatorname{Re}\{\vec{i}_2^{\mathrm{L}}\mathrm{e}^{-\mathrm{j}\gamma_2}\}\,. \tag{1.8.39b}$$

Die beiden Durchflutungshauptwellen lassen sich in der komplexen Darstellung ihrer räumlichen Abhängigkeit, die im Abschnitt 1.5.2.5, Seite 82, eingeführt wurde, entsprechend (1.5.4) und (1.5.16a) darstellen als

$$\Theta_{\mathrm{p}1}(\gamma_1) = \operatorname{Re}\{\vec{\Theta}_1^{\mathrm{S}}\mathrm{e}^{-\mathrm{j}\gamma_1}\} \tag{1.8.40a}$$
$$\Theta_{\mathrm{p}2}(\gamma_2) = \operatorname{Re}\{\vec{\Theta}_2^{\mathrm{L}}\mathrm{e}^{-\mathrm{j}\gamma_2}\}\,. \tag{1.8.40b}$$

Dabei beinhalten die als *Raumzeiger* bezeichneten komplexen Größen $\vec{\Theta}_1^{\mathrm{S}}$ und $\vec{\Theta}_2^{\mathrm{L}}$ entsprechend $\vec{\Theta} = \hat{\Theta}\mathrm{e}^{\mathrm{j}\gamma_\Theta}$ die Aussagen über die Amplitude $\hat{\Theta}$ und die Winkellage γ_Θ der Durchflutungshauptwelle. Ein Vergleich zwischen (1.8.39a,b) und (1.8.40a,b) zeigt, dass die komplexen Ströme $\vec{i}_1^{\mathrm{S}}$ und $\vec{i}_2^{\mathrm{L}}$ unmittelbar den Raumzeigern $\vec{\Theta}_1^{\mathrm{S}}$ und $\vec{\Theta}_2^{\mathrm{L}}$ der Durchflutungshauptwellen zugeordnet sind als

$$\boxed{\begin{aligned}\vec{\Theta}_1^{\mathrm{S}} &= \frac{3}{2}\frac{4}{\pi}\frac{(w\xi_{\mathrm{p}})_1}{2p}\vec{i}_1^{\mathrm{S}} \\ \vec{\Theta}_2^{\mathrm{L}} &= \frac{3}{2}\frac{4}{\pi}\frac{(w\xi_{\mathrm{p}})_2}{2p}\vec{i}_2^{\mathrm{L}}\end{aligned}} \tag{1.8.41a, 1.8.41b}$$

Ein komplexer Augenblickswert $\vec{i}$ des Stroms charakterisiert Amplitude und räumliche Lage der zugehörigen Durchflutungshauptwelle in einem betrachteten Zeitpunkt, wie Bild 1.8.6 demonstriert.

Eine zweite Möglichkeit einer anschaulichen Interpretation eines komplexen Augenblickswerts erhält man ausgehend von der resultierenden Induktionshauptwelle

$$B_{\mathrm{p\,res}}(\gamma_1, t) = \hat{B}_{\mathrm{res}}(t)\cos[\gamma_1 - \gamma_{1\mathrm{Bp}}(t)]\,. \tag{1.8.42}$$

Sie lautet in komplexer Darstellung entsprechend (1.5.16b), Seite 82,

$$B_{\mathrm{p\,res}}(\gamma_1, t) = \operatorname{Re}\left\{\hat{B}_{\mathrm{p\,res}}(t)\mathrm{e}^{\mathrm{j}\gamma_{1\mathrm{Bp}}(t)}\mathrm{e}^{-\mathrm{j}\gamma_1}\right\} = \operatorname{Re}\{\vec{B}_{\mathrm{res}}\mathrm{e}^{-\mathrm{j}\gamma_1}\}\,, \tag{1.8.43}$$

wobei im Folgenden in der Darstellung als *komplexer Augenblickswert* wie schon bei den Raumzeigern der Durchflutungswellen grundsätzlich auf den Index p verzichtet

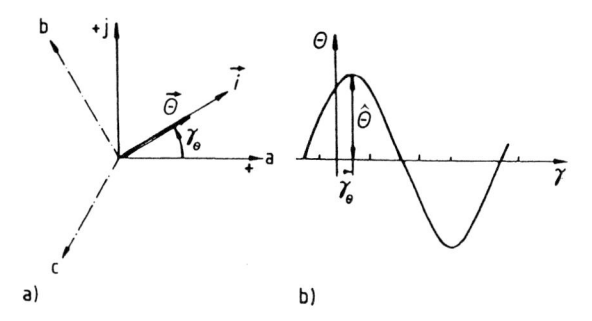

1.8 Allgemeine Behandlung der magnetisch linearen und stromverdrängungsfreien Maschine

Bild 1.8.6 Zuordnung des komplexen Augenblickswerts $\vec{i}$ einer Stromkombination i_a, i_b, i_c zu deren Durchflutungshauptwelle.
a) Komplexer Augenblickswert des Stroms und komplexe Darstellung der zugehörigen Durchflutungshauptwelle in der komplexen Ebene;
b) Liniendiagramm $\Theta(\gamma)$ der Durchflutungshauptwelle

wird. Die Hauptflussverkettung eines Ständerstrangs j, dessen Achse an der Stelle γ_{1j} liegt, mit der Induktionshauptwelle nach (1.8.42) ergibt sich mit (1.6.22), Seite 147, und Bild 1.8.7 zu

$$\psi_{\mathrm{h}1j}(t) = (w\xi_\mathrm{p})_1 \frac{2}{\pi} \tau_\mathrm{p} l_\mathrm{i} \hat{B}_{\mathrm{p\,res}}(t) \cos[\gamma_{1\mathrm{Bp}}(t) - \gamma_{1j}] \ . \tag{1.8.44}$$

Dabei ist $\gamma_{1a} = 0$, $\gamma_{1b} = 2\pi/3$ und $\gamma_{1c} = 4\pi/3$. Damit erhält man für den komplexen Augenblickswert der Hauptflussverkettung des Ständers entsprechend (1.8.36a) unter Beachtung von $\cos\alpha = 1/2\,(\mathrm{e}^{\mathrm{j}\alpha} + \mathrm{e}^{-\mathrm{j}\alpha})$

$$\vec{\psi}_{\mathrm{h}1}^{\mathrm{S}} = \frac{2}{3}(\psi_{\mathrm{h}1a} + \underline{a}\psi_{\mathrm{h}1b} + \underline{a}^2 \psi_{\mathrm{h}1c}) = (w\xi_\mathrm{p})_1 \frac{2}{\pi} \tau_\mathrm{p} l_\mathrm{i} \vec{B}_{\mathrm{res}}^{\mathrm{S}} \ . \tag{1.8.45a}$$

Analog dazu ergibt sich der komplexe Augenblickswert der Hauptflussverkettung des Läufers zu

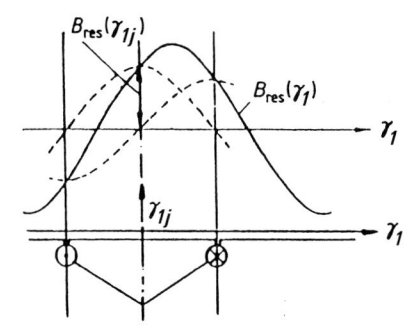

$$\vec{\psi}_{\mathrm{h}2}^{\mathrm{L}} = (w\xi_\mathrm{p})_2 \frac{2}{\pi} \tau_\mathrm{p} l_\mathrm{i} \vec{B}_{\mathrm{res}}^{\mathrm{L}} \ . \tag{1.8.45b}$$

Bild 1.8.7 Zur Ermittlung der Hauptflussverkettung des Ständerstrangs j

Die komplexen Augenblickswerte der Ströme liefern unmittelbar die Information über Amplitude und Lage der Durchflutungshauptwelle, die sie aus Sicht des jeweiligen Koordinatensystems hervorrufen. Die komplexen Augenblickswerte der Hauptflussverkettungen sind ein Abbild der Amplitude und Lage der resultierenden Induktionshauptwelle im jeweiligen Koordinatensystem. Das hat dazu geführt, dass die komplexen Augenblickswerte in der Literatur vielfach auch als *Raumzeiger* bezeichnet werden. Es muss aber darauf hingewiesen werden, dass eine derartige räumliche Interpretation für die komplexen Augenblickswerte anderer als der genannten Größen nicht möglich ist. Das gilt vor allem für die Spannungen, aber auch für Gesamtflussverkettungen und Streuflussverkettungen.

Die komplexen Augenblickswerte unterscheiden sich lediglich um den Faktor 2 von den durch *Lyon* zur Berechnung von Ausgleichsvorgängen eingeführten *Symmetrischen Komponenten der Augenblickswerte* [49].

1.8.2
Maschinen mit Käfigwicklungen im Läufer

Die Ständer der Gruppe zu behandelnder elektrischer Maschinen tragen Wicklungen mit ausgebildeten Strängen. Für diese gelten die Betrachtungen des Abschnitts 1.8.1. Die Käfigwicklungen im Läufer können als Einfachkäfig oder als Doppelkäfig ausgeführt sein. Jeder derartige Einzelkäfig hat eine beliebige Zahl N_2 gleichartiger Stäbe, die gleichmäßig am Umfang verteilt und in gleichen Nuten untergebracht sind. Die Widerstände sämtlicher Stäbe eines Einzelkäfigs und ebenso deren Streuinduktivitäten der Nut- und Zahnkopfstreuung sind also untereinander gleich. Das gleiche gilt für die Widerstände und die Streuinduktivitäten der Stirnstreuung der Ringsegmente zwischen jeweils zwei benachbarten Stäben.

1.8.2.1 Allgemeine Beziehungen eines Einzelkäfigs
a) Durchflutungsverteilung

Jeden Einzelkäfig kann man als mehrsträngige Wicklung auffassen, wobei die Stränge durch die Käfigmaschen gebildet werden, die aus benachbarten Stäben und den sie verbindenden Ringsegmenten bestehen. Da i. Allg. auf eine Polpaarteilung keine ganze Zahl von Stäben entfällt, ist es erforderlich, von vornherein die Durchflutungsverteilung des gesamten Käfigs, d. h. aller N_2 Stabströme $i_{s\rho}$, zu ermitteln. Dementsprechend empfiehlt es sich, die Vorgänge im Koordinatensystem γ' nach (1.5.3) bzw. (1.5.9), Seite

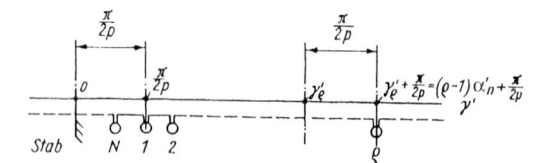

Bild 1.8.8 Festlegung des Koordinatenursprungs und der Koordinate eines Stabs ρ im Koordinatensystem γ' des Läufers

1.8 Allgemeine Behandlung der magnetisch linearen und stromverdrängungsfreien Maschine

80, zu betrachten. Hinsichtlich des Koordinatenursprungs und der Kennzeichnung der Stabkoordinaten wird mit Bild 1.8.8 Folgendes vereinbart:

- der Stab ρ hat die Koordinate $\gamma'_\rho + \pi/(2p)$,
- der Ursprung der Koordinate γ' wird so gelegt, dass $\gamma'_1 = 0$ wird.

Einem Stab ρ wird also mit Rücksicht auf die weitere Entwicklung eine Koordinate γ'_ρ zugeordnet, die um $\pi/(2p)$ kleiner ist, als es der tatsächlichen Lage des Stabs im Koordinatensystem γ' entspricht. Der *Nutteilungswinkel*, d. h. die als Winkel angegebene Weite einer Masche, die aus benachbarten Stäben und den sie verbindenden Ringsegmenten gebildet wird, beträgt

$$\alpha'_n = \frac{2\pi}{N_2} = \frac{\alpha_n}{p} \ . \tag{1.8.46}$$

Mit der zweiten Vereinbarung über den Ursprung des Koordinatensystems γ' wird dann

$$\gamma'_\rho = (\rho - 1)\alpha'_n \ . \tag{1.8.47}$$

Die Durchflutungsverteilung $\Theta(\gamma')$ ist unter der Annahme unendlich schmaler Nutschlitze entsprechend Abschnitt 1.5.5.1, Seite 92, eine Treppenkurve, deren Funktionswert mit den positiven Zählrichtungen nach Bild 1.8.9 im Bereich zwischen den Stäben ρ und $\rho+1$ um $-\sum i_{s\rho}$ größer ist als bei $\gamma' = \pi/(2p) - \alpha'_n/2$. Da die Summe aller N_2 Stabströme verschwindet, schließt sich die Treppenkurve der Durchflutungsverteilung $\Theta(\gamma')$ nach einem Umlauf. Sie hat dabei ebenso viele Bereiche mit positiven und negativen Funktionswerten durchlaufen, wie die Wicklung auf dem anderen Hauptelement Polpaare erregt. Die Harmonische der Durchflutungsverteilung $\Theta(\gamma')$ mit der Ordnungszahl ν' erhält man entsprechend Anhang III allgemein als

$$\Theta_{\nu'}(\gamma') = \frac{1}{\pi} \cos \nu' \gamma' \int_0^{2\pi} \Theta(\gamma') \cos \nu' \gamma' \, d\gamma' + \frac{1}{\pi} \sin \nu' \gamma' \int_0^{2\pi} \Theta(\gamma') \sin \nu' \gamma' \, d\gamma' \ .$$

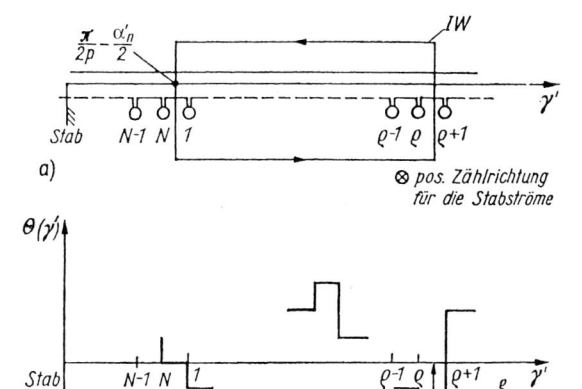

Bild 1.8.9 Durchflutungsverteilung eines Einzelkäfigs

Daraus folgt durch abschnittsweises Einführen der Funktionswerte der Treppenkurve $\Theta(\gamma')$ unter Beachtung von $\sum_{\rho=1}^{N_2} i_{s\rho} = 0$

$$\Theta_{\nu'}(\gamma') = \frac{1}{\pi}\cos\nu'\gamma' \sum_{\rho=1}^{N_2} \int_{\gamma'_\rho+\pi/(2p)}^{\gamma'_{\rho+1}+\pi/(2p)} \left(-\sum_{1}^{\rho} i_{s\rho}\right)\cos\nu'\gamma'\,d\gamma'$$

$$+\frac{1}{\pi}\sin\nu'\gamma' \sum_{\rho=1}^{N_2} \int_{\gamma'_\rho+\pi/(2p)}^{\gamma'_{\rho+1}+\pi/(2p)} \left(-\sum_{1}^{\rho} i_{s\rho}\right)\sin\nu'\gamma'\,d\gamma'$$

$$= \frac{1}{\pi\nu'} \sum_{\rho=1}^{N_2} i_{s\rho} \sin\nu'\left(\gamma'_\rho + \frac{\pi}{2p}\right)\cos\nu'\gamma' - \frac{1}{\pi\nu'}\sum_{\rho=1}^{N_2} i_{s\rho}\cos\nu'\left(\gamma'_\rho + \frac{\pi}{2p}\right)\sin\nu'\gamma' \,.$$
(1.8.48)

Insbesondere gilt also für die Hauptwelle mit $\nu' = p$ bei Übergang zum Koordinatensystem $\gamma = p\gamma'$

$$\Theta_{\rm p}(\gamma) = \frac{1}{\pi p}\sum_{\rho=1}^{N_2} i_{s\rho}\cos\gamma_\rho \cos\gamma + \frac{1}{\pi p}\sum_{\rho=1}^{N_2} i_{s\rho}\sin\gamma_\rho \sin\gamma \,. \qquad (1.8.49)$$

Dabei wird die Durchflutungshauptwelle des Einzelkäfigs bereits durch ihre Komponenten bezüglich $\gamma = 0$ und $\gamma = \pi/2$ beschrieben, die bei Einführung einer zweisträngigen Ersatzwicklung unmittelbar von deren Wicklungssträngen aufzubauen sind. Für die Amplituden der beiden Komponenten folgt aus (1.8.49)

$$\hat{\Theta}_\alpha = \frac{1}{\pi p}\sum_{\rho=1}^{N_2} i_{s\rho}\cos\gamma_\rho \qquad (1.8.50a)$$

$$\hat{\Theta}_\beta = \frac{1}{\pi p}\sum_{\rho=1}^{N_2} i_{s\rho}\sin\gamma_\rho \,. \qquad (1.8.50b)$$

Die Durchflutungshauptwelle mit ihren zwei Bestimmungsstücken ist offenbar durch die N_2 Stabströme mehrfach überbestimmt. Dem entspricht, dass in Analogie zu (1.8.20) und (1.8.21) in der umgekehrten Zuordnung mehrere weitere Systeme auftreten müssten. Da die Stabströme jedoch durch Induktionswirkung der resultierenden Hauptwelle der Induktionsverteilung des Luftspaltfelds entstehen, enthalten sie keine Komponenten, die nicht ihrerseits zum Aufbau eines Hauptwellenfelds beitragen. Dem entspricht, dass sich die Stabströme in der umgekehrten Zuordnung zu (1.8.50a,b) allein durch die Amplituden $\hat{\Theta}_\alpha$ und $\hat{\Theta}_\beta$ der Komponenten der Durchflutungshauptwelle ausdrücken lassen müssen. In Analogie zu (1.8.20) wird der Ansatz

$$i_{s\rho} = C(\hat{\Theta}_\alpha \cos\gamma_\rho + \hat{\Theta}_\beta \sin\gamma_\rho) \qquad (1.8.51)$$

1.8 Allgemeine Behandlung der magnetisch linearen und stromverdrängungsfreien Maschine

gemacht und die Konstante C durch Einsetzen von (1.8.51) in (1.8.50a,b) bestimmt. Unter Beachtung von

$$\gamma_{\rho+1} - \gamma_\rho = \gamma_\rho - \gamma_{\rho-1} = \alpha_n \tag{1.8.52}$$

und folglich $\sum_{\rho=1}^{N_2} \cos 2\gamma_\rho = 0$ bzw. $\sum_{\rho=1}^{N_2} \sin 2\gamma_\rho = 0$ erhält man $C = 2\pi p/N_2$. Damit geht (1.8.51) über in

$$i_{s\rho} = \frac{2\pi p}{N_2} (\hat{\Theta}_\alpha \cos \gamma_\rho + \hat{\Theta}_\beta \sin \gamma_\rho) , \tag{1.8.53}$$

und es zeichnet sich bereits ab, dass die N_2 Stabströme auf zwei Variablen zurückführbar sind. Das sind in (1.8.53) die Durchflutungsamplituden $\hat{\Theta}_\alpha$ und $\hat{\Theta}_\beta$, denen im Abschnitt 1.8.2.2 die Ströme der Ersatzstränge zugeordnet werden.

b) Hauptflussverkettung

Die Hauptflussverkettung, d. h. die Flussverkettung mit der resultierenden Hauptwelle der Induktionsverteilung, lässt sich bei einem Einzelkäfig für jede geschlossene Masche angeben, die von irgendwelchen Stäben und den sie verbindenden Ringsegmenten gebildet wird. Es liegt an sich nahe, derartige Maschen aus jeweils zwei unmittelbar benachbarten Stäben zu bilden.

Wie bei der Aufstellung der Spannungsgleichungen deutlich werden wird, empfiehlt es sich jedoch, die Masche so zu wählen, dass drei aufeinander folgende Stäbe entsprechend Bild 1.8.10 in Form einer Acht durchlaufen werden. Es treten dann von vornherein keine Anteile in Erscheinung, die von den Ringströmen herrühren. Die Hauptflussverkettung einer allgemeinen Masche der beschriebenen Art, die den Stab ρ als Mittelstab besitzt, ergibt sich in Bezug auf die Rechtsschraubenzuordnung zu dem im Bild 1.8.10 eingetragenen Umlaufzählsinn zu

$$\psi_{h\rho} = \frac{1}{\pi}\tau_p l_i \left\{ \int_{\gamma_{\rho-1}+\pi/2}^{\gamma_\rho+\pi/2} B_{\text{res}}(\gamma)\,d\gamma - \int_{\gamma_\rho+\pi/2}^{\gamma_{\rho+1}+\pi/2} B_{\text{res}}(\gamma)\,d\gamma \right\} . \tag{1.8.54}$$

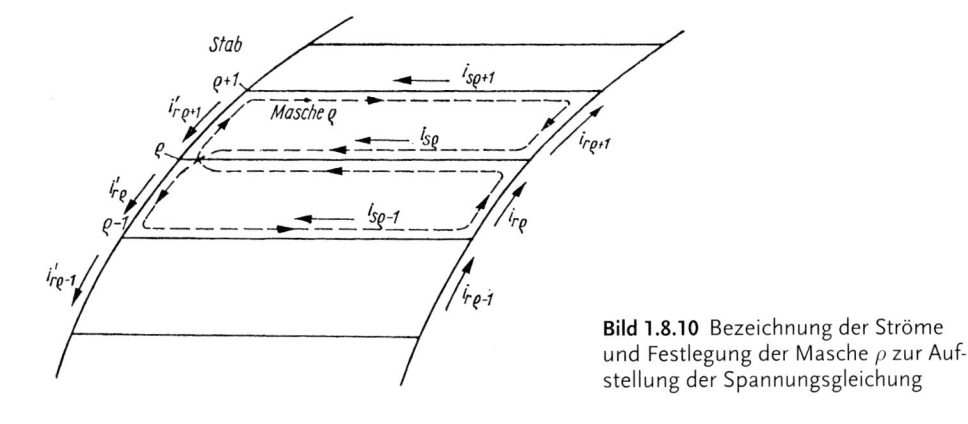

Bild 1.8.10 Bezeichnung der Ströme und Festlegung der Masche ρ zur Aufstellung der Spannungsgleichung

Wenn die resultierende Induktionshauptwelle entsprechend (1.8.24) durch die Komponenten bezüglich $\gamma = 0$ und $\gamma = \pi/2$ ausgedrückt wird, erhält man aus (1.8.54) unter Beachtung von (1.8.52) sowie mit $1 - \cos\alpha_n = 2\sin^2\alpha_n/2$

$$\psi_{h\rho} = \frac{1}{\pi}\tau_p l_i 4 \sin^2\frac{\alpha_n}{2}(\hat{B}_\alpha \cos\gamma_\rho + \hat{B}_\beta \sin\gamma_\rho) \,. \tag{1.8.55}$$

c) Streuflussverkettung durch Oberwellenstreuung

Die Streuflussverkettung durch Oberwellenstreuung rührt von sämtlichen Harmonischen der Durchflutungsverteilung nach (1.8.48) her, die über die Hauptwelle hinausgehend vorhanden sind. Sie lässt sich ausgehend von (1.8.55) einfach mit Hilfe des *Streukoeffizienten* σ_o *der Oberwellenstreuung* des Käfigs als

$$\psi_{\sigma o \rho} = \sigma_o \psi_{h\rho} = \frac{1}{\pi}\tau_p l_i 4\sigma_o \sin^2\frac{\alpha_n}{2}(\hat{B}_\alpha \cos\gamma_\rho + \hat{B}_\beta \sin\gamma_\rho) \tag{1.8.56}$$

ermitteln. Dabei kann σ_o, wie in den Abschnitten 1.2.5j bzw. 3.7.3 des Bands *Berechnung elektrischer Maschinen* hergeleitet wird, entweder aus den erzeugten Ordnungszahlen nach

$$\sigma_o = \sum_{\tilde{\nu}' \neq p}\left(\frac{p}{\tilde{\nu}'}\right)^2 = \sum_g \frac{p^2}{(gN_2 + p)^2} \quad \text{mit } g \in \mathbb{Z}\setminus\{0\} \tag{1.8.57a}$$

oder über die geschlossene Beziehung

$$\sigma_o = \frac{\left(\frac{\pi p}{N_2}\right)^2}{\sin^2\frac{\pi p}{N_2}} - 1 \tag{1.8.57b}$$

berechnet werden. Da das von einer Wicklung erzeugte Spektrum von Harmonischen ausschließlich von der räumlichen Anordnung der Leiter und nicht vom Zeitverlauf der Ströme abhängt, lässt sich nachweisen, dass diese für den Fall des stationären Betriebs abgeleiteten Beziehungen auch für beliebige Betriebszustände gelten.

d) Beziehung zwischen den Stab- und Ringströmen

Die Bezeichnungen der Ströme in den Stäben und Ringsegmenten sowie ihre positiven Zählrichtungen sind im Bild 1.8.10 angegeben. Davon ausgehend erhält man aus der Quellenfreiheit der elektrischen Strömung die Aussage

$$i_{s\rho} = i_{r\rho} - i_{r\rho+1} = i'_{r\rho} - i'_{r\rho+1} \,. \tag{1.8.58}$$

e) Spannungsgleichung einer Masche

Die Spannungsgleichung ist für eine Masche ρ aufzustellen, die im Bild 1.8.10 unter Angabe des Umlaufzählsinns gekennzeichnet ist und für die auch bereits die

Hauptflussverkettung $\psi_{\mathrm{h}\rho}$ als (1.8.55) und die Streuflussverkettung $\psi_{\sigma o\rho}$ der Oberwellenstreuung als (1.8.56) ermittelt wurden. Wenn dabei die Ringströme mit Hilfe von (1.8.58) eliminiert werden, erhält man

$$\frac{\mathrm{d}\psi_{\mathrm{h}\rho}}{\mathrm{d}t} + \left(R_{\mathrm{s}} + L_{\sigma s}\frac{\mathrm{d}}{\mathrm{d}t}\right)(-i_{\mathrm{s}\rho+1} + 2i_{\mathrm{s}\rho} - i_{\mathrm{s}\rho-1}) + 2\left(R_{\mathrm{r}} + L_{\sigma r}\frac{\mathrm{d}}{\mathrm{d}t}\right)i_{\mathrm{s}\rho} + \frac{\mathrm{d}\psi_{\sigma o\rho}}{\mathrm{d}t} = 0$$
(1.8.59)

mit dem Widerstand R_{s} eines Stabs, der Streuinduktivität $L_{\sigma s}$ eines Stabs entsprechend der Nut- und Zahnkopfstreuung, dem Widerstand R_{r} eines Ringsegments zwischen benachbarten Stäben und der Streuinduktivität $L_{\sigma r}$ eines Ringsegments zwischen benachbarten Stäben entsprechend der Stirnstreuung.

Es existieren N_2 Spannungsgleichungen entsprechend (1.8.59). Da sich jedoch alle $\psi_{\mathrm{h}\rho}$ und $\psi_{\sigma o\rho}$ durch die Amplituden $\hat{B}_\alpha$ und $\hat{B}_\beta$ der Komponenten der resultierenden Induktionshauptwelle des Einfachkäfigs ausdrücken lassen, wird offenbar, dass nur zwei dieser N_2 Beziehungen voneinander unabhängig sind. Es genügt also, zwei Spannungsgleichungen nach (1.8.59) für zwei beliebige Stäbe ρ als Mittelstab der Masche nach Bild 1.8.10 zu betrachten. Damit wird bereits deutlich, dass es möglich sein muss, den Einzelkäfig unter Voraussetzung der Gültigkeit des Prinzips der Hauptwellenverkettung auch unter beliebigen Betriebsbedingungen in eine zweisträngige Ersatzwicklung zu überführen. Die Umformung wird im folgenden Abschnitt vorgenommen.

1.8.2.2 Zweisträngige Ersatzwicklung eines Einzelkäfigs

Die Amplituden $\hat{\Theta}_\alpha$ und $\hat{\Theta}_\beta$ der Komponenten der Durchflutungshauptwelle für die zweisträngige Wicklung folgen aus (1.5.66), Seite 112, mit $\nu = 1$ zu

$$\hat{\Theta}_\alpha = \frac{4}{\pi}\frac{(w\xi_{\mathrm{p}})_{(2)}}{2p}i_\alpha \qquad (1.8.60\mathrm{a})$$

$$\hat{\Theta}_\beta = \frac{4}{\pi}\frac{(w\xi_{\mathrm{p}})_{(2)}}{2p}i_\beta \qquad (1.8.60\mathrm{b})$$

und sind für den Einzelkäfig durch (1.8.50a,b) gegeben. Der Einzelkäfig kann offenbar hinsichtlich der Durchflutungshauptwelle, mit der er auf die resultierende Induktionshauptwelle im Luftspalt einwirkt, dann durch eine zweisträngige Wicklung ersetzt werden, wenn diese die gleiche Durchflutungshauptwelle aufbaut. Damit folgt aus (1.8.60a,b) und (1.8.50a,b)

$$i_\alpha = \frac{1}{2(w\xi_{\mathrm{p}})_{(2)}}\sum_\rho i_{\mathrm{s}\rho}\cos\gamma_\rho \qquad (1.8.61\mathrm{a})$$

$$i_\beta = \frac{1}{2(w\xi_{\mathrm{p}})_{(2)}}\sum_\rho i_{\mathrm{s}\rho}\sin\gamma_\rho \,. \qquad (1.8.61\mathrm{b})$$

Aus den Komponenten der Durchflutungshauptwelle nach (1.8.60a,b) folgen die Komponenten der resultiernden Induktionshauptwelle zu

$$\hat{B}_\alpha = \frac{\mu_0}{\delta_i''}\hat{\Theta}_\alpha \qquad (1.8.62a)$$

$$\hat{B}_\beta = \frac{\mu_0}{\delta_i''}\hat{\Theta}_\beta \,. \qquad (1.8.62b)$$

Die Hauptflussverkettungen $\psi_{h\alpha}$ und $\psi_{h\beta}$ der zweisträngigen Wicklung mit der resultierenden Induktionshauptwelle nach (1.8.24) sind durch (1.8.26a,b) gegeben. Das gleiche Luftspaltfeld liefert für die Masche ρ des Einzelkäfigs nach Bild 1.8.10 die Hauptflussverkettung $\psi_{h\rho}$ nach (1.8.55). Diese lässt sich damit durch die Hauptflussverkettungen der zweisträngigen Anordnung ausdrücken als

$$\psi_h = \frac{2\sin^2\frac{\alpha_n}{2}}{(w\xi_p)_{(2)}}(\psi_{h\alpha}\cos\gamma_\rho + \psi_{h\beta}\sin\gamma_\rho) \,. \qquad (1.8.63)$$

Die umgekehrte Zuordnung erhält man, indem (1.8.63) mit $\cos\gamma_\rho$ bzw. mit $\sin\gamma_\rho$ multipliziert und danach über alle ρ summiert wird, zu

$$\psi_{h\alpha} = \frac{(w\xi_p)_{(2)}}{N_2\sin^2\frac{\alpha_n}{2}}\sum_{\rho=1}^{N_2}\psi_{h\rho}\cos\gamma_\rho \qquad (1.8.64a)$$

$$\psi_{h\beta} = \frac{(w\xi_p)_{(2)}}{N_2\sin^2\frac{\alpha_n}{2}}\sum_{\rho=1}^{N_2}\psi_{h\rho}\sin\gamma_\rho \,. \qquad (1.8.64b)$$

Die Streuflussverkettung $\psi_{\sigma o\rho}$ der Oberwellenstreuung für die Masche ρ nach (1.8.56) lässt sich mit Hilfe von (1.8.60a,b) durch die Ströme i_α und i_β der Ersatzstränge ausdrücken. Man erhält

$$\psi_{\sigma o\rho} = \frac{\mu_0}{\delta_i''}\frac{2}{\pi}\tau_p l_i \sigma_o 2\sin^2\frac{\alpha_n}{2}\frac{4}{\pi}\frac{(w\xi_p)_{(2)}}{2p}(i_\alpha\cos\gamma_\rho + i_\beta\sin\gamma_\rho) \,. \qquad (1.8.65)$$

Die Spannungsgleichungen der zweisträngigen Ersatzwicklung müssen nunmehr analog zum Vorgehen im Abschnitt 1.8.1.4 aus den Spannungsgleichungen der Maschen ρ nach (1.8.59) entwickelt werden. Dazu ist es erforderlich, diese Beziehung mit $\cos\gamma_\rho$ bzw. $\sin\gamma_\rho$ zu multiplizieren und danach über alle ρ zu summieren, um die Hauptflussverkettungen $\psi_{h\alpha}$ bzw. $\psi_{h\beta}$ nach (1.8.64a,b) und die Ströme i_α bzw. i_β nach (1.8.61a,b) einzuführen. Damit diese Operation nur einmal durchgeführt werden muss, erfolgt die Multiplikation zunächst mit $\cos(\gamma_\rho + \delta)$, und für δ wird nach Durchführung der Rechnung einmal $\delta = 0$ und zum anderen $\delta = -\pi/2$ gesetzt. Im ersten Fall erhält man die Beziehungen für den Strang α und im zweiten jene für den Strang β der zweisträngigen Ersatzwicklung. Die geschilderte Vorgehensweise führt auf

$$0 = \frac{\mathrm{d}}{\mathrm{d}t} \sum_{\rho=1}^{N_2} \psi_{\mathrm{h}\rho} \cos(\gamma_\rho + \delta)$$

$$+ \left(R_\mathrm{s} + L_{\sigma\mathrm{s}} \frac{\mathrm{d}}{\mathrm{d}t}\right) \underbrace{\sum_{\rho=1}^{N_2} i_{\mathrm{s}\rho}[-\cos(\gamma_{\rho+1}+\delta) + 2\cos(\gamma_\rho+\delta) - \cos(\gamma_{\rho-1}+\delta)]}_{A}$$

$$+ 2\left(R_\mathrm{r} + L_{\sigma\mathrm{r}}\frac{\mathrm{d}}{\mathrm{d}t}\right)\sum_{\rho=1}^{N_2} i_{\mathrm{s}\rho}\cos(\gamma_\rho+\delta) + \frac{\mathrm{d}}{\mathrm{d}t}\sum_{\rho=1}^{N_2} \psi_{\sigma\mathrm{o}\rho}\cos(\gamma_\rho+\delta) \,. \qquad (1.8.66)$$

Dabei entsteht der Ausdruck A durch Zusammenführen aller Glieder in der Summe, in denen der Strom $i_{\mathrm{s}\rho}$ auftritt und die von den Spannungsgleichungen der benachbarten Maschen $\rho-1$, ρ und $\rho+1$ herrühren. Dieser Ausdruck lässt sich unter Beachtung von (1.8.52) und unter Verwendung der entsprechenden trigonometrischen Umformungen (s. Anh. IV) überführen in

$$A = \sum_{\rho=1}^{N_2} i_{\mathrm{s}\rho}[-\cos(\gamma_\rho+\delta)\cos\alpha_\mathrm{n} + 2\cos(\gamma_\rho+\delta) - \cos(\gamma_\rho+\delta)\cos\alpha_\mathrm{n}]$$

$$= \sum_{\rho=1}^{N_2} i_{\mathrm{s}\rho} 4\sin^2\frac{\alpha_\mathrm{n}}{2}\cos(\gamma_\rho+\delta) \,.$$

Wenn gleichzeitig durch $\dfrac{N_2 \sin^2 \alpha_\mathrm{n}/2}{(w\xi_\mathrm{p})_{(2)}}$ dividiert wird, geht (1.8.66) damit über in

$$0 = \frac{\mathrm{d}}{\mathrm{d}t}\sum_{\rho=1}^{N_2} \frac{(w\xi_\mathrm{p})_{(2)}}{N_2 \sin^2\frac{\alpha_\mathrm{n}}{2}} \psi_{\mathrm{h}\rho}\cos(\gamma_\rho+\delta) + \left[\left(R_\mathrm{s} + \frac{R_\mathrm{r}}{2\sin^2\frac{\alpha_\mathrm{n}}{2}}\right) + \left(L_{\sigma\mathrm{s}} + \frac{L_{\sigma\mathrm{r}}}{2\sin^2\frac{\alpha_\mathrm{n}}{2}}\right)\frac{\mathrm{d}}{\mathrm{d}t}\right]$$

$$\cdot \frac{8(w\xi_\mathrm{p})_{(2)}^2}{N_2}\sum_{\rho=1}^{N_2}\frac{1}{2(w\xi_\mathrm{p})_{(2)}} i_{\mathrm{s}\rho}\cos(\gamma_\rho+\delta) + \frac{\mathrm{d}}{\mathrm{d}t}\sum_{\rho=1}^{N_2}\frac{(w\xi_\mathrm{p})_{(2)}}{N_2 \sin^2\frac{\alpha_\mathrm{n}}{2}}\psi_{\sigma\mathrm{o}\rho}\cos(\gamma_\rho+\delta) \,.$$

Daraus folgt mit $\delta = 0$ und (1.8.61a,b), (1.8.64a,b) und (1.8.65)

$$0 = \frac{\mathrm{d}\psi_{\mathrm{h}\alpha}}{\mathrm{d}t} + \left(R_\mathrm{s} + \frac{R_\mathrm{r}}{2\sin^2\frac{\alpha_\mathrm{n}}{2}}\right)\frac{8(w\xi_\mathrm{p})_{(2)}^2}{N_2} i_\alpha \qquad (1.8.67)$$

$$+ \left[\left(L_{\sigma\mathrm{s}} + \frac{L_{\sigma\mathrm{r}}}{2\sin^2\frac{\alpha_\mathrm{n}}{2}}\right)\frac{8(w\xi_\mathrm{p})_{(2)}^2}{N_2} + \frac{\mu_0}{\delta_\mathrm{i}''}\frac{2}{\pi}\tau_\mathrm{p} l_\mathrm{i}\frac{4}{\pi}\frac{(w\xi_\mathrm{p})_{(2)}^2}{2p}\sigma_\mathrm{o}\right]\frac{\mathrm{d}i_\alpha}{\mathrm{d}t} \,.$$

Mit $\delta = -\pi/2$ erhält man den analogen Ausdruck für den Strang β. Damit sind die Spannungsgleichungen der Ersatzstränge ausgehend von den Spannungsgleichungen der Käfigmaschen entwickelt worden. Sie lassen sich allgemein darstellen als

$$\boxed{0 = R_{(2)} i_\alpha + L_{\sigma(2)} \frac{\mathrm{d} i_\alpha}{\mathrm{d} t} + \frac{\mathrm{d} \psi_{\mathrm{h}\alpha}}{\mathrm{d} t}} \tag{1.8.68a}$$

$$\boxed{0 = R_{(2)} i_\beta + L_{\sigma(2)} \frac{\mathrm{d} i_\beta}{\mathrm{d} t} + \frac{\mathrm{d} \psi_{\mathrm{h}\beta}}{\mathrm{d} t}} \; . \tag{1.8.68b}$$

wobei die Glieder wieder in der bisher üblichen Reihenfolge geordnet wurden.

Der Widerstand $R_{(2)}$ und die Streuinduktivität $L_{\sigma(2)}$ der Ersatzstränge in (1.8.68a,b) folgen aus einem Vergleich mit (1.8.67) zu

$$\boxed{R_{(2)} = \left(R_{\mathrm{s}} + \frac{R_{\mathrm{r}}}{2 \sin^2 \frac{\alpha_{\mathrm{n}}}{2}} \right) \frac{8(w\xi_{\mathrm{p}})_{(2)}^2}{N_2}} \tag{1.8.69}$$

$$\boxed{L_{\sigma(2)} = \left(L_{\sigma \mathrm{s}} + \frac{L_{\sigma \mathrm{r}}}{2 \sin^2 \frac{\alpha_{\mathrm{n}}}{2}} \right) \frac{8(w\xi_{\mathrm{p}})_{(2)}^2}{N_2} + L_{\mathrm{h}(2)} \sigma_{\mathrm{o}}} \;, \tag{1.8.70}$$

wobei
$$\boxed{L_{\mathrm{h}(2)} = \frac{\mu_0}{\delta_{\mathrm{i}}''} \frac{2}{\pi} \tau_{\mathrm{p}} l_{\mathrm{i}} \frac{4}{\pi} \frac{(w\xi_{\mathrm{p}})_{(2)}^2}{2p}} \tag{1.8.71}$$

die Hauptinduktivität der zweisträngigen Ersatzwicklung darstellt und σ_{o} durch (1.8.57a,b) gegeben ist.

Wie beim Ersatz einer dreisträngigen Wicklung durch eine zweisträngige, der im Abschnitt 1.8.1.4 vorgenommen wurde, besteht zunächst Freizügigkeit bezüglich der Wahl der wirksamen Windungszahl $(w\xi_{\mathrm{p}})_{(2)}$. In Analogie zum Vorgehen in jenem Abschnitt soll $(w\xi_{\mathrm{p}})_{(2)}$ so festgelegt werden, dass im stationären Betrieb der Strom im Ersatzstrang a gleich dem Strom im tatsächlichen Stab 1 wird. Dabei kann diese Forderung aufgrund der Festlegung der Koordinaten der Stäbe im vorliegenden Fall nicht nur für die Beträge, sondern auch für die Phasenlagen der Ströme erhoben werden. Die Stabströme sind im stationären Betrieb eingeschwungene Sinusgrößen, die gegeneinander um den Winkel α_{n} phasenverschoben sind (vgl. Abschn. 1.9.1, S. 256, bzw. Bd. *Grundlagen elektrischer Maschinen*, Abschn. 5.4.2.1). Es ist also $\underline{i}_{\mathrm{s}\rho} = \underline{i}_{\mathrm{s}1} \mathrm{e}^{-\mathrm{j}(\rho-1)\alpha_{\mathrm{n}}}$. Damit liefert (1.8.61a,b) unter Beachtung von $\gamma_\rho = (\rho-1)\alpha_{\mathrm{n}}$ entsprechend (1.8.47) und $\cos \alpha = 1/2 \left(\mathrm{e}^{\mathrm{j}\alpha} + \mathrm{e}^{-\mathrm{j}\alpha} \right)$

$$\underline{i}_\alpha = \frac{1}{2(w\xi_{\mathrm{p}})_{(2)}} \sum_{\rho=1}^{N_2} \underline{i}_{\mathrm{s}1} \mathrm{e}^{-\mathrm{j}(\rho-1)\alpha_{\mathrm{n}}} \cos(\rho-1)\alpha_{\mathrm{n}} = \frac{N_2}{4(w\xi_{\mathrm{p}})_{(2)}} \underline{i}_{\mathrm{s}1} \; .$$

Die Forderung $\underline{i}_\alpha = \underline{i}_{s1}$ legt die wirksame Windungszahl der zweisträngigen Ersatzwicklung fest zu

$$\boxed{(w\xi_{\mathrm{p}})_{(2)} = \frac{N_2}{4}}.\tag{1.8.72}$$

Die Überführung eines Einzelkäfigs in eine zweisträngige Ersatzanordnung wurde im vorliegenden Abschnitt unter Voraussetzung der Gültigkeit des Prinzips der Hauptwellenverkettung, aber ohne Einschränkungen hinsichtlich des Betriebszustands der Maschine vorgenommen. Damit ist die Möglichkeit gegeben, bei der Untersuchung beliebiger – vor allem also auch nichtstationärer – Betriebszustände zunächst eine Maschine mit Schleifringläufer zu betrachten und die erhaltenen Ergebnisse auf eine Maschine mit Einfachkäfigläufer zu übertragen.

1.8.2.3 Dreisträngige Ersatzwicklungen für Käfigläufer

Bei der Behandlung der Induktionsmaschine, die in den Abschnitten 2.1 bis 2.4 und 2.6 auf Basis der Hauptwellenverkettung erfolgt, wird von einer Maschine mit einem dreisträngigen Schleifringläufer ausgegangen, dessen Stränge im Stern geschaltet sind, ohne dass ein Nullleiter angeschlossen ist. Es ist deshalb erforderlich, den Käfiganordnungen dreisträngige Ersatzwicklungen zuzuordnen. Die zweisträngige Ersatzwicklung für einen Einfachkäfig ist im Abschnitt 1.8.2.2 vollständig abgeleitet worden. Ihre Überführung in eine dreisträngige Ersatzwicklung kann mit Hilfe des Abschnitts 1.8.1.4 erfolgen. Als Ergebnis erhält man eine dreisträngige Ersatzwicklung, deren Parameter in Tabelle 1.8.1 festgehalten sind. Wenn ein Doppelkäfigläufer vorliegt, werden die Größen des Außenkäfigs durch Index I und die des Innenkäfigs durch Index II gekennzeichnet; die Größen der zugeordneten Ersatzwicklungen erhalten den Index 2 bzw. 3.

Die Spannungsgleichung eines Strangs j der dreisträngigen Ersatzwicklung eines Einfachkäfigs lautet damit

$$\boxed{0 = R_2 i_{2j} + L_{\sigma 2}\frac{\mathrm{d}i_{2j}}{\mathrm{d}t} + \frac{\mathrm{d}\psi_{\mathrm{h}2j}}{\mathrm{d}t}}.\tag{1.8.73}$$

Die Ermittlung der Parameter der Ersatzwicklungen für die beiden Einzelkäfige des Doppelkäfigläufers erfolgt vollständig analog zum Vorgehen im Abschnitt 1.8.2.2. Auf die vollständige Durchführung der Rechnung muss verzichtet werden; die Ergebnisse sind in Tabelle 1.8.1 zusammengefasst.[18] Man erhält zunächst zwei Gleichungspaare analog zu (1.8.50a,b) für die Amplituden der Durchflutungskomponenten der beiden Käfige I und II. Aus beiden ergeben sich jeweils die Beziehungen zwischen den Strömen der Käfigstäbe und denen der Ersatzstränge analog zu (1.8.61a,b). Dabei ist zu beachten, dass $\gamma_{\rho\mathrm{I}} = \gamma_{\rho\mathrm{II}}$ ist, da die Stäbe beider Käfige i. Allg. gemeinsame Nuten benutzen. Die wirksamen Windungszahlen der Ersatzstränge sind im Prinzip wiederum

---

[18] Die vollständige Ableitung ist in [51] gegeben.

frei wählbar. Da sie jedoch für beide Käfige nach gleichen Gesichtspunkten festgelegt werden und beide Käfige die gleiche Stabzahl aufweisen, wird

$$(w\xi_\mathrm{p})_{(2)2} = (w\xi_\mathrm{p})_{(2)3} \;.$$

Damit gelten die Beziehungen für die Hauptflussverkettungen nach (1.8.63) und (1.8.64a,b) für beide Käfige; es ist entsprechend (1.8.26a,b), Seite 229, $\psi_{\mathrm{h}2\alpha} = \psi_{\mathrm{h}3\alpha} = \psi_{\mathrm{h}\alpha}$ und $\psi_{\mathrm{h}2\beta} = \psi_{\mathrm{h}3\beta} = \psi_{\mathrm{h}\beta}$ sowie entsprechend (1.8.55) $\psi_{\mathrm{hI}\rho} = \psi_{\mathrm{hII}\rho} = \psi_{\mathrm{h}\rho}$. Weiterhin sind beide Käfige mit den gleichen Induktionsharmonischen verkettet, die allerdings auch unter der gemeinsamen Wirkung beider Käfige aufgebaut werden. Es ist also $\psi_{\sigma\mathrm{oI}\rho} = \psi_{\sigma\mathrm{oII}\rho} = \psi_{\sigma\mathrm{o}\rho}$, und in (1.8.65) tritt an die Stelle von i_α die Summe $(i_{2\alpha}+i_{3\alpha})$ sowie an die Stelle von i_β die Summe $(i_{2\beta}+i_{3\beta})$. Anstelle der Spannungsgleichung (1.8.59) der Masche ρ des Einzelkäfigs erhält man zwei Spannungsgleichungen für die übereinander liegenden Maschen ρ der Käfige I und II. In diesen Spannungsgleichungen treten Anteile auf, die der gegeninduktiven Kopplung der beiden Käfige über Streufelder im Nut- und Stirnraum sowie ihrer galvanischen Kopplung über gemeinsame Stirnringe zugeordnet sind. Die Bezeichnungen der Widerstände sowie der Streuinduktivitäten der Stäbe und der Ringsegmente zwischen zwei Stäben gehen aus Tabelle 1.8.1 hervor. Die Zuordnung der Spannungsgleichungen der Ersatzstränge erfolgt analog zum Vorgehen im Abschnitt 1.8.2.2 dadurch, dass für beide Käfige die (1.8.66) entsprechenden Beziehungen gebildet werden. Man erhält schließlich zwei Beziehungen für die Stränge der Ersatzwicklungen, die der Beziehung (1.8.67) entsprechen. Dabei müssen Glieder auftreten, die der Kopplung zwischen den Einzelkäfigen zugeordnet sind. Bei analogem Vorgehen wie im Abschnitt 1.8.1.4 ergeben sich beim Übergang von der zweisträngigen zur dreisträngigen Ersatzanordnung für die Koppelwiderstände bzw. Koppelinduktivitäten zwischen den beiden Wicklungssystemen für beide Ersatzwicklungen die gleichen Umrechnungen wie für die Widerstände und Streuinduktivitäten der Stränge selbst, da auch die wirksamen Windungszahlen gleich sind. Wenn nunmehr analog zu (1.8.73) darauf verzichtet wird, die Parameter der Ersatzwicklungen besonders als die einer dreisträngigen Anordnung zu kennzeichnen, erhält man für die Spannungsgleichungen der Stränge j der beiden dreisträngigen Ersatzwicklungen

$$0 = R_2 i_{2j} + R_{23} i_{3j} + L_{\sigma 2}\frac{\mathrm{d}i_{2j}}{\mathrm{d}t} + L_{\sigma 23}\frac{\mathrm{d}i_{3j}}{\mathrm{d}t} + \frac{\mathrm{d}\psi_{\mathrm{h}2j}}{\mathrm{d}t} \qquad (1.8.74\mathrm{a})$$

$$0 = R_3 i_{3j} + R_{23} i_{2j} + L_{\sigma 3}\frac{\mathrm{d}i_{3j}}{\mathrm{d}t} + L_{\sigma 23}\frac{\mathrm{d}i_{2j}}{\mathrm{d}t} + \frac{\mathrm{d}\psi_{\mathrm{h}3j}}{\mathrm{d}t} \;. \qquad (1.8.74\mathrm{b})$$

Die Widerstände und Streuinduktivitäten sind in Tabelle 1.8.1 für die beiden Ausführungsformen des Doppelkäfigläufers mit gemeinsamen und getrennten Stirnringen zusammengestellt.

Tabelle 1.8.1 Parameter der dreisträngigen Ersatzwicklungen für Einfach- und Doppelkäfigläufer

Käfiganordnung und Käfigparameter	Dreisträngige Ersatzwicklung (Sternschaltung ohne Nullleiter)		
	wirksame Windungszahl der Ersatzstränge	Widerstände der Ersatzstränge	Streuinduktivitäten der Ersatzstränge
Einfachkäfig	$(w\xi_p)_2 = (w\xi_p)_\text{ers} = \dfrac{N_2}{6}$	$R_2 = \dfrac{N_2}{3}(R_\text{s} + \delta R_\text{r})$	$L_{\sigma 2} = \dfrac{N_2}{3}(L_{\sigma\text{s}} + \delta L_{\sigma\text{r}}) + L_\text{h}\sigma_\text{o}$ $\approx \dfrac{N_2}{3}L_{\sigma\text{s}} + L_\text{h}\sigma_\text{o}$
Doppelkäfig mit getrennten Stirnringen	$(w\xi_p)_2 = (w\xi_p)_3$ $(w\xi_p)_\text{ers} = \dfrac{N_2}{6}$	$R_2 = \dfrac{N_2}{3}(R_\text{sI} + \delta R_\text{rI})$ $R_3 = \dfrac{N_2}{3}(R_\text{sII} + \delta R_\text{rII})$	$L_{\sigma 2} = \dfrac{N_2}{3}(L_{\sigma\text{sI}} + \delta L_{\sigma\text{rI}}) + L_\text{h}\sigma_\text{o}$ $\approx \dfrac{N_2}{3}L_{\sigma\text{sI}} + L_\text{h}\sigma_\text{o}$ $L_{\sigma 3} = \dfrac{N_2}{3}(L_{\sigma\text{sII}} + \delta L_{\sigma\text{rII}}) + L_\text{h}\sigma_\text{o}$ $\approx \dfrac{N_2}{3}L_{\sigma\text{sII}} + L_\text{h}\sigma_\text{o}$ $L_{\sigma 23} = \dfrac{N_2}{3}(L_{\sigma\text{sI\,II}} + \delta L_{\sigma\text{rI\,II}}) + L_\text{h}\sigma_\text{o}$ $\approx \dfrac{N_2}{3}L_{\sigma\text{sI\,II}} + L_\text{h}\sigma_\text{o}$

Käfiganordnung und Käfigparameter	Dreisträngige Ersatzwicklung (Sternschaltung ohne Nullleiter)		
		wirksame Windungszahl der Ersatzstränge	Widerstände der Ersatzstränge	Streuinduktivitäten der Ersatzstränge
Doppelkäfig mit gemeinsamen Stirnringen	$(w\xi_\mathrm{p})_2 = (w\xi_\mathrm{p})_3 = (w\xi_\mathrm{p})_\mathrm{ers} = \dfrac{N_2}{6}$	$\begin{aligned} R_2 &= \dfrac{N_2}{3}(R_\mathrm{sI} + \delta R_\mathrm{r}) \\ R_3 &= \dfrac{N_2}{3}(R_\mathrm{sII} + \delta R_\mathrm{r}) \\ R_{23} &= \dfrac{N_2}{3}\delta R_\mathrm{r} \end{aligned}$	$\begin{aligned} L_{\sigma 2} &= \dfrac{N_2}{3}(L_{\sigma\mathrm{s}} + \delta L_{\sigma\mathrm{r}}) + L_\mathrm{h}\sigma_\mathrm{o} \\ &\approx \dfrac{N_2}{3}L_{\sigma\mathrm{s}} + L_\mathrm{h}\sigma_\mathrm{o} \\ L_{\sigma 3} &= \dfrac{N_2}{3}(L_{\sigma\mathrm{sII}} + \delta L_{\sigma\mathrm{r}}) + L_\mathrm{h}\sigma_\mathrm{o} \\ &\approx \dfrac{N_2}{3}L_{\sigma\mathrm{sII}} + L_\mathrm{h}\sigma_\mathrm{o} \\ L_{\sigma 23} &= \dfrac{N_2}{3}(L_{\sigma\mathrm{sIII}} + \delta L_{\sigma\mathrm{r}}) + L_\mathrm{h}\sigma_\mathrm{o} \\ &\approx \dfrac{N_2}{3}L_{\sigma\mathrm{sIII}} + L_\mathrm{h}\sigma_\mathrm{o} \end{aligned}$
Hilfsgrößen	$\delta = \dfrac{1}{2\sin^2\dfrac{\alpha_\mathrm{n}}{2}} \approx \dfrac{2}{\alpha_\mathrm{n}^2} = 1{,}83 q^2$ mit $\alpha_\mathrm{n} = \dfrac{2\pi p}{N_2}$ $q = \dfrac{N_2}{6p}$	$\sigma_\mathrm{o} = \displaystyle\sum_{g \in \mathbb{Z}\backslash\{0\}} \dfrac{p^2}{(gN_2 + p)^2} = \left(\dfrac{\pi p}{N_2}\right)^2 \dfrac{1}{\sin^2\dfrac{\pi p}{N_2}} - 1$ nach (1.8.57a, b) $L_\mathrm{h} = \dfrac{\mu_0}{\delta_\mathrm{i}''}\dfrac{3}{2\pi}\dfrac{4}{\pi}\dfrac{2}{\tau_\mathrm{p}l_\mathrm{i}}\dfrac{(w\xi_\mathrm{p})^2_\mathrm{ers}}{2p} = \dfrac{3}{2}L_{\mathrm{h}(2)}\,;\ L_{\mathrm{h}(2)}$ nach (1.8.71)	

1.8.3
Maschinen mit ausgeprägten Polen

1.8.3.1 Allgemeine Beziehungen

Die zu betrachtende Anordnung ist im Bild 1.8.11 dargestellt. Sie hat folgende Kennzeichen:

– Das Hauptelement mit ausgeprägten Polen wird als Läufer angenommen.
– Der Aufbau des Läufers ist symmetrisch zur Längsachse (d-Achse) in Polmitte bzw. auch symmetrisch zur Querachse (q-Achse) in der Mitte der Pollücke.
– Der Läufer trägt zwei Gruppen von Wicklungen mit konzentrierten Spulen, wobei die Spulenachsen der ersten Gruppe in der Längs- und die der zweiten Gruppe in der Querachse liegen. Sie werden im Bild 1.8.11 von den Maschen des Dämpferkäfigs und der Erregerwicklung fd gebildet.
– Die Läuferkoordinate γ_2 beginnt in der Längsachse; die Querachse liegt bei $\gamma_2 = \pi/2$.
– Der Ständer ist rotationssymmetrisch und trägt m_1 Stränge mit den Bezeichnungen $a_1, b_1, c_1, \ldots, j_1, \ldots$, deren Achsen die beliebigen Lagen $\gamma_{1a}, \gamma_{1b}, \gamma_{1c}, \ldots, \gamma_{1j}, \ldots$ im Koordinatensystem γ_1 des Ständers einnehmen und deren wirksame Windungszahlen $(w\xi_\mathrm{p})_{1a}, (w\xi_\mathrm{p})_{1b}, (w\xi_\mathrm{p})_{1c}, \ldots, (w\xi_\mathrm{p})_{1j}, \ldots$ sich voneinander unterscheiden.

Der mit dem Prinzip der Hauptwellenverkettung im vorliegenden Fall verbundene Verkettungsmechanismus wurde im Abschnitt 1.3.8.2, Seite 57, behandelt und ist im Bild 1.3.6 dargestellt. Die Koordinatentransformation ist durch (1.5.14c), Seite 81, gegeben. Die Spannungsgleichung eines Ständerwicklungsstrangs entspricht (1.6.1), Seite 138, wobei sich die Flussverkettung nach (1.6.6) in die Haupt- und die Streuflussverkettung aufteilt. Für die Streuflussverkettungen wird angenommen, dass die zugeordneten Streuinduktivitäten weiterhin unabhängig von der Läuferlage sind, so dass (1.8.1), Seite 220, gilt. Die Hauptflussverkettungen der Ständerstränge bestehen mit der resultierenden Hauptwelle des Luftspaltfelds. Diese wird im Folgenden auf Basis der Vereinfachungen 3., 5. und 7. des Abschnitts 1.5.1, Seite 74, sowie durch Zerlegen

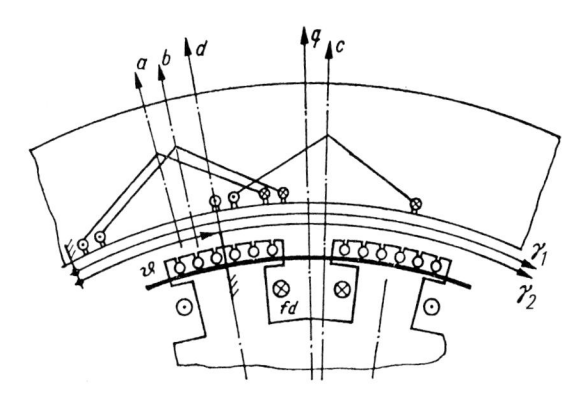

Bild 1.8.11 Allgemeine Ausführung einer Maschine mit ausgeprägten Polen im Läufer und einer beliebigen mehrsträngigen Wicklung im rotationssymmetrischen Ständer

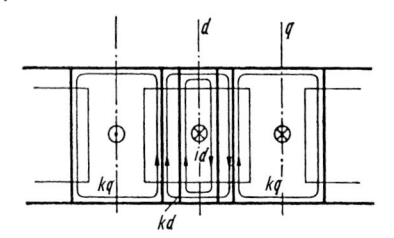

Bild 1.8.12 Zur Ermittlung der Spannungsgleichungen der Dämpferkreise in der Längsachse

der Durchflutungshauptwelle des Ständers in eine Längs- und eine Querkomponente ermittelt (s. Tab. 1.5.2, S. 127).

Die Spannungsgleichung einer Wicklung kd der Längsachse des Läufers ist unmittelbar durch (1.6.1) gegeben, solange die Wicklungen kd nicht galvanisch miteinander gekoppelt sind. Derartige galvanische Kopplungen bestehen jedoch zwischen den Maschen des Dämpferkäfigs. In diesem Fall wirken – entsprechend der allgemeinen Form der Spannungsgleichung, die durch die Integralform des Induktionsgesetzes nach (1.1.33), Seite 12, gegeben ist – in jeder der Maschen des Käfigs, die einer Achse zugeordnet sind, Spannungsabfälle der anderen Maschenströme.

Im Bild 1.8.12 werden die Verhältnisse für die Dämpferkreise der Längsachse erläutert. In einem Kreis kd wird herrührend vom Strom $i_{k\mathrm{d}}$ ein Spannungsabfall $R_{kk\mathrm{d}}i_{k\mathrm{d}}$ hervorgerufen. Dabei ist $R_{kk\mathrm{d}}$ dem Widerstand der gesamten Masche zugeordnet. Ein Strom $i_{i\mathrm{d}}$ hat in dem Kreis kd einen Spannungsabfall $R_{ki\mathrm{d}}i_{i\mathrm{d}}$ zur Folge, wobei $R_{ki\mathrm{d}}$ dem Widerstand der gemeinsam benutzten Stirnringteile zugeordnet ist. Der gleiche Widerstand vermittelt zwischen dem Strom $i_{k\mathrm{d}}$ und seinem Spannungsabfall im Kreis id; es gilt also $R_{ki\mathrm{d}} = R_{ik\mathrm{d}}$. Die Spannungsabfälle der Ströme $i_{k\mathrm{q}}$ der beiden Querkreise kq im Kreis kd heben sich heraus. Eine galvanische Kopplung besteht demnach nur zwischen den Kreisen einer Achse. Damit erhält man als Spannungsgleichung eines Längskreises kd

$$\boxed{0 = R_{k1\mathrm{d}}i_{1\mathrm{d}} + \ldots + R_{kk\mathrm{d}}i_{k\mathrm{d}} + \ldots + R_{ki\mathrm{d}}i_{i\mathrm{d}} + \frac{\mathrm{d}\psi_{k\mathrm{d}}}{\mathrm{d}t}}. \qquad (1.8.75)$$

Für die Erregerwicklung fd entfällt die galvanische Kopplung, d. h. es ist $R_{if\mathrm{d}} = 0$. Für die Wicklungen der Querachse erhält man analoge Beziehungen.

Die *Flussverkettung* $\psi_{k\mathrm{d}}$ – und analog dazu $\psi_{k\mathrm{q}}$ – einer Läuferwicklung lässt sich aufteilen entsprechend

$$\psi_{k\mathrm{d}} = \psi_{\sigma k\mathrm{d}} + \psi_{\delta k\mathrm{d}}. \qquad (1.8.76)$$

Dabei rühren die Luftspaltflussverkettungen $\psi_{\delta k\mathrm{d}}$ bzw. $\psi_{\delta k\mathrm{q}}$ von der Induktionsverteilung her, die von den Läuferströmen sowie der Durchflutungshauptwelle der Ständerströme aufgebaut wird. Die Streuflussverkettungen $\psi_{\sigma k\mathrm{d}}$ bzw. $\psi_{\sigma k\mathrm{q}}$ bestehen dann mit den Feldern im Nut-, Wicklungskopf- und Zahnkopfraum bzw. im Polzwischenraum des Läufers. Sie beinhalten keine Anteile der Oberwellenstreuung und sind damit anders definiert als bei den Wicklungssträngen auf rotationssymmetrischen Hauptelementen.

Die *Durchflutungshauptwelle der Ständerstränge* ist durch die erste Summe in (1.8.2), Seite 221, gegeben. Sie muss, dem Verkettungsmechanismus im Bild 1.3.6, Seite 54, folgend, in ihre Komponenten bezüglich der magnetischen Symmetrieachse des Läufers zerlegt und dazu in das Koordinatensystem des Läufers transformiert werden. Man erhält mit $\gamma_1 = \gamma_2 + \vartheta$ nach (1.5.14c), Seite 81, unter Verwendung der entsprechenden trigonometrischen Umformung (s. Anh. IV)

$$\Theta_1(\gamma_2) = \sum_{j=a,b,c,\ldots} \hat{\Theta}_{1j} \cos(\vartheta - \gamma_{1j}) \cos \gamma_2 - \sum_{j=a,b,c} \hat{\Theta}_{1j} \sin(\vartheta - \gamma_{1j}) \cos\left(\gamma_2 - \frac{\pi}{2}\right)$$

$$= \hat{\Theta}_{\mathrm{dp}} \cos \gamma_2 + \hat{\Theta}_{\mathrm{qp}} \cos\left(\gamma_2 - \frac{\pi}{2}\right) \qquad (1.8.77)$$

mit $\quad \hat{\Theta}_{\mathrm{dp}} = \sum_{j=a,b,c,\ldots} \hat{\Theta}_{1j} \cos(\vartheta - \gamma_{1j}) = \sum_{j=a,b,c,\ldots} \dfrac{4}{\pi} \dfrac{(w\xi_{\mathrm{p}})_{1j}}{2p} i_{1j} \cos(\vartheta - \gamma_{1j}) \quad (1.8.78\mathrm{a})$

$\hat{\Theta}_{\mathrm{qp}} = -\sum_{j=a,b,c,\ldots} \hat{\Theta}_{1j} \sin(\vartheta - \gamma_{1j}) = -\sum_{j=a,b,c,\ldots} \dfrac{4}{\pi} \dfrac{(w\xi_{\mathrm{p}})_{1j}}{2p} i_{1j} \sin(\vartheta - \gamma_{1j}) \quad (1.8.78\mathrm{b})$

Die beiden Komponenten der Durchflutungshauptwelle rufen Komponenten der Induktionshauptwelle hervor. Die entsprechenden Beziehungen wurden bereits in Tabelle 1.5.2, Seite 127, zusammengestellt. Dazu kommen Komponenten der Wicklungen in der Längsachse und in der Querachse des Läufers mit den Amplituden

$$\hat{B}_{k\mathrm{dp}} = \frac{\mu_0}{\delta''_{i0}} C_{k\mathrm{dp}} w_{k\mathrm{d}} i_{k\mathrm{d}}$$

$$\hat{B}_{k\mathrm{qp}} = \frac{\mu_0}{\delta''_{i0}} C_{k\mathrm{qp}} w_{k\mathrm{q}} i_{k\mathrm{q}} \ .$$

Dabei wurden die Polformkoeffizienten $C_{k\mathrm{dp}}$ und $C_{k\mathrm{qp}}$ eingeführt. Sie sind definiert als das Verhältnis der Hauptwellenamplitude der tatsächlichen Induktionsverteilung der betrachteten Läuferwicklung zur Amplitude $(\mu_0/\delta''_{i0})w_k i_k$, die von dieser Wicklung bei gleichem Strom, aber einem konstanten Luftspalt δ''_{i0} aufgebaut würde. Damit lässt sich die resultierende Induktionshauptwelle nunmehr darstellen als

$$B_{\mathrm{p}}(\gamma_2) = \hat{B}_{\mathrm{dp}} \cos \gamma_2 + \hat{B}_{\mathrm{qp}} \cos\left(\gamma_2 - \frac{\pi}{2}\right) \qquad (1.8.79\mathrm{a})$$

mit $\qquad \hat{B}_{\mathrm{dp}} = \dfrac{\mu_0}{\delta''_{i0}} \left[C_{\mathrm{adp}} \hat{\Theta}_{\mathrm{dp}} + \sum C_{k\mathrm{dp}} w_{k\mathrm{d}} i_{k\mathrm{d}} \right] \qquad (1.8.79\mathrm{b})$

$\hat{B}_{\mathrm{qp}} = \dfrac{\mu_0}{\delta''_{i0}} \left[C_{\mathrm{aqp}} \hat{\Theta}_{\mathrm{qp}} + \sum C_{k\mathrm{qp}} w_{k\mathrm{q}} i_{k\mathrm{q}} \right] \ . \qquad (1.8.79\mathrm{c})$

Um die *Hauptflussverkettung eines Ständerstrangs j* bestimmen zu können, muss zunächst wieder in das Ständerkoordinatensystem zurückgegangen werden. Man erhält aus (1.8.79a) mit $\gamma_1 = \gamma_2 + \vartheta$ nach (1.5.14c)

$$B_{\mathrm{p}}(\gamma_1) = \hat{B}_{\mathrm{dp}} \cos(\gamma_1 - \vartheta) + \hat{B}_{\mathrm{qp}} \cos\left(\gamma_1 - \vartheta - \frac{\pi}{2}\right) \ . \qquad (1.8.80)$$

Nunmehr lässt sich $\psi_{\mathrm{h}1j}$ über (1.6.22), Seite 147, mit Φ_h nach (1.6.23) bestimmen, wobei entsprechend einem Vergleich zwischen (1.8.80), (1.6.23) und (1.6.14) $\varphi_{\mathrm{B}1} = \vartheta$ bzw. $\varphi_{\mathrm{B}1} = \vartheta + \pi/2$ ist und für $\gamma_{\mathrm{str}1}$ die Lage γ_{1j} des betrachteten Wicklungsstrangs einzusetzen ist. Es bleibt noch zu berücksichtigen, dass die Anteile der Flussverkettung eines Ständerstrangs, die von den Läuferströmen herrühren, entsprechend Abschnitt 1.6.6, Seite 154, mit dem Schrägungsfaktor nach (1.6.56) zu multiplizieren sind. Damit erhält man die Hauptflussverkettung eines Ständerstrangs i zu

$$\psi_{\mathrm{h}1j} = (w\xi_\mathrm{p})_{1j}\frac{2}{\pi}\tau_\mathrm{p}l_\mathrm{i}\frac{\mu_0}{\delta_{\mathrm{i}0}''} \tag{1.8.81}$$
$$\cdot \left[\sum_i \frac{4}{\pi}\frac{(w\xi_\mathrm{p})_{1i}}{2p}C_{\mathrm{adp}}i_{1i}\cos(\vartheta-\gamma_{1i}) + \sum_{kd}C_{\mathrm{kdp}}w_{kd}\xi_{\mathrm{schr,p}}i_{kd}\right]\cos(\vartheta-\gamma_{1j})$$
$$-(w\xi_\mathrm{p})_{1j}\frac{2}{\pi}\tau_\mathrm{p}l_\mathrm{i}\frac{\mu_0}{\delta_{\mathrm{i}0}''}$$
$$\cdot \left[-\sum_i \frac{4}{\pi}\frac{(w\xi_\mathrm{p})_{1i}}{2p}C_{\mathrm{aqp}}i_{1i}\sin(\vartheta-\gamma_{1i}) + \sum_{kq}C_{\mathrm{kqp}}w_{kq}\xi_{\mathrm{schr,p}}i_{kq}\right]\sin(\vartheta-\gamma_{1j})\;.$$

In (1.8.81) stellen die Proportionalitätsfaktoren zwischen der Hauptflussverkettung eines Strangs j und den Strömen der Stränge i sowie den Strömen der Läuferkreise k Induktivitäten dar, die dem Luftspaltfeld zugeordnet sind. Sie hängen von der Lage ϑ des Läufers ab. Dabei bestehen die Induktivitäten, die zwischen den Flussverkettungen und den Strömen der Ständerstränge vermitteln, entsprechend

$$\cos(\vartheta-\gamma_{1i})\cos(\vartheta-\gamma_{1j}) = \frac{1}{2}\cos(\gamma_{1i}-\gamma_{1j}) + \frac{1}{2}\cos(2\vartheta-\gamma_{1i}-\gamma_{1j})$$

nach (1.8.81) aus einem konstanten Anteil und einem zweiten Anteil, der sich sinusförmig mit 2ϑ ändert. Ursache des zweiten Anteils ist die magnetische Asymmetrie des Läufers. Für die Ständerstränge herrschen jeweils dann gleiche magnetische Verhältnisse, wenn sich der Läufer um eine Polteilung weiterbewegt hat. Es werden also während der Bewegung des Läufers um ein Polpaar zwei Perioden der Induktivitätsänderung durchlaufen. Die Gegeninduktivitäten zwischen einem Ständerstrang und einem Läuferkreis ändern sich sinusförmig mit ϑ.

Wenn man das Prinzip der Hauptwellenverkettung verlässt, treten in den Verläufen $L(\vartheta)$ höhere Harmonische in Erscheinung. Die tatsächlichen Abhängigkeiten $L(\vartheta)$ werden also unter dem Einfluss des Prinzips der Hauptwellenverkettung auf die einfachste Form reduziert. Im Bild 1.8.13 werden diese Überlegungen an einem einfachen Beispiel einer zweipoligen Maschine demonstriert.

Für die Streuflussverkettungen der Ständerstränge gilt – wie bereits erwähnt – nach wie vor (1.8.1), Seite 220.

Die Flussverkettungsgleichungen der Läuferkreise können unmittelbar niedergeschrieben werden. Ihre Verkettungen untereinander sind unabhängig von der Lage ϑ des Läufers, da dem Läufer mit ausgeprägten Polen ein rotationssymmetrischer Ständer gegenübersteht. Es lassen sich von vornherein konstante Induktivitäten einführen.

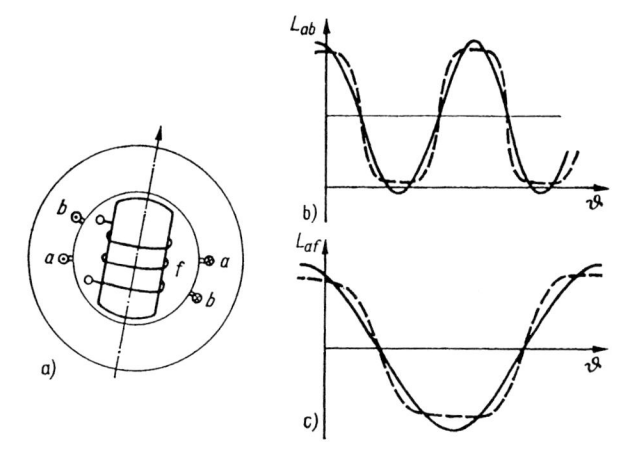

Bild 1.8.13 Zur Abhängigkeit der Induktivitäten von der Läuferlage.
a) Betrachtete zweipolige Anordnung;
b) Verlauf der Gegeninduktivität zwischen zwei Ständersträngen
   als Funktion der Läuferlage;
c) Verlauf der Gegeninduktivität zwischen einem Ständerstrang
   und einer Läuferwicklung als Funktion der Läuferlage.
——— Verlauf $L(\vartheta)$ auf Basis des Prinzips der Hauptwellenverkettung
– – – – tatsächlicher Verlauf $L(\vartheta)$

Außerdem existieren aufgrund der Symmetrie des Aufbaus keine Kopplungen zwischen Wicklungen der Längsachse und solchen der Querachse. Die Gegeninduktivität zwischen der Flussverkettung ψ_k einer Läuferwicklung k und dem Strom i_j eines Ständerstrangs j ist wegen der Linearität des betrachteten Systems und der dann gegebenen Reziprozität der Gegeninduktivitäten gleich der Gegeninduktivität, die zwischen der Flussverkettung ψ_{hj} eines Ständerstrangs j und dem Strom i_k einer Läuferwicklung k vermittelt. Auf der Grundlage dieser Überlegungen erhält man für die Flussverkettung ψ_{kd} einer Wicklung kd der Längsachse unter Beachtung von (1.8.81)

$$\psi_{kd} = w_{kd} C_{kdp} \xi_{schr,p} \frac{2}{\pi} \tau_p l_i \frac{\mu_0}{\delta''_{i0}} \sum_j (w\xi_p)_{1j} i_{1j} \cos(\vartheta - \gamma_{1j}) + \sum_{id} L_{kid} i_{id} \ . \quad (1.8.82a)$$

Analog dazu ergibt sich für die Flussverkettung ψ_{kq} einer Wicklung kq in der Querachse des Läufers

$$\psi_{kq} = -w_{kq} C_{kqp} \xi_{schr,p} \frac{2}{\pi} \tau_p l_i \frac{\mu_0}{\delta''_{i0}} \sum_j (w\xi_p)_{1j} i_{1j} \sin(\vartheta - \gamma_{1j}) + \sum_{iq} L_{kiq} i_{iq} \ . \quad (1.8.82b)$$

1.8.3.2 Maschinen mit symmetrischen dreisträngigen Wicklungen im Ständer

Der Sonderfall einer symmetrischen dreisträngigen Wicklung im Ständer führt auf die übliche Form der Innenpolausführung einer Dreiphasen-Synchronmaschine mit

Schenkelpolen. Er ist hinsichtlich der Wicklungsparameter durch (1.8.7a), Seite 222, gekennzeichnet. Unter Berücksichtigung der dem Sonderfall zugeordneten Beziehungen für die Streuflussverkettungen nach (1.6.61), Seite 159, erhält man für die Flussverkettungen der Ständerstränge ausgehend von den allgemeinen Beziehungen (1.8.81) für die Hauptflussverkettungen

$$\begin{pmatrix}\psi_a\\ \psi_b\\ \psi_c\end{pmatrix} = \begin{pmatrix}L_{\sigma s} & L_{\sigma g} & L_{\sigma g}\\ L_{\sigma g} & L_{\sigma s} & L_{\sigma g}\\ L_{\sigma g} & L_{\sigma g} & L_{\sigma s}\end{pmatrix}\begin{pmatrix}i_a\\ i_b\\ i_c\end{pmatrix} + (w\xi_\mathrm{p})_\mathrm{a}\frac{2}{\pi}\tau_\mathrm{p}l_\mathrm{i}\frac{\mu_0}{\delta''_{i0}}$$

$$\cdot\left\{\frac{4}{\pi}\frac{(w\xi_\mathrm{p})_\mathrm{a}}{2p}C_\mathrm{adp}\left[i_a\cos\vartheta + i_b\cos\left(\vartheta-\frac{2\pi}{3}\right) + i_c\cos\left(\vartheta-\frac{4\pi}{3}\right)\right]\right.$$

$$\left.+\sum_{jd}C_{j\mathrm{dp}}w_{j\mathrm{d}}\xi_\mathrm{schr,p}i_{j\mathrm{d}}\right\}\begin{pmatrix}\cos\vartheta\\ \cos(\vartheta-2\pi/3)\\ \cos(\vartheta-4\pi/3)\end{pmatrix} - (w\xi_\mathrm{p})_\mathrm{a}\frac{2}{\pi}\tau_\mathrm{p}l_\mathrm{i}\frac{\mu_0}{\delta''_{i0}}$$

$$\cdot\left\{\frac{4}{\pi}\frac{(w\xi_\mathrm{p})_\mathrm{a}}{2p}C_\mathrm{aqp}\left[-i_a\sin\vartheta - i_b\sin\left(\vartheta-\frac{2\pi}{3}\right) - i_c\sin\left(\vartheta-\frac{4\pi}{3}\right)\right]\right.$$

$$\left.+\sum_{jq}C_{j\mathrm{qp}}w_{j\mathrm{q}}\xi_\mathrm{schr,p}i_{j\mathrm{q}}\right\}\begin{pmatrix}\sin\vartheta\\ \sin(\vartheta-2\pi/3)\\ \sin(\vartheta-4\pi/3)\end{pmatrix}, \qquad (1.8.83)$$

wobei auf den Index 1 zur Kennzeichnung der Zugehörigkeit zum Ständer jetzt verzichtet wird. In (1.8.83) lassen sich die Induktivitäten

$$L_\mathrm{hd} = \frac{\mu_0}{\delta''_{i0}}\frac{3}{2}\frac{4}{\pi}\frac{2}{\pi}\tau_\mathrm{p}l_\mathrm{i}\frac{(w\xi_\mathrm{p})_\mathrm{a}^2}{2p}C_\mathrm{adp} \qquad (1.8.84\mathrm{a})$$

$$L_\mathrm{hq} = \frac{\mu_0}{\delta''_{i0}}\frac{3}{2}\frac{4}{\pi}\frac{2}{\pi}\tau_\mathrm{p}l_\mathrm{i}\frac{(w\xi_\mathrm{p})_\mathrm{a}^2}{2p}C_\mathrm{aqp} \qquad (1.8.84\mathrm{b})$$

$$L_\mathrm{ajd} = \frac{\mu_0}{\delta''_{i0}}\frac{2}{\pi}\tau_\mathrm{p}l_\mathrm{i}(w\xi_\mathrm{p})_\mathrm{a}w_{j\mathrm{d}}C_{j\mathrm{dp}}\xi_\mathrm{schr,p} \qquad (1.8.84\mathrm{c})$$

$$L_\mathrm{ajq} = \frac{\mu_0}{\delta''_{i0}}\frac{2}{\pi}\tau_\mathrm{p}l_\mathrm{i}(w\xi_\mathrm{p})_\mathrm{a}w_{j\mathrm{q}}C_{j\mathrm{qp}}\xi_\mathrm{schr,p} \qquad (1.8.84\mathrm{d})$$

einführen. Der Faktor 3/2 in den Beziehungen für L_hd und L_hq sorgt dafür, dass die Reaktanzen ωL_hd und ωL_hq mit den Ausdrücken übereinstimmen, die für die Reaktanzen X_hd und X_hq der Ankerrückwirkung der Synchronmaschine bei der Behandlung des stationären Betriebs auftreten. Die Gegeninduktivitäten L_ajd und L_ajq in (1.8.84c,d) sind so eingeführt, dass sie zwischen der Flussverkettung eines Ständerstrangs und dem Strom einer Läuferwicklung vermitteln, wenn die beiden Wicklungsachsen übereinstimmen. Durch eine Umformung von (1.8.83) soll erreicht werden, dass anstelle der Induktivitäten L_hd und L_hq die synchronen Induktivitäten

$$\boxed{L_\mathrm{d} = L_\sigma + L_\mathrm{hd}} \qquad (1.8.85\mathrm{a})$$
$$\boxed{L_\mathrm{q} = L_\sigma + L_\mathrm{hq}} \qquad (1.8.85\mathrm{b})$$

der Längs- bzw. der Querachse auftreten.[19] Dazu wird zu (1.8.83)

$$L^* = \pm \frac{2}{3}(L_{\sigma s} - L_{\sigma g})$$

$$\cdot \left\{ \left[i_a \cos\vartheta + i_b \cos\left(\vartheta - \frac{2\pi}{3}\right) + i_c \cos\left(\vartheta - \frac{4\pi}{3}\right) \right] \begin{pmatrix} \cos\vartheta \\ \cos(\vartheta - 2\pi/3) \\ \cos(\vartheta - 4\pi/3) \end{pmatrix} \right.$$

$$\left. + \left[i_a \sin\vartheta + i_b \sin\left(\vartheta - \frac{2\pi}{3}\right) + i_c \sin\left(\vartheta - \frac{4\pi}{3}\right) \right] \begin{pmatrix} \sin\vartheta \\ \sin(\vartheta - 2\pi/3) \\ \sin(\vartheta - 4\pi/3) \end{pmatrix} \right\}$$

hinzugefügt. Die positiven Glieder werden mit L_hd bzw. L_hq zu L_d bzw. L_q zusammengeführt und die negativen ausmultipliziert. Damit und unter Einführung von (1.8.84a–d) sowie mit $L_\sigma = L_{\sigma s} - L_{\sigma g}$ geht (1.8.83) über in

$$\begin{pmatrix} \psi_a \\ \psi_b \\ \psi_c \end{pmatrix} = L_0 \frac{1}{3}[i_a + i_b + i_c] \begin{pmatrix} 1 \\ 1 \\ 1 \end{pmatrix}$$

$$+ \left\{ L_\mathrm{d} \frac{2}{3} \left[i_a \cos\vartheta + i_b \cos\left(\vartheta - \frac{2\pi}{3}\right) + i_c \cos\left(\vartheta - \frac{4\pi}{3}\right) \right] + \sum_{j\mathrm{d}} L_{aj\mathrm{d}} i_{j\mathrm{d}} \right\}$$

$$\cdot \begin{pmatrix} \cos\vartheta \\ \cos(\vartheta - 2\pi/3) \\ \cos(\vartheta - 4\pi/3) \end{pmatrix}$$

$$- \left\{ L_\mathrm{q} \frac{2}{3} \left[-i_a \sin\vartheta - i_b \sin\left(\vartheta - \frac{2\pi}{3}\right) - i_c \sin\left(\vartheta - \frac{4\pi}{3}\right) \right] + \sum_{j\mathrm{q}} L_{aj\mathrm{q}} i_{j\mathrm{q}} \right\}$$

$$\cdot \begin{pmatrix} \sin\vartheta \\ \sin(\vartheta - 2\pi/3) \\ \sin(\vartheta - 4\pi/3) \end{pmatrix} . \qquad (1.8.86)$$

[19] Die synchronen Induktivitäten sind über $X_\mathrm{d} = \omega_\mathrm{N} L_\mathrm{d}$ und $X_\mathrm{q} = \omega_\mathrm{N} L_\mathrm{q}$ den synchronen Reaktanzen zugeordnet, wie sie von der Betrachtung des stationären Betriebs her bekannt sind (vgl. Bd. *Grundlagen elektrischer Maschinen*, Abschn. 6.4.2.2).

Dabei wurde die sog. *Nullinduktivität*

$$\boxed{L_0 = L_{\sigma s} + 2L_{\sigma g}} \tag{1.8.87}$$

eingeführt.

Die Flussverkettungsgleichungen (1.8.82a,b) der Läuferwicklungen gehen für den betrachteten Sonderfall einer symmetrischen dreisträngigen Wicklung im Ständer unter Einführung der Induktivitäten nach (1.8.84c,d) über in

$$\boxed{\begin{aligned}\psi_{jd} &= L_{jad}\left[i_a \cos\vartheta + i_b \cos\left(\vartheta - \frac{2\pi}{3}\right) + i_c \cos\left(\vartheta - \frac{4\pi}{3}\right)\right] + \sum_{kd} L_{jkd} i_{kd} \\ \psi_{jq} &= L_{jaq}\left[-i_a \sin\vartheta - i_b \sin\left(\vartheta - \frac{2\pi}{3}\right) - i_c \sin\left(\vartheta - \frac{4\pi}{3}\right)\right] + \sum_{kq} L_{jkq} i_{kq}\end{aligned}} \quad \begin{aligned}(1.8.88\text{a})\\ (1.8.88\text{b})\end{aligned}$$

mit $L_{kad} = L_{akd}$ und $L_{kaq} = L_{akq}$.

Eine Betrachtung von (1.8.86) und (1.8.88a,b) zeigt, dass die Ströme der Ständerstränge in sämtlichen Flussverkettungsgleichungen in drei Kombinationen auftreten, die jeweils durch eckige Klammern hervorgehoben wurden. Diesen Ausdrücken entsprechen die sog. d-q-0-Komponenten der Stranggrößen, die später im Abschnitt 3.1.2, Seite 472, als formale Transformation eingeführt werden. In ähnlicher Weise war bei der Einführung der zweisträngigen Ersatzwicklung für eine symmetrische dreisträngige Wicklung im Abschnitt 1.8.1.4 darauf hingewiesen worden, dass die Variablen des zweisträngigen Ersatzsystems den später formal einzuführenden α-β-0-Komponenten der Stranggrößen entsprechen.

1.9
Rückwirkung kurzgeschlossener Wicklungsteile auf das Luftspaltfeld

1.9.1
Flüsse, Ströme und Durchflutungswellen einer Käfigwicklung

Im Folgenden wird für den Fall des stationären Betriebs die Rückwirkung einer Käfigwicklung auf eine allgemeine Drehwelle der Induktion untersucht. Dabei wird die Anordnung nach Bild 1.8.10, Seite 239, betrachtet, bei der eine Masche ρ von den Stäben ρ und $\rho+1$ gebildet wird. Der Ursprung des Läuferkoordinatensystems soll jetzt in der Achse der Masche 1 liegen, so dass sich die Achse der Masche ρ bei $\gamma'_{M\rho} = (\rho - 1)\alpha'_n$ befindet.

Eine allgemeine Induktionsdrehwelle des Ständers wird im Koordinatensystem γ'_1 des Ständers als

$$B_{\nu'1}(\gamma'_1, t) = \hat{B}_{\nu'1} \cos\left[\tilde{\nu}'\gamma'_1 - \omega_{\nu'1} t - \varphi_{\nu'1}\right] \tag{1.9.1}$$

1.9 Rückwirkung kurzgeschlossener Wicklungsteile auf das Luftspaltfeld | 257

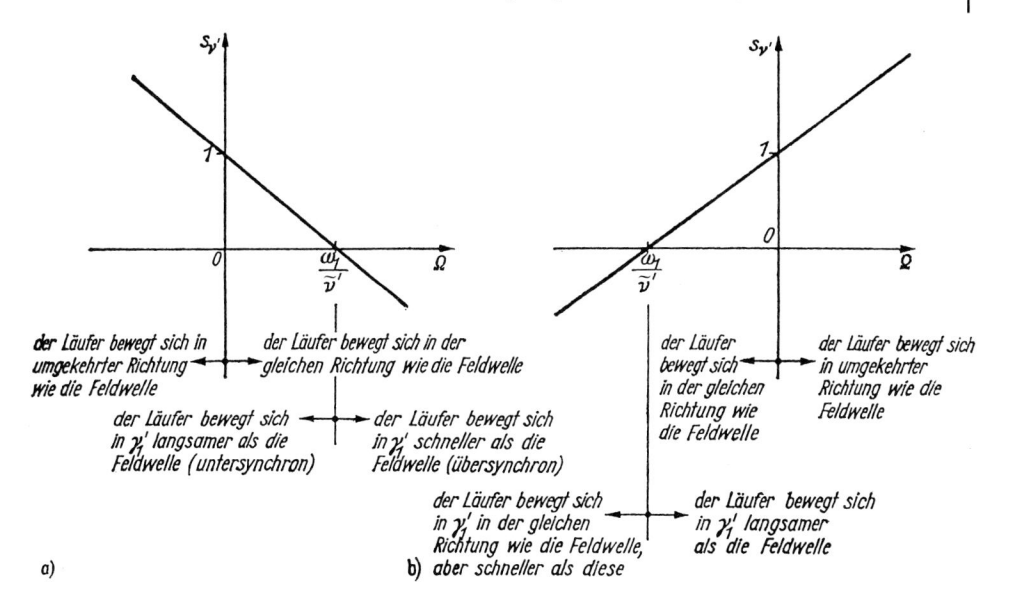

Bild 1.9.1 Schlupf $s_{\nu'}$ für eine Induktionswelle nach (1.9.6) als Funktion der Winkelgeschwindigkeit Ω des Läufers.
a) Für $\tilde{\nu}' > 0$;
b) für $\tilde{\nu}' < 0$

dargestellt. Um diese Induktionswelle im Koordinatensystem γ_2' des Läufers zu beschreiben, muss die Koordinatentransformation nach (1.6.52), Seite 155, eingeführt werden. Diese nimmt mit (1.5.15b), Seite 82, die Form

$$\gamma_1' = \gamma_2' + \Omega t + \vartheta_0' + \varepsilon'\zeta \qquad (1.9.2)$$

an. Damit wird (1.9.1) zu

$$B_{\nu'1}(\gamma_2',\zeta,t) = \hat{B}_{\nu'1}\cos\left[\tilde{\nu}'\gamma_2' - (\omega_{\nu'1}t - \tilde{\nu}'\Omega)t + \tilde{\nu}'\varepsilon'\zeta - \varphi_{\nu'1} + \tilde{\nu}'\vartheta_0'\right]. \qquad (1.9.3)$$

Die Induktionswelle besitzt relativ zum Läufer die Kreisfrequenz

$$\omega_{\nu'2} = |\omega_{\nu'1} - \tilde{\nu}'\Omega|. \qquad (1.9.4)$$

Es bietet sich an, analog zum Schlupf s, der die Drehzahl des Hauptwellenfelds relativ zum Läufer als

$$s = 1 - \frac{n}{n_0} = \frac{n_0 - n}{n_0}$$

kennzeichnet, einen Schlupf $s_{\nu'}$ für das Oberwellenfeld des Ständers mit der Ordnungszahl ν' einzuführen als

$$s_{\nu'} = 1 - \frac{n}{n_{\nu'}} = \frac{n_{\nu'} - n}{n_{\nu'}},$$

der als *Oberfeldschlupf* oder *Oberwellenschlupf* bezeichnet wird. Dabei ist entsprechend (1.3.8b), Seite 56,

$$n_{\nu'} = \frac{1}{2\pi} \frac{\omega_{\nu'1}}{\tilde{\nu}'} \qquad (1.9.5)$$

die synchrone Drehzahl der Induktionswelle. Man erhält entsprechend (1.5.76), Seite 115, die Beziehung

$$s_{\nu'} = 1 - \tilde{\nu}' \frac{\Omega}{\omega_{\nu'1}} = 1 - \frac{\tilde{\nu}'}{p} \frac{\omega_1}{\omega_{\nu'1}}(1-s) , \qquad (1.9.6)$$

wenn als ω_1 die Kreisfrequenz der Grundschwingung des Ständerstroms eingeführt wird. Damit lässt sich (1.9.4) auch als

$$\omega_{\nu'2} = |s_{\nu'}|\omega_{\nu'1} = \omega_1 \left| \frac{\omega_{\nu'1}}{\omega_1} - (1-s)\frac{\tilde{\nu}'}{p} \right| \qquad (1.9.7)$$

darstellen. Der Zusammenhang zwischen dem Schlupf $s_{\nu'}$ der Induktionswelle mit dem Feldwellenparameter $\tilde{\nu}'$ und der Winkelgeschwindigkeit Ω des Läufers ist im Bild 1.9.1 dargestellt. Gelegentlich ist es vorteilhaft, $\omega_{\nu'2}$ auf die Kreisfrequenz der Grundschwingung des Ständerstroms bezogen als

$$s_{\nu'}^* = \frac{\omega_{\nu'2}}{\omega_1} = \frac{\omega_{\nu'1}}{\omega_1} s_{\nu'} = \frac{\omega_{\nu'1}}{\omega_1} - \frac{\tilde{\nu}'}{p}(1-s) \qquad (1.9.8)$$

anzugeben, wobei $s_{\nu'}^*$ dann natürlich nicht mehr den Schlupf der entsprechenden Induktionsdrehwelle bezüglich ihrer synchronen Drehzahl darstellt. Für $\omega_{\nu'1} = \omega_1$, d. h. für alle von der Grundschwingung des Ständerstroms erzeugten Wicklungsfelder, gehen (1.9.6) und (1.9.8) ineinander über, d. h. es gilt $s_{\nu'}^* = s_{\nu'}$.

Für den Fluss $\Phi_{M\nu'\rho}$ der Feldwelle $B_{\nu'1}$ durch die Masche ρ [vgl. (1.6.54), S. 156] erhält man unter Berücksichtigung der Schrägung

$$\Phi_{M\nu'\rho}(t) = \frac{p}{\pi}\tau_p l_i \int\limits_{-1/2\,\gamma'_{M\rho}-\alpha'_n/2}^{1/2\,\gamma'_{M\rho}+\alpha'_n/2} \int \hat{B}_{\nu'1} \cos[\tilde{\nu}'\gamma'_2 - s_{\nu'}\omega_{\nu'1}t + \tilde{\nu}'\varepsilon'\zeta - \varphi_{\nu'1} + \tilde{\nu}'\vartheta'_0]\,\mathrm{d}\gamma'_2\,\mathrm{d}\zeta$$

$$= \tau_{n2} l_i \xi_{K,\nu'} \xi_{\mathrm{schr},\nu'} \hat{B}_{\nu'1} \cos[s_{\nu'}\omega_{\nu'1}t + \varphi_{\nu'1} - (\rho-1)\tilde{\nu}'\alpha'_n - \tilde{\nu}'\vartheta'_0] . \qquad (1.9.9)$$

Dabei wurde der Kopplungsfaktor $\xi_{K,\nu'}$ des Käfigs für eine Harmonische der Ordnungszahl ν' als

$$\boxed{\xi_{K,\nu'} = \frac{\sin\dfrac{\tilde{\nu}'\alpha'_n}{2}}{\dfrac{\tilde{\nu}'\alpha'_n}{2}} = \frac{\sin\dfrac{\nu'\alpha'_n}{2}}{\dfrac{\nu'\alpha'_n}{2}} = \frac{\sin\dfrac{\nu\alpha_n}{2}}{\dfrac{\nu\alpha_n}{2}} = \frac{\sin\dfrac{\nu'\pi}{N_2}}{\dfrac{\nu'\pi}{N_2}}} \qquad (1.9.10)$$

eingeführt. Er hat eine ähnliche Funktion wie der Wicklungsfaktor bei Wicklungen mit ausgebildeten Strängen, indem er das Vorzeichen regelt und den Einfluss der Maschenweite bzw. des Nutteilungswinkels α'_n auf die Flussamplitude beschreibt. Die

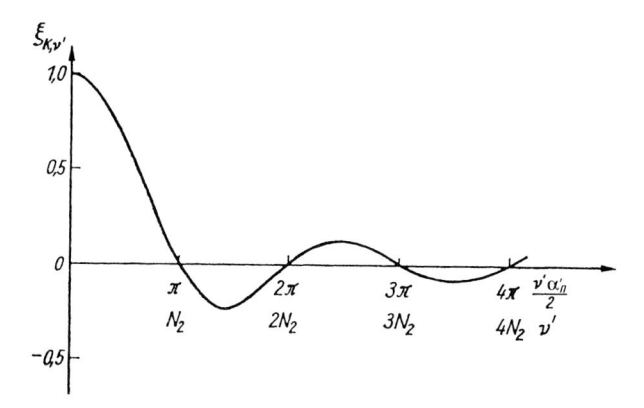

Bild 1.9.2 Kopplungsfaktor $\xi_{K,\nu'}$ nach (1.9.10) als Funktion von $\nu'\alpha'_n/2$ oder von $\nu' = (\nu'\alpha'_n/2)N_2/\pi$

Flussamplitude verschwindet, und damit wird $\xi_{K,\nu'} = 0$, wenn die Maschenweite $\tau_{n2} = D\pi/N_2 = \alpha'_n D/2$ ein ganzes Vielfaches der Wellenlänge $D\pi/\nu'$ der betrachteten Feldwelle beträgt, d. h. für $\nu'\alpha'_n/2 = g\pi$. Die Flussamplitude ist gleich dem Fluss der konstanten Induktion $\hat{B}_{\nu'1}$ über der Maschenfläche $\tau_{n2}l_i$, und damit wird $\xi_{K,\nu'} = 1$, wenn $\tau_{n2} \ll D\pi/\nu'$ ist, d. h. für $\nu'\alpha'_n/2 \to 0$. Den vollständigen Verlauf von $\xi_{K,\nu'}$ als Funktion von $\nu'\alpha'_n/2$ bzw. von $\nu' = \nu'\alpha'_n N_2/(2\pi)$ zeigt Bild 1.9.2.

Die Flüsse $\Phi_{M\nu'1}, \ldots, \Phi_{M\nu'N_2}$ nach (1.9.9) bilden ein symmetrisches Mehrphasensystem. Man erhält in der Darstellung der komplexen Wechselstromrechnung

$$\underline{\Phi}_{M\nu'\rho} = \underline{\Phi}_{M\nu'1} e^{-j(\rho-1)\tilde{\nu}'\alpha'_n} = \underline{\Phi}_{M\nu'} e^{-j(\rho-1)\tilde{\nu}'\alpha'_n}, \quad (1.9.11)$$

wenn als Bezugsmasche wiederum die Masche 1 verwendet und auf den Index 1 zu ihrer Kennzeichnung verzichtet wird. Dabei ist

$$\Phi_{M\nu'\rho}(t) = \operatorname{Re}\{\underline{\Phi}_{M\nu'\rho} e^{js_{\nu'}\omega_1 t}\} = \operatorname{Re}\left\{\hat{\Phi}_{M\nu'1} e^{j[s_{\nu'}\omega_1 t - (\rho-1)\tilde{\nu}'\alpha'_n]}\right\} \quad (1.9.12)$$

mit $\quad \underline{\Phi}_{M\nu'1} = \underline{\Phi}_{M\nu'} = \tau_{n2} l_i \xi_{K,\nu'} \xi_{\text{schr},\nu'} \hat{B}_{\nu'1} e^{j(\varphi_{\nu'1} - \tilde{\nu}'\vartheta'_0)} . \quad (1.9.13)$

Man erkennt aus (1.9.12), dass die Phasenfolge der Maschenflüsse durch das Vorzeichen des Schlupfs $s_{\nu'}$ bestimmt wird. Bei positiven Werten des Schlupfs ist sie positiv, und die von den Maschenflüssen durch Induktionswirkung hervorgerufenen Ströme werden ihrerseits eine relativ zum Läufer positiv umlaufende Induktionsdrehwelle der Ordnungszahl ν' aufbauen. Bei negativen Werten von $s_{\nu'}$ erhält man eine relativ zum Läufer negativ umlaufende Welle. In beiden Fällen entspricht der Umlaufsinn der erregten Welle dem der verursachenden. In der Zeigerdarstellung folgt auf den Zeiger des Flusses $\underline{\Phi}_{M\nu'\rho}$ der Zeiger des Flusses $\underline{\Phi}_{M\nu'\rho+1}$ im mathematisch negativen Sinn um $\tilde{\nu}'\alpha'_n$ verschoben.

Die Flüsse nach (1.9.9) induzieren in den Käfigmaschen Spannungen, die ihrerseits Ströme antreiben. Aufgrund der Symmetrie der Anordnung bilden die Stabströme und

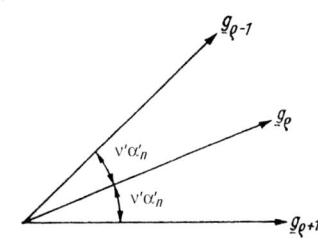

Bild 1.9.3 Darstellung der Zeiger $\underline{g}_{\rho-1}$, $\underline{g}_\rho$ und $\underline{g}_{\rho+1}$ einer allgemeinen Läufergröße g entsprechend (1.9.16)

die Ringströme, die auch als Maschenströme aufgefasst werden können, ebenfalls symmetrische Mehrphasensysteme. Sie lassen sich demnach in Analogie zu (1.9.9) formulieren als

$$i_{\mathrm{M}\nu'\rho} = \hat{i}_{\mathrm{M}\nu'} \cos[s_{\nu'}\omega_1 t + \varphi_{\mathrm{iM}\nu'} - (\rho - 1)\tilde{\nu}'\alpha'_{\mathrm{n}}] \qquad (1.9.14a)$$

$$i_{\mathrm{s}\nu'\rho} = \hat{i}_{\mathrm{s}\nu'} \cos[s_{\nu'}\omega_1 t + \varphi_{\mathrm{is}\nu'} - (\rho - 1)\tilde{\nu}'\alpha'_{\mathrm{n}}] \qquad (1.9.14b)$$

und ergeben sich damit in der Darstellung der komplexen Wechselstromrechnung zu

$$\underline{i}_{\mathrm{M}\nu'\rho}(t) = \underline{i}_{\mathrm{M}\nu'1} e^{-j(\rho-1)\tilde{\nu}'\alpha'_{\mathrm{n}}} = \underline{i}_{\mathrm{M}\nu'} e^{-j(\rho-1)\tilde{\nu}'\alpha'_{\mathrm{n}}} \qquad (1.9.15a)$$

$$\underline{i}_{\mathrm{s}\nu'\rho}(t) = \underline{i}_{\mathrm{s}\nu'1} e^{-j(\rho-1)\tilde{\nu}'\alpha'_{\mathrm{n}}} = \underline{i}_{\mathrm{s}\nu'} e^{-j(\rho-1)\tilde{\nu}'\alpha'_{\mathrm{n}}} . \qquad (1.9.15b)$$

Die grafischen Darstellungen der N_2 Zeiger der Flüsse bzw. der Ströme nach (1.9.11) bis (1.9.15a,b) bilden je einen symmetrischen Stern. Die Zahl der voneinander verschiedenen Zeiger des Sterns und deren Nummerierung hängt wie bei einem Nutenspannungsstern (s. Abschn. 1.6.4, S. 145) vom Verhältnis der Nutzahl N_2 und der Ordnungszahl ν' der induzierenden Induktionsdrehwelle ab. Bild 1.9.3 zeigt als Teil eines derartigen Sterns die Zeiger $\underline{g}_{\rho-1}$, $\underline{g}_\rho$ und $\underline{g}_{\rho+1}$ einer allgemeinen Läufergröße g, deren Phasenlagen in Verallgemeinerung von (1.9.11) bis (1.9.15a,b) gegeben sind durch

$$\underline{g}_\rho = \underline{g}_1 e^{-j(\rho-1)p\alpha'_{\mathrm{n}}} . \qquad (1.9.16)$$

Dieses Zeigerbild ist offensichtlich unabhängig davon, ob der Schlupf positive oder negative Werte annimmt. Es ist aber zu beachten, dass zwischen dem Augenblickswert g und der komplexen Darstellung $\underline{g}$ einer Läufergröße die Beziehung $g = \mathrm{Re}\{\underline{g}e^{j\omega_{\nu'2}t}\}$ besteht. Demnach ändert sich der Umlaufsinn des rotierenden Zeigers $\underline{g}e^{j\omega_{\nu'2}t}$ beim Übergang von positiven zu negativen Werten des Schlupfs. Damit wird $\underline{g}_{\rho+1}$ voreilend gegenüber $\underline{g}_\rho$ und dieses voreilend gegenüber $\underline{g}_{\rho-1}$. Die Phasenfolge kehrt sich um. Diese Umkehr der Bewertung der relativen Phasenlage zwischen zwei beliebigen Läufergrößen beim Übergang von $s > 0$ auf $s < 0$ gilt natürlich ganz allgemein.

Als Beziehung zwischen den Stab- und Maschen- bzw. Ringströmen erhält man ausgehend von Bild 1.8.10, Seite 239, durch Einführen von (1.9.15a)

$$\underline{i}_{\mathrm{s}\nu'\rho} = \underline{i}_{\mathrm{M}\nu'\rho} - \underline{i}_{\mathrm{M}\nu'\rho+1} = 2\sin\frac{\tilde{\nu}'\alpha'_{\mathrm{n}}}{2}\hat{i}_{\mathrm{M}\nu'}e^{-j[\varphi_{\mathrm{iM}\nu'}+\pi/2-(\rho-1)\tilde{\nu}'\alpha'_{\mathrm{n}}]} . \qquad (1.9.17)$$

Bild 1.9.4 Zeigerbild der Maschenströme $\underline{i}_{M\rho}$ und $\underline{i}_{M\rho+1}$ sowie des Stabstroms $\underline{i}_{s\rho}$

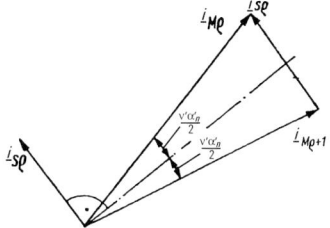

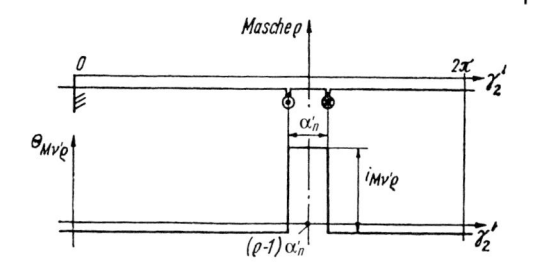

Bild 1.9.5 Durchflutungsverteilung des Maschenstroms $i_{M\nu'\rho}$ in der Masche ρ des Käfigläufers für einen beliebigen Zeitpunkt

Im Bild 1.9.4 ist das entsprechende Zeigerbild dargestellt. Aus (1.9.17) folgt die bekannte Beziehung zwischen den Amplituden bzw. Effektivwerten der Stabströme und denen der Maschen- bzw. Ringströme als

$$\boxed{\frac{\hat{i}_{s\nu'}}{\hat{i}_{M\nu'}} = \frac{I_{s\nu'}}{I_{M\nu'}} = 2\sin\frac{\nu'\alpha_n'}{2}}. \tag{1.9.18}$$

Die resultierende Durchflutungsverteilung des Käfigs kann nun aus der Überlagerung der Durchflutungsverteilungen der einzelnen Maschenströme nach (1.9.14a) gewonnen werden. Es wird also analog vorgegangen wie im Abschnitt 1.5.5.6, Seite 112, bei der Ermittlung der Durchflutungsverteilung der dreisträngigen Ständerwicklung. Wie dort werden von vornherein die einzelnen Durchflutungsharmonischen betrachtet. Die Durchflutungsverteilung der Masche ρ ist im Bild 1.9.5 dargestellt. Ihre harmonische Analyse liefert mit Anhang III als Harmonische μ'

$$\Theta_{M\nu'\rho\mu'}(\gamma_2',t) = \frac{2}{\pi}\frac{1}{\mu'}\sin\frac{\mu'\alpha_n'}{2}\hat{i}_{M\nu'}\cos[s_{\nu'}\omega_{\nu'1}t + \varphi_{iM\nu'} - (\rho-1)\tilde{\nu}'\alpha_n']$$
$$\cdot \cos[\mu'\gamma_2' - (\rho-1)\mu'\alpha_n'] \, .$$

Wenn diese stehende Welle in bekannter Weise mittels trigonometrischer Umformungen (s. Anh. IV) in zwei gegenläufige Drehwellen zerlegt wird und gleichzeitig die Komponenten aller N_2 Maschen des Käfigs überlagert werden, erhält man

$$\Theta_{\nu'\mu'2}(\gamma_2',t)$$
$$= \frac{1}{\pi}\frac{1}{\mu'}\sin\frac{\mu'\alpha_n'}{2}\hat{i}_{M\nu'}\sum_{\rho=1}^{N_2}\cos[-\mu'\gamma_2' + s_{\nu'}\omega_{\nu'1}t + \varphi_{iM\nu'} - (\rho-1)\alpha_n'(\tilde{\nu}'-\mu')]$$
$$+ \frac{1}{\pi}\frac{1}{\mu'}\sin\frac{\mu'\alpha_n'}{2}\hat{i}_{M\nu'}\sum_{\rho=1}^{N_2}\cos[\mu'\gamma_2' + s_{\nu'}\omega_{\nu'1}t + \varphi_{iM\nu'} - (\rho-1)\alpha_n'(\tilde{\nu}'+\mu')] \, .$$

Eine resultierende positiv umlaufende Welle kann nur entstehen, wenn unter Verwendung von $\alpha'_n = 2\pi/N_2$

$$\alpha'_n(\mu' - \tilde{\nu}') = g2\pi$$

bzw.
$$\mu' = gN_2 + \tilde{\nu}' \text{ mit } g \in \mathbb{N}_0$$

ist. Eine resultierende negativ umlaufende Welle setzt voraus, dass

$$\alpha'_n(\mu' + \tilde{\nu}') = g2\pi$$

bzw.
$$\mu' = gN_2 - \tilde{\nu}' \text{ mit } g \in \mathbb{N}_0$$

ist. Man erhält als einheitliche Darstellungsform für eine Durchflutungsdrehwelle der Käfigströme, die von einer Induktionswelle der Ständerströme mit $\nu' = |\tilde{\nu}'|$ nach (1.9.1) bzw. (1.9.3) herrührt,

mit
$$\Theta_{\nu'\mu'2}(\gamma'_2, t) = \xi_{K,\mu'}\hat{i}_{M\nu'}\cos[\tilde{\mu}'\gamma'_2 - s_{\nu'}\omega_{\nu'1}t - \varphi_{iM\nu'}] \tag{1.9.19}$$
$$\tilde{\mu}' = g_2 N_2 + \tilde{\nu}' \text{ und } g_2 \in \mathbb{Z} . \tag{1.9.20}$$

Dabei tritt wiederum der Kopplungsfaktor nach (1.9.10) auf, jetzt allerdings für das Argument $\mu'\alpha'_n/2$. Das ist die gleiche Erscheinung, die auch bei der Betrachtung der Wicklungen mit ausgebildeten Strängen beobachtet wurde. Eine Wicklung, die keine Verkettung mit einer bestimmten Harmonischen des Luftspaltfelds besitzt, kann diese Harmonische auch nicht aufbauen.

Die Winkelgeschwindigkeit der Welle nach (1.9.19) beträgt im Koordinatensystem γ'_2 des Läufers

$$\frac{d\gamma'_2}{dt} = \frac{1}{\tilde{\mu}'}s_{\nu'}\omega_{\nu'1} = \frac{1}{\tilde{\mu}'}(\omega_{\nu'1} - \tilde{\nu}'\Omega) . \tag{1.9.21}$$

Im Koordinatensystem γ'_1 hat sie unter Beachtung von (1.9.2) die Größe

$$\frac{d\gamma'_1}{dt} = \frac{d\gamma'_2}{dt} + \Omega = \frac{1}{\tilde{\mu}'}s_{\nu'}\omega_{\nu'1} + \Omega = \frac{\omega_{\nu'1}}{\tilde{\mu}'} - \frac{\tilde{\nu}'}{\tilde{\mu}'}\Omega + \Omega = \frac{1}{\tilde{\mu}'}[\omega_{\nu'1} + (\tilde{\mu}' - \tilde{\nu}')\Omega] . \tag{1.9.22}$$

Damit erhält man ihre Drehzahl mit (1.9.5) zu

$$n_{\mu'} = \frac{1}{2\pi}\frac{d\gamma'_1}{dt} = \frac{1}{\tilde{\mu}'}[\tilde{\nu}'n_{\nu'} + (\tilde{\mu}' - \tilde{\nu}')n] . \tag{1.9.23}$$

Da N_2/p bei einem Käfigläufer keine ganze Zahl zu sein braucht, können nach (1.9.20) Drehwellen mit gebrochenen bezogenen – d. h. auf die Polpaarteilung bezogenen – Ordnungszahlen $\mu = \mu'/p$ auftreten.

Im Koordinatensystem des Ständers beobachtet man die Durchflutungsdrehwelle der Käfigströme nach (1.9.19) mit (1.9.2) und (1.9.6) als

$$\Theta_{\nu'\mu'2}(\gamma'_1, \zeta, t) = \xi_{K,\mu'}\hat{i}_{M\mu'}\cos\{\tilde{\mu}'\gamma'_1 - [\omega_{\nu'1} + (\tilde{\mu}' - \tilde{\nu}')\Omega]t - \tilde{\mu}'\varepsilon'\zeta - \tilde{\mu}'\vartheta'_0 - \varphi_{iM\nu'}\} . \tag{1.9.24}$$

Man erkennt, dass die Durchflutungswellen der Käfigströme relativ zum Ständer im allgemeinen Fall mit einer Frequenz zu beobachten sind, die nicht mit der Frequenz f_1 der Grundschwingung oder der Frequenz λf_1 einer Oberschwingung der Ständerströme übereinstimmt, die das im Käfig induzierende primäre Feld hervorgerufen haben. Es kommt also nicht in jedem Fall, d. h. nicht herrührend von jeder Durchflutungswelle des Käfigs und nicht bei jeder Drehzahl des Läufers zu einem zeitlich konstanten Energieumsatz. Voraussetzung für einen zeitlich konstanten Energieumsatz ist vielmehr, dass die von einer betrachteten Durchflutungswelle hervorgerufene Induktionswelle in den Ständersträngen Spannungen induziert, die in Frequenz und Phasenfolge mit denen der Ströme übereinstimmen, die das primäre Feld hervorgerufen haben.

Jede Ständerwelle mit dem Feldwellenparameter $\tilde{\nu}'$ ruft eine Folge von Läuferwellen mit den Feldwellenparametern $\tilde{\mu}'$ nach (1.9.20) hervor. Dabei treten außer einer Welle mit der Ordnungszahl $|\tilde{\mu}'| = |\tilde{\nu}'|$ der erregenden Ständerwelle sowohl Wellen mit höherer als auch solche mit niedrigerer Ordnungszahl auf, die als *Läuferrestfelder* oder kurz *Restfelder* bezeichnet werden. Sie ergeben sich aus der spezifischen Form der Treppenkurve der Durchflutungsverteilung, die von den Maschenströmen der Käfigmaschen aufgebaut wird und davon abhängt, welche Phasenverschiebung $\tilde{\nu}'\alpha'_n$ zwischen den Strömen aufeinander folgender Maschen besteht.

Jeder Durchflutungsdrehwelle nach (1.9.19) lässt sich über (1.5.14b), Seite 81, eine Drehwelle des Strombelags zuordnen. Sie ergibt sich zu

$$A_{\nu'\mu'2}(\gamma'_2, t) = -\frac{2}{D}\frac{d\Theta_{\nu'\mu'2}(\gamma'_2, t)}{d\gamma'_2} = \frac{2\tilde{\mu}'}{D}\xi_{K,\mu'}\hat{i}_{M\nu'}\cos\left[\tilde{\mu}'\gamma'_2 - s_{\nu'}\omega_{\nu'1}t - \varphi_{iM\nu'} - \frac{\pi}{2}\right]. \tag{1.9.25}$$

Vom Ständer aus wird die Strombelagswelle mit (1.9.2) und (1.9.6) beobachtet als

$$A_{\nu'\mu'2}(\gamma'_1, \zeta, t) = \frac{2}{D}\tilde{\mu}'\xi_{K,\mu'}\hat{i}_{M\nu'} \tag{1.9.26}$$
$$\cdot \cos\left\{\tilde{\mu}'\gamma'_1 - [\omega_{\nu'1}t + (\tilde{\mu}' - \tilde{\nu}')\Omega]t - \tilde{\mu}'\varepsilon'\zeta - \tilde{\mu}'\vartheta'_0 - \varphi_{iM\nu'} - \frac{\pi}{2}\right\}.$$

1.9.2
Spannungsgleichung einer Käfigwicklung

Die allgemeine Induktionsdrehwelle des Ständers, die auf den Energiefluss in der Maschine Einfluss nehmen kann, ist entsprechend den Überlegungen im Abschnitt 1.5.5.6, Seite 112, durch (1.9.1) bzw. (1.9.3) gegeben. Dabei wird zunächst davon ausgegangen, dass die Nutöffnung keinen Einfluss auf die Induktionsverteilung ausübt. In diesem Fall ruft jede Durchflutungsdrehwelle nach (1.5.72) über $B = (\mu_0/\delta''_i)\Theta = \lambda_{\delta 0}\Theta$ nur eine einzige Induktionsdrehwelle nach (1.9.1) bzw. (1.9.3) hervor. Man erhält einen Verkettungsmechanismus, wie ihn Bild 1.9.6 zeigt. Eine betrachtete Induktionsdrehwelle durchsetzt die Käfigmasche ρ mit dem Fluss $\Phi_{M\nu'\rho}$ nach (1.9.9) bzw. in der Darstellung der komplexen Wechselstromrechnung nach (1.9.11) mit (1.9.13). Dieser ruft durch Induktionswirkung den Maschenstrom $i_{M\nu'\rho}$ hervor, der sich entsprechend

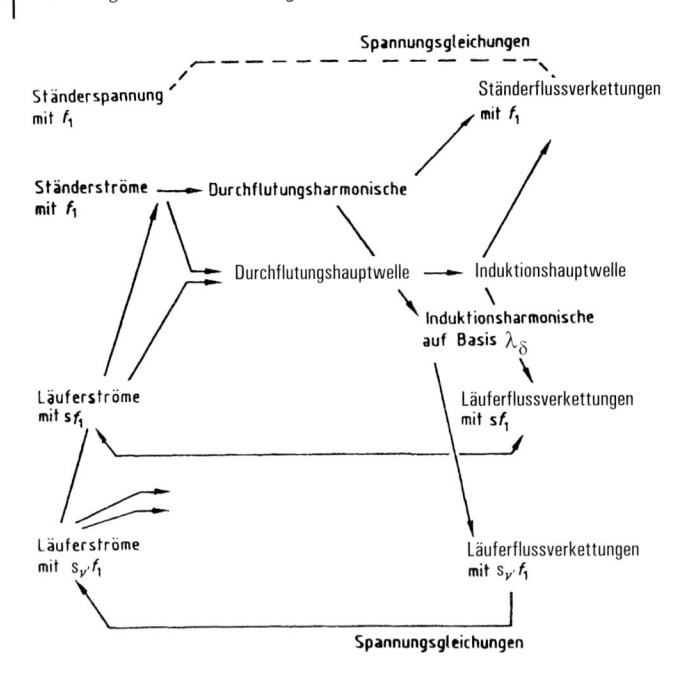

Bild 1.9.6 Verkettungsmechanismus unter Berücksichtigung der Induktionsdrehwellen des Ständers, die über $B = \lambda_{\delta 0}\Theta$ von den Durchflutungsdrehwellen des Ständers herrühren

(1.9.14a) bzw. in der Darstellung der komplexen Wechselstromrechnung entsprechend (1.9.15a) formulieren lassen muss.

Um quantitative Aussagen zu erhalten, ist es erforderlich, den Zusammenhang zwischen dem Fluss $\Phi_{\mathrm{M}\nu'\rho}$ und dem Maschenstrom $i_{\mathrm{M}\nu'\rho}$ zu ermitteln. Diesen Zusammenhang liefert die Spannungsgleichung der Käfigmaschen. Dabei wird im Folgenden von vornherein die Masche 1 betrachtet, die als Bezugsmasche dienen soll und deren Strom entsprechend (1.9.15a) zur Vereinfachung der Schreibweise als $\underline{i}_{\mathrm{M}\nu'}$ bezeichnet wird. Der zu betrachtende Ausschnitt des Käfigs ist im Bild 1.9.7 schematisch dargestellt (vgl. Bild 2.1.8, S. 306).

Von der betrachteten Induktionswelle des Ständers her wird die Masche 1 von einem Fluss entsprechend (1.9.9) durchsetzt. Einen zweiten Anteil zum Fluss des Luftspaltfelds durch diese Masche liefert das Luftspaltfeld der Maschenströme $i_{\mathrm{M}\nu'\rho}$. Da entsprechend den Überlegungen im Abschnitt 1.5.5.1, Seite 92, zwischen Ständer- und Läuferblechpaket über den Außenraum i. Allg. kein magnetischer Spannungsabfall existiert, erhält man die über der Maschenfläche herrschende Induktion mit Bild 1.9.8 unmittelbar zu

$$B_{\mathrm{M}\nu'} = \frac{\mu_0}{\delta_\mathrm{i}''} i_{\mathrm{M}\nu'}$$

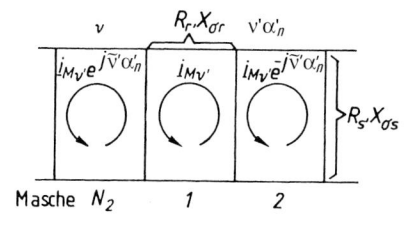

1.9 Rückwirkung kurzgeschlossener Wicklungsteile auf das Luftspaltfeld

Bild 1.9.7 Ausschnitt des Käfigs im Bereich der Masche 1 mit den Maschenströmen entsprechend (1.9.15a)

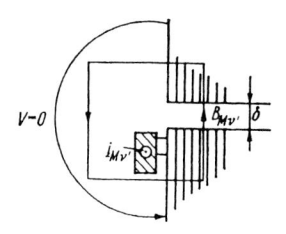

Bild 1.9.8 Integrationsweg zur Ermittlung des vom Maschenstrom $i_{\mathrm{M}\nu'}$ aufgebauten Luftspaltfelds

und damit als Beitrag zum Fluss durch die Masche 1

$$\underline{\Phi}_{\mathrm{M}\nu'} = \frac{\mu_0}{\delta_i''}\tau_{\mathrm{n}2}l_i\underline{i}_{\mathrm{M}\nu'} \ . \tag{1.9.27}$$

Der Faktor vor $\underline{i}_{\mathrm{M}\nu'}$ stellt offensichtlich die dem Luftspaltfeld zugeordnete Selbstinduktivität der Käfigmaschen dar. Damit lässt sich nunmehr die Spannungsgleichung der Käfigmasche aufstellen. Man erhält ausgehend von Bild 1.9.7 mit (1.9.9) und (1.9.27), wenn die Frequenz der Läufergrößen entsprechend (1.9.14a) durch $s_{\nu'}\omega_{\nu'1}$ mit $s_{\nu'}$ nach (1.9.6) ausgedrückt wird,

$$0 = 2[R_{\mathrm{s}} + R_{\mathrm{r}} + \mathrm{j}s_{\nu'}(X_{\sigma\mathrm{s}} + X_{\sigma\mathrm{r}})]\underline{i}_{\mathrm{M}\nu'} - [R_{\mathrm{s}} + \mathrm{j}s_{\nu'}X_{\sigma\mathrm{s}}]\underline{i}_{\mathrm{M}\nu'}\left(\mathrm{e}^{\mathrm{j}\tilde{\nu}'\alpha_{\mathrm{n}}'} + \mathrm{e}^{-\mathrm{j}\tilde{\nu}'\alpha_{\mathrm{n}}'}\right)$$
$$+\mathrm{j}s_{\nu'}\omega_{\nu'1}\frac{\mu_0}{\delta_i''}\tau_{\mathrm{n}2}l_i\underline{i}_{\mathrm{M}\nu'} + \mathrm{j}s_{\nu'}\omega_{\nu'1}\tau_{\mathrm{n}2}l_i\xi_{\mathrm{K},\nu'}\xi_{\mathrm{schr},\nu'}\hat{B}_{\nu'1}\mathrm{e}^{\mathrm{j}(\varphi_{\nu'1}-\tilde{\nu}'\vartheta_0')} \ .$$

Daraus folgt mit $2 - \mathrm{e}^{\mathrm{j}\tilde{\nu}'\alpha_{\mathrm{n}}'} - \mathrm{e}^{-\mathrm{j}\tilde{\nu}'\alpha_{\mathrm{n}}'} = 4\sin^2\nu'\alpha_{\mathrm{n}}'/2$, wenn gleichzeitig durch $s_{\nu'}$ dividiert wird,

$$0 = \left(\frac{R_{\mathrm{M}\nu'}}{s_{\nu'}} + \mathrm{j}X_{\mathrm{M}\nu'}\right)\underline{i}_{\mathrm{M}\nu'} + \mathrm{j}\omega_{\nu'1}\tau_{\mathrm{n}2}l_i\xi_{\mathrm{K},\nu'}\xi_{\mathrm{schr},\nu'}\hat{B}_{\nu'1}\mathrm{e}^{\mathrm{j}(\varphi_{\nu'1}-\tilde{\nu}'\vartheta_0')} \tag{1.9.28}$$

mit $R_{\mathrm{M}\nu'} = 4R_{\mathrm{s}}\sin^2\frac{\nu'\alpha_{\mathrm{n}}'}{2} + 2R_{\mathrm{r}}$ (1.9.29)

$$X_{\mathrm{M}\nu'} = \underbrace{4X_{\sigma\mathrm{s}}\sin^2\frac{\nu'\alpha_{\mathrm{n}}'}{2} + 2X_{\sigma\mathrm{r}}}_{X_{\sigma\mathrm{M}\nu'}} + \underbrace{\omega_{\nu'1}\frac{\mu_0}{\delta_i''}\tau_{\mathrm{n}2}l_i}_{X_{\delta\mathrm{M}}} = X_{\sigma\mathrm{M}\nu'} + X_{\delta\mathrm{M}} \ . \tag{1.9.30}$$

Dabei sind der Widerstand $R_{\mathrm{M}\nu'}$ und die Gesamtreaktanz $X_{\mathrm{M}\nu'}$ der Masche wegen des Faktors $\sin^2\nu'\alpha_{\mathrm{n}}'/2$ von der Ordnungszahl ν' der betrachteten Ständerwelle abhängig.

Aus (1.9.28) erhält man $\underline{i}_{M\nu'}$ als

$$\underline{i}_{M\nu'} = -\omega_{\nu'1}\tau_{n2} \quad l_i \xi_{K,\nu'} \xi_{\text{schr},\nu'} \hat{B}_{\nu'1} \frac{1}{Z_{M\nu'}(s_{\nu'})} e^{j(\varphi_{\nu'1}-\varphi_{ZM\nu'}+\pi/2-\tilde{\nu}'\vartheta'_0)} \quad (1.9.31)$$

mit $\quad \underline{Z}_{M\nu'}(s_{\nu'}) = Z_{M\nu'}(s_{\nu'})e^{j\varphi_{ZM\nu'}} = \dfrac{R_{M\nu'}}{s_{\nu'}} + jX_{M\nu'} \, .$ (1.9.32)

Es wird deutlich, dass die Wirkung einer Induktionswelle $B_{\nu'1}$ des Ständers auf den Käfig entscheidend vom Kopplungsfaktor $\xi_{K,\nu'}$ nach (1.9.10) bzw. Bild 1.9.2 sowie vom Schrägungsfaktor $\xi_{\text{schr},\nu'}$ nach (1.6.56), Seite 156, abhängt. Durch zweckmäßige Schrägung kann die Kopplung mit einer bestimmten Induktionswelle vollständig vermieden werden.

Um das für die ersten Nutharmonischen des Ständers weitgehend zu erreichen, muss nach den Überlegungen im Abschnitt 1.6.6 um eine Ständernutteilung geschrägt werden. Das Wirksamwerden der Schrägung setzt allerdings voraus, dass der Käfig gegenüber dem Blechpaket isoliert ist. Andernfalls schließen sich die Maschenströme teilweise über das Blechpaket und machen dadurch den Effekt der Schrägung z. T. rückgängig. Darauf wird in den Abschnitten 2.5.2, Seite 397, und 2.5.4, Seite 414, nochmals einzugehen sein.

1.9.3
Einführung des Felddämpfungsfaktors

Der in einer kurzgeschlossenen Läuferwicklung aufgrund der Induktionswirkung einer sog. primären Induktionsdrehwelle $B_{\nu'1}$ fließende Strom erzeugt entsprechend (1.9.19) abgesehen von den Läuferrestfeldern seinerseits vor allem eine Durchflutungswelle derselben Ordnungszahl ν'_1 und Frequenz, die eine rückwirkende sog. sekundäre Induktionsdrehwelle $B_{\nu'2}$ hervorruft, die sich der primären überlagert. Die entstehende resultierende Induktionsdrehwelle $B_{\nu'\text{res}}$ weist eine geringere Amplitude als die primäre auf und ist ihr gegenüber phasenverschoben. Man spricht in diesem Zusammenhang von der *Abdämpfung* der primären Induktionsdrehwelle bzw. kurz von der Felddämpfung.

Dieser Effekt kann auf einfache Weise durch den sog. *Felddämpfungsfaktor* $\underline{d}_{\nu'}$ beschrieben werden. Da $B_{\nu'1}$ und $B_{\nu'2}$ dieselbe Ordnungszahl und Frequenz aufweisen,

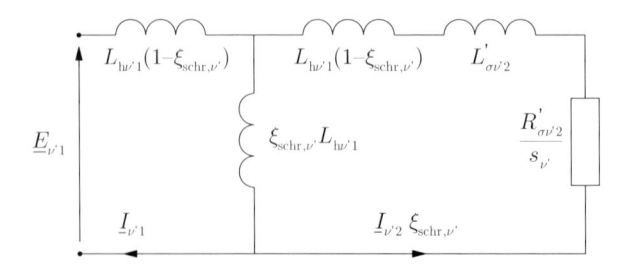

Bild 1.9.9 Ersatzschaltbild für die Rückwirkung einer kurzgeschlossenen Läuferwicklung auf eine Induktionsdrehwelle

kann der Felddämpfungsfaktor eingeführt werden als

$$\underline{d}_{\nu'} = \frac{\underline{B}_{\nu'\text{res}}}{\underline{B}_{\nu'1}} = \frac{\underline{B}_{\nu'1} + \underline{B}_{\nu'2}}{\underline{B}_{\nu'1}} . \qquad (1.9.33\text{a})$$

Im Fall $\underline{d}_{\nu'} = 0$ wird das primäre Feld vollständig und im Fall $\underline{d}_{\nu'} = 1$ gar nicht abgedämpft. Die Zusammenhänge können auch durch das im Bild 1.9.9 gezeigte Ersatzschaltbild für eine Induktionsdrehwelle dargestellt werden, dessen Entstehung im Abschnitt 2.5.2, Seite 397, noch genauer erläutert wird. Darin bezeichnet $L_{\text{h}\nu'1}$ die der primären Induktionswelle zugeordnete, auf die Ständerwicklung bezogene Induktivität und $R'_{\nu'2}$ bzw. $L'_{\sigma\nu'2}$ den auf die Ständerwicklung bezogenen Widerstand bzw. die bezogene Streuinduktivität der kurzgeschlossenen Läuferwicklung. Diese müssen unter Berücksichtigung der Ordnungszahl ν' und bei stromverdrängungsbehafteter Läuferwicklung auch der Frequenz ermittelt werden. Der Felddämpfungsfaktor kann damit auch aus dem Verhältnis der Gesamtimpedanz des Ersatzschaltbilds für einen Oberfeldschlupf $s_{\nu'}$ zu derjenigen im Fall $s_{\nu'} = 0$ entsprechend

$$\underline{d}_{\nu'} = \frac{1}{\text{j}\omega_{\nu'1}L_{\text{h}\nu'1}}\bigg\{ \text{j}(1-\xi_{\text{schr},\nu'})\omega_{\nu'1}L_{\text{h}\nu'1}$$

$$+ \frac{\text{j}\xi_{\text{schr},\nu'}\omega_{\nu'1}L_{\text{h}\nu'1}\left[\text{j}(1-\xi_{\text{schr},\nu'})\omega_{\nu'1}L_{\text{h}\nu'1} + R'_{\nu'2}/s_{\nu'} + \text{j}\omega_{\nu'1}L'_{\sigma\nu'2}\right]}{R'_{\nu'2}/s_{\nu'} + \text{j}\omega_{\nu'1}(L'_{\sigma\nu'2} + L_{\text{h}\nu'1})}\bigg\}$$

$$= 1 - \frac{\text{j}\xi^2_{\text{schr},\nu'}s_{\nu'}\omega_{\nu'1}L_{\text{h}\nu'1}}{R'_{\nu'2} + \text{j}s_{\nu'}\omega_{\nu'1}(L'_{\sigma\nu'2} + L_{\text{h}\nu'1})} \qquad (1.9.33\text{b})$$

$$= 1 + \xi_{\text{schr},\nu'}\frac{\underline{i}'_{\nu'2}}{\underline{i}_{\nu'1}} \qquad (1.9.33\text{c})$$

bestimmt werden. Dabei ergibt sich die letzte Schreibweise direkt aus (1.9.33a), da das resultierende Feld entsprechend $\underline{B}_{\nu'\text{res}} \sim \underline{i}_{\nu'1} + \xi_{\text{schr},\nu'}\underline{i}'_{\nu'2}$ der geometrischen Summe der Ströme proportional ist, die das primäre Feld bzw. das rückwirkende Feld hervorrufen. Analog dazu gilt $\underline{B}_{\nu'1} \sim \underline{i}_{\nu'1}$. Die der resultierenden Induktionsdrehwelle zugeordnete Gesamtimpedanz ist damit $\text{j}\underline{d}_{\nu'}\omega_{\nu'1}L_{\text{h}\nu'1}$, und die von ihr in der Ständerwicklung induzierte Spannung

$$\underline{e}_{\nu'1} = -\text{j}\underline{d}_{\nu'}\omega_{\nu'1}L_{\text{h}\nu'1}(\underline{i}_{\nu'1} + \xi_{\text{schr},\nu'}\underline{i}'_{\nu'2}) = -\text{j}\underline{d}_{\nu'}\omega_{\nu'1}L_{\text{h}\nu'1}\underline{i}_{\nu'1} \qquad (1.9.34)$$

tritt am Eingang des Ersatzschaltbilds nach Bild 1.9.9 in Erscheinung.

Ein Käfigläufer tritt mit Induktionsdrehwellen beliebiger Ordnungszahl ν' in Wechselwirkung, so dass (1.9.33a,b,c) für alle ν' gelten. Im Fall eines Schleifringläufers darf (1.9.33a,b,c) nur auf Drehwellen angewendet werden, die die Ordnungszahlen der Wicklungsfelder mit $\nu' = |p(1+2m_2g_2)|$ besitzen, da nur diese ein symmetrisches Stromsystem in der Läuferwicklung hervorrufen. Dabei ist zu beachten, dass jedes symmetrische System der Strangströme in einem Schleifringläufer immer vor allem eine Hauptwelle mit $\mu' = p$ hervorruft. Das bedeutet aus Sicht der Abdämpfung einer Induktionsdrehwelle der Ordnungszahl $\nu' \neq p$, dass diese Hauptwelle den Läuferrestfeldern zuzurechnen ist. Schleifringläufer besitzen daher für $\nu' \neq p$ eine außerordentlich Oberwellenstreuung und damit ein großes $L'_{\sigma\nu'2}$. Die anderen $\nu' \neq |p(1 + 2m_2g_2)|$ können bei einem Schleifringläufer Kreisströme innerhalb der parallelen Zweige der Stränge hervorrufen. Für diesen Fall gelten die im Abschnitt 1.9.5 angestellten Überlegungen.

Einen Sonderfall stellen im Normalfall einer dreisträngigen Läuferwicklung die Ordnungszahlen $\nu = 3pg$ dar, die in den Strängen gleichphasig induzieren und daher im Fall einer Sternschaltung der Läuferwicklung keine Ströme und im Fall einer Dreieckschaltung Kreisströme im Dreieck treiben. Die Beziehungen (1.9.33a,b,c) gelten für diesen Sonderfall gleichphasiger Strangströme nicht, da sie unter der Voraussetzung eines symmetrischen Stromsystems entwickelt wurden.

1.9.4
Ersatznetzwerke zur Berücksichtigung der Stromverdrängung

Die Verwendung konstanter Widerstände und Induktivitäten für Läufer mit stromverdrängungsbehafteter Käfigwicklung wie Hochstabläufer oder Doppelkäfigläufer ist zunächst nur für einen festen Betriebspunkt zulässig. Bei quasistationären Vorgängen, d. h. bei hinreichend langsamen Änderungen der Drehzahl bzw. des Drehmoments, kann die Abhängigkeit der Widerstände und Induktivitäten vom Schlupf durch eine entsprechende Anpassung dieser Größen berücksichtigt werden. Bei schnellen Zustandsänderungen ist eine quasistationäre Betrachtung jedoch nicht mehr zulässig. Schwierigkeiten bereitet vor diesem Hintergrund auch die Behandlung stromrichtergespeister Maschinen, in denen sich Vorgänge verschiedener Frequenzen überlagern, wobei für jede Frequenz andere Ersatzgrößen gelten können.

Da die erforderliche Feldbeschreibung der Vorgänge in den Stäben auf kaum auswertbare Beziehungen führen würde, bietet sich als Ausweg der einer Diskretisierung an. Dazu wird der Hochstab in n übereinander liegende Teilleiter aufgelöst, deren Teilleiterhöhe h_T so klein ist, dass auch bei sehr schnellen Stromänderungen mit einer gleichmäßigen Verteilung des Stroms im Teilleiter gerechnet werden kann. Damit sind die Widerstände und Streuinduktivitäten der Teilleiter nur noch von der Geometrie abhängig.

Im Fall einer stromrichtergespeisten Maschine enthält der Läuferstrom jedoch auch Anteile mit Frequenzen oberhalb von 1000 Hz, was eine sehr hohe Zahl von Teilleitern erfordern würde. Ein Ausweg besteht darin, den stromverdrängungsbehafteten Anteil von R_2 und $L_{\sigma2}$ durch einen Kettenleiter aus parallelgeschalteten R-L-Gliedern (s. Bild 1.9.10) zu ersetzen [25]. Die einzelnen Widerstände und Induktivitäten des Kettenleiters müssen dann so bestimmt werden, dass die Frequenzgänge der Käfigimpedanz und der Impedanz der Ersatzschaltung eine möglichst gute Übereinstimmung besitzen. In

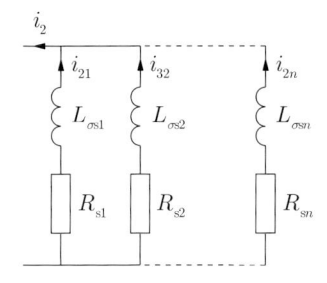

Bild 1.9.10 Kettenleiter-Ersatzschaltbild zur Berücksichtigung der Stromverdrängung

den meisten praktischen Fällen reicht die Nachbildung durch $n = 4$ bis 6 Kettenglieder vollständig aus.

Der Frequenzgang der Impedanz eines beliebig geformten Käfigs lässt sich über ein Teilleiterverfahren ausgehend von den Betrachtungen im Abschnitt 5.2.1 des Bands *Berechnung elektrischer Maschinen* ermitteln.[20]

Die Nachbildung des Frequenzgangs der Läuferwicklung durch einen Kettenleiter lässt sich unter Nutzung numerischer Feldberechnung auch auf unsymmetrische Käfigwicklungen, wie sie in Schenkelpol-Synchronmaschinen aufgrund der Pollücke vorliegen, und auf die Rückwirkung anderer leitfähiger Teile des Läufers wie Permanentmagnete oder massiver Polschuhe übertragen. Dazu werden für verschiedene Frequenzen im interessierenden Frequenzbereich zeitharmonische FEM-Rechnungen – d. h. FEM-Rechnungen, bei denen sich alle Größen zeitlich sinusförmig ändern – durchgeführt, bei denen der Läufer in einer Achse mit einer räumlich sinusförmigen Durchflutungshauptwelle erregt und die sich ausbildende resultierende Hauptwelle der Induktion nach Amplitude und Phasenlage ausgewertet wird [17]. Aus dem Verhältnis dieser Induktionshauptwelle zu derjenigen, die im Fall $\omega_2 = 0$, d. h. ohne Rückwirkung des Läufers, entsteht, ergibt sich nach (1.9.33a) unmittelbar der Felddämpfungsfaktor der Hauptwelle als

$$\underline{d}_{\mathrm{p}}(\omega_2) = |\underline{d}_{\mathrm{p}}|e^{j\varphi_{\mathrm{d}}} = \frac{B_{\mathrm{p\,res}}(\omega_2)}{B_{\mathrm{p}}(\omega_2 = 0)}.$$

Widerstand und Streuinduktivität des Läufers berechnen sich dann aus den durch Umformung von (1.9.33b) für $\nu' = p$ und $\xi_{\mathrm{schr},\nu'} = 1$ sowie unter Berücksichtigung von $\omega_2 = s_{\mathrm{p}}\omega_{\mathrm{p}1}$ gewonnenen Beziehungen

$$R'_2(\omega_2) = -\frac{|\underline{d}_{\mathrm{p}}|\omega_2 L_{\mathrm{h}1}\sin\varphi_{\mathrm{d}}}{|\underline{d}_{\mathrm{p}}|^2 - 2|\underline{d}_{\mathrm{p}}|\cos\varphi_{\mathrm{d}} + 1} \quad (1.9.35\mathrm{a})$$

$$L'_{\sigma 2}(\omega_2) = -\frac{|\underline{d}_{\mathrm{p}}|L_{\mathrm{h}1}(|\underline{d}_{\mathrm{p}}| - \cos\varphi_{\mathrm{d}})}{|\underline{d}_{\mathrm{p}}|^2 - 2|\underline{d}_{\mathrm{p}}|\cos\varphi_{\mathrm{d}} + 1}. \quad (1.9.35\mathrm{b})$$

[20] Der dort vorgeschlagene Kettenleiter unterscheidet sich von dem im Bild 1.9.10, da die in [59] abgeleiteten Beziehungen (1.9.36a-d) nur für die hier verwendete Form gelten. Grundsätzlich lassen sich beide ineinander überführen.

Im Sonderfall des Hochstabläufers lassen sich geschlossene Ausdrücke für die Elemente des Kettenleiters ableiten [59]. Für die Widerstände und Induktivitäten der Kettenleiterzweige $i = 1, \ldots, n-1$ gilt dann

$$R_{si} = \frac{\pi^2}{8}(2i-1)^2 R_s \qquad (1.9.36a)$$

$$L_{\sigma si} = \frac{3}{2}L_{\sigma s}, \qquad (1.9.36b)$$

und für den Kettenleiterzweig $i = n$ gilt

$$R_{sn} = \frac{1}{\dfrac{1}{R_s} - \sum_{i=1}^{n-1}\dfrac{1}{R_{si}}} \qquad (1.9.36c)$$

$$L_{\sigma sn} = \left(\frac{R_{sn}}{R_s}\right)^2 3L_{\sigma s}\left[\frac{1}{3} - \sum_{i=1}^{n-1}\frac{32}{\pi^4(2i-1)^4}\right]. \qquad (1.9.36d)$$

Dabei sind R_s der Widerstand und $L_{\sigma s}$ die Streuinduktivität des Stabs bei homogener Stromverteilung, d. h. konstanter Stromdichte im Stab.

1.9.5
Felddämpfung durch parallele Wicklungszweige

Dämpferströme in Wicklungen mit ausgebildeten Strängen und Reihenschaltung aller Spulengruppen können nur von solchen Induktionsharmonischen verursacht werden, deren Ordnungszahlen im Spektrum der von der Wicklung ihrerseits erzeugten Harmonischen enthalten sind. Wenn die Wicklung mit mehreren parallelen Zweigen je Strang ausgeführt ist, besteht aber grundsätzlich auch die Möglichkeit der Ausbildung von Kreisströmen innerhalb der parallelen Zweige der einzelnen Stränge, die durch die von einer Induktionsharmonischen induzierte Spannung getrieben werden.

Eine einzelne Spule erzeugt, wie im Abschnitt 1.5.5.2, Seite 94, entwickelt wurde, Harmonische aller Ordnungszahlen $\nu' \in \mathbb{N}$ außer denjenigen, für die ihr Spulenfaktor zu Null wird. Dementsprechend ist sie auch mit allen Harmonischen des Luftspaltfelds verkettet. Dasselbe gilt auch für eine aus mehreren nebeneinander liegenden Spulen bestehende Spulengruppe. Daher induzieren auch Induktionsharmonische mit solchen Ordnungszahlen ν' in einer einzelnen Spulengruppe, die im Spektrum des gesamten Strangs gar nicht enthalten sind, da sich die in den hintereinandergeschalteten Spulengruppen induzierten Spannungen zu Null ergänzen. Ob dies zu dämpfenden Strömen führt, hängt von den Details der Zusammenschaltung der Spulengruppen zu den parallelen Zweigen ab und muss im Einzelfall überprüft werden.

Bei Zweischicht-Ganzlochwicklungen sind die $2p$ Spulengruppen eines Strangs jeweils um den Winkel $\gamma'_{gr} = \pi/p$ am Umfang versetzt. Die Achse von Spulengruppe j

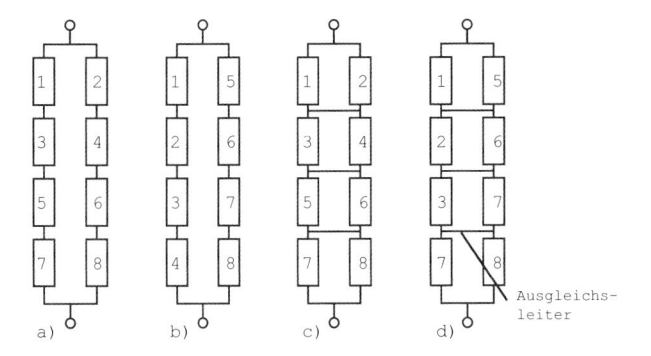

Bild 1.9.11 Schaltungsvarianten für eine dreisträngige Wicklung
mit $p = 4$ und $a = 2$.
a) Ohne Ausgleichsleiter, $\rho = 2$;
b) ohne Ausgleichsleiter, $\rho = 1$;
c) mit Ausgleichsleitern, $\eta = 1$;
d) mit Ausgleichsleitern, $\eta = 4$

hat also die Winkellage

$$\gamma'_{\mathrm{gr}j} = (j-1)\frac{\pi}{p} \,. \tag{1.9.37}$$

Eine Induktionsdrehwelle

$$B_{\nu'}(\gamma', t) = \hat{B}_{\nu'} \cos(\tilde{\nu}'\gamma' - \omega_{\nu'}t - \varphi_{\mathrm{B}\nu'})$$

induziert somit in Spulengruppe j eine Spannung, deren Phasenlage um

$$\Delta\varphi_{\nu'j} = \tilde{\nu}'\gamma'_{\mathrm{gr}j} = (j-1)\tilde{\nu}'\frac{\pi}{p} \tag{1.9.38}$$

gegenüber der in Spulengruppe 1 induzierten Spannung verschoben ist, wobei noch beachtet werden muss, dass benachbarte Spulengruppen jeweils gegensinnig hintereinander- bzw. parallelgeschaltet sein müssen, damit die von der Hauptwelle der Ordnungszahl p induzierten Spannungen in allen Spulengruppen gleichphasig sind. Bei jeder zweiten Spulengruppe führt dies auf eine zusätzliche Phasendrehung um π.

Für die Frage, ob sich durch eine Induktionsdrehwelle Kreisströme innerhalb der parallelen Zweige ausbilden, ist es entscheidend, in welcher Weise die Spulengruppen auf die parallelen Zweige aufgeteilt werden. Grundsätzlich werden die jeweils in einem Zweig hintereinandergeschalteten Spulengruppen entweder wie im Bild 1.9.11a gleichmäßig am Umfang verteilt, oder es werden wie im Bild 1.9.11b jeweils einander direkt benachbarte Spulengruppen hintereinandergeschaltet. Außerdem können zwischen den parallelen Zweigen Ausgleichsleiter vorgesehen werden (s. Bild 1.9.11c,d). Das ist in Bezug auf die Wirkung des Hauptwellenfelds unerheblich, da das Hauptwellenfeld in allen Spulengruppen gleich große und gleichphasige Spannungen induziert. Es übt aber wesentlichen Einfluss auf die Ausbildung von durch Harmonische anderer Ordnungszahl getriebene Kreisströme aus.

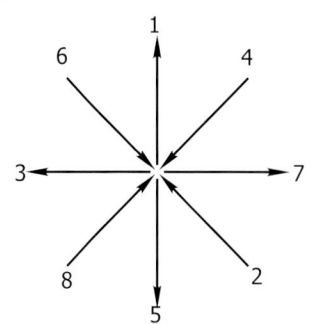

Bild 1.9.12 Spulengruppenstern für die von dem Exzentrizitätsfeld mit $\nu' = p+1$ in den Spulengruppen einer dreisträngigen Wicklung für $p = 4$ induzierten Spannungen

Um diese Alternativen voneinander zu unterscheiden, werden die Größen ρ und η eingeführt. ρ bezeichnet bei Schaltungen ohne Ausgleichsleiter den Abstand der in einem Zweig hintereinandergeschalteten Spulengruppen in Vielfachen von γ'_{gr}. Wenn die Spulengruppen eines Zweigs gleichmäßig am Umfang verteilt sind, gilt also $\rho = a$, und wenn einander benachbarte Spulengruppen in demselben Zweig hintereinandergeschaltet sind, gilt $\rho = 1$. η bezeichnet bei Schaltungen mit Ausgleichsleitern den Abstand der einander durch die Ausgleichsleiter parallelgeschalteten Spulengruppen in Vielfachen von γ'_{gr}. Wenn die Spulengruppen eines Zweigs gleichmäßig am Umfang verteilt sind, gilt $\eta = 1$, und wenn einander benachbarte Spulengruppen in demselben Zweig hintereinandergeschaltet sind, gilt $\eta = a$.

Zur Verdeutlichung der Unterschiede zwischen den verschiedenen Varianten soll nun am Beispiel einer Dreiphasenwicklung für $p = 4$ mit $a = 2$ parallelen Zweigen die Frage untersucht werden, durch welche der vier möglichen Schaltungsvarianten (s. Bild 1.9.11) das Exzentrizitätsfeld mit $\nu' = p+1$ abgedämpft wird, d. h. in welchen Schaltungsvarianten durch eine Induktionsdrehwelle mit $\nu' = p+1$ Kreisströme angetrieben werden. Da die Amplituden der in den einzelnen Spulengruppen induzierten Spannungen identisch sind, müssen lediglich die Unterschiede der Phasenlagen ermittelt werden. Sie ergeben sich mit (1.9.38) zu

$$\Delta\varphi_{\nu' j} = (j-1)\frac{5}{4}\pi , \qquad (1.9.39)$$

wobei wie erwähnt in jeder zweiten Spulengruppe eine zusätzliche Drehung um π erfolgt. Damit lassen sich die in den Spulengruppen induzierten Spannungen in Form des im Bild 1.9.12 dargestellten Spulengruppensterns zeichnen.

In der Schaltungsvariante $\rho = 2$ ergänzen sich die Spannungen der in einem Zweig hintereinandergeschalteten Spulengruppen jeweils zu Null. Es können sich also aufgrund des Exzentrizitätsfelds auch keine dämpfenden Ströme ausbilden. In der Schaltungsvariante $\rho = 1$ dagegen ist die Summe der Spannungen der in einem Zweig hintereinandergeschalteten Spulengruppe von Null verschieden, und die in den parallelen Zweigen induzierten Spannungen sind einander entgegengerichtet. Das Exzentrizitätsfeld wird also einen Kreisstrom innerhalb der beiden parallelen Zweige treiben.

Dies lässt sich durch einen zusätzlichen Wicklungsfaktor, den in [39] für Ganzlochwicklungen abgeleiteten Zweigfaktor

$$\xi_{\text{zw},\nu'} = \frac{\sin\left[(\nu' - p)\frac{\rho}{a}\pi\right]}{\frac{2p}{a}\sin\left[(\nu' - p)\frac{\rho}{2p}\pi\right]} \quad (1.9.40)$$

beschreiben. Die in einem Zweig induzierte Spannung berechnet sich in Erweiterung von (1.6.28), Seite 147, mit (1.6.27) als

$$\underline{e}_{\text{zw},\nu'} = \omega_{\nu'} w \xi_{\text{gr},\nu'} \xi_{\text{sp},\nu'} \xi_{\text{zw},\nu'} \frac{Dl_i}{\nu'} \hat{B}_{\nu'} e^{j(\varphi_{B\nu'} - \nu'\gamma'_{\text{zw}\nu'} - \pi/2)} \quad . \quad (1.9.41)$$

Die Auswertung von (1.9.40) ergibt für $\rho = 2$ den Wert $\xi_{\text{zw},p+1} = 0$ und für $\rho = 1$ den Wert $\xi_{\text{zw},p+1} = 0{,}653$.

In der Schaltungsvariante $\eta = 4$ sind die in den Spulengruppen, die einander über die Ausgleichsleiter parallelgeschaltet sind, induzierten Spannungen gerade in Gegenphase zueinander und treiben daher einen maximalen Kreisstrom, so dass das Exzentrizitätsfeld noch wirkungsvoller bedämpft wird als in der Variante $\rho = 1$ ohne Ausgleichsleiter. In der Schaltungsvariante $\eta = 1$ schließlich sind die in parallel zueinander liegenden Spulengruppen induzierten Spannungen nur um $\pi/4$ gegeneinander phasenverschoben, so dass sich deutlich geringere Ausgleichsströme ergeben werden als in den beiden zuletzt genannten Varianten.

Die in diesem Abschnitt dargestellten Zusammenhänge gelten nicht nur für die Ständerwicklung, sondern ebenso für die Läuferwicklung von Induktionsmaschinen mit Schleifringläufer.

1.10
Betrieb von Dreiphasenmaschinen am Umrichter

Die Realisierung einer verlustarmen Drehzahlstellung von Synchron- und Induktionsmaschinen mit Hilfe der Frequenz der Ständergrößen erfordert, dass zwischen dem Netz und der Maschine ein Frequenzumrichter eingefügt wird. Derartige Umrichter lassen sich heute mit Hilfe der Leistungselektronik ausführen. Dabei kommen im Bereich sehr großer Leistungen Umrichter auf der Basis von Thyristoren und im mittleren und unteren Leistungsbereich solche auf der Basis von IGBTs oder IGCTs, d. h. von Transistoren, zur Anwendung. Wenn vom sog. Direktumrichter abgesehen wird, besteht jeder Umrichter aus einem netzseitigen und einem maschinenseitigen Stromrichter (s. Bild 1.10.1). Ersterer arbeitet bei Motorbetrieb der Maschine als Gleichrichter (GR) und letzterer als Wechselrichter (WR). Die beiden Stromrichter sind über einen Zwischenkreis (ZK) miteinander verbunden, in dem Gleichgrößen herrschen.

Der *Umrichter mit Spannungszwischenkreis* nach Bild 1.10.1b arbeitet mit einer von der Belastung unabhängigen Gleichspannung U_{ZK} im Zwischenkreis. Sie wird durch

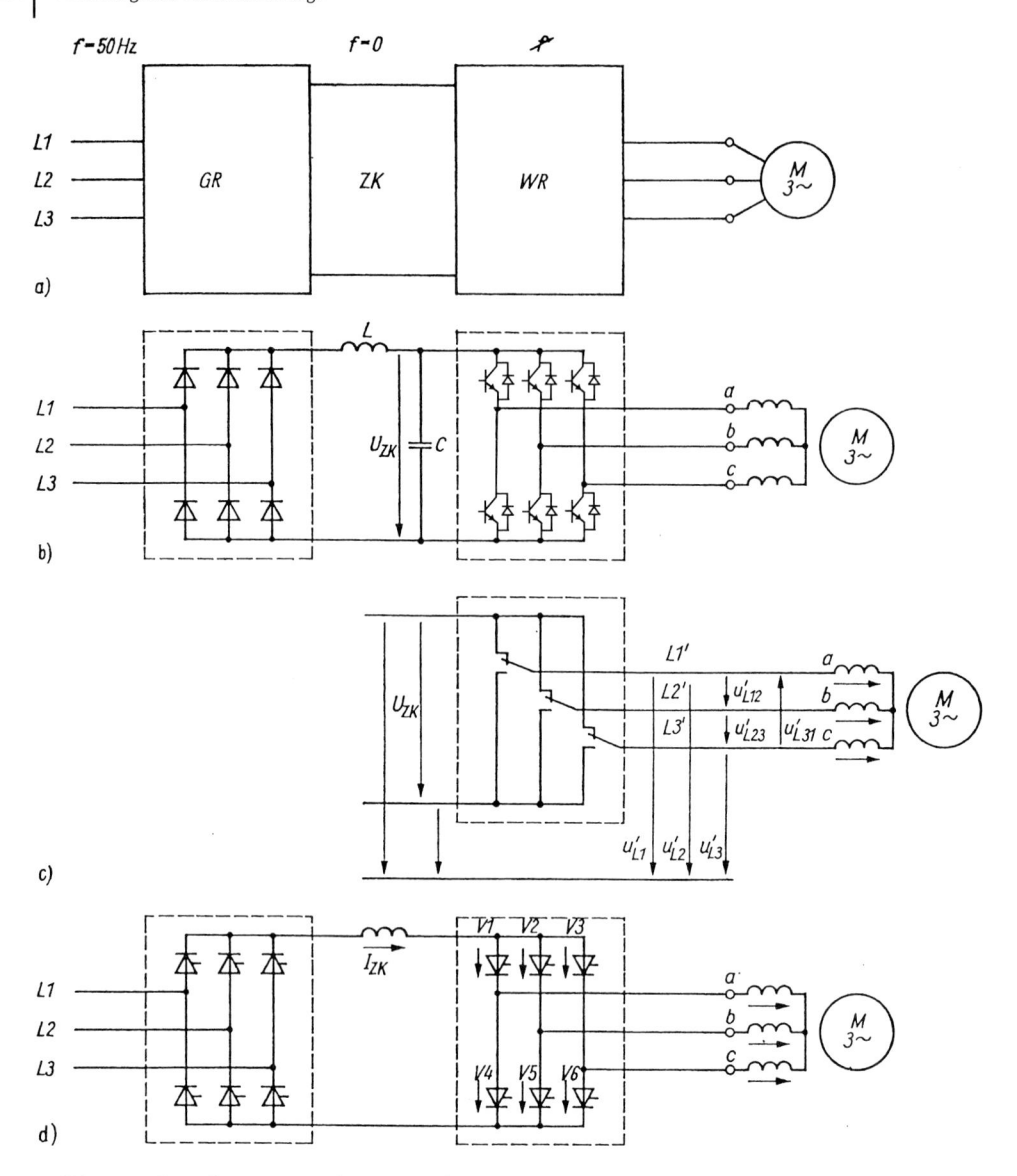

Bild 1.10.1 Betrieb einer Dreiphasenmaschine am Umrichter mit Zwischenkreis.
a) Prinzipieller Aufbau eines Umrichters;
b) Umrichter mit Spannungszwischenkreis;
c) Mechanismus der Wechselrichtung;
d) Umrichter mit Stromzwischenkreis.
GR netzseitiger Stromrichter (Gleichrichter)
WR maschinenseitiger Stromrichter (Wechselrichter)
ZK Zwischenkreis

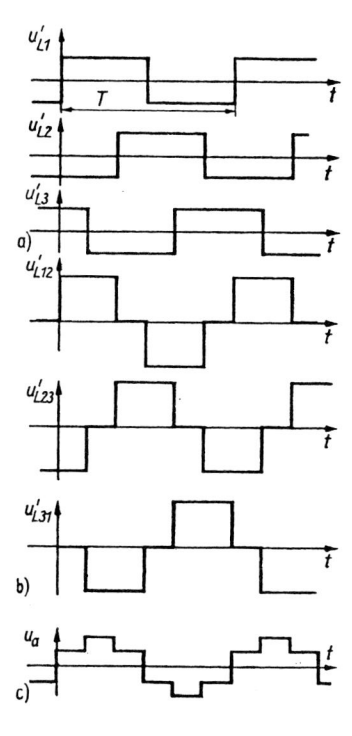

Bild 1.10.2 Entstehung der Wechselspannungen beim Umrichter mit Spannungszwischenkreis.
a) Leiterspannungen am Ausgang des Umrichters;
b) Leiter-Leiter-Spannungen am Ausgang des Umrichters;
c) Strangspannung u_a der Maschine

einen Kondensator C und eine Induktivität L geglättet. Aus dieser Gleichspannung werden durch entsprechendes Schalten der Ventile des Wechselrichters die dreiphasigen Maschinenspannungen der gewünschten Frequenz gewonnen. Zur Erläuterung des Mechanismus sind im Bild 1.10.1c anstelle der Ventile einfache Schalter vorgesehen. Sie werden im einfachsten Fall nach jeweils einer Halbperiode umgeschaltet und im Abstand von einem Drittel der Periodendauer nacheinander betätigt. Man erhält die rechteckförmigen Leiterspannungen u'_{L1}, u'_{L2}, u'_{L3} nach Bild 1.10.2a. Sie liefern die Leiter-Leiter-Spannungen u'_{L12}, u'_{L23} und u'_{L31} entsprechend $u'_{L12} = u'_{L1} - u'_{L2}$ usw., die Bild 1.10.2b zeigt. Die Strangspannungen der Maschine gewinnt man aus $u'_{L12} = u_a - u_b$, $u'_{L23} = u_b - u_c$ und $u'_{L31} = u_c - u_a$ unter Beachtung von $u_a + u_b + u_c = 0$ zu

$$\underline{u}_a = \frac{2}{3}\underline{u}'_{L12} + \frac{1}{3}\underline{u}'_{L23} \,.$$

Für die Spannungen u_b und u_c ergeben sich analoge Ausdrücke. Dabei folgt $u_a + u_b + u_c = 0$ aus $i_a + i_b + i_c = 0$, entsprechend dem Fehlen eines Nullleiters. Der Verlauf für u_a ist im Bild 1.10.2c dargestellt.

Wie im Band *Grundlagen elektrischer Maschinen*, Abschnitt 5.3.3, gezeigt wurde bzw. in den Abschnitten 2.4.2, Seite 365, bzw. 3.2.3, Seite 548, des vorliegenden Bands noch gezeigt wird, ist es erforderlich, die Spannungsamplitude in Abhängigkeit von der Frequenz zu verändern. Das kann auf zwei Wegen geschehen. Bei Umrichtern mit ver-

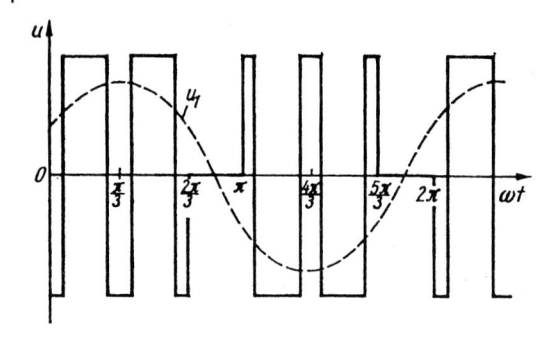

Bild 1.10.3 Ausgangsspannung eines Pulswechselrichters mit Spannungszwischenkreis

änderlicher Zwischenkreisspannung wird der netzseitige Stromrichter gesteuert, was heute aber nur noch bei Stromrichtern mit Stromzwischenkreis praktiziert wird. Demgegenüber kann der Umrichter mit konstanter Zwischenkreisspannung mit einem ungesteuerten netzseitigen Stromrichter arbeiten, und man verändert die Amplitude der Ausgangsspannung in Abhängigkeit von der Frequenz dadurch, dass der Wechselrichter als Pulswechselrichter ausgeführt wird. Die Halbwellen der Rechteckspannungen u'_{L1}, u'_{L2}, u'_{L3}, werden dabei durch Impulsfolgen mit veränderlichem Tastverhältnis ersetzt. Im Bild 1.10.3 ist der Verlauf einer derartigen gepulsten Ausgangsspannung eines Umrichters dargestellt. Die Pulsung kann auch dazu genutzt werden, eine bessere Annäherung der Ströme an die Sinusform zu erhalten. Das geschieht dadurch, dass die Pulsbreite innerhalb einer Periode verändert wird; man spricht von einer *Pulsbreitenmodulation*. Dadurch wachsen die Frequenzen der im Spannungsverlauf enthaltenen Oberschwingungen, was aufgrund der mit der Frequenz ansteigenden wirksamen Impedanz der Maschine auch bei gleicher Amplitude der Spannungsoberschwingungen zu sinkenden Stromoberschwingungen führt.

Tabelle 1.10.1 Schaltzustände beim Umrichter mit Spannungszwischenkreis nach Bild 1.10.1c

Schaltzustand	0	1	2	3	4	5	6	7
Motorzuleitung								
L'_1	L_-	L_+	L_+	L_-	L_-	L_-	L_+	L_+
L'_2	L_-	L_-	L_+	L_+	L_+	L_-	L_-	L_+
L'_3	L_-	L_-	L_-	L_-	L_+	L_+	L_+	L_+

Zweckmäßige Pulsmuster zur Ansteuerung der Ventile bei der Pulsbreitenmodulation lassen sich auch für dynamische Vorgänge durch Betrachtung des komplexen Augenblickswerts der Ständerspannung gewinnen. Diese ist im anzustrebenden Sonderfall, dass die Strangspannungen ein symmetrisches Dreiphasensystem mit positiver

Phasenfolge bilden, gegeben als

$$\vec{u}^{S}(t) = \hat{u}e^{j(\omega t + \varphi_u)} \,. \tag{1.10.1}$$

Dabei wurde auf den Index 1 zur Kennzeichnung der Zuordnung zur Ständerwicklung hier verzichtet.

Tabelle 1.10.2 Spannungen an den Maschinenklemmen und komplexer Augenblickswert der Ständerspannung in den einzelnen Schaltzuständen des Umrichters nach Bild 1.10.1c

Schalt-zustand	0	1	2	3	4	5	6	7
Spannung								
u'_{L12}	0	$+U_{ZK}$	0	$-U_{ZK}$	$-U_{ZK}$	0	$+U_{ZK}$	0
u'_{L23}	0	0	$+U_{ZK}$	$+U_{ZK}$	0	$-U_{ZK}$	$-U_{ZK}$	0
u'_{L31}	0	$-U_{ZK}$	$-U_{ZK}$	0	$+U_{ZK}$	$+U_{ZK}$	0	0
$\vec{u}^S$	0	$\frac{2}{3}U_{ZK}$	$\frac{2}{3}U_{ZK}e^{j\pi/3}$	$\frac{2}{3}U_{ZK}e^{j2\pi/3}$	$\frac{2}{3}U_{ZK}e^{j\pi}$	$\frac{2}{3}U_{ZK}e^{j4\pi/3}$	$\frac{2}{3}U_{ZK}e^{j5\pi/3}$	0

Mit Hilfe eines Umrichters mit Spannungszwischenkreis lassen sich in Abhängigkeit vom Schaltzustand der Ventile nur diskrete Werte $\vec{u}^S$ des komplexen Augenblickswerts der Spannung gewinnen. Wenn man davon ausgeht, dass die Zuleitungen L1', L2' und L3' zur Maschine im Bild 1.10.1c stets entweder mit der Leitung L$_+$ oder mit der Leitung L$_-$ des Gleichspannungszwischenkreises verbunden sein müssen und Kurzschlüsse nicht zulässig sind, ergeben sich acht mögliche Schaltzustände, die in Tabelle 1.10.1 charakterisiert sind. Dabei nehmen die Schaltzustände 0 und 7, bei denen alle Maschinenzuleitungen entweder mit L$_+$ oder mit L$_-$ verbunden sind, eine gewisse Sonderstellung ein. Sie bewirken, dass die Spannungen an den Maschinenklemmen zu Null werden. Die Schaltzustände legen allgemein die Spannungen u'_{L12}, u'_{L23} und u'_{L31} an den Maschinenklemmen fest. Sie sind in Tabelle 1.10.2 für die Schaltzustände nach Tabelle 1.10.1 und die positiven Zählrichtungen nach Bild 1.10.1c zusammengestellt. Man erhält den komplexen Augenblickswert der Ständerspannung im Ständerkoordinatensystem nach (1.8.36a), Seite 232, als

$$\vec{u}^S = \frac{2}{3}[u_a + \underline{a}u_b + \underline{a}^2 u_c] \,.$$

Daraus gewinnt man, um die Leiter-Leiter-Spannungen an den Maschinenklemmen einzuführen,

$$\vec{u}^S(1 - \underline{a}^2) = \frac{2}{3}[(u_a - u_b) + \underline{a}(u_b - u_c) + \underline{a}^2(u_c - u_a)]$$

bzw.
$$\vec{u}^S = \frac{2}{3}[u'_{L12} + \underline{a}u'_{L23} + \underline{a}^2 u'_{L31}] \,. \tag{1.10.2}$$

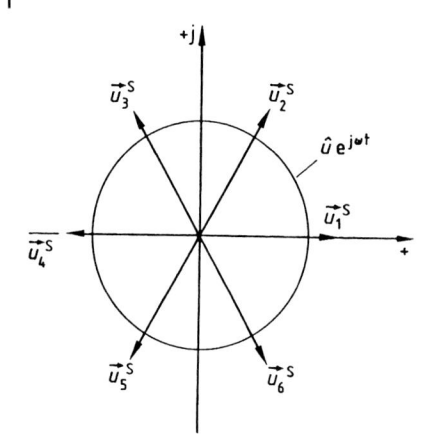

Bild 1.10.4 Ständerspannungen entsprechend den Schaltzuständen 1, ..., 6 der Ventile

Damit kann man die diskreten Werte $\vec{u}_0^S, \ldots, \vec{u}_7^S$ des komplexen Augenblickswerts der Ständerspannung für die Schaltzustände 0, ..., 7 bestimmen. Es ergeben sich die in Tabelle 1.10.2 für die einzelnen Schaltzustände angegebenen Werte. Sie sind im Bild 1.10.4 in der komplexen Ebene des Ständerkoordinatensystems dargestellt. Man erkennt, dass $\vec{u}^S(t)$ im einfachsten Fall (s. Bild 1.10.2) nach jeweils $T/6 = \pi/(3\omega)$ um $\pi/3$ weiterspringt. Dem entspricht im zeitlichen Verlauf der Strangspannungen, dass Oberschwingungen auftreten. Bei rein sinusförmigem Verlauf der Strangspannungen bewegt sich $\vec{u}^S(t)$ in der komplexen Ebene entsprechend (1.10.1) mit konstanter Winkelgeschwindigkeit auf einem Kreis mit der Amplitude $\hat{u}$ als Radius, wie im Bild 1.10.4 angedeutet.

Wenn der Wechselrichter des Umrichters im Pulsbetrieb arbeitet, kann man während einer Pulsperiode T_p aufeinander folgend und für jeweils unterschiedliche Dauer drei Schaltzustände herstellen und damit als mittlere Spannung während dieser Pulsperiode Werte von $\vec{u}^S$ einstellen, die in einem gewissen Bereich der komplexen Ebene eine beliebige Lage und Amplitude aufweisen. Dabei ist es wichtig, dass die Möglichkeit besteht, während eines Teils der Pulsperiode die Spannung zu Null zu machen, indem die Schaltzustände 0 oder 7 hergestellt werden. Man spricht unter Verwendung des Begriffs Raumzeiger für die komplexen Augenblickswerte von *Raumzeigermodulation*. Dabei verwendet man jeweils die links und rechts von der gewünschten Spannung $\vec{u}^S$ liegenden Ständerspannungen $2/3 U_{ZK} e^{j\varphi_l}$ und $2/3 U_{ZK} e^{j\varphi_r}$ und lässt sie während der Zeiten T_l und T_r wirken. Während des Rests der Zeit innerhalb einer Pulsperiode, der sich als $T_p - T_l - T_r$ ergibt, wird der Schaltzustand 0 oder 7 eingestellt, so dass in dieser Zeit $\vec{u}^S = 0$ wirkt. Man erhält die gewünschte Spannung $\vec{u}^S$ als die Summe einer Komponente $\vec{u}_l^S$, die aus der linken Ständerspannung gewonnen wird, und einer Komponente $\vec{u}_r^S$, die man aus der rechten Ständerspannung ableitet, entsprechend

$$\vec{u}^S = \frac{2}{3} U_{ZK} \frac{T_l}{T_p} e^{j\varphi_l} + \frac{2}{3} U_{ZK} \frac{T_r}{T_p} e^{j\varphi_r} = \vec{u}_l^S + \vec{u}_r^S. \qquad (1.10.3)$$

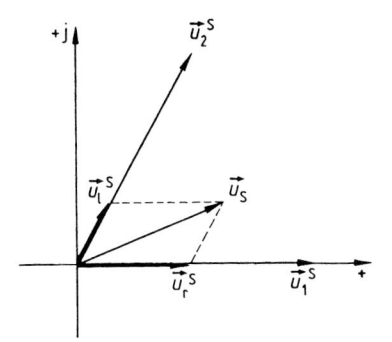

Bild 1.10.5 Gewinnung einer gemittelten Spannung $\vec{u}^S$ aus den Anteilen $\vec{u}_l^S$ und $\vec{u}_r^S$ entsprechend (1.10.3)

Im Bild 1.10.5 ist dargestellt, wie eine gewünschte Spannung im Sektor zwischen $\vec{u}_r^S$ und $\vec{u}_l^S$ gewonnen wird. Man erhält die erforderlichen Werte $|\vec{u}_l|$ und $|\vec{u}_r|$ und damit die erforderlichen Zeiten T_l und T_r als

$$T_l = \frac{|\vec{u}_l|}{\frac{2}{3}U_{ZK}} T_p \tag{1.10.4a}$$

$$T_r = \frac{|\vec{u}_r|}{\frac{2}{3}U_{ZK}} T_p \ . \tag{1.10.4b}$$

Da $T_l + T_r$ maximal T_p werden kann, ist der größte erreichbare Wert von $\vec{u}^S$ limitiert. Er beträgt $2/3\,U_{ZK}$, wenn die Lage von $\vec{u}^S$ mit der einer der Ständerspannungen $\vec{u}_1^S$, ..., $\vec{u}_6^S$ zusammenfällt, und nimmt den Wert $1/2\,\sqrt{3}\cdot 2/3\,U_{ZK}$ an, wenn $\vec{u}^S$ in der Mitte zwischen zwei dieser Spannungen liegt. Ein symmetrisches Dreiphasensystem der Strangspannungen kann deshalb maximal mit der Amplitude

$$\hat{u}_{\max} = \frac{1}{\sqrt{3}} U_{ZK}$$

gewonnen werden.

Um die Wirkungsweise der Raumzeigermodulation zu verdeutlichen, sei daran erinnert, dass der komplexe Augenblickswert $\vec{u}^S$ der Ständerspannung als Projektion auf die entsprechende Achse in der komplexen Ebene des Ständerkoordinatensystems die Augenblickswerte der Strangspannungen liefert (s. Bild 1.8.5b). Ein Schaltzustand der Ventile, der einen bestimmten Wert des komplexen Augenblickswerts $\vec{u}^S$ realisiert, sorgt also dafür, dass die drei Strangspannungen in diesem Augenblick die jeweils gewünschten Werte annehmen.

Der *Umrichter mit Stromzwischenkreis* nach Bild 1.10.1d hat im Zwischenkreis eine Drosselspule, die hinreichend groß ist, um einen praktisch konstanten Zwischenkreisstrom I_{ZK} zu erzwingen. Die Ventile werden dabei so gesteuert, dass V1, V2 und V3 nacheinander während jeweils eines Drittels der Periodendauer den konstanten Zwischenkreisstrom I_{ZK} führen und ebenso die zugehörigen Ventile V4, V5 und V6,

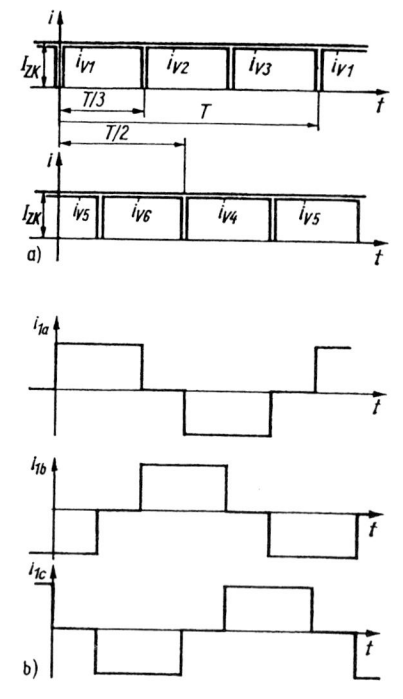

Bild 1.10.6 Entstehung der Wechselströme beim Umrichter mit Stromzwischenkreis.
a) Ventilströme;
b) Strangströme i_{1a}, i_{1b}, i_{1c}

jedoch gegenüber ersteren um jeweils eine halbe Periode später. Man erhält die Ventilströme nach Bild 1.10.6a und daraus über $i_{1a} = i_{V1} - i_{V4}$, $i_{1b} = i_{V2} - i_{V5}$ sowie $i_{1c} = i_{V3} - i_{V6}$ die Strangströme nach Bild 1.10.6b. Dabei wurde angenommen, dass die Kommutierung der Ströme sprunghaft erfolgt. In Wirklichkeit wird für den Kommutierungsvorgang eine endliche Zeit benötigt. Es ist offensichtlich, dass dieser Vorgang, bei dem der Strom von einem Strang auf den folgenden übergeht, von den Parametern der Maschine beeinflusst wird.

Tabelle 1.10.3 Einstellbare Stromkombination beim Umrichter mit Stromzwischenkreis und zugehörige Werte des komplexen Ständerstroms $\vec{i}_1^S$ in Ständerkoordinaten

	1	2	3	4	5	6
i_{1a}	$+I_{ZK}$	$+I_{ZK}$		$-I_{ZK}$	$-I_{ZK}$	
i_{1b}	$-I_{ZK}$		$+I_{ZK}$	$+I_{ZK}$		$-I_{ZK}$
i_{1c}		$-I_{ZK}$	$-I_{ZK}$		$+I_{ZK}$	$+I_{ZK}$
$\vec{i}_1^S$	$\frac{2}{3}(1-\underline{a})I_{ZK}$	$\frac{2}{3}(1-\underline{a}^2)I_{ZK}$	$\frac{2}{3}(\underline{a}-\underline{a}^2)I_{ZK}$	$\frac{2}{3}(\underline{a}-1)I_{ZK}$	$\frac{2}{3}(\underline{a}^2-1)I_{ZK}$	$\frac{2}{3}(\underline{a}^2-\underline{a})I_{ZK}$

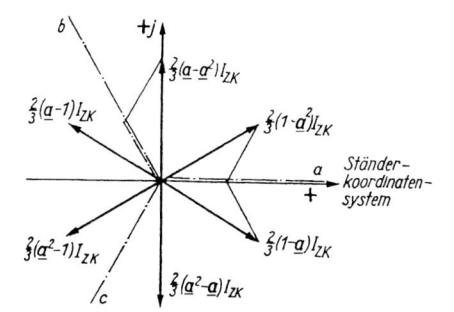

Bild 1.10.7 Mögliche Lage des komplexen Augenblickswerts $\vec{i}_1^S$ entsprechend Tabelle 1.10.3 in Ständerkoordinaten beim Umrichter mit Stromzwischenkreis

Entsprechend Bild 1.10.1d und dem Stromverlauf nach Bild 1.10.6a lassen sich bei Speisung aus einem Umrichter mit Stromzwischenkreis lediglich die in Tabelle 1.10.3 zusammengestellten Stromkombinationen in den Strängen einstellen. Diese Stromkombinationen ergeben mit

$$\vec{i}_1^S = \frac{2}{3}(i_{1a} + \underline{a}i_{1b} + \underline{a}^2 i_{1c})$$

nach (1.8.36a), Seite 232, sechs mögliche Lagen des komplexen Augenblickswerts im Ständerkoordinatensystem (s. Bild 1.10.7). In einem betrachteten Augenblick mit einer beliebigen Lage des komplexen Augenblickswerts der Ständerflussverkettung $\vec{\psi}_1^S$ bzw. des Magnetisierungsstroms $\vec{i}_\mu^S$ kann also die über den Steuersatz realisierte Stromkombination im Extremfall auf einen komplexen Augenblickswert $\vec{i}_1^S$ führen, der um $30°$ von der erforderlichen Lage senkrecht auf $\vec{\psi}^S$ abweicht. Man erhält bei konstanter Drehzahl eine pulsierende Komponente des Drehmoments, wie sie bereits im Abschnitt 1.7.4.3, Seite 196, erkannt wurde und im Abschnitt 3.2.5.2, Seite 561, noch genauer betrachtet wird. Dort wird auch gezeigt, dass es zur Reduzierung der durch den blockförmigen Stromverlauf erzeugten Drehmomentpulsationen sinnvoll ist, den Motor sechssträngig auszuführen. Der Umrichter besteht dann aus zwei identischen Teilen, deren Ausgangsströme jeweils Bild 1.10.6b entsprechen, jedoch um $1/12$ Periode, d. h. um $30°$, gegeneinander phasenverschoben sind.

2
Dreiphasen-Induktionsmaschine

2.1
Modelle für stromverdrängungsfreie Maschinen mit Schleifring- oder Einfachkäfigläufer

2.1.1
Allgemeine Form der Spannungsgleichungen

Der stromverdrängungsfreie und magnetisch lineare Einfachkäfigläufer lässt sich auf Basis der Hauptwellenverkettung, entsprechend den Untersuchungen in den Abschnitten 1.8.2.2, Seite 241, und 1.8.2.3, Seite 245, auf den dreisträngigen Schleifringläufer zurückführen. Die Beziehungen zwischen den Parametern des Käfigs und denen der dreisträngigen Ersatzwicklung wurden in Tabelle 1.8.1, Seite 247, zusammengestellt, wobei vorausgesetzt war, dass der Strom im Ersatzstrang a im stationären Betrieb unter symmetrischen Betriebsbedingungen gleich dem im Stab 1 des tatsächlichen Käfigs ist. Damit genügt es im Folgenden, eine Maschine zu betrachten, die im Ständer und Läufer dreisträngige, symmetrische Wicklungen trägt, also eine Maschine mit Schleifringläufer darstellt. Ihre schematische, zweipolige Darstellung war bereits als Bild 1.8.2, Seite 223, angegeben worden. Es wird vereinfachend vorausgesetzt, dass keine Nullleiter vorhanden sind, so dass sowohl im Ständer als auch im Läufer

$$i_a + i_b + i_c = 0 \tag{2.1.1}$$

ist. Damit gelten unmittelbar die Flussverkettungsgleichungen (1.8.9a,b), Seite 224, die im Abschnitt 1.8.1.2 für den vorliegenden Sonderfall aus den allgemeinen Beziehungen des Abschnitts 1.8.1 entwickelt wurden. Die Funktionen von Ständer und Läufer der Induktionsmaschine sind vertauschbar.

Die Beziehung (2.1.1) zwischen den Strangströmen ist lediglich dann nicht erfüllt, wenn der Ständer in Sternschaltung ausgeführt ist und der am Sternpunkt angeschlossene Nullleiter einen Strom führt. Im Fall der Dreieckschaltung des Ständers oder des Läufers ist jeweils die Summe der Ströme in den äußeren Zuleitungen Null. Die Summe der Strangströme kann dann von Null abweichen, wenn in der Dreieckschaltung ein

Theorie elektrischer Maschinen, Germar Müller und Bernd Ponick
Copyright © 2009 WILEY-VCH Verlag GmbH & Co. KGaA, Weinheim
ISBN: 978-3-527-40526-8

Kreisstrom fließt. Dieser müsste von außen her durch Induktionswirkung zustande kommen. Beide Wicklungen sind aber vereinbarungsgemäß von außen her nur über die resultierende Hauptwelle des Luftspaltfelds erreichbar. Mit dieser ist jedoch die Flussverkettung der in Reihe geschalteten Stränge stets Null, und damit kann vom Hauptwellenfeld herrührend keine Spannung induziert werden, die einen Kreisstrom in der Dreieckschaltung antreibt. Dabei sind Verkettungen mit einer homopolaren Komponente des Luftspaltfelds vernachlässigt worden, die bei Symmetriestörungen in der Maschine auftreten können. Diese durch das Prinzip der Hauptwellenverkettung als ohnehin eliminiert anzusehen wäre eine formale Begründung, denn die Verkettung der Stränge mit einer homopolaren Feldkomponente ist natürlich im Gegensatz zu der mit einem Oberwellenfeld ausgesprochen gut. Alle Symmetriestörungen, die durch die endliche Fertigungsgenauigkeit entstehen, können im Zusammenhang mit der Untersuchung nichtstationärer Betriebszustände außer acht gelassen werden, und für konstruktiv bedingte muss die Vereinfachung gelten.

Der Fall, dass der Nullleiter zum Sternpunkt Strom führt, ist bei Induktionsmaschinen sehr selten. Deshalb wird die folgende Entwicklung unter der Annahme der Gültigkeit von (2.1.1) vorgenommen. Darauf war auch bereits bei der Entwicklung der Flussverkettungsgleichungen (1.8.9a,b) hingearbeitet worden. Bei der Entwicklung der Modelle der Synchronmaschine im Abschnitt 3.1 kann allerdings nicht darauf verzichtet werden, den Fall eines stromführenden Nullleiters einzubeziehen. Dabei wird sich herausstellen, dass es erforderlich wird, ein sog. Nullsystem der Ströme, Spannungen und Flussverkettungen zusätzlich mitzuführen. Falls erforderlich, können die dort zu entwickelnden Beziehungen für die Stranggrößen auch für die Behandlung von Betriebszuständen der Induktionsmaschine übernommen werden.

Die Spannungsgleichungen der Ständer- und Läuferstränge sind gegeben als

$$u_{1j} = R_1 i_{1j} + \frac{\mathrm{d}\psi_{1j}}{\mathrm{d}t} \quad (2.1.2\mathrm{a})$$

$$u_{2j} = R_2 i_{2j} + \frac{\mathrm{d}\psi_{2j}}{\mathrm{d}t} \quad (2.1.2\mathrm{b})$$

wobei sich die Flussverkettungen nach (1.8.12a–f), Seite 225, bestimmen. Die Beziehungen (2.1.2a,b) beschreiben mit (1.8.12a–f) die elektromagnetischen Vorgänge der stromverdrängungsfreien Dreiphasen-Induktionsmaschine mit Schleifring- oder Einfachkäfigläufer allgemein, d. h. in beliebigen Betriebszuständen unter der Voraussetzung, dass kein Nullleiter zum Sternpunkt der Ständerwicklung geführt ist und Strom führt. In (1.8.12a–f) tritt als Variable die bezogene Verschiebung ϑ zwischen den Achsen der Stränge a von Ständer und Läufer auf (s. Bild 1.8.2, S. 223), die im allgemeinen Fall eine beliebige Funktion der Zeit ist. Die Lösung des Gleichungssystems erfordert deshalb, dass die Bewegungsgleichung hinzugezogen wird. Sie ist durch (1.7.119), Seite 209, mit $\vartheta' = \vartheta/p$ gegeben, wobei die spezielle Beziehung für das Drehmoment m der vorliegenden Anordnung im Abschnitt 2.1.2.2, Seite 285, entwickelt wird.

2.1.2
Gleichungssystem in der Schreibweise mit komplexen Augenblickswerten

2.1.2.1 Spannungs- und Flussverkettungsgleichungen

Im Folgenden werden die komplexen Augenblickswerte, die durch (1.8.36a,b), Seite 232, gegeben sind, in das allgemeine Gleichungssystem der Maschine nach Abschnitt 2.1.1 eingeführt. Dabei erfolgt die Beschreibung der Ständergrößen $\vec{g}_1^S$ im Koordinatensystem des Ständers und die der Läufergrößen $\vec{g}_2^L$ in dem des Läufers. Der Übergang auf die Beschreibung aller Größen in einem gemeinsamen Koordinatensystem wird im Abschnitt 2.1.3 vorgenommen. Die Spannungsgleichungen für die komplexen Augenblickswerte werden erhalten, indem man die komplexen Spannungen $\vec{u}_1^S$ und $\vec{u}_2^L$ entsprechend (1.8.36a,b) bildet, für die Strangspannungen die Spannungsgleichungen (2.1.2a,b) einsetzt und die Ströme zu $\vec{i}_1^S$ bzw. $\vec{i}_2^L$ sowie die Flussverkettung zu $\vec{\psi}_1^S$ bzw. $\vec{\psi}_2^L$ zusammenfasst. Man erhält

$$\vec{u}_1^S = R_1 \vec{i}_1^S + \frac{d\vec{\psi}_1^S}{dt} \quad (2.1.3a)$$

$$\vec{u}_2^L = R_2 \vec{i}_2^L + \frac{d\vec{\psi}_2^L}{dt} \quad . \quad (2.1.3b)$$

Die Flussverkettungsgleichungen für die komplexen Augenblickswerte werden ausgehend von der Entwicklung im Abschnitt 1.8.1.2, Seite 222, analog dazu gewonnen. Dabei empfiehlt es sich, wie im Abschnitt 1.8.1.5, Seite 232, bereits angedeutet, die Kombinationen der Strangströme in (1.8.12a–f) bereits vor deren Einführung in die entsprechend (1.8.36a,b) zu bildenden komplexen Flussverkettungen $\vec{\psi}_1^S$ und $\vec{\psi}_2^L$ durch die komplexen Ströme $\vec{i}_1^S$ und $\vec{i}_2^L$ zu ersetzen. Damit erhält man schließlich

$$\vec{\psi}_1^S = L_{11}\vec{i}_1^S + L_{12}\vec{i}_2^L e^{j\vartheta} \quad (2.1.4a)$$

$$\vec{\psi}_2^L = L_{12}\vec{i}_1^S e^{-j\vartheta} + L_{22}\vec{i}_2^L \quad . \quad (2.1.4b)$$

Die Beziehungen (2.1.3a,b) und (2.1.4a,b) bilden das allgemeine Gleichungssystem für die elektromagnetischen Vorgänge der stromverdrängungsfreien Dreiphasen-Induktionsmaschine mit Schleifring- oder Einfachkäfigläufer unter Verwendung komplexer Augenblickswerte. Dabei sind die Ständergrößen im Koordinatensystem des Ständers und die Läufergrößen in dem des Läufers beschrieben.

2.1.2.2 Drehmoment und Bewegungsgleichung

Das Drehmoment m der Maschine lässt sich unter Verzicht auf den Einfluss der Ummagnetisierungs-, Reibungs- und Zusatzverluste über eine allgemeine Energiebilanz gewinnen. Die entsprechenden Überlegungen wurden im Abschnitt 1.7.2.2, Seite 182, zusammenfassend und anknüpfend an die Darlegungen im Band *Grundlagen elektrischer Maschinen*, Abschnitt 2.2.1.1, dargestellt. Unter der gegebenen Voraussetzung linearer magnetischer Verhältnisse entnimmt man Tabelle 1.7.1 mit $\vartheta = p\vartheta'$ als allgemeine Beziehung für das von der Maschine entwickelte Drehmoment

$$m = \frac{p}{2} \sum_{j=1}^{n} i_j \frac{d\psi_j}{d\vartheta} . \tag{2.1.5}$$

Dabei ist die Summe über alle elektrischen Kreise der Maschine zu erstrecken, im vorliegenden Fall also über die drei Ständerstränge und die drei Läuferstränge. Dazu müssen die Flussverkettungsgleichungen (1.8.12a–f) in (2.1.5) eingeführt werden. Um die Rechnung zu vereinfachen, empfiehlt es sich, die Kombinationen der Strangströme, die in (1.8.12a–f) als Faktoren vor L_{12} stehen, durch die komplexen Augenblickswerte auszudrücken. Das ergibt für die Flussverkettung des Ständerstrangs a

$$\psi_{1a} = L_{11} i_{1a} + L_{12} \operatorname{Re} \left\{ \vec{i}_2^{\,\mathrm{L}} e^{j\vartheta} \right\} .$$

Für die Flussverkettungen der anderen Stränge von Ständer und Läufer erhält man ähnliche Ausdrücke. Damit folgt aus (2.1.5)

$$m = \frac{p}{2} L_{12} \operatorname{Re} \left\{ j \vec{i}_2^{\,\mathrm{L}} e^{j\vartheta} (i_{1a} + \underline{a}^2 i_{1b} + \underline{a} i_{1c}) - j \vec{i}_1^{\,\mathrm{S}} e^{-j\vartheta} (i_{2a} + \underline{a}^2 i_{2b} + \underline{a} i_{2c}) \right\} .$$

Daraus ergibt sich mit $\vec{g}^* = 2/3 \, (g_a + \underline{a}^2 g_b + \underline{a} g_c)$ entsprechend (1.8.36a,b) sowie mit $\operatorname{Re}\{j\underline{a}\} = -\operatorname{Im}\{\underline{a}\}$

$$m = -\frac{3}{2} p \operatorname{Im} \left\{ L_{12} \vec{i}_2^{\,\mathrm{L}} e^{j\vartheta} \vec{i}_1^{\,\mathrm{S}*} \right\} = \frac{3}{2} p \operatorname{Im} \left\{ L_{12} \vec{i}_1^{\,\mathrm{S}} e^{-j\vartheta} \vec{i}_2^{\,\mathrm{L}*} \right\} . \tag{2.1.6}$$

Nach (2.1.4a) ist

$$\operatorname{Im} \left\{ L_{12} \vec{i}_2^{\,\mathrm{L}} e^{j\vartheta} \vec{i}_1^{\,\mathrm{S}*} \right\} = \operatorname{Im} \left\{ \left(\vec{\psi}_1^{\,\mathrm{S}} - L_{11} \vec{i}_1^{\,\mathrm{S}} \right) \vec{i}_1^{\,\mathrm{S}*} \right\} = \operatorname{Im} \left\{ \vec{\psi}_1^{\,\mathrm{S}} \vec{i}_1^{\,\mathrm{S}*} \right\} ,$$

und man erhält schließlich für das Drehmoment

$$\boxed{m = -\frac{3}{2} p \operatorname{Im} \left\{ \vec{\psi}_1^{\,\mathrm{S}} \vec{i}_1^{\,\mathrm{S}*} \right\}} . \tag{2.1.7a}$$

Die Beziehung (2.1.6) lässt sich mit Hilfe von (2.1.4b) auch überführen in

$$\boxed{m = \frac{3}{2} p \operatorname{Im} \left\{ \vec{\psi}_2^{\,\mathrm{L}} \vec{i}_2^{\,\mathrm{L}*} \right\}} . \tag{2.1.7b}$$

Diese Beziehung wird sich aber im Gegensatz zu (2.1.7a) für Maschinen, die keinen stromverdrängungsfreien Schleifring- bzw. Einfachkäfigläufer besitzen, nicht bestätigen lassen und ist daher von untergeordneter Bedeutung.

Die Bewegungsgleichung kann unmittelbar aus Abschnitt 1.7.7.1 übernommen werden. Man erhält aus (1.7.119), Seite 209, mit $\vartheta = p\vartheta'$

$$\boxed{m + m_{\mathrm{A}} = \frac{J}{p} \frac{d^2 \vartheta}{dt^2}} . \tag{2.1.8}$$

2.1.3
Beschreibung allgemeiner Betriebszustände in einem gemeinsamen Koordinatensystem

Die Flussverkettungsgleichungen, die nach Einführung komplexer Augenblickswerte entstanden und durch (2.1.4a,b) gegeben sind, erscheinen bereits wesentlich einfacher handhabbar als die Ausgangsbeziehungen für die Stranggrößen nach (1.8.12a–f). Als weitere Vereinfachung ist anzustreben, die Produkte $\vec{i}_2^{\,L}\mathrm{e}^{\mathrm{j}\vartheta}$ und $\vec{i}_1^{\,S}\mathrm{e}^{-\mathrm{j}\vartheta}$ zu eliminieren. Das kann – wie die folgenden Betrachtungen zeigen werden – dadurch geschehen, dass neue Variablen eingeführt werden. Diese Einführung neuer Variablen lässt sich als ein Wechsel des Koordinatensystems deuten. Das ist am augenfälligsten für solche komplexe Augenblickswerte, die ohnehin einer räumlichen Interpretation zugänglich sind, also z. B. für die der Ströme und deren Interpretation in Form der Durchflutungshauptwelle.

Mit Hilfe der Transformationsbeziehung $\gamma_1 = \gamma_2 + \vartheta$ entsprechend (1.5.14c), Seite 81, lässt sich die Durchflutungshauptwelle der Läuferströme nach (1.8.39b) und (1.8.40b) im Koordinatensystem γ_1 des Ständers beschreiben als

$$\Theta_{p2}(\gamma_1) = \mathrm{Re}\left\{\vec{\Theta}_2^{\,L}\mathrm{e}^{\mathrm{j}\vartheta}\mathrm{e}^{\mathrm{j}\gamma_1}\right\} = \frac{3}{2}\frac{4}{\pi}\frac{(w\xi_p)_2}{2p}\mathrm{Re}\left\{\vec{i}_2^{\,L}\mathrm{e}^{\mathrm{j}\vartheta}\mathrm{e}^{-\mathrm{j}\gamma_1}\right\} = \mathrm{Re}\left\{\vec{\Theta}_2^{\,S}\mathrm{e}^{-\mathrm{j}\gamma_1}\right\}. \tag{2.1.9}$$

Dabei ist $\vec{\Theta}_2^{\,S}$ die komplexe Darstellung bzw. der Raumzeiger der Durchflutungshauptwelle der Läuferströme im Koordinatensystem des Ständers, dem sich offenbar analog zu (1.8.41b) ein komplexer Läuferstrom im Koordinatensystem des Ständers entsprechend

$$\vec{i}_2^{\,S} = \vec{i}_2^{\,L}\mathrm{e}^{\mathrm{j}\vartheta} \tag{2.1.10}$$

zuordnen lässt. In der Verallgemeinerung erhält man für eine komplexe Läufergröße $\vec{g}_2^{\,L}$, wenn sie im Koordinatensystem des Ständers beobachtet wird,

$$\boxed{\vec{g}_2^{\,S} = \vec{g}_2^{\,L}\mathrm{e}^{\mathrm{j}\vartheta}}. \tag{2.1.11}$$

Umgekehrt kann man natürlich auch die Durchflutungshauptwelle der Ständerströme nach (1.8.39a) und (1.8.40a) mit (1.5.14c) im Koordinatensystem des Läufers beschreiben als

$$\Theta_{p1}(\gamma_2) = \mathrm{Re}\left\{\vec{\Theta}_1^{\,S}\mathrm{e}^{-\mathrm{j}\vartheta}\mathrm{e}^{-\mathrm{j}\gamma_2}\right\} = \frac{3}{2}\frac{4}{\pi}\frac{(w\xi_p)_1}{2p}\mathrm{Re}\left\{\vec{i}_1^{\,S}\mathrm{e}^{-\mathrm{j}\vartheta}\mathrm{e}^{-\mathrm{j}\gamma_2}\right\} = \mathrm{Re}\left\{\vec{\Theta}_1^{\,L}\mathrm{e}^{-\mathrm{j}\gamma_2}\right\}. \tag{2.1.12}$$

Es lässt sich also ein komplexer Augenblickswert des Ständerstroms im Koordinatensystem des Läufers einführen als

$$\vec{i}_1^{\,L} = \vec{i}_1^{\,S}\mathrm{e}^{-\mathrm{j}\vartheta}, \tag{2.1.13}$$

und daraus folgt die allgemeine Transformationsbeziehung für die Darstellung der Ständergrößen im Koordinatensystem des Läufers als

$$\boxed{\vec{g}_1^{\,L} = \vec{g}_1^{\,S}\mathrm{e}^{-\mathrm{j}\vartheta}}. \tag{2.1.14}$$

2.1.3.1 Sonderfall der Beschreibung im Ständerkoordinatensystem

Das bisher entwickelte Gleichungssystem unter Einführung komplexer Augenblickswerte ist gegeben durch die Spannungsgleichungen (2.1.3a,b), die Flussverkettungsgleichungen (2.1.4a,b), die Beziehung für das Drehmoment nach (2.1.7a) bzw. (2.1.7b) sowie die Bewegungsgleichung (2.1.8). In diesem Gleichungssystem sind nunmehr entsprechend (2.1.11) alle Läufergrößen im Ständerkoordinatensystem darzustellen, in dem die Ständergrößen bereits wiedergegeben sind. Bei der Durchführung der Transformation muss in der Spannungsgleichung des Läufers die zeitliche Ableitung der im Läuferkoordinatensystem beschriebenen Flussverkettungen gebildet werden. Für die Ableitung einer im Läuferkoordinatensystem dargestellten Größe bei Übergang zum Ständerkoordinatensystem erhält man allgemein mit (2.1.11)

$$\frac{\mathrm{d}\vec{g}_2^{\mathrm{L}}}{\mathrm{d}t} = \frac{\mathrm{d}\vec{g}_2^{\mathrm{S}}\mathrm{e}^{-\mathrm{j}\vartheta}}{\mathrm{d}t} = \frac{\mathrm{d}\vec{g}_2^{\mathrm{S}}}{\mathrm{d}t}\mathrm{e}^{-\mathrm{j}\vartheta} - \mathrm{j}\frac{\mathrm{d}\vartheta}{\mathrm{d}t}\vec{g}_2^{\mathrm{S}}\mathrm{e}^{-\mathrm{j}\vartheta}\,. \qquad (2.1.15)$$

Die Durchführung der Transformation liefert damit

$$\vec{u}_1^{\mathrm{S}} = R_1 \vec{i}_1^{\mathrm{S}} + \frac{\mathrm{d}\vec{\psi}_1^{\mathrm{S}}}{\mathrm{d}t} \qquad (2.1.16\mathrm{a})$$

$$\vec{u}_2^{\mathrm{S}} = R_2 \vec{i}_2^{\mathrm{S}} + \frac{\mathrm{d}\vec{\psi}_2^{\mathrm{S}}}{\mathrm{d}t} - \mathrm{j}\frac{\mathrm{d}\vartheta}{\mathrm{d}t}\vec{\psi}_2^{\mathrm{S}} \qquad (2.1.16\mathrm{b})$$

$$\vec{\psi}_1^{\mathrm{S}} = L_{11}\vec{i}_1^{\mathrm{S}} + L_{12}\vec{i}_2^{\mathrm{S}} \qquad (2.1.17\mathrm{a})$$

$$\vec{\psi}_2^{\mathrm{S}} = L_{22}\vec{i}_2^{\mathrm{S}} + L_{12}\vec{i}_1^{\mathrm{S}} \qquad (2.1.17\mathrm{b})$$

$$m = -\frac{3}{2}p\,\mathrm{Im}\left\{\vec{\psi}_1^{\mathrm{S}}\vec{i}_1^{\mathrm{S}*}\right\} = \frac{3}{2}p\,\mathrm{Im}\left\{\vec{\psi}_2^{\mathrm{S}}\vec{i}_2^{\mathrm{S}*}\right\}\,. \qquad (2.1.18)$$

Die Bewegungsgleichung bleibt erhalten und wird deshalb hier nicht mitgeführt.

Man erkennt, dass die angestrebten Vereinfachungen der Flussverkettungsgleichungen tatsächlich eingetreten sind. Wenn die Läufergrößen im Ständerkoordinatensystem beschrieben werden, in dem auch die Ständergrößen wiedergegeben sind, erhält man zwischen den komplexen Augenblickswerten der Flussverkettungen und der Ströme Beziehungen wie für die stationäre zweisträngige Anordnung. Das ist der entscheidende Gewinn durch die Transformation. Er hat seinen Preis darin, dass in den Spannungsgleichungen des Läufers als zusätzliche Komponente eine Bewegungsspannung $-\mathrm{j}\vec{\psi}_2^{\mathrm{S}}\,\mathrm{d}\vartheta/\mathrm{d}t$ auftritt. Diese stellt eine Nichtlinearität dar, da im allgemeinen Fall sowohl $\mathrm{d}\vartheta/\mathrm{d}t$ als auch $\vec{\psi}_2^{\mathrm{S}}$ Variablen mit beliebigem Zeitverhalten darstellen. Diese Nichtlinearität tritt an die Stelle der beiden, die als $\vec{i}_2^{\mathrm{L}}\mathrm{e}^{\mathrm{j}\vartheta}$ bzw. $\vec{i}_1^{\mathrm{S}}\mathrm{e}^{-\mathrm{j}\vartheta}$ in den ursprünglichen Flussverkettungsgleichungen (2.1.4a,b) enthalten waren. Wenn man eine allgemeine Anordnung mit vielen Läuferkreisen zu untersuchen hat, würden in der ursprünglichen Form der Flussverkettungsgleichungen eine große Anzahl von Produkten $\vec{i}\mathrm{e}^{\mathrm{j}\vartheta}$ bzw. $\vec{i}\mathrm{e}^{-\mathrm{j}\vartheta}$ auftreten, die alle beim Übergang in das Ständerkoordinatensystem verschwinden – allerdings um den Preis, dass ein zusätzliches Glied in den Spannungsgleichungen jedes Läuferkreises auftritt.

Die Komponenten eines komplexen Augenblickswerts $\vec{g}^{\mathrm{S}}$ in Ständerkoordinaten werden eingeführt als

$$\vec{g}^{\mathrm{S}} = g_\alpha + \mathrm{j} g_\beta \,. \tag{2.1.19}$$

Dabei ist es üblich, bei Ständergrößen auf die zusätzliche Kennzeichnung mit dem Index 1 zu verzichten. Es ist dann

$$\vec{g}_1^{\mathrm{S}} = g_{1\alpha} + \mathrm{j} g_{1\beta} = g_\alpha + \mathrm{j} g_\beta \,. \tag{2.1.20}$$

2.1.3.2 Sonderfall der Beschreibung im Läuferkoordinatensystem

Wenn in dem ursprünglichen System der Gleichungen (2.1.3a,b), (2.1.4a,b), (2.1.7a,b) die Ständergrößen mit Hilfe von (2.1.14) im Läuferkoordinatensystem beschrieben werden, erhält man unter Beachtung von

$$\frac{\mathrm{d}\vec{g}_1^{\mathrm{S}}}{\mathrm{d}t} = \frac{\mathrm{d}\vec{g}_1^{\mathrm{L}} \mathrm{e}^{\mathrm{j}\vartheta}}{\mathrm{d}t} = \frac{\mathrm{d}\vec{g}_1^{\mathrm{L}}}{\mathrm{d}t} \mathrm{e}^{\mathrm{j}\vartheta} + \mathrm{j}\frac{\mathrm{d}\vartheta}{\mathrm{d}t} \vec{g}_1^{\mathrm{L}} \mathrm{e}^{\mathrm{j}\vartheta} \tag{2.1.21}$$

als neues Gleichungssystem

$$\vec{u}_1^{\mathrm{L}} = R_1 \vec{i}_1^{\mathrm{L}} + \frac{\mathrm{d}\vec{\psi}_1^{\mathrm{L}}}{\mathrm{d}t} + \mathrm{j}\frac{\mathrm{d}\vartheta}{\mathrm{d}t} \vec{\psi}_1^{\mathrm{L}} \tag{2.1.22a}$$

$$\vec{u}_2^{\mathrm{L}} = R_2 \vec{i}_2^{\mathrm{L}} + \frac{\mathrm{d}\vec{\psi}_2^{\mathrm{L}}}{\mathrm{d}t} \tag{2.1.22b}$$

$$\vec{\psi}_1^{\mathrm{L}} = L_{11}\vec{i}_1^{\mathrm{L}} + L_{12}\vec{i}_2^{\mathrm{L}} \tag{2.1.23a}$$

$$\vec{\psi}_2^{\mathrm{L}} = L_{22}\vec{i}_2^{\mathrm{L}} + L_{12}\vec{i}_1^{\mathrm{L}} \tag{2.1.23b}$$

$$m = -\frac{3}{2}p\,\mathrm{Im}\left\{\vec{\psi}_1^{\mathrm{L}}\vec{i}_1^{\mathrm{L}*}\right\} = \frac{3}{2}p\,\mathrm{Im}\left\{\vec{\psi}_2^{\mathrm{L}}\vec{i}_2^{\mathrm{L}*}\right\} \,. \tag{2.1.24}$$

Die Komponenten eines komplexen Augenblickswerts $\vec{g}^{\mathrm{L}}$ in Läuferkoordinaten werden eingeführt als

$$\vec{g}^{\mathrm{L}} = g_{\mathrm{d}} + \mathrm{j} g_{\mathrm{q}} \,. \tag{2.1.25}$$

Dabei verweist der Index d auf die Längsachse und der Index q auf die Querachse mit Rücksicht auf die Ausführungsform des Läufers einer Synchronmaschine. Es ist üblich, bei Ständergrößen auf die zusätzliche Kennzeichnung mit dem Index 1 zu verzichten. Es gilt dann

$$\vec{g}_1^{\mathrm{L}} = g_{1\mathrm{d}} + \mathrm{j} g_{1\mathrm{q}} = g_{\mathrm{d}} + \mathrm{j} g_{\mathrm{q}} \,. \tag{2.1.26}$$

2.1.3.3 Beschreibung in einem allgemeinen Koordinatensystem

Bisher wurde die Durchflutungshauptwelle eines Wicklungssystems entweder im Koordinatensystem des Ständers oder in dem des Läufers beobachtet. Die vorstehenden Betrachtungen haben gezeigt, dass sich zugeordnet zur Wahl des Koordinatensystems komplexe Augenblickswerte einführen lassen, die der Beschreibung des Felds in diesem Koordinatensystem entsprechen. Im allgemeinen Fall kann ein Feld in einem

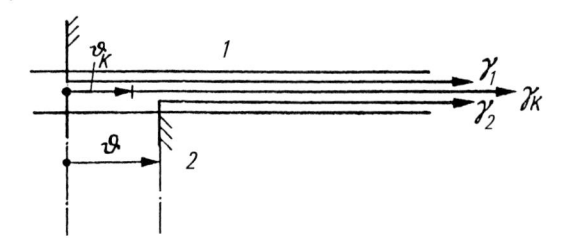

Bild 2.1.1 Einführung des allgemeinen Koordinatensystems K

Koordinatensystem K beschrieben werden, das relativ zum Ständerkoordinatensystem eine beliebige, vom Läufer unabhängige Lage einnimmt. Bild 2.1.6 zeigt die Anordnung der Koordinaten im Luftspalt der Maschine in Anlehnung an Bild 1.8.1, Seite 220, wenn zusätzlich eine derartige Koordinate γ_K eingeführt wird. Der Darstellung lassen sich in Erweiterung von (1.5.14c), Seite 81, die Beziehungen

$$\gamma_1 = \gamma_K + \vartheta_K \tag{2.1.27a}$$

$$\gamma_2 = \gamma_1 - \vartheta = \gamma_K + (\vartheta_K - \vartheta) \tag{2.1.27b}$$

entnehmen. Die Durchflutungshauptwelle der Ständerstränge nach (1.8.40a) wird mit (2.1.27a) im Koordinatensystem K beobachtet als

$$\Theta_{p1}(\gamma_K) = \text{Re}\left\{\vec{\Theta}_1^S e^{-j\vartheta_K} e^{-j\gamma_K}\right\} = \text{Re}\left\{\vec{\Theta}_1^K e^{-j\gamma_K}\right\} . \tag{2.1.28a}$$

Dabei ist $\vec{\Theta}_1^K$ die komplexe Darstellung bzw. der Raumzeiger der Durchflutungshauptwelle im Koordinatensystem K. Analog dazu erhält man für die Durchflutungshauptwelle der Läuferstränge nach (1.8.40b) mit (2.1.27b)

$$\Theta_{p2}(\gamma_K) = \text{Re}\left\{\vec{\Theta}_2^L e^{-j(\vartheta_K - \vartheta)} e^{-j\gamma_K}\right\} = \text{Re}\left\{\vec{\Theta}_2^K e^{-j\gamma_K}\right\} , \tag{2.1.28b}$$

wobei wiederum $\vec{\Theta}_2^K$ der zugeordnete Raumzeiger ist. Aufgrund der bestehenden Beziehungen zu den komplexen Strömen, die durch (1.8.41a,b) gegeben sind, ergeben sich die im allgemeinen Koordinatensystem K beschriebenen Ströme zu

$$\vec{i}_1^K = \vec{i}_1^S e^{-j\vartheta_K} \tag{2.1.29a}$$

$$\vec{i}_2^K = \vec{i}_2^L e^{-j(\vartheta_K - \vartheta)} . \tag{2.1.29b}$$

In Verallgemeinerung von (2.1.29a,b) lassen sich die komplexen Augenblickswerte für die Ströme, Spannungen und Flussverkettungen, wenn sie in einem allgemeinen Koordinatensystem K beobachtet werden, einführen als

$$\vec{g}_1^K = \vec{g}_1^S e^{-j\vartheta_K} = \frac{2}{3}(g_{1a} + \underline{a} g_{1b} + \underline{a}^2 g_{1c}) e^{-j\vartheta_K} \tag{2.1.30a}$$

$$\vec{g}_2^K = \vec{g}_2^L e^{-j(\vartheta_K - \vartheta)} = \frac{2}{3}(g_{2a} + \underline{a} g_{2b} + \underline{a}^2 g_{2c}) e^{-j(\vartheta_K - \vartheta)} . \tag{2.1.30b}$$

Die Komponenten eines komplexen Augenblickswerts $\vec{g}^{\mathrm{K}}$ im allgemeinen Koordinatensystem werden eingeführt entsprechend

$$\vec{g}^{\mathrm{K}} = g_{\mathrm{x}} + \mathrm{j} g_{\mathrm{y}} \, . \tag{2.1.31}$$

Die Spannungs- und Flussverkettungsgleichungen im Koordinatensystem K entstehen aus (2.1.3a,b) und (2.1.4a,b), indem die Veränderlichen $\vec{g}_1^{\mathrm{S}}$ mit Hilfe von (2.1.30a) durch $\vec{g}_1^{\mathrm{K}}$ und die Veränderlichen $\vec{g}_2^{\mathrm{L}}$ mit Hilfe von (2.1.30b) durch $\vec{g}_2^{\mathrm{K}}$ ausgedrückt werden. Dabei ist zu beachten, dass sowohl ϑ als auch ϑ_{K} beliebige Zeitfunktionen darstellen. Dadurch entstehen beim Bilden der Ableitungen $\mathrm{d}\vec{\psi}_1^{\mathrm{S}}/\mathrm{d}t$ und $\mathrm{d}\vec{\psi}_2^{\mathrm{L}}/\mathrm{d}t$ zusätzliche Glieder. Damit erhält man aus (2.1.3a,b) für die *Spannungsgleichungen* im gemeinsamen Koordinatensystem K

$$\boxed{\vec{u}_1^{\mathrm{K}} = R_1 \vec{\imath}_1^{\mathrm{K}} + \frac{\mathrm{d}\vec{\psi}_1^{\mathrm{K}}}{\mathrm{d}t} + \mathrm{j}\frac{\mathrm{d}\vartheta_{\mathrm{K}}}{\mathrm{d}t}\vec{\psi}_1^{\mathrm{K}}} \tag{2.1.32a}$$

$$\boxed{\vec{u}_2^{\mathrm{K}} = R_2 \vec{\imath}_2^{\mathrm{K}} + \frac{\mathrm{d}\vec{\psi}_2^{\mathrm{K}}}{\mathrm{d}t} + \mathrm{j}\left(\frac{\mathrm{d}\vartheta_{\mathrm{K}}}{\mathrm{d}t} - \frac{\mathrm{d}\vartheta}{\mathrm{d}t}\right)\vec{\psi}_2^{\mathrm{K}}} \, . \tag{2.1.32b}$$

Die *Flussverkettungsgleichungen* (2.1.4a,b) gehen bei der Beschreibung im gemeinsamen Koordinatensystem K über in

$$\boxed{\vec{\psi}_1^{\mathrm{K}} = L_{11} \vec{\imath}_1^{\mathrm{K}} + L_{12} \vec{\imath}_2^{\mathrm{K}}} \tag{2.1.33a}$$

$$\boxed{\vec{\psi}_2^{\mathrm{K}} = L_{12} \vec{\imath}_1^{\mathrm{K}} + L_{22} \vec{\imath}_2^{\mathrm{K}}} \, . \tag{2.1.33b}$$

Wenn alle Größen in einem gemeinsamen Koordinatensystem beschrieben werden, haben die Flussverkettungsgleichungen stets die einfache Form von (2.1.33a,b) unabhängig davon, welches Koordinatensystem für die Beschreibung verwendet wird. Demgegenüber nehmen die Spannungsgleichungen für die einzelnen Koordinatensysteme unterschiedliche Formen an, die aus (2.1.32a,b) folgen und in Tabelle 2.1.1 nochmals zusammengestellt sind. Für das Drehmoment erhält man aus (2.1.7a,b)

$$m = -\frac{3}{2}p\,\mathrm{Im}\{\vec{\psi}_1^{\mathrm{K}} \vec{\imath}_1^{\mathrm{K}*}\} = \frac{3}{2}p\,\mathrm{Im}\{\vec{\psi}_2^{\mathrm{K}} \vec{\imath}_2^{\mathrm{K}*}\} \, . \tag{2.1.34}$$

Die Beziehung für das Drehmoment ist also unabhängig von der Wahl des Koordinatensystems. Man vergleiche dazu auch (2.1.18) und (2.1.24).

2.1.3.4 Einführung transformierter Läufergrößen auf Basis des Übersetzungsverhältnisses $\ddot{u}_{\mathrm{h}}$

Die Transformation der Läufergrößen wurde bereits im Band *Grundlagen elektrischer Maschinen* für den Sonderfall des stationären Betriebs und die dort vorliegende vereinfachte Betrachtungsweise ohne Schrägung eingeführt. Sie wird jetzt auf die allgemeinen Beziehungen (2.1.32a,b) und (2.1.33a,b) angewendet, die für beliebige Betriebszustände gelten. Damit wird zunächst das Ziel verfolgt, diese Beziehungen so aufzubereiten, dass sie bequem für eine quantitative Anwendung handhabbar werden. Das äußert sich dann in der Möglichkeit, Ersatzschaltbilder zuzuordnen, deren Parameter der

Tabelle 2.1.1 Spannungsgleichungen der Induktionsmaschine mit Schleifringläufer oder Einfachkäfigläufer für komplexe Augenblickswerte bei Beschreibung in einem gemeinsamen Koordinatensystem

Koordinatensystem	Spannungsgleichungen des Ständers	Spannungsgleichungen des Läufers
Allgemeines Koordinatensystem K	$\vec{u}_1^K = R_1 \vec{i}_1^K + \dfrac{d\vec{\psi}_1^K}{dt} + j\dfrac{d\vartheta_K}{dt}\vec{\psi}_1^K$	$\vec{u}_2^K = R_2 \vec{i}_2^K + \dfrac{d\vec{\psi}_2^K}{dt} + j\left(\dfrac{d\vartheta_K}{dt} - \dfrac{d\vartheta}{dt}\right)\vec{\psi}_2^K$
Koordinatensystem des Ständers, $\vartheta_K = 0$	$\vec{u}_1^S = R_1 \vec{i}_1^S + \dfrac{d\vec{\psi}_1^S}{dt}$	$\vec{u}_2^S = R_2 \vec{i}_2^S + \dfrac{d\vec{\psi}_2^S}{dt} - j\dfrac{d\vartheta}{dt}\vec{\psi}_2^S$
Koordinatensystem des Läufers, $\vartheta_K = \vartheta$	$\vec{u}_1^L = R_1 \vec{i}_1^L + \dfrac{d\vec{\psi}_1^L}{dt} + j\dfrac{d\vartheta}{dt}\vec{\psi}_1^L$	$\vec{u}_2^L = R_2 \vec{i}_2^L + \dfrac{d\vec{\psi}_2^L}{dt}$

Berechnung leicht zugänglich sind. Zum anderen gewinnt man eine elegante Möglichkeit für die nachträgliche Berücksichtigung von Sättigungserscheinungen, wenn man annimmt, dass nur das von der resultierenden Durchflutungshauptwelle aufgebaute Hauptwellenfeld der Sättigung unterliegt. Ausgehend von (2.1.32a,b) und (2.1.33a,b) bieten sich unter Beachtung von (1.8.11a,b,c), Seite 225, die Transformationen

$$\vec{u}_2'^K = \ddot{u}_h \vec{u}_2^K \tag{2.1.35a}$$

$$\vec{i}_2'^K = \dfrac{1}{\ddot{u}_h} \vec{i}_2^K \tag{2.1.35b}$$

$$\vec{\psi}_2'^K = \ddot{u}_h \vec{\psi}_2^K \tag{2.1.35c}$$

an mit $\ddot{u}_h = (w\xi_p)_1/(w\xi_p)_2$ nach (1.8.8c), Seite 224. Damit erhält man aus den Spannungsgleichungen (2.1.32a,b)

$$\vec{u}_1^K = R_1 \vec{i}_1^K + \dfrac{d\vec{\psi}_1^K}{dt} + j\dfrac{d\vartheta_K}{dt}\vec{\psi}_1^K \tag{2.1.36a}$$

$$\vec{u}_2'^K = R_2' \vec{i}_2'^K + \dfrac{d\vec{\psi}_2'^K}{dt} + j\left(\dfrac{d\vartheta_K}{dt} - \dfrac{d\vartheta}{dt}\right)\vec{\psi}_2'^K \tag{2.1.36b}$$

mit $\quad R_2' = \ddot{u}_h^2 R_2 \,. \tag{2.1.37}$

Die Flussverkettungsgleichungen (2.1.33a,b) gehen unter Einführung der transformierten Läufergrößen als eine erste Form über in

$$\vec{\psi}_1^K = L_{11}\vec{i}_1^K + L_{12}'\vec{i}_2'^K \tag{2.1.38a}$$

$$\vec{\psi}_2'^K = L_{22}'\vec{i}_2'^K + L_{12}'\vec{i}_1^K \,. \tag{2.1.38b}$$

2.1 Modelle für stromverdrängungsfreie Maschinen mit Schleifring- oder Einfachkäfigläufer

Dabei wurden als transformierte Induktivitäten

$$L'_{12} = \ddot{u}_h L_{12} \tag{2.1.39a}$$

$$L'_{22} = \ddot{u}_h^2 L_{22} \tag{2.1.39b}$$

eingeführt, für die man unter Beachtung von (1.8.11a,b,c)

$$L'_{12} = \xi_{\text{schr,p}} L_h \tag{2.1.40a}$$

$$L'_{22} = \ddot{u}_h^2 L_{\sigma 2} + L_h = L'_{\sigma 2} + L_h \tag{2.1.40b}$$

erhält. Mit (2.1.40a,b) gewinnt man aus (2.1.14) als eine zweite Form der Flussverkettungsgleichungen

$$\vec{\psi}_1^K = \tilde{L}_{\sigma 1}\vec{i}_1^K + \tilde{L}_h(\vec{i}_1^K + \vec{i}_2^{\prime K}) = \tilde{L}_{\sigma 1}\vec{i}_1^K + \tilde{L}_h\vec{i}_\mu^K = \tilde{L}_{\sigma 1}\vec{i}_1^K + \vec{\psi}_h^K \tag{2.1.41a}$$

$$\vec{\psi}_2^{\prime K} = \tilde{L}'_{\sigma 2}\vec{i}_2^{\prime K} + \tilde{L}_h(\vec{i}_1^K + \vec{i}_2^{\prime K}) = \tilde{L}'_{\sigma 2}\vec{i}_2^{\prime K} + \tilde{L}_h\vec{i}_\mu^K = \tilde{L}'_{\sigma 2}\vec{i}_2^{\prime K} + \vec{\psi}_h^K \tag{2.1.41b}$$

bzw. in Matrizendarstellung

$$\begin{pmatrix} \vec{\psi}_1^K \\ \vec{\psi}_2^{\prime K} \end{pmatrix} = \begin{pmatrix} \tilde{L}_{\sigma 1} + \tilde{L}_h & \tilde{L}_h \\ \tilde{L}_h & \tilde{L}'_{\sigma 2} + \tilde{L}_h \end{pmatrix} \begin{pmatrix} \vec{i}_1^K \\ \vec{i}_2^{\prime K} \end{pmatrix}.$$

Dabei ist

$$\vec{i}_\mu^K = \vec{i}_1^K + \vec{i}_2^{\prime K} \tag{2.1.42}$$

$$\vec{\psi}_h^K = \tilde{L}_h \vec{i}_\mu^K. \tag{2.1.43}$$

Außerdem wurden die Größen

$$\tilde{L}_{\sigma 1} = L_{\sigma 1} + (1 - \xi_{\text{schr,p}})L_h \tag{2.1.44a}$$

$$\tilde{L}'_{\sigma 2} = \ddot{u}_h^2 L_{\sigma 2} + (1 - \xi_{\text{schr,p}})L_h = L'_{\sigma 2} + (1 - \xi_{\text{schr,p}})L_h \tag{2.1.44b}$$

$$\tilde{L}_h = \xi_{\text{schr,p}} L_h \tag{2.1.44c}$$

eingeführt. Die Beziehungen (2.1.41a,b) werden durch das Ersatzschaltbild nach Bild 2.1.2 interpretiert.

Die komplexen Augenblickswerte der Ströme und Flussverkettungen in ihrer Verknüpfung entsprechend (2.1.41a,b) sind im Bild 2.1.3 für einen typischen Betriebszustand der Maschine dargestellt. Dieser ist dadurch gekennzeichnet, dass sich die

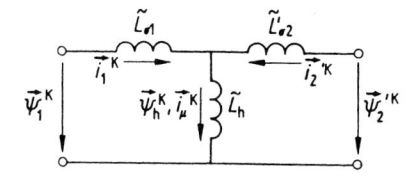

Bild 2.1.2 Ersatzschaltbild für die Flussverkettungsgleichungen unter Verwendung komplexer Augenblickswerte und transformierter Läufergrößen nach (2.1.41a,b)

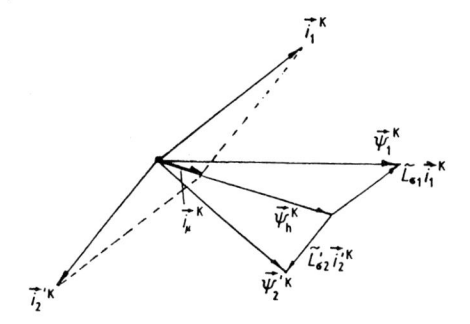

Bild 2.1.3 Darstellung der komplexen Augenblickswerte der Ströme und Flussverkettungen unter Verwendung transformierter Läufergrößen entsprechend (2.1.41a,b) für einen typischen Betriebszustand

Durchflutungen von Ständer und Läufer und dementsprechend die Ströme $\vec{i}_1^{\mathrm{K}}$ und $\vec{i}_2^{\prime\mathrm{K}}$ gegenseitig nahezu aufheben. Dieser Fall liegt z. B. auch im normalen stationären Betrieb vor.

Die Darstellung mit transformierten Läufergrößen ist offensichtlich mit folgenden Vorteilen verbunden:

– Die Flussverkettungen $\vec{\psi}_1^{\mathrm{K}}$, $\vec{\psi}_{\mathrm{h}}^{\mathrm{K}}$ und $\vec{\psi}_2^{\prime\mathrm{K}}$ unterscheiden sich nur nach Maßgabe des Einflusses der Streuung.
– Die Ströme $\vec{i}_1^{\mathrm{K}}$ und $\vec{i}_2^{\prime\mathrm{K}}$ unterscheiden sich nur nach Maßgabe des Durchflutungsbedarfs für die resultierende Induktionshauptwelle, der durch $\vec{i}_\mu^{\mathrm{K}}$ repräsentiert wird.

Außerdem gewinnt man die Chance – vor allem im Zusammenhang mit der Anwendung der numerischen Simulation –, die Nichtlinearität des Magnetkreises plausibel zu berücksichtigen, indem die von den Amplituden $\hat{g} = |\vec{g}^{\mathrm{K}}|$ der Ströme bzw. der Flussverkettungen abhängige Sättigung auf den Wegen der Wirbel, die sich über den Luftspalt schließen, mit

$$\tilde{L}_{\mathrm{h}} = \tilde{L}_{\mathrm{h}}(\hat{i}_\mu) \qquad (2.1.45\mathrm{a})$$

bzw.
$$\tilde{L}_{\mathrm{h}} = \tilde{L}_{\mathrm{h}}(\hat{\psi}_{\mathrm{h}}) \qquad (2.1.45\mathrm{b})$$

und die auf den Wegen der Wirbel der Streufelder mit

$$\tilde{L}_{\sigma 1} = \tilde{L}_{\sigma 1}(\hat{i}_1) \qquad (2.1.46\mathrm{a})$$

bzw.
$$\tilde{L}'_{\sigma 2} = \tilde{L}'_{\sigma 2}(\hat{i}'_2) \qquad (2.1.46\mathrm{b})$$

Berücksichtigung finden.

2.1.3.5 Eliminierung der Ströme eines Hauptelements

Die Flussverkettungsgleichungen in den Formulierungen nach (2.1.33a,b) sind unmittelbarer Ausdruck des physikalischen Mechanismus. Die Ströme der einzelnen Wicklungen bauen das Feld auf; mit dem Feld besitzt eine Wicklung eine Flussverkettung, zu der jede der beiden Wicklungen einen stromproportionalen Anteil liefert. In manchen Fällen sind Flussverkettungsgleichungen nützlich, bei denen die Flussverkettung einer der beiden Wicklungen durch deren Strom und die Flussverkettung der anderen Wicklung ausgedrückt wird. Dazu ist es erforderlich, den Strom der anderen Wicklung mit Hilfe ihrer Flussverkettung zu eliminieren.

Aus der Flussverkettungsgleichung (2.1.33b) des Läufers erhält man den Läuferstrom zu

$$\vec{i}_2^{\mathrm{K}} = \frac{1}{L_{22}}\vec{\psi}_2^{\mathrm{K}} - \frac{L_{12}}{L_{22}}\vec{i}_1^{\mathrm{K}}.$$

Wenn dieser in die Flussverkettungsgleichung (2.1.33a) des Ständers eingesetzt wird, folgt daraus

$$\vec{\psi}_1^{\mathrm{K}} = \left(L_{11} - \frac{L_{12}^2}{L_{22}}\right)\vec{i}_1^{\mathrm{K}} + \frac{L_{12}}{L_{22}}\vec{\psi}_2^{\mathrm{K}} = \sigma L_{11}\vec{i}_1^{\mathrm{K}} + \frac{L_{12}}{L_{22}}\vec{\psi}_2^{\mathrm{K}}. \quad (2.1.47)$$

Dabei ist σL_{11} die von der Ständerseite her beobachtbare Gesamtstreuinduktivität, die in Anlehnung an $X_{\mathrm{i}} = \sigma X_{11}$ (s. Bd. *Grundlagen elektrischer Maschinen*, Abschn. 5.5.1) als

$$L_{\mathrm{i}} = \sigma L_{11} = \left(1 - \frac{L_{12}^2}{L_{11}L_{22}}\right)L_{11} \quad (2.1.48)$$

eingeführt werden kann. In analoger Weise geht die Flussverkettungsgleichung (2.1.33b) des Läufers, wenn man den aus (2.1.33a) ermittelten Ständerstrom in sie einsetzt, über in

$$\vec{\psi}_2^{\mathrm{K}} = \left(L_{22} - \frac{L_{12}^2}{L_{11}}\right)\vec{i}_2^{\mathrm{K}} + \frac{L_{12}}{L_{11}}\vec{\psi}_1^{\mathrm{K}} = \sigma L_{22}\vec{i}_2^{\mathrm{K}} + \frac{L_{12}}{L_{11}}\vec{\psi}_1^{\mathrm{K}}. \quad (2.1.49)$$

Wenn man die gleiche Prozedur ausgehend von den Flussverkettungsgleichungen bei Einführung transformierter Läufergrößen nach (2.1.38a,b) durchführt, erhält man

$$\vec{\psi}_1^{\mathrm{K}} = \sigma L_{11}\vec{i}_1^{\mathrm{K}} + k_2\vec{\psi}_2'^{\mathrm{K}} \quad (2.1.50\mathrm{a})$$
$$\vec{\psi}_2'^{\mathrm{K}} = \sigma L_{22}'\vec{i}_2'^{\mathrm{K}} + k_1\vec{\psi}_1^{\mathrm{K}}. \quad (2.1.50\mathrm{b})$$

Dabei sind die Koppelfaktoren k_1 und k_2 unter Beachtung von (1.8.11a,b,c), Seite 225, und (2.1.40a,b) gegeben als

$$k_1 = \frac{L_{12}'}{L_{11}} = \xi_{\mathrm{schr,p}}\frac{1}{1+\dfrac{L_{\sigma 1}}{L_{\mathrm{h}}}} \quad (2.1.51\mathrm{a})$$

$$k_2 = \frac{L_{12}'}{L_{22}'} = \xi_{\mathrm{schr,p}}\frac{1}{1+\dfrac{L_{\sigma 2}'}{L_{\mathrm{h}}}}. \quad (2.1.51\mathrm{b})$$

Sie sind also stets etwas kleiner als Eins. Unter Beachtung der Beziehungen für die Flussverkettungen nach (2.1.50a,b) erweitert sich die Darstellung der Ströme und Flussverkettungen nach Bild 2.1.3 für einen typischen Betriebszustand entsprechend Bild 2.1.4.

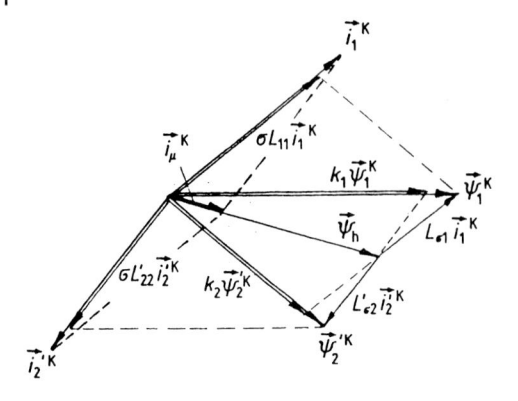

Bild 2.1.4 Ergänzung der Darstellung der komplexen Augenblickswerte der Ströme und Flussverkettungen unter Verwendung transformierter Läufergrößen entsprechend (2.1.41a,b) durch die Beziehungen nach (2.1.50a,b)

Die Beziehungen (2.1.47) und (2.1.49) bzw. (2.1.50a,b) werden im folgenden Abschnitt benutzt, um die Ströme bei Kenntnis der Flussverkettungen zu bestimmen. Sie sind außerdem nützlich, wenn auf der Grundlage der Anwendung des Prinzips der Flusskonstanz über eine der beiden Flussverkettungen oder auch über beide von vornherein Aussagen gemacht werden können. Das wird z. B. im Abschnitt 2.6.3, Seite 424, geschehen, indem angenommen wird, dass sich die Läuferflussverkettung des Käfigläufers bzw. des kurzgeschlossenen Schleifringläufers im Zeitraum unmittelbar nach einer Störung entsprechend dem Prinzip der Flusskonstanz nicht oder nur unwesentlich ändert.

2.1.3.6 Gewinnung der Ströme aus den Flussverkettungen

Die Flussverkettungsgleichungen (2.1.33a,b), die nach Einführung transformierter Läufergrößen übergehen in (2.1.38a,b) bzw. (2.1.41a,b), formulieren die Flussverkettungen als Funktion der Ströme. Das entspricht – wie bereits im Abschnitt 2.1.3.5 erwähnt wurde – der physikalischen Wirkungsrichtung. Da die Flussverkettungsgleichungen jedoch stets, d. h. auch bei Vorhandensein von mehr als zwei miteinander verketteten Wicklungssystemen, ein lineares Gleichungssystem darstellen, muss sich auch die umgekehrte Zuordnung formulieren lassen. Das ist dann eine mathematisch gewonnene Aussage. Man erhält sie unmittelbar aus den Flussverkettungsgleichungen, die im Abschnitt 2.1.3.5 entwickelt wurden und bei denen jeweils der Strom der anderen Wicklung mit Hilfe von deren Flussverkettungsgleichung eliminiert wurde, indem man sie nach diesem Strom auflöst. Für die Darstellungsform mit den tatsächlichen Läufergrößen gewinnt man aus (2.1.47) und (2.1.49)

$$\vec{i}_1^{\mathrm{K}} = \frac{1}{\sigma L_{11}} \left(\vec{\psi}_1^{\mathrm{K}} - \frac{L_{12}}{L_{22}} \vec{\psi}_2^{\mathrm{K}} \right) \qquad (2.1.52\mathrm{a})$$

$$\vec{i}_2^{\mathrm{K}} = \frac{1}{\sigma L_{22}} \left(\vec{\psi}_2^{\mathrm{K}} - \frac{L_{12}}{L_{11}} \vec{\psi}_1^{\mathrm{K}} \right) \,. \qquad (2.1.52\mathrm{b})$$

Ausgehend von der Darstellungsform mit transformierten Läufergrößen nach (2.1.50a,b) ergibt sich

2.1 Modelle für stromverdrängungsfreie Maschinen mit Schleifring- oder Einfachkäfigläufer

$$\vec{i}_1^{\mathrm{K}} = \frac{1}{\sigma L_{11}} \left(\vec{\psi}_1^{\mathrm{K}} - k_2 \vec{\psi}_2^{\prime\mathrm{K}} \right) \tag{2.1.53a}$$

$$\vec{i}_2^{\prime\mathrm{K}} = \frac{1}{\sigma L_{22}'} \left(\vec{\psi}_2^{\prime\mathrm{K}} - k_1 \vec{\psi}_1^{\mathrm{K}} \right) \tag{2.1.53b}$$

bzw. in Matrizendarstellung

$$\begin{pmatrix} \vec{i}_1^{\mathrm{K}} \\ \vec{i}_2^{\prime\mathrm{K}} \end{pmatrix} = \begin{pmatrix} \dfrac{1}{\sigma L_{11}} & -\dfrac{k_2}{\sigma L_{11}} \\ -\dfrac{k_1}{\sigma L_{22}'} & \dfrac{1}{\sigma L_{22}'} \end{pmatrix} \begin{pmatrix} \vec{\psi}_1^{\mathrm{K}} \\ \vec{\psi}_2^{\prime\mathrm{K}} \end{pmatrix} = \begin{pmatrix} \dfrac{1}{\tilde{L}_{\sigma 1} + k_2 \tilde{L}_{\sigma 2}'} & -\dfrac{k_2}{\tilde{L}_{\sigma 1} + k_2 \tilde{L}_{\sigma 2}'} \\ -\dfrac{k_1}{\tilde{L}_{\sigma 2}' + k_1 \tilde{L}_{\sigma 1}} & \dfrac{1}{\tilde{L}_{\sigma 2}' + k_1 \tilde{L}_{\sigma 1}} \end{pmatrix} \begin{pmatrix} \vec{\psi}_1^{\mathrm{K}} \\ \vec{\psi}_2^{\prime\mathrm{K}} \end{pmatrix}. \tag{2.1.54}$$

In (2.1.53a,b) und (2.1.54) wurden die Gesamtstreuinduktivitäten σL_{11} bzw. $\sigma L_{22}'$ mit Hilfe der Beziehungen $\sigma L_{11} = \tilde{L}_{\sigma 1} + (\tilde{L}_h \| \tilde{L}_{\sigma 2}')$ bzw. $\sigma L_{22}' = \tilde{L}_{\sigma 2}' + (\tilde{L}_h \| \tilde{L}_{\sigma 1})$, die sich unmittelbar aus dem Ersatzschaltbild nach Bild 2.1.2 ergeben, überführt in $\sigma L_{11} = \tilde{L}_{\sigma 1} + k_2 \tilde{L}_{\sigma 2}'$ und $\sigma L_{22}' = \tilde{L}_{\sigma 2}' + k_1 \tilde{L}_{\sigma 1}$. Dabei wurden die Zusammenhänge

$$\tilde{L}_{\sigma 2}' + \tilde{L}_h = L_{\sigma 2}' + L_h = L_{22}'$$
$$\tilde{L}_{\sigma 1} + \tilde{L}_h = L_{\sigma 1} + L_h = L_{11}$$

nach (2.1.40a,b) bzw. (1.8.11a,b,c), Seite 225, und (2.1.44a,b,c) sowie k_1 und k_2 nach (2.1.51a,b) eingeführt. Die Beziehungen (2.1.53a,b) und (2.1.54) bringen den wichtigen Sachverhalt zum Ausdruck, dass die Ströme bei Vorgabe der Flussverkettungen durch die jeweilige Gesamtstreuinduktivität bestimmt werden.

Die Bestimmung der Ströme aus den Flussverkettungen ist z. B. erforderlich, wenn bei der Anwendung der numerischen Simulation zunächst mit Hilfe der Zustandsform der Spannungsgleichungen die Flussverkettungen am Ende eines Zeitschritts, ausgehend von ihren Werten vor diesem Zeitschritt, ermittelt werden und anschließend die zu den neuen Flussverkettungen gehörenden Ströme zu bestimmen sind.

Im Bild 2.1.5 ist ausgehend von Bild 2.1.4 gezeigt, wie sich aus $\vec{\psi}_1$ und $\vec{\psi}_2'$ bei Kenntnis von k_1 sowie k_2 und damit $k_1 \vec{\psi}_1$ sowie $k_2 \vec{\psi}_2'$ die Ströme bestimmen lassen.

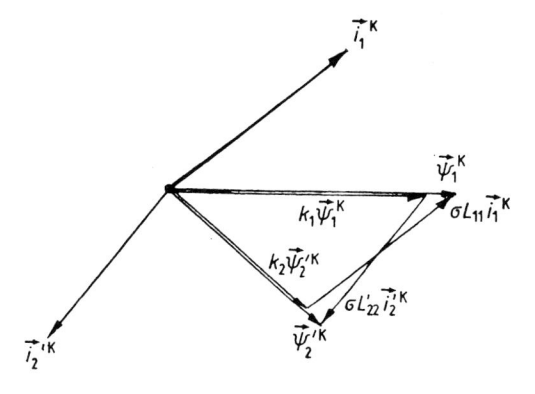

Bild 2.1.5 Gewinnung der Ströme ausgehend von den Flussverkettungen auf der Grundlage der Beziehungen (2.1.50a,b) und (2.1.53a,b)

2.1.3.7 Feldorientierte Beschreibung

Zur Analyse der sog. feldorientierten Regelverfahren, die im Zusammenhang mit dem Einsatz von Drehfeldmaschinen für drehzahlvariable Antriebe entwickelt wurden, empfiehlt es sich, eine feldorientierte Beschreibung des Betriebsverhaltens einzuführen. Dabei wird das allgemeine Koordinatensystem so geführt, dass eine der Flussverkettungen $\vec{\psi}_1^K$, $\vec{\psi}_h^K$ oder $\vec{\psi}_2^{\prime K}$ bzw. $\vec{\psi}_2^{\prime K}$ stets in der reellen Achse liegt. Im Bild 2.1.6 ist dies als Beispiel unter Verwendung der Ständerflussverkettung geschehen. $\vec{\psi}_1^K$ verändert sich im Ständerkoordinatensystem hinsichtlich Betrag und Lage beliebig. Das Feldkoordinatensystem F als spezielle Form des allgemeinen Gleichungssystems K wird über ϑ_K so geführt, dass stets

$$\vec{\psi}_1^F = \left|\vec{\psi}_1^F\right| = \hat{\psi}_1 \tag{2.1.55}$$

ist. Die Komponenten eines beliebigen komplexen Augenblickswerts im Feldkoordinatensystem werden eingeführt entsprechend

$$\vec{g}^F = g_F + jg_M \; . \tag{2.1.56}$$

Damit lässt sich (2.1.55) auch darstellen als

$$\vec{\psi}_1^F = \psi_{1F} \; . \tag{2.1.57}$$

Wenn man entsprechend (2.1.56) für den komplexen Augenblickswert des Ständerstroms

$$\vec{i}_1^F = i_{1F} + ji_{1M} \tag{2.1.58}$$

einführt, ergibt sich das Drehmoment aus (2.1.34) mit (2.1.57) und (2.1.58) zu

$$m = -\frac{3}{2}p \, \mathrm{Im}\left\{\vec{\psi}_1^F \vec{i}_1^{F*}\right\} = \frac{3}{2}p\psi_{1F}i_{1M} \; . \tag{2.1.59}$$

Das Drehmoment wird allein durch die Komponente i_{1M} des Ständerstroms bestimmt. Daraus erwächst der Gedanke der feldorientierten Regelung. Bild 2.1.7 erläutert die Zusammenhänge.

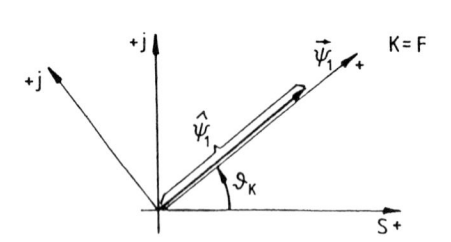

Bild 2.1.6 Einführung des Feldkoordinatensystems

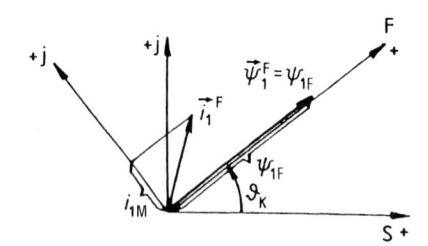

Bild 2.1.7 Maßgebende Komponente des Ständerstroms für das Drehmoment im feldorientierten Koordinatensystem

2.1.3.8 Einführung bezogener Größen

Die Verwendung bezogener Größen ist im Zusammenhang mit der Theorie der Synchronmaschine weit verbreitet und wird im Abschnitt 3.1.3, Seite 476, unter Beachtung der Spezifika dieser Maschinenart entwickelt (s. auch Bd. *Grundlagen elektrischer Maschinen*, Abschn. 6.4.2). Bei der Induktionsmaschine hat sich diese Methode der Darstellung bisher nicht im gleichen Maß durchgesetzt. Sie wird im Folgenden entwickelt, da es im Zusammenhang mit der Anwendung numerischer Verfahren vorteilhaft sein kann, mit dimensionslosen Variablen zu arbeiten. Die Einführung bezogener Größen bietet außerdem den Vorteil, dass sich die zugeordneten Maschinenparameter in Abhängigkeit von der Baugröße nur wenig und in Abhängigkeit von den Bemessungswerten von Strom und Spannung praktisch überhaupt nicht ändern.

Die bezogenen Werte der Variablen werden im Zuge der Ableitung eingeführt als

$$g = \breve{g} g_{\text{bez}} \,. \tag{2.1.60}$$

Dabei hat die Bezugsgröße g_{bez} dieselbe Dimension wie die physikalische Größe g, so dass die bezogene Größe $\breve{g}$ dimensionslos wird. Nachdem der Prozess der Einführung abgeschlossen ist, kann auf die besondere Kennzeichnung der Variablen als bezogene Größen verzichtet werden, da die Darstellung der Parameter erkennen lassen wird, dass es sich um eine Beziehung für bezogene Größen handelt.

Wenn die Einführung unter dem Aspekt der Anwendung numerischer Methoden erfolgt, ist es naheliegend, von einer Formulierung des Gleichungssystems auszugehen, die es ermöglicht, die Sättigungseinflüsse zu berücksichtigen. Deshalb wird von dem Gleichungssystem unter Verwendung transformierter Läufergrößen ausgegangen, das im Abschnitt 2.1.3.4 entwickelt wurde. Dabei sind die Läufergrößen über die Transformationsbeziehungen den Ständergrößen zugeordnet, so dass es logisch erscheint, von vornherein gleiche Bezugsgrößen für die einander entsprechenden Ständer- und die Läufergrößen zu verwenden. Da die Ausgangsbeziehungen in Form der Spannungs- und Flussverkettungsgleichungen den Strängen zugeordnet sind, werden alle Variablen und Parameter im Gleichungssystem unter Verwendung transformierter Läufergrößen den Strängen des Ständers zugeordnet. Die nach außen, d. h. zum Netz hin, wirksamen Größen sind dann davon abhängig, ob die Ständerwicklung im Stern oder im Dreieck geschaltet ist.

Es liegt nahe, die Bezugsgrößen zunächst so einzuführen, dass die Amplituden der Strangströme und Strangspannungen im Bemessungsbetrieb den Wert Eins annehmen. Dementsprechend wird eingeführt

– für alle Strangströme sowie die komplexen Augenblickswerte der Ströme und der Stromkomponenten

$$I_{\text{bez}} = \sqrt{2} I_{\text{str N}} \,, \tag{2.1.61a}$$

– für alle Strangspannungen sowie die komplexen Augenblickswerte der Spannungen und der Spannungskomponenten

$$U_{\text{bez}} = \sqrt{2} U_{\text{str N}} \,. \tag{2.1.61b}$$

2 Dreiphasen-Induktionsmaschine

Davon abgeleitet ergeben sich als weitere Bezugsgrößen

- für alle Flussverkettungen der Stränge sowie die komplexen Augenblickswerte der Flussverkettungen und der Flussverkettungskomponenten

$$\psi_{\text{bez}} = \frac{U_{\text{bez}}}{\omega_N} = \frac{\sqrt{2}U_{\text{str N}}}{\omega_N}, \qquad (2.1.61\text{c})$$

- für alle Leistungen

$$P_{\text{bez}} = \frac{3}{2}U_{\text{bez}}I_{\text{bez}} = 3U_{\text{str N}}I_{\text{str N}} = \sqrt{3}U_N I_N, \qquad (2.1.61\text{d})$$

- für das Drehmoment

$$M_{\text{bez}} = \frac{P_{\text{bez}}p}{\omega_N} = \frac{3U_{\text{str N}}I_{\text{str N}}}{\omega_N}p = \frac{3U_{\text{bez}}I_{\text{bez}}}{2\omega_N}p = \frac{\sqrt{3}U_N I_N}{\omega_N}p, \qquad (2.1.61\text{e})$$

- als Bezugsimpedanz

$$Z_{\text{bez}} = \frac{U_{\text{bez}}}{I_{\text{bez}}}, \qquad (2.1.61\text{f})$$

- als Bezugsinduktivität

$$L_{\text{bez}} = \frac{Z_{\text{bez}}}{\omega_N} = \frac{U_{\text{bez}}}{\omega_N I_{\text{bez}}} = \frac{\psi_{\text{bez}}}{I_{\text{bez}}}. \qquad (2.1.61\text{g})$$

Wenn die bezogenen Effektivwerte der Ströme und Spannungen im Bemessungsbetrieb den Wert Eins annehmen sollen, müssen die physikalischen Werte offensichtlich auf $I_{\text{str N}}$ bzw. $U_{\text{str N}}$ bezogen werden. Die weiteren Festlegungen von Bezugsgrößen ergeben sich aus dem Prozess der Einführung bezogener Größen in das Gleichungssystem der Maschine. Die bezogenen Widerstände werden mit r und die bezogenen Induktivitäten mit x bezeichnet. Es ist üblich, letztere als Reaktanzen anzusprechen.

Die Spannungsgleichung eines beliebigen Wicklungsstrangs – z. B. entsprechend (2.1.2a,b), Seite 284, nach Einführung transformierter Läufergrößen – geht unter Einführung bezogener Größen nach (2.1.60) und der Bezugsgrößen nach (2.1.61a–g) bei Division durch U_{bez} über in

$$\breve{u} = \frac{u}{U_{\text{bez}}} = R\frac{I_{\text{bez}}}{U_{\text{bez}}}\breve{i} + \frac{\psi_{\text{bez}}}{U_{\text{bez}}T_{\text{bez}}}\frac{d\breve{\psi}}{d\breve{t}} = r\breve{i} + \frac{1}{\omega_N T_{\text{bez}}}\frac{d\breve{\psi}}{d\breve{t}} \qquad (2.1.62)$$

mit ψ_{bez} nach (2.1.61c). Es ist offenbar naheliegend, als Bezugsgröße für die Zeit

$$T_{\text{bez}} = \frac{1}{\omega_N} \qquad (2.1.63)$$

zu verwenden. In diesem Fall nimmt die Spannungsgleichung mit bezogenen Größen die gleiche Form an wie mit physikalischen Größen, d. h. in beiden Fällen erscheint vor der zeitlichen Ableitung der Flussverkettung kein Faktor. Im Zusammenhang mit der Anwendung verfügbarer Simulationsprogramme und mit Rücksicht auf die leichtere

Interpretierbarkeit der erhaltenen Ergebnisse kann es aber sinnvoll sein, den Bezugswert T_{bez} für die Zeit anders festzulegen, z. B. als Sekunde. Dann bleibt in der Spannungsgleichung mit bezogenen Größen vor $\mathrm{d}\check{\psi}/\mathrm{d}\check{t}$ der Faktor $1/(\omega_{\text{N}}T_{\text{bez}})$ stehen. Er nimmt für den Sonderfall, dass als Bezugswert für die Zeit die Sekunde gewählt wird, die Form $1/(\omega_{\text{N}}T_{\text{bez}}) = 1/(\omega_{\text{N}}/\text{s}^{-1})$ an.

Die Spannungsgleichungen (2.1.36a,b), die man unter Einführung komplexer Augenblickswerte und bei Beschreibung in einem allgemeinen Koordinatensystem K erhält, enthalten beim Übergang zur Darstellung mit bezogenen Größen für die abhängigen Variablen – also zunächst nicht für die Zeit – außer den zeitlichen Ableitungen der Flussverkettungen $[1/(\omega_{\text{N}}T_{\text{bez}})]\mathrm{d}\vec{\check{\psi}}_1^{\text{K}}/\mathrm{d}\check{t}$ bzw. $[1/(\omega_{\text{N}}T_{\text{bez}})]\mathrm{d}\vec{\check{\psi}}'^{\text{K}}_2/\mathrm{d}\check{t}$ die Rotationsspannungen $(1/\omega_{\text{N}})(\mathrm{d}\vartheta_{\text{K}}/\mathrm{d}t)\vec{\check{\psi}}_1^{\text{K}}$ bzw. $(1/\omega_{\text{N}})[(\mathrm{d}\vartheta_{\text{K}}/\mathrm{d}t) - (\mathrm{d}\vartheta/\mathrm{d}t)]\vec{\check{\psi}}'^{\text{K}}_2$. Mit Rücksicht auf die numerische Simulation empfiehlt es sich, für den dimensionslosen Faktor vor der Flussverkettung bezogene Winkelgeschwindigkeiten bzw. bezogene Drehzahlen einzuführen. Man erhält für den Faktor $(1/\omega_{\text{N}})(\mathrm{d}\vartheta/\mathrm{d}t)$ als bezogene Winkelgeschwindigkeit bzw. Drehzahl des Läufers bzw. des Läuferkoordinatensystems relativ zum Ständerkoordinatensystem

$$\check{n} = \frac{1}{\omega_{\text{N}}}\frac{\mathrm{d}\vartheta}{\mathrm{d}t} = \frac{1}{\omega_{\text{N}}}2\pi pn = \frac{2\pi pn}{2\pi pn_{0\text{N}}} = \frac{n}{n_{0\text{N}}}, \qquad (2.1.64)$$

wobei $n_{0\text{N}}$ die synchrone Drehzahl bei Bemessungsfrequenz ist. Analog ergibt sich als bezogene Winkelgeschwindigkeit bzw. Drehzahl des allgemeinen Koordinatensystems K gegenüber dem Ständerkoordinatensystem

$$\check{n}_{\text{K}} = \frac{1}{\omega_{\text{N}}}\frac{\mathrm{d}\vartheta_{\text{K}}}{\mathrm{d}t} = \frac{1}{\omega_{\text{N}}}2\pi pn_{\text{K}} = \frac{2\pi pn_{\text{K}}}{2\pi pn_{0\text{N}}} = \frac{n_{\text{K}}}{n_{0\text{N}}}. \qquad (2.1.65)$$

Die Beziehung für das Drehmoment nach (2.1.34) geht unter Einführung bezogener Größen entsprechend (2.1.60) mit den Bezugsgrößen nach (2.1.61a–g) über in

$$\check{m} = -\text{Im}\left\{\vec{\check{\psi}}_1^{\text{K}}\vec{\check{i}}_1^{\text{K}*}\right\}. \qquad (2.1.66)$$

Für die Bewegungsgleichung erhält man ausgehend von (2.1.8), Seite 286, mit Einführung bezogener Größen entsprechend (2.1.60) und den Bezugsgrössen nach (2.1.61a–g) sowie der bezogenen Winkelgeschwindigkeit bzw. der bezogenen Drehzahl des Läufers nach (2.1.64) und damit

$$\frac{\mathrm{d}^2\vartheta}{\mathrm{d}t^2} = \omega_{\text{N}}\frac{\mathrm{d}\check{n}}{\mathrm{d}t} = \frac{\omega_{\text{N}}}{T_{\text{bez}}}\frac{\mathrm{d}\check{n}}{\mathrm{d}\check{t}}$$

die Beziehung

$$\check{m} + \check{m}_{\text{A}} = \check{m} - \check{m}_{\text{W}} = \frac{2H}{T_{\text{bez}}}\frac{\mathrm{d}\check{n}}{\mathrm{d}\check{t}}. \qquad (2.1.67)$$

In (2.1.67) tritt als Parameter die sog. *Trägheitskonstante* H auf. Sie ist definiert als das Verhältnis der kinetischen Energie bei der Bezugsdrehzahl zur Scheinleistung im Bemessungsbetrieb entsprechend

$$H = \frac{J\omega_{\text{N}}^2}{2p^2}\frac{1}{3U_{\text{str N}}I_{\text{str N}}}. \qquad (2.1.68)$$

Dabei ist J das Massenträgheitsmoment des gesamten Läuferkörpers. Die Trägheitskonstante hat die Dimension einer Zeit und liegt je nach der Maschinengröße und der Größe des Massenträgheitsmoments der Arbeitsmaschine im Bereich von einigen Sekunden.

Unter Bereitstellung der Flussverkettungsgleichungen in bezogener Form, die man unmittelbar aus (2.1.33a,b) bzw. (2.1.41a,b) erhält, ist das gesamte Gleichungssystem der Maschine unter Einführung bezogener Größen in Tabelle 2.1.2 zusammengestellt. Dabei wurde nunmehr – wie vereinbart – auf die besondere Kennzeichnung aller Variablen als bezogene Größen und der Läufervariablen zusätzlich als transformierte Größen, d. h. als $\vec{g}'^{K}_{2}$, verzichtet. In dem Sonderfall, dass der Bezugswert für die Zeit als $T_{\text{bez}} = 1/\omega_N$ festgelegt wird, verschwindet der Faktor $1/(\omega_N T_{\text{bez}})$ vor den zeitlichen Ableitungen der Flussverkettungen.

Tabelle 2.1.2 Gleichungssystem der Induktionsmaschine mit Einfachkäfigläufer bzw. Schleifringläufer im allgemeinen Koordinatensystem K nach Einführung bezogener Größen ohne Festlegung des Bezugswerts T_{bez} für die Zeit und bei Verzicht auf die Kennzeichnung aller Variablen als bezogene Größen und zusätzlich der Läufervariablen als transformierte Größen

$$\vec{u}_1^K = r_1 \vec{i}_1^K + \frac{1}{\omega_N T_{\text{bez}}} \frac{d\vec{\psi}_1^K}{dt} + jn_K \vec{\psi}_1^K$$

$$\vec{u}_2^K = r_2 \vec{i}_2^K + \frac{1}{\omega_N T_{\text{bez}}} \frac{d\vec{\psi}_2^K}{dt} + j(n_K - n)\vec{\psi}_2^K$$

$$\vec{\psi}_1^K = x_{11}\vec{i}_1^K + x_{12}\vec{i}_2^K = x_{\sigma 1}\vec{i}_1^K + \vec{\psi}_h^K = x_{\sigma 1}\vec{i}_1^K + x_h(\vec{i}_1^K + \vec{i}_2^K)$$

$$= \sigma x_{11}\vec{i}_1^K + k_2 \vec{\psi}_2^K$$

$$\vec{\psi}_2^K = x_{22}\vec{i}_2^K + x_{12}\vec{i}_1^K = x_{\sigma 2}\vec{i}_2^K + \vec{\psi}_h^K = x_{\sigma 2}\vec{i}_2^K + x_h(\vec{i}_1^K + \vec{i}_2^K)$$

$$= \sigma x_{22}\vec{i}_2^K + k_1 \vec{\psi}_1^K$$

$$m = -\text{Im}\{\vec{\psi}_1^K \vec{i}_1^{K*}\}$$

$$m + m_A = m - m_W = \frac{2H}{T_{\text{bez}}} \frac{dn}{dt}$$

2.1.4
Komplexe Augenblickswerte stationärer symmetrischer Dreiphasensysteme

Im stationären Betrieb stellen die Stranggrößen eingeschwungene Wechselgrößen dar. Dabei bilden die drei Spannungen bzw. die drei Ströme bzw. die drei Flussverkettungen eines Hauptelements im Sonderfall des Betriebs unter symmetrischen Betriebsbedingungen ein symmetrisches Dreiphasensystem mit positiver Phasenfolge. Es lässt sich

Tabelle 2.1.3 Parameter des Gleichungssystems der Induktionsmaschine nach Einführung bezogener Größen entsprechend Tabelle 2.1.2

$$r_1 = \frac{R_1}{Z_{\text{bez}}} \qquad r_2 = \frac{R_2'}{Z_{\text{bez}}}$$

$$x_{11} = \frac{L_{11}}{L_{\text{bez}}} \qquad x_{12} = \frac{L_{12}'}{L_{\text{bez}}} \qquad x_{22} = \frac{L_{22}'}{L_{\text{bez}}}$$

$$x_{\sigma 1} = \frac{\tilde{L}_{\sigma 1}}{L_{\text{bez}}} \qquad x_{\sigma 2} = \frac{\tilde{L}_{\sigma 2}'}{L_{\text{bez}}} \qquad x_{\text{h}} = \frac{\tilde{L}_{\text{h}}}{L_{\text{bez}}}$$

darstellen als

$$g_a = \hat{g}\cos(\omega t + \varphi_{\text{g}}) \qquad (2.1.69\text{a})$$

$$g_b = \hat{g}\cos(\omega t + \varphi_{\text{g}} - 2\pi/3) \qquad (2.1.69\text{b})$$

$$g_c = \hat{g}\cos(\omega t + \varphi_{\text{g}} - 4\pi/3) \,. \qquad (2.1.69\text{c})$$

In diesem Fall genügt es offensichtlich, die Größen nur eines Strangs zu betrachten. Es ist üblich, als diesen Bezugsstrang den Strang a zu verwenden und auf die Kennzeichnung der Zuordnung der Größen zu diesem Strang a zu verzichten. In der Darstellung der komplexen Wechselstromrechnung sind die Größen des Strangs a dann gegeben als

$$\underline{g} = \underline{g}_a = \hat{g}\text{e}^{\text{j}\varphi_{\text{g}}} \,. \qquad (2.1.70)$$

Um den komplexen Augenblickswert für das symmetrische Dreiphasensystem nach (2.1.69a,b,c) zu erhalten, müssen die Stranggrößen in (1.8.36a,b), Seite 232, eingesetzt werden. Dabei empfiehlt es sich, die Beziehung $\cos\alpha = 1/2\,(\text{e}^{\text{j}\alpha} + \text{e}^{-\text{j}\alpha})$ zu nutzen. Man erhält

$$\vec{g} = \hat{g}\text{e}^{\text{j}(\omega t + \varphi_{\text{g}})}$$

und damit durch Vergleich mit (2.1.70)

$$\boxed{\vec{g} = \underline{g}\text{e}^{\text{j}\omega t}} \,. \qquad (2.1.71)$$

Dabei ist $\vec{g} = \vec{g}^{\text{S}}$, wenn die Größen nach (2.1.69a,b,c) den Ständersträngen zugeordnet sind, und $\vec{g} = \vec{g}^{\text{L}}$, wenn es sich um Läufergrößen handelt.

Im allgemeinen Fall ist das Dreiphasensystem der Stranggrößen g_a, g_b, g_c nicht symmetrisch bzw. existiert außer dem symmetrischen System mit positiver Phasenfolge – dem *Mitsystem* – ein symmetrisches System mit negativer Phasenfolge – das *Gegensystem*. Für das symmetrische Dreiphasensystem mit negativer Phasenfolge gilt

$$g_a = \hat{g}\cos(\omega t + \varphi_{\text{g}}) \qquad (2.1.72\text{a})$$

$$g_b = \hat{g}\cos(\omega t + \varphi_{\text{g}} + 2\pi/3) \qquad (2.1.72\text{b})$$

$$g_c = \hat{g}\cos(\omega t + \varphi_{\text{g}} + 4\pi/3) \,, \qquad (2.1.72\text{c})$$

und man erhält durch Einsetzen in (1.8.36a,b)

$$\vec{g} = \hat{g} \mathrm{e}^{-\mathrm{j}(\omega t + \varphi_\mathrm{g})} \; .$$

Der Vergleich mit der Darstellung der Größen des Strangs a in der komplexen Wechselstromrechnung nach (2.1.70) liefert in diesem Fall

$$\boxed{\vec{g} = \underline{g}^* \mathrm{e}^{-\mathrm{j}\omega t}} \; . \tag{2.1.73}$$

Mit Hilfe von (2.1.71) und (2.1.73) lassen sich aus den allgemeinen Gleichungssystemen des Abschnitts 2.1.3, die für beliebige Betriebszustände gelten, unmittelbar solche für den stationären Betrieb gewinnen. Davon wird im Abschnitt 2.1.5 Gebrauch gemacht werden. Die Beziehungen (2.1.71) und (2.1.73) sind außerdem dafür geeignet, äußere Betriebsbedingungen für die Stranggrößen, die auch bei beliebigen nichtstationären Betriebszuständen der Maschine symmetrische Dreiphasensysteme darstellen können, sofort als komplexe Augenblickswerte auszudrücken. Das gilt besonders für das starre, symmetrische Netz.

2.1.5
Spannungsgleichungen für den stationären Betrieb am starren, symmetrischen Netz

Im stationären Betrieb unter symmetrischen Betriebsbedingungen, d. h. am symmetrischen Netz, bilden die Ständergrößen symmetrische Dreiphasensysteme nach (2.1.69a,b,c) mit positiver Phasenfolge und der Kreisfrequenz ω, die durch die Netzfrequenz gegeben ist. Die resultierende Induktionshauptwelle B_p des Luftspaltfelds stellt ein positiv umlaufendes Drehfeld dar, das sich, ausgehend von (1.5.25a) und (1.5.26), Seite 87, im Koordinatensystem γ'_1 des Ständers darstellen lässt als

$$B_\mathrm{p}(\gamma'_1, t) = \hat{B}_\mathrm{p} \cos(p\gamma'_1 - \omega t - \varphi_0) \; . \tag{2.1.74}$$

Der Läufer bewegt sich mit einer Drehzahl, die nach Maßgabe des Schlupfs s von der synchronen Drehzahl abweicht, die ihrerseits als $n_0 = f/p$ durch die Netzfrequenz gegeben ist. Damit gilt

$$\vartheta' = (1-s)\frac{\omega t}{p} + \vartheta'_0 \; , \tag{2.1.75}$$

wobei ϑ'_0 die Verschiebung zwischen den Koordinatensystemen des Ständers und des Läufers zum Zeitpunkt $t = 0$ angibt. Mit (2.1.75) geht die Transformationsbeziehung zwischen den Koordinaten γ'_1 und γ'_2 nach (1.5.14b), Seite 81, über in

$$\gamma'_1 = \gamma'_2 + (1-s)\frac{\omega t}{p} + \vartheta'_0 \; . \tag{2.1.76}$$

Damit beobachtet man die resultierende Induktionshauptwelle B_p relativ zum Läufer als

$$B_\mathrm{p}(\gamma'_2, t) = \hat{B}_\mathrm{p} \cos(p\gamma'_2 - s\omega t - \varphi_0 + p\vartheta'_0) \; . \tag{2.1.77}$$

Das ist ein Drehfeld, das mit der Winkelgeschwindigkeit $\mathrm{d}\gamma_2'/\mathrm{d}t = s\omega/p = s2\pi n_0$ umläuft. Es bewegt sich also bei positivem Schlupf in Richtung und bei negativem Schlupf in Gegenrichtung zur Läuferkoordinate. Da die Läufergrößen durch Induktionswirkung des Drehfelds nach (2.1.77) entstehen, bilden sie symmetrische Mehrphasensysteme mit der Kreisfrequenz $s\omega$ bzw. der Frequenz sf. Dabei kehrt sich die Phasenfolge beim Übergang von positiven zu negativen Werten des Schlupfs um. Darauf wird im Abschnitt 2.1.6 nochmals eingegangen.

Die komplexen Augenblickswerte für die Ständer- und Läufergrößen erhält man aus (2.1.71) zu

$$\vec{g}_1^{\mathrm{S}} = \underline{g}_1 \mathrm{e}^{\mathrm{j}\omega t}$$
$$\vec{g}_2^{\mathrm{L}} = \underline{g}_2 \mathrm{e}^{\mathrm{j}s\omega t} \ .$$

Wenn sowohl die Ständer- als auch die Läufergrößen in einem Koordinatensystem der Kreisfrequenz ω beobachtet werden, d. h. synchron mit der Speisefrequenz, folgt mit $\vartheta_{\mathrm{K}} = \vartheta_{\mathrm{Netz}} = \omega t$ unter Beachtung von $\vartheta_{\mathrm{K}} - \vartheta = s\omega t - \vartheta_0$ aus (2.1.30a,b), Seite 290,

$$\vec{g}_1^{\mathrm{N}} = \underline{g}_1 \tag{2.1.78a}$$
$$\vec{g}_2^{\mathrm{N}} = \underline{g}_2 \mathrm{e}^{\mathrm{j}\vartheta_0} \ . \tag{2.1.78b}$$

Dabei verweist das Superskript N auf die vielfach übliche Formulierung, dass die Beschreibung in *Netzkoordinaten* erfolgt. Diese führt im stationären Betrieb am symmetrischen Netz auf zeitlich konstante Größen. Das entspricht dem Sachverhalt, dass in einem derartigen Koordinatensystem alle Komponenten der Hauptwelle des Luftspaltfelds zeitlich konstant sind. Damit entfallen in den Spannungsgleichungen (2.1.32a,b) die Glieder $\mathrm{d}\vec{\psi}^{\mathrm{K}}/\mathrm{d}t$. Man erhält unter Einführung der Flussverkettungsgleichungen (2.1.33a,b) mit $\mathrm{d}\vartheta_{\mathrm{K}}/\mathrm{d}t = \omega$ und $\mathrm{d}\vartheta_{\mathrm{K}}/\mathrm{d}t - \mathrm{d}\vartheta/\mathrm{d}t = s\omega$ sowie mit $\omega L = X$

$$\boxed{\begin{aligned}\underline{u}_1 &= R_1 \underline{i}_1 + \mathrm{j} X_{11} \underline{i}_1 + \mathrm{j} X_{12} \underline{i}_2 \mathrm{e}^{\mathrm{j}\vartheta_0} \\ \underline{u}_2 &= R_2 \underline{i}_2 + \mathrm{j} s X_{22} \underline{i}_2 + \mathrm{j} s X_{12} \underline{i}_1 \mathrm{e}^{-\mathrm{j}\vartheta_0}\end{aligned}} \ . \tag{2.1.79a,b}$$

Dabei wurde von vornherein die komplexe Darstellung $\underline{g}$ der Größen der Stränge a eingeführt. Es ergeben sich die üblichen Beziehungen für den stationären Betrieb der Dreiphasen-Induktionsmaschine. Sie wurden auch im Abschnitt 5.4.1.1 des Bands *Grundlagen elektrischer Maschinen* entwickelt. Dort war allerdings – wie vielfach in der Literatur – von vornherein $\vartheta_0 = 0$ gesetzt worden. Ein derartiges Vorgehen ist gerechtfertigt, wenn der Läufer direkt oder über passive Elemente kurzgeschlossen ist. Dann sind die mit $\vartheta_0 = 0$ berechneten Ströme und Spannungen des Läufers gegenüber den tatsächlich auftretenden um den Winkel ϑ_0 phasenverschoben. Die Vereinfachung $\vartheta_0 = 0$ kann jedoch nicht vorgenommen werden, wenn die Läuferwicklung wie im Fall einer doppeltgespeisten Induktionsmaschine (s. Bd. *Grundlagen elektrischer Maschinen*, Abschn. 5.8) mit einer Einrichtung zusammenarbeitet, die ihrerseits wieder mit dem Ständernetz verbunden ist.

2.1.6
Spannungsgleichungen für den stationären Betrieb ohne Ersatzwicklung für den Käfig

Die allgemeinen Spannungsgleichungen für den stationären Betrieb auf Basis der Hauptwellenverkettung wurden im Abschnitt 2.1.5 als Sonderfall aus den Beziehungen für beliebige Betriebszustände der Maschine mit dreisträngigem Schleifringläufer gewonnen. Sie gelten auch für die Maschine mit Einfachkäfigläufer, wenn von der Möglichkeit Gebrauch gemacht wird, diesem eine dreisträngige Ersatzanordnung zuzuordnen (s. Abschn. 1.8.2.3, S. 245). Wenn später im Abschnitt 2.5 der Einfluss der Oberwellen des Luftspaltfelds auf das Betriebsverhalten betrachtet werden soll, muss das Prinzip der Hauptwellenverkettung fallengelassen werden. Die Analyse des Betriebsverhaltens muss dann von der tatsächlich vorliegenden Käfigwicklung ausgehen. Um den Anschluss dieser Untersuchungen an die Analyse auf Basis der Hauptwellenverkettung zu sichern, werden die Spannungsgleichungen (2.1.79a,b) im Folgenden so umgeformt, dass sie die Parameter des Käfigs nach Tabelle 1.8.1, Seite 247, und den Strom im Stab 1 bzw. in der Masche 1 des Käfigs enthalten. Sie bilden dann das Paar voneinander unabhängiger Spannungsgleichungen in Form der Spannungsgleichung des Ständerstrangs a und der des Stabs 1 bzw. der Masche 1 des Läufers.

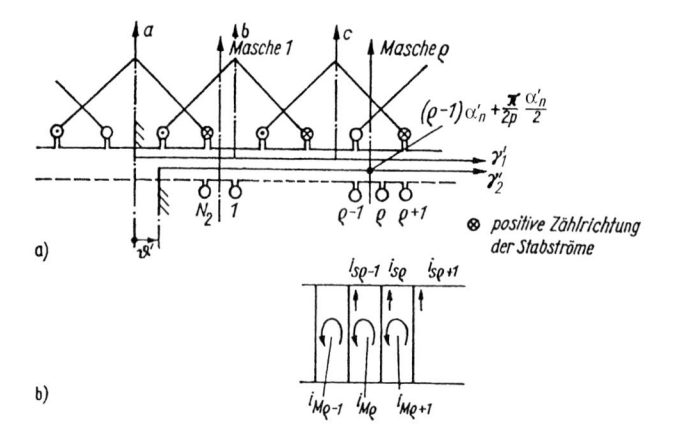

Bild 2.1.8 Dreiphasen-Induktionsmaschine mit Einfachkäfigläufer.
a) Anordnung der Ständerstränge und der Käfigstäbe;
b) positive Zählrichtung der Stabströme $i_{s\rho}$ und der Maschenströme $i_{M\rho}$

Die zu betrachtende Anordnung ist im Bild 2.1.8 dargestellt (vgl. auch Bild 1.8.8, S. 236). Die resultierende Induktionshauptwelle nach (2.1.77) durchsetzt die Masche ρ des Käfigs, die von den Stäben $\rho-1$ und ρ gebildet wird und deren Achse entsprechend

Bild 2.1.8 bei $\gamma'_{M\rho} = (\rho - 1)\alpha'_n + \pi/2p - \alpha'_n/2$ liegt, mit dem Fluss

$$\Phi_{hM\rho}(t) = \frac{1}{\pi}\tau_p l_i p \int_{\gamma'_{M\rho}-\alpha'_n/2}^{\gamma'_{M\rho}+\alpha'_n/2} B_p(\gamma'_2, t)\,d\gamma'_2$$

$$= \frac{2}{\pi}\tau_p l_i \hat{B}_p \sin\frac{p\alpha'_n}{2}\cos\left[s\omega t + \varphi_0 - p\vartheta'_0 + \frac{p\alpha'_n}{2} - \frac{\pi}{2} - (\rho-1)p\alpha'_n\right] \quad (2.1.80a)$$

$$= \frac{2}{\pi}\tau_p l_i \hat{B}_p \sin\frac{\alpha_n}{2}\cos\left[s\omega t + \varphi_0 - \vartheta_0 + \frac{\alpha_n}{2} - \frac{\pi}{2} - (\rho-1)\alpha_n\right]. \quad (2.1.80b)$$

In der Darstellung der komplexen Wechselstromrechnung lässt sich der Fluss $\Phi_{hM\rho}$ durch den Fluss $\underline{\Phi}_{hM1}$, der die Masche 1 durchsetzt, ausdrücken als

$$\underline{\Phi}_{hM\rho} = \underline{\Phi}_{hM1} e^{-j(\rho-1)\alpha_n}. \quad (2.1.81)$$

Die N_2 Flüsse durch die Käfigmaschen bilden somit, wie im Abschnitt 1.9.1, Seite 256, für eine allgemeine Ordnungszahl ν' erläutert, ebenso wie die Maschen- und Stabströme ein symmetrisches Mehrphasensystem. Es ist also

$$\underline{i}_{M\rho} = \underline{i}_{M1} e^{-j(\rho-1)\alpha_n} \quad (2.1.82a)$$

$$\underline{i}_{s\rho} = \underline{i}_{s1} e^{-j(\rho-1)\alpha_n}, \quad (2.1.82b)$$

wobei auf die Kennzeichnung der Zuordnung der Größen zum Bezugsstab 1 bzw. zur Bezugsmasche 1 im Folgenden verzichtet wird. Damit gilt

$$i_M = i_{M1} = \hat{i}_M \cos(s\omega t + \varphi_{iM}) = \text{Re}\{\underline{i}_M e^{js\omega t}\} \quad (2.1.83a)$$

$$i_s = i_{s1} = \hat{i}_s \cos(s\omega t + \varphi_{is}) = \text{Re}\{\underline{i}_s e^{js\omega t}\}. \quad (2.1.83b)$$

Da die Parameter der dreisträngigen Ersatzwicklung des Käfigs, die in Tabelle 1.8.1, Seite 247, festgehalten sind, unter der Bedingung eingeführt wurden, dass im stationären Betrieb der Strom im Strang a der Ersatzwicklung gleich dem im Stab 1 des tatsächlichen Käfigs ist, gilt $\underline{i}_s = \underline{i}_{s1} = \underline{i}_2$. Ferner ist nach Tabelle 1.8.1 $(w\xi_p)_2 = N_2/6$. Damit geht die Spannungsgleichung des Ständerstrangs a über in

$$\underline{u}_1 = R_1\underline{i}_1 + jX_{11}\underline{i}_1 + jX_h\frac{N_2}{6(w\xi_p)_1}\xi_{\text{schr},p}\underline{i}_s e^{j\vartheta_0}. \quad (2.1.84a)$$

Aus der Spannungsgleichung des Strangs a der dreisträngigen Ersatzwicklung des Läufers folgt mit R_2 und $X_{\sigma 2} = \omega L_{\sigma 2}$ aus Tabelle 1.8.1 nach Division durch $N_2/3$

$$0 = \left\{\frac{1}{s}\left(R_s + \frac{R_r}{2\sin^2\frac{\alpha_n}{2}}\right) + j\left(X_{\sigma s} + \frac{X_{\sigma r}}{2\sin^2\frac{\alpha_n}{2}}\right) + jX_h\frac{N_2}{12(w\xi_p)_1^2}(\sigma_o + 1)\right\}\underline{i}_s$$

$$+ jX_h\frac{1}{2(w\xi_p)_1}\xi_{\text{schr},p}\underline{i}_1 e^{-j\vartheta_0}. \quad (2.1.84b)$$

Die Beziehungen (2.1.84a,b) beschreiben das Betriebsverhalten der Dreiphasen-Induktionsmaschine mit Einfachkäfigläufer im stationären Betrieb am symmetrischen Netz, wenn als Ständergrößen die des Strangs a und als Läufergrößen die des Stabs 1 Verwendung finden.

Die Interpretation der Spannungsgleichung des Läufers wird erleichtert, wenn man anstelle des Stroms im Stab 1 den in der Masche 1 einführt. Dabei gilt mit (1.9.18), Seite 261,

$$\underline{i}_s = \underline{i}_M 2 \sin \frac{\alpha_n}{2} e^{j(\pi/2 - \alpha_n/2)} ,$$

und man erhält aus (2.1.84a) für die Spannungsgleichung des Ständerstrangs a

$$\underline{u}_1 = R_1 \underline{i}_1 + jX_{11}\underline{i}_1 + jX_h \frac{N_2}{3(w\xi_p)_1} \sin \frac{\alpha_n}{2} \xi_{\text{schr,p}} \underline{i}_M e^{j(\vartheta_0 + \pi/2 - \alpha_n/2)} . \quad (2.1.85a)$$

Aus (2.1.84b) folgt, wenn gleichzeitig mit $s \sin(\alpha_n/2) e^{-j(\pi/2-\alpha_n/2)}$ multipliziert wird,

$$0 = \left[2(R_s + jsX_{\sigma s}) \sin^2 \frac{\alpha_n}{2} + (R_r + jsX_{\sigma r}) + jsX_h \frac{N_2}{6(w\xi_p)_1^2} \sin^2 \frac{\alpha_n}{2}(\sigma_o + 1) \right] \underline{i}_M$$

$$+ jsX_h \frac{1}{2(w\xi_p)_1} \sin \frac{\alpha_n}{2} \xi_{\text{schr,p}} \underline{i}_1 e^{-j(\vartheta_0 + \pi/2 - \alpha_n/2)} .$$

Daraus erhält man mit $2\sin^2 \alpha_n/2 = 1 - \cos\alpha_n = 1 - 1/2 e^{j\alpha_n} - 1/2 e^{-j\alpha_n}$

$$0 = 2[R_s + R_r + js(X_{\sigma s} + X_{\sigma r})]\underline{i}_M - (R_s + jsX_{\sigma s})(\underline{i}_M e^{j\alpha_n} + \underline{i}_M e^{-j\alpha_n})$$

$$+ jsX_h \frac{N_2}{3(w\xi_p)_1^2} \sin^2 \frac{\alpha_n}{2}(\sigma_o + 1)\underline{i}_M + jsX_h \frac{\sin\alpha_n/2}{(w\xi_p)_1} \xi_{\text{schr,p}} \underline{i}_1 e^{-j(\vartheta_0 + \pi/2 - \alpha_n/2)} .$$

Diese Beziehung lässt sich hinsichtlich der ohmschen Spannungsabfälle und der Spannungen, die durch Streufelder im Nut- und Zahnkopfraum bzw. im Stirnraum induziert werden, sofort als Spannungsgleichung der Masche 1 des Käfigs deuten. Dabei sind $(R_s + jsX_{\sigma s})\underline{i}_M e^{j\alpha_n}$ und $(R_s + jsX_{\sigma s})\underline{i}_M e^{-j\alpha_n}$ die Beiträge der Ströme der Nachbarmaschen 2 und N_2 (s. Bild 2.1.8).

Die Spannungsgleichung (2.1.84b) der Masche 1 des Käfigs lässt sich mit σ_o nach (1.8.57b), Seite 240, auf die Form

$$0 = \left(\frac{R_M}{s} + jX_M \right) \underline{i}_M + jX_h \frac{\sin\alpha_n/2}{(w\xi_p)_1} \xi_{\text{schr,p}} \underline{i}_1 e^{-j(\vartheta_0 + \pi/2 - \alpha_n/2)} \quad (2.1.85b)$$

mit $R_M = 4R_s \sin^2 \frac{\alpha_n}{2} + 2R_r$ \hfill (2.1.86)

$$X_M = 4X_{\sigma s} \sin^2 \frac{\alpha_n}{2} + 2X_{\sigma r} + X_h \frac{N_2}{3(w\xi_p)_1^2} \left(\frac{\alpha_n}{2}\right)^2 \quad (2.1.87)$$

bringen. Dabei ist

$$X_\mathrm{h}\frac{N_2}{3(w\xi_\mathrm{p})_1^2}\left(\frac{\alpha_\mathrm{n}}{2}\right)^2 = \omega\frac{\mu_0}{\delta_\mathrm{i}''}\frac{D\pi}{N_2}l_\mathrm{i}$$

die dem gesamten Luftspaltfeld des Maschenstroms zugeordnete Reaktanz.

2.1.7
Spannungsgleichungen für den stationären Betrieb mit transformierten Läufergrößen

Als Hilfsmittel zur Berechnung der Ströme lassen sich für den stationären Betrieb eine Reihe von Ersatzschaltbildern angeben. Dabei ist es aus verschiedenen Gründen sinnvoll, die Läufergrößen zunächst einer Transformation zu unterwerfen. Dadurch wird in erster Linie erreicht, dass der Einfluss des Verhältnisses der wirksamen Windungszahlen $(w\xi_\mathrm{p})_1$ und $(w\xi_\mathrm{p})_2$ von Ständer und Läufer verschwindet. Als Folge davon erscheinen im Ersatzschaltbild Reaktanzen, die im Wesentlichen den Streufeldern, und solche, die im Wesentlichen dem Hauptwellenfeld zugeordnet sind. Außerdem lässt sich der Einfluss des Winkels ϑ_0 in (2.1.79a,b) eliminieren. Schließlich kann man durch geeignete Transformationsbeziehungen Spannungsgleichungen gewinnen, die es gestatten, das Betriebsverhalten einfach zu verfolgen.

2.1.7.1 Einführung des reellen Übersetzungsverhältnisses $\ddot{u}_\mathrm{h}$

Die Transformation der Läufergrößen unter Verwendung eines reellen Übersetzungsverhältnisses wurde bereits im Abschnitt 2.1.3.4, Seite 291, auf die allgemeinen Beziehungen zwischen komplexen Augenblickswerten angewendet, die für beliebige Betriebszustände gelten. Ausgehend von (2.1.79a,b) bieten sich unter Beachtung von (1.8.11a,b,c), Seite 225, für den stationären Betrieb die Transformationen

$$\boxed{\underline{u}_2' = \ddot{u}_\mathrm{h}\mathrm{e}^{\mathrm{j}\vartheta_0}\underline{u}_2} \qquad (2.1.88\mathrm{a})$$

$$\boxed{\underline{i}_2' = \frac{1}{\ddot{u}_\mathrm{h}}\mathrm{e}^{\mathrm{j}\vartheta_0}\underline{i}_2} \qquad (2.1.88\mathrm{b})$$

mit $\ddot{u}_\mathrm{h} = (w\xi_\mathrm{p})_1/(w\xi_\mathrm{p})_2$ entsprechend (1.8.8c), Seite 224, an. Diese Beziehungen lassen sich auch aus (2.1.35a,b,c), Seite 292, gewinnen, indem die Zusammenhänge zwischen den komplexen Augenblickswerten und der komplexen Darstellung der eingeschwungenen Wechselgrößen nach (2.1.71) verwendet werden. Die Leistung ist entsprechend $\underline{u}_2'\underline{i}_2'^* = \underline{u}_2\underline{i}_2^*$ invariant gegenüber der Transformation nach (2.1.88a,b).

Die Spannungsgleichungen (2.1.79a,b) gehen unter Einführung der Transformation nach (2.1.88a,b) und unter Beachtung von (1.8.11a,b,c) über in

$$\boxed{\underline{u}_1 = R_1\underline{i}_1 + \mathrm{j}\tilde{X}_{\sigma 1}\underline{i}_1 + \mathrm{j}\tilde{X}_\mathrm{h}(\underline{i}_1 + \underline{i}_2')} \qquad (2.1.89\mathrm{a})$$

$$\boxed{\frac{\underline{u}_2'}{s} = \frac{R_2'}{s}\underline{i}_2' + \mathrm{j}\tilde{X}_{\sigma 2}'\underline{i}_2' + \mathrm{j}\tilde{X}_\mathrm{h}(\underline{i}_1 + \underline{i}_2')} \;. \qquad (2.1.89\mathrm{b})$$

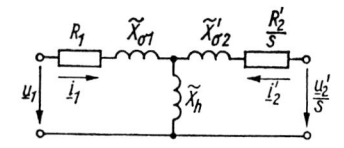

Bild 2.1.9 Ersatzschaltbild der stromverdrängungsfreien Induktionsmaschine mit Schleifring- oder Einfachkäfigläufer auf Basis des reellen Übersetzungsverhältnisses $ü_h$

Dabei wurden die Größen

$$R_2' = ü_h^2 R_2 \tag{2.1.90}$$

$$\tilde{X}_{\sigma 1} = X_{\sigma 1} + (1 - \xi_{\text{schr,p}})X_h \tag{2.1.91}$$

$$\tilde{X}_{\sigma 2}' = ü_h^2 X_{\sigma 2} + (1 - \xi_{\text{schr,p}})X_h = X_{\sigma 2}' + (1 - \xi_{\text{schr,p}})X_h \tag{2.1.92}$$

$$\tilde{X}_h = \xi_{\text{schr,p}} X_h \tag{2.1.93}$$

eingeführt [vgl. (2.1.37) u. (2.1.44a,b,c), S. 293]. Die Beziehungen (2.1.89a,b) befriedigen das Ersatzschaltbild nach Bild 2.1.9 (vgl. Bd. *Grundlagen elektrischer Maschinen*, Abschn. 5.4.1.2).

Es sollen nunmehr die Transformationsbeziehungen für die Käfiggrößen ermittelt werden, mit deren Hilfe die Spannungsgleichungen (2.1.84a,b) in (2.1.89a,b) übergehen. Dazu ist es zunächst erforderlich, dass in (2.1.84a) anstelle von $jX_h N_2 \xi_{\text{schr,p}} \underline{i}_s e^{j\vartheta_0}/[6(w\xi_p)_1]$ der Ausdruck $jX_h \xi_{\text{schr,p}} \underline{i}_2'$ erscheint. Das erfordert als Transformationsbeziehung für den Stabstrom

$$\underline{i}_2' = \frac{N_2}{6(w\xi_p)_1} e^{j\vartheta_0} \underline{i}_s \ . \tag{2.1.94}$$

Um zu erreichen, dass in (2.1.84b) wie in (2.1.89a,b) vor dem Strom $\underline{i}_1$ der Faktor $j\tilde{X}_h$ erscheint, muss zunächst mit $2(w\xi_p)_1 e^{j\vartheta_0}$ multipliziert werden. Danach ist $\underline{i}_s$ mit Hilfe von (2.1.94) durch $\underline{i}_2'$ zu ersetzen. Damit erhält man aus dem Vergleich der Faktoren vor $\underline{i}_2'$ für die transformierten Größen des Widerstands und der Streureaktanz des Läufers

$$R_2' = \left(R_s + R_r \frac{1}{2\sin^2\frac{\alpha_n}{2}}\right) \frac{N_2}{3} \left(\frac{6(w\xi_p)_1}{N_2}\right)^2 \tag{2.1.95}$$

$$X_{\sigma 2}' = \left(X_{\sigma s} + X_{\sigma r} \frac{1}{2\sin^2\frac{\alpha_n}{2}}\right) \frac{N_2}{3} \left(\frac{6(w\xi_p)_1}{N_2}\right)^2 + \sigma_o X_h \ . \tag{2.1.96}$$

2.1.7.2 Einführung des komplexen Übersetzungsverhältnisses $\underline{ü}$

Das Ersatzschaltbild nach Bild 2.1.9 hat den Nachteil, dass sein Querzweig nicht unmittelbar an der Spannung $\underline{u}_1$, sondern an der Spannung $\underline{u}_1 - (R_1 + j\tilde{X}_{\sigma 1})\underline{i}_1$ liegt. Dadurch ist der Strom durch den Querzweig vom Spannungsabfall über den Längsgliedern abhängig. Im Folgenden wird deshalb, ausgehend von den allgemeinen Spannungsgleichungen (2.1.79a,b), ein Ersatzschaltbild entwickelt, dessen Querzweig unmittelbar an

2.1 Modelle für stromverdrängungsfreie Maschinen mit Schleifring- oder Einfachkäfigläufer | 311

der Spannung $\underline{u}_1$ liegt. Die entsprechende Form der Spannungsgleichungen und das zugehörige Ersatzschaltbild wurden zuerst von *Nürnberg* [58] angegeben. Die Beziehung (2.1.79a) lässt sich auf die Form

$$\underline{u}_1 = (R_1 + jX_{11})\left(\underline{i}_1 + \frac{jX_{12}}{R_1 + jX_{11}} e^{j\vartheta_0} \underline{i}_2\right)$$

bringen. Damit bietet es sich an, als *komplexes Übersetzungsverhältnis*

$$\boxed{\underline{\ddot{u}} = \frac{R_1 + jX_{11}}{jX_{12}}} \qquad (2.1.97)$$

und als transformierten Läuferstrom

$$\boxed{\underline{i}_2^+ = \frac{1}{\underline{\ddot{u}}} e^{j\vartheta_0} \underline{i}_2} \qquad (2.1.98)$$

einzuführen. Die Beziehung (2.1.79a) nimmt damit die einfache Form

$$\underline{u}_1 = (R_1 + jX_{11})(\underline{i}_1 + \underline{i}_2^+) \qquad (2.1.99)$$

an. Der Gesichtspunkt der Leistungsinvarianz erfordert, dass als Transformationsbeziehung für die Läuferspannung

$$\boxed{\underline{u}_2^+ = \underline{\ddot{u}}^* e^{j\vartheta_0} \underline{u}_2} \qquad (2.1.100)$$

Verwendung findet. Es ist dann $\underline{u}_2^+ \underline{i}_2^{+*} = \underline{u}_2 \underline{i}_2^*$. Wenn nunmehr $\underline{u}_2^+$ nach (2.1.100) in (2.1.79b) eingeführt und die ganze Beziehung mit $\underline{\ddot{u}}^*$ multipliziert wird, erhält man

$$\frac{\underline{u}_2^+}{s} = \left(\frac{R_2^+}{s} + jX_{22}^+\right)\underline{i}_2^+ + (R_1 + jX_{11})\frac{\underline{\ddot{u}}^*}{\underline{\ddot{u}}}\underline{i}_1 \,. \qquad (2.1.101)$$

Dabei wurden die Größen

$$\boxed{R_2^+ = \ddot{u}^2 R_2} \qquad (2.1.102)$$

$$\boxed{X_{22}^+ = \ddot{u}^2 X_{22}} \qquad (2.1.103)$$

mit $$\ddot{u}^2 = \underline{\ddot{u}}\,\underline{\ddot{u}}^* = \frac{R_1^2 + X_{11}^2}{X_{12}^2} \qquad (2.1.104)$$

eingeführt. Für den Ausdruck $\underline{\ddot{u}}^*/\underline{\ddot{u}}$ in (2.1.101) liefert (2.1.97)

$$\frac{\underline{\ddot{u}}^*}{\underline{\ddot{u}}} = -\frac{R_1 - jX_{11}}{R_1 + jX_{11}} = \frac{X_{11} + jR_1}{X_{11} - jR_1} = e^{j2\alpha_0} \qquad (2.1.105)$$

mit $$\tan\alpha_0 = \frac{R_1}{X_{11}} \,. \qquad (2.1.106)$$

Unter Beachtung von (2.1.105) und mit $\underline{i}_1(R_1 + jX_{11})$ aus (2.1.99) geht (2.1.101) über in

$$\underline{u}_1 e^{j2\alpha_0} - \frac{\underline{u}_2^+}{s} = -\left[\frac{R_2^+}{s} + R_1 + j(X_{22}^+ - X_{11})\right]\underline{i}_2^+ . \qquad (2.1.107)$$

Die Reaktanz $(X_{22}^+ - X_{11})$ bestimmt, wie spätere Betrachtungen zeigen werden, den Durchmesser der kreisförmigen Ortskurve des Ständerstroms; sie wird deshalb als *Durchmesserreaktanz*

$$\boxed{X_\varnothing = X_{22}^+ - X_{11}} \qquad (2.1.108)$$

bezeichnet. Damit nehmen die beiden Spannungsgleichungen der stromverdrängungsfreien Induktionsmaschine mit Schleifring- bzw. Einfachkäfigläufer auf Basis des komplexen Übersetzungsverhältnisses $\underline{\ddot{u}}$ die endgültige Form

$$\boxed{\underline{u}_1 = (R_1 + jX_{11})(\underline{i}_1 + \underline{i}_2^+)} \qquad (2.1.109a)$$

$$\boxed{\underline{u}_1 e^{j2\alpha_0} - \frac{\underline{u}_2^+}{s} = -\left(R_1 + \frac{R_2^+}{s} + jX_\varnothing\right)\underline{i}_2^+} \qquad (2.1.109b)$$

an. Sie befriedigen das Ersatzschaltbild im Bild 2.1.10a. Dabei ist es Aufgabe der zusätzlichen Spannungsquelle, die Spannung $\underline{u}_1$ um den Winkel $2\alpha_0$ zu drehen. Die Vorteile von (2.1.109a,b) und des zugeordneten Ersatzschaltbilds kommen vor allem bei der Untersuchung des Betriebs mit $\underline{u}_2 = 0$ zum Tragen. Das zugehörige Ersatzschaltbild ist deshalb im Bild 2.1.10b gesondert dargestellt. Die Beziehungen (2.1.109a,b) werden bei der Behandlung des Betriebsverhaltens zur eleganten Ableitung benötigter Zusammenhänge herangezogen werden.

Das komplexe Übersetzungsverhältnis $\underline{\ddot{u}}$ wird auch als *natürliches Übersetzungsverhältnis* bezeichnet. Diese Bezeichnung rührt daher, dass $\underline{\ddot{u}}$ bei Stillstand und offenen Läufersträngen die Beziehung zwischen der Ständerspannung und der Läuferspan-

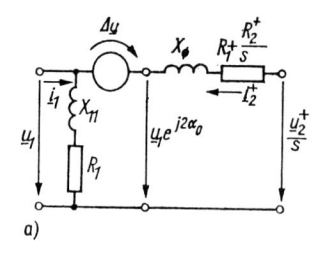

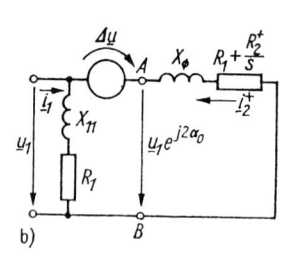

Bild 2.1.10 Ersatzschaltbild der stromverdrängungsfreien Induktionsmaschine mit Schleifring- oder Einfachkäfigläufer auf Basis des komplexen Übersetzungsverhältnisses $\underline{\ddot{u}}$.
a) Allgemein;
b) Sonderfall des kurzgeschlossenen Läufers

nung festlegt. Aus (2.1.109a,b) folgt mit $\underline{i}_2 = 0$ und $s = 1$

$$\underline{u}_2^+ = \underline{u}_1 \mathrm{e}^{\mathrm{j}2\alpha_0}$$

bzw.
$$\frac{\underline{u}_2}{\underline{u}_1} = \frac{1}{\underline{\tilde{u}}}\mathrm{e}^{-\mathrm{j}\vartheta_0} .$$

Für den Sonderfall $R_1 \approx 0$ lassen sich wesentlich einfachere Näherungsbeziehungen ableiten, die im Abschnitt 5.4.1.3 des Bands *Grundlagen elektrischer Maschinen* angegeben sind.

2.1.7.3 Modifizierte Form der Spannungsgleichungen bei Einführung des reellen Übersetzungsverhältnisses $\ddot{u}_\mathrm{h}$

Die Überlegungen, die im Abschnitt 2.1.7.2 im Zusammenhang mit den allgemeinen Spannungsgleichungen (2.1.79a,b) für den stationären Betrieb am symmetrischen Netz angestellt wurden, um ein Ersatzschaltbild zu erhalten, dessen Querzweig unmittelbar an der Spannung $\underline{u}_1$ liegt, können natürlich auch auf (2.1.89a,b) übertragen werden. Man erhält aus (2.1.89a)

$$\boxed{\underline{u}_1 = \mathrm{j}\tilde{X}_\mathrm{h}\underline{C}\left(\underline{i}_1 + \frac{1}{\underline{C}}\underline{i}'_2\right)} \tag{2.1.110}$$

mit
$$\underline{C} = \frac{R_1 + \mathrm{j}(\tilde{X}_\mathrm{h} + \tilde{X}_{\sigma 1})}{\mathrm{j}\tilde{X}_\mathrm{h}} = \frac{R_1 + \mathrm{j}X_{11}}{\mathrm{j}\tilde{X}_\mathrm{h}} . \tag{2.1.111}$$

Die Beziehung (2.1.89b) kann durch Multiplikation mit $\underline{C}$ auf die Form

$$\frac{\underline{u}_2}{s}\underline{C} = \left[\left(\frac{R'_2}{s} + \mathrm{j}\tilde{X}'_{\sigma 2}\right)\underline{C}^2 + \mathrm{j}\tilde{X}_\mathrm{h}\underline{C}^2\right]\frac{\underline{i}'_2}{\underline{C}} + \mathrm{j}\tilde{X}_\mathrm{h}\underline{C}\underline{i}_1$$

gebracht werden. Daraus folgt, wenn für $\mathrm{j}\tilde{X}_\mathrm{h}\underline{C}$ entsprechend (2.1.111) $(R_1 + \mathrm{j}\tilde{X}_\mathrm{h} + \mathrm{j}\tilde{X}_{\sigma 1})$ eingeführt wird,

$$\boxed{\frac{\underline{u}'_2}{s}\underline{C} = \left[\left(\frac{R'_2}{s} + \mathrm{j}\tilde{X}'_{\sigma 2}\right)\underline{C}^2 + (R_1 + \mathrm{j}\tilde{X}_{\sigma 1})\underline{C}\right]\frac{1}{\underline{C}}\underline{i}'_2 + \mathrm{j}\tilde{X}_\mathrm{h}\underline{C}\left(\underline{i}_1 + \frac{1}{\underline{C}}\underline{i}'_2\right)} .$$

(2.1.112)

Die Beziehungen (2.1.110) und (2.1.112) befriedigen das Ersatzschaltbild nach Bild 2.1.11. Dabei ist zu beachten, dass im Zweig 2 des Ersatzschaltbilds der Strom $\underline{i}'_2/\underline{C}$ fließt und über den Klemmen 2 die Spannung $\underline{C}\,\underline{u}'_2/s$ liegt. Bei $\underline{u}_2 = 0$, d. h. bei kurzgeschlossenen Läufersträngen bzw. Vorliegen eines Käfigläufers, nimmt das Ersatzschaltbild die Gestalt von Bild 2.1.11b an. Die Schaltelemente des Ersatzschaltbilds sind komplexe Impedanzen.

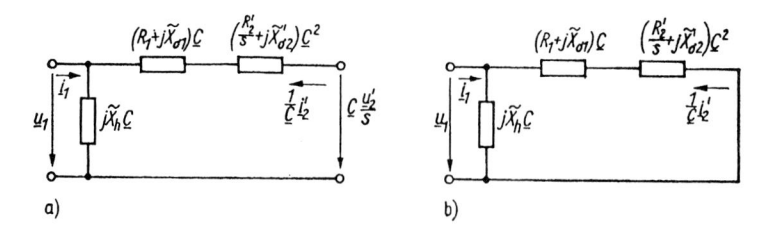

Bild 2.1.11 Ersatzschaltbild der stromverdrängungsfreien Induktionsmaschine mit Schleifring- oder Einfachkäfigläufer entsprechend der modifizierten Form der Spannungsgleichungen auf Basis des reellen Übersetzungsverhältnisses $ü_h$.
a) Allgemein;
b) Sonderfall des kurzgeschlossenen Läufers

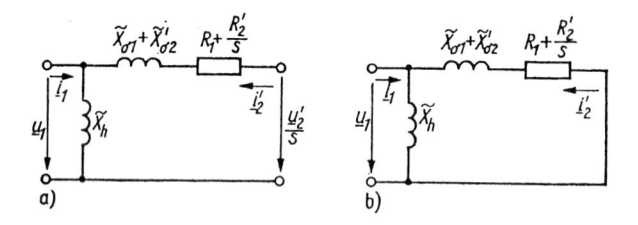

Bild 2.1.12 Vereinfachtes Ersatzschaltbild der stromverdrängungsfreien Induktionsmaschine mit Schleifring- oder Einfachkäfigläufer auf Basis des reellen Übersetzungsverhältnisses $ü_h$.
a) Allgemein;
b) Sonderfall des kurzgeschlossenen Läufers

Die komplexe Größe $\underline{C}$ nach (2.1.111) nimmt mit $R_1 \ll \tilde{X}_h$, und $\tilde{X}_{\sigma 1} \ll \tilde{X}_h$ den Wert $\underline{C} \approx 1$ an. Mit der Näherung $\underline{C} = 1$ gehen (2.1.110) und (2.1.112) über in

$$\underline{u}_1 = j\tilde{X}_h(\underline{i}_1 + \underline{i}'_2) \qquad (2.1.113a)$$

$$\underline{u}_1 - \frac{\underline{u}'_2}{s} = -\left[R_1 + \frac{R'_2}{s} + j(\tilde{X}_{\sigma 1} + \tilde{X}_{\sigma 2})\right]\underline{i}'_2 \ . \qquad (2.1.113b)$$

Das zugehörige Ersatzschaltbild ist im Bild 2.1.12 dargestellt.

2.2
Modelle für Maschinen mit Stromverdrängungsläufer

Unter Stromverdrängungsläufern sollen im Folgenden solche Käfigläufer verstanden werden, bei denen unter den interessierenden Betriebsbedingungen nicht mehr mit einer gleichmäßigen Stromverteilung über dem gesamten Käfigquerschnitt gerechnet werden kann. Wenn man den stationären Betrieb zwischen Leerlauf und Stillstand betrachtet, gilt dies für alle Doppelkäfigläufer und Hochstabläufer. Dabei kann beim Doppelkäfigläufer zunächst davon ausgegangen werden, dass innerhalb eines der beiden Käfige jeweils eine gleichmäßige Stromverteilung vorliegt. Wenn dies der Fall ist, lassen sich den Stäben und Ringsegmenten jedes der beiden Käfige Widerstände und Streuinduktivitäten zuordnen, die nur von der Geometrie abhängig sind. Auf diese Weise ist auch bei der Behandlung des stromverdrängungsfreien und magnetisch linearen Einfachkäfigläufers auf Basis der Hauptwellenverkettung im Abschnitt 2.1.6, Seite 306, bzw. bei der Einführung einer zwei- bzw. dreisträngigen Ersatzwicklung für Einfach- und Doppelkäfigläufer in den Abschnitten 1.8.2.2, Seite 241, und 1.8.2.3 vorgegangen worden. Streng genommen treten aufgrund der endlichen Stababmessungen stets Stromverdrängungserscheinungen auf. Sie lassen sich im Fall des stationären Betriebs nachträglich dadurch berücksichtigen, dass frequenz- bzw. schlupfabhängige Widerstände und Streureaktanzen für die Stäbe eingeführt werden. Für nichtstationäre Vorgänge ist dieser Weg nicht gangbar, sondern die Stromverdrängung muss z. B., wie im Abschnitt 1.9.4, Seite 268, beschrieben, durch einen Ersatzkettenleiter berücksichtigt werden.

2.2.1
Beziehung für das Drehmoment

Im Abschnitt 2.1.2.2, Seite 285, war für die stromverdrängungsfreie Maschine mit Schleifring- bzw. Einfachkäfigläufer als (2.1.7a) die allgemeine Beziehung für das Drehmoment

$$m = -\frac{3}{2} p \operatorname{Im}\{\vec{\psi}_1^{\mathrm{S}} \vec{i}_1^{\mathrm{S}*}\}$$

entwickelt worden. Im allgemeinen Koordinatensystem K bleibt die Form der Beziehung erhalten; es ist gemäß (2.1.34)

$$m = -\frac{3}{2} p \operatorname{Im}\{\vec{\psi}_1^{\mathrm{K}} \vec{i}_1^{\mathrm{K}*}\} \ . \tag{2.2.1}$$

Das Drehmoment wird in dieser Formulierung allein durch die komplexen Augenblickswerte von Flussverkettung und Strom der Ständerwicklung bestimmt. Die Vorgänge im Läufer kommen offensichtlich durch deren Rückwirkung auf die Ständerwicklung zum Ausdruck. Diese Rückwirkung erfolgt über die Durchflutungshauptwelle der Läuferströme. Andererseits haben die Betrachtungen im Abschnitt 1.7.2, Seite 177, gezeigt, dass entsprechend (1.7.70) die gleiche Durchflutungshauptwelle des Läufers das gleiche Drehmoment zur Folge hat unabhängig davon, ob diese Durchflutungshauptwelle von einem Einfachkäfig oder von der gemeinsamen Wirkung mehrerer Käfige hervorgerufen wird. Die gleiche Durchflutungshauptwelle des Läufers wirkt aber auch in gleicher Weise auf die Ständerwicklung zurück, so dass $\vec{\psi}_1^{\mathrm{K}}$ und $\vec{i}_1^{\mathrm{K}}$ in gleicher Weise beeinflusst werden. Aus diesen Überlegungen wird offensichtlich, dass (2.2.1) die allgemeine Beziehung für das Drehmoment ist unabhängig davon, wie der

Läufer ausgeführt ist. Das gleiche trifft für die Bewegungsgleichung zu; es gilt (2.1.8), Seite 286.

2.2.2
Maschinen mit Doppelkäfigläufer bei stromverdrängungsfreien Einzelkäfigen

2.2.2.1 Allgemeine Form der Spannungs- und Flussverkettungsgleichungen

Der Doppelkäfig kann entsprechend den Untersuchungen in den Abschnitten 1.8.2.2, Seite 241, und 1.8.2.3 durch zwei symmetrische dreisträngige Wicklungen ersetzt werden. Ihre Parameter sind in Tabelle 1.8.1, Seite 247, enthalten. Dabei ist daran zu erinnern, dass diese beiden Wicklungen die gleiche wirksame Windungszahl besitzen und nicht nur über das Luftspaltfeld, sondern auch über Streufelder miteinander verkettet sind. Die schematische Darstellung der zu betrachtenden Anordnung zeigt Bild 2.2.1. Die Läuferstränge werden von vornherein als kurzgeschlossen angesehen. Die Spannungsgleichungen sind grundsätzlich durch die allgemeine Beziehung (1.6.1), Seite 138, gegeben. Es ist entsprechend (1.8.74a,b), Seite 246, lediglich zu beachten, dass die beiden Läuferwicklungen galvanisch gekoppelt sind, wenn die beiden Käfige gemeinsame Stirnringe besitzen. Damit erhält man für die *Spannungsgleichungen der Stränge* a

$$u_{1a} = R_1 i_{1a} + \frac{d\psi_{1a}}{dt} \qquad (2.2.2a)$$

$$0 = R_2 i_{2a} + R_{23} i_{3a} + \frac{d\psi_{2a}}{dt} \qquad (2.2.2b)$$

$$0 = R_3 i_{3a} + R_{23} i_{2a} + \frac{d\psi_{3a}}{dt} \;. \qquad (2.2.2c)$$

Die Spannungsgleichungen der Stränge b und c sind analog dazu aufgebaut.

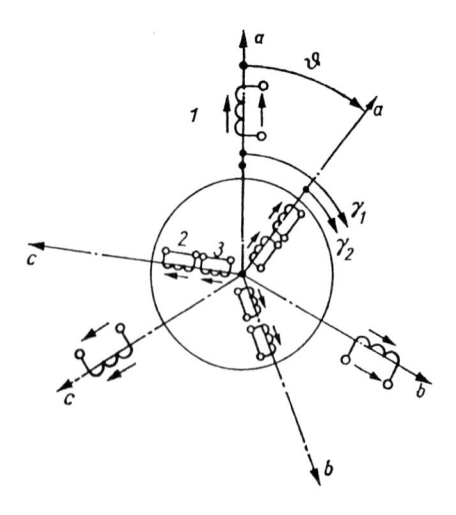

Bild 2.2.1 Schematische zweipolige Darstellung einer Maschine mit einer symmetrischen dreisträngigen Wicklung im Ständer und zwei dreisträngigen Wicklungen im Läufer, die Ersatzwicklungen für einen Doppelkäfig mit stromverdrängungsfreien Einzelkäfigen darstellen

2.2 Modelle für Maschinen mit Stromverdrängungsläufer

Die Flussverkettungsgleichungen erhält man aus den allgemeinen Beziehungen (1.8.6a,b), Seite 222, unter Berücksichtigung der speziellen Eigenschaften der vorliegenden Anordnung. Diese sind dadurch gekennzeichnet, dass im Läufer zwei dreisträngige Wicklungen 2 und 3 untergebracht sind, deren Strangachsen zusammenfallen und deren wirksame Windungszahlen den gleichen Wert $(w\xi_\mathrm{p})_\mathrm{ers}$ haben. Davon ausgehend sind die analogen Entwicklungen durchzuführen wie im Abschnitt 2.1.1, Seite 283, für die Maschine mit einer symmetrischen dreisträngigen Wicklung im Läufer. Dabei erkennt man sofort, dass die Ständerstränge in gleicher Weise mit den Strängen der Wicklung 3 verkettet sind wie mit denen der Wicklung 2. Außerdem besteht zwischen den beiden Läuferwicklungen eine Kopplung über Streufelder, der die Streuinduktivität $L_{\sigma 23}$ zugeordnet ist. Damit lassen sich in Erweiterung von (1.8.11a,b,c), Seite 225, die Induktivitäten

$$L_{11} = L_{\sigma 1} + L_\mathrm{h} \tag{2.2.3a}$$

$$L_{12} = L_{13} = \frac{(w\xi_\mathrm{p})^2_\mathrm{ers}}{(w\xi_\mathrm{p})_1} \xi_\mathrm{schr,p} L_\mathrm{h} \tag{2.2.3b}$$

$$L_{23} = L_{\sigma 23} + \frac{(w\xi_\mathrm{p})^2_\mathrm{ers}}{(w\xi_\mathrm{p})^2_1} L_\mathrm{h} \tag{2.2.3c}$$

$$L_{22} = L_{\sigma 2} + \frac{(w\xi_\mathrm{p})^2_\mathrm{ers}}{(w\xi_\mathrm{p})^2_1} L_\mathrm{h} \tag{2.2.3d}$$

$$L_{33} = L_{\sigma 3} + \frac{(w\xi_\mathrm{p})^2_\mathrm{ers}}{(w\xi_\mathrm{p})^2_1} L_\mathrm{h} \tag{2.2.3e}$$

einführen. Unter Verwendung dieser Induktivitäten erhält man für die *Flusserkettungsgleichungen der Stränge a*

$$\psi_{1a} = L_{11} i_{1a} + L_{12} \frac{2}{3} \left[i_{2a} \cos \vartheta + i_{2b} \cos\left(\vartheta + \frac{2\pi}{3}\right) + i_{2c} \cos\left(\vartheta - \frac{2\pi}{3}\right) \right]$$
$$+ L_{12} \frac{2}{3} \left[i_{3a} \cos \vartheta + i_{3b} \cos\left(\vartheta + \frac{2\pi}{3}\right) + i_{3c} \cos\left(\vartheta - \frac{2\pi}{3}\right) \right] \tag{2.2.4a}$$

$$\psi_{2a} = L_{22} i_{2a} + L_{23} i_{3a} + L_{12} \frac{2}{3} \left[i_{1a} \cos \vartheta + i_{1b} \cos\left(\vartheta - \frac{2\pi}{3}\right) + i_{1c} \cos\left(\vartheta + \frac{2\pi}{3}\right) \right] \tag{2.2.4b}$$

$$\psi_{3a} = L_{33} i_{3a} + L_{23} i_{3a} + L_{12} \frac{2}{3} \left[i_{1a} \cos \vartheta + i_{1b} \cos\left(\vartheta - \frac{2\pi}{3}\right) + i_{1c} \cos\left(\vartheta + \frac{2\pi}{3}\right) \right] . \tag{2.2.4c}$$

Die Flussverkettungsgleichungen der Stränge b und c sind in Anlehnung an (1.8.12b,c) bzw. (1.8.12e,f) analog dazu aufgebaut.

Die *komplexen Augenblickswerte* werden in analoger Weise eingeführt wie bei der stromverdrängungsfreien Maschine mit Schleifring- bzw. Einfachkäfigläufer durch

(1.8.36a,b). Für die Wicklung 3, die dem Innenkäfig II zugeordnet ist, gilt

$$\vec{g}_3^{\text{L}} = \frac{2}{3}(g_{3a} + \underline{a}g_{3b} + \underline{a}^2 g_{3c}) \qquad (2.2.5)$$

bzw. bei Beobachtung im allgemeinen Koordinatensystem K

$$\vec{g}_3^{\text{K}} = \vec{g}_3^{\text{L}} e^{-j(\vartheta_{\text{K}} - \vartheta)} = \frac{2}{3}(g_{3a} + \underline{a}g_{3b} + \underline{a}^2 g_{3c}) e^{-j(\vartheta_{\text{K}} - \vartheta)} \ . \qquad (2.2.6)$$

Damit erhält man für die Spannungsgleichungen ausgehend von (2.2.2a,b,c) unter Hinzunahme der entsprechenden Beziehungen für die Stränge b und c

$$\boxed{\begin{aligned}\vec{u}_1^{\text{S}} &= R_1 \vec{i}_1^{\text{S}} + \frac{\mathrm{d}\vec{\psi}_1^{\text{S}}}{\mathrm{d}t}\end{aligned}} \qquad (2.2.7\text{a})$$

$$\boxed{0 = R_2 \vec{i}_2^{\text{L}} + R_{23} \vec{i}_3^{\text{L}} + \frac{\vec{\psi}_2^{\text{L}}}{\mathrm{d}t}} \qquad (2.2.7\text{b})$$

$$\boxed{0 = R_3 \vec{i}_3^{\text{L}} + R_{23} \vec{i}_2^{\text{L}} + \frac{\vec{\psi}_3^{\text{L}}}{\mathrm{d}t}} \ . \qquad (2.2.7\text{c})$$

Die entsprechenden Beziehungen für die stromverdrängungsfreie Maschine mit Schleifring- bzw. Einfachkäfigläufer waren als (2.1.3a,b), Seite 285, entwickelt worden. Die Flussverkettungsgleichungen, die für die Maschine mit Schleifringläufer als (2.1.4a,b) abgeleitet wurden, folgen aus (2.2.4a,b,c) unter Hinzunahme der entsprechenden Beziehungen für die Stränge b und c zu

$$\boxed{\vec{\psi}_1^{\text{S}} = L_{11}\vec{i}_1^{\text{S}} + L_{12}\vec{i}_2^{\text{L}} e^{j\vartheta} + L_{12}\vec{i}_3^{\text{L}} e^{j\vartheta}} \qquad (2.2.8\text{a})$$

$$\boxed{\vec{\psi}_2^{\text{L}} = L_{12}\vec{i}_1^{\text{S}} e^{-j\vartheta} + L_{22}\vec{i}_2^{\text{L}} + L_{23}\vec{i}_3^{\text{L}}} \qquad (2.2.8\text{b})$$

$$\boxed{\vec{\psi}_3^{\text{L}} = L_{12}\vec{i}_1^{\text{S}} e^{-j\vartheta} + L_{23}\vec{i}_2^{\text{L}} + L_{33}\vec{i}_3^{\text{L}}} \ . \qquad (2.2.8\text{c})$$

Im gemeinsamen Koordinatensystem K nehmen die Spannungs- und Flussverkettungsgleichungen nach (2.2.7a,b,c) und (2.2.8a,b,c) unter Beachtung von (2.1.30a,b), Seite 290, und (2.2.6) die Form an

$$\boxed{\vec{u}_1^{\text{K}} = R_1 \vec{i}_1^{\text{K}} + \frac{\mathrm{d}\vec{\psi}_1^{\text{K}}}{\mathrm{d}t} + j\frac{\mathrm{d}\vartheta_{\text{K}}}{\mathrm{d}t}\vec{\psi}_1^{\text{K}}} \qquad (2.2.9\text{a})$$

$$\boxed{0 = R_2 \vec{i}_2^{\text{K}} + R_{23} \vec{i}_3^{\text{K}} + \frac{\mathrm{d}\vec{\psi}_2^{\text{K}}}{\mathrm{d}t} + j\left(\frac{\mathrm{d}\vartheta_{\text{K}}}{\mathrm{d}t} - \frac{\mathrm{d}\vartheta}{\mathrm{d}t}\right)\vec{\psi}_2^{\text{K}}} \qquad (2.2.9\text{b})$$

$$\boxed{0 = R_3 \vec{i}_3^{\text{K}} + R_{23} \vec{i}_2^{\text{K}} + \frac{\mathrm{d}\vec{\psi}_3^{\text{K}}}{\mathrm{d}t} + j\left(\frac{\mathrm{d}\vartheta_{\text{K}}}{\mathrm{d}t} - \frac{\mathrm{d}\vartheta}{\mathrm{d}t}\right)\vec{\psi}_3^{\text{K}}} \qquad (2.2.9\text{c})$$

$$\boxed{\vec{\psi}_1^{\text{K}} = L_{11}\vec{i}_1^{\text{K}} + L_{12}\vec{i}_2^{\text{K}} + L_{12}\vec{i}_3^{\text{K}}} \qquad (2.2.10\text{a})$$

$$\boxed{\vec{\psi}_2^{\text{K}} = L_{12}\vec{i}_1^{\text{K}} + L_{22}\vec{i}_2^{\text{K}} + L_{23}\vec{i}_3^{\text{K}}} \qquad (2.2.10\text{b})$$

$$\boxed{\vec{\psi}_3^{\text{K}} = L_{12}\vec{i}_1^{\text{K}} + L_{23}\vec{i}_2^{\text{K}} + L_{33}\vec{i}_3^{\text{K}}} \ . \qquad (2.2.10\text{c})$$

2.2.2.2 Spannungs- und Flussverkettungsgleichungen bei Einführung transformierter Läufergrößen

Da die beiden dreisträngigen Ersatzwicklungen des Läufers entsprechend Abschnitt 1.8.2.3, Seite 245, die gleiche wirksame Windungszahl $(w\xi_p)_{\text{ers}} = N_2/6$ aufweisen, werden in Erweiterung von (2.1.35a,b,c), Seite 292, die Transformationsbeziehungen

$$\vec{i}_2^{\prime\text{K}} = \frac{1}{\ddot{u}_\text{h}} \vec{i}_2^{\text{K}} \tag{2.2.11a}$$

$$\vec{i}_3^{\prime\text{K}} = \frac{1}{\ddot{u}_\text{h}} \vec{i}_3^{\text{K}} \tag{2.2.11b}$$

$$\vec{\psi}_2^{\prime\text{K}} = \ddot{u}_\text{h} \vec{\psi}_2^{\text{K}} \tag{2.2.12a}$$

$$\vec{\psi}_3^{\prime\text{K}} = \ddot{u}_\text{h} \vec{\psi}_3^{\text{K}} \tag{2.2.12b}$$

mit
$$\ddot{u}_\text{h} = \frac{(w\xi_p)_1}{(w\xi_p)_{\text{ers}}} = \frac{(w\xi_p)_1}{N_2} 6 \tag{2.2.13}$$

eingeführt. Damit erhält man aus den Spannungsgleichungen (2.2.9a,b,c)

$$\vec{u}_1^\text{K} = R_1 \vec{i}_1^\text{K} + \frac{\mathrm{d}\vec{\psi}_1^\text{K}}{\mathrm{d}t} + \mathrm{j}\frac{\mathrm{d}\vartheta_\text{K}}{\mathrm{d}t} \vec{\psi}_1^\text{K} \tag{2.2.14a}$$

$$0 = R_2' \vec{i}_2^{\prime\text{K}} + R_{23}' \vec{i}_3^{\prime\text{K}} + \frac{\mathrm{d}\vec{\psi}_2^{\prime\text{K}}}{\mathrm{d}t} + \mathrm{j}\left(\frac{\mathrm{d}\vartheta_\text{K}}{\mathrm{d}t} - \frac{\mathrm{d}\vartheta}{\mathrm{d}t}\right) \vec{\psi}_2^{\prime\text{K}} \tag{2.2.14b}$$

$$0 = R_3' \vec{i}_3^{\prime\text{K}} + R_{23}' \vec{i}_2^{\prime\text{K}} + \frac{\mathrm{d}\vec{\psi}_3^{\prime\text{K}}}{\mathrm{d}t} + \mathrm{j}\left(\frac{\mathrm{d}\vartheta_\text{K}}{\mathrm{d}t} - \frac{\mathrm{d}\vartheta}{\mathrm{d}t}\right) \vec{\psi}_3^{\prime\text{K}} \tag{2.2.14c}$$

mit
$$R_2' = \ddot{u}_\text{h}^2 R_2 \tag{2.2.15a}$$
$$R_{23}' = \ddot{u}_\text{h}^2 R_{23} \tag{2.2.15b}$$
$$R_3' = \ddot{u}_\text{h}^2 R_3 . \tag{2.2.15c}$$

Die Flussverkettungsgleichungen (2.2.10a,b,c) gehen unter Einführung transformierter Läufergrößen und mit den Beziehungen für die Induktivitäten nach (2.2.3a–e) sowie mit $\ddot{u}_\text{h}$ nach (2.2.13) über in

$$\vec{\psi}_1^\text{K} = \tilde{L}_{\sigma 1} \vec{i}_1^\text{K} + \tilde{L}_\text{h}(\vec{i}_1^\text{K} + \vec{i}_2^{\prime\text{K}} + \vec{i}_3^{\prime\text{K}}) = \tilde{L}_{\sigma 1} \vec{i}_1^\text{K} + \tilde{L}_\text{h} \vec{i}_\mu^\text{K} = \tilde{L}_{\sigma 1} \vec{i}_1^\text{K} + \vec{\psi}_\text{h}^\text{K} \tag{2.2.16a}$$

$$\vec{\psi}_2^{\prime\text{K}} = \tilde{L}_{\sigma 2}' \vec{i}_2^{\prime\text{K}} + \tilde{L}_{\sigma 23}' \vec{i}_3^{\prime\text{K}} + \tilde{L}_\text{h}(\vec{i}_1^\text{K} + \vec{i}_2^{\prime\text{K}} + \vec{i}_3^{\prime\text{K}}) = \tilde{L}_{\sigma 2}' \vec{i}_2^{\prime\text{K}} + \tilde{L}_{\sigma 23}' \vec{i}_3^{\prime\text{K}} + \tilde{L}_\text{h} \vec{i}_\mu^\text{K}$$
$$= \tilde{L}_{\sigma 2}' \vec{i}_2^{\prime\text{K}} + \tilde{L}_{\sigma 23}' \vec{i}_3^{\prime\text{K}} + \vec{\psi}_\text{h}^\text{K} \tag{2.2.16b}$$

$$\vec{\psi}_3^{\prime\text{K}} = \tilde{L}_{\sigma 3}' \vec{i}_3^{\prime\text{K}} + \tilde{L}_{\sigma 23}' \vec{i}_2^{\prime\text{K}} + \tilde{L}_\text{h}(\vec{i}_1^\text{K} + \vec{i}_2^{\prime\text{K}} + \vec{i}_3^{\prime\text{K}}) = \tilde{L}_{\sigma 3}' \vec{i}_3^{\prime\text{K}} + \tilde{L}_{\sigma 23}' \vec{i}_2^{\prime\text{K}} + \tilde{L}_\text{h} \vec{i}_\mu^\text{K}$$
$$= \tilde{L}_{\sigma 3}' \vec{i}_3^{\prime\text{K}} + \tilde{L}_{\sigma 23}' \vec{i}_2^{\prime\text{K}} + \vec{\psi}_\text{h}^\text{K} \tag{2.2.16c}$$

bzw. in Matrizendarstellung

$$\begin{pmatrix} \vec{\psi}_1^\text{K} \\ \vec{\psi}_2^{\prime\text{K}} \\ \vec{\psi}_3^{\prime\text{K}} \end{pmatrix} = \begin{pmatrix} \tilde{L}_\text{h} + \tilde{L}_{\sigma 1} & \tilde{L}_\text{h} & \tilde{L}_\text{h} \\ \tilde{L}_\text{h} & \tilde{L}_\text{h} + \tilde{L}_{\sigma 2}' & \tilde{L}_\text{h} + \tilde{L}_{\sigma 23}' \\ \tilde{L}_\text{h} & \tilde{L}_\text{h} + \tilde{L}_{\sigma 23}' & \tilde{L}_\text{h} + \tilde{L}_{\sigma 3}' \end{pmatrix} \begin{pmatrix} \vec{i}_1^\text{K} \\ \vec{i}_2^{\prime\text{K}} \\ \vec{i}_3^{\prime\text{K}} \end{pmatrix} . \tag{2.2.17}$$

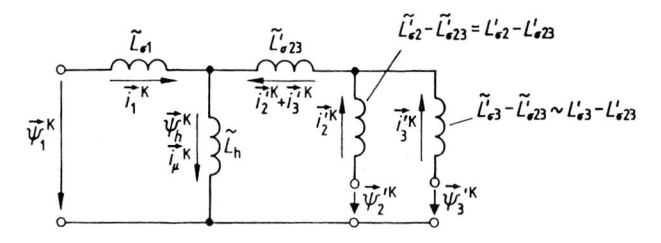

Bild 2.2.2 Ersatzschaltbild für die Flussverkettungsgleichungen der Induktionsmaschine mit Doppelkäfigläufer unter Verwendung komplexer Augenblickswerte und transformierter Läufergrößen

Dabei ist

$$\vec{i}_\mu^K = (\vec{i}_2^K + \vec{i}_2'^K + \vec{i}_3'^K) \quad (2.2.18)$$

sowie

$$\vec{\psi}_h^K = \tilde{L}_h \vec{i}_\mu^K \:. \quad (2.2.19)$$

Außerdem wurden $\tilde{L}_{\sigma 1}$, $\tilde{L}_{\sigma 2}'$ und $\tilde{L}_h$ entsprechend (2.1.44a,b,c), Seite 293, eingeführt sowie

$$\tilde{L}_{\sigma 3}' = \ddot{u}_h^2 L_{\sigma 3} + (1 - \xi_{\mathrm{schr,p}}) L_h = L_{\sigma 3}' + (1 - \xi_{\mathrm{schr,p}}) L_h \quad (2.2.20\mathrm{a})$$

$$\tilde{L}_{\sigma 23}' = \ddot{u}_h^2 L_{\sigma 23} + (1 - \xi_{\mathrm{schr,p}}) L_h = L_{\sigma 23}' + (1 - \xi_{\mathrm{schr,p}}) L_h \:. \quad (2.2.20\mathrm{b})$$

Die Beziehungen (2.2.16a,b,c) bzw. (2.2.17) befriedigen das Ersatzschaltbild nach Bild 2.2.2. Hinsichtlich der Vorteile, die mit der Einführung transformierter Läufergrößen verbunden sind, gelten weiterhin die Überlegungen, die im Abschnitt 2.1.3.4, Seite 291, für die stromverdrängungsfreie Maschine mit Schleifring- bzw. Einfachkäfigläufer angestellt wurden.

2.2.2.3 Einführung bezogener Größen

Im Abschnitt 2.1.3.8, Seite 299, waren bezogene Größen für die stromverdrängungsfreie Maschine mit Schleifring- bzw. Einfachkäfigläufer ausgehend von den Beziehungen mit transformierten Läufergrößen eingeführt worden. Das ist unter dem Gesichtspunkt geschehen, dass die Verwendung bezogener Größen vor allem im Zusammenhang mit der Anwendung numerischer Methoden interessant ist und dabei wiederum eine Darstellung benutzt werden sollte, die eine nachträgliche Berücksichtigung der Sättigungserscheinungen ermöglicht.

Bei analogem Vorgehen wie im Abschnitt 2.1.3.8 und wenn die dort erhaltenen Ergebnisse entsprechend erweitert werden, erhält man für die Maschine mit Doppelkäfigläufer die in Tabelle 2.2.1 zusammengestellten Beziehungen für die Spannungs- und Flussverkettungsgleichungen. Es ist lediglich nachzutragen, dass der Bezugsstrom I_bez natürlich auch für den Strom $\vec{i}_3'^K$ Verwendung findet. Für das Drehmoment und die Bewegungsgleichung gelten weiterhin die Beziehungen (2.1.64) und (2.1.67), Seite

Tabelle 2.2.1 Spannungs- und Flussverkettungsgleichungen der Induktionsmaschine mit Doppelkäfigläufer im allgemeinen Koordinatensystem K nach Einführung bezogener Größen ohne Festlegung des Bezugswerts T_bez für die Zeit und bei Verzicht auf die Kennzeichnung aller Variablen als bezogene Größen und zusätzlich der Läufergrößen als transformierte Größen

$$\vec{u}_1^\text{K} = r_1 \vec{i}_1^\text{K} + \frac{1}{\omega_\text{N} T_\text{bez}} \frac{\mathrm{d}\vec{\psi}_1^\text{K}}{\mathrm{d}t} + \mathrm{j} n_\text{K} \vec{\psi}_1^\text{K}$$

$$0 = r_2 \vec{i}_2^\text{K} + r_{23} \vec{i}_3^\text{K} + \frac{1}{\omega_\text{N} T_\text{bez}} \frac{\mathrm{d}\vec{\psi}_2^\text{K}}{\mathrm{d}t} + \mathrm{j}(n_\text{K} - n) \vec{\psi}_2^\text{K}$$

$$0 = r_3 \vec{i}_3^\text{K} + r_{23} \vec{i}_2^\text{K} + \frac{1}{\omega_\text{N} T_\text{bez}} \frac{\mathrm{d}\vec{\psi}_3^\text{K}}{\mathrm{d}t} + \mathrm{j}(n_\text{K} - n) \vec{\psi}_3^\text{K}$$

$$\vec{\psi}_1^\text{K} = x_{\sigma 1} \vec{i}_1^\text{K} + x_\text{h}(\vec{i}_1^\text{K} + \vec{i}_2^\text{K} + \vec{i}_3^\text{K})$$

$$\vec{\psi}_2^\text{K} = x_{\sigma 2} \vec{i}_2^\text{K} + x_{\sigma 23} \vec{i}_3^\text{K} + x_\text{h}(\vec{i}_1^\text{K} + \vec{i}_2^\text{K} + \vec{i}_3^\text{K})$$

$$\vec{\psi}_3^\text{K} = x_{\sigma 3} \vec{i}_3^\text{K} + x_{\sigma 23} \vec{i}_2^\text{K} + x_\text{h}(\vec{i}_1^\text{K} + \vec{i}_2^\text{K} + \vec{i}_3^\text{K})$$

Tabelle 2.2.2 Parameter des Gleichungssystems der Induktionsmaschine mit Doppelkäfigläufer nach Einführung bezogener Größen entsprechend Tabelle 2.2.1

$r_1 = \dfrac{R_1}{Z_\text{bez}}$	$r_2 = \dfrac{R_2'}{Z_\text{bez}}$	$r_3 = \dfrac{R_3'}{Z_\text{bez}}$	$r_{23} = \dfrac{R_{23}'}{Z_\text{bez}}$
$x_{\sigma 1} = \dfrac{\tilde{L}_{\sigma 1}}{L_\text{bez}}$	$x_{\sigma 2} = \dfrac{\tilde{L}_{\sigma 2}'}{L_\text{bez}}$	$x_{\sigma 3} = \dfrac{\tilde{L}_{\sigma 3}'}{L_\text{bez}}$	$x_{\sigma 23} = \dfrac{\tilde{L}_{\sigma 23}'}{L_\text{bez}}$

301, der stromverdrängungsfreien Maschine mit Schleifring- bzw. Einfachkäfigläufer (s. auch Tab. 2.1.2).

Die Parameter in der bezogenen Darstellung sind in Tabelle 2.2.2 ausgehend von denen in Tabelle 2.1.3, Seite 303, und bei entsprechender Ergänzung dargestellt. Für Z_bez und L_bez sowie die weiteren Bezugsgrößen gelten nach wie vor die Beziehungen (2.1.61a–g), Seite 299. Die bezogenen Winkelgeschwindigkeiten bzw. Drehzahlen $\check{n}$ und $\check{n}_\text{K}$ sind durch (2.1.64) und (2.1.65) gegeben.

2.2.2.4 Spannungsgleichungen für den stationären Betrieb am starren, symmetrischen Netz

a) Ausgangsform

Das Gleichungssystem für den stationären Betrieb am symmetrischen Netz lässt sich, ausgehend von der allgemeinen Beziehung nach Abschnitt 2.2.2.1, in Analogie zu den

Betrachtungen im Abschnitt 2.1.5, Seite 304, gewinnen. Es ist lediglich zu beachten, dass für die Wicklung 3 eine analoge Beziehung zwischen den komplexen Augenblickswerten $\vec{g}_3^{\mathrm{K}} = \vec{g}_3^{\mathrm{N}}$ im synchron umlaufenden Koordinatensystem und der komplexen Darstellung $\underline{g}_3$ der eingeschwungenen Wechselgrößen besteht wie für die Wicklung 2. Es gelten also (2.1.78a,b) sowie

$$\vec{g}_3^{\mathrm{N}} = \underline{g}_3 \mathrm{e}^{\mathrm{j}\vartheta_0} \,. \tag{2.2.21}$$

Damit erhält man aus (2.2.9a) bis (2.2.10c) und unter Berücksichtigung des Umstands, dass im synchron umlaufenden Koordinatensystem $\mathrm{d}\vec{\psi}_j^{\mathrm{N}}/\mathrm{d}t = 0$ gilt,

$$\underline{u}_1 = R_1\underline{i}_1 + \mathrm{j}X_{11}\underline{i}_1 + \mathrm{j}X_{12}\underline{i}_2\mathrm{e}^{\mathrm{j}\vartheta_0} + \mathrm{j}X_{12}\underline{i}_3\mathrm{e}^{\mathrm{j}\vartheta_0} \tag{2.2.22a}$$
$$0 = R_2\underline{i}_2 + R_{23}\underline{i}_3 + \mathrm{j}sX_{12}\underline{i}_1\mathrm{e}^{-\mathrm{j}\vartheta_0} + \mathrm{j}sX_{22}\underline{i}_2 + \mathrm{j}sX_{23}\underline{i}_3 \tag{2.2.22b}$$
$$0 = R_3\underline{i}_3 + R_{23}\underline{i}_2 + \mathrm{j}sX_{12}\underline{i}_1\mathrm{e}^{-\mathrm{j}\vartheta_0} + \mathrm{j}sX_{23}\underline{i}_2 + \mathrm{j}sX_{33}\underline{i}_3 \,. \tag{2.2.22c}$$

Dabei sind die Reaktanzen über $X_{jk} = \omega L_{jk}$ durch (2.2.3a–e) gegeben. Der Winkel ϑ_0 könnte prinzipiell von vornherein zu Null gesetzt werden, da die Läufergrößen beim Käfigläufer in keiner weiteren Beziehung zu den Größen des Ständernetzes stehen und damit ihre tatsächliche Phasenlage bedeutungslos ist.

Im Folgenden werden, ausgehend von (2.2.22a,b,c) und analog zum Vorgehen bei der stromverdrängungsfreien Maschine mit Schleifring- bzw. Einfachkäfigläufer, Spannungsgleichungen mit transformierten Läufergrößen abgeleitet und die zugehörigen Ersatzschaltbilder angegeben.

b) Einführung des reellen Übersetzungsverhältnisses $\ddot{u}_\mathrm{h}$

Die Transformation der Läufergrößen unter Verwendung eines reellen Übersetzungsverhältnisses wurde bereits im Abschnitt 2.2.2.2 auf die Beziehungen zwischen den komplexen Augenblickswerten angewendet. Aus den allgemeinen Transformationsbeziehungen für die Ströme nach (2.2.11a,b) erhält man unter Beachtung der Zusammenhänge zwischen den komplexen Augenblickswerten und der komplexen Darstellung der eingeschwungenen Wechselgrößen nach (2.1.71), Seite 303,

$$\underline{i}'_2 = \frac{1}{\ddot{u}_\mathrm{h}}\mathrm{e}^{\mathrm{j}\vartheta_0}\underline{i}_2 \tag{2.2.23a}$$

$$\underline{i}'_3 = \frac{1}{\ddot{u}_\mathrm{h}}\mathrm{e}^{\mathrm{j}\vartheta_0}\underline{i}_3 \tag{2.2.23b}$$

mit $\ddot{u}_\mathrm{h}$ nach (2.2.13). Damit geht (2.2.22a,b,c) unter Beachtung von (2.2.3a–e) und mit $X_j = \omega L_j$ über in

$$\underline{u}_1 = R_1\underline{i}_1 + \mathrm{j}(X_{\sigma 1} + X_\mathrm{h})\underline{i}_1 + \mathrm{j}X_\mathrm{h}\xi_{\mathrm{schr,p}}\underline{i}'_2 + \mathrm{j}X_\mathrm{h}\xi_{\mathrm{schr,p}}\underline{i}'_3 \tag{2.2.24a}$$
$$0 = \frac{R'_2}{s}\underline{i}'_2 + \frac{R'_{23}}{s}\underline{i}'_3 + \mathrm{j}X_\mathrm{h}\xi_{\mathrm{schr,p}}\underline{i}_1 + \mathrm{j}(X'_{\sigma 2} + X_\mathrm{h})\underline{i}'_2 + \mathrm{j}(X'_{\sigma 23} + X_\mathrm{h})\underline{i}'_3 \tag{2.2.24b}$$
$$0 = \frac{R'_3}{s}\underline{i}'_3 + \frac{R'_{23}}{s}\underline{i}'_2 + \mathrm{j}X_\mathrm{h}\xi_{\mathrm{schr,p}}\underline{i}_1 + \mathrm{j}(X'_{\sigma 23} + X_\mathrm{h})\underline{i}'_2 + \mathrm{j}(X'_{\sigma 3} + X_\mathrm{h})\underline{i}'_3 \,. \tag{2.2.24c}$$

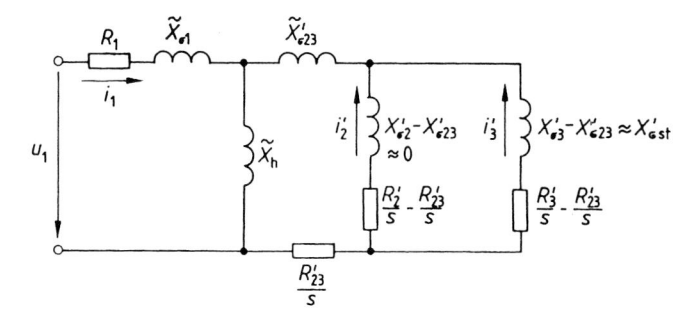

Bild 2.2.3 Ersatzschaltbild für den stationären Betrieb der Induktionsmaschine mit Doppelkäfigläufer unter Verwendung transformierter Läufergrößen

Dabei wurden in Übereinstimmung mit (2.2.15a,b,c) und (2.2.20a,b) die Abkürzungen

$$R'_2 = \ddot{u}_h^2 R_2 \tag{2.2.25a}$$
$$R'_3 = \ddot{u}_h^2 R_3 \tag{2.2.25b}$$
$$R'_{23} = \ddot{u}_h^2 R_{23} \tag{2.2.25c}$$
$$X'_{\sigma 2} = \ddot{u}_h^2 X_{\sigma 2} \tag{2.2.25d}$$
$$X'_{\sigma 23} = \ddot{u}_h^2 X_{\sigma 23} \tag{2.2.25e}$$
$$X'_{\sigma 3} = \ddot{u}_h^2 X_{\sigma 3} \tag{2.2.25f}$$

eingeführt. Die Beziehungen (2.2.24a,b,c) lassen sich in Analogie zum Übergang von (2.1.79a,b), Seite 305, zu (2.1.89a,b) mit $\tilde{X}_{\sigma 1}$ nach (2.1.91) und $\tilde{X}_h$ nach (2.1.93) auf die Form

$$\underline{u}_1 = R_1 \underline{i}_1 + j\tilde{X}_{\sigma 1} \underline{i}_1 + j\tilde{X}_h (\underline{i}_1 + \underline{i}'_2 + \underline{i}'_3) \tag{2.2.26a}$$

$$0 = \left[\left(\frac{R'_2}{s} - \frac{R'_{23}}{s}\right) + j(X'_{\sigma 2} - X'_{\sigma 23})\right] \underline{i}'_2$$
$$+ \left[\frac{R'_{23}}{s} + j\tilde{X}'_{\sigma 23}\right](\underline{i}'_2 + \underline{i}'_3) + j\tilde{X}_h(\underline{i}_1 + \underline{i}'_2 + \underline{i}'_3) \tag{2.2.26b}$$

$$0 = \left[\left(\frac{R'_3}{s} - \frac{R'_{23}}{s}\right) + j(X'_{\sigma 3} - X'_{\sigma 23})\right] \underline{i}'_3$$
$$+ \left[\frac{R'_{23}}{s} + j\tilde{X}'_{\sigma 23}\right](\underline{i}'_2 + \underline{i}'_3) + j\tilde{X}_h(\underline{i}_1 + \underline{i}'_2 + \underline{i}'_3) \tag{2.2.26c}$$

bringen. Diese Beziehungen befriedigen das Ersatzschaltbild nach Bild 2.2.3, das sich auch aus dem nach Bild 2.2.2 entwickeln lässt.

In (2.2.26b) tritt die Differenz der Streureaktanzen $X'_{\sigma 2}$ und $X'_{\sigma 23}$ auf. Beide unterscheiden sich entsprechend (2.2.25d,e) und den Angaben in Tabelle 1.8.1, Seite 247, nur durch die etwas abweichende Verkettung, die der Außenkäfig gegenüber dem Innenkäfig mit jenem Feldanteil des Außenkäfigs besitzt, der im Bereich des Oberstabs

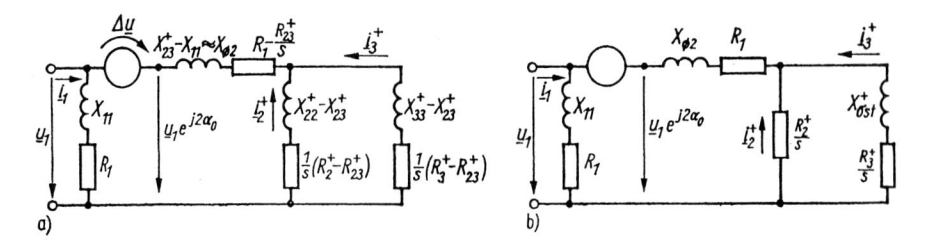

Bild 2.2.4 Ersatzschaltbild der Induktionsmaschine mit Doppelkäfigläufer auf Basis des komplexen Übersetzungsverhältnisses $\underline{\ddot{u}}$.
a) Allgemein nach (2.2.30a,b,c);
b) vereinfacht unter Berücksichtigung von (2.2.32) bis (2.2.34)

durch die Nut tritt. Da dieser Anteil i. Allg. klein gegenüber jenem ist, der dem Feld im Nutschlitz oberhalb des Oberstabs zugeordnet ist, wird

$$X'_{\sigma 2} - X'_{\sigma 23} = \ddot{u}_h^2 (X_{\sigma 2} - X_{\sigma 23}) \approx 0 \ . \tag{2.2.27}$$

Weiterhin tritt in (2.2.26c) die Differenz der Streureaktanzen $X'_{\sigma 3}$ und $X'_{\sigma 23}$ auf. Diese Differenz entspricht nach (2.2.25e,f) und den Angaben in Tabelle 1.8.1 im Wesentlichen dem Feld des Innenkäfigs im Bereich des Streustegs zwischen den beiden Stäben. Es wird deshalb eingeführt

$$X'_{\sigma st} = (X'_{\sigma 3} - X'_{\sigma 23}) = \ddot{u}_h^2 X_{\sigma st} = \ddot{u}_h^2 (X_{\sigma 3} - X_{\sigma 23}) \ . \tag{2.2.28}$$

c) Einführung des komplexen Übersetzungsverhältnisses $\underline{\ddot{u}}$

Die folgende Entwicklung entspricht dem Vorgehen bei der stromverdrängungsfreien Maschine mit Schleifring- bzw. Einfachkäfgläufer im Abschnitt 2.1.7.2, Seite 310. Wie dort besteht das Ziel, ein Ersatzschaltbild zu entwickeln, dessen Querzweig unmittelbar an der Spannung $\underline{u}_1$ liegt. Aus (2.2.22a) erhält man

$$\underline{u}_1 = (R_1 + jX_{11}) \left[\underline{i}_1 + \frac{jX_{12}}{R_1 + jX_{11}} e^{j\vartheta_0} (\underline{i}_2 + \underline{i}_3) \right] \ .$$

Damit bietet es sich mit $\underline{\ddot{u}}$ nach (2.1.97), Seite 311, an, als transformierte Läuferströme

$$\boxed{\underline{i}_2^+ = \frac{1}{\underline{\ddot{u}}} e^{j\vartheta_0} \underline{i}_2} \tag{2.2.29a}$$

$$\boxed{\underline{i}_3^+ = \frac{1}{\underline{\ddot{u}}} e^{j\vartheta_0} \underline{i}_3} \tag{2.2.29b}$$

einzuführen. In diesen Beziehungen tritt also das komplexe Übersetzungsverhältnis $\underline{\ddot{u}}$ in Erscheinung, das bereits bei der Behandlung der stromverdrängungsfreien Maschine mit Schleifring- bzw. Einfachkäfgläufer als (2.1.97) eingeführt wurde. Die Beziehung (2.2.22a) geht damit über in

$$\boxed{\underline{u}_1 = (R_1 + jX_{11})(\underline{i}_1 + \underline{i}_2^+ + \underline{i}_3^+)} \ . \tag{2.2.30a}$$

Aus (2.2.22b,c) erhält man durch Einführen von $\underline{i}_2^+$ und $\underline{i}_3^+$ entsprechend (2.2.29a,b) und nach Division durch s

$$0 = \frac{R_2}{s}\underline{\ddot{u}i}_2^+ + \frac{R_{23}}{s}\underline{\ddot{u}i}_3^+ + jX_{12}\underline{i}_1 + jX_{22}\underline{\ddot{u}i}_2^+ + jX_{23}\underline{\ddot{u}i}_3^+$$

$$0 = \frac{R_3}{s}\underline{\ddot{u}i}_3^+ + \frac{R_{23}}{s}\underline{\ddot{u}i}_2^+ + jX_{12}\underline{i}_1 + jX_{23}\underline{\ddot{u}i}_2^+ + jX_{33}\underline{\ddot{u}i}_3^+ \ .$$

Wenn diese Beziehungen mit $\underline{\ddot{u}}^* = -(R_1 - jX_{11})/jX_{12}$ multipliziert werden und $\underline{i}_1$ mit Hilfe von (2.2.30a) eliminiert wird, gewinnt man nach einigen Umformungen unter Beachtung von $\underline{\ddot{u}}^*/\underline{\ddot{u}} = e^{j2\alpha_0}$ nach (2.1.105), Seite 311,

$$\boxed{\begin{aligned}-\underline{u}_1 e^{j2\alpha_0} &= \left[\frac{R_2^+}{s} - \frac{R_{23}^+}{s} + j(X_{22}^+ - X_{23}^+)\right]\underline{i}_2^+ \\ &\quad + \left[R_1 - \frac{R_{23}^+}{s} + j(X_{23}^+ - X_{11})\right](\underline{i}_2^+ + \underline{i}_3^+)\end{aligned}} \quad (2.2.30b)$$

$$\boxed{\begin{aligned}-\underline{u}_1 e^{j2\alpha_0} &= \left[\frac{R_3^+}{s} - \frac{R_{23}^+}{s} + j(X_{33}^+ - X_{23}^+)\right]\underline{i}_3^+ \\ &\quad + \left[R_1 - \frac{R_{23}^+}{s} + j(X_{23}^+ - X_{11})\right](\underline{i}_2^+ + \underline{i}_3^+)\end{aligned}} \ . \quad (2.2.30c)$$

Dabei wurden die Abkürzungen

$$\boxed{R_2^+ = \ddot{u}^2 R_2} \quad (2.2.31a)$$
$$\boxed{R_{23}^+ = \ddot{u}^2 R_{23}} \quad (2.2.31b)$$
$$\boxed{R_3^+ = \ddot{u}^2 R_3} \quad (2.2.31c)$$
$$\boxed{X_{22}^+ = \ddot{u}^2 X_{22}} \quad (2.2.31d)$$
$$\boxed{X_{33}^+ = \ddot{u}^2 X_{33}} \quad (2.2.31e)$$
$$\boxed{X_{23}^+ = \ddot{u}^2 X_{23}} \quad (2.2.31f)$$

eingeführt. Die Beziehungen (2.2.30a,b,c) befriedigen das Ersatzschaltbild der Maschine mit Doppelkäfigläufer nach Bild 2.2.4a. Dieses Ersatzschaltbild entspricht dem für die stromverdrängungsfreie Maschine mit Schleifring- bzw. Einfachkäfigläufer nach Bild 2.1.10, Seite 312. Die eingefügte Spannungsquelle dient wiederum zur Phasendrehung der Spannung $\underline{u}_1$ um den Winkel $2\alpha_0$.

Wenn man den Einfluss der galvanischen Kopplung zwischen den Käfigen vernachlässigt, wird $R_{23} = 0$. Ferner gilt unter Beachtung von (2.2.27) mit (2.2.3a–e) und (2.2.31d,e,f)

$$X_{22}^+ - X_{23}^+ = X_{\sigma 2}^+ - X_{\sigma 23}^+ = \ddot{u}^2(X_{\sigma 2} - X_{\sigma 23}) \approx 0 \ . \quad (2.2.32)$$

Mit diesen Näherungen erhält man das vereinfachte Ersatzschaltbild nach Bild 2.2.4b. Das Schaltelement $(X_{23}^+ - X_{11})$ lässt sich mit (2.2.3a–e) und (2.2.31d,e,f) darstellen als

$$X_{23}^+ - X_{11} = (X_{22}^+ - X_{11}) - (X_{\sigma 2}^+ - X_{\sigma 23}^+) \approx X_{22}^+ - X_{11} \ ,$$

wobei $(X_{22}^+ - X_{11})$ nach (2.1.108), Seite 312, die Durchmesserreaktanz für den Außenkäfig ist. Damit wird

$$(X_{23}^+ - X_{11}) \approx X_{\varnothing 2}^+ = X_{22}^+ - X_{11} \;. \tag{2.2.33}$$

Das Schaltelement $(X_{33}^+ - X_{23}^+)$ lässt sich mit (2.2.28) und (2.2.3a–e) sowie (2.2.31d,e,f) ausdrücken als

$$X_{33}^+ - X_{23}^+ = X_{\sigma 3}^+ - X_{\sigma 23}^+ = \ddot{u}^2(X_{\sigma 3} - X_{\sigma 23}) \approx \ddot{u}^2 X_{\sigma \text{st}} = X_{\sigma \text{st}}^+ \;. \tag{2.2.34}$$

Dabei ist $X_{\sigma \text{st}}^+$ die Streureaktanz, die dem Feld im Streusteg zwischen Ober- und Unterstab zugeordnet ist.

2.2.3
Maschinen mit stromverdrängungsbehaftetem Läufer

Bei stromverdrängungsbehafteten Käfigläufern fließen im stationären Betrieb ebenso wie bei Mehrfachkäfigläufern oder Schleifringläufern in den Läuferkreisen eingeschwungene Wechselströme mit Schlupffrequenz. In Abhängigkeit von den Abmessungen des Käfigs bzw. im Fall des Schleifringläufers dessen Leiterabmessungen kommt es dabei zu schlupfabhängigen Stromverdrängungserscheinungen vor allem in den Stäben bzw. dem im Blechpaket liegenden Teil der Leiter, die sich quantitativ erfassen lassen. Dadurch treten bei der Aufstellung der Spannungsgleichungen für die Käfigmaschen entsprechend Abschnitt 2.1.6, Seite 306, bzw. bei der Gewinnung der Parameter der dreisträngigen Wicklung bzw. Ersatzwicklung im Abschnitt 1.8.2, Seite 236, schlupfabhängige Größen $R_s(s)$ und $X_{\sigma s}(s)$ an die Stelle der allein durch die Geometrie bestimmten Werte des Widerstands und der Streureaktanz. Damit erhält man in den Spannungsgleichungen für den stationären Betrieb ausgehend von einer Maschine mit stromverdrängungsfreiem Läufer unter Einführung transformierter Läufergrößen nach Abschnitt 2.1.7.1, Seite 309, über (2.1.95) und (2.1.96)

$$R_2' = R_2'(s) \tag{2.2.35a}$$
$$X_{\sigma 2}' = X_{\sigma 2}'(s) \tag{2.2.35b}$$

und damit über (2.1.92)

$$\tilde{X}_{\sigma 2}' = \tilde{X}_{\sigma 2}'(s) \;. \tag{2.2.35c}$$

Das Ersatzschaltbild nach Bild 2.1.9, Seite 310, geht über in Bild 2.2.5.

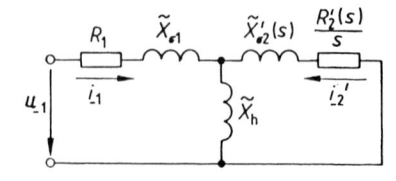

Bild 2.2.5 Ersatzschaltbild für den stationären Betrieb der Induktionsmaschine mit stromverdrängungsbehaftetem Läufer auf Basis des reellen Übersetzungsverhältnisses $\ddot{u}_h$

Bei schnellen Zustandsänderungen ist eine quasistationäre Betrachtung nicht mehr ausreichend, sondern die Stromverdrängungserscheinungen im Läufer müssen, wie im Abschnitt 1.9.4, Seite 268, beschrieben, durch einen Ersatzkettenleiter berücksichtigt werden.

2.3
Stationäres Betriebsverhalten

2.3.1
Stromverdrängungsfreie Maschinen mit Schleifring- oder Einfachkäfigläufer

Die Wirkungsweise und das Betriebsverhalten der stromverdrängungsfreien Maschine mit Schleifring- oder Einfachkäfigläufer bei Betrieb am starren, symmetrischen Netz sinusförmiger Spannungen wurden bereits in den Abschnitten 5.3 und 5.5 des Bands *Grundlagen elektrischer Maschinen* behandelt, allerdings auf einfachen Näherungsebenen. Insbesondere ist dabei die Ortskurve des Ständerstroms ausgehend von (2.1.113a,b), Seite 314, entwickelt worden. Die folgenden Betrachtungen gehen von den allgemeinen Beziehungen (2.1.79a,b), Seite 305, bzw. den daraus abgeleiteten Beziehungen mit transformierten Läufergrößen aus, und zwar von (2.1.89a,b) mit $ü_\mathrm{h}$ und (2.1.109a,b) mit $ü$.

Die Läuferwicklung des Schleifringläufers ist direkt oder über äußere Widerstände R_{2v} kurzgeschlossen. Es ist also $\underline{u}_2 = 0$ und eventuell $(R_2 + R_{2v}) \mapsto R_2$ zu setzen. Das starre Netz legt die Spannung $\underline{u}_1$ des Bezugsstrangs a fest. Es wird zur Vereinfachung der Schreibweise angenommen, dass $\varphi_{u1} = 0$ und somit $\underline{u}_1 = \hat{u}_1$ ist.

2.3.1.1 Ströme und charakteristische Reaktanzen

Aus den allgemeinen Spannungsgleichungen (2.1.79a,b) erhält man mit $\underline{u}_2 = 0$ und $\underline{u}_1 = \hat{u}_1$ für den Ständerstrom

$$\underline{i}_1 = \frac{\hat{u}_1}{R_1 + \mathrm{j}X_{11} + \dfrac{X_{12}^2}{\dfrac{R_2}{s} + \mathrm{j}X_{22}}} = \frac{\hat{u}_1}{\underline{Z}(s)} \ . \tag{2.3.1}$$

Dabei ist der komplexe Eingangswiderstand $\underline{Z}(s)$ gegeben als

$$\underline{Z}(s) = R_1 + \mathrm{j}X_{11} + \frac{X_{12}^2}{\dfrac{R_2}{s} + \mathrm{j}X_{22}} \ . \tag{2.3.2}$$

Im Synchronismus, d. h. bei $s = 0$, fließt der *ideelle Leerlaufstrom*

$$\boxed{\underline{i}_{11} = \frac{\hat{u}_1}{R_1 + \mathrm{j}X_{11}}} \tag{2.3.3}$$

und bei $s \to \infty$ der *ideelle Kurzschlussstrom*

$$\underline{i}_{1\text{ki}} = \frac{\hat{u}_1}{R_1 + \text{j}(X_{11} - X_{12}^2/X_{22})} = \frac{\hat{u}_1}{R_1 + \text{j}X_\text{i}}.\qquad(2.3.4)$$

Dabei ist die ideelle Kurzschlussreaktanz bzw. *Gesamtstreureaktanz* X_i definiert als

$$X_\text{i} = X_{11} - \frac{X_{12}^2}{X_{22}} = \sigma X_{11} \qquad(2.3.5)$$

mit dem *Streukoeffizienten der Gesamtstreuung*

$$\sigma = 1 - \frac{X_{12}^2}{X_{11}X_{22}}.\qquad(2.3.6)$$

Wenn man die Beziehungen für die Reaktanzen entsprechend (1.8.11a,b,c), Seite 225, in (2.3.5) einführt, erhält man als Bestimmungsgleichung für die Gesamtstreureaktanz[1]

$$X_\text{i} = X_{\sigma 1} + X_\text{h} - \frac{X_\text{h}\xi_{\text{schr,p}}^2}{1 + \dfrac{X'_{\sigma 2}}{X_\text{h}}} \approx X_{\sigma 1} + X'_{\sigma 2} + \sigma_{\text{schr}} X_\text{h} \qquad(2.3.7)$$

mit $\quad X'_{\sigma 2} = \ddot{u}_\text{h}^2 X_{\sigma 2} \qquad(2.3.8)$

und $\quad \boxed{\sigma_{\text{schr}} = 1 - \xi_{\text{schr,p}}^2}.\qquad(2.3.9)$

Die Gesamtstreureaktanz setzt sich aus den Streureaktanzen entsprechend der Streuung durch die Nut-, Zahnkopf-, Wicklungskopf- und Oberwellenfelder des Ständers und des Läufers sowie einem Anteil der Schrägungsstreuung zusammen. Die Schrägungsstreuung existiert nur als Anteil der Gesamtstreuung; sie lässt sich nicht dem Ständer oder dem Läufer zuordnen. Die Beziehung (2.3.7) kann unter Beachtung von $\xi_{\text{schr,p}} \approx 1 - \sigma_{\text{schr}}/2$ auch aus dem Ersatzschaltbild 2.1.9, Seite 310, abgelesen werden.

Aus den Spannungsgleichungen (2.1.109a,b), Seite 312, mit transformierten Läufergrößen auf der Grundlage des komplexen Übersetzungsverhältnisses $\underline{\ddot{u}}$ erhält man mit $\underline{u}_2^+ = 0$ und $\underline{u}_1 = \hat{u}_1$ für den Läuferstrom

$$\underline{i}_2^+ = -\frac{\hat{u}_1 \text{e}^{\text{j}2\alpha_0}}{R_1 + \dfrac{R_2^+}{s} + \text{j}X_\varnothing} \qquad(2.3.10)$$

und für den Ständerstrom unter Beachtung von (2.3.3)

$$\underline{i}_1 = \frac{\hat{u}_1}{R_1 + \text{j}X_{11}} - \underline{i}_2^+ = \underline{i}_{11} - \underline{i}_2^+ = \underline{i}_{11} + \frac{\hat{u}_1 \text{e}^{\text{j}2\alpha_0}}{R_1 + \dfrac{R_2^+}{s} + \text{j}X_\varnothing}.\qquad(2.3.11)$$

---

[1] Die entsprechende Beziehung (5.5.6) im Band *Grundlagen elektrischer Maschinen* enthält keinen Anteil der Schrägungsstreuung, da die Schrägung dort vernachlässigt wurde.

Daraus folgt $-\underline{i}_2 = \underline{\ddot{u}}\mathrm{e}^{-\mathrm{j}\vartheta_0}(\underline{i}_1 - \underline{i}_{11})$ und damit

$$\hat{i}_2 = \ddot{u}|\underline{i}_1 - \underline{i}_{11}| = \ddot{u}\hat{i}_2^+ . \tag{2.3.12}$$

Die Beziehung (2.3.11) wird sich in den folgenden Betrachtungen als günstige Ausgangsbeziehung zur Ableitung verschiedener Zusammenhänge erweisen. Die darin auftretende *Durchmesserreaktanz* $X_\varnothing$ ist durch (2.1.108), Seite 312, definiert. Mit $X_{22}^+ = \ddot{u}^2 X_{22} = (R_1^2 + X_{11}^2)X_{22}/X_{12}^2$ entsprechend (2.1.104) und der Beziehung für X_i nach (2.3.5) erhält man aus (2.1.108)

$$X_\varnothing = X_{22}^+ - X_{11} = \frac{R_1^2 + X_{11}X_\mathrm{i}}{X_{11} - X_\mathrm{i}} = X_\mathrm{i}\frac{1 + \dfrac{R_1^2}{X_{11}X_\mathrm{i}}}{1 - \dfrac{X_\mathrm{i}}{X_{11}}} . \tag{2.3.13}$$

Daraus ergibt sich mit $R_1^2/(X_{11}X_\mathrm{i}) \ll 1$ in guter Näherung

$$X_\varnothing = \frac{X_{11}X_\mathrm{i}}{X_{11} - X_\mathrm{i}} \tag{2.3.14a}$$

bzw.
$$\frac{1}{X_\varnothing} = \frac{1}{X_\mathrm{i}} - \frac{1}{X_{11}} . \tag{2.3.14b}$$

2.3.1.2 Ortskurve des Ständerstroms

Die Ortskurve des Ständerstroms $\underline{I}_1(s)$ bei $\underline{U}_1 = U_1 =$ konst. soll zunächst ausgehend von (2.3.1) unter Einführung von Effektivwertzeigern entwickelt werden. Das geschieht, um eine Reihe von Einflüssen auf die Lage der Ortskurve und ihre Schlupfbezifferung herauszuarbeiten. Der Weg zur routinemäßigen Aufzeichnung wird daran anschließend ausgehend von (2.3.11) entwickelt.

Die Ortskurve $\underline{I}_1(s)$ gewinnt man aus der Ortskurve $\underline{Z}(s)$ des Eingangswiderstands durch Inversion und Multiplikation mit U_1. Um die Ortskurve $\underline{Z}(s)$ nach (2.3.2) zu erhalten, wird als erster Schritt die Ortskurve $(R_2/s + \mathrm{j}X_{22})$ ermittelt. Das ist eine Gerade mit dem konstanten Imaginärteil X_{22} und einem variablen Realteil, der für $s \to \infty$ verschwindet und für $s = 0$ unendlich wird (s. Bild 2.3.1a). Als zweiter Schritt wird die Ortskurve $X_{12}^2/(R_2/s + \mathrm{j}X_{22})$ gewonnen. Dazu ist es erforderlich, die Gerade $(R_2/s + \mathrm{j}X_{22})$ zu invertieren. Es entsteht ein Ursprungskreis, dessen Funktionswerte mit X_{12}^2 zu multiplizieren sind. Bei der Inversion bildet sich der unendlich ferne Punkt auf der Gerade in den Ursprung ab, so dass der Kreis dort die Schlupfbezifferung $s = 0$ trägt. Der kleinste Abstand der Geraden vom Ursprung beträgt $\mathrm{j}X_{22}$ und liegt an der Stelle mit der Schlupfbezifferung $s \to \infty$. Dieser Punkt geht in den Punkt $-\mathrm{j}X_{12}^2/X_{22}$ auf dem Kreis über, der den Kreisdurchmesser festlegt (s. Bild 2.3.1a). Einander zugeordnete Punkte gleichen Schlupfs auf dem Kreis und auf der Gerade liegen unter Winkeln mit gleichem Betrag, aber entgegengesetzten Vorzeichen in der komplexen Ebene.

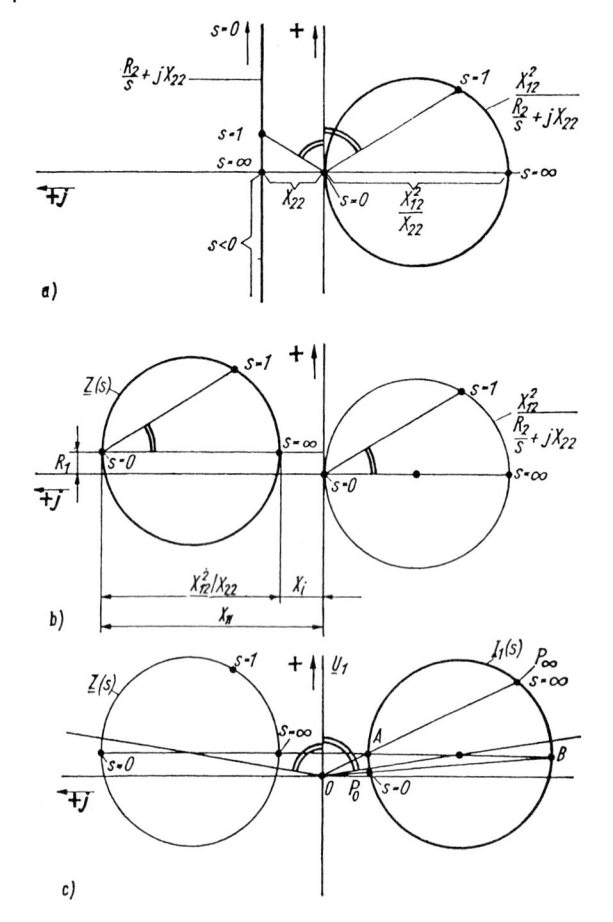

Bild 2.3.1 Entwicklung des Ossanna-Kreises als Ortskurve des Ständerstroms $\underline{I}_1(s)$.
a) Ortskurven $R_2/s + \mathrm{j}X_{22}$ und $X_{12}^2/(R_2/s + \mathrm{j}X_{22})$;
b) Ortskurve des komplexen Eingangswiderstands $\underline{Z}(s)$;
c) Ortskurve des Ständerstroms $\underline{I}_1(s)$ – Ossanna-Kreis

In einem dritten Schritt der Entwicklung der Ortskurve muss der Kreis $X_{12}^2/(R_2/s + \mathrm{j}X_{22})$ entsprechend (2.3.2) um $R_1 + \mathrm{j}X_{11}$ verschoben werden. Dabei wandert er vollständig in das Gebiet positiver Imaginärteile. Der Punkt für $s \to \infty$ hat von der reellen Achse entsprechend (2.3.5) den Abstand X_i (s. Bild 2.3.1b).

Die Ortskurve $\underline{I}_1(s)$ wird schließlich erhalten, indem man als letzten Schritt der Entwicklung den Kreis $\underline{Z}(s)$ invertiert. Dabei ist der Maßstab für den Strom unter Berücksichtigung der Multiplikation mit U_1 festzulegen. Da die Inversion eines Kreises, der nicht durch den Ursprung verläuft, wiederum einen Kreis ergibt, erhält man als Ortskurve $\underline{I}_1(s)$ einen Kreis, den sog. *Ossanna-Kreis*. Er liegt in Korrespondenz zur Lage von $\underline{Z}(s)$ vollständig im Gebiet negativer Imaginärteile. Um seine Lage zu fixieren, werden im Folgenden anhand von Bild 2.3.2 einige Zwischenüberlegungen angestellt.

Der kleinste Abstand a und der größte Abstand b des zu invertierenden Kreises $\underline{K}$ vom Ursprung sowie auch der Mittelpunkt dieses Kreises liegen auf einer Ursprungs-

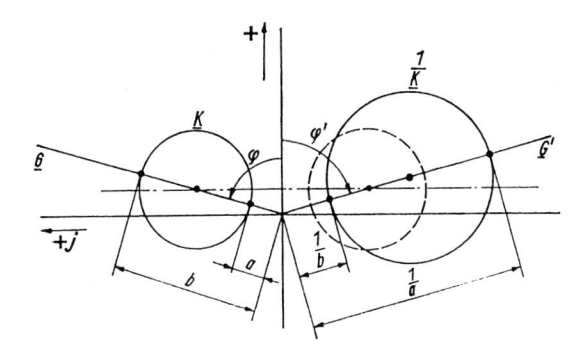

Bild 2.3.2 Zur Ermittlung der Ortskurve $\underline{I}_1(s)$ aus der Ortskurve $\underline{Z}(s)$

geraden $\underline{G}$, die unter dem Winkel φ in der komplexen Ebene verläuft. Durch die Inversion geht der Abstand a in den größten Abstand $1/a$ des invertierten Kreises über, während $1/b$ den kleinsten Abstand vom Ursprung bildet. Beide befinden sich auf einer Ursprungsgeraden $\underline{G}'$, die unter dem Winkel $\varphi' = -\varphi$ in der komplexen Ebene liegt. Diese Gerade muss auch den Mittelpunkt des invertierten Kreises tragen. Das Verhältnis des größten Abstands $1/a$ zum kleinsten Abstand $1/b$ beträgt für den invertierten Kreis $(1/a):(1/b) = b/a$. Das ist der gleiche Wert wie für den Ausgangskreis $\underline{K}$. Durch entsprechende Wahl des Maßstabs für den invertierten Kreis $1/\underline{K}$ ist also zu erreichen, dass $\underline{K}$ und $1/\underline{K}$ spiegelbildlich zur reellen Achse liegen. Dieser Kreis $1/\underline{K}$ ist im Bild 2.3.2 gestrichelt eingetragen.

Im Bild 2.3.1c ist der Kreis $\underline{I}_1(s) = U_1/\underline{Z}(s)$, entsprechend den oben angestellten Überlegungen, bereits als der an der reellen Achse gespiegelte Kreis $\underline{Z}(s)$ eingezeichnet worden. Unter Berücksichtigung der Winkelbeziehung $\varphi' = -\varphi$ muss der Punkt P_∞ für $s \to \infty$ auf dem Schnittpunkt des Kreises $\underline{I}_1(s)$ mit der verlängerten Geraden $\overline{0A}$ liegen. Ebenso ergibt sich der Punkt P_0 für $s = 0$ als Schnittpunkt des Kreises $\underline{I}_1(s)$ mit der Gerade $\overline{0B}$. Die zweiten Schnittpunkte der Ursprungsgeraden durch P_0 und P_∞ mit dem Kreis liegen demnach auf dem horizontalen Kreisdurchmesser $\overline{AB}$.

Die vorstehende Entwicklung des Ossanna-Kreises vermittelt Lage und Größe des Kreises sowie auch die Schlupfbezifferung. Für die routinemäßige Aufzeichnung des Kreises ist sie, wie bereits erwähnt, weniger geeignet. Sie kann jedoch als Ausgangspunkt von Betrachtungen darüber dienen, welche Parameter Lage und Größe des Kreises fixieren und wie die Änderung dieser Parameter den Kreis beeinflusst. Dazu werden in die Ortskurve $\underline{Z}(s)$ des Eingangswiderstands entsprechend Bild 2.3.3 folgende drei Geraden eingezeichnet: $\underline{G}_r$ mit $\text{Re}\{\underline{G}_r\} = R_1 = \text{konst.}$, $\underline{G}_i$ mit $\text{Im}\{\underline{G}_i\} = X_i = \text{konst.}$ und $\underline{G}_\mu$ mit $\text{Im}\{\underline{G}_\mu\} = X_{11} = \text{konst.}$ Die Geraden $\underline{G}_r$ und $\underline{G}_i$ schneiden sich im Punkt P_∞ und die Geraden $\underline{G}_r$ und $\underline{G}_\mu$ im Punkt P_0. Die Inversion der drei Geraden liefert drei Kreise. Dabei wird bei der Festlegung des Maßstabs wiederum die Multiplikation mit U_1 berücksichtigt. Der Schnittpunkt der Kreise $U_1/\underline{G}_r = \underline{K}_r$ und $U_1/\underline{G}_i = \underline{K}_i$ liefert als Abbildung des Schnittpunkts der Geraden $\underline{G}_r$ und $\underline{G}_i$ den Punkt P_∞ des Ossanna-Kreises. Ebenso erhält man als Schnittpunkt der Kreise $\underline{K}_r$ und $U_1/\underline{G}_\mu = \underline{K}_\mu$

den Punkt P_0 des Ossanna-Kreises. Da die Schnittwinkel bei einer Inversion erhalten bleiben und der Impedanzkreis $\underline{Z}(s)$ die Gerade $\underline{G}_r$ senkrecht schneidet, muss der Ossanna-Kreis den Kreis $\underline{K}_r$ ebenfalls senkrecht schneiden. Da die Geraden $\underline{G}_r$ und $\underline{G}_\mu$ sowie die Geraden $\underline{G}_r$ und $\underline{G}_i$ senkrecht aufeinander stehen, schneidet der Kreis $\underline{K}_r$ die Kreise $\underline{K}_i$ und $\underline{K}_\mu$ ebenfalls senkrecht. Dadurch tangiert der Ossanna-Kreis im Punkt P_0 den Kreis $\underline{K}_i$ und im Punkt P_∞ den Kreis $\underline{K}_i$. Der Mittelpunkt M des Ossanna-Kreises ist also der Schnittpunkt der Geraden, die vom Mittelpunkt M_μ des Kreises $\underline{K}_\mu$ ausgehend durch P_0 verläuft, mit der Gerade, die den Mittelpunkt M_i des Kreises $\underline{K}_i$ mit dem Punkt P_∞ verbindet (s. Bild 2.3.3). Die Lage des Kreises sowie die Lage der beiden Punkte P_0 und P_∞ werden also allein durch die drei Parameter X_{11}, X_i und R_1 festgelegt. Diese Parameter bestimmen die Durchmesser U_1/R_1 U_1/X_i und U_1/X_{11} der drei Hilfskreise, die den Ossanna-Kreis fixieren. Spätere Betrachtungen werden zeigen, dass die vollständige Schlupfbezifferung erst durch die Angabe von R_2 festgelegt ist.

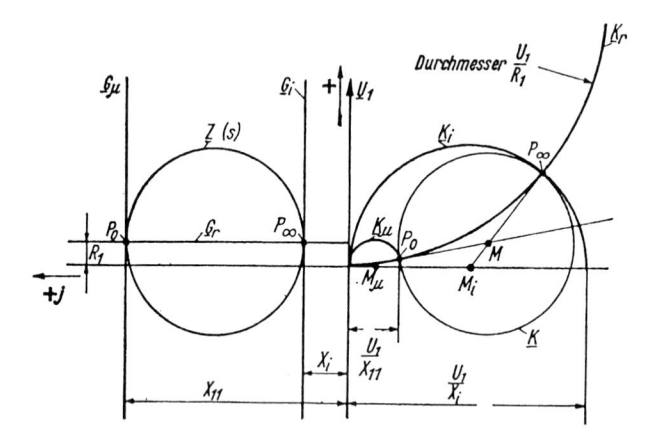

Bild 2.3.3 Zur Ermittlung des Einflusses von R_1, X_{11} und X_i auf die Lage des Ossanna-Kreises sowie auf die Lage der Punkte P_0 und P_∞. M_μ, M_i Mittelpunkt der Hilfskreise $\underline{K}_\mu$, $\underline{K}_i$ M Mittelpunkt des Ossanna-Kreises $\underline{K}$

Durch Veränderung des Ständerwiderstands R_1 wird die Gerade $\underline{G}_r$ verschoben und damit der Durchmesser des Hilfskreises $\underline{K}_r$ verändert (s. Bild 2.3.4). Dadurch wandert der Ossanna-Kreis mit wachsendem R_1 immer weiter in den Zwickel hinein, der von den beiden Hilfskreisen $\underline{K}_i$ und $\underline{K}_\mu$ gebildet wird. Mit abnehmendem R_1 bewegt sich der Mittelpunkt M des Kreises in Richtung auf die imaginäre Achse, die er im Extremfall mit $R_1 = 0$ erreicht. Sein Durchmesser beträgt in diesem Fall $U_1(1/X_i - 1/X_{11})$.

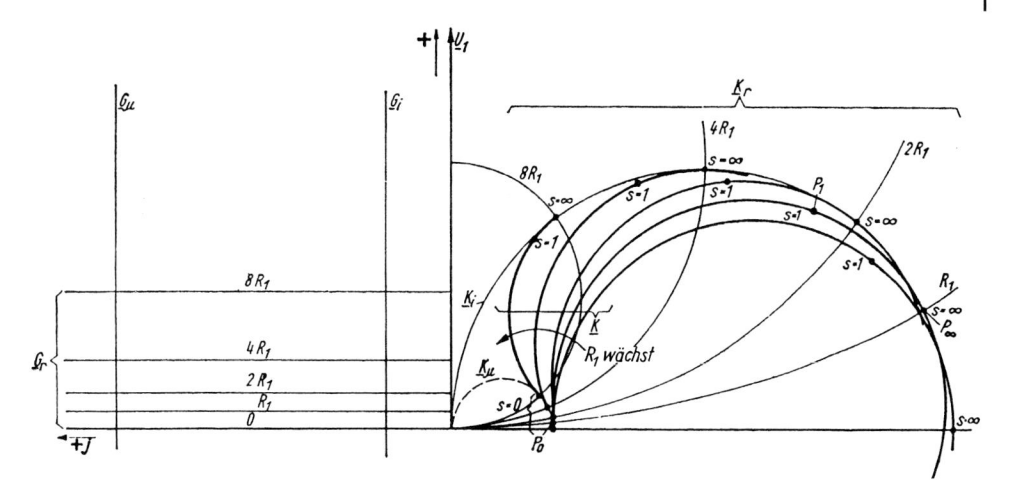

Bild 2.3.4 Einfluss des Ständerwiderstands auf den Ossanna-Kreis

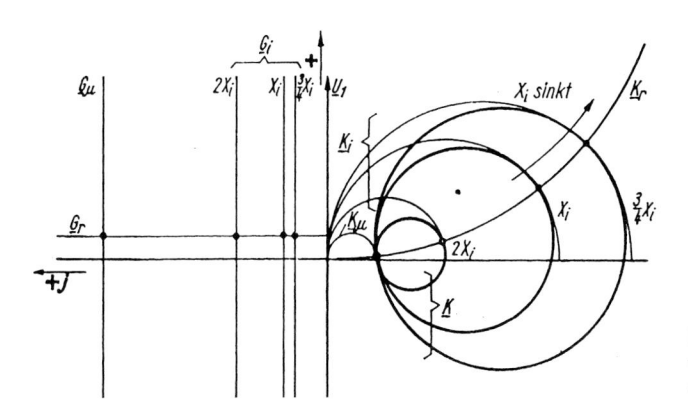

Bild 2.3.5 Einfluss der Gesamtstreuung auf den Ossanna-Kreis

Durch Veränderung der Gesamtstreuung wird die Gerade $\underline{G}_i$ verschoben und damit der Durchmesser des Hilfskreises $\underline{K}_i$ beeinflusst. Je kleiner die Streuung und damit X_i ist, desto größer wird der Durchmesser U_1/X_i des Hilfskreises $\underline{K}_i$ (s. Bild 2.3.5). Im gleichen Maß wächst bei gegebenen R_1 und X_{11} der Durchmesser des Ossanna-Kreises. Dementsprechend erhält man bei kleiner Streuung im Gebiet großer Schlupfwerte große Ströme. Mit abnehmendem Schlupf wird der Einfluss der Streuung auf den Strom $\underline{I}_1$ geringer; er verschwindet bei $s = 0$.

Die Ständerreaktanz X_{11}, die entsprechend (1.8.11a), Seite 225, im Wesentlichen durch die Hauptreaktanz $X_h = \omega L_h$ gegeben ist, bestimmt die Lage der Gerade $\underline{G}_\mu$ und damit den Durchmesser des Hilfskreises $\underline{K}_\mu$. Je größer X_{11} ist, umso kleiner wird dessen Durchmesser, und umso näher liegt der Punkt P_0 dem Koordinatenursprung. Im gleichen Maß wird der Leistungsfaktor der Maschine im Bemessungsbetrieb verbessert.

2.3.1.3 Verfahren zum Zeichnen der Ortskurve des Ständerstroms

Wie bereits erwähnt, ist die im Abschnitt 2.3.1.2 vorgestellte Entwicklung der Ortskurve des Ständerstroms für die routinemäßige Aufzeichnung wenig geeignet. Vorteilhafter ist eine Entwicklung, die von den Spannungsgleichungen (2.1.109a,b), Seite 312, mit transformierten Läufergrößen auf der Grundlage des komplexen Übersetzungsverhältnisses $\underline{ü}$ bzw. der daraus folgenden Beziehung (2.3.11) für die Ströme ausgeht. Man erhält für den Ständerstrom entsprechend (2.3.11) unter Einführung von Effektivwertzeigern

$$\underline{I}_1 = \underline{I}_{11} - \underline{I}_2^+ . \tag{2.3.15}$$

Dabei ist $\underline{I}_{11}$ der ideelle Leerlaufstrom nach (2.3.3) und $\underline{I}_2^+$ der transformierte Läuferstrom entsprechend (2.3.10). Der Strom $\underline{I}_2^+$ lässt sich nach (2.3.15) unmittelbar dem Kreisdiagramm entnehmen (s. Bild 2.3.6). Der Effektivwert des Läuferstroms folgt aus (2.3.12) zu

$$I_2 = ü I_2^+ . \tag{2.3.16}$$

Dabei ist $ü = \sqrt{(X_{11}^2 + R_1^2)/X_{22}^2}$ oder unter Einführung von $X_\varnothing$ nach (2.3.13) und unter Beachtung von (1.8.11a,b,c), Seite 225, mit $X_j = \omega L_j$

$$ü = \sqrt{\frac{X_{11}}{X_{22}}}\left(1 + \frac{X_\varnothing}{X_{11}}\right) \approx \frac{(w\xi_p)_1}{(w\xi_p)_2}\left(1 + \frac{1}{2}\frac{X_\varnothing}{X_{11}}\right) . \tag{2.3.17}$$

Wenn man den *Strommaßstab* m_I entsprechend

$$I_1 = m_I x_{I1}$$

einführt, wobei x_{I1} die dem Strom I_1 in der Ortskurve entsprechende Strecke darstellt, kann man den Strom I_2^+ bestimmen als

$$I_2^+ = m_I x_{I2} , \tag{2.3.18}$$

wobei x_{I2} die dem Strom $\underline{I}_2^+$ im Kreisdiagramm entsprechende Strecke ist. Für den Strom I_2 erhält man dann mit (2.3.16)

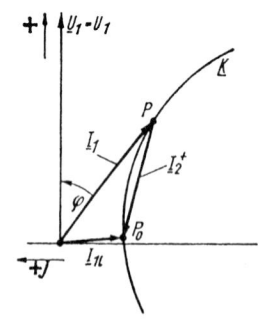

$$I_2 = ü m_I x_{I2} . \tag{2.3.19}$$

Bild 2.3.6 Entnahme des Läuferstromes $\underline{I}_2^+$ aus dem Kreisdiagramm

Die Wirkleistung des Ständers ergibt sich mit $U_1 = $ konst. aus dem Wirkanteil des Ständerstroms zu

$$P_1 = 3U_1 I_{1w} = 3U_1 m_I x_{I1w} = m_P x_P ,\qquad(2.3.20)$$

wobei x_P die zugehörige Strecke im Kreisdiagramm darstellt und der *Leistungsmaßstab*

$$m_P = 3U_1 m_I \qquad(2.3.21)$$

eingeführt wurde.

Zur Herleitung des Routineverfahrens für die Konstruktion der Ortskurve wird als erster Schritt der Strom $-\underline{I}_2^+ \mathrm{e}^{-\mathrm{j}2\alpha_0}$ betrachtet, der unmittelbar aus (2.3.10) folgt. Dabei ist die Nennerfunktion

$$R_1 + \frac{R_2^+}{s} + \mathrm{j}X_\varnothing = f(s)$$

eine Gerade mit dem konstanten Imaginärteil $X_\varnothing$ und einem variablen Realteil (s. Bild 2.3.7). Für $s \to \infty$ nimmt der Realteil den Wert R_1 und für $s = 1$ den Wert $R_1 + R_2^+$ an. Für einen beliebigen Wert des Schlupfs beträgt er $R_1 + R_2^+/s$.

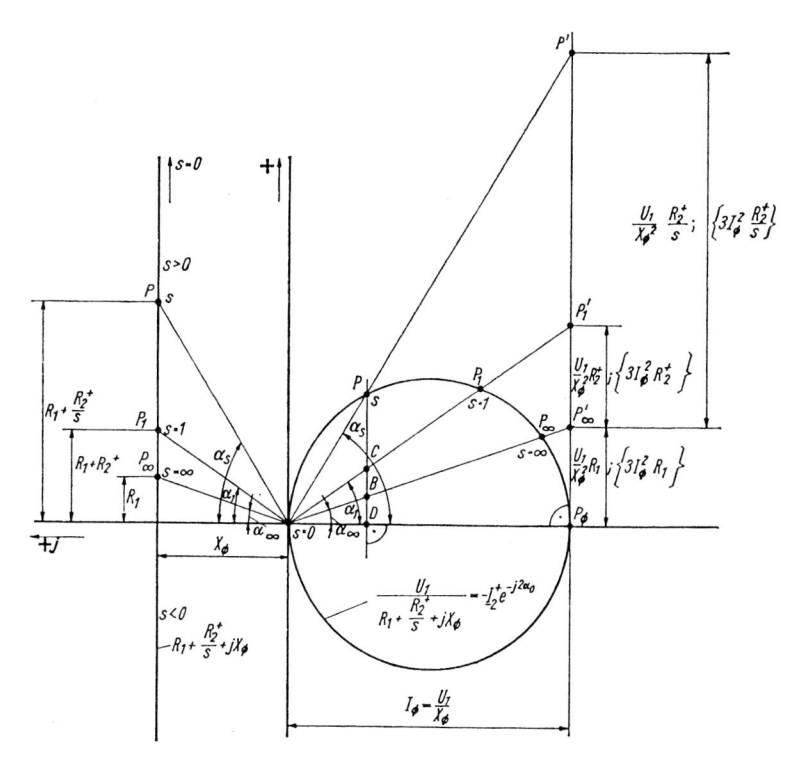

Bild 2.3.7 Ortskurven $(R_1 + R_2^+/s + \mathrm{j}X_\varnothing)$ und $-\underline{I}_2^+ \mathrm{e}^{-\mathrm{j}2\alpha_0}$ als Vorstufen zur Entwicklung eines vorteilhaften Verfahrens zur praktischen Aufzeichnung des Kreisdiagramms

Die Gerade ist also linear in $1/s$ geteilt; für $s = 0$ verläuft sie im Unendlichen. Ihre Inversion liefert nach Multiplikation mit U_1 den Ursprungskreis $-\underline{I}_2^+ \mathrm{e}^{-\mathrm{j}2\alpha_0}$ mit dem Durchmesser $I_\varnothing = U_1/X_\varnothing$. Der Punkt P_0 für $s = 0$ liegt im Ursprung des Koordinatensystems. Die Punkte P_∞, P_1 und P bilden sich entsprechend der Winkelbeziehung $\varphi' = -\varphi$ ab. Ihre Lage kann unmittelbar vom Kreis ausgehend ermittelt werden, indem man eine Senkrechte, die im Punkt $P_\varnothing$ auf dem Kreisdurchmesser errichtet wird, entsprechend teilt. Man erhält aus der Gleichheit der Winkel α_j im Bild 2.3.7

$$m_\mathrm{I} \overline{P_\varnothing P'_\infty} = \frac{U_1}{X_\varnothing^2} R_1 \tag{2.3.22a}$$

$$m_\mathrm{I} \overline{P_\varnothing P'_1} = \frac{U_1}{X_\varnothing^2} (R_1 + R_2^+) \tag{2.3.22b}$$

$$m_\mathrm{I} \overline{P_\varnothing P'} = \frac{U_1}{X_\varnothing^2} \left(R_1 + \frac{R_2^+}{s} \right) . \tag{2.3.22c}$$

Das sind Ströme, die sich nicht ohne Weiteres interpretieren lassen. Es erweist sich als vorteilhaft, den Strecken $\overline{P_\varnothing P'_j}$ Leistungen zuzuordnen, indem man sie statt mit dem Strommaßstab mit dem Leistungsmaßstab nach (2.3.21) multipliziert. Wenn gleichzeitig die Differenzen von (2.3.22a,b,c) gebildet werden, erhält man aus (2.3.22a,b)

$$m_\mathrm{P} \overline{P_\varnothing P'_\infty} = 3 \frac{U_1^2}{X_\varnothing^2} R_1 = 3 I_\varnothing^2 R_1 \tag{2.3.23a}$$

$$m_\mathrm{P} \overline{P'_\infty P'_1} = 3 \frac{U_1^2}{X_\varnothing^2} R_2^+ = 3 I_\varnothing^2 R_2^+ . \tag{2.3.23b}$$

Das sind die Verluste, die der Strom $I_\varnothing = U_1/X_\varnothing$ in R_1 bzw. R_2^+ hervorruft. Aus (2.3.22a,c) folgt weiterhin

$$m_\mathrm{P} \overline{P'_\infty P'} = 3 \frac{U_1^2}{X_\varnothing^2} \frac{R_2^+}{s} = 3 I_\varnothing^2 \frac{R_2^+}{s} . \tag{2.3.23c}$$

Zur Unterscheidung von den zugehörigen Strömen sind diese Leistungen im Bild 2.3.7 in geschweiften Klammern angegeben.

Die Ortskurve $-\underline{I}_2^+(s)$ erhält man, indem die Ortskurve nach Bild 2.3.7 um den Winkel $2\alpha_0$ gedreht wird. Die Ortskurve des Ständerstroms $\underline{I}_1(s)$ schließlich gewinnt

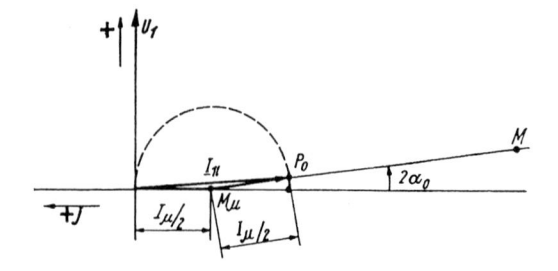

Bild 2.3.8 Zur Bestimmung der Lage des Kreismittelpunkts M und des Punkts P_0 mit Hilfe des Winkels $2\alpha_0$ und des Stroms I_μ

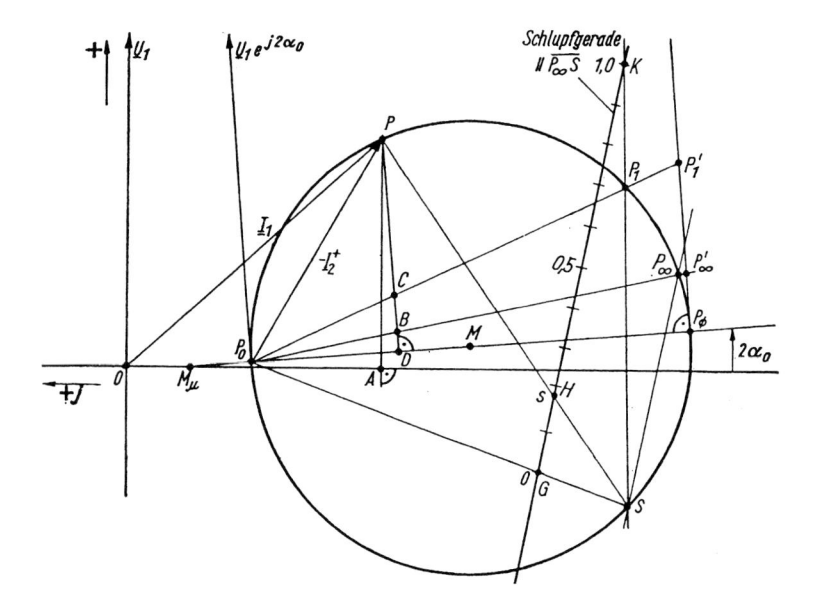

Bild 2.3.9 Vollständiges Kreisdiagramm

man, indem die Ortskurve $-\underline{I}_2^+(s)$ entsprechend (2.3.15) um $\underline{I}_{11}$ nach (2.3.3) verschoben wird. Der Ursprung des bisherigen Kreises geht dadurch in den Punkt P_0 über. Dieser Punkt liegt entsprechend Bild 2.3.3 auf dem Kreis $\underline{K}_\mu$ mit dem Durchmesser $\underline{I}_\mu = U_1/X_{11}$ und auf der Verbindung des Mittelpunkts M_μ dieses Kreises mit dem Mittelpunkt M des Ossanna-Kreises. Dementsprechend muss die unter dem Winkel $2\alpha_0$ ansteigende Mittelpunktsgerade $\overline{P_0 P_\varnothing}$ in ihrer Verlängerung über P_0 hinaus die imaginäre Achse bei $I_\mu/2$ schneiden (s. Bild 2.3.8). Ferner liegt der Punkt P_0 von diesem Schnittpunkt M_μ aus im Abstand von wiederum $I_\mu/2$ auf der Mittelpunktsgeraden $\overline{P_0 P_\varnothing}$.

Die Konstruktion des Kreisdiagramms ist im Bild 2.3.9 zusammenfassend dargestellt. Eine nachträgliche genäherte Berücksichtigung der Ummagnetisierungsverluste ist dadurch möglich, dass der Kreis nach Maßgabe der Höhe dieser Verluste parallel zur reellen Achse verschoben wird. Die Schritte zur Aufzeichnung des Kreisdiagramms sind in Tabelle 2.3.1 nochmals zusammengestellt. Zu seiner Auswertung sind im Bild 2.3.9 folgende Hilfslinien eingetragen worden:

- eine allgemeine, linear in s geteilte Schlupfgerade als Parallele zu $\overline{P_\infty S}$, wobei S ein beliebiger Punkt auf dem Kreis ist,[2]
- die Hilfslinie $\overline{PD}$, als Senkrechte auf $\overline{P_0 P_\varnothing}$ durch P.

---

[2] Die Ableitung wurde im Band *Grundlagen elektrischer Maschinen*, Abschnitt 5.5.2.2, gegeben.

Tabelle 2.3.1 Schritte zum Aufzeichnen des Kreisdiagramms

1. Festlegen von M_μ mit $\overline{0M_\mu} = \dfrac{1}{m_I}\dfrac{I_\mu}{2}$
2. Antragen von $2\alpha_0$ in M_μ
   mit $\tan 2\alpha_0 = \dfrac{2}{\dfrac{X_{11}}{R_1} - \dfrac{R_1}{X_{11}}}$ aus $\tan 2\alpha_0 = \dfrac{2}{\dfrac{1}{\tan\alpha_0} - \tan\alpha_0}$ und $\tan\alpha_0 = \dfrac{R_1}{X_{11}}$
3. Festlegen von P_0 mit $\overline{M_\mu P_0} = \overline{0M_\mu} = \dfrac{1}{m_I}\dfrac{I_\mu}{2}$
4. Festlegen von M und $P_\varnothing$ mit $\overline{P_0 M} = \overline{MP_\varnothing} = \dfrac{1}{m_I}\dfrac{I_\varnothing}{2}$
5. Einzeichnen des Kreises K
6. Errichten der Senkrechten auf $\overline{P_0 P_\varnothing}$ durch $P_\varnothing$
7. Festlegen von P'_∞ mit $\overline{P_\varnothing P'_\infty} = \dfrac{1}{m_P} 3R_1 I_\varnothing^2$
8. $\overline{P_0 P'_\infty}$ schneidet K in P_∞
9. Festlegen von P'_1 mit $\overline{P'_\infty P'_1} = \dfrac{1}{m_P} 3R_2^+ I_2^2$
10. $\overline{P_0 P'_1}$ schneidet K in P_1
11. Einzeichnen der linear in s geteilten Schlupfgeraden als Parallele zu $\overline{P_\infty S}$ für den beliebigen Punkt S

Die *Auswertung des Kreisdiagramms* liefert für einen beliebigen Punkt P auf dem Kreis unmittelbar die Größen

Ständerstrom $\qquad I_1 = m_I \overline{0P}$ (2.3.24a)

Läuferstrom $\qquad I_2 = m_I \ddot{u} \overline{P_0 P}$ (2.3.24b)

Wirkleistung $\qquad P_1 = 3U_1 I_{1w} = 3U_1 m_I \overline{AP} = m_P \overline{AP}$. (2.3.24c)

Aus Bild 2.3.7, in das die senkrecht auf $\overline{P_0 P_\varnothing}$ stehende Hilfslinie $\overline{PD}$ eingezeichnet wurde, entnimmt man die Beziehungen

$$\frac{\overline{PB}}{\overline{BD}} = \frac{R_2^+}{sR_1} \qquad (2.3.25)$$

$$\frac{\overline{PC}}{\overline{PB}} = \frac{\dfrac{1}{s} - 1}{\dfrac{1}{s}} = 1 - s \ . \qquad (2.3.26)$$

Aus dem Ersatzschaltbild 2.1.10b, Seite 312, erhält man für die Wirkleistung P'_2, die in dem Kreis hinter den Klemmen AB umgesetzt wird,

$$P'_2 = 3\,\mathrm{Re}\{-\underline{U}_1 \mathrm{e}^{\mathrm{j}2\alpha_0} \underline{I}_2^{+*}\} \ .$$

Das ist die Leistung der Wirkkomponente $\underline{I}_{2w}^+$ des Stroms $-\underline{I}_2^+$ bezüglich der Spannung $\underline{U}_1 \mathrm{e}^{\mathrm{j}2\alpha_0}$. Diese Wirkkomponente lässt sich dem Kreisdiagramm als $I_{2w}^+ = m_I \overline{PD}$

entnehmen (s. Bild 2.3.9). Damit erhält man für die zugehörige Leistung $P'_2 = 3m_1 U_1 \overline{PD} = m_P \overline{PD}$. Andererseits kann diese Leistung als

$$P'_2 = 3I_2^{+2}\left(\frac{R_2^+}{s} + R_1\right) = 3I_2^{+2}\frac{R_2^+}{s}\left(1 + \frac{R_1}{R_2^+}s\right)$$

ausgedrückt werden, so dass unter Beachtung von (2.3.25)

$$\frac{P_{\text{vw}2}}{s} = \frac{3I_2^{+2}R_2^+}{s} = m_P\frac{\overline{PD}}{1 + (\overline{BD}/\overline{PB})} = m_P\overline{PB}$$

gilt. Damit lassen sich dem Kreisdiagramm unter Beachtung der bekannten Beziehungen für den Leistungsfluss der Dreiphasen-Induktionsmaschine nach Tabelle 1.7.4, Seite 187, sowie mit (2.3.26) die Größen

Luftspaltleistung $\qquad P_\delta = \dfrac{P_{\text{vw}2}}{s} = m_P \overline{PB}$ \hfill (2.3.27a)

Drehmoment $\qquad M = \dfrac{P_\delta}{2\pi n_0} = \dfrac{m_P}{2\pi n_0}\overline{PB} = m_M \overline{PB}$ \hfill (2.3.27b)

mechanische Leistung $P_{\text{mech}} = (1-s)P_\delta = m_P \overline{PC}$ \hfill (2.3.27c)

Läuferverluste $\qquad P_{\text{vw}2} = sP_\delta = P_\delta - P_{\text{mech}} = m_P \overline{BC}$ \hfill (2.3.27d)

entnehmen.[3] Dabei wurde der *Drehmomentmaßstab* m_M eingeführt als

$$m_M = \frac{1}{2\pi n_0} m_P \ .$$

Den Schlupf erhält man als[4]

$$s = \frac{\overline{GH}}{\overline{GK}} \ . \tag{2.3.28}$$

Das Kreisdiagramm ist ein anschauliches Hilfsmittel zur Deutung des stationären Betriebsverhaltens der Induktionsmaschine bei Betrieb am starren Netz. Es gibt dieses Verhalten zunächst qualitativ und im Zusammenhang mit den entwickelten Auswertebeziehungen auch quantitativ wieder. Dabei wird die Lage des Kreises und seine Größe sowie die Lage von Punkten für ausgezeichnete Werte des Schlupfs und schließlich die gesamte Schlupfbezifferung durch wenige Parameter festgelegt, die sowohl der Vorausberechnung als auch der Messung zugänglich sind. Sie finden sich auch in den Parametern des allgemeinen Gleichungssystems bzw. lassen sich aus den dort eingeführten Parametern entwickeln. Es kann natürlich nicht übersehen werden, dass die

---

[3] Wie im Unterabschnitt 1.7.2.2c, Seite 185, erläutert wurde, behalten (2.3.27a,d) ihre Gültigkeit, wenn anstelle der Läuferwicklungsverluste $P_{\text{vw}2}$ die gesamten Läuferverluste $P_{\text{v}2}$ verwendet werden, die im Zusammenhang mit dem Hauptwellenmechanismus auftreten, d. h. wenn auch diejenigen Verluste einbezogen werden, die im Läufereisen aufgrund der Hauptwelle des Luftspaltfelds z. B. durch Eisenquerströme oder Wirbelströme entstehen.

[4] Dies wurde ebenfalls im Band *Grundlagen elektrischer Maschinen*, Abschnitt 5.5.2.2, abgeleitet.

Ortskurve des Ständerstroms einer ausgeführten Maschine gegenüber dem Ossanna-Kreis Abweichungen aufweisen wird. Diese Abweichungen entstehen durch Erscheinungen der Sättigung der Haupt- und vor allem auch der Streuwege und durch solche der Stromverdrängung. Um das Hilfsmittel Kreisdiagramm trotzdem verwenden zu können, kann man für ausgewählte Werte des Schlupfs gesonderte Kreise konstruieren und die tatsächliche Ortskurve als Übergang von einem derartigen Kreis zum nächsten gewinnen bzw. die quantitative Auswertung nur für diesen Schlupfwert vornehmen.

2.3.1.4 Drehzahl-Drehmoment-Kennlinie

Das Drehmoment kann für jeden Wert des Schlupfs s entsprechend (2.3.27b) aus dem Kreisdiagramm nach Bild 2.3.9 entnommen werden. Man erhält den bekannten Zusammenhang zwischen Schlupf bzw. Drehzahl und Drehmoment, bei dem sowohl im Motorbereich als auch im Generatorbereich Extremwerte des Drehmoments durchlaufen werden. Eine geschlossene Beziehung für das Drehmoment lässt sich entsprechend den Aussagen zum Leistungsfluss in Tabelle 1.7.4, Seite 187, über

$$M = \frac{1}{2\pi n_0} \frac{P_{\text{vw2}}}{s} = \frac{p}{\omega} \frac{P_{\text{vw2}}}{s}$$

ermitteln, wenn die Läuferwicklungsverluste als $P_{\text{vw2}} = 3 I_2^{+2} R_2^+$ mit I_2^+ nach (2.3.10) berechnet werden. Man erhält

$$M = \frac{3p}{\omega} U_1^2 \frac{1}{\dfrac{X_\varnothing^2 + R_1^2}{R_2^+} s + \dfrac{R_2^+}{s} + 2R_1} \quad . \tag{2.3.29}$$

Aus einer Extremwertbetrachtung folgt für den *Kippschlupf*

$$s_{\text{kipp}} = \pm \frac{R_2^+}{\sqrt{X_\varnothing^2 + R_1^2}} \tag{2.3.30}$$

und für das *Kippmoment*

$$M_{\text{kipp}} = \frac{3p U_1^2}{2\omega} \frac{s_{\text{kipp}}}{R_2^+} \frac{1}{1 + \dfrac{R_1}{R_2^+} s_{\text{kipp}}} \quad . \tag{2.3.31}$$

Dabei ist natürlich für das Kippmoment im Bereich des Motorbetriebs der positive und für das im Bereich des Generatorbetriebs der negative Wert des Kippschlupfs nach (2.3.30) zu verwenden. Daraus folgt, dass das generatorische Kippmoment größer ist als das motorische. Diesen Sachverhalt spiegelt auch das Kreisdiagramm wider. Durch Einführen von (2.3.30) und (2.3.31) erhält man aus (2.3.29) die normierte Darstellung

$$\boxed{\frac{M}{M_{\text{kipp}}} = \frac{2\left(1 + \dfrac{R_1}{R_2^+} s_{\text{kipp}}\right)}{\dfrac{s}{s_{\text{kipp}}} + \dfrac{s_{\text{kipp}}}{s} + 2\dfrac{R_1}{R_2^+} s_{\text{kipp}}}} \quad . \tag{2.3.32}$$

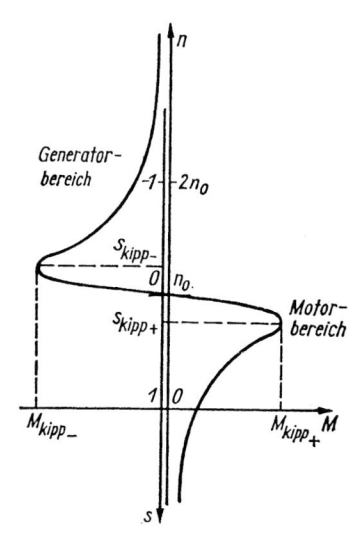

Bild 2.3.10 Drehzahl-Drehmoment- bzw. Schlupf-Drehmoment-Kennlinie

Sie geht für $R_1 \to 0$ in die bekannte *Kloss'sche Gleichung* über (s. Bd. *Grundlagen elektrischer Maschinen*, Abschn. 5.5.3). Den prinzipiellen Verlauf der Schlupf-Drehmoment- bzw. Drehzahl-Drehmoment-Kennlinie nach (2.3.32) gibt Bild 2.3.10 wieder.

2.3.1.5 Einfluss der Stromverdrängung

Unter dem Einfluss der Stromverdrängung in der Läuferwicklung vergrößert sich mit wachsender Läuferfrequenz, d. h. wachsendem Schlupf, der wirksame Läuferwiderstand R_2 und verkleinert sich die wirksame Läuferstreureaktanz $X_{\sigma 2}$ und damit die Gesamtstreureaktanz X_i bzw. die Durchmesserreaktanz $X_\varnothing$. Es werden $R_2^+ = R_2^+(s)$ und $X_\varnothing = X_\varnothing(s)$. Die bewusste Ausnutzung dieser Erscheinung führt auf den *Hochstabläufer* oder andere Formen stromverdrängungsbehafteter Käfigläufer. Letztlich fallen auch die Mehrfachkäfige in diese Kategorie.

Dabei darf die Stromverdrängung bei einer vernünftigen Dimensionierung des Käfigs erst außerhalb des Betriebsbereichs zwischen Leerlauf und Bemessungsbetrieb in Erscheinung treten. In diesem Bereich gelten deshalb die Aussagen der Abschnitte 2.3.1.1 bis 2.3.1.4 uneingeschränkt. Insbesondere erhält man für die Parameter X_{11}, R_1, $R_2^+(0)$ und $X_i(0)$ bzw. $X_\varnothing(0)$ einen sog. *Betriebskreis* $\underline{K}_0$ als Stromortskurve, an den sich die tatsächliche Ortskurve für kleine Werte des Schlupfs s anschmiegt (s. Bild 2.3.11). Die tatsächliche Ortskurve weitet sich, entsprechend der Verkleinerung von X_i bzw. $X_\varnothing$ gegenüber dem Betriebskreis, bei höheren Werten des Schlupfs auf. Gleichzeitig verschiebt sich die Schlupfbezifferung wegen der Vergrößerung von R_2^+ in Richtung auf den Leerlaufpunkt hin. Durch diesen Einfluss wächst das Anzugsmoment erheblich, während sich der Anzugsstrom nur unwesentlich vergrößert (s. Bild 2.3.11). Im Extremfall sehr großer Schlupfwerte wirkt $X_i(\infty)$ bzw. $X_\varnothing(\infty)$ und legt zusammen mit dem unveränderten Leerlaufpunkt P_0 einen Kreis $\underline{K}_\infty$ fest, der den Bereich des

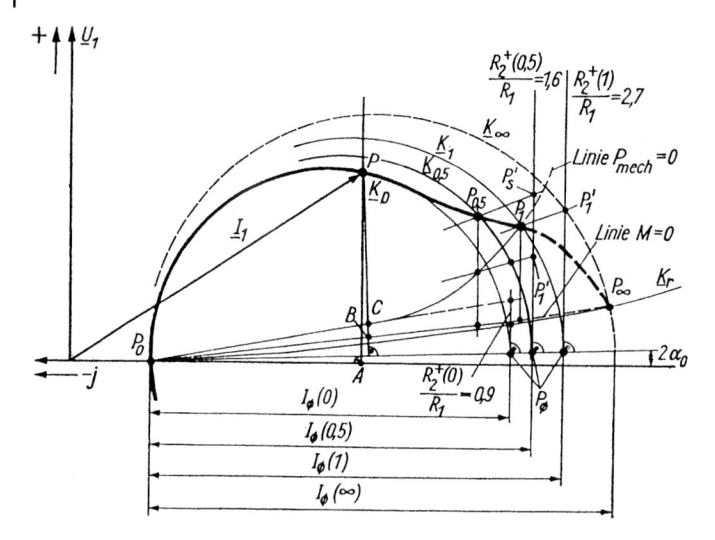

Bild 2.3.11 Ortskurve des Ständerstroms der Maschine mit stromverdrängungsbehaftetem Einfachkäfigläufer.
$\underline{K}_0$ Betriebskreis
$\underline{K}_{0,5}$, $\underline{K}_1$, $\underline{K}_\infty$ fiktive Kreisdiagramme für $s = 0{,}5$, $s = 1$ bzw. $s \to \infty$ zur punktweisen Konstruktion der Ortskurve

Verlaufs der tatsächlichen Ortskurve nach außen begrenzt. Um den Verlauf für größere Werte des Schlupfs genauer zu fixieren, zeichnet man fiktive Kreisdiagramme $\underline{K}_s$ für die interessierenden Schlupfwerte s unter Verwendung der entsprechenden Parameter $R_2^+(s)$ und $X_\varnothing(s)$ und bestimmt die zum jeweiligen Schlupf gehörenden Punkte auf der Ortskurve und auf den Linien $M = $ konst. und $P_\text{mech} = $ konst. Diese stellen dann auch Punkte auf den entsprechenden Kurvenzügen der tatsächlichen Ortskurve dar. Die Punkte P_∞ liegen auf dem $\underline{K}_\text{r}$-Kreis nach Bild 2.3.3, die Mittelpunkte aller Kreise $\underline{K}_0, \ldots, \underline{K}_s, \ldots, \underline{K}_\infty$ auf der unter $2\alpha_0$ ansteigenden Geraden durch den Punkt M_μ. Für die einzelnen fiktiven Kreisdiagramme gelten die Konstruktionsschritte, die in Tabelle 2.3.1 für die Konstruktion nach Bild 2.3.9 zusammengefasst wurden. Das Verhältnis der Strecken $\overline{P'_\infty P'_1}$ und $\overline{P_\varnothing P'_\infty}$ beträgt dabei jeweils

$$\frac{\overline{P'_\infty P'_1}}{\overline{P_\varnothing P'_\infty}} = \frac{R_2^+(s)}{R_1} = \left(\frac{R_2^+(0)}{R_1}\right)\left(\frac{R_2^+(s)}{R_2^+(0)}\right),$$

und dementsprechend ist

$$\frac{\overline{P'_\infty P'_s}}{\overline{P_\varnothing P'_\infty}} = \frac{1}{s}\left(\frac{R_2^+(0)}{R_1}\right)\left(\frac{R_2^+(s)}{R_2^+(0)}\right). \tag{2.3.33}$$

Im Bild 2.3.11 ist die Entwicklung der Ortskurve des Ständerstroms für eine Maschine mit Einfachkäfigläufer bei merklichem Einfluss der Stromverdrängung dargestellt.

Dabei wurden die fiktiven Kreisdiagramme für $s = 0{,}5$ und $s = 1$ eingezeichnet, wobei die Punkte P'_∞ und P_∞ aus Darstellungsgründen nicht angegeben werden konnten.

2.3.2
Maschine mit Doppelkäfigläufer

Die allgemeinen Spannungsgleichungen des Ständers und der beiden dreisträngigen Ersatzwicklungen des Läufers sind im Abschnitt 2.2.2.4, Seite 321, als (2.2.22a,b,c) hergeleitet worden. Aus (2.2.22a,b,c) wurden analog zur Betrachtungsweise der stromverdrängungsfreien Maschine mit Schleifring- bzw. Einfachkäfigläufer die Beziehungen (2.2.26a,b,c) mit transformierten Läufergrößen auf Basis des reellen Übersetzungsverhältnisses $\ddot{u}_h$ und die Beziehungen (2.2.30a,b,c) mit solchen auf Basis des komplexen Übersetzungsverhältnisses $\underline{\ddot{u}}$ gewonnen. Diesen Spannungsgleichungen sind die Ersatzschaltbilder 2.2.3 und 2.2.4 zugeordnet. Für numerische Rechnungen wird das eine oder das andere Gleichungssystem bzw. das eine oder das andere Ersatzschaltbild verwendet. Für allgemeine Untersuchungen sind die Spannungsgleichungen mit transformierten Läufergrößen auf der Basis des komplexen Übersetzungsverhältnisses bzw. die Ersatzschaltbilder nach Bild 2.2.4 besonders geeignet. Sie bilden deshalb den Ausgangspunkt der folgenden Betrachtungen. Dabei wird, wie im Ersatzschaltbild 2.2.4b bereits vorausgesetzt, mit den Näherungen $R_{23} = 0$ und $X_{\sigma 23} \approx X_{\sigma 2}$ gearbeitet.

2.3.2.1 Ströme

Aus (2.2.30a) erhält man mit $\underline{u}_1 = \hat{u}_1$ für den Ständerstrom

$$\boxed{\underline{i}_1 = \frac{\hat{u}_1}{R_1 + \mathrm{j}X_{11}} - (\underline{i}_2^+ + \underline{i}_3^+) = \underline{i}_{11} - (\underline{i}_2^+ + \underline{i}_3^+)}. \qquad (2.3.34)$$

Da die Ströme $\underline{i}_2^+$ und $\underline{i}_3^+$ im Synchronismus verschwinden, ist $\hat{u}_1/(R_1 + \mathrm{j}X_{11})$ wie bei der stromverdrängungsfreien Maschine mit Schleifring- bzw. Einfachkäfigläufer der ideelle Leerlaufstrom $\underline{i}_{11}$ nach (2.3.3), Seite 327. Den Strom $-(\underline{i}_2^+ + \underline{i}_3^+)$, der die Rückwirkung des Läufers zum Ausdruck bringt, erhält man aus (2.2.30b,c) unter Beachtung der Vereinfachungen durch die vorausgesetzten Näherungen entsprechend (2.2.32) bis (2.2.34) bzw. unmittelbar aus dem zugeordneten Ersatzschaltbild 2.2.4b zu

$$\boxed{-(\underline{i}_{2+} + \underline{i}_{3+}) = \frac{\hat{u}_1 \mathrm{e}^{\mathrm{j}2\alpha_0}}{R_1 + \mathrm{j}X_{\varnothing 2} + \dfrac{\dfrac{R_2^+}{s}\left(\dfrac{R_3^+}{s} + \mathrm{j}X_{\sigma\mathrm{st}}^+\right)}{\dfrac{R_2^+ + R_3^+}{s} + \mathrm{j}X_{\sigma\mathrm{st}}^+}} = \frac{\hat{u}_1 \mathrm{e}^{\mathrm{j}2\alpha_0}}{\underline{Z}(s)}} \qquad (2.3.35)$$

mit
$$\underline{Z}(s) = R_1 + \mathrm{j}X_{\varnothing 2} + \dfrac{\dfrac{R_2^+}{s}\left(\dfrac{R_3^+}{s} + \mathrm{j}X_{\sigma\mathrm{st}}^+\right)}{\dfrac{R_2^+ + R_3^+}{s} + \mathrm{j}X_{\sigma\mathrm{st}}^+}. \qquad (2.3.36)$$

Auf dem gleichen Weg gewinnt man für die Aufteilung des Stroms ($\underline{i}_2^+ + \underline{i}_3^+$) in die beiden Anteile $\underline{i}_2^+$ und $\underline{i}_3^+$ die Ausdrücke

$$\frac{\underline{i}_2^+}{\underline{i}_2^+ + \underline{i}_3^+} = \frac{\dfrac{R_3^+}{s} + \mathrm{j}X_{\sigma\mathrm{st}}^+}{\dfrac{R_2^+ + R_3^+}{s} + \mathrm{j}X_{\sigma\mathrm{st}}^+} \qquad (2.3.37\mathrm{a})$$

$$\frac{\underline{i}_3^+}{\underline{i}_2^+ + \underline{i}_3^+} = \frac{\dfrac{R_2^+}{s}}{\dfrac{R_2^+ + R_3^+}{s} + \mathrm{j}X_{\sigma\mathrm{st}}^+} \; . \qquad (2.3.37\mathrm{b})$$

2.3.2.2 Ortskurve des Ständerstroms

Für die Darstellung der Ortskurve $\underline{I}_1(s)$ wird wie bei der stromverdrängungsfreien Maschine mit Schleifring- bzw. Einfachkäfigläufer $\underline{U}_1 = U_1$ gesetzt. Der Ständerstrom setzt sich entsprechend (2.3.34) aus dem idellen Leerlaufstrom nach (2.3.3) und einer Komponente zusammen, die der Summe der beiden Läuferströme zugeordnet und durch (2.3.35) gegeben ist. Nur diese zweite Komponente ist vom Schlupf s abhängig. Diese Abhängigkeit lässt sich durch Umformen von (2.3.35) auf die Form $(\underline{a}s^2 + \underline{b}s)/(\underline{c}s^2 + \underline{d}s + \underline{e})$ bringen. Sie liefert als Ortskurve keinen Kreis, sondern eine *bizirkulare Quartik*. Die folgenden Betrachtungen dienen dazu, den Verlauf dieser Ortskurve zu fixieren und ihre Abhängigkeit von den Maschinenparametern deutlich zu machen. Dazu werden zunächst die Grenzfälle $R_3^+ \to \infty$ und $R_2^+ \to \infty$ untersucht.

Im Fall $R_3 \to \infty$ verschwindet die Wirkung des Innenkäfigs; es ist allein der Außenkäfig wirksam. Man erhält für den Ständerstrom aus (2.3.34) und (2.3.35)

$$\underline{i}_1 = \underline{i}_{11} + \frac{\hat{u}_1 \mathrm{e}^{\mathrm{j}2\alpha_0}}{R_1 + \dfrac{R_2^+}{s} + \mathrm{j}X_{\varnothing 2}} \; . \qquad (2.3.38)$$

Das ist – wie ein Vergleich mit (2.3.11), Seite 328, erkennen lässt – tatsächlich die Beziehung für den Ständerstrom einer Maschine mit Einfachkäfigläufern. Dabei wirkt als Käfig der Außenkäfig des betrachteten Doppelkäfigläufers. Die Beziehung (2.3.38) liefert als Ortskurve $\underline{I}_1(s)$ einen Kreis $\underline{K}_2$.

Im Fall $R_2^+ \to \infty$ erhält man aus (2.3.34) und (2.3.35)

$$\underline{i}_1 = \underline{i}_{11} + \frac{\hat{u}_1 \mathrm{e}^{\mathrm{j}2\alpha_0}}{R_1 + \dfrac{R_3^+}{s} + \mathrm{j}(X_{\varnothing 2} + X_{\sigma\mathrm{st}}^+)} \; . \qquad (2.3.39)$$

Das ist wiederum eine Beziehung für den Ständerstrom einer Maschine mit Einfachkäfigläufer, wobei der Käfig in diesem Fall vom Innenkäfig des betrachteten Doppelkäfigläufers gebildet wird. Sie liefert als Ortskurve $\underline{I}_1(s)$ einen Kreis $\underline{K}_3$.

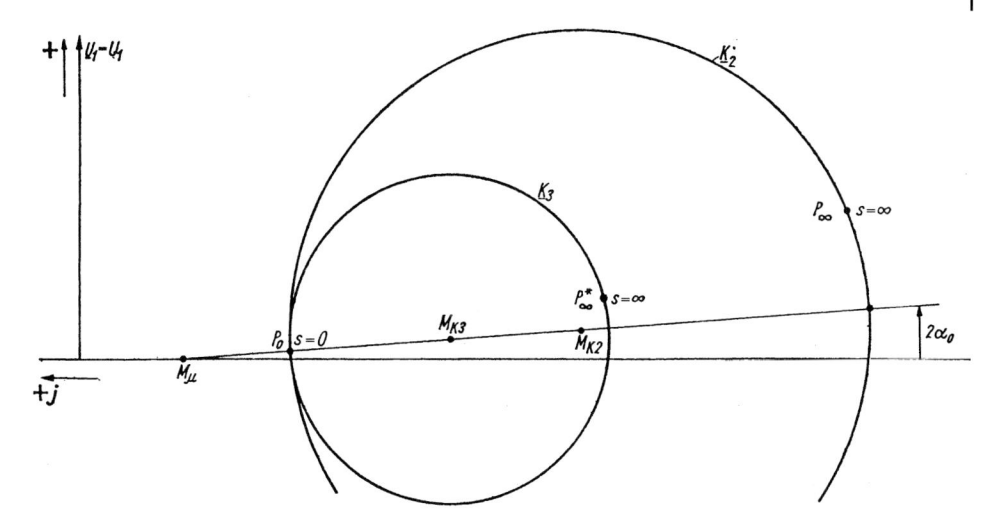

Bild 2.3.12 Ossanna-Kreise der Einzelkäfige des Doppelkäfigläufers ohne Angabe der Schlupfbezifferung.
$\underline{K}_2$ Kreis des Außenkäfigs
$\underline{K}_3$ Kreis des Innenkäfigs

Die beiden Kreise $\underline{K}_2$ und $\underline{K}_3$ sind im Bild 2.3.12 dargestellt. Sie besitzen den gleichen Leerlaufpunkt P_0; ihre Mittelpunkte M_{K2} und M_{K3} liegen wegen des gleichen Werts für $\alpha_0 = \arctan R_1/X_{11}$ auf der gleichen Geraden durch M_μ und P_0. Sie unterscheiden sich jedoch im Durchmesser, denn für den Außenkäfig wirkt entsprechend (2.3.38) als Durchmesserreaktanz $X_{\varnothing 2}$ und für den Innenkäfig entsprechend (2.3.39) $X_{\varnothing 2} + X_{\sigma\text{st}}^+$. Die Streuung des Innenkäfigs ist um den Anteil $X_{\sigma\text{st}}^+$ des Streustegs zwischen Ober- und Unterstab größer als die des Außenkäfigs. Dementsprechend hat der Kreis $\underline{K}_3$ einen kleineren Durchmesser $I_{\varnothing 3} = U_1/(X_{\varnothing 2} + X_{\sigma\text{st}}^+)$ als der Kreis $\underline{K}_2$ mit $I_{\varnothing 2} = U_1/X_{\varnothing 2}$. Es ist zu erwarten, dass die Ortskurve $\underline{I}_1(s)$ des Doppelkäfigläufers im Gebiet zwischen den Kreisen $\underline{K}_2$ und $\underline{K}_3$ verläuft.

Um den Verlauf der Ortskurve des Ständerstroms für den Doppelkäfigläufer zu ermitteln, wird zunächst die Ortskurve der Impedanz $\underline{Z}(s)$ nach (2.3.36) betrachtet. Wenn man in der Beziehung für $\underline{Z}(s)$ im Zähler des Bruchs für $jX_{\sigma\text{st}}^+$ den Ausdruck

$$jX_{\sigma\text{st}}^+ \frac{R_2^+}{R_2^+ + R_3^+} + jX_{\sigma\text{st}}^+ \frac{R_3^+}{R_2^+ + R_3^+} = jX_{\sigma\text{st}}^+ \frac{\varepsilon}{1+\varepsilon} + jX_{\sigma\text{st}}^+ \frac{1}{1+\varepsilon} \quad \text{mit } \varepsilon = \frac{R_2^+}{R_3^+} \quad (2.3.40)$$

einführt und $\pm X_{\sigma\text{st}}^{+2} R_2^+/(R_2^+ + R_3^+)$ hinzufügt, ergibt sich bei zweckmäßigem Zusammenfassen der Glieder

$$\underline{Z}(s) = R_1 + jX_{\varnothing 2} + jX_{\sigma\text{st}}^+ \left(\frac{\varepsilon}{1+\varepsilon}\right)^2 + R_3^+ \left(\frac{\varepsilon}{1+\varepsilon}\right)\frac{1}{s} + \frac{X_{\sigma\text{st}}^{+2}\left(\dfrac{\varepsilon}{1+\varepsilon}\right)^2}{R_3^+(1+\varepsilon)\dfrac{1}{s} + jX_{\sigma\text{st}}^+}.$$

(2.3.41)

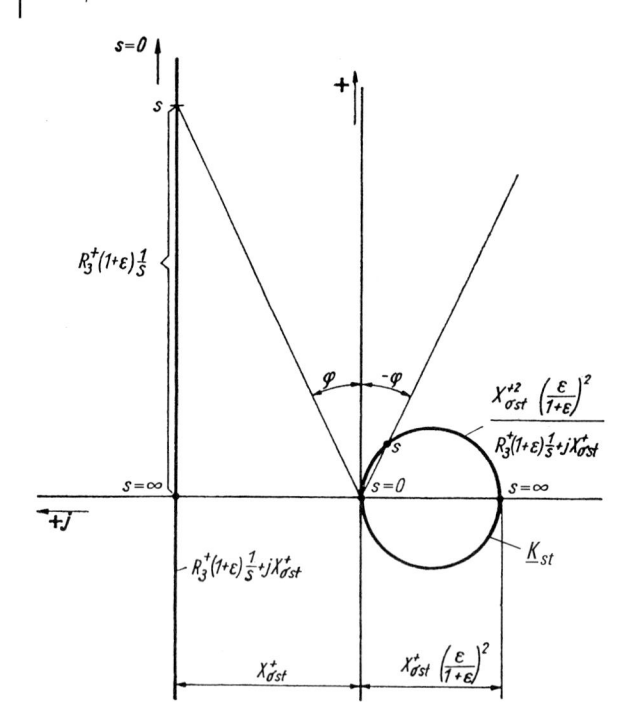

Bild 2.3.13 Ortskurven der Geraden $\underline{R}_3^+(1+\varepsilon)/s + \mathrm{j}X_{\sigma\mathrm{st}}$ und des Kreises $X_{\sigma\mathrm{st}}^{+2}\varepsilon^2/(1+\varepsilon)^2/\left[R_3^+(1+\varepsilon)/s + \mathrm{j}X_{\sigma\mathrm{st}}^+\right]$

Man überzeugt sich von der Richtigkeit der Entwicklung, indem rückwärts der dritte und vierte Summand in (2.3.42) mit dem Nenner im Bruch von (2.3.36) unter Beachtung von $R_2^+ + R_3^+ = R_3^+(1+\varepsilon)$ multipliziert werden. Das in (2.3.40) eingeführte Verhältnis der Käfigwiderstände liegt bei ausgeführten Maschinen im Bereich von $\varepsilon = 3\ldots 10$. Die ersten vier Glieder von (2.3.41) liefern als Ortskurve in Abhängigkeit vom Schlupf eine Gerade $\underline{G}_0$. Sie gehorcht der Beziehung

$$\underline{Z}_0 = R_1 + \mathrm{j}X_{\varnothing 2} + \mathrm{j}X_{\sigma\mathrm{st}}^+\left(\frac{\varepsilon}{1+\varepsilon}\right)^2 + R_3^+\left(\frac{\varepsilon}{1+\varepsilon}\right)\frac{1}{s} \qquad (2.3.42)$$

und ist im Bild 2.3.14 enthalten. Ihr Abstand von der reellen Achse beträgt $X_{\varnothing 2} + X_{\sigma\mathrm{st}}^+\varepsilon^2/(1+\varepsilon)^2$. Das letzte Glied in (2.3.41) gehorcht der Beziehung

$$\underline{Z}_2 = \frac{X_{\sigma\mathrm{st}}^{+2}\left(\dfrac{\varepsilon}{1+\varepsilon}\right)^2}{R_3^+(1+\varepsilon)\dfrac{1}{s} + \mathrm{j}X_{\sigma\mathrm{st}}^+} \qquad (2.3.43)$$

und liefert als Ortskurve einen Ursprungskreis $\underline{K}_2$. Er entsteht durch Inversion der Gerade $R_3(1+\varepsilon)/s + \mathrm{j}X_{\sigma\mathrm{st}}^+$ (s. Bild 2.3.13). Man erhält einen Kreis, der symmetrisch zur imaginären Achse und vollständig im Gebiet negativer Imaginärteile liegt. Sein Durchmesser beträgt $X_{\sigma\text{st}}^+ \varepsilon^2/(1+\varepsilon)^2$. Der Punkt für $s = 0$ liegt im Ursprung, und $s \to \infty$ herrscht im zweiten Schnittpunkt mit der imaginären Achse. Ein beliebiger Punkt mit dem Schlupf s liegt unter dem Winkel $-\varphi$ zur reellen Achse, wobei für φ aus der Gerade $R_3^+(1+\varepsilon)/s + \mathrm{j}X_{\sigma\text{st}}^+$ unter Beachtung von $\varphi' = -\varphi$ folgt

$$\tan \varphi = \frac{X_{\sigma\text{st}}^+}{R_3^+(1+\varepsilon)} s \, . \tag{2.3.44}$$

Im Bild 2.3.14 ist der Kreis nach (2.3.43) nochmals und nunmehr gemeinsam mit der Gerade $\underline{G}_0$ nach (2.3.42) dargestellt. Durch Addition der zum gleichen Schlupf s gehörenden Zeiger $\underline{Z}_0$ auf der Gerade $\underline{G}_0$ und $\underline{Z}_2$ auf dem Kreis erhält man als $\underline{Z}(s) = \underline{Z}_0 + \underline{Z}_2$ einen Punkt der gesuchten Ortskurve $\underline{Z}(s)$. Aus der Konstruktion lässt sich ein Weg zur eleganten Bestimmung des gesamten Verlaufs $\underline{Z}(s)$ ableiten. Die Verlängerung des Zeigers $\underline{Z}_2$, der im Endpunkt von $\underline{Z}_0$ angetragen ist, schneidet die Gerade $\underline{G}_\mathrm{r}$ im Bild 2.3.14 im Punkt S. Der Abstand dieses Punkts von der Gerade $\underline{G}_0$ beträgt unter Beachtung von (2.3.44)

$$R_3^+ \left(\frac{\varepsilon}{1+\varepsilon}\right) \frac{1}{s} \tan \varphi = R_3^+ \left(\frac{\varepsilon}{1+\varepsilon}\right) \frac{1}{s} \frac{X_{\sigma\text{st}}^+}{R_3^+(1+\varepsilon)} s = X_{\sigma\text{st}}^+ \frac{\varepsilon}{(1+\varepsilon)^2} \, .$$

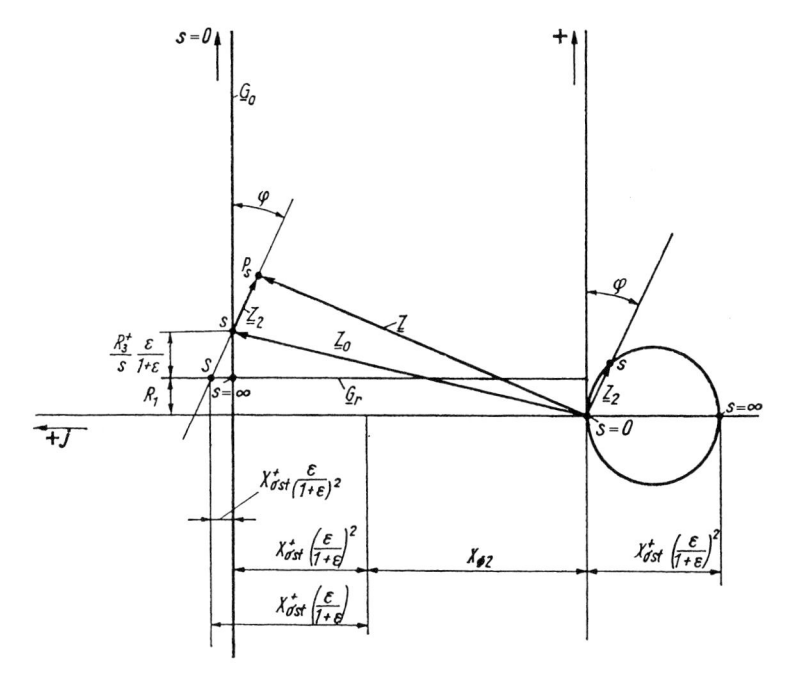

Bild 2.3.14 Ermittlung eines Punkts der Ortskurve $\underline{Z}(s)$ aus der Gerade $\underline{G}_0$ und dem Kreis nach Bild 2.3.13

Er ist keine Funktion des Schlupfs, d. h. die Lage des Punkts S ist unabhängig von s. Sein Abstand von der reellen Achse beträgt mit Bild 2.3.14

$$X_{\varnothing 2} + X_{\sigma\text{st}}^+ \left(\frac{\varepsilon}{1+\varepsilon}\right)^2 + X_{\sigma\text{st}}^+ \left(\frac{\varepsilon}{1+\varepsilon}\right) = X_{\varnothing 2} + X_{\sigma\text{st}}^+ \left(\frac{\varepsilon}{1+\varepsilon}\right). \tag{2.3.45}$$

Jeder Punkt der Ortskurve $\underline{Z}(s)$ muss entsprechend den oben angestellten Überlegungen auf einer Gerade liegen, die vom Punkt S ausgeht und durch jenen Punkt auf der Gerade $\underline{G}_0$ verläuft, der zum betrachteten Schlupf s gehört. Den Abschnitt auf dieser Gerade, der zwischen $\underline{G}_0$ und dem gesuchten Punkt P_s der Ortskurve $\underline{Z}(s)$ liegt, liefert der Kreis $\underline{K}_2$ als die Länge des Zeigers $\underline{Z}_2$, der zum gleichen Winkel φ gehört. Es ist sinnvoll, den Kreis $\underline{K}_2$ zur Konstruktion der Ortskurve aus dem Ursprung in den Punkt S zu verschieben. Im Bild 2.3.15 ist dies geschehen und gleichzeitig die Konstruktion der Ortskurve $\underline{Z}(s)$ durchgeführt worden. Man erkennt, dass $\underline{Z}(s)$ für kleine Werte des Schlupfs s in die aus Bild 2.3.14 übernommene Gerade $\underline{G}_0$ übergeht. $\underline{G}_0$ ist also Asymptote der Ortskurve $\underline{Z}(s)$. Für große Werte von s schmiegt sich $\underline{Z}(s)$ offensichtlich an einen Kreis an. Um die Parameter dieses Kreises zu bestimmen, wird die Ortskurve mit dem Punkt $s \to \infty$ in den Ursprung verschoben. Diese in den Ursprung verschobene Ortskurve gehorcht ausgehend von (2.3.36) und Bild 2.3.15 der Beziehung

$$\underline{Z}(s) - (R_1 + jX_{\varnothing 2}) = \frac{\frac{R_2^+}{s}\left(\frac{R_3^+}{s} + jX_{\sigma\text{st}}^+\right)}{\frac{R_2^+}{s} + \frac{R_3^+}{s} + jX_{\sigma\text{st}}^+} = \frac{1}{\frac{1}{\frac{R_2^+}{s}} + \frac{1}{\frac{R_3^+}{s} + jX_{\sigma\text{st}}^+}}. \tag{2.3.46}$$

Sie entsteht also durch Inversion der Ortskurve

$$\underline{Y}(s) = \frac{1}{\frac{R_3^+}{s} + jX_{\sigma\text{st}}^+} + \frac{1}{\frac{R_2^+}{s}}. \tag{2.3.47}$$

Der erste Summand von $\underline{Y}(s)$ liefert einen Kreis, der für $s \to \infty$ durch den Punkt $-j(1/X_{\sigma\text{st}}^+)$ geht, und der zweite eine Gerade, die für $s \to \infty$ im Unendlichen verläuft. Damit schmiegt sich die Ortskurve von $\underline{Y}(s)$ nach (2.3.47) für große Werte von s an die Asymptotengerade $-j/X_{\sigma\text{st}}^+ + s/R_2^+$ an. Ihre Inversion liefert den Schmiegungskreis der Ortskurve von $\underline{Z}(s) - (R_1 + jX_{\varnothing 2})$ nach (2.3.46) im Punkt für $s \to \infty$. Der Schmiegungskreis an die Ortskurve $\underline{Z}(s)$ gehorcht demnach der Beziehung

$$\underline{K}_\infty' = R_1 + jX_{\varnothing 2} + \frac{1}{\frac{1}{R_2^+}s - j\frac{1}{X_{\sigma\text{st}}^+}}.$$

Er ist im Bild 2.3.15 eingetragen. Sein Durchmesser beträgt $X_{\sigma\text{st}}^+$. Weiterhin enthält Bild 2.3.15 die Geraden $\underline{G}_2 = R_1 + (R_2^+/s) + jX_{\varnothing 2}$ und $\underline{G}_3 = R_1 + (R_3^+/s) + j(X_{\varnothing 2} +$

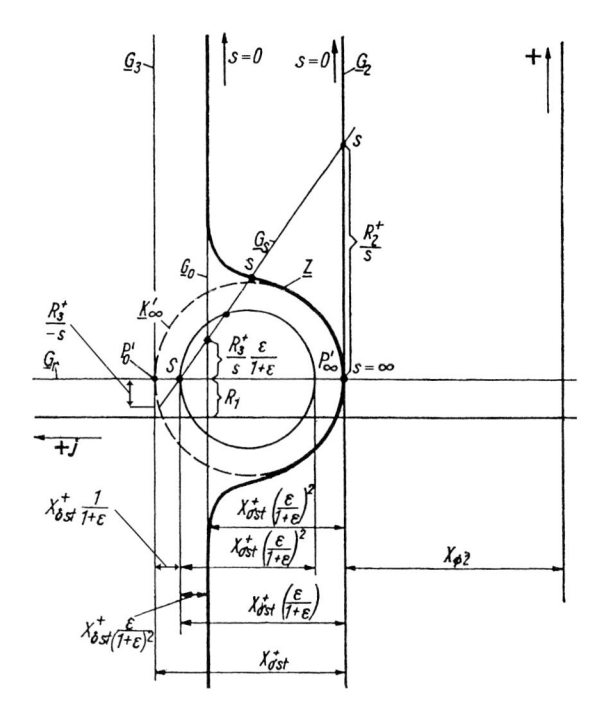

Bild 2.3.15 Konstruktion der Ortskurve $\underline{Z}(s)$

$X^+_{\sigma\text{st}}$), deren Inversion nach (2.3.38) und (2.3.39) die Kreise $\underline{K}_2$ und $\underline{K}_3$ des Außen- und des Innenkäfigs liefert, sowie die Gerade $\underline{G}_\text{r}$ mit konstantem Realteil R_1, die bereits zur Fixierung der Ortskurve der stromverdrängungsfreien Maschinen mit Schleifring- bzw. Einfachkäfigläufer eingeführt wurde (s. Bild 2.3.3, S. 332). Durch den Punkt S auf dieser Gerade verläuft die Gerade $\underline{G}_\text{s}$ in Richtung von $\underline{Z}_2$ nach Bild 2.3.14 und schneidet die Geraden $\underline{G}_0$ und $\underline{G}_2$ sowie die Ortskurve $\underline{Z}(s)$ in den Punkten mit der Schlupfbezifferung s sowie die Gerade $\underline{G}_3$ in dem mit der Schlupfbezifferung $-s$, denn es ist mit Bild 2.3.15

$$\frac{R_2^+}{s} : \frac{R_3^+}{s}\left(\frac{\varepsilon}{1+\varepsilon}\right) = X^+_{\sigma\text{st}}\left(\frac{\varepsilon}{1+\varepsilon}\right) : X^+_{\sigma\text{st}}\frac{\varepsilon}{(1+\varepsilon)^2}\,.$$

Die Inversion der Ortskurve $\underline{Z}(s)$ liefert mit $\underline{U}_1 = U_1$ die Ortskurve des Stroms $-(\underline{I}_2^+ + \underline{I}_3^+)\mathrm{e}^{-\mathrm{j}2\alpha_0}$. Sie ist später entsprechend (2.3.34) und (2.3.35) um den Winkel $2\alpha_0$ zu drehen, um durch Hinzufügen von $\underline{I}_{1\mathrm{l}}$ die Ortskurve des Ständerstroms $\underline{I}_1(s)$ zu erhalten. Bei der Inversion von $\underline{Z}(s)$ entsteht eine bizirkulare Quartik, die sich in den Punkten P_0 für $s = 0$ und P_∞ für $s \to \infty$ an je einen Kreis anschmiegt. Diese Schmiegungskreise erhält man durch Inversion der Gerade $\underline{G}_0$ von Bild 2.3.15 zum Schmiegungskreis $\underline{K}_0$ im Punkt P_0 und durch Inversion des Kreises $\underline{K}'_\infty$ von Bild 2.3.15 zum Schmiegungskreis $\underline{K}_\infty$ im Punkt P_∞. Aus der Lage der Gerade $\underline{G}_0$ im Bild 2.3.15 lässt sich die Lage des Schmiegungskreises $\underline{K}_0$ sofort ablesen. Er liegt symmetrisch zur imaginären Achse vollständig im Gebiet negativer Imaginärteile und hat den Durchmesser $U_1/[X_{\varnothing 2}+X_{\sigma\text{st}}^+\varepsilon^2/(1+\varepsilon)^2]$. Da stets $\varepsilon/(1+\varepsilon)<1$ gilt, wird der Durchmesser des Schmiegungskreises $\underline{K}_0$ größer als der des Ossanna-Kreises $\underline{K}_3$ für den Innenkäfig, dessen Durchmesser entsprechend (2.3.39) $U_1/(X_{\varnothing 2}+X_{\sigma\text{st}}^+)$ beträgt. Die Lage des Schmiegungskreises $\underline{K}_\infty$ für den Punkt P_∞, d. h. die Inversion des Kreises $\underline{K}'_\infty$, findet man ausgehend von Bild 2.3.15 durch die folgenden Überlegungen. Die Inversion der Gerade $\underline{G}_2$ liefert den Kreis $\underline{K}_2$ des Außenkäfigs. Die Inversion der Gerade $\underline{G}_\text{r}$, die den Kreis $\underline{K}'_\infty$ in den Punkten P'_∞ und P'_0 senkrecht schneidet, führt auf einen Ursprungskreis, dessen Durchmesser U_1/R_1 auf der positiven reellen Achse liegt (vgl. Bild 2.3.3). Sein Schnittpunkt mit dem Kreis $\underline{K}_3$ liefert den Punkt P_0^* für $s=0$ des Schmiegungskreises $\underline{K}_\infty$, und sein Schnittpunkt mit dem Kreis $\underline{K}_2$ liefert den Punkt für $s\to\infty$ des Schmiegungskreises, der gleichzeitig der Punkt P_∞ der Ortskurve $\underline{Z}(s)$ ist. Da der Kreis $\underline{K}'_\infty$ im Punkt P'_∞ nach Bild 2.3.15 die Gerade $\underline{G}_2$ tangiert, muss der Kreis $\underline{K}_\infty$ im Punkt P_∞ den Kreis $\underline{K}_2$ tangieren. Der Mittelpunkt $M_{K\infty}$ des Kreises $\underline{K}_\infty$ liegt demnach auf der Gerade $\overline{M_{K2}P_\infty}$, die vom Mittelpunkt des Kreises $\underline{K}_2$ zum Punkt P_∞ verläuft. Aus dem gleichen Grund muss sich $M_{K\infty}$ auf der Verlängerung der Gerade $\overline{M_{K3}P_0^*}$ befinden, die vom Mittelpunkt des Kreises $\underline{K}_3$ zum Punkt P_0^* verläuft. Damit kann der Schmiegungskreis eingezeichnet werden. Im Bild 2.3.16 werden die vorstehenden Überlegungen demonstriert. Die Ortskurve $U_1/\underline{Z}(s)=-(\underline{I}_2^++\underline{I}_3^+)\mathrm{e}^{-\mathrm{j}2\alpha_0}$ schmiegt sich im Bereich kleiner Schlupfwerte an den Kreis $\underline{K}_0$ und im Bereich großer Schlupfwerte an den Kreis $\underline{K}_\infty$ an. Ihr genauer Verlauf – vor allem im Übergangsgebiet zwischen den beiden Schmiegungskreisen – kann nur durch Bestimmung einzelner Punkte festgelegt werden.

Die Ortskurve $\underline{I}_1=f(s)$ erhält man nunmehr, indem die Ortskurve $U_1/\underline{Z}(s)$ nach Bild 2.3.16 um den Winkel $2\alpha_0$ gedreht und der ideelle Leerlaufstrom I_{1l} hinzugefügt wird. Dem entspricht, dass Bild 2.3.16 in Bild 2.3.12 eingebaut wird, wobei die Punkte P_0 und P_∞ zur Deckung gebracht werden müssen. Im Bild 2.3.17 ist die vollständige Ortskurve gezeigt. In die Darstellung sind die Ossanna-Kreise $\underline{K}_2$ des Außenkäfigs und $\underline{K}_3$ des Innenkäfigs sowie die Schmiegungskreise $\underline{K}_0$ und $\underline{K}_\infty$ aufgenommen worden. Die Auswertung der Ortskurve liefert unmittelbar den Ständerstrom I_1 als

$$I_1 = m_\text{I}\overline{0P}$$

und den Summenstrom $|\underline{I}_2^++\underline{I}_3^+|$ als

$$|\underline{I}_2^++\underline{I}_3^+| = m_\text{I}\ddot{u}\overline{P_0P}\;.$$

Die Aufteilung dieses Stroms in seine beiden Komponenten, d. h. in die Stabströme, kann mit Hilfe von (2.3.37a,b) erfolgen. Die aufgenommene Wirkleistung der Maschine gewinnt man als

$$P_1 = m_\text{P}\overline{PA}\;.$$

Wenn die Linien $M=0$ und $P_\text{mech}=0$ in das Diagramm eingezeichnet werden, folgt das Drehmoment zu

$$M = m_\text{M}\overline{PB}$$

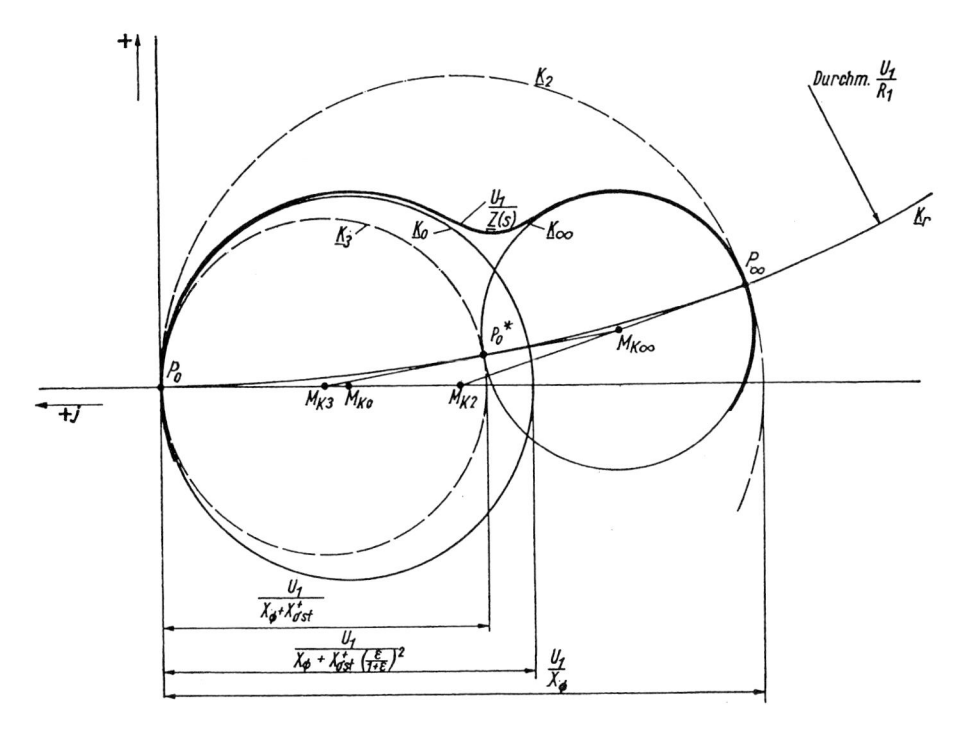

Bild 2.3.16 Gewinnung der Ortskurve $U_1/\underline{Z}(s) = -(\underline{I}_2^+ + \underline{I}_3^+)\mathrm{e}^{-\mathrm{j}2\alpha_0}$
aus der Inversion der Ortskurven $\underline{Z}(s)$ nach Bild 2.3.15.
$\underline{K}_2$ Kreis des Außenkäfigs
$\underline{K}_3$ Kreis des Innenkäfigs
$\underline{K}_0$ Schmiegungskreis im Punkt P_0
$\underline{K}_\infty$ Schmiegungskreis im Punkt P_∞
$\underline{K}_\mathrm{r}$ Ursprungskreis mit Durchmesser U_1/R_1, dessen Mittelpunkt auf
der reellen Achse liegt

und die mechanische Leistung zu

$$P_\mathrm{mech} = m_\mathrm{P} \overline{PC} \,.$$

Die Linien $M = 0$ und $P_\mathrm{mech} = 0$ sind allerdings keine Geraden mehr, wie das bei der stromverdrängungsfreien Maschine mit Schleifring- bzw. Einfachkäfigläufer der Fall war. Ihr Verlauf muss punktweise bestimmt werden. Die Überlegungen dazu sind die gleichen, wie sie im Abschnitt 2.3.1.3, Seite 334, für die Maschine mit Einfachkäfigläufer angestellt wurden. Aus dem Ersatzschaltbild nach Bild 2.2.4 folgt, dass die Leistung $m_\mathrm{P} \overline{PD} = 3\,\mathrm{Re}\{-\underline{U}_1 \mathrm{e}^{\mathrm{j}2\alpha_0}(\underline{I}_2^{+*} + \underline{I}_3^{+*})\}$ außer der Leistung

$$3R_2 \frac{I_2^2}{s} + 3R_3 \frac{I_3^2}{s} = \frac{P_\mathrm{vw2}}{s} = P_\delta = 2\pi n_0 M$$

die Verluste von $(\underline{I}_2^+ + \underline{I}_3^+)$ in dem vorgeschalteten Widerstand R_1 in Höhe von $3R_1|\underline{I}_2^+ + \underline{I}_3^+|^2$ deckt. R_1 ist bekannt, und $(\underline{I}_2^+ + \underline{I}_3^+)$ kann für einen Punkt P auf der Ortskurve als $m_1 \overline{P_0 P}$ bestimmt werden, so dass die Strecke

$$\overline{BD} = \frac{1}{m_\mathrm{P}} 3 R_1 |\underline{I}_2^+ + \underline{I}_3^+|^2$$

ausgerechnet und eingetragen werden kann. Den Punkt C erhält man mit $P_\mathrm{mech}/P_\delta = 1 - s$ als

$$\overline{BC} = \overline{BP}s \ .$$

Die auf diese Weise gewonnenen Linien $M = 0$ und $P_\mathrm{mech} = 0$ sind im Bild 2.3.17 eingetragen worden. Für kleine Schlupfwerte schmiegen sie sich an die entsprechenden Geraden des Schmiegungskreises $\underline{K}_0$ an.

2.3.2.3 Drehzahl-Drehmoment-Kennlinie

Für die Drehzahl-Drehmoment-Kennlinie der Maschine mit Doppelkäfigläufer lässt sich keine einfache geschlossene Beziehung angeben. Nachdem die Linie $M = 0$ in die Ortskurve des Ständerstroms eingezeichnet ist, können jedoch aus den Betrachtungen des Abschnitts 2.3.2.2 quantitative Aussagen über den Drehmomentverlauf gewonnen werden. Prinzipiell wird die Drehzahl-Drehmoment-Kennlinie durch die im Folgenden dargelegten Erscheinungen beeinflusst.

Im Gebiet kleinen Schlupfs verteilt sich der Läuferstrom nach Maßgabe der Stabwiderstände auf die beiden Käfige. Das relativ große Streufeld des unteren Stabs vergrößert die wirksame Gesamtstreuung der Maschine gegenüber dem Fall, dass nur der Außen-

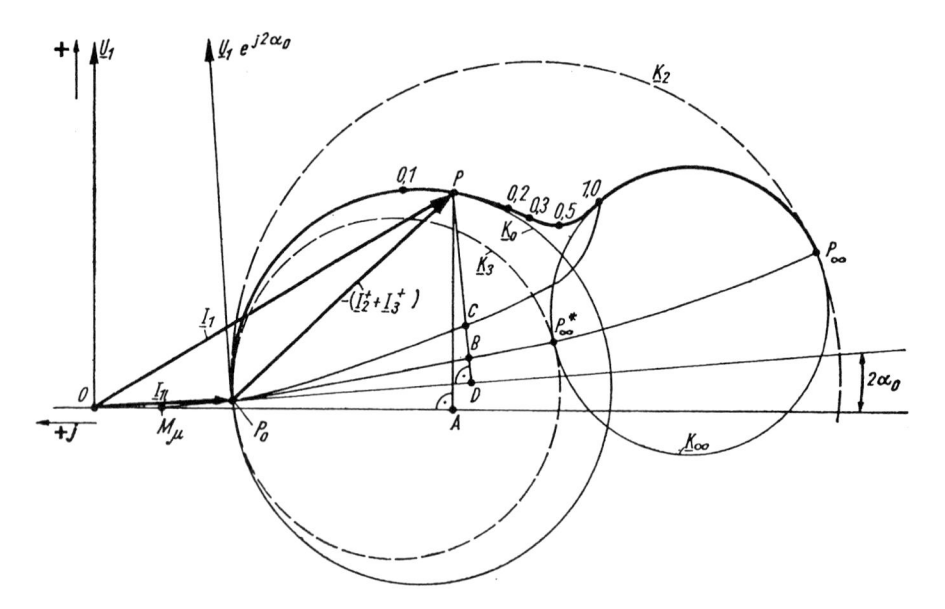

Bild 2.3.17 Ortskurve des Ständerstromes $\underline{I}_1 = f(s)$ einer Maschine mit Doppelkäfigläufer

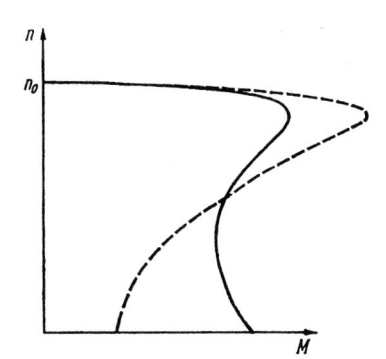

Bild 2.3.18 Drehzahl-Drehmoment-Kennlinie einer Maschine mit Doppelkäfigläufer (───────) und einer vergleichbaren Maschine mit Einfachkäfigläufer (─ ─ ─ ─ ─)

käfig in Funktion ist, wesentlich. Dementsprechend hat der Schmiegungskreis $\underline{K}_0$ für $s = 0$ einen kleineren Durchmesser als der Kreis $\underline{K}_2$ des Außenkäfigs. Man erhält bezogen auf eine Maschine, die hinsichtlich der Streuung nur den Außenkäfig besitzt, ein kleineres Kippmoment. Im Gebiet großen Schlupfs, also besonders im Anzugspunkt mit $s = 1$, überwiegt im Innenkäfig die vom Streufeld zwischen den Stäben induzierte Spannung gegenüber dem ohmschen Spannungsabfall. Die Ströme der beiden Käfige sind dadurch stark gegeneinander phasenverschoben. Infolgedessen werden besonders im Außenkäfig, der mit großem ohmschem Widerstand ausgeführt wird, wesentlich größere Verluste hervorgerufen als beim vergleichbaren Einfachkäfigläufer. Man erhält große Werte des Anzugsmoments. Eine typische Drehzahl-Drehmoment-Kennlinie eines Doppelkäfigläufers ist im Bild 2.3.18 dargestellt. Die Ortskurve im Bild 2.3.17 spiegelt die eben angestellten Überlegungen wider. Das Kippmoment wird verkleinert, während das Anzugsmoment fast die Größe des Kippmoments annimmt. In Übereinstimmung mit dem Verlauf der Ortskurve durchläuft das Drehmoment zwischen $n = 0$ und dem Kipppunkt ein Minimum, das sog. *Sattelmoment*. Die Ortskurve bringt auch die unvermeidliche Verschlechterung des Leistungsfaktors gegenüber einer Maschine mit nur einem Käfig zum Ausdruck, der die Streuung des Außenkäfigs besitzt. Diese Erscheinung ist an das zusätzliche Streufeld gebunden, das der Strom des Unterstabs im Bereich des Streustegs aufbaut.

2.3.3
Einfluss der Sättigung

Wenn die Annahme $\mu_{\text{Fe}} \to \infty$ fallengelassen wird und die nichtlinearen Eigenschaften des Eisens Berücksichtigung finden sollen, verlieren die bisherigen Betrachtungen im Abschnitt 2.3, die lineare Eigenschaften des magnetischen Kreises voraussetzen, streng genommen ihre Gültigkeit. Andererseits bieten die dabei entstandenen linearen Beziehungen und die daraus abgeleiteten Ersatzschaltbilder für die Untersuchung des Betriebsverhaltens und die Berechnungspraxis solche Vorteile, dass man bemüht sein muss, sie beizubehalten und lediglich zweckmäßig modifizierte Reaktanzen einzuführen.

Im *Leerlauf* führen die Ständerstränge ihre Magnetisierungsströme; der Läufer ist stromlos. Die Durchflutungshauptwelle der Magnetisierungsströme baut eine Induktionsverteilung auf, die unter dem Einfluss des magnetischen Spannungsabfalls im Eisen, der sich nicht notwendig sinusförmig mit der Lage des Integrationswegs ändert, nicht mehr sinusförmig ist. Sie wird unter dem i. Allg. dominierenden Einfluss des Spannungsabfalls in den Zahngebieten abgeplattet. Für einen Integrationsweg, der durch den Maximalwert $B_{\max}$ der Induktionsverteilung verläuft, erhält man den gesamten magnetischen Spannungsabfall $V_{\max}$, der von der Amplitude $\hat{\Theta}_p$ der Durchflutungshauptwelle gedeckt werden muss (s. Bild 1.5.6, S. 90). Die Amplitude $\hat{B}_p$ der Induktionshauptwelle ist nicht gleich $B_{\max}$, sondern sie wird wegen der Abplattung größer. Mit der Formulierung

$$\hat{B}_p = \frac{\pi}{2} \frac{B_{\max}}{\alpha_p} \qquad (2.3.48)$$

beträgt der *Abplattungsfaktor* α_p für die ungesättigte Maschine $\alpha_p = \pi/2$ und nimmt unter zunehmendem Einfluss der Zahnsättigung ab (s. Bd. *Berechnung elektrischer Maschinen*, Abschn. 2.5.4). Unter dem Einfluss des Spannungsabfalls in den Rückengebieten wird die Abplattung verringert. Im Extremfall des Dominierens der Spannungsabfälle im Rücken kann es sogar zu einer gegenüber der Hauptwelle spitzer verlaufenden Induktionsverteilung kommen.

Der Hauptwellenfluss Φ_h des Luftspaltfelds wird in guter Näherung durch die angelegte Spannung diktiert entsprechend

$$U_1 \approx E_{h1} = \frac{1}{\sqrt{2}} \omega_1 (w\xi_p)_1 \Phi_h \;.$$

Der Hauptwellenfluss seinerseits legt über $\Phi_h = (2/\pi)\tau_p l_i \hat{B}_p$ die Amplitude $\hat{B}_p$ des Hauptwellenfelds fest. Dazu erhält man mit (2.3.48) den Maximalwert $B_{\max}$ der Luftspaltinduktion und damit den Spannungsabfall $V_{\max}$ für einen Integrationsweg durch $B_{\max}$. Andererseits beträgt die Amplitude der Durchflutungshauptwelle des Magnetisierungsstroms mit dem Effektivwert I_μ [5]

$$\hat{\Theta}_p = \frac{3}{4}\frac{4}{\pi}\frac{(w\xi_p)_1}{2p}\sqrt{2}I_\mu \;.$$

Damit erhält man als modifizierten Wert der Hauptreaktanz[6] in (2.1.89a,b) und (2.1.93), Seite 310,

$$\boxed{X_h = \frac{E_{h1}}{I_\mu} = \frac{3\omega_1(w\xi_p)_1^2 \Phi_h}{\pi p V_{\max}} \approx \frac{U_1}{I_\mu}} \;. \qquad (2.3.49)$$

[5] Beim Magnetisierungsstrom I_μ wird auf einen zusätzlichen Index 1 verzichtet, da er aus der Überlagerung des Ständerstroms und des Läuferstroms gebildet wird.

[6] Es ist üblich, dann von einer *gesättigten Reaktanz* zu sprechen.

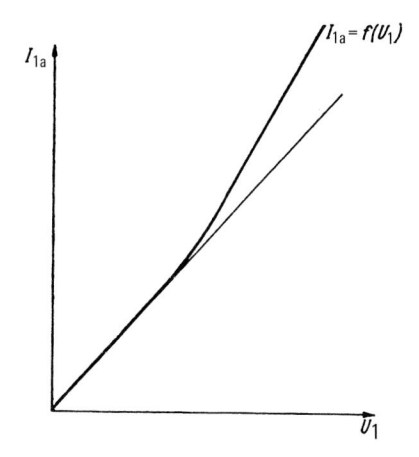

Bild 2.3.19 Kennline $I_{1a} = f(U_1)$ unter dem Einfluss der Sättigung der Streuwege

Im *Gebiet des Bemessungsbetriebs* kann angenommen werden, dass der magnetische Kreis im gleichen Maß beansprucht wird wie im Leerlauf. Dann gehört zum gleichen Fluss Φ_h der gleiche Spannungsabfall V_{max}, und man kann mit X_h nach (2.3.49) arbeiten. Auf der anderen Seite sind die Ströme in Ständer und Läufer noch nicht so groß, dass Sättigungserscheinungen auf den Streuwegen auftreten. Die Streureaktanzen können deshalb als ungesättigt angesehen werden.

Im *Kurzschlussgebiet* mit $s \approx 1$ ist das Luftspaltfeld so klein, dass X_h nicht durch die Sättigung des Eisens beeinflusst wird. Da die Hauptreaktanz jedoch in diesem Bereich kaum Einfluss auf das Betriebsverhalten ausübt, kann auch der Wert nach (2.3.49) weiterverwendet werden. Andererseits aber nehmen die Ströme in Ständer und Läufer jetzt so große Werte an, dass mit Sättigungserscheinungen im Bereich der Streuwege zu rechnen ist. Die Erscheinungen treten vor allem in den Zahnköpfen von halb geschlossenen Nuten auf, so dass diese mehr oder weniger wie offene Nuten wirken. Es kommt zu einer Verkleinerung der zugeordneten Streureaktanzen und damit der Gesamtstreureaktanz. Dadurch wird der Anzugsstrom $I_{1a} = I_1(s=1)$ vergrößert. In der Kennlinie $I_{1a} = f(U_1)$ tritt ein Knick auf (s. Bild 2.3.19).

Die Induktionsverteilung wird unter dem Einfluss der Sättigung verzerrt (s. Bild 1.5.6, S. 90). Es entstehen die im Abschnitt 1.5.7.5, Seite 137, beschriebenen sog. *Sättigungsharmonischen*. Dabei ist besonders die Harmonische mit der Ordnungszahl $\nu' = 3p$ ausgeprägt. Ihre Lage relativ zur Hauptwelle bleibt stets unverändert.

2.4
Besondere stationäre Betriebszustände

Im Abschnitt 2.3 ist das stationäre Betriebsverhalten der Dreiphasen-Induktionsmaschinen am starren, symmetrischen Netz sinusförmiger Spannungen auf der Grundlage der in den Abschnitten 2.1.5, Seite 304, bis 2.1.7, Seite 309, erarbeiteten Spannungsgleichungen untersucht worden. Dieser normale stationäre Betrieb interessiert naturgegeben an erster Stelle. Im Folgenden soll nunmehr das prinzipielle Verhalten der Dreiphasen-Induktionsmaschine in anderen stationären Betriebszuständen ermittelt werden. Die Betrachtungen werden dabei i. Allg. auf die stromverdrängungsfreie Ausführung mit Schleifring- bzw. Einfachkäfigläufer beschränkt. Die Ergebnisse werden sich aber in einer Reihe von Fällen auf Maschinen mit Doppelkäfigläufer übertragen lassen.

2.4.1
Betrieb am unsymmetrischen Spannungssystem

Unsymmetrien im System der Strangspannungen u_{1a}, u_{1b}, u_{1c}, d. h. Abweichungen dieser Spannungen gegenüber einem symmetrischen Dreiphasensystem mit positiver Phasenfolge, können dadurch auftreten, dass

– Störungen der Symmetrie im speisenden Netz vorliegen,
– unsymmetrische Schaltungen hergestellt werden, von denen man bestimmte Eigenschaften erwartet.

Die Untersuchung derartiger Betriebszustände lässt sich mit Hilfe der *Theorie der symmetrischen Komponenten* auf die Untersuchung von Betriebszuständen unter symmetrischen Betriebsbedingungen zurückführen.[7] Dabei gewährleistet der symmetrische Aufbau der Dreiphasen-Induktionsmaschine, wie die späteren Untersuchungen im Einzelnen zeigen werden, dass keine Kopplungen zwischen den symmetrischen Komponenten untereinander auftreten. Damit ist die Voraussetzung für eine vorteilhafte Anwendung der Theorie der symmetrischen Komponenten gegeben. Als Grundlage dafür ist es erforderlich, zunächst das Verhalten der Dreiphasen-Induktionsmaschine gegenüber den einzelnen symmetrischen Komponenten der Strangspannungen und Strangströme zu ermitteln. Dazu wird eine Maschine mit Käfigläufer bzw. mit kurzgeschlossenem Schleifringläufer betrachtet. Wenn dieser Kurzschluss beim Schleifringläufer nicht direkt, sondern über äußere passive Schaltelemente erfolgt, lassen sich deren Parameter in die Parameter der Läuferstränge einbeziehen. Damit kann in der Beziehung für die Koordinatentransformation nach (2.1.76), Seite 304, $\vartheta_0 = 0$ gesetzt werden. Dadurch vereinfachen sich die Spannungsgleichungen in den Abschnitten 2.1.5 bis 2.1.7 entsprechend $e^{j\vartheta_0} = e^{-j\vartheta_0} = 1$.[8]

---

[7] s. z. B. [34, 44]; eine Zusammenstellung der grundsätzlichen Beziehungen findet sich auch im Abschnitt 0.7 des Bands *Grundlagen elektrischer Maschinen*.

[8] Diese Vereinfachung erleichtert besonders die Ableitung des Verhaltens gegenüber einem Gegensystem der Strangspannungen und Strangströme.

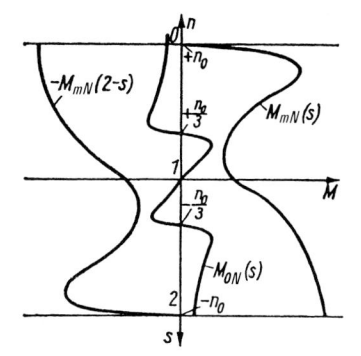

Bild 2.4.1 Drehzahl-Drehmoment- bzw. Schlupf-Drehmoment-Kennlinien der symmetrischen Komponenten bei Bemessungsspannung

2.4.1.1 Verhalten gegenüber den symmetrischen Komponenten der Ströme und Spannungen

Zwischen den Größen $\underline{g}_{1a}, \underline{g}_{1b}, \underline{g}_{1c}$ der Ständerstränge und ihren symmetrischen Komponenten, d. h. dem Nullsystem $\underline{g}_{10}$, dem Mitsystem $\underline{g}_{1m}$ und dem Gegensystem $\underline{g}_{1g}$, vermitteln die Transformationsbeziehungen[9]

$$\begin{pmatrix} \underline{g}_{10} \\ \underline{g}_{1m} \\ \underline{g}_{1g} \end{pmatrix} = \frac{1}{3} \begin{pmatrix} 1 & 1 & 1 \\ 1 & \underline{a} & \underline{a}^2 \\ 1 & \underline{a}^2 & \underline{a} \end{pmatrix} \begin{pmatrix} \underline{g}_{1a} \\ \underline{g}_{1b} \\ \underline{g}_{1c} \end{pmatrix} \quad (2.4.1a)$$

$$\begin{pmatrix} \underline{g}_{1a} \\ \underline{g}_{1b} \\ \underline{g}_{1c} \end{pmatrix} = \begin{pmatrix} 1 & 1 & 1 \\ 1 & \underline{a}^2 & \underline{a} \\ 1 & \underline{a} & \underline{a}^2 \end{pmatrix} \begin{pmatrix} \underline{g}_{10} \\ \underline{g}_{1m} \\ \underline{g}_{1g} \end{pmatrix} \quad (2.4.1b)$$

mit $\underline{a} = \mathrm{e}^{\mathrm{j}2\pi/3}$ und $\underline{a}^2 = \mathrm{e}^{-\mathrm{j}2\pi/3}$. Dabei sei daran erinnert, dass $\underline{g}_0, \underline{g}_m$ und $\underline{g}_g$ die dem Strang a zugeordneten Komponenten darstellen und in den Strängen b und c jeweils Komponenten gleicher Amplituden auftreten, die gegenüber denen im Strang a nach Maßgabe der Phasenfolge phasenverschoben sind.

a) Mitsystem

Ein Mitsystem $\underline{i}_{1m}$ der Strangströme ist ein symmetrisches Dreiphasensystem mit positiver Phasenfolge, also mit $\underline{i}_{1am} = \underline{i}_{1m}$, $\underline{i}_{1bm} = \underline{a}^2 \underline{i}_{1m}$, $\underline{i}_{1cm} = \underline{a}\,\underline{i}_{1m}$, und entspricht damit dem System der Strangströme nach (2.1.69a,b,c), Seite 303, wie es im normalen stationären Betrieb vorliegt. Es ruft ein Hauptwellendrehfeld hervor, das im Ständerkoordinatensystem mit der Drehzahl n_0 umläuft, sowie Oberwellendrehfelder, deren Drehzahl und Drehrichtung dem Hauptwellendrehfeld in Abhängigkeit von der

[9] Die Bezeichnung der symmetrischen Komponenten mit $\underline{g}_0, \underline{g}_m, \underline{g}_g$ anstelle wie oft üblich mit $\underline{g}_0, \underline{g}_1, \underline{g}_2$ wurde gewählt, um die Übersichtlichkeit im Zusammenhang mit der Kennzeichnung der Ständergrößen mit $\underline{g}_1$ und der Läufergrößen mit $\underline{g}_2$ zu wahren.

Ordnungszahl zugeordnet sind (s. Abschn. 2.5, S. 393). Das Hauptwellendrehfeld bewegt sich relativ zum Läufer mit der Drehzahl $n_0 - n$, zu deren Kennzeichnung der Schlupf s als $s = (n_0 - n)/n_0$ eingeführt wurde, so dass $n_0 - n = s n_0$ ist. Durch Induktionswirkung des Hauptwellendrehfelds entsteht in den Läuferkreisen ein symmetrisches Mehrphasensystem der Ströme mit der Frequenz $|s| f_1$ und dem Betrag I_{2m} in der dreisträngigen Ersatzwicklung des Läufers, dessen Hauptwellendrehfeld sich mit dem des Ständers zum resultierenden Hauptwellendrehfeld überlagert. Unter der Wirkung des resultierenden Hauptwellendrehfelds sowie der Streufelder und der ohmschen Spannungsabfälle der Ständerströme erhält man ein symmetrisches Dreiphasensystem $\underline{u}_{1m}$ mit positiver Phasenfolge für die Strangspannungen, d. h. es gilt $\underline{u}_{1am} = \underline{u}_{1m}$, $\underline{u}_{1bm} = \underline{a}^2 \underline{u}_{1m}$ und $\underline{u}_{1cm} = \underline{a}\, \underline{u}_{1m}$. Die Maschine verhält sich gegenüber dem Mitsystem der Strangströme und Strangspannungen wie beim Betrieb am starren, symmetrischen Netz mit positiver Phasenfolge, wie er im Abschnitt 2.3 auf der Grundlage der Spannungsgleichungen der Abschnitte 2.1.5 bis 2.1.7 behandelt wurde. Insbesondere tritt also aufgrund der Symmetrie des Aufbaus der Maschine als Reaktion auf ein Mitsystem der Ströme nur ein Mitsystem der Spannungen auf und umgekehrt, d. h. es besteht keine Kopplung zwischen diesem Mitsystem und dem Gegensystem bzw. dem Nullsystem. Es gelten die Spannungsgleichungen (2.1.79a,b), Seite 305, bzw. die im Abschnitt 2.1.7, Seite 309, daraus abgeleiteten Spannungsgleichungen und die zugeordneten Ersatzschaltbilder. Als Beziehung zwischen Strom und Spannung erhält man

$$\underline{i}_{1m} = \underline{Y}_m(s)\, \underline{u}_{1m} \tag{2.4.2a}$$

$$\underline{u}_{1m} = \underline{Z}_m(s)\, \underline{i}_{1m} \tag{2.4.2b}$$

mit $\underline{Z}_m(s) = 1/\underline{Y}_m(s) = \underline{Z}(s)$ nach (2.3.2), Seite 327. Gleichermaßen lassen sich die im Abschnitt 2.3 abgeleiteten Ortskurven sowie die Aussagen über das Drehmoment $M(s)$ (s. Abschn. 2.3.1.4, S. 340) verwenden. Die entsprechenden Zusammenhänge können natürlich auch messtechnisch gewonnen werden. In diesem Fall sind von vornherein die Einflüsse der Oberwellendrehfelder und der Stromverdrängung enthalten. Da sich alle Komponenten des Drehmoments quadratisch mit der Spannung ändern, erhält man als Drehmomentanteil $M_m(s)$ des Mitsystems

$$M_m(s) = \left(\frac{U_{1m}}{U_{\text{str 1N}}} \right)^2 M_{mN}(s), \tag{2.4.3}$$

wobei $M_{mN}(s)$ den Verlauf $M(s)$ bei Betrieb mit Bemessungsspannung, d. h. mit $U = U_{\text{str 1N}}$, darstellt (s. Bild 2.4.1). Ausgehend von $M = (p/\omega_1)(P_{vw2}/s)$ liefert der Strom I_{2m} in der dreisträngigen Ersatzwicklung des Läufers für das Drehmoment

$$M_m(s) = \frac{3p}{\omega_1} R_2 \frac{I_{2m}^2}{s}. \tag{2.4.4}$$

b) Gegensystem

Ein Gegensystem $\underline{i}_{1g}$ der Strangströme ist ein symmetrisches Dreiphasensystem mit negativer Phasenfolge, d. h. mit $\underline{i}_{1ag} = \underline{i}_{1g}$, $\underline{i}_{1bg} = \underline{a}\,\underline{i}_{1g}$ und $\underline{i}_{1cg} = \underline{a}^2\underline{i}_{1g}$ wie in (2.1.72a,b,c), Seite 303. Es ruft ein Hauptwellendrehfeld hervor, das im Ständerkoordinatensystem die Drehzahl $-n_0$ besitzt. Dieses Drehfeld bewegt sich relativ zum Läufer mit der Drehzahl $-(n_0 + n) = -(2 - s)n_0$. Es induziert in den Läuferkreisen Spannungen der Frequenz $|2 - s|f_1$, deren Ströme – mit dem Effektivwert I_{2g} in der dreisträngigen Ersatzwicklung – ein Hauptwellendrehfeld aufbauen, das sich mit dem der Ständerströme zu einem resultierenden Hauptwellendrehfeld mit der Drehzahl $-n_0$ überlagert. Unter seiner Wirkung sowie der der Streuspannungen und der ohmschen Spannungsabfälle des Gegensystems der Strangströme erhält man ein symmetrisches Dreiphasensystem der Strangspannungen mit negativer Phasenfolge. Die Maschine verhält sich bei einer gegebenen Drehzahl n gegenüber einem Gegensystem der Ströme und Spannungen der Ständerstränge wie im stationären Betrieb am starren Netz bei einer Drehzahl $-n$. Es gelten die Spannungsgleichungen (2.1.79a,b) bzw. die im Abschnitt 2.1.7, Seite 309, abgeleiteten Spannungsgleichungen und die zugeordneten Ersatzschaltbilder mit $2 - s \mapsto s$, wenn $\vartheta_0 = 0$ gesetzt wird. Als Beziehung zwischen Strom und Spannung erhält man

$$\boxed{\underline{i}_{1g} = \underline{Y}_g(s)\underline{u}_{1g}} \qquad (2.4.5a)$$

$$\boxed{\underline{u}_{1g} = \underline{Z}_g(s)\underline{i}_{1g}} \qquad (2.4.5b)$$

mit $\underline{Z}_g(s) = 1/\underline{Y}_g(s) = \underline{Z}(2-s)$ nach (2.3.2), Seite 327. Mit $2 - s \mapsto s$ lassen sich natürlich auch alle Ergebnisse des Abschnitts 2.3 übernehmen. Insbesondere erhält man unter Beachtung der quadratischen Abhängigkeit von den Spannungen sowie der Drehrichtung des gegenlaufenden Drehfelds und damit der Wirkungsrichtung seines Drehmoments

$$\boxed{M_g(s) = \left(\frac{U_{1g}}{U_{\text{str 1N}}}\right)^2 M_{gN}(s) = -\left(\frac{U_{1g}}{U_{\text{str 1N}}}\right)^2 M_{mN}(2-s)}. \qquad (2.4.6)$$

Dabei ist der Verlauf $M_{gN}(s) = -M_{mN}(2-s)$ der an $s = 1$ gespiegelte Verlauf von $M_{mN}(s)$ (s. Bild 2.4.1). Ausgehend von der Energiebilanz der Dreiphasen-Induktionsmaschine auf der Grundlage des Hauptwellenmechanismus erhält man für das Drehmoment des Gegensystems in Analogie zu (2.4.4)

$$\boxed{M_g(s) = -\frac{3p}{\omega_1}R_2\frac{I_{2g}^2}{2-s}}. \qquad (2.4.7)$$

Im Abschnitt (2.4.4.1), Seite 380 wird gezeigt werden, dass aus dem Zusammenwirken von Mit- und Gegensystem außerdem ein mit der Frequenz $2f_1$ pulsierender Anteil des Drehmoments entsteht.

c) Nullsystem

Ein Nullsystem der Ströme besteht aus drei gleichen Strangströmen

$$\underline{i}_{10} = \underline{i}_{1a0} = \underline{i}_{1b0} = \underline{i}_{1c0} \,. \tag{2.4.8}$$

Die zugeordneten Hauptwellenfelder der drei Stränge haben in jedem Augenblick die gleiche Amplitude und löschen sich aufgrund ihrer räumlichen Verschiebung gegeneinander aus. Auf der Grundlage des Mechanismus der Hauptwellenverkettung besteht deshalb keine Kopplung zwischen Ständer und Läufer. Damit kann auch kein Hauptwellendrehmoment entwickelt werden. Die Strangströme rufen lediglich Streufelder im Nut-, Wicklungskopf- und Zahnkopfraum sowie Oberwellenfelder hervor, die bei Anwendung des Prinzips der Hauptwellenverkettung definitionsgemäß nicht mit dem Läufer verkettet sind. Für die Flussverkettungen der Stränge gilt (1.6.61), Seite 159, und daraus folgt

$$\underline{\psi}_{10} = \underline{\psi}_{1a0} = \underline{\psi}_{\sigma 1a0} = (L_{\sigma s} + 2L_{\sigma g})\underline{i}_{1a0} = (L_{\sigma s} + 2L_{\sigma g})\underline{i}_{10} = L_0 \underline{i}_{10} \,,$$

wobei die *Nullinduktivität*

$$L_0 = (L_{\sigma s} + 2L_{\sigma g}) \tag{2.4.9}$$

eingeführt wurde. Unter Berücksichtigung des ohmschen Spannungsabfalls erhält man für die Strangspannungen mit $X_0 = \omega_1 L_0$

$$\boxed{\underline{u}_{10} = \underline{u}_{1a0} = \underline{u}_{1b0} = \underline{u}_{1c0} = (R_1 + jX_0)\underline{i}_{10}} \,. \tag{2.4.10}$$

Eine genauere Analyse des Verhaltens der Dreiphasen-Induktionsmaschine gegenüber einem Nullsystem der Ströme und Spannungen des Ständers erfordert eine tiefergehende Betrachtung der Verkettungsverhältnisse zwischen Ständer und Läufer. Sie ist dadurch gekennzeichnet, dass der Mechanismus der Hauptwellenverkettung verlassen wird. Ausgehend von den allgemeinen Beziehungen für die Durchflutungsharmonischen eines Wicklungsstrangs nach (1.5.66), Seite 112, erhält man mit $\gamma_{\text{stra}} = 0$, $\gamma_{\text{strb}} = 2\pi/3$, $\gamma_{\text{strc}} = -2\pi/3$ und den Strömen nach (2.4.8) die allgemeine Aussage, dass sich alle Durchflutungsharmonischen auslöschen, deren Ordnungszahl ν' nicht durch $3p$ teilbar ist. In erster Linie tritt also eine dritte Harmonische bezüglich der Hauptwelle in Erscheinung. Sie ergibt sich zu

$$\begin{aligned}\Theta_{3p\,1}(\gamma_1', t) &= \frac{4}{\pi} \frac{(w\xi_{3p})_1}{2p} \hat{i}_{10} \cos(\omega_1 t + \varphi_{i10}) \cos 3p\gamma_1' \\ &= \frac{4}{\pi} \frac{(w\xi_{3p})_1}{2p} \hat{i}_{10} \frac{1}{2}[\cos(3p\gamma_1' - \omega_1 t - \varphi_{i10}) + \cos(3p\gamma_1' + \omega_1 t + \varphi_{i10})] \,.\end{aligned}$$

Diese Durchflutungsharmonische erzeugt ein Wechselfeld der Luftspaltinduktion, dass sich in zwei gegenläufige Drehfelder zerlegen lässt, die mit der Winkelgeschwindigkeit $d\gamma_1'/dt = \pm\omega_1/(3p)$ bzw. der Drehzahl $\pm n_0/3$ umlaufen. Der Läufer reagiert

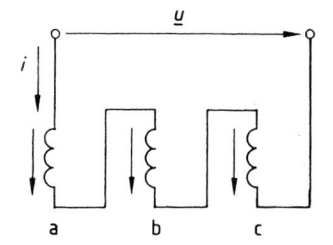

Bild 2.4.2 Nullschaltung zur experimentellen Ermittlung von $\underline{Z}_0(s)$ bzw. $\underline{Y}_0(s)$ und $M_{0N}(s)$

– vor allem, wenn er als Käfigläufer ausgeführt ist – mit diesem Feld. Man erhält bei gegebener Spannung des Nullsystems eine Drehzahl-Drehmoment-Kennlinie, wie sie eine Einphasenmaschine der dreifachen Polpaarzahl besitzt (s. Bild 2.4.1). Unter dem Einfluss einer endlichen Kopplung zwischen Ständer und Läufer muss sich natürlich auch die Beziehung zwischen Strom und Spannung des Nullsystems ändern. Man erhält anstelle von (2.4.10) verallgemeinert

$$\underline{i}_{10} = \underline{Y}_0(s)\underline{u}_{10} \tag{2.4.11a}$$

$$\underline{u}_{10} = \underline{Z}_0(s)\underline{i}_{10} \tag{2.4.11b}$$

Sowohl $\underline{Y}_0(s)$ bzw. $\underline{Z}_0(s)$ als auch das Drehmoment werden zweckmäßig messtechnisch bestimmt. Wenn dabei die sog. Nullschaltung nach Bild 2.4.2 Verwendung findet, erhält man unter Beachtung von (2.4.1a) $\underline{i}_{10} = \underline{i}$ und $\underline{u}_{10} = 1/3\,\underline{u}$ und damit

$$\underline{Z}_0(s) = \frac{1}{\underline{Y}_0(s)} = \frac{1}{3}\frac{\underline{u}}{\underline{i}} \tag{2.4.12}$$

sowie für $U = U_{\text{str 1N}}$, d. h. für $U_{10} = 1/3\,U_{\text{str 1N}}$, das Drehmoment $M_{0N}(s)$. Für eine beliebige Spannung des Nullsystems folgt daraus

$$M_0(s) = \left(\frac{3U_{10}}{U_{\text{str 1N}}}\right)^2 M_{0N}(s) \tag{2.4.13}$$

2.4.1.2 Behandlungsmethodik für unsymmetrische Betriebszustände

Wenn die Maschine in der betriebsmäßig vorgesehenen Schaltung, d. h. in Stern- oder Dreieckschaltung, betrieben wird und die Symmetrie der Netzspannung gestört ist, erhält man unmittelbar aus den vom Netz festgelegten Strangspannungen die zugeordneten symmetrischen Komponenten mit Hilfe von (2.4.1a). Die Beziehungen (2.4.2a), (2.4.5a) und (2.4.11a) liefern dann die symmetrischen Komponenten der Ströme, aus denen sich durch Rücktransformation über (2.4.1b) die Strangströme bestimmen lassen.

Wenn die Maschine dagegen in einer unsymmetrischen Schaltung betrieben wird, legt diese zusammen mit den gegebenen Spannungen des äußeren Netzes die Betriebsbedingungen als Beziehungen zwischen den Spannungen und als Beziehungen

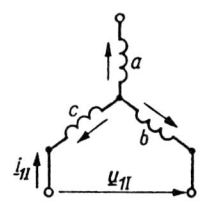

Bild 2.4.3 Schaltung der Dreiphasen-Induktionsmaschine im Einphasenbetrieb über die Stränge b und c

zwischen den Strömen fest. Diese liefern über (2.4.1a) Beziehungen zwischen den symmetrischen Komponenten der Spannungen und solche zwischen denen der Ströme. Mit Hilfe von (2.4.2a,b), (2.4.5a,b) und (2.4.11a,b) erhält man den vollständigen Satz der symmetrischen Komponenten der Ströme und Spannungen. Aus diesen bestimmt sich durch Rücktransformation mit (2.4.1b) der vollständige Satz der Ströme und Spannungen der Stränge.

Mit Kenntnis der symmetrischen Komponente U_{1m}, U_{1g}, U_{10} der Strangspannungen lässt sich das Drehmoment entsprechend (2.4.3), (2.4.6) und (2.4.13) bestimmen als

$$M(s) = M_{\mathrm{m}}(s) + M_{\mathrm{g}}(s) + M_0(s)$$
$$= \left(\frac{U_{1\mathrm{m}}}{U_{\mathrm{str}\,1\mathrm{N}}}\right)^2 M_{\mathrm{mN}}(s) - \left(\frac{U_{1\mathrm{g}}}{U_{\mathrm{str}\,1\mathrm{N}}}\right)^2 M_{\mathrm{mN}}(2-s) + \left(\frac{3U_{10}}{U_{\mathrm{str}\,1\mathrm{N}}}\right)^2 M_{0\mathrm{N}}(s) \,.$$

(2.4.14)

Auf Basis des Prinzips der Hauptwellenverkettung kann das Drehmoment des Mit- und des Gegensystems auch aus (2.4.4) und (2.4.7) als

$$M(s) = \frac{3p}{\omega_1} R_2 \left(\frac{I_{2\mathrm{m}}^2}{s} - \frac{I_{2\mathrm{g}}^2}{2-s} \right)$$

(2.4.15)

bestimmt werden.

Zur Demonstration der Methodik wird im Folgenden die Formulierung der Betriebsbedingungen im Bereich der symmetrischen Komponenten für den *Einphasenbetrieb der Dreiphasen-Induktionsmaschine* ermittelt.[10] Die betrachtete Anordnung ist im Bild 2.4.3 dargestellt. Man erhält als Betriebsbedingungen für die Stranggrößen

$$\underline{i}_{1\mathrm{I}} = \underline{i}_{1b} = -\underline{i}_{1c} \quad (2.4.16\mathrm{a})$$

$$\underline{i}_{1a} = 0 \quad (2.4.16\mathrm{b})$$

$$\underline{u}_{1\mathrm{I}} = \underline{u}_{1b} - \underline{u}_{1c} \,. \quad (2.4.16\mathrm{c})$$

---

[10] Die vollständige Behandlung des Einphasenbetriebs der Dreiphasen-Induktionsmaschine erfolgt im Abschnitt 2.4.4.

Daraus folgen über (2.4.1a) als Betriebsbedingungen für die symmetrischen Komponenten

$$\underline{i}_{1\mathrm{m}} = \frac{1}{3}(\underline{a} - \underline{a}^2)\underline{i}_{1\mathrm{I}} = \mathrm{j}\frac{1}{\sqrt{3}}\underline{i}_{1\mathrm{I}} \tag{2.4.17a}$$

$$\underline{i}_{1\mathrm{g}} = \frac{1}{3}(\underline{a}^2 - \underline{a})\underline{i}_{1\mathrm{I}} = -\mathrm{j}\frac{1}{\sqrt{3}}\underline{i}_{1\mathrm{I}} \tag{2.4.17b}$$

$$\underline{i}_{10} = 0 \tag{2.4.17c}$$

$$\underline{u}_{1\mathrm{I}} = (\underline{a}^2 - \underline{a})\underline{u}_{1\mathrm{m}} + (\underline{a} - \underline{a}^2)\underline{u}_{1\mathrm{g}} = -\mathrm{j}\sqrt{3}\underline{u}_{1\mathrm{m}} + \mathrm{j}\sqrt{3}\underline{u}_{1\mathrm{g}}\,. \tag{2.4.17d}$$

Im Stillstand einer Dreiphasen-Induktionsmaschine, die sich in einem unsymmetrischen Betriebszustand befindet, liegen gleiche Verhältnisse für das Mit- und das Gegensystem vor. Es ist $\underline{Y}_\mathrm{m}(1) = \underline{Y}_\mathrm{g}(1) = \underline{Y}(1)$, und man erhält bei gleicher Spannung gleiche Beträge des Drehmoments (s. Bild 2.4.1). Da das Nullsystem im Stillstand keinen Beitrag liefert, gewinnt man aus (2.4.14) für das *Anzugsmoment* allgemein

$$\boxed{M_\mathrm{a} = M_\mathrm{m}(1) + M_\mathrm{g}(1) = \frac{M_{\mathrm{mN}}(1)}{U_{\mathrm{str}\,1\mathrm{N}}^2}(U_{1\mathrm{m}}^2 - U_{1\mathrm{g}}^2)}\,. \tag{2.4.18}$$

Daraus folgt

$$\frac{M_\mathrm{a}}{M_{\mathrm{mN}}(1)} = \frac{M_\mathrm{a}}{M_{\mathrm{aN}}} = \frac{U_{1\mathrm{m}}^2 - U_{1\mathrm{g}}^2}{U_{\mathrm{str}\,1\mathrm{N}}^2}\,. \tag{2.4.19}$$

Da die Flächen A der von den Zeigern der Strangspannungen eines symmetrischen Dreiphasensystems aufgespannten Dreiecke proportional zu U^2 sind, gilt auch

$$\frac{M_\mathrm{a}}{M_{\mathrm{aN}}} = \frac{A_\mathrm{m} - A_\mathrm{g}}{A_\mathrm{N}}\,,$$

wobei $A_\mathrm{m} = {}^3\!/\!_4\sqrt{3}U_{1\mathrm{m}}^2/m_\mathrm{U}^2$, $A_\mathrm{g} = {}^3\!/\!_4\sqrt{3}U_{1\mathrm{g}}^2/m_\mathrm{U}^2$, $A_\mathrm{N} = {}^3\!/\!_4\sqrt{3}U_{\mathrm{str}\,1\mathrm{N}}^2/m_\mathrm{U}^2$ und m_U der beim Zeichnen der Bilder verwendete Spannungsmaßstab sind (s. Bild 2.4.4).

Durch die folgende Rechnung lässt sich zeigen, dass die Fläche A des von den Zeigern der tatsächlichen Strangspannungen aufgespannten Dreiecks gleich der Fläche $A_\mathrm{m} - A_\mathrm{g}$ ist. Die Fläche A lässt sich mit Bild 2.4.4d ermitteln als

$$A = \frac{1}{2}\frac{U_{cb}}{m_\mathrm{U}}\frac{U_{ab}}{m_\mathrm{U}}\sin(\varphi_{ucb} - \varphi_{uab}) = \frac{1}{2m_\mathrm{U}^2}\mathrm{Re}\{-\mathrm{j}(\underline{U}_{1c} - \underline{U}_{1b})(\underline{U}_{1a} - \underline{U}_{1b})^*\}\,.$$

Dabei ist entsprechend (2.4.1a)

$$\underline{U}_{1c} - \underline{U}_{1b} = \mathrm{j}\sqrt{3}(\underline{U}_{1\mathrm{m}} - \underline{U}_{1\mathrm{g}})$$

$$\underline{U}_{1a} - \underline{U}_{1b} = \sqrt{3}(\underline{U}_{1\mathrm{m}}\mathrm{e}^{\mathrm{j}\pi/6} + \underline{U}_{1\mathrm{g}}\mathrm{e}^{-\mathrm{j}\pi/6})\,.$$

Damit erhält man unter Beachtung von $\mathrm{Re}\{\underline{U}_{1\mathrm{m}}\underline{U}_{1\mathrm{g}}^*\mathrm{e}^{\mathrm{j}\pi/6} - \underline{U}_{1\mathrm{g}}\underline{U}_{1\mathrm{m}}^*\mathrm{e}^{-\mathrm{j}\pi/6}\} = 0$ für die Fläche $A = {}^3\!/\!_4\sqrt{3}(U_{1\mathrm{m}}^2 - U_{1\mathrm{g}}^2)/m_\mathrm{U}^2$, und es folgt mit (2.4.19)

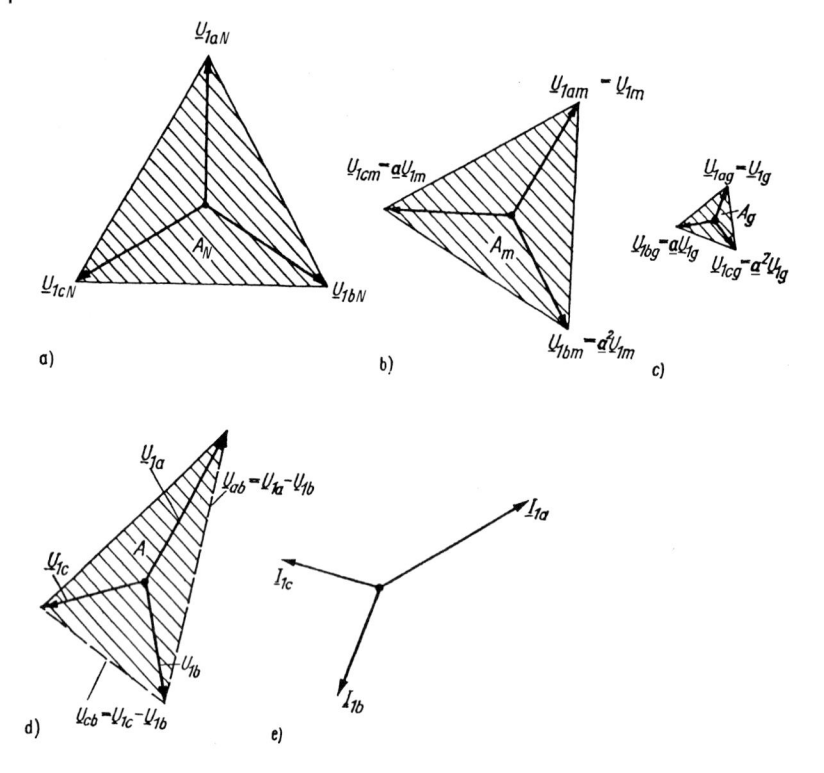

Bild 2.4.4 Anzugsmoment und Anzugsströme unter unsymmetrischen Betriebsbedingungen.
a) Symmetrisches Dreiphasensystem der Strangspannungen bei Bemessungsbetrieb;
b) Mitsystem der Strangspannungen des unsymmetrischen Spannungssystems nach d);
c) Gegensystem der Strangspannungen des unsymmetrischen Spannungssystems nach d);
d) unsymmetrisches System der Strangspannungen;
e) Strangströme im Fall der Strangspannungen nach d)

$$\boxed{\frac{M_\mathrm{a}}{M_\mathrm{aN}} = \frac{A}{A_\mathrm{N}}}. \tag{2.4.20}$$

Daraus erkennt man unmittelbar, dass ein endliches Anzugsmoment nur dann entwickelt wird, wenn die Strangspannungen im betrachteten Betriebszustand mit $s=1$ eine endliche Fläche aufspannen. Die Ableitung macht weiterhin offenbar, dass sich das Vorzeichen des Anzugsmoments mit der Phasenfolge der Strangspannungen umkehrt. Die Richtung des Anzugsmoments wird also durch die Phasenfolge der Strangspannungen im Stillstand bestimmt.

Für die symmetrischen Komponenten der Ströme gilt im Stillstand ausgehend von (2.4.2a) und (2.4.5a)

$$\underline{i}_{1\mathrm{m}}(1) = \underline{Y}_{\mathrm{m}}(1)\underline{u}_{1\mathrm{m}}(1) = \underline{Y}(1)\underline{u}_{1\mathrm{m}}(1)$$
$$\underline{i}_{1\mathrm{g}}(1) = \underline{Y}_{\mathrm{g}}(1)\underline{u}_{1\mathrm{g}}(1) = \underline{Y}(1)\underline{u}_{1\mathrm{g}}(1) \ .$$

Daraus folgt für den Fall, dass kein Nullsystem vorhanden ist,

$$\boxed{\underline{i}_{1a}(1) = \underline{Y}(1)\underline{u}_{1a}(1)} \quad (2.4.21\mathrm{a})$$
$$\boxed{\underline{i}_{1b}(1) = \underline{Y}(1)\underline{u}_{1b}(1)} \quad (2.4.21\mathrm{b})$$
$$\boxed{\underline{i}_{1c}(1) = \underline{Y}(1)\underline{u}_{1c}(1)} \ . \quad (2.4.21\mathrm{c})$$

Das Zeigerbild der Strangströme ist dem der Strangspannungen ähnlich, allerdings um den Winkel von $Y(1)$ gedreht (s. Bild 2.4.4e). Insbesondere wird also eine Strangspannung im Stillstand zu Null, wenn dieser Strang stromlos – also nicht angeschlossen – ist. Die Beziehungen (2.4.21a,b,c) gelten näherungsweise im gesamten Schlupfbereich $0{,}5 < s < \infty$, da sich in diesem Bereich $\underline{Y}_{\mathrm{m}}(s)$ und $\underline{Y}_{\mathrm{g}}(s)$ nur wenig ändern.

2.4.2
Betrieb am Netz mit variabler Frequenz

Eine Möglichkeit der Drehzahlstellung der Induktionsmaschine besteht darin, sie mit einer Spannung variabler Frequenz zu speisen. Damit wird entsprechend $n_0 = f_1/p$ unmittelbar auf die Drehzahl des Drehfelds bzw. die synchrone Drehzahl des Läufers Einfluss genommen. Diese *Frequenzstellung* der Induktionsmaschine wurde durch die Entwicklung der Leistungselektronik technisch realisierbar. Mit ihrer Hilfe lassen sich Umrichter ausführen, die aus dem Netz der Energieversorgung mit $U = $ konst. und $f = 50$ Hz = konst. bzw. $f = 60$ Hz = konst. gespeist werden und Spannungen zur Verfügung stellen, die in Betrag und Frequenz veränderbar sind (s. Abschn. 1.10, S. 273). Die folgenden Untersuchungen beschränken sich auf den Einfluss der Änderung der Frequenz einer sinusförmigen Speisespannung. Der Einfluss der tatsächlich auftretenden Oberschwingungen der Spannungen und Ströme wird dann im Abschnitt 2.4.3 behandelt.

Es wird ein Motor mit Einfachkäfigläufer vorausgesetzt, der zunächst auch stromverdrängungsfrei angenommen wird. Er ist für die Bemessungswerte der Strangspannung $U_{\mathrm{str\ 1N}}$, der Frequenz $f_{1\mathrm{N}}$ bzw. Kreisfrequenz $\omega_{1\mathrm{N}}$ bzw. der Drehzahl $n_{0\mathrm{N}} = f_{1\mathrm{N}}/p$ des Drehfelds dimensioniert. Den Ausgangspunkt der Untersuchungen bilden die allgemeinen Spannungsgleichungen (2.1.79a,b), Seite 305, für den stationären Betrieb, wobei $\underline{u}_2 = 0$ zu setzen ist. Damit kann auch $\vartheta_0 = 0$ angenommen werden, da die tatsächliche Phasenlage der Läufergrößen nicht interessiert. Um den Einfluss der Frequenz des speisenden Netzes deutlich zu machen, wird für $\omega_1 L_{jk}$

$$\omega_1 L_{jk} = \frac{\omega_1}{\omega_{1\mathrm{N}}} \omega_{1\mathrm{N}} L_{jk} = \lambda_{\mathrm{g}} X_{jk}$$

gesetzt, wobei $X_{jk} = \omega_{1N} L_{jk}$ die bei Bemessungsfrequenz auftretende Reaktanz ist und das *Frequenzverhältnis*, d. h. das Verhältnis der Grundschwingungsfrequenzen,

$$\lambda_g = \frac{\omega_1}{\omega_{1N}} = \frac{f_1}{f_{1N}} \quad (2.4.22)$$

eingeführt wurde. Um den Einfluss der Frequenz auf das magnetische Feld in der Maschine deutlich zu machen, empfiehlt es sich, zur Spannungsgleichung des Ständerstrangs a nach (2.1.79a) noch die allgemeine Form entsprechend (1.6.1), Seite 138, hinzuzufügen. Damit erhält man

$$\underline{u}_1 = R_1 \underline{i}_1 + j\lambda_g \omega_{1N} \underline{\psi}_1 = R_1 \underline{i}_1 + j\lambda_g X_{11} \underline{i}_1 + j\lambda_g X_{12} \underline{i}_2 \quad (2.4.23a)$$

$$0 = \frac{R_2}{s} \underline{i}_2 + j\lambda_g X_{22} \underline{i}_2 + j\lambda_g X_{12} \underline{i}_1 \; . \quad (2.4.23b)$$

Dabei ist der Schlupf definitionsgemäß gegeben als

$$s = \frac{n_0 - n}{n_0} = 1 - \frac{n}{\lambda_g n_{0N}} \; , \quad (2.4.24)$$

wobei $n_0 = f_1/p$ die synchrone Drehzahl bei der Frequenz $f_1 = \lambda_g f_{1N}$ darstellt und n_{0N} die bei der Frequenz f_{1N}. Die Läuferfrequenz $f_2 = sf_1 = s\lambda_g f_{1N}$ lässt sich mit (2.4.24) ausdrücken als

$$f_2 = sn_0 p = (n_0 - n)p \; . \quad (2.4.25)$$

Die gleiche Läuferfrequenz erfordert also unabhängig von der Speisefrequenz die gleiche Drehzahländerung gegenüber der synchronen Drehzahl $n_0 = f_1/p$. Das Ergebnis nach (2.4.25) folgt auch unmittelbar aus der Überlegung, dass sich ein mit n_0 umlaufendes Drehfeld relativ zum Läufer mit der Drehzahl $n_0 - n$ bewegt und damit an einem Punkt der Läuferoberfläche eine Induktion mit der Frequenz $(n_0 - n)p$ beobachtet wird.

Aus (2.4.23a) erkennt man, dass die Spannungsamplitude unter Vernachlässigung des Widerstands der Ständerstränge proportional zur Frequenz geführt werden muss. Man erhält in diesem Fall als *Steuerbedingung*

$$\boxed{\hat{u}_1 = \frac{\omega_1}{\omega_{1N}} \hat{u}_{1N} = \lambda_g \hat{u}_{1N}} \; . \quad (2.4.26)$$

Ausgehend vom Betrieb mit den Bemessungswerten von Frequenz und Spannung muss also die Spannung zurückgenommen werden, wenn die Frequenz verringert wird. Sie muss umgekehrt erhöht werden, wenn man die Frequenz gegenüber ihrem Bemessungswert vergrößert. Da die Ausgangsspannung eines Umrichters, bedingt durch die festliegende Spannung des speisenden Netzes, nicht über einen bestimmten Maximalwert $U_{1\max}$ gesteigert werden kann, muss von einer bestimmten Frequenz an mit dieser konstanten Spannung $U_{1\max}$ gearbeitet werden. Dann wird die Flussverkettung ψ_1 bei weiterer Steigerung der Frequenz abnehmen. Es stellt sich von allein eine *Feldschwächung* ein. Wenn der Umrichter ohne Zwischenschalten eines Transformators unmittelbar aus dem Netz gespeist wird, für dessen Spannung der Motor bei

Bemessungsfrequenz dimensioniert ist, ist die maximal verfügbare Spannung $U_{1\max}$ des Umrichters etwa gleich der Netzspannung und damit der Bemessungsspannung des Motors. In diesem Fall setzt bereits oberhalb von $f_{1\mathrm{N}}$ notwendigerweise Feldschwächung ein. Die Frequenz, bei der die Feldschwächung beginnt, lässt sich erhöhen, wenn ein Motor eingesetzt wird, der für den Netzbetrieb in Sternschaltung bemessen ist und der im Umrichterbetrieb in Dreieckschaltung eingesetzt wird. Dann wird bei Bemessungsfrequenz eine Spannung benötigt, die um den Faktor $1/\sqrt{3}$ kleiner ist als die verfügbare Spannung des Umrichters. Dementsprechend lässt sich die Spannung bis zu einer Frequenz von $\sqrt{3}f_{1\mathrm{N}}$, d. h. bei $f_{1\mathrm{N}} = 50$ Hz bis zu einer Frequenz von 87 Hz, frequenzproportional erhöhen.

Unter Einführung der Steuerbedingung (2.4.26) liefern die Spannungsgleichungen (2.4.23a,b) für den Ständerstrom mit $\underline{u}_1 = \hat{u}_1$

$$\underline{i}_1 = \frac{\hat{u}_{1\mathrm{N}}}{\dfrac{R_1}{\lambda_\mathrm{g}} + \mathrm{j}X_{11} + \dfrac{X_{12}^2}{\dfrac{R_2}{\lambda_\mathrm{g}}\dfrac{1}{s} + \mathrm{j}X_{22}}} \;. \tag{2.4.27}$$

Für $\lambda_\mathrm{g} = 1$, d. h. für $\omega_1 = \omega_{1\mathrm{N}}$, geht diese Beziehung in (2.3.1), Seite 327, für den Ständerstrom am Netz starrer Spannung mit der Frequenz $f_{1\mathrm{N}}$ über. Unter der Wirkung der Steuerbedingung nach (2.4.26) kommt es bei einer Frequenzänderung um den Faktor λ_g zu einer scheinbaren Änderung der Ständer- und Läuferwiderstände um den Faktor $1/\lambda_\mathrm{g}$. Die Widerstände treten offensichtlich umso mehr betriebsbestimmend in Erscheinung, je kleiner die Frequenz gemacht wird.

Für eine bestimmte Frequenz, d. h. für einen bestimmten Wert von λ_g, liefert (2.4.27) als Ortskurve $\underline{I}_1(s)$ einen Ossanna-Kreis. Die Lage des Ossanna-Kreises wird entsprechend Abschnitt 2.3.1.2, Seite 329, durch den Läuferwiderstand nicht beeinflusst. Sie ändert sich bei Änderung der Frequenz lediglich nach Maßgabe der dadurch bedingten scheinbaren Veränderung des Ständerwiderstands. Dann gleitet der Kreis $\underline{I}_1(s)$ mit abnehmender Frequenz und damit zunehmendem R_1/λ_g mehr und mehr in den Zwickel hinein, der von den Kreisen $\underline{K}_\mathrm{i}$ und $\underline{K}_\mu$ gebildet wird (vgl. Bild 2.3.4, S. 333). Entsprechend der scheinbaren Vergrößerung des Läuferwiderstands verschiebt sich die Schlupfbezifferung auf dem Kreis mit abnehmender Frequenz in Richtung auf den Punkt P_0 hin. Im Bild 2.4.5 ist eine Schar von Ossanna-Kreisen für verschiedene Werte der Frequenz $f_1 = \lambda_\mathrm{g} f_{1\mathrm{N}}$ unter Einhaltung der Steuerbedingung nach (2.4.26) dargestellt. Dabei wurden außer den Punkten P_0 und P_∞, die sich aus den Schnittpunkten der Kreise $\underline{K}_\mathrm{r}$ mit den Kreisen $\underline{K}_\mu$ und $\underline{K}_\mathrm{i}$ ergeben, die Punkte P_1 eingetragen, deren Lage durch R_2/λ_g bestimmt wird. Man erkennt, dass sich der Punkt P_1 mit abnehmender Frequenz dem Punkt P_0 nähert.

Die Ortskurvenschar von Bild 2.4.5 lässt bereits den prinzipiellen Einfluss auf das Drehzahl-Drehmoment-Verhalten bei Einhaltung der Steuerbedingung nach (2.4.26) erkennen. Auf den Drehmomentmaßstab hat die Frequenzänderung keinen Einfluss (s. Abschn. 2.3.1.3, S. 334). Damit entnimmt man Bild 2.4.5, dass das Kippmoment mit

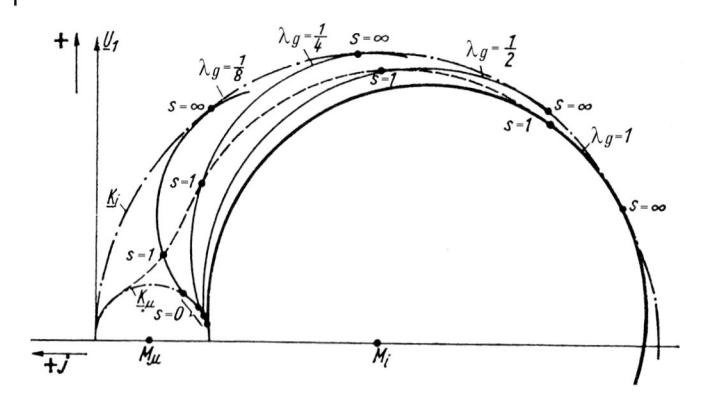

Bild 2.4.5 Ortskurven des Ständerstroms $\underline{I}_1 = f(s)$ bei variabler Frequenz unter Einhaltung der Steuerbedingung nach (2.4.26), d. h. für $\hat{u}_1/\omega_1 = $ konst.
---- geometrischer Ort aller Punkte P_1

abnehmender Frequenz zurückgeht. Verantwortlich dafür ist der Einfluss des Ständerwiderstands, der bei der Entwicklung der Steuerbedingung nach (2.4.26) vernachlässigt wurde und sich umso stärker bemerkbar macht, je niedriger die Frequenz ist. Um den Rückgang des Kippmoments zu vermeiden, muss die Spannung offensichtlich weniger als frequenzproportional zurückgenommen werden.

Bild 2.4.5 lässt aber auch erkennen, dass sich das Kippmoment zu größeren Werten des Schlupfs nach (2.4.24) verschiebt. Die Maschine wird bezogen auf die synchrone Drehzahl n_0 weicher. Das ist auch Ausdruck der energetischen Verhältnisse. Die Luftspaltleistung sinkt bei konstantem Drehmoment proportional zur Drehzahl des Drehfelds und damit ungefähr proportional zur Frequenz. Die Wicklungsverluste bleiben aber bei gleichen Strömen konstant, so dass die relativen Verluste anwachsen. Die relativen Läuferwicklungsverluste bestimmen aber entsprechend $s = P_{\text{vw2}}/P_\delta$ den Schlupf. Geht man davon aus, dass bei gleichem Drehmoment M gleiche Läuferwicklungsverluste auftreten, so ist mit $P_\delta = 2\pi n_0 M$ zu erwarten, dass $sn_0 = n - n_0$ konstant ist und damit bei gleichem Drehmoment die gleiche absolute Drehzahländerung gegenüber der synchronen Drehzahl auftritt. Zu derselben Aussage gelangt man über (2.4.25). Das gleiche Drehmoment erfordert den gleichen Strom. Um diesen anzutreiben, wird die gleiche Spannung benötigt. Dazu ist die gleiche Läuferfrequenz erforderlich, und das wiederum setzt voraus, dass sich entsprechend (2.4.25) die gleiche Drehzahländerung gegenüber der synchronen Drehzahl einstellt.

Aus der geschlossenen Beziehung für die Schlupf-Drehmoment-Kennlinie nach Abschnitt 2.3.1.4, Seite 340, erhält man durch Einführen von $R_2^+/\lambda_g \mapsto R_2^+$ und

$R_1/\lambda_g \mapsto R_1$ aus (2.3.30) für den Kippschlupf im Bereich des Motorbetriebs

$$s_{\text{kipp}} = s_{\text{kipp0}} \frac{1}{\lambda_g} \frac{1}{\sqrt{1 + \left(\frac{R_1}{X_\varnothing} \frac{1}{\lambda_g}\right)^2}}, \qquad (2.4.28)$$

wobei $s_{\text{kipp0}} = R_2^+/X_\varnothing$ der Kippschlupf ist, der unter Vernachlässigung des Ständerwiderstands bei $\lambda_g = 1$ wirkt. Für das Kippmoment $M_{\text{kipp}+}$ im Motorbereich folgt aus (2.3.31) unter Beachtung der Steuerbedingung nach (2.4.26) durch die analogen Übergänge

$$M_{\text{kipp}+} = M_{\text{kipp0}} \frac{1}{\sqrt{1 + \left(\frac{R_1}{X_\varnothing} \frac{1}{\lambda_g}\right)^2} + \frac{R_1}{X_\varnothing} \frac{1}{\lambda_g}} \qquad (2.4.29)$$

mit $$M_{\text{kipp0}} = \frac{3p}{\omega_{1N}} \frac{U_{\text{str1N}}^2}{2 X_\varnothing}.$$

Dabei ist M_{kipp0} das Kippmoment, das bei Vernachlässigung des Ständerwiderstands wirkt und das offensichtlich unter Wirkung der Steuerbedingung nach (2.4.26) keine Funktion der Speisefrequenz ist. Die normierte Form der Schlupf-Drehmoment-Kennlinie nach (2.3.32) geht für den Motorbereich über in

$$\frac{M}{M_{\text{kipp}+}} = \frac{2\left(1 + \frac{R_1}{R_2^+} s_{\text{kipp}}\right)}{\frac{s_{\text{kipp}}}{2} + \frac{s}{s_{\text{kipp}}} + 2\frac{R_1}{R_2^+} s_{\text{kipp}}} \qquad (2.4.30)$$

mit $M_{\text{kipp}+}$ nach (2.4.29) und s_{kipp} nach (2.4.28). Im Bild 2.4.6 ist der Verlauf $M_{\text{kipp}+}/M_{\text{kipp0}} = f(\lambda_g/(R_1/X_\varnothing))$ entsprechend (2.4.29) dargestellt. Das Kippmoment wird mit abnehmender Frequenz kleiner, wobei der Einfluss praktisch vernachlässigbar bleibt, solange $\lambda_g \gg R_1/X_\varnothing$ ist. Es verschwindet für $\lambda_g \to 0$.

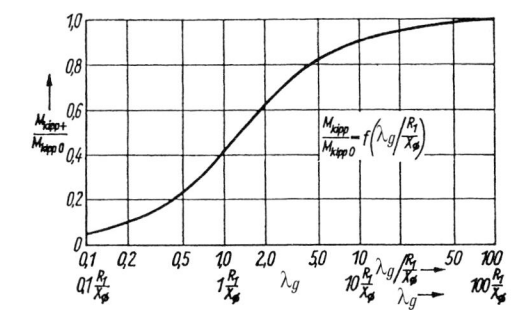

Bild 2.4.6 Einfluss des Frequenzverhältnisses λ_g und des Ständerwiderstands R_1 auf das Kippmoment unter Einhaltung der Steuerbedingung nach (2.4.26), d. h. für $\hat{u}_1/\omega_1 = \text{konst.}$, als $M_{\text{kipp}+}/M_{\text{kipp0}} = f(\lambda_g/(R_1/X_\varnothing))$. M_{kipp0} Kippmoment bei $R_1 = 0$ und $\hat{u}_1 = \hat{u}_{1N}$

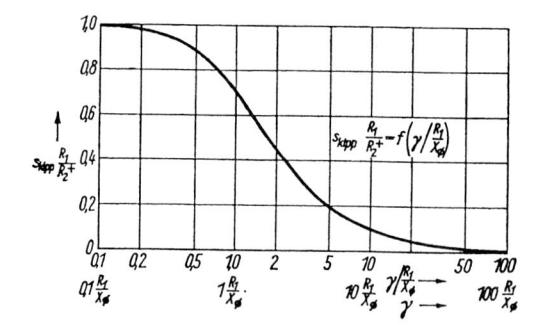

Bild 2.4.7 Einfluss des Frequenzverhältnisses λ_g und des Ständerwiderstands R_1 auf den Kippschlupf bei Einhaltung der Steuerbedingung nach (2.4.26), d. h. für $\hat{u}_1/\omega_1 = \text{konst.}$, als $s_{\text{kipp}} R_1/R_2^+ = f(\lambda_g/(R_1/X_\varnothing))$

Der Kippschlupf nach (2.4.28) wächst mit abnehmender Frequenz. Im Bild 2.4.7 ist unter Einführung von $s_{\text{kipp}0} = R_2^+/X_\varnothing$ der Verlauf

$$s_{\text{kipp}} \frac{R_1}{R_2^+} = \frac{R_1}{X_\varnothing} \frac{1}{\lambda_g} \frac{1}{\sqrt{1 + \left(\frac{R_1}{X_\varnothing} \frac{1}{\lambda_g}\right)^2}} = f\left(\frac{\lambda_g}{R_1/X_\varnothing}\right)$$

dargestellt. Im Fall der Vernachlässigung des Ständerwiderstands wird

$$s_{\text{kipp}} \frac{R_1}{R_2^+} \frac{1}{\lambda_g} = s_{\text{kipp}0} \frac{1}{\lambda_g} \ . \tag{2.4.31}$$

Der Kippschlupf nimmt – wie zu erwarten war – umso größere Werte an, je kleiner die Speisefrequenz ist.

Für $\lambda_g \to 0$ wird $s_{\text{kipp}} = R_2^+/R_1$; s_{kipp} liegt also in der Nähe von Eins. Für die Drehzahldifferenz $n_0 - n_{\text{kipp}}$ zwischen der synchronen Drehzahl $n_0 = \lambda_g n_{0N}$ und der Kippdrehzahl $n_{\text{kipp}} = (1 - s_{\text{kipp}})n_0$ erhält man

$$n_0 - n_{\text{kipp}} = n_0 s_{\text{kipp}} = n_{0N} s_{\text{kipp}0} \frac{1}{\sqrt{1 + \left(\frac{R_1}{X_\varnothing} \frac{1}{\lambda_g}\right)^2}} \ . \tag{2.4.32}$$

Die Drehzahldifferenz ändert sich, wie das bereits weiter oben erkannt wurde, zunächst relativ wenig mit λ_g. Da das gleiche für das Kippmoment gilt, erhält man durch Frequenzänderung bei Einhaltung der Steuerbedingung nach (2.4.26) Drehzahl-Drehmoment-Kennlinien, die zumindest in der Nähe der synchronen Drehzahl parallel zueinander verschoben sind. Im Bild 2.4.8 ist eine Schar vollständiger Drehzahl-Drehmoment-Kennlinien für verschiedene Werte von λ_g dargestellt. Man erkennt, dass die Maschine unter dem Einfluss der Steuerbedingung nach (2.4.26) unterhalb eines bestimmten Werts der Frequenz f_1 bzw. des Frequenzverhältnisses λ_g nicht mehr in der Lage ist, ein bestimmtes Drehmoment – z. B. das Bemessungsmoment – aufzubringen. Diese Schwierigkeit wird behoben, wenn man die Steuerbedingung dahingehend

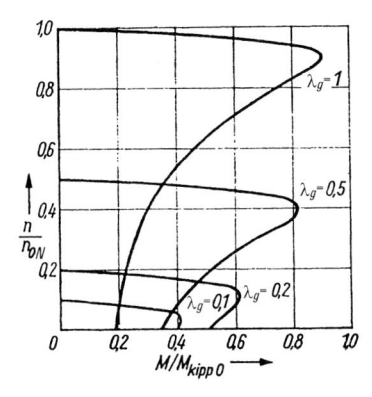

Bild 2.4.8 Drehzahl-Drehmoment-Kennlinien in der Form $n/n_0 = f(M/M_{\text{kipp0}})$ für verschiedene Werte des Frequenzverhältnisses λ_{g} bei Einhaltung der Steuerbedingung nach (2.4.26), d. h. für $\hat{u}_1/\omega_1 = \text{konst.}$, mit $R_1/R_2^+ = 1$ und $R_1/X_\varnothing = 0{,}1$.
$n_{0\text{N}}$ synchrone Drehzahl bei Bemessungsfrequenz
M_{kipp0} Kippmoment bei $R_1 = 0$ und $\hat{u}_1 = \hat{u}_{1\text{N}}$

ändert, dass nicht $\hat{u}_1/\omega_1$ konstant bleibt, sondern tatsächlich die Ständerflussverkettung ψ_1.

Als Steuerbedingung zur Aufrechterhaltung einer konstanten Ständerflussverkettung erhält man aus (2.4.23a) wiederum hinsichtlich der Beanspruchung ausgehend vom Bemessungsbetrieb

$$\left| \frac{\underline{u}_1}{\lambda_{\text{g}}} - \frac{R_1}{\lambda_{\text{g}}} \underline{i}_1 \right| = \omega_{1\text{N}} \hat{\psi}_{1\text{N}} = |\underline{u}_{1\text{N}} - R_1 \underline{i}_{1\text{N}}| = \hat{u}'_{1\text{N}} . \quad (2.4.33)$$

Unter dieser Steuerbedingung ergibt sich offensichtlich ein Verhalten, das dem mit $R_1 = 0$ entspricht. Insbesondere geht (2.4.27) für den Ständerstrom über in

$$\underline{i}_1 = \frac{\hat{u}'_{1\text{N}}}{\text{j}X_{11} + \dfrac{X_{12}^2}{\dfrac{R_2}{\lambda_{\text{g}}}\dfrac{1}{s} + \text{j}X_{22}}} . \quad (2.4.34)$$

Die Ortskurve $\underline{I}_1(s)$ wird hinsichtlich ihrer Lage unabhängig von der Frequenz f_1. Ihr Mittelpunkt liegt auf der negativ imaginären Achse. In Abhängigkeit von der Frequenz f_1 ändert sich lediglich die Schlupfbezifferung. Sie verschiebt sich mit abnehmender Frequenz mehr und mehr in Richtung auf den Leerlaufpunkt P_0 hin. Im Bild 2.4.9 ist die Ortskurve dargestellt. Daraus lässt sich bereits ablesen, dass der Motor jetzt – unabhängig von der Frequenz – ein konstantes Kippmoment entwickelt. Weiterhin wird deutlich, dass zum gleichen Drehmoment die gleichen Ströme in Ständer und Läufer, aber mit abnehmender Frequenz f_1 größere Werte des Schlupfs s gehören. Das ist – wie bereits bei der Erörterung der Ortskurve unter dem Wirken der Steuerbedingung nach (2.4.26) erkannt wurde – schon aus energetischen Gründen erforderlich.

Die Beziehungen zur Beschreibung der Drehmoment-Schlupf-Kennlinie erhält man ausgehend von den allgemeinen Beziehungen im Abschnitt 2.3.1.4, Seite 340, als Son-

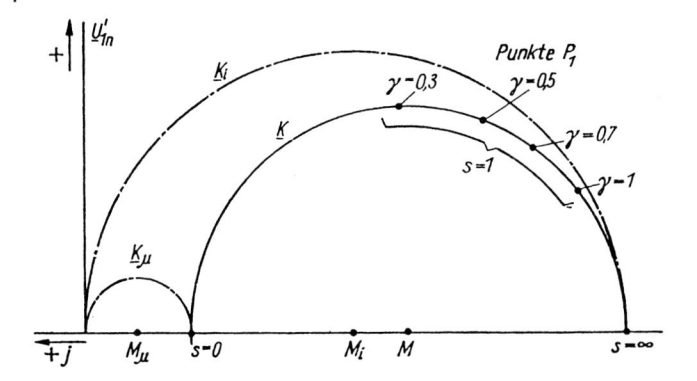

Bild 2.4.9 Ortskurve des Ständerstroms $\underline{I}_1 = f(s)$ bei variabler Frequenz unter Einhaltung der Steuerbedingung nach (2.4.33), d. h. für $\hat{\psi}_1 = \hat{\psi}_{1N} = \hat{u}'_{1N}/\omega_{1N} = $ konst., unter Angabe der Punkte P_1 für verschiedene Werte des Frequenzverhältnisses λ_g

derfälle mit $R_1 = 0$ aus (2.4.28) bis (2.4.32) zu

$$s_{\text{kipp}} = \frac{s_{\text{kipp0}}}{\lambda_g} \tag{2.4.35}$$

$$M_{\text{kipp}} = M_{\text{kipp0}} = \frac{3p}{\omega_{1N}} \frac{U_{1\text{str N}}^2}{2X_\varnothing} \tag{2.4.36}$$

$$\frac{M}{M_{\text{kipp}}} = \frac{2}{\dfrac{s}{s_{\text{kipp}}} + \dfrac{s_{\text{kipp}}}{s}} \tag{2.4.37}$$

$$n_0 - n_{\text{kipp}} = n_0 s_{\text{kipp}} = \Delta n_{\text{kipp}} = n_{0N} s_{\text{kipp0}} = \Delta n_{\text{kipp0}}. \tag{2.4.38}$$

Wenn man in (2.4.38) die Drehzahldifferenz $n_0 - n$ zwischen der synchronen Drehzahl und der Läuferdrehzahl entsprechend $n_0 - n = s n_0 = \Delta n$ einführt, folgt

$$\frac{s}{s_{\text{kipp}}} = \frac{\Delta n}{\Delta n_{\text{kipp}}}$$

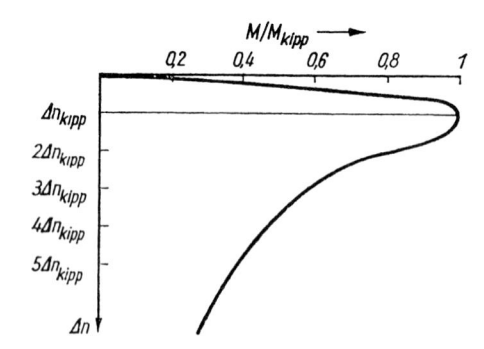

Bild 2.4.10 Drehzahl-Drehmoment-Kennlinie in der Form $\Delta n = f(M/M_{\text{kipp}})$ für alle Werte von λ_g bei Einhaltung der Steuerbedingung nach (2.4.33), d. h. für $\hat{\psi}_1 = \hat{\psi}_{1N} = \hat{u}'_{1N}/\omega_{1N} = $ konst.

und damit

$$\frac{M}{M_{\text{kipp}}} = \frac{2}{\dfrac{\Delta n}{\Delta n_{\text{kipp}}} + \dfrac{\Delta n_{\text{kipp}}}{\Delta n}} \;.\qquad(2.4.39)$$

Die Funktion $M/M_{\text{kipp}} = f(\Delta n)$ ist keine Funktion der zur jeweiligen Frequenz gehörenden Leerlaufdrehzahl n_0, da sowohl Δn_{kipp} nach (2.4.38) als auch M_{kipp} nach (2.4.36) unabhängig von n_0 sind. Man erhält einen Verlauf, wie er im Bild 2.4.10 dargestellt ist. Die dem Bild 2.4.8 entsprechende Darstellung einer Schar von Drehzahl-Drehmoment-Kennlinien für verschiedene Werte von $\lambda_{\text{g}} = f_1/f_{1\text{N}}$ zeigt Bild 2.4.11.

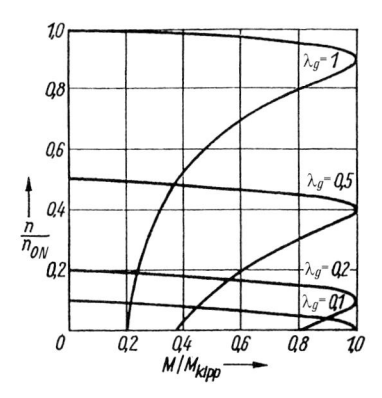

Bild 2.4.11 Drehzahl-Drehmoment-Kennlinien in der Form $n/n_{0\text{N}} = f(M/M_{\text{kipp}})$ für verschiedene Werte des Frequenzverhältnisses λ_{g} bei Einhaltung der Steuerbedingung nach (2.4.33), d. h. für $\hat{\psi}_1 = \hat{\psi}_{1\text{N}} = \hat{u}'_{1\text{N}}/\omega_{1\text{N}} = \text{konst.}$, mit $R_2/X_\varnothing = 0{,}1$ (vgl. Bild 2.4.8). $n_{0\text{N}}$ synchrone Drehzahl bei Bemessungsfrequenz

2.4.3
Betrieb mit nicht sinusförmigen Strömen und Spannungen

Ein Betrieb am Netz nicht sinusförmiger Spannungen kann für jede Induktionsmaschine dadurch eintreten, dass die Netzspannung unter dem Einfluss benachbarter, leistungsstarker Stromrichteranlagen verzerrt wird. Ausgeprägte nicht sinusförmige Ströme und Spannungen sind ferner für solche Induktionsmaschinen zu erwarten, die selbst über einen Umrichter betrieben werden, um mit Hilfe der Frequenz die Drehzahl zu stellen. Das gleiche gilt, wenn ein Drehstromsteller vorgeschaltet wird, der zur Strombegrenzung im Anlauf dient oder bei kleinen Leistungen eine gewisse Drehzahlstellung durch Spannungsänderung ermöglicht. Dabei entstehen – je nach Art und Ausführung der vorgeschalteten Stromrichteranordnung – spezifische Verläufe der Ströme und Spannungen, die sich mit Hilfe der Fourier-Analyse in Folgen von Sinusgrößen zerlegen lassen. Durch die Stromrichteranordnung sind entweder die Spannungen oder die Ströme vorgegeben. Die Verläufe der jeweils anderen Größen werden durch das Verhalten der Induktionsmaschine bestimmt. Die prinzipiell durch das Vorhandensein nicht sinusförmiger Ströme und Spannungen auftretenden Erscheinungen sind unabhängig von der spezifischen Form der Verzerrung. Sie werden auf der Grundlage des Prinzips der Hauptwellenverkettung weitgehend erfasst.

Damit gelten die allgemeinen Beziehungen der Induktionsmaschine, die im Abschnitt 2.1 entwickelt wurden. Insbesondere bietet es sich an, die Analyse des Betriebsverhaltens unter Verwendung komplexer Augenblickswerte durchzuführen. Die Erscheinungen, die von den räumlichen Oberwellen der zeitlichen Oberschwingungen herrühren, sind zunächst von zweiter Ordnung. Sie können allerdings im Zusammenhang mit der Anregung magnetischer Geräusche Bedeutung haben.

2.4.3.1 Einführung komplexer Augenblickswerte der Veränderlichen

Der Verlauf einer Größe g_{1a} des Ständerstrangs a lässt sich allgemein darstellen als

$$g_{1a}(t) = g_1(t) = \sum_\lambda \hat{g}_{1,\lambda} \cos(\lambda\omega_1 t + \varphi_{\mathrm{g}1,\lambda}) \, . \tag{2.4.40a}$$

Unter Voraussetzung symmetrischer Verhältnisse, d. h. bei gleichem zeitlichen Verlauf innerhalb einer Periode, gilt dann für die zugeordneten Größen der Stränge b und c

$$g_{1b}(t) = g_1\left(t - \frac{2\pi}{3\omega_1}\right) = \sum_\lambda \hat{g}_{1,\lambda} \left(\lambda\omega_1 t + \varphi_{\mathrm{g}1,\lambda} - \lambda\frac{2\pi}{3}\right) \tag{2.4.40b}$$

$$g_{1c} = g_1\left(t - \frac{4\pi}{3\omega_1}\right) = \sum_\lambda \hat{g}_{1,\lambda} \left(\lambda\omega_1 t + \varphi_{\mathrm{g}1,\lambda} - \lambda\frac{4\pi}{3}\right) \, . \tag{2.4.40c}$$

Daraus leiten sich unmittelbar folgende Aussagen für die einzelnen Oberschwingungen ab (vgl. Bd. *Grundlagen elektrischer Maschinen*, Abschn. 1.4.2.3):

– Wenn λ durch 3 teilbar ist, sind die Oberschwingungen der drei Stränge phasengleich; ihre Summe ist in diesem Fall nicht Null, so dass derartige Oberschwingungen nur dann auftreten können, wenn ein Sternpunkt vorhanden und angeschlossen ist, was allerdings bei Induktionsmaschinen praktisch nie der Fall ist.
– Wenn $(\lambda - 1)$ durch 3 teilbar ist, bilden die Oberschwingungen der drei Stränge ein symmetrisches Dreiphasensystem mit positiver Phasenfolge.
– Wenn $(\lambda + 1)$ durch 3 teilbar ist, erhält man ein symmetrisches Dreiphasensystem mit negativer Phasenfolge.

Darüber hinaus schränken die Symmetrieeigenschaften von $g_1(t)$ die auftretenden Ordnungszahlen ein. Insbesondere treten bei Vorliegen der Symmetrieeigenschaft $g_1(\omega_1 t + \pi) = -g_1(\omega_1 t)$ nur Oberschwingungen mit ungerader Ordnungszahl auf. Dieser Fall ist i. Allg. gegeben; er wird deshalb im Folgenden vorausgesetzt. Wenn gleichzeitig kein angeschlossener Sternpunkt vorhanden ist, treten neben der Grundschwingung nur Oberschwingungen der Ordnungszahlen

$$\lambda = 6g \pm 1 \quad \text{mit } g \in \mathbb{N} \tag{2.4.41}$$

auf. Dabei liefert das positive Vorzeichen entsprechend den oben angestellten Überlegungen Oberschwingungen, die ein Dreiphasensystem mit positiver Phasenfolge bilden, während das negative Vorzeichen auf Oberschwingungen mit negativer Phasenfolge führt.

Der komplexe Augenblickswert einer Ständergröße, die in Ständerkoordinaten beschrieben wird, folgt aus (1.8.36a), Seite 232, durch Einführen von (2.4.40a,b,c) unter Beachtung der im Abschnitt 2.1.4, Seite 302, entwickelten Beziehungen unmittelbar zu

$$\vec{g}_1^S = \hat{g}_{1,1}e^{j(\omega_1 t+\varphi_{g1,1})} + \hat{g}_{1,5}e^{-j(5\omega_1 t+\varphi_{g1,5})} + \hat{g}_{1,7}e^{j(7\omega_1 t+\varphi_{g1,7})} + \ldots$$
$$= \sum_\lambda \vec{g}_{1,\lambda}^S = \sum_\lambda \hat{g}_{1,\lambda}e^{\pm j(\omega_1 t+\varphi_{g1,\lambda})} \quad (2.4.42)$$

mit λ nach (2.4.41). Dabei gilt das positive Vorzeichen für Harmonische mit positiver Phasenfolge und das negative für solche mit negativer Phasenfolge.

Wenn man als g_{1a}, g_{1b} und g_{1c} in (2.4.40a,b,c) die Ströme der Ständerstränge betrachtet, erhält man über (2.4.42) den komplexen Augenblickswert $\vec{i}_1^S$ der Ständerströme. Dieser ist entsprechend den Überlegungen im Abschnitt 1.8.1.5, Seite 232, unmittelbar proportional zur komplexen Darstellung der Durchflutungshauptwelle des Ständers, wie sie im Abschnitt 1.5.2.5, Seite 82, eingeführt wurde. Damit erhält man mit (1.8.40a) und (1.8.41a) bzw. mit (1.8.39a) für die Durchflutungshauptwelle der nicht sinusförmigen Strangströme

$$\Theta_p(\gamma_1, t) = \sum_\lambda \frac{3}{2}\frac{4}{\pi}\frac{(w\xi_p)_1}{2p}\hat{i}_{1,\lambda}\cos(\gamma_1 \mp \lambda\omega_1 t \mp \varphi_{i1,\lambda}), \quad (2.4.43)$$

d. h. eine Folge von Drehwellen mit der Ordnungszahl $\nu = \nu'/p = 1$. Die Oberschwingung der Ströme mit der Ordnungszahl λ ruft eine Durchflutungshauptwelle hervor, die im Koordinatensystem des Ständers mit der Kreisfrequenz $\lambda\omega_1$ induziert und mit der Drehzahl λn_0 bei positiver Phasenfolge bzw. der Drehzahl $-\lambda n_0$ bei negativer Phasenfolge umläuft.

Wenn man die Ständergrößen in Netzkoordinaten beschreibt, d. h. in einem Koordinatensystem mit $\vartheta_K = \omega_1 t$, erhält man aus (2.4.42) mit (2.1.30a,b), Seite 290,

$$\vec{g}_1^N = \hat{g}_{1,1}e^{j\varphi_{g1,1}} + \hat{g}_{1,5}e^{-j(6\omega_1 t+\varphi_{g1,5})} + \hat{g}_{1,7}e^{j(6\omega_1 t+\varphi_{g1,7})}$$
$$+\hat{g}_{1,11}e^{-j(12\omega_1 t+\varphi_{g1,11})} + \hat{g}_{1,13}e^{j(12\omega_1 t+\varphi_{g1,13})} + \ldots$$
$$= \sum_\lambda \vec{g}_{1,\lambda}^N = \sum_\lambda \hat{g}_{1,\lambda}e^{\pm j[(\lambda \mp 1)\omega_1 t+\varphi_{g1,\lambda}]}. \quad (2.4.44)$$

Dabei gilt für die Ordnungszahlen der Oberschwingungen (2.4.41), wobei die oberen Vorzeichen jeweils für positive und die unteren Vorzeichen für negative Phasenfolge gelten. Schließlich erhält man als Darstellung in Läuferkoordinaten mit $\vartheta_K = \vartheta = (1-s)\omega_1 t$, d. h. unter der Voraussetzung $\vartheta_0 = 0$,

$$\vec{g}_1^{\mathrm{L}} = \hat{g}_{1,1}\mathrm{e}^{\mathrm{j}\varphi_{\mathrm{g}1,1}}\mathrm{e}^{\mathrm{j}s\omega_1 t} + \hat{g}_{1,5}\mathrm{e}^{-\mathrm{j}[(6-s)\omega_1 t+\varphi_{\mathrm{g}1,5}]} + \hat{g}_{1,7}\mathrm{e}^{\mathrm{j}[(6+s)\omega_1 t+\varphi_{\mathrm{g}1,7}]}$$
$$+ \hat{g}_{1,11}\mathrm{e}^{-\mathrm{j}[(12-s)\omega_1 t+\varphi_{\mathrm{g}1,11}]} + \hat{g}_{1,13}\mathrm{e}^{\mathrm{j}[(12+s)\omega_1 t+\varphi_{\mathrm{g}1,13}]} + \ldots$$
$$= \sum_\lambda \vec{g}_{1,\lambda}^{\mathrm{L}} = \sum_\lambda \hat{g}_{1,\lambda}\mathrm{e}^{\pm\mathrm{j}[\lambda\omega_1 t \mp (1-s)\omega_1 t+\varphi_{\mathrm{g}1,\lambda}]} \ . \tag{2.4.45}$$

2.4.3.2 Allgemeine Aussagen des Gleichungssystems für komplexe Augenblickswerte

Wenn die Variablen des Ständers und des Läufers im gleichen Koordinatensystem beschrieben werden, gelten die Spannungsgleichungen (2.1.32a,b), Seite 291, und die Flussverkettungsgleichungen (2.1.33a,b) unter Beachtung der vom gewählten Koordinatensystem abhängigen Beziehung für $\mathrm{d}\vartheta_{\mathrm{K}}/\mathrm{d}t$. Dieses Gleichungssystem ist linear. Daraus folgt als erste Erkenntnis, dass die Läufergrößen bei dieser Darstellung jeweils gleiche Komponenten hinsichtlich der Zeitabhängigkeit aufweisen müssen wie die Ständergrößen. Mit diesem Ansatz zerfällt das System der Spannungs- und Flussverkettungsgleichungen (2.1.32a,b) und (2.1.33a,b) durch Einführen der komplexen Veränderlichen nach (2.4.42) oder (2.4.44) oder (2.4.45) in je ein Gleichungssystem für die einzelnen Harmonischen. Das führt für die Grundschwingung auf das im Abschnitt 2.1.5, Seite 304, entwickelte Gleichungssystem (2.1.79a,b). Für die Oberschwingungen erhält man analog dazu aufgebaute Beziehungen.

Aus der Darstellung in Läuferkoordinaten nach (2.4.45) erkennt man, dass sich die Kreisfrequenz der Läufergrößen herrührend von einer Schwingung der Ordnungszahl λ im gesamten Bereich vom Leerlauf mit $s = 0$ bis zum Stillstand mit $s = 1$ zwischen $(\lambda - 1)\omega_1$ und $\lambda\omega_1$ bei positiver Phasenfolge und zwischen $(\lambda + 1)\omega_1$ und $\lambda\omega_1$ bei negativer Phasenfolge ändert. Das folgt auch unmittelbar aus einer Betrachtung der zugeordneten Luftspaltfelder. Für die Oberschwingung mit der niedrigsten Ordnungszahl von z. B. $\lambda = 5$ ändert sich die Läuferkreisfrequenz von $6\omega_1$ bei $s = 0$ auf $5\omega_1$ bei $s = 1$. Die relative Änderung wird mit zunehmender Ordnungszahl immer kleiner. Man kann daher in guter Näherung sagen, dass die Strom-Spannungs-Beziehungen für die Oberschwingungen zwischen Leerlauf und Stillstand der Maschine unabhängig vom Schlupf sind und jenen Beziehungen entsprechen, die im Stillstand gelten.

Die Beziehungen für das Drehmoment sind allgemein durch (2.1.7a,b), Seite 286, bzw. (2.1.34), Seite 291, gegeben. Sie lassen erkennen, dass prinzipiell jede Harmonische entsprechend $\mathrm{Im}\{\vec{\psi}_{1,\lambda}^{\mathrm{K}} \vec{i}_{1,\lambda}^{\mathrm{K}*}\}$ bzw. $\mathrm{Im}\{\vec{\psi}_{2,\lambda}^{\mathrm{K}} \vec{i}_{2,\lambda}^{\mathrm{K}*}\}$ ein zeitlich konstantes asynchrones Drehmoment liefert. Insbesondere erhält man aus den Komponenten der Grundschwingung das Drehmoment, das die Analyse des stationären Betriebs am symmetrischen Netz sinusförmiger Spannungen liefert. Außerdem ist zu erwarten, dass aus dem Zusammenwirken von Harmonischen der Flussverkettung und solchen des Stroms mit unterschiedlichen Ordnungszahlen Pendelmomente entstehen.

Die asynchronen Drehmomente der Oberschwingungen liefern einen positiven Beitrag zum Drehmoment, wenn eine positive Phasenfolge vorliegt, und einen negativen Beitrag bei negativer Phasenfolge. Der Betrag der Drehmomentanteile ist zwischen Leerlauf und Stillstand der Maschine entsprechend der Unveränderlichkeit der Läuferfrequenz praktisch konstant. Ferner ist zu beachten, dass die Oberschwingungen stets Paare aufeinander folgender ungerader Ordnungszahlen mit einer positiven und einer negativen Phasenfolge bilden. Da sich deren Amplituden i. Allg. nicht stark unterscheiden werden, ist zu erwarten, dass sich ihre asynchronen Drehmomente weitgehend gegeneinander aufheben.

Die Oberschwingungen der Ströme und Spannungen liefern entsprechend den voranstehenden Überlegungen praktisch keinen Betrag zum mittleren Drehmoment. Dieses wird allein von den Grundschwingungsanteilen entwickelt. Die Oberschwingungen der Ströme rufen jedoch in den Wicklungen von Ständer und Läufer zusätzliche Verluste hervor. Dabei ist zu beachten, dass entsprechend der hohen Frequenz dieser Oberschwingungen merkliche Stromverdrängungserscheinungen auftreten. Außerdem kommt es zu einer Vergrößerung der Ummagnetisierungsverluste sowie zu spezifischen Erhöhungen der weiteren zusätzlichen Verluste. Bei Betrieb mit nicht sinusförmigen Strömen und Spannungen werden die Gesamtverluste in der Maschine deshalb größer als bei Betrieb am Netz sinusförmiger Spannungen. Um die Erwärmung in zulässigen Grenzen zu halten, kann es erforderlich sein, die Leistung herabzusetzen.

2.4.3.3 Sonderfall verschwindender Läuferflussverkettungen für die Oberschwingungen

Aus der Spannungsgleichung des Läufers (2.1.32b), Seite 291, folgt bei der Darstellung in Läuferkoordinaten mit $\mathrm{d}\vartheta/\mathrm{d}t = \mathrm{d}\vartheta_\mathrm{K}/\mathrm{d}t$ unter Beachtung von $\vec{u}_2^\mathrm{L} = 0$

$$0 = R_2 \vec{i}_2^\mathrm{L} + \frac{\mathrm{d}\vec{\psi}_2^\mathrm{L}}{\mathrm{d}t} \ . \tag{2.4.46}$$

Wenn die Frequenz f_1 nicht zu klein ist, besitzen alle Oberschwingungen der Läufergrößen entsprechend (2.4.45) im Arbeitsbereich zwischen Leerlauf und Stillstand so hohe Frequenzen, dass aus (2.4.46) für $\lambda > 1$ folgt

$$\vec{\psi}_{2,\lambda}^\mathrm{L} = 0 \ . \tag{2.4.47}$$

Damit erhält man für die Läuferflussverkettung in Netzkoordinaten

$$\vec{\psi}_2^\mathrm{N} = \hat{\psi}_{2,1} \mathrm{e}^{\mathrm{j}\varphi_{\psi_{2,1}}} \ . \tag{2.4.48}$$

Die Spannungsgleichung des Ständerstrangs a für eine Oberschwingung der Ordnungszahl λ bei Betrieb mit der Grundschwingungsfrequenz $f_1 = \lambda_\mathrm{g} f_{1\mathrm{N}}$ erhält man ausgehend von (2.1.32a,b) und (2.1.33a,b) mit $\vec{\psi}_{2,\lambda}^\mathrm{L} = 0$ unter Beachtung der Beziehungen zur komplexen Darstellung der Stranggrößen, wie sie im Abschnitt 2.1.4, Seite 302, abgeleitet wurden, zu

$$\boxed{\begin{aligned} \underline{u}_{1,\lambda} &= R_1 \underline{i}_{1,\lambda} + \mathrm{j}\lambda\omega_1 \left(L_{11} - \frac{L_{12}^2}{L_{22}}\right) \underline{i}_{1,\lambda} \\ &= (R_1 + \mathrm{j}\lambda\lambda_\mathrm{g} X_\mathrm{i}) \underline{i}_{1,\lambda} \approx \mathrm{j}\lambda\lambda_\mathrm{g} X_\mathrm{i} \underline{i}_{1,\lambda} \end{aligned}} \ . \tag{2.4.49}$$

Dabei wurde die Gesamtstreureaktanz $X_i = \omega_{1N} L_i$ entsprechend (2.3.5), Seite 328, eingeführt. Die Beziehung (2.4.49) bringt zum Ausdruck, dass sich die Induktionsmaschine im interessierenden Arbeitsbereich $0 < s < 1$ bei nicht zu kleiner Grundschwingungsfrequenz f_1 gegenüber allen Oberschwingungen im idealen Kurzschluss befindet. Dem entspricht aus Sicht der Luftspaltfelder, dass der Läufer auf ein Oberschwingungs-Hauptwellenfeld des Ständers mit einem genau entgegengerichteten Feld reagiert. Das Läuferfeld ist also gegenüber dem Ständerfeld um genau eine Polteilung verschoben. Das resultierende Feld ist gegenüber dem Ständerfeld also durch den Einfluss des Läufers nur in der Amplitude reduziert, jedoch nicht verschoben. Die dem Läuferfeld zugeordnete Strombelagswelle des Läufers ist gegenüber der resultierenden Induktionswelle um eine halbe Polteilung versetzt, so dass entsprechend (1.7.60b), Seite 177, durch das Oberschwingungs-Hauptwellenfeld selbst kein Drehmoment entwickelt wird. Zum gleichen Ergebnis kommt man natürlich über (2.1.7b), Seite 286, bzw. (2.1.34), Seite 291, mit $\vec{\psi}_{2,\lambda}^{L} = 0$.

Für das Drehmoment erhält man ausgehend von (2.1.34), wenn $\vec{\psi}_2^N$ mit Hilfe von (2.1.47), Seite 295, durch

$$\vec{\psi}_1^N = \left(L_{11} - \frac{L_{12}^2}{L_{22}}\right)\vec{i}_1^N + \frac{L_{12}}{L_{22}}\vec{\psi}_2^N$$

ersetzt wird,

$$m = -\frac{3}{2}p\frac{L_{12}}{L_{22}}\,\mathrm{Im}\{\vec{\psi}_2^N \vec{i}_1^{N*}\}\;.$$

Dabei ist $\vec{\psi}_2^N$ durch (2.4.48) gegeben, und $\vec{i}_1^{N*}$ lässt sich entsprechend (2.4.44) darstellen. Damit wird

$$\boxed{m = \pm\frac{3}{2}p\frac{L_{12}}{L_{22}}\hat{\psi}_{2,1}\sum_\lambda \hat{i}_{1,\lambda}\sin[(\lambda \mp 1)\omega_1 t + \varphi_{i1,\lambda} \mp \varphi_{\psi 2,1}]}\;, \qquad (2.4.50)$$

wobei die unteren Vorzeichen jeweils wieder für die Ordnungszahlen der Oberschwingungen mit negativer Phasenfolge gelten. Ausgeschrieben erhält man für die ersten Glieder der Reihe

$$m = \frac{3}{2}p\frac{L_{12}}{L_{22}}\hat{\psi}_{2,1}\hat{i}_{1,1}\sin(\varphi_{i1,1}-\varphi_{\psi 2,1}) - \frac{3}{2}p\frac{L_{12}}{L_{22}}\hat{\psi}_{2,1}\hat{i}_{1,5}\sin(6\omega_1 t + \varphi_{i1,5} + \varphi_{\psi 2,1})$$
$$+\frac{3}{2}p\frac{L_{12}}{L_{22}}\hat{\psi}_{2,1}\hat{i}_{1,7}\sin(6\omega_1 t + \varphi_{i1,7} - \varphi_{\psi 2,1}) \mp \ldots\;.$$

Es treten demnach außer dem zeitlich konstanten Drehmoment der Grundschwingung Pendelmomente der Frequenz

$$f_M = \lambda_M f_1 \qquad (2.4.51)$$

auf, wobei für die Ordnungszahl λ_M mit (2.4.41) gilt

$$\lambda_M = 6g \text{ mit } g \in \mathbb{N}\;.$$

Diese Pendelmomente entsprechen – abgesehen davon, dass sie durch Hauptwellenfelder erzeugt werden – den im Abschnitt 1.7.5, Seite 202, beschriebenen synchronen Oberwellenmomenten für Betriebspunkte außerhalb ihrer synchronen Drehzahl. Sie führen zu Drehzahlpendelungen, wenn sie Torsionseigenfrequenzen des Läufersystems anregen oder wenn die Frequenz f_1 der Grundschwingung sehr klein wird, so dass das Läufersystem als starrer Körper spürbare Pendelbewegungen ausführt. Dabei erhält man aufgrund der Sinusförmigkeit der Pendelmomente ausgehend von (1.7.130), Seite 213, für die Amplitude der Drehzahlpendelung

$$\hat{n} = \frac{\hat{m}_{\lambda M}}{2\pi J \lambda_M \omega_1} \; . \tag{2.4.52}$$

Wenn die Frequenz f_1 der Grundschwingung nicht mehr als sehr klein angesehen werden kann, erhält man Pendelmomente mit großer Frequenz. Drehzahlpendelungen des Läufers als Ganzes sind dann entsprechend (2.4.52) nicht zu erwarten. Es muss aber daran gedacht werden, dass jedes Drehmoment über Umfangskräfte entsteht, die am Läufer angreifen. Dem Pendelmoment großer Frequenz sind also Umfangskräfte großer Frequenz zugeordnet. Derartige Kräfte werden auch an den Stäben des Kurzschlusskäfigs außerhalb des Blechpakets angreifen und können diese zu Schwingungen anregen. Dabei besteht die Gefahr, dass Resonanzerscheinungen auftreten.

Frequenzumrichter für Induktionsmaschinen werden heute durchweg mit Spannungszwischenkreis und einem Pulswechselrichter ausgeführt, der mit Pulsfrequenzen von mehreren kHz arbeitet. Mit einer geeigneten Ansteuerung des Wechselrichters lässt sich dabei erreichen, dass die niedrigsten Oberschwingungsfrequenzen und damit auch die Frequenzen der Drehmomentpulsationen in der Nähe der Pulsfrequenz liegen.

2.4.4
Einphasenbetrieb

Der Einphasenbetrieb der Dreiphasen-Induktionsmaschine[11] kann einerseits durch Unterbrechung einer Zuleitung als Störung auftreten. Andererseits wird er bewusst herbeigeführt, um eine Dreiphasenmaschine am Einphasennetz zu betreiben. Im zweiten Fall nutzt man das Vorhandensein von drei Wicklungssträngen, um das Betriebsverhalten mit Hilfe einer zusätzlichen Einspeisung über ein äußeres Schaltelement zu verbessern. Insbesondere lassen sich auf diese Weise endliche Werte des Anzugsmoments erzielen. Für die Analyse des Betriebsverhaltens bietet sich die Methode der symmetrischen Komponenten an (s. Abschn. 2.4.1, S. 356).

---

[11] Einphasen-Induktionsmaschinen, die i. Allg. zwei Stränge aufweisen, werden im Abschnitt 5.1, Seite 665, behandelt.

2.4.4.1 Rein einachsiger Betrieb

Die Betriebsbedingungen für den reinen Einphasenbetrieb im Fall der Sternschaltung und einer Unterbrechung der Zuleitung zum Strang a wurden bereits im Abschnitt 2.4.1.2, Seite 361, ausgehend von Bild 2.4.3, als (2.4.16a,b,c) formuliert und als (2.4.17a–d) in die entsprechenden Aussagen für die symmetrischen Komponenten überführt. Die Spannungsgleichungen für das Mit- und das Gegensystem erhält man, entsprechend den Überlegungen im Abschnitt 2.4.1.1, unmittelbar aus denen für den normalen stationären Betrieb, wenn die unterschiedlichen Frequenzen der Läufergrößen Beachtung finden. Da Maschinen mit Käfigläufern betrachtet werden, ist $\underline{u}_2 = 0$, und es kann mit $\vartheta_0 = 0$ gerechnet werden. Damit erhält man aus (2.1.79a,b), Seite 305, für das Mitsystem

$$\underline{u}_{1m} = R_1 \underline{i}_{1m} + jX_{11}\underline{i}_{1m} + jX_{12}\underline{i}_{2m} \tag{2.4.53a}$$

$$0 = \frac{R_2}{s}\underline{i}_{2m} + jX_{22}\underline{i}_{2m} + jX_{12}\underline{i}_{1m} \tag{2.4.53b}$$

und für das Gegensystem

$$\underline{u}_{1g} = R_1 \underline{i}_{1g} + jX_{11}\underline{i}_{1g} + jX_{12}\underline{i}_{2g} \tag{2.4.54a}$$

$$0 = \frac{R_2}{2-s}\underline{i}_{2g} + jX_{22}\underline{i}_{2g} + jX_{12}\underline{i}_{1g} \, . \tag{2.4.54b}$$

Die beiden Ständerspannungsgleichungen liefern als Spannungsgleichung der vorliegenden Hintereinanderschaltung der Stränge b und c nach Bild 2.4.3, Seite 362, entsprechend (2.4.17a–d)

$$\underline{u}_{1I} = 2(R_1 + jX_{11})\underline{i}_{1I} + X_{12}\sqrt{3}(\underline{i}_{2m} - \underline{i}_{2g}) \, . \tag{2.4.55a}$$

Die beiden Läuferspannungsgleichungen gehen unter Beachtung von (2.4.17a,b,c) über in

$$0 = \left(\frac{R_2}{s} + jX_{22}\right)\underline{i}_{2m} - X_{12}\frac{1}{\sqrt{3}}\underline{i}_{1I} \tag{2.4.55b}$$

$$0 = \left(\frac{R_2}{2-s} + jX_{22}\right)\underline{i}_{2g} + X_{12}\frac{1}{\sqrt{3}}\underline{i}_{1I} \, . \tag{2.4.55c}$$

Aus (2.4.55a,b,c) lassen sich die Spannungsgleichungen mit transformierten Läufergrößen auf Basis des reellen Übersetzungsverhältnisses $\ddot{u}_h = (w\xi_p)_1/(w\xi_p)_2$ analog zum Vorgehen im Abschnitt 2.1.7.1, Seite 309, entwickeln. Mit $X_{11} = X_{\sigma 1} + X_h$ und $X_{12} = (1/\ddot{u}_h)\xi_{\text{schr,p}}X_h$ entsprechend (1.8.11a,b,c), Seite 225, sowie mit $\tilde{X}_{\sigma 1} = X_{\sigma 1} + (1 - \xi_{\text{schr,p}})X_h$ und $\tilde{X}_h = \xi_{\text{schr,p}}X_h$ nach (2.1.93), Seite 310, erhält man aus (2.4.55a)

$$\boxed{\underline{u}_{1I} = 2(R_1 + j\tilde{X}_{\sigma 1})\underline{i}_{1I} + j\tilde{X}_h(\underline{i}_{1I} + \underline{i}'_{2m}) + j\tilde{X}_h(\underline{i}_{1I} + \underline{i}'_{2g})} \, . \tag{2.4.56}$$

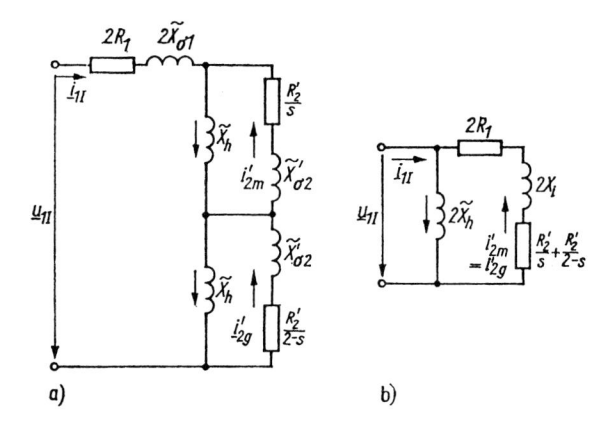

Bild 2.4.12 Ersatzschaltbild für den reinen Einphasenbetrieb der Dreiphasen-Induktionsmaschine entsprechend den Spannungsgleichungen (2.4.56) und (2.4.58a,b) mit transformierten Läufergrößen auf Basis des reellen Übersetzungsverhältnisses $ü_\mathrm{h}$.
a) Vollständige Form;
b) vereinfachte Form für $s > 0{,}1$

Dabei wurden die transformierten Läufergrößen eingeführt als

$$\underline{i}'_{2\mathrm{m}} = -\mathrm{j}\frac{\sqrt{3}}{ü_\mathrm{h}}\underline{i}_{2\mathrm{m}} \qquad (2.4.57\mathrm{a})$$

$$\underline{i}'_{2\mathrm{g}} = \mathrm{j}\frac{\sqrt{3}}{ü_\mathrm{h}}\underline{i}_{2\mathrm{g}} \qquad (2.4.57\mathrm{b})$$

Damit gehen die beiden Läuferspannungsgleichungen (2.4.55b,c) unter Beachtung von $X_{22} = X_{\sigma 2} + (1/ü_\mathrm{h}^2)X_\mathrm{h}$ entsprechend (1.8.11a,b,c) sowie mit $R'_2 = ü_\mathrm{h}^2 R_2$ und $\tilde{X}'_{\sigma 2} = ü_\mathrm{h}^2 X_{\sigma 2} + (1 - \xi_{\mathrm{schr,p}})X_\mathrm{h}$ nach (2.1.90) und (2.1.92) über in

$$0 = \left(\frac{R'_2}{s} + \mathrm{j}\tilde{X}'_{\sigma 2}\right)\underline{i}'_{2\mathrm{m}} + \mathrm{j}\tilde{X}_\mathrm{h}(\underline{i}_{1\mathrm{I}} + \underline{i}'_{2\mathrm{m}}) \qquad (2.4.58\mathrm{a})$$

$$0 = \left(\frac{R'_2}{2-s} + \mathrm{j}\tilde{X}'_{\sigma 2}\right)\underline{i}'_{2\mathrm{g}} + \mathrm{j}\tilde{X}_\mathrm{h}(\underline{i}_{1\mathrm{I}} + \underline{i}'_{2\mathrm{g}}) \qquad (2.4.58\mathrm{b})$$

Die Beziehungen (2.4.56) und (2.4.58a,b) befriedigen das Ersatzschaltbild 2.4.12a. Für nicht zu kleine Werte des Schlupfs von $s > 0{,}1$ können die Querglieder $\tilde{X}_\mathrm{h}$ näherungsweise auch unmittelbar an den Klemmen angeordnet werden. Man erhält das genäherte Ersatzschaltbild 2.4.12b, wobei entsprechend (2.3.7), Seite 328, die Gesamtstreureaktanz mit $2(1 - \xi_{\mathrm{schr,p}})X_\mathrm{h} \approx (1 - \xi_{\mathrm{schr,p}}^2)X_\mathrm{h} = \sigma_{\mathrm{schr}}X_\mathrm{h}$ als $X_\mathrm{i} \approx \tilde{X}_{\sigma 1} + \tilde{X}'_{\sigma 2}$ eingeführt wurde.

Aus (2.4.56) und (2.4.58a,b) bzw. mit Hilfe der zugeordneten Ersatzschaltbilder können die Ströme $\underline{i}_{1\mathrm{I}}$, $\underline{i}'_{2\mathrm{m}}$ und $\underline{i}'_{2\mathrm{g}}$ für einen gegebenen Schlupf s berechnet werden. Das

Drehmoment erhält man unter Beachtung von (2.4.57a,b) aus (2.4.15), Seite 362. Eine einfache geschlossene Beziehung für die Schlupf-Drehmoment-Kennlinie $M(s)$ lässt sich auf diesem Weg nicht gewinnen. Im Folgenden werden deshalb einige Eigenschaften der Funktion $M(s)$ ermittelt.

Für $s = 1$ folgt aus (2.4.58a,b) bzw. aus dem Ersatzschaltbild 2.4.12, dass $\underline{i}'_{2m} = \underline{i}'_{2g}$ und damit $I_{2m} = I_{2g}$ ist. Damit erhält man aus (2.4.15) die Aussage $M_a = 0$, d. h. es wird kein Anzugsmoment entwickelt. Wenn die Maschine von außen auf eine gewisse Drehzahl $n > 0$, d. h. auf $s < 1$, gebracht wird, bleibt zwar zunächst $\underline{i}'_{2g} \approx \underline{i}'_{2m}$; es überwiegt jedoch die Wirkung der Mitkomponente des Stroms im Drehmoment nach (2.4.15), so dass die Maschine ein positives, in Richtung der eingeleiteten Drehbewegung wirkendes Drehmoment entwickelt. Für $s = 0$ verschwindet die Mitkomponente $\underline{i}'_{2m}$ des Läuferstroms, während die Gegenkomponenten $\underline{i}'_{2g}$ einen endlichen Wert behält. Dadurch wird bei synchroner Drehzahl ein negatives Drehmoment entwickelt. Der Verlauf $M = M(s)$, der unterhalb $s = 1$ positive Werte hat, muss demnach bei einem Schlupf zwischen $s = 1$ und $s = 0$ durch Null gehen. Praktisch geschieht dies in der Nähe des Synchronismus, d. h. bei einem kleinen positiven Wert des Leerlaufschlupfs s_0. Zwischen $s = s_0$ und $s = 1$ bildet sich ein Kippmoment aus.

Quantitative Aussagen über den Verlauf der Schlupf-Drehmoment-Kennlinie lassen sich mit Hilfe von (2.4.14) ermitteln. Dazu ist es erforderlich, die Verhältnisse $U_{1m}/U_{\text{str 1N}}$ und $U_{1g}/U_{\text{str 1N}}$ zu bestimmen. Man erhält sie aus den Betriebsbedingungen für die symmetrischen Komponenten nach (2.4.17a–d), die mit Hilfe der allgemeinen Beziehungen zwischen Strom und Spannung des Mitsystems nach (2.4.2a,b), Seite 358, und jener des Gegensystems nach (2.4.5a,b) übergehen in

$$\underline{u}_{1m} - \underline{u}_{1g} = j\frac{\underline{u}_{1I}}{\sqrt{3}} \,. \tag{2.4.59a}$$

$$\underline{i}_{1m} + \underline{i}_{1g} = \underline{Y}_m \underline{u}_{1m} + \underline{Y}_g \underline{u}_{1g} = 0 \,. \tag{2.4.59b}$$

Daraus folgt unmittelbar

$$\underline{u}_{1m} = j\frac{\underline{u}_{1I}}{\sqrt{3}} \frac{\underline{Y}_g}{\underline{Y}_m + \underline{Y}_g} = j\frac{\underline{u}_{1I}}{\sqrt{3}} \frac{\underline{Z}_m}{\underline{Z}_m + \underline{Z}_g} \tag{2.4.60a}$$

$$\underline{u}_{1g} = -j\frac{\underline{u}_{1I}}{\sqrt{3}} \frac{\underline{Y}_m}{\underline{Y}_m + \underline{Y}_g} = -j\frac{\underline{u}_{1I}}{\sqrt{3}} \frac{\underline{Z}_g}{\underline{Z}_m + \underline{Z}_g} \,. \tag{2.4.60b}$$

Bei Betrieb an Bemessungsspannung, d. h. für $\underline{U}_{1I} = \sqrt{3}U_{\text{str 1N}}$, erhält man damit aus (2.4.14)

$$\boxed{M = \left|\frac{\underline{Z}_m}{\underline{Z}_m + \underline{Z}_g}\right|^2 M_{mN}(s) - \left|\frac{\underline{Z}_g}{\underline{Z}_m + \underline{Z}_g}\right|^2 M_{mN}(2-s) \,.} \tag{2.4.61}$$

In der Nähe des Leerlaufs mit $s \approx 0$ gilt mit $\underline{Z}_m = \underline{Z}(s)$ und $\underline{Z}_g = \underline{Z}(2-s)$ unter Berücksichtigung von $\underline{Z}$ nach (2.3.2), Seite 327, und X_i nach (2.3.5) sowie bei Einführung des Streukoeffizienten $\sigma = X_\text{i}/X_{11} \approx I_{11}/I_\text{1ki} \approx I_\mu/I_\text{a}$ nach (2.3.5)

$$\frac{\underline{Z}_\text{m}}{\underline{Z}_\text{m} + \underline{Z}_\text{g}} \approx \frac{X_{11}}{X_{11} + X_\text{i}} \approx 1 - \sigma \qquad (2.4.62\text{a})$$

$$\frac{\underline{Z}_\text{g}}{\underline{Z}_\text{m} + \underline{Z}_\text{g}} \approx \frac{X_\text{i}}{X_{11} + X_\text{i}} \approx \sigma \,. \qquad (2.4.62\text{b})$$

Entsprechend (2.4.60a,b) existiert also in der Nähe des Leerlaufs weitgehend nur das Mitsystem der Spannungen. Damit beobachtet man an den Maschinenklemmen nahezu das gleiche symmetrische Dreiphasensystem der Spannungen wie im normalen stationären Betrieb. Im Drehmoment nach (2.4.61) dominiert in diesem Bereich der Anteil des Mitsystems, d. h. man erhält dort etwa die gleiche Schlupf-Drehmoment-Kennlinie wie im normalen stationären Betrieb. Das Gegensystem der Spannungen führt auf eine gewisse negative Komponente des Drehmoments und ruft zusätzliche Läuferverluste hervor.

Im Stillstand ist mit $s = 1$ wegen $\underline{Z}_\text{m} = \underline{Z}_\text{g}$

$$\frac{\underline{Z}_\text{m}}{\underline{Z}_\text{m} + \underline{Z}_\text{g}} = \frac{\underline{Z}_\text{g}}{\underline{Z}_\text{m} + \underline{Z}_\text{g}} = \frac{1}{2} \,.$$

Damit gilt $U_\text{1m} = U_\text{1g} = U_\text{str 1N}/2$, und aus (2.4.61) folgt, dass sich die beiden Komponenten des Drehmoments gegeneinander aufheben. Im Bild 2.4.13 ist die Entstehung der vollständigen Schlupf-Drehmoment-Kennlinie der Dreiphasenmaschine im Einphasenbetrieb, ausgehend von der Schlupf-Drehmoment-Kennlinie $M_\text{mN}(s)$ im normalen stationären Betrieb bei Bemessungsspannung, gezeigt. Der Verlauf wird wesentlich davon geprägt, dass sich Mit- und Gegensystem der Spannungen in Abhängigkeit vom Schlupf gegenläufig stark ändern. Oft wird von der Betrachtung des Stillstands ausgehend angenommen, dass im gesamten Schlupfbereich $U_\text{1m} = U_\text{1g} = U_\text{str 1N}/2$ ist. Eine derartige Betrachtungsweise vernachlässigt den Einfluss der Ströme im Läufer auf das resultierende Hauptwellendrehfeld. Sie führt – wie (2.4.62a,b) zeigt – im Bereich kleiner Schlupfwerte zu falschen Aussagen. Aus (2.4.62a,b) bzw. Bild 2.4.13 folgt, dass Dreiphasen-Induktionsmaschinen mit Stromverdrängungsläufer für den Einphasenbetrieb aufgrund der großen Werte des Drehmoments $M_\text{mN}(s)$ in der Nähe von $s = 2$ und der damit verbundenen beträchtlichen Stromwärmeverluste im Läufer schlecht geeignet sind. Man erkennt ferner, dass das Kippmoment im Einphasenbetrieb, aufgrund seiner Verminderung durch das Drehmoment des Gegensystems der Spannungen und dessen Abhängigkeit vom Läuferwiderstand, selbst eine Funktion des Läuferwiderstands wird.

Für den Strom $\underline{i}_\text{1I}$ im Einphasenbetrieb erhält man ausgehend von (2.4.1b), Seite 357, mit $\underline{i}_\text{1g} = -\underline{i}_\text{1m}$ entsprechend (2.4.59b)

$$\underline{i}_\text{1I} = -\underline{a}\,\underline{i}_\text{1m} - \underline{a}^2\,\underline{i}_\text{1g} = (\underline{a}^2 - \underline{a})\underline{i}_\text{1m} = -\text{j}\sqrt{3}\frac{\underline{u}_\text{1m}}{\underline{Z}_\text{m}} \,.$$

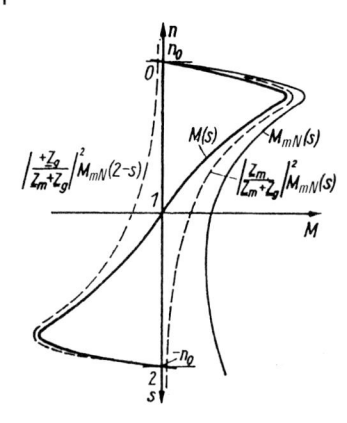

Bild 2.4.13 Ermittlung der Schlupf-Drehmoment-Kennlinie für den Einphasenbetrieb der Dreiphasen-Induktionsmaschine aus der Schlupf-Drehmoment-Kennlinie $M_{\mathrm{mN}}(s)$ des normalen stationären Betriebs bei Bemessungsspannung unter Beachtung der Schlupfabhängigkeiten des Mitsystems und des Gegensystems der Ständerspannungen

Daraus folgt mit (2.4.60a)

$$\underline{i}_{1\mathrm{I}} = \frac{\underline{u}_{1\mathrm{I}}}{\underline{Z}_\mathrm{m} + \underline{Z}_\mathrm{g}} \ . \tag{2.4.63}$$

In der Nähe des Leerlaufs ist $\underline{Z}_\mathrm{m} + \underline{Z}_\mathrm{g} \approx \underline{Z}_\mathrm{m}$, d. h. es wird

$$\underline{I}_{1\mathrm{I}} \approx \frac{\underline{U}_{1\mathrm{I}}}{\underline{Z}_\mathrm{m}} = \sqrt{3}\frac{U_{\mathrm{str}\,1\mathrm{N}}}{\underline{Z}_\mathrm{m}} \ . \tag{2.4.64}$$

Der Strom ist also in diesem Bereich bei gleichem Schlupf um den Faktor $\sqrt{3}$ größer als im Dreiphasenbetrieb. Da andererseits aufgrund der gleichen Schlupf-Drehmoment-Kennlinie zum gleichen Drehmoment der gleiche Schlupf gehört wie im Dreiphasenbetrieb, erhält man bei gleichem Drehmoment einen um den Faktor $\sqrt{3}$ größeren Strom. Dieses Ergebnis folgt natürlich auch aus energetischen Überlegungen.

Wie im Unterabschnitt 2.4.1.1b, Seite 359, bereits angedeutet worden ist, entstehen aus dem Zusammenwirken von Mit- und Gegensystem Drehmomentpendelungen der Frequenz $f_\mathrm{M} = 2f_1$. Um diese Behauptung zu beweisen und deren Größe zu ermitteln, muss auf die Darstellung in komplexen Augenblickswerten übergegangen werden. Mit (2.1.71) und (2.1.73), Seite 304, gilt für die komplexen Augenblickswerte des Ständer- und des Läuferstroms bei verschwindendem Nullsystem

$$\vec{i}_1^{\,\mathrm{S}} = \underline{i}_{1\mathrm{m}}\mathrm{e}^{\mathrm{j}\omega_1 t} + \underline{i}_{1\mathrm{g}}^*\mathrm{e}^{-\mathrm{j}\omega_1 t} \tag{2.4.65a}$$

$$\vec{i}_2^{\,\mathrm{L}} = \underline{i}_{2\mathrm{m}}\mathrm{e}^{\mathrm{j}s\omega_1 t} + \underline{i}_{2\mathrm{g}}^*\mathrm{e}^{-\mathrm{j}s\omega_1 t} \ . \tag{2.4.65b}$$

Das Drehmoment ergibt sich daraus entsprechend (2.1.6), Seite 286, mit $\vartheta = (1-s)\omega_1 t$ zu

$$\begin{aligned}m &= \frac{3}{2}pL_{12}\mathrm{Im}\left\{\vec{i}_1^{\,\mathrm{S}}\mathrm{e}^{-\mathrm{j}(1-s)\omega_1 t}\vec{i}_2^{\,\mathrm{L}*}\right\}\\ &= \frac{3}{2}pL_{12}\mathrm{Im}\left\{\left(\underline{i}_{1\mathrm{m}}\mathrm{e}^{\mathrm{j}\omega_1 t}+\underline{i}_{1\mathrm{g}}^*\mathrm{e}^{-\mathrm{j}\omega_1 t}\right)\mathrm{e}^{-\mathrm{j}(1-s)\omega_1 t}\left(\underline{i}_{2\mathrm{m}}^*\mathrm{e}^{-\mathrm{j}s\omega_1 t}+\underline{i}_{2\mathrm{g}}\mathrm{e}^{\mathrm{j}s\omega_1 t}\right)\right\}\\ &= \frac{3}{2}pL_{12}\mathrm{Im}\left\{\underline{i}_{1\mathrm{m}}\underline{i}_{2\mathrm{m}}^* + \underline{i}_{1\mathrm{g}}^*\underline{i}_{2\mathrm{g}} + \left(\underline{i}_{1\mathrm{m}}\underline{i}_{2\mathrm{g}} + \underline{i}_{1\mathrm{g}}^*\underline{i}_{2\mathrm{m}}^*\right)\mathrm{e}^{\mathrm{j}2\omega_1 t}\right\} \ .\end{aligned} \tag{2.4.66}$$

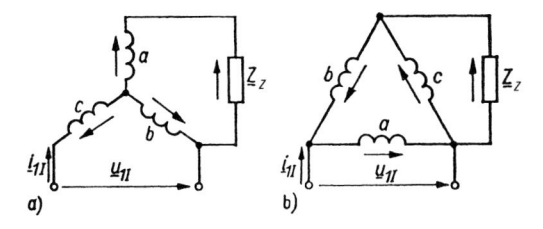

Bild 2.4.14 Einphasenbetrieb der Dreiphasen-Induktionsmaschine bei zusätzlichen Einspeisungen über ein äußeres Schaltelement.
a) Sternschaltung;
b) Dreieckschaltung

Der erste Summand in (2.4.66) ist offenbar das vom Mitsystem und der zweite Summand das vom Gegensystem erzeugte konstante Drehmoment. Aus der Wechselwirkung von Mit- und Gegensystem entsteht als Beitrag zum Drehmoment

$$m_{\mathrm{mg}}(t) = \frac{3}{2}pL_{12}\mathrm{Im}\left\{\underline{i}_{1\mathrm{m}}\underline{i}_{2\mathrm{g}} + \underline{i}_{1\mathrm{g}}^{*}\underline{i}_{2\mathrm{m}}^{*}\mathrm{e}^{\mathrm{j}2\omega_1 t}\right\}$$
$$= \frac{3}{2}pL_{12}\left[\hat{i}_{1\mathrm{m}}\hat{i}_{2\mathrm{g}}\sin(2\omega_1 t + \varphi_{\mathrm{i}1\mathrm{m}} + \varphi_{\mathrm{i}2\mathrm{g}}) + \hat{i}_{1\mathrm{g}}\hat{i}_{2\mathrm{m}}\sin(2\omega_1 t - \varphi_{\mathrm{i}1\mathrm{g}} - \varphi_{\mathrm{i}2\mathrm{m}})\right] .$$

Dies ist das bereits angekündigte Drehmoment doppelter Speisefrequenz. Durch Übergang auf Effektivwerte und auf transformierte Läufergrößen nach (2.4.57a,b) sowie durch Einführung der Hauptreaktanz entsprechend (1.8.11b) und (2.1.93) wird daraus

$$m_{\mathrm{mg}}(t)$$
$$= \frac{\sqrt{3}p}{\omega_1}\tilde{X}_{\mathrm{h}}\left[I_{1\mathrm{g}}I'_{2\mathrm{m}}\cos(2\omega_1 t - \varphi_{\mathrm{i}1\mathrm{g}} - \varphi_{\mathrm{i}2\mathrm{m}}) - I_{1\mathrm{m}}I'_{2\mathrm{g}}\cos(2\omega_1 t + \varphi_{\mathrm{i}1\mathrm{m}} + \varphi_{\mathrm{i}2\mathrm{g}})\right] .$$
(2.4.67)

2.4.4.2 Einphasenbetrieb bei zusätzlicher Einspeisung über ein äußeres Schaltelement

Die beiden denkbaren Schaltungen für den Einphasenbetrieb der Dreiphasenmaschine bei zusätzlicher Einspeisung über ein äußeres Schaltelement sind im Bild 2.4.14 dargestellt. Als äußeres Schaltelement dient meist ein Kondensator; in diesem Fall wird $\underline{Z}_z = 1/(\mathrm{j}\omega C)$. Es muss jene der beiden Schaltungen zum Einsatz kommen, bei der die Spannung $U_{1\mathrm{I}}$ des Einphasennetzes mit dem Bemessungswert der Strangspannung der Dreiphasen-Induktionsmaschine korrespondiert.

a) Sternschaltung

Die Sternschaltung nach Bild 2.4.14a liefert als Betriebsbedingungen

$$\underline{u}_{1\mathrm{I}} = \underline{u}_{1b} - \underline{u}_{1c} \qquad (2.4.68\mathrm{a})$$
$$\underline{u}_{\mathrm{Z}} = \underline{u}_{1a} - \underline{u}_{1b} \qquad (2.4.68\mathrm{b})$$
$$\underline{i}_{1\mathrm{I}} = -\underline{i}_{1c} \qquad (2.4.68\mathrm{c})$$
$$\underline{i}_{\mathrm{Z}} = -\underline{i}_{1a} . \qquad (2.4.68\mathrm{d})$$

Daraus folgt für die symmetrischen Komponenten nach (2.4.1a), Seite 357, unter Beachtung von (2.4.2a,b) und (2.4.5a,b), Seite 359,

$$\underline{u}_{1\mathrm{I}} = -\mathrm{j}\sqrt{3}(\underline{u}_{1\mathrm{m}} - \underline{u}_{1\mathrm{g}}) \tag{2.4.69a}$$

$$\underline{u}_{\mathrm{Z}} = (1 - \underline{a}^2)\underline{u}_{1\mathrm{m}} + (1 - \underline{a})\underline{u}_{1\mathrm{g}} = -\underline{Z}_{\mathrm{z}}\underline{i}_{1a} = -\underline{Z}_{\mathrm{z}}(\underline{i}_{1\mathrm{m}} + \underline{i}_{1\mathrm{g}})$$

$$= -\underline{Z}_{\mathrm{z}}(\underline{Y}_{\mathrm{m}}\underline{u}_{1\mathrm{m}} + \underline{Y}_{\mathrm{g}}\underline{u}_{1\mathrm{g}}) \ . \tag{2.4.69b}$$

Die Beziehungen (2.4.69a,b) liefern als Bestimmungsgleichungen für die symmetrischen Komponenten der Spannungen

$$\underline{u}_{1\mathrm{m}} - \underline{u}_{1\mathrm{g}} = \mathrm{j}\frac{1}{\sqrt{3}}\underline{u}_{1\mathrm{I}} \ ,$$

$$0 = (1 - \underline{a}^2 + \underline{Z}_{\mathrm{z}}\underline{Y}_{\mathrm{m}})\underline{u}_{1\mathrm{m}} + (1 - \underline{a} + \underline{Z}_{\mathrm{z}}\underline{Y}_{\mathrm{g}})\underline{u}_{1\mathrm{g}} \ .$$

Daraus erhält man mit $\underline{Y}_{\mathrm{z}} = 1/\underline{Z}_{\mathrm{z}}$ unmittelbar

$$\frac{\underline{u}_{1\mathrm{m}}}{\underline{u}_{1\mathrm{I}}} = \mathrm{j}\frac{1}{\sqrt{3}}\frac{(1 - \underline{a})\underline{Y}_{\mathrm{z}} + \underline{Y}_{\mathrm{g}}}{3\underline{Y}_{\mathrm{z}} + \underline{Y}_{\mathrm{m}} + \underline{Y}_{\mathrm{g}}} \tag{2.4.70a}$$

$$\frac{\underline{u}_{1\mathrm{g}}}{\underline{u}_{1\mathrm{I}}} = -\mathrm{j}\frac{1}{\sqrt{3}}\frac{(1 - \underline{a}^2)\underline{Y}_{\mathrm{z}} + \underline{Y}_{\mathrm{m}}}{3\underline{Y}_{\mathrm{z}} + \underline{Y}_{\mathrm{m}} + \underline{Y}_{\mathrm{g}}} \ . \tag{2.4.70b}$$

Für den Fall, dass die Spannung des Einphasennetzes $U_{1\mathrm{I}}$ mit dem Bemessungswert $U_{\mathrm{str\,1N}}$ der Strangspannung korrespondiert, d. h. dass $U_{1\mathrm{I}} = \sqrt{3}U_{\mathrm{str\,1N}}$ ist, liefert (2.4.14), Seite 362, mit (2.4.70a,b) für das Drehmoment

$$\boxed{M = \left|\frac{(1 - \underline{a})\underline{Y}_{\mathrm{z}} + \underline{Y}_{\mathrm{g}}}{3\underline{Y}_{\mathrm{z}} + \underline{Y}_{\mathrm{m}} + \underline{Y}_{\mathrm{g}}}\right|^2 M_{\mathrm{mN}}(s) - \left|\frac{(1 - \underline{a}^2)\underline{Y}_{\mathrm{z}} + \underline{Y}_{\mathrm{m}}}{3\underline{Y}_{\mathrm{z}} + \underline{Y}_{\mathrm{m}} + \underline{Y}_{\mathrm{g}}}\right|^2 M_{\mathrm{mN}}(2 - s)} \ . \tag{2.4.71}$$

Neben diesem konstanten Drehmoment entsteht, wie im Abschnitt 2.4.4.1 abgeleitet wurde, ein Pendelmoment doppelter Netzfrequenz nach (2.4.67).

Im Stillstand, d. h. bei $s = 1$, ist $\underline{Y}_{\mathrm{m}} = \underline{Y}_{\mathrm{g}} = \underline{Y}_{\mathrm{k}}$ sowie $M_{\mathrm{mN}}(s) = M_{\mathrm{mN}}(2 - s) = M_{\mathrm{mN}}(1)$, und man erhält als Anzugsmoment, wenn gleichzeitig anstelle der komplexen Leitwerte die zugeordneten komplexen Widerstände entsprechend $\underline{Z}_j = 1/\underline{Y}_j$ eingeführt werden,

$$M_{\mathrm{a}} = \frac{|(1 - \underline{a})\underline{Z}_{\mathrm{k}} + \underline{Z}_{\mathrm{z}}|^2 - |(1 - \underline{a}^2)\underline{Z}_{\mathrm{k}} + \underline{Z}_{\mathrm{z}}|^2}{|2\underline{Z}_{\mathrm{z}} + 3\underline{Z}_{\mathrm{k}}|^2} M_{\mathrm{mN}}(1) \ . \tag{2.4.72}$$

Die Strangströme ergeben sich mit $\underline{i}_{1\mathrm{m}} = \underline{Y}_{\mathrm{m}}\underline{u}_{1\mathrm{m}}$ und $\underline{i}_{1\mathrm{g}} = \underline{Y}_{\mathrm{g}}\underline{u}_{1\mathrm{g}}$ aus (2.4.1b), Seite 357, zu

$$\underline{i}_{1a} = \underline{i}_{1\mathrm{m}} + \underline{i}_{1\mathrm{g}} = -\frac{\underline{a}\underline{Y}_{\mathrm{z}}(\underline{a}\underline{Y}_{\mathrm{m}} + \underline{Y}_{\mathrm{g}})}{3\underline{Y}_{\mathrm{z}} + \underline{Y}_{\mathrm{m}} + \underline{Y}_{\mathrm{g}}}\underline{u}_{1\mathrm{I}} \tag{2.4.73a}$$

$$\underline{i}_{1b} = \underline{a}^2\underline{i}_{1\mathrm{m}} + \underline{a}\underline{i}_{1\mathrm{g}} = \frac{\underline{Y}_{\mathrm{m}}\underline{Y}_{\mathrm{g}} - \underline{a}\underline{Y}_{\mathrm{z}}(\underline{Y}_{\mathrm{m}} + \underline{a}\underline{Y}_{\mathrm{g}})}{3\underline{Y}_{\mathrm{z}} + \underline{Y}_{\mathrm{m}} + \underline{Y}_{\mathrm{g}}}\underline{u}_{1\mathrm{I}} \tag{2.4.73b}$$

$$-\underline{i}_{1\mathrm{I}} = \underline{i}_{1c} = \underline{a}\underline{i}_{1\mathrm{m}} + \underline{a}^2\underline{i}_{1\mathrm{g}} = -\frac{(\underline{Y}_{\mathrm{m}} + \underline{Y}_{\mathrm{g}})\underline{Y}_{\mathrm{z}} + \underline{Y}_{\mathrm{m}}\underline{Y}_{\mathrm{g}}}{3\underline{Y}_{\mathrm{z}} + \underline{Y}_{\mathrm{m}} + \underline{Y}_{\mathrm{g}}}\underline{u}_{1\mathrm{I}} \ . \tag{2.4.73c}$$

b) Dreieckschaltung

Die Dreieckschaltung nach Bild 2.4.14b führt auf die Betriebsbedingungen

$$\underline{u}_{1\mathrm{I}} = \underline{u}_{1a} \tag{2.4.74a}$$
$$\underline{u}_{\mathrm{Z}} = \underline{u}_{1c} = \underline{Z}_z \underline{i}_{\mathrm{Z}} \tag{2.4.74b}$$
$$\underline{i}_{1\mathrm{I}} = \underline{i}_{1a} - \underline{i}_{1b} \tag{2.4.74c}$$
$$\underline{i}_{\mathrm{Z}} = \underline{i}_{1b} - \underline{i}_{1c} \,. \tag{2.4.74d}$$

Ihre Formulierung mit Hilfe der symmetrischen Komponenten nach (2.4.1a), Seite 357, lautet

$$\underline{u}_{1\mathrm{I}} = \underline{u}_{1\mathrm{m}} + \underline{u}_{1\mathrm{g}} \tag{2.4.75a}$$

$$\underline{u}_{1c} = \underline{a}\,\underline{u}_{1\mathrm{m}} + \underline{a}^2 \underline{u}_{1\mathrm{g}} = \underline{Z}_z \underline{i}_{\mathrm{Z}} = \underline{Z}_z(\underline{i}_{1b} - \underline{i}_{1c}) = \underline{Z}_z(\underline{a}^2 - \underline{a})(\underline{i}_{1\mathrm{m}} - \underline{i}_{1\mathrm{g}})$$
$$= -\mathrm{j}\sqrt{3}\underline{Z}_z(\underline{Y}_\mathrm{m}\underline{u}_{1\mathrm{m}} - \underline{Y}_\mathrm{g}\underline{u}_{1\mathrm{g}}) \,. \tag{2.4.75b}$$

Dabei sind die symmetrischen Komponenten den Stranggrößen zugeordnet. Das ist zu beachten, wenn die komplexen Leitwerte $\underline{Y}_\mathrm{m}$ und $\underline{Y}_\mathrm{g}$ aus den gemessenen bzw. berechneten Beziehungen zwischen den Strömen und Spannungen in den äußeren Zuleitungen ermittelt werden. Aus (2.4.75a,b) erhält man als Bestimmungsgleichungen für die symmetrischen Komponenten der Spannungen

$$\underline{u}_{1\mathrm{m}} + \underline{u}_{1\mathrm{g}} = \underline{u}_{1\mathrm{I}}$$
$$0 = \underline{u}_{1\mathrm{m}}(\underline{a} + \mathrm{j}\sqrt{3}\underline{Z}_z\underline{Y}_\mathrm{m}) + \underline{u}_{1\mathrm{g}}(\underline{a}^2 - \mathrm{j}\sqrt{3}\underline{Z}_z\underline{Y}_\mathrm{g}) \,.$$

Die Auflösung dieser Beziehungen liefert mit $\underline{Y}_z = 1/\underline{Z}_z$

$$\frac{\underline{u}_{1\mathrm{m}}}{\underline{u}_{1\mathrm{I}}} = \frac{\underline{Y}_z \dfrac{1}{\sqrt{3}} \mathrm{e}^{-\mathrm{j}\pi/6} + \underline{Y}_\mathrm{g}}{\underline{Y}_z + \underline{Y}_\mathrm{m} + \underline{Y}_\mathrm{g}} \tag{2.4.76a}$$

$$\frac{\underline{u}_{1\mathrm{g}}}{\underline{u}_{1\mathrm{I}}} = \frac{\underline{Y}_z \dfrac{1}{\sqrt{3}} \mathrm{e}^{\mathrm{j}\pi/6} + \underline{Y}_\mathrm{m}}{\underline{Y}_z + \underline{Y}_\mathrm{m} + \underline{Y}_\mathrm{g}} \,. \tag{2.4.76b}$$

Damit liefert (2.4.14), Seite 362, für das Drehmoment, wenn ein Einphasennetz vorausgesetzt wird, dessen Spannung gleich dem Bemessungswert der Strangspannung der Dreiphasenmaschine ist, d. h. bei $U_{1\mathrm{I}} = U_{\mathrm{str}\,1\mathrm{N}} = U_{1\mathrm{N}}$,

$$\boxed{M(s) = \left| \frac{\underline{Y}_z \dfrac{1}{\sqrt{3}} \mathrm{e}^{-\mathrm{j}\pi/6} + \underline{Y}_\mathrm{g}}{\underline{Y}_z + \underline{Y}_\mathrm{m} + \underline{Y}_\mathrm{g}} \right|^2 M_{\mathrm{mN}}(s) - \left| \frac{\underline{Y}_z \dfrac{1}{\sqrt{3}} \mathrm{e}^{\mathrm{j}\pi/6} + \underline{Y}_\mathrm{m}}{\underline{Y}_z + \underline{Y}_\mathrm{m} + \underline{Y}_\mathrm{g}} \right|^2 M_{\mathrm{mN}}(2-s)} \,.$$

(2.4.77)

Daneben entsteht wiederum ein Pendelmoment doppelter Netzfrequenz nach (2.4.67). Für den Strom $\underline{i}_{1\mathrm{I}}$ in der äußeren Zuleitung erhält man unter Beachtung von (2.4.76a,b)

$$\underline{i}_{1\mathrm{I}} = \underline{i}_{1a} - \underline{i}_{1b} = (1-\underline{a}^2)\underline{i}_{1\mathrm{m}} + (1-\underline{a})\underline{i}_{1\mathrm{g}} = \frac{3\underline{Y}_\mathrm{m}\underline{Y}_\mathrm{g} - \underline{Y}_\mathrm{z}(\underline{Y}_\mathrm{m} + \underline{Y}_\mathrm{g})}{\underline{Y}_\mathrm{z} + \underline{Y}_\mathrm{m} + \underline{Y}_\mathrm{g}} \underline{u}_{1\mathrm{I}} \ . \quad (2.4.78)$$

c) Symmetrischer Betrieb

Wenn die zusätzliche Einspeisung mit Hilfe eines Kondensators erfolgt, so dass $\underline{u}_\mathrm{Z} = \underline{i}_\mathrm{Z}/(\mathrm{j}\omega_1 C)$ ist, kann für einen Arbeitspunkt der Dreiphasenmaschine mit $\varphi_{u1} - \varphi_{i1} = \varphi_1 = \varphi_{\mathrm{Zm}} = 60°$ vollständige Symmetrie im Einphasenbetrieb erzielt werden. Im Bild 2.4.15 sind die den Schaltungen nach Bild 2.4.14 zugeordneten Zeigerbilder der Ströme und Spannungen dargestellt. Dabei wurde davon ausgegangen, dass das Dreiphasensystem der Strangspannungen symmetrisch ist und ein symmetrisches Dreiphasensystem der Ströme mit $\varphi_{u1} - \varphi_{i1} = 60°$ hervorruft. Man erkennt, dass der Strom über die dritte Zuleitung in diesem Fall jeweils dadurch realisiert werden kann, dass die zusätzliche Einspeisung über einen Kondensator erfolgt. Für die Größe des Kondensators erhält man im Fall der Sternschaltung aus Bild 2.4.15a $C = I_1/(\omega_1\sqrt{3}U_1)$ und im Fall der Dreieckschaltung aus Bild 2.4.15b $C = \sqrt{3}I_1/(\omega_1 U_1)$. Daraus folgt unter Einführung des Bemessungswerts $U_{1\mathrm{N}} = U_\mathrm{N}$ der Leiter-Leiter-Spannung sowie der Bemessungsscheinleistung P_sN des Motors für beide Fälle

$$\boxed{C = \frac{P_\mathrm{sN}}{\sqrt{3}U_\mathrm{N}^2 \omega_\mathrm{N}} \frac{I}{I_\mathrm{N}}} \ . \quad (2.4.79)$$

Für den wichtigen Sonderfall, dass $U_\mathrm{N} = 230$ V und $f_\mathrm{N} = 50$ Hz sind, folgt aus (2.4.79) die bezogene Größengleichung

$$\frac{C}{\mu\mathrm{F}} = 35 \left(\frac{P_\mathrm{sN}}{\mathrm{kVA}}\right) \frac{I}{I_\mathrm{N}} \ .$$

Unter Beachtung des Wirkungsgrads und des Leistungsfaktors erhält man dann die bekannte Aussage, dass für den Bemessungsbetrieb eine Kapazität von etwa 75 μF je kW Motorleistung erforderlich ist.

Die Zeigerbilder 2.4.15 bestätigen natürlich auch, dass die im Fall $\varphi_1 = 60°$ aus dem Einphasennetz aufgenommene Wirkleistung $U_{1\mathrm{I}}I_{1\mathrm{I}}\cos\varphi_{1\mathrm{I}} = U_1 I_1 \sqrt{3}/2$ gleich der Wirkleistung des symmetrischen Dreiphasensystems der Stranggrößen entsprechend $3U_1 I_1 \cos\varphi_1 = 3U_1 I_1/2$ ist. Wenn von den Bemessungswerten der Stranggrößen ausgegangen wird, bedeutet dies, dass die zugeordnete Bemessungswirkleistung auch aus dem Einphasennetz aufgenommen wird und dabei keine Stromüberhöhungen auftreten. Die Ursache dieser Erscheinung ist darin zu suchen, dass der Kondensator zu einer Verbesserung des Leistungsfaktors $\cos\varphi_{1\mathrm{I}}$ am Einphaseneingang gegenüber dem Leistungsfaktor $\cos\varphi_1$ der Stranggrößen im Verhältnis $\cos\varphi_{1\mathrm{I}}/\cos\varphi_1 = \sqrt{3}$ führt. Da allerdings im Bemessungsbetrieb normalerweise $\varphi_{u1} - \varphi_{i1} = \varphi_1 = \varphi_{\mathrm{Zm}} > 60°$ bzw.

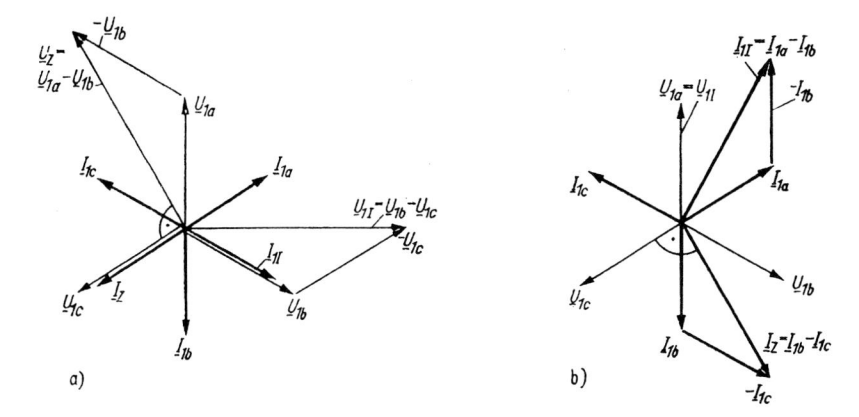

Bild 2.4.15 Zeigerbild der Ströme und Spannungen für den Einphasenbetrieb der Dreiphasen-Induktionsmaschine bei zusätzlicher Einspeisung über einen Kondensator im Betriebspunkt mit $\varphi_{u1} - \varphi_{i1} = 60°$ und einer solchen Kapazität des Kondensators, dass vollständige Symmetrie herrscht.
a) Sternschaltung nach Bild 2.4.14a;
b) Dreieckschaltung nach Bild 2.4.14b

$\cos\varphi_1 > 0{,}5$ ist, kann mit Hilfe eines Kondensators gar keine vollständige Symmetrie der Stranggrößen einer dreisträngigen Induktionsmaschine im Bemessungsbetrieb erzwungen werden. Der Motor lässt sich deshalb nur mit etwa 80% seiner Bemessungsleistung betreiben.

2.4.5
Weitere unsymmetrische Schaltungen

Der Apparat, der im Abschnitt 2.4.1, Seite 356, entwickelt wurde, ist zur Analyse beliebiger unsymmetrischer Schaltungen der Dreiphasen-Induktionsmaschine geeignet. Derartige Schaltungen wurden in der Vergangenheit, abgesehen vom Betrieb am Einphasennetz (s. Abschn. 2.4.4), hergestellt, um vorteilhafte Drehzahl-Drehmoment-Kennlinien für Anlauf- und Bremsvorgänge – vor allem zur Realisierung eines Sanftanlaufs bzw. einer Sanftbremsung – zu erhalten. Bei Bremsschaltungen bestand außerdem oft der Wunsch, dass im Stillstand kein Drehmoment wirkt, um ein Wiederhochlaufen in der umgekehrten Drehrichtung zu vermeiden. Heute werden Motoren für derartige Anwendungen i. Allg. über Frequenzumrichter gespeist, so dass Anlauf- und Bremsschaltungen ihre Bedeutung weitgehend eingebüßt haben.[12] Im Folgenden werden daher zur Demonstration der Methodik des Abschnitts 2.4.1 die sog. Kusa-Schaltung als Beispiel für Anlauf- und Bremsschaltungen sowie die eh-Sternschaltung behandelt, die zur messtechnischen Bestimmung der Zusatzverluste verwendet wird.

---

[12] Eine ausführliche Behandlung einer ganzen Reihe von unsymmetrischen Schaltungen findet sich in [34].

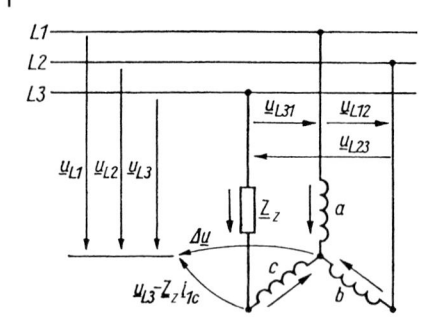

Bild 2.4.16 Kurzschluss-Sanftanlauf-Schaltung (Kusa-Schaltung)

2.4.5.1 Kurzschluss-Sanftanlauf-Schaltung (Kusa-Schaltung)

Die sog. Kusa-Schaltung ist im Bild 2.4.16 dargestellt. Ihre Betriebsbedingungen folgen daraus zu

$$\underline{u}_{1a} - \underline{u}_{1b} = \underline{u}_{L12} = \underline{u}_{\text{Netz}} \tag{2.4.80a}$$

$$\underline{i}_{1c}\underline{Z}_z + \underline{u}_{1c} - \underline{u}_{1a} = \underline{u}_{L31} = \underline{a}\underline{u}_{\text{Netz}} . \tag{2.4.80b}$$

Dabei lässt sich der Strangstrom $\underline{i}_{1c}$ mit Hilfe von (2.4.1b) sowie (2.4.2a) und (2.4.5a), Seite 359, darstellen als $\underline{i}_{1c} = \underline{a}\underline{Y}_m\underline{u}_{1m} + \underline{a}^2\underline{Y}_g\underline{u}_{1g}$. Damit erhält man als Betriebsbedingungen für die symmetrischen Komponenten ausgehend von (2.4.80a,b)

$$(1 - \underline{a}^2)\underline{u}_{1m} + (1 - \underline{a})\underline{u}_{1g} = \underline{u}_{\text{Netz}}$$

$$(1 - \underline{a}^2 + \underline{Y}_m\underline{Z}_z)\underline{u}_{1m} + \underline{a}(1 - \underline{a} + \underline{Y}_g\underline{Z}_z)\underline{u}_{1g} = \underline{u}_{\text{Netz}} .$$

Sie liefern mit $\underline{Y}_z = 1/\underline{Z}_z$ unmittelbar die symmetrischen Komponenten der Spannungen zu

$$\underline{u}_{1m} = \frac{1}{1 - \underline{a}^2} \frac{3\underline{Y}_z + \underline{Y}_g}{3\underline{Y}_z + \underline{Y}_g + \underline{Y}_m} \underline{u}_{\text{Netz}} \tag{2.4.81a}$$

$$\underline{u}_{1g} = \frac{1}{1 - \underline{a}} \frac{\underline{Y}_m}{3\underline{Y}_z + \underline{Y}_g + \underline{Y}_m} \underline{u}_{\text{Netz}} . \tag{2.4.81b}$$

Damit erhält man über (2.4.14), Seite 362, für das Drehmoment bei einem beliebigen Wert des Schlupfs

$$\boxed{M(s) = \left|\frac{3\underline{Y}_z + \underline{Y}_g}{3\underline{Y}_z + \underline{Y}_m + \underline{Y}_g}\right|^2 M_{\text{mN}}(s) - \left|\frac{\underline{Y}_m}{3\underline{Y}_z + \underline{Y}_m + \underline{Y}_g}\right|^2 M_{\text{mN}}(2-s)} .$$

$$\tag{2.4.82}$$

Dabei ist zu beachten, dass im vorliegenden Fall die Bemessungsstrangspannung $U_{\text{Netz}}/\sqrt{3}$ ist.

Die in erster Linie interessierende Einflussnahme des einem Strang vorgeschalteten Schaltelements $\underline{Z}_z$ auf das Anzugsmoment lässt sich gut überschaubar mit Hilfe von (2.4.20), Seite 364, zeigen, wenn es gelingt, den Einfluss dieses Schaltelements auf den

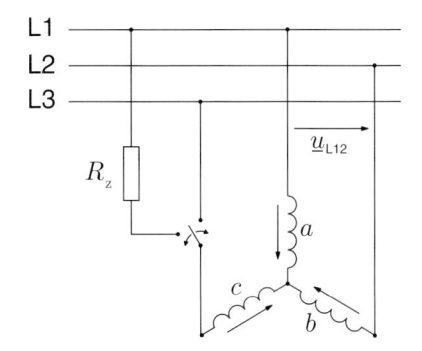

Bild 2.4.17 eh-Sternschaltung

Spannungsstern der Strangspannungen zu ermitteln. Mit $\underline{u}_{1j} = \underline{Z}_k \underline{i}_{1j}$ erhält man aus Bild 2.4.16 unter Beachtung von (2.4.21a,b,c) mit $\underline{Z}_k = 1/\underline{Y}(1)$

$$\underline{u}_{L1} = \underline{Z}_k \underline{i}_{1a} + \Delta \underline{u} \tag{2.4.83a}$$

$$\underline{u}_{L2} = \underline{Z}_k \underline{i}_{1b} + \Delta \underline{u} \tag{2.4.83b}$$

$$\underline{u}_{L3} = \underline{Z}_k \underline{i}_{1c} + \underline{Z}_z \underline{i}_{1c} + \Delta \underline{u}. \tag{2.4.83c}$$

Daraus folgt durch Addition der drei Spannungsgleichungen unter Beachtung von $\underline{u}_{L1} + \underline{u}_{L2} + \underline{u}_{L3} = 0$, entsprechend der Symmetrie des Dreiphasensystems der Leiterspannungen, und $\underline{i}_{1a} + \underline{i}_{1b} + \underline{i}_{1c} = 0$, entsprechend der Aussage des Knotenpunktsatzes für den Sternpunkt,

$$\Delta \underline{u} = -\frac{\underline{Z}_z}{3} \underline{i}_{1c}. \tag{2.4.84}$$

Der Strom $\underline{i}_{1c}$ lässt sich mit Hilfe von (2.4.83c) und mit (2.4.84) ausdrücken als

$$\underline{i}_{1c} = \frac{\underline{u}_{L3}}{\underline{Z}_k + \frac{2}{3}\underline{Z}_z}.$$

Damit erhält man für die interessierende Spannung $\underline{u}_{L3} - \underline{Z}_z \underline{i}_{1c} = \Delta \underline{u} + \underline{u}_{1c}$, d. h. für die Spannung zwischen der Außenklemme des Strangs c und dem gedachten Nullleiter,

$$\Delta \underline{u} + \underline{u}_{1c} = \underline{u}_{L3} - \underline{Z}_z \underline{i}_{1c} = \left(1 - \frac{3}{2} \frac{1}{1 + \frac{3}{2}\frac{\underline{Z}_k}{\underline{Z}_z}}\right) \underline{u}_{L3}. \tag{2.4.85}$$

2.4.5.2 eh-Sternschaltung

Die eh-Sternschaltung[13] nach Bild 2.4.17 wurde in [36] als einfache Möglichkeit zur Messung der zusätzlichen Verluste von Induktionsmaschinen vorgeschlagen und hat

---

[13] Die Abkürzung steht wahrscheinlich für einphasige Hebezeugschaltung.

inzwischen Eingang in die internationale Normung gefunden [26], da die verfahrensbedingte Messunsicherheit nicht größer ist als bei anderen praktizierten Verfahren. Ihre Betriebsbedingungen sind gegeben durch

$$\underline{u}_{1a} - \underline{u}_{1b} = \underline{u}_{L12} = \underline{u}_{\text{Netz}} \tag{2.4.86a}$$

$$\underline{u}_{1a} - \underline{u}_{1c} = R_z \underline{i}_{1c} . \tag{2.4.86b}$$

Dabei lässt sich der Strangstrom $\underline{i}_{1c}$ mit Hilfe von (2.4.1b) sowie (2.4.2a) und (2.4.5a), Seite 359, als $\underline{i}_{1c} = \underline{a}\underline{Y}_m\underline{u}_{1m} + \underline{a}^2\underline{Y}_g\underline{u}_{1g}$ darstellen, und man erhält als Betriebsbedingungen für die symmetrischen Komponenten

$$(1 - \underline{a}^2)\underline{u}_{1m} + (1 - \underline{a})\underline{u}_{1g} = \underline{u}_{\text{Netz}}$$

$$(1 - \underline{a})\underline{u}_{1m} + (1 - \underline{a}^2)\underline{u}_{1g} = \underline{a}R_z\underline{Y}_m\underline{u}_{1m} + \underline{a}^2 R_z\underline{Y}_g\underline{u}_{1g} .$$

Hieraus folgen unmittelbar die symmetrischen Komponenten der Spannungen zu

$$\underline{u}_{1m} = -\underline{a}\frac{1 + \dfrac{R_z\underline{Y}_g}{1 - \underline{a}}}{3 + R_z(\underline{Y}_m + \underline{Y}_g)}\underline{u}_{\text{Netz}} \tag{2.4.87a}$$

$$\underline{u}_{1g} = \frac{\dfrac{R_z\underline{Y}_g}{\sqrt{3}} - \underline{a}^2}{3 + R_z(\underline{Y}_m + \underline{Y}_g)}\underline{u}_{\text{Netz}} . \tag{2.4.87b}$$

Die zusätzlichen Verluste P_{vzN} im Bemessungsbetrieb erhält man, indem zunächst die zusätzlichen Verluste

$$P_{\text{vz}} = P_{\text{vzm}} + P_{\text{vzg}} \tag{2.4.88}$$

der leerlaufenden Maschine bei Betrieb in der eh-Sternschaltung bestimmt. Bei bekannten Reibungsverlusten $P_{\text{v rb}}$ lassen sie sich aus den Luftspaltleistungen

$$P_{\delta m} = (1 - s_m)\frac{3}{2}\text{Re}\{\underline{u}_{1m}\underline{i}_{1m}\} = (1 - s)\frac{3}{2}\text{Re}\{\underline{u}_{1m}\underline{i}_{1m}\} \tag{2.4.89a}$$

$$P_{\delta g} = (1 - s_g)\frac{3}{2}\text{Re}\{\underline{u}_{1g}\underline{i}_{1g}\} = -(1 - s)\frac{3}{2}\text{Re}\{\underline{u}_{1g}\underline{i}_{1g}\} \tag{2.4.89b}$$

des Mit- und des Gegensystems zu

$$P_{\text{vz}} = P_{\delta m} + P_{\delta g} - P_{\text{v rb}} = (1 - s)\frac{3}{2}\left(\text{Re}\{\underline{u}_{1m}\underline{i}_{1m}\} - \text{Re}\{\underline{u}_{1g}\underline{i}_{1g}\}\right) - P_{\text{v rb}} \tag{2.4.90}$$

ermitteln. Die Mit- und Gegensysteme von Strom und Spannung werden dabei entsprechend (2.4.1a), Seite 357, aus den gemessenen Strangwerten berechnet. Unter der Voraussetzung, dass die zusätzlichen Verluste näherungsweise proportional zum Quadrat des Stroms sind, folgt

$$P_{\text{vzm}} = P_{\text{vzN}}\left(\frac{I_{1m}}{I_{1N}}\right)^2$$

$$P_{\text{vzg}} = P_{\text{vzN}}\left(\frac{I_{1g}}{I_{1N}}\right)^2 ,$$

und daraus erhält man mit (2.4.88) schließlich die gesuchten zusätzlichen Verluste im Bemessungsbetrieb zu

$$P_{\text{vzN}} = P_{\text{vz}} \frac{I_{1\text{N}}^2}{I_{1\text{m}}^2 + I_{1\text{g}}^2} . \tag{2.4.91}$$

2.5
Oberwellenerscheinungen im stationären Betrieb

2.5.1
Oberwellenspektrum

Der stationäre Betrieb der Induktionsmaschine auf Basis der Hauptwellenverkettung wurde im Abschnitt 2.3 ausgehend von den allgemeinen Spannungsgleichungen behandelt. Aufgrund dieser Vorgehensweise war es bisher nicht erforderlich, die im stationären Betrieb auftretenden Oberwellen des Lufspaltfelds zu betrachten (vgl. Bd. *Grundlagen elektrischer Maschinen*, Abschn. 4.2 u. 5.4). Diese Position muss verlassen werden, wenn nunmehr der Einfluss der Kopplung zwischen Ständer und Läufer über Oberwellen des Luftspaltfelds untersucht werden soll.[14] Im Zusammenhang damit, dass sich der Aufbau des Läuferkäfigs nach einer Polpaarteilung i. Allg. nicht wiederholt, da N_2/p nicht notwendig eine ganze Zahl ist, empfiehlt es sich, dabei die Koordinaten $\gamma_1' = \gamma_1/p$ und $\gamma_2' = \gamma_2/p$ zu verwenden.

Bei der Behandlung des stationären Betriebs auf Basis des Mechanismus der Hauptwellenverkettung wird ϑ_0' bzw. ϑ_0 vielfach zu Null gesetzt. Das hat zur Folge, dass alle Läufergrößen gegenüber den tatsächlich auftretenden um den gleichen Winkel phasenverschoben sind. Solange die Läufergrößen nicht auf einem anderen Weg mit den Ständergrößen in Berührung kommen, spielt dies keine Rolle. Andererseits ist es unerlässlich, ϑ_0' einzuführen, wenn die Läufergrößen in irgendeiner Form mit dem Ständernetz in Beziehung stehen. Wenn man den Hauptwellenmechanismus verlässt und das Zusammenwirken der Oberwellenfelder untersucht werden soll, kann ϑ_0' ebenfalls nicht zu Null gesetzt werden, da die relative Lage zweier Feldwellen zueinander – und damit das Drehmoment, das durch dieses Zusammenwirken entsteht – von ϑ_0' abhängen kann.

Ein symmetrisches Mehrphasensystem sinusförmiger Ständerströme positiver Phasenfolge liefert entsprechend (1.5.72), Seite 114, die Durchflutungswellen

$$\Theta_{\nu'1}(\gamma_1', t) = \hat{\Theta}_{\text{p1}} \frac{(w\xi_{\nu'})_1}{(w\xi_\text{p})_1} \frac{p}{\nu'} \cos(\tilde{\nu}'\gamma_1' - \omega_1 t - \varphi_{\text{i1}}) . \tag{2.5.1}$$

Mit dem Zusammenhang zwischen Ständer- und Läuferkoordinate

$$\gamma_1' = \gamma_2' + \Omega t + \vartheta_0' + \varepsilon' \zeta \tag{2.5.2}$$

---
[14] Ausführliche Untersuchungen finden sich z. B. in [23, 29, 30, 31, 74].

entsprechend (1.9.2), Seite 257, erhält man für diese Durchflutungswellen im Koordinatensystem des Läufers

$$\boxed{\Theta_{\nu'1}(\gamma_2', \zeta, t) = \hat{\Theta}_{\mathrm{p}1} \frac{(w\xi_{\nu'})_1}{(w\xi_{\mathrm{p}})_1} \frac{p}{\nu'} \cos\left(\tilde{\nu}'\gamma_2' - s_{\nu'}\omega_1 t + \tilde{\nu}'\varepsilon'\zeta - \varphi_{\mathrm{i}1} + \tilde{\nu}'\vartheta_0'\right)} . \quad (2.5.3)$$

Dabei steht $s_{\nu'}\omega_1$ mit (1.9.6) für

$$s_{\nu'}\omega_1 = \omega_1 - \tilde{\nu}'\Omega . \quad (2.5.4)$$

Die Winkelgeschwindigkeit der Durchflutungswelle nach (2.5.3) relativ zum Läufer beträgt entsprechend (1.3.8a), Seite 56,

$$\Omega_{\nu'} = \frac{\mathrm{d}\gamma_2'}{\mathrm{d}t} = \frac{1}{\tilde{\nu}'} s_{\nu'}\omega_1 = s_{\nu'}\frac{\mathrm{d}\gamma_1'}{\mathrm{d}t} = \frac{1}{\tilde{\nu}'}(\omega_1 - \tilde{\nu}'\Omega) = \frac{\omega_1}{\tilde{\nu}'} - \Omega . \quad (2.5.5)$$

Diese Aussage ergibt sich natürlich auch aus (2.5.2) mit $\mathrm{d}\gamma_1'/\mathrm{d}t$ nach (1.5.75).

Die Durchflutungswelle nach (2.5.1) liefert unter Vernachlässigung des Einflusses der Nutung und anderer parametrischer Effekte wie Exzentrizitäten oder Sättigungserscheinungen mit $B = (\mu_0/\delta_\mathrm{i}'')\Theta$, entsprechend Tabelle 1.5.2, Seite 127, im Koordinatensystem des Ständers die zugeordnete Induktionswelle

$$B_{\nu'1}(\gamma_1', t) = \frac{\mu_0}{\delta_\mathrm{i}''}\hat{\Theta}_{\mathrm{p}1} \frac{(w\xi_\nu)_1}{(w\xi_\mathrm{p})_1} \frac{p}{\nu'} \cos\left[\tilde{\nu}'\gamma_1' - \omega_1 t - \varphi_{\mathrm{i}1}\right] = \hat{B}_{\nu'1} \cos\left[\tilde{\nu}'\gamma_1' - \omega_1 t - \varphi_{\mathrm{i}1}\right] . \quad (2.5.6)$$

Analog dazu erhält man im Koordinatensystem des Läufers ausgehend von (2.5.3) und entsprechend (1.9.3), Seite 257,

$$B_{\nu'1}(\gamma_2', \zeta, t) = \hat{B}_{\nu'1} \cos\left[\tilde{\nu}'\gamma_2' - (\omega_1 - \tilde{\nu}'\Omega)t + \tilde{\nu}'\varepsilon'\zeta - \varphi_{\mathrm{i}1} + \tilde{\nu}'\vartheta_0'\right] . \quad (2.5.7)$$

Alle Induktionswellen haben relativ zum Ständer die gleiche Kreisfrequenz ω_1 und werden mit (1.9.6) relativ zum Läufer mit der Kreisfrequenz

$$\omega_{\nu'2} = |\omega_1 - \tilde{\nu}'\Omega| = \omega_1|1 - (1-s)\tilde{\nu}| = |s_{\nu'}|\omega_1 \quad (2.5.8)$$

beobachtet, wobei s der Schlupf des Läufers gegenüber der Hauptwelle mit $\nu' = p$ ist.

Zusätzlich zu den Wicklungsfeldern nach (2.5.6) bzw. (2.5.7) entstehen über die Schwankungen des Luftspaltleitwerts noch die in den Abschnitten 1.5.7.3, Seite 133, bis 1.5.7.5 behandelten parametrischen Felder. Damit setzt sich das resultierende Luftspaltfeld im Wesentlichen aus den im Folgenden zusammengestellten Drehwellen der Form

$$B_{\nu'}(\gamma_1', t) = \hat{B}_{\nu'} \cos(\tilde{\nu}'\gamma_1' - \omega_{\nu'}t - \varphi_{\nu'}) \quad (2.5.9)$$

zusammen, wobei von vornherein nur Maschinen mit Wicklungen einfacher Zonenbreite betrachtet werden, deren Ständer mit einem symmetrischen System sinusförmiger Ströme der Kreisfrequenz ω_1 gespeist wird:

1. *Resultierende Hauptwelle* mit

$$\tilde{\nu}' = p \, , \; \omega_{\nu'} = \omega_1 \, , \; \varphi_{\nu'} = \varphi_{i\mu} \, , \qquad (2.5.10)$$

die von der resultierenden Durchflutungshauptwelle der Ständer- und Läufergrundschwingungsströme, d. h. der Durchflutungshauptwelle des Magnetisierungsstroms, aufgebaut wird. Sie wird von der Spannung diktiert und ist dementsprechend weitgehend belastungsunabhängig.

2. *Wicklungsoberwellen des Ständergrundschwingungsstroms* mit

$$\tilde{\nu}' = \tilde{\nu}'_1 = p\left(1 + \frac{2m_1}{n}g_1\right) \, , \; \omega_{\nu'} = \omega_1 \, , \; \varphi_{\nu'} = \varphi_{i1} \; \text{mit} \; g_1 \in \mathbb{Z}\backslash\{0\} \quad (2.5.11a)$$

entsprechend (1.5.74c). Besonders ausgeprägt innerhalb der Ständerwicklungsoberwellen sind die Nutharmonischen mit den Feldwellenparametern

$$\tilde{\nu}' = \tilde{\nu}'_{1,\text{NH}} = p + k_1 N_1 \; \text{mit} \; k_1 \in \mathbb{Z}\backslash\{0\} \, . \qquad (2.5.11b)$$

Die Ständerwicklungsoberwellen sind dem Ständerstrom proportional und damit belastungsabhängig.

3. *Nutungsoberwellen des Ständers* mit

$$\tilde{\nu}' = \tilde{\nu}'_1 = p + k_1 N_1 \, , \; \omega_{\nu'} = \omega_1 \; \text{mit} \; k_1 \in \mathbb{Z}\backslash\{0\} \qquad (2.5.12)$$

entsprechend (1.5.130), Seite 133, die jenen Teil der unter dem Einfluss der Nutung auf das Feld der resultierenden Durchflutungshauptwelle entstehenden Oberwellen bilden, der allein von der Ständernutung abhängt. Diese Nutungsoberwellen besitzen die gleichen Feldwellenparameter $\tilde{\nu}'$ und dieselbe Kreisfrequenz wie die Nutharmonischen nach (2.5.11b). Ihre Phasenlage ist jedoch die des Magnetisierungsstroms, und sie sind weitgehend belastungsunabhängig, da ihre Ursache die resultierende Durchflutungshauptwelle ist, deren Größe von der Spannung diktiert wird.

4. *Wicklungsoberwellen des Läufergrundschwingungsstroms* herrührend von der Hauptwelle des Ständerfelds mit $\tilde{\nu}'_1 = p$ mit im Fall eines Käfigläufers

$$\tilde{\nu}' = \tilde{\nu}'_2 = p + k_2 N_2 \, , \; \omega_{\nu'} = \left[1 + \left(\frac{\tilde{\nu}'_2}{p} - 1\right)(1-s)\right]\omega_1 \, ,$$
$$\varphi_{\nu'} = \varphi_{i2} \; \text{mit} \; k_2 \in \mathbb{Z}\backslash\{0\} \qquad (2.5.13)$$

entsprechend (1.9.19) und (1.9.20), Seite 262. Für den Fall, dass ein Schleifringläufer mit einer symmetrischen m_2-strängigen Ganzlochwicklung mit einfacher Zonenbreite vorliegt, gilt für die Feldwellenparameter

$$\tilde{\nu}' = \tilde{\nu}'_2 = p(1 + 2m_2 g_2) \; \text{mit} \; g_2 \in \mathbb{Z}\backslash\{0\} \, . \qquad (2.5.14a)$$

Davon sind die Nutharmonischen mit

$$\tilde{\nu}' = \tilde{\nu}'_{2,\text{NH}} = p + k_2 N_2 \text{ mit } k_2 \in \mathbb{Z}\setminus\{0\} \tag{2.5.14b}$$

besonders stark ausgeprägt. Die Wicklungsoberwellen des Läufers sind dem Läuferstrom proportional und damit belastungsabhängig.

5. *Nutungsoberwellen des Läufers* mit

$$\tilde{\nu}' = \tilde{\nu}'_2 = p + k_2 N_2 \, , \quad \omega_{\nu'} = \left[1 + \left(\frac{\tilde{\nu}'_2}{p} - 1\right)(1-s)\right]\omega_1 \text{ mit } k_2 \in \mathbb{Z}\setminus\{0\} \tag{2.5.15}$$

entsprechend (1.5.130), Seite 133, die jenen Teil der unter dem Einfluss der Nutung auf das Feld der resultierenden Durchflutungshauptwelle entstehenden Oberwellen bilden, der nur von der Läufernutung abhängt. Diese Nutungsoberwellen besitzen die gleichen Feldwellenparameter $\tilde{\nu}'$ und die gleiche Frequenz wie die Nutharmonischen nach (2.5.13) bzw. (2.5.14b). Sie sind mit der resultierenden Durchflutungshauptwelle belastungsunabhängig, und ihre Phasenlage folgt dem Magnetisierungsstrom.

6. *Oberwellen durch gegenseitige Nutung* mit

$$\tilde{\nu}' = p + k_1 N_1 + k_2 N_2 \, , \quad \omega_{\nu'} = \left[1 + \frac{k_2 N_2}{p}(1-s)\right]\omega_1 \text{ mit } k_1, k_2 \in \mathbb{Z}\setminus\{0\} \, , \tag{2.5.16}$$

die aus dem Zusammenwirken der Durchflutungshauptwelle und der Leitwertswellen der gegenseitigen Nutung nach (1.5.93), Seite 122, entstehen. Sie bilden also jenen Teil der unter dem Einfluss der Nutung auf das Feld der resultierenden Durchflutungshauptwelle entstehenden Oberwellen, der sowohl von der Ständer- als auch von der Läufernutung abhängt. Sie sind mit der Durchflutungshauptwelle belastungsunabhängig, und ihre Phasenlage folgt dem Magnetisierungsstrom.

7. *Exzentrizitätsoberwellen* nach Abschnitt 1.5.7.4, Seite 135, unter denen die Drehwellen mit

$$\tilde{\nu}' = p \pm 1 \, , \quad \omega_{\nu'} = \omega \pm \omega_\varepsilon \tag{2.5.17}$$

entsprechend (1.5.136) mit $\omega \pm \omega_\varepsilon$ nach (1.5.139) dominieren. Sie entstehen unter dem Einfluss einer Exzentrizität des Luftspalts auf das Feld der resultierenden Durchflutungshauptwelle und sind mit dieser belastungsunabhängig.

8. *Sättigungsoberwellen* nach Abschnitt 1.5.7.5, Seite 137, unter denen die Drehwelle mit

$$\tilde{\nu}' = 3p \, , \quad \omega_{\nu'} = 3\omega_1 \tag{2.5.18}$$

dominiert, die durch die von der resultierenden Durchflutungshauptwelle hervorgerufene Sättigung der Zähne und – bei niederpoligen Maschinen – auch des Rückens entsteht und die sich deshalb mit derselben Winkelgeschwindigkeit wie die Hauptwelle bewegen muss.

9. *Läuferrestfelder* aus der Abdämpfung der in den Ziffern 2., 3., 6., 7. und 8. dieser Aufzählung genannten Feldanteile mit im Fall eines Käfigläufers

$$\tilde{\nu}' = \tilde{\nu}'_2 = \tilde{\nu}'_1 + k_2 N_2 \, , \ \omega_{\nu'} = \omega_{\nu'1} + \frac{k_2 N_2}{p}(1-s)\omega_1$$

mit $\quad k_2 \in \mathbb{Z}\setminus\{0\}$ (2.5.19)

entsprechend (1.9.20), Seite 262, wobei $\tilde{\nu}'_1$ der Feldwellenparameter und $\omega_{\nu'1}$ die Kreisfrequenz der Drehwelle sind, die abgedämpft wird. Im Fall eines Schleifringläufers ist

$$\tilde{\nu}' = \tilde{\nu}'_2 = \tilde{\nu}'_1 + 2m_2 g_2 p \, ,$$ (2.5.20)

und eine Abdämpfung kann sich nur im Fall $\nu'_1 = |p(1 + 2m_2 g_2)|$ ausbilden, da andernfalls in den Strängen des Läufers wegen $(w\xi_{\nu'1})_2 = 0$ keine Spannung induziert wird.

Falls der Grundschwingung des Ständerstroms Oberschwingungen der Kreisfrequenz $\omega_{1\lambda}$ überlagert sind, baut jede dieser Oberschwingungen ein solches Feldspektrum auf. Da die Amplituden der Oberschwingungsströme meist deutlich kleiner sind als die des Grundschwingungsstroms, bezieht man i. Allg. lediglich die von den Oberschwingungen aufgebauten Hauptwellenfelder in die Betrachtungen ein und vernachlässigt die in den Ziffern 2. bis 9. der vorstehenden Aufzählung genannten Oberwellenfelder als Effekte zweiter Ordnung.

In Tabelle 2.5.1 sind die Feldwellenparameter der Wicklungsoberwellen eines dreisträngigen Ständers mit $N_1 = 36$ Nuten bei $p = 2$ Polpaaren und die Feldwellenparameter $\tilde{\nu}'_2$ der zugehörigen Folgen von Läuferrestfeldern eines Käfigläufers mit $N_2 = 28$ Nuten jeweils bis zu den zweiten Nutharmonischen zusammengestellt.

2.5.2
Asynchrone Oberwellenmomente

Nach Abschnitt 1.7.5, Seite 202, ist die Voraussetzung für das Auftreten eines asynchronen Oberwellenmoments, dass die Frequenzbedingung

$$\frac{\omega_{\mu'}}{\tilde{\mu}'} = \frac{\omega_{\nu'}}{\tilde{\nu}'}$$ (2.5.21)

entsprechend (1.7.108) unabhängig von der Drehzahl des Läufers erfüllt ist. Wie die Betrachtung von (2.5.19) zeigt, ist dies für $k_2 = 0$ immer der Fall, da dann sowohl der Feldwellenparameter als auch die Kreisfrequenz des im Läufer induzierenden Felds und des zurückwirkenden Felds sowie der mit diesem verknüpften Strombelagswelle identisch sind.

Im Beispiel nach Tabelle 2.5.1 sind dies die Strombelagswellen $\tilde{\mu}' = \tilde{\nu}'_2$, die in der ersten Spalte der Läuferwellen erscheinen. Dabei entsteht die Rückwirkung des Läufers dadurch, dass die Induktionswelle in den Käfigmaschen Spannungen induziert,

Tabelle 2.5.1 Werte von $\tilde{\nu}'_1$ und $\tilde{\nu}'_2$ für die Kombination aus dreisträngiger Ständerwicklung mit $N_2 = 36$, $2p = 4$ und Käfigläufer mit $N_2 = 28$ ohne Exzentrizität und Sättigung

Ständerwellen		Läuferwellen				
$\tilde{\nu}'_1 = p(1 + 6g_1)$	$\tilde{\nu}_1 = \tilde{\nu}'_1/p$	$\tilde{\nu}'_2 = \tilde{\nu}'_1 + k_2 N_2 = \tilde{\nu}'_1 + k_2 28$				
		$k_2 = 0$	$+1$	-1	$+2$	-2
2	1	2	+30	−26	+58	−54
−10	−5	−10	+18	−38	+46	−66
+14	+7	+14	+42	−14	+70	−42
−22	−11	−22	+6	−50	+34	−78
+26	+13	+26	+51	−2	+82	−30
−34 } 1. NH	−17	−34	−6	−62	−22	−90
+38	+19	+38	+66	+10	+94	+18
−46	−23	−46	−18	−74	+10	−102
+50	+25	+50	+78	+22	+106	−6
−58	−29	−58	−30	−86	−2	−114
+62	+31	+62	+90	+34	+118	+6
−70 } 2. NH	−35	−70	−42	−98	−14	−126
+74	+37	+74	+102	+46	+130	+18

die entsprechende Ströme antreiben. Das ist im Prinzip der gleiche Mechanismus, der zum asynchronen Drehmoment der Hauptwelle führt. Die Frequenz der Läufergrößen ist durch die Relativgeschwindigkeit der induzierenden Induktionswelle gegenüber dem Läufer gegeben. Insbesondere im Fall der Rückwirkung des Läufers auf die Wicklungsoberwellen des Ständers nach (2.5.11a) wird die Winkelgeschwindigkeit der Wicklungsoberwellen ausschließlich durch die Frequenz der Ständerströme bestimmt, so dass hinsichtlich der Abhängigkeit eines asynchronen Oberwellenmoments von der Läuferdrehzahl ein ähnliches Verhalten zu erwarten ist, wie es vom Hauptwellenfeld her bekannt ist. Dabei setzt der Mechanismus der Spannungsinduktion in den Käfigmaschen aus, wenn sich die Induktionswelle und der Läufer im Synchronismus befinden. Das ist entsprechend (2.5.11a) bei $\Omega_{\nu'} = \omega_1/\tilde{\nu}'_1$ bzw. bei $n_{\nu'} = n_0 p/\tilde{\nu}'_1$ der Fall. Da bei dreisträngigen Ganzlochwicklungen $|\tilde{\nu}'_{1\min}| = 5p$ ist, liegen die Drehzahlen aller Oberwellen der Ständerwicklung unterhalb von $|n| = n_0/5$ und damit in der Nähe von $n = 0$. Hinsichtlich der Abhängigkeit eines Oberwellenmoments von der Drehzahl ist zu beachten, dass die verursachenden Induktionswellen vom Ständerstrom diktiert werden, der sich aus dem Hauptwellenmechanismus ergibt, und nicht von der Spannung wie beim Hauptwellenmechanismus selbst. Dadurch erhält man durch asynchrone Oberwellenmomente ausgeprägte Beiträge zum resultierenden Drehmoment.

Die im Abschnitt 1.9.2, Seite 263, entwickelte Spannungsgleichung einer Käfigmasche für eine Induktionswelle der Ständerströme lässt sich weiterentwickeln, wenn nur die asynchronen Oberwellenmomente Berücksichtigung finden. In diesem Fall wirken die Läuferströme, die eine Induktionswelle des Ständers verursacht, mit einer Induktionswelle auf den Ständer zurück, die die gleiche Ordnungszahl und die gleiche Umlaufgeschwindigkeit wie die verursachende Induktionswelle des Ständers besitzt. Es ist $\tilde{\nu}' = \tilde{\mu}' = \tilde{\nu}'_1$. Eine Rückwirkung auf den Ständer durch Induktionswellen der Läuferströme, deren Ordnungszahl und Umlaufgeschwindigkeit nicht gleich der der verursachenden Induktionswelle des Ständers ist, findet nicht statt. Damit ist es im Folgenden nicht mehr erforderlich, zwischen $\tilde{\nu}'$, $\tilde{\mu}'$ und $\tilde{\nu}'_1$ zu unterscheiden. Es wird stets mit $\tilde{\nu}'$ bzw. ν' gearbeitet.

Die weiteren Betrachtungen beschränken sich außerdem zunächst auf den Fall, dass der Einfluss der Nutung vernachlässigbar ist. Dann erhält man $\hat{B}_{\nu'1}$ aus (2.5.6) mit $\hat{\Theta}_{\mathrm{p}1}$ nach (1.5.73), Seite 114, und (1.9.28), Seite 265, geht unter Einführung von

$$X_{\mathrm{h}} = \omega_1 L_{\mathrm{h}} = \omega_1 \frac{\mu_0}{\delta''_{\mathrm{i}}} \frac{3}{2} \frac{4}{\pi} \frac{2}{\pi} \tau_{\mathrm{p}} l_{\mathrm{i}} \frac{(w\xi_{\mathrm{p}})_1^2}{2p}$$

entsprechend (1.8.10), Seite 224, über in

$$0 = \left(\frac{R_{\mathrm{M}\nu'}}{s_{\nu'}} + \mathrm{j} X_{\mathrm{M}\nu'} \right) \underline{i}_{\mathrm{M}\nu'} + \mathrm{j} \frac{p^2}{\nu'^2} \frac{\xi_{\nu'1}^2}{\xi_{\mathrm{p}1}^2} X_{\mathrm{h}} \frac{1}{(w\xi_{\nu'})_1} \frac{\pi \nu'}{N_2} \xi_{\mathrm{K},\nu'} \xi_{\mathrm{schr},\nu'} \underline{i}_1 \mathrm{e}^{-\mathrm{j}\tilde{\nu}'\vartheta'_0} \ . \quad (2.5.22)$$

Wie man sich leicht überzeugt, entspricht diese Beziehung der Spannungsgleichung (2.1.85b), Seite 308, der Käfigmasche 1, die unter Voraussetzung des Prinzips der Hauptwellenverkettung, d. h. also für die Hauptwelle mit $\nu' = p$, abgeleitet wurde. Es ist lediglich zu beachten, dass jetzt der Ursprung des Läuferkoordinatensystems so gelegt werden muss, dass die Masche ρ des Käfigs die Koordinate $(\rho - 1)\alpha'_{\mathrm{n}}$ erhält. Dadurch tritt jetzt ϑ'_0 an die Stelle von $\vartheta'_0 + \pi/(2p) - \alpha'_{\mathrm{n}}/2$. Außerdem wurde der Kopplungsfaktor nach (1.9.10), Seite 258, eingeführt.

Im Folgenden soll zunächst untersucht werden, wie sich die Spannungsgleichung der Käfigmasche für eine Wicklungsoberwelle des Ständers mit dem Feldwellenparameter $\tilde{\nu}'$ in das Ersatzschaltbild einfügt, das unter Einführung transformierter Läufergrößen auf der Grundlage von $\ddot{u}_{\mathrm{h}} = (w\xi_{\mathrm{p}})_1/(w\xi_{\mathrm{p}})_2$ als Bild 2.1.9, Seite 310, ermittelt wurde. Es ist im Bild 2.5.1a nochmals dargestellt, wobei die ausführliche Kennzeichnung der Schaltelemente entsprechend (2.1.90) bis (2.1.93) eingeführt und berücksichtigt wurde, dass $\underline{u}_2 = 0$ ist. Ferner wurde die Ständerstreureaktanz aufgelöst in die Streureaktanz $X_{\sigma\mathrm{nwz}1}$, die den Feldern im Nut, Wicklungskopf- und Zahnkopfraum zugeordnet ist, und eine Folge von Reaktanzen $X_{\mathrm{h}\nu'}$, die den einzelnen Induktionsoberwellen der Ständerströme nach (2.5.6) zugeordnet sind und zusammen die Streureaktanz $X_{\sigma\mathrm{o}1}$ der Oberwellenstreuung des Ständers bilden. Man erhält $X_{\mathrm{h}\nu'}$ mit

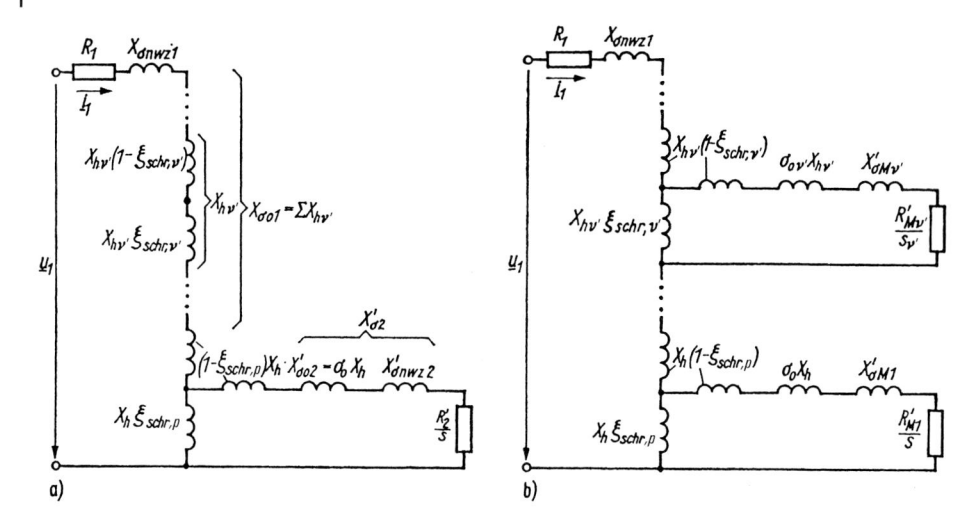

Bild 2.5.1 Ersatzschaltbild auf Basis des reellen Übersetzungsverhältnisses $\ddot{u}_\mathrm{h}$ unter Einbeziehung der Kopplung der betrachteten Käfigmasche mit Oberwellenfeldern.
a) Ausgangsanordnung (vgl. Bild 2.1.9);
b) Ersatzschaltbild mit einer Masche, die die Rückwirkung des Läufers auf eine Wicklungsoberwelle des Ständers berücksichtigt

(1.6.26) und (1.6.27), Seite 147, unter Einführung von (2.5.6) aus

$$X_{\mathrm{h}\nu'} \underline{i}_1 = \omega_1 \frac{\mu_0}{\delta_\mathrm{i}''} \frac{3}{2} \frac{4}{\pi} \frac{(w\xi_{\nu'})_1^2}{2p} \frac{2}{\pi} \tau_\mathrm{p} l_\mathrm{i} \frac{p^2}{\nu'^2} \underline{i}_1 \qquad (2.5.23)$$

unter Einführung von X_h zu

$$X_{\mathrm{h}\nu'} = \frac{p^2}{\nu'^2} \frac{\xi_{\nu'1}^2}{\xi_{\mathrm{p}1}^2} X_\mathrm{h} \ . \qquad (2.5.24)$$

Die Läuferströme liefern mit (1.6.26) und (1.6.27) als Rückwirkung auf die betrachtete Induktionswelle $\tilde{\nu}'$ des Ständers ausgehend von $\Theta_{\nu'\mu'2}$ nach (1.9.19), Seite 262, für $\tilde{\nu}' = \tilde{\mu}'$ unter Beachtung der Schrägung als Beitrag zur Spannungsgleichung des Strangs a

$$\mathrm{j}\omega_1 (w\xi_{\nu'})_1 \frac{2}{\pi} \tau_\mathrm{p} l_\mathrm{i} \frac{p}{\nu'} \xi_{\mathrm{schr},\nu'} \frac{\mu_0}{\delta_\mathrm{i}''} \xi_{\mathrm{K},\nu'} \underline{i}_{\mathrm{M}\nu'} = \mathrm{j} X_{\mathrm{h}\nu'} \xi_{\mathrm{schr},\nu'} \frac{1}{(w\xi_{\nu'})_1} \frac{\pi\nu'}{3} \xi_{\mathrm{K},\nu'} \underline{i}_{\mathrm{M}\nu'} \ .$$

Wenn die Erweiterung des Ersatzschaltbilds für die einzelnen Ständerwellen analog aufgebaut sein soll wie die Masche für die Hauptwelle, muss entsprechend Bild 2.5.1a der gemeinsame Querzweig aus dem Schaltelement $X_{\mathrm{h}\nu'}\xi_{\mathrm{schr},\nu'}$ bestehen. Der Teil des Ersatzschaltbilds, der die Wirkung einer Ständerwelle mit der Ordnungszahl ν' beschreibt, könnte unter Verwendung des im Abschnitt 1.9.3, Seite 266, eingeführten Felddämpfungsfaktors auch durch eine Impedanz $\underline{d}_{\nu'} X_{\mathrm{h}\nu'}$ ersetzt werden und entspricht Bild 1.9.9, Seite 266.

Als transformierter Maschenstrom lässt sich

$$\underline{i}'_{\mathrm{M}\nu'} = \frac{\pi\nu'}{3(w\xi_\nu)_1}\xi_{\mathrm{K},\nu'}\underline{i}_{\mathrm{M}\nu'} \qquad (2.5.25)$$

einführen. Wenn man (2.5.22) mit dem gleichen Ziel umformt, erhält man unter Beachtung von (1.9.29) und (1.9.30), Seite 265, sowie (2.5.24)

$$0 = \left(\frac{R'_{\mathrm{M}\nu'}}{s_{\nu'}} + \mathrm{j}X'_{\sigma\mathrm{M}\nu'} + \mathrm{j}\sigma_{\mathrm{o}\nu'}X_{\mathrm{h}\nu'}\right)\underline{i}'_{\mathrm{M}\nu'} + \mathrm{j}X_{\mathrm{h}\nu'}\xi_{\mathrm{schr},\nu'}(\underline{i}_1 + \underline{i}'_{\mathrm{M}\nu'}) \qquad (2.5.26)$$

mit

$$R'_{\mathrm{M}\nu'} = R_{\mathrm{M}\nu'}\frac{(w\xi_{\nu'})_1^2}{\sin^2\frac{\nu'\alpha'_\mathrm{n}}{2}}\frac{3}{N_2} = \frac{12}{N_2}(w\xi_{\nu'})_1^2\left(R_\mathrm{s} + \frac{R_\mathrm{r}}{2\sin^2\frac{\nu'\alpha'_\mathrm{n}}{2}}\right) \qquad (2.5.27)$$

$$X'_{\sigma\mathrm{M}\nu'} = X_{\sigma\mathrm{M}\nu'}\frac{(w\xi_{\nu'})_1^2}{\sin^2\frac{\nu'\alpha'_\mathrm{n}}{2}}\frac{3}{N_2} = \frac{12}{N_2}(w\xi_{\nu'})_1^2\left(X_{\sigma\mathrm{s}} + \frac{X_{\sigma\mathrm{r}}}{2\sin^2\frac{\nu'\alpha'_\mathrm{n}}{2}}\right) \qquad (2.5.28)$$

$$\sigma_{\mathrm{o}\nu'} = \frac{1}{\xi_{\mathrm{K},\nu'}^2} - 1 = \frac{\left(\frac{\pi\nu'}{N_2}\right)^2}{\sin^2\frac{\pi\nu'}{N_2}} - 1 \qquad (2.5.29)$$

Die entsprechenden Beziehungen für die Hauptwelle des Ständerfelds ergeben sich aus (2.1.85b), Seite 308, mit $\vartheta_0 + \pi/2 - \alpha_\mathrm{n}/2 = 0$ zu

$$\underline{i}'_\mathrm{M} = \frac{N_2}{3(w\xi_\mathrm{p})_1}\sin\frac{p\alpha'_\mathrm{n}}{2}\underline{i}_\mathrm{M}$$

sowie zu $R'_\mathrm{M} = R'_2$ und $X'_{\sigma\mathrm{M}} = X'_{2\sigma} - \sigma_\mathrm{o}X_\mathrm{h}$ nach (2.1.95) und (2.1.96).

Im Bild 2.5.1b ist das erweiterte Ersatzschaltbild dargestellt. Dabei wurden in der Masche für die Hauptwelle entsprechend den oben angestellten Überlegungen die Läuferparameter $X'_{2\sigma}$ und R'_2 durch die Maschengrößen nach (1.9.29) und (1.9.30) ersetzt. Dadurch wird deutlich, dass das Schaltelement $\sigma_{\mathrm{o}\nu'}X_{\mathrm{h}\nu'}$ der Oberwellenstreuung der Käfigmasche bezüglich ihres Zusammenwirkens mit einer Feldwelle $\nu' = |\tilde{\nu}'|$ zugeordnet ist. Wenn man sich einen ungeschrägten Läufer ohne Nut-, Wicklungskopf- und Zahnkopfstreuung vorstellt, wird der Strom $\underline{i}_{\mathrm{M}\nu'}$ allein durch die Oberwellenstreuung nach Maßgabe von $\sigma_{\mathrm{o}\nu'}X_{\mathrm{h}\nu'}$ bestimmt. Im Bild 2.5.2 ist der Streukoeffizient $\sigma_{\mathrm{o}\nu'}$ der Oberwellenstreuung nach (2.5.29) mit $\xi_{\mathrm{K},\nu'}$ nach (1.9.10), Seite 258, als Funktion von $\nu'\alpha'_\mathrm{n}/2$ bzw. von $\tau_{\mathrm{n}2}/\tau_{\nu'} = \alpha'_\mathrm{n}\nu'/\pi$ bzw. von ν' dargestellt. Man erkennt, dass die Oberwellenstreuung für Ständerwellen mit $\nu' > N_2/2$ sehr groß wird, so dass $\sigma_{\mathrm{o}\nu'}X_{\mathrm{h}\nu'}$ in der zugeordneten Masche des Ersatzschaltbilds dominiert. Für eine gegebene Ordnungszahl ν' ändert sich der Streukoeffizient der Oberwellenstreuung außerordentlich

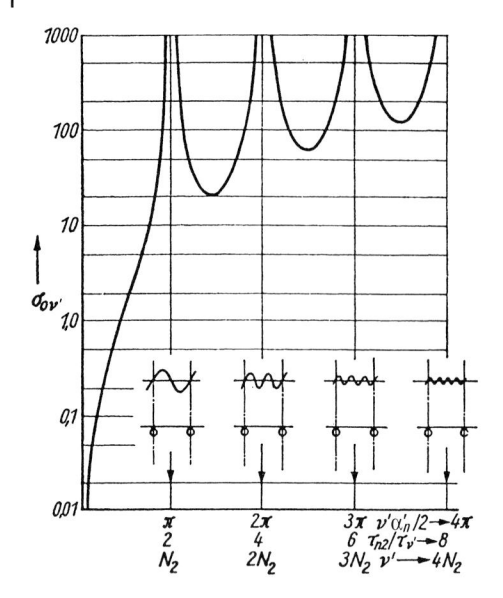

Bild 2.5.2 Streukoeffizient $\sigma_{o\nu'}$ der Oberwellenstreuung eines Käfigläufers bezüglich seines Zusammenwirkens mit einer Ständerwelle $\nu' = |\tilde{\nu}'|$

stark mit der Maschenweite der Läufermasche, d. h. mit der Läufernutteilung. Je kleiner die Läufernutteilung ist, d. h. je größer die Läufernutzahl ist, umso besser ist der Käfig offensichtlich mit einer betrachteten Ständerwelle verkettet.

Das Drehmoment erhält man mit Hilfe von (1.7.110), Seite 204. Wie in den bisherigen Betrachtungen des Abschnitts 2.5 bleibt auch im Folgenden bei der Ermittlung der Drehzahl-Drehmoment- bzw. Schlupf-Drehmoment-Kennlinie der Einfluss der Nutung zunächst unberücksichtigt. Die allgemeine Induktionswelle nach (1.7.101) ist dann durch (2.5.7) mit $\hat{B}_{\nu'1}$ aus (2.5.6) und (1.5.70), Seite 114, gegeben, d. h. für ihre Bestimmungsgrößen gilt im Koordinatensystem des Läufers unter Beachtung von (2.5.8)

$$\hat{B}_{\nu'} = \hat{B}_{\nu'1} = \frac{\mu_0}{\delta_i''} \frac{3}{2} \frac{4}{\pi} \frac{(w\xi_{\nu'})_1}{2} \frac{1}{\nu'} \hat{i}_1$$

sowie $\omega_{\nu'} = |s_{\nu'}|\omega_1$ und $\varphi_{\nu'} = \varphi_{i1}$. Sie ruft entsprechend den Betrachtungen im Abschnitt 1.9.1, Seite 256, eine Folge von Strombelagswellen nach (1.9.25) hervor, von denen diejenige mit $\tilde{\mu}' = \tilde{\nu}'$ mit der Ständerwelle ein asynchrones Drehmoment bildet. Für die Bestimmungsstücke der allgemeinen Strombelagswelle nach (1.7.102) gilt also mit (1.9.25)

$$\hat{A}_{\mu'} = \frac{2}{D} \tilde{\nu}' \xi_{K,\nu'} \hat{i}_{M\nu'}$$

sowie $\omega_{\mu'} = |s_{\nu'}|\omega_1$ und $\varphi_{\mu'} = \varphi_{iM\nu'} + \pi/2$. Damit liefert (1.7.106) für das Oberwellenmoment unter Einführung von $X_{h\nu'}$ aus (2.5.23)

$$M_{\nu'} = \frac{\pi \nu'}{2\omega_1 (w\xi_{\nu'})_1} \tilde{\nu}' \frac{X_{h\nu'}}{\omega_1 (w\xi_{\nu'})_1} \xi_{K,\nu'} \xi_{\text{schr},\nu'} \, \text{Im}\{\underline{i}_1 \underline{i}_{M\nu'}^*\} \,. \tag{2.5.30}$$

2.5 Oberwellenerscheinungen im stationären Betrieb

Für $\underline{i}^*_{M\nu'}$ erhält man aus (2.5.22) unter Einführung von $X_{h\nu'}$ nach (2.5.24) unmittelbar

$$\underline{i}^*_{M\nu'} = j\frac{\pi\nu'}{N_2}\frac{X_{h\nu'}}{(w\xi_{\nu'})_1}\xi_{K,\nu'}\xi_{\text{schr},\nu'}\frac{\dfrac{R_{M\nu'}}{s_{\nu'}} + jX_{M\nu'}}{\left(\dfrac{R_{M\nu'}}{s_{\nu'}}\right)^2 + X^2_{M\nu'}}\underline{i}^*_1 \ .$$

Damit geht (2.5.30) über in

$$\boxed{M_{\nu'} = \frac{(\pi\nu')^2}{N_2}\frac{\tilde{\nu}'}{\omega_1}\frac{X^2_{h\nu'}\xi^2_{K,\nu'}\xi^2_{\text{schr},\nu'}}{(w\xi_{\nu'})^2_1 X_{M\nu'}}\frac{I^2_1}{\dfrac{R_{M\nu'}}{X_{M\nu'}}\dfrac{1}{s_{\nu'}} + \dfrac{X_{M\nu'}}{R_{M\nu'}}s_{\nu'}}} \ .$$

Das ist eine Beziehung, die der bekannten Kloss'schen Gleichung für das Drehmoment des Hauptwellenfelds ähnelt (vgl. (2.3.32), S. 340, mit $R_1 = 0$). Man erhält in normierter Form

$$\boxed{\frac{M_{\nu'}}{M_{\text{kipp}\nu'}} = \frac{2}{\dfrac{s_{\text{kipp}\nu'}}{s_{\nu'}} + \dfrac{s_{\nu'}}{s_{\text{kipp}\nu'}}}} \ . \tag{2.5.31}$$

Dabei beträgt das Kippmoment $M_{\text{kipp}\nu'}$ unter Einführung von $X_{h\nu'}$ nach (2.5.24) und $X_{M\nu'}$ nach (1.9.30), Seite 265,

$$\boxed{M_{\text{kipp}\nu'} = \frac{3}{2}\frac{\tilde{\nu}'}{\omega_1}\frac{X_{h\nu'}}{1+\dfrac{X_{\sigma M\nu'}}{X_{\delta M}}}\xi^2_{K,\nu'}\xi^2_{\text{schr},\nu'}I^2_1 \approx \frac{3}{2}\frac{\tilde{\nu}'}{\omega_1}X_{h\nu'}\xi^2_{K,\nu'}\xi^2_{\text{schr},\nu'}I^2_1} \ , \tag{2.5.32}$$

und der Kippschlupf ist

$$\boxed{s_{\text{kipp}\nu'} = \frac{R_{M\nu'}}{X_{\delta M}}\frac{1}{1+\dfrac{X_{\sigma M\nu'}}{X_{\delta M}}}} \ . \tag{2.5.33}$$

Der Unterschied zu den entsprechenden Beziehungen für das Hauptwellendrehmoment (s. (2.3.30) bis (2.3.32) mit $R_1 = 0$) ist in erster Linie dadurch gegeben, dass für die Oberwellenmomente der Strom I_1 vorgegeben ist, während für das Hauptwellendrehmoment die Spannung U_1 festliegt. Dabei wird der Strom I_1 weitgehend allein durch die mit dem Hauptwellenfeld verknüpften Vorgänge bestimmt; die Rückwirkung der Oberwellenerscheinungen auf den Strom ist relativ gering. Durch den Betrieb mit konstantem Strom, wie er für die Oberwellenmomente zumindest in der Nähe ihrer synchronen Drehzahl praktisch vorliegt und wie er durch (2.5.32) wiedergegeben wird, ist für den Kippschlupf die Gesamtreaktanz der Masche und nicht ihre Streureaktanz maßgebend wie beim Betrieb an konstanter Spannung. Dadurch erhält man kleinere Werte des Kippschlupfs und damit spitze Drehmomentsättel.

Im normalen Arbeitsbereich der Induktionsmaschine zwischen Synchronismus und Bemessungsdrehzahl ist $s_{\nu'} < 0$ bei $\tilde{\nu}' > 0$ und $s_{\nu'} > 0$ bei $\tilde{\nu}' < 0$ (s. Bild 1.9.1, S.

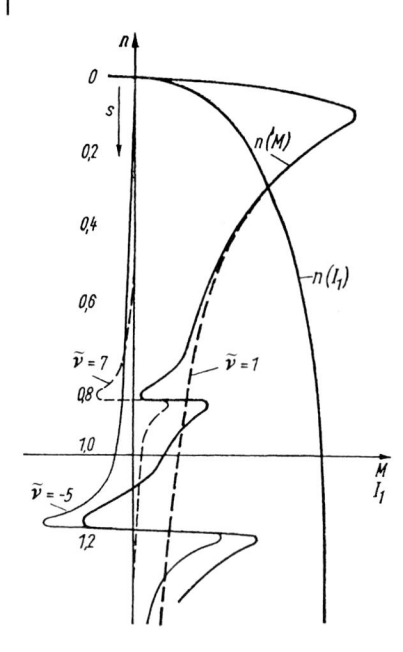

Bild 2.5.3 Drehzahl-Drehmoment-Kennlinie einer Induktionsmaschine mit asynchronen Oberwellenmomenten für $\nu' = 5p$ und $\nu' = 7p$ sowie Kennlinie $n(I_1)$

257). Damit liefern sämtliche Oberwellenmomente entsprechend (2.5.31) und (2.5.32) in diesem Bereich negative Beiträge. Im ersten Fall mit $s_{\nu'} < 0$ und $\tilde{\nu}' > 0$ liegt für die Oberwelle übersynchroner Betrieb vor und im zweiten mit $s_{\nu'} > 0$ und $\tilde{\nu}' < 0$ Gegenstrombremsbetrieb. Energetisch gesehen rufen die Oberwellen im normalen Arbeitsbereich der Induktionsmaschine zusätzliche Verluste hervor. Im Bild 2.5.3 sind zur Demonstration der bisher erhaltenen Ergebnisse außer dem Hauptwellendrehmoment asynchrone Oberwellenmomente für $\tilde{\nu}' = -5p$ und $\tilde{\nu}' = 7p$ in ihrem prinzipiellen Verlauf sowie die zugehörige resultierende Drehzahl-Drehmoment-Kennlinie dargestellt. Besondere Beachtung muss – wie bei allen Oberwellenerscheinungen – den Nutharmonischen geschenkt werden. Die Symmetrieeigenschaft $M_{\nu'}(-s_{\nu'}) = -M_{\nu'}(s_{\nu'})$ in der Schlupf-Drehmoment-Kennlinie eines asynchronen Oberwellenmoments ist entsprechend (2.5.32) nur solange gewahrt, wie I_1 sich nicht wesentlich ändert. Unter dem Einfluss der Abhängigkeit $I_1(n)$ bzw. $I_1(s)$ (s. Bild 2.5.3) geht ein Oberwellenmoment im Bereich $n > n_{\nu'}$ schneller auf Null zurück als im Bereich $n < n_{\nu'}$. Diese Tendenz wird durch die Wirkung der Stromverdrängung verstärkt. Der wirksame Widerstand $R_{M\nu'}$ erhöht sich zwar für $+s_{\nu'}$ und $-s_{\nu'}$ im gleichen Maß, aber auf das Drehmoment hat die Widerstandserhöhung praktisch nur in dem Gebiet $n < n_{\nu'}$ Einfluss, in dem $I_1 \approx I_{1a}$ ist. Das ist ein Grund dafür, dass die Drehzahl-Drehmoment-Kennlinien unter dem Einfluss asynchroner Oberwellenmomente vor allem im Gebiet $n < 0$ nachdrücklich beeinflusst werden. Im Bild 2.5.4 ist der prinzipielle Verlauf eines Oberwellenmoments unter Berücksichtigung der Stromverdrängung dargestellt. Bild 2.5.5 zeigt eine gemessene Drehzahl-Drehmoment-Kennlinie eines Motors mit den Daten $P_N = 8\,\text{kW}$,

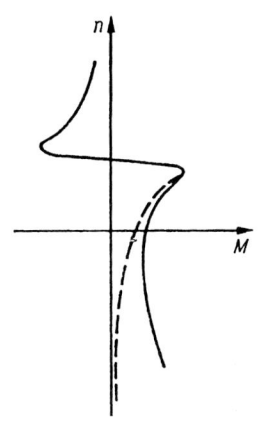

2.5 Oberwellenerscheinungen im stationären Betrieb | 405

Bild 2.5.4 Drehzahl-Drehmoment-Kennlinie eines asynchronen Oberwellenmoments unter dem Einfluss der Stromverdrängung

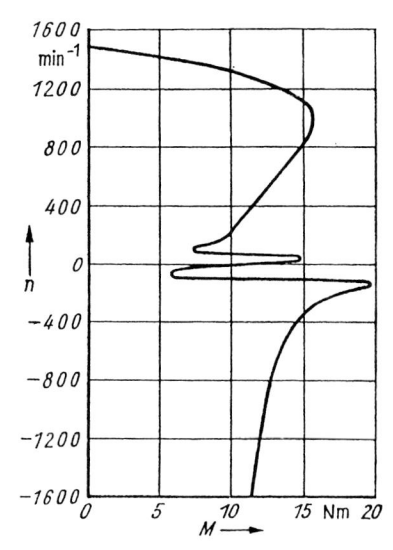

Bild 2.5.5 Gemessene Drehzahl-Drehmoment-Kennlinie eines Induktionsmotors mit den Daten $P_N = 8$ kW, $N_1 = 36$, $N_2 = 46$, $2p = 4$ [29]

$N_1 = 36$, $N_2 = 46$ und $2p = 4$ nach [29]. Dabei treten die asynchronen Oberwellenmomente der beiden ersten Nutharmonischen mit $\tilde{\nu}' = -17p$ und $\tilde{\nu}' = +19p$ bei $n_{17p} = -88$ min^{-1} und $n_{19p} = 79$ min^{-1} in Erscheinung.

Das Wirksamwerden eines asynchronen Oberwellenmoments auf die Drehzahl-Drehmoment-Kennlinie einer Maschine hängt von der Größe des Kippmoments nach (2.5.32) ab. Um seinen Einfluss unmittelbar abschätzen zu können, empfiehlt es sich, dieses Kippmoment auf das *Anzugsmoment* M_{ap} des Hauptwellendrehmoments zu beziehen. Letzteres folgt aus (2.3.30) bis (2.3.32), Seite 340, mit $R_1 = 0$ zu

$$M_{\mathrm{ap}} \approx 2 M_{\mathrm{kipp}} s_{\mathrm{kipp}} \approx \frac{3p}{\omega_1} \frac{U_1}{X_\varnothing} s_{\mathrm{kipp}} , \qquad (2.5.34)$$

wobei der eventuell vorhandene Einfluss der Stromverdrängung in s_kipp berücksichtigt werden muss. Damit erhält man unter Beachtung von $I_\text{1a} \approx U_1/X_\varnothing$ und $I_\text{11} \approx U_1/X_\text{h}$ sowie mit $I_1 \approx I_\text{1a}$ in (2.5.32)

$$\boxed{\frac{M_{\text{kipp}\nu'}}{M_\text{ap}} \approx \frac{p}{2\tilde{\nu}'} \left(\frac{I_\text{1a}}{I_\text{11}}\right) \left(\frac{\xi_{\nu'1}}{\xi_\text{p1}}\right)^2 \xi_{\text{K},\nu'}^2 \xi_{\text{schr},\nu'}^2 \frac{1}{s_\text{kipp}}} . \qquad (2.5.35)$$

Die Beziehung (2.5.35) bringt zunächst zum Ausdruck, dass die Nutharmonischen wegen $|\xi_\text{NH1}| = |\xi_\text{p1}|$ hinsichtlich der Entwicklung merklicher Oberwellenmomente eine Vorzugsstellung einnehmen. Weiterhin erkennt man den außerordentlich starken Einfluss des Kopplungsfaktors $\xi_{\text{K},\nu'}$ nach (1.9.10), Seite 258. Das wird deutlich, wenn man ausgehend von (2.5.29) $\xi_{\text{K},\nu'}^2 = 1/(\sigma_{\text{o}\nu'} + 1)$ setzt und $\sigma_{\text{o}\nu'}$ in Abhängigkeit von $\tau_\text{n2}/\tau_{\nu'}$ nach Bild 2.5.2 betrachtet. Man erkennt, dass besonders für solche Harmonischen eine gute Kopplung besteht und damit große Werte des Kopplungsfaktors $\xi_{\text{K},\nu'}$ wirksam werden, deren Ordnungszahlen ν' merklich kleiner als N_2 sind. Für den Fall, dass $N_2 > N_1$ ist – z. B. $N_1 = 36$, $N_2 = 46$ wie im Beispiel von Bild 2.5.5 –, wird N_2 größer als die Ordnungszahlen $\nu'_\text{NH1} = N_1 \pm p$ der ersten Nutharmonischen. Diese können deshalb große Oberwellenmomente hervorrufen. Aus diesem Grund vermeidet man nach Möglichkeit Nutzahlkombinationen mit $N_2 > N_1$. Als dritter Einfluss wird in (2.5.35) der der Schrägung deutlich. Demnach lässt sich ein Oberwellenmoment einer Ständerwelle durch zweckmäßige Schrägung klein halten oder ganz unterdrücken. Da im Spektrum der Ständerwellen die Nutharmonischen erster Ordnung besonders stark ausgeprägt sind, wird der Läufer i. Allg. mit Rücksicht auf diese entsprechend den Überlegungen im Abschnitt 1.6.6, Seite 154, um eine Ständernutteilung geschrägt. Der Effekt tritt allerdings meist nicht im gewünschten Maß auf, da die Betrachtungen stillschweigend einen gegen das Läuferblechpaket isolierten Käfig voraussetzen, gewöhnlich aber gegossene Käfige vorliegen. Solange keine Schrägung ausgeführt ist, spielt der endliche Übergangswiderstand zwischen den Käfigstäben und dem Blechpaket praktisch keine Rolle. Die Querströme durch das Blechpaket vergrößern lediglich die in diesem Fall ohnehin in Form regulärer Maschenströme vorhandene Rückwirkung des Läufers auf eine Ständerwelle geringfügig. Demgegenüber kommt es bei einem geschrägten Läufer, herrührend von den Querströmen durch das Blechpaket, auch dann zu einer Läuferreaktion mit einer Feldwelle des Ständers, wenn diese mit der Läufermasche als Ganzes gar nicht verkettet ist. Integrationswege, die sich entsprechend Bild 2.5.6 über das Blechpaket schließen und nur einen Teil der Käfigmasche erfassen, werden von der betrachteten Ständerwelle mit einem endlichen Fluss durchsetzt. Die Läuferströme und damit das zugeordnete Oberwellenmoment hängen natürlich noch von der Größe des Übergangswiderstands zwischen Käfig und Blechpaket bzw. des längenbezogenen Querwiderstands zwischen benachbarten Stäben ab. Da der wirksame Widerstand auf alle Fälle größer wird als der einer regulären Käfigmasche, ergeben sich entsprechend (2.5.33) größere Werte des Kippschlupfs. Anstelle eines spitzen Drehmomentsattels, der ohne Schrägung entste-

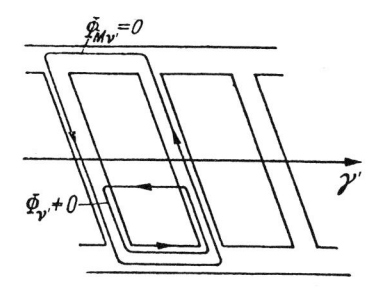

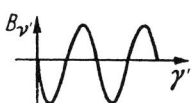

Bild 2.5.6 Zur Entstehung von Querströmen über das Blechpaket, die trotz idealer Schrägung zu einer Läuferreaktion auf eine Ständerwelle führen

hen würde, erhält man bei Schrägung wegen des Auftretens der Querströme einen breiten Sattel (s. Bild 2.5.7).

Da bei einem unisolierten, geschrägten Läuferkäfig auch vom Hauptwellenfeld her Querströme über das Blechpaket fließen und damit die Wirkung der Schrägung praktisch aufheben, wird das Hauptwellendrehmoment gegenüber dem Fall eines isolierten Käfigs vergrößert. Dieser Einfluss ist dem der ausbleibenden Unterdrückung von Oberwellenmomenten entgegengerichtet. Aufgrund dieses gegenläufigen Einflusses auf das Drehzahl-Drehmoment-Verhalten der Maschine gibt es einen günstigsten Wert des Querwiderstands. Bei einer gegebenen Maschine kann der Übergang zu einem isolierten Käfig oder auch nur zu einem größeren Übergangswiderstand zu einer Verschlechterung des Drehzahl-Drehmoment-Verhaltens führen.

Breite Drehmomentsättel entstehen weiterhin offensichtlich dadurch, dass die Induktionsoberwellen des Ständers im Läuferblechpaket Wirbelströme hervorrufen. Aufgrund des relativ großen Widerstands der Wirbelstrombahnen erhält man asynchrone Oberwellenmomente, die entsprechend (2.5.33) große Werte des Kippschlupfs aufwei-

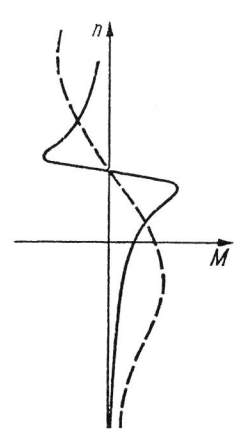

Bild 2.5.7 Drehzahl-Drehmoment-Kennlinie einer Ständerwelle unter dem Einfluss der Schrägung und der endlichen Querströme über das Läuferblechpaket [29]

sen. Dadurch beobachtet man im gesamten Bereich $-n_0 < n < n_0$ Beiträge zum Drehmoment.

2.5.3
Synchrone Oberwellenmomente

Ein synchrones Oberwellenmoment entsteht gemäß Abschnitt 1.7.5, Seite 202, immer dann, wenn die Bedingung $\omega_{\mu'}/\tilde{\mu}' = \omega_{\nu'}/\tilde{\nu}'$ entsprechend (1.7.108) zwischen den Geschwindigkeiten einer Induktionswelle und einer Strombelagswelle gleicher Ordnungszahlen nur bei einer bestimmten Läuferdrehzahl erfüllt ist. Bei anderen Läuferdrehzahlen hat die Induktionswelle dann eine andere Geschwindigkeit als die Strombelagswelle, und man erhält ein pulsierendes Drehmoment. Seine Frequenz ist durch (1.7.107) als $f_M = |\tilde{\nu}'(n_{\nu'} - n_{\mu'})|$ gegeben und wird offenbar umso kleiner, je mehr man sich der Läuferdrehzahl nähert, bei der $n_{\nu'} = n_{\mu'}$ ist (s. Bild 2.5.9). Ein synchrones Oberwellenmoment erscheint entsprechend den bisherigen Betrachtungen als Drehmomentspitze in der stationären Drehzahl-Drehmoment-Kennlinie, die nur bei einer bestimmten Drehzahl existiert. Die pulsierenden Drehmomente, in die das synchrone Oberwellenmoment außerhalb dieser Drehzahl übergeht, bilden sich in der stationären Drehzahl-Drehmoment-Kennlinie nicht ab. Ein synchrones Oberwellenmoment tritt entsprechend den Schlussfolgerungen aus (1.7.105) und (1.7.106) im Fall $\tilde{\mu}' = -\tilde{\nu}'$ bei jener Drehzahl auf, für die $\omega_{\mu'} = -\omega_{\nu'}$ ist,[15] und im Fall $\tilde{\mu}' = \tilde{\nu}'$ bei jener, die $\omega_{\mu'} = \omega_{\nu'}$ erfüllt. Die gleiche Aussage folgt noch einmal aus (1.7.108), die die erforderliche Gleichheit der Umlaufgeschwindigkeiten der miteinander reagierenden Wellen zum Ausdruck bringt.

Im Folgenden werden nähere Untersuchungen über das Auftreten synchroner Oberwellenmomente auf der Grundlage der Induktions- und Strombelagswellen angestellt, die im Abschnitt 2.5.1 ermittelt wurden. Der Einfluss der Nutung bleibt also unberücksichtigt. Dabei ist es erforderlich, die beiden Fälle $\tilde{\mu}' = \tilde{\nu}'$ und $\tilde{\mu}' = -\tilde{\nu}'$ getrennt zu betrachten.

Da alle Läuferwellen mit $\tilde{\mu}' = \tilde{\nu}'_1$ – d. h. solche, die sich mit $k_2 = 0$ ergeben, und damit von der gleichen Feldwelle verursacht werden, mit der sie ein Drehmoment bilden – auf ein asynchrones Oberwellenmoment führen, können synchrone Oberwellenmomente offensichtlich nur aus dem Zusammenwirken einer Induktionswelle $\tilde{\nu}'$ des Ständers mit einer Strombelagswelle $\tilde{\mu}'$ des Läufers entstehen, die von einer anderen Ständerwelle $\tilde{\nu}'_1$ verursacht wird, d. h. für die entsprechend (2.5.19), Seite 397,

$$\tilde{\mu}' = \tilde{\nu}'_1 + k_2 N_2 \neq \tilde{\nu}'_1 \qquad (2.5.36)$$

ist. Dann gilt im Fall, dass beide Ständerwellen Wicklungsoberwellen aufgrund von Strömen der Kreisfrequenz ω_1 sind, für die Kreisfrequenzen der an der Drehmoment-

---

[15] Wie im Abschnitt 1.7.5 bereits erwähnt wurde, kann der mathematische Formalismus auch auf negative Werte für eine Kreisfrequenz führen, die vom Schlupf abhängig ist.

bildung beteiligten Drehwellen im Koordinatensystem des Läufers unter Beachtung von (2.5.4), Seite 394,

$$\omega_{\nu'} = \omega_1 - \tilde{\nu}'\Omega$$
$$\omega_{\mu'} = \omega_1 - \tilde{\nu}'_1\Omega \ .$$

Damit folgt aus der Bedingung (1.7.108) für das Auftreten eines zeitlich konstanten Drehmoments

$$\frac{\omega_1 - \tilde{\nu}'\Omega}{\tilde{\nu}'} = \frac{\omega_1 - \tilde{\nu}'_1\Omega}{\tilde{\mu}'} \ . \tag{2.5.37}$$

a) Synchrone Oberwellenmomente im Stillstand

Im Fall $\tilde{\mu}' = \tilde{\nu}'$ ergibt sich aus (2.5.37) die Bedingung

$$\Omega\tilde{\nu}' = \Omega\tilde{\nu}'_1 \ ,$$

d. h. wegen der Forderung $\tilde{\nu}' \neq \tilde{\nu}'_1$ ist die Bedingung für die Entstehung eines zeitlich konstanten Drehmoments nur im Stillstand mit $\Omega = \Omega_{0\nu'} = 0$ erfüllt. Synchrone Oberwellenmomente mit $\tilde{\mu}' = \tilde{\nu}'$ verursachen somit die sog. *Nutenstellungen*, die auch als *Kleben* bezeichnet werden. Im Bild 2.5.8 ist ein derartiges Oberwellenmoment in die Drehzahl-Drehmoment-Kennlinie eingetragen worden.

Die größten Nutenstellungen entstehen, wenn Nutharmonische des Ständers mit jenen Läuferwellen zusammenwirken, die von der Hauptwelle des Ständers mit $\tilde{\nu}'_1 = p$

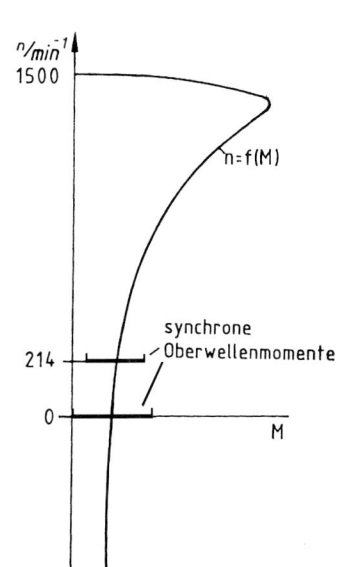

Bild 2.5.8 Drehzahl-Drehmoment-Kennlinie einer vierpoligen Induktionsmaschine mit synchronen Oberwellenmomenten für $\tilde{\mu}' = +\tilde{\nu}'$ bei $n_{0\nu'} = 0$ sowie für $\tilde{\mu}' = -\tilde{\nu}'$ bei $n_{0\nu'} = 214 \text{ min}^{-1}$ (vgl. Tab. 2.5.2)

herrühren. Dann folgt aus $\tilde{\nu}' = p + k_1 N_1$ nach (2.5.11b) und $\tilde{\mu}' = p + k_2 N_2$ entsprechend (2.5.14b)

$$\frac{k_2}{k_1} = \frac{N_1}{N_2} . \qquad (2.5.38)$$

Dieser Bedingung müssen also die ganzzahligen Wertepaare k_2 und k_1 genügen, wenn die zugehörigen Wellen synchrone Oberwellenmomente im Stillstand hervorrufen sollen. Im Extremfall, dass man in Ständer und Läufer die gleiche Nutzahl wählt, folgt aus (2.5.38) $k_2 = k_1$, d. h. innerhalb der betrachteten Feldwellen liefern sämtliche auftretenden Oberwellenpaare gleicher Ordnungszahl ein synchrones Oberwellenmoment bei $n = 0$. Es empfiehlt sich ganz offensichtlich, dieses Nutzahlverhältnis zu vermeiden. Das erste Wertepaar k_1 und k_2, das (2.5.38) erfüllt, liegt offenbar bei umso größeren Werten, je kleiner der größte gemeinsame Teiler von N_1 und N_2 ist. Je größer aber die ersten in Frage kommenden Werte von k_1 und k_2 sind, umso kleiner sind die Amplituden der zugeordneten Wellen und umso weniger Wellen liefern ein synchrones Oberwellenmoment.

b) Synchrone Oberwellenmomente im Lauf

Im Fall $\tilde{\mu}' = -\tilde{\nu}'$ folgt aus (2.5.37)

$$\omega_1 - \tilde{\nu}' \Omega = -(\omega_1 - \tilde{\nu}_1' \Omega) .$$

Ein synchrones Oberwellenmoment tritt also bei

$$\Omega_{0\nu'} = \frac{2\omega_1}{\tilde{\nu}_1' + \tilde{\nu}'} = \frac{2\omega_1}{\tilde{\nu}_1' - \tilde{\mu}'} \qquad (2.5.39)$$

auf. Daraus folgt für die Drehzahl $n_{0\nu'} = \Omega_{0\nu'}/(2\pi)$, bei der es beobachtet wird, mit $\omega_1 = 2\pi p n_0$ und $\tilde{\nu}_1' - \tilde{\mu}' = -k_2 N_2$ entsprechend (2.5.36)

$$n_{0\nu'} = -\frac{2pn_0}{k_2 N_2} \text{ mit } k_2 \in \mathbb{Z}\setminus\{0\} . \qquad (2.5.40)$$

Voraussetzung für das Auftreten eines derartigen synchronen Oberwellenmoments ist, dass die Ausführung des Ständers entsprechende Feldwellen mit $\tilde{\nu}'$ und $\tilde{\nu}_1'$ zur Verfügung stellt.

Die Läuferwelle mit $\tilde{\mu}' = \tilde{\nu}_1'$, die sich für $k_2 = 0$ ergibt, liefert, wie im Abschnitt 2.5.2 gezeigt wurde, ein asynchrones Oberwellenmoment, das bei allen Drehzahlen existiert. Aus (2.5.40) folgt, dass die im Lauf auftretenden synchronen Oberwellenmomente im Bereich kleiner positiver und negativer Drehzahlen liegen. Dabei wird die Drehzahl vom Betrag her umso kleiner, je größer k_2 und damit die Ordnungszahlen der maßgebenden Feldwellen sind. In den Tabellen 2.5.2 und 2.5.3 sind die Drehzahlen möglicher synchroner Oberwellenmomente nach (2.5.40) für vierpolige Dreiphasen-Induktionsmaschinen und die zugehörigen Werte von $\tilde{\mu}'$ nach (2.5.36) für die Läuferrestfelder, die von der Hauptwelle des Ständers mit $\tilde{\nu}_1' = p$ herrühren, für

Tabelle 2.5.2 Drehzahlen möglicher synchroner Oberwellenmomente für eine vierpolige Dreiphasen-Induktionsmaschine mit $N_2 = 28$ und zugehörige Feldwellen des Läufers, die von der Hauptwelle des Ständers herrühren

	$k_2 = -1$	$k_2 = +1$	$k_2 = -2$	$k_2 = +2$
$n_{\nu'}/\text{min}^{-1}$	214	-214	107	-107
$\tilde{\mu}' = p + k_2 N_2$	$-26 = -13p$	$+30 = +15p$	$-54 = -27p$	$+58 = +29p$
$\tilde{\nu}' = -\tilde{\mu}'$	$+26 = +13p$	$-30 = -15p$	$+54 = +27p$	$-58 = -29p$
$\tilde{\nu}' = \tilde{\nu}'_{\text{NH1}}$ entsprechend		$q = 2$		$q = 5$
$\tilde{\nu}'_{\text{NH1}} = p \pm 6qp$ bei		$N_1 = 24$		$N_1 = 60$

Tabelle 2.5.3 Drehzahlen möglicher synchroner Oberwellenmomente für eine vierpolige Dreiphasen-Induktionsmaschine mit $N_2 = 32$ und zugehörige Feldwellen des Läufers, die von der Hauptwelle des Ständers herrühren

	$k_2 = -1$	$k_2 = +1$	$k_2 = -2$	$k_2 = +2$
$n_{\nu'}/\text{min}^{-1}$	187,5	$-187,5$	93,75	$-93,75$
$\tilde{\mu}' = p + k_2 N_2$	$-30 = -15p$	$+34 = +17p$	$-62 = -31p$	$+66 = +33p$
$\tilde{\nu}' = -\tilde{\mu}'$	$+30 = +15p$	$-34 = -17p$	$+62 = +31p$	$-66 = -33p$
$\tilde{\nu}' = \tilde{\nu}'_{\text{NH1}}$ entsprechend		$q = 3$	$q = 5$	
$\tilde{\nu}'_{\text{NH1}} = p \pm 6qp$ bei		$N_1 = 36$	$N_1 = 60$	

$N_2 = 28$ und $N_2 = 32$ angegeben. In die Tabellen wurde auch aufgenommen, bei welcher Ausführung des Ständers die entsprechend $\tilde{\nu}' = -\tilde{\mu}'$ erforderlichen Feldwellen des Ständers eine erste Nutharmonische darstellen und deshalb besonders stark ausgeprägt sind.

Wenn man von vornherein nur die Nutharmonischen der Ständerwicklung nach (2.5.11b), Seite 395, und die Läuferrestfelder der Hauptwelle des Ständers betrachtet, folgt aus $\tilde{\mu}' = -\tilde{\nu}'$ mit (2.5.36) und $\tilde{\nu}'_1 = p$

$$k_2 N_2 = -k_1 N_1 - 2p \,. \tag{2.5.41}$$

Die ersten Nutharmonischen des Ständers mit $|k_1| = 1$ bilden also mit den ersten Nutharmonischen des Läufers mit $|k_2| = 1$, die von der Hauptwelle des Ständers hervorgerufen werden, dann ein synchrones Oberwellenmoment, wenn

$$N_2 = N_1 \pm 2p \tag{2.5.42}$$

ist. Derartige Nutzahlrelationen sollten deshalb vermieden werden. In den Tabellen 2.5.2 und 2.5.3 wurden solche Läufernutzahlen gewählt, die im Zusammenwirken mit

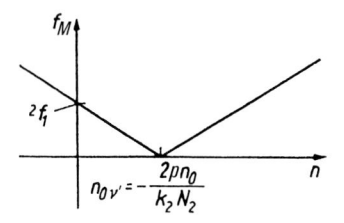

Bild 2.5.9 Frequenz f_M des Pendelmoments nach (1.7.107) in Abhängigkeit von der Drehzahl für den Fall $\tilde{\mu}' = -\tilde{\nu}'$ und einen negativen Wert von k_2

Ganzlochwicklungen im Ständer für bestimmte Lochzahlen q die Bedingung (2.5.42) erfüllen.

Zur Demonstration der Abhängigkeit der Frequenz des Pendelmoments von der Drehzahl ist im Bild 2.5.9 der Verlauf $f_M = f(n)$ entsprechend (1.7.107), Seite 204, dargestellt, wie er sich aus (1.5.76), Seite 115, und (1.9.23) mit (1.9.20) ergibt zu

$$f_M = |2f_1 + k_2 N_2 n| . \qquad (2.5.43)$$

c) Bestimmung des Oberwellenmoments

Wie im Abschnitt 1.7.5, Seite 202, hergeleitet, lässt sich der Betrag eines Oberwellenmomentes jeweils mit Hilfe von (1.7.109) bzw. (1.7.110), Seite 204, bestimmen. Dabei ist der Phasenwinkel der Induktionswelle des Ständers mit der Ordnungszahl $\tilde{\nu}'$ und der Amplitude $\hat{B}_{\nu'}$, mit der die Strombelagswelle des Läufers das Drehmoment bildet, mit (2.5.7), Seite 394, gegeben als

$$\varphi_{\nu'} = \varphi_{i1} - \tilde{\nu}' \vartheta_0' . \qquad (2.5.44)$$

Für die Strombelagswelle des Läufers mit dem Feldwellenparameter $\tilde{\mu}' = \tilde{\nu}_1' + k_2 N_2$ gilt mit (1.9.25) und (1.9.20), Seite 262,

$$\hat{A}_{\mu'} = \frac{2}{D} \tilde{\mu}' \xi_{K,\mu'} \hat{i}_{M\nu'1} \qquad (2.5.45a)$$

$$\varphi_{\mu'} = \varphi_{iM\nu'1} + \frac{\pi}{2} . \qquad (2.5.45b)$$

Der Maschenstrom $\underline{i}_{M\nu'1} = \hat{i}_{M\nu'1} e^{j\varphi_{iM\nu'1}}$, der von einer anderen Induktionswelle des Ständers mit $\tilde{\nu}_1'$ und $\hat{B}_{\nu'1}$ hervorgerufen wird, ist durch (1.9.31) mit (1.9.32) gegeben. Es ist also

$$\hat{i}_{M\nu'1} = \omega_1 \tau_{n2} l_i \xi_{K,\nu'1} \xi_{\text{schr},\nu'1} \hat{B}_{\nu'1} \frac{1}{Z_{M\nu'1}} \qquad (2.5.46a)$$

$$\varphi_{iM\nu'1} = \varphi_{i1} - \varphi_{ZM\nu'1} + \frac{\pi}{2} - \tilde{\nu}_1' \vartheta_0' . \qquad (2.5.46b)$$

Entsprechend den Betrachtungen im Abschnitt 1.7.5 entsteht ein synchrones Oberwellenmoment $M_{\text{syn}\nu'}$ durch das Zusammenwirken einer Induktionswelle des Ständers mit einer Strombelagswelle des Läufers der gleichen Ordnungszahl $\nu' = \mu' = |\tilde{\nu}'| = |\tilde{\mu}'|$ im Stillstand, wenn $\tilde{\mu}' = \tilde{\nu}'$ ist. Man erhält aus (1.7.110) mit (2.5.44), (2.5.45a,b) und (2.5.46a,b)

$$\begin{aligned}M_{\text{syn}\nu'} &= \frac{N_2\tilde{\nu}'\omega_1\tau_{\text{n}2}^2 l_\text{i}^2 \hat{B}_{\nu'1}\hat{B}_{\nu'}}{2Z_{\text{M}\nu'1}}\xi_{\text{K},\nu'}\xi_{\text{K},\nu'1}\xi_{\text{schr},\nu'}\xi_{\text{schr},\nu'1}\cos\left[(\tilde{\mu}'-\tilde{\nu}'_1)\vartheta'_0 - \varphi_{\text{ZM}\nu'1} - \pi\right]\\ &= M_{\text{kipp}\nu'}\sin\left[(\tilde{\mu}'-\tilde{\nu}'_1)\vartheta'_0 - \varphi_{\text{ZM}\nu'1} - \frac{\pi}{2}\right]\\ &= M_{\text{kipp}\nu'}\sin k_2 N_2(\vartheta'_0 - \vartheta'_{00})\\ &= M_{\text{kipp}\nu'}\sin k_2 N_2 \Delta\vartheta'_0 \,. \end{aligned} \quad (2.5.47)$$

Für den Fall $\tilde{\mu}' = -\tilde{\nu}'$ tritt ein synchrones Oberwellenmoment bei der Drehzahl $n_{0\nu'}$ nach (2.5.40) auf. In diesem Fall erhält man aus (1.7.109) mit (2.5.44), (2.5.45a,b) und (2.5.46a,b)

$$\begin{aligned}M_{\text{syn}\nu'} &= M_{\text{kipp}\nu'}\sin\left[(\tilde{\mu}'-\tilde{\nu}'_1)\vartheta'_0 + 2\varphi_{\text{i}1} - \varphi_{\text{ZM}\nu'1} + \frac{\pi}{2}\right]\\ &= M_{\text{kipp}\nu'}\sin k_2 N_2(\vartheta'_0 - \vartheta'_{0\text{n}})\\ &= M_{\text{kipp}\nu}\sin k_2 N_2\Delta\vartheta'_0 \,. \end{aligned} \quad (2.5.48)$$

Man erhält prinzipiell die gleiche Beziehung wie für den Fall $\tilde{\mu}' = \tilde{\nu}'$.

Ein synchrones Oberwellenmoment ändert sich periodisch mit ϑ'_0. Es verschwindet, wenn ϑ'_0 einen bestimmten Wert ϑ'_{00} bzw. $\vartheta'_{0\text{n}}$ annimmt und erreicht bei $\Delta\vartheta'_0 = \pi/(2k_2N_2)$ als Maximalwert das Kippmoment $M_{\text{kipp}\nu'}$. Die Periodenlänge des synchronen Oberwellenmoments beträgt

$$\frac{2\pi}{k_2 N_2} = \frac{\alpha'_\text{n}}{k_2} \,. \quad (2.5.49)$$

Dabei kommt der Wert von k_2 zur Wirkung, der für das über $\tilde{\mu}' = \tilde{\nu}'_1 + k_2N_2$ miteinander verknüpfte Feldwellenpaar mit $\tilde{\mu}'$ und $\tilde{\nu}'_1$ maßgebend ist. Wenn $k_2 = 1$ ist, beträgt die Periodenlänge des synchronen Oberwellenmoments α'_n; sie ist also gleich dem räumlichen Winkel zwischen zwei Läufernuten. Das Kippmoment $M_{\text{kipp}\nu'}$, das bei $\Delta\vartheta'_0 = \pi/(2k_2N_2)$ auftritt, folgt aus (2.5.47) zu

$$M_{\text{kipp}\nu'} = \frac{N_2\tilde{\nu}'\omega_1\tau_{\text{n}2}^2 l_\text{i}^2 \hat{B}_{\nu'}\hat{B}_{\nu'1}}{2Z_{\text{M}\nu'1}}\xi_{\text{K},\nu'}\xi_{\text{K},\nu'1}\xi_{\text{schr},\nu'}\xi_{\text{schr},\nu'1} \,. \quad (2.5.50)$$

Dabei ist zu beachten, dass dieses sowohl positive als auch negative Werte annehmen kann. Seine Größe wird sowohl durch die Amplitude $\hat{B}_{\nu'}$ der Induktionswelle des Ständers, die mit der Strombelagswelle des Läufers das Drehmoment bildet, als auch von der Amplitude $\hat{B}_{\nu'1}$ derjenigen Induktionswelle des Ständers bestimmt, die durch Induktionswirkung auf den Läufer die Strombelagswelle hervorruft. Außerdem gehen die Kopplungsfaktoren und die Schrägungsfaktoren sowohl der drehmomentbildenden

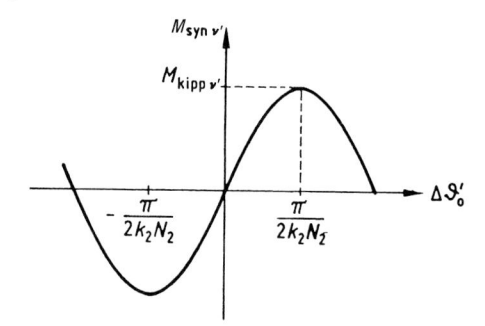

Bild 2.5.10 Verlauf eines synchronen Oberwellenmoments als Funktion von $\Delta\vartheta'_0$

Feldwelle mit der Ordnungszahl $\nu' = \mu'$ als auch der Feldwelle mit der Ordnungszahl ν'_1, die die Strombelagswelle hervorruft, ein. Ein Verlauf $M_{\mathrm{syn}\nu'} = f(\Delta\vartheta'_0)$ ist im Bild 2.5.10 dargestellt.

2.5.4
Zusätzliche Verluste

Unter dem Begriff zusätzliche Verluste wird derjenige Teil der Gesamtverluste zusammengefasst, der nicht den Wicklungsverlusten aufgrund der Grundschwingungen von Ständer- und Läuferstrom, den Ummagnetisierungsgrundverlusten oder den Reibungsverlusten zuzurechnen ist. Die Ursachen zusätzlicher Verluste und die rechnerische Ermittlung ihrer wichtigsten Anteile werden ausführlich im Abschnitt 6.5 des Bands *Berechnung elektrischer Maschinen* behandelt.

Die Oberwellen des Luftspaltfelds sind eine wesentliche Ursache für diese zusätzlichen Verluste. Aufgrund der üblicherweise nicht isolierten Stäbe eines Käfigläufers haben bei geschrägten Maschinen zusätzliche Verluste im Eisen aufgrund von Eisenquerströmen eine hohe Bedeutung, die sich, vor allem getrieben durch die Nut- und Nutungsharmonischen des Ständers, von Stab zu Stab durch das Blechpaket schließen und somit die Wirkung der Nutschrägung teilweise wieder aufheben. Sie entziehen sich weitgehend einer Vorausberechnung, da ihre Höhe von den Übergangswiderständen zwischen den Stäben und dem Blechpaket sowie von ggf. vorhandenen Blechschlüssen als Folge des Stanzens oder eines Überdrehens des Läufers abhängt. Diese Übergangswiderstände sind außerdem nicht zeitinvariant, sondern sie verändern sich aufgrund der zyklischen Erwärmung und Abkühlung des Läufers im Laufe der Zeit. Trotzdem lassen sich einige grundlegende Abhängigkeiten angeben.

Es lässt sich zeigen, dass die zusätzlichen Verluste im Läufer im Fall einer geschrägten Maschine mit nicht isolierten Stäben aufgrund von Induktionsharmonischen des Ständers minimal sind, wenn die Nutzahlen von Ständer und Läufer gleich sind. Das Nutzahlverhältnis $N_1 = N_2$ ist jedoch nicht ausführbar, da es große synchrone Oberwellenmomente im Stillstand (s. Abschn. 2.5.3) sowie oft auch starke magnetische Geräusche (s. Abschn. 2.5.5) zur Folge hätte. Da die zusätzlichen Verluste für $N_2 > N_1$

stärker ansteigen als für $N_2 < N_1$, empfiehlt es sich aus Sicht der zusätzlichen Verluste, entweder weniger Läufernuten als Ständernuten auszuführen oder auf eine Nutschrägung zu verzichten oder die Läuferstäbe gegen das Blechpaket zu isolieren.

Hohe Eisenquerströme nehmen außerdem wesentlichen Einfluss auf das erzeugte Drehmoment vor allem bei Schlupfwerten oberhalb von $s = 0{,}5$ (s. Abschn. 2.5.2, S. 397). Man spricht in diesem Zusammenhang von einem Eisensattel der Drehzahl-Drehmoment-Kennlinie. Starke Einsattelungen der Drehmoment-Drehzahl-Kennlinie in diesem Bereich sind daher ein Indiz für hohe Zusatzverluste. Auf diesem Zusammenhang basieren auch Verfahren zur messtechnischen Ermittlung der Zusatzverluste z. B. mittels der eh-Sternschaltung (s. Abschn. 2.4.5.2).

2.5.5
Magnetische Geräusche

Der Mechanismus, der zur Entstehung magnetischer Geräusche führt, wurde bereits im Abschnitt 1.7.6, Seite 206, behandelt. Im stationären Betrieb entstehen aus jeweils zwei Drehwellen der Induktionsverteilung mit den Feldwellenparametern $\tilde{\nu}'_i$ und $\tilde{\nu}'_j$ und den Kreisfrequenzen $\omega_{\nu'i}$ und $\omega_{\nu'j}$ je zwei Zugspannungswellen mit den Ordnungszahlen $\nu'_\sigma = |\tilde{\nu}'_i \pm \tilde{\nu}'_j|$ und den Kreisfrequenzen $\omega_\sigma = |\omega_{\nu'i} \pm \omega_{\nu'j}|$, die vor allem das Ständerblechpaket zu Schwingungen anregen. Da die Oberwellen der Induktionsverteilung bei Induktionsmaschinen aufgrund des kleinen Luftspalts relativ große Amplituden besitzen, erzeugen Induktionsmaschinen i. Allg. stärkere magnetische Geräusche als Synchronmaschinen.

Von Interesse sind vor allem Zugspannungswellen mit Ordnungszahlen $\nu'_\sigma \leq 12$ und mit Frequenzen $f_\sigma = \omega_\sigma/(2\pi)$ zwischen 300 Hz und 10 kHz, die also im Hörbereich des menschlichen Ohrs liegen. Die Konzentration auf kleine Ordnungszahlen rührt daher, dass die Verformungssteifigkeit des Ständerrückens für höhere Ordnungszahlen i. Allg. so groß ist, dass keine nennenswerten Schwingungen mehr entstehen.

Bei aus dem 50- bzw. 60-Hz-Netz gespeisten Maschinen spielen daher weder Wechselwirkungen zwischen zwei Induktionswellen des Ständers eine Rolle, da die Frequenz der entstehenden Zugspannungswellen nur 0 oder $2f_1$ beträgt, noch Wechselwirkungen zwischen zwei Induktionswellen des Läufers, da die Ordnungszahl der entstehenden Zugspannungswellen entweder in der Nähe eines Vielfachen der Läufernutzahl N_2 liegt oder ihre Frequenz wiederum nur 0 oder $2f_1$ beträgt. Zu den magnetischen Geräuschen liefern somit nur jene doppelten Produkte in (1.7.114) im Sinne von (1.7.116) Beiträge, die aus je einer Oberwelle des Ständers nach (2.5.11a), Seite 395, und einem Läuferrestfeld nach (2.5.13) bzw. (2.5.19) entstehen. Man erhält daher vor allem die untenstehend beschriebenen Gruppen von interessierenden Zugspannungswellen. Dabei wird jeweils von der folgenden Überlegung Gebrauch gemacht:

Die Anwendung der Koordinatentransformation nach (1.5.14b) und (1.5.15b), Seite 82, auf eine im Koordinatensystem γ'_1 des Ständers beschriebene Induktionsdrehwelle mit den Parametern $\tilde{\nu}'$ und $\omega_{\nu'}$ ergibt, dass sie im Läufer mit der Kreisfrequenz $\omega_{\nu'} - \omega_1(1-s)\tilde{\nu}'/p$ induziert. Die Felddämpfung durch den Läufer ruft Restfelder mit den Feldwellenparametern $\tilde{\nu}'_2 = \tilde{\nu}' + k_2 N_2$ bei Käfigläufern entsprechend (1.9.20), Seite 262, bzw. – sofern $(\xi_{\nu'})_2 \neq 0$ ist – mit $\tilde{\nu}'_2 = \tilde{\nu}'(1 + 2m_2 g_2)$ bei Schleifringläufern hervor, die bezüglich des Läufers dieselbe Kreisfrequenz $\omega_{\nu'} - \omega_1(1-s)\tilde{\nu}'/p$ besitzen. Diese Läuferrestfelder werden nach (1.5.14b) und (1.5.15b) vom Ständer aus mit der Kreisfrequenz $\omega_{\nu'} + \omega_1(1-s)k_2 N_2/p$ bzw. $\omega_{\nu'} + \omega_1(1-s)2m_2 g_2$ beobachtet. Damit ergeben sich die im Folgenden aufgeführten drei Gruppen von Zugspannungswellen:

– Zugspannungswellen aus dem Zusammenwirken einer Oberwelle des Ständers mit der Ordnungszahl ν'_1 und eines Läuferrestfelds aufgrund der Abdämpfung der Hauptwelle mit $\tilde{\nu}' = p$ und $\omega_{\nu'} = \omega_1$, die die Parameter

$$\nu'_\sigma = |\tilde{\nu}'_1 + \tilde{\nu}'_2| \tag{2.5.51a}$$

$$\omega_\sigma = \left|2 + \left(\frac{\tilde{\nu}'_2}{p} - 1\right)(1-s)\right|\omega_1 \tag{2.5.51b}$$

bzw.
$$\nu'_\sigma = |\tilde{\nu}'_1 - \tilde{\nu}'_2| \tag{2.5.51c}$$

$$\omega_\sigma = \left|\left(\frac{\tilde{\nu}'_2}{p} - 1\right)(1-s)\right|\omega_1 \tag{2.5.51d}$$

besitzen mit $\tilde{\nu}'_2 = p + k_2 N_2$ im Fall eines Käfigläufers und $\tilde{\nu}'_2 = p(1 + 6g_2)$ im Fall eines dreisträngigen Schleifringläufers. Am stärksten ausgeprägt sind jene Zugspannungswellen, die aus dem Zusammenwirken der ersten Nutharmonischen des Ständers und der ersten Nutharmonischen des Läufers entstehen. Sie liefern mit (2.5.11b) für $k_1 = \pm 1$ und (2.5.14b) für $k_2 = \pm 1$ im interessierenden Bereich der Ordnungszahlen $\nu'_\sigma < 12$ Zugspannungswellen mit $\nu'_\sigma = |2p + N_1 - N_2|$ oder $\nu'_\sigma = |2p - N_1 + N_2|$ oder $\nu'_\sigma = |N_1 - N_2|$. Aus diesen Beziehungen folgen die in Tabelle 2.5.4 für $\nu'_\sigma < 4$ zusammengestellten Bedingungen an die Differenz $N_1 - N_2$ der Nutzahlen von Ständer und Läufer, unter denen Zugspannungswellen einer bestimmten Ordnungszahl herrührend von den ersten Nutharmonischen vermieden werden. Daraus ergibt sich als vorteilhafte Nutzahlkombination $N_1 - N_2 = \pm 4p$, d. h. beispielsweise $N_1 = 36$ und $N_2 = 44$ für $2p = 4$. Man erhält in diesem Fall als niedrigste Ordnungszahl einer von den ersten Nutharmonischen herrührenden Zugspannungswelle $\nu'_\sigma = 2p$.

– Im Fall von Käfigläufern Zugspannungswellen aus dem Zusammenwirken einer Oberwelle des Ständers mit der Ordnungszahl ν'_1 und eines Läuferrestfelds aufgrund der Abdämpfung des größten Sättigungsfelds mit $\tilde{\nu}' = 3p$ und $\omega_{\nu'} = 3\omega_1$ (s. Abschn. 1.5.7.5, S. 137), die die Parameter

2.5 Oberwellenerscheinungen im stationären Betrieb

bzw.
$$\nu'_\sigma = |\tilde{\nu}'_1 + 3p + k_2 N_2| \tag{2.5.52a}$$
$$\omega_\sigma = \left|4 + \frac{k_2 N_2}{p}(1-s)\right|\omega_1 \tag{2.5.52b}$$
$$\nu'_\sigma = |\tilde{\nu}'_1 - (3p + k_2 N_2)| \tag{2.5.52c}$$
$$\omega_\sigma = \left|2 + \frac{k_2 N_2}{p}(1-s)\right|\omega_1 \tag{2.5.52d}$$

besitzen. Die aus dem Zusammenwirken der ersten Nutharmonischen entstehenden Zugspannungswellen besitzen die Ordnungszahlen $\nu'_\sigma = |4p + N_1 - N_2|$ oder $\nu'_\sigma = |4p - N_1 + N_2|$ oder $\nu'_\sigma = |2p - N_1 + N_2|$ oder $\nu'_\sigma = |2p + N_1 - N_2|$.

– Im Fall von Käfigläufern Zugspannungswellen aus dem Zusammenwirken einer Oberwelle des Ständers mit der Ordnungszahl ν'_1 und eines Läuferrestfelds aufgrund der Abdämpfung der größten statischen Exzentrizitätsfelder mit $\tilde{\nu}' = p \pm 1$ und $\omega_{\nu'} = \omega_1$ (s. Abschn. 1.5.7.4, S. 135), die die Parameter

bzw.
$$\nu'_\sigma = |\tilde{\nu}'_1 + p \pm 1 + k_2 N_2| \tag{2.5.53a}$$
$$\omega_\sigma = \left|2 + \frac{k_2 N_2}{p}(1-s)\right|\omega_1 \tag{2.5.53b}$$
$$\nu'_\sigma = |\tilde{\nu}'_1 - (p \pm 1 + k_2 N_2)| \tag{2.5.53c}$$
$$\omega_\sigma = \left|\frac{k_2 N_2}{p}(1-s)\right|\omega_1 \tag{2.5.53d}$$

besitzen. Die aus dem Zusammenwirken der ersten Nutharmonischen entstehenden Zugspannungswellen besitzen die Ordnungszahlen $\nu'_\sigma = |2p \pm 1 + N_1 - N_2|$ oder $\nu'_\sigma = |2p \pm 1 - N_1 + N_2|$ oder $\nu'_\sigma = |N_1 - N_2 \mp 1|$.

Bei aus Frequenzumrichtern gespeisten Maschinen tritt zu den genannten Anregungen eine weitere Gruppe hinzu, die vor allem aus der Wechselwirkung der durch Stromoberschwingungen der Frequenzen λf_1 hervorgerufenen Hauptwellen mit der Hauptwelle des Grundschwingungsstroms der Frequenz f_1 oder auch untereinander zurückzuführen ist. Es gilt daher $\nu'_\sigma = 0$ bzw. $\nu'_\sigma = 2p$ und $\omega_\sigma = (\lambda \pm 1)\omega_1$ oder auch $\omega_\sigma = (\lambda_i \pm \lambda_j)f_1$. Bei hoher Grundschwingungsfrequenz ist ferner zu beachten, dass die Frequenz der aus der Hauptwelle selbst entstehenden Zugspannungswelle mit $\nu'_\sigma = 2p$ und $\omega_\sigma = 2\omega_1$, die die mit Abstand größte Amplitude aller Zugspannungswellen aufweist, im akustisch interessierenden Frequenzbereich liegt.

Starke magnetische Geräusche entstehen vor allem dann, wenn eine Zugspannungswelle die entsprechende Eigenform des Ständerblechpakets in der Nähe ihrer Eigenfrequenz anregt. Zur Beurteilung der zu erwartenden magnetischen Geräusche oder zur Ermittlung der geeigneten Abhilfemaßnahmen im Fall ihres Auftretens empfiehlt es sich daher, mit Hilfe eines Computerprogramms das gesamte Spektrum der Zugspannungswellen zu ermitteln und mit den erwarteten Eigenformen und -frequenzen des Ständerblechpakets zu vergleichen.

Tabelle 2.5.4 Bedingungen an die Nutzahlen N_1 und N_2, wenn eine Radialkraftwelle der Ordnungszahl ν'_σ herrührend vom Zusammenwirken der ersten Nutharmonischen des Ständers und des Läufers vermieden werden soll

ν'_σ	Bedingung $\lvert N_1 - N_2 \rvert \neq$
0	$0;\ 2p$
1	$1;\ 2p-1;\ 2p+1$
2	$2;\ 2p-2;\ 2p+2$
3	$3;\ 2p-2;\ 2p+3$

2.6
Nichtstationäre Betriebszustände

2.6.1
Allgemeines zum Auftreten und zur Behandlung

Nichtstationäre Betriebszustände der Induktionsmaschine treten aus Sicht ihres Einsatzes im Antrieb in Form von Einschalt- und Hochlaufvorgängen sowie als Beschleunigungs- und Bremsvorgänge auf. Im Netz, an dem die Induktionsmaschine betrieben wird, muss mit dem Auftreten von Kurzschlüssen gerechnet werden. Dadurch fließen in der Maschine Kurzschlussströme, die von ihr, vor allem hinsichtlich der dadurch bedingten Kräfte, beherrscht werden müssen. Auf der anderen Seite beeinflusst eine Induktionsmaschine ihrerseits die Kurzschlussströme im Netz in Abhängigkeit von ihrer Leistung und den vorliegenden Netzverhältnissen. Dieser Einfluss muss bei der Berechnung von Kurzschlussströmen und der daraus abgeleiteten Bemessung der Betriebsmittel des Netzes berücksichtigt werden. Schließlich treten nichtstationäre Betriebszustände bei Regelvorgängen auf, wenn die Induktionsmaschine über eine Frequenz- oder Spannungsstellung in einem Regelkreis betrieben wird.

Die analytische Behandlung nichtstationärer Vorgänge erfordert, dass die allgemeinen Gleichungssysteme angewendet werden, die in den Abschnitten 2.1.1 bis 2.1.4 für die stromverdrängungsfreie Maschine mit Einfachkäfig- bzw. Schleifringläufer sowie im Abschnitt 2.2 für die Maschine mit Stromverdrängungsläufer hergeleitet wurden. Dabei bewirkt die elektrische und magnetische Symmetrie der Dreiphasen-Induktionsmaschine, dass sich die Ströme, Spannungen und Flussverkettungen durchgängig als komplexe Augenblickswerte darstellen lassen (s. Tab. 2.1.1, S. 292). In dieser Hinsicht ist die Behandlung nichtstationärer Betriebszustände bei der Induktionsmaschine einfacher als bei der Synchronmaschine (s. Abschn. 3.4, S. 578). Auf der anderen Seite interessiert das nichtstationäre Verhalten bei Induktionsmaschinen auch im Bereich kleiner Leistungen, die nicht im gleichen Maß Vereinfachungen erlauben wie bei großen Leistungen, die im Fall der Synchronmaschine im Vordergrund des Interesses stehen.

Als eine Möglichkeit der Vereinfachung, mit deren Hilfe geschlossene Lösungen noch möglich sind, bietet sich die Anwendung des Prinzips der Flusskonstanz (s. Abschn. 1.3.10, S. 60) vor allem auf die Läuferstränge bzw. Läuferkreise an. Davon wird innerhalb dieses Abschnitts Gebrauch gemacht. Dabei ist allerdings zu beachten, dass der Anwendung des Prinzips bei kleinen Maschinen dadurch Grenzen gesetzt sind, dass sich die Flussverkettung kurzgeschlossener Kreise gemessen an der Periodendauer der Netzspannung bzw. der Zeit, in der sich der Läufer um ein Polpaar weiterbewegt hat, doch schon merklich geändert haben kann.

Mit der numerischen Simulation ist eine Möglichkeit gegeben, die Gleichungssysteme, die in den Abschnitten 2.1 und 2.2 entwickelt wurden, unter beliebigen Betriebsbedingungen zu lösen. Dabei kann auch die Nichtlinearität des magnetischen Kreises berücksichtigt werden, und es besteht, wie im Abschnitt 1.9.4, Seite 268, gezeigt wurde, die Möglichkeit, die frequenzabhängigen Widerstände und Induktivitäten von stromverdrängungsbehafteten Käfigwicklungen durch Ersatz-Kettenleiter zu berücksichtigen. Es empfiehlt sich, bei der numerischen Simulation von den Gleichungssystemen mit transformierten Läufergrößen auf Basis des reellen Übersetzungsverhältnisses auszugehen, wie sie in den Abschnitten 2.1.3.4, Seite 291, und 2.2.2.2, Seite 319, eingeführt wurden. Weiterhin ist es zweckmäßig, mit bezogenen Größen entsprechend den Abschnitten 2.1.3.8, Seite 299, und 2.2.2.3, Seite 320, zu arbeiten.

Für Hochlauf- und Bremsvorgänge ist die quasistationäre Betrachtungsweise verbreitete Praxis. Sie setzt voraus, dass das Massenträgheitsmoment der Gesamtheit der rotierenden Teile hinreichend groß ist, um die mechanischen Vorgänge in Zeiträumen stattfinden zu lassen, die groß gegenüber den elektromagnetischen Zeitkonstanten der Maschine sind.

2.6.2
Quasistationäre Drehzahländerungen am starren Netz

Die quasistationäre Betrachtung von Drehzahländerungen hat bei der Induktionsmaschine insofern eine besondere Bedeutung, als mit ihrer Hilfe allgemeine Aussagen über den Energieumsatz in der Maschine gewonnen werden können. Den Ausgangspunkt dafür bildet zunächst der Zusammenhang zwischen den Wicklungsverlusten P_{vw2} im Läufer und dem Schlupf s entsprechend (s. Tab. 1.7.4, S. 187)

$$P_{\mathrm{vw2}} = sP_\delta = s2\pi n_0 M \ . \tag{2.6.1}$$

Die Wicklungsverluste P_{vw1} im Ständer lassen sich unter Verwendung der Beziehungen auf der Grundlage des komplexen Übersetzungsverhältnisses (s. Abschn. 2.1.5, S.

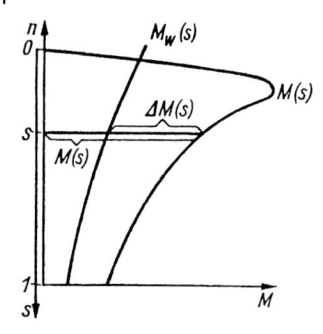

Bild 2.6.1 Anteile des Drehmoments in der Bewegungsgleichung (2.6.4) zur Deutung des Faktors $k_M(s) = M(s)/\Delta M(s)$

304) durch die Wicklungsverluste im Läufer ausdrücken als

$$P_{\text{vw1}} = \frac{R_1}{R_2^+(s)} \left(\frac{I_1(s)}{I_2^+(s)} \right)^2 P_{\text{vw2}} \,. \tag{2.6.2}$$

Diese Beziehung geht mit $I_2^+ \approx I_1$ und

$$R_2^+(s) = k_r(s) R_2^+(0)$$

über in

$$P_{\text{vw1}} \approx \frac{1}{k_r(s)} \frac{R_1}{R_2^+(0)} P_{\text{vw2}} \,, \tag{2.6.3}$$

wobei $k_r(s) = R_2^+(s)/R_2^+(0) \geq 1$ das Widerstandsverhältnis aufgrund der Stromverdrängung darstellt und $R_2^+(0)$ der transformierte Läuferwiderstand ohne Einfluss der Stromverdrängung ist.

Die Bewegungsgleichung (1.7.132), Seite 214, geht mit $n = (1-s)n_0$ über in

$$\boxed{M(s) - M_W(s) = \Delta M(s) = M(s) \frac{1}{k_M(s)} = -2\pi J n_0 \frac{ds}{dt}} \,, \tag{2.6.4}$$

wobei $\quad k_M(s) = \dfrac{M(s)}{M(s) - M_W(s)} = \dfrac{M(s)}{\Delta M(s)} \quad$ (2.6.5)

entsprechend Bild 2.6.1 das Verhältnis des Motordrehmoments zum Beschleunigungsmoment darstellt. Es ist stets $k_M(s) \geq 1$, wobei der Grenzfall $k_M(s) = 1$ im Fall eines verschwindenden Widerstandsmoments, d. h. im mechanischen Leerlauf, gilt.

Mit M nach (2.6.4) erhält man aus (2.6.1) für die während einer Drehzahländerung vom Schlupf $s_{(a)}$ auf den Schlupf $s_{(e)}$ in der Läuferwicklung umgesetzte Verlustenergie

$$\boxed{W_{\text{vw2}} = \int P_{\text{vw2}} \, dt = 2 W_{\text{kin0}} \int_{s_{(e)}}^{s_{(a)}} k_M(s) s \, ds} \,, \tag{2.6.6}$$

wobei $W_{\text{kin}0} = 1/2\, J(2\pi n_0)^2$ die in der Gesamtheit der rotierenden Teile bei synchroner Drehzahl n_0 gespeicherte kinetische Energie ist.

Aus (2.6.6) folgt für den Sonderfall, dass die Drehzahländerung gegen kein äußeres Widerstandsmoment erfolgt, d. h. für $M_W = 0$ bzw. $k_M(s) = 1$,

$$\boxed{W_{\text{vw}20} = W_{\text{kin}0}\left(s_{(a)}^2 - s_{(e)}^2\right)}. \qquad (2.6.7)$$

Daraus wiederum erhält man die bekannte Aussage, dass im Fall des Leerhochlaufs, d. h. mit $s_{(a)} = 1$ und $s_{(e)} = 0$, im Läuferkreis eine Wärmemenge umgesetzt wird, die gleich der nach dem Hochlauf in der Gesamtheit der rotierenden Teile gespeicherten kinetischen Energie ist.

Im allgemeinen Fall, dass $k_M(s) \neq 1$ ist, folgt aus (2.6.6) unter Beachtung von (2.6.7)

$$W_{\text{vw}2} = 2W_{\text{kin}0} \int_{s_{(e)}}^{s_{(a)}} k_M(s)\, s\, ds = W_{\text{kin}0} k_{Mm}\left(s_{(a)}^2 - s_{(e)}^2\right) = k_{Mm} W_{\text{vw}20}. \qquad (2.6.8)$$

Dabei ist k_{Mm} ein durch (2.6.8) definierter Mittelwert von $k_M(s)$, für den näherungsweise der Mittelwert von $k_M(s)$ über s zwischen $s_{(a)}$ und $s_{(e)}$ Verwendung finden kann entsprechend

$$k_{Mm} \approx \overline{k}_M = \frac{1}{s_{(e)} - s_{(a)}} \int_{s_{(a)}}^{s_{(e)}} k_M(s)\, ds.$$

Die in der Ständerwicklung umgesetzte Verlustenergie erhält man aus (2.6.3), (2.6.1) und (2.6.6) zu

$$W_{\text{vw}1} = \int P_{\text{vw}1}\, dt = 2W_{\text{kin}0} \frac{R_1}{R_2^+(0)} \int_{s_{(e)}}^{s_{(a)}} \frac{k_M(s)}{k_r(s)} s\, ds. \qquad (2.6.9)$$

Wenn wiederum zunächst der Fall betrachtet wird, dass $M_W = 0$ bzw. $k_M(s) = 1$ ist, so folgt aus (2.6.9)

$$W_{\text{vw}10} = 2W_{\text{kin}0} \frac{R_1}{R_2^+(0)} \int_{s_{(e)}}^{s_{(a)}} \frac{s}{k_r(s)}\, ds = W_{\text{kin}0} \frac{R_1}{R_2^+(0)} \frac{1}{k_{\text{rm}}} \left(s_{(a)}^2 - s_{(e)}^2\right). \qquad (2.6.10)$$

Dabei ist der Mittelwert k_{rm} durch (2.6.10) definiert, für den näherungsweise der Mittelwert $k_r(s)$ über s zwischen $s_{(a)}$ und $s_{(e)}$ Verwendung finden kann entsprechend

$$k_{\text{rm}} \approx \overline{k}_r = \frac{1}{s_{(e)} - s_{(a)}} \int_{s_{(a)}}^{s_{(e)}} k_r(s)\, ds \geq 1.$$

Im allgemeinen Fall mit $k_\mathrm{M}(s) \neq 1$ erhält man durch Einführen entsprechender Mittelwerte für $k_\mathrm{M}(s)$ und $k_\mathrm{r}(s)$

$$\begin{aligned} W_\mathrm{vw1} &= W_\mathrm{kin0} \frac{R_1}{R_2^+(0)} \frac{k_\mathrm{Mm}}{k_\mathrm{rm}} \left(s_\mathrm{(a)}^2 - s_\mathrm{(e)}^2\right) \approx W_\mathrm{kin0} \frac{R_1}{R_2^+(0)} \frac{\overline{k}_\mathrm{M}}{\overline{k}_\mathrm{r}} \left(s_\mathrm{(a)}^2 - s_\mathrm{(e)}^2\right) \\ &= \frac{R_1}{R_2^+(0)} \frac{1}{\overline{k}_\mathrm{r}} W_\mathrm{vw2} = \frac{R_1}{R_2^+(0)} \frac{\overline{k}_\mathrm{M}}{\overline{k}_\mathrm{r}} W_\mathrm{vw20} \end{aligned} \quad (2.6.11)$$

Die Verlustenergien W_vw1 und W_vw2 werden in den Wicklungen in Wärme umgesetzt. Man bezeichnet sie deshalb auch als *Schaltwärme*. Im Sonderfall des Hochlaufs von $s_\mathrm{(a)} = 1$ auf $s_\mathrm{(e)} \approx 0$ spricht man auch von *Anlaufwärme*.

Nach (2.6.11) wird die Verlustenergie in der Ständerwicklung unter dem Einfluss der Stromverdrängung in den Läuferstäben, d. h. mit $k_\mathrm{r}(s) > 1$ bzw. $\overline{k}_\mathrm{r} > 1$, kleiner. Sie lässt sich außerdem von der Dimensionierung her verringern, indem $R_1/R_2^+(0)$ verringert, d. h. ein sog. *Widerstandsläufer* ausgeführt wird. Wenn man den Fall $M_\mathrm{W} = 0$ betrachtet, so heben sich offenbar die gegenläufigen Einflüsse der Vergrößerung des Läuferwiderstands und der dadurch bedingten Verkleinerung der Ströme im Läufer hinsichtlich der Verlustenergie im Läufer nach (2.6.7) gerade auf. Demgegenüber sind mit den kleineren Läuferströmen entsprechend $I_2^+ \approx I_1$ auch kleinere Ständerströme verbunden und rufen in den konstant gebliebenen Ständerwiderständen eine kleinere Verlustenergie hervor. Eine merkliche Reduzierung der im Läufer der Maschine umgesetzten Verlustenergie erhält man nur, wenn Motoren mit Schleifringläufer eingesetzt und während der zu untersuchenden Drehzahländerung mit Vorwiderständen in den Läuferkreisen betrieben werden. Wesentliche Teile der Schaltwärme des Läufers verlagern sich dann in die äußeren Widerstände, und außerdem wird die Schaltwärme des Ständers nach Maßgabe des kleineren Verhältnisses $R_1/R_2^+(0)$ der Widerstände verringert.

Die Schaltwärme führt zu einer Erwärmung der Ständer- und der Läuferwicklung, die in erster Näherung adiabatisch ist. Um den damit verbundenen Temperaturanstieg klein zu halten, werden die Käfige von Maschinen für Schweranlauf, d. h. wenn große Werte der Schaltwärme zu beherrschen sind, aus Leitermaterial mit geringer elektrischer Leitfähigkeit – z. B. mit Bronze oder auch mit Messing – ausgeführt. Je nachdem, ob die Maschine ständerkritisch oder läuferkritisch ist, d. h. ob die Erwärmung der Ständerwicklung oder der Läuferwicklung näher an der zulässigen Grenze liegt, werden dabei entweder der Querschnitt der Stäbe unverändert gelassen – was R_2^+ erhöht und damit die Ständerwicklung thermisch entlastet, jedoch P_vw2 im Bemessungsbetrieb erhöht – oder entsprechend größere Querschnitte gewählt, was die Läuferwicklung aufgrund der größeren Wärmekapazität thermisch entlastet und der Erhöhung von P_vw2 im Bemessungsbetrieb entgegenwirkt.

Die Anlaufwärme wird weitgehend durch die kinetische Energie bestimmt, die nach dem Hochlauf in der Gesamtheit der rotierenden Teile gespeichert ist. Sie ist bei gegebener Frequenz und Polpaarzahl proportional zum Massenträgheitsmoment, das seinerseits bei geometrisch ähnlicher Veränderung mit der fünften Potenz der Abmessungen wächst. Demgegenüber nimmt die Masse, die bei adiabatischer Erwärmung die Temperaturzunahme bestimmt, nur mit der dritten Potenz der Abmessungen zu. Daraus folgt theoretisch, dass der Anlauf durch direktes Einschalten von Käfigläufern, auch ohne dass eine Arbeitsmaschine gekuppelt ist, nur bis zu einer gewissen Leistung möglich ist. Diese Leistungsgrenze ist jedoch ohne Relevanz, da sie oberhalb der Grenze liegt, die durch den von Seiten üblicher Versorgungsnetze maximal bereitstellbaren Anzugsstrom gegeben ist.

Die vorstehenden Betrachtungen haben gezeigt, dass der Läuferwiderstand – am Beispiel des Hochlaufs vom Stillstand auf Leerlaufdrehzahl betrachtet – in zweifacher Hinsicht auf die Anlaufwärme im Läufer Einfluss nimmt. Mit wachsendem Läuferwiderstand werden einerseits die Läuferverluste bei gleichem Schlupf erhöht, aber andererseits wächst auch das Drehmoment im Bereich kleiner Drehzahlen, und damit verkürzt sich die Anlaufzeit. Für den Fall des Leerhochlaufs heben sich beide Einflüsse gegeneinander auf. Die Anlaufwärme ist dann unabhängig vom Läuferwiderstand und nur durch die kinetische Energie gegeben, die nach dem Hochlauf in der Gesamtheit der rotierenden Teile gespeichert ist. Die Anlaufwärme im Ständer wird bestimmt durch die vom Ständerwiderstand abhängigen Ständerwicklungsverluste und die Hochlaufzeit. Sie verringert sich offensichtlich, wenn die Hochlaufzeit dadurch verkleinert wird, dass ein größerer Läuferwiderstand zur Wirkung kommt. Das ist der physikalische Hintergrund dafür, dass in der Beziehung für die Anlaufwärme im Ständer das Verhältnis von Ständerwiderstand zu Läuferwiderstand auftritt.

Die Schaltwärme muss bezüglich ihres Einflusses auf die Temperatur bei Betriebsarten mit periodischem Betrieb berücksichtigt werden, wenn sie einen wesentlichen Anteil der während einer Periode, der sog. Spieldauer, insgesamt auftretenden Verlustenergie darstellt. Aus diesem Grund wurde in IEC 60034-1 (DIN EN 60034-1) die Betriebsart S5 – Aussetzbetrieb mit Einfluss des Anlaufs und der Bremsung auf die Temperaturen – eingeführt. Im Extremfall des reinen Schaltbetriebs, d. h. wenn der Einfluss der Schaltwärme auf die Temperatur überwiegt, bestimmt diese die zulässige Schalthäufigkeit zu

$$z = \frac{P_{\mathrm{vw}j}}{W_{\mathrm{vw}j}},$$

wobei $P_{\mathrm{vw}j}$ die bei Dauerbetrieb in der Ständer- bzw. Läuferwicklung zulässigen Verluste sind und $W_{\mathrm{vw}j}$ die gesamte Schaltwärme darstellt, die während eines Spiels entsteht. Mit Rücksicht auf die Schaltwärme im Ständer wird man derartige Maschinen mit einem vergrößerten Verhältnis R_2^+/R_1 ausführen. Davon wird z. B. bei Rollgangsmotoren, Zentrifugenmotoren u. ä. Gebrauch gemacht.

Wenn in den zu untersuchenden Vorgang eine *Polumschaltung* (s. Bd. *Berechnung elektrischer Maschinen*, Abschn. 1.2.2.3) eingeschlossen ist, muss die Schaltwärme für jeden Teilvorgang mit der jeweiligen Polpaarzahl getrennt ermittelt werden. Als Beispiel sei der in zwei Stufen erfolgende Leerhochlauf einer Maschine mit den Polpaarzahlen

p_1 und $p_2 = cp_1 > p_1$ betrachtet. Man erhält mit (2.6.7) für den ersten Teilvorgang mit $0 \leq n \leq f/p_2$ bzw. $0 \leq n \leq n_0/c$ und $n_0 = f/p_1$ sowie $s_{(a)} = 1$ und $s_{(e)} = 0$

$$W'_{\text{kin0}} = W_{\text{kin0}} \frac{1}{c^2}$$

$$W'_{\text{vw20}} = W_{\text{kin0}} \frac{1}{c^2} \ .$$

Für den zweiten Teilvorgang gilt $n_0/c \leq n \leq n_0$ sowie $s_{(a)} = 1 - 1/c$ und $s_{(e)} = 0$, und damit wird

$$W''_{\text{kin0}} = W_{\text{kin0}}$$

$$W''_{\text{vw20}} = W_{\text{kin0}} \left(1 - \frac{1}{c}\right)^2 \ .$$

Man erhält also für die gesamte Schaltwärme

$$\boxed{W_{\text{vw20}} = W'_{\text{vw20}} + W''_{\text{vw20}} = W_{\text{kin0}} \left(1 - \frac{2}{c} + \frac{2}{c^2}\right)} \ . \tag{2.6.12}$$

Im Sonderfall $c = p_2/p_1 = 2$ wird $W_{\text{vw20}} = {}^1\!/_2\, W_{\text{kin0}}$. Das ist lediglich die Hälfte des Werts, der bei direktem Hochlauf auftritt.

2.6.3
Allgemeine Näherungsbeziehungen

Im Folgenden wird beschrieben, wie das Verhalten einer Induktionsmaschine bei Auftreten einer Störung durch Anwendung des Prinzips der Flusskonstanz auf den Läufer auf einfache Weise beschrieben werden kann.

Die Läuferwicklung der Induktionsmaschine ist i. Allg. direkt kurzgeschlossen. Das gilt für die Maschine mit Käfigläufer von vornherein und für die Maschine mit Schleifringläufer, solange die Läuferstränge nicht mit einem äußeren Netz zusammenarbeiten. Dann folgt aus den Spannungsgleichungen der Läuferstränge mit $u_{2a} = u_{2b} = u_{2c} = 0$, solange der Einfluss der ohmschen Spannungsabfälle vernachlässigbar ist, $\psi_{2a} = \psi_{2a(a)}, \psi_{2b} = \psi_{2b(a)}, \psi_{2c} = \psi_{2c(a)}$. Die Läuferstränge halten unmittelbar nach einer Störung jene Flussverkettungen fest, die sie im Augenblick des Eintritts dieser Störung besitzen. Das ist das Prinzip der Flusskonstanz, das allgemein bereits im Abschnitt 1.3.10, Seite 60, hergeleitet wurde. In der Darstellung als komplexer Augenblickswert nach (1.8.36b), Seite 232, erhält man

$$\boxed{\vec{\psi}_2^{\text{L}} = \frac{2}{3} \left(\psi_{2a(a)} + \underline{a}\psi_{2b(a)} + \underline{a}^2 \psi_{2c(a)}\right) = \vec{\psi}_{2(a)}^{\text{L}}} \ . \tag{2.6.13}$$

Die Läuferflussverkettung im Koordinatensystem des Läufers behält unmittelbar nach dem Einsetzen der Störung jenen komplexen Wert bei, der im Augenblick der Störung vorhanden ist. Die Beziehung (2.6.13) ergibt sich natürlich auch unmittelbar aus der Spannungsgleichung des Läufers in Läuferkoordinaten nach Tabelle 2.1.1, Seite 292, bzw. (2.1.3a,b) mit $\vec{u}_2^L = 0$ und $R_2 = 0$.

Die Behandlung spezieller nichtstationärer Betriebszustände auf der Grundlage der Anwendung des Prinzips der Flusskonstanz auf den Läufer erfordert

– die Formulierung des Gleichungssystems der Maschine, das unter Berücksichtigung von $\vec{\psi}_2^L = \vec{\psi}_{2(a)}^L$ unmittelbar nach der Störung gilt,
– die Ermittlung von $\vec{\psi}_{2(a)}^L$ aus dem vorangegangenen stationären Betriebszustand.

Im Folgenden werden die entsprechenden Überlegungen entwickelt. Dabei wird auf eine Darstellung der Ständer- und Läufervariablen in einem gemeinsamen Koordinatensystem, wie sie im Abschnitt 2.1.3, Seite 287, hergeleitet wurde, verzichtet. Das ist deshalb vorteilhaft, weil die Formulierung des Prinzips der Flusskonstanz für den Läufer von den Beziehungen im Läuferkoordinatensystem ausgehen muss. Außerdem erfordert auch die Nutzung der Verbindung zur Behandlung des stationären Betriebs mit Hilfe der komplexen Wechselstromrechnung, wie sie durch (2.1.71), Seite 303, gegeben ist, dass die Variablen jeweils in ihrem Koordinatensystem beschrieben werden.

Entsprechend den soeben angestellten Überlegungen gehen die weiteren Untersuchungen von den Spannungs- und Flussverkettungsgleichungen aus, die im Abschnitt 2.1.2.1, Seite 285, als (2.1.3a,b) und (2.1.4a,b) hergeleitet wurden. Um später die Aussagen über die Flussverkettung des Läufers entsprechend (2.6.13) einführen zu können, ist es zunächst erforderlich, den Läuferstrom in der Flussverkettungsgleichung des Ständers mit Hilfe der Flussverkettungsgleichung des Läufers durch die Läuferflussverkettung auszudrücken. Man erhält aus (2.1.4b)

$$\vec{i}_2^L = \frac{1}{L_{22}}\vec{\psi}_2^L - \frac{L_{12}}{L_{22}}\vec{i}_1^S e^{-j\vartheta} \; .$$

Damit geht (2.1.4a) über in $\vec{\psi}_1^S = L_i \vec{i}_1^S + (L_{12}/L_{22})\vec{\psi}_2^L e^{j\vartheta}$, und man erhält als System der Spannungs- und Flussverkettungsgleichungen

$$\boxed{\vec{u}_1^S = R_1 \vec{i}_1^S + \frac{d\vec{\psi}_1^S}{dt}} \quad (2.6.14\text{a})$$

$$\boxed{\vec{\psi}_1^S = L_i \vec{i}_1^S + \frac{L_{12}}{L_{22}}\vec{\psi}_2^L e^{j\vartheta}} \; . \quad (2.6.14\text{b})$$

Dabei wurde die vom Ständer her gesehene *Gesamtstreuinduktivität* $L_i = L_{11} - L_{12}^2/L_{22}$ nach (2.1.48), Seite 295, in Analogie zur Gesamtstreureaktanz X_i nach (2.3.5), Seite 328, eingeführt (vgl. auch (2.4.49), S. 377). Unmittelbar nach Eintritt der Störung gilt $\vec{\psi}_2^L = \vec{\psi}_{2(a)}^L$ entsprechend (2.6.13). Damit wird das Verhalten der Maschine für den

Zeitraum der Gültigkeit des Prinzips der Flusskonstanz beschrieben durch

$$\vec{u}_1^S = R_1 \vec{i}_1^S + \frac{d\vec{\psi}_1^S}{dt} \qquad (2.6.15a)$$

$$\vec{\psi}_1^S = L_i \vec{i}_1^S + \frac{L_{12}}{L_{22}} \vec{\psi}_{2(a)}^L e^{j\vartheta} \qquad (2.6.15b)$$

wobei $\vec{u}_1^S$, $\vec{i}_1^S$, $\vec{\psi}_1^S$ und ϑ beliebige Zeitfunktionen sein können, während $\vec{\psi}_{2(a)}^L$ eine zeitlich konstante komplexe Größe darstellt. Wenn zusätzlich der ohmsche Spannungsabfall in den Ständersträngen vernachlässigt wird, erhält man

$$\vec{u}_1^S = \frac{d\vec{\psi}_1^S}{dt} \qquad (2.6.16a)$$

$$\vec{\psi}_1^S = L_i \vec{i}_1^S + \frac{L_{12}}{L_{22}} \vec{\psi}_{2(a)}^L e^{j\vartheta} \qquad (2.6.16b)$$

Die Flussverkettung $\vec{\psi}_{2(a)}^L$ ergibt sich aus dem Betriebszustand, der der Störung vorausgeht. Für die weiteren Betrachtungen wird vorausgesetzt, dass dies ein stationärer Betriebszustand ist. Seine Beschreibung erfolgt zweckmäßig mit Hilfe der Darstellung der komplexen Wechselstromrechnung. Die speziellen Werte der Variablen der Stränge a in dieser Darstellung sollen mit $\underline{g}_{1(a)}$ und $\underline{g}_{2(a)}$ bezeichnet werden. Zu den komplexen Augenblickswerten bestehen entsprechend (2.1.71), Seite 303, die allgemeinen Beziehungen

$$\vec{g}_1^S = \underline{g}_1 e^{j\omega_1 t} \qquad (2.6.17a)$$

$$\vec{g}_2^L = \underline{g}_2 e^{js\omega_1 t} \qquad (2.6.17b)$$

Ferner ist $\vartheta = (1-s)\omega_1 t + \vartheta_0$. Da die Störung zum Zeitpunkt $t = 0$ eintreten soll, beschreibt ϑ_0 die Lage des Läufers in diesem Augenblick. Man erhält als Spannungsgleichung des Strangs a aus (2.6.14a,b) für den stationären Ausgangszustand

$$\underline{u}_{1(a)} e^{j\omega_1 t} = R_1 \underline{i}_{1(a)} e^{j\omega_1 t} + \frac{d}{dt}\left[L_i \underline{i}_{1(a)} e^{j\omega_1 t} + \frac{L_{12}}{L_{22}} \underline{\psi}_{2(a)} e^{j(\omega_1 t + \vartheta_0)}\right]$$

und damit

$$\underline{u}_{1(a)} = R_1 \underline{i}_{1(a)} + jX_i \underline{i}_{1(a)} + j\omega_1 \frac{L_{12}}{L_{22}} \underline{\psi}_{2(a)} e^{j\vartheta_0}$$

bzw. endgültig

$$\boxed{\underline{u}_{1(a)} = (R_1 + jX_i)\underline{i}_{1(a)} + \underline{u}'_{1(a)}} \qquad (2.6.18)$$

Dabei ist

$$\underline{u}'_{1(a)} = \hat{u}'_{1(a)} e^{j\varphi'_{u1(a)}} = j\omega_1 \frac{L_{12}}{L_{22}} \underline{\psi}_{2(a)} e^{j\vartheta_0} \qquad (2.6.19)$$

die sog. *Spannung hinter der Gesamtstreureaktanz* X_i im Strang a. Sie bestimmt, wie weiter unten gezeigt wird, $\vec{\psi}_{2(a)}^L$ in (2.6.15a,b). Das (2.6.18) entsprechende Zeigerbild ist im Bild 2.6.2 dargestellt. Da alle Größen im stationären Betrieb symmetrische Mehrphasensysteme positiver Phasenlage bilden, gilt

$$u'_{1a(a)} = \underline{u}'_{1(a)} \tag{2.6.20a}$$

$$u'_{1b(a)} = \underline{u}'_{1(a)} e^{-j2\pi/3} \tag{2.6.20b}$$

$$u'_{1c(a)} = \underline{u}'_{1(a)} e^{-j4\pi/3} . \tag{2.6.20c}$$

Die Anfangswerte der komplexen Augenblickswerte ergeben sich aus (2.6.17a,b) für $t=0$ als

$$\vec{g}^S_{1(a)} = \underline{g}_1 = \underline{g}_{1(a)}$$

$$\vec{g}^L_{2(a)} = \underline{g}_2 = \underline{g}_{2(a)} .$$

Sie sind identisch zu den komplexen Größen in der Darstellung der komplexen Wechselstromrechnung für den speziellen stationären Betriebszustand, der unmittelbar vor dem Eintritt der zu untersuchenden Störung vorliegt. Insbesondere gilt mit (2.6.19) für die Flussverkettung $\vec{\psi}^L_{2(a)}$ in (2.6.15a,b)

$$\vec{\psi}^L_{2(a)} = \underline{\psi}_{2(a)} = \frac{\underline{u}'_{1(a)} L_{22}}{j\omega_1 L_{12}} e^{-j\vartheta_0} = \frac{\hat{u}'_{1(a)} L_{22}}{\omega_1 L_{12}} e^{-j(\vartheta_0 + \pi/2 - \varphi'_{u1(a)})} . \tag{2.6.21}$$

Damit gehen (2.6.14a,b), die das Verhalten der Maschine nach der Störung beschreiben, über in

$$\boxed{\vec{u}^S_1 = R_1 \vec{i}^S_1 + \frac{d\vec{\psi}^S_1}{dt}} \tag{2.6.22a}$$

$$\boxed{\vec{\psi}^S_1 = L_i \vec{i}^S_1 + \frac{\hat{u}'_{1(a)}}{\omega_1} e^{j(\vartheta - \vartheta_0 + \varphi'_{u1(a)} - \pi/2)}} , \tag{2.6.22b}$$

wobei alle $\vec{g}^S_1$ und ϑ beliebige Zeitfunktionen sind; $\hat{u}'_{1(a)}$ und $\varphi'_{u1(a)}$ ergeben sich aus dem vorangehenden stationären Betriebszustand (s. Bild 2.6.2). Für den Sonderfall, dass die Läuferbewegung durch den nichtstationären Vorgang nicht beeinflusst wird, d. h. bei hinreichend großem Massenträgheitsmoment der Gesamtheit der rotierenden Teile, ist $\vartheta = (1-s)\omega_1 t + \vartheta_0$, und man erhält

$$\boxed{\vec{u}^S_1 = R_1 \vec{i}^S_1 + \frac{d\vec{\psi}^S_1}{dt}} \tag{2.6.23a}$$

$$\boxed{\vec{\psi}^S_1 = L_i \vec{i}^S_1 + \frac{\hat{u}'_{1(a)}}{\omega_1} e^{j[(1-s)\omega_1 t + \varphi'_{u1(a)} - \pi/2]}} . \tag{2.6.23b}$$

Solange kein stromführender Nullleiter an den Sternpunkt der Ständerwicklung angeschlossen ist, gilt für die Ständergrößen $g_{1a} + g_{1b} + g_{1c} = 0$, und damit bestehen zwischen den komplexen Augenblickswerten des Ständers und den Augenblickswerten der Stranggrößen g_{1a}, g_{1b} und g_{1c} die Beziehungen, die als (1.8.38a,b,c), Seite 233,

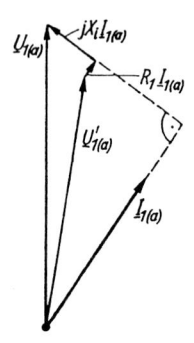

Bild 2.6.2 Zeigerbild für den stationären Ausgangszustand entsprechend (2.6.18) zur Ermittlung von $\underline{U}'_{1(a)}$

hergeleitet wurden. Wenn man diese Beziehungen auf (2.6.22a,b) anwendet, lässt sich das Verhalten der Maschine nach der Störung unmittelbar mit Hilfe der Stranggrößen beschreiben. Für den Strang a ergibt sich

$$u_{1a} = R_1 i_{1a} + \frac{d\psi_{1a}}{dt} \tag{2.6.24a}$$

$$\psi_{1a} = L_i i_{1a} + \frac{\hat{u}'_{1(a)}}{\omega_1} \cos\left(\vartheta - \vartheta_0 + \varphi'_{u1(a)} - \pi/2\right) \tag{2.6.24b}$$

bzw., wenn ψ_{1a} in die Spannungsgleichung eingesetzt wird,

$$\boxed{u_{1a} = R_1 i_{1a} + L_i \frac{di_{1a}}{dt} + \frac{\hat{u}'_{1(a)}}{\omega_1} \frac{d\vartheta}{dt} \cos\left(\vartheta - \vartheta_0 + \varphi'_{u1(a)}\right)} \tag{2.6.25}$$

Für die Stränge b und c ergeben sich analoge Ausdrücke. Es treten lediglich im Argument der Kosinusfunktion die Verschiebungen $-2\pi/3$ bzw. $-4\pi/3$ auf.

Im Sonderfall, dass der Bewegungsvorgang unbeeinflusst bleibt und damit (2.6.23a,b) gilt, erhält man für den Strang a

$$u_{1a} = R_1 i_{1a} + \frac{d\psi_{1a}}{dt} \tag{2.6.26a}$$

$$\psi_{1a} = L_i i_{1a} + \frac{\hat{u}'_{1(a)}}{\omega_1} \cos\left[(1-s)\omega_1 t + \varphi'_{u1(a)} - \pi/2\right] \tag{2.6.26b}$$

bzw. $\boxed{u_{1a} = R_1 i_{1a} + L_i \frac{di_{1a}}{dt} + \hat{u}'_{1(a)}(1-s)\cos\left[(1-s)\omega_1 t + \varphi'_{u1(a)}\right]}$ (2.6.27)

Die Ausdrücke für die Stränge b und c sind wiederum analog dazu aufgebaut.

Das *Drehmoment* ergibt sich ausgehend von den komplexen Augenblickswerten der Ströme und Flussverkettungen mit Hilfe von (2.1.7a) bzw. (2.1.7b), Seite 286. Angepasst an die Beschreibung der Vorgänge unter Verwendung der Läuferflussverkettung $\vec{\psi}_2^L$ als Variable, die im Hinblick auf die Anwendung des Prinzips der Flusskonstanz auf den Läufer als (2.6.14a,b) entwickelt wurde, empfiehlt es sich, eine Beziehung für das

Drehmoment bereitzustellen, die $\vec{\psi}_2^{\mathrm{L}}$ enthält. Die Beziehung (2.6.14b) liefert für den Ständerstrom

$$\vec{i}_1^{\mathrm{S}} = \frac{1}{L_{\mathrm{i}}} \vec{\psi}_1^{\mathrm{S}} - \frac{L_{12}}{L_{22} L_{\mathrm{i}}} \vec{\psi}_2^{\mathrm{L}} \mathrm{e}^{\mathrm{j}\vartheta} ,$$

und damit folgt aus (2.1.7a)

$$m = -\frac{3}{2} p \operatorname{Im}\{\vec{\psi}_1^{\mathrm{S}} \vec{i}_1^{\mathrm{S}*}\} = \frac{3}{2} p \frac{L_{12}}{L_{22} L_{\mathrm{i}}} \operatorname{Im}\left\{ \vec{\psi}_1^{\mathrm{S}} \vec{\psi}_2^{\mathrm{L}*} \mathrm{e}^{-\mathrm{j}\vartheta} \right\} . \qquad (2.6.28)$$

Unter Voraussetzung des Prinzips der Flusskonstanz folgt daraus

$$\boxed{m = \frac{3}{2} p \frac{L_{12}}{L_{22} L_{\mathrm{i}}} \operatorname{Im}\left\{ \vec{\psi}_1^{\mathrm{S}} \vec{\psi}_{2(\mathrm{a})}^{\mathrm{L}*} \mathrm{e}^{-\mathrm{j}\vartheta} \right\}} . \qquad (2.6.29)$$

Die vorstehenden Betrachtungen bedürfen einer gewissen Modifikation, wenn die zu untersuchende Störung einem unveränderten stationären Betriebszustand überlagert ist und der Bewegungszustand des Läufers von dem nichtstationären Vorgang nicht beeinflusst wird. Derartige Verhältnisse treten z. B. bei Stromrichterspeisung auf, wenn der Strom von einem Strang auf einen anderen kommutiert. Vom stationären Zustand her existieren Läuferflussverkettungen, die sich mit der Schlupffrequenz sf_1 ändern. Im üblichen Arbeitsbereich kleiner Werte des Schlupfs sind das sehr kleine Frequenzen. Das Prinzip der Flusskonstanz darf nicht auf diesen Anteil ausgedehnt werden, sondern gilt nur für jenen Anteil $\Delta\vec{\psi}_2^{\mathrm{L}}$ der Läuferflussverkettung, der vom überlagerten nichtstationären Zustand herrührt. Für diesen macht es die Aussage $\Delta\vec{\psi}_2^{\mathrm{L}} = 0$. Damit erhält man für die Läuferflussverkettung unter Beachtung von (2.6.17b) insgesamt

$$\vec{\psi}_2^{\mathrm{L}} = \underline{\psi}_2 \mathrm{e}^{\mathrm{j} s \omega_1 t} .$$

Diese Überlegungen korrespondieren mit jenen, die im Abschnitt 2.4.3.3, Seite 377, angestellt wurden, um das Verhalten der Maschine gegenüber den höheren Harmonischen bei Speisung mit nicht sinusförmigen Strömen und Spannungen im stationären Betrieb zu untersuchen.

Mit $\vec{\psi}_2^{\mathrm{L}} = \underline{\psi}_2 \mathrm{e}^{\mathrm{j} s \omega_1 t}$ und $\vartheta = (1-s)\omega_1 t + \vartheta_0$ gehen (2.6.14a,b) über in

$$\vec{u}_1^{\mathrm{S}} = R_1 \vec{i}_1^{\mathrm{S}} + \frac{\mathrm{d}\vec{\psi}_1^{\mathrm{S}}}{\mathrm{d}t} \qquad (2.6.30\mathrm{a})$$

$$\vec{\psi}_1^{\mathrm{S}} = L_{\mathrm{i}} \vec{i}_1^{\mathrm{S}} + \frac{L_{12}}{L_{22}} \underline{\psi}_2 \mathrm{e}^{\mathrm{j}(\omega_1 t + \vartheta_0)} . \qquad (2.6.30\mathrm{b})$$

Dabei gilt für den stationären Anteil unter Beachtung von (2.6.17a,b), wenn die Flussverkettungsgleichung von vornherein in die Spannungsgleichung eingesetzt wird,

$$\underline{u}_1 = (R_1 + \mathrm{j}X_{\mathrm{i}})\underline{i}_1 + \mathrm{j}\omega_1 \frac{L_{12}}{L_{22}} \underline{\psi}_2 \mathrm{e}^{\mathrm{j}\vartheta_0} = (R_1 + \mathrm{j}X_{\mathrm{i}})\underline{i}_1 + \underline{u}_1' . \qquad (2.6.31)$$

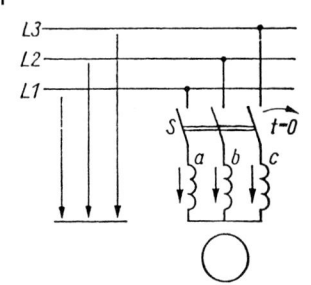

Bild 2.6.3 Betrachtete Anordnung zur Untersuchung des Einschaltens einer stillstehenden Induktionsmaschine

Mit Hilfe dieser Beziehung erhält man $\underline{u}'_1 = \hat{u}'_1 e^{j\varphi'_{u1}}$ und kann $\underline{\psi}_2$ durch $\underline{u}'_1$ ausdrücken. Die allgemeinen Beziehungen (2.6.30a,b) führen damit auf

$$\vec{u}_1^S = R_1 \vec{i}_1^S + L_i \frac{d\vec{i}_1^S}{dt} + \hat{u}'_1 e^{j(\omega_1 t + \varphi'_{u1})} . \qquad (2.6.32)$$

Daraus erhält man als Spannungsgleichung des Strangs a mit Hilfe von (1.8.38a), Seite 233,

$$u_{1a} = R_1 i_{1a} + L_i \frac{di_{1a}}{dt} + \hat{u}'_1 \cos(\omega_1 t + \varphi'_{u1}) . \qquad (2.6.33)$$

Für die Stränge b und c ergeben sich analoge Beziehungen.

2.6.4
Einschalten der stillstehenden Maschine

Die zu untersuchende Anordnung ist im Bild 2.6.3 dargestellt. Die Maschine befindet sich im Stillstand; es ist also $d\vartheta/dt = 0$. Der stationäre Ausgangszustand ist weiterhin dadurch gekennzeichnet, dass alle Ströme, Spannungen und Flussverkettungen Null sind.

Der Übergangsvorgang wird eingeleitet, indem der Schalter S im Bild 2.6.3 zur Zeit $t = 0$ schließt. Damit werden die drei Stränge an ein symmetrisches Dreiphasensystem der Spannungen gelegt mit

$$u_{1a} = \hat{u}_1 \cos(\omega_1 t + \varphi_{u1}) \qquad (2.6.34)$$

und analogen Beziehungen für die Stränge b und c bzw. mit

$$\vec{u}_1^S = \hat{u}_1 e^{j(\omega_1 t + \varphi_{u1})} = \vec{u}_{1(a)}^S e^{j\omega_1 t} . \qquad (2.6.35)$$

Im Augenblick des Einschaltens herrscht die Spannung $\vec{u}_{1(a)}^S = \hat{u}_1 e^{j\varphi_{u1}}$.

2.6.4.1 Ermittlung des Anfangsverlaufs
Im Folgenden werden die Anfangsverläufe der Ströme und Flussverkettungen des Ständers auf der Grundlage der Beziehungen ermittelt, die im Abschnitt 2.6.3 hergeleitet wurden. Im Bereich der komplexen Augenblickswerte gelten (2.6.23a,b) mit $s = 1$

oder (2.6.22a,b) mit $\vartheta = \vartheta_0$ und für die Augenblickswerte des Strangs a (2.6.26a,b) bzw. (2.6.27) mit $s = 1$ oder (2.6.24a,b) bzw. (2.6.25) mit $\vartheta = \vartheta_0$. Entsprechend dem vorangehenden stromlosen Zustand der Maschine ist $\vec{\psi}_{2(a)}^{L} = 0$ bzw. $\underline{u}'_{1(a)} = 0$. Wenn zusätzlich zu den bereits vorgenommenen Vereinfachungen auch die ohmschen Spannungsabfälle in den Ständersträngen vernachlässigt werden, erhält man als beschreibendes Gleichungssystem

$$\vec{u}_1^{S} = \frac{d\vec{\psi}_1^{S}}{dt} \tag{2.6.36a}$$

$$\vec{\psi}_1^{S} = L_i \vec{i}_1^{S} \,. \tag{2.6.36b}$$

Die Beziehung (2.6.36a) stellt eine Differentialgleichung dar, deren Lösung mit $\vec{u}_1^{S}$ nach (2.6.35) gegeben ist als

$$\vec{\psi}_1^{S} = \frac{\vec{u}_{1(a)}^{S}}{j\omega_1} e^{j\omega_1 t} - \frac{\vec{u}_{1(a)}^{S}}{j\omega_1} \,. \tag{2.6.37}$$

Dabei ist $(\vec{u}_{1(a)}^{S}/j\omega_1)e^{j\omega_1 t} = \vec{u}_1^{S}/j\omega_1$ die stationäre Lösung als partikuläres Integral der vollständigen Differentialgleichung, und $-\vec{u}_{1(a)}^{S}/j\omega_1$ bildet die allgemeine Lösung der homogenen Gleichung als eine Konstante nach Anpassung an die Anfangsbedingung $\vec{\psi}_1^{S}(t=0) = 0$. Aus (2.6.37) erhält man den Strom $\vec{i}_1^{S}$ unmittelbar mit Hilfe von (2.6.36b) zu

$$\vec{i}_1^{S} = \frac{\vec{u}_{1(a)}^{S}}{jX_i} e^{j\omega_1 t} - \frac{\vec{u}_{1(a)}^{S}}{jX_i} \,. \tag{2.6.38}$$

Dabei ist $(\vec{u}_{1(a)}^{S}/jX_i)e^{j\omega_1 t} = \vec{u}_1^{S}/jX_i$ wiederum die stationäre Lösung.

Die asymmetrischen Anteile in (2.6.37) und (2.6.38) sorgen dafür, dass sich die Flussverkettung bzw. der Strom zur Zeit $t = 0$ nicht sprunghaft ändern. Sie sind aufgrund der vereinfachenden Annahme $R_1 = 0$ zeitlich konstant. Unter dem Einfluss endlicher Wicklungswiderstände klingen sie als Funktion der Zeit ab. Dabei erhält man, entsprechend dem vorliegenden Zweiwicklungssystem, jeweils eine Komponente mit einer großen und eine zweite mit einer kleinen Zeitkonstante. Erstere ist dem Luftspaltfeld zugeordnet und letztere den Streufeldern.

Im Bild 2.6.4a ist der Verlauf $\vec{i}_1^{S}(t)$ nach (2.6.38) in der komplexen Ebene dargestellt. Bild 2.6.4b deutet an, wie der Verlauf unter dem Einfluss endlicher Wicklungswiderstände in den stationären Verlauf übergeht, der einen Ursprungskreis darstellt. Den Augenblickswert des Stroms im Strang a erhält man aus (2.6.38) mit $g_{1a} = \text{Re}\{\vec{g}_1^{S}\}$ nach (1.8.38a), Seite 233, und $\vec{u}_{1(a)}^{S} = \hat{u}_1 e^{j\varphi_{u1}}$ zu

$$\boxed{i_{1a} = \frac{\hat{u}_1}{X_i} \cos\left(\omega_1 t + \varphi_{u1} - \frac{\pi}{2}\right) - \frac{\hat{u}_1}{X_i} \cos\left(\varphi_{u1} - \frac{\pi}{2}\right)} \,. \tag{2.6.39}$$

Die gleiche Beziehung liefern natürlich (2.6.25) bzw. (2.6.27). Die Größe des asymmetrischen Anteils richtete sich nach dem Schaltaugenblick, d. h. nach der Größe des

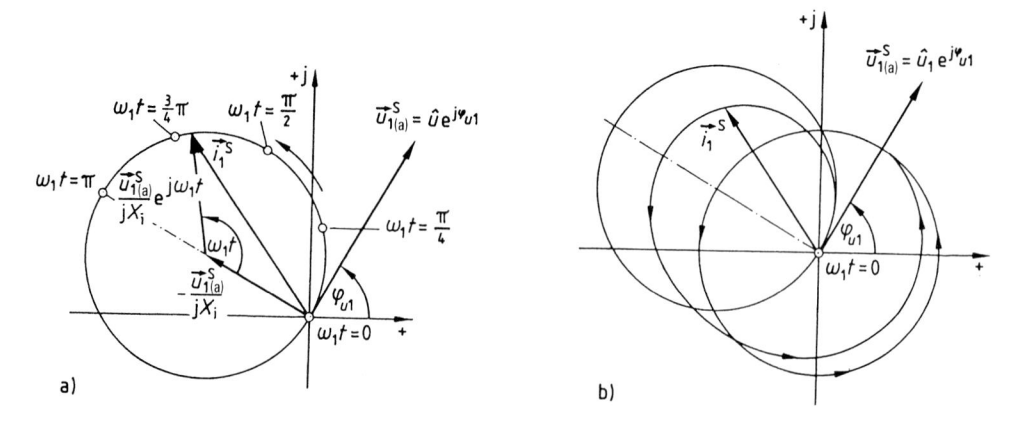

Bild 2.6.4 Verlauf $\vec{i}_1^S(t)$ in der komplexen Ebene beim Einschalten der stillstehenden Maschine.
a) Anfangsverlauf von $\vec{i}_1^S$;
b) realer Verlauf von $\vec{i}_1^S$ unter Berücksichtigung der Dämpfung des asymmetrischen Anteils

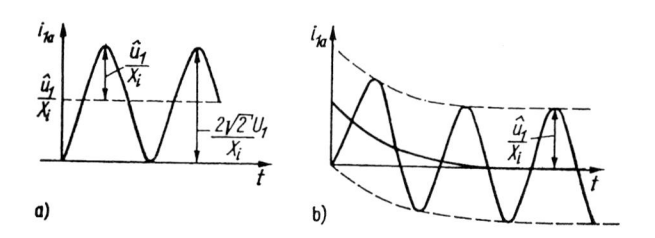

Bild 2.6.5 Verlauf des Stroms i_a im Strang a beim Einschalten der stillstehenden Maschine für den Fall $\varphi_{u1} = -\pi/2$, der die größte Asymmetrie aufweist.
a) Anfangsverlauf;
b) realer Verlauf unter Berücksichtigung der Dämpfung des asymmetrischen Anteils

Augenblickswerts der Spannung u_{1a} des Strangs a zur Zeit $t = 0$. Er erreicht ein Maximum, wenn $\varphi_{u1} = \pm\pi/2$ ist, d. h. wenn im Spannungsnulldurchgang des betrachteten Strangs geschaltet wird. In diesem Fall tritt als größter Wert des Einschaltstromstoßes

$$i_{1\max} = \frac{2\sqrt{2}U_1}{X_i} \qquad (2.6.40)$$

auf. Im Bild 2.6.5a ist der Anfangsverlauf des Einschaltstroms nach (2.6.39) für den Fall größter Asymmetrie mit $\varphi_{u1} = -\pi/2$ dargestellt. Bild 2.6.5b zeigt den tatsächlichen Verlauf unter dem Einfluss endlicher Werte des Wicklungswiderstands.

Für das *Drehmoment* erhält man auf der Grundlage der Gültigkeit des Prinzips der Flusskonstanz ausgehend von (2.6.29) mit $\vec{\psi}_{2(a)}^{L} = 0$ den Wert Null. Das widerspricht offensichtlich der Erfahrung; zumindest hätte man das Anzugsmoment als stationären Wert des Drehmoments erwartet. Andererseits ist bekannt, dass die Entstehung eines Drehmoments bei der Induktionsmaschine an das Vorhandensein endlicher Läuferwiderstände gebunden ist. Um Aussagen über das Drehmoment beim Einschaltvorgang zu erhalten, ist es offenbar erforderlich, die Analyse zu verfeinern.

2.6.4.2 Genäherte Berücksichtigung der Wicklungswiderstände

Im Abschnitt 2.6.4.1 war bereits erkannt worden, dass die extreme Vereinfachung in Form der Anwendung des Prinzips der Flusskonstanz auf Ständer und Läufer unter Vernachlässigung der Wicklungswiderstände verlassen werden muss, wenn die Analyse Aussagen über das beim Einschaltvorgang entwickelte Drehmoment liefern soll. Es ist offensichtlich erforderlich, die endlichen Widerstände der Wicklungsstränge wenigstens genähert zu berücksichtigen. Vereinfachend wirkt sich aus, dass sich die Maschine nach wie vor im Stillstand befindet. Dadurch lässt sich der Stromverlauf auch unter Berücksichtigung der Wicklungswiderstände in bekannter Weise aus der Überlagerung des stationären Stroms und der flüchtigen Anteile ermitteln, deren Anfangswerte dafür sorgen, dass sich der Strom im Schaltaugenblick nicht sprunghaft ändert. Auf diese Weise erhält man zunächst einen Anfangsverlauf für den Strom, ohne dass über die Komponenten des flüchtigen Anteils und den Zeitverlauf quantitativ etwas ausgesagt zu werden braucht. Entsprechend dem prinzipiellen Charakter der Anordnung als Zweiwicklungssystem sind zwei Komponenten des flüchtigen Anteils zu erwarten, von denen eine dem Hauptwellenfeld zugeordnet ist und dementsprechend eine große Zeitkonstante, die *Hauptfeldzeitkonstante* T_h, besitzt, während die andere mit dem Streufeld verknüpft ist und damit eine kleine Zeitkonstante, die *Streufeldzeitkonstante* T_σ, aufweist. Die stationäre Lösung ist in der Darstellung der komplexen Wechselstromrechnung als (2.3.1), Seite 327, für $\underline{u}_1 = \hat{u}_1$ gegeben. Sie lässt sich nach Herstellen der allgemeinen Formulierung durch den Übergang $\underline{u}_1 \mapsto \hat{u}_1$ mit Hilfe von (2.1.71), Seite 303, in die Darstellung mit komplexen Augenblickswerten überführen als

$$\vec{i}_{1\,\mathrm{stat}}^{\,S} = \frac{\vec{u}_1^{\,S}}{Z_\mathrm{k}\mathrm{e}^{\mathrm{j}\varphi_\mathrm{k}}} = \frac{\vec{u}_{1(a)}^{\,S}}{Z_\mathrm{k}\mathrm{e}^{\mathrm{j}\varphi_\mathrm{k}}}\mathrm{e}^{\mathrm{j}\omega_1 t} ,$$

wobei $\vec{u}_{1(a)}^{\,S} = \hat{u}_1 \mathrm{e}^{\mathrm{j}\varphi_{u1}}$ die Spannung zum Zeitpunkt $t = 0$ des Einschaltens ist und $Z_\mathrm{k}\mathrm{e}^{\mathrm{j}\varphi_\mathrm{k}}$ der komplexe Eingangswiderstand $\underline{Z}(s)$ nach (2.3.2) für $s = 1$. Der flüchtige Anteil hat dafür zu sorgen, dass $\vec{i}_1^{\,S}(t=0) = 0$ wird. Damit wird ohne Berücksichtigung jeglicher Dämpfung

$$\vec{i}_1^{\,S} = \frac{\vec{u}_{1(a)}^{\,S}}{Z_\mathrm{k}\mathrm{e}^{\mathrm{j}\varphi_\mathrm{k}}}\mathrm{e}^{\mathrm{j}\omega_1 t} - \frac{\vec{u}_{1(a)}^{\,S}}{Z_\mathrm{k}\mathrm{e}^{\mathrm{j}\varphi_\mathrm{k}}} = \frac{\vec{u}_{1(a)}^{\,S}}{Z_\mathrm{k}\mathrm{e}^{\mathrm{j}\varphi_\mathrm{k}}}\left(\mathrm{e}^{\mathrm{j}\omega_1 t} - 1\right) . \qquad (2.6.41)$$

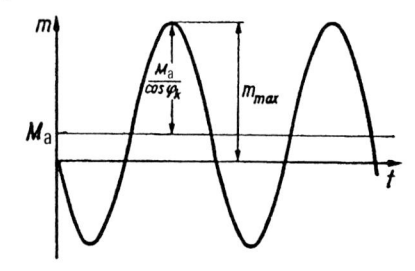

Bild 2.6.6 Anfangsverlauf des Drehmoments beim Einschalten der stillstehenden Maschine unter Vernachlässigung jener asymmetrischen Anteile der Ströme und Flussverkettungen, die mit der dem Streufeld zugeordneten Zeitkonstante abklingen

Für den Anfangsverlauf des Stroms im Strang a folgt aus (2.6.41) und (1.8.38a), Seite 233,

$$i_{1a} = \mathrm{Re}\left\{\vec{i}_1^{\mathrm{S}}\right\} = \mathrm{Re}\left\{\frac{\hat{u}_1}{Z_\mathrm{k}}\mathrm{e}^{\mathrm{j}(\varphi_\mathrm{u}-\varphi_\mathrm{k})}\left(\mathrm{e}^{\mathrm{j}\omega_1 t}-1\right)\right\}$$

$$= \frac{\hat{u}_1}{Z_\mathrm{k}}\left[\cos\left(\omega_1 t + \varphi_\mathrm{u} - \varphi_\mathrm{k}\right) - \cos\left(\varphi_\mathrm{u}-\varphi_\mathrm{k}\right)\right] . \qquad (2.6.42)$$

Man erhält einen periodischen Anteil, der dem stationären Endzustand entspricht, sowie einen aperiodischen Anteil, der zunächst dafür sorgt, dass der Stromverlauf zur Zeit $t = 0$ stetig bleibt und bei Berücksichtigung der Dämpfung schließlich nach gewisser Zeit vollständig abklingt.

Die stationäre Ständerflussverkettung erhält man unter Beachtung von (2.6.41) unmittelbar aus der Spannungsgleichung (2.6.14a) bzw. (2.6.15a) zu

$$\vec{\psi}_{1\,\mathrm{stat}}^{\mathrm{S}} = \frac{\vec{u}_{1(\mathrm{a})}^{\mathrm{S}}}{\mathrm{j}\omega_1}\left(1 - \frac{R_1}{Z_\mathrm{k}\mathrm{e}^{\mathrm{j}\varphi_\mathrm{k}}}\right)\mathrm{e}^{\mathrm{j}\omega_1 t} .$$

Damit wird unter Einführung eines flüchtigen Anteils, der für $\vec{\psi}_1^{\mathrm{S}}(t=0) = 0$ sorgt,

$$\vec{\psi}_1^{\mathrm{S}} = \frac{\vec{u}_{1(\mathrm{a})}^{\mathrm{S}}}{\mathrm{j}\omega_1}\left(1 - \frac{R_1}{Z_\mathrm{k}\mathrm{e}^{\mathrm{j}\varphi_\mathrm{k}}}\right)\left(\mathrm{e}^{\mathrm{j}\omega_1 t}-1\right) = \frac{\vec{u}_{1(\mathrm{a})}^{\mathrm{S}}}{\mathrm{j}\omega_1}(\mathrm{e}^{\mathrm{j}\omega_1 t}-1) - \frac{R_1}{\mathrm{j}\omega_1}\vec{i}_1^{\mathrm{S}} . \qquad (2.6.43)$$

Die Beziehungen (2.6.41) und (2.6.43) liefern mit Hilfe von (2.1.7a), Seite 286, den Anfangsverlauf des Drehmoments, den man erhält, wenn die Zeitkonstanten der Komponenten des flüchtigen Anteils hinreichend groß sind. Die kleinere der beiden Zeitkonstanten ist jedoch i. Allg. so klein, dass sich die entsprechende Komponente im Zusammenhang mit der Überlagerung der stationären Anteile im Drehmoment gar nicht bemerkbar macht.

In erster Linie liefern daher nur die Komponenten jener flüchtigen Anteile einen Beitrag zum Drehmoment, die sich mit der größeren, dem Hauptwellenfeld zugeordneten Zeitkonstante ändern. Der Schwierigkeit, die flüchtigen Anteile ohne vollständige Lösung der Differentialgleichung nicht in ihre Komponenten zerlegen zu können, lässt sich mit der folgenden Überlegung begegnen: Im Strom $\vec{i}_1^{\mathrm{S}}$ ist der Anteil $\vec{i}_1^{\mathrm{S}} + \vec{i}_2^{\prime\mathrm{S}} = \vec{i}_\mu^{\mathrm{S}}$, der für den Aufbau des Hauptwellenfelds verantwortlich ist, entsprechend (2.1.41a,b),

Seite 293, klein (s. auch Bild 2.1.3). Dementsprechend ist zu erwarten, dass der flüchtige Anteil von $\vec{i}_1^S$ praktisch nur eine Komponente mit der kleinen Zeitkonstante besitzt und damit keinen Beitrag zum Drehmoment liefert. Umgekehrt überwiegt in der Flussverkettung $\vec{\psi}_1^S$ der Anteil des Luftspaltfelds, so dass ihr flüchtiger Anteil in erster Linie nur eine Komponente mit der größeren der beiden Zeitkonstanten aufweist. Wenn außerdem der Einfluss des Widerstands R_1 der Ständerwicklung vernachlässigt wird – und das dann natürlich auch in Z_k und vor allem in φ_k – erhält man für den Anfangsverlauf des Drehmoments ausgehend von (2.1.7a), Seite 286,

$$m = -\frac{3}{2}p\,\text{Im}\{\vec{\psi}_1^S \vec{i}_1^{S*}\} = -\frac{3}{2}p\,\text{Im}\left\{\frac{\vec{u}_{1(a)}^S}{j\omega_1}(e^{j\omega_1 t} - 1)\frac{\vec{u}_{1(a)}^{S*}}{Z_k}e^{-j(\omega_1 t - \varphi_k)}\right\}$$

$$\boxed{m = M_a - \frac{M_a}{\cos\varphi_k}\cos(\omega_1 t - \varphi_k)} \tag{2.6.44}$$

mit dem stationären *Anzugsmoment*

$$M_a = \frac{3}{2}p\frac{\hat{u}_1^2}{\omega_1 Z_k}\cos\varphi_k = \frac{3p}{\omega_1}\frac{U_1^2}{Z_k}\cos\varphi_k\,. \tag{2.6.45}$$

Der Verlauf $m(t)$ nach (2.6.44) ist im Bild 2.6.6 dargestellt. Der tatsächliche Verlauf wird davon entsprechend den oben angestellten Überlegungen abweichen, wobei aber kleinere Werte des Drehmoments zu erwarten sind, da das Hauptwellenfeld erst aufgebaut werden muss. Der Wechselanteil klingt nach Maßgabe der dem Hauptwellenfeld zugeordneten Zeitkonstante ab. Der Maximalwert des Drehmoments beträgt mit (2.6.44) bzw. Bild 2.6.6

$$m_{\text{max}} = M_a\left(1 + \frac{1}{\cos\varphi_k}\right)\,. \tag{2.6.46}$$

Der tatsächliche Anfangsverlauf des Drehmoments ergibt sich, wenn man mit dem tatsächlichen Anfangsverlauf des Stroms nach (2.6.41) rechnet, d. h. dessen aperiodischen Anteil berücksichtigt, der nach der Streufeldzeitkonstante abklingt. Wenn der Einfluss des Ständerwiderstands auf die Flussverkettung in (2.6.43) weiterhin unberücksichtigt bleibt, erhält man ausgehend von (2.1.7a) mit M_a nach (2.6.45)

$$m = -\frac{3}{2}p\,\text{Im}\{\vec{\psi}_1^S \vec{i}_1^{S*}\} = -\frac{3}{2}p\,\text{Im}\left\{\frac{\vec{u}_{1(a)}^S}{j\omega_1}(e^{j\omega_1 t} - 1)\frac{\vec{u}_{1(a)}^{S*}}{Z_k}e^{j\varphi_k}(e^{-j\omega_1 t} - 1)\right\}$$

$$= 2M_a(1 - \cos\omega_1 t)\,. \tag{2.6.47}$$

Es entsteht offenbar außer dem stationären Anzugsmoment M_a eine aperiodische Komponente des Drehmoments von gleicher Größe und eine Wechselkomponente mit der Amplitude $2M_a$. Der Übergang vom tatsächlichen Anfangsverlauf nach (2.6.47) zum Verlauf nach (2.6.44) erfolgt nach Maßgabe der Streufeldzeitkonstante. Es erscheint dann nur noch ein Wechselanteil, der mit der Hauptfeldzeitkonstante abklingt. Im Bild 2.6.7 ist der tatsächliche Gesamtverlauf des Drehmoments eines stromverdrängungsfreien Einfachkäfigläufers dargestellt.

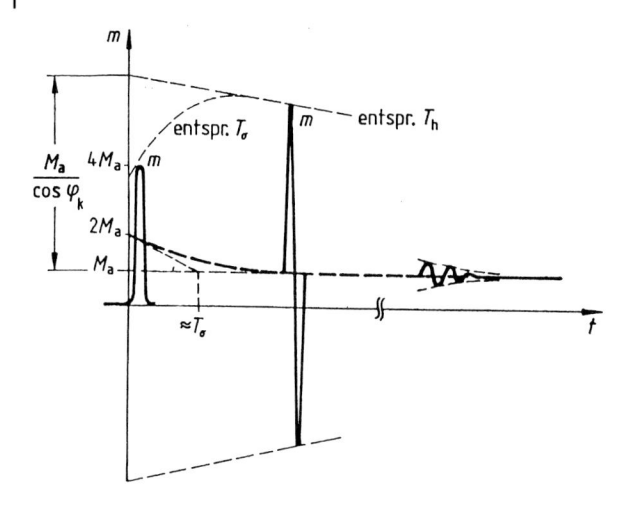

Bild 2.6.7 Tatsächlicher Anfangsverlauf des Drehmoments beim Einschalten der stillstehenden Maschine

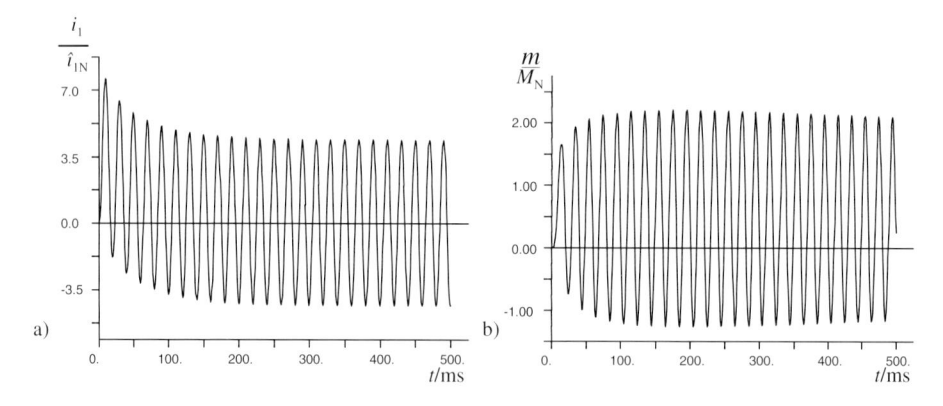

Bild 2.6.8 Anfangsverläufe beim Einschalten eines vierpoligen 2,6-MW-Motors unter Berücksichtigung der Stromverdrängung.
a) Strom $i_{1a}(t)$ im Strang a;
b) Drehmoment $m(t)$ des Motors

Unter Einbeziehung der bei praktisch allen Maschinen wirksamen Stromverdrängung reduziert sich das maximale Drehmoment gegenüber dem Wert nach (2.6.46). Der Maximalwert des Stroms wird durch die Stromverdrängung nicht wesentlich beeinflusst. Die Zeitverläufe der Ströme und des Drehmoments lassen sich dann nur durch numerische Integration des vollständigen Differentialgleichungssystems unter Einbeziehung eines Ersatznetzwerks für Widerstand und Streuinduktivität der Käfigwicklung entsprechend Abschnitt 1.9.4, Seite 268, ermitteln. Bild 2.6.8 zeigt die auf diese Weise berechneten Anfangsverläufe von Strom und Drehmoment beim Einschalten eines vierpoligen 2,6-MW-Motors, die den in den Bildern 2.6.5 und 2.6.7 skizzierten

Verläufen entsprechen. Der Vergleich mit den Anfangsverläufen von Strom und Drehmoment nach (2.6.42) und (2.6.47) veranschaulicht den Einfluss der Dämpfung.

2.6.5
Einschalten einer umlaufenden Maschine

Es ist wiederum die Anordnung nach Bild 2.6.3 zu betrachten. Die Maschine soll jedoch im Augenblick des Einschaltens und während des folgenden Übergangsvorgangs eine endliche, konstante Drehzahl $n = n_{(a)} = (1 - s_{(a)})n_0$ besitzen. Der stationäre Ausgangszustand ist darüber hinaus wie im Abschnitt 2.6.4 dadurch gekennzeichnet, dass alle Ströme, Spannungen und Flussverkettungen der Maschine Null sind. Es ist also $\vec{u}_{1(a)}^S = 0$, $\vec{i}_{2(a)}^L = 0$, $\vec{\psi}_{1(a)}^S = 0$ und $\vec{\psi}_{2(a)}^L = 0$. Zur Zeit $t = 0$ wird der Schalter S im Bild 2.6.3 geschlossen. Damit werden die drei Ständerstränge an ein symmetrisches Dreiphasensystem der Spannungen gelegt, d. h. es wird wie in (2.6.35)

$$\vec{i}_1^S = \vec{u}_{1(a)}^S e^{j\omega_1 t} \;. \tag{2.6.48}$$

Zur Ermittlung des Anfangsverlaufs der Flussverkettungen und Ströme soll wiederum das Prinzip der Flusskonstanz herangezogen und der Einfluss des ohmschen Widerstands der Ständerstränge vernachlässigt werden. Aufgrund des Kurzschlusses der Läuferstränge gilt also $\vec{\psi}_2^L = \vec{\psi}_{2(a)}^L = 0$ und folglich entsprechend (2.6.19) $\underline{u}'_{1(a)} = 0$. Damit erhält man aus (2.6.23a,b)

$$\vec{u}_1^S = \frac{d\vec{\psi}_1^S}{dt} \tag{2.6.49a}$$

$$\vec{\psi}_1^S = L_i \vec{i}_1^S \;. \tag{2.6.49b}$$

Das sind dieselben Beziehungen, wie sie auch im Fall des Einschaltens der stillstehenden Maschine in Form von (2.6.36a,b) erhalten wurden. Sie sind für $\vec{u}_1^S$ nach (2.6.48) und unter der Anfangsbedingung $\vec{\psi}_1^S(t = 0) = 0$ zu lösen. Es liegen also die gleichen Beziehungen vor wie im Fall des Einschaltens der stillstehenden Maschine. Damit erhält man auch die gleichen Verläufe nach (2.6.37) für $\vec{\psi}_1^S$ und nach (2.6.38) für $\vec{i}_1^S$ bzw. nach (2.6.39) für i_{1a}. Hinsichtlich des Anfangsverlaufs der Ströme und Flussverkettungen beim Einschalten einer Induktionsmaschine bestehen also keine Unterschiede zwischen dem Fall der stillstehenden und dem der umlaufenden Maschine (s. Bilder 2.6.4 u. 2.6.5). Das gilt allerdings nicht mehr für den weiteren Verlauf, da bei Berücksichtigung der Wicklungswiderstände im vorliegenden Fall mit $d\vartheta/dt \neq 0$ die allgemeinen Beziehungen (2.1.3a,b) und (2.1.4a,b), Seite 285, zur Lösung herangezogen werden müssen. Damit tritt eine Rotationsspannung in Erscheinung, und die allgemeine Lösung des Einschaltvorgangs lässt sich unter Berücksichtigung der Wicklungswiderstände nicht so elegant ermitteln wie im Abschnitt 2.6.4 für den Fall der stillstehenden Maschine.

2.6.6
Dreipoliger Stoßkurzschluss

Eine Induktionsmaschine gerät in den Kurzschluss, wenn in ihrer Nähe ein Netzkurzschluss auftritt oder Fehler in der vorgeschalteten Elektronik, z. B. in einem Umrichter, eintreten. Dabei kommt es zu zwei Erscheinungen. Zum einen fließen in der Induktionsmaschine selbst Kurzschlussströme und rufen Kräfte elektromagnetischen Ursprungs hervor, die mechanisch beherrscht werden müssen. Zum anderen liefert die Induktionsmaschine im Fall des Netzkurzschlusses einen Beitrag zum Kurzschlussstrom über die Kurzschlussbahn bzw. über den Schalter, der den Kurzschluss schließlich unterbrechen muss. Im Bild 2.6.9 werden diese Überlegungen erläutert. Aus der ersten Sicht interessieren die Vorgänge beim plötzlichen Kurzschluss den Hersteller der elektrischen Maschine, aus der zweiten Sicht den Projektierer der Energieversorgungsanlage.

Im Folgenden soll der einfache und in erster Linie interessierende Fall untersucht werden, dass die Induktionsmaschine zur Zeit $t = 0$ plötzlich dreipolig kurzgeschlossen wird. Die zu untersuchende Anordnung ist im Bild 2.6.10 dargestellt. Der Kurzschlussstrom von der Netzseite her wird durch die innere Induktivität des Netzes begrenzt. Die Maschine soll sich vor dem Kurzschluss im belasteten Zustand befinden. Falls zwischen dem Kurzschlusspunkt im Netz und der Maschine noch merkliche Netzinduktivitäten liegen, wie es z. B. bei der Anordnung nach Bild 2.6.9 denkbar wäre, vergrößern sich sämtliche vom Ständer der Induktionsmaschine her gesehenen Induktivitäten bzw. Reaktanzen entsprechend.

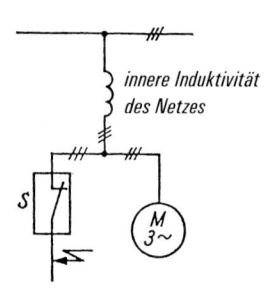

Bild 2.6.9 Netzkurzschluss, der gleichzeitig zum Kurzschluss einer Induktionsmaschine führt, wobei der im Schalter S zu trennende Kurzschlussstrom einen Beitrag der Induktionsmaschine enthält

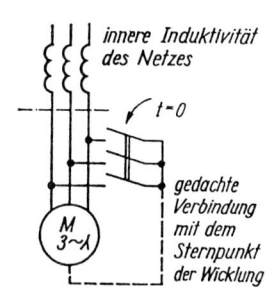

Bild 2.6.10 Betrachtete Anordnung zur Untersuchung des dreipoligen Stoßkurzschlusses der Induktionsmaschine

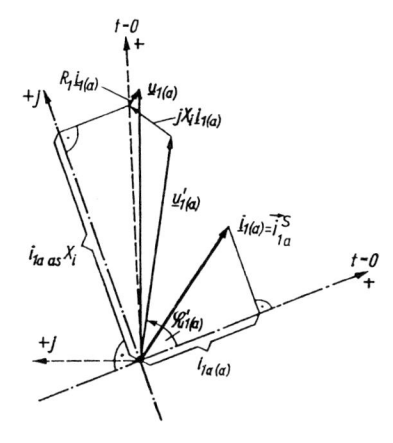

Bild 2.6.11 Zeigerbild des stationären Ausgangszustands mit einer beliebigen Lage der Zeitachse (— · — · —) zur Ermittlung der zugehörigen Werte von $\varphi'_{u1(a)}$ und $i_{1a(a)}$ sowie eine Lage der Zeitachse (– – – – –), für die keine asymmetrische Komponente im Strom des Strangs a auftritt

Die *Betriebsbedingungen für den Kurzschlussvorgang* lassen sich formulieren als

$$u_{1a} = u_{1b} = u_{1c} = 0$$

bzw.
$$\vec{u}_1^{\,S} = 0 \tag{2.6.50}$$

und
$$\frac{d\vartheta}{dt} = (1 - s_{(a)})\,\omega_1\;, \tag{2.6.51}$$

wobei angenommen wurde, dass ein hinreichend großes Massenträgheitsmoment der Gesamtheit der rotierenden Teile vorliegt, um die Drehzahl auch nach Eintritt des Kurzschlusses konstant zu halten. Außerdem ist natürlich entsprechend dem Kurzschluss der Läuferkreise, der im vorangehenden normalen stationären Betriebszustand vorliegt,

$$u_{2a} = u_{2b} = u_{2c} = 0$$

bzw.
$$\vec{u}_2^{\,L} = 0\;. \tag{2.6.52}$$

Der Kurzschluss tritt zur Zeit $t = 0$ ein, d. h. mit $\vartheta = (1 - s_{(a)})\omega_1 t + \vartheta_0$ zu einem Zeitpunkt, da der Strang a des Läufers um $\vartheta = \vartheta_0$ gegenüber dem des Ständers versetzt ist.

Um überschaubare Verhältnisse zu gewährleisten, beschränken sich die weiteren Betrachtungen auf die Ermittlung des Anfangsverlaufs der Kurzschlussströme. Dazu wird das Prinzip der Flusskonstanz auf die kurzgeschlossenen Wicklungsstränge angewendet. Damit gelten die Beziehungen, die im Abschnitt 2.6.3, Seite 424, allgemein für den Fall $\vec{\psi}_2^{\,L} = \vec{\psi}_{2(a)}^{\,L}$ abgeleitet wurden, insbesondere also für die komplexen Augenblickswerte (2.6.23a,b) und, da kein stromführender Nullleiter zum Sternpunkt vorhanden ist, für die Augenblickswerte des Strangs a (2.6.24a,b) bzw. (2.6.25). Dabei erhält man $\hat{u}'_{1(a)}$ und $\varphi'_{u1(a)}$ als $\underline{u}'_{1(a)} = \hat{u}'_{1(a)} e^{j\varphi'_{u1(a)}}$ aus dem vorangehenden stationären Betriebszustand mit Hilfe von (2.6.18) bzw. über das zugeordnete Zeigerbild (s. Bild 2.6.2). Aus (2.6.50) folgt unter Anwendung des Prinzips der Flusskonstanz auf

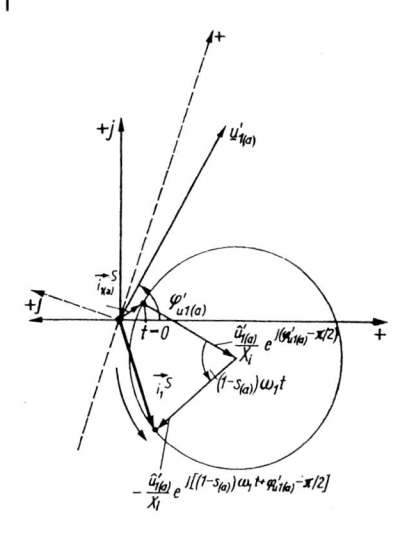

Bild 2.6.12 Anfangsverlauf $\vec{i}_1^S$ beim dreipoligen Stoßkurzschluss der Induktionsmaschine ausgehend von einem stationären Betriebszustand nach Bild 2.6.11 mit gegenüber Bild 2.6.11 vergrößertem Strommaßstab

den Ständer

$$\vec{\psi}_1^S = \vec{\psi}_{1(a)}^S \tag{2.6.53}$$

bzw. für den Strang a

$$\psi_{1a} = \psi_{1a(a)} . \tag{2.6.54}$$

Für $\vec{\psi}_{1(a)}^S$ erhält man aus (2.6.23b) mit $t = 0$

$$\vec{\psi}_{1(a)}^S = L_i \vec{i}_{1(a)}^S + \frac{\hat{u}'_{1(a)}}{\omega_1} e^{j(\varphi'_{u1(a)} - \pi/2)} . \tag{2.6.55}$$

Damit liefern (2.6.51) und (2.6.23b) für $t > 0$

$$\vec{i}_1^S = \vec{i}_{1(a)}^S + \frac{\hat{u}'_{1(a)}}{X_i} e^{j(\varphi'_{u1(a)} - \pi/2)} - \frac{\hat{u}'_{1(a)}}{X_i} e^{j[(1-s_{(a)})\omega_1 t + \varphi'_{u1(a)} - \pi/2]} \tag{2.6.56}$$

mit $X_i = \omega_1 L_i$. Zur Ermittlung des Augenblickswerts i_{1a} des Stroms im Strang a erhält man $\psi_{1a(a)}$ aus (2.6.24b) für $t = 0$ zu

$$\psi_{1a(a)} = L_i i_{1a(a)} + \frac{\hat{u}'_{1(a)}}{\omega_1} \cos\left(\varphi'_{u1(a)} - \frac{\pi}{2}\right)$$

und damit für $t > 0$ mit (2.6.24b) und (2.6.54)

$$\boxed{i_{1a} = i_{1a(a)} + \frac{\hat{u}'_{1(a)}}{X_i} \cos\left(\varphi'_{u1(a)} - \frac{\pi}{2}\right) - \frac{\hat{u}'_{1(a)}}{X_i} \cos\left[\left(1 - s_{(a)}\right)\omega_1 t + \varphi'_{u1(a)} - \frac{\pi}{2}\right]} . \tag{2.6.57}$$

Es treten ein asymmetrischer Anteil und ein Wechselanteil der Frequenz $(1 - s_{(a)})f_1$ auf. Der Wechselanteil rührt von dem Feld her, das die kurzgeschlossenen Läuferkreise

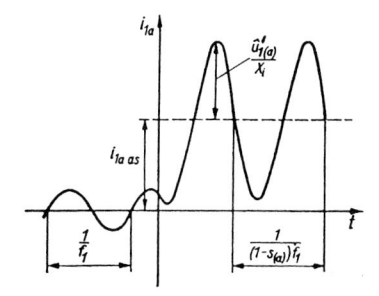

Bild 2.6.13 Anfangsverlauf $i_{1a}(t)$ beim dreipoligen Stoßkurzschluss der Induktionsmaschine ausgehend von einem stationären Betriebszustand nach Bild 2.6.11

entsprechend $\vec{\psi}_2^{\mathrm{L}} = \vec{\psi}_{2(\mathrm{a})}^{\mathrm{L}}$ festhalten. Folglich ist die Frequenz des Wechselanteils durch die Läuferdrehzahl gegeben. Der Mechanismus entspricht dem der Synchronmaschine. Der asymmetrische Anteil in (2.6.57) sorgt dafür, dass sich der Strom zur Zeit $t = 0$ nicht sprunghaft ändert.

Die Anfangswerte $\varphi'_{\mathrm{u}1(\mathrm{a})}$ und $i_{1a(\mathrm{a})}$ sind vom Schaltaugenblick abhängig. Im Bild 2.6.11 ist das Zeigerbild für den stationären Ausgangszustand nach Bild 2.6.2 nochmals dargestellt und eine beliebige Lage der Zeitachse eingetragen worden, so dass $\varphi'_{\mathrm{u}1(\mathrm{a})}$ und $i_{1a(\mathrm{a})}$ entnommen werden können. Dabei wurde mit Rücksicht auf die Beziehungen zur Darstellung der komplexen Augenblickswerte auf die Anwendung von Effektivwertzeigern verzichtet. Mit $\vec{i}_{1(\mathrm{a})}^{\mathrm{S}} = \underline{i}_{1(\mathrm{a})}$ erhält man ausgehend vom Zeigerbild 2.6.11 den Anfangsverlauf $\vec{i}_1^{\mathrm{S}}(t)$ nach (2.6.56) im Bild 2.6.12. Im Bild 2.6.13 ist der zugehörige Anfangsverlauf für den Strom im Strang a entsprechend (2.6.57) dargestellt. Er lässt sich aus Bild 2.6.12 als $i_{1a} = \mathrm{Re}\{\vec{i}_1^{\mathrm{S}}\}$ entnehmen. In dem gewählten Schaltaugenblick erhält man unter dem Einfluss des stationären Ausgangsstroms einen asymmetrischen Anteil, der größer als die Amplitude des Wechselanteils ist. Der asymmetrische Anteil ändert sich mit der Lage des Schaltaugenblicks bzw. – wenn dieser, wie hier vereinbart, $t = 0$ ist – mit $\varphi'_{\mathrm{u}1(\mathrm{a})}$. Wenn $\varphi'_{\mathrm{u}1(\mathrm{a})}$ den Wert hat, dem die im Bild 2.6.11 gestrichelt eingetragenen Achsen entsprechen, verschwindet der asymmetrische Anteil, wie im Folgenden gezeigt wird. Der asymmetrische Anteil in (2.6.57) kann unmittelbar als

$$i_{1aas} = i_{1a(\mathrm{a})} + \frac{\hat{u}'_{1(\mathrm{a})}}{X_\mathrm{i}} \cos\left(\varphi'_{\mathrm{u}1(\mathrm{a})} - \frac{\pi}{2}\right) = i_{1(\mathrm{a})} \cos\varphi'_{i1(\mathrm{a})} + \frac{\hat{u}'_{1(\mathrm{a})}}{X_\mathrm{i}} \cos\left(\varphi'_{\mathrm{u}1(\mathrm{a})} - \frac{\pi}{2}\right)$$

$$= \mathrm{Re}\left\{\underline{i}_{1(\mathrm{a})} + \frac{\underline{u}'_{1(\mathrm{a})}}{X_\mathrm{i}} e^{-\mathrm{j}\pi/2}\right\}$$

dargestellt werden. Andererseits erhält man aus (2.6.18), Seite 426,

$$\underline{i}_{1(\mathrm{a})} + \frac{\underline{u}'_{1(\mathrm{a})}}{X_\mathrm{i}} \mathrm{e}^{-\mathrm{j}\pi/2} = \frac{\underline{u}_{1(\mathrm{a})} - R_1 \underline{i}_{1(\mathrm{a})}}{\mathrm{j}X_\mathrm{i}}$$

und damit

$$i_{1aas} = \mathrm{Re}\left\{\frac{\underline{u}_{1(\mathrm{a})} - R_1 \underline{i}_{1(\mathrm{a})}}{\mathrm{j}X_\mathrm{i}}\right\} = \mathrm{Im}\left\{\frac{\underline{u}_{1(\mathrm{a})} - R_1 \underline{i}_{1(\mathrm{a})}}{X_\mathrm{i}}\right\} . \tag{2.6.58}$$

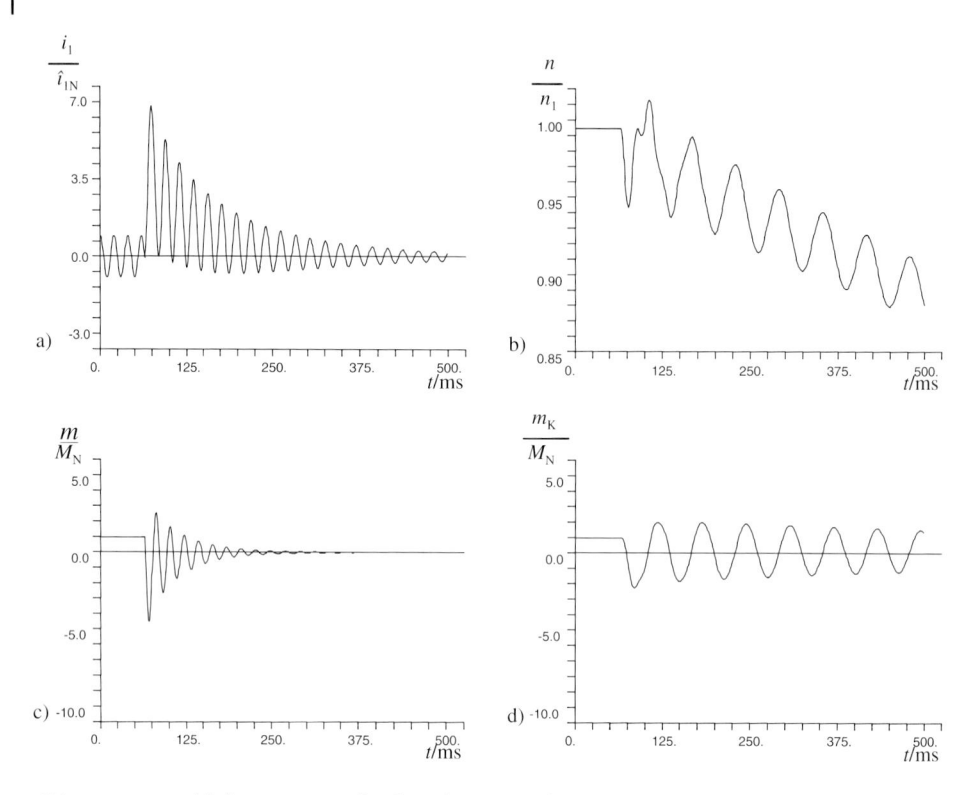

Bild 2.6.14 Tatsächliche Gesamtverläufe wichtiger Größen beim dreipoligen Stoßkurzschluss eines vierpoligen 2,6-MW-Induktionsmotors bei Modellierung als Zwei-Massen-Schwinger mit $f_{d1} = 16$ Hz und $D = 0,01$ [75].
a) Strom $i_{1a}(t)$ im Strang a;
b) Drehzahl $n(t)$ des Motors;
c) Drehmoment $m(t)$ des Motors;
d) Drehmoment $m_K(t)$ in der Kupplung

Die Spannung $u_{1(a)} - R_1 i_{1(a)}$ kann unmittelbar dem Zeigerbild für den stationären Ausgangszustand entnommen werden. Ihr Imaginärteil bezüglich der Lage der Zeitachse, d. h. der reellen Achse im Augenblick des Kurzschlusseintritts, liefert die asymmetrische Komponente des Kurzschlussstroms (s. Bild 2.6.11). Dabei zeigt sich auch hier, dass der Fall $i_{1aas} > \hat{u}'_{1(a)}/X_i$ eintreten kann.

Das Prinzip der Flusskonstanz gilt unmittelbar nach Eintritt des Kurzschlusses. Unter dem Einfluss der endlichen Widerstände der Ständerstränge verschwinden deren Flussverkettungen und damit die asymmetrischen Komponenten der Kurzschlussströme. Die endlichen Widerstände der Läuferstränge bewirken, dass die Läuferflussverkettungen allmählich auf Null abklingen und damit auch die Wechselkomponenten der Ständerströme. Dabei unterscheiden sich die Zeitkonstanten der beiden

Vorgänge wenig. Der tatsächliche Gesamtverlauf des Kurzschlussstroms mit dem Anfangsverlauf nach Bild 2.6.13 wird durch numerische Integration des Differentialgleichungssystems ermittelt und ist im Bild 2.6.14a dargestellt. Bis zum Eintritt des Kurzschlusses zum Zeitpunkt $t = t_0 = 65$ ms befindet sich die Maschine im stationären Bemessungsbetrieb. Wie bereits im Abschnitt 2.6.5 erkannt worden war, unterscheidet sich der Maximalwert des Stroms praktisch nicht von demjenigen beim Einschalten des umlaufenden oder des stillstehenden Motors (vgl. Bild 2.6.8a). Der Zeitverlauf des Drehmoments (s. Bild 2.6.14c) dagegen ist deutlich verschieden von demjenigen beim Einschalten des Motors. Da der Fluss beim Auftreten des Kurzschlusses vollständig ausgebildet ist, hat der Stromstoß unmittelbar einen Drehmomentstoß zur Folge, der in ein schnell abklingendes Pendelmoment der Frequenz $f_M = pn = (1-s)f_1$ übergeht.

Dieses Stoßmoment, das durchaus das zehnfache Bemessungsmoment der Maschine erreichen kann, bestimmt die mechanische Dimensionierung des Ständers und des Fundaments der Maschine und wirkt natürlich auch auf die Mantelfläche des Läufers. Die Belastungen im Wellenstrang weichen jedoch deutlich davon ab, wie der im Bild 2.6.14d dargestellte Zeitverlauf des Drehmoments in der Kupplung zwischen Motor und Arbeitsmaschine des betrachteten Zwei-Massen-Schwingers (s. Abschn. 1.7.7.1, S. 209) zeigt. Das liegt vor allem daran, dass der Wellenstrang eine drehschwingungsfähige Anordnung ist, deren Eigenfrequenzen bei richtiger Dimensionierung deutlich von der Frequenz $f_M = pn = (1-s)f_1 \approx f_1$ abweichen.[16] Er wird vor allem durch den ersten Drehmomentstoß des Motors angeregt und führt dann nahezu freie Schwingungen mit seiner Torsionseigenfrequenz bzw. – im Fall von Mehr-Massen-Schwingern – seinen Eigenfrequenzen aus, die aufgrund der i. Allg. geringen Dämpfung nur langsam abklingen. Der Betrag des in der Kupplung auftretenden Drehmomentmaximums hängt bei resonanzferner Anregung vor allem vom Verhältnis des Massenträgheitsmoments der Arbeitsmaschine zum gesamten Massenträgheitsmoment ab und ist daher geringer als das an der Mantelfläche angreifende Stoßmoment. Die Torsionseigenfrequenz zeigt sich auch im Verlauf der Motordrehzahl nach Bild 2.6.14b.

2.6.7
Zweipoliger Stoßkurzschluss

Oft wird unterstellt, dass ein zweipoliger Klemmenkurzschluss ein höheres Stoßmoment hervorruft und damit gefährlicher ist als ein dreipoliger Kurzschluss. Dies wird aus Analogien zum Stoßkurzschluss von Synchrongeneratoren abgeleitet, bei denen der zweipolige Kurzschluss auf ein mit dem Faktor 1,3 größeres Stoßmoment führt als der dreipolige Kurzschluss (s. Abschn. 3.4.6, S. 627).

---

[16] Würde die erste Torsionseigenfrequenz des Wellenstrangs durch das im Kurzschluss auftretende Drehmoment resonanznah angeregt, könnte dies die Zerstörung des Wellenstrangs zur Folge haben.

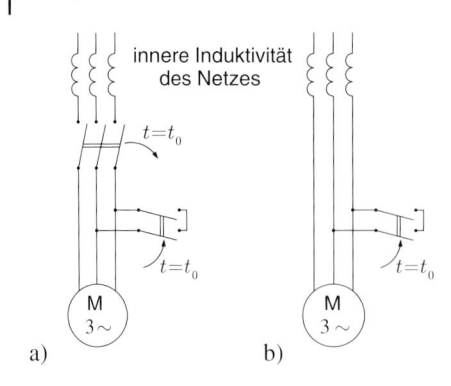

Bild 2.6.15 Betrachtete Anordnung zur Untersuchung des zweipoligen Stoßkurzschlusses der Induktionsmaschine.
a) Mit Trennung vom Netz;
b) ohne Netztrennung

Bei dieser Analogie ist jedoch zu beachten, dass bei der Synchronmaschine i. Allg. davon ausgegangen wird, dass der dritte Strang während des Kurzschlusses wie im Bild 2.6.15a stromlos ist, was bei einem leerlaufenden Synchrongenerator durchaus vorkommen kann. Induktionsmaschinen werden aber vor allem als Motor eingesetzt. Bei einem zweipoligen Kurzschluss ist der dritte Strang also ebenso wie der Kurzschlusspunkt, wie im Bild 2.6.15b dargestellt, weiterhin mit dem Netz verbunden. Die Maschine wird rein einachsig gespeist (s. Abschn. 2.4.4.1, S. 380), solange die Schutzeinrichtungen sie nicht vom Netz trennen. Es muss daher grundsätzlich zwischen einem zweipoligen Kurzschluss ohne Netztrennung und einem zweipoligen Kurzschluss mit Netztrennung unterschieden werden.

Der Verlauf der Ströme und des Drehmoments lässt sich dabei nicht mehr mit vertretbarem Aufwand analytisch ermitteln. Bei der numerischen Integration des Differentialgleichungssystems sind im Fall des Kurzschlusses mit Netztrennung die Beziehungen

$$i_{1a} = 0 \tag{2.6.59a}$$

$$u_{1b} = u_{1c} \tag{2.6.59b}$$

zu beachten, die sich direkt aus Bild 2.6.15a ablesen lassen. Im Fall des Kurzschlusses ohne Netztrennung entnimmt man Bild 2.6.15b die Zusammenhänge

$$i_{1b} + i_{1c} = i_{L2} + i_{L3} \tag{2.6.60a}$$

$$u_{1b} = u_{1c} \tag{2.6.60b}$$

$$u_{L12} = R_{\text{Netz}} i_{1a} + L_{\text{Netz}} \frac{di_{1a}}{dt} + u_{1a} - u_{1b} \tag{2.6.60c}$$

$$u_{L23} = R_{\text{Netz}} (i_{L2} - i_{L3}) + L_{\text{Netz}} \left(\frac{di_{L2}}{dt} - \frac{di_{L3}}{dt} \right) . \tag{2.6.60d}$$

Bei einem zweipoligen Kurzschluss hängt das auftretende Stoßmoment vom Schaltaugenblick ab. Es wird maximal, wenn der Kurzschluss im Nulldurchgang der Spannung an den kurzgeschlossenen Strängen eingeleitet wird. Für diesen Fall sind in den Bildern

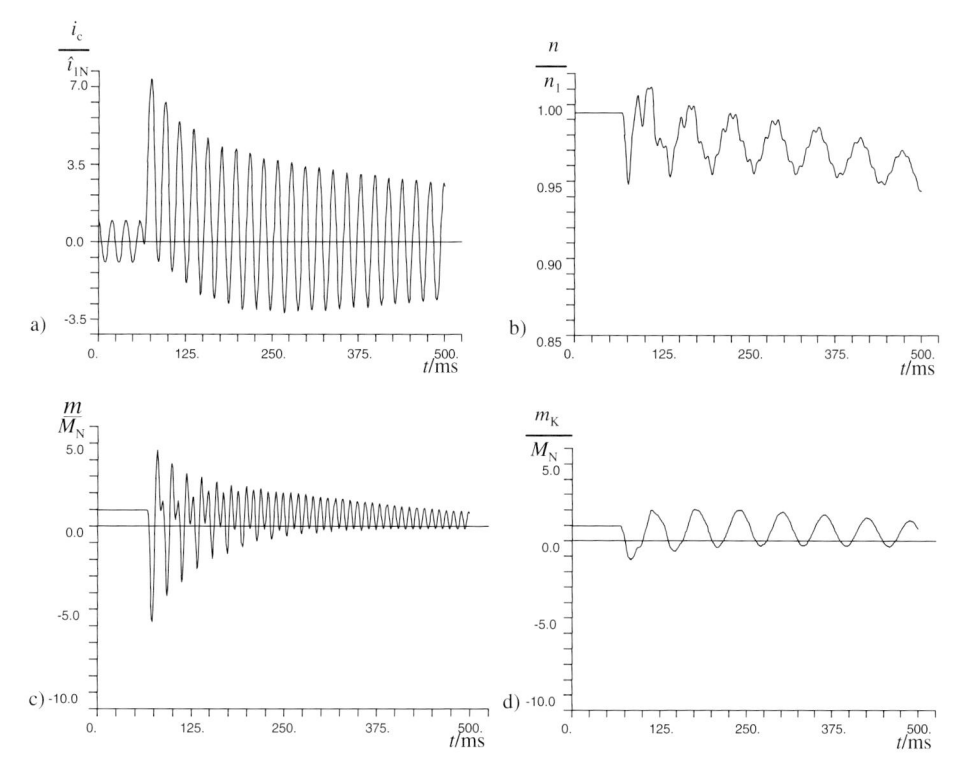

Bild 2.6.16 Tatsächliche Gesamtverläufe wichtiger Größen beim zweipoligen Stoßkurzschluss mit Netztrennung eines vierpoligen 2,6-MW-Induktionsmotors bei Modellierung als Zwei-Massen-Schwinger mit $f_{d1} = 16$ Hz und $D = 0,01$ [75].
a) Strom $i_{1c}(t)$ im Strang c;
b) Drehzahl $n(t)$ des Motors;
c) Drehmoment $m(t)$ des Motors;
d) Drehmoment $m_K(t)$ in der Kupplung

2.6.16 und 2.6.17 die numerisch ermittelten Gesamtverläufe des Stroms i_{1c}, der Drehzahl, des vom Motor erzeugten Drehmoments und des Drehmoments in der Kupplung zwischen Motor und Arbeitsmaschine dargestellt, wobei sich der Motor bis zum Eintritt des Kurzschlusses zum Zeitpunkt $t = t_0 = 65$ ms im stationären Bemessungsbetrieb befindet.

Beim zweipoligen Kurzschluss mit Netztrennung unterscheiden sich die Zeitverläufe von Strom, Drehzahl und Kupplungsmoment für das gewählte Beispiel nicht wesentlich von den beim dreipoligen Kurzschluss auftretenden (s. Bild 2.6.14). Das entspricht den Erwartungen, da die Höhe des Stoßstroms vor allem vom Fluss und der Streuinduktivität der Ständerwicklung bestimmt wird und da die Torsionseigenfrequenz des Zwei-Massen-Schwingers deutlich unterhalb der Frequenzen liegt, die

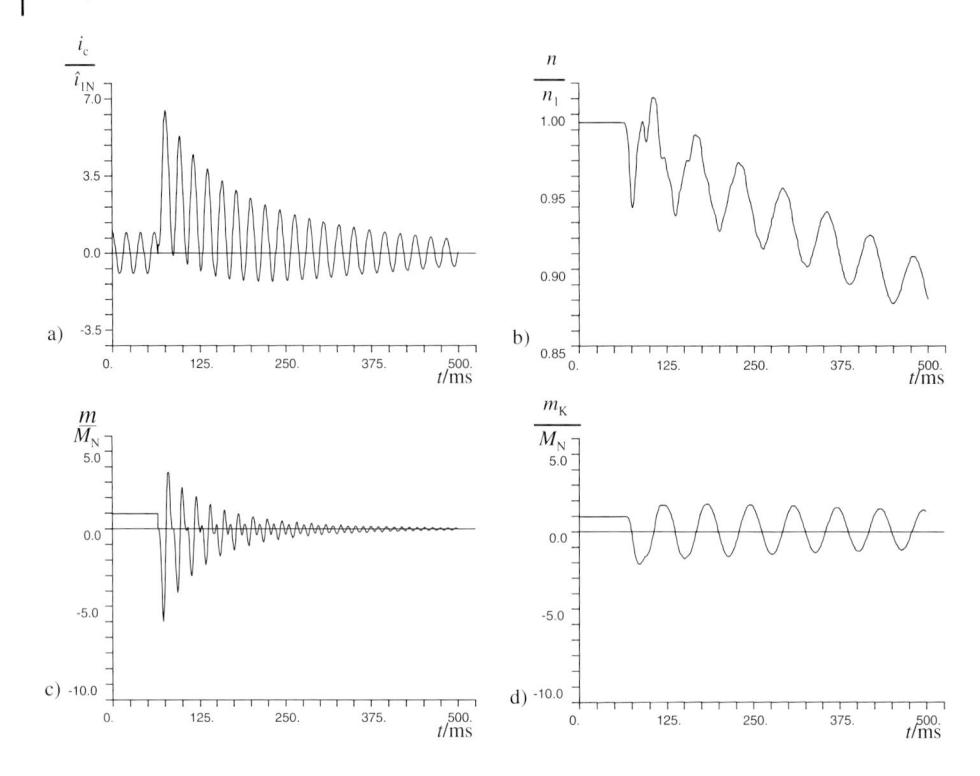

Bild 2.6.17 Tatsächliche Gesamtverläufe wichtiger Größen beim zweipoligen Stoßkurzschluss ohne Netztrennung eines vierpoligen 2,6-MW-Induktionsmotors bei Modellierung als Zwei-Massen-Schwinger mit $f_{d1} = 16$ Hz und $D = 0{,}01$ [75].
a) Strom $i_{1c}(t)$ im Strang c;
b) Drehzahl $n(t)$ des Motors;
c) Drehmoment $m(t)$ des Motors;
d) Drehmoment $m_K(t)$ in der Kupplung

im Verlauf des Motormoments enthalten sind. Daher wird der Wellenstrang vor allem durch den ersten Drehmomentstoß angeregt und führt dann Schwingungen in seiner Eigenfrequenz aus, die aufgrund der geringen Dämpfung nur langsam abklingen.

Das beim zweipoligen Kurzschluss vom Motor erzeugte Drehmoment (s. Bild 2.6.16c) unterscheidet sich jedoch in zweierlei Hinsicht von dem bei einem dreipoligen Kurzschluss auftretenden (s. Bild 2.6.14c). So ist zum einen das Stoßmoment um ca. 30% größer, und zum anderen enthält sein Verlauf neben den schon vom dreipoligen Kurzschluss bekannten Anteilen der Frequenz pn auch solche der Frequenz $2pn$ – also der doppelten Frequenz der Ständerströme –, wie sie auch bei Einphasenmaschinen oder bei einachsiger Speisung einer Dreiphasenmaschine auftreten. Dass das Stoßmoment im zweipoligen Kurzschluss höher als im dreipoligen Kurzschluss ist,

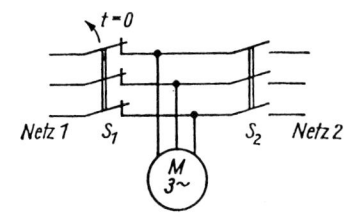

Bild 2.6.18 Betrachtete Anordnung zur Untersuchung der Vorgänge beim Umschalten einer Induktionsmaschine von einem Netz 1 auf ein Netz 2

entspricht den Verhältnissen bei Synchronmaschinen und wird für diese im Abschnitt 3.4.6, Seite 627, auch analytisch nachgewiesen.

Beim zweipoligen Kurzschluss ohne Netztrennung sehen die Zeitverläufe der betrachteten Größen auf den ersten Blick deutlich anders aus. Eine nähere Betrachtung zeigt jedoch, dass die Anfangsverläufe aller Größen nur unwesentlich von denen beim zweipoligen Kurzschluss mit Netztrennung abweichen. Sie streben jedoch einem anderen stationären Verlauf zu, der dem einer einachsig gespeisten Dreiphasenmaschine entspricht. Dieser Verlauf ist – entsprechend der Drehzahl-Drehmoment-Kennlinie der Arbeitsmaschine – durch ein von Null verschiedenes mittleres Drehmoment gekennzeichnet, dem sich Drehmomentpendelungen doppelter Netzfrequenz überlagern, wie sie bei Einphasenmaschinen auftreten (s. Abschn. 5.1.1, S. 666). Ohne Trennung vom Netz besitzt der Ständerstrom natürlich die Netzfrequenz f_1 und nicht die Drehfrequenz $pn = (1-s)f_1$.

2.6.8
Umschalten auf ein anderes Netz

Für wichtige Antriebe – z. B. für Kesselspeisepumpen in thermischen Kraftwerken – stehen zwei voneinander möglichst unabhängige Versorgungsnetze zur Verfügung. Wenn das normalerweise benutzte Netz 1 ausfällt, wird der Motor von diesem getrennt und dem Netz 2 zugeschaltet.

Die zu untersuchende Anordnung ist im Bild 2.6.18 dargestellt. Die Maschine befindet sich zunächst im stationären Betrieb unter Belastung am Netz 1. Es gilt das Zeigerbild 2.6.2, Seite 428. Der Ausfall des Netzes 1 entspricht dem Öffnen des Schalters S_1 im Bild 2.6.18. Dadurch wird ein erster Ausgleichsvorgang eingeleitet. Um den Betrieb aufrechtzuerhalten, schließt man nach einer gewissen Zeit den Schalter S_2 und schaltet die Maschine damit an das Netz 2. Das Schließen dieses Schalters löst einen zweiten Ausgleichsvorgang aus.

Die Läuferstränge der Maschine sind stets kurzgeschlossen, da entweder ein Käfigläufer vorliegt oder ein Schleifringläufer mit kurzgeschlossenen Schleifringen. Es ist also

$$u_{2a} = u_{2b} = u_{2c} = 0$$

bzw.
$$\vec{u}_2^{\,\mathrm{L}} = 0 \,. \qquad (2.6.61)$$

Die folgenden Betrachtungen werden zunächst auf Basis des Prinzips der Flusskonstanz durchgeführt. Mit $\vec{u}_2^{\mathrm{L}} = 0$ ist dann

$$\vec{\psi}_2^{\mathrm{L}} = \vec{\psi}_{2(\mathrm{a})}^{\mathrm{L}} \ .$$

Es gelten die allgemeinen Beziehungen, die im Abschnitt 2.6.3, Seite 424, hergeleitet wurden. Dabei wird im Folgenden zusätzlich angenommen, dass die Drehzahländerungen hinreichend langsam sind, um mit einem quasistationären Verhalten rechnen zu können. Dem entspricht, dass die zeitlichen Ableitungen der Drehzahl bzw. des Schlupfs zu Null gesetzt werden können. Damit bilden (2.6.23a,b) für komplexe Augenblickswerte bzw. (2.6.26a,b) oder (2.6.27) für die Stranggrößen des Strangs a die Grundlage der folgenden Analyse.

Die speziellen Betriebsbedingungen für den Ausgleichsvorgang, der durch Öffnen des Schalters S_1 eingeleitet wird, lauten

$$i_{1a} = i_{1b} = i_{1c} = 0$$

bzw. $\qquad\qquad\vec{i}_1^{\mathrm{S}} = 0 \ . \qquad\qquad\qquad\qquad (2.6.62)$

Dabei treten im Zusammenhang mit dem Unterbrechungsvorgang zusätzliche Erscheinungen in Form von kurzzeitigen Spannungsüberhöhungen auf, die hier nicht betrachtet werden. Mit $\vec{i}_1^{\mathrm{S}} = 0$ folgt aus (2.6.23a,b)

$$\vec{u}_1^{\mathrm{S}} = (1-s)\hat{u}_{1(\mathrm{a})}' \mathrm{e}^{\mathrm{j}[(1-s)\omega_1 t + \varphi_{\mathrm{u}1(\mathrm{a})}']} \qquad (2.6.63)$$

und aus (2.6.27) bzw. mit $u_{1a} = \mathrm{Re}\{\vec{u}_1^{\mathrm{S}}\}$

$$u_{1a} = (1-s)\hat{u}_{1(\mathrm{a})}' \cos\left[(1-s)\omega_1 t + \varphi_{\mathrm{u}1(\mathrm{a})}'\right] \ . \qquad (2.6.64)$$

Die Amplitude der Spannung an den Klemmen der Maschine springt also nach der Unterbrechung von $\hat{u}_1$ auf $(1-s_{(\mathrm{a})})\hat{u}_{1(\mathrm{a})}'$ und die Frequenz von f_1 auf $(1-s_{(\mathrm{a})})f_1$, wenn $s_{(\mathrm{a})}$ der Schlupf des vorangehenden stationären Betriebszustands ist. Die Spannung nach (2.6.64) entsteht durch Induktionswirkung herrührend von dem Feld, das die kurzgeschlossenen Läuferstränge nach dem Öffnen des Schalters S_1 entsprechend dem vorangehenden stationären Betriebszustand festhalten. Es liegt der Mechanismus einer Synchronmaschine vor. Wenn die komplexen Augenblickswerte in Netzkoordinaten mit der Kreisfrequenz ω_1 des Versorgungsnetzes 1 beschrieben werden, gilt entsprechend (2.1.30a,b), Seite 290, und (2.1.78a,b), Seite 305, mit $\vartheta_{\mathrm{k}} = \omega_1 t$

$$\vec{g}_1^{\mathrm{N}} = \vec{g}_1^{\mathrm{S}} \mathrm{e}^{-\mathrm{j}\omega_1 t} = \underline{g}_1 \ .$$

Für die Spannung der Maschine nach (2.6.63) folgt damit

$$\vec{u}_1^{\mathrm{N}} = \underline{u}_1 = (1-s)\hat{u}_{1(\mathrm{a})}' \mathrm{e}^{\mathrm{j}\varphi_{\mathrm{u}1(\mathrm{a})}'} \mathrm{e}^{-\mathrm{j}s\omega_1 t} \ .$$

Man erhält einen gegenüber dem ruhenden Zeiger der Netzspannung $\vec{u}_{1(\mathrm{a})}^{\mathrm{N}} = \hat{u}_{1(\mathrm{a})} \mathrm{e}^{\mathrm{j}\varphi_{\mathrm{u}1(\mathrm{a})}}$ mit der Winkelgeschwindigkeit $-s\omega_1$ umlaufenden Spannungszeiger.

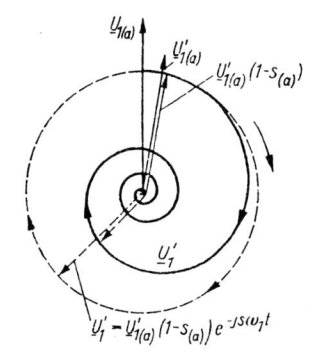

Bild 2.6.19 Verlauf der Klemmenspannung $\underline{U}_1 = f(t)$ des Strangs a nach Öffnen des Schalters S_1 im Bild 2.6.18.
---- Anfangsverlauf bei $s = s_{(a)} = $ konst., $U'_{1(a)} = $ konst.
—— tatsächlicher Verlauf

Unter dem Einfluss des Widerstandsmoments der gekuppelten Arbeitsmaschine wächst der Schlupf allmählich und strebt dem Wert 1 zu. Unter dem Einfluss der endlichen Widerstände der Läuferstränge baut sich das vom Läufer festgehaltene Feld nach und nach ab. Durch beide Erscheinungen sinken Amplitude und Frequenz der Spannung bis auf den Wert Null. Im Bild 2.6.19 ist der Verlauf $\underline{U}_1 = f(t)$, der sich entsprechend den vorstehenden Überlegungen ergibt, dargestellt. Aus der Analyse der Vorgänge nach Öffnen des Schalters S_1 bzw. nach dem Ausfall des Netzes 1 folgt als wesentliche Erkenntnis, dass die Klemmenspannung der Induktionsmaschine erst allmählich auf den Wert Null absinkt und dabei die Phasenlage ständig ändert. Solange das Feld nicht vollständig abgeklungen ist und die Maschine sich noch dreht, beobachtet man an den Maschinenklemmen die sog. *Restfeldspannung* oder auch *Restspannung*.

Wenn die Maschine an das Netz 2 geschaltet wird, löst dies einen zweiten Ausgleichsvorgang aus, der durch den Betrag und die Phasenlage der Restfeldspannung wesentlich beeinflusst wird. Die Betriebsbedingungen für den zweiten Ausgleichsvorgang, der durch das Schließen des Schalters S_2 eingeleitet wird, lauten

$$u_{1a} = \hat{u}_1^+ \cos(\omega_1^+ t + \varphi_{u1}^+)$$
$$u_{1b} = \hat{u}_1^+ \cos(\omega_1^+ t + \varphi_{u1}^+ - 2\pi/3)$$
$$u_{1c} = \hat{u}_1^+ \cos(\omega_1^+ t + \varphi_{u1}^+ - 4\pi/3)$$

bzw.
$$\vec{u}_1^S = \hat{u}_1^+ e^{j(\omega_1^+ t + \varphi_{u1}^+)} , \qquad (2.6.65)$$

wobei die Parameter der Spannungen des Netzes 2 durch + gekennzeichnet wurden. Damit liefert (2.6.27) als Differentialgleichung für den Strom im Strang a, wenn voraussetzungsgemäß $R_1 = 0$ gesetzt wird,

$$L_i \frac{i_{1a}}{dt} = \hat{u}_1^+ \cos(\omega_1^+ t + \varphi_{u1}^+) - \hat{u}'_{1(a)}(1 - s_{(a)}) \cos\left[(1 - s_{(a)})\omega_1 t + \varphi'_{u1(a)}\right] .$$

Im Extremfall herrscht bei etwa gleichen Beträgen und etwa gleicher Frequenz gerade Phasenopposition der beiden Anteile auf der rechten Seite. Dann wird mit $\omega_1^+ \approx (1 - s_{(a)})\omega_1$

$$L_i \frac{di_{1a}}{dt} = 2\hat{u}_1^+ \cos(\omega_1^+ t + \varphi_{u1}^+) . \qquad (2.6.66)$$

Das ist die gleiche Differentialgleichung, wie sie beim Einschalten der Maschine gilt (s. Abschn. 2.6.4 u. 2.6.5); es tritt lediglich die doppelte Spannungsamplitude auf. Damit erhält man einen Strom, wie er beim Einschalten der doppelten Bemessungsspannung auftritt. Sein Maximalwert beträgt im ungünstigen Schaltaugenblick entsprechend (2.6.39) bzw. (2.6.40)

$$\boxed{i_{1\,\text{max}} = \frac{4\sqrt{2}U_1^+}{X_\text{i}} \approx 4 \cdot \sqrt{2}I_\text{a}}.$$

Mit $5I_\text{N} \leq I_\text{a} \leq 8I_\text{N}$ ist dies also der 20- bis 32fache Scheitelwert des Bemessungsstroms.

Das Wiederzuschalten in Phasenopposition ist auch ohne die Annahme, dass die Restfeldspannung nach Betrag und Frequenz der Spannung des Netzes entspricht, der mit Blick auf den Stoßstrom ungünstigste Schaltaugenblick. Dabei bedarf der Begriff der Phasendifferenz zwischen Restfeldspannung und Netzspannung bei unterschiedlichen Frequenzen beider Größen zunächst einer Definition. Unter der Phasendifferenz soll im Folgenden der Winkel $\Delta\varphi_{(a)} = \varphi_{u1}^+$ verstanden werden, den die Leiter-Erde-Spannung des Netzes 2 zum Zeitpunkt des Wiederzuschaltens besitzt, wobei das Wiederzuschalten im positiven Nulldurchgang der Restfeldspannung u_{1a} des Bezugsstrangs erfolgt.

Die numerisch ermittelten Gesamtverläufe der interessierenden Größen zeigt Bild 2.6.20 für diejenige Phasendifferenz $\Delta\varphi_{(a)}$, bei der das maximale Stoßmoment auftritt. Das ist i. Allg. nicht bei einem Wiederzuschalten in Phasenopposition der Fall, sondern bei einer Phasendifferenz im Bereich von $\Delta\varphi_{(a)} = -100°$ bis $-140°$. Man erkennt, dass i_{1a} nach der Netztrennung durch Schaltungszwang verschwindet und i_2 gleichzeitig auf einen Wert springt, der die Flussverkettung des Käfigs im Schaltaugenblick konstant hält. Die Spannung u_{1a} reduziert sich im Augenblick der Netztrennung um einen ungefähr dem Spannungsabfall an R_1 und X_i entsprechenden Wert und sinkt während der Schaltpause entsprechend dem Abklingen des Stroms im Käfig und dem Absinken der Drehzahl. Nach dem Wiederzuschalten entsteht der bereits erwähnte Stoßstrom und das korrespondierende Stoßmoment, das den Wellenstrang zu erheblichen Pendelungen anregt. Das entspricht den Vorgängen beim dreipoligen Kurzschluss, jedoch mit deutlich höheren Maximalwerten.

2.6.9
Feldorientierte Regelung

Die guten dynamischen Eigenschaften von Gleichstromantrieben sind vor allem dadurch bedingt, dass der für das Drehmoment verantwortliche Ankerstrom der Gleichstrommaschine unabhängig von den Vorgängen in der Erregerwicklung und ohne Rückwirkung auf diese durch Eingriff in Stellmöglichkeiten des Ankerkreises regelbar ist. Andererseits erfolgt der Aufbau des für das Drehmoment maßgebenden Flusses

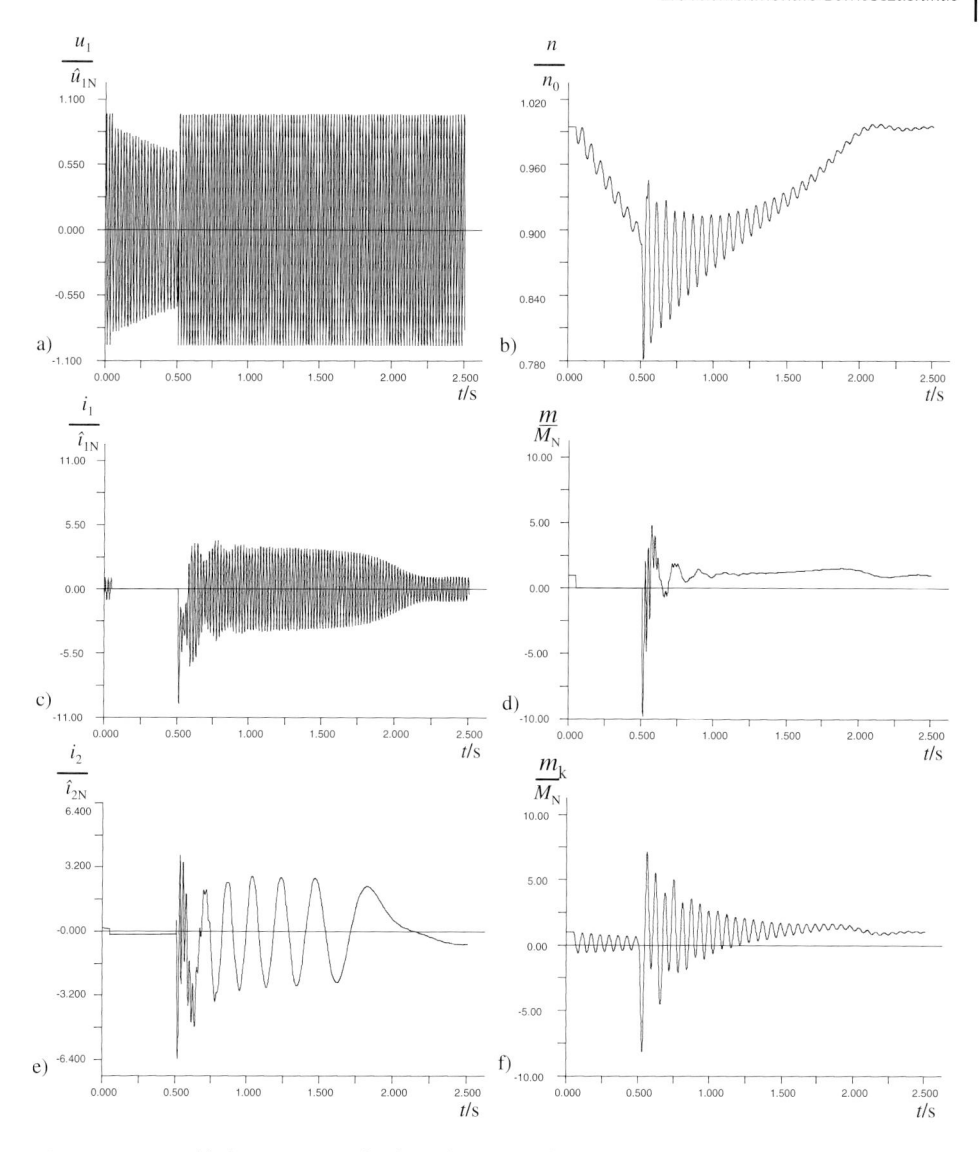

Bild 2.6.20 Tatsächliche Gesamtverläufe wichtiger Größen bei einer Netzumschaltung eines vierpoligen 2,6-MW-Induktionsmotors mit $U_{\text{rest}}/U_{\text{N}} = 0{,}66$ und $\Delta\varphi_{(a)} = \varphi_{\text{Netz}} = 120°$ bei Modellierung als Zwei-Massen-Schwinger mit $f_{\text{d1}} = 16$ Hz und $D = 0{,}01$.
a) Spannung $u_{1a}(t)$ am Strang a;
b) Drehzahl $n(t)$ des Motors;
c) Strom $i_{1a}(t)$ im Strang a;
d) Drehmoment $m(t)$ des Motors;
e) Strom $i_2(t)$ im Bezugsstab des Käfigs;
f) Drehmoment $m_{\text{K}}(t)$ in der Kupplung

allein durch die Erregerwicklung und lässt sich über entsprechende Stellmöglichkeiten im Erregerkreis regeln.

Analoge Verhältnisse sind bei der Induktionsmaschine von Natur aus nicht gegeben, da nur über die Ständerwicklung sowohl auf das Feld als auch auf die Ströme Einfluss genommen werden kann. Es liegt der Gedanke nahe, durch die Regelung bestimmter Komponenten der Ständerströme ein ähnliches Verhalten wie bei der Gleichstrommaschine zu erzielen. Das Herausarbeiten einer solchen Möglichkeit erfordert eine feldorientierte Beschreibung des Betriebsverhaltens.[17]

2.6.9.1 Feldorientierte Beschreibung des Betriebsverhaltens

Der Augenblickswert des Drehmoments der Induktionsmaschine bestimmt sich unter Verwendung komplexer Augenblickswerte nach Abschnitt 2.1.2, Seite 285, die in einem zunächst beliebigen Koordinatensystem K beschrieben werden, entsprechend (2.1.34) aus

$$m = -\frac{3}{2} p \operatorname{Im}\{\vec{\psi}_1^{K} \vec{i}_1^{K*}\} \:. \tag{2.6.67}$$

Dabei gelten für die komplexen Variablen die Spannungsgleichungen (2.1.32a,b) und die Flussverkettungsgleichungen (2.1.33a,b). Im Bild 2.6.21a sind $\vec{\psi}_1^{K}$ und $\vec{i}_1^{K}$ für einen beliebigen Zeitpunkt eines beliebigen Vorgangs in einem beliebigen Koordinatensystem K dargestellt. Entsprechend (2.6.67) ist für das Drehmoment, das aus $\vec{\psi}_1^{K}$ und $\vec{i}_1^{K}$ gewonnen wird, nur jene Komponente von $\vec{i}_1^{K}$ verantwortlich, die senkrecht auf $\vec{\psi}_1^{K}$ steht und im Bild 2.6.21a hervorgehoben wurde. Die Komponente von $\vec{i}_1^{K}$ in Richtung von $\vec{\psi}_1^{K}$ liefert lediglich einen Betrag zur Flussverkettung $\vec{\psi}_1^{K}$ selbst. Es ist offenbar erforderlich, diese beiden Komponenten von $\vec{i}_1^{K}$ einer getrennten Regelung zugänglich zu machen. Dazu wiederum muss von einer Beschreibung des Betriebsverhaltens ausgegangen werden, das diese Komponenten als Variablen enthält.

In der Flussverkettung $\vec{\psi}_1^{K}$ ist ein Anteil enthalten, der nur von $\vec{i}_1^{K}$ selbst herrührt und allein den Streufeldern zugeordnet ist, die dieser Strom aufbaut. Das kommt unmittelbar in der Beziehung (2.1.41a,b), Seite 293, zum Ausdruck, die unter Einführung transformierter Läufergrößen auf Basis des reellen Übersetzungsverhältnisses $ü_\text{h}$ entwickelt wurden. Wenn die entsprechende Flussverkettungsgleichung des Ständers (2.1.41a) in die Beziehung für das Drehmoment nach (2.6.67) eingesetzt wird, erhält man unter Einführung eines Magnetisierungsstroms

$$\vec{i}_\mu^{K} = \vec{i}_1^{K} + \vec{i}_2^{\prime K} \:, \tag{2.6.68}$$

der für den von der Hauptwelle des Luftspaltfelds herrührenden Anteil der Flussverkettungen $\vec{\psi}_1^{K}$ und $\vec{\psi}_2^{\prime K}$ verantwortlich ist,

$$m = -\frac{3}{2} p \tilde{L}_\text{h} \operatorname{Im}\{\vec{i}_\mu^{K} \vec{i}_1^{K*}\} \:. \tag{2.6.69}$$

---

[17] Für eine ausführliche Behandlung s. [5, 6, 7, 8, 19, 48, 72].

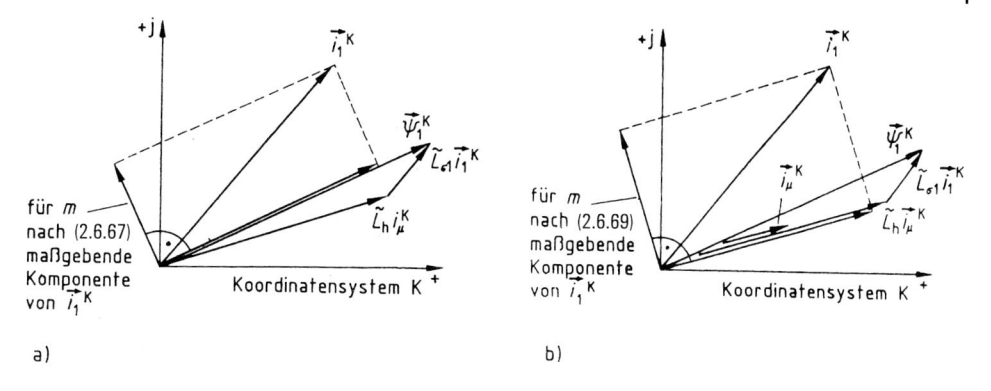

Bild 2.6.21 Darstellung der komplexen Ständerflussverkettung $\vec{\psi}_1^K$ und des komplexen Ständerstroms $\vec{i}_1^K$ für einen beliebigen Zeitpunkt eines beliebigen Vorgangs in einem beliebigen Koordinatensystem K.
a) Komponenten des Stroms $\vec{i}_1^K$ bezüglich $\vec{\psi}_1^K$;
b) Komponenten des Stroms $\vec{i}_1^K$ bezüglich $\vec{i}_\mu^K$

Die dem Bild 2.6.21a entsprechende Darstellung der komplexen Augenblickswerte zeigt Bild 2.6.21b. Der Strom $\vec{i}_1^K$ lässt sich wiederum in zwei Komponenten zerlegen. Die auf $\vec{i}_\mu^K$ senkrecht stehende Komponente, die im Bild 2.6.21b besonders hervorgehoben wurde, ist für das Drehmoment verantwortlich, das aus $\vec{i}_\mu^K$ und $\vec{i}_1^K$ gewonnen wird, während die mit $\vec{i}_\mu^K$ gleichgerichtete Komponente nur einen Beitrag zur Hauptwelle des Luftspaltfelds liefert.

Es gibt offensichtlich mehrere plausible Möglichkeiten einer feldorientierten Beschreibung des Betriebsverhaltens. Neben den beiden bereits genannten Wegen ist auch die Bildung der Komponenten bezüglich der Läuferflussverkettung $\vec{\psi}_2^K$ denkbar. Es wird sich zeigen, dass dieser besonders vorteilhaft ist. Im Weiteren werden zunächst alle drei Wege der Einführung von Variablen, die Komponenten von $\vec{i}_1^K$ sind, nebeneinander verfolgt.

Um die Komponenten des Stroms $\vec{i}_1^K$ entsprechend Bild 2.6.21a in der analytischen Beschreibung der Maschine erscheinen zu lassen, ist es erforderlich, ein Koordinatensystem einzuführen, das jeweils fest mit einer der Flussverkettungen $\vec{\psi}_1^K$ oder $\vec{\psi}_2^K$ oder $\vec{\psi}_h^K$ bzw. $\vec{i}_\mu^K = \vec{\psi}_h^K / \tilde{L}_h$ verbunden ist, d. h. es muss eine feldorientierte Beschreibung der Maschine eingeführt werden, wie sie schon im Abschnitt 2.1.3.7, Seite 298, vorgeschlagen wurde. Abhängig davon, mit welcher der genannten Größen das Koordinatensystem verbunden ist, spricht man von Ständerflussorientierung, Läuferflussorientierung oder Hauptflussorientierung. Für die feldorientierte Beschreibung eignet sich weder das Ständerkoordinatensystem noch das Läuferkoordinatensystem, da sich die komplexen Augenblickswerte der Variablen in beiden bereits im stationären Betrieb bewegen und im nichtstationären Betrieb zusätzlich relativ zueinander Änderungen nach Betrag und Lage erfahren. Aber auch das sog. Netzkoordinatensystem, das relativ zum Ständer mit der bezogenen Geschwindigkeit $\mathrm{d}\vartheta_\mathrm{Netz}/\mathrm{d}t = \omega_1$ umläuft, die der Frequenz des speisenden Netzes entspricht, ist ungeeignet, da in diesem Fall zwar im stationären Betrieb zeitlich konstante komplexe Augenblickswerte vorliegen, aber im nichtstationären Betrieb sowohl $\vec{\psi}_1^\mathrm{K}$ als auch $\vec{i}_1^\mathrm{K}$ nach Betrag und Lage Änderungen durchlaufen. Es ist deshalb erforderlich, ein Koordinatensystem einzuführen, das mit F bezeichnet werden soll und in dem die Ständerflussverkettung, die jetzt als $\vec{\psi}_1^\mathrm{F}$ bezeichnet wird, bzw. die Läuferflussverkettung $\vec{\psi}_2^\mathrm{F}$ bzw. der Magnetisierungsstrom $\vec{i}_\mu^\mathrm{F}$ stets reell bleiben. Die genannten Größen ändern sich jedoch in einem beliebigen Betriebszustand hinsichtlich des Betrags. Das Koordinatensystem F wird relativ zum Ständer, d. h. hinsichtlich der bezogenen Verschiebung $\vartheta_\mathrm{F} = \vartheta_\mathrm{K}$ nach (2.1.27a), Seite 290, entsprechend der augenblicklichen Lage der komplexen Ständerflussverkettung bzw. der komplexen Läuferflussverkettung bzw. des komplexen Magnetisierungsstroms, der der komplexen Hauptflussverkettung zugeordnet ist, geführt. Die Komponenten einer Variablen $\vec{g}^\mathrm{F}$ werden eingeführt als $\vec{g}^\mathrm{F} = g_\mathrm{F} + \mathrm{j}g_\mathrm{M}$. Im Ständerkoordinatensystem hat die Ständerflussverkettung in einem betrachteten Zeitpunkt die beliebige Lage $\varepsilon_{\psi 1}$ bzw. die Läuferflussverkettung die beliebige Lage $\varepsilon_{\psi 2}$ bzw. der Magnetisierungsstrom die beliebige Lage ε_μ. Die Winkel $\varepsilon_{\psi 1}$ bzw. $\varepsilon_{\psi 2}$ bzw. ε_μ weisen beliebige Zeitfunktionen auf; lediglich im Sonderfall des stationären Betriebs gilt $\mathrm{d}\varepsilon/\mathrm{d}t = \omega_1$.

Das Koordinatensystem F soll – wie bereits erwähnt – so geführt werden, dass $\vec{\psi}_1^\mathrm{F}$ bzw. $\vec{\psi}_2^\mathrm{F}$ bzw. $\vec{i}_\mu^\mathrm{F}$ rein positiv reell bleiben. Es ist also

$$\vec{\psi}_1^\mathrm{F} = |\vec{\psi}_1^\mathrm{F}| = \psi_{1\mathrm{F}} \tag{2.6.70a}$$

bzw.
$$\vec{\psi}_2^\mathrm{F} = |\vec{\psi}_2^\mathrm{F}| = \psi_{2\mathrm{F}} \tag{2.6.70b}$$

bzw.
$$\vec{i}_\mu^\mathrm{F} = |\vec{i}_\mu^\mathrm{F}| = i_{\mu\mathrm{F}} \tag{2.6.70c}$$

und
$$\vartheta_\mathrm{F} = \varepsilon_{\psi 1} \tag{2.6.71a}$$

bzw.
$$\vartheta_\mathrm{F} = \varepsilon_{\psi 2} \tag{2.6.71b}$$

bzw.
$$\vartheta_\mathrm{F} = \varepsilon_\mu . \tag{2.6.71c}$$

Dabei stellt ϑ_F entsprechend Bild 2.1.1, Seite 290, die bezogene Verschiebung des Koordinatensystems F gegenüber dem Ständerkoordinatensystem dar, das in der Achse des Strangs a beginnt. Im Bild 2.6.22 ist die Einführung des Koordinatensystems F ausgehend von der Betrachtung der Variablen im Ständerkoordinatensystem am Beispiel der Ständerflussorientierung dargestellt.

Die Komponenten des Ständerstroms $\vec{i}_1^\mathrm{F}$ im Feldkoordinatensystem werden vereinbarungsgemäß entsprechend

$$\vec{i}_1^\mathrm{F} = i_{1\mathrm{F}} + \mathrm{j}i_{1\mathrm{M}} \tag{2.6.72}$$

eingeführt, wobei $i_{1\mathrm{M}}$ die drehmomentbildende Komponente und $i_{1\mathrm{F}}$ die zum Feld beitragende Komponente darstellt. Durch Einsetzen von (2.6.70a) und (2.6.72) folgt aus (2.6.67) für das Drehmoment im Fall der Ständerflussorientierung

$$\boxed{m = -\frac{3}{2}p\,\mathrm{Im}\{\psi_{1\mathrm{F}}(i_{1\mathrm{F}} - \mathrm{j}i_{1\mathrm{M}})\} = \frac{3}{2}p\psi_{1\mathrm{F}}i_{1\mathrm{M}}} . \tag{2.6.73a}$$

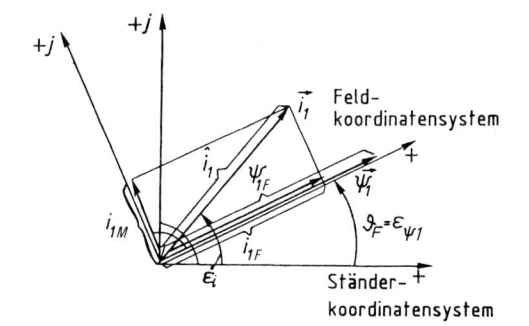

Bild 2.6.22 Einführung des Feldkoordinatensystems F am Beispiel der Ständerflussorientierung

Im Fall der Läuferflussorientierung ergibt sich das Drehmoment im Feldkoordinatensystem als

$$m = \frac{3}{2} p \operatorname{Im} \left\{ \vec{\psi}_2^{\mathrm{F}} \vec{i}_2^{\mathrm{F}*} \right\}$$

entsprechend (2.1.34), Seite 291, wobei noch der komplexe Augenblickswert des Läuferstroms durch den des Ständerstroms substituiert werden muss. Den erforderlichen Zusammenhang

$$\vec{i}_2^{\mathrm{F}} = \frac{1}{L_{22}} \vec{\psi}_2^{\mathrm{F}} - \frac{L_{12}}{L_{22}} \vec{i}_1^{\mathrm{F}}$$

liefert die Umstellung von (2.1.33b) bei gleichzeitigem Übergang vom allgemeinen Koordinatensystem K in das Feldkoordinatensystem F. Damit kann das Drehmoment aus Läuferflussverkettung und Ständerstrom mit (2.6.70b) und (2.6.72) als

$$\begin{aligned} m &= \frac{3}{2} p \operatorname{Im} \left\{ \vec{\psi}_2^{\mathrm{F}} \left(\frac{1}{L_{22}} \vec{\psi}_2^{\mathrm{F}*} - \frac{L_{12}}{L_{22}} \vec{i}_1^{\mathrm{F}*} \right) \right\} \\ &= -\frac{3}{2} p \frac{L_{12}}{L_{22}} \operatorname{Im} \{ \psi_{2\mathrm{F}} (i_{1\mathrm{F}} - \mathrm{j} i_{1\mathrm{M}}) \} = -\frac{3}{2} p \frac{L_{12}}{L_{22}} \psi_{2\mathrm{F}} i_{1\mathrm{M}} \end{aligned} \quad (2.6.73\mathrm{b})$$

berechnet werden. Im Fall der Hauptflussorientierung erhält man durch Einsetzen von (2.6.70c) und (2.6.72) in (2.6.69)

$$m = -\frac{3}{2} p \tilde{L}_{\mathrm{h}} \operatorname{Im} \{ i_{\mu\mathrm{F}} (i_{1\mathrm{F}} - \mathrm{j} i_{1\mathrm{M}}) \} = \frac{3}{2} p \tilde{L}_{\mathrm{h}} i_{\mu\mathrm{F}} i_{1\mathrm{M}} \quad . \quad (2.6.73\mathrm{c})$$

Die Beziehungen (2.6.73a,b,c) sind jeweils Abhängigkeiten, die der bekannten Beziehung für das Drehmoment der Gleichstrommaschine ähneln (vgl. (1.7.77), S. 184, bzw. (4.1.14), S. 643). Wenn $\psi_{1\mathrm{F}}$ bzw. $\psi_{2\mathrm{F}}$ bzw. $i_{\mu\mathrm{F}}$ konstant gehalten wird, bestimmt $i_{1\mathrm{M}}$ unmittelbar die Größe des Drehmoments. Damit lässt sich eine Strom- und Drehzahlregelung realisieren, die analog aufgebaut ist zu der eines Gleichstromantriebs.

Im *stationären Betrieb* ist die Ständer- bzw. die Läufer- bzw. die Hauptflussverkettung und damit der Magnetisierungsstrom im Feldkoordinatensystem zeitlich konstant. Das Feldkoordinatensystem bewegt sich mit der Winkelgeschwindigkeit ω_1 relativ zum Ständerkoordinatensystem. Ausgehend von der bekannten Beziehung zwischen dem komplexen Augenblickswert und der Darstellung der zugeordneten Größe des Strangs a im Bereich der komplexen Wechselstromrechnung in der Form $\vec{g}_1^S = g_1 \mathrm{e}^{\mathrm{j}\omega_1 t}$ nach (2.1.71), Seite 303, und mit $\vec{g}_1^F = \vec{g}_1^S \mathrm{e}^{-\mathrm{j}\vartheta_F} = \vec{g}_1^S \mathrm{e}^{-\mathrm{j}(\omega_1 t + \vartheta_{F0})}$ werden damit auch alle anderen Variablen im Koordinatensystem F zeitlich konstant. In diesem Fall besteht, wie bereits dargelegt wurde, Übereinstimmung mit einer Beschreibung in Netzkoordinaten. Im nichtstationären Betrieb ändert sich je nach der für das Feldkoordinatensystem gewählten Bezugsgröße ψ_{1F} bzw. ψ_{2F} bzw. $i_{\mu F}$ zeitlich beliebig; es bleibt aber stets $\vec{\psi}_1^F = \psi_{1F}$ bzw. $\vec{\psi}_2^F = \psi_{2F}$ bzw. $\vec{i}_\mu^F = i_{\mu F}$, während sich alle anderen Variablen hinsichtlich Betrag und Lage beliebig ändern können.

Das Gleichungssystem der Induktionsmaschine in Feldkoordinaten erhält man aus (2.1.32a,b) und (2.1.33a,b), Seite 291, mit $\vec{g}_1^F$ als $\vec{g}_1^K$ und $\mathrm{d}\vartheta_K/\mathrm{d}t = \mathrm{d}\vartheta_F/\mathrm{d}t = \dot{\vartheta}_F$ sowie $\mathrm{d}\vartheta/\mathrm{d}t = \dot{\vartheta}$. Wenn der Fall vorliegt, dass der Umrichter den Strängen Ströme einprägt und die dabei über den Strängen zu beobachtende Spannung nicht untersucht wird, braucht die Spannungsgleichung des Ständers nicht betrachtet zu werden. Andererseits ist es sinnvoll, in der Spannungsgleichung des Läufers den Läuferstrom mit Hilfe des Ständerstroms und der für das Feldkoordinatensystem gewählten Bezugsgröße zu eliminieren, um die Beziehungen zu ermitteln, die zwischen den feldorientierten Komponenten vermitteln.

Im Fall der Ständerflussorientierung lässt sich das auf dem folgenden Weg erreichen: Aus den Flussverkettungsgleichungen des Ständers erhält man

$$\vec{i}_2^F = \frac{1}{L_{12}}\vec{\psi}_1^F - \frac{L_{11}}{L_{12}}\vec{i}_1^F \qquad (2.6.74)$$

und damit für die Flussverkettung $\vec{\psi}_2^F$ des Läufers

$$\vec{\psi}_2^F = \frac{L_{22}}{L_{12}}\vec{\psi}_1^F - \frac{L_{11}L_{22}}{L_{12}}\sigma \vec{i}_1^F \qquad (2.6.75)$$

mit $$\sigma = 1 - \frac{L_{12}L_{21}}{L_{11}L_{22}}. \qquad (2.6.76)$$

Durch Einfügen von (2.6.74) und (2.6.75) geht (2.1.32b) als Spannungsgleichung des kurzgeschlossenen Läufers über in

$$0 = \frac{R_2}{L_{12}}\vec{\psi}_1^F - \frac{L_{11}}{L_{12}}R_2\vec{i}_1^F - \frac{L_{11}L_{22}}{L_{12}}\sigma\frac{\mathrm{d}\vec{i}_1^F}{\mathrm{d}t} + \frac{L_{22}}{L_{12}}\frac{\mathrm{d}\vec{\psi}_1^F}{\mathrm{d}t}$$
$$-\mathrm{j}(\dot{\vartheta}_F - \dot{\vartheta})\frac{L_{11}L_{22}}{L_{12}}\sigma\vec{i}_1^F + \mathrm{j}\frac{L_{22}}{L_{12}}(\dot{\vartheta}_F - \dot{\vartheta})\vec{\psi}_1^F.$$

Daraus erhält man mit $\vec{\psi}_1^F = \psi_{1F}$ und $\vec{i}_1^F = i_{1F} + \mathrm{j}i_{1M}$ sowie $T_2 = L_{22}/R_2$ als die Beziehungen zwischen den Komponenten ψ_{1F}, i_{1F} und i_{1M}

$$\boxed{\frac{1}{L_{11}}\left(\psi_{1F} + T_2\frac{\mathrm{d}\psi_{1F}}{\mathrm{d}t}\right) = i_{1F} + \sigma T_2\frac{\mathrm{d}i_{1F}}{\mathrm{d}t} - (\dot{\vartheta}_F - \dot{\vartheta})\sigma T_2 i_{1M}} \qquad (2.6.77\mathrm{a})$$

$$\boxed{i_{1M} + \sigma T_2\frac{\mathrm{d}i_{1M}}{\mathrm{d}t} = (\dot{\vartheta}_F - \dot{\vartheta})T_2\frac{1}{L_{11}}(\psi_{1F} - \sigma L_{11}i_{1F})}. \qquad (2.6.77\mathrm{b})$$

Aus (2.6.77a) folgt, dass ψ_{1F} nicht allein von i_{1F} bestimmt wird, sondern auch von i_{1M}. Das ist ein Unterschied zur Gleichstrommaschine, deren Verhalten durch Regelung der feldorientierten Komponenten des Ankerstroms $\vec{i}_1^F$ nachgebildet werden soll. Um den Einfluss von i_{1M} auf ψ_{1F} nach (2.6.77a) zu eliminieren, sind korrigierende Operationen in der Regelschaltung vorzusehen.

Dieser Nachteil lässt sich durch die Verwendung der Läuferflussorientierung vermeiden. Durch Einführen der nach dem Läuferstrom $\vec{i}^F$ aufgelösten Flussverkettungsgleichung des Läufers nach (2.1.33b) in die Spannungsgleichung (2.1.32b) des kurzgeschlossenen Läufers erhält man

$$0 = \frac{R_2}{L_{22}} \vec{\psi}_2^F - \frac{L_{12}}{L_{22}} R_2 \vec{i}_1^F + \frac{\mathrm{d}\vec{\psi}_2^F}{\mathrm{d}t} + \mathrm{j}(\dot{\vartheta}_F - \dot{\vartheta})\vec{\psi}_2^F \ .$$

Mit $\vec{\psi}_2^F = \psi_{2F}$ und $\vec{i}_1^F = i_{1F} + \mathrm{j}i_{1M}$ sowie $T_2 = L_{22}/R_2$ wird daraus

$$\boxed{\frac{1}{L_{12}} \left(\psi_{2F} + T_2 \frac{\mathrm{d}\psi_{2F}}{\mathrm{d}t} \right) = i_{1F}} \qquad (2.6.78\mathrm{a})$$

$$\boxed{(\dot{\vartheta}_F - \dot{\vartheta}) = \frac{L_{12}}{T_2} \frac{i_{1M}}{\psi_{2F}}} \ . \qquad (2.6.78\mathrm{b})$$

ψ_{2F} wird also alleine durch i_{1F} bestimmt. Das Verhalten ist vollständig analog zu dem der Gleichstrommaschine. Aus diesem Grund wird die Läuferflussorientierung heute in vielen praktischen Anwendungen eingesetzt.

Für den Sonderfall des stationären Betriebs folgt aus (2.6.78b) mit $\dot{\vartheta}_F = \omega_1$ und $\dot{\vartheta} = (1-s)\omega_1$

$$s = \frac{L_{12}}{T_2} \frac{i_{1M}}{\omega_1 \psi_{2F}} \ . \qquad (2.6.79)$$

Andererseits ist mit i_{1F} = konst. nach (2.6.78a) auch ψ_{2F} = konst. und damit entsprechend (2.6.73b) $m \sim i_{1M}$. Damit erhält man aus (2.6.79) die Aussage, dass mit ψ_{2F} = konst. ein Drehzahl-Drehmoment-Verhalten entsprechend $s \sim m$ entsteht. Die Abweichung von der synchronen Drehzahl bzw. von der Leerlaufdrehzahl ist proportional zum geforderten Drehmoment. Das ist das gleiche Verhalten, wie es von der Gleichstrommaschine her bekannt ist.

2.6.9.2 Realisierung der feldorientierten Regelung

Die Überlegungen im Abschnitt 2.6.9.1 haben gezeigt, dass es vorteilhaft ist, die Regelung auf der Grundlage der Komponenten i_{1F} und i_{1M} sowie ψ_{1F} bzw. ψ_{2F} bzw. $i_{\mu F}$ bei Beschreibung im Feldkoordinatensystem aufzubauen. Andererseits können die Istwerte der elektrischen Variablen des Motors a priori nur vom Ständer aus in Form der Augenblickswerte der Strangströme und Strangspannungen oder mit Hilfe geeigneter Sensoren auch die Bestimmungsstücke des Luftspaltfelds gemessen werden. Gleichermaßen lassen sich die oben genannten Komponenten nur durch Eingriff in die Einspeisung der einzelnen Ständerstränge beeinflussen. Es ist also erforderlich, ein erstes Mal nach der Istwerterfassung und ein zweites Mal hinter den Reglern bzw. vor den Steuersätzen des Umrichters *Koordinatentransformationen* vorzunehmen, d. h. aus den Stranggrößen bzw. den Komponenten in Ständerkoordinaten die Komponenten in Feldkoordinaten zu ermitteln und umgekehrt. Die Transformation von Ständerkoordinaten in Feldkoordinaten erfordert die Kenntnis des Augenblickswerts der bezogenen Verschiebung ϑ_F. Diese erhält man mit Hilfe der Ständerflussverkettung in der Darstellung in Ständerkoordinaten bzw. mit Hilfe des Luftspaltfelds, das in seiner augenblicklichen Lage relativ zum Ständer direkt mit entsprechenden Sensoren gemessen oder indirekt auf andere Weise – z. B. durch Auswertung einer induzierten Spannung – ermittelt wird. Im Fall der *Ständerflussorientierung* ist $\vartheta_F = \varepsilon_{\psi 1}$, wobei $\varepsilon_{\psi 1}$ gegeben ist durch $\vec{\psi}_1^S = |\vec{\psi}_1^S| e^{j\varepsilon_{\psi 1}}$.

Die Flussverkettungen ψ_{1j} der Wicklungsstränge j des Ständers sind der Messung nicht unmittelbar zugänglich. Sie lassen sich jedoch auf einfache Weise ausgehend von den Klemmenspannungen u_{1j} und den Strömen i_{1j} über $d\psi_{1j}/dt = u_{1j} - R_1 i_{1j}$ mit Hilfe entsprechender Rechenschaltungen oder durch Rechnung selbst gewinnen. Aus diesen folgt dann direkt ψ_{1F}. Als einziger Parameter muss dazu also der Widerstand der Ständerwicklung bekannt sein. Das ist der wesentliche Vorteil der Ständerflussorientierung gegenüber der Läuferfluss- oder der Hauptflussorientierung, bei denen die Ermittlung von ψ_{2F} bzw. $i_{\mu F} = \psi_{hF}/\tilde{L}_h$ wesentlich aufwändiger ist. Aus diesem Grund wird die Ständerflussorientierung trotz des Einflusses von i_{1M} auf ψ_{1F} entsprechend (2.6.77a) in vielen, meist einfacheren Anwendungen realisiert. Im Folgenden soll an ihrem Beispiel die Realisierung einer feldorientierten Regelung näher erläutert werden.

Die Ermittlung der Flussverkettungen der Ständerstränge aus den vorliegenden Klemmenströmen und -spannungen ist im Bild 2.6.23 als Feldermittlung in Ständerkoordinaten FES bezeichnet worden. Die Komponenten der komplexen Augenblickswerte in Ständerkoordinaten werden entsprechend (2.1.19), Seite 289, eingeführt als

$$\vec{g}_1^S = g_{1\alpha} + j g_{1\beta} . \qquad (2.6.80)$$

Dabei erhält man die Komponenten $g_{1\alpha}$ und $g_{1\beta}$ ausgehend von (1.8.36a), Seite 232, da kein stromführender Nullleiter mit dem Sternpunkt verbunden ist und damit $g_{1a} + g_{1b} + g_{1c} = 0$ gilt, als

$$g_{1\alpha} = g_{1a} \qquad (2.6.81a)$$
$$g_{1\beta} = \frac{2}{\sqrt{3}} \left(\frac{1}{2} g_{1a} + g_{1b} \right) . \qquad (2.6.81b)$$

Es genügt also, jeweils zwei der drei Stranggrößen zu messen. Die Teiloperation des Übergangs von den Stranggrößen zu den Komponenten $g_{1\alpha}$ und $g_{1\beta}$ wird im Bild 2.6.23 als *Koordinatenwandlung* KW bezeichnet. Umgekehrt erhält man ausgehend von den Komponenten $g_{1\alpha}$ und $g_{1\beta}$ die Stranggrößen für den Fall, dass $g_{1a} + g_{1b} + g_{1c} = 0$ ist,

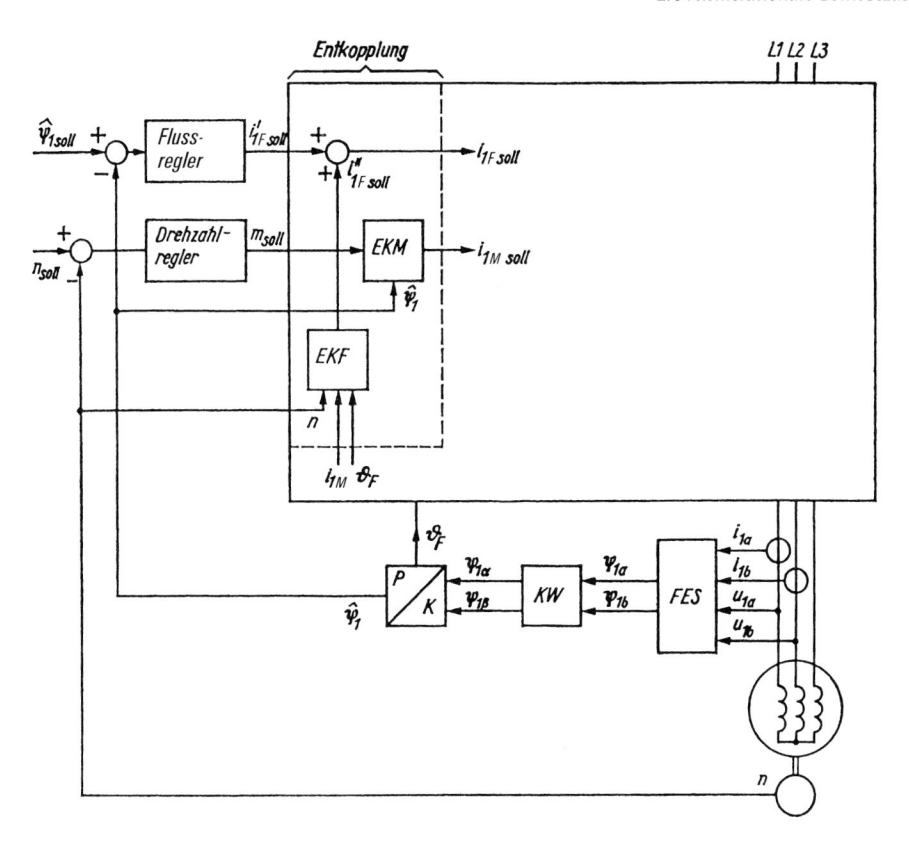

Bild 2.6.23 Prinzipschaltbild eines Antriebs mit feldorientierter Regelung auf Basis der Ständerflussorientierung bis zur Bereitstellung der Sollwerte $i_{1\mathrm{F\,soll}}$ und $i_{1\mathrm{M\,soll}}$ am Ausgang des Flussreglers und des Drehzahlreglers nach der Realisierung der Entkopplung

mit (1.8.38a,b,c), Seite 233, zu

$$g_{1a} = g_{1\alpha} \tag{2.6.82a}$$

$$g_{1b} = -\frac{1}{2}g_{1\alpha} + \frac{1}{2}\sqrt{3}g_{1\beta} \tag{2.6.82b}$$

$$g_{1c} = -\frac{1}{2}g_{1\alpha} - \frac{1}{2}\sqrt{3}g_{1\beta} \;. \tag{2.6.82c}$$

Diese Beziehungen werden benötigt, wenn die Sollwerte für $i_{1\mathrm{F}}$ und $i_{1\mathrm{M}}$, die am Ausgang des Flussreglers bzw. des Drehzahlreglers entstehen, in Sollwerte für die Stranggrößen überführt werden sollen, um dort die Stromregelung vorzunehmen.

Der Übergang von der Darstellung in kartesischen Koordinaten zu einer solchen in Polarkoordinaten liefert ausgehend von (2.6.80) mit $\vec{g}_1^S = |\vec{g}_1^S| e^{j\varepsilon_g}$

$$|\vec{g}_1^S| = \sqrt{g_{1\alpha}^2 + g_{1\beta}^2} \tag{2.6.83a}$$

$$\cos \varepsilon_g = \frac{g_{1\alpha}}{|\vec{g}_1^S|} \tag{2.6.83b}$$

$$\sin \varepsilon_g = \frac{g_{1\beta}}{|\vec{g}_1^S|} \tag{2.6.83c}$$

$$\varepsilon_g = \arccos \frac{g_{1\alpha}}{|\vec{g}_1^S|} = \arcsin \frac{g_{1\beta}}{|\vec{g}_1^S|} \,. \tag{2.6.83d}$$

Diese Operation ist im Bild 2.6.23 als K-P-Wandlung bezeichnet worden.

Für den Aufbau der Regelung wird als erstes die Lage $\varepsilon_{\psi 1}$ der komplexen Ständerflussverkettung in Ständerkoordinaten benötigt. Die Größe $\varepsilon_{\psi 1}$ bestimmt als ϑ_F die augenblickliche Lage des Feldkoordinatensystems relativ zum Ständerkoordinatensystem. Man erhält sie und damit ϑ_F bzw. $\cos \vartheta_F$ und $\sin \vartheta_F$ nach (2.6.83a–d) aus $\psi_{1\alpha}$ und $\psi_{1\beta}$ durch die Operation der K-P-Wandlung. Dabei fällt gleichzeitig der Betrag der Ständerflussverkettung $\hat{\psi}_1 = |\vec{\psi}_1^S|$ an, der den Istwert der Flussregelung darstellt.[18]

Im Bild 2.6.23 ist die Prinzipschaltung eines Antriebs mit feldorientierter Regelung auf Basis der Ständerflussorientierung bis zur Bereitstellung der Sollwerte für i_{1F} und i_{1M} dargestellt. Dabei wird in Analogie zum Gleichstromantrieb eine unterlagerte Stromregelung vorgesehen. Eine nähere Betrachtung der Entkopplung zwischen Fluss- und Drehzahlregelung erfolgt weiter unten.

Der Sollwert-Istwert-Vergleich für die Stromregelung kann unmittelbar auf der Ebene der Komponenten i_{1F} und i_{1M} oder auf der Ebene der Ströme in Ständerkoordinaten, d. h. mit den Komponenten $i_{1\alpha}$ und $i_{1\beta}$ bzw. mit $\vec{i}_1^S$ und ε_i, oder auf der Ebene der Strangströme erfolgen. Die Entscheidung zwischen diesen Möglichkeiten hängt u. a. von der Art des eingesetzten Umrichters ab. Wenn der Sollwert-Istwert-Vergleich auf der Ebene der Komponenten der Ströme in Feldkoordinaten erfolgen soll (s. Bild 2.6.24), müssen ausgehend von den Istwerten der Strangströme zunächst $i_{1\alpha}$ und $i_{1\beta}$ in Ständerkoordinaten und daraus die zugeordneten Komponenten i_{1F} und i_{1M} in Feldkoordinaten ermittelt werden. Mit

$$\vec{i}_1^S = \hat{i}_1 e^{j\varepsilon_i} = i_{1\alpha} + j i_{1\beta} \tag{2.6.84}$$

folgt ausgehend von (2.1.30a,b) mit $\vartheta_K = \vartheta_F$ für die Beschreibung in Feldkoordinaten

$$\vec{i}_1^F = i_{1F} + j i_{1M} = \vec{i}_1^F e^{-j\vartheta_F} = (i_{1\alpha} + j i_{1\beta})(\cos \vartheta_F - j \sin \vartheta_F) \,. \tag{2.6.85}$$

---

[18] Die Einstellbarkeit der Flussverkettung $\hat{\psi}_1$ ist erforderlich, um im Bereich hoher Frequenzen mit Rücksicht auf die maximal verfügbare Spannung des Umrichters mit vermindertem $\hat{\psi}_1$, d. h. im Bereich der Feldschwächung, arbeiten zu können und bei Anlaufvorgängen u.ä. eine kurzzeitige Erhöhung zu ermöglichen.

Es ist also eine Operation der Koordinatendrehung KD vorzunehmen. Sie erfordert die Kenntnis der Komponenten $i_{1\alpha}$ und $i_{1\beta}$, die von der entsprechenden Operation der Koordinatenwandlung KW bereitgestellt werden, sowie $\sin\vartheta_F$ und $\cos\vartheta_F$, die als Ergebnis des Übergangs von kartesischen in Polarkoordinaten (K-P-Wandlung) für die Flussverkettung $\vec{\psi}_1^S$ zur Verfügung stehen. Die Beziehungen (2.6.73a) für das Drehmoment der Maschine und die Beziehung (2.6.77a), die den Zusammenhang zwischen der Flussverkettung ψ_{1F} und den Komponenten i_{1F} und i_{1M} des Ständerstroms in Feldkoordinaten widerspiegelt, zeigen, dass einerseits das Drehmoment nicht allein von i_{1M}, sondern auch von der Flussverkettung ψ_{1F} beeinflusst wird und dass andererseits die Flussverkettung ψ_{1F} ihrerseits nicht allein durch die Komponente i_{1F}, sondern auch durch die Komponente i_{1M} des Ständerstroms bestimmt wird. Um diese wechselseitigen Einflüsse zu eliminieren, muss für eine *Entkopplung* gesorgt werden.

Hinsichtlich des Einflusses von ψ_{1F} auf das Drehmoment kann die Entkopplung einfach dadurch geschehen, dass das Ausgangssignal m_{soll} des Drehzahlreglers durch die Flussverkettung ψ_{1F} dividiert und als $i_{1M\,\text{soll}} = m_{\text{soll}}/\psi_{1F}$ der Sollwert der drehmomentbildenden Komponente des Ständerstroms bereitgestellt wird.

Hinsichtlich des Einflusses von i_{1M} auf die Flussverkettung ψ_{1F} entsprechend (2.6.77a) muss die Entkopplung durch eine geeignete Störgrößenaufschaltung vor der Bildung des Sollwerts $i_{1F\,\text{soll}}$ der feldbildenden Komponente des Ständerstroms erfolgen. Diese Störgrößenaufschaltung muss dafür sorgen, dass der Einfluss, den i_{1M} in der Maschine hervorruft, kompensiert wird. Das kann dadurch geschehen, dass dem Ausgangssignal $i'_{1F\,\text{soll}}$ des Flussreglers ein geeignet gewonnenes Signal $i''_{1F\,\text{soll}}$ hinzugefügt wird, das dafür sorgt, dass in der Beziehung zwischen dem Sollwert $i_{1F\,\text{soll}}$ und der Flussverkettung ψ_{1F} in der Maschine, die aus (2.6.77a) mit $i_{1F} = i_{1F\,\text{soll}} = i'_{1F\,\text{soll}} + i''_{1F\,\text{soll}}$ entsteht, der Einfluss von i_{1M} verschwindet. Man erhält aus (2.6.77a) im Unterbereich der Laplace-Transformation mit $i_{1F} = i'_{1F\,\text{soll}} + i''_{1F\,\text{soll}}$

$$\frac{1}{L_{11}}(1+\mathrm{p}T_2)\psi_{1F} = (1+\mathrm{p}\sigma T_2)i'_{1F\,\text{soll}} + (1+\mathrm{p}\sigma T_2)i''_{1F\,\text{soll}} - (\dot{\vartheta}_F - \dot{\vartheta})\sigma T_2 i_{1M}\,.$$

Daraus folgt für das erforderliche Signal $i''_{1F\,\text{soll}}$, das den Einfluss von i_{1M} zum Verschwinden bringt,

$$i''_{1F\,\text{soll}} = \frac{(\dot{\vartheta}_F - \dot{\vartheta})\sigma T_2}{1+\mathrm{p}\sigma T_2} i_{1M}\,. \tag{2.6.86}$$

Es müssen also die augenblicklichen Werte für ϑ_F bzw. $\dot{\vartheta}_F$, ϑ bzw. $\dot{\vartheta}$ bzw. n und i_{1M} zur Verfügung stehen, um daraus durch eine geeignete Rechenschaltung bzw. durch Rechnung entsprechend (2.6.86) $i''_{1F\,\text{soll}}$ zu ermitteln. Im Bild 2.6.23 sind die Teiloperationen EKM und EKF zur Realisierung der Entkopplung angegeben. Um i_{1M} zur Verfügung zu stellen, sind eventuell zusätzliche Operationen erforderlich. Wenn auf die Entkopplung verzichtet wird, liefern die Ausgangssignale des Reglers unmittelbar $i_{1F\,\text{soll}}$ und $i_{1M\,\text{soll}}$.

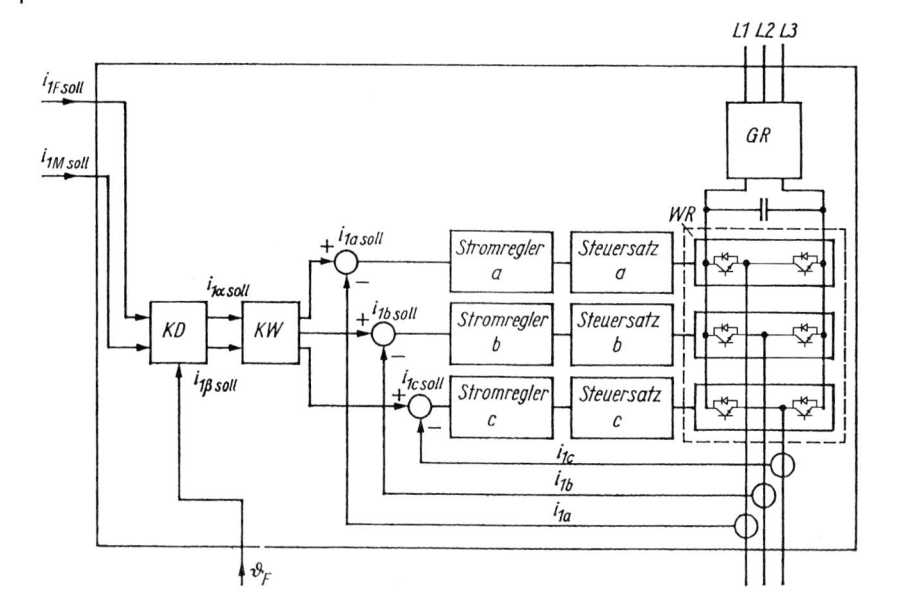

Bild 2.6.24 Ausführungsbeispiel der Regelung eines Pulsumrichters mit Spannungszwischenkreis und Sollwert-Istwert-Vergleich auf der Ebene der Strangströme, der sich an die Ermittlung der Sollwerte $i_{1\mathrm{F\,soll}}$ und $i_{1\mathrm{M\,soll}}$ nach Bild 2.6.23 anschließt

Im Folgenden wird ein Ausführungsbeispiel für den Teil der Regelschaltung behandelt, der sich an die Sollwertermittlung für $i_{1\mathrm{F}}$ und $i_{1\mathrm{M}}$ im Bild 2.6.23 anschließt und dort lediglich als Black-box dargestellt wird.

Im Bild 2.6.24 wird ein Pulsumrichter mit Spannungszwischenkreis betrachtet, bei dem der Sollwert-Istwert-Vergleich auf der Ebene der Strangströme stattfindet. Dazu werden aus den Sollwerten der Ströme $i_{1\mathrm{F\,soll}}$ und $i_{1\mathrm{M\,soll}}$ in Feldkoordinaten mit Hilfe der Operation der Koordinatendrehung KD die zugeordneten Sollwerte $i_{1\alpha\,\mathrm{soll}}$ und $i_{1\beta\,\mathrm{soll}}$ und aus diesen über eine Koordinatenwandlung KW entsprechend (2.6.82a,b,c) die Sollwerte der Strangströme gewonnen. Die Stromregler der einzelnen Strangströme sorgen zusammen mit dem jeweiligen Steuersatz dafür, dass in jedem Strang der geforderte Augenblickswert des Stroms durch ein entsprechendes Tastverhältnis der Pulsung eingestellt wird. Dem entspricht, dass mit dem Pulsumrichter jede beliebige Lage des Stroms $\vec{i}_1^{\,\mathrm{S}}$ im Ständerkoordinatensystem eingestellt werden kann und damit auch in jedem Augenblick ein auf $\vec{\psi}_1^{\,\mathrm{S}}$ senkrecht stehender Strom, um das größtmögliche Drehmoment zu entwickeln.

Die Anordnung nach Bild 2.6.24, bei der die Augenblickswerte der Strangströme entsprechend dem Ergebnis der Signalverarbeitung in der Regelschaltung eingestellt werden, bietet die beste Möglichkeit zum Verständnis der Vorgänge bei der feldorientierten Regelung. Dazu soll davon ausgegangen werden, dass sich die Maschine mit $n_{\mathrm{soll}} = 0$

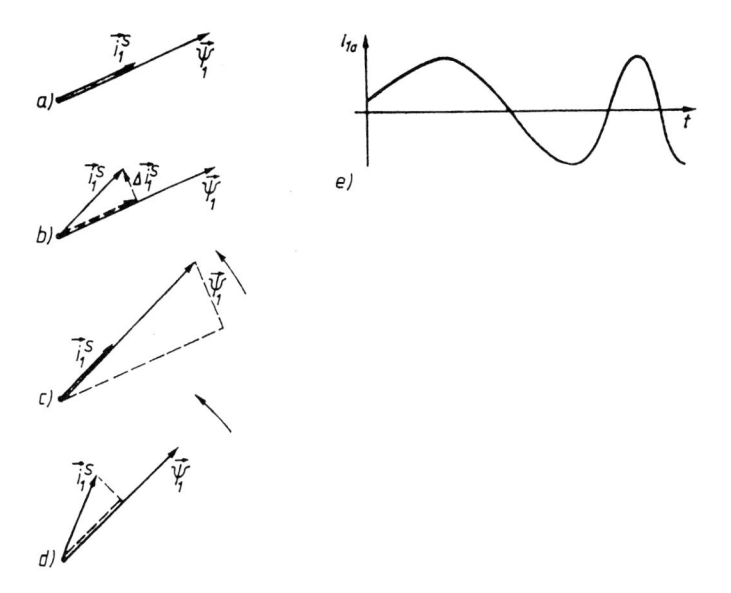

Bild 2.6.25 Zur Erläuterung des inneren Mechanismus der feldorientierten Regelung am Beispiel des Aufprägens eines Sollwertsprungs Δn_{soll} bei Stillstand.
a) Gleichgrößen $\vec{\psi}_1^S$ und $\vec{i}_1^S$ vor Aufprägen des Sollwertsprungs Δn_{soll};
b) Entstehung der Stromkomponente $\Delta \vec{i}_1^S$ als unmittelbare Folge des Sollwertsprungs Δn_{soll};
c) Drehstreckung von $\vec{\psi}_1^S$ durch den von $\Delta \vec{i}_1^S$ hervorgerufenen Feldaufbau;
d) Nachstellen von $\vec{i}_1^S$ auf der Grundlage der Istwerterfassung des Zustands entsprechend c) durch die Stromregler;
e) Anfangsverlauf des Stroms im Ankerstrang a

und $\hat{\psi}_{1\,\text{soll}} = \hat{\psi}_{1N}$ im Stillstand befindet und dementsprechend $i_{1M\,\text{soll}} = 0$ ist und $i_{1F\,\text{soll}}$ einen bestimmten Wert besitzt. Nach Maßgabe von $i_{1F\,\text{soll}}$ fließen in den Wicklungssträngen Gleichströme und bauen das entsprechende Feld auf (s. Bild 2.6.25a). Wenn nunmehr ein Sprung Δn_{soll} des Drehzahlsollwerts aufgebracht wird, liefert der Drehzahlregler ein endliches Ausgangssignal $\Delta i_{1M\,\text{soll}}$. Dieses wird entsprechend der räumlichen Lage des Felds in der Maschine, d. h. der Lage $\varepsilon_{\psi 1} = \vartheta_F$ des komplexen Augenblickswerts $\vec{\psi}_1^S$ der Ständerflussverkettung, so in Signale $\Delta i_{1\alpha\,\text{soll}}$ und $\Delta i_{1\beta\,\text{soll}}$ und damit in solche Signale $\Delta i_{1a\,\text{soll}}$, $\Delta i_{1b\,\text{soll}}$ und $\Delta i_{1c\,\text{soll}}$ umgesetzt, dass die Stromregler Strangströme einstellen, die einen komplexen Augenblickswert $\Delta \vec{i}_1^S$ zur Folge haben, der senkrecht auf $\vec{\psi}_1^S$ steht (s. Bild 2.6.25b). Damit entwickelt die Maschine entsprechend (2.6.67) ein Drehmoment, das den größten Betrag aufweist, der mit den eingestellten Werten von $\hat{\psi}_1$ und $\Delta \hat{i}_1$ erreichbar ist. Es setzt ein Beschleunigungsvorgang ein. Gleichzeitig baut sich unter der Wirkung des Stroms $\Delta \vec{i}_1^S$ ein Feld auf, das sich dem ursprünglich vorhandenen Feld überlagert; die Flussverkettung $\vec{\psi}_1^S$ erfährt eine Drehstreckung (s. Bild 2.6.25c). Die Istwerterfassung stellt diese Drehstreckung fest, d. h. besonders den geänderten Wert von $\varepsilon_{\psi 1} = \vartheta_\mathrm{F}$, und ausgehend von den konstant gebliebenen Sollwerten werden schließlich Strangströme eingestellt, die den Betrag der Flussverkettung auf den geforderten Wert zurücksetzen und wiederum eine Komponente von $\vec{i}_1^\mathrm{S}$ entstehen lassen, die senkrecht auf $\vec{\psi}_1^\mathrm{S}$ steht. Dabei hat sich nunmehr auch der komplexe Augenblickswert $\vec{i}_1^\mathrm{S}$ des Ankerstroms um einen gewissen Winkel gedreht. Dieser Vorgang setzt sich fort, so dass eine stetig beschleunigte Drehbewegung der komplexen Augenblickswerte $\vec{\psi}_1^\mathrm{S}$ und $\vec{i}_1^\mathrm{S}$ zustande kommt. Einem Umlauf von $\vec{\psi}_1^\mathrm{S}$ bzw. $\vec{i}_1^\mathrm{S}$ entspricht, dass die zugeordneten Stranggrößen eine – zunächst verzerrte – Periode durchlaufen haben (s. Bild 2.6.25e). Es entsteht ein mit zunehmender Geschwindigkeit umlaufendes Drehfeld. Die Augenblickswerte der Strangströme werden durch den inneren Mechanismus der feldorientierten Regelung automatisch so geführt, dass quasisinusförmige Größen mit zunehmender Frequenz entstehen. Unter der Wirkung des nach Maßgabe von $\mathrm{Im}\{\vec{\psi}_1^\mathrm{S} \vec{i}_1^{\mathrm{S}*}\}$ entwickelten Drehmoments wird der Läufer beschleunigt. Er erreicht schließlich die Solldrehzahl Δn_soll. Dann ist keine weitere Beschleunigung mehr erforderlich. Die Komponente $i_{1\mathrm{M}}$ von $\vec{i}_1^\mathrm{S}$, die für das Drehmoment verantwortlich ist, reduziert sich auf jenen Wert, der erforderlich ist, um die Konstanz der Drehzahl aufrechtzuerhalten. Das von der Maschine entwickelte Drehmoment ist gerade so groß wie das von der gekuppelten Arbeitsmaschine geforderte Drehmoment.

3
Dreiphasen-Synchronmaschine

3.1
Modelle auf Basis der Hauptwellenverkettung

3.1.1
Allgemeine Form des Gleichungssystems mit einer Ersatzdämpferwicklung je Achse

3.1.1.1 Ausführung der Maschine als Schenkelpolmaschine

Der allgemeine Aufbau einer Schenkelpolmaschine in der Ausführungsform als Innenpolmaschine ist bereits als Bild 1.8.11, Seite 249, fixiert worden. Davon ausgehend wurden im Abschnitt 1.8.3 die zugeordneten Spannungs- und Flussverkettungsgleichungen abgeleitet. Zur Wahrung der Durchsichtigkeit wird im Folgenden davon ausgegangen, dass sich der tatsächliche Dämpferkäfig durch je eine *Ersatzdämpferwicklung* in der Längs- und in der Querachse ersetzen lässt. Die Berechtigung für eine derartige Vereinfachung leitet sich zunächst aus der experimentellen Erfahrung her. Die Untersuchungen einfacher nichtstationärer Vorgänge, wie z. B. des dreipoligen Stoßkurzschlusses, zeigen, dass sich die Maschine nach außen hin tatsächlich so verhält, als ob nur ein Dämpferkreis in jeder der beiden Achsen vorhanden wäre. Diese Erscheinung lässt sich dadurch erklären, dass der Dämpferkäfig in Näherung einen vollständigen, symmetrischen Käfig darstellt, wie ihn Induktionsmaschinen mit Käfigläufer besitzen. Ein derartiger Käfig lässt sich aber entsprechend Abschnitt 1.8.2.2, Seite 241, durch eine äquivalente zweisträngige Wicklung ersetzen. Die Pollücke bewirkt, dass sich die Parameter der Dämpferkreise in den beiden Achsen voneinander unterscheiden. Diese Parameter werden i. Allg. experimentell gewonnen, z. B. durch Auswertung der Stromverläufe beim dreipoligen Stoßkurzschluss. Durch Formulierung geeigneter Annahmen kann man sie auch von der gegebenen Geometrie ausgehend berechnen [53]. Die beiden Ersatzdämpferwicklungen werden mit Dd und Dq bezeichnet. Die betrachtete Anordnung ist im Bild 3.1.1 dargestellt. Die entsprechende schematische Darstellung zeigt Bild 3.1.2. Dabei ist das Polsystem, der üblichen Gepflogenheit folgend, außen dargestellt. Im Vergleich zur Induktionsmaschine, deren

Theorie elektrischer Maschinen, Germar Müller und Bernd Ponick
Copyright © 2009 WILEY-VCH Verlag GmbH & Co. KGaA, Weinheim
ISBN: 978-3-527-40526-8

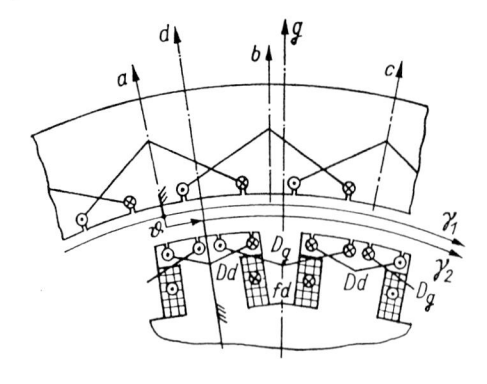

Bild 3.1.1 Prinzipieller Aufbau einer Dreiphasen-Synchronmaschine als Schenkelpolmaschine in Innenpolausführung mit je einer Ersatzdämpferwicklung in der Längsachse (Dd) und in der Querachse (Dq)

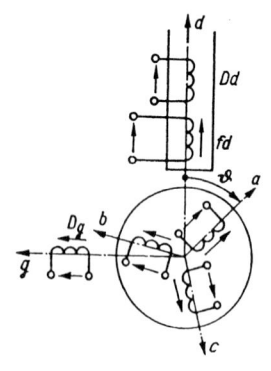

Bild 3.1.2 Schematische Darstellung der Dreiphasen-Synchronmaschine in Schenkelpolausführung mit je einer Ersatzdämpferwicklung in der Längs- und in der Querachse

Gleichungssysteme im Abschnitt 2.1 entwickelt wurden, gibt es keine Unterschiede bezüglich des Ankers bzw. Ständers, aber das Polsystem bzw. der Läufer ist magnetisch und elektrisch unsymmetrisch. Damit gibt es keine Möglichkeit, den Variablen des Polsystems komplexe Augenblickswerte sinnvoll zuzuordnen. Im Polsystem muss von den symmetrisch zu den beiden Achsen angeordneten Wicklungen ausgegangen und mit deren Strömen, Spannungen und Flussverkettungen gearbeitet werden. Bezüglich des Dämpferkäfigs sind dies nach Einführung der Ersatzdämpferwicklungen je eine Wicklung in der Längsachse und eine in der Querachse mit unterschiedlichen Parametern. Damit ist das Läuferkoordinatensystem das den realen Verhältnissen der Synchronmaschine am besten angepasste Koordinatensystem. Die Darstellung im Läuferkoordinatensystem ist im Zuge der Entwicklung der Theorie der Synchronmaschine auch zwangsläufig entstanden und hat dabei zur Einführung der d-q-0-Komponenten geführt, die nach ihrem Schöpfer auch *Park-Komponenten* genannt werden.

In einer groben Näherung kann man sich den Läufer der Synchronmaschine auch durch einen symmetrischen Schleifringläufer ersetzt denken. Das wird unter der Bezeichnung *vereinfachte Vollpolmaschine* geschehen. In diesem Fall lassen sich natürlich wieder alle Darstellungsformen sinnvoll nutzen, die im Abschnitt 2.1 entwickelt wurden. Insbesondere kann wieder durchgängig, d. h. im Anker und im Polsystem, mit komplexen Augenblickswerten gearbeitet werden. Bei der realen Schenkelpolmaschine und auch bei der realen Vollpolmaschine ist dies – wie bereits erwähnt – nur für die Ankergrößen sinnvoll möglich.

Das System der Spannungs- und Flussverkettungsgleichungen für eine Maschine mit einer Ersatzdämpferwicklung je Achse ist in Tabelle 3.1.1 ausgehend von den Beziehungen, die im Abschnitt 1.8.3.2, Seite 253, entwickelt wurden, dargestellt. Für die Ersatzdämpferwicklungen muss natürlich – wie generell vorausgesetzt – das Prinzip der Hauptwellenverkettung gelten. Damit rufen deren Durchflutungshauptwellen in der d- bzw. q-Achse jeweils Induktionshauptwellen hervor, die über die gleichen Polformkoeffizienten bestimmt werden, wie sie für die Ankerwicklung wirksam sind. Auf Basis dieser Überlegungen und bei analogem Vorgehen wie im Abschnitt 1.8 lassen sich die in Tabelle 3.1.1 dargestellten Ausdrücke für die Induktivitäten entwickeln. Das soll im Folgenden unter Beachtung von (1.8.10), Seite 224, und (1.8.84a–d), Seite 254, geschehen, wobei jeweils in einer ersten Beziehung für die einzelnen Induktivitäten der Entstehungsprozess verfolgt werden kann. Man erhält für die Selbstinduktivität der Ersatzdämpferwicklung der Längsachse sowie für deren Gegeninduktivität zum Anker

$$L_{\mathrm{DDd}} = \frac{\mu_0}{\delta''_{\mathrm{i0}}} \frac{4}{\pi} \frac{(w\xi_\mathrm{p})_{\mathrm{Dd}}}{2p} C_{\mathrm{adp}} \frac{2}{\pi} \tau_\mathrm{p} l_\mathrm{i} (w\xi_\mathrm{p})_{\mathrm{Dd}} + L_{\sigma\mathrm{Dd}}$$

$$= L_\mathrm{h} \frac{2}{3} \frac{(w\xi_\mathrm{p})^2_{\mathrm{Dd}}}{(w\xi_\mathrm{p})^2_\mathrm{a}} C_{\mathrm{adp}} + L_{\sigma\mathrm{Dd}} = L_{\mathrm{hd}} \frac{2}{3} \frac{(w\xi_\mathrm{p})^2_{\mathrm{Dd}}}{(w\xi_\mathrm{p})^2_\mathrm{a}} + L_{\sigma\mathrm{Dd}} \qquad (3.1.1)$$

$$L_{\mathrm{aDd}} = \frac{\mu_0}{\delta''_{\mathrm{i0}}} \frac{4}{\pi} \frac{(w\xi_\mathrm{p})_{\mathrm{Dd}}}{2p} C_{\mathrm{adp}} \frac{2}{\pi} \tau_\mathrm{p} l_\mathrm{i} (w\xi_\mathrm{p})_\mathrm{a} \xi_{\mathrm{schr,p}}$$

$$= L_\mathrm{h} \frac{2}{3} \frac{(w\xi_\mathrm{p})_{\mathrm{Dd}}}{(w\xi_\mathrm{p})_\mathrm{a}} C_{\mathrm{adp}} \xi_{\mathrm{schr,p}} = L_{\mathrm{hd}} \frac{2}{3} \frac{(w\xi_\mathrm{p})_{\mathrm{Dd}}}{(w\xi_\mathrm{p})_\mathrm{a}} \xi_{\mathrm{schr,p}} \qquad (3.1.2)$$

mit der hintereinandergeschaltet gedachten wirksamen Windungszahl $(w\xi_\mathrm{p})_{\mathrm{Dd}}$ der auf $2p$ Pole verteilten Ersatzdämpferwicklung der Längsachse und der den Streufeldern im Nut-, Wicklungskopf- und Zahnkopfraum sowie den Oberwellenfeldern zugeordneten Induktivität $L_{\sigma\mathrm{Dd}}$ der Ersatzdämpferwicklung der Längsachse. Die Hauptflussverkettung ist durch (1.8.10) gegeben, wobei der Polformkoeffizient davon ausgehend eingeführt wurde, dass für den idealen Luftspalt der Wert δ''_{i0} in Polmitte Verwendung findet. Die analoge Entwicklung für die Ersatzdämpferwicklung der Querachse führt auf

$$L_{\mathrm{DDq}} = L_\mathrm{h} \frac{2}{3} \frac{(w\xi_\mathrm{p})^2_{\mathrm{Dq}}}{2p} C_{\mathrm{aqp}} + L_{\sigma\mathrm{Dq}} = L_{\mathrm{hq}} \frac{2}{3} \frac{(w\xi_\mathrm{p})^2_{\mathrm{Dq}}}{(w\xi_\mathrm{p})^2_\mathrm{a}} + L_{\sigma\mathrm{Dq}} \qquad (3.1.3)$$

$$L_{\mathrm{aDq}} = L_\mathrm{h} \frac{2}{3} \frac{(w\xi_\mathrm{p})_{\mathrm{Dq}}}{(w\xi_\mathrm{p})_\mathrm{a}} C_{\mathrm{aqp}} \xi_{\mathrm{schr,p}} = L_{\mathrm{hq}} \frac{2}{3} \frac{(w\xi_\mathrm{p})_{\mathrm{Dq}}}{(w\xi_\mathrm{p})_\mathrm{a}} \xi_{\mathrm{schr,p}} \qquad (3.1.4)$$

mit der hintereinandergeschaltet gedachten wirksamen Windungszahl $(w\xi_\mathrm{p})_{\mathrm{Dq}}$ der auf $2p$ Pole verteilten Ersatzdämpferwicklung der Querachse und der den Streufeldern im

Tabelle 3.1.1 Zusammenstellung des allgemeinen Systems der Spannungs- und Flussverkettungsgleichungen einer Dreiphasen-Synchronmaschine mit je einer Ersatzdämpferwicklung in der Längs- und in der Querachse

Spannungsgleichungen der Ankerstränge

$$\begin{pmatrix} u_a \\ u_b \\ u_c \end{pmatrix} = R \begin{pmatrix} i_a \\ i_b \\ i_c \end{pmatrix} + \frac{\mathrm{d}}{\mathrm{d}t} \begin{pmatrix} \psi_a \\ \psi_b \\ \psi_c \end{pmatrix}$$

Flussverkettungsgleichungen der Ankerstränge

$$\begin{pmatrix} \psi_a \\ \psi_b \\ \psi_c \end{pmatrix} = L_0 \frac{1}{3}[i_a + i_b + i_c] \begin{pmatrix} 1 \\ 1 \\ 1 \end{pmatrix} + \left\{ L_d \frac{2}{3} \left[i_a \cos\vartheta + i_b \cos\left(\vartheta - \frac{2\pi}{3}\right) + i_c \cos\left(\vartheta + \frac{2\pi}{3}\right) \right] + L_{\mathrm{aDd}} i_{\mathrm{Dd}} + L_{\mathrm{afd}} i_{\mathrm{fd}} \right\}$$
$$- \left\{ L_q \frac{2}{3} \left[-i_a \sin\vartheta - i_b \sin\left(\vartheta - \frac{2\pi}{3}\right) - i_c \sin\left(\vartheta + \frac{2\pi}{3}\right) \right] + L_{\mathrm{aDq}} i_{\mathrm{Dq}} \right\} \begin{pmatrix} \cos\vartheta \\ \cos(\vartheta - 2\pi/3) \\ \cos(\vartheta + 2\pi/3) \end{pmatrix}$$
$$\begin{pmatrix} \sin\vartheta \\ \sin(\vartheta - 2\pi/3) \\ \sin(\vartheta + 2\pi/3) \end{pmatrix}$$

Spannungsgleichungen der Polradkreise

$$0 = R_{\mathrm{Dd}} i_{\mathrm{Dd}} + \frac{\mathrm{d}\psi_{\mathrm{Dd}}}{\mathrm{d}t}$$
$$0 = R_{\mathrm{Dq}} i_{\mathrm{Dq}} + \frac{\mathrm{d}\psi_{\mathrm{Dq}}}{\mathrm{d}t}$$
$$u_{\mathrm{fd}} = R_{\mathrm{fd}} i_{\mathrm{fd}} + \frac{\mathrm{d}\psi_{\mathrm{fd}}}{\mathrm{d}t}$$

Flussverkettungsgleichungen der Polradkreise

$$\psi_{\mathrm{Dd}} = L_{\mathrm{Dad}}[i_a \cos\vartheta + i_b \cos(\vartheta - 2\pi/3) + i_c \cos(\vartheta + 2\pi/3)] + L_{\mathrm{DDd}} i_{\mathrm{Dd}} + L_{\mathrm{Dfd}} i_{\mathrm{fd}}$$
$$\psi_{\mathrm{fd}} = L_{\mathrm{fad}}[i_a \cos\vartheta + i_b \cos(\vartheta - 2\pi/3) + i_c \cos(\vartheta + 2\pi/3)] + L_{\mathrm{fDd}} i_{\mathrm{Dd}} + L_{\mathrm{ffd}} i_{\mathrm{fd}}$$
$$\psi_{\mathrm{Dq}} = L_{\mathrm{Daq}}[-i_a \sin\vartheta - i_b \sin(\vartheta - 2\pi/3) - i_c \sin(\vartheta + 2\pi/3)] + L_{\mathrm{DDq}} i_{\mathrm{Dq}}$$

Nut-, Wicklungskopf- und Zahnkopfraum sowie den Oberwellenfeldern zugeordneten Induktivität $L_{\sigma\mathrm{Dq}}$ der Ersatzdämpferwicklung der Querachse. Für die Selbstinduktivität der Erregerwicklung erhält man bei analogem Vorgehen

$$L_{\mathrm{ffd}} = \frac{\mu_0}{\delta_{\mathrm{i}0}''} \frac{w_{\mathrm{fd}}}{2p} \frac{2}{\pi} \tau_{\mathrm{p}} l_{\mathrm{i}} w_{\mathrm{fd}} C_{\mathrm{fdm}} + L_{\sigma\mathrm{fd}} = L_{\mathrm{h}} \frac{2}{3} \frac{\pi}{4} \frac{w_{\mathrm{fd}}^2}{(w\xi_{\mathrm{p}})_{\mathrm{a}}^2} C_{\mathrm{fdm}} + L_{\sigma\mathrm{fd}} \qquad (3.1.5)$$

mit der hintereinandergeschalteten Windungszahl w_{fd} aller $2p$ Pole, der den Streufeldern im Polzwischenraum und im Stirnraum zugeordneten Selbstinduktivität $L_{\sigma\mathrm{fd}}$ sowie

$$C_{\mathrm{fdm}} = \frac{\pi}{2} \left(\frac{B_{\mathrm{m}}}{B_{\mathrm{max}}} \right)_{\text{bei Erregung mit } i_{\mathrm{fd}}} .$$

Die Beziehung für die Gegeninduktivität zwischen der Erregerwicklung und dem Anker ist bereits als (1.8.84c), Seite 254, entwickelt worden. Man erhält in der hier gewählten Darstellungsform

$$L_{\mathrm{afd}} = \frac{\mu_0}{\delta_{\mathrm{i}0}''} \frac{w_{\mathrm{fd}}}{2p} \frac{2}{\pi} \tau_{\mathrm{p}} l_{\mathrm{i}} C_{\mathrm{fdp}} (w\xi_{\mathrm{p}})_{\mathrm{a}} \xi_{\mathrm{schr,p}} = L_{\mathrm{h}} \frac{2}{3} \frac{\pi}{4} \frac{w_{\mathrm{fd}}}{(w\xi_{\mathrm{p}})_{\mathrm{a}}} C_{\mathrm{fdp}} \xi_{\mathrm{schr,p}} \qquad (3.1.6)$$

mit $\quad C_{\mathrm{fdp}} = \left(\dfrac{\hat{B}_{\mathrm{p}}}{B_{\mathrm{max}}} \right)_{\text{bei Erregung mit } i_{\mathrm{fd}}} .$

Schließlich lässt sich die Gegeninduktivität zwischen der Ersatzdämpferwicklung der Längsachse und der Erregerwicklung formulieren als

$$L_{\mathrm{Dfd}} = \frac{\mu_0}{\delta_{\mathrm{i}0}''} \frac{w_{\mathrm{fd}}}{2p} \frac{2}{\pi} \tau_{\mathrm{p}} l_{\mathrm{i}} C_{\mathrm{fdp}} (w\xi_{\mathrm{p}})_{\mathrm{Dd}} + L_{\sigma\mathrm{Df}} = L_{\mathrm{h}} \frac{2}{3} \frac{\pi}{4} \frac{(w\xi_{\mathrm{p}})_{\mathrm{Dd}}}{(w\xi_{\mathrm{p}})_{\mathrm{a}}} C_{\mathrm{fdp}} + L_{\sigma\mathrm{Df}} \qquad (3.1.7)$$

mit der den Streufeldern zwischen der Ersatzdämpferwicklung der Längsachse und der Erregerwicklung zugeordneten Gegeninduktivität $L_{\sigma\mathrm{Df}}$. L_{d} und L_{q} sind über (1.8.84a,b) und (1.8.85a,b) gegeben. Es ist also

$$L_{\mathrm{d}} = L_{\mathrm{h}} C_{\mathrm{adp}} + L_{\sigma} = L_{\mathrm{hd}} + L_{\sigma} \qquad (3.1.8\mathrm{a})$$

$$L_{\mathrm{q}} = L_{\mathrm{h}} C_{\mathrm{aqp}} + L_{\sigma} = L_{\mathrm{hq}} + L_{\sigma} . \qquad (3.1.8\mathrm{b})$$

Die Beziehungen (3.1.1) bis (3.1.8a,b) für die Induktivitäten der Dreiphasen-Synchronmaschine mit einer Ersatzdämpferwicklung pro Achse werden im Abschnitt 3.1.10 genutzt, um nach Einführung transformierter Größen für die Polradkreise Flussverkettungsgleichungen entstehen zu lassen, die für die routinemäßige Anwendung vorteilhaft sind.

Das *Drehmoment* wird zweckmäßig auf der Grundlage der Beziehungen ermittelt, die aus einer allgemeinen Energiebilanz folgen und in Tabelle 1.7.1, Seite 183, zusammengefasst wurden. Dementsprechend gilt unter Beachtung der vorliegenden linearen magnetischen Verhältnisse mit $\vartheta = p\vartheta'$

$$m = \frac{p}{2} \sum_{j=1}^{n} i_j \frac{\partial \psi_j}{\partial \vartheta} . \qquad (3.1.9)$$

Dabei ist die Summe über die drei Ankerstränge sowie die drei Wicklungen des Polsystems zu erstrecken. Wenn man in (3.1.9) die Flussverkettungsgleichungen der Ankerstränge, der Dämpferwicklung und der Erregerwicklung nach Tabelle 3.1.1 einsetzt, erhält man nach längerer, aber trivialer Rechnung

$$\boxed{m = \frac{p}{\sqrt{3}}(\psi_a i_b - \psi_b i_a) + \frac{p}{\sqrt{3}}(\psi_b i_c - \psi_c i_b) + \frac{p}{\sqrt{3}}(\psi_c i_a - \psi_a i_c)} \quad . \quad (3.1.10)$$

Da für die Ankergrößen, wie oben ausgeführt wurde, nach wie vor komplexe Augenblickswerte nach (1.8.36a), Seite 232, einführbar sind, lässt sich auch die zugeordnete Beziehung für das Drehmoment in (2.1.34), Seite 291, übernehmen. Es ist also

$$m = -\frac{3}{2} p \operatorname{Im}\left\{\vec{\psi}_1^{\mathrm{K}} \vec{i}_1^{\mathrm{K}*}\right\} \quad . \quad (3.1.11)$$

Durch Einsetzen von $\vec{\psi}_1^{\mathrm{K}}$ und $\vec{i}_2^{\mathrm{K}}$ nach (1.8.36a) folgt daraus ebenfalls (3.1.10). Die Bewegungsgleichung folgt aus (1.7.119), Seite 209, mit $\vartheta = p\vartheta'$ zu

$$\boxed{m + m_{\mathrm{A}} = \frac{J}{p}\frac{\mathrm{d}^2 \vartheta}{\mathrm{d}t}} \quad . \quad (3.1.12)$$

Die Spannungs- und Flussverkettungsgleichungen nach Tabelle 3.1.1 sowie die Beziehungen (3.1.10) bzw. (3.1.11) und (3.1.12) beschreiben das Verhalten der Maschine vollständig. Sie bilden ein System von 14 Gleichungen und vermitteln zwischen 19 Veränderlichen. Demnach müssen fünf Veränderliche in ihrem Zeitverlauf vorgegeben sein. Diese fünf Angaben stellen die *Betriebsbedingungen* für den betrachteten Betriebszustand dar. Sie bestehen aus

– je einer Aussage über die Strom-Spannungs-Verhältnisse an den Klemmen der 3 Ankerstränge,
– einer Aussage über die Strom-Spannungs-Verhältnisse an den Klemmen der Erregerwicklung,
– einer Aussage über die Drehzahl-Drehmoment-Verhältnisse an der Welle.

Die Lösung des Gleichungssystems bereitet im allgemeinen Fall Schwierigkeiten, da in den Flussverkettungsgleichungen Koeffizienten auftreten, die Funktionen von ϑ sind, und ϑ selbst eine Veränderliche darstellt. Es liegt nahe, dass man versucht, die ϑ-Abhängigkeit der Koeffizienten in den Flussverkettungsgleichungen zu eliminieren. Dieser Gedanke führt auf die Einführung der sog. d-q-0-Komponenten bzw. zur Darstellung im Läuferkoordinatensystem, die im Abschnitt 3.1.2 erfolgt.

3.1.1.2 Ausführung der Maschine als Vollpolmaschine

Der prinzipielle Aufbau der Vollpol-Synchronmaschine wurde im Abschnitt 6.2 des Bands *Grundlagen elektrischer Maschinen* dargestellt. Er trägt folgende Kennzeichen:

3.1 Modelle auf Basis der Hauptwellenverkettung

– Der Läufer ist abgesehen von der Nutung rotationssymmetrisch, d. h. es liegt ein konstanter Luftspalt vor.
– Die Erregerwicklung stellt eine in Nuten verteilte einsträngige Wicklung dar.
– Es existiert im allgemeinen Fall ein in Nuten des Läufers untergebrachter Dämpferkäfig, der wiederum durch je eine Ersatzdämpferwicklung in der Längsachse und in der Querachse dargestellt werden kann.

Unter Beachtung dieser Besonderheiten kann die Vollpolmaschine als Sonderfall der Schenkelpolmaschine aufgefasst werden. Die Flussverkettungsgleichungen in Tabelle 3.1.2 bleiben prinzipiell bestehen, aber die Beziehungen für die Induktivitäten ändern sich. Dabei bewirkt der konstante Luftspalt, dass die Polformkoeffizienten des Ankers bei Vernachlässigung der Nutöffnungen der Erregernuten übergehen in

$$C_{\mathrm{adp}} = C_{\mathrm{aqp}} = 1 \ .$$

Der Polformkoeffizient C_{fdm} der Erregerwicklung tritt nicht mehr in Erscheinung, da die Erregerwicklung als verteilte Wicklung ausgeführt ist, für die – ebenso wie für die beiden Ersatzdämpferwicklungen – das Prinzip der Hauptwellenverkettung gilt.

Die verteilte Erregerwicklung wirkt mit der Hauptwelle ihrer Durchflutungsverteilung auf die Ankerwicklung und die Ersatzdämpferwicklung der Längsachse. Dadurch tritt an die Stelle der Windungszahl w_{fd} der Schenkelpolmaschine jetzt die für den Hauptwellenmechanismus wirksame Windungszahl $(w\xi_{\mathrm{p}})_{\mathrm{fd}}$.

Die Beziehungen für die Induktivitäten im allgemeinen Gleichungssystem der Schenkelpolmaschine wurden in den Abschnitten 1.8 und 3.1.1.1 entwickelt. Davon ausgehend ergeben sich unter Beachtung der dargelegten Besonderheiten für die Induktivitäten im allgemeinen Gleichungssystem der Vollpolmaschine die im Folgenden aufgezeigten Beziehungen.

Für die synchrone Induktivität erhält man ausgehend von (3.1.8a,b) bzw. (1.8.84a–d) und (1.8.85a,b), Seite 255, unter Beachtung von $L_{\mathrm{hd}} = L_{\mathrm{hq}} = L_{\mathrm{h}}$

$$L_{\mathrm{d}} = L_{\mathrm{q}} = L_{\mathrm{h}} + L_{\sigma} \tag{3.1.13}$$

mit
$$L_{\mathrm{h}} = \frac{\mu_0}{\delta_{\mathrm{i}}''} \frac{3}{2} \frac{4}{\pi} \frac{2}{\pi} \tau_{\mathrm{p}} l_{\mathrm{i}} \frac{(w\xi_{\mathrm{p}})_{\mathrm{a}}^2}{2p} \tag{3.1.14}$$

entsprechend (1.8.10), Seite 224. Die weiteren Induktivitäten ergeben sich unter Verwendung von L_{h} nach (3.1.14) wie folgt:

– Selbstinduktivität der Ersatzdämpferwicklung der Längsachse ausgehend von (3.1.1)

$$L_{\mathrm{DDd}} = L_{\mathrm{h}} \frac{2}{3} \frac{(w\xi_{\mathrm{p}})_{\mathrm{Dd}}^2}{(w\xi_{\mathrm{p}})_{\mathrm{a}}^2} + L_{\sigma \mathrm{Dd}} \ , \tag{3.1.15}$$

– Gegeninduktivität der Ersatzdämpferwicklung der Längsachse zur Ankerwicklung ausgehend von (3.1.2)

$$L_{\mathrm{aDd}} = L_{\mathrm{h}} \frac{2}{3} \frac{(w\xi_{\mathrm{p}})_{\mathrm{Dd}}}{(w\xi_{\mathrm{p}})_{\mathrm{a}}} \xi_{\mathrm{schr,p}} \ , \tag{3.1.16}$$

– Selbstinduktivität der Erregerwicklung anstelle von (3.1.5)

$$L_{\text{ffd}} = \frac{\mu_0}{\delta_i''} \frac{4}{\pi} \frac{2}{\pi} \tau_p l_i \frac{(w\xi_p)_{\text{fd}}^2}{2p} + L_{\sigma\text{fd}} = L_h \frac{2}{3} \frac{(w\xi_p)_{\text{fd}}^2}{(w\xi_p)_a^2} + L_{\sigma\text{fd}} \;, \qquad (3.1.17)$$

– Gegeninduktivität der Erregerwicklung zur Ankerwicklung anstelle von (3.1.6)

$$L_{\text{afd}} = \frac{\mu_0}{\delta_i''} \frac{4}{\pi} \frac{2}{\pi} \tau_p l_i \frac{(w\xi_p)_{\text{fd}}(w\xi_p)_a}{2p} \xi_{\text{schr,p}} = L_h \frac{2}{3} \frac{(w\xi_p)_{\text{fd}}}{(w\xi_p)_a} \xi_{\text{schr,p}} \;, \qquad (3.1.18)$$

– Gegeninduktivität der Erregerwicklung zur Ersatzdämpferwicklung der Längsachse anstelle von (3.1.7)

$$L_{\text{Dfd}} = \frac{\mu_0}{\delta_i''} \frac{4}{\pi} \frac{2}{\pi} \tau_p l_i \frac{(w\xi_p)_{\text{fd}}(w\xi_p)_{\text{Dd}}}{2p} + L_{\sigma\text{Df}} = L_h \frac{2}{3} \frac{(w\xi_p)_{\text{fd}}(w\xi_p)_{\text{Dd}}}{(w\xi_p)_a^2} + L_{\sigma\text{Df}} \;,$$
$$(3.1.19)$$

– Selbstinduktivität der Ersatzdämpferwicklung der Querachse ausgehend von (3.1.3)

$$L_{\text{DDq}} = L_h \frac{2}{3} \frac{(w\xi_p)_{\text{Dq}}^2}{(w\xi_p)_a^2} + L_{\sigma\text{Dq}} \;, \qquad (3.1.20)$$

– Gegeninduktivität der Ersatzdämpferwicklung der Querachse zur Ankerwicklung ausgehend von (3.1.4)

$$L_{\text{aDq}} = L_h \frac{2}{3} \frac{(w\xi_p)_{\text{Dq}}}{(w\xi_p)_a} \xi_{\text{schr,p}} \;. \qquad (3.1.21)$$

3.1.2
Gleichungssystem der Schenkelpolmaschine unter Einführung der d-q-0-Komponenten

3.1.2.1 d-q-0-Komponenten der Ankerströme

Die Ankerströme i_a, i_b und i_c treten in sämtlichen Flussverkettungsgleichungen nach Tabelle 3.1.1 in drei Kombinationen auf, die jeweils durch eckige Klammern hervorgehoben wurden. Diese Ausdrücke sollen durch neue Ströme ersetzt werden, die sog. d-q-0-Komponenten i_d, i_q, i_0. Unter dem Gesichtspunkt, dass in den Flussverkettungsgleichungen des Ankers nach Tabelle 3.1.1 keine Zahlenfaktoren stehen bleiben, ergeben sich die Transformationsbeziehungen[1])

$$i_{\text{d}} = \frac{2}{3} \left[i_a \cos\vartheta + i_b \cos\left(\vartheta - \frac{2\pi}{3}\right) + i_c \cos\left(\vartheta + \frac{2\pi}{3}\right) \right] \qquad (3.1.22\text{a})$$

$$i_{\text{q}} = \frac{2}{3} \left[-i_a \sin\vartheta - i_b \sin\left(\vartheta - \frac{2\pi}{3}\right) - i_c \sin\left(\vartheta + \frac{2\pi}{3}\right) \right] \qquad (3.1.22\text{b})$$

$$i_0 = \frac{1}{3} [i_a + i_b + i_c] \qquad (3.1.22\text{c})$$

1) Auf die Wahl des Zahlenfaktors 2/3 in den Beziehungen für i_d und i_q wird nochmals eingegangen, wenn die allgemeinen Beziehungen zur Behandlung des stationären Betriebs herangezogen werden.

Ein Vergleich mit (1.8.78a,b), Seite 251, zeigt unter Beachtung der Lage der Ankerstränge entsprechend Bild 3.1.1, dass i_d der Amplitude $\hat{\Theta}_\mathrm{dp}$ der Längskomponente der Durchflutungshauptwelle des Ankers und i_q der Amplitude $\hat{\Theta}_\mathrm{qp}$ ihrer Querkomponente zugeordnet sind. Es bestehen die Beziehungen

$$\hat{\Theta}_\mathrm{dp} = \frac{3}{2}\frac{4}{\pi}\frac{(w\xi_\mathrm{p})_\mathrm{a}}{2p} i_\mathrm{d} \tag{3.1.23a}$$

$$\hat{\Theta}_\mathrm{qp} = \frac{3}{2}\frac{4}{\pi}\frac{(w\xi_\mathrm{p})_\mathrm{a}}{2p} i_\mathrm{q} . \tag{3.1.23b}$$

Der Strom i_0 liefert keinen Beitrag zur Durchflutungshauptwelle.

Zur Vereinfachung der Darstellung ist es vorteilhaft, die Transformationsbeziehungen nach (3.1.22a,b,c) in Matrizenform als

$$\begin{pmatrix} i_\mathrm{d} \\ i_\mathrm{q} \\ i_0 \end{pmatrix} = \boldsymbol{C} \begin{pmatrix} i_a \\ i_b \\ i_c \end{pmatrix} \tag{3.1.24}$$

anzugeben, wobei die *Transformationsmatrix*

$$\boldsymbol{C} = \begin{pmatrix} \frac{2}{3}\cos\vartheta & \frac{2}{3}\cos\left(\vartheta-\frac{2\pi}{3}\right) & \frac{2}{3}\cos\left(\vartheta+\frac{2\pi}{3}\right) \\ -\frac{2}{3}\sin\vartheta & -\frac{2}{3}\sin\left(\vartheta-\frac{2\pi}{3}\right) & -\frac{2}{3}\sin\left(\vartheta+\frac{2\pi}{3}\right) \\ \frac{1}{3} & \frac{1}{3} & \frac{1}{3} \end{pmatrix} \tag{3.1.25}$$

eingeführt wurde. Aus (3.1.24) und (3.1.25) erhält man unter Beachtung der Regeln der Matrizenrechnung als *Rücktransformationsbeziehung*[2]

$$\begin{pmatrix} i_a \\ i_b \\ i_c \end{pmatrix} = \boldsymbol{C}^{-1} \begin{pmatrix} i_\mathrm{d} \\ i_\mathrm{q} \\ i_0 \end{pmatrix} \tag{3.1.26}$$

mit
$$\boldsymbol{C}^{-1} = \begin{pmatrix} \cos\vartheta & -\sin\vartheta & 1 \\ \cos(\vartheta-2\pi/3) & -\sin(\vartheta-2\pi/3) & 1 \\ \cos(\vartheta+2\pi/3) & -\sin(\vartheta+2\pi/3) & 1 \end{pmatrix} . \tag{3.1.27}$$

3.1.2.2 d-q-0-Komponenten der Ankerflussverkettungen und zugeordnete Flussverkettungsgleichungen des Ankers

Aus den Flussverkettungsgleichungen des Ankers nach Tabelle 3.1.1 erhält man durch Einführen der d-q-0-Komponenten der Ankerströme nach (3.1.22a,b,c), wenn von vorn-

---

[2] Die Beziehung (3.1.26) mit $\boldsymbol{C}^{-1}$ nach (3.1.27) kann natürlich auch durch Umformung von (3.1.22a,b,c) gewonnen werden.

herein auf eine Darstellung hingearbeitet wird, die den nachfolgenden Schritten angepasst ist,

$$\begin{pmatrix} \psi_a \\ \psi_b \\ \psi_c \end{pmatrix} = \begin{pmatrix} \cos\vartheta & -\sin\vartheta & 1 \\ \cos(\vartheta - 2\pi/3) & -\sin(\vartheta - 2\pi/3) & 1 \\ \cos(\vartheta + 2\pi/3) & -\sin(\vartheta + 2\pi/3) & 1 \end{pmatrix} \begin{pmatrix} L_d i_d + L_{aDd} i_{Dd} + L_{afd} i_{fd} \\ L_q i_q + L_{aDq} i_{Dq} \\ L_0 i_0 \end{pmatrix}.$$

Ein Vergleich mit (3.1.26) und (3.1.27) zeigt, dass sich für die Flussverkettungen die gleiche Transformation anbietet wie für die Ströme. Man erhält die Transformationsbeziehungen

$$\begin{pmatrix} \psi_a \\ \psi_b \\ \psi_c \end{pmatrix} = \boldsymbol{C}^{-1} \begin{pmatrix} \psi_d \\ \psi_q \\ \psi_0 \end{pmatrix} \quad (3.1.28a)$$

bzw.

$$\begin{pmatrix} \psi_d \\ \psi_q \\ \psi_0 \end{pmatrix} = \boldsymbol{C} \begin{pmatrix} \psi_a \\ \psi_b \\ \psi_c \end{pmatrix} \quad (3.1.28b)$$

und als Flussverkettungsgleichungen im Bereich der d-q-0-Komponenten

$$\boxed{\begin{aligned} \psi_d &= L_d i_d + L_{aDd} i_{Dd} + L_{afd} i_{fd} \\ \psi_q &= L_q i_q + L_{aDq} i_{Dq} \\ \psi_0 &= L_0 i_0 \end{aligned}}$$

$(3.1.29a)$
$(3.1.29b)$
$(3.1.29c)$

3.1.2.3 d-q-0-Komponenten der Spannungen und zugeordnete Spannungsgleichungen

Wenn in die Spannungsgleichungen des Ankers nach Tabelle 3.1.1 die d-q-0-Komponenten der Ströme und Flussverkettungen entsprechend (3.1.26) und (3.1.28a) mit C^{-1} nach (3.1.27) eingeführt werden, erhält man

$$\begin{pmatrix} u_a \\ u_b \\ u_c \end{pmatrix} = \begin{pmatrix} \cos\vartheta & -\sin\vartheta & 1 \\ \cos\left(\vartheta - \dfrac{2\pi}{3}\right) & -\sin\left(\vartheta - \dfrac{2\pi}{3}\right) & 1 \\ \cos\left(\vartheta + \dfrac{2\pi}{3}\right) & -\sin\left(\vartheta + \dfrac{2\pi}{3}\right) & 1 \end{pmatrix} \begin{pmatrix} Ri_d + \dfrac{d\psi_d}{dt} - \dfrac{d\vartheta}{dt}\psi_q \\ Ri_q + \dfrac{d\psi_q}{dt} + \dfrac{d\vartheta}{dt}\psi_d \\ Ri_0 + \dfrac{d\psi_0}{dt} \end{pmatrix}.$$

Aus dieser Form der Spannungsgleichungen lässt sich ablesen, dass die Spannungen in gleicher Weise transformiert werden können wie die Ströme und Flussverkettungen.

Ein Vergleich mit (3.1.26) und (3.1.27) bzw. mit (3.1.28a) liefert

$$\begin{pmatrix} u_a \\ u_b \\ u_c \end{pmatrix} = \boldsymbol{C}^{-1} \begin{pmatrix} u_\mathrm{d} \\ u_\mathrm{q} \\ u_0 \end{pmatrix} \quad (3.1.30\mathrm{a})$$

bzw.

$$\begin{pmatrix} u_\mathrm{d} \\ u_\mathrm{q} \\ u_0 \end{pmatrix} = \boldsymbol{C} \begin{pmatrix} u_a \\ u_b \\ u_c \end{pmatrix}, \quad (3.1.30\mathrm{b})$$

und man erhält als Spannungsgleichungen im Bereich der d-q-0-Komponenten

$$u_\mathrm{d} = R i_\mathrm{d} + \frac{\mathrm{d}\psi_\mathrm{d}}{\mathrm{d}t} - \frac{\mathrm{d}\vartheta}{\mathrm{d}t} \psi_\mathrm{q} \quad (3.1.31\mathrm{a})$$

$$u_\mathrm{q} = R i_\mathrm{q} + \frac{\mathrm{d}\psi_\mathrm{q}}{\mathrm{d}t} + \frac{\mathrm{d}\vartheta}{\mathrm{d}t} \psi_\mathrm{d} \quad (3.1.31\mathrm{b})$$

$$u_0 = R i_0 + \frac{\mathrm{d}\psi_0}{\mathrm{d}t}. \quad (3.1.31\mathrm{c})$$

Die Spannungsgleichungen für u_d und u_q enthalten zwei Anteile der induzierten Spannung. Dabei besitzt der erste den Charakter einer transformatorischen Spannung und der zweite den einer Rotationsspannung. Diese Erscheinung wurde bereits bei der Aufstellung des allgemeinen Gleichungssystems der Induktionsmaschine beobachtet (vgl. Tab. 2.1.1, S. 292). Sie tritt allgemein dann auf, wenn die Variablen von Ständer und Läufer bzw. von Anker und Polsystem in einem gemeinsamen Koordinatensystem beschrieben werden (s. Abschn. 2.1.3.3, S. 289). Die Rotationsspannung stellt im allgemeinen Fall ein nichtlineares Glied dar, da sowohl $\mathrm{d}\vartheta/\mathrm{d}t$ als auch ψ Variablen mit beliebigem Zeitverhalten sind. Diese Komplizierung der Spannungsgleichungen des Ankers muss in Kauf genommen werden. Ihr steht die einschneidende Vereinfachung des übrigen Gleichungssystems gegenüber.

3.1.2.4 Ermittlung des Drehmoments aus den d-q-0-Komponenten

Durch Einführen der d-q-0-Komponenten der Ströme und Flussverkettungen des Ankers entsprechend (3.1.26) und (3.1.28a) mit C^{-1} nach (3.1.27) erhält man aus (3.1.10) nach einigen trivialen Umformungen für das von der Maschine entwickelte Drehmoment

$$\boxed{m = p \frac{3}{2} (\psi_\mathrm{d} i_\mathrm{q} - \psi_\mathrm{q} i_\mathrm{d})}. \quad (3.1.32)$$

Man gewinnt (3.1.32) natürlich auch aus (3.1.11) bzw. (2.1.34), Seite 291, mit (2.1.25), Seite 289.

3.1.2.5 Vollständiges Gleichungssystem

Die Spannungsgleichungen der Polradkreise können direkt aus Tabelle 3.1.1 übernommen werden. In ihre Flussverkettungsgleichungen lassen sich unmittelbar i_d und i_q

nach (3.1.22a,b,c) einführen. Damit erhält man das vollständige Gleichungssystem, das in Tabelle 3.1.2 zusammengefasst ist.

Tabelle 3.1.2 Zusammenstellung des Gleichungssystems der Dreiphasen-Synchronmaschine im Bereich der d-q-0-Komponenten

$$u_\mathrm{d} = Ri_\mathrm{d} + \frac{\mathrm{d}\psi_\mathrm{d}}{\mathrm{d}t} - \frac{\mathrm{d}\vartheta}{\mathrm{d}t}\psi_\mathrm{q} \qquad u_\mathrm{fd} = R_\mathrm{fd}i_\mathrm{d} + \frac{\mathrm{d}\psi_\mathrm{fd}}{\mathrm{d}t}$$

$$u_\mathrm{q} = Ri_\mathrm{q} + \frac{\mathrm{d}\psi_\mathrm{q}}{\mathrm{d}t} + \frac{\mathrm{d}\vartheta}{\mathrm{d}t}\psi_\mathrm{d} \qquad 0 = R_\mathrm{Dd}i_\mathrm{Dd} + \frac{\mathrm{d}\psi_\mathrm{Dd}}{\mathrm{d}t}$$

$$u_0 = Ri_0 + \frac{\mathrm{d}\psi_0}{\mathrm{d}t} \qquad 0 = R_\mathrm{Dq}i_\mathrm{Dq} + \frac{\mathrm{d}\psi_\mathrm{Dq}}{\mathrm{d}t}$$

$$\begin{pmatrix}\psi_\mathrm{d}\\ \psi_\mathrm{Dd}\\ \psi_\mathrm{fd}\end{pmatrix} = \begin{pmatrix} L_\mathrm{d} & L_\mathrm{aDd} & L_\mathrm{afd}\\ \frac{3}{2}L_\mathrm{Dad} & L_\mathrm{DDd} & L_\mathrm{Dfd}\\ \frac{3}{2}L_\mathrm{fad} & L_\mathrm{fDd} & L_\mathrm{ffd}\end{pmatrix}\begin{pmatrix}i_\mathrm{d}\\ i_\mathrm{Dd}\\ i_\mathrm{fd}\end{pmatrix}$$

$$\begin{pmatrix}\psi_\mathrm{q}\\ \psi_\mathrm{Dq}\end{pmatrix} = \begin{pmatrix} L_\mathrm{q} & L_\mathrm{aDq}\\ \frac{3}{2}L_\mathrm{Daq} & L_\mathrm{DDq}\end{pmatrix}\begin{pmatrix}i_\mathrm{q}\\ i_\mathrm{Dq}\end{pmatrix}$$

$$\psi_0 = L_0 i_0$$

$$m = p\frac{3}{2}(\psi_\mathrm{d}i_\mathrm{q} - \psi_\mathrm{q}i_\mathrm{d}) \qquad m + m_\mathrm{A} = J\frac{1}{p}\frac{\mathrm{d}^2\vartheta}{\mathrm{d}t^2}$$

3.1.3
Gleichungssystem der Schenkelpolmaschine unter Einführung bezogener Größen

3.1.3.1 Einführung bezogener Größen
Es ist vielfach üblich, die physikalischen Größen im Gleichungssystem der Synchronmaschine durch bezogene Größen zu ersetzen. Im Abschnitt 2.1.3.8, Seite 299, war dies bereits für das Gleichungssystem der Induktionsmaschine praktiziert worden. Für die Synchronmaschine wird im Folgenden ähnlich vorgegangen. Die bezogenen Werte der Spannungen, Ströme und Flussverkettungen sowie die der Leistung, des Drehmoments und der Zeit werden im Zuge der folgenden Ableitung zunächst als $\breve{g}$ und die Bezugswerte durch den Index bez gekennzeichnet. Es besteht also die allgemeine Beziehung

$$\boxed{g = \breve{g}g_\mathrm{bez}} \,. \tag{3.1.33}$$

Nachdem der Umformungsprozess abgeschlossen ist, wird auf die besondere Kennzeichnung der bezogenen Veränderlichen verzichtet. Die *bezogenen Widerstände* werden mit r und die *bezogenen Induktivitäten* mit x bezeichnet. Es ist üblich, letztere als Reaktanzen anzusprechen.

Die Bezugsgrößen für die Wicklungen des Polsystems knüpft man so an die Bezugsgrößen des Ankers an, dass die bezogenen Werte aller Selbst- und Gegeninduktivitäten etwa gleich werden. Damit können die Bezugsgrößen gleichzeitig die Funktion der *Übersetzungsverhältnisse* übernehmen, die man bei der üblichen Behandlungsweise magnetisch gekoppelter Kreise einführt. Die Bezugsgrößen sind an und für sich frei wählbar. Dementsprechend existiert in der Literatur eine ganze Reihe von Bezugssystemen. Im Weiteren wird auf ein *Bezugssystem* hingearbeitet, das die Reziprozität der bezogenen Gegeninduktivitäten in den Flussverkettungsgleichungen im Bereich der d-q-0-Komponenten sichert, so dass $x_{jk} = x_{kj}$ gilt. Dadurch verschwindet der Faktor $3/2$ in den ersten Gliedern der Flussverkettungsgleichungen der Polradkreise in Tabelle 3.1.2. Außerdem wird darauf abgezielt, dass die Amplituden der Stranggrößen im Bemessungsbetrieb in bezogener Darstellung den Wert $\breve{g}_{\text{str N}} = 1$ annehmen. Als Grundbezugsgrößen werden wie im Abschnitt 2.1.3.8 eingeführt

$$\begin{aligned}
I_{\text{bez}} &= \sqrt{2} I_{\text{str N}} & &\text{für alle Strang- und Achsenströme} \\
U_{\text{bez}} &= \sqrt{2} U_{\text{str N}} & &\text{für alle Strang- und Achsenspannungen} \\
\psi_{\text{bez}} &= \frac{U_{\text{bez}}}{\omega_{\text{N}}} = \frac{\sqrt{2} U_{\text{str N}}}{\omega_{\text{N}}} & &\text{für alle Strang- und Achsenflussverkettungen} \\
P_{\text{bez}} &= 3 U_{\text{str N}} I_{\text{str N}} = \sqrt{3} U_{\text{N}} I_{\text{N}} & &\text{für die Leistung} \\
M_{\text{bez}} &= \frac{3 U_{\text{str N}} I_{\text{str N}}}{\omega_{\text{N}}} p & &\text{für das Drehmoment} \\
Z_{\text{bez}} &= \frac{U_{\text{bez}}}{I_{\text{bez}}} & &\text{als Bezugsimpedanz} \\
L_{\text{bez}} &= \frac{Z_{\text{bez}}}{\omega_{\text{N}}} = \frac{U_{\text{bez}}}{\omega_{\text{N}} I_{\text{bez}}} = \frac{\psi_{\text{bez}}}{I_{\text{bez}}} & &\text{als Bezugsinduktivität}
\end{aligned}$$

Vielfach ist es üblich, als Bezugsgröße für die Zeit von vornherein

$$T_{\text{bez}} = \frac{1}{\omega_{\text{N}}} \tag{3.1.34}$$

bzw. als Bezugsgröße für die Kreisfrequenz eingeschwungener Sinusgrößen ω_{N} selbst und damit die bezogene Zeit als

$$\breve{t} = \frac{t}{T_{\text{bez}}} = \omega_{\text{N}} t \tag{3.1.35}$$

einzuführen. Die Augenblickswerte der Stranggrößen im Bemessungsbetrieb nehmen dann in bezogener Darstellung die Form $\breve{g}_{\text{str N}} = \cos(\breve{t} - \varphi_{\text{gstr N}})$ an. Davon wird in der folgenden Entwicklung wie auch schon im Abschnitt 2.1.3.8 zunächst Abstand genommen, da es sinnvoll sein kann, mit Rücksicht auf verfügbare Simulationsprogramme und die Interpretation der mit ihrer Hilfe erhaltenen Ergebnisse für die Zeit einen anderen Bezugswert zu verwenden, z. B. die Sekunde. Die Folge ist, wie bereits im Abschnitt 2.1.3.8 deutlich wurde, dass in den Spannungsgleichungen ein Faktor vor der zeitlichen Ableitung der Flussverkettungen auftritt, den es in den Beziehungen zwischen den physikalischen Größen nicht gibt. Wenn später versucht wird, mit Hilfe der Laplace-Transformation geschlossene Näherungslösungen für einzelne Betriebszustände zu gewinnen, empfiehlt es sich, die Bezugsgröße für die Zeit so zu wählen, dass der Faktor vor der zeitlichen Ableitung der Flussverkettung verschwindet und damit die gleiche Form der Spannungsgleichungen wie mit physikalischen Größen besteht. Wie bereits im Abschnitt 2.1.3.8 erkannt wurde, geschieht dies, wenn T_{bez} nach (3.1.34) als $T_{\text{bez}} = 1/\omega_N$ festgelegt wird. Für die Bezugsimpedanz erhält man unter Einführung der Bezugswerte für die Ströme und Spannungen

$$Z_{\text{bez}} = \frac{U_{\text{bez}}}{I_{\text{bez}}} = \frac{U_{\text{str N}}}{I_{\text{str N}}} = \left.\frac{U_N}{\sqrt{3}I_N}\right|_{\text{bei Sternschaltung}}. \tag{3.1.36}$$

Im Fall der Sternschaltung ergibt sich also derselbe Wert, wie er im Abschnitt 3.1.3.8 durch (3.1.61) für das Per-unit-System als Z_N eingeführt werden wird.

3.1.3.2 Spannungsgleichungen des Ankers

Die Spannungsgleichung des Strangs a geht durch Einführen bezogener Größen über in

$$\check{u}_a = R\frac{I_{\text{bez}}}{U_{\text{bez}}}\check{i}_a + \frac{\psi_{\text{bez}}}{U_{\text{bez}}T_{\text{bez}}}\frac{\mathrm{d}\check{\psi}_a}{\mathrm{d}\check{t}} = r\check{i}_a + \frac{1}{\omega_N T_{\text{bez}}}\frac{\mathrm{d}\check{\psi}_a}{\mathrm{d}\check{t}} \tag{3.1.37}$$

mit dem bezogenen Wert des Strangwiderstands

$$r = R\frac{I_{\text{bez}}}{U_{\text{bez}}} = R\frac{I_{\text{str N}}}{U_{\text{str N}}} = \frac{R}{Z_{\text{bez}}}. \tag{3.1.38}$$

Für die anderen Stränge erhält man analoge Beziehungen.

Die Spannungsgleichungen im Bereich der d-q-0-Komponenten nach Tabelle 3.1.2 gehen unter Einführung bezogener Größen über in

$$\check{u}_\mathrm{d} = r\check{i}_\mathrm{d} + \frac{1}{\omega_N T_{\text{bez}}}\frac{\mathrm{d}\check{\psi}_\mathrm{d}}{\mathrm{d}\check{t}} - \check{n}\check{\psi}_\mathrm{q} \tag{3.1.39a}$$

$$\check{u}_\mathrm{q} = r\check{i}_\mathrm{q} + \frac{1}{\omega_N T_{\text{bez}}}\frac{\mathrm{d}\check{\psi}_\mathrm{q}}{\mathrm{d}\check{t}} + \check{n}\check{\psi}_\mathrm{d} \tag{3.1.39b}$$

$$\check{u}_0 = r\check{i}_0 + \frac{1}{\omega_N T_{\text{bez}}}\frac{\mathrm{d}\check{\psi}_0}{\mathrm{d}\check{t}}. \tag{3.1.39c}$$

Dabei ergibt sich die bezogene Winkelgeschwindigkeit bzw. die Drehzahl des Läufers im Zuge der Entwicklung als

$$\check{n} = \frac{1}{\omega_N}\frac{\mathrm{d}\vartheta}{\mathrm{d}t} = \frac{1}{\omega_N T_{\text{bez}}}\frac{\mathrm{d}\vartheta}{\mathrm{d}\check{t}} = \frac{2\pi p n}{2\pi p n_{0N}} = \frac{n}{n_{0N}} \tag{3.1.40}$$

mit der synchronen Drehzahl bei Bemessungsfrequenz

$$n_{0N} = \frac{f_N}{p}. \tag{3.1.41}$$

Man erkennt, dass der Faktor vor der zeitlichen Ableitung der Flussverkettungen des Ankers mit $T_{\text{bez}} = 1/\omega_{\text{N}}$ nach (3.1.34) den Wert Eins annimmt und die Spannungsgleichungen damit die gleiche Form wie für die physikalischen Größen behält.

3.1.3.3 Transformationsbeziehungen

Da alle Strang- und Achsengrößen der Ströme, Spannungen und Flussverkettungen jeweils gleiche Bezugsgrößen I_{bez}, U_{bez} und ψ_{bez} haben, bleibt die Form der Transformationsbeziehungen erhalten. Es gilt also allgemein für eine Größe g

$$\begin{pmatrix} \check{g}_d \\ \check{g}_q \\ \check{g}_0 \end{pmatrix} = \boldsymbol{C} \begin{pmatrix} \check{g}_a \\ \check{g}_b \\ \check{g}_c \end{pmatrix} = \begin{pmatrix} \frac{2}{3}\cos\vartheta & \frac{2}{3}\cos\left(\vartheta - \frac{2\pi}{3}\right) & \frac{2}{3}\cos\left(\vartheta + \frac{2\pi}{3}\right) \\ -\frac{2}{3}\sin\vartheta & -\frac{2}{3}\sin\left(\vartheta - \frac{2\pi}{3}\right) & -\frac{2}{3}\sin\left(\vartheta + \frac{2\pi}{3}\right) \\ \frac{1}{3} & \frac{1}{3} & \frac{1}{3} \end{pmatrix} \begin{pmatrix} \check{g}_a \\ \check{g}_b \\ \check{g}_c \end{pmatrix} \tag{3.1.42a}$$

$$\begin{pmatrix} \check{g}_a \\ \check{g}_b \\ \check{g}_c \end{pmatrix} = \boldsymbol{C}^{-1} \begin{pmatrix} \check{g}_d \\ \check{g}_q \\ \check{g}_0 \end{pmatrix} = \begin{pmatrix} \cos\vartheta & -\sin\vartheta & 1 \\ \cos(\vartheta - 2\pi/3) & -\sin(\vartheta - 2\pi/3) & 1 \\ \cos(\vartheta + 2\pi/3) & -\sin(\vartheta + 2\pi/3) & 1 \end{pmatrix} \begin{pmatrix} \check{g}_d \\ \check{g}_q \\ \check{g}_0 \end{pmatrix} . \tag{3.1.42b}$$

3.1.3.4 Flussverkettungsgleichungen

Die Flussverkettungsgleichungen der Längsachse nach Tabelle 3.1.2 gehen durch Einführen der bezogenen Werte der Ströme und Flussverkettungen und Zuordnung der bezogenen Induktivitäten über in

$$\begin{pmatrix} \check{\psi}_d \\ \check{\psi}_{Dd} \\ \check{\psi}_{fd} \end{pmatrix} = \begin{pmatrix} L_d \dfrac{I_{\text{bez}}}{\psi_{\text{bez}}} & L_{aDd} \dfrac{I_{\text{Dd bez}}}{\psi_{\text{bez}}} & L_{afd} \dfrac{I_{\text{fd bez}}}{\psi_{\text{bez}}} \\ \dfrac{3}{2} L_{aDd} \dfrac{I_{\text{bez}}}{\psi_{\text{Dd bez}}} & L_{DDd} \dfrac{I_{\text{Dd bez}}}{\psi_{\text{Dd bez}}} & L_{Dfd} \dfrac{I_{\text{fd bez}}}{\psi_{\text{Dd bez}}} \\ \dfrac{3}{2} L_{fad} \dfrac{I_{\text{bez}}}{\psi_{\text{fd bez}}} & L_{fDd} \dfrac{I_{\text{Dd bez}}}{\psi_{\text{fd bez}}} & L_{ffd} \dfrac{I_{\text{fd bez}}}{\psi_{\text{fd bez}}} \end{pmatrix} \begin{pmatrix} \check{i}_d \\ \check{i}_{Dd} \\ \check{i}_{fd} \end{pmatrix}$$

$$= \begin{pmatrix} x_d & x_{aDd} & x_{afd} \\ x_{Dad} & x_{DDd} & x_{Dfd} \\ x_{fad} & x_{fDd} & x_{ffd} \end{pmatrix} \begin{pmatrix} \check{i}_d \\ \check{i}_{Dd} \\ \check{i}_{fd} \end{pmatrix} . \tag{3.1.43}$$

Dabei gewinnt man die bezogenen Induktivitäten durch Vergleich einander zugeordneter Matrizenelemente. Die Forderung nach Reziprozität der bezogenen Gegeninduktivitäten führt auf die Bedingungen

$$\frac{3}{2}\psi_{\text{bez}} I_{\text{bez}} = \psi_{\text{Dd bez}} I_{\text{Dd bez}} = \psi_{\text{fd bez}} I_{\text{fd bez}} . \tag{3.1.44}$$

Die Flussverkettungsgleichungen der Querachse in Tabelle 3.1.2 liefern analog dazu

$$\begin{pmatrix} \check{\psi}_q \\ \check{\psi}_{Dq} \end{pmatrix} = \begin{pmatrix} L_q \dfrac{I_{\mathrm{bez}}}{\psi_{\mathrm{bez}}} & L_{aDq} \dfrac{I_{Dq\,\mathrm{bez}}}{\psi_{\mathrm{bez}}} \\ \dfrac{3}{2} L_{Daq} \dfrac{I_{\mathrm{bez}}}{\psi_{Dq\,\mathrm{bez}}} & L_{DDq} \dfrac{I_{Dq\,\mathrm{bez}}}{\psi_{Dq\,\mathrm{bez}}} \end{pmatrix} \begin{pmatrix} \check{i}_q \\ \check{i}_{Dq} \end{pmatrix} = \begin{pmatrix} x_q & x_{aDq} \\ x_{Daq} & x_{DDq} \end{pmatrix} \begin{pmatrix} \check{i}_q \\ \check{i}_{Dq} \end{pmatrix} . \tag{3.1.45}$$

Die Forderung nach Reziprozität der Gegeninduktivitäten führt hier auf die Bedingung

$$\frac{3}{2} \psi_{\mathrm{bez}} I_{\mathrm{bez}} = \psi_{Dq\,\mathrm{bez}} I_{Dq\,\mathrm{bez}} . \tag{3.1.46}$$

Die Flussverkettungsgleichung des Nullsystems lässt sich in bezogener Form unmittelbar angeben als

$$\check{\psi}_0 = L_0 \frac{I_{\mathrm{bez}}}{\psi_{\mathrm{bez}}} \check{i}_0 = x_0 \check{i}_0 . \tag{3.1.47}$$

Als Bezugsinduktivität sämtlicher Ankerinduktivitäten L_d, L_q und L_0 erscheint in (3.1.43), (3.1.45) und (3.1.47)

$$L_{\mathrm{bez}} = \frac{\psi_{\mathrm{bez}}}{I_{\mathrm{bez}}} .$$

3.1.3.5 Spannungsgleichungen des Polsystems

Die Spannungsgleichung der Erregerwicklung in Tabelle 3.1.2 geht unter Einführung bezogener Größen über in

$$\check{u}_{fd} = R_{fd} \frac{I_{fd\,\mathrm{bez}}}{U_{fd\,\mathrm{bez}}} \check{i}_{fd} + \frac{\psi_{fd\,\mathrm{bez}}}{U_{fd\,\mathrm{bez}} T_{\mathrm{bez}}} \frac{d\check{\psi}_{fd}}{d\check{t}} = r_{fd} \check{i}_{fd} + \frac{d\check{\psi}_{fd}}{d\check{t}} , \tag{3.1.48}$$

wenn man als Bezugsgröße für die Spannung einführt

$$U_{fd\,\mathrm{bez}} = \frac{\psi_{fd\,\mathrm{bez}}}{T_{\mathrm{bez}}} \tag{3.1.49}$$

und als bezogenen Wert des Widerstands der Erregerwicklung

$$r_{fd} = R_{fd} \frac{I_{fd\,\mathrm{bez}}}{U_{fd\,\mathrm{bez}}} . \tag{3.1.50}$$

Die Spannungsgleichung der Ersatzdämpferwicklung der Längsachse geht, wenn von vornherein auf die gleiche Form aller Spannungsgleichungen des Polsystems hingearbeitet wird, über in

$$0 = R_{Dd} I_{Dd\,\mathrm{bez}} \check{i}_{Dd} + \frac{\psi_{Dd\,\mathrm{bez}}}{T_{\mathrm{bez}}} \frac{d\check{\psi}_{Dd}}{d\check{t}}$$
$$= \frac{R_{Dd} I_{Dd\,\mathrm{bez}} T_{\mathrm{bez}}}{\psi_{Dd\,\mathrm{bez}}} \check{i}_{Dd} + \frac{d\check{\psi}_{Dd}}{d\check{t}} = r_{Dd} \check{i}_{Dd} + \frac{d\check{\psi}_{Dd}}{d\check{t}} . \tag{3.1.51}$$

Der bezogene Wert des Widerstands dieser Dämpferwicklung beträgt also

$$r_{Dd} = R_{Dd} \frac{I_{Dd\,\mathrm{bez}} T_{\mathrm{bez}}}{\psi_{Dd\,\mathrm{bez}}} . \tag{3.1.52}$$

Die Spannungsgleichung der Ersatzdämpferwicklung der Querachse wird analog zu

$$0 = \frac{R_{\mathrm{Dq}} I_{\mathrm{Dq\,bez}} T_{\mathrm{bez}}}{\psi_{\mathrm{Dq\,bez}}} \check{i}_{\mathrm{Dq}} + \frac{\mathrm{d}\check{\psi}_{\mathrm{Dq}}}{\mathrm{d}\tilde{t}} = r_{\mathrm{Dq}} \check{i}_{\mathrm{Dq}} + \frac{\mathrm{d}\check{\psi}_{\mathrm{Dq}}}{\mathrm{d}\tilde{t}} \tag{3.1.53}$$

mit dem bezogenen Wert des Widerstands

$$r_{\mathrm{Dq}} = R_{\mathrm{Dq}} \frac{I_{\mathrm{Dq\,bez}} T_{\mathrm{bez}}}{\psi_{\mathrm{Dq\,bez}}} \ . \tag{3.1.54}$$

3.1.3.6 Drehmoment- und Bewegungsgleichung

Die Drehmomentgleichung in Tabelle 3.1.2 geht durch Einführen der bezogenen Größen über in

$$\check{m} = (\check{\psi}_{\mathrm{d}} \check{i}_{\mathrm{q}} - \check{\psi}_{\mathrm{q}} \check{i}_{\mathrm{d}}) \ . \tag{3.1.55}$$

Die Bewegungsgleichung in Tabelle 3.1.2 nimmt mit

$$\check{n} = \frac{1}{\omega_{\mathrm{N}}} \frac{\mathrm{d}\vartheta}{\mathrm{d}t} = \frac{1}{\omega_{\mathrm{N}} T_{\mathrm{bez}}} \frac{\mathrm{d}\vartheta}{\mathrm{d}\tilde{t}} = \frac{n}{n_{\mathrm{0N}}}$$

nach (3.1.40) und damit

$$\frac{\mathrm{d}^2\vartheta}{\mathrm{d}t^2} = \omega_{\mathrm{N}} \frac{\mathrm{d}\check{n}}{\mathrm{d}t} = \frac{\omega_{\mathrm{N}}}{T_{\mathrm{bez}}} \frac{\mathrm{d}\check{n}}{\mathrm{d}\tilde{t}}$$

die Form

$$\check{m} + \check{m}_{\mathrm{A}} = \frac{J}{p} \frac{\omega_{\mathrm{N}}}{3 U_{\mathrm{str\,N}} I_{\mathrm{str\,N}} p} \frac{\mathrm{d}^2\vartheta}{\mathrm{d}t^2} = \frac{2H}{T_{\mathrm{bez}}} \frac{\mathrm{d}\check{n}}{\mathrm{d}\tilde{t}} = \check{T}_{\mathrm{m}} \frac{\mathrm{d}\check{n}}{\mathrm{d}\tilde{t}} \tag{3.1.56}$$

an. Dabei ist H die sog. *Trägheitskonstante*. Sie beträgt [vgl. (2.1.68), S. 301]

$$\boxed{H = \frac{J\omega_{\mathrm{N}}^2}{2p^2} \frac{1}{3 U_{\mathrm{str\,N}} I_{\mathrm{str\,N}}} = \frac{\text{kinetische Energie bei synchroner Drehzahl}}{\text{Bemessungsscheinleistung}}} \tag{3.1.57}$$

und hat also die Dimension einer Zeit. Für die bezogene Zeitkonstante $\check{T}_{\mathrm{m}}$ in (3.1.56) ergibt sich

$$\check{T}_{\mathrm{m}} = 2H \frac{1}{T_{\mathrm{bez}}} \ . \tag{3.1.58}$$

3.1.3.7 Vollständiges Gleichungssystem

Das vollständige Gleichungssystem in der bezogenen Form ohne Festlegung des Bezugswerts T_{bez} für die Zeit ist in Tabelle 3.1.3 zusammengefasst. Dabei wurde nunmehr vereinbarungsgemäß auch auf die besondere Kennzeichnung der bezogenen Größen verzichtet. Das gilt auch für die Zeitkonstante T_{m}, die als bezogene Größe durch (3.1.58) gegeben ist. Von diesem Gleichungssystem mit $T_{\mathrm{bez}} \neq 1/\omega_{\mathrm{N}}$ wird zweckmäßig ausgegangen, wenn Betriebszustände mit Hilfe der numerischen Simulation untersucht werden sollen. Dabei wird auf die Flussverkettungsgleichungen noch einmal eingehender im Abschnitt 3.1.10 eingegangen. Im Fall der analytischen Behandlung von

Betriebszuständen wird im Folgenden stets von der Festlegung des Bezugswerts für die Zeit als $T_{\text{bez}} = 1/\omega_N$ ausgegangen.

Die Bilanz der Einführung bezogener Größen führt auf die folgenden Überlegungen:

Das Gleichungssystem enthält insgesamt 20 abhängige Veränderliche und die Zeit als unabhängige Veränderliche. Es müssen also 20 Bezugsgrößen für die abhängigen Veränderlichen sowie ein Bezugswert für die Zeit festgelegt werden. Durch die Grundbezugsgrößen sind die bezogenen Werte der drei Ankerspannungen, der drei Ankerströme und der drei Ankerflussverkettungen sowie die der beiden Drehmomente festgelegt (s. Abschn. 3.1.3.1). Damit ist über die Bezugsgrößen von 11 der insgesamt 20 festzulegenden bereits verfügt. Der Winkel ϑ wird nicht bezogen, da er bereits dimensionslos ist. Ferner bestehen in Form von (3.1.44), (3.1.46) und (3.1.49) vier Bedingungen für die Bezugsgrößen. Die Bezugsgröße für die Winkelgeschwindigkeit bzw. die Drehzahl des Läufers ist entsprechend (3.1.40) als die synchrone Drehzahl bei Bemessungsfrequenz festgelegt. Es sind also insgesamt 17 Festlegungen getroffen worden, so dass drei frei zu wählende Angaben verbleiben. Dafür bieten sich die Bezugsströme $i_{\text{Dd bez}}$, $i_{\text{Dq bez}}$ und $i_{\text{fd bez}}$ der Wicklungen des Polsystems an. Ihre Festlegung erfolgt in der Literatur nach unterschiedlichen Gesichtspunkten. Ein weit verbreitetes System definiert diese Ströme so, dass sie in ihren Wicklungen die Durchflutung

$$\Theta_{\text{p}j} = \frac{3}{2} \frac{(w\xi_{\text{p}})_1}{2p} \sqrt{2} I_{\text{str N}}$$

hervorrufen.

Tabelle 3.1.3 Zusammenstellung des Gleichungssystems der Dreiphasen-Synchronmaschine im Bereich der d-q-0-Komponenten in bezogener Form ohne Festlegung des Bezugswerts für die Zeit, wobei die bezogenen Größen nicht besonders gekennzeichnet sind

$$u_d = r i_d + \frac{1}{\omega_N T_{\text{bez}}} \frac{d\psi_d}{dt} - n\psi_q \qquad u_{\text{fd}} = r_{\text{fd}} i_{\text{fd}} + \frac{1}{\omega_N T_{\text{bez}}} \frac{d\psi_{\text{fd}}}{dt}$$

$$u_q = r i_q + \frac{1}{\omega_N T_{\text{bez}}} \frac{d\psi_q}{dt} + n\psi_d \qquad 0 = r_{\text{Dd}} i_{\text{Dd}} + \frac{1}{\omega_N T_{\text{bez}}} \frac{d\psi_{\text{Dd}}}{dt}$$

$$u_0 = r i_0 + \frac{1}{\omega_N T_{\text{bez}}} \frac{d\psi_0}{dt} \qquad 0 = r_{\text{Dq}} i_{\text{Dq}} + \frac{1}{\omega_N T_{\text{bez}}} \frac{d\psi_{\text{Dq}}}{dt}$$

$$\begin{pmatrix} \psi_d \\ \psi_{\text{Dd}} \\ \psi_{\text{fd}} \end{pmatrix} = \begin{pmatrix} x_d & x_{\text{aDd}} & x_{\text{afd}} \\ x_{\text{Dad}} & x_{\text{DDd}} & x_{\text{Dfd}} \\ x_{\text{fad}} & x_{\text{fDd}} & x_{\text{ffd}} \end{pmatrix} \begin{pmatrix} i_d \\ i_{\text{Dd}} \\ i_{\text{fd}} \end{pmatrix}$$

$$\begin{pmatrix} \psi_q \\ \psi_{\text{Dq}} \end{pmatrix} = \begin{pmatrix} x_q & x_{\text{aDq}} \\ x_{\text{Daq}} & x_{\text{DDq}} \end{pmatrix} \begin{pmatrix} i_q \\ i_{\text{Dq}} \end{pmatrix}$$

$$\psi_0 = x_0 i_0$$

$$m = \psi_d i_q - \psi_q i_d \qquad m + m_A = \frac{2H}{T_{\text{bez}}} \frac{dn}{dt} = T_{\text{m}} \frac{dn}{dt}$$

$$n = \frac{1}{\omega_N T_{\text{bez}}} \frac{d\vartheta}{dt}$$

Tabelle 3.1.4 Zusammenstellung des Gleichungssystems der Dreiphasen-Synchronmaschine im Bereich der d-q-0-Komponenten in bezogener Form mit Festlegung des Bezugswerts für die Zeit als $T_{\text{bez}} = 1/\omega_{\text{N}}$ und ohne besondere Kennzeichnung der bezogenen Größen

$$u_{\text{d}} = ri_{\text{d}} + \frac{d\psi_{\text{d}}}{dt} - n\psi_{\text{q}} \qquad u_{\text{fd}} = r_{\text{fd}}i_{\text{fd}} + \frac{d\psi_{\text{fd}}}{dt}$$

$$u_{\text{q}} = ri_{\text{q}} + \frac{d\psi_{\text{q}}}{dt} + n\psi_{\text{d}} \qquad 0 = r_{\text{Dd}}i_{\text{Dd}} + \frac{d\psi_{\text{Dd}}}{dt}$$

$$u_0 = ri_0 + \frac{d\psi_0}{dt} \qquad 0 = r_{\text{Dq}}i_{\text{Dq}} + \frac{d\psi_{\text{Dq}}}{dt}$$

$$\begin{pmatrix} \psi_{\text{d}} \\ \psi_{\text{Dd}} \\ \psi_{\text{fd}} \end{pmatrix} = \begin{pmatrix} x_{\text{d}} & x_{\text{aDd}} & x_{\text{afd}} \\ x_{\text{Dad}} & x_{\text{DDd}} & x_{\text{Dfd}} \\ x_{\text{fad}} & x_{\text{fDd}} & x_{\text{ffd}} \end{pmatrix} \begin{pmatrix} i_{\text{d}} \\ i_{\text{Dd}} \\ i_{\text{fd}} \end{pmatrix}$$

$$\begin{pmatrix} \psi_{\text{q}} \\ \psi_{\text{Dq}} \end{pmatrix} = \begin{pmatrix} x_{\text{q}} & x_{\text{aDq}} \\ x_{\text{Daq}} & x_{\text{DDq}} \end{pmatrix} \begin{pmatrix} i_{\text{q}} \\ i_{\text{Dq}} \end{pmatrix}$$

$$\psi_0 = x_0 i_0$$

$$m = \psi_{\text{d}} i_{\text{q}} - \psi_{\text{q}} i_{\text{d}} \qquad m + m_{\text{A}} = 2H\omega_{\text{N}}\frac{dn}{dt} = T_{\text{m}}\frac{dn}{dt}$$

$$n = \frac{d\vartheta}{dt}$$

Tabelle 3.1.4 zeigt das Gleichungssystem in der bezogenen Form, bei der die Zeit entsprechend (3.1.35) auf $T_{\text{bez}} = 1/\omega_{\text{N}}$ bezogen ist. Das gilt dann auch für die Zeitkonstante T_{m}, die jetzt also als $T_{\text{m}} = 2H\omega_{\text{N}}$ gegeben ist. Die Flussverkettungsgleichungen und die Beziehungen für das Drehmoment behalten dabei weiterhin die Form, die sie in Tabelle 3.1.3 haben. Von diesem Gleichungssystem wird – wie bereits erwähnt – zweckmäßig ausgegangen, wenn versucht wird, mit Hilfe der Laplace-Transformation und unter zusätzlichen Vereinfachungen bestimmte Betriebszustände geschlossen zu lösen.

3.1.3.8 Per-unit-Angabe von Ankergrößen

Es ist üblich und in Normen festgelegt, dem Anker zugehörige, durch Messung oder Rechnung gewonnene Kenngrößen, die stationären oder quasistationären Vorgängen zugeordnet sind, in bezogener Form als Per-unit-Größen anzugeben. Dabei wird von den folgenden Prämissen ausgegangen:

1. Die Bezugsgrößen werden aus Angaben gewonnen, die auf dem Leistungsschild erscheinen.
2. Die Mess- und Rechenwerte der Effektivwerte der betrachteten Ströme und Spannungen werden – unabhängig von der tatsächlich vorliegenden und gar nicht notwendigerweise bekannten Schaltung der Ankerwicklung – als die Effektivwerte der

Ströme in den äußeren Zuleitungen zur Maschine und der Leiter-Erde-Spannung U_{LE} zwischen den äußeren Zuleitungen und dem Nullleiter betrachtet.

Entsprechend der ersten Prämisse dient als Bezugsstrom der Effektivwert des Bemessungsstroms $I_{\mathrm{LN}} = I_{\mathrm{N}}$ in den äußeren Zuleitungen, für den

$$I_{\mathrm{bez}} = I_{\mathrm{N}} = \frac{P_{\mathrm{sN}}}{\sqrt{3}U_{\mathrm{N}}} \qquad (3.1.59)$$

gilt mit der Bemessungsscheinleistung P_{sN} der Maschine und der Bemessungsspannung $U_{\mathrm{N}} = U_{\mathrm{LLN}}$ als Leiter-Leiter-Spannung zwischen den äußeren Zuleitungen. Der Bezugswert der Spannung ist dann als

$$U_{\mathrm{bez}} = \frac{U_{\mathrm{N}}}{\sqrt{3}} \qquad (3.1.60)$$

gegeben, und als Bezugsimpedanz dient die aus den Bezugswerten von Spannung und Strom gebildete Bezugsimpedanz eines Strangs der gedachten Sternschaltung

$$Z_{\mathrm{N}} = Z_{\mathrm{bez}} = \frac{U_{\mathrm{bez}}}{I_{\mathrm{bez}}} = \frac{U_{\mathrm{N}}}{\sqrt{3}I_{\mathrm{N}}} = \frac{U_{\mathrm{N}}^2}{P_{\mathrm{sN}}} \ . \qquad (3.1.61)$$

Die zweite Prämisse führt bei Anwendung von (3.1.60) und (3.1.61) dazu, dass alle durch Messung oder Rechnung gewonnenen Ströme, Spannungen und Impedanzen – insbesondere also auch alle Reaktanzen – einer Maschine zugeordnet sind, bei der – unabhängig von der tatsächlichen Ausführung – eine im Stern geschaltete Ankerwicklung unterstellt wird. Dabei ist es üblich, die bezogenen Effektivwerte der Ströme und Spannungen sowie die Widerstände und Reaktanzen durch kleine Buchstaben als i, u, r und x zu beschreiben. Es gilt also

$$u = \frac{U_{\mathrm{LE}}}{U_{\mathrm{N}}}\sqrt{3} = \frac{U_{\mathrm{LL}}}{U_{\mathrm{N}}} = \frac{U}{U_{\mathrm{N}}} \qquad (3.1.62)$$

$$i = \frac{I_{\mathrm{L}}}{I_{\mathrm{N}}} = \frac{I}{I_{\mathrm{N}}} \qquad (3.1.63)$$

$$r = \frac{R}{Z_{\mathrm{N}}} \qquad (3.1.64)$$

$$x = \frac{X}{Z_{\mathrm{N}}} \ , \qquad (3.1.65)$$

wobei die Reaktanz als physikalische Größe unter Vernachlässigung des ohmschen Widerstands gewonnen wurde als

$$X = \frac{U_{\mathrm{LE}}}{I_{\mathrm{L}}} \qquad (3.1.66)$$

des betrachteten Betriebszustands, also z. B. des Dauerkurzschlussstroms I_{Lk} oder des Anfangswerts I_{Lk}'' des Stoßkurzschlusswechselstroms. Bei einem bestimmten Erregerstrom, der die Leerlaufspannung U_{LE0} hervorruft, werden die synchrone Reaktanz und die subtransiente Reaktanz also als

$$X_d = \frac{U_{LE0}}{I_{Lk}} \tag{3.1.67}$$

$$X_d'' = \frac{U_{LE0}}{I_{Lk}''} \tag{3.1.68}$$

bestimmt. Die Bezugnahme auf eine Maschine, die im Stern geschaltet gedacht ist, hat folgende Konsequenz: Bei Vorliegen einer Ankerreaktanz als Per-unit-Größe, z. B. der subtransienten Reaktanz x_d'', erhält man nach (3.1.65) den zugeordneten physikalischen Wert der Reaktanz X_d'' als den des Strangs einer im Stern geschalteten Maschine. Diese addiert sich bei der Berechnung von Vorgängen im Netz unmittelbar zu den Leitungsreaktanzen und den Gesamtstreureaktanzen der Transformatoren.

Es sei darauf hingewiesen, dass die Bezugsimpedanz nach (3.1.61) im Fall der Sternschaltung denselben Wert besitzt wie die auf der Grundlage der allgemeinen Einführung bezogener Größen im Abschnitt 3.1.3.1 eingeführte Bezugsimpedanz. In diesem Fall sind die aus den allgemeinen Beziehungen für die bezogenen Werte der Ankerreaktanzen später im Abschnitt 3.1.8 gewonnenen Werte identisch zu den entsprechenden Per-unit-Werten.

3.1.4
Beziehungen zwischen den komplexen Augenblickswerten der Ankergrößen und den d-q-0-Komponenten

Die komplexen Augenblickswerte sind im Zuge der allgemeinen Behandlung der Dreiphasen-Induktionsmaschine im Abschnitt 1.8.1.5, Seite 232, als (1.8.36a) eingeführt worden. Grundlage dieses Vorgehens war, dass in den Flussverkettungsgleichungen der Ständer- und Läuferstränge nach (1.8.12a–f) bestimmte Kombinationen der Strangströme in Erscheinung treten. Im allgemeinen Gleichungssystem der Dreiphasen-Synchronmaschine nach Tabelle 3.1.1 finden sich ähnliche Kombinationen der Ströme der Ankerstränge und gaben den Anlass zur Einführung der d-q-0-Komponenten im Abschnitt 3.1.2. Für die Größen der Ständer- bzw. Ankerstränge lassen sich natürlich analog zum Vorgehen bei der Induktionsmaschine komplexe Augenblickswerte bilden. Ihre Darstellung im Koordinatensystem des Läufers folgt aus (2.1.30a,b), Seite 290, mit $\vartheta_K = \vartheta$ zu

$$\vec{g}_1^L = \vec{g}_1^S e^{-j\vartheta} = \frac{2}{3}(g_a + \underline{a} g_b + \underline{a}^2 g_c) e^{-j\vartheta} . \tag{3.1.69}$$

Ein Vergleich mit (3.1.25) und (3.1.24) bzw. (3.1.42a) zeigt, dass zu den Komponenten g_d und g_q die Beziehung

$$\boxed{\vec{g}_1^L = \vec{g}_1^S e^{-j\vartheta} = g_d + jg_q} \tag{3.1.70}$$

besteht [vgl. (2.1.25)]. Daraus folgt

$$g_\mathrm{d} = \mathrm{Re}\{\vec{g}_1^\mathrm{L}\} = \mathrm{Re}\{\vec{g}_1^\mathrm{S}\mathrm{e}^{-\mathrm{j}\vartheta}\} \tag{3.1.71a}$$

$$g_\mathrm{q} = \mathrm{Im}\{\vec{g}_1^\mathrm{L}\} = \mathrm{Im}\{\vec{g}_1^\mathrm{S}\mathrm{e}^{-\mathrm{j}\vartheta}\} \,. \tag{3.1.71b}$$

Diese Beziehungen spiegeln über den Zusammenhang zwischen den komplexen Ankerströmen und der komplexen Darstellung ihrer Durchflutungshauptwellen nach (1.6.18), Seite 146, wider, dass i_d der Durchflutungsamplitude $\hat{\Theta}_\mathrm{dp}$ in der Längsachse und i_q der Durchflutungsamplitude $\hat{\Theta}_\mathrm{qp}$ in der Querachse zugeordnet sind.

Die komplexen Ankergrößen lassen sich zur bequemen Transformation der Stranggrößen in ihre d-q-0-Komponenten verwenden. Insbesondere sind dabei die im Abschnitt 2.1.4, Seite 302, hergeleiteten Beziehungen zwischen den komplexen Augenblickswerten und der Darstellung eingeschwungener Sinusgrößen in der komplexen Wechselstromrechnung nützlich. Man erhält im Fall eines symmetrischen Dreiphasensystems g_a, g_b, g_c mit positiver Phasenfolge aus (2.1.71) unter Nutzung von (3.1.70)

$$g_\mathrm{d} + \mathrm{j}g_\mathrm{q} = \underline{g}\mathrm{e}^{\mathrm{j}(\omega t - \vartheta)} \,. \tag{3.1.72}$$

Analog dazu liefert (2.1.73), Seite 304, für ein symmetrisches Dreiphasensystem mit negativer Phasenfolge

$$g_\mathrm{d} + \mathrm{j}g_\mathrm{q} = \underline{g}^*\mathrm{e}^{-\mathrm{j}(\omega t + \vartheta)} \,. \tag{3.1.73}$$

Eine vollständige Darstellung des gesamten Gleichungssystems der Synchronmaschine nach den Tabellen 3.1.1 bzw. 3.1.2 bzw. 3.1.3 bzw. 3.1.4 unter Verwendung komplexer Augenblickswerte als Variablen, wie es im Fall der Induktionsmaschine in den Abschnitten 2.1.2, Seite 285, und 2.1.3, Seite 287, geschehen ist, lässt sich nicht mit Vorteil vornehmen. Ursache dafür ist die magnetische und elektrische Asymmetrie des Polsystems. Der Läufer ist nicht rotationssymmetrisch, sondern er trägt im Fall der Schenkelpolmaschine ausgeprägte Pole, und seine Wicklungen bilden keine symmetrische mehrsträngige Anordnung. Die magnetische Asymmetrie verschwindet weitgehend, wenn eine Maschine mit Vollpolläufer betrachtet wird. Die Vollpolmaschine ist also offensichtlich in den bisherigen Betrachtungen bereits als Sonderfall enthalten. Die elektrische Asymmetrie ist dabei durch den unterschiedlichen Aufbau der Wicklungen des Polsystems in der d-Achse gegenüber jenen in der q-Achse gegeben. Insbesondere trägt der Läufer nur eine Erregerwicklung, die in der d-Achse angeordnet ist. Als Dämpferwicklung wirkt bei der Vollpolmaschine neben einer in den Läufernuten untergebrachten und z. T. unvollständigen oder unsymmetrischen Käfigwicklung ggf. auch der massive Läuferballen.

Um eine vollständige magnetische und elektrische Symmetrie des Polsystems zu erzwingen und damit die durchgängige Beschreibung mit komplexen Veränderlichen zu ermöglichen, wird im Abschnitt 3.1.6 eine *vereinfachte Vollpolmaschine* eingeführt werden. Sie besitzt einen rotationssymmetrischen Läufer, der eine symmetrische zweisträngige Wicklung trägt. Der Strang in der Längsachse dient als Erregerwicklung und ist über die Erregerspannungsquelle kurzgeschlossen, so dass er gleichzeitig in der d-Achse als Dämpferwicklung wirkt. Der Strang in der Querachse ist unmittelbar kurzgeschlossen. Da sich Widerstand und Induktivität einer Erregerwicklung stark von denen eines Dämpferkäfigs unterscheiden, stellt die vereinfachte Vollpolmaschine eine sehr grobe Näherung dar. Im stationären Betrieb unter symmetrischen Betriebsbedingungen verhält sie sich trotzdem wie eine reale Vollpolmaschine, da die Dämpferwicklung nicht in Funktion tritt. In allgemeinen Betriebszuständen erhält man einfache und damit leicht überschaubare Näherungsbeziehungen für das Verhalten.

Ohne weitere Einschränkungen lässt sich die allgemeine Form der Spannungsgleichung des Ständers übernehmen, die im Zuge der Untersuchung der Induktionsmaschine im Abschnitt 2.1.3.3, Seite 289, für komplexe Augenblickswerte als (2.1.32a) entwickelt wurde. Wenn sie im Koordinatensystem des Läufers dargestellt wird, d. h. mit $\vartheta_K = \vartheta$ bzw. $n_K = n$, erhält man durch Einführen der Komponenten g_d und g_q mit Hilfe von (3.1.70) unmittelbar die beiden Spannungsgleichungen für u_d und u_q in den Tabellen 3.1.2 bzw. 3.1.3 bzw. 3.1.4 als Beziehung zwischen den Realteilen und als Beziehung zwischen den Imaginärteilen der komplexen Augenblickswerte.

3.1.5
Einführung der α-β-0-Komponenten

Durch (3.1.70) werden die Komponenten g_d und g_q als Real- und Imaginärteil der in Läuferkoordinaten beschriebenen komplexen Ankergrößen dargestellt. Analog dazu wird von der Ankergröße $\vec{g}_1^S$ selbst ausgehend definiert [vgl. (2.1.20), S. 289]

$$\vec{g}_1^S = \frac{2}{3}(g_a + \underline{a}g_b + \underline{a}^2 g_c) = g_\alpha + jg_\beta \qquad (3.1.74)$$

bzw.
$$g_\alpha = \mathrm{Re}\{\vec{g}_1^S\} \qquad (3.1.75a)$$
$$g_\beta = \mathrm{Im}\{\vec{g}_1^S\} \qquad (3.1.75b)$$

Die Komponenten g_α und g_β bilden zusammen mit g_0 die sog. α-β-0-Komponenten der Stranggrößen. Man erhält ausgehend von (3.1.74) bzw. (3.1.75a,b) als ausgeschriebene Form der Beziehungen zwischen den Stranggrößen und ihren α-β-0-Komponenten

$$\begin{pmatrix} g_\alpha \\ g_\beta \\ g_0 \end{pmatrix} = \begin{pmatrix} \dfrac{2}{3} & -\dfrac{1}{3} & -\dfrac{1}{3} \\ 0 & \dfrac{1}{3}\sqrt{3} & -\dfrac{1}{3}\sqrt{3} \\ \dfrac{1}{3} & \dfrac{1}{3} & \dfrac{1}{3} \end{pmatrix} \begin{pmatrix} g_a \\ g_b \\ g_c \end{pmatrix} \qquad (3.1.76a)$$

bzw.
$$\begin{pmatrix} g_a \\ g_b \\ g_c \end{pmatrix} = \begin{pmatrix} 1 & 0 & 1 \\ -\dfrac{1}{2} & \dfrac{1}{2}\sqrt{3} & 1 \\ -\dfrac{1}{2} & -\dfrac{1}{2}\sqrt{3} & 1 \end{pmatrix} \begin{pmatrix} g_\alpha \\ g_\beta \\ g_0 \end{pmatrix}.$$
(3.1.76b)

Die Beziehungen zwischen den α-β-0-Komponenten und den d-q-0-Komponenten folgen unmittelbar aus (3.1.70) und (3.1.74) zu

$$g_\alpha + \mathrm{j} g_\beta = (g_\mathrm{d} + \mathrm{j} g_\mathrm{q})\mathrm{e}^{\mathrm{j}\vartheta}.$$
(3.1.77)

Daraus erhält man in ausgeschriebener Form

$$\begin{pmatrix} g_\alpha \\ g_\beta \end{pmatrix} = \begin{pmatrix} \cos\vartheta & -\sin\vartheta \\ \sin\vartheta & \cos\vartheta \end{pmatrix} \begin{pmatrix} g_\mathrm{d} \\ g_\mathrm{q} \end{pmatrix}$$
(3.1.78a)

bzw.
$$\begin{pmatrix} g_\mathrm{d} \\ g_\mathrm{q} \end{pmatrix} = \begin{pmatrix} \cos\vartheta & \sin\vartheta \\ -\sin\vartheta & \cos\vartheta \end{pmatrix} \begin{pmatrix} g_\alpha \\ g_\beta \end{pmatrix}.$$
(3.1.78b)

Durch die d-q-0-Komponenten wird dem dreisträngigen Wicklungssystem im Anker ein zweisträngiges zugeordnet, dessen Wicklungsachsen relativ zum Polsystem ruhen und mit den Achsen der magnetischen Symmetrie übereinstimmen. Analog dazu entspricht die Einführung der α-β-0-Komponenten dem Ersatz des dreisträngigen Wicklungssystems im Anker durch ein zweisträngiges, wobei die Achse des Strangs α bei $\gamma = \gamma_\alpha = 0$ liegt und die des Strangs β bei $\gamma = \gamma_\beta = \pi/2$. Die Überführung eines dreisträngigen Wicklungssystems in ein äquivalentes zweisträngiges war im Abschnitt 1.8.1.4, Seite 227, vorgenommen worden. Dabei wurden die gleichen Variablen g_α und g_β als die Größen der Ersatzstränge α und β erhalten, die jetzt im Ergebnis der Transformation auftreten.

Um die α-β-0-Komponenten anwenden zu können, muss das allgemeine Gleichungssystem nach Tabelle 3.1.1, Seite 468, in den Bereich der α-β-0-Komponenten transformiert werden. Da die Transformationsbeziehungen zwischen den Stranggrößen und ihren α-β-0-Komponenten nach (3.1.76a,b) keine Funktionen der Zeit sind, behalten die Spannungsgleichungen des Ankers dabei die übliche Form nach (1.6.1), Seite 138. Man erhält ausgehend von den entsprechenden Beziehungen in Tabelle 3.1.1, wenn gleichzeitig zur bezogenen Darstellung übergegangen wird,

$$\begin{pmatrix} u_\alpha \\ u_\beta \\ u_0 \end{pmatrix} = r \begin{pmatrix} i_\alpha \\ i_\beta \\ i_0 \end{pmatrix} + \frac{1}{\omega_\mathrm{N} T_\mathrm{bez}} \frac{\mathrm{d}}{\mathrm{d}t} \begin{pmatrix} \psi_\alpha \\ \psi_\beta \\ \psi_0 \end{pmatrix}.$$
(3.1.79)

Auf die Transformation der Flussverkettungsgleichungen wird i. Allg. verzichtet. Stattdessen werden die einfachen, den Unsymmetrien des Polsystems angepassten

Flussverkettungsgleichungen im Bereich der d-q-0-Komponenten verwendet, wie sie in Tabelle 3.1.2 bzw. 3.1.3 bzw. 3.1.4 zusammengefasst sind, und zusätzlich die Transformationsbeziehungen zwischen den α-β-0- und d-q-0-Komponenten nach (3.1.78a,b) für die Ströme und Flussverkettungen in der Rechnung mitgeführt. Daneben gelten natürlich die Spannungsgleichungen des Polsystems und die Beziehung für das Drehmoment sowie die Bewegungsgleichung, die in Tabelle 3.1.3 bzw. 3.1.4 festgehalten sind. Für das Drehmoment erhält man durch Einführen der Komponenten g_α und g_β der Ströme und Flussverkettungen mit Hilfe von (3.1.78b) in bezogener Form

$$\boxed{m = (\psi_\alpha i_\beta - \psi_\beta i_\alpha)}. \tag{3.1.80}$$

3.1.6
Vereinfachte Vollpolmaschine

Wie bereits im Abschnitt 3.1.4 herausgearbeitet wurde, ist es zur Erlangung einfacher Näherungsbeziehungen nützlich, als extrem vereinfachtes Modell einer Synchronmaschine in sehr grober Näherung eine Vollpolmaschine zu betrachten, die im Polsystem eine symmetrische, zweisträngige Wicklung trägt. Bild 3.1.3 zeigt die schematische Darstellung einer derartigen Maschine, die als vereinfachte Vollpolmaschine bezeichnet werden soll.[3] Die beiden Wicklungsstränge des Polsystems sollen mit fd und fq bezeichnet werden, um einerseits die Bezeichnung der Erregerwicklung beizubehalten und andererseits die gleiche Ausführung der beiden Wicklungsstränge zum Ausdruck zu bringen.

Im Zusammenhang mit der Überführbarkeit der zweisträngigen Wicklung des Polsystems in eine dreisträngige, die auf der Grundlage der Untersuchungen des Abschnitts 1.8.1.4, Seite 227, möglich ist, lassen sich unmittelbar die allgemeinen Beziehungen (2.1.32a,b) und (2.1.33a,b), Seite 291, die im Abschnitt 2.1.3 für die Induktionsmaschine abgeleitet wurden, auf die Synchronmaschine anwenden. Es ist lediglich zu beachten, dass $i_a + i_b + i_c = 0$ ist, wenn in der dreisträngigen Wicklung des Polsystems kein Nullsystem auftritt. Eine entsprechende Schaltung zeigt Bild 3.1.4. Die Beziehungen der vereinfachten Vollpolmaschine unter Verwendung komplexer Augenblickswerte lassen sich natürlich auch aus den allgemeinen Beziehungen der Synchronmaschine im Bereich der d-q-0-Komponenten unter Beachtung der jetzt vorliegenden Symmetrie des Polsystems entwickeln. Im Folgenden wird dies ausgehend von der bezogenen Form dieser Beziehungen vorgenommen, wie sie in Tabelle 3.1.3 festgehalten sind. Dabei werden für die Parameter des Wicklungsstrangs in der Längsachse des Polsystems die Bezeichnungen beibehalten und, entsprechend der vorausgesetzten magnetischen und elektrischen Symmetrie, auch für die Parameter der Querachse

---

[3] Man vergleiche dazu die schematische Darstellung der allgemeinen Synchronmaschine in Schenkelpolausführung und mit je einer Ersatzdämpferwicklung in der d-Achse und in der q-Achse im Bild 3.1.2

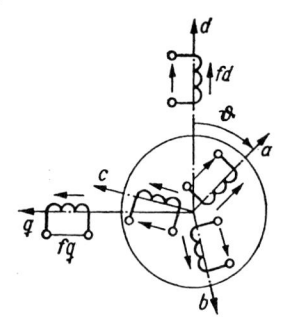

Bild 3.1.3 Schematische Darstellung der vereinfachten Vollpolmaschine. fd, fq Symmetrische zweisträngige Wicklung im Polsystem

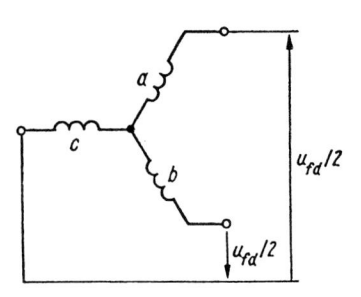

Bild 3.1.4 Schaltung eines dreisträngigen symmetrischen Schleifringläufers, der als Polsystem einer vereinfachten Vollpolmaschine dienen soll

verwendet. Es gelten also die Identitäten

$$r_{\mathrm{fq}} = r_{\mathrm{fd}}$$
$$x_{\mathrm{afq}} = x_{\mathrm{faq}} = x_{\mathrm{fad}} = x_{\mathrm{afd}}$$
$$x_{\mathrm{ffq}} = x_{\mathrm{ffd}} \ .$$

Weiterhin verschwindet mit dem Wegfall der magnetischen Asymmetrie des Polsystems entsprechend (1.8.84a–d), Seite 254, der Unterschied zwischen den Hauptinduktivitäten L_{hd} und L_{hq} bzw. den synchronen Induktivitäten L_{d} und L_{q} des Ankers nach (1.8.85a,b) und damit zwischen ihren bezogenen Werten, d. h. es ist

$$x_{\mathrm{q}} = x_{\mathrm{d}} \ .$$

Die beiden Spannungsgleichungen des Polsystems lauten mit den getroffenen Festlegungen in bezogener Form

$$u_{\mathrm{fd}} = r_{\mathrm{fd}} i_{\mathrm{fd}} + \frac{\mathrm{d}\psi_{\mathrm{fd}}}{\mathrm{d}t}$$
$$u_{\mathrm{fq}} = r_{\mathrm{fd}} i_{\mathrm{fq}} + \frac{\mathrm{d}\psi_{\mathrm{fq}}}{\mathrm{d}t} \ ,$$

wobei $u_{\mathrm{fq}} = 0$ ist. Sie lassen sich zur komplexen Spannungsgleichung des Polsystems zusammenfassen als

$$\vec{u}_2^{\mathrm{L}} = u_{\mathrm{fd}} + \mathrm{j}u_{\mathrm{fq}} = r_{\mathrm{fd}}(i_{\mathrm{fd}} + \mathrm{j}i_{\mathrm{fq}}) + \frac{\mathrm{d}}{\mathrm{d}t}(\psi_{\mathrm{fd}} + \mathrm{j}\psi_{\mathrm{fq}}) = r_{\mathrm{fd}}\vec{i}_2^{\mathrm{L}} + \frac{\mathrm{d}\vec{\psi}_2^{\mathrm{L}}}{\mathrm{d}t} \ . \qquad (3.1.81)$$

Die Flussverkettungsgleichung für die komplexe Flussverkettung $\vec{\psi}_2^{\mathrm{L}} = \psi_{\mathrm{fd}} + \mathrm{j}\psi_{\mathrm{fq}}$ des Polsystems erhält man in bezogener Form unter Beachtung von (3.1.70) und der

Symmetrie des Aufbaus aus

$$\psi_{\text{fd}} = x_{\text{fad}} i_{\text{d}} + x_{\text{ffd}} i_{\text{fd}}$$
$$\psi_{\text{fq}} = x_{\text{fad}} i_{\text{q}} + x_{\text{ffd}} i_{\text{fq}}$$

zu $\quad \vec{\psi}_2^{\text{L}} = \psi_{\text{fd}} + \text{j}\psi_{\text{fq}} = x_{\text{fad}}(i_{\text{d}} + \text{j}i_{\text{q}}) + x_{\text{ffd}}(i_{\text{fd}} + \text{j}i_{\text{fq}}) = x_{\text{fad}} \vec{i}_1^{\text{L}} + x_{\text{ffd}} \vec{i}_2^{\text{L}}$. (3.1.82)

Die Flussverkettungsgleichung für die komplexe Flussverkettung $\vec{\psi}_1^{\text{L}} = \psi_{\text{d}} + \text{j}\psi_{\text{q}}$ des Ankers in den Koordinaten des Polsystems entsprechend (3.1.70) erhält man unter Beachtung der vorliegenden elektrischen und magnetischen Symmetrie in bezogener Form aus

$$\psi_{\text{d}} = x_{\text{d}} i_{\text{d}} + x_{\text{afd}} i_{\text{fd}}$$
$$\psi_{\text{q}} = x_{\text{d}} i_{\text{q}} + x_{\text{afd}} i_{\text{fq}}$$

zu $\quad \vec{\psi}_1^{\text{L}} = \psi_{\text{d}} + \text{j}\psi_{\text{q}} = x_{\text{d}}(i_{\text{d}} + \text{j}i_{\text{q}}) + x_{\text{afd}}(i_{\text{fd}} + \text{j}i_{\text{fq}}) = x_{\text{d}} \vec{i}_1^{\text{L}} + x_{\text{afd}} \vec{i}_2^{\text{L}}$. (3.1.83)

Damit wiederum ergibt sich, ausgehend von den Spannungsgleichungen für u_{d} und u_{q} in Tabelle 3.1.3, als komplexe Spannungsgleichung des Ankers in den Koordinaten des Polsystems

$$\vec{u}_1^{\text{L}} = u_{\text{d}} + \text{j}u_{\text{q}} = r(i_{\text{d}} + \text{j}i_{\text{q}}) + \frac{1}{\omega_{\text{N}} T_{\text{bez}}} \frac{\text{d}}{\text{d}t}(\psi_{\text{d}} + \text{j}\psi_{\text{q}}) + \text{j}n(\psi_{\text{d}} + \text{j}\psi_{\text{q}})$$
$$= r\vec{i}_1^{\text{L}} + \frac{1}{\omega_{\text{N}} T_{\text{bez}}} \frac{\text{d}\vec{\psi}_1^{\text{L}}}{\text{d}t} + \text{j}n\vec{\psi}_1^{\text{L}}. \quad (3.1.84)$$

Für das Drehmoment lässt sich ausgehend von $m = \psi_{\text{d}} i_{\text{q}} - \psi_{\text{q}} i_{\text{d}}$ schreiben

$$m = -\text{Im}\left\{(\psi_{\text{d}} + \text{j}\psi_{\text{q}})(i_{\text{d}} - \text{j}i_{\text{q}})\right\} = -\text{Im}\left\{\vec{\psi}_1^{\text{L}} \vec{i}_1^{\text{L}*}\right\}. \quad (3.1.85)$$

Diese Beziehung entspricht (2.1.34), Seite 291, unter Beachtung des Umstands, dass sie für bezogene Größen nach Abschnitt 3.1.3 gilt und der Sonderfall der Beschreibung der Ankergrößen in den Koordinaten des Polsystems vorliegt. Die Bewegungsgleichung behält die in Tabelle 3.1.3 fixierte Form bei. Die Beziehungen (3.1.81) bis (3.1.85) beschreiben die vereinfachte Vollpolmaschine mit Hilfe komplexer Augenblickswerte in den Koordinaten des Polsystems unter Verwendung bezogener Größen, wie sie im Abschnitt 3.1.3 eingeführt wurden. Um das Gleichungssystem in einem beliebigen Koordinatensystem K darzustellen, sind ausgehend von (2.1.30a,b) die Beziehungen

$$\vec{g}_1^{\text{K}} = \vec{g}_1^{\text{S}} \text{e}^{-\text{j}\vartheta_{\text{K}}} = \vec{g}_1^{\text{L}} \text{e}^{\text{j}(\vartheta-\vartheta_{\text{K}})}$$
$$\vec{g}_2^{\text{K}} = \vec{g}_2^{\text{L}} \text{e}^{-\text{j}(\vartheta_{\text{K}}-\vartheta)} = \vec{g}_2^{\text{L}} \text{e}^{\text{j}(\vartheta-\vartheta_{\text{K}})}$$

zu beachten. Damit erhält man das Gleichungssystem der vereinfachten Vollpolmaschine in einem beliebigen Koordinatensystem K unter Verwendung komplexer Augenblickswerte und bezogener Größen, wie es in Tabelle 3.1.5 zusammengestellt ist.

Tabelle 3.1.5 Zusammenstellung des Gleichungssystems der vereinfachten Vollpolmaschine unter Verwendung komplexer Augenblickswerte und bezogener Größen ohne Festlegung des Bezugswerts für die Zeit bei Darstellung in einem beliebigen Koordinatensystem K

$$\vec{u}_1^K = r_1 \vec{i}_1^K + \frac{1}{\omega_N T_{bez}} \frac{d\vec{\psi}_1^K}{dt} + jn_K \vec{\psi}_1^K \qquad \vec{u}_2^K = r_2 \vec{i}_2^K + \frac{1}{\omega_N T_{bez}} \frac{d\vec{\psi}_2^K}{dt} + j(n_K - n)\vec{\psi}_2^K$$

$$\vec{\psi}_1^K = x_d \vec{i}_1^K + x_{afd} \vec{i}_2^K \qquad \vec{\psi}_2^K = x_{fad} \vec{i}_1^K + x_{ffd} \vec{i}_2^K$$

$$m = -\mathrm{Im}\left\{\vec{\psi}_1^K \vec{i}_1^{K*}\right\} \qquad m + m_A = \frac{2H}{T_{bez}} \frac{dn}{dt} = T_m \frac{dn}{dt}$$

$$n = \frac{1}{\omega_N} \frac{d\vartheta}{dt} \qquad n_K = \frac{1}{\omega_N} \frac{d\vartheta_K}{dt}$$

Tabelle 3.1.6 Zusammenstellung des Gleichungssystems der vereinfachten Vollpolmaschine unter Verwendung komplexer Augenblickswerte und bezogener Größen mit Festlegung des Bezugswerts für die Zeit als $T_{bez} = 1/\omega_N$ bei Darstellung in einem beliebigen Koordinatensystem K

$$\vec{u}_1^K = r_1 \vec{i}_1^K + \frac{d\vec{\psi}_1^K}{dt} + jn_K \vec{\psi}_1^K \qquad \vec{u}_2^K = r_2 \vec{i}_2^K + \frac{d\vec{\psi}_2^K}{dt} + j(n_K - n)\vec{\psi}_2^K$$

$$\vec{\psi}_1^K = x_d \vec{i}_1^K + x_{afd} \vec{i}_2^K \qquad \vec{\psi}_2^K = x_{fad} \vec{i}_1^K + x_{ffd} \vec{i}_2^K$$

$$m = -\mathrm{Im}\left\{\vec{\psi}_1^K \vec{i}_1^{K*}\right\} \qquad m + m_A = 2H\omega_N \frac{dn}{dt} = T_m \frac{dn}{dt}$$

$$n = \frac{1}{\omega_N} \frac{d\vartheta}{dt} \qquad n_K = \frac{1}{\omega_N} \frac{d\vartheta_K}{dt}$$

Tabelle 3.1.6 zeigt dieses Gleichungssystem, wenn außerdem die Zeit auf $T_{bez} = 1/\omega_N$ bezogen wird.

3.1.7
Klassifizierung der Betriebszustände

Die Analyse der einzelnen Betriebszustände der Synchronmaschine erfordert unterschiedlichen mathematischen Aufwand. Schwierigkeiten sind zunächst durch die große Anzahl miteinander verknüpfter Variablen zu erwarten. Deshalb wurden bereits die Ersatzdämpferwicklungen eingeführt. Darüber hinaus wird die Lösung des Gleichungssystems im allgemeinen Fall durch die Abhängigkeit der Induktivitäten von ϑ und durch das Auftreten nichtlinearer Glieder der Form ψi und $n\psi$ erschwert. Die Abhängigkeit der Induktivitäten von ϑ konnte durch Einführen der d-q-0-Komponenten eliminiert werden. Sie ist – genauer gesagt – in die Transformationsbeziehungen verlagert worden. Inwieweit der Vorteil der d-q-0-Komponenten voll zum Tragen kommt, hängt deshalb von den speziellen Betriebsbedingungen ab. Hinsichtlich des Wirksamwerdens der nichtlinearen Glieder ist das zu erwartende Zeitverhalten der Drehzahl entscheidend, da es in die nichtlinearen Glieder der Spannungsgleichungen für u_d und u_q direkt eingeht und über das Beschleunigungsmoment auf die Bewegungsgleichung einwirkt.

Die allgemeine Klassifizierung der Betriebszustände in stationäre und nichtstationäre wurde bereits im Abschnitt 1.3.5.1, Seite 49, vorgenommen. Danach sind stationäre Betriebszustände dadurch gekennzeichnet, dass die elektrischen Variablen u, i, ψ und die mechanischen Variablen n, m, m_A entweder zeitlich konstant sind oder eingeschwungene Wechselgrößen darstellen bzw. aus einer Überlagerung einer zeitlich konstanten Größe und einer eingeschwungenen Wechselgröße bestehen. Der normale stationäre Betrieb der Dreiphasen-Synchronmaschine am symmetrischen Netz sinusförmiger Spannungen mit synchroner Drehzahl stellt einen Sonderfall des stationären Betriebs dar. Andere stationäre Betriebszustände sind der asynchrone Betrieb, der Betrieb am unsymmetrischen Netz, alle Formen der Dauerkurzschlüsse, aber z. B. auch erzwungene Pendelungen bei Betrieb am starren Netz. Nichtstationäre Betriebszustände, d. h. Betriebszustände, bei denen sich einzelne Variablen beliebig zeitlich ändern, treten vor allem in Form von Stoßkurzschlüssen und plötzlichen elektrischen oder mechanischen Laständerungen auf.

Die Klassifizierung der Probleme aus der Sicht der zu erwartenden Schwierigkeiten bei ihrer Analyse kann entsprechend den vorstehenden Überlegungen zum einen unter dem Gesichtspunkt der Betriebsbedingungen für die Stranggrößen und zum anderen unter dem des prinzipiellen Drehzahlverhaltens vorgenommen werden.

3.1.7.1 Klassifizierung der Betriebsbedingungen für die Stranggrößen

Es sind zwei Fälle zu unterscheiden, die im Folgenden nacheinander betrachtet werden.

Im ersten Fall bestehen die Betriebsbedingungen für die Stranggrößen entweder aus drei Angaben über alle drei Spannungen oder aus solchen über alle drei Ströme. Durch die Transformation dieser Aussagen mit Hilfe von (3.1.42a), Seite 479, erhält man unmittelbar die d-q-0-Komponenten der Betriebsbedingungen. Dabei treten keine von ϑ abhängigen Beziehungen zwischen zwei d-q-0-Komponenten auf. Die Behandlung des speziellen Problems im Bereich der d-q-0-Komponenten bereitet keine Schwierigkeiten. Zur Gruppe derartiger Betriebszustände gehören vor allem jene, bei denen die Maschine an einem starren, symmetrischen Netz arbeitet. Dabei bilden die Spannungen der Ankerstränge ein symmetrisches Dreiphasensystem entsprechend (2.1.69a,b,c), Seite 303. Die Transformation wird zweckmäßig mit Hilfe der komplexen Ankerspannung $\vec{u}_1^\mathrm{S}$ durchgeführt. Man erhält aus (3.1.72)

$$\vec{u}_1^\mathrm{L} = u_\mathrm{d} + \mathrm{j}u_\mathrm{q} = \underline{u}\mathrm{e}^{\mathrm{j}(\omega t - \vartheta)} = \hat{u}\mathrm{e}^{\mathrm{j}(\omega t - \vartheta + \varphi_\mathrm{u})}$$

und damit

$$\boxed{\begin{aligned}u_\mathrm{d} &= \hat{u}\cos(\omega t - \vartheta + \varphi_\mathrm{u})\\ u_\mathrm{q} &= \hat{u}\sin(\omega t - \vartheta + \varphi_\mathrm{u})\end{aligned}} \quad . \qquad \begin{aligned}(3.1.86\mathrm{a})\\(3.1.86\mathrm{b})\end{aligned}$$

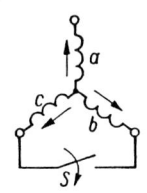

Bild 3.1.5 Prinzipschaltbild zum zweipoligen Kurzschluss der Dreiphasen-Synchronmaschine

Für u_0 liefert (3.1.42a) $u_0 = 0$.

Im zweiten Fall bestehen die Betriebsbedingungen der Ankerstränge zum Teil aus Aussagen über die Spannungen und zum Teil aus solchen über die Ströme. Eine unmittelbare Transformation dieser Aussagen in den Bereich der d-q-0-Komponenten ist nicht möglich. Die Betriebsbedingungen äußern sich – wenigstens zum Teil – als von ϑ abhängige Beziehungen zwischen einzelnen d-q-0-Komponenten. Damit bietet die Anwendung der d-q-0-Komponenten – zumindest hinsichtlich der Spannungsgleichungen – keinen Vorteil mehr. Es treten einerseits die nichtlinearen Glieder $n\psi_q$ und $n\psi_d$ in Erscheinung und andererseits auch von ϑ abhängige Koeffizienten auf. Man verwendet deshalb vorteilhaft die im Abschnitt 3.1.5 eingeführten α-β-0-Komponenten. Wie jedoch bereits dort erwähnt wurde, wird i. Allg. auf die Einführung der Flussverkettungsgleichungen für die α-β-0-Komponenten verzichtet. Stattdessen werden die Flussverkettungsgleichungen für die d-q-0-Komponenten verwendet und zusätzlich die Transformationsbeziehungen zwischen den α-β-0- und den d-q-0-Komponenten für die Ströme und Flussverkettungen nach (3.1.78a,b) mitgeführt.

In die zweite Gruppe von Betriebszuständen gehören alle unsymmetrischen Kurzschlüsse. Deshalb sollen an dieser Stelle zur Demonstration der oben angestellten Überlegungen, der eigentlichen Behandlung vorgreifend, die Betriebsbedingungen für den zweipoligen Kurzschluss aufgestellt werden. Wenn der Schalter S im Bild 3.1.5 zur Zeit $t = 0$ geschlossen wird, gilt für alle Zeiten $t > 0$

$$u_b - u_c = 0$$
$$i_a = 0$$
$$i_b = -i_c = i \; .$$

Daraus erhält man als Betriebsbedingungen im Bereich der d-q-0-Komponenten mit Hilfe von (3.1.42a,b), Seite 479, nach einigen Umformungen

$$u_d \sin \vartheta + u_q \cos \vartheta = 0$$
$$i_0 = 0$$
$$i_d = \frac{1}{3}\sqrt{3} i \sin \vartheta$$
$$i_q = \frac{1}{3}\sqrt{3} i \cos \vartheta \; .$$

Wenn diese Beziehungen in das Gleichungssystem nach Tabelle 3.1.3 bzw. 3.1.4 eingeführt werden, treten Koeffizienten in Erscheinung, die Funktionen von ϑ sind. Insbesondere liefert die erste Betriebsbedingung eine recht unangenehme Spannungsgleichung.

Die unmittelbare Anwendung der d-q-0-Komponenten erweist sich demnach als wenig sinnvoll. Die Transformation der Betriebsbedingungen des zweipoligen Kurzschlusses nach Bild 3.1.5 in den Bereich der α-β-0-Komponenten liefert über (3.1.76a)

$$u_\beta = 0$$
$$i_0 = 0$$
$$i_\alpha = 0$$
$$i_\beta = \frac{2}{3}\sqrt{3}\,i \ .$$

3.1.7.2 Klassifizierung der Bewegungsvorgänge

Das Zeitverhalten der Drehzahl ist von entscheidendem Einfluss auf die analytische Lösbarkeit des Gleichungssystems der Synchronmaschine. Dabei sind drei prinzipielle Fälle zu unterscheiden.

1. Die Drehzahl ist konstant oder kann als konstant angenommen werden.
2. Die Drehzahl ist nicht konstant; sie führt aber, ebenso wie alle anderen Variablen, nur kleine Änderungen durch.
3. Die Drehzahl ist nicht konstant und durchläuft zusammen mit anderen Variablen große Änderungen.

Im ersten Fall einer konstanten oder als konstant angenommenen Drehzahl bei Betrieb mit Bemessungsfrequenz lässt sich die bezogene Läuferdrehzahl allgemein formulieren als

$$n = 1 - s \ ,$$

wobei der Schlupf s die Abweichung von der synchronen Drehzahl bei Bemessungsfrequenz beschreibt. Im Sonderfall des normalen stationären Betriebs der Synchronmaschine am starren, symmetrischen Netz mit Bemessungsfrequenz ist $s = 0$ und damit $n = 1$. Eine konstante Drehzahl ist gedanklich stets dadurch zu erzwingen, dass man sich die Maschine mit einem sehr großen Massenträgheitsmoment gekuppelt denkt, d. h. dass $J \to \infty$ bzw. $H \to \infty$ gilt. Unter dem Einfluss einer konstanten Drehzahl wird das System der Spannungs- und Flussverkettungsgleichungen im Bereich der d-q-0-Komponenten nach Tabelle 3.1.3 bzw. 3.1.4 linear. Es lässt sich ohne Verwendung der nach wie vor nichtlinearen Beziehung für das Drehmoment m lösen, wenn man die Drehzahl bzw. den Schlupf als Parameter ansieht. Die auf diesem Weg ermittelten Flussverkettungen und Ankerströme liefern dann das Drehmoment über $m = \psi_\mathrm{d} i_\mathrm{q} - \psi_\mathrm{q} i_\mathrm{d}$, wobei ebenfalls die Drehzahl bzw. der Schlupf s als Parameter auftritt. Die so gewonnene Beziehung für das Drehmoment erlaubt es, im Nachgang zu prüfen, inwieweit die Voraussetzung der Konstanz der Drehzahl erfüllt ist. Dazu liefert die Bewegungsgleichung in Tabelle 3.1.3 bzw. 3.1.4 mit $\mathrm{d}n/\mathrm{d}t = -\mathrm{d}s/\mathrm{d}t$ als Maß für die auftretende Drehzahländerung

$$\frac{\mathrm{d}n}{\mathrm{d}t} = -\frac{\mathrm{d}s}{\mathrm{d}t} = \frac{1}{T_\mathrm{m}}(m + m_\mathrm{A}),$$

wobei T_m entsprechend (3.1.58) gegeben ist als $T_\mathrm{m} = 2H/T_\mathrm{bez}$ und folglich von der Festlegung des Bezugswerts für die Zeit abhängt. Eine streng konstante Drehzahl existiert nur im normalen stationären synchronen Betrieb am symmetrischen Netz sinusförmiger Spannungen. Als konstant ansehen lässt sie sich bei Stoßkurzschlussvorgängen, bei der unsymmetrischen Belastung der Ankerstränge, beim stationären asynchronen Betrieb der Maschine und ähnlichen Vorgängen, solange das Massenträgheitsmoment hinreichend groß ist. Streng genommen liegt also in diesen Fällen mit der Einführung einer konstanten Drehzahl bereits eine genäherte Betrachtungsweise vor.

Im zweiten Fall mit dem Kennzeichen, dass die Drehzahl nicht konstant ist, aber ebenso wie alle anderen Variablen nur kleine Änderungen durchläuft, können die Veränderlichen als $g = g_{(\mathrm{a})} + \Delta g$ geschrieben und Produkte $\Delta g_j \Delta g_k$ ihrer Änderungen als klein vernachlässigt werden (s. Abschn. 3.1.9, S. 521). Man erhält ein linearisiertes Gleichungssystem. Mit seiner Hilfe lassen sich freie und erzwungene Pendelungen untersuchen und Fragen der Stabilität gegenüber Pendelungen entscheiden. Derartige Fragen interessieren vor allem im Zusammenhang mit Regelvorgängen.

Im dritten Fall mit dem Kennzeichen, dass die Drehzahl nicht konstant ist und einzelne Veränderliche große Änderungen durchlaufen, lässt sich die Lösung des nichtlinearen Gleichungssystems nicht mehr umgehen. Sie gelingt allerdings in geschlossener Form nur in besonderen Fällen und unter starken Vereinfachungen. In diese Problemgruppe gehören z. B. Intrittfallvorgänge, Außertrittfallvorgänge und schnell verlaufende asynchrone Hochläufe. Zu ihrer quantitativen Untersuchung bietet sich die numerische Simulation an. Aus dieser Sicht ist auch die Einführung bezogener Größen vorteilhaft, die im Abschnitt 3.1.3, Seite 476, vorgenommen worden ist. Es ist sinnvoll, in diesem Fall auch elegante Wege zur Berücksichtigung der Sättigungserscheinungen zu suchen. Darauf wird im Abschnitt 3.1.10, Seite 525, eingegangen werden.

3.1.8
Allgemeine Behandlung des Systems der Spannungs- und Flussverkettungsgleichungen im Bereich der d-q-0-Komponenten

Unter der Voraussetzung $n = $ konst. wird das System der Spannungs- und Flussverkettungsgleichungen linear und mit der bezogenen Läuferdrehzahl n als Parameter lösbar. Als Lösungshilfsmittel bietet sich die Laplace-Transformation an. Nachdem das Gleichungssystem der Maschine in den Unterbereich der Laplace-Transformation überführt worden ist, können die Ströme der Dämpferwicklung und die Flussverkettungen sämtlicher Kreise des Polsystems eliminiert werden. Diese Größen treten nach außen nicht in Erscheinung und sind deshalb i. Allg. nicht von Interesse.

Dabei empfiehlt es sich, wie bereits bei der Einführung bezogener Größen im Abschnitt 3.1.3.1, Seite 476, dargelegt wurde, nunmehr auch die Zeit als dimensionslos einzuführen, um zu erreichen, dass die Beziehungen unter Verwendung bezogener Größen die gleiche Form aufweisen wie die unter Verwendung physikalischer Größen. Dazu muss offensichtlich $T_{\text{bez}} = 1/\omega_N$ als Bezugsgröße für die Zeit eingeführt werden. Im Ergebnis erhält man das Gleichungssystem, wie es in Tabelle 3.1.4 zusammengestellt wurde. Von diesem Gleichungssystem gehen die folgenden Untersuchungen aus.

3.1.8.1 Spannungs- und Flussverkettungsgleichungen im Laplace-Bereich

Die Transformation des Systems der Spannungs- und Flussverkettungsgleichungen nach Tabelle 3.1.4 in den Unterbereich der *Laplace-Transformation* lässt sich unter Anwendung der Differentiationsregel (s. Anh. V) unmittelbar durchführen.

Die *Spannungsgleichungen des Ankers* gehen bei der Transformation unter Beachtung von $n = $ konst. über in

$$u_{\text{d}} = r i_{\text{d}} + \text{p}\left(\psi_{\text{d}} - \frac{\psi_{\text{d(a)}}}{\text{p}}\right) - n\psi_{\text{q}} \qquad (3.1.87\text{a})$$

$$u_{\text{q}} = r i_{\text{q}} + \text{p}\left(\psi_{\text{q}} - \frac{\psi_{\text{q(a)}}}{\text{p}}\right) + n\psi_{\text{d}} \qquad (3.1.87\text{b})$$

$$u_{0} = r i_{0} + \text{p}\left(\psi_{0} - \frac{\psi_{0(a)}}{\text{p}}\right) \qquad (3.1.87\text{c})$$

Die *Spannungsgleichungen des Polsystems* transformieren sich in die Form

$$u_{\text{fd}} = r_{\text{fd}} i_{\text{fd}} + \text{p}\left(\psi_{\text{fd}} - \frac{\psi_{\text{fd(a)}}}{\text{p}}\right) \qquad (3.1.87\text{d})$$

$$0 = r_{\text{Dd}} i_{\text{Dd}} + \text{p}\left(\psi_{\text{Dd}} - \frac{\psi_{\text{Dd(a)}}}{\text{p}}\right) \qquad (3.1.87\text{e})$$

$$0 = r_{\text{Dq}} i_{\text{Dq}} + \text{p}\left(\psi_{\text{Dq}} - \frac{\psi_{\text{Dq(a)}}}{\text{p}}\right) \qquad (3.1.87\text{f})$$

Dabei stellen die Ausdrücke $(\psi - \psi_{(a)}/\text{p})$ die Laplace-Transformierte der Änderung $\Delta \psi$ der Flussverkettung ψ gegenüber ihrem Anfangswert $\psi_{(a)}$ dar.

Die *Flussverkettungsgleichungen* des Ankers und des Polsystems sind lineare algebraische Gleichungen und behalten deshalb im Unterbereich der Laplace-Transformation ihre ursprüngliche Form. Da die Beziehungen für die Anfangswerte die gleiche Form besitzen, erhält man durch Bilden von $(\psi - \psi_{(a)}/\text{p})$ aus den Beziehungen in Tabelle

3.1.4 unmittelbar

$$\begin{pmatrix} \psi_\mathrm{d} - \dfrac{\psi_\mathrm{d(a)}}{\mathrm{p}} \\ \psi_\mathrm{Dd} - \dfrac{\psi_\mathrm{Dd(a)}}{\mathrm{p}} \\ \psi_\mathrm{fd} - \dfrac{\psi_\mathrm{fd(a)}}{\mathrm{p}} \end{pmatrix} = \begin{pmatrix} x_\mathrm{d} & x_\mathrm{aDd} & x_\mathrm{afd} \\ x_\mathrm{Dad} & x_\mathrm{DDd} & x_\mathrm{Dfd} \\ x_\mathrm{fad} & x_\mathrm{fDd} & x_\mathrm{ffd} \end{pmatrix} \begin{pmatrix} i_\mathrm{d} - \dfrac{i_\mathrm{d(a)}}{\mathrm{p}} \\ i_\mathrm{Dd} - \dfrac{i_\mathrm{Dd(a)}}{\mathrm{p}} \\ i_\mathrm{fd} - \dfrac{i_\mathrm{fd(a)}}{\mathrm{p}} \end{pmatrix} \quad (3.1.88\mathrm{a})$$

$$\begin{pmatrix} \psi_\mathrm{q} - \dfrac{\psi_\mathrm{q(a)}}{\mathrm{p}} \\ \psi_\mathrm{Dq} - \dfrac{\psi_\mathrm{Dq(a)}}{\mathrm{p}} \end{pmatrix} = \begin{pmatrix} x_\mathrm{q} & x_\mathrm{aDq} \\ x_\mathrm{Daq} & x_\mathrm{DDq} \end{pmatrix} \begin{pmatrix} i_\mathrm{q} - \dfrac{i_\mathrm{q(a)}}{\mathrm{p}} \\ i_\mathrm{Dq} - \dfrac{i_\mathrm{Dq(a)}}{\mathrm{p}} \end{pmatrix} \quad (3.1.88\mathrm{b})$$

$$\psi_0 - \dfrac{\psi_\mathrm{0(a)}}{\mathrm{p}} = x_0 \left(i_0 - \dfrac{i_\mathrm{0(a)}}{\mathrm{p}} \right). \quad (3.1.88\mathrm{c})$$

Im Allgemeinen sind alle Flussverkettungen des Polsystems sowie die Ströme der Ersatzdämpferwicklungen nicht von unmittelbarem Interesse, da sie nach außen nicht in Erscheinung treten. Diese Größen sollen deshalb im Folgenden – wie bereits angekündigt – eliminiert werden.

Der dem zu untersuchenden Übergangsvorgang vorangehende Betriebszustand bestimmt die Anfangswerte $g_\mathrm{(a)}$. In den meisten Fällen ist dies ein normaler stationärer Betrieb mit synchroner Drehzahl am symmetrischen Netz. In diesem Fall gilt insbesondere

$$i_\mathrm{Dd(a)} = 0 \quad (3.1.89\mathrm{a})$$

$$i_\mathrm{Dq(a)} = 0 \quad (3.1.89\mathrm{b})$$

$$i_\mathrm{fd(a)} = \dfrac{u_\mathrm{fd(a)}}{r_\mathrm{fd}}. \quad (3.1.89\mathrm{c})$$

Um die übrigen Beziehungen zwischen den Anfangswerten bereitzustellen, ist es dann erforderlich, im Abschnitt 3.1.8.7 den normalen stationären Betrieb zu behandeln, obwohl er ausführlich bereits im Band *Grundlagen elektrischer Maschinen* dargestellt ist.

Mit Rücksicht darauf, dass Übergangsvorgängen dominierend ein normaler stationärer Betrieb vorausgeht, werden die folgenden Untersuchungen auf diesen Fall beschränkt, d. h. unter Voraussetzung der Gültigkeit von (3.1.89a,b,c). Eine Erweiterung auf den allgemeinen Fall, dass ein Übergangsvorgang ausgelöst wird, während ein vorangegangener noch nicht abgeschlossen ist, lässt sich ohne Schwierigkeiten bei analogem Vorgehen vornehmen [52].

3.1.8.2 Eliminierung des Stroms der Dämpferwicklung und der Flussverkettungen beider Wicklungen des Polsystems in der Längsachse

Um als erstes die Flussverkettungen zu eliminieren, werden die Spannungsgleichungen (3.1.87d,e) in die Flussverkettungsgleichungen (3.1.88a) eingesetzt. Man erhält

3.1 Modelle auf Basis der Hauptwellenverkettung

unter Beachtung von (3.1.89a,b,c)

$$\begin{pmatrix} \psi_d - \dfrac{\psi_{d(a)}}{p} \\ 0 \\ \dfrac{1}{p}\left(u_{fd} - \dfrac{u_{fd(a)}}{p}\right) \end{pmatrix} = \begin{pmatrix} x_d & x_{aDd} & x_{afd} \\ x_{Dad} & x_{DDd} + \dfrac{r_{Dd}}{p} & x_{Dfd} \\ x_{fad} & x_{fDd} & x_{ffd} + \dfrac{r_{fd}}{p} \end{pmatrix} \begin{pmatrix} i_d - \dfrac{i_{d(a)}}{p} \\ i_{Dd} \\ i_{fd} - \dfrac{i_{fd(a)}}{p} \end{pmatrix}. \tag{3.1.90}$$

In (3.1.90) bietet es sich an, folgende Eigenzeitkonstanten einzuführen:

- Eigenzeitkonstante der Ersatzdämpferwicklung der Längsachse $T_{Dd0} = x_{DDd}/r_{Dd}$,
- Eigenzeitkonstante der Erregerwicklung $T_{fd0} = x_{ffd}/r_{fd}$.

Dabei ergeben sich die bezogenen Zeitkonstanten stets als auf den Bezugswert für die Zeit bezogene Größen. Damit erhält man aus der zweiten Beziehung in (3.1.90) für den Strom der Ersatzdämpferwicklung

$$i_{Dd} = -\frac{x_{Dad}}{x_{DDd}} \frac{pT_{Dd0}}{1+pT_{Dd0}} \left(i_d - \frac{i_{d(a)}}{p}\right) - \frac{x_{Dfd}}{x_{DDd}} \frac{pT_{Dd0}}{1+pT_{Dd0}} \left(i_{fd} - \frac{i_{fd(a)}}{p}\right) \tag{3.1.91}$$

und mit diesem aus der dritten Beziehung in (3.1.90)

$$\frac{1}{p}\left(u_{fd} - \frac{u_{fd(a)}}{p}\right) = \left(x_{fad} - \frac{x_{Dfd}x_{Dad}}{x_{DDd}} \frac{pT_{Dd0}}{1+pT_{Dd0}}\right)\left(i_d - \frac{i_{d(a)}}{p}\right)$$
$$+ \left(x_{ffd}\frac{1+pT_{fd0}}{pT_{fd0}} - \frac{x_{Dfd}^2}{x_{DDd}}\frac{pT_{Dd0}}{1+pT_{Dd0}}\right)\left(i_{fd} - \frac{i_{fd(a)}}{p}\right).$$

Daraus folgt durch Auflösen nach dem Erregerstrom

$$\left(i_{fd} - \frac{i_{fd(a)}}{p}\right) = \tag{3.1.92}$$

$$-pT_{fd0}\frac{x_{fad}}{x_{ffd}} \frac{1+pT_{Dd0}\left(1 - \dfrac{x_{fDd}x_{Dad}}{x_{DDd}x_{fad}}\right)}{1+p(T_{fd0}+T_{Dd0})+p^2T_{fd0}T_{Dd0}\left(1 - \dfrac{x_{Dfd}^2}{x_{DDd}x_{ffd}}\right)}\left(i_d - \frac{i_{d(a)}}{p}\right)$$

$$+\frac{T_{fd0}}{x_{ffd}}\frac{1+pT_{Dd0}}{1+p(T_{fd0}+T_{Dd0})+p^2T_{fd0}T_{Dd0}\left(1 - \dfrac{x_{Dfd}^2}{x_{DDd}x_{ffd}}\right)}\left(u_{fd} - \frac{u_{fd(a)}}{p}\right).$$

Die erste Beziehung in (3.1.90) geht mit i_{Dd} nach (3.1.91) über in

$$\left(\psi_d - \frac{\psi_{d(a)}}{p}\right) = \left(x_d - \frac{x_{aDd}^2}{x_{DDd}} \frac{pT_{Dd0}}{1+pT_{Dd0}}\right)\left(i_d - \frac{i_{d(a)}}{p}\right)$$
$$+ \left(x_{afd} - \frac{x_{Dfd}x_{aDd}}{x_{DDd}} \frac{pT_{Dd0}}{1+pT_{Dd0}}\right)\left(i_{fd} - \frac{i_{fd(a)}}{p}\right),$$

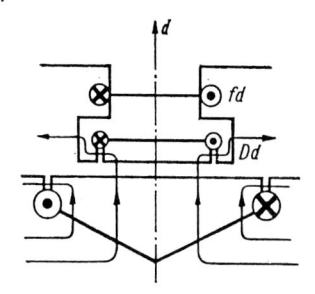

Bild 3.1.6 Schematische Darstellung des Felds, dem die subtransiente Reaktanz x_d'' der Längsachse zugeordnet ist

und wenn in dieser Beziehung der Erregerstrom $(i_{fd} - i_{fd(a)}/p)$ durch (3.1.93) ersetzt wird, erhält man schließlich

$$\left(\psi_d - \frac{\psi_{d(a)}}{p}\right) =$$

$$\frac{1}{N(p)}\left\{x_d(1 + pT_{fd0})(1 + pT_{Dd0}) - p^2\frac{x_d x_{Dfd}^2}{x_{DDd} x_{ffd}}T_{fd0}T_{Dd0}\right.$$

$$-\frac{x_{aDd}^2}{x_{DDd}}pT_{Dd0}(1 + pT_{fd0}) + p^3\frac{T_{Dd0}^2 x_{aDd}^2 T_{fd0} x_{Dfd}^2}{x_{DDd}^2 x_{ffd}(1 + pT_{Dd0})}$$

$$\left. -\frac{x_{afd}^2}{x_{ffd}}pT_{fd0}(1 + pT_{Dd0}) + 2p^2 T_{fd0}T_{Dd0}\frac{x_{fad} x_{fDd} x_{Dad}}{x_{DDd} x_{ffd}}\right\}\left(i_d - \frac{i_{d(a)}}{p}\right)$$

$$+\frac{1}{N(p)}T_{fd0}\frac{x_{afd}}{x_{ffd}}\left\{1 + pT_{Dd0}\left(1 - \frac{x_{Dfd} x_{aDd}}{x_{DDd} x_{afd}}\right)\right\}\left(u_{fd} - \frac{u_{fd(a)}}{p}\right). \quad (3.1.93)$$

Dabei ist das Nennerpolynom $N(p)$ gegeben durch

$$N(p) = 1 + p(T_{fd0} + T_{Dd0}) + p^2 T_{fd0} T_{Dd0}\left(1 - \frac{x_{Dfd}^2}{x_{DDd} x_{ffd}}\right). \quad (3.1.94)$$

Die Beziehungen (3.1.93) und (3.1.93) geben das nach außen und im Zusammenspiel mit dem Anker wirksame Verhalten der Wicklungen des Polsystems in der Längsachse wieder. Sie nehmen unter Einführung sog. *Operatorenkoeffizienten* die Form

$$\boxed{\begin{aligned}\left(\psi_d - \frac{\psi_{d(a)}}{p}\right) &= x_d(p)\left(i_d - \frac{i_{d(a)}}{p}\right) + G_{fd}(p)\left(u_{fd} - \frac{u_{fd(a)}}{p}\right) \\ \left(i_{fd} - \frac{i_{fd(a)}}{p}\right) &= -pG_{fd}(p)\left(i_d - \frac{i_{d(a)}}{p}\right) + F_{fd}(p)\left(u_{fd} - \frac{u_{fd(a)}}{p}\right)\end{aligned}} \quad \begin{aligned}(3.1.95a)\\(3.1.95b)\end{aligned}$$

an. In vielen Fällen arbeitet die Maschine an einer konstanten Erregerspannung $u_{fd(a)}$. Dann wird $(u_{fd} - u_{fd(a)}/p) = 0$, so dass sich (3.1.95a,b) wesentlich vereinfachen. Im Folgenden werden die Operatorenkoeffizienten näher untersucht.

Der *Reaktanzoperator* $x_d(p)$ der Längsachse ist entsprechend (3.1.95a) der Koeffizient vor $(i_d - i_{d(a)}/p)$ in (3.1.93). Wenn Zähler und Nenner nach Potenzen von p geordnet

3.1 Modelle auf Basis der Hauptwellenverkettung

werden, erhält man dafür

$$x_\mathrm{d}(\mathrm{p}) = \quad (3.1.96)$$

$$\frac{x_\mathrm{d} + \mathrm{p}x_\mathrm{d}\left[\left(1 - \dfrac{x_\mathrm{aDd}^2}{x_\mathrm{DDd}x_\mathrm{d}}\right)T_\mathrm{Dd0} + \left(1 - \dfrac{x_\mathrm{afd}^2}{x_\mathrm{ffd}x_\mathrm{d}}\right)T_\mathrm{fd0}\right]}{1 + \mathrm{p}(T_\mathrm{fd0} + T_\mathrm{Dd0}) + \mathrm{p}^2 T_\mathrm{fd0} T_\mathrm{Dd0}\left(1 - \dfrac{x_\mathrm{Dfd}^2}{x_\mathrm{DDd}x_\mathrm{ffd}}\right)}$$

$$+ \frac{\mathrm{p}^2 T_\mathrm{fd0} T_\mathrm{Dd0}\left(1 - \dfrac{x_\mathrm{Dfd}^2}{x_\mathrm{DDd}x_\mathrm{ffd}}\right)\left[x_\mathrm{d} - \dfrac{x_\mathrm{aDd}^2 x_\mathrm{ffd} + x_\mathrm{afd}^2 x_\mathrm{DDd} - 2x_\mathrm{afd}x_\mathrm{Dfd}x_\mathrm{Dad}}{x_\mathrm{DDd}x_\mathrm{ffd} - x_\mathrm{Dfd}^2}\right]}{1 + \mathrm{p}(T_\mathrm{fd0} + T_\mathrm{Dd0}) + \mathrm{p}^2 T_\mathrm{fd0} T_\mathrm{Dd0}\left(1 - \dfrac{x_\mathrm{Dfd}^2}{x_\mathrm{DDd}x_\mathrm{ffd}}\right)}.$$

Der Reaktanzoperator $x_\mathrm{d}(\mathrm{p})$ vermittelt entsprechend (3.1.95a) zwischen den Änderungen der Längskomponenten der Flussverkettungen und Ströme des Ankers. Dabei wirkt im ersten Augenblick nach einer Störung bzw. bei sehr großen Frequenzen der Ströme und Flussverkettungen die *subtransiente Reaktanz der Längsachse*

$$\boxed{x_\mathrm{d}'' = \lim_{\mathrm{p}\to\infty} x_\mathrm{d}(\mathrm{p}) = x_\mathrm{d} - \frac{x_\mathrm{aDd}^2 x_\mathrm{ffd} + x_\mathrm{afd}^2 x_\mathrm{DDd} - 2x_\mathrm{afd}x_\mathrm{Dfd}x_\mathrm{Dad}}{x_\mathrm{DDd}x_\mathrm{ffd} - x_\mathrm{Dfd}^2}}. \quad (3.1.97)$$

Die Definition der subtransienten Reaktanz der Längsachse nach (3.1.97) ist jedoch für deren Berechnung ungeeignet, da auf der rechten Seite die Differenz zweier großer Ausdrücke steht. Als Ausgangspunkt der Berechnung ist es erforderlich, das magnetische Feld zu betrachten, dem x_d'' zugeordnet ist. Dazu ist im Bild 3.1.6 ein Ankerstrang dargestellt, dessen Achse mit der Längsachse zusammenfällt und der dementsprechend ein reines Längsfeld aufbaut. Diesen Ankerstrang denkt man sich mit einem Strom sehr hoher Frequenz eingespeist, so dass die Widerstände gegenüber den Reaktanzen vernachlässigbar sind. Wenn die Erregerwicklung und die Ersatzdämpferwicklung als je eine Kurzschlusswindung angenommen werden, darf durch diese Windungen wegen der hohen Frequenz kein Fluss treten (s. Abschn. 1.3.10, S. 60). Damit wird der gesamte Fluss, der über den Luftspalt tritt, auf die Streuwege der Dämpferwicklung und der Erregerwicklung gedrängt (s. Bild 3.1.6). Diesen Feldverhältnissen zugeordnet, muss sich x_d'' bestimmen lassen als

$$x_\mathrm{d}'' = x_\sigma + x_\delta''.$$

Dabei ist x_δ'' der Anteil des Luftspaltrestfelds, das sich nach Maßgabe der Streuung des Polsystems ausbildet. Auf diesem Weg erfolgt die praktische Berechnung der subtransienten Reaktanz x_d'' [53].

Mit Hilfe von (3.1.97) kann x_d'' in (3.1.97) eingeführt werden. In dieser Beziehung bieten sich als weitere Abkürzungen die drei *Streukoeffizienten*

$$\sigma_{\text{aDd}} = 1 - \frac{x_{\text{aDd}}^2}{x_{\text{DDd}} x_\text{d}} \qquad (3.1.98)$$

$$\sigma_{\text{afd}} = 1 - \frac{x_{\text{afd}}^2}{x_{\text{ffd}} x_\text{d}} \qquad (3.1.99)$$

$$\sigma_{\text{Dfd}} = 1 - \frac{x_{\text{Dfd}}^2}{x_{\text{DDd}} x_{\text{ffd}}} \qquad (3.1.100)$$

an. Damit geht der Ausdruck für den Reaktanzoperator $x_\text{d}(\text{p})$ nach (3.1.97) über in

$$x_\text{d}(\text{p}) = x_\text{d} \frac{1 + \text{p}(\sigma_{\text{aDd}} T_{\text{Dd0}} + \sigma_{\text{afd}} T_{\text{fd0}}) + \text{p}^2 \sigma_{\text{Dfd}} \dfrac{x_d''}{x_\text{d}} T_{\text{fd0}} T_{\text{Dd0}}}{1 + \text{p}(T_{\text{Dd0}} + T_{\text{fd0}}) + \text{p}^2 \sigma_{\text{Dfd}} T_{\text{Dfd}} T_{\text{Dd0}}} = x_\text{d} \frac{Z(\text{p})}{N(\text{p})} . \qquad (3.1.101)$$

Die Streukoeffizienten nach (3.1.98) bis (3.1.100) sind der Gesamtstreuung zwischen jeweils zwei Wicklungen zugeordnet. Sie bestimmen, wenn mit hoher Frequenz eingespeist wird und damit nur die Reaktanzen wirksam sind, das Verhältnis der Flussverkettung einer der beiden Wicklungen bei Kurzschluss der zweiten zur Flussverkettung der ersten bei Leerlauf der zweiten entsprechend

$$\sigma_{jk} = \frac{\psi_j|_{\psi_k = 0}}{\psi_j|_{i_k = 0}} . \qquad (3.1.102)$$

Dabei ist die dritte Wicklung natürlich jeweils offen. Von (3.1.102) ausgehend werden die einzelnen Streukoeffizienten unter Verwendung der Ersatzschaltbilder für die Flussverkettungsgleichungen im Abschnitt 3.1.10 bestimmt.

Die Wurzeln des Nennerpolynoms $N(\text{p})$ in (3.1.101) bilden die sog. *Leerlaufzeitkonstanten der Längsachse*. Dabei wird die größere der beiden als *transiente Leerlaufzeitkonstante der Längsachse* T_{d0}' und die kleinere als *subtransiente Leerlaufzeitkonstante der Längsachse* T_{d0}'' bezeichnet. Nach diesen Zeitkonstanten verlaufen Eigenvorgänge der Ströme und Flussverkettungen in den Kreisen der Längsachse, wenn die Ankerstränge offen sind, d. h. im elektrischen Leerlauf. Unter Einführung der Leerlaufzeitkonstanten lässt sich das Nennerpolynom $N(\text{p})$ in (3.1.101) [s. auch (3.1.94)] darstellen als

$$N(\text{p}) = 1 + \text{p}(T_{\text{fd0}} + T_{\text{Dd0}}) + \text{p}^2 \sigma_{\text{Dfd}} T_{\text{fd0}} T_{\text{Dd0}} = (1 + \text{p} T_{d0}')(1 + \text{p} T_{d0}'') . \qquad (3.1.103)$$

Es bestehen demnach die Beziehungen

$$T_{d0}' + T_{d0}'' = T_{\text{fd0}} + T_{\text{Dd0}} \qquad (3.1.104\text{a})$$

$$T_{d0}' T_{d0}'' = \sigma_{\text{Dfd}} T_{\text{fd0}} T_{\text{Dd0}} . \qquad (3.1.104\text{b})$$

Als Bestimmungsgleichung für die Leerlaufzeitkonstanten erhält man aus $N(\text{p}) = 0$ mit $\text{p} = -1/T$

$$T^2 - (T_{\text{fd0}} + T_{\text{Dd0}})T + \sigma_{\text{Dfd}} T_{\text{fd0}} T_{\text{Dd0}} = 0 . \qquad (3.1.105)$$

Daraus folgt

$$T = \frac{T_{\text{fd}0} + T_{\text{Dd}0}}{2} \left\{ 1 \pm \sqrt{1 - 4\sigma_{\text{Dfd}} \frac{T_{\text{fd}0} T_{\text{Dd}0}}{(T_{\text{fd}0} + T_{\text{Dd}0})^2}} \right\} . \qquad (3.1.106)$$

Durch Reihenentwicklung des Wurzelausdrucks gewinnt man die Näherungsbeziehungen

$$\boxed{T'_{\text{d}0} \approx T_{\text{fd}0} + T_{\text{Dd}0}} \qquad (3.1.107)$$

$$\boxed{T''_{\text{d}0} \approx \sigma_{\text{Dfd}} \frac{T_{\text{fd}0} T_{\text{Dd}0}}{T_{\text{fd}0} + T_{\text{Dd}0}} \approx \sigma_{\text{Dfd}} T_{\text{Dd}0}} . \qquad (3.1.108)$$

Bei der Schenkelpolmaschine steht ein großer Wicklungsquerschnitt für die Erregerwicklung, aber nur ein kleiner für den Dämpferkäfig zur Verfügung. Damit ist stets $T_{\text{Dd}0} \ll T_{\text{fd}0}$, und (3.1.107) lässt sich weiter vereinfachen zu

$$\boxed{T'_{\text{d}0} \approx T_{\text{fd}0}} . \qquad (3.1.109)$$

Die Wurzeln des Zählerpolynoms $Z(\text{p})$ in (3.1.101) bilden die sog. *Kurzschlusszeitkonstanten der Längsachse*. Analog zur Vorgehensweise bei den Leerlaufzeitkonstanten bezeichnet man die größere der beiden als *transiente Kurzschlusszeitkonstante der Längsachse* T'_{d} und die kleinere als *subtransiente Kurzschlusszeitkonstante der Längsachse* T''_{d}. Nach diesen Zeitkonstanten verlaufen Eigenvorgänge der Ströme und Flussverkettungen in den Kreisen der Längsachse, wenn die Ankerstränge kurzgeschlossen sind und die Läuferdrehzahl so groß ist, dass die transformatorischen Spannungskomponenten und die ohmschen Spannungsabfälle in den Spannungsgleichungen für u_{d} und u_{q} nach Tabelle 3.1.4 praktisch keine Rolle spielen.

Unter Einführung der Kurzschlusszeitkonstanten lässt sich das Zählerpolynom $Z(\text{p})$ in (3.1.101) darstellen als

$$Z(\text{p}) = 1 + \text{p}(\sigma_{\text{aDd}} T_{\text{Dd}0} + \sigma_{\text{afd}} T_{\text{fd}0}) + \text{p}^2 \sigma_{\text{Dfd}} \frac{x''_{\text{d}}}{x_{\text{d}}} T_{\text{fd}0} T_{\text{Dd}0} = (1 + \text{p} T'_{\text{d}})(1 + \text{p} T''_{\text{d}}) . \qquad (3.1.110)$$

Es bestehen also die Beziehungen

$$T'_{\text{d}} + T''_{\text{d}} = \sigma_{\text{aDd}} T_{\text{Dd}0} + \sigma_{\text{afd}} T_{\text{fd}0} \qquad (3.1.111\text{a})$$

$$T'_{\text{d}} T''_{\text{d}} = \sigma_{\text{Dfd}} \frac{x''_{\text{d}}}{x_{\text{d}}} T_{\text{fd}0} T_{\text{Dd}0} . \qquad (3.1.111\text{b})$$

Aus (3.1.104b) und (3.1.111b) folgt der wichtige Zusammenhang

$$\boxed{T'_{\text{d}} T''_{\text{d}} = \frac{x''_{\text{d}}}{x_{\text{d}}} T'_{\text{d}0} T''_{\text{d}0}} . \qquad (3.1.112)$$

Als Bestimmungsgleichung für die Kurzschlusszeitkonstanten erhält man aus $Z(\text{p}) = 0$ mit $\text{p} = -1/T$

$$T^2 - (\sigma_{\text{afd}} T_{\text{fd}0} + \sigma_{\text{aDd}} T_{\text{Dd}0}) T + \sigma_{\text{Dfd}} \frac{x''_{\text{d}}}{x_{\text{d}}} T_{\text{fd}0} T_{\text{Dd}0} = 0 . \qquad (3.1.113)$$

Daraus folgt

$$T = \frac{\sigma_{\mathrm{afd}}T_{\mathrm{fd0}} + \sigma_{\mathrm{aDd}}T_{\mathrm{Dd0}}}{2}\left\{1 \pm \sqrt{1 - 4\frac{\sigma_{\mathrm{Dfd}}\dfrac{x_{\mathrm{d}}''}{x_{\mathrm{d}}}T_{\mathrm{fd0}}T_{\mathrm{Dd0}}}{(\sigma_{\mathrm{afd}}T_{\mathrm{fd0}} + \sigma_{\mathrm{aDd}}T_{\mathrm{Dd0}})^2}}\right\}. \quad (3.1.114)$$

Durch Reihenentwicklung des Wurzelausdrucks gewinnt man die Näherungsbeziehungen

$$T_{\mathrm{d}}' \approx \sigma_{\mathrm{afd}}T_{\mathrm{fd0}} + \sigma_{\mathrm{aDd}}T_{\mathrm{Dd0}} \quad (3.1.115)$$

$$T_{\mathrm{d}}'' \approx \frac{\sigma_{\mathrm{Dfd}}\dfrac{x_{\mathrm{d}}''}{x_{\mathrm{d}}}T_{\mathrm{fd0}}T_{\mathrm{Dd0}}}{\sigma_{\mathrm{afd}}T_{\mathrm{Dfd}} + \sigma_{\mathrm{aDd}}T_{\mathrm{Dd0}}}. \quad (3.1.116)$$

Unter Beachtung von $T_{\mathrm{Dd0}} \ll T_{\mathrm{fd0}}$ sowie von (3.1.108) und (3.1.109) erhält man für die Schenkelpolmaschine als weitere Vereinfachung

$$T_{\mathrm{d}}' \approx \sigma_{\mathrm{afd}}T_{\mathrm{fd0}} \approx \sigma_{\mathrm{afd}}T_{\mathrm{d0}}' \quad (3.1.117)$$

$$T_{\mathrm{d}}'' \approx \frac{x_{\mathrm{d}}''}{x_{\mathrm{d}}}\frac{T_{\mathrm{d0}}''}{\sigma_{\mathrm{afd}}}. \quad (3.1.118)$$

Die Bestimmungsgleichungen (3.1.105) für die Leerlaufzeitkonstanten und (3.1.113) für die Kurzschlusszeitkonstanten lassen sich auf die gemeinsame Form

$$T^2 - (T_1 + T_2)T + \sigma T_1 T_2 = 0 \quad (3.1.119)$$

bringen. Dabei soll $T_2 < T_1$ sein. Man erhält eine anschauliche Interpretation der Wurzeln von (3.1.119), wenn man auf $(T_1 + T_2)$ normiert, d. h.

$$\tau = \frac{T}{T_1 + T_2} \quad (3.1.120)$$

einführt. Aus (3.1.119) folgt dann

$$\tau^2 - \tau + \sigma\frac{T_1 T_2}{(T_1 + T_2)^2} = \tau^2 - \tau + k = (\tau - \tau')(\tau - \tau'') = 0. \quad (3.1.121)$$

Aus einem Koeffizientenvergleich folgen als Beziehungen zwischen den beiden Lösungen τ' und τ'' von (3.1.121)

$$\tau' + \tau'' = 1 \quad (3.1.122)$$

$$\tau'\tau'' = k = \sigma\frac{T_2}{T_1}\frac{1}{\left(1 + \dfrac{T_2}{T_1}\right)^2}. \quad (3.1.123)$$

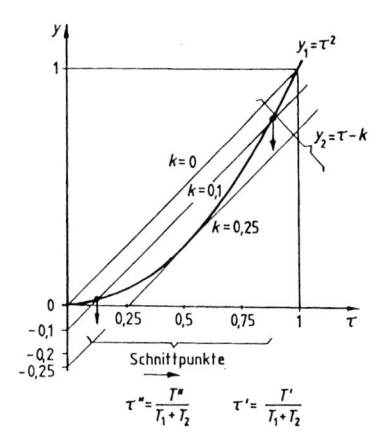

Bild 3.1.7 Graphische Bestimmung der Wurzeln von (3.1.121) bzw. (3.1.119)

Die Bestimmungsgleichung (3.1.121) für τ' und τ'' lässt sich als Schnittpunkt der Funktionen $y_1 = \tau^2$ und $y_2 = \tau - k$ interpretieren. Im Bild 3.1.7 wird das veranschaulicht. Man erkennt, dass sich die beiden Wurzeln für den Fall $k \ll 1$ deutlich unterscheiden. Dieser Fall tritt ein, wenn $\sigma \ll 1$ und/oder $T_2/T_1 \ll 1$ ist und trifft i. Allg. zu. Es wird dann $\tau'' \ll 1$, d. h. $\tau''^2 \ll \tau''$, und damit folgt aus (3.1.121)

$$\tau'' \approx \sigma \frac{T_1 T_2}{(T_1 + T_2)^2} = k \quad (3.1.124a)$$

bzw.
$$T'' \approx \sigma \frac{T_1 T_2}{T_1 + T_2}, \quad (3.1.124b)$$

und man erhält mit (3.1.122)

$$\tau' = 1 - \tau'' = 1 - k \approx 1 \quad (3.1.125a)$$

bzw.
$$T' = T_1 + T_2. \quad (3.1.125b)$$

Durch Einführen der entsprechenden Ausdrücke für T_1 und T_2 aus (3.1.105) bzw. aus (3.1.113) ergeben sich wiederum die Näherungsbeziehungen für die Leerlaufzeitkonstanten nach (3.1.107) und (3.1.108) bzw. für die Kurzschlusszeitkonstanten nach (3.1.115) und (3.1.116).

Der Reaktanzoperator $x_d(p)$ nach (3.1.101) kann durch Einführen der Wurzeln von Zähler und Nenner, d. h. mit (3.1.103) und (3.1.110), sowie unter Beachtung von (3.1.112) dargestellt werden als

$$\boxed{x_d(p) = x_d \frac{(1+pT_d')(1+pT_d'')}{(1+pT_{d0}')(1+pT_{d0}'')} = x_d'' \frac{\left(p + \frac{1}{T_d'}\right)\left(p + \frac{1}{T_d''}\right)}{\left(p + \frac{1}{T_{d0}'}\right)\left(p + \frac{1}{T_{d0}''}\right)}}. \quad (3.1.126)$$

Wenn der Verlauf des Stroms $i_d(p)$ bei gegebener Ankerspannung ermittelt werden soll, ist zu erwarten, dass der Kehrwert von $x_d(p)$ in Erscheinung tritt. Die spätere

Untersuchung realer Betriebszustände wird zeigen, dass dies in der Form $1/[p x_d(p)]$ geschieht. Dafür erhält man aus (3.1.126) und mit dem Ansatz der Partialbruchzerlegung

$$\frac{1}{p x_d(p)} = \frac{1}{x_d''} \frac{\left(p + \frac{1}{T_{d0}'}\right)\left(p + \frac{1}{T_{d0}''}\right)}{\left(p + \frac{1}{T_d'}\right)\left(p + \frac{1}{T_d''}\right)} = \frac{A}{p} + \frac{B}{p + \frac{1}{T_d'}} + \frac{C}{p + \frac{1}{T_d''}}. \quad (3.1.127)$$

Durch Ausmultiplizieren folgt daraus als Bestimmungsgleichung für die Koeffizienten A, B und C

$$p^2 \frac{1}{x_d''} + p \frac{1}{x_d''}\left(\frac{1}{T_{d0}'} + \frac{1}{T_{d0}''}\right) + \frac{1}{x_d''}\frac{1}{T_{d0}'}\frac{1}{T_{d0}''} = p^2(A + B + C) + A \frac{1}{T_d'}\frac{1}{T_d''}$$
$$+ p\left[A\left(\frac{1}{T_d'} + \frac{1}{T_d''}\right) + B\frac{1}{T_d''} + C\frac{1}{T_d'}\right]$$

und daraus durch Koeffizientenvergleich unter Beachtung von (3.1.112)

$$A = \frac{1}{x_d} \qquad (3.1.128a)$$

$$B + C = \frac{1}{x_d''} - \frac{1}{x_d} \qquad (3.1.128b)$$

$$B \frac{1}{T_d''} + C \frac{1}{T_d'} = \frac{1}{x_d''}\left(\frac{1}{T_{d0}'} + \frac{1}{T_{d0}''}\right) - \frac{1}{x_d}\left(\frac{1}{T_d'} + \frac{1}{T_d''}\right). \qquad (3.1.128c)$$

Aus (3.1.128b,c) erhält man für den Koeffizienten B

$$B = \frac{\frac{1}{x_d''}\left(\frac{1}{T_{d0}'} + \frac{1}{T_{d0}''}\right) - \frac{1}{T_d'}\left(\frac{1}{x_d''} + \frac{1}{x_d}\right)}{\frac{1}{T_d''} - \frac{1}{T_d'}} - \frac{1}{x_d} = \frac{1}{x_d'} - \frac{1}{x_d}. \qquad (3.1.129)$$

Dabei wurde die *transiente Reaktanz der Längsachse* x_d' eingeführt, die damit unter Beachtung von (3.1.112) definiert ist als

$$\boxed{x_d' = x_d \frac{T_d' - T_d''}{T_{d0}' + T_{d0}'' - T_d''\left(1 + \frac{x_d}{x_d''}\right)}}. \qquad (3.1.130)$$

Da die subtransienten Zeitkonstanten klein gegenüber den transienten sind, gilt näherungsweise

$$x_d' \approx x_d \frac{T_d'}{T_{d0}'}. \qquad (3.1.131)$$

Durch Einführen der Ergebnisse des Koeffizientenvergleichs, d. h. von (3.1.128a,b,c) und (3.1.129), ergibt sich aus (3.1.127)

$$\boxed{\frac{1}{\mathrm{p}x_\mathrm{d}(\mathrm{p})} = \frac{1}{\mathrm{p}x_\mathrm{d}} + \left(\frac{1}{x'_\mathrm{d}} - \frac{1}{x_\mathrm{d}}\right)\frac{1}{\mathrm{p} + \dfrac{1}{T'_\mathrm{d}}} + \left(\frac{1}{x''_\mathrm{d}} - \frac{1}{x'_\mathrm{d}}\right)\frac{1}{\mathrm{p} + \dfrac{1}{T''_\mathrm{d}}}.} \qquad (3.1.132)$$

Man bezeichnet $1/x_\mathrm{d}(\mathrm{p})$ als *Admittanzoperator*.

Der *Operatorenkoeffizient* $G_\mathrm{fd}(\mathrm{p})$ in (3.1.95a) lässt sich aus (3.1.93) als Koeffizient von $(u_\mathrm{fd} - u_\mathrm{fd(a)}/\mathrm{p})$ entnehmen. Man erhält unter Verwendung von $N(\mathrm{p})$ nach (3.1.103)

$$\boxed{G_\mathrm{fd}(\mathrm{p}) = \frac{x_\mathrm{afd}}{x_\mathrm{ffd}} T_\mathrm{fd0} \frac{1 + \mathrm{p}T_\mathrm{Dd0}\left(1 - \dfrac{x_\mathrm{Dfd}x_\mathrm{Dad}}{x_\mathrm{DDd}x_\mathrm{fad}}\right)}{(1 + \mathrm{p}T'_\mathrm{d0})(1 + \mathrm{p}T''_\mathrm{d0})}.} \qquad (3.1.133\mathrm{a})$$

Der *Operatorenkoeffizient* $F_\mathrm{fd}(\mathrm{p})$ ergibt sich analog zu

$$\boxed{F_\mathrm{fd}(\mathrm{p}) = \frac{T_\mathrm{fd0}}{x_\mathrm{ffd}} \frac{1 + \mathrm{p}T_\mathrm{Dd0}}{(1 + \mathrm{p}T'_\mathrm{d0})(1 + \mathrm{p}T''_\mathrm{d0})}.} \qquad (3.1.133\mathrm{b})$$

3.1.8.3 Eliminierung des Stroms und der Flussverkettung der Dämpferwicklung in der Querachse

Um zunächst wiederum die Flussverkettung zu eliminieren, wird $(\psi_\mathrm{Dq} - \psi_\mathrm{Dq(a)}/\mathrm{p})$ aus der Spannungsgleichung (3.1.87f) der Ersatzdämpferwicklung in die Flussverkettungsgleichung (3.1.88b) eingesetzt. Man erhält unter Beachtung von $i_\mathrm{Dq(a)} = 0$

$$\begin{pmatrix} \psi_\mathrm{q} - \dfrac{\psi_\mathrm{q(a)}}{\mathrm{p}} \\ 0 \end{pmatrix} = \begin{pmatrix} x_\mathrm{q} & x_\mathrm{aDq} \\ x_\mathrm{Daq} & x_\mathrm{DDq} + \dfrac{r_\mathrm{Dq}}{\mathrm{p}} \end{pmatrix} \begin{pmatrix} i_\mathrm{q} - \dfrac{i_\mathrm{q(a)}}{\mathrm{p}} \\ i_\mathrm{Dq} \end{pmatrix}. \qquad (3.1.134)$$

In (3.1.134) bietet es sich an, die *Eigenzeitkonstante der Ersatzdämpferwicklung der Querachse* $T_\mathrm{Dq0} = x_\mathrm{DDq}/r_\mathrm{Dq}$ einzuführen. Aus der zweiten Beziehung (3.1.134) erhält man dann

$$i_\mathrm{Dq} = -\frac{x_\mathrm{Daq}}{x_\mathrm{DDq}} \frac{\mathrm{p}T_\mathrm{Dq0}}{1 + \mathrm{p}T_\mathrm{Dq0}} \left(i_\mathrm{q} - \frac{i_\mathrm{q(a)}}{\mathrm{p}}\right).$$

Damit geht die erste Beziehung (3.1.134) über in

$$\boxed{\left(\psi_\mathrm{q} - \frac{\psi_\mathrm{q(a)}}{\mathrm{p}}\right) = \left(x_\mathrm{q} - \frac{x^2_\mathrm{aDq}}{x_\mathrm{DDq}} \frac{\mathrm{p}T_\mathrm{Dq0}}{1 + \mathrm{p}T_\mathrm{Dq0}}\right)\left(i_\mathrm{q} - \frac{i_\mathrm{q(a)}}{\mathrm{p}}\right) = x_\mathrm{q}(\mathrm{p})\left(i_\mathrm{q} - \frac{i_\mathrm{q(a)}}{\mathrm{p}}\right).}$$

$$(3.1.135)$$

Dabei wurde der *Reaktanzoperator der Querachse* $x_\mathrm{q}(\mathrm{p})$ eingeführt als

$$x_\mathrm{q}(\mathrm{p}) = x_\mathrm{q} \frac{1 + \mathrm{p} T_\mathrm{Dq0}\left(1 - \dfrac{x_\mathrm{aDq}^2}{x_\mathrm{DDq} x_\mathrm{q}}\right)}{1 + \mathrm{p} T_\mathrm{Dq0}}. \tag{3.1.136}$$

Er vermittelt entsprechend (3.1.135) zwischen den Änderungen der Querkomponenten der Flussverkettungen und der Ströme des Ankers. Im ersten Augenblick nach einer Störung bzw. bei sehr großer Frequenz der Ströme und Flussverkettungen wirkt die *subtransiente Reaktanz der Querachse* x_q'', die demnach definiert ist als

$$x_\mathrm{q}'' = \lim_{\mathrm{p}\to\infty} x_\mathrm{q}(\mathrm{p}) = x_\mathrm{q}\left(1 - \frac{x_\mathrm{aDq}^2}{x_\mathrm{DDq} x_\mathrm{q}}\right) = x_\mathrm{q} \sigma_\mathrm{aDq} \tag{3.1.137}$$

mit dem Streukoeffizienten

$$\sigma_\mathrm{aDq} = 1 - \frac{x_\mathrm{aDq}^2}{x_\mathrm{DDq} x_\mathrm{q}}. \tag{3.1.138}$$

In Analogie zur Behandlung von $x_\mathrm{d}(\mathrm{p})$ werden die Leerlaufzeitkonstante der Querachse als

$$T_\mathrm{q0}'' = T_\mathrm{Dq0} \tag{3.1.139}$$

und die Kurzschlusszeitkonstante der Querachse als

$$T_\mathrm{q}'' = \frac{x_\mathrm{q}''}{x_\mathrm{q}} T_\mathrm{q0}'' \tag{3.1.140}$$

eingeführt. Damit geht (3.1.136) über in

$$x_\mathrm{q}(\mathrm{p}) = x_\mathrm{q} \frac{1 + \mathrm{p} T_\mathrm{q}''}{1 + \mathrm{p} T_\mathrm{q0}''} = x_\mathrm{q}'' \frac{\mathrm{p} + \dfrac{1}{T_\mathrm{q}''}}{\mathrm{p} + \dfrac{1}{T_\mathrm{q0}''}}. \tag{3.1.141}$$

Der zugeordnete *Admittanzoperator*, mit dessen Auftreten analog zu dem der Längsachse gerechnet werden muss, lässt sich darstellen als

$$\frac{1}{\mathrm{p}\, x_\mathrm{q}(\mathrm{p})} = \frac{1}{\mathrm{p}\, x_\mathrm{q}} \frac{\mathrm{p} + \dfrac{1}{T_\mathrm{q0}''}}{\mathrm{p} + \dfrac{1}{T_\mathrm{q}''}} = \frac{1}{\mathrm{p}\, x_\mathrm{q}} + \left(\frac{1}{x_\mathrm{q}''} - \frac{1}{x_\mathrm{q}}\right) \frac{1}{\mathrm{p} + \dfrac{1}{T_\mathrm{q}''}}. \tag{3.1.142}$$

Das gesamte System der Spannungs- und Flussverkettungsgleichungen in der Darstellung mit d-q-0-Komponenten im Unterbereich der Laplace-Transformation ist in Tabelle 3.1.7 nochmals zusammengestellt. Dabei ist die bezogene Drehzahl n als (3.1.40), Seite 478, gegeben.

Tabelle 3.1.7 System der Spannungs- und Flussverkettungsgleichungen in der Darstellung mit d-q-0-Komponenten im Unterbereich der Laplace-Transformation in bezogener Form mit Festlegung des Bezugswerts für die Zeit als $T_\text{bez} = 1/\omega_\text{N}$

$$u_\text{d} = r i_\text{d} + \text{p}\left(\psi_\text{d} - \frac{\psi_\text{d(a)}}{\text{p}}\right) - n\psi_\text{q}$$

$$u_\text{q} = r i_\text{q} + \text{p}\left(\psi_\text{q} - \frac{\psi_\text{q(a)}}{\text{p}}\right) + n\psi_\text{d}$$

$$u_0 = r i_0 + \text{p} x_0 \left(i_0 - \frac{i_{0(\text{a})}}{\text{p}}\right)$$

$$\left(\psi_\text{d} - \frac{\psi_\text{d(a)}}{\text{p}}\right) = x_\text{d}(\text{p})\left(i_\text{d} - \frac{i_\text{d(a)}}{\text{p}}\right) + G_\text{fd}(\text{p})\left(u_\text{fd} - \frac{u_\text{fd(a)}}{\text{p}}\right)$$

$$\left(i_\text{fd} - \frac{i_\text{fd(a)}}{\text{p}}\right) = -\text{p} G_\text{fd}(\text{p})\left(i_\text{d} - \frac{i_\text{d(a)}}{\text{p}}\right) + F_\text{fd}(\text{p})\left(u_\text{fd} - \frac{u_\text{fd(a)}}{\text{p}}\right)$$

$$\left(\psi_\text{q} - \frac{\psi_\text{q(a)}}{\text{p}}\right) = x_\text{q}(\text{p})\left(i_\text{q} - \frac{i_\text{q(a)}}{\text{p}}\right)$$

3.1.8.4 Sonderfall der Maschine ohne Dämpferwicklung

Wenn die Dämpferwicklungen Dd und Dq nicht existieren, entfallen die Spannungsgleichungen (3.1.87e,f) sowie die zugeordneten Flussverkettungsgleichungen in (3.1.88a,b). Es ist jedoch nicht erforderlich, die gesamte Entwicklung der Abschnitte 3.1.8.2 und 3.1.8.3 unter dieser Einschränkung zu wiederholen. Vielmehr lassen sich die Operatorenkoeffizienten für den Sonderfall der Maschine ohne Dämpferwicklung aus den entsprechenden Beziehungen in den Abschnitten 3.1.8.2 und 3.1.8.3 durch die Übergänge $T_\text{Dd0} \to 0$ und $T_\text{Dq0} \to 0$ gewinnen. Man erhält aus (3.1.103) für das Nennerpolynom des Reaktanzoperators $x_\text{d}(\text{p})$ der Längsachse

$$N(\text{p}) = 1 + \text{p} T_\text{fd0} = 1 + \text{p} T'_\text{d0}$$

und aus (3.1.110) für das Zählerpolynom

$$Z(\text{p}) = 1 + \text{p}\sigma_\text{afd} T_\text{fd0} = 1 + \text{p} T'_\text{d} \, .$$

Für die transienten Zeitkonstanten gilt also

$$T'_\text{d0} = T_\text{fd0} \tag{3.1.143}$$

$$T'_\text{d} = \sigma_\text{afd} T_\text{fd0} = \sigma_\text{afd} T'_\text{d0} \, , \tag{3.1.144}$$

während sich für die subtransienten Zeitkonstanten $T''_{d0} = T''_d = 0$ ergibt. Damit folgt aus (3.1.101) für $x_d(p)$ anstelle der Funktion nach (3.1.126)

$$x_d(p) = x_d \frac{1 + pT'_d}{1 + pT'_{d0}} = x'_d \frac{p + \dfrac{1}{T'_{d0}}}{p + \dfrac{1}{T'_d}} \quad . \tag{3.1.145}$$

Dabei wurde die transiente Reaktanz x'_d entsprechend (3.1.130) als

$$x'_d = x_d \frac{T'_d}{T'_{d0}} = \sigma_{afd} x_d \tag{3.1.146}$$

eingeführt. Für die Funktion $1/[p x_d(p)]$ erhält man durch triviale Umformungen

$$\frac{1}{p x_d(p)} = \frac{1}{p x_d} + \left(\frac{1}{x'_d} - \frac{1}{x_d}\right) \frac{1}{p + \dfrac{1}{T'_d}} \quad . \tag{3.1.147}$$

Die weiteren Operatorenkoeffizienten der Längsachse erhält man im Sonderfall einer Maschine ohne Dämpferwicklung unmittelbar aus (3.1.133a,b) zu

$$G_{fd}(p) = \frac{x_{afd}}{x_{ffd}} T_{fd0} \frac{1}{1 + pT_{d0}} \tag{3.1.148a}$$

$$F_{fd}(p) = \frac{T_{fd0}}{x_{ffd}} \frac{1}{1 + pT_{d0}} = \frac{1}{x_{afd}} G_{fd}(p) \quad . \tag{3.1.148b}$$

Der Reaktanzoperator $x_q(p)$ der Querachse entartet für eine Maschine ohne Dämpferwicklung entsprechend (3.1.141) bzw. (3.1.136) mit $T_{Dq0} \to 0$ in die synchrone Querreaktanz, d. h. es ist

$$x_q(p) = x_q \quad . \tag{3.1.149}$$

3.1.8.5 Sonderfall der vereinfachten Vollpolmaschine

Die vereinfachte Vollpolmaschine war im Abschnitt 3.1.6, Seite 489, als eine Synchronmaschine definiert worden, deren Polsystem ein rotationssymmetrisches Hauptelement darstellt und eine symmetrische zweisträngige Wicklung trägt. Sie lässt sich aufgrund der Symmetrie des Aufbaus durchgängig und analog zur Induktionsmaschine mit Hilfe komplexer Augenblickswerte als Variablen beschreiben. Das entsprechende Gleichungssystem wurde allgemein in Tabelle 3.1.5 bzw. 3.1.6 zusammengestellt. Es liegt nahe, für Betriebszustände mit konstanter Drehzahl die nach außen nicht in Erscheinung tretenden Veränderlichen – das sind hier zunächst nur die Flussverkettungen des Polsystems – zu eliminieren, d. h. eine analoge Aufbereitung des allgemeinen Gleichungssystems vorzunehmen wie in den Abschnitten 3.1.8.2 bis 3.1.8.4 für die Schenkelpolmaschine. Dazu ist es offenbar zunächst erforderlich, die Vorgänge im Koordinatensystem des Polsystems zu beschreiben. Wenn das geschehen ist, lassen sich die Ergebnisse der genannten Abschnitte unmittelbar übernehmen, wobei entsprechend dem vorausgesetzten symmetrischen Aufbau des Polsystems der vereinfachten Vollpolmaschine die Operatorenkoeffizienten für beide Achsen gleich und, wenn nur eine Wicklung in jeder Achse vorhanden ist, durch (3.1.145) bzw. (3.1.147) und (3.1.148a,b) gegeben sind.

Die Spannungsgleichung des Ankers erhält man aus der ersten Beziehung in Tabelle 3.1.6 mit $\vec{g}_1^K = \vec{g}_1^L$ und $n_K = n$. Die Beziehungen zwischen den Ankerflussverkettungen und den nach außen in Erscheinung tretenden Variablen des Polsystems werden entsprechend den oben angestellten Überlegungen ausgehend von (3.1.95a,b) unter Hinzunahme der entsprechenden Beziehungen für die Querachse mit

$$\left(\vec{g}_2^L - \frac{\vec{g}_{2(a)}^L}{p}\right) = \left(g_{2d} - \frac{g_{2d(a)}}{p}\right) + j\left(g_{2q} - \frac{g_{2q(a)}}{p}\right)$$

nach (3.1.70), Seite 485, gewonnen. Dabei ist zu beachten, dass für die komplexe Spannung des Polsystems $\vec{u}_2^L = u_{fd} + j0$ gilt.

Tabelle 3.1.8 System der Spannungs- und Flussverkettungsgleichungen der vereinfachten Vollpolmaschine unter Verwendung von komplexen Augenblickswerten und unter Einführung bezogener Größen mit Festlegung des Bezugswerts für die Zeit als $T_{bez} = 1/\omega_N$ in den Koordinaten des Polsystems für Betriebszustände mit konstanter Drehzahl bei Eliminierung nach außen nicht in Erscheinung tretender Veränderlicher

$$\vec{u}_1^L = r\vec{i}_1^L + \frac{d\vec{\psi}_1^L}{dt} + jn\vec{\psi}_1^L$$

$$\left(\vec{\psi}_1^L - \frac{\vec{\psi}_{1(a)}^L}{p}\right) = x_d(p)\left(\vec{i}_1^L - \frac{\vec{i}_{1(a)}^L}{p}\right) + G_{fd}(p)\left(\vec{u}_2^L - \frac{\vec{u}_{2(a)}^L}{p}\right)$$

$$\left(\vec{i}_2^L - \frac{\vec{i}_{2(a)}^L}{p}\right) = -pG_{fd}(p)\left(\vec{i}_1^L - \frac{\vec{i}_{1(a)}^L}{p}\right) + F_{fd}(p)\left(\vec{u}_2^L - \frac{\vec{u}_{2(a)}^L}{p}\right)$$

Das vollständige Gleichungssystem ist in Tabelle 3.1.8 zusammengestellt. Dabei ist die bezogene Drehzahl n als (3.1.40) gegeben. Die Operatorenkoeffizienten sind entsprechend dem vereinbarten Aufbau der vereinfachten Vollpolmaschine durch (3.1.145) und (3.1.148a,b) gegeben. Selbstverständlich kann die vereinfachte Vollpolmaschine auch dahingehend verfeinert werden, dass man sich in jeder Achse des Polsystems das gleiche System aus zwei Wicklungen fd und Dd angeordnet denkt. In diesem Fall gelten die Beziehungen nach Tabelle 3.1.8 mit den Operatorenkoeffizienten nach (3.1.126) und (3.1.133a,b).

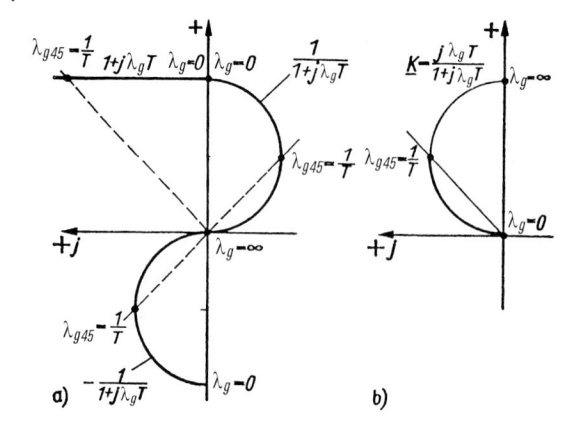

Bild 3.1.8 Entwicklung der Ortskurve
$\underline{K}(\mathrm{j}\lambda_\mathrm{g}) = \mathrm{j}\lambda_\mathrm{g}T/(1+\mathrm{j}\lambda_\mathrm{g}T) = 1 - 1/(1+\mathrm{j}\lambda_\mathrm{g}T)$.
a) Ortskurven $1+\mathrm{j}\lambda_\mathrm{g}T$, $1/(1+\mathrm{j}\lambda_\mathrm{g}T)$ und $-1/(1+\mathrm{j}\lambda_\mathrm{g}T)$;
b) Ortskurve $\underline{K} = \mathrm{j}\lambda_\mathrm{g}T/(1+\mathrm{j}\lambda_\mathrm{g}T)$

3.1.8.6 Ortskurven der Reaktanzoperatoren

In manchen Betriebszuständen stellen die Veränderlichen im Bereich der d-q-0-Komponenten eingeschwungene Sinusgrößen einer beliebigen Kreisfrequenz $\lambda_\mathrm{g}\omega_\mathrm{N}$ dar. Das gilt z. B. für den stationären asynchronen Betrieb der Synchronmaschine, der im Abschnitt 3.4.2, Seite 579, behandelt wird. In diesem Fall ist die bezogene Kreisfrequenz λ_g durch den Schlupf s gegeben. Die Behandlung derartiger Betriebszustände erfolgt zweckmäßig mit Hilfe der komplexen Wechselstromrechnung unter Verwendung der Spannungs- und Flussverkettungsgleichungen, die in den Abschnitten 3.1.8.2 bis 3.1.8.4 entwickelt wurden. Der Übergang von der Darstellung im Laplace-Unterbereich in den der komplexen Wechselstromrechnung erfolgt durch $\mathrm{j}\lambda_\mathrm{g} \mapsto \mathrm{p}$ und $0 \mapsto g_{(\mathrm{a})}$. Dieser an sich bekannte Sachverhalt folgt unmittelbar aus einem Vergleich der beiden Beziehungen für die zeitliche Ableitung $\mathcal{L}\{\mathrm{d}g/\mathrm{d}t\} = \mathrm{p}g - g_{(\mathrm{a})}$ und $\mathrm{d}\underline{g}\mathrm{e}^{\mathrm{j}\lambda_\mathrm{g}t}/\mathrm{d}t = \mathrm{j}\lambda_\mathrm{g}\underline{g}\mathrm{e}^{\mathrm{j}\lambda_\mathrm{g}t}$.

Mit $\mathrm{j}\lambda_\mathrm{g} \mapsto \mathrm{p}$ werden alle Operatorenkoeffizienten und damit auch die Reaktanzoperatoren komplexe Funktionen. Sie liefern in Abhängigkeit von λ_g Ortskurven in der komplexen Ebene. Der Verlauf der Ortskurven und die Parameterverteilung auf ihnen stellen eine anschauliche Interpretation des jeweiligen Reaktanzoperators dar. Da in den meisten Fällen die Kehrwerte $1/x_\mathrm{d}(\mathrm{j}\lambda_\mathrm{g})$ und $1/x_\mathrm{q}(\mathrm{j}\lambda_\mathrm{g})$ interessieren, beschränken sich die folgenden Betrachtungen auf diese.

Der *Admittanzoperator* $1/x_\mathrm{d}(\mathrm{j}\lambda_\mathrm{g})$ folgt aus (3.1.126) mit $\mathrm{j}\lambda_\mathrm{g} \mapsto \mathrm{p}$ zu

$$\frac{1}{x_\mathrm{d}(\mathrm{j}\lambda_\mathrm{g})} = \frac{1}{x_\mathrm{d}} \frac{(1+\mathrm{j}\lambda_\mathrm{g}T'_{\mathrm{d}0})(1+\mathrm{j}\lambda_\mathrm{g}T''_{\mathrm{d}0})}{(1+\mathrm{j}\lambda_\mathrm{g}T'_\mathrm{d})(1+\mathrm{j}\lambda_\mathrm{g}T''_\mathrm{d})} \; . \tag{3.1.150}$$

3.1 Modelle auf Basis der Hauptwellenverkettung

Die Ortskurve einer derartigen Funktion ist eine *bizirkulare Quartik*. Sie besitzt unter Beachtung von (3.1.112) die ausgezeichneten Punkte

$$\frac{1}{x_\mathrm{d}(\mathrm{j}0)} = \frac{1}{x_\mathrm{d}}$$

$$\frac{1}{x_\mathrm{d}(\mathrm{j}\infty)} = \frac{1}{x_\mathrm{d}''} \ .$$

Für die punktweise Konstruktion der gesamten Ortskurve eignet sich die Darstellung, die aus (3.1.132) zu

$$\frac{1}{x_\mathrm{d}(\mathrm{j}\lambda_\mathrm{g})} = \frac{1}{x_\mathrm{d}} + \left(\frac{1}{x_\mathrm{d}'} - \frac{1}{x_\mathrm{d}}\right)\frac{\mathrm{j}\lambda_\mathrm{g}T_\mathrm{d}'}{1+\mathrm{j}\lambda_\mathrm{g}T_\mathrm{d}'} + \left(\frac{1}{x_\mathrm{d}''} - \frac{1}{x_\mathrm{d}'}\right)\frac{\mathrm{j}\lambda_\mathrm{g}T_\mathrm{d}''}{1+\mathrm{j}\lambda_\mathrm{g}T_\mathrm{d}''} \qquad (3.1.151)$$

folgt. Dabei liefern die letzten beiden Glieder als Ortskurve je einen Ursprungskreis $\underline{K}$ der allgemeinen Form

$$\underline{K} = \frac{\mathrm{j}\lambda_\mathrm{g}T}{1+\mathrm{j}\lambda_\mathrm{g}T} = 1 - \frac{1}{1+\mathrm{j}\lambda_\mathrm{g}T} \ . \qquad (3.1.152)$$

Man erhält die Ortskurve $\underline{K}(\mathrm{j}\lambda_\mathrm{g})$ in bekannter Weise, indem die Gerade $1+\mathrm{j}\lambda_\mathrm{g}T$ invertiert, der dabei entstehende Kreis $1/(1+\mathrm{j}\lambda_\mathrm{g}T)$ um π zur Ortskurve $-1/(1+\mathrm{j}\lambda_\mathrm{g}T)$ gedreht und um $+1$ verschoben wird. Bild 3.1.8 zeigt die Entwicklung der Ortskurve $\underline{K}(\mathrm{j}\lambda_\mathrm{g})$. Der Imaginärteil $\mathrm{Im}\{\underline{K}(\mathrm{j}\lambda_\mathrm{g})\}$ durchläuft offenbar ein Maximum, wenn der Winkel von $\underline{K}(\mathrm{j}\lambda_\mathrm{g})$ einen Wert von $45°$ annimmt. Der zugeordnete Punkt auf der Ortskurve trägt dementsprechend den Parameter $\lambda_\mathrm{g45} = 1/T$. Die Ortskurve $1/x_\mathrm{d}(\mathrm{j}\lambda_\mathrm{g})$ erhält man entsprechend (3.1.151) dadurch, dass zu $1/x_\mathrm{d}$ die zum betrachteten Wert der bezogenen Kreisfrequenz gehörenden Zeiger auf den Kreisen $\underline{K}'$ und $\underline{K}''$ addiert werden. Dabei besitzt der Kreis $\underline{K}'$ den Durchmesser $(1/x_\mathrm{d}' - 1/x_\mathrm{d})$ und den Parameter $\lambda_\mathrm{g45} = 1/T_\mathrm{d}'$, während der Kreis $\underline{K}''$ den Durchmesser $(1/x_\mathrm{d}'' - 1/x_\mathrm{d}')$ und den Parameter $\lambda_\mathrm{g45} = 1/T_\mathrm{d}''$ aufweist. Die Eigenart der entstehenden Ortskurve $1/x_\mathrm{d}(\mathrm{j}\lambda_\mathrm{g})$ wird durch den großen Unterschied zwischen $\underline{T}_\mathrm{d}'$ und $\underline{T}_\mathrm{d}''$ hervorgerufen. Da der Kreis $\underline{K}'$ bis zu einem gewissen Wert von λ_g bereits weitgehend durchlaufen ist, während man sich auf dem Kreis $\underline{K}''$ noch kaum vom Punkt für $\lambda_\mathrm{g} = 0$ entfernt hat, schmiegt sich die Ortskurve im unteren Bereich von λ_g an einen Kreis $\underline{K}_0$ an, der durch den Punkt $1/x_\mathrm{d}$ verläuft und der etwas aufgeweitet gegenüber $1/x_\mathrm{d} + \underline{K}'(\mathrm{j}\lambda_\mathrm{g})$ ist. Umgekehrt wird der Kreis $\underline{K}''$ oberhalb eines gewissen Werts von λ_g durchlaufen, für den man sich auf dem Kreis $\underline{K}'$ praktisch bereits im Punkt für $\lambda_\mathrm{g} \to \infty$ befindet. Die Ortskurve schmiegt sich in diesem Bereich an einen Kreis $\underline{K}_\infty$ an, der durch den Punkt $1/x_\mathrm{d}''$ verläuft und etwas aufgeweitet gegenüber $1/x_\mathrm{d}' + \underline{K}''(\mathrm{j}\lambda_\mathrm{g})$ ist. Die vollständige Ortskurve ist im Bereich zwischen den beiden Schmiegungskreisen eingesattelt. Die Konstruktion der vollständigen Ortskurve zeigt Bild 3.1.9.

Der *Admittanzoperator* $1/x_\mathrm{q}(\mathrm{j}\lambda_\mathrm{g})$ folgt aus (3.1.142) zu

$$\frac{1}{x_\mathrm{q}(\mathrm{j}\lambda_\mathrm{g})} = \frac{1}{x_\mathrm{q}} + \left(\frac{1}{x_\mathrm{q}''} - \frac{1}{x_\mathrm{q}}\right)\frac{\mathrm{j}\lambda_\mathrm{g}T_\mathrm{q}''}{1+\mathrm{j}\lambda_\mathrm{g}T_\mathrm{q}''} \ . \qquad (3.1.153)$$

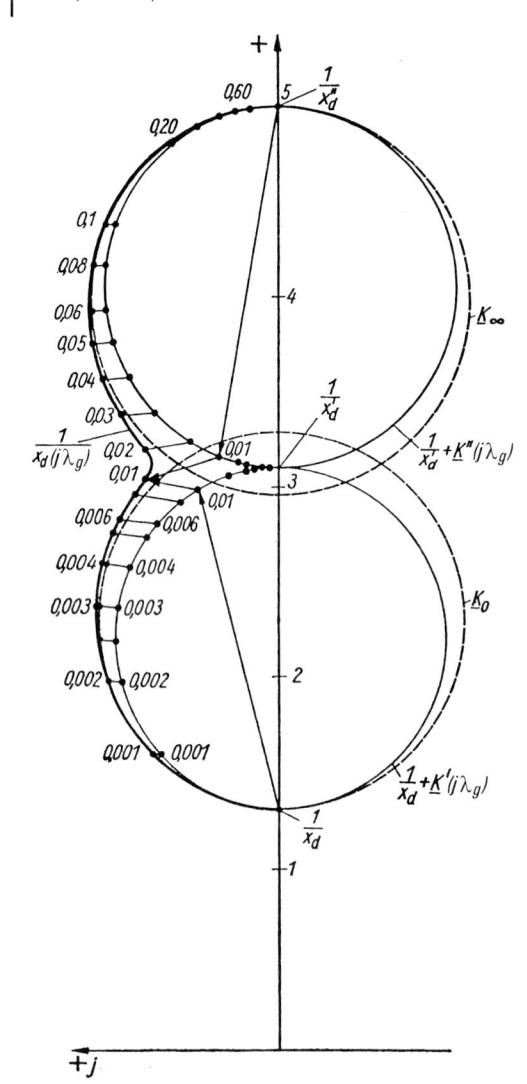

Bild 3.1.9 Konstruktion der Ortskurve des Admittanzoperators $1/x_\mathrm{d}(\mathrm{j}\lambda_\mathrm{g})$ entsprechend (3.1.151) unter Verwendung der Hilfskreise $\underline{K}'$ und $\underline{K}''$ nach Bild 3.1.8 für eine Maschine mit den Parametern $x_\mathrm{d} = 0{,}8$, $x_\mathrm{d}' = 0{,}32$, $x_\mathrm{d}'' = 0{,}20$, $T_\mathrm{d}' = 400 \mathrel{\widehat{=}} 1{,}27\,\mathrm{s}$ und $T_\mathrm{d}'' = 15 \mathrel{\widehat{=}} 48\,\mathrm{ms}$

Die zugehörige Ortskurve ist entsprechend (3.1.152) ein Kreis mit dem Parameter $\lambda_{\mathrm{g}45} = 1/T_\mathrm{q}''$ und den ausgezeichneten Punkten

$$\frac{1}{x_\mathrm{q}(\mathrm{j}0)} = \frac{1}{x_\mathrm{q}}$$
$$\frac{1}{x_\mathrm{q}(\mathrm{j}\infty)} = \frac{1}{x_\mathrm{q}''}.$$

Sein Durchmesser beträgt $(1/x_\mathrm{q}'' - 1/x_\mathrm{q})$. Die vollständige Ortskurve ist ausgehend von Bild 3.1.8 im Bild 3.1.10 dargestellt.

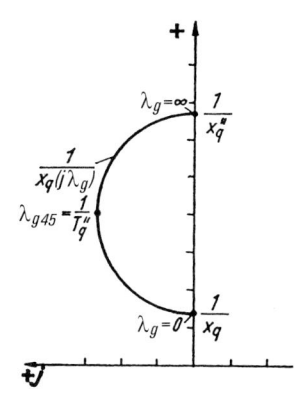

Bild 3.1.10 Ortskurve des Admittanzoperators $1/x_\mathrm{q}(j\lambda_\mathrm{g})$

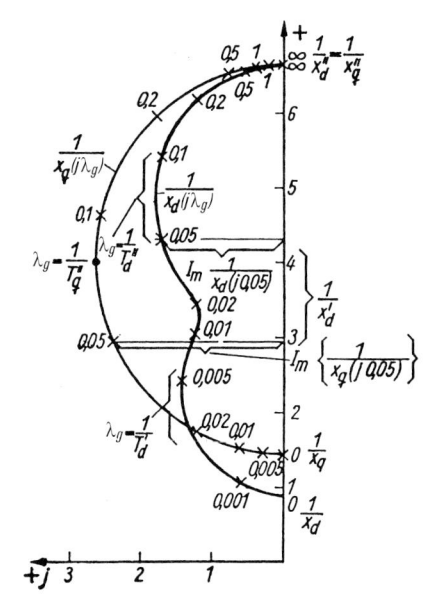

Bild 3.1.11 Ortskurven der Admittanzoperatoren $1/x_\mathrm{d}(j\lambda_\mathrm{g})$ und $1/x_\mathrm{q}(j\lambda_\mathrm{g})$ für eine Maschine mit den Parametern $x_\mathrm{d} = 1{,}1$, $x'_\mathrm{d} = 0{,}27$, $x''_\mathrm{d} = 0{,}15$, $T'_\mathrm{d} = 200 \mathrel{\hat{=}} 0{,}64\,\mathrm{s}$, $T''_\mathrm{d} = 12{,}5 \mathrel{\hat{=}} 40\,\mathrm{ms}$, $x_\mathrm{q} = 0{,}7$, $x''_\mathrm{q} = 0{,}15$ und $T''_\mathrm{q} = 12{,}5 \mathrel{\hat{=}} 40\,\mathrm{ms}$

Die vorstehenden Betrachtungen beschränkten sich von vornherein auf die Ortskurven von Maschinen mit einer Ersatzdämpferwicklung je Achse. Unter dem Einfluss des tatsächlichen Dämpferkäfigs sind zunächst kompliziertere Ortskurven zu erwarten. Tatsächlich sind jedoch gemessene Ortskurven den oben ermittelten sehr ähnlich. Darin kommt zum Ausdruck, dass die Einführung von Ersatzdämpferwicklungen berechtigt ist. Bei Vorhandensein massiver Abschnitte im Polsystem ist es zur richtigen Wiedergabe des Drehmoments im Bereich großen Schlupfs erforderlich, zwei Ersatzdämpferwicklungen je Achse anzunehmen [12].

Bild 3.1.11 zeigt die vollständigen Ortskurven der zusammengehörigen Admittanzoperatoren $1/x_\mathrm{d}(j\lambda_\mathrm{g})$ und $1/x_\mathrm{q}(j\lambda_\mathrm{g})$ einer Maschine mit vorgegebenen Parametern unter Angabe der Parameterverteilung.

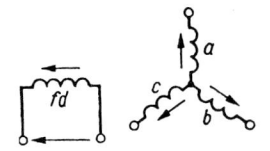

Bild 3.1.12 Prinzipschaltbild der elektrisch leerlaufenden Synchronmaschine bei offenen Ankerklemmen

3.1.8.7 Sonderfall des normalen stationären Betriebs

Unter der Bezeichnung *normaler stationärer Betrieb der Synchronmaschine* ist in den vorangegangenen Abschnitten der Betrieb mit synchroner Drehzahl am symmetrischen Netz sinusförmiger Spannungen mit Bemessungsfrequenz eingeführt worden. Dieser Betriebszustand ist Gegenstand eingehender Untersuchungen im Kapitel 6 des Bands *Grundlagen elektrischer Maschinen*. Er wird im Folgenden, ausgehend vom allgemeinen Gleichungssystem im Bereich der d-q-0-Komponenten nach Tabelle 3.1.4, d. h. unter Verwendung bezogener Größen mit einem Bezugswert $T_{\text{bez}} = 1/\omega_{\text{N}}$ für die Zeit, nochmals zusammenfassend behandelt. Das ist erforderlich, um die Zusammenhänge zwischen den stationären Anfangswerten $g_{(\text{a})}$ nichtstationärer Betriebszustände bzw. stationärer Komponenten beliebiger Betriebszustände unter Verwendung der gleichen Beziehungen und damit auch der gleichen Parameter bereitzustellen, die auch den gesamten Betriebszustand beschreiben. Außerdem wird bei dieser Gelegenheit am einfachen Beispiel die Methodik der Anwendung der d-q-0-Komponenten demonstriert.

Die Maschine arbeitet im normalen stationären Betrieb mit der synchronen Drehzahl entsprechend der Bemessungsfrequenz. Die bezogene Winkelgeschwindigkeit der Läuferbewegung beträgt demnach entsprechend (3.1.40), Seite 478,

$$n = \frac{\mathrm{d}\vartheta}{\mathrm{d}t} = 1 \;,$$

und damit ist $\vartheta = t + \vartheta_0$.

Die Erregerwicklung liegt an einer konstanten Gleichspannung. Sämtliche Felder sind relativ zum Polsystem zeitlich konstant, so dass für die Ströme, Spannungen und Flussverkettungen im Bereich der d-q-0-Komponenten Gleichgrößen zu erwarten sind. Die formale Transformation wird diese Überlegungen bestätigen.

Der elektrische Leerlauf bei offenen Ankerklemmen wird mit Bild 3.1.12 durch die Betriebsbedingungen

$$i_a = i_b = i_c = 0 \tag{3.1.154a}$$
$$u_{\text{fd}} = U_{\text{fd}} \tag{3.1.154b}$$
$$\vartheta = t + \vartheta_0 \tag{3.1.154c}$$

beschrieben. Durch Transformation der Aussagen für die Strangströme in ihre d-q-0-Komponenten erhält man unter Verwendung von (3.1.42a), Seite 479, anstelle von (3.1.154a) als Betriebsbedingung im Bereich der d-q-0-Komponenten

$$i_{\text{d}} = i_{\text{q}} = i_0 = 0 \;. \tag{3.1.155}$$

Da alle Ankergrößen symmetrische Dreiphasensysteme mit positiver Phasenfolge darstellen, kann die Transformation in den Bereich der d-q-0-Komponenten auch über die Beziehung zwischen den komplexen Augenblickswerten und den entsprechenden Darstellungen der Größen des Strangs a im Bereich der komplexen Wechselstromrechnung nach (3.1.72), Seite 486, vorgenommen werden. Im Verlauf der weiteren Untersuchungen wird dieser elegante Weg beschritten.

Die Betriebsbedingungen im Bereich der d-q-0-Komponenten sind, wie zu erwarten war, stationäre Gleichgrößen. Damit gilt für sämtliche zeitliche Ableitungen $\mathrm{d}g/\mathrm{d}t = 0$. Außerdem fließen in den Ersatzdämpferwicklungen keine Ströme, da derartige Ströme nur durch Induktion entstehen können und dazu eine Änderung des vom Polsystem aus beobachteten Felds erforderlich ist. Damit folgt aus dem allgemeinen Gleichungssystem nach Tabelle 3.1.4 für den elektrischen Leerlauf

$$U_\mathrm{d} = -\psi_\mathrm{q} = 0 \tag{3.1.156a}$$

$$U_\mathrm{q} = \psi_\mathrm{d} = x_\mathrm{afd} I_\mathrm{fd} = x_\mathrm{afd} \frac{U_\mathrm{fd}}{r_\mathrm{fd}} \;. \tag{3.1.156b}$$

Die vom Erregerstrom herrührende Komponente von U_q soll als *Polradspannung* U_p bezeichnet werden. Damit gilt im elektrischen Leerlauf $U_\mathrm{q} = U_\mathrm{p} = x_\mathrm{afd} U_\mathrm{fd}/r_\mathrm{fd}$. Die Rücktransformation mit Hilfe von (3.1.72), wobei an die Stelle von $\omega t - \vartheta$ durch den Übergang zur bezogenen Darstellung und den Betrieb am Netz mit Bemessungsfrequenz $t - \vartheta = -\vartheta_0$ tritt, liefert unmittelbar die komplexe Darstellung der sinusförmigen Ankerspannung des Strangs a als

$$\underline{u} = U_\mathrm{p} \mathrm{e}^{\mathrm{j}(\vartheta_0 + \pi/2)} = \hat{u}_\mathrm{p} \mathrm{e}^{\mathrm{j}\varphi_{u\mathrm{p}}} = \underline{u}_\mathrm{p}$$

mit
$$\hat{u}_\mathrm{p} = U_\mathrm{p} \tag{3.1.157a}$$

$$\varphi_{u\mathrm{p}} = \vartheta_0 + \frac{\pi}{2} \;. \tag{3.1.157b}$$

Damit ist ϑ_0 durch die Phasenlage der Polradspannung ausgedrückt, d. h. durch die Phasenlage jener Komponente der Spannung des Strangs a, die vom Erregerstrom herrührt.

Bei *Betrieb am starren, symmetrischen Netz* sinusförmiger Spannungen mit Bemessungsfrequenz lauten die Betriebsbedingungen

$$u_a = \hat{u} \cos(t + \varphi_\mathrm{u}) \tag{3.1.158a}$$

$$u_b = \hat{u} \cos(t + \varphi_\mathrm{u} - 2\pi/3) \tag{3.1.158b}$$

$$u_c = \hat{u} \cos(t + \varphi_\mathrm{u} - 4\pi/3) \tag{3.1.158c}$$

$$u_\mathrm{fd} = U_\mathrm{fd} \tag{3.1.158d}$$

$$\vartheta = t + \vartheta_0 \;. \tag{3.1.158e}$$

Ihre Transformation in den Bereich der d-q-0-Komponenten liefert unter Verwendung von (3.1.72) für die Transformation des symmetrischen Dreiphasensystems der Spannungen, wenn wiederum durch den Übergang zur bezogenen Darstellung und den

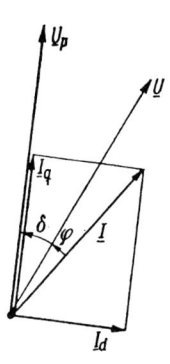

Bild 3.1.13 Zerlegung des Ankerstroms $\underline{I}$ in seine Komponenten $\underline{I}_\mathrm{d}$ und $\underline{I}_\mathrm{q}$ bezüglich der Phasenlage der Polradspannung $\underline{U}_\mathrm{p}$

Betrieb mit Bemessungsfrequenz an die Stelle von $\omega t - \vartheta$ in (3.1.72) jetzt $t - \vartheta = -\vartheta_0$ tritt,

$$U_\mathrm{d} = \hat{u}\cos(\varphi_\mathrm{u} - \vartheta_0) \qquad (3.1.159\mathrm{a})$$
$$U_\mathrm{q} = \hat{u}\sin(\varphi_\mathrm{u} - \vartheta_0) \qquad (3.1.159\mathrm{b})$$
$$U_0 = 0\,. \qquad (3.1.159\mathrm{c})$$

Herrührend vom Erregerstrom $I_\mathrm{fd} = U_\mathrm{fd}/r_\mathrm{fd}$ wird bei Betrieb mit offenen Ankerklemmen im Strang a die Polradspannung $\underline{u}_\mathrm{p}$ beobachtet. Sie stellt im allgemeinen Fall, bei dem Ankerströme fließen und zusätzliche Anteile der Spannung hervorrufen, eine Komponente der Klemmenspannung dar. Ihre Phasenlage gegenüber der Klemmenspannung $\underline{u}$ wird als *Polradwinkel*

$$\boxed{\delta = \varphi_\mathrm{up} - \varphi_\mathrm{u}} \qquad (3.1.160)$$

definiert. Mit φ_up nach (3.1.157b) erhält man für $\varphi_\mathrm{u} - \vartheta_0$ in (3.1.159a,b) $\varphi_\mathrm{u} - \vartheta_0 = -\delta + \pi/2$. Damit gehen die Betriebsbedingungen für den Betrieb am starren, symmetrischen Netz im Bereich der d-q-0-Komponenten über in

$$U_\mathrm{d} = \hat{u}\sin\delta \qquad (3.1.161\mathrm{a})$$
$$U_\mathrm{q} = \hat{u}\cos\delta \qquad (3.1.161\mathrm{b})$$
$$U_0 = 0 \qquad (3.1.161\mathrm{c})$$
$$u_\mathrm{fd} = U_\mathrm{fd} \qquad (3.1.161\mathrm{d})$$
$$\vartheta = t + \vartheta_0\,. \qquad (3.1.161\mathrm{e})$$

Mit diesen Betriebsbedingungen folgt aus Tabelle 3.1.4 für die Flussverkettungsgleichungen des Ankers

$$\psi_\mathrm{d} = x_\mathrm{d}I_\mathrm{d} + x_\mathrm{afd}I_\mathrm{fd} \qquad (3.1.162\mathrm{a})$$
$$\psi_\mathrm{q} = x_\mathrm{q}I_\mathrm{q} \qquad (3.1.162\mathrm{b})$$

und damit für die Spannungsgleichungen unter Beachtung von $n = \mathrm{d}\vartheta/\mathrm{d}t = 1$

$$U_\mathrm{d} = \hat{u}\sin\delta = rI_\mathrm{d} - \psi_\mathrm{q} = rI_\mathrm{d} - x_\mathrm{q}I_\mathrm{q} \tag{3.1.163a}$$
$$U_\mathrm{q} = \hat{u}\cos\delta = rI_\mathrm{q} + \psi_\mathrm{d} = rI_\mathrm{q} + x_\mathrm{d}I_\mathrm{d} + x_\mathrm{afd}I_\mathrm{fd} = rI_\mathrm{q} + x_\mathrm{d}I_\mathrm{d} + U_\mathrm{p}, \tag{3.1.163b}$$

wobei $I_\mathrm{fd} = U_\mathrm{fd}/r_\mathrm{fd}$ und damit $U_\mathrm{p} = x_\mathrm{afd}U_\mathrm{fd}/r_\mathrm{fd}$ ist. Aus (3.1.163a,b) erhält man unter Vernachlässigung des Ankerwiderstands r für die Ströme

$$I_\mathrm{q} = -\frac{\hat{u}\sin\delta}{x_\mathrm{q}} \tag{3.1.164a}$$

$$I_\mathrm{d} = \frac{\hat{u}\cos\delta - U_\mathrm{p}}{x_\mathrm{d}}. \tag{3.1.164b}$$

Ihre Rücktransfunktion mit Hilfe von (3.1.72) liefert für den Strom $\underline{i}$ im Strang a in der Darstellung der komplexen Wechselstromrechnung mit $\vartheta - t = \vartheta_0 = \varphi_\mathrm{up} - \pi/2$

$$\underline{i} = \hat{i}\mathrm{e}^{\mathrm{j}\varphi_i} = I_\mathrm{d}\mathrm{e}^{\mathrm{j}(\varphi_\mathrm{up}-\pi/2)} + I_\mathrm{q}\mathrm{e}^{\mathrm{j}\varphi_\mathrm{up}}. \tag{3.1.165}$$

Die im normalen stationären Betrieb im Bereich der d-q-0-Komponenten zu beobachtenden Gleichströme I_d und I_q sind also identisch zu den Amplituden der Komponenten $\underline{i}_\mathrm{d}$ und $\underline{i}_\mathrm{q}$ des Ankerstroms in Bezug auf die Polradspannung (s. Bd. *Grundlagen elektrischer Maschinen*, Abschn. 6.4.2.2). Diese Übereinstimmung ist bedingt durch die Wahl des Zahlenfaktors in der Transformationsbeziehung. Aus (3.1.165) folgt für I_d und I_q mit $\varphi_i - \varphi_\mathrm{up} = -(\delta + \varphi)$

$$I_\mathrm{d} = \hat{i}\sin(\delta + \varphi) \tag{3.1.166a}$$
$$I_\mathrm{q} = \hat{i}\cos(\delta + \varphi). \tag{3.1.166b}$$

Die Spannungsgleichung des Strangs a in der Darstellung der komplexen Wechselstromrechnung erhält man unmittelbar mit Hilfe von (3.1.72) ausgehend von den Spannungsgleichungen (3.1.163a,b) im Bereich der d-q-0-Komponenten und unter Beachtung von (3.1.165) zu

$$\boxed{\underline{u} = r\underline{i} + \mathrm{j}x_\mathrm{d}\underline{i}_\mathrm{d} + \mathrm{j}x_\mathrm{q}\underline{i}_\mathrm{q} + \underline{u}_\mathrm{p}}. \tag{3.1.167}$$

Dabei ist mit (3.1.165) und (3.1.166a,b)

$$\underline{i}_\mathrm{d} = \hat{i}\sin(\delta + \varphi)\mathrm{e}^{\mathrm{j}(\varphi_\mathrm{up}-\pi/2)} \tag{3.1.168a}$$
$$\underline{i}_\mathrm{q} = \hat{i}\cos(\delta + \varphi)\mathrm{e}^{\mathrm{j}\varphi_\mathrm{up}}, \tag{3.1.168b}$$

und es gilt

$$\underline{i} = \underline{i}_\mathrm{d} + \underline{i}_\mathrm{q}. \tag{3.1.169}$$

Dabei stellen $\underline{i}_\mathrm{d}$ und $\underline{i}_\mathrm{q}$ in bekannter Weise die Komponenten des Stroms $\underline{i}$ bezüglich der Phasenlage der Polradspannung dar. Im Bild 3.1.13 werden diese Zusammenhänge

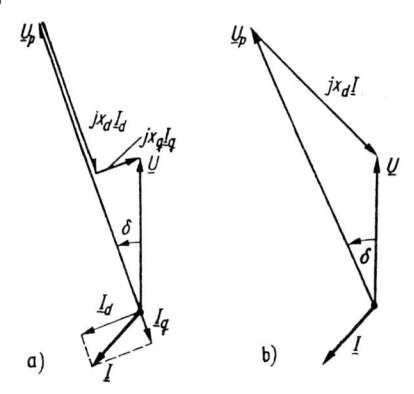

Bild 3.1.14 Zeigerbild bei Generatorbetrieb auf eine ohmsch-induktive Last.
a) Schenkelpolmaschine mit $x_d = 1{,}2$ und $x_q = 0{,}8$;
b) Vollpolmaschine

nochmals erläutert. Bild 3.1.14a zeigt das Zeigerbild von (3.1.167) für den Fall des Generatorbetriebs auf eine ohmsch-induktive Last. Im Sonderfall der Vollpolmaschine ist $x_q = x_d$, und es folgt aus (3.1.167) unter Beachtung von (3.1.169)

$$\underline{u} = r\underline{i} + jx_d\underline{i} + \underline{u}_p \quad . \tag{3.1.170}$$

Das zugeordnete, mit Bild 3.1.14a korrespondierende Zeigerbild ist im Bild 3.1.14b dargestellt.

Die Beziehung für das Drehmoment der *Schenkelpolmaschine* folgt aus $m = \psi_d i_q - \psi_q i_d$ nach Tabelle 3.1.4, Seite 483, mit ψ_d und ψ_q nach (3.1.162a,b) sowie i_d und i_q aus (3.1.164a,b) unter Vernachlässigung des Ankerwiderstands zu

$$M = (x_d - x_q)I_d I_q + U_p I_q = -\frac{\hat{u}\hat{u}_p}{x_d}\sin\delta - \frac{\hat{u}^2}{2}\left(\frac{1}{x_q} - \frac{1}{x_d}\right)\sin 2\delta \quad . \tag{3.1.171}$$

Der Verlauf von $M(\delta)$ ist im Bild 3.1.15a für verschiedene Werte der Polradspannung bzw. des Erregerstroms dargestellt, wobei dieser auf den Leerlauferregerstrom I_{fd0} bezogen wurde, der die Bemessungsspannung im Leerlauf hervorruft. Das Drehmoment besteht in bekannter Weise aus zwei Komponenten, dem *synchronen Drehmoment*, das vom Erregerstrom abhängt, und dem *Reluktanz-* oder auch *Reaktionsmoment*, dessen Ursache die magnetische Asymmetrie des Polsystems ist. Im Sonderfall der *Vollpolmaschine* erhält man mit $x_q = x_d$ aus (3.1.171)

$$M = -\frac{\hat{u}\hat{u}_p}{x_d}\sin\delta \quad . \tag{3.1.172}$$

Der Verlauf von $M(\delta)$ ist im Bild 3.1.15b korrespondierend zu Bild 3.1.15a dargestellt. Da die magnetische Asymmetrie des Polsystems nicht mehr existiert, verschwindet das Reluktanzmoment.

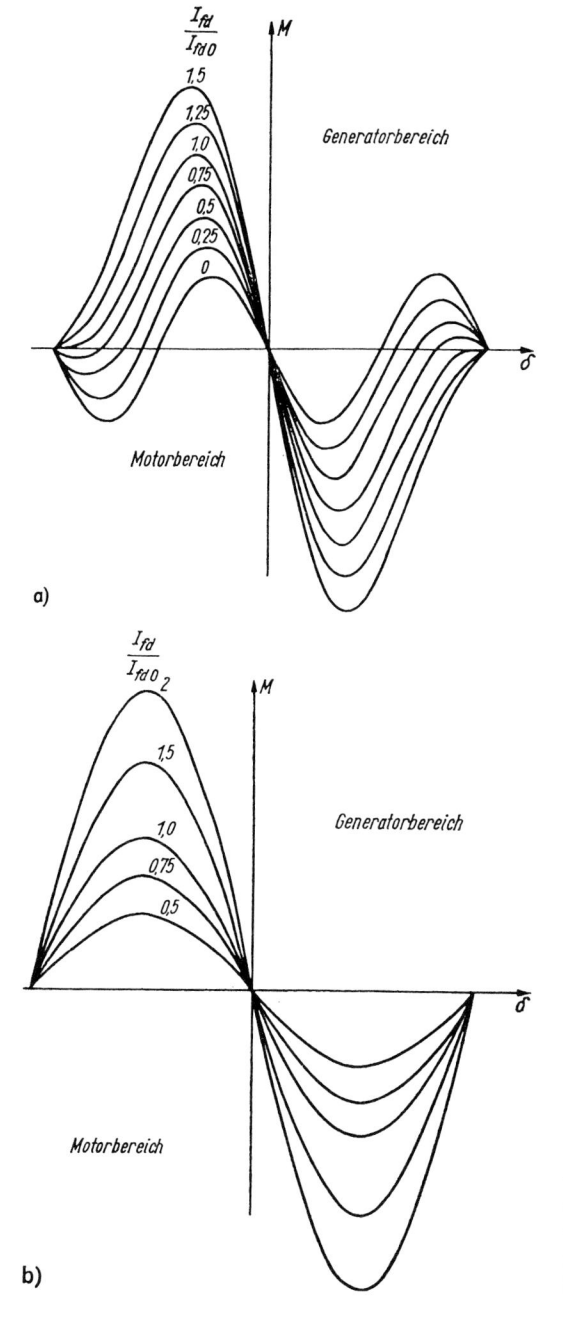

Bild 3.1.15 Kennlinien $M = f(\delta)$ der Synchronmaschine am starren Netz für verschiedene Werte des Verhältnisses des Erregerstroms I_{fd} zum Leerlauferregerstrom $I_{\mathrm{fd}0}$.
a) Schenkelpolmaschine;
b) Vollpolmaschine

3.1.9
Gleichungssystem bei kleinen Änderungen sämtlicher Größen

Das allgemeine Gleichungssystem im Bereich der d-q-0-Komponenten, wie es in Tabelle 3.1.4, Seite 483, zusammengefasst wurde, ist aufgrund der Glieder $n\psi_j$ in den

Spannungsgleichungen und der Glieder ψ_j in der Drehmomentbeziehung sowie der Form der Transformationsbeziehungen (3.1.42a), Seite 479, nichtlinear. Bei der Klassifizierung der Betriebszustände im Abschnitt 3.1.7 war bereits herausgearbeitet worden, dass sich dieses Gleichungssystem linearisieren lässt, wenn sämtliche Variablen g nur kleine Änderungen Δg gegenüber einem stationären Wert $g_{(a)}$ durchmachen.

Um das Gleichungssystem zu erhalten, das zwischen den Änderungen der Variablen vermittelt, werden sämtliche abhängigen Variablen als $g = g_{(a)} + \Delta g$ in das allgemeine Gleichungssystem eingeführt. Es wird angenommen, dass die Änderungen Δg gegenüber einem normalen stationären Betriebszustand bei Bemessungsfrequenz auftreten, wie er im Abschnitt 3.1.8.7 nochmals zusammenfassend behandelt wurde. In diesem Fall ist die bezogene Kreisfrequenz 1, und es gilt für die Läuferbewegung

$$\vartheta = t + \vartheta_0 + \Delta\vartheta(t) , \qquad (3.1.173)$$

wobei $\Delta\vartheta(t)$ gegenüber 2π klein bleiben soll. Damit beträgt die bezogene Läuferdrehzahl

$$n = \frac{d\vartheta}{dt} = 1 - s = 1 + \frac{d\Delta\vartheta}{dt} , \qquad (3.1.174)$$

so dass der Schlupf s die kleine Änderung der bezogenen Läuferdrehzahl als

$$\frac{d\Delta\vartheta}{dt} = -s \qquad (3.1.175)$$

beschreibt. Für die bezogene Winkelbeschleunigung gilt dann

$$\frac{dn}{dt} = \frac{d^2\vartheta}{dt^2} = \frac{d^2\Delta\vartheta}{dt^2} = -\frac{ds}{dt} .$$

Die *Spannungsgleichungen des Ankers* erhält man aus Tabelle 3.1.4 mit $g = g_{(a)} + \Delta g$ und unter Beachtung von $dg_{(a)}/dt = 0$ sowie (3.1.174) zu

$$u_{d(a)} + \Delta u_d = r\left(i_{d(a)} + \Delta i_d\right) + \frac{d\Delta\psi_d}{dt} - (1-s)\left(\psi_{q(a)} + \Delta\psi_q\right) \quad (3.1.176a)$$

$$u_{q(a)} + \Delta u_q = r\left(i_{q(a)} + \Delta i_q\right) + \frac{d\Delta\psi_q}{dt} + (1-s)\left(\psi_{d(a)} + \Delta\psi_d\right) . \quad (3.1.176b)$$

Auf die Untersuchung des Nullsystems wird verzichtet. Die Beziehungen (3.1.176a,b) zerfallen in je eine Beziehung zwischen den stationären Werten $g_{(a)}$ und eine zweite zwischen den Änderungen Δg. Die Beziehungen zwischen den stationären Werten lauten

$$u_{d(a)} = r i_{d(a)} - \psi_{q(a)}$$
$$u_{q(a)} = r i_{q(a)} + \psi_{d(a)} .$$

Das sind – wie zu erwarten war – die Spannungsgleichungen des Ankers für den normalen stationären Betrieb mit Bemessungsfrequenz, die im Abschnitt 3.1.8.7 als

(3.1.163a,b) hergeleitet wurden. In den Spannungsgleichungen für die Änderungen werden die Produkte kleiner Größen $s\Delta\psi_q$ und $s\Delta\psi_d$ vereinbarungsgemäß mit dem Ziel der Linearisierung der Gleichungen vernachlässigt. Damit erhält man

$$\Delta u_d = r\Delta i_d + \frac{d\Delta\psi_d}{dt} + s\psi_{q(a)} - \Delta\psi_q \qquad (3.1.177a)$$

$$\Delta u_q = r\Delta i_q + \frac{d\Delta\psi_q}{dt} - s\psi_{d(a)} + \Delta\psi_d \,. \qquad (3.1.177b)$$

Diese Beziehungen sind erwartungsgemäß linear. Da angestrebt wird, auch die Bewegungsgleichungen zu linearisieren, und da die übrigen Beziehungen der Maschine ohnehin linear sind, bietet sich als Lösungshilfsmittel wiederum die Laplace-Transformation an. Dabei ist zu beachten, dass die Anfangswerte $\Delta g_{(a)}$ der Änderungen entsprechend $g = g_{(a)} + \Delta g$ verschwinden. Damit wird $\mathcal{L}\{d\Delta g/dt\} = p\Delta g$, und man erhält aus (3.1.177a,b)

$$\boxed{\begin{aligned}\Delta u_d &= r\Delta i_d + p\Delta\psi_d + s\psi_{q(a)} - \Delta\psi_q \\ \Delta u_q &= r\Delta i_q + p\Delta\psi_q - s\psi_{d(a)} + \Delta\psi_d\end{aligned}} \,. \qquad \begin{aligned}(3.1.178a)\\(3.1.178b)\end{aligned}$$

Da die Flussverkettungsgleichungen und die Spannungsgleichungen der Polradkreise von vornherein linear sind, bleiben sie in der alten Form erhalten. Damit können die im Abschnitt 3.1.8 ermittelten Beziehungen zwischen den Ankerflussverkettungen und den nach außen in Erscheinung tretenden Größen des Polsystems direkt übernommen werden. Dabei stellt $(g - g_{(a)}/p)$ gerade die Laplace-Transformierte der Änderung Δg dar, so dass (3.1.95a), Seite 500, und (3.1.135), Seite 507, unmittelbar übergehen in

$$\boxed{\begin{aligned}\Delta\psi_d &= x_d(p)\Delta i_d + G_{fd}(p)\Delta u_{fd} \\ \Delta\psi_q &= x_q(p)\Delta i_q\end{aligned}} \,. \qquad \begin{aligned}(3.1.179a)\\(3.1.179b)\end{aligned}$$

Wenn man (3.1.179a,b) in (3.1.178a,b) einführt, wird schließlich

$$\boxed{\begin{aligned}\Delta u_d &= [r + px_d(p)]\Delta i_d - x_q(p)\Delta i_q + pG_{fd}(p)\Delta u_{fd} + \psi_{q(a)}s \\ \Delta u_q &= [r + px_q(p)]\Delta i_q + x_d(p)\Delta i_d + G_{fd}(p)\Delta u_{fd} - \psi_{d(a)}s\end{aligned}} \,. \qquad \begin{aligned}(3.1.180a)\\(3.1.180b)\end{aligned}$$

Dabei ist entsprechend (3.1.175)

$$\boxed{s = -p\Delta\vartheta} \,. \qquad (3.1.181)$$

Die Bewegungsgleichung von Tabelle 3.1.4, Seite 483, geht nach Einführen der Drehmomentgleichung mit $g = g_{(a)} + \Delta g$ über in

$$(\psi_{d(a)} + \Delta\psi_d)(i_{q(a)} + \Delta i_q) - (\psi_{q(a)} + \Delta\psi_q)(i_{d(a)} + \Delta i_d) + m_{A(a)} + \Delta m_A = -T_m\frac{ds}{dt} \,.$$

Daraus erhält man als Beziehung zwischen den stationären Werten

$$\left(\psi_{d(a)}i_{q(a)} - \psi_{q(a)}i_{d(a)}\right) + m_{A(a)} = 0$$

und unter Vernachlässigung der Produkte kleiner Größen als Beziehung zwischen den Änderungen

$$\psi_{d(a)}\Delta i_q + i_{q(a)}\Delta\psi_d - \psi_{q(a)}\Delta i_d - i_{d(a)}\Delta\psi_q + \Delta m_A = -T_m \frac{ds}{dt}.$$

Daraus folgt durch Übergang in den Laplace-Unterbereich unter Einführung von (3.1.179a,b)

$$\boxed{\begin{aligned}&[\psi_{d(a)} - i_{d(a)}x_q(p)]\Delta i_q - [\psi_{q(a)} - i_{q(a)}x_d(p)]\Delta i_d + i_{q(a)}G_{fd}(p)\Delta u_{fd} + \Delta m_A \\ &= -pT_m s \, .\end{aligned}}$$

(3.1.182)

Das *Gleichungssystem der Maschine* wird von den Beziehungen (3.1.180a,b), (3.1.181) und (3.1.182) gebildet. Als Betriebsbedingungen sind zwei Aussagen über die Strom-Spannungs-Verhältnisse an den Ankerklemmen, eine über die Strom-Spannungs-Verhältnisse an den Klemmen der Erregerwicklung und eine über das äußere Drehmoment an der Welle erforderlich.

Bei *Betrieb am starren, symmetrischen Netz* mit dem bezogenen Wert der Kreisfrequenz $\omega = 1$ erhält man die ersten beiden Betriebsbedingungen über die allgemeine Ableitung nach (3.1.86a,b), Seite 493, mit $\vartheta - t = \vartheta_0 + \Delta\vartheta$ nach (3.1.173) zu

$$u_d = \hat{u}\cos(\Delta\vartheta + \vartheta_0 - \varphi_u)$$
$$u_q = -\hat{u}\sin(\Delta\vartheta + \vartheta_0 - \varphi_u) \, .$$

Daraus folgt unter Anwendung der trigonometrischen Umformungen nach Anhang IV

$$u_d = \hat{u}\cos(\varphi_u - \vartheta_0)\cos\Delta\vartheta + \hat{u}\sin(\varphi_u - \vartheta_0)\sin\Delta\vartheta$$
$$u_q = -\hat{u}\cos(\varphi_u - \vartheta_0)\sin\Delta\vartheta + \hat{u}\sin(\varphi_u - \vartheta_0)\cos\Delta\vartheta \, .$$

Da $\Delta\vartheta$ eine kleine Größe ist, kann man $\cos\Delta\vartheta \approx 1$ und $\sin\Delta\vartheta \approx \Delta\vartheta$ setzen. Damit wird unter Einführung der stationären Werte $u_{d(a)}$ und $u_{q(a)}$ nach (3.1.159a,b)

$$u_d = u_{d(a)} + u_{q(a)}\Delta\vartheta = u_{d(a)} + \Delta u_d$$
$$u_q = u_{q(a)} - u_{d(a)}\Delta\vartheta = u_{q(a)} + \Delta u_q \, .$$

Es ist also

$$\boxed{\begin{aligned}\Delta u_d &= u_{q(a)}\Delta\vartheta \\ \Delta u_q &= -u_{d(a)}\Delta\vartheta\end{aligned}} \, .$$

(3.1.183a)
(3.1.183b)

Zur Untersuchung von *Regelvorgängen* lassen sich Näherungsbeziehungen entwickeln. Dabei interessieren im Zusammenhang mit dem Betriebsverhalten der Synchronmaschine als Generator zwei Regelvorgänge, die Spannungsregelung und die Drehzahlregelung. Die Spannungsregelung greift in die Erregung der Maschine ein, beeinflusst also Δu_{fd}. In erster Linie geschieht dies in Abhängigkeit von der Ankerspannung $\hat{u}$. Es können jedoch auch andere Maschinengrößen die Regelung beeinflussen, z. B. der Ankerstrom oder der Polradwinkel. Die Drehzahlregelung greift in das Drehzahlstellorgan der Arbeitsmaschine ein, beeinflusst also Δm_{A} in Abhängigkeit von der Drehzahl. Die Beziehungen für Δu_{fd} und Δm_{A} stellen die Beziehungen der Regler dar. Sie bilden zusammen mit denen der Maschine das gesamte zu lösende Gleichungssystem. Dieses Gleichungssystem nimmt einen großen Umfang an, und es muss versucht werden, zweckmäßige Näherungen einzuführen. Im Allgemeinen lassen sich folgende Vereinfachungen vornehmen:

1. Vernachlässigung des Ankerwiderstands,
2. Vernachlässigung der transformatorischen Spannungen in den Spannungsgleichungen des Ankers im Bereich der d-q-0-Komponenten.

Damit verschwinden in den Spannungsgleichungen (3.1.178a,b) die Ausdrücke $r\Delta i$ und $\mathrm{p}\Delta\psi$. Man erhält unter Einführung der Flussverkettungsgleichungen (3.1.179a,b)

$$\Delta u_{\mathrm{d}} = -x_{\mathrm{q}}(\mathrm{p})\Delta i_{\mathrm{q}} + \psi_{\mathrm{q(a)}}s \qquad (3.1.184\mathrm{a})$$
$$\Delta u_{\mathrm{q}} = x_{\mathrm{d}}(\mathrm{p})\Delta i_{\mathrm{d}} + G_{\mathrm{fd}}(\mathrm{p})\Delta u_{\mathrm{fd}} - \psi_{\mathrm{d(a)}}s \qquad (3.1.184\mathrm{b})$$

Die Bewegungsgleichung bleibt unbeeinflusst. Es gilt also nach wie vor (3.1.182).

3.1.10
Flussverkettungsgleichungen unter Einführung transformierter Größen des Polsystems

Die im Abschnitt 3.1 entwickelten Modelle der Synchronmaschine gehen davon aus, dass der tatsächlich vorhandene Dämpferkäfig durch je eine Ersatzdämpferwicklung in der Längsachse und in der Querachse des Polsystems ersetzt wird. Für diese Anordnung erhält man das allgemeine Gleichungssystem auf Basis der Hauptwellenverkettung, wie es in Tabelle 3.1.1, Seite 468, zusammengestellt wurde. Dabei sind die Induktivitäten formal als Proportionalitätsfaktoren zwischen Strömen und Flussverkettungen bei bestimmter Lage der betreffenden Wicklungen zueinander eingeführt worden. Der Übergang in den Bereich der d-q-0-Komponenten, d. h. die Darstellung im Läuferkoordinatensystem als der Darstellungsform, die der Synchronmaschine aufgrund der Asymmetrie ihres Polsystems unmittelbar angepasst ist, führt auf das Gleichungssystem in Tabelle 3.1.2, Seite 476. Davon ausgehend wurden durch Einführen bezogener Größen im Abschnitt 3.1.3 die allgemeinen Gleichungssysteme entwickelt, die ohne Festlegung des Bezugswerts T_{bez} für die Zeit in Tabelle 3.1.3, Seite 482, und bei Bezug der Zeit auf $T_{\mathrm{bez}} = 1/\omega_{\mathrm{N}}$ in Tabelle 3.1.4, Seite 483, zusammengefasst sind. Dabei müssen zur Sicherung der Reziprozität der bezogenen Gegeninduktivitäten bestimmte Beziehungen zwischen den Bezugsgrößen der Ströme und Flussverkettungen eingehalten werden, die durch (3.1.44), (3.1.46) und (3.1.49), Seite 480, gegeben sind.

Wie eine Analyse des Bezugssystems im Abschnitt 3.1.3.7, Seite 481, gezeigt hat, kann über die Bezugsströme $i_{\text{Dd bez}}$, $i_{\text{Dq bez}}$ und $i_{\text{fd bez}}$ der Polradkreise frei verfügt werden. Es liegt nahe, diese so festzulegen, dass Flussverkettungsgleichungen entstehen, die für Routineanwendungen bequem handhabbar sind und es ermöglichen, Sättigungserscheinungen nachträglich zu berücksichtigen. Die Festlegung der Bezugsströme für die Polradkreise kann damit nicht mehr unter formalen Aspekten erfolgen.

Für die *Schenkelpolmaschine* sind im Abschnitt 3.1.1, Seite 465, im Zusammenhang mit der Einführung der Ersatzdämpferwicklungen bei Voraussetzung der Gültigkeit des Prinzips der Hauptwellenverkettung als (3.1.1) bis (3.1.8a,b) Beziehungen für die Induktivitäten des Gleichungssystem in Tabelle 3.1.1 bzw. 3.1.2 entwickelt worden, indem der Anteil, der dem Luftspalthauptwellenfeld bzw. im Fall der Erregerwicklung dem gesamten Luftspaltfeld zugeordnet ist, durch die Maschinengeometrie unter Verwendung von Polformkoeffizienten ausgedrückt wurde. Unter Nutzung dieser Beziehungen sollen nunmehr analog zum Vorgehen im Abschnitt 2.1.3.4, Seite 291, transformierte Läufergrößen g' eingeführt werden, die über ein Übersetzungsverhältnis an die tatsächlichen Größen des Polsystems angebunden sind. Dabei besteht das Ziel, die Flussverkettungsgleichungen in Tabelle 3.1.2 in die Form

$$\begin{pmatrix} \psi_{\text{d}} \\ \psi'_{\text{Dd}} \\ \psi'_{\text{fd}} \end{pmatrix} = \begin{pmatrix} \tilde{L}_{\text{hd}} + \tilde{L}_{\sigma\text{d}} & \tilde{L}_{\text{hd}} & \tilde{L}_{\text{hd}} \\ \tilde{L}_{\text{hd}} & \tilde{L}_{\text{hd}} + \tilde{L}'_{\sigma\text{Dd}} & \tilde{L}_{\text{hd}} + \tilde{L}'_{\sigma\text{Df}} \\ \tilde{L}_{\text{hd}} & \tilde{L}_{\text{hd}} + \tilde{L}'_{\sigma\text{Df}} & \tilde{L}_{\text{hd}} + \tilde{L}'_{\sigma\text{fd}} \end{pmatrix} \begin{pmatrix} i_{\text{d}} \\ i'_{\text{Dd}} \\ i'_{\text{fd}} \end{pmatrix} \quad (3.1.185\text{a})$$

$$\begin{pmatrix} \psi_{\text{q}} \\ \psi'_{\text{Dq}} \end{pmatrix} = \begin{pmatrix} \tilde{L}_{\text{hq}} + \tilde{L}_{\sigma\text{q}} & \tilde{L}_{\text{hq}} \\ \tilde{L}_{\text{hq}} & \tilde{L}_{\text{hq}} + \tilde{L}'_{\sigma\text{Dq}} \end{pmatrix} \begin{pmatrix} i_{\text{q}} \\ i'_{\text{Dq}} \end{pmatrix} \quad (3.1.185\text{b})$$

zu überführen. Diesen Flussverkettungsgleichungen lassen sich einfache Ersatzschaltbilder zuordnen, wie sie Bild 3.1.16 zeigt. Das gelingt für die Flussverkettungsgleichung der Längsachse, in der mehr als zwei miteinander verkettete Wicklungen existieren, dadurch, dass für die Kopplung zwischen dem Anker und den Wicklungen des Polsystems die Gültigkeit des Prinzips der Hauptwellenverkettung vorausgesetzt wurde. Die Flussverkettungsgleichungen nach (3.1.185a,b) bzw. die zugeordneten Ersatzschaltbilder nach Bild 3.1.16 sind offensichtlich für Routinerechnungen bequem handhabbar. Außerdem eröffnen sie die Möglichkeit, den Einfluss der Sättigung der Hauptwege des magnetischen Kreises z. B. durch

$$L_{\text{hd}} = L_{\text{hd}}(i_{\mu\text{d}}) \quad (3.1.186)$$

mit $$i_{\mu\text{d}} = i_{\text{d}} + i'_{\text{Dd}} + i'_{\text{fd}} \quad (3.1.187)$$

zu berücksichtigen, wenn ohnehin bei der Behandlung eines Problems mit numerischen Methoden gearbeitet wird. Durch die Einführung transformierter Läufergrößen werden die Wicklungen des Polsystems hinsichtlich ihrer Strom-Spannungs-Verhältnisse auf die Ankerwicklung bezogen. Die Freizügigkeit bei der Festlegung der

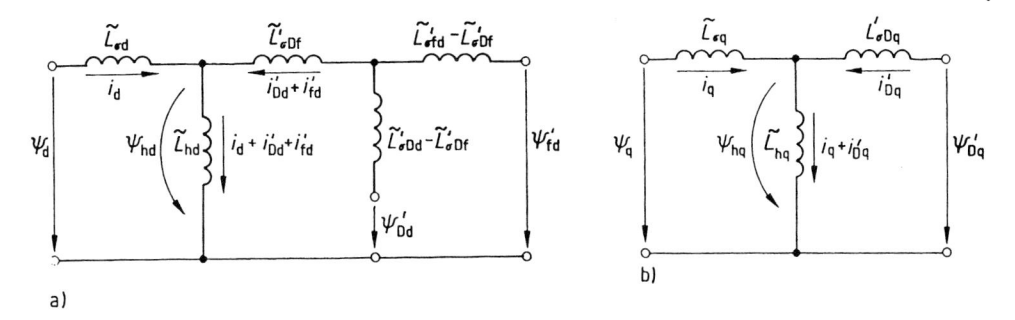

Bild 3.1.16 Ersatzschaltbilder für die Flussverkettungsgleichungen der Synchronmaschine mit einer Ersatzdämpferwicklung je Achse bei Einführung transformierter Läufergrößen.
a) Für die Längsachse;
b) für die Querachse

Bezugsströme für Kreise des Polsystems, wie sie im Abschnitt 3.1.3.7, Seite 481, formuliert wurde, ist damit nicht mehr gegeben. Wenn man ausgehend von (3.1.185a,b) zu einer Darstellung mit bezogenen Größen übergeht, wie sie im Abschnitt 3.1.3 allgemein eingeführt wurde und auf die Gleichungssysteme in Tabelle 3.1.3 bzw. 3.1.4 geführt hatte, sind alle Variablen und Parameter nunmehr auf die Bezugsgrößen des Ankers zu beziehen. Man erhält aus (3.1.185a,b) in bezogener Darstellung, wenn wiederum auf die besondere Kennzeichnung der bezogenen Variablen verzichtet wird und bezogene Induktivitäten mit x bezeichnet werden,

$$\begin{pmatrix}\psi_d \\ \psi'_{Dd} \\ \psi'_{fd}\end{pmatrix} = \begin{pmatrix} x_{hd}+x_{\sigma d} & x_{hd} & x_{hd} \\ x_{hd} & x_{hd}+x_{\sigma Dd} & x_{hd}+x_{\sigma Df} \\ x_{hd} & x_{hd}+x_{\sigma Df} & x_{hd}+x_{\sigma fd}\end{pmatrix}\begin{pmatrix}i_d \\ i'_{Dd} \\ i'_{fd}\end{pmatrix} \quad (3.1.188a)$$

$$\begin{pmatrix}\psi_q \\ \psi'_{Dq}\end{pmatrix} = \begin{pmatrix} x_{hq}+x_{\sigma q} & x_{hq} \\ x_{hq} & x_{hq}+x_{\sigma Dq}\end{pmatrix}\begin{pmatrix}i_q \\ i'_{Dq}\end{pmatrix}. \quad (3.1.188b)$$

Im Folgenden wird die Entwicklung von (3.1.185a,b) aus den Flussverkettungsgleichungen in Tabelle 3.1.2, Seite 476, für den allgemeinen Fall der Schenkelpolmaschine unter Verwendung der Beziehungen (3.1.1) bis (3.1.8a,b), Seite 469, für die Induktivitäten im allgemeinen Gleichungssystem vorgenommen.

Aus der Beziehung für ψ_d in Tabelle 3.1.2 erhält man durch Einführen von (3.1.8a), (3.1.2) und (3.1.6), Seite 469,

$$\psi_d = (L_h C_{adp} + L_\sigma)i_d + L_h \frac{2}{3}\frac{(w\xi_p)_{Dd}}{(w\xi_p)_a}\xi_{schr,p}C_{adp}i_{Dd} + L_h \frac{2}{3}\frac{\pi}{4}\frac{w_{fd}}{(w\xi_p)_a}\xi_{schr,p}C_{fdp}i_{fd}.$$
$$(3.1.189)$$

Daraus lässt sich die entsprechende Flussverkettungsgleichung nach (3.1.185a) gewinnen, wenn die Substitutionen

$$\tilde{L}_{\mathrm{hd}} = L_{\mathrm{h}} C_{\mathrm{adp}} \xi_{\mathrm{schr,p}} \tag{3.1.190}$$

$$\tilde{L}_{\sigma\mathrm{d}} = L_\sigma + (1 - \xi_{\mathrm{schr,p}}) L_{\mathrm{h}} C_{\mathrm{adp}} \tag{3.1.191}$$

$$i'_{\mathrm{Dd}} = \frac{2}{3} \frac{(w\xi_{\mathrm{p}})_{\mathrm{Dd}}}{(w\xi_{\mathrm{p}})_{\mathrm{a}}} i_{\mathrm{Dd}} \tag{3.1.192}$$

$$i'_{\mathrm{fd}} = \frac{2}{3} \frac{\pi}{4} \frac{C_{\mathrm{fdp}}}{C_{\mathrm{adp}}} \frac{w_{\mathrm{fd}}}{(w\xi_{\mathrm{p}})_{\mathrm{a}}} i_{\mathrm{fd}} \tag{3.1.193}$$

vorgenommen werden. Für die Flussverkettung ψ_{Dd} der Ersatzdämpferwicklung der Längsachse folgt aus Tabelle 3.1.2 mit (3.1.2), (3.1.1) und (3.1.7)

$$\psi_{\mathrm{Dd}} = L_{\mathrm{h}} \frac{(w\xi_{\mathrm{p}})_{\mathrm{Dd}}}{(w\xi_{\mathrm{p}})_{\mathrm{a}}} \xi_{\mathrm{schr,p}} C_{\mathrm{adp}} i_{\mathrm{d}} + \left[L_{\mathrm{h}} \frac{2}{3} \frac{(w\xi_{\mathrm{p}})_{\mathrm{Dd}}^2}{(w\xi_{\mathrm{p}})_{\mathrm{a}}^2} C_{\mathrm{adp}} + L_{\sigma\mathrm{Dd}} \right] i_{\mathrm{Dd}}$$
$$+ \left[L_{\mathrm{h}} \frac{2}{3} \frac{\pi}{4} \frac{w_{\mathrm{fd}} (w\xi_{\mathrm{p}})_{\mathrm{Dd}}}{(w\xi_{\mathrm{p}})_{\mathrm{a}}^2} C_{\mathrm{fdp}} + L_{\sigma\mathrm{Df}} \right] i_{\mathrm{fd}} . \tag{3.1.194}$$

Um $\tilde{L}_{\mathrm{hd}}$ nach (3.1.190) als Faktor bei i_{d} erscheinen zu lassen, wird mit $(w\xi_{\mathrm{p}})_{\mathrm{a}}/(w\xi_{\mathrm{p}})_{\mathrm{Dd}}$ durchmultipliziert und i_{Dd} mit Hilfe von (3.1.192) durch i'_{Dd} sowie i_{fd} mit Hilfe von (3.1.193) durch i'_{fd} ersetzt. Man erhält

$$\psi_{\mathrm{Dd}} \frac{(w\xi_{\mathrm{p}})_{\mathrm{a}}}{(w\xi_{\mathrm{p}})_{\mathrm{Dd}}} = \tilde{L}_{\mathrm{hd}} i_{\mathrm{d}} \left[\tilde{L}_{\mathrm{hd}} + L_{\mathrm{h}} C_{\mathrm{adp}}(1 - \xi_{\mathrm{schr,p}}) + \frac{3}{2} \frac{(w\xi_{\mathrm{p}})_{\mathrm{a}}^2}{(w\xi_{\mathrm{p}})_{\mathrm{Dd}}^2} L_{\sigma\mathrm{Dd}} \right] i'_{\mathrm{Dd}} \tag{3.1.195}$$
$$+ \left[\tilde{L}_{\mathrm{hd}} + L_{\mathrm{h}} C_{\mathrm{adp}}(1 - \xi_{\mathrm{schr,p}}) + \frac{3}{2} \frac{\pi}{4} \frac{(w\xi_{\mathrm{p}})_{\mathrm{a}}^2}{(w\xi_{\mathrm{p}})_{\mathrm{Dd}} w_{\mathrm{fd}}} \frac{C_{\mathrm{adp}}}{C_{\mathrm{fdp}}} L_{\sigma\mathrm{Df}} \right] i'_{\mathrm{fd}} .$$

Daraus folgt die Beziehung für ψ'_{Dd} in (3.1.185a), wenn die Substitutionen

$$\psi'_{\mathrm{Dd}} = \frac{(w\xi_{\mathrm{p}})_{\mathrm{a}}}{(w\xi_{\mathrm{p}})_{\mathrm{Dd}}} \psi_{\mathrm{Dd}} \tag{3.1.196}$$

$$\tilde{L}'_{\sigma\mathrm{Dd}} = L_{\mathrm{h}} C_{\mathrm{adp}}(1 - \xi_{\mathrm{schr,p}}) + \frac{3}{2} \frac{(w\xi_{\mathrm{p}})_{\mathrm{a}}^2}{(w\xi_{\mathrm{p}})_{\mathrm{Dd}}^2} L_{\sigma\mathrm{Dd}} \tag{3.1.197}$$

$$\tilde{L}'_{\sigma\mathrm{Df}} = L_{\mathrm{h}} C_{\mathrm{adp}}(1 - \xi_{\mathrm{schr,p}}) + \frac{3}{2} \frac{\pi}{4} \frac{(w\xi_{\mathrm{p}})_{\mathrm{a}}^2}{(w\xi_{\mathrm{p}})_{\mathrm{Dd}} w_{\mathrm{fd}}} L_{\sigma\mathrm{Df}} \tag{3.1.198}$$

vorgenommen werden. Die Flussverkettung ψ_{fd} der Erregerwicklung folgt aus den Beziehungen in Tabelle 3.1.2 mit (3.1.6), (3.1.7) und (3.1.5) zu

3.1 Modelle auf Basis der Hauptwellenverkettung

$$\psi_{\text{fd}} = \frac{\pi}{4} \frac{w_{\text{fd}}}{(w\xi_{\text{p}})_{\text{a}}} \xi_{\text{schr,p}} C_{\text{fdp}} L_{\text{h}} i_{\text{d}} + \left[L_{\text{h}} \frac{2}{3} \frac{\pi}{4} \frac{(w\xi_{\text{p}})_{\text{Dd}} w_{\text{fd}}}{(w\xi_{\text{p}})_{\text{a}}^2} C_{\text{fdp}} + L_{\sigma\text{Df}} \right] i_{\text{Dd}}$$
$$+ \left[L_{\text{h}} \frac{2}{3} \frac{\pi}{4} \frac{w_{\text{fd}}^2}{(w\xi_{\text{p}})_{\text{a}}^2} C_{\text{fdm}} + L_{\sigma\text{fd}} \right] i_{\text{fd}} . \quad (3.1.199)$$

Um $\tilde{L}_{\text{hd}}$ nach (3.1.190) als Faktor bei i_{d} erscheinen zu lassen, wird mit $(4/\pi)[(w\xi_{\text{p}})_{\text{a}}/w_{\text{fd}}](C_{\text{adp}}/C_{\text{fdp}})$ durchmultipliziert. Außerdem muss wiederum i_{Dd} mit Hilfe von (3.1.192) durch i'_{Dd} und i_{fd} mit Hilfe von (3.1.193) durch i'_{fd} ausgedrückt werden. Damit erhält man

$$\psi_{\text{fd}} \frac{4}{\pi} \frac{(w\xi_{\text{p}})_{\text{a}}}{w_{\text{fd}}} \frac{C_{\text{adp}}}{C_{\text{fdp}}} = \tilde{L}_{\text{hd}} i_{\text{d}} + \left[\tilde{L}_{\text{hd}} + L_{\text{h}} C_{\text{adp}} (1 - \xi_{\text{schr,p}}) \right. \quad (3.1.200)$$
$$\left. + L_{\text{h}} C_{\text{adp}} \left(\frac{4}{\pi} \frac{C_{\text{adp}} C_{\text{fdm}}}{C_{\text{fdp}}^2} - 1 \right) + \frac{3}{2} \frac{4}{\pi} \frac{(w\xi_{\text{p}})_{\text{a}}^2}{w_{\text{fd}}^2} \frac{C_{\text{adp}}}{C_{\text{fdp}}} L_{\sigma\text{fD}} \right] i'_{\text{fd}}$$
$$+ \left[\tilde{L}_{\text{hd}} + L_{\text{h}} C_{\text{adp}} (1 - \xi_{\text{schr,p}}) + \frac{3}{2} \frac{4}{\pi} \frac{(w\xi_{\text{p}})_{\text{a}}^2}{w_{\text{fd}} (w\xi_{\text{p}})_{\text{Dd}}} \frac{C_{\text{adp}}}{C_{\text{fdp}}} L_{\sigma\text{Df}} \right] i'_{\text{Dd}}.$$

Die Beziehung für ψ'_{fd} in (3.1.185a) entsteht mit den Substitutionen

$$\psi'_{\text{fd}} = \frac{4}{\pi} \frac{C_{\text{adp}}}{C_{\text{fdp}}} \frac{(w\xi_{\text{p}})_{\text{a}}}{w_{\text{fd}}} \psi_{\text{fd}} \quad (3.1.201)$$

$$\tilde{L}'_{\sigma\text{fd}} = L_{\text{h}} C_{\text{adp}} (1 - \xi_{\text{schr,p}}) + L_{\text{h}} C_{\text{adp}} \left(\frac{4}{\pi} \frac{C_{\text{adp}} C_{\text{fdm}}}{C_{\text{fdp}}^2} - 1 \right) + \frac{3}{2} \frac{4}{\pi} \frac{C_{\text{adp}}}{C_{\text{fdp}}} \frac{(w\xi_{\text{p}})_{\text{a}}^2}{w_{\text{fd}}^2} L_{\sigma\text{fd}} .$$
$$(3.1.202)$$

Die Beziehung für $\tilde{L}'_{\sigma\text{Df}}$ wurde bereits als (3.1.198) eingeführt.

Damit ist die Umformung der Flussverkettungsgleichungen der Längsachse in die Form nach (3.1.185a) durchgeführt. Ihr ist das Ersatzschaltbild nach Bild 3.1.16a zugeordnet. Die Verkettung zwischen der Erregerwicklung und der Ersatzdämpferwicklung über Streufelder wird in der Literatur vielfach vernachlässigt, d. h. es wird dann mit $\tilde{L}'_{\sigma\text{Df}} = 0$ gerechnet. In $\tilde{L}'_{\sigma\text{fd}}$ erscheint außer dem Anteil durch Schrägung und dem Beitrag, der durch das Streufeld im Polzwischenraum und im Stirnraum bedingt ist, ein Anteil

$$L_{\sigma\text{ofd}} = L_{\text{h}} C_{\text{adp}} \left(\frac{4}{\pi} \frac{C_{\text{adp}} C_{\text{fdm}}}{C_{\text{fdp}}^2} - 1 \right) .$$

Er stellt den Anteil durch Oberwellenstreuung der Erregerwicklung dar. Wenn man mit der Näherung $\tilde{L}'_{\sigma\text{Df}} = 0$ arbeitet, geht das Ersatzschaltbild für die Flussverkettungsgleichungen der Längsachse nach Bild 3.1.16a über in Bild 3.1.17.

Die Herleitung der Flussverkettungsgleichungen nach (3.1.185b) für die Querachse, ausgehend von den entsprechenden Beziehungen in Tabelle 3.1.2, erfolgt analog dazu.

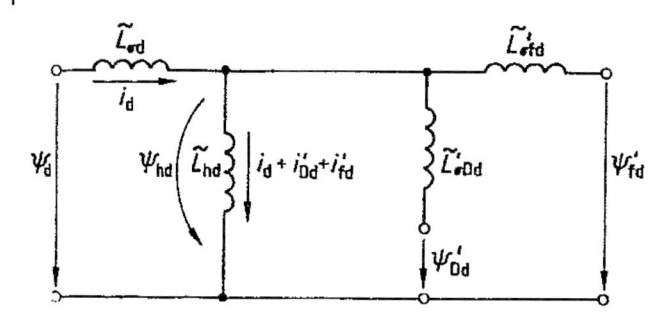

Bild 3.1.17 Ersatzschaltbild für die Flussverkettungsgleichungen der Längsachse bei Vernachlässigung der den Streufeldern zwischen der Ersatzdämpferwicklung der Längsachse und der Erregerwicklung zugeordeten Gegeninduktivität $\tilde{L}'_{\sigma\mathrm{Df}}$

Sie führt auf die analog aufgebauten Beziehungen

$$i'_{\mathrm{Dq}} = \frac{2}{3}\frac{(w\xi_{\mathrm{p}})_{\mathrm{Dq}}}{(w\xi_{\mathrm{p}})_{\mathrm{a}}}i_{\mathrm{Dq}} \tag{3.1.203}$$

$$\psi'_{\mathrm{Dq}} = \frac{(w\xi_{\mathrm{p}})_{\mathrm{a}}}{(w\xi_{\mathrm{p}})_{\mathrm{Dq}}}\psi_{\mathrm{Dq}} \tag{3.1.204}$$

$$\tilde{L}_{\mathrm{hq}} = L_{\mathrm{h}}C_{\mathrm{aqp}}\xi_{\mathrm{schr,p}} \tag{3.1.205}$$

$$\tilde{L}_{\sigma\mathrm{q}} = L_{\sigma} + (1-\xi_{\mathrm{schr,p}})L_{\mathrm{h}}C_{\mathrm{aqp}} \tag{3.1.206}$$

$$\tilde{L}'_{\sigma\mathrm{Dq}} = L_{\mathrm{h}}C_{\mathrm{aqp}}(1-\xi_{\mathrm{schr,p}}) + \frac{3}{2}\frac{(w\xi_{\mathrm{p}})^2_{\mathrm{a}}}{(w\xi_{\mathrm{p}})^2_{\mathrm{Dq}}}L_{\sigma\mathrm{Dq}}. \tag{3.1.207}$$

Für die Streukoeffizienten nach (3.1.98) bis (3.1.100), Seite 502, und (3.1.138), Seite 508, erhält man mit der Näherung $\tilde{L}'_{\sigma\mathrm{Df}} = 0$ unter Nutzung der Ersatzschaltbilder nach Bild 3.1.17 bzw. Bild 3.1.16b die Beziehungen

$$\sigma_{\mathrm{aDd}} = \frac{\tilde{L}_{\sigma\mathrm{d}} + \dfrac{1}{\dfrac{1}{\tilde{L}_{\mathrm{hd}}} + \dfrac{1}{\tilde{L}'_{\sigma\mathrm{Dd}}}}}{\tilde{L}_{\sigma\mathrm{d}} + \tilde{L}_{\mathrm{hd}}} = \frac{1}{\tilde{L}_{\mathrm{hd}}}\frac{\tilde{L}_{\sigma\mathrm{d}} + \dfrac{\tilde{L}'_{\sigma\mathrm{Dd}}}{1+\dfrac{\tilde{L}'_{\sigma\mathrm{Dd}}}{\tilde{L}_{\mathrm{hd}}}}}{1+\dfrac{\tilde{L}_{\sigma\mathrm{d}}}{\tilde{L}_{\mathrm{hd}}}} \tag{3.1.208}$$

$$\approx \frac{1}{\tilde{L}_{\mathrm{hd}}}\left(\tilde{L}_{\sigma\mathrm{d}} + \tilde{L}'_{\sigma\mathrm{Dd}}\right)$$

$$\sigma_{\mathrm{afd}} \approx \frac{1}{\tilde{L}_{\mathrm{hd}}}\left(\tilde{L}_{\sigma\mathrm{d}} + \tilde{L}'_{\sigma\mathrm{fd}}\right) \tag{3.1.209}$$

$$\sigma_{\mathrm{Dfd}} \approx \frac{1}{\tilde{L}_{\mathrm{hd}}}\left(\tilde{L}'_{\sigma\mathrm{fd}} + \tilde{L}'_{\sigma\mathrm{Dd}}\right) \tag{3.1.210}$$

$$\sigma_{\mathrm{aDq}} \approx \frac{1}{\tilde{L}_{\mathrm{hq}}}\left(\tilde{L}_{\sigma\mathrm{q}} + \tilde{L}'_{\sigma\mathrm{Dq}}\right) \tag{3.1.211}$$

mit $\tilde{L}_{\text{hd}}$ nach (3.1.190), $\tilde{L}_{\sigma\text{d}}$ nach (3.1.191), $\tilde{L}'_{\sigma\text{Dd}}$ nach (3.1.197), $\tilde{L}'_{\sigma\text{fd}}$ nach (3.1.202), $\tilde{L}_{\text{hq}}$ nach (3.1.205), $\tilde{L}_{\sigma\text{q}}$ nach (3.1.206) und $\tilde{L}'_{\sigma\text{Dq}}$ nach (3.1.207).

Für die der subtransienten Reaktanz der Längsachse nach (3.1.97) zugeordnete Induktivität, die die vom Anker her gesehene Gesamtstreuinduktivität bei Einspeisung mit großer Frequenz und Kurzschluss sowohl der Ersatzdämpferwicklung der Längsachse als auch der Erregerwicklung darstellt, erhält man unter Nutzung des Ersatzschaltbilds nach Bild 3.1.17

$$L''_{\text{d}} = \tilde{L}_{\sigma\text{d}} + \frac{1}{\dfrac{1}{\tilde{L}_{\text{hd}}} + \dfrac{1}{\tilde{L}'_{\sigma\text{Dd}}} + \dfrac{1}{\tilde{L}'_{\sigma\text{fd}}}} \qquad (3.1.212)$$

$$\approx \tilde{L}_{\sigma\text{d}} + \frac{1}{\dfrac{1}{\tilde{L}'_{\sigma\text{Dd}}} + \dfrac{1}{\tilde{L}'_{\sigma\text{fd}}}}.$$

Analog dazu folgt für die der subtransienten Reaktanz der Querachse nach (3.1.97) zugeordnete Induktivität als vom Anker her gesehene Gesamtstreuinduktivität bei Einspeisung mit großer Frequenz und Kurzschluss der Ersatzdämpferwicklung der Querachse nach (3.1.137) mit (3.1.211)

$$L''_{\text{q}} = \tilde{L}_{\sigma\text{q}} + \frac{1}{\dfrac{1}{\tilde{L}_{\text{hq}}} + \dfrac{1}{\tilde{L}'_{\sigma\text{Dq}}}} \qquad (3.1.213)$$

$$\approx \tilde{L}_{\sigma\text{q}} + \tilde{L}'_{\sigma\text{Dq}}.$$

Für die der transienten Reaktanz der Längsachse zugeordnete Induktivität gilt mit (3.1.117) sowie (3.1.131) und σ_{afd} nach (3.1.209) näherungsweise

$$L'_{\text{d}} = \tilde{L}_{\sigma\text{d}} + \frac{1}{\dfrac{1}{\tilde{L}_{\text{hd}}} + \dfrac{1}{\tilde{L}'_{\sigma\text{fd}}}} \qquad (3.1.214)$$

$$\approx \tilde{L}_{\sigma\text{d}} + \tilde{L}'_{\sigma\text{fd}}.$$

Für die *Vollpolmaschine* treten an die Stelle der im Abschnitt 3.1.1.1, Seite 465, entwickelten Beziehungen (3.1.1) bis (3.1.8a,b) für die Induktivitäten im allgemeinen Gleichungssystem die im Abschnitt 3.1.1.2 gewonnenen Beziehungen (3.1.14) bis (3.1.21), Seite 472. Die Flussverkettungsgleichungen unter Einführung transformierter Läufergrößen nach (3.1.185a,b) bzw. (3.1.188a,b) und damit die Ersatzschaltbilder nach Bild 3.1.16 bleiben erhalten. Ein analoges Vorgehen wie im Fall der Schenkelpolmaschine führt für die Vollpolmaschine bei Einführung transformierter Läufergrößen zu den Beziehungen

$$\tilde{L}_{\mathrm{hd}} = \tilde{L}_{\mathrm{h}} = L_{\mathrm{h}}\xi_{\mathrm{schr,p}} \tag{3.1.215}$$

$$\tilde{L}_{\sigma\mathrm{d}} = L_\sigma + L_{\mathrm{h}}(1 - \xi_{\mathrm{schr,p}}) \tag{3.1.216}$$

$$i'_{\mathrm{Dd}} = \frac{2}{3}\frac{(w\xi_{\mathrm{p}})_{\mathrm{Dd}}}{(w\xi_{\mathrm{p}})_{\mathrm{a}}} i_{\mathrm{Dd}} \tag{3.1.217}$$

$$i'_{\mathrm{fd}} = \frac{2}{3}\frac{(w\xi_{\mathrm{p}})_{\mathrm{fd}}}{(w\xi_{\mathrm{p}})_{\mathrm{a}}} i_{\mathrm{fd}} \tag{3.1.218}$$

$$\psi'_{\mathrm{Dd}} = \frac{(w\xi_{\mathrm{p}})_{\mathrm{a}}}{(w\xi_{\mathrm{p}})_{\mathrm{Dd}}}\psi_{\mathrm{Dd}} \tag{3.1.219}$$

$$\tilde{L}'_{\sigma\mathrm{Dd}} = L_{\mathrm{h}}(1-\xi_{\mathrm{schr,p}}) + \frac{3}{2}\frac{(w\xi_{\mathrm{p}})_{\mathrm{a}}^2}{(w\xi_{\mathrm{p}})_{\mathrm{Dd}}^2} L_{\sigma\mathrm{Dd}} \tag{3.1.220}$$

$$\tilde{L}'_{\sigma\mathrm{Df}} = L_{\mathrm{h}}(1-\xi_{\mathrm{schr,p}}) + \frac{3}{2}\frac{(w\xi_{\mathrm{p}})_{\mathrm{a}}^2}{(w\xi_{\mathrm{p}})_{\mathrm{Dd}}(w\xi_{\mathrm{p}})_{\mathrm{fd}}} L_{\sigma\mathrm{Df}} \tag{3.1.221}$$

$$\psi'_{\mathrm{fd}} = \frac{(w\xi_{\mathrm{p}})_{\mathrm{a}}}{(w\xi_{\mathrm{p}})_{\mathrm{fd}}}\psi_{\mathrm{fd}} \tag{3.1.222}$$

$$\tilde{L}'_{\sigma\mathrm{fd}} = L_{\mathrm{h}}(1-\xi_{\mathrm{schr,p}}) + \frac{3}{2}\frac{(w\xi_{\mathrm{p}})_{\mathrm{a}}^2}{(w\xi_{\mathrm{p}})_{\mathrm{fd}}^2} L_{\sigma\mathrm{fd}} \tag{3.1.223}$$

$$\tilde{L}_{\mathrm{hq}} = \tilde{L}_{\mathrm{h}} = L_{\mathrm{h}}\xi_{\mathrm{schr,p}} = L_{\mathrm{hd}} \tag{3.1.224}$$

$$\tilde{L}_{\sigma\mathrm{q}} = L_\sigma + L_{\mathrm{h}}(1 - \xi_{\mathrm{schr,p}}) = \tilde{L}_{\sigma\mathrm{d}} \tag{3.1.225}$$

$$i'_{\mathrm{Dq}} = \frac{2}{3}\frac{(w\xi_{\mathrm{p}})_{\mathrm{Dq}}}{(w\xi_{\mathrm{p}})_{\mathrm{a}}} i_{\mathrm{Dq}} \tag{3.1.226}$$

$$\psi'_{\mathrm{Dq}} = \frac{(w\xi_{\mathrm{p}})_{\mathrm{a}}}{(w\xi_{\mathrm{p}})_{\mathrm{Dq}}}\psi_{\mathrm{Dq}} \tag{3.1.227}$$

$$\tilde{L}'_{\sigma\mathrm{Dq}} = L_{\mathrm{h}}(1-\xi_{\mathrm{schr,p}}) + \frac{3}{2}\frac{(w\xi_{\mathrm{p}})_{\mathrm{a}}^2}{(w\xi_{\mathrm{p}})_{\mathrm{Dq}}^2} L_{\sigma\mathrm{Dq}} \;. \tag{3.1.228}$$

3.2
Besondere stationäre Betriebszustände

Im Folgenden werden stationäre Betriebszustände der Dreiphasen-Synchronmaschine behandelt, die vom normalen stationären Betrieb mit synchroner Drehzahl am symmetrischen Netz sinusförmiger Spannungen mit Bemessungsfrequenz abweichen. Das gemeinsame Kennzeichen dieser Betriebszustände ist definitionsgemäß, dass alle elektrischen Größen an den Maschinenklemmen sowie die mechanischen Größen Drehzahl und Drehmoment an der Welle eingeschwungene Größen darstellen, d. h. aus zeitlich konstanten Anteilen sowie eingeschwungenen Wechselanteilen bestehen.

3.2.1
Betrieb unter unsymmetrischen Betriebsbedingungen

Unsymmetrische Betriebsbedingungen an den Ankerklemmen sind dadurch gekennzeichnet, dass die Spannungen und Ströme der Ankerstränge keine symmetrischen Dreiphasensysteme mit positiver Phasenfolge bilden, sondern beliebige Amplituden besitzen und zueinander beliebig phasenverschoben sind. Für die Untersuchung der Betriebszustände unter unsymmetrischen Betriebsbedingungen wird angenommen, dass die Strangströme rein sinusförmig sind bzw. nur die Grundschwingungen der tatsächlichen Ströme betrachtet werden. Ferner soll die Drehzahl durch das gedachte Vorhandensein eines hinreichend großen Massenträgheitsmoments als konstant und gleich der synchronen Drehzahl bei Bemessungsfrequenz vorausgesetzt werden, so dass in bezogener Darstellung gilt

$$\vartheta = t + \vartheta_0 \; . \tag{3.2.1}$$

Als Methodik für die Untersuchung derartiger Betriebszustände bietet sich die Theorie der symmetrischen Komponenten an.

3.2.1.1 Verhalten gegenüber den symmetrischen Komponenten

Den drei sinusförmigen Strangströmen $\underline{i}_a, \underline{i}_b, \underline{i}_c$ mit Bemessungsfrequenz lassen sich die entsprechenden symmetrischen Komponenten $\underline{i}_\mathrm{m}, \underline{i}_\mathrm{g}, \underline{i}_0$ zuordnen. Dabei gelten die Transformationsbeziehungen, wie sie im Abschnitt 2.4.1.1, Seite 357, als (2.4.1a,b) zusammengestellt wurden (s. auch Bd. *Grundlagen elektrischer Maschinen*, Abschn. 0.7).

Das *Mitsystem* $\underline{i}_\mathrm{m} = \hat{i}_\mathrm{m} e^{\mathrm{j}\varphi_{i\mathrm{m}}}$ der Strangströme stellt ein symmetrisches Dreiphasensystem mit positiver Phasenfolge dar, d. h. es ist $\underline{i}_{a\mathrm{m}} = \underline{i}_\mathrm{m}$, $\underline{i}_{b\mathrm{m}} = \underline{a}^2\underline{i}_\mathrm{m}$ und $\underline{i}_{c\mathrm{m}} = \underline{a}\underline{i}_\mathrm{m}$. Es entspricht damit dem System der Strangströme, wie es im normalen stationären Betrieb vorliegt. Unter seiner Wirkung entsteht ein Drehfeld, das synchron mit dem Polrad umläuft. Es ruft zusammen mit dem Drehfeld des Erregerstroms ein symmetrisches Dreiphasensystem der Strangspannungen hervor. Die Dreiphasen-Synchronmaschine verhält sich offenbar gegenüber einem Mitsystem der Strangströme und Strangspannungen wie im normalen stationären Betrieb, der im Abschnitt 3.1.8.7 behandelt wurde. Insbesondere gelten die Flussverkettungsgleichungen (3.1.162a,b) und die Spannungsgleichungen (3.1.163a,b) im Bereich der d-q-0-Komponenten sowie die komplexe Spannungsgleichung (3.1.167) des Strangs a. Diese Beziehungen nehmen in der Übertragung auf die Größen $\underline{g}_\mathrm{m}$ des Mitsystems die Form

$$\psi_{\mathrm{dm}} = x_\mathrm{d} i_{\mathrm{dm}} + u_{\mathrm{pm}} \tag{3.2.2a}$$

$$\psi_{\mathrm{qm}} = x_\mathrm{q} i_{\mathrm{qm}} \tag{3.2.2b}$$

$$u_{\mathrm{dm}} = \hat{u}_\mathrm{m} \sin\delta = r i_{\mathrm{dm}} - \psi_{\mathrm{qm}} = r i_{\mathrm{dm}} - x_\mathrm{q} i_{\mathrm{qm}} \tag{3.2.2c}$$

$$u_{\mathrm{qm}} = \hat{u}_\mathrm{m} \cos\delta = r i_{\mathrm{qm}} + \psi_{\mathrm{dm}} = r i_{\mathrm{qm}} + x_\mathrm{d} i_{\mathrm{dm}} + u_{\mathrm{pm}} \tag{3.2.2d}$$

und damit

$$\underline{u}_\mathrm{m} = r\underline{i}_\mathrm{m} + \mathrm{j}x_\mathrm{d}\underline{i}_\mathrm{dm} + \mathrm{j}x_\mathrm{q}\underline{i}_\mathrm{qm} + \underline{u}_\mathrm{pm} \qquad (3.2.3)$$

an. Die komplexe Spannungsgleichung (3.2.3) erhält man auch unmittelbar aus den Spannungsgleichungen der d-q-0-Komponenten und (3.1.165) mit $g_\mathrm{d}+\mathrm{j}g_\mathrm{q} = \underline{g}\mathrm{e}^{\mathrm{j}(\omega t-\vartheta)}$ nach (3.1.72), Seite 486, wobei durch den Übergang zur bezogenen Darstellung und den Betrieb mit Bemessungsfrequenz an die Stelle von $\vartheta - \omega t$ in (3.1.72) unter Beachtung von (3.1.157b), Seite 517, jetzt $\vartheta - t = -\vartheta_0 = -(\varphi_\mathrm{up} - \pi/2)$ tritt. Damit wird

$$\underline{g}_\mathrm{m} = (g_\mathrm{dm} + \mathrm{j}g_\mathrm{qm})\mathrm{e}^{\mathrm{j}(\varphi_\mathrm{up}-\pi/2)} \qquad (3.2.4)$$

und insbesondere unter Beachtung von (3.1.160)

$$\underline{u}_\mathrm{m} = (u_\mathrm{dm} + \mathrm{j}u_\mathrm{qm})\mathrm{e}^{\mathrm{j}(\varphi_\mathrm{up}-\pi/2)} = \hat{u}_\mathrm{m}\mathrm{e}^{\mathrm{j}(\varphi_\mathrm{up}-\delta)} = \hat{u}_\mathrm{m}\mathrm{e}^{\mathrm{j}\varphi_\mathrm{um}}.$$

Dabei erhält man $\underline{i}_\mathrm{dm}$ und $\underline{i}_\mathrm{qm}$ – wie im Bild 3.1.13 erläutert wurde – als die Komponenten von $\underline{i}_\mathrm{m}$ bezüglich der Phasenlage der Polradspannung $\underline{u}_\mathrm{pm}$. Im Sonderfall der Vollpolmaschine gehen (3.2.2a–d) über in

$$\psi_\mathrm{dm} = x_\mathrm{d}i_\mathrm{dm} + u_\mathrm{pm} \qquad (3.2.5\mathrm{a})$$

$$\psi_\mathrm{qm} = x_\mathrm{d}i_\mathrm{qm} \qquad (3.2.5\mathrm{b})$$

$$u_\mathrm{dm} = \hat{u}_\mathrm{m}\sin\delta = ri_\mathrm{dm} - \psi_\mathrm{qm} = ri_\mathrm{dm} - x_\mathrm{d}i_\mathrm{qm} \qquad (3.2.5\mathrm{c})$$

$$u_\mathrm{qm} = \hat{u}_\mathrm{m}\cos\delta = ri_\mathrm{qm} + \psi_\mathrm{dm} = ri_\mathrm{qm} + x_\mathrm{d}i_\mathrm{dm} + u_\mathrm{pm}, \qquad (3.2.5\mathrm{d})$$

und aus (3.2.3) wird

$$\underline{u}_\mathrm{m} = r\underline{i}_\mathrm{m} + \mathrm{j}x_\mathrm{d}\underline{i}_\mathrm{m} + \underline{u}_\mathrm{pm}. \qquad (3.2.6)$$

Das *Gegensystem* $\underline{i}_\mathrm{g} = \hat{i}_\mathrm{g}\mathrm{e}^{\mathrm{j}\varphi_\mathrm{ig}}$ der Strangströme ist ein symmetrisches Dreiphasensystem mit negativer Phasenfolge entsprechend $\underline{i}_\mathrm{ag} = \underline{i}_\mathrm{g}, \underline{i}_\mathrm{bg} = \underline{a}\underline{i}_\mathrm{g}, \underline{i}_\mathrm{cg} = \underline{a}^2\underline{i}_\mathrm{g}$. Es ruft ein gegenlaufendes Drehfeld hervor, das sich relativ zum Anker mit der Drehzahl $-n_0$ und damit relativ zum Polsystem mit der Drehzahl $-2n_0$ bewegt. Unter seiner Wirkung werden im Polsystem Spannungen doppelter Netzfrequenz induziert, die entsprechende Ströme antreiben. Zur quantitativen Erfassung dieser Erscheinungen wird das Gegensystem der Strangströme in den Bereich der d-q-0-Komponenten transformiert. Man erhält ausgehend von (3.1.73), wobei durch den Übergang zur bezogenen Darstellung und den Betrieb mit Bemessungsfrequenz an die Stelle von $\omega t + \vartheta$ in (3.1.73) unter Beachtung von (3.2.1) jetzt $t + \vartheta = 2t + \vartheta_0$ tritt

$$i_\mathrm{dg} + \mathrm{j}i_\mathrm{qg} = \underline{i}_\mathrm{g}^*\mathrm{e}^{-\mathrm{j}(t+\vartheta)} = \hat{i}_\mathrm{g}\mathrm{e}^{-\mathrm{j}(2t+\vartheta_0+\varphi_\mathrm{ig})}$$

und daraus

$$\underline{i}_\mathrm{dg} = \hat{i}_\mathrm{g}\cos(2t + \vartheta_0 + \varphi_\mathrm{ig}) \qquad (3.2.7\mathrm{a})$$

$$\underline{i}_\mathrm{qg} = \hat{i}_\mathrm{g}\cos(2t + \vartheta_0 + \varphi_\mathrm{ig} + \pi/2). \qquad (3.2.7\mathrm{b})$$

3.2 Besondere stationäre Betriebszustände

Das sind – wie zu erwarten war – sinusförmige Wechselströme mit doppelter Netzfrequenz. Da nur der eingeschwungene Zustand interessiert, empfiehlt es sich, im Weiteren zur Darstellungsform der komplexen Wechselstromrechnung überzugehen. Die entsprechenden Beziehungen erhält man aus Tabelle 3.1.7, Seite 509, durch die Übergänge $g \mapsto g$, $\mathrm{j}2 \mapsto \mathrm{p}$ und $0 \mapsto g_{(\mathrm{a})}$. Dabei ist zu beachten, dass $\underline{u}_{\mathrm{fd}} = 0$ ist, da die Erregerwicklung über die Erregerspannungsquelle für Wechselströme kurzgeschlossen ist. Mit $i_{\mathrm{dg}} = \mathrm{Re}\{\underline{i}_{\mathrm{dg}}\mathrm{e}^{\mathrm{j}2t}\}$ und $i_{\mathrm{qg}} = \mathrm{Re}\{\underline{i}_{\mathrm{qg}}\mathrm{e}^{\mathrm{j}2t}\}$ folgt aus (3.2.7a,b)

$$\underline{i}_{\mathrm{dg}} = \hat{i}_{\mathrm{g}} \mathrm{e}^{\mathrm{j}(\vartheta_0 + \varphi_{\mathrm{ig}})} = -\mathrm{j}\underline{i}_{\mathrm{qg}}\ .$$

Die Flussverkettungsgleichungen in Tabelle 3.1.7 gehen über in

$$\underline{\psi}_{\mathrm{dg}} = x_{\mathrm{d}}(\mathrm{j}2)\underline{i}_{\mathrm{dg}} \qquad (3.2.8\mathrm{a})$$

$$\underline{\psi}_{\mathrm{qg}} = x_{\mathrm{q}}(\mathrm{j}2)\underline{i}_{\mathrm{qg}}\ . \qquad (3.2.8\mathrm{b})$$

Damit folgt aus den Spannungsgleichungen

$$\underline{u}_{\mathrm{dg}} = r\underline{i}_{\mathrm{dg}} + \mathrm{j}2x_{\mathrm{d}}(\mathrm{j}2)\underline{i}_{\mathrm{dg}} - x_{\mathrm{q}}(\mathrm{j}2)\underline{i}_{\mathrm{qg}} \qquad (3.2.9\mathrm{a})$$

$$\underline{u}_{\mathrm{qg}} = r\underline{i}_{\mathrm{qg}} + \mathrm{j}2x_{\mathrm{q}}(\mathrm{j}2)\underline{i}_{\mathrm{qg}} + x_{\mathrm{d}}(\mathrm{j}2)\underline{i}_{\mathrm{dg}}\ . \qquad (3.2.9\mathrm{b})$$

Die Spannung u_{ag} des Strangs a erhält man, indem die Spannungsgleichungen (3.2.9a,b) in die Rücktransformationsbeziehung nach (3.1.42b), Seite 479, eingeführt werden. Dieser allgemeine Weg der Rücktransformation muss eingeschlagen werden, da nicht von vornherein abzusehen ist, ob u_{ag} nur einen Grundschwingungsanteil enthält. Das aber wäre Voraussetzung, wenn (3.1.73), Seite 486, für die Rücktransformation Verwendung finden sollte.

Die Anwendung von (3.1.42b) erfordert, (3.2.9a,b) für Augenblickswerte darzustellen. Damit erhält man

$$\begin{aligned}u_{ag} &= u_{\mathrm{dg}}\cos(t+\vartheta_0) - u_{\mathrm{qg}}\sin(t+\vartheta_0)\\ &= r i_{\mathrm{g}} + 2|x_{\mathrm{d}}(\mathrm{j}2)|\hat{i}_{\mathrm{g}}\cos(2t+\vartheta_0+\varphi_{\mathrm{ig}}+\varphi_{\mathrm{xd}}+\pi/2)\cos(t+\vartheta_0)\\ &\quad -|x_{\mathrm{q}}(\mathrm{j}2)|\hat{i}_{\mathrm{g}}\cos(2t+\vartheta_0+\varphi_{\mathrm{ig}}+\varphi_{\mathrm{xq}}+\pi/2)\cos(t+\vartheta_0)\\ &\quad +2|x_{\mathrm{q}}(\mathrm{j}2)|\hat{i}_{\mathrm{g}}\cos(2t+\vartheta_0+\varphi_{\mathrm{ig}}+\varphi_{\mathrm{xq}})\cos(t+\vartheta_0-\pi/2)\\ &\quad -|x_{\mathrm{d}}(\mathrm{j}2)|\hat{i}_{\mathrm{g}}\cos(2t+\vartheta_0+\varphi_{\mathrm{ig}}+\varphi_{\mathrm{xd}})\cos(t+\vartheta_0-\pi/2)\ .\end{aligned}$$

Dabei sind φ_{xd} und φ_{xq} die Winkel der komplexen Größen $x_{\mathrm{d}}(\mathrm{j}2)$ und $x_{\mathrm{q}}(\mathrm{j}2)$. Durch Auflösen der Produkte von Sinusgrößen mit Hilfe der entsprechenden trigonometrischen Umformungen (s. Anh. IV) folgt

$$u_{ag} = r i_{\mathrm{g}} \qquad (3.2.10)$$

$$+ |x_{\mathrm{d}}(\mathrm{j}2)|\hat{i}_{\mathrm{g}}\left\{\frac{1}{2}\cos\left(t+\varphi_{\mathrm{ig}}+\varphi_{\mathrm{xd}}+\frac{\pi}{2}\right) + \frac{3}{2}\cos\left(3t+2\vartheta_0+\varphi_{\mathrm{ig}}+\varphi_{\mathrm{xd}}+\frac{\pi}{2}\right)\right\}$$

$$+ |x_{\mathrm{q}}(\mathrm{j}2)|\hat{i}_{\mathrm{g}}\left\{\frac{1}{2}\cos\left(t+\varphi_{\mathrm{ig}}+\varphi_{\mathrm{xq}}+\frac{\pi}{2}\right) - \frac{3}{2}\cos\left(3t+2\vartheta_0+\varphi_{\mathrm{ig}}+\varphi_{\mathrm{xq}}+\frac{\pi}{2}\right)\right\}.$$

```
Gegensystem der
Ankerströme mit f ─────────────▶ Drehfeld der Ankerströme mit der Frequenz 2f
                                   relativ zum Anker mit der Drehzahl −n₀
                                   relativ zum Polsystem mit der Drehzahl −2n₀ ─┐
                                                                                 │ Gleich-
         Ströme im Polsystem mit 2f ◀───                                         │ gewicht
                                   Wechselfelder der Ströme im Polsystem ────────┤
                                   mit der Frequenz 2f                           │
                                              │                                  │
                                              ▼                                  │
                                   Drehfelder der Ströme im Polsystem            │
                                   relativ zum Polsystem mit den Drehzahlen +2n₀; −2n₀
                                   relativ zum Anker mit den Drehzahlen +3n₀; −n₀
Spannungen in den
Ankersträngen mit 3f ◀────────────────────────────────────────────
```

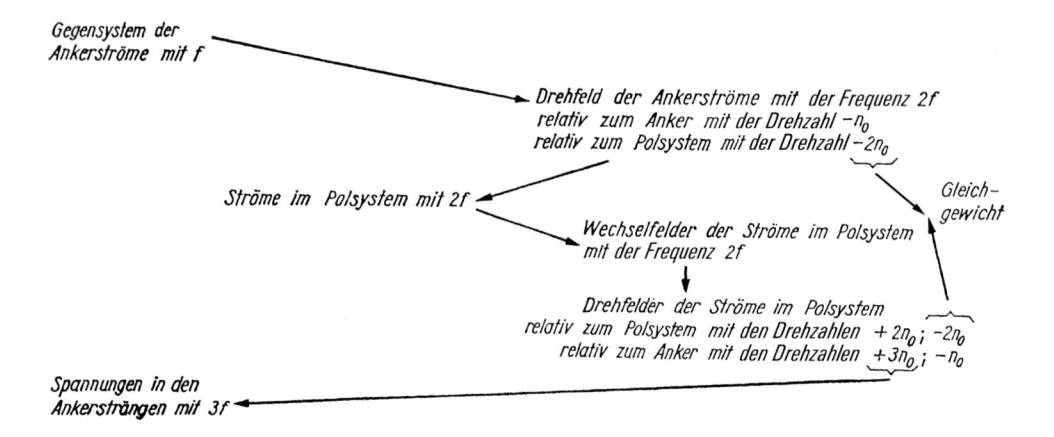

Bild 3.2.1 Folge sich einander bedingender Ströme, Felder und Spannungen, die ein Gegensystem der Strangströme auslöst

Unter der Wirkung eines Gegensystems der Strangströme erhält man Strangspannungen, die außer dem Grundschwingungsanteil eine Oberschwingung dreifacher Grundfrequenz aufweisen.

Die komplexe Darstellung des Grundschwingungsanteils der Strangspannung u_{ag} nach (3.2.10) liefert als *Spannungsgleichung des Gegensystems*

$$\boxed{\underline{u}_g = r\underline{i}_g + j\frac{1}{2}\{x_d(j2) + x_q(j2)\}\underline{i}_g = (r_2 + jx_2)\underline{i}_g} \ . \tag{3.2.11}$$

Dabei ist r_2 der *Gegenfeldwiderstand* oder *Inverswiderstand*

$$r_2 = r - \frac{1}{2}\text{Im}\{x_d(j2) + x_q(j2)\} \tag{3.2.12}$$

und x_2 die *Gegenfeldreaktanz* oder *Inversreaktanz*

$$x_2 = \frac{1}{2}\text{Re}\{x_d(j2) + x_q(j2)\} \ . \tag{3.2.13}$$

Der Anteil $r_2 - r$ des Inverswiderstands hat stets positive Werte, da $x_d(j\lambda_g)$ und $x_q(j\lambda_g)$ nur negative Imaginärteile aufweisen. Er ist den Verlusten der Ströme im Polsystem zugeordnet, die das gegenlaufende Drehfeld dort durch Induktionswirkung hervorruft.

Für die Inversreaktanz x_2 erhält man unter Beachtung von $x_d(j2) \approx x_d(j\infty) = x_d''$ und $x_q(j2) \approx x_q(j\infty) = x_q''$ entsprechend den Überlegungen im Abschnitt 3.1.8.6, Seite 512, wie auch das Beispiel der Ortskurven der Reaktanzoperatoren nach Bild 3.1.11 ausweist, näherungsweise

$$x_2 \approx \frac{1}{2}(x_d'' + x_q'') \ . \tag{3.2.14}$$

Im Sonderfall der Vollpolmaschine ist

$$x_2 \approx x_d'' . \qquad (3.2.15)$$

Die Amplitude der Oberschwingung dreifacher Grundfrequenz der Strangspannungen erhält man aus (3.2.10) mit $x_d(j2) \approx x_d''$ und $x_q(j2) \approx x_q''$ zu

$$\hat{u}_3 \approx \frac{3}{2}(x_d'' - x_q'')\hat{i}_g . \qquad (3.2.16)$$

Die Spannungsoberschwingung dreifacher Grundfrequenz ist offensichtlich eine Folge der magnetischen und elektrischen Asymmetrie des Polsystems. Sie verschwindet im Fall von $x_q'' = x_d''$, d. h. wenn elektrische und magnetische Symmetrie vorliegt. Wenn die Symmetrie nicht gewahrt ist, reagiert das Polsystem auf das Drehfeld des Gegensystems der Strangströme, das relativ zum Polsystem mit der Drehzahl $-2n_0$ umläuft, nicht mit einem reinen Drehfeld gleicher Umlaufgeschwindigkeit. Es tritt vielmehr auch ein Drehfeld auf, das relativ zum Polsystem mit $+2n_0$, d. h. entgegengerichtet umläuft. Dieses bewegt sich relativ zum Anker mit der Drehzahl $3n_0$ und induziert dort die Spannungen dreifacher Netzfrequenz. Das Auftreten des entgegengerichtet umlaufenden Drehfelds der Polradströme wird besonders plausibel, wenn der Extremfall betrachtet wird, dass im Polsystem nur die über die Erregerspannungsquelle kurzgeschlossene Erregerwicklung vorhanden ist. Diese reagiert auf das Drehfeld des Gegensystems der Strangströme mit einem Wechselfeld, das sich in bekannter Weise in zwei gleich große, entgegengesetzt zueinander umlaufende Drehfelder zerlegen lässt. Im Bild 3.2.1 ist die Folge sich einander bedingender Ströme, Felder und Spannungen, die ein Gegensystem der Strangströme auslöst, zusammenfassend dargestellt. Um die Spannungsoberschwingung dreifacher Grundfrequenz klein zu halten, ist es also erforderlich, die Asymmetrie des Polsystems bei großen Frequenzen klein zu halten. Das gelingt mit einem Dämpferkäfig, der große Stabquerschnitte aufweist.

Das *Nullsystem* $\underline{i}_0 = \hat{i}_0 e^{j\varphi_{i0}}$ der Strangströme besteht aus drei gleichen Strangströmen $\underline{i}_{a0} = \underline{i}_{b0} = \underline{i}_{c0} = \underline{i}_0$. Entsprechend (2.4.1a), Seite 357, ist $\underline{i}_0$ die komplexe Darstellung der Nullkomponente der sinusförmigen Strangströme mit Netzfrequenz, die durch die Transformationsbeziehung nach (3.1.42a), Seite 479, im Bereich der d-q-0-Komponenten auftritt. Damit gilt für i_0 die Spannungsgleichung für die Nullkomponente in Tabelle 3.1.7, Seite 509. Man erhält durch die Übergänge $\underline{g}_0 \mapsto g_0$, $j \mapsto p$ und $0 \mapsto g_{(a)}$

$$\underline{u}_0 = (r + jx_0)\underline{i}_0 . \qquad (3.2.17)$$

Das *Drehmoment* bei Vorhandensein eines unsymmetrischen Systems der Strangströme erhält man aus der allgemeinen Beziehung (3.1.55) zu

$$\begin{aligned} m &= (\psi_{dm} + \psi_{dg})(i_{qm} + i_{qg}) - (\psi_{qm} + \psi_{qg})(i_{dm} + i_{dg}) \\ &= (\psi_{dm}i_{qm} - \psi_{qm}i_{dm}) + (\psi_{dg}i_{qg} - \psi_{qg}i_{dg}) \\ &\quad + (\psi_{dm}i_{qg} + \psi_{dg}i_{qm} - \psi_{qm}i_{dg} - \psi_{qg}i_{dm}) \\ &= m_m + m_g + m_{mg} . \end{aligned} \qquad (3.2.18)$$

Dabei sind ψ_{dm} und ψ_{qm} durch (3.2.2a,b) bzw. (3.2.5a,b) gegeben, während ψ_{dg} und ψ_{qg} aus (3.2.8a,b) folgen. Man erhält drei Anteile des Drehmoments: Einen ersten Anteil m_{m} aus dem Zusammenwirken der Felder und Ströme des Mitsystems, einen zweiten Anteil m_{g} aus dem Zusammenwirken der Felder und Ströme des Gegensystems und einen dritten Anteil m_{mg} aus dem Zusammenwirken der Felder des Mitsystems mit den Strömen des Gegensystems und umgekehrt. Da die Längs- und Querkomponenten für das Mitsystem zeitlich konstant sind und für das Gegensystem die doppelte Netzfrequenz haben, ist m_{m} zeitlich konstant, während m_{g} außer einem zeitlich konstanten Anteil einen solchen vierfacher Netzfrequenz und m_{mg} doppelte Netzfrequenz aufweist.

Die Komponente m_{m} des Drehmoments, die durch das Zusammenwirken der Felder und Ströme des Mitsystems entsteht, lässt sich durch Einführen der Flussverkettungsgleichungen in (3.2.2a–d) und der aus den Spannungsgleichungen unter Vernachlässigung der ohmschen Spannungsabfälle folgenden Ströme

$$i_{\mathrm{dm}} = \frac{\hat{u}_{\mathrm{m}} \cos\delta - u_{\mathrm{pm}}}{x_{\mathrm{d}}}$$

$$i_{\mathrm{qm}} = -\frac{\hat{u}_{\mathrm{m}} \sin\delta}{x_{\mathrm{q}}}$$

[vgl. (3.1.164a,b)] sowie mit $u_{\mathrm{pm}} = \hat{u}_{\mathrm{pm}}$ darstellen als

$$\boxed{\begin{aligned} m_{\mathrm{m}} &= \psi_{\mathrm{dm}} i_{\mathrm{qm}} - \psi_{\mathrm{qm}} i_{\mathrm{dm}} = (x_{\mathrm{d}} - x_{\mathrm{q}}) i_{\mathrm{dm}} i_{\mathrm{qm}} + u_{\mathrm{pm}} i_{\mathrm{qm}} \\ &= -\frac{\hat{u}_{\mathrm{m}} \hat{u}_{\mathrm{pm}}}{x_{\mathrm{d}}} \sin\delta - \frac{\hat{u}_{\mathrm{m}}^2}{2}\left(\frac{1}{x_{\mathrm{q}}} - \frac{1}{x_{\mathrm{d}}}\right) \sin 2\delta \end{aligned}} \quad (3.2.19)$$

Die Komponente m_{g} des Drehmoments, deren Ursache das Zusammenwirken der Felder und Ströme des Gegensystems ist, erhält man mit i_{dg} und i_{qg} nach (3.2.7a,b) sowie ψ_{dg} und ψ_{qg} entsprechend

$$\psi_{\mathrm{dg}} = |x_{\mathrm{d}}(\mathrm{j}2)|\hat{i}_{\mathrm{g}} \cos(2t + \vartheta_0 + \varphi_{\mathrm{ig}} + \varphi_{\mathrm{xd}})$$

$$\psi_{\mathrm{qg}} = |x_{\mathrm{q}}(\mathrm{j}2)|\hat{i}_{\mathrm{g}} \cos(2t + \vartheta_0 + \varphi_{\mathrm{ig}} + \pi/2 + \varphi_{\mathrm{xq}})$$

ausgehend von (3.2.8a,b) zu

$$\boxed{\begin{aligned} m_{\mathrm{g}} &= \psi_{\mathrm{dg}} i_{\mathrm{qg}} - \psi_{\mathrm{qg}} i_{\mathrm{dg}} \\ &= \frac{1}{2}\hat{i}_{\mathrm{g}}^2 \operatorname{Im}\{x_{\mathrm{d}}(\mathrm{j}2) + x_{\mathrm{q}}(\mathrm{j}2)\} + \frac{1}{2}\hat{i}_{\mathrm{g}}^2 |x_{\mathrm{d}}(\mathrm{j}2) - x_{\mathrm{q}}(\mathrm{j}2)| \cos(4t + \varphi_{\mathrm{Mg}}) \end{aligned}} \quad (3.2.20)$$

Der zeitlich konstante Anteil lässt sich mit (3.2.12) ausdrücken als $1/2\,\hat{i}_{\mathrm{g}}^2 \operatorname{Im}\{x_{\mathrm{d}}(\mathrm{j}2) + x_{\mathrm{q}}(\mathrm{j}2)\} = -1/2\,\hat{i}_{\mathrm{g}}^2(r_2 - r)$. Er ist den Verlusten der Ströme im Polsystem zugeordnet, die durch das Gegensystem verursacht werden, und dementsprechend negativ. Die Amplitude des Pendelmoments mit vierfacher Netzfrequenz beträgt $1/2\,\hat{i}_{\mathrm{g}}^2 |x_{\mathrm{d}}(\mathrm{j}2) -$

$x_\mathrm{q}(\mathrm{j}2)| \approx 1/2\, \hat{i}_\mathrm{g}^2 |x_\mathrm{d}'' - x_\mathrm{q}''|$. Diese Komponente des Drehmoments verschwindet offenbar, wenn das Polsystem elektrisch und magnetisch symmetrisch ist.

Die Komponente m_mg des Drehmoments nach (3.2.18) ergibt sich mit den Näherungsbeziehungen $\psi_\mathrm{dg} = x_\mathrm{d}'' i_\mathrm{dg}$ und $\psi_\mathrm{qg} = x_\mathrm{q}'' i_\mathrm{qg}$, die man aus (3.2.8a,b) erhält, zu

$$m_\mathrm{mg} = \psi_\mathrm{dm} i_\mathrm{qg} + \psi_\mathrm{dg} i_\mathrm{qm} - \psi_\mathrm{qm} i_\mathrm{dg} - \psi_\mathrm{qg} i_\mathrm{dm}$$
$$= (\psi_\mathrm{dm} - x_\mathrm{q}'' i_\mathrm{dm}) i_\mathrm{qg} - (\psi_\mathrm{qm} - x_\mathrm{d}'' i_\mathrm{qm}) i_\mathrm{dg} \,.$$

Daraus folgt mit i_dg und i_qg nach (3.2.7a,b)

$$\boxed{m_\mathrm{mg} = \sqrt{(\psi_\mathrm{dm} - x_\mathrm{q}'' i_\mathrm{dm})^2 + (\psi_\mathrm{qm} - x_\mathrm{d}'' i_\mathrm{qm})^2}\, \hat{i}_\mathrm{g} \cos(2t + \varphi_{\mathrm{Mmg}})} \,. \qquad (3.2.21)$$

Man erhält ein Pendelmoment, das mit doppelter Netzfrequenz pulsiert. Das ist das Drehmoment, das dem pulsierenden Anteil des Augenblickswerts der Leistung zugeordnet ist. Die Amplitude $\hat{m}_\mathrm{mg}$ des Pendelmoments m_mg nimmt im Sonderfall der vereinfachten Vollpolmaschine mit $x_\mathrm{q}'' = x_\mathrm{d}''$ die Form

$$\boxed{\hat{m}_\mathrm{mg} = \sqrt{(\psi_\mathrm{dm} - x_\mathrm{q}'' i_\mathrm{dm})^2 + (\psi_\mathrm{qm} - x_\mathrm{d}'' i_\mathrm{qm})^2}\, \hat{i}_\mathrm{g} = \hat{u}_\mathrm{m}'' \hat{i}_\mathrm{g}} \qquad (3.2.22)$$

an. Dabei ist $\hat{u}_\mathrm{m}''$ die Amplitude der Spannung hinter der subtransienten Reaktanz, die später auch bei der Behandlung von Kurzschlussvorgängen eine Rolle spielen wird. Sie lässt sich aus den Spannungsgleichungen (3.2.5c,d) gewinnen, indem man diese umformt in

$$u_\mathrm{dm} = \hat{u}_\mathrm{m} \sin\delta = r i_\mathrm{dm} - x_\mathrm{d}'' i_\mathrm{qm} - (\psi_\mathrm{qm} - x_\mathrm{d}'' i_\mathrm{qm}) = r i_\mathrm{dm} - x_\mathrm{d}'' i_\mathrm{qm} + u_\mathrm{dm}''$$
$$u_\mathrm{qm} = \hat{u}_\mathrm{m} \cos\delta = r i_\mathrm{qm} + x_\mathrm{d}'' i_\mathrm{dm} + (\psi_\mathrm{dm} - x_\mathrm{d}'' i_\mathrm{dm}) = r i_\mathrm{qm} + x_\mathrm{d}'' i_\mathrm{dm} + u_\mathrm{qm}'' \,.$$

Daraus folgt mit $\underline{g}_\mathrm{m} = (g_\mathrm{dm} + \mathrm{j}g_\mathrm{qm})\mathrm{e}^{\mathrm{j}(\varphi_{\mathrm{up}}-\pi/2)}$ entsprechend (3.2.4)

$$\underline{u}_\mathrm{m} = r \underline{i}_\mathrm{m} + \mathrm{j} x_\mathrm{d}'' \underline{i}_\mathrm{m} + \underline{u}_\mathrm{m}'' \,, \qquad (3.2.23)$$

wobei $\underline{u}_\mathrm{m}'' = (u_\mathrm{dm}'' + \mathrm{j} u_\mathrm{qm}'')\mathrm{e}^{\mathrm{j}(\varphi_{\mathrm{up}}-\pi/2)} = \hat{u}_\mathrm{m}'' \mathrm{e}^{\mathrm{j}\varphi_\mathrm{um}''}$ ist und für $\hat{u}_\mathrm{m}''$ gilt

$$\hat{u}_\mathrm{m}'' = \sqrt{(\psi_\mathrm{dm} - x_\mathrm{d}'' i_\mathrm{dm})^2 + (\psi_\mathrm{qm} - x_\mathrm{d}'' i_\mathrm{qm})^2} \,.$$

3.2.1.2 Dauerkurzschlussströme bei unsymmetrischen Kurzschlüssen

Unsymmetrische Kurzschlüsse stellen Sonderfälle des Betriebs unter unsymmetrischen Betriebsbedingungen dar. Sie werden im Folgenden unter Vernachlässigung der Wicklungswiderstände mit Hilfe der Theorie der symmetrischen Komponenten behandelt. Dabei wird vom Verhalten der Maschine gegenüber den symmetrischen Komponenten ausgegangen, wie es im Abschnitt 3.2.1.1 ermittelt wurde. Entsprechend dem

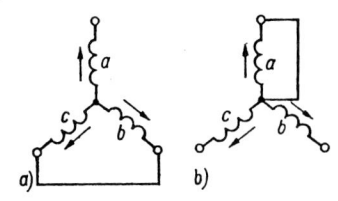

Bild 3.2.2 Zur Ermittlung der stationären Kurzschlussströme bei unsymmetrischen Kurzschlüssen.
a) Prinzipschaltbild eines zweipoligen Kurzschlusses;
b) Prinzipschaltbild eines einpoligen Kurzschlusses

Charakter der Methode der symmetrischen Komponenten als lineare Transformation erhält man nur Aussagen über die Grundschwingungen der Ströme und Spannungen. Die Betrachtungen im Abschnitt 3.2.1.1 haben jedoch gezeigt, dass unter dem Einfluss der elektrischen und magnetischen Asymmetrie des Polsystems Folgen von Oberschwingungserscheinungen ausgelöst werden. Diese treten also bei Anwendung der symmetrischen Komponenten nicht in Erscheinung, und damit sind die zu ermittelnden Grundschwingungen der Kurzschlussströme dann identisch mit den tatsächlichen Kurzschlussströmen, wenn eine Synchronmaschine vorliegt, für die $x''_q = x''_d$ ist oder angenommen wird.

Der *zweipolige Kurzschluss* ist im Bild 3.2.2a in einer der möglichen Formen dargestellt. Die zugeordneten Betriebsbedingungen für die Stranggrößen lauten

$$\underline{i}_a = 0$$
$$\underline{i}_b = -\underline{i}_c$$
$$\underline{u}_b - \underline{u}_c = 0 \, .$$

Sie liefern mit (2.4.1a), Seite 357, als Betriebsbedingungen für die symmetrischen Komponenten

$$\underline{i}_\mathrm{m} = -\underline{i}_\mathrm{g} = \mathrm{j}\frac{1}{\sqrt{3}}\underline{i}_b$$
$$\underline{i}_0 = 0$$
$$\underline{u}_\mathrm{m} - \underline{u}_\mathrm{g} = 0 \, .$$

Wenn in $\underline{u}_\mathrm{m} - \underline{u}_\mathrm{g} = 0$ die Spannungsgleichungen (3.2.3) und (3.2.11) eingesetzt werden, erhält man unter Beachtung der Beziehungen zwischen den Strömen sowie mit den Näherungen $r = 0$ und $r_2 = 0$

$$\mathrm{j}x_\mathrm{d}\underline{i}_\mathrm{dm} + \mathrm{j}x_\mathrm{q}\underline{i}_\mathrm{qm} + \underline{u}_\mathrm{pm} + \mathrm{j}x_2\underline{i}_\mathrm{m} = 0 \, .$$

Mit $\underline{i}_\mathrm{m} = \underline{i}_\mathrm{dm} + \underline{i}_\mathrm{qm}$ folgt daraus

$$\mathrm{j}(x_\mathrm{d} + x_2)\underline{i}_\mathrm{dm} + \mathrm{j}(x_\mathrm{q} + x_2)\underline{i}_\mathrm{qm} = -\underline{u}_\mathrm{pm} \, .$$

Da $\mathrm{j}\underline{i}_\mathrm{dm}$ in Phase mit $\underline{u}_\mathrm{pm}$ ist (s. Bild 3.1.13, S. 518), muss $\underline{i}_\mathrm{qm} = 0$ und damit $\underline{i}_\mathrm{m} = \underline{i}_\mathrm{dm}$ sein. Es wird also

$$\underline{i}_b = -\mathrm{j}\sqrt{3}\underline{i}_\mathrm{m} = \sqrt{3}\frac{\underline{u}_\mathrm{pm}}{x_\mathrm{d} + x_2} \, . \tag{3.2.24}$$

Daraus folgt für die Amplitude bzw. den Effektivwert des Dauerkurzschlussstroms bei einem zweipoligen Kurzschluss

$$\hat{i}_{\text{k II}} = \frac{\sqrt{3}\hat{u}_{\text{pm}}}{x_d + x_2} \ . \tag{3.2.25}$$

Der *einpolige Kurzschluss* in einer der möglichen Formen ist im Bild 3.2.2b dargestellt. Dafür lauten die Betriebsbedingungen

$$\underline{i}_b = 0$$
$$\underline{i}_c = 0$$
$$\underline{u}_a = 0 \ .$$

Die zugeordneten Betriebsbedingungen für die symmetrischen Komponenten erhält man daraus mit Hilfe von (2.4.1a) zu

$$\underline{i}_m = \underline{i}_g = \underline{i}_0 = \frac{1}{3}\underline{i}_a$$
$$\underline{u}_m + \underline{u}_g + \underline{u}_0 = 0 \ .$$

Wenn in $\underline{u}_m + \underline{u}_g + \underline{u}_0 = 0$ die Spannungsgleichungen (3.2.3), (3.2.11) und (3.2.17) eingeführt werden, erhält man unter Beachtung der Beziehungen zwischen den symmetrischen Komponenten der Ströme und mit $\underline{i}_m = \underline{i}_{dm} + \underline{i}_{qm}$

$$\text{j}(x_d + x_2 + x_0)\underline{i}_{dm} + \text{j}(x_q + x_2 + x_0)\underline{i}_{qm} + \underline{u}_{pm} = 0 \ .$$

Da $\text{j}\underline{i}_{dm}$ in Phase mit $\underline{u}_{pm}$ ist (s. Bild 3.1.13), muss wiederum $\underline{i}_{qm} = 0$ sein, und es wird

$$\underline{i}_a = 3\underline{i}_m = \text{j}3\frac{\underline{u}_{pm}}{x_d + x_2 + x_0} \ . \tag{3.2.26}$$

Daraus folgt für die Amplitude bzw. den Effektivwert des Dauerkurzschlussstroms bei einpoligem Kurzschluss

$$\hat{i}_{\text{k I}} = 3\frac{\hat{u}_{\text{pm}}}{x_d + x_2 + x_0} \ . \tag{3.2.27}$$

Im Fall des dreipoligen Kurzschlusses beträgt der Dauerkurzschlussstrom bekanntermaßen (vgl. Abschn. 3.1.8.7, S. 516)

$$\hat{i}_{\text{k III}} = \frac{\hat{u}_{\text{pm}}}{x_d} \ .$$

Damit erhält man für das Verhältnis der Dauerkurzschlussströme

$$\hat{i}_{\text{k III}} : \hat{i}_{\text{k II}} : \hat{i}_{\text{k I}} = \frac{1}{x_d} : \frac{\sqrt{3}}{x_d + x_2} : \frac{3}{x_d + x_2 + x_0} \ .$$

Mit üblichen Werten von x_d, x_2 und x_0 bestehen ungefähr die Relationen

$$\hat{i}_{\text{k III}} : \hat{i}_{\text{k II}} : \hat{i}_{\text{k I}} = 1 : 1{,}5 : 2{,}5 \ .$$

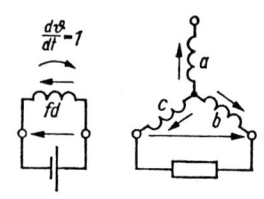

Bild 3.2.3 Prinzipschaltbild der Dreiphasen-Synchronmaschine im Einphasenbetrieb über zwei Stränge

3.2.1.3 Unsymmetrische Belastung und Einphasenbetrieb

Im allgemeinen Fall einer unsymmetrischen Belastung bilden sowohl die Strangspannungen als auch die Strangströme keine symmetrischen Dreiphasensysteme mehr. Für ihre symmetrischen Komponenten gelten (3.2.2a–d) bzw. (3.2.3) sowie (3.2.11) und (3.2.17). Deren Lösung erfordert, das äußere Netz und seine Unsymmetrie in die Analyse einzubeziehen. Für den Sonderfall des reinen Einphasenbetriebs wird das Vorgehen weiter unten demonstriert.

Unter dem Einfluss einer unsymmetrischen Belastung treten folgende spezifische Erscheinungen auf:

– Verluste im Polsystem, die das gegenlaufende Drehfeld des Gegensystems der Strangströme hervorruft und denen r_2 nach (3.2.12) zugeordnet ist,
– Oberschwingungen dreifacher Grundfrequenz der Strangspannungen nach (3.2.16), die vom zusätzlichen Drehfeld des Polsystems induziert werden, das aufgrund der elektrischen und magnetischen Asymmetrie als Rückwirkung auf das gegenlaufende Drehfeld des Gegensystems der Strangströme entsteht,
– Pendelmomente mit doppelter Netzfrequenz nach (3.2.21) durch das Zusammenwirken der Felder des Mitsystems mit den Strömen des Gegensystems und umgekehrt.

Um die Verluste im Polsystem klein zu halten, gibt es im Prinzip zwei Möglichkeiten. Entweder man verzichtet auf eine Dämpferwicklung und führt den Erregerkreis möglichst hochohmig aus, oder es wird eine niederohmige Dämpferwicklung in Form eines Dämpferkäfigs mit möglichst großem Querschnitt vorgesehen. Im ersten Fall kann sich das gegenlaufende Drehfeld des Gegensystems der Strangströme frei ausbilden. Im Polsystem fließen praktisch keine entgegenwirkenden Ströme, so dass nur geringe Verluste auftreten. Im zweiten Fall fließen die zur Kompensation des gegenlaufenden Drehfelds erforderlichen Ströme in Wicklungen mit so kleinem Widerstand, dass ihre Verluste klein bleiben. Im ersten Fall entsteht aufgrund der verbleibenden Asymmetrie des Polsystems eine große Oberschwingung dreifacher Grundfrequenz der Strangspannungen, die jedoch bei im Stern geschalteter Ankerwicklung und offenem Sternpunkt nach außen nicht in Erscheinung tritt. Da andererseits bei einer bestimmten zugelassenen Übertemperatur nur eine begrenzte Verlustleistung aus dem Dämpferkäfig abgeführt werden kann, ist die zulässige *relative Schieflast* I_g/I_N einer gegebenen Maschine begrenzt.

Im Sonderfall des reinen *Einphasenbetriebs über zwei Stränge*, wie er im Bild 3.2.3 als Generatorbetrieb auf eine passive Last dargestellt ist, erhält man als Betriebsbedingungen für die Strangströme

$$\underline{i}_a = 0$$
$$\underline{i}_b = -\underline{i}_c = \underline{i} \ .$$

Damit folgt aus (2.4.1a), Seite 357, für die symmetrischen Komponenten

$$\underline{i}_\mathrm{m} = \mathrm{j}\frac{1}{\sqrt{3}}\underline{i}$$
$$\underline{i}_\mathrm{g} = -\mathrm{j}\frac{1}{\sqrt{3}}\underline{i}$$
$$\underline{i}_0 = 0 \ .$$

Die Spannung $\underline{u} = \underline{u}_b - \underline{u}_c$ über den angeschlossenen Klemmen der Maschine erhält man mit (2.4.1b) und $\underline{a}^2 - \underline{a} = -\mathrm{j}\sqrt{3}$ zu

$$\underline{u} = -\mathrm{j}\sqrt{3}\underline{u}_\mathrm{m} + \mathrm{j}\sqrt{3}\underline{u}_\mathrm{g} \ .$$

Durch Einführen der Spannungsgleichungen (3.2.3) und (3.2.11) folgt daraus für die Schenkelpolmaschine

$$\boxed{\underline{u} = (r + r_2)\underline{i} + \mathrm{j}(x_\mathrm{d} + x_2)\underline{i}_\mathrm{d} + \mathrm{j}(x_\mathrm{q} + x_2)\underline{i}_\mathrm{q} + \underline{u}_\mathrm{p}} \qquad (3.2.28)$$

bzw. mit (3.2.6) für die Vollpolmaschine

$$\boxed{\underline{u} = (r + r_2)\underline{i} + \mathrm{j}(x_\mathrm{d} + x_2)\underline{i} + \underline{u}_\mathrm{p}} \ . \qquad (3.2.29)$$

Dabei ist $\underline{u}_\mathrm{p} = -\mathrm{j}\sqrt{3}\underline{u}_\mathrm{pm}$ die Polradspannung für die Hintereinanderschaltung der Stränge b und c, die definitionsgemäß als Leerlaufspannung, d. h. bei $\underline{i} = 0$, beobachtet wird. Die Ströme $\underline{i}_\mathrm{d}$ und $\underline{i}_\mathrm{q}$ sind die Komponenten des Stroms $\underline{i}$ in Bezug auf die Phasenlage der Polradspannung $\underline{u}_\mathrm{p}$.

Die Spannungsgleichung (3.2.28) bringt zum Ausdruck, dass sich die Dreiphasenmaschine bei Einphasenbetrieb über zwei Stränge hinsichtlich der Spannungsabfälle so verhält, als ob einem Strang die Impedanz $r_2 + \mathrm{j}x_2$ vorgeschaltet wäre. Im übrigen erhält man für die Spannungsabfälle Beträge, die im Dreiphasenbetrieb einem Strang zugeordnet sind, während die Klemmenspannung und die Polradspannung um den Faktor $\sqrt{3}$ größer sind. Die Maschine ist scheinbar härter geworden. Ursache dafür ist, dass durch die Ankerströme kein Drehfeld, sondern nur ein Wechselfeld aufgebaut wird. Im Bild 3.2.4 werden die Verhältnisse für den Sonderfall der Vollpolmaschine demonstriert.

Aus den vorliegenden Ergebnissen für das Betriebsverhalten der Dreiphasen-Synchronmaschine im Einphasenbetrieb über zwei Stränge lässt sich unmittelbar das Verhalten der Einphasenmaschine ableiten, indem dieser eine gedachte dreisträngige Maschine zugeordnet wird (s. Abschn. 5.2, S. 682).

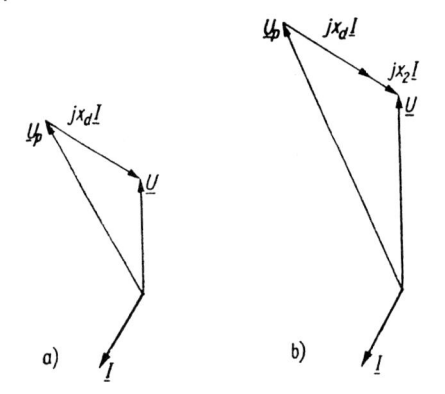

Bild 3.2.4 Zeigerbild der Ströme und Spannungen einer Dreiphasen-Synchronmaschine.
a) Im symmetrischen Dreiphasenbetrieb für einen Strang dargestellt;
b) im Einphasenbetrieb über zwei Stränge bei gleichem Strom und gleichem Phasenwinkel der Belastung

3.2.2
Erzwungene Pendelungen bei Betrieb am starren Netz mit Bemessungsfrequenz

Wenn die Synchronmaschine mit einer Kolbenmaschine als Arbeitsmaschine zusammenarbeitet, ist deren mittlerem Drehmoment M_A ein periodisches Pendelmoment $\Delta m_A(t)$ überlagert. Das gesamte Drehmoment der Arbeitsmaschine ergibt sich also zu

$$m_A = M_A + \Delta m_A(t) \,. \tag{3.2.30}$$

Für die weiteren Untersuchungen soll angenommen werden, dass $\Delta m_A(t)$ rein sinusförmig ist. In diesem Fall geht (3.2.30) über in

$$m_A = M_A + \hat{m}_A \cos(\lambda t + \varphi_M) \,, \tag{3.2.31}$$

wobei
$$\lambda = \frac{f_M}{f_N} = \frac{\omega_M}{\omega_N} \tag{3.2.32}$$

die bezogene Frequenz des Pendelmoments darstellt. Da die Eigenfrequenz der Synchronmaschine für Pendelungen am starren Netz im Bereich weniger Hertz liegt, interessiert i. Allg. der Einfluss des äußeren Pendelmoments mit der kleinsten Frequenz. Diese kleinste Frequenz hängt von der Art der gekuppelten Kolbenmaschine ab. Bei einer Zweitaktmaschine ist eine Periode der Vorgänge in sämtlichen Zylindern nach einer Umdrehung der Kurbelwelle beendet. Durch eine ungleichmäßige Arbeitsweise der einzelnen Zylinder – im Extremfall ist einer der Zylinder ausgefallen – wird die niedrigste Störfrequenz also gleich der Drehfrequenz bzw. Drehzahl n. Man erhält für die bezogene Frequenz des Pendelmoments

$$\lambda = \frac{n}{f_N} = \frac{1}{p} \,.$$

Bei einer Viertaktmaschine ist eine Periode der Vorgänge in sämtlichen Zylindern erst nach zwei Umdrehungen der Kurbelwelle abgeschlossen. Es wird also $f_M = n/2$ und

damit
$$\lambda = \frac{n}{2f_N} = \frac{1}{2p}.$$

Die *Betriebsbedingungen* für den betrachteten Betriebszustand sind unter Berücksichtigung des Betriebs am Netz mit Bemessungsfrequenz insgesamt in bezogener Darstellung gegeben als

$$\begin{aligned}
u_a &= \hat{u}\cos(t + \varphi_u) \\
u_b &= \hat{u}\cos(t + \varphi_u - 2\pi/3) \\
u_c &= \hat{u}\cos(t + \varphi_u - 4\pi/3) \\
u_{\text{fd}} &= u_{\text{fd(a)}} \\
m_A &= M_A + \hat{m}_A \cos(\lambda t + \varphi_M).
\end{aligned}$$

Solange die Amplitude $\hat{m}_A$ des Pendelmoments eine kleine Größe gegenüber dem mittleren Drehmoment der Arbeitsmaschine darstellt, kann angenommen werden, dass mit dem Drehmoment auch alle anderen Größen im Bereich der d-q-0-Komponenten als kleine Größen um konstante Mittelwerte pendeln. Damit lässt sich das linearisierte Gleichungssystem nach (3.1.180a) bis (3.1.182) anwenden, das im Abschnitt 3.1.9, Seite 521, hergeleitet wurde.[4]

Aufgrund des Betriebs am starren, symmetrischen Netz gelten für die Änderungen der Spannungen u_d und u_q die Beziehungen (3.1.183a,b). Sie sind ebenso wie die Spannungsgleichungen (3.1.180a,b) linear. Damit werden sämtliche Änderungen Δg Sinusgrößen mit der Frequenz des äußeren Pendelmoments. Es empfiehlt sich, zur Darstellung der komplexen Wechselstromrechnung überzugehen, wobei die Übergänge $g \mapsto \underline{g}$ und $j\lambda \mapsto p$ gelten. Die Betriebsbedingungen lauten dann

$$\begin{aligned}
\Delta \underline{u}_d &= u_{q(a)} \Delta \underline{\vartheta} \\
\Delta \underline{u}_q &= -u_{d(a)} \Delta \underline{\vartheta} \\
\Delta \underline{u}_0 &= 0 \\
\Delta \underline{u}_{\text{fd}} &= 0 \\
\Delta \underline{m}_A &= \Delta \underline{m}_A.
\end{aligned}$$

Um überschaubare Ergebnisse zu erhalten, wird der Einfluss des Widerstands der Ankerstränge im Folgenden vernachlässigt, d. h. es wird mit $r = 0$ gerechnet. Aus (3.1.163a,b) folgt dann für den stationären Betrieb

$$\begin{aligned}
\psi_{d(a)} &= u_{q(a)} = U_q \\
\psi_{q(a)} &= -u_{d(a)} = -U_d.
\end{aligned}$$

---

[4] Die Durchführung der Rechnung muss dann natürlich bestätigen, dass die Voraussetzung kleiner Änderungen sämtlicher Größen erfüllt ist.

Damit gehen die Spannungsgleichungen (3.1.180a,b) und die Bewegungsgleichung (3.1.182) unter Beachtung von $\underline{s} = -\mathrm{j}\lambda\Delta\underline{\vartheta}$ entsprechend (3.1.181) über in

$$(U_\mathrm{q} - \mathrm{j}\lambda U_\mathrm{d})\Delta\underline{\vartheta} = \mathrm{j}\lambda x_\mathrm{d}(\mathrm{j}\lambda)\Delta\underline{i}_\mathrm{d} - x_\mathrm{q}(\mathrm{j}\lambda)\Delta\underline{i}_\mathrm{q} \tag{3.2.33a}$$

$$-(U_\mathrm{d} + \mathrm{j}\lambda U_\mathrm{q})\Delta\underline{\vartheta} = x_\mathrm{d}(\mathrm{j}\lambda)\Delta\underline{i}_\mathrm{d} + \mathrm{j}\lambda x_\mathrm{q}(\mathrm{j}\lambda)\Delta\underline{i}_\mathrm{q} \tag{3.2.33b}$$

$$-\lambda^2 T_\mathrm{m}\Delta\underline{\vartheta} = \underbrace{[U_\mathrm{q} - I_\mathrm{d} x_\mathrm{q}(\mathrm{j}\lambda)]\Delta\underline{i}_\mathrm{q} + [U_\mathrm{d} + I_\mathrm{q} x_\mathrm{d}(\mathrm{j}\lambda)]\Delta\underline{i}_\mathrm{d}}_{\Delta\underline{m}} + \Delta\underline{m}_\mathrm{A} \; . \tag{3.2.33c}$$

Die Ströme $\Delta\underline{i}_\mathrm{d}$ und $\Delta\underline{i}_\mathrm{q}$ folgen aus (3.2.33a,b) unmittelbar zu

$$\Delta\underline{i}_\mathrm{d} = -\frac{U_\mathrm{d}}{x_\mathrm{d}(\mathrm{j}\lambda)}\Delta\underline{\vartheta} \tag{3.2.34a}$$

$$\Delta\underline{i}_\mathrm{q} = -\frac{U_\mathrm{q}}{x_\mathrm{q}(\mathrm{j}\lambda)}\Delta\underline{\vartheta} \; . \tag{3.2.34b}$$

Die Bewegungsgleichung (3.2.33c) nimmt damit die Form

$$-\lambda^2 T_\mathrm{m}\Delta\underline{\vartheta} = \left[(U_\mathrm{q} I_\mathrm{d} - U_\mathrm{d} I_\mathrm{q}) - \left(\frac{U_\mathrm{q}^2}{x_\mathrm{q}(\mathrm{j}\lambda)} + \frac{U_\mathrm{d}^2}{x_\mathrm{d}(\mathrm{j}\lambda)}\right)\right]\Delta\underline{\vartheta} + \underline{m}_\mathrm{A}$$

an. Dabei kann für den Ausdruck $U_\mathrm{q} I_\mathrm{d} - U_\mathrm{d} I_\mathrm{q}$ mit U_d und U_q nach (3.1.161a,b) sowie I_d und I_q nach (3.1.166a,b) die Gesamtblindleistung $U_\mathrm{q} I_\mathrm{d} - U_\mathrm{d} I_\mathrm{q} = \hat{u}\hat{i}\sin\varphi$ eingeführt werden. Damit erhält man für die Bewegungsgleichung

$$-\lambda^2 T_\mathrm{m}\Delta\underline{\vartheta} = -\left[-\hat{u}\hat{i}\sin\varphi + \frac{U_\mathrm{q}^2}{x_\mathrm{q}(\mathrm{j}\lambda)} + \frac{U_\mathrm{d}^2}{x_\mathrm{d}(\mathrm{j}\lambda)}\right]\Delta\underline{\vartheta} + \Delta\underline{m}_\mathrm{A} \; . \tag{3.2.35}$$

Der Proportionalitätsfaktor vor $\Delta\underline{\vartheta}$ wird als *komplexe Synchronisierziffer*

$$\underline{K}(\lambda) = K_\mathrm{S}(\lambda) + \mathrm{j}\lambda K_\mathrm{D}(\lambda) = -\hat{u}\hat{i}\sin\varphi + \frac{U_\mathrm{q}^2}{x_\mathrm{q}(\mathrm{j}\lambda)} + \frac{U_\mathrm{d}^2}{x_\mathrm{d}(\mathrm{j}\lambda)} \tag{3.2.36}$$

eingeführt. Damit folgt aus (3.2.35)

$$K_\mathrm{S}\Delta\underline{\vartheta} + \mathrm{j}\lambda K_\mathrm{D}\Delta\underline{\vartheta} - \lambda^2 T_\mathrm{m}\Delta\underline{\vartheta} = (K_\mathrm{S} - \lambda^2 T_\mathrm{m} + \mathrm{j}\lambda K_\mathrm{D})\Delta\underline{\vartheta} = \Delta\underline{m}_\mathrm{A} \; . \tag{3.2.37}$$

Das ist die komplexe Form der einfachen Schwingungsgleichung. Dabei bildet $K_\mathrm{S}\Delta\underline{\vartheta}$ das synchronisierende Drehmoment und $\mathrm{j}\lambda K_\mathrm{D}\Delta\underline{\vartheta}$ das Dämpfungsmoment. Sowohl K_S als auch K_D sind allerdings Funktionen der Anregefrequenz.

Wenn die Synchronmaschine vom Netz getrennt wird, entwickelt sie kein Drehmoment $\Delta\underline{m} = -(K_\mathrm{S} + \mathrm{j}\lambda K_\mathrm{D})\Delta\underline{\vartheta}$, und man erhält aus (3.2.37) für den Pendelwinkel $\Delta\underline{\vartheta}_0$ ohne Einfluss der Synchronmaschine

$$\Delta\underline{\vartheta}_0 = -\frac{\Delta\underline{m}_\mathrm{A}}{\lambda^2 T_\mathrm{m}} \; .$$

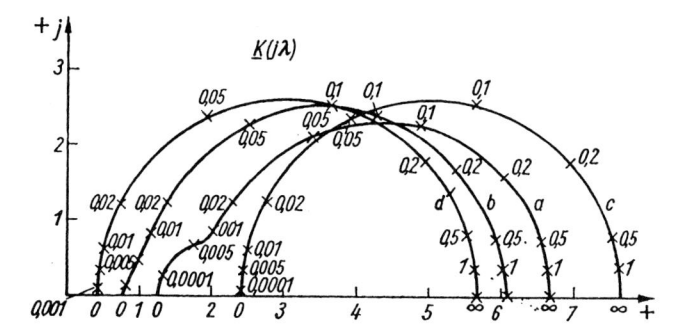

Bild 3.2.5 Ortskurven der komplexen Synchronisierziffern $\underline{K} = K_S + j\lambda K_D$ für einen Dieselgenerator bei $\hat{u} = 1$ und $\hat{i} = 1$.
a) $\varphi = 0$, d. h. $\cos\varphi = 1$, Motorbetrieb;
b) $|\cos\varphi| = 0{,}8$, Generatorbetrieb, übererregt;
c) $\varphi = \pi/2$, $\cos\varphi = 0$, untererregt;
d) $\varphi = -\pi/2$, $\cos\varphi = 0$, übererregt

Damit lässt sich $\Delta\underline{m}_A$ durch $\Delta\underline{\vartheta}_0$ ausdrücken, und man gewinnt aus (3.2.37)

$$\Delta\underline{\vartheta} = \frac{\Delta\underline{\vartheta}_0}{1 - \dfrac{K_S}{\lambda^2 T_m} - j\dfrac{K_D}{\lambda T_m}} \,. \tag{3.2.38}$$

Die *Eigenfrequenz* λ_d der Maschine beträgt also

$$\lambda_d = \sqrt{\frac{K_S}{T_m}} \,. \tag{3.2.39}$$

Mit (3.2.39) kann (3.2.38) auf die übliche normierte Form

$$\boxed{\zeta = \frac{\Delta\underline{\vartheta}}{\Delta\underline{\vartheta}_0} = \frac{1}{1 - \left(\dfrac{\lambda_d}{\lambda}\right)^2 - j2\varrho\left(\dfrac{\lambda_d}{\lambda}\right)}} \tag{3.2.40}$$

gebracht werden. Dabei wurde das *Dämpfungsdekrement*

$$\varrho = \frac{K_D}{2T_m \lambda_d} = \frac{K_D}{2K_S}\lambda_d = \frac{K_D}{2\sqrt{K_S}\sqrt{T_m}} \tag{3.2.41}$$

eingeführt. Die Größe ζ bezeichnet man als *Resonanzmodul*.

Es ist zu beachten, dass sowohl die Eigenfrequenz λ_d als auch das Dämpfungsdekrement ϱ von der Anregefrequenz λ abhängen. Da jedoch i. Allg. das Verhalten der Maschine gegenüber einer bestimmten Anregefrequenz interessiert, können λ_d und ϱ bestimmt und kann (3.2.40) ausgewertet werden.

Die *komplexe Synchronisierziffer* $\underline{K}(\lambda)$ nach (3.2.36) ist im Bild 3.2.5 als Ortskurve für einen Dieselgenerator in verschiedenen Betriebszuständen hinsichtlich des mittleren

Leistungsflusses dargestellt. Für ihre Komponenten K_S und K_D erhält man unter Berücksichtigung der Beziehungen für U_d und U_q nach (3.1.163a,b) aus (3.2.36)

$$K_S = -\hat{u}\hat{i}\sin\varphi + \hat{u}^2\cos^2\delta \operatorname{Re}\left\{\frac{1}{x_q(j\lambda)}\right\} + \hat{u}^2\sin^2\delta \operatorname{Re}\left\{\frac{1}{x_d(j\lambda)}\right\} \quad (3.2.42)$$

$$K_D = \frac{\hat{u}^2}{\lambda}\cos^2\delta \operatorname{Im}\left\{\frac{1}{x_q(j\lambda)}\right\} + \frac{\hat{u}^2}{\lambda}\sin^2\delta \operatorname{Im}\left\{\frac{1}{x_d(j\lambda)}\right\}. \quad (3.2.43)$$

K_D bestimmt entsprechend (3.2.41) das Dämpfungsdekrement. Im Bereich normalerweise auftretender Polradwinkel von $-30° < \delta < 30°$ ist $\cos^2\delta \gg \sin^2\delta$. Aus (3.2.43) folgt dann, dass für die Dämpfung der Pendelungen hauptsächlich die Größe von $\operatorname{Im}\{1/x_q(j\lambda)\}$ verantwortlich ist. Es kommt also auf die Eigenschaften der Dämpferwicklung in der Querachse an.

K_S bestimmt entsprechend (3.2.39) die Eigenfrequenz λ_d. Da die Maschine normalerweise übererregt betrieben wird, ist $-\hat{u}\hat{i}\sin\varphi > 0$. Damit wächst K_S bei konstantem Phasenwinkel mit der Belastung, d. h. mit $\hat{i}$, und führt auf größere Werte für die Eigenfrequenz λ_d. Im gleichen Sinn wirken auch die anderen beiden Glieder in (3.2.42), da i. Allg. $\operatorname{Re}\{1/x_d(j\lambda)\} > \operatorname{Re}\{1/x_q(j\lambda)\}$ ist (s. Bild 3.1.11, S. 515) und $|\delta|$ mit der Belastung steigt.

3.2.3
Betrieb am Netz variabler Frequenz

Analog zum Abschnitt 2.4.2, Seite 365, für die Induktionsmaschine soll im Folgenden als Möglichkeit der Drehzahlstellung der Betrieb der Synchronmaschine am Netz variabler Frequenz untersucht werden. Dabei wird entsprechend der Abhängigkeit $n_0 = f/p$ durch die Frequenz f des speisenden Netzes unmittelbar die synchrone Drehzahl beeinflusst. Es soll davon ausgegangen werden, dass ein Netz sinusförmiger Spannung mit variabler Frequenz und Amplitude zur Verfügung steht. Auf den Einfluss der Oberschwingungen der Ströme und Spannungen, die als Folge der praktischen Realisierung eines derartigen Netzes mit Hilfe der Leistungselektronik auftreten, wird im Abschnitt 3.2.4 eingegangen.

Den Ausgangspunkt der Untersuchungen bilden die Spannungsgleichungen für den stationären Betrieb, die im Abschnitt 3.1.8.7, Seite 516, aus den allgemeinen Spannungsgleichungen entwickelt wurden. Um die prinzipiellen Erscheinungen deutlich zu machen, genügt es, die Vollpolmaschine zu betrachten. Die zu untersuchende Maschine sei für die Spannung U_N und die Frequenz f_N bzw. die Kreisfrequenz ω_N bemessen. Die tatsächliche Frequenz f wird – wie im Abschnitt 2.4.2 – mit Hilfe des *Frequenzverhältnisses* λ_g als $f = \lambda_g f_N$ ausgedrückt. Die bei dieser Frequenz wirksamen Reaktanzen ωL_j werden als $\omega L_j = (\omega/\omega_N)\omega_N L_j = \lambda_g X_j$ eingeführt, wobei X_j die zugeordnete Reaktanz bei Bemessungsfrequenz ist. Wenn die allgemeine Form der Spannungsgleichung entsprechend (1.6.1), Seite 138, hinzugefügt und die Darstellung mit bezogenen Größen an dieser Stelle verlassen wird, erhält man aus (3.1.170), Seite 520, für den Ankerstrang a

$$\underline{u} = R\underline{i} + \mathrm{j}\lambda_\mathrm{g}\omega_\mathrm{N}\underline{\psi} = R\underline{i} + \mathrm{j}\lambda_\mathrm{g}X_\mathrm{d}\underline{i} + \lambda_\mathrm{g}\hat{u}_\mathrm{pN}\mathrm{e}^{\mathrm{j}\varphi_\mathrm{up}} \,. \tag{3.2.44}$$

Dabei wurde für die Polradspannung $\underline{u}_\mathrm{p}$ bei einem gegebenen Erregerstrom, entsprechend ihrer linearen Abhängigkeit von der Frequenz, $\underline{u}_\mathrm{p} = \lambda_\mathrm{g}\hat{u}_\mathrm{pN}\mathrm{e}^{\mathrm{j}\varphi_\mathrm{up}}$ eingeführt. Aus dem ersten Teil von (3.2.44) folgt wie bei der Induktionsmaschine, dass die Spannungsamplitude mit zunehmender Frequenz erhöht werden muss, um eine konstante Flussverkettung $\hat{\psi}$ und damit eine vergleichbare magnetische Ausnutzung der Maschine zu gewährleisten bzw. um bei gleichem Strom das gleiche Drehmoment zu erhalten.

Unter Vernachlässigung des Einflusses des ohmschen Spannungsabfalls ergibt sich für die Spannungsamplitude die bereits als (2.4.26), Seite 366, angegebene *Steuerbedingung*

$$\boxed{\hat{u} = \frac{\omega}{\omega_\mathrm{N}}\hat{u}_\mathrm{N} = \lambda_\mathrm{g}\hat{u}_\mathrm{N}} \,. \tag{3.2.45}$$

Wenn gleichzeitig $\underline{u} = \hat{u}$, d. h. $\varphi_\mathrm{u} = 0$, gesetzt wird, geht die Spannungsgleichung (3.2.44) damit unter Beachtung von $\varphi_\mathrm{up} = \delta + \varphi_\mathrm{u}$ über in

$$\hat{u}_\mathrm{N} = \frac{R}{\lambda_\mathrm{g}}\underline{i} + \mathrm{j}\omega_\mathrm{N}\underline{\psi} = \frac{R}{\lambda_\mathrm{g}}\underline{i} + \mathrm{j}X_\mathrm{d}\underline{i} + \hat{u}_\mathrm{pN}\mathrm{e}^{\mathrm{j}\delta} \,. \tag{3.2.46}$$

Unter der Wirkung der Steuerbedingung nach (3.2.45) kommt es bei einer Frequenzänderung um den Faktor λ_g zu einer scheinbaren Änderung des Widerstands der Ankerstränge um den Faktor $1/\lambda_\mathrm{g}$. Der Widerstand tritt umso mehr betriebsbestimmend in Erscheinung, je kleiner die Frequenz ist. Der Einfluss bleibt vernachlässigbar, solange $R/\lambda_\mathrm{g} \ll X_\mathrm{d}$ ist. In diesem Fall gelten die bekannten Beziehungen, die für $R = 0$ gewonnen wurden und die im Abschnitt 3.1.8.7, Seite 516, nochmals zusammenfassend entwickelt wurden (vgl. Bd. *Grundlagen elektrischer Maschinen*, Abschn. 6.5).

Wenn $R/\lambda_\mathrm{g} \ll X_\mathrm{d}$ nicht mehr erfüllt ist, erhält man aus (3.2.46) für den Ankerstrom

$$\underline{i} = \frac{\hat{u}_\mathrm{N} - \hat{u}_\mathrm{pN}\mathrm{e}^{\mathrm{j}\delta}}{\mathrm{j}X_\mathrm{d}\sqrt{1 + \left(\dfrac{R}{\lambda_\mathrm{g}X_\mathrm{d}}\right)^2}}\mathrm{e}^{\mathrm{j}\rho} \tag{3.2.47}$$

mit

$$\rho = \arctan\frac{R}{\lambda_\mathrm{g}X_\mathrm{d}} \,. \tag{3.2.48}$$

Das Drehmoment folgt mit $\vec{g}_1^\mathrm{N} = g$ entsprechend (2.1.78a,b), Seite 305, aus (2.1.34), Seite 291, zu

$$m = -\frac{3}{2}p\,\mathrm{Im}\{\underline{\psi}\,\underline{i}^*\} \,. \tag{3.2.49}$$

Dabei liefert (3.2.46) für die Flussverkettung

$$\underline{\psi} = \frac{X_\mathrm{d}}{\omega_\mathrm{N}}\underline{i} + \frac{\hat{u}_\mathrm{pN}}{\mathrm{j}\omega_\mathrm{N}}\mathrm{e}^{\mathrm{j}\delta} \,.$$

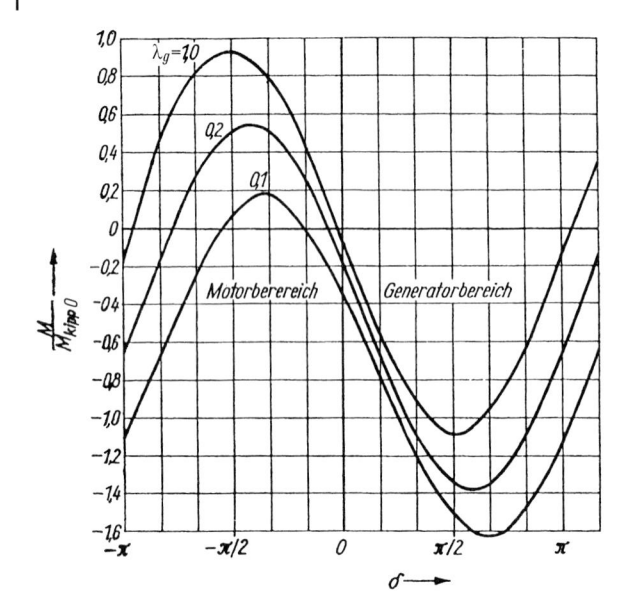

Bild 3.2.6 Kennlinien $M/M_{\text{kipp0}} = f(\delta)$ für verschiedene Werte des Frequenzverhältnisses λ_g einer Synchronmaschine mit $R/X_d = 0{,}05$ bei $\hat{u}_{\text{pN}}/\hat{u}_{\text{N}} = 1{,}8$.
M_{kipp0} Kippmoment bei $R = 0$

Damit erhält man unter Einführung des Ankerstroms aus (3.2.47)

$$M = -\frac{3p}{2\omega_N} \frac{\hat{u}_N \hat{u}_{\text{pN}}}{X_d \sqrt{1 + \tan^2 \rho}} \left[\sin(\delta - \rho) + \frac{\hat{u}_{\text{pN}}}{\hat{u}_N} \sin \rho \right]. \tag{3.2.50}$$

Der Ausdruck

$$M_{\text{kipp0}} = \frac{3p}{2\omega_N} \frac{\hat{u}_N \hat{u}_{\text{pN}}}{X_d} \tag{3.2.51}$$

stellt das Kippmoment dar, das die Maschine bei einem gegebenen Erregerstrom unter Vernachlässigung des ohmschen Widerstands der Ankerstränge entwickelt. Unter dem Einfluss endlicher Werte von $R/(\lambda_g X_d)$ wird der bekannte sinusförmige Verlauf $M = M(\delta)$, wie er sich für $R = 0$ nach (3.1.172), Seite 520, ergibt, verschoben. Dadurch verringert sich das Kippmoment $M_{\text{kipp}+}$ im Motorbereich. Im Bild 3.2.6 ist eine Kennlinienschar $M = M(\delta)$ für konstanten Erregerstrom, d. h. für ein konstantes Verhältnis $\hat{u}_{\text{pN}}/\hat{u}_N$, und verschiedene Werte des Frequenzverhältnisses λ_g dargestellt. Für das Kippmoment erhält man aus (3.2.50)

$$M_{\text{kipp}} = M_{\text{kipp0}} \frac{1}{\sqrt{1 + \left(\frac{R}{\lambda_g X_d}\right)^2}} \left| \pm 1 + \frac{\hat{u}_{\text{pN}}}{\hat{u}_N} \sin \rho \right|. \tag{3.2.52}$$

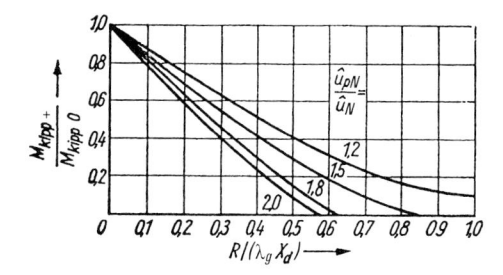

Bild 3.2.7 Kippmoment im Motorbereich einer Synchronmaschine als Funktion von $R/(\lambda_\mathrm{g} X_\mathrm{d})$ für $1{,}2 < \hat{u}_\mathrm{pN}/\hat{u}_\mathrm{N} < 2{,}0$

Dabei gilt das negative Vorzeichen für das Kippmoment im Motorbereich, das mit (3.2.50) bei

$$\delta_{\mathrm{kipp}+} = \rho - \frac{\pi}{2}$$

liegt. Bild 3.2.7 zeigt die Abhängigkeit des Kippmoments im Motorbereich vom Verhältnis $R/(\lambda_\mathrm{g} X_\mathrm{d})$ für verschiedene Werte des Erregerstroms, d. h. für verschiedene Werte des Verhältnisses $\hat{u}_\mathrm{pN}/\hat{u}_\mathrm{N}$. Es wird deutlich, dass das Kippmoment unter der Wirkung der Steuerbedingung nach (3.2.45) bei niedrigen Frequenzen unzulässig stark reduziert wird. Ursache dafür ist, dass sich die ohmschen Spannungsabfälle mit abnehmender Frequenz in der Spannungsgleichung zunehmend bemerkbar machen. Um diese Schwierigkeit zu beseitigen, muss die Steuerbedingung dahingehend geändert werden, dass nicht $\hat{u}/\omega$ konstant gehalten wird, sondern tatsächlich $\hat{\psi}$. Diese Steuerbedingung erhält man aus dem ersten Teil von (3.2.44) analog zu (2.4.33), Seite 371, zu

$$\boxed{\left| \frac{u}{\lambda_\mathrm{g}} - \frac{R}{\lambda_\mathrm{g}} \underline{i} \right| = \omega_\mathrm{N} \hat{\psi} = \hat{u}'_\mathrm{N}} \ . \tag{3.2.53}$$

Damit geht die Spannungsgleichung (3.2.44) über in

$$\hat{u}'_\mathrm{N} = \mathrm{j} X_\mathrm{d} \underline{i} + \hat{u}_\mathrm{pN} \mathrm{e}^{\mathrm{j}\delta} \ . \tag{3.2.54}$$

Unter der Wirkung der Steuerbedingung nach (3.2.53) ergibt sich also im gesamten Frequenzbereich ein Verhalten, das dem für $R = 0$ entspricht. Insbesondere bleibt das Kippmoment konstant und hat den Wert $M_{\mathrm{kipp}0}$.

3.2.4
Betrieb mit nicht sinusförmigen Strömen und Spannungen

Hinsichtlich des Betriebs einer Synchronmaschine mit nicht sinusförmigen Strömen und Spannungen gelten die allgemeinen Überlegungen, die im Abschnitt 2.4.3, Seite 373, für die Induktionsmaschine angestellt wurden. Ein derartiger Betrieb tritt auf, wenn die Netzspannung unter dem Einfluss leistungsstarker Stromrichteranordnungen verzerrt ist oder wenn die Synchronmaschine selbst über einen Stromrichter betrieben wird, um mit einer von der Netzfrequenz unabhängigen Frequenz $f = \lambda_\mathrm{g} f_\mathrm{N}$

arbeiten und damit die Drehzahl stellen zu können. Der Stromrichter gibt unter idealisierten Bedingungen entweder die Ströme oder die Spannungen der Stränge vor. Der Zeitverlauf der jeweils korrespondierenden Größe wird durch das Verhalten der Synchronmaschine bestimmt. Die vorgegebenen Zeitverläufe der Ströme oder der Spannungen lassen sich mit Hilfe der Fourier-Analyse in eine Folge von Sinusgrößen zerlegen. Auf jede dieser Oberschwingungen reagiert die Maschine unter Voraussetzung der Gültigkeit des Mechanismus der Hauptwellenverkettung mit einem Hauptwellenfeld. Es entsteht also von den Oberschwingungen der Ströme herrührend eine Folge von Durchflutungshauptwellen, die relativ zum Anker nach Maßgabe der Frequenz der Oberschwingungen umlaufen. Die von den Stromoberschwingungen hervorgerufenen räumlichen Oberwellen haben lediglich Effekte zweiter Ordnung zur Folge. Ihre Bedeutung liegt vor allem darin, dass sie Ursache magnetischer Geräusche sein können. Damit bietet es sich an, die Analyse unter Verwendung komplexer Augenblickswerte durchzuführen, wie sie im Abschnitt 3.1.4, Seite 485, für die Synchronmaschine eingeführt wurden. Die nicht sinusförmigen Stranggrößen des Ankers lassen sich entsprechend (2.4.40a,b,c), Seite 374, formulieren als

$$g_a = g(\omega t) = \sum_{\lambda=1}^{\infty} \hat{g}_\lambda \cos(\lambda \omega t + \varphi_{g\lambda}) \tag{3.2.55a}$$

$$g_b = g\left(\omega t - \frac{2\pi}{3}\right) = \sum_{\lambda=1}^{\infty} \hat{g}_\lambda \cos\left(\lambda \omega t + \varphi_{g\lambda} - \lambda \frac{2\pi}{3}\right) \tag{3.2.55b}$$

$$g_c = g\left(\omega t - \frac{4\pi}{3}\right) = \sum_{\lambda=1}^{\infty} \hat{g}_\lambda \cos\left(\lambda \omega t + \varphi_{g\lambda} - \lambda \frac{4\pi}{3}\right). \tag{3.2.55c}$$

Wenn auch bei der Synchronmaschine davon ausgegangen wird, dass der Sternpunkt nicht angeschlossen ist und die Stranggrößen die Symmetrieeigenschaft $g(\omega t + \pi) = -g(\omega t)$ besitzen, existieren entsprechend (2.4.41) nur Oberschwingungen der Ordnungszahlen

$$\lambda = 6g \pm 1 \text{ mit } g \in \mathbb{N}. \tag{3.2.56}$$

Dabei haben die Dreiphasensysteme solcher Oberschwingungen, deren Ordnungszahl mit dem negativen Vorzeichen gewonnen wurde, eine negative Phasenfolge.

Der komplexe Augenblickswert $\vec{g}^{\mathrm{S}}$ in Ständerkoordinaten, der den Stranggrößen nach (3.2.55a,b,c) zugeordnet ist, kann unmittelbar als

$$\begin{aligned} \vec{g}^{\mathrm{S}} &= \hat{g}_1 \mathrm{e}^{\mathrm{j}(\omega t + \varphi_{g1})} + \hat{g}_5 \mathrm{e}^{-\mathrm{j}(5\omega t + \varphi_{g5})} + \hat{g}_7 \mathrm{e}^{\mathrm{j}(7\omega t + \varphi_{g7})} + \dots \\ &= \sum_{\lambda=1}^{\infty} \vec{g}_\lambda^{\mathrm{S}} = \sum_{\lambda=1}^{\infty} \hat{g}_\lambda \mathrm{e}^{\pm \mathrm{j}(\lambda \omega t + \varphi_{g\lambda})} \end{aligned} \tag{3.2.57}$$

entsprechend (2.4.42) übernommen werden. Dabei gilt das negative Vorzeichen wiederum für jene Oberschwingungen, die Dreiphasensysteme mit negativer Phasenfolge bilden und deren Ordnungszahlen sich aus (3.2.56) mit dem negativen Vorzeichen ergeben.

Für den vorausgesetzten stationären Betrieb mit der synchronen Drehzahl $n_0 = f/p = \lambda_\mathrm{g} f_\mathrm{N}/p$ stimmt die Darstellung in Läuferkoordinaten mit $\vartheta_\mathrm{K} = \vartheta = \omega t$ unter der Voraussetzung $\vartheta_0 = 0$ mit der in Netzkoordinaten mit $\vartheta_\mathrm{K} = \vartheta_\mathrm{Netz} = \omega t$ überein. Sie folgt aus (2.4.44) zu

$$\vec{g}^\mathrm{L} = \hat{g}_1 \mathrm{e}^{\mathrm{j}(\varphi_{\mathrm{g}1})} + \hat{g}_5 \mathrm{e}^{-\mathrm{j}(6\omega t + \varphi_{\mathrm{g}5})} + \hat{g}_7 \mathrm{e}^{\mathrm{j}(6\omega t + \varphi_{\mathrm{g}7})} + \ldots$$
$$= \sum_{\lambda=1}^{\infty} \vec{g}_\lambda^\mathrm{L} = \sum_{\lambda=1}^{\infty} \hat{g}_\lambda \mathrm{e}^{\pm \mathrm{j}[(\lambda \mp 1)\omega t + \varphi_{\mathrm{g}\lambda}]} \; . \quad (3.2.58)$$

Um das Verhalten der Synchronmaschine im stationären Betrieb mit synchroner Drehzahl ausgehend von den nicht sinusförmigen Strangströmen oder Strangspannungen allgemein zu ermitteln, muss das Gleichungssystem herangezogen werden, das im Abschnitt 3.1.8, Seite 496, entwickelt wurde. Dabei kann näherungsweise darauf verzichtet werden, die elektrischen und magnetischen Asymmetrien zu berücksichtigen. Aufgrund der Linearität der Spannungs- und Flussverkettungsgleichungen müssen die Größen des Polsystems die gleichen Komponenten hinsichtlich der Zeitabhängigkeit aufweisen wie die Ankergrößen nach (3.2.58). Dadurch zerfällt das allgemeine System der Spannungs- und Flussverkettungsgleichungen in je ein Gleichungssystem für die einzelnen Oberschwingungen.

Gegenüber der Grundschwingung verhält sich die Maschine wie im normalen stationären Betrieb mit der Frequenz $f = \lambda_\mathrm{g} f_\mathrm{N}$. Für diese gelten die Beziehungen, die im Abschnitt 3.2.3 hergeleitet wurden. Insbesondere ist die Spannungsgleichung in der Darstellung der komplexen Wechselstromrechnung durch (3.2.44) gegeben.

Die Oberschwingungen der komplexen Augenblickswerte mit $\lambda > 1$ haben relativ zum Polsystem die Kreisfrequenz $(\lambda \mp 1)\omega$. Die Interpretation nach Abschnitt 1.8.1.5, Seite 232, bringt zum Ausdruck, dass den Oberschwingungen der Ankerströme Drehfelder zugeordnet sind, die mit der Drehzahl

$$(\lambda \mp 1)\frac{f}{p} = (\lambda \mp 1)\lambda_\mathrm{g}\frac{f_\mathrm{N}}{p}$$

umlaufen. Dieser Sachverhalt folgt ausgehend von den symmetrischen Dreiphasensystemen der einzelnen Oberschwingungen der Strangströme entsprechend (3.2.55a,b,c) auch unmittelbar aus der Anschauung. In den kurzgeschlossenen Kreisen des Polsystems werden herrührend von den Ankerfeldern Spannungen induziert, deren Ströme Felder gleicher Polpaarzahl und Kreisfrequenz hervorrufen. Es liegt der Mechanismus der Bildung asynchroner Drehmomente vor. Dabei rufen die durch Oberschwingungen der Ankerströme verursachten Ströme des Polsystems natürlich auch Verluste im Polsystem hervor. Das sind die gleichen Erscheinungen wie bei der Induktionsmaschine. Wenn man extrem kleine Werte der Ankergrundfrequenz $f = \lambda_\mathrm{g} f_\mathrm{N}$ ausklammert, ist die Läuferfrequenz für alle Oberschwingungen der Ankerströme so groß, dass zur Berechnung der Ströme wieder das Prinzip der Flusskonstanz der Kreise des Polsystems herangezogen werden kann. Dann vermittelt zwischen der Flussverkettung $\vec{\psi}_\lambda^S$ und dem Strom $\vec{i}_\lambda^S$ einer Oberschwingung die subtransiente Reaktanz x_d'' entsprechend

$$\vec{\psi}_\lambda^S = x_d'' \vec{i}_\lambda^S . \tag{3.2.59}$$

Damit erhält man als Spannungsgleichung des Ankers für diese Oberschwingung

$$\vec{u}_\lambda^S = r\vec{i}_\lambda^S + j\lambda\lambda_g x_d'' \vec{i}_\lambda^S .$$

Mit (2.1.71), Seite 303, folgt daraus in der Darstellung der komplexen Wechselstromrechnung

$$\boxed{\underline{u}_\lambda = r\underline{i}_\lambda + j\lambda\lambda_g x_d'' \underline{i}_\lambda \approx j\lambda\lambda_g x_d'' \underline{i}_\lambda} . \tag{3.2.60}$$

Das ist die bezogene Form von (2.4.49), Seite 377, wie sie für die Induktionsmaschine hergeleitet wurde. Das *Drehmoment* erhält man nach Tabelle 3.1.6, Seite 492, über

$$m = -\text{Im}\left\{\vec{\psi}^K \vec{i}^{K*}\right\} . \tag{3.2.61}$$

Da die Wicklungen des Polsystems im Zuge der Analyse des Betriebs mit nicht sinusförmigen Strömen und Spannungen gar nicht explizit eingeführt wurden, kann die Anwendung des Prinzips der Flusskonstanz auf diese Wicklungen nicht elegant dadurch erfasst werden, dass das Drehmoment durch deren Variablen ausgedrückt wird, wie es im Fall der Induktionsmaschine im Abschnitt 2.4.3.3, Seite 377, geschehen ist. Es muss vielmehr von den Variablen der Ankerstränge ausgegangen werden und der Zusammenhang zwischen den Oberschwingungen der Flussverkettungen und der Ströme nach (3.2.59) Berücksichtigung finden, der die Anwendung des Prinzips der Flusskonstanz für diese Oberschwingungen zum Ausdruck bringt. Man erhält jeweils durch Abtrennen der Grundschwingung, für die das Prinzip der Flusskonstanz in der Form $\vec{\psi}^K = 0$ keine Anwendung findet, in Ständerkoordinaten

$$\vec{\psi}^S = \vec{\psi}_1^S + \sum_{\lambda \neq 1} x_d'' \vec{i}_\lambda^S$$

$$\vec{i}^S = \vec{i}_1^S + \sum_{\lambda \neq 1} \vec{i}_\lambda^S ,$$

wobei $\vec{\psi}^S$ und $\vec{i}^S$ entsprechend (3.2.57) aufgebaut sind und der Index 1 auf die Grundschwingung verweist. Damit lässt sich das Drehmoment nach (3.2.61) unter Beachtung von $\text{Im}\{\vec{A}\vec{B}^*\} = \text{Im}\{\vec{A}^*\vec{B}\}$ ausdrücken als

$$m = -\text{Im}\left\{\vec{\psi}_1^S \vec{i}_1^{S*} + (\vec{\psi}_1^S - x_d'' \vec{i}_1^S) \sum_{\lambda \neq 1} \vec{i}_\lambda^{S*}\right\} . \tag{3.2.62}$$

Dabei ist $\vec{\psi}_1^S - x_d'' \vec{i}_1^S$ eine Flussverkettung, die der Spannungsgrundschwingung hinter der subtransienten Reaktanz entspricht. Sie soll als $\vec{\psi}_1'^S$ bezeichnet werden. Damit erhält man aus (3.2.62) unter Beachtung von (3.2.57)

$$\begin{aligned} m &= \hat{\psi}_1 \hat{i}_1 \sin(\varphi_{i1} - \varphi_{\psi 1}) \pm \sum \hat{\psi}'_1 \hat{i}_\lambda \sin[(\lambda \mp 1)\omega t + \varphi_{i\lambda} \mp \varphi_{\psi 1'}] \\ &= \hat{\psi}_1 \hat{i}_1 \sin(\varphi_{i1} - \varphi_{\psi 1}) - \hat{\psi}'_1 \hat{i}_5 \sin[6\omega_1 t + \varphi_{i5} + \varphi_{\psi 1'}] \\ &\quad + \hat{\psi}'_1 \hat{i}_7 \sin[6\omega_1 t + \varphi_{i7} - \varphi_{\psi 1'}] \mp \ldots \end{aligned} \qquad (3.2.63)$$

Das Drehmoment setzt sich – wie bei der Induktionsmaschine – aus dem zeitlich konstanten Anteil der Grundschwingung und aus einer Folge von Pendelmomenten zusammen, deren Frequenzen ganzzahlige Vielfache der sechsfachen Grundfrequenz sind. Sie können bei niedrigen Werten der Grundfrequenz $f = \lambda_g f_N$ Pendelbewegungen des Wellenstrangs als starrer Körper hervorrufen. Unabhängig von der Höhe der Grundfrequenz besteht grundsätzlich die Gefahr, dass sie Torsionseigenfrequenzen des Wellenstrangs anregen.

Bei Umrichtern mit Spannungszwischenkreis und Pulswechselrichter liegen die niedrigsten Pendelmomentfrequenzen in der Regel in der Nähe der Pulsfrequenz, d. h. meist im Bereich einiger kHz, und haben daher in der Regel keine wesentlichen technischen Wirkungen. Bei Umrichtern mit Stromzwischenkreis und blockförmigem Zeitverlauf des Stroms lassen sich die entstehenden Pendelmomente durch Übergang auf eine sechssträngige Maschine verringern (s. Abschn. 3.2.5).

3.2.5
Stromrichtermotoren

Unter einem Stromrichtermotor[5] wird eine Synchronmaschine verstanden, die über einen Umrichter mit Stromzwischenkreis eingespeist wird, wobei der maschinenseitige Stromrichter auf Thyristorbasis in Abhängigkeit von der Lage des Polsystems relativ zum Anker gesteuert wird. Das Betriebsverhalten ähnelt dann dem einer Gleichstrommaschine mit elektronischem Kommutator (s. Bd. *Grundlagen elektrischer Maschinen*, Abschn. 6.10.2 u. 9.2), wobei jedoch an die Stelle der $k/(2p)$ Spulen im Bereich einer Polteilung – entsprechend den $k/(2p)$ Kommutatorstegen im Bereich zwischen zwei Bürsten, die im zeitlichen Abstand von $T_K = 1/(kn)$ nacheinander ein- bzw. ausgeschaltet werden – bei der üblichen dreisträngigen Ausführung der Synchronmaschine nur drei Spulen bzw. Wicklungsstränge treten. Damit ist von vornherein mit größeren Drehmomentpulsationen zu rechnen, als man von der Gleichstrommaschine her gewohnt ist. Außerdem entstehen durch den Einsatz von Thyristoren im Verein mit dem Ziel, den maschinenseitigen Stromrichter durch die Maschinenspannungen zu kommutieren, sowie aufgrund der endlichen Dauer der Kommutierungsvorgänge zusätzliche Bedingungen an die Betriebsweise, und diese wiederum beeinflussen das Betriebsverhalten.

---

[5] Eine ausführliche Behandlung findet sich in [19, 40].

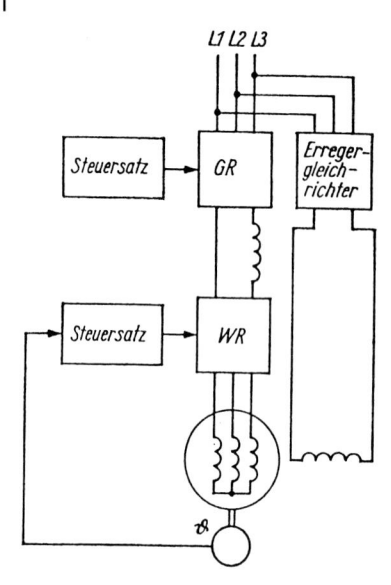

Bild 3.2.8 Prinzipielle Schaltung eines Stromrichtermotors

Im Bild 3.2.8 ist die prinzipielle Schaltung eines Stromrichtermotors zunächst ohne Regelung dargestellt. Die mit dieser Schaltung möglichen Stromkombinationen in den Strängen waren bereits im Abschnitt 1.10, Seite 273, als Tabelle 1.10.3 entwickelt worden. Daraus resultierten die im Bild 1.10.7 dargestellten möglichen Lagen des komplexen Augenblickswerts des Ankerstroms im Koordinatensystem des Ankers.

Die im Abschnitt 3.2.5.2 folgende Analyse des Betriebsverhaltens erfolgt unter Voraussetzung einer vereinfachten Vollpolmaschine. Die Untersuchungen beschränken sich auf den stationären Betrieb. Zunächst sollen jedoch die Vorgänge bei der Kommutierung des Stroms von einem Strang auf einen anderen behandelt werden.

3.2.5.1 Kommutierungsvorgang

Da die Synchronmaschine bei entsprechender Einstellung des Erregerstroms auch mit voreilendem Ankerstrom arbeiten kann, bestehen Chancen einer durch die Maschinenspannungen ausgelösten Kommutierung des maschinenseitigen Stromrichters. Dieser Betrieb ist im Folgenden zu untersuchen.[6] Die Synchronmaschine wird für die Untersuchung der Kommutierungsvorgänge zur Wahrung der Übersichtlichkeit als vereinfachte Vollpolmaschine betrachtet (s. Abschn. 3.1.8.5, S. 510). Für die Grundschwingungen der Ströme und Spannungen gilt dann die Beziehung (3.1.170), Seite 520, die bei Verzicht auf die bezogene Darstellung und unter Vernachlässigung des ohmschen Spannungsabfalls für einen beliebigen Strang j übergeht in

$$\underline{u}_{j,1} = jX_d \underline{i}_{j,1} + \underline{u}_{pj,1} . \tag{3.2.64}$$

---

[6] Eine ausführliche Behandlung findet sich in [40].

Beim Betrieb am Umrichter sind die Ströme und Spannungen natürlich nicht mehr durchgängig sinusförmig. Für die folgende Analyse wird angenommen, dass für die Polradkreise unter dem Einfluss der Kommutierungsvorgänge, die sich den Vorgängen des stationären Betriebs überlagern, das Prinzip der Flusskonstanz (s. Abschn. 1.3.10, S. 60, u. 2.6.3, S. 424) gilt, d. h. unabhängig von den Vorgängen in den Ankersträngen bleiben die Flussverkettungen aller Polradkreise im stationären Betrieb konstant. Die Spannungen, die von diesen Feldern herrührend in den Ankersträngen beobachtet werden, sind dementsprechend sinusförmig. Das sind die Spannungen u''_{pj} hinter der subtransienten Reaktanz; es ist also $u''_{pj} = u''_{pj,1}$. Dann gilt für die komplexen Augenblickswerte die zu (2.6.32) analoge Beziehung

$$\vec{u}^{S} = R\vec{i}^{S} + L''_{d}\frac{d\vec{i}^{S}}{dt} + \hat{u}''_{p}e^{j(\omega_1 t + \varphi''_{up})}\;, \tag{3.2.65}$$

wenn bei Verzicht auf den Index 1 an die Stelle von u'_{j1} jetzt u''_{pj} eingeführt und L_i durch die der subtransienten Reaktanz entsprechende subtransiente Induktivität L''_d ersetzt wird. Hieraus erhält man als Spannungsgleichungen der Ankerstränge mit (1.8.38a,b,c), Seite 233, und unter Vernachlässigung der ohmschen Spannungsabfälle [vgl. (3.4.104), S. 634, bzw. (3.4.53), S. 604]

$$u_a = L''_d\frac{di_a}{dt} + \hat{u}''_p \cos(\omega t + \varphi''_{up}) = L''_d\frac{di_a}{dt} + u''_{pa} \tag{3.2.66a}$$

$$u_b = L''_d\frac{di_b}{dt} + \hat{u}''_p \cos\left(\omega t + \varphi''_{up} - \frac{2\pi}{3}\right) = L''_d\frac{di_b}{dt} + u''_{pb} \tag{3.2.66b}$$

$$u_c = L''_d\frac{di_c}{dt} + \hat{u}''_p \cos\left(\omega t + \varphi''_{up} - \frac{4\pi}{3}\right) = L''_d\frac{di_c}{dt} + u''_{pc}\;. \tag{3.2.66c}$$

Insbesondere gilt also mit $u''_{pj} = u''_{pj,1}$ für die Grundschwingungen

$$\underline{u}_{j,1} = jX''_d\underline{i}_{j,1} + \underline{u}''_{pj}\;. \tag{3.2.67}$$

Daraus folgt mit (3.2.64) als Beziehung für die Spannungen hinter der subtransienten Reaktanz ausgehend von den Grundschwingungen der Polradspannung und des Ankerstroms

$$\underline{u}''_{pj} = \underline{u}_{j,1} - jX''_d\underline{i}_{j,1} = \underline{u}_{pj,1} + j(X_d - X''_d)\underline{i}_{j,1}\;. \tag{3.2.68}$$

Im Bild 3.2.9 sind die Zeigerbilder nach (3.2.64) und (3.2.68) für den Strang a bei nacheilendem und voreilendem Ankerstrom dargestellt. Die sinusförmigen Spannungen u''_{pj} übernehmen die Rolle der starren Netzspannungen bei der Untersuchung des Verhaltens von Stromrichtern am Netz. Man erhält sie ausgehend von der durch den Erregerstrom gegebenen Polradspannung und dem Strom. Im Bild 3.2.10 ist diese Anordnung dargestellt. Es soll der Vorgang untersucht werden, dass der Zwischenkreisstrom vom Thyristor T2 auf den Thyristor T3 bzw. vom Strang b auf den Strang c kommutiert. Solange keine Kommutierungsvorgänge stattfinden, fließen in den Strängen zeitlich konstante Ströme, so dass aus (3.2.66a,b,c) folgt

$$u_j = u''_{pj}\;. \tag{3.2.69}$$

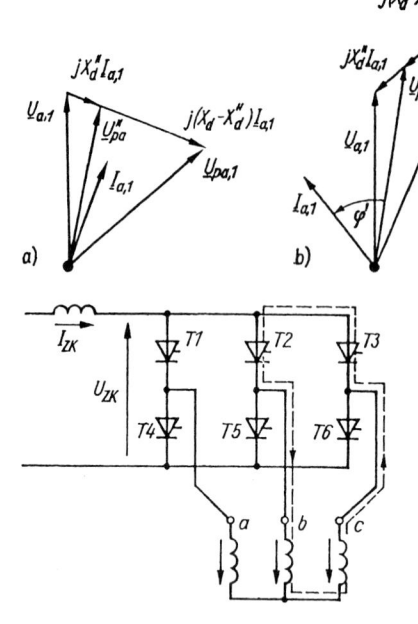

Bild 3.2.9 Zeigerbilder für die Grundschwingungen der Ströme und Spannungen des Strangs a im stationären Betrieb der Synchronmaschine zur Ermittlung der Spannung U''_{pa} hinter der subtransienten Reaktanz.
a) Bei nacheilendem Strom (untererregt);
b) bei voreilendem Strom (übererregt)

Bild 3.2.10 Betrachtete Anordnung des maschinenseitigen Stromrichters zur Untersuchung der Kommutierung des Stroms vom Thyristor T2 auf Thryristor T3 und damit von Strang b auf Strang c

Außerhalb der Zeitabschnitte, in denen eine Kommutierung stattfindet, beobachtet man als Klemmenspannung die sinusförmige Spannung $u''_{\mathrm{p}j}$ hinter der subtransienten Reaktanz.

Wenn der Thyristor T2 stromführend, d. h. $u_{\mathrm{T}2} = 0$, und der Thyristor T3 noch nicht gezündet ist, erhält man als Aussage des Maschensatzes für den im Bild 3.2.10 eingetragenen Integrationsweg

$$u_{\mathrm{T}3} - u_{\mathrm{T}2} = u_{\mathrm{T}3} = u_b - u_c = u''_{\mathrm{p}b} - u''_{\mathrm{p}c}. \qquad (3.2.70)$$

Im Bild 3.2.11 sind die Spannungen $u''_{\mathrm{p}b}$, $u''_{\mathrm{p}c}$ und $u''_{\mathrm{p}b} - u''_{\mathrm{p}c}$ sowie der Stromverlauf im Strang b für den Fall dargestellt, dass die Synchronmaschine entsprechend Bild 3.2.9b übererregt betrieben wird. Man erkennt, dass die Spannung $u_{\mathrm{T}3} = u''_{\mathrm{p}b} - u''_{\mathrm{p}c}$ über dem Thyristor T3 im Zeitpunkt der erforderlichen Kommutierung des Stroms vom Strang b auf den Strang c positiv ist. Wenn also der Thyristor T3 zu diesem Zeitpunkt einen Zündimpuls erhält, wird er stromführend und damit $u_{\mathrm{T}3} = 0$. Mit $u_{\mathrm{T}3} = 0$ folgt aus $u_b - u_c = 0$ unter Einführung von (3.2.66a,b,c) mit $i_b + i_c = I_{\mathrm{ZK}}$

$$2L''_{\mathrm{d}} \frac{\mathrm{d}i_c}{\mathrm{d}t} = u''_{\mathrm{p}b} - u''_{\mathrm{p}c}. \qquad (3.2.71)$$

Daraus lässt sich der Stromverlauf $i_c(t)$ unmittelbar bestimmen und damit auch die Zeitdauer der Kommutierung. Der Verlauf $i_c(t)$ folgt aus (3.2.71) allgemein zu

$$i_c = \frac{\hat{u}}{2\omega L''_{\mathrm{d}}} \cos\left(\omega t + \varphi_{\mathrm{u}} - \frac{\pi}{2}\right) + C,$$

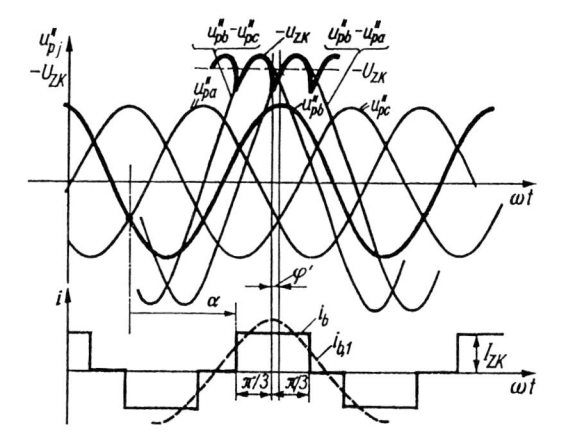

Bild 3.2.11 Ermittlung der Augenblickswerte der Spannung u''_{pb}, u''_{pc} und $u''_{\mathrm{pb}} - u''_{\mathrm{pc}}$ zum Zeitpunkt der Kommutierung des Stroms vom Strang b auf Strang c sowie Ermittlung der Zwischenkreisspannung $-u_{\mathrm{ZK}}$

wobei $\hat{u} \approx \hat{u}''_{\mathrm{p}}$ die Leiter-Leiter-Spannung an den Maschinenklemmen darstellt. Die Integrationskonstante C bestimmt sich aus der Bedingung, dass unmittelbar vor Einsetzen des Kommutierungsvorgangs $i_c = 0$ ist. Im Bild 3.2.12 ist der offenbar kritische Fall dargestellt, dass der Strom i_b gerade noch Null zu wird, ehe die Spannung $u''_{\mathrm{pb}} - u''_{\mathrm{pc}}$ negativ und damit $u_{\mathrm{T}2}$ wieder positiv wird, so dass dieser Thyristor nicht erlischt. In diesem Fall erhält man, entsprechend dem Zeitverlauf $i_c(t)$, den größten Wert für die Kommutierungsdauer. Sie ergibt sich aus Bild 3.2.12 zu

$$T_{\mathrm{K}} = \frac{1}{\omega} \arccos\left(1 - \frac{2\omega L''_{\mathrm{d}} I_{\mathrm{ZK}}}{\hat{u}}\right). \tag{3.2.72}$$

Aus dieser Beziehung folgt unmittelbar, dass die Kommutierungsdauer umso größer wird, je kleiner die Spannung ist, an der die Maschine betrieben wird. Unterhalb gewisser Werte der Spannung ist die maschinengeführte Kommutierung also nicht mehr möglich, da die Kommutierungsdauer dann größer als die Stromflussdauer wird.

Während der Kommutierung des Stroms vom Strang b auf den Strang c folgt mit $u_{\mathrm{T}2} = 0$ und $u_{\mathrm{T}3} = 0$ aus (3.2.71) $u_b = u_c$. Außerdem gilt für die Ströme entsprechend Bild 3.2.10 $i_b + i_c = I_{\mathrm{ZK}}$ und damit $\mathrm{d}i_c/\mathrm{d}t = -\mathrm{d}i_b/\mathrm{d}t$. Damit erhält man aus den Spannungsgleichungen (3.2.67)

$$u_b - u''_{\mathrm{pb}} = -(u_c - u''_{\mathrm{pc}}) \tag{3.2.73}$$

und folglich wegen $u_b = u_c$

$$u_b = u_c = \frac{u''_{\mathrm{pb}} + u''_{\mathrm{pc}}}{2}. \tag{3.2.74}$$

Im Bild 3.2.13 sind die Verläufe der Klemmspannungen u_b und u_c und der Ströme i_b und i_c in der Nähe einer Kommutierungszone dargestellt. Unter dem Einfluss der endlichen Kommutierungsdauer kommt es gegenüber der durch den Zündwinkel gegebenen Phasenlage der Stromgrundschwingung zu einer zusätzlichen Phasenverschiebung.

Bild 3.2.12 Ermittlung des Stromverlaufs während der Kommutierung sowie der Kommutierungsdauer T_K im Extremfall, dass am Ende der Kommutierung gerade $u''_{pb} - u''_{pc} = 0$ ist

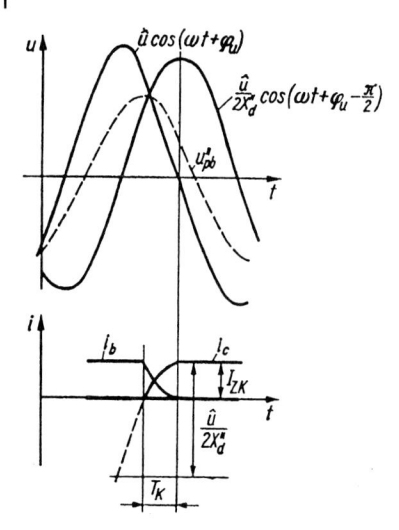

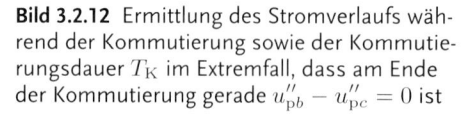

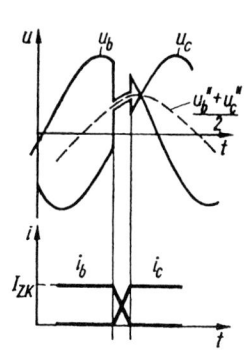

Bild 3.2.13 Verlauf der Klemmenspannungen der Stränge b und c in der Nähe des Kommutierungsvorgangs vom Strang b auf den Strang c

Die *Zwischenkreisspannung* u_{ZK} ergibt sich abschnittsweise als Differenz der Klemmenspannungen der jeweils stromführenden Wicklungsstränge. Mit der in der Stromrichtertechnik üblichen Festlegung der positiven Zählrichtung von u_{ZK} entsprechend Bild 3.2.10 erhält man unter Vernachlässigung der Spannungseinbrüche bzw. Spannungsübererhöhungen während der Kommutierung sowie mit $u_j = u''_{pj}$ nach (3.2.70) während des Stromflusses über T2 und T6

$$-u_{ZK} = u_{pb} - u_{pc} = u''_{pb} - u''_{pc}$$

und während des Stromflusses über T2 und T4

$$-u_{ZK} = u_{pb} - u_{pa} = u''_{pb} - u''_{pa} \;.$$

Im Bild 3.2.11 ist der Verlauf der Zwischenkreisspannung $-u_{ZK}$ ausgehend von diesen beiden Spannungen eingetragen worden. Unter Einführung des Zündwinkels α, der vom natürlichen Zündeinsatz bei positiver Zwischenkreisspannung aus gezählt wird, ergibt sich für den *Mittelwert der Zwischenkreisspannung*

$$\boxed{U_{ZK} = -\sqrt{2}U''_p \sqrt{3}\frac{3}{\pi} \int_{\alpha+\pi/3}^{\alpha+2\pi/3} \sin\omega t \, d\omega t = \sqrt{6}\frac{3}{\pi}U''_p \cos\alpha} \;. \qquad (3.2.75)$$

Unter Berücksichtigung des tatsächlichen Verlaufs der Klemmenspannungen u_j, der unter dem Einfluss der Kommutierung entsteht (s. Bild 3.2.13), ändert sich die Zwischenkreisspannung nach (3.2.75) in Abhängigkeit von der Höhe des Zwischenkreisstroms. Dabei wird der Betrag der Zwischenkreisspannung mit zunehmendem Zwischenkreisstrom größer.

Im Fall einer untererregten Synchronmaschine oder einer Induktionsmaschine ist keine selbstständige, durch die Maschine geführte Kommutierung möglich, sondern der Stromrichter muss um eigene Löschschaltungen erweitert werden. Man spricht dann von einem selbstgeführten Stromrichter. Eine ausführliche Behandlung der am Stromzwischenkreisumrichter betriebenen Induktionsmaschine findet sich in [40] sowie in [73].

3.2.5.2 Betriebsverhalten des Stromrichtermotors

Die Spannungsgleichungen für die Grundschwingungsgrößen der Stränge j in der Darstellung der komplexen Wechselstromrechnung können mit (3.2.67) geschrieben werden als[7)]

$$\underline{u}_{j,1} = jX_d \underline{i}_{j,1} + \underline{u}_{pj,1} = jX_d'' \underline{i}_{j,1} + \underline{u}_{pj}'' . \qquad (3.2.76)$$

Insbesondere gilt für den Strang a

$$\boxed{\underline{u}_{a,1} = jX_d \underline{i}_{a,1} + \underline{u}_{pa,1} = jX_d'' \underline{i}_{a,1} + \underline{u}_{pa}''} . \qquad (3.2.77)$$

Im Bild 3.2.14 ist das der Beziehung (3.2.77) entsprechende Zeigerbild für Motorbetrieb bei voreilendem Strom, d. h. für den Fall der Übererregung, dargestellt. Mit Hilfe von (3.2.76) und (3.2.77) bzw. unter Verwendung des zugeordneten Zeigerbilds erhält man die Spannungen $\underline{u}_{pj}''$.

In Analogie zur Definition des Polradwinkels δ als $\delta = \varphi_{up} - \varphi_u$ und des Winkels $\varphi = \varphi_u - \varphi_i$ der Phasenverschiebung zwischen Strom und Spannung der Stränge wird für die relativen Phasenverschiebungen der Grundschwingungsgrößen in (3.2.76) bzw.

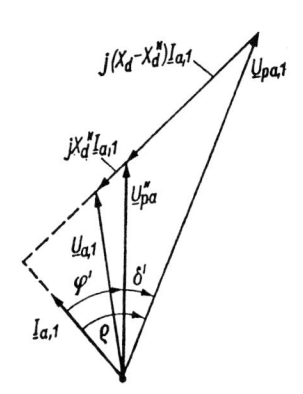

Bild 3.2.14 Zeigerbild der Grundschwingungsgrößen des Stromrichtermotors im Strang a bei Übererregung entsprechend (3.2.77)

[7)] Man vergleiche auch (3.1.170), Seite 520, wobei dort die Kennzeichnungen als zum Strang a gehörig vereinbarungsgemäß weggelassen und bezogene Größen eingeführt wurden.

3 Dreiphasen-Synchronmaschine

(3.2.77) eingeführt (s. Bild 3.2.14)

$$\delta' = \varphi_{\mathrm{up},1} - \varphi''_{\mathrm{up}} \tag{3.2.78}$$

$$\varphi' = \varphi''_{\mathrm{up}} - \varphi_{\mathrm{i},1} \ . \tag{3.2.79}$$

Die Bezugnahme auf die Phasenlage $\varphi''_{\mathrm{up}j}$ der Spannung $u''_{\mathrm{p}j}$ ist erforderlich, weil allein diese Spannung – wie bereits erwähnt – rein sinusförmig ist und entsprechend (3.2.69) außerhalb der Kommutierungsvorgänge die Klemmenspannung als $u_j = u''_{\mathrm{p}j}$ festlegt. Dementsprechend übernehmen die Spannungen $u''_{\mathrm{p}j}$ die Funktion der Spannungen des starren Netzes bei der üblichen Behandlung von Stromrichteranordnungen.

Die Polradspannung in (3.2.77) ergibt sich ausgehend von der der Behandlung des Leerlaufs der Synchronmaschinen im Abschnitt 3.1.8.7, Seite 516, als

$$\underline{u}_{\mathrm{pa},1} = \hat{u}_{\mathrm{p},1} \mathrm{e}^{\mathrm{j}\varphi_{\mathrm{up},1}} = x_{\mathrm{afd}} I_{\mathrm{fd}} \mathrm{e}^{\mathrm{j}\varphi_{\mathrm{up},1}} \ .$$

Unter Beachtung der Beziehungen zu den physikalischen Größen, die sich aus den Zuordnungen in (3.1.43), Seite 479, sowie durch die Festlegung der Grundbezugsgrößen im Abschnitt 3.1.3.1, Seite 476, ergeben, erhält man mit $\omega_{\mathrm{N}} = 2\pi p n_{0\mathrm{N}}$

$$\underline{u}_{\mathrm{pa},1} = \hat{u}_{\mathrm{p},1} \mathrm{e}^{\mathrm{j}\varphi_{\mathrm{up},1}} = 2\pi p n_{0\mathrm{N}} L_{\mathrm{afd}} I_{\mathrm{fd}} \mathrm{e}^{\mathrm{j}\varphi_{\mathrm{up},1}} \ . \tag{3.2.80}$$

Der Betrag der Grundschwingung der Polradspannung ist demnach proportional zur Drehzahl (vgl. Bd. *Grundlagen elektrischer Maschinen*, Abschn. 6.4.2). Das ist die Grundlage dafür, dass sich eine dem Verhalten der Gleichstrommaschine entsprechende Abhängigkeit zwischen der Zwischenkreisspannung des Umrichters und der Drehzahl ergibt.

Die Phasenlage $\varphi_{\mathrm{i}j,1}$ der Ankerströme $\underline{i}_{j,1}$ gegenüber der Phasenlage $\varphi_{\mathrm{up}j,1}$ der Polradspannungen $u_{\mathrm{p}j,1}$ ist bei Vernachlässigung des Einflusses einer endlichen Kommutierungsdauer allein durch die Einstellung des Lagegebers[8] festgelegt. Dementsprechend wird als *Steuerwinkel* ϱ eingeführt

$$\boxed{\varrho = \varphi_{\mathrm{up},1} - \varphi_{\mathrm{i},1}} \ . \tag{3.2.81}$$

Der Zündimpuls zur Einleitung der Stromübernahme durch den Thyristor vor dem betrachteten Strang ist dann um $\Delta \omega t = \pi/3$ vor dem gewünschten Zeitpunkt des Strommaximums auszulösen. Zur Erläuterung der Zusammenhänge ist im Bild 3.2.15 eine zweipolige schematische Darstellung einer Dreiphasen-Synchronmaschine gegeben. Wenn entsprechend bisheriger Gepflogenheit der Winkel ϑ zwischen der Achse des Strangs a und der Längsachse eingeführt wird, ändert sich der vom Erregerstrom herrührende Fluss durch den Strang a offensichtlich in Abhängigkeit von ϑ und dem

---

[8] Die Ermittlung der Läuferlage kann auch durch Auswertung der in der Ankerwicklung induzierten Spannung erfolgen, so dass kein separater Geber erforderlich ist.

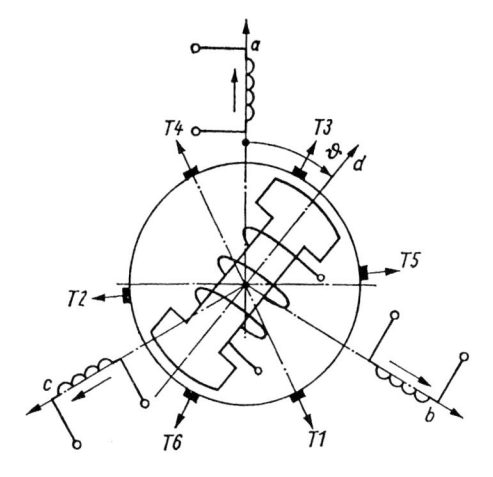

Bild 3.2.15 Schematische Darstellung einer zweipoligen Synchronmaschine mit Impulsgeber zur Auslösung der Zündimpulse für die einzelnen Thyristoren nach Bild 3.2.10

Fluss Φ_p der Induktionshauptwelle entsprechend $\Phi_a = \Phi_\mathrm{p} \cos \vartheta$, und man erhält als zugehörige Spannung im Strang a, d. h. als Polradspannung,

$$u_{\mathrm{pa},1} = (w\xi_\mathrm{p})_1 \Phi_\mathrm{p} \frac{\mathrm{d}\vartheta}{\mathrm{d}t} \cos\left(\vartheta + \frac{\pi}{2}\right) = \omega(w\xi_\mathrm{p})\Phi_\mathrm{p} \cos\left(\omega t + \frac{\pi}{2}\right)$$

mit $\mathrm{d}\vartheta/\mathrm{d}t = \omega = 2\pi n$. Die Spannung erreicht ihren Maximalwert, wenn das Polsystem die Lage $\vartheta = 3\pi/2$ eingenommen hat. Der Strom im Strang a muss gegenüber diesem Zeitpunkt um $\Delta\omega t = (\varrho + \pi/3)$ eher zu fließen beginnen. Dann muss der entsprechende Zündimpuls für den zugehörigen Thyristor T1 vor dem Strang a (s. Bild 3.2.10) in der Lage $\vartheta = 3\pi/2 - \varrho - \pi/3 = 7\pi/6 - \varrho$ ausgelöst werden. Im Bild 3.2.15 sind entsprechende Sensoren für eine relative Phasenlage zwischen $\underline{u}_{\mathrm{pa},1}$ und $\underline{i}_{a,1}$ nach Bild 3.2.14 angedeutet. Im Abstand von jeweils $\Delta\omega t = 2\pi/3$ müssen dann die Zündimpulse für die Thyristoren T2 und T3 erzeugt werden. Der Strom im Strang a fließt während der ersten Hälfte der Stromflussdauer des Thyristors T1 durch den Strang b und den Thyristor T5, während er sich in der zweiten Hälfte über den Strang c und den Thyristor T6 schließt. Dementsprechend muss der Zündimpuls für den Thyristor T6 um $\Delta\omega t = \pi/3$ nach dem Zündimpuls für den Thyristor T1 ausgelöst werden. Die Zündimpulse für die Thyristoren T4 und T5 folgen dann wiederum im Abstand von $2\pi/3$. Unter dem Einfluss des Erregerstroms und der Drehzahl ändert sich der Betrag der Polradspannung $\underline{u}_{\mathrm{pa},1}$ und unter dem Einfluss des geforderten Drehmoments der Betrag des Ankerstroms $\underline{i}_{a,1}$. Die relative Phasenlage zwischen $\underline{u}_{\mathrm{pa},1}$ und $\underline{i}_{a,1}$ bleibt jedoch erhalten und ist allein durch den Steuerwinkel festgelegt, der wiederum allein durch die Einstellung des Lagegebers gegeben ist (s. Bild 3.2.16). Um den Einfluss der Nicht-Sinusförmigkeit der Ströme zu berücksichtigen, empfiehlt es sich, eine Darstellung mit komplexen Augenblickswerten vorzunehmen. Dabei ist daran zu erinnern, dass die komplexen Augenblickswerte solcher Variablen, die ein symmetrisches Dreiphasensystem mit sinusförmigen Größen positiver Phasenfolge bilden, entsprechend

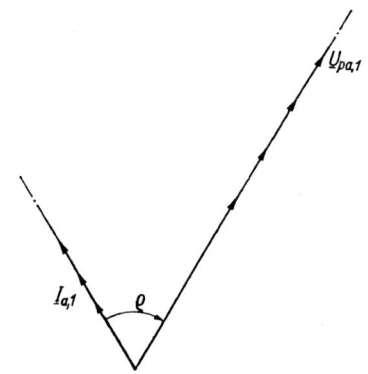

Bild 3.2.16 Zeigerbild der Polradspannung $\underline{U}_{\mathrm{pa},1}$ und des Ankerstroms $\underline{I}_{a,1}$ bei konstantem Steuerwinkel ϱ. Einflussnahme auf U_{p} durch Erregerstrom und Drehzahl; Einflussnahme auf I durch das geforderte Drehmoment

(2.1.71) und (2.1.70), Seite 303, unmittelbar als

$$\vec{g}^{\mathrm{S}} = \underline{g}\mathrm{e}^{\mathrm{j}\omega t} = \underline{g}_a \mathrm{e}^{\mathrm{j}\omega t} \tag{3.2.82}$$

angegeben werden können. Das trifft entsprechend den vorstehenden Überlegungen bzw. den Betrachtungen im Abschnitt 3.4 für die Spannungen $u''_{\mathrm{p}j}$ hinter der subtransienten Reaktanz zu, die man aus dem Zusammenspiel der Grundschwingungsgrößen über (3.2.76) bzw. (3.2.77) erhält. Für diese Spannungen gilt also bei Darstellung in Ständerkoordinaten

$$\vec{u}''^{\,\mathrm{S}}_{\mathrm{p}} = \underline{u}''_{\mathrm{pa}} \mathrm{e}^{\mathrm{j}\omega t} \ . \tag{3.2.83}$$

Der komplexe Augenblickswert $\vec{i}^{\,\mathrm{S}}$ der Ankerströme hat einen Betrag von $|\vec{i}^{\,\mathrm{S}}| = {}^2/_3\, I_{\mathrm{ZK}}$ und springt im Fall der Darstellung in Ständerkoordinaten jeweils beim Weiterschalten des Zwischenkreisstroms auf den folgenden Strang um den Winkel $\pi/6$.

Auf der Grundlage der Gültigkeit des Prinzips der Flusskonstanz für die Kreise des Polsystems der vorausgesetzten vereinfachten Vollpolmaschine stellt sich die Flussverkettungsgleichung des Ankers im Bereich der komplexen Augenblickswerte und bei Beschreibung in Ständerkoordinaten dar als

$$\boxed{\vec{\psi}^{\,\mathrm{S}} = L''_{\mathrm{d}}\vec{i}^{\,\mathrm{S}} + \vec{\psi}''^{\,\mathrm{S}}_{\mathrm{p}}} \ . \tag{3.2.84}$$

Daraus folgt über $\vec{u}^{\,\mathrm{S}} = \mathrm{d}\vec{\psi}^{\,\mathrm{S}}/\mathrm{d}t$ mit (3.2.82) für die Grundschwingungsgrößen des Strangs a wiederum (3.2.77). Die Flussverkettung $\vec{\psi}''^{\,\mathrm{S}}_{\mathrm{p}}$ ist also der Spannung $\underline{u}''_{\mathrm{pa}}$ zugeordnet. Da letztere nur aus dem Grundschwingungsanteil besteht, gilt also allgemein unter Beachtung von (3.2.82)

$$\vec{\psi}''^{\,\mathrm{S}}_{\mathrm{p}} = -\mathrm{j}\frac{1}{\omega}\vec{u}''^{\,\mathrm{S}}_{\mathrm{p}} = -\mathrm{j}\frac{1}{\omega}\underline{u}''_{\mathrm{pa}}\mathrm{e}^{\mathrm{j}\omega t} = \underline{\psi}''_{\mathrm{pa}}\mathrm{e}^{\mathrm{j}\omega t} \ . \tag{3.2.85}$$

Das Drehmoment lässt sich ausgehend von den komplexen Augenblickswerten bei Beschreibung in Ständerkoordinaten mit (2.1.7a), Seite 286, gewinnen als

$$m = -\frac{3}{2}p\,\mathrm{Im}\{\vec{\psi}^{\,\mathrm{S}}\vec{i}^{\,\mathrm{S}*}\} \ .$$

Daraus folgt durch Einführen von (3.2.84) und (3.2.85)

$$m = -\frac{3}{2}p\,\text{Im}\{\vec{\psi}_p''^S \vec{i}^{S*}\} = -\frac{3}{2}p\,\text{Im}\left\{\underline{\psi}_{pa}''\,\vec{i}^{S*}e^{j\omega t}\right\} = \frac{3p}{2\omega}\text{Re}\left\{\underline{u}_{pa}''\,\vec{i}^{S*}e^{j\omega t}\right\}$$
$$= \frac{3p}{2\omega}\text{Re}\left\{\underline{u}_{pa}''(\vec{i}^S e^{-j\omega t})^*\right\}. \tag{3.2.86}$$

Der komplexe Augenblickswert $\vec{i}^S$ springt entsprechend Tabelle 1.10.3 und Bild 1.10.7 nach jeweils $T/6$ um einen Winkel $\pi/3$, so dass er nach einer Periode T einen vollständigen Umlauf vollzogen hat. Diese diskontinuierliche Bewegung tritt an die Stelle der Bewegung mit konstanter Winkelgeschwindigkeit ω im Fall sinusförmiger Größen und hat ihre Ursache in der Rechteckform der Stromverläufe, durch die sich die Stromverteilung nur jeweils nach $T/6$ sprunghaft ändert.

Die Größe $\vec{i}^S e^{-j\omega t}$ ist ein Zeiger, der sich während $T/6$ mit konstanter Geschwindigkeit im mathematisch negativen Sinn um $\pi/3$ bewegt und danach um den Winkel $\pi/3$ zurückspringt. Dabei entspricht die mittlere Lage von $\vec{i}^S e^{-j\omega t}$ der Lage des Zeigers $\underline{i}_{a,1}$, und es besteht die Beziehung

$$I_{a,1} = \frac{4}{\pi}\cos\frac{\pi}{6}I_{ZK} = \frac{4}{\pi}\frac{1}{2}\sqrt{3}\frac{3}{2}\frac{1}{\sqrt{2}}|\vec{i}^S| = 1{,}16|\vec{i}^S|\,.$$

Im Bild 3.2.17 ist in das Zeigerbild der Grundschwingungsgrößen nach Bild 3.2.14 der Pendelbereich des Zeigers $\vec{i}^S e^{-j\omega t}$ eingetragen worden. Entsprechend (3.2.86) erhält man den Augenblickswert des Drehmoments aus der Projektion des Zeigers $\vec{i}^S e^{-j\omega t}$ auf den Zeiger $\underline{u}_{pa}''$ bzw. umgekehrt. Damit pendelt das Drehmoment mit der Frequenz $f = 6\omega/(2\pi)$ zwischen einem Maximalwert $m_{\max}$ und einem Minimalwert $m_{\min}$. Der Mittelwert ergibt sich aus der Lage des Grundschwingungszeigers $\underline{i}_{a,1}$. Der Unterschied zwischen $m_{\max}$ und $m_{\min}$ wird umso kleiner, je geringer die Phasenverschiebung $\varphi' = \varphi_{up}'' - \varphi_{i,1}$ ist. Im Extremfall mit $\varphi' = 0$ wird

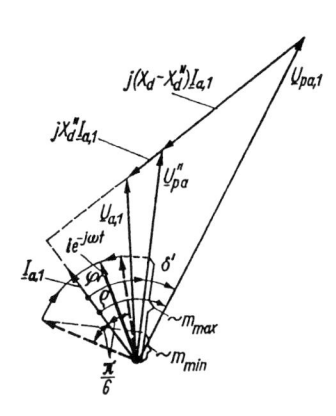

Bild 3.2.17 Ergänzung des Zeigerbilds der Grundschwingungsgrößen nach Bild 3.2.14 um den Ankerstrom $\vec{i}^S e^{-j\omega t}$

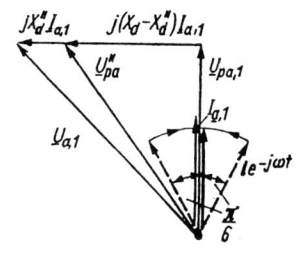

Bild 3.2.18 Zeigerbild der Grundschwingungsgrößen und des Ankerstroms $\vec{i}^S e^{-j\omega t}$ für den Steuerwinkel $\varrho = 0$

$m_\text{min}/m_\text{max} = \cos \pi/6 = \sqrt{3}/2$; im anderen Extremfall mit $\varphi' = \pi/2$ verschwindet der Mittelwert des Drehmoments.

Im Bestreben, mit elektronischen Mitteln ein Abbild der Gleichstrommaschinen zu schaffen, müsste der Steuerwinkel $\varrho = 0$ eingestellt werden. Man erhält dann ein Zeigerbild, wie es im Bild 3.2.18 dargestellt ist. Ein derartiger Betriebszustand lässt sich allerdings entsprechend den Überlegungen im Abschnitt 3.2.5.1 bei durch die Maschinenspannung ausgelöster Kommutierung nicht einstellen, da $\varphi''_\text{up} - \varphi_{\text{i},1} > 0$ wird und damit die Stromübernahme durch den folgenden Thyristor nicht gewährleistet ist. Abgesehen davon erhält man durchaus das Abbild einer Gleichstrommaschine. Es bildet sich natürlich ein Querfeld aus, das der Spannung $\text{j}(X_\text{d} - X''_\text{d})\underline{i}_{a,1}$ entspricht, und bestimmt die konstante Flussverkettung $\underline{\psi}''_{\text{p}a}$ bzw. die zugeordnete Spannung $\underline{u}''_{\text{p}a}$. Das ist zwar bei der Gleichstrommaschine durchaus analog, wird aber gewöhnlich bei deren Behandlung nicht dargestellt, da dieses Querfeld keinen Beitrag zum Drehmoment liefert, wie übrigens auch im vorliegenden Fall. Im Unterschied zur Gleichstrommaschine erhält man relativ große Amplituden des Pendelmoments. Bei der üblichen Behandlung der Gleichstrommaschine wird die Kommutatorstegzahl bzw. die Anzahl von Spulen zwischen zwei Bürsten so groß angenommen, dass die Pendelbewegung des Zeigers $\vec{i}^\text{S}\text{e}^{-\text{j}\omega t}$ bzw. der entsprechend (1.8.41a) zugeordneten Ankerdurchflutung nicht berücksichtigt zu werden braucht. Streng genommen treten jedoch die gleichen Erscheinungen auf. Darauf wurde schon im Abschnitt 1.7.4.1, Seite 193, hingewiesen (vgl. Bild 1.7.16).

Um das von einem Stromrichtermotor entwickelte Pendelmoment zu reduzieren, ist es also erforderlich, die Pendelbewegung des Zeigers $\vec{i}^\text{S}\text{e}^{-\text{j}\omega t}$ zu reduzieren. Unter der Voraussetzung eines weiterhin blockförmigen Stromverlaufs kann dies nur durch Vergrößerung der Strangzahl geschehen. Stromrichtermotoren großer Leistung werden daher in der Regel mit $m = 6$ Strängen ausgeführt. Die Lage der Strangachsen im Koordinatensystem γ und die damit korrespondierenden Phasenwinkel der Stromgrundschwingungen in den Strängen gehen aus Bild 1.5.22, Seite 113 hervor. Die Strangzahl $m = 6$ wird vor allem deswegen gewählt, weil der erforderliche Stromrichter dann auf einfache Weise aus zwei Teilstromrichtern nach Bild 3.2.10 aufgebaut werden kann, die jeweils drei Stränge speisen. Die Ausgangsströme der beiden Teilstromrichter müssen dabei gleich groß und lediglich zueinander um $\pi/6$ phasenverschoben sein. Der Zeitverlauf der Ausgangsströme jedes Teilstromrichters entspricht also abgesehen von der Phasenverschiebung zwischen den beiden Teilen weiterhin Bild 1.10.6, Seite 280.

Wenn auch die sechssträngige Wicklung selbst als aus zwei dreisträngigen Wicklungen bestehend aufgefasst wird, die im Koordinatensystem γ um $\pi/6$ am Umfang versetzt angeordnet sind, lässt sich der komplexe Augenblickswert des Ankerstroms durch Addition des den Strängen a', b', c' zugeordneten Zeigers $\vec{i}^{\text{S}'}$ und des Zeigers $\vec{i}^{\text{S}''}$, der den Strängen a'', b'', c'' zugeordnet ist, ermitteln. Bild 3.2.19 stellt dies ausgehend vom Bild 1.10.7, Seite 281, dar. Der komplexe Augenblickswert des Ankerstroms kann also zwölf verschiedene Lagen einnehmen, die jeweils um $\pi/6$ gegeneinander

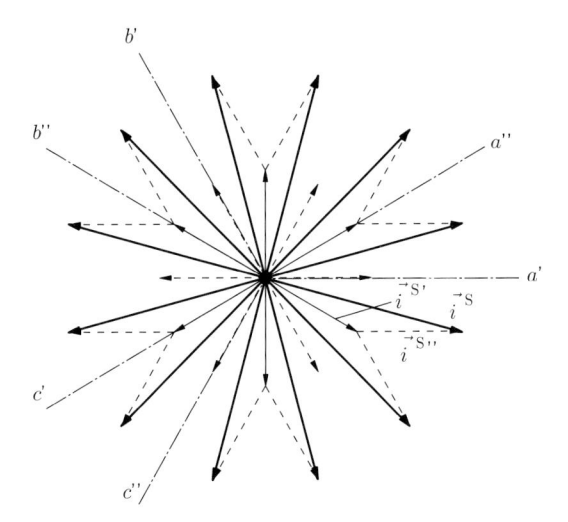

Bild 3.2.19 Mögliche Lage des komplexen Augenblickswerts $\vec{i}_S$ in Ständerkoordinaten bei einem sechssträngigen Stromrichtermotor.
─────── $\vec{i}^{S\prime}$ der Stränge a', b', c'
─ ─ ─ ─ $\vec{i}^{S\prime\prime}$ der Stränge a'', b'', c''
─────── Resultierender Augenblickswert $\vec{i}^S = \vec{i}^{S\prime} + \vec{i}^{S\prime\prime}$
─·─·─ Lage der Strangachsen

verschoben sind. Der Pendelbereich des Zeigers $\vec{i}^S e^{-j\omega t}$ halbiert sich also im Vergleich zur dreisträngigen Ausführung auf $\pm\pi/12$. Damit verringert sich auch die Amplitude des erzeugten Pendelmoments, und seine Frequenz verdoppelt sich.

Die Entwicklung des Zeitverlaufs der Strangströme in eine Fourierreihe (s. Anh. III) zeigt, dass dort neben der Grundschwingung Oberschwingungen der Ordnungszahlen

$$\lambda = 6g \pm 1 \text{ mit } g \in \mathbb{N} \tag{3.2.87}$$

enthalten sind. Wie im Abschnitt 3.2.4, Seite 551, erläutert wurde, besitzen dabei die Oberschwingungen, deren Ordnungszahl mit dem unteren Vorzeichen gebildet wurde, in einem Dreiphasensystem eine negative Phasenfolge. Entsprechend (3.2.57) lässt sich der komplexe Augenblickswert des Ankerstroms der ersten dreisträngigen Teilwicklung darstellen als

$$\vec{i}^{S\prime} = \sum_{\lambda=1}^{\infty} \hat{i}'_\lambda e^{\pm j(\lambda\omega t + \varphi_{i\lambda})} . \tag{3.2.88a}$$

Dabei gilt das untere Vorzeichen wiederum für die Oberschwingungen, die ein Dreiphasensystem mit negativer Phasenfolge bilden. Da die Bezugsstränge der beiden dreisträngigen Teilwicklungen um den bezogenen Winkel $\pi/6$ am Umfang versetzt sind und außerdem die zweite Teilwicklung um eine sechstel Periode der Grundschwingung phasenverschoben gespeist wird, hängen die komplexen Augenblickswerte der

Teilwicklungen über $\vec{i}^{S''}(t) = \vec{i}^{S'}(t - \pi/(6\omega))e^{j\pi/6}$ zusammen. Daraus folgt

$$\vec{i}^{S''} = \sum_{\lambda=1}^{\infty} \hat{i}'_\lambda e^{j[\pm\lambda(\omega t-\pi/6)\pm\varphi_{i\lambda}+\pi/6]} = \sum_{\lambda=1}^{\infty} \hat{i}'_\lambda e^{j[\pm\lambda\omega t\pm\varphi_{i\lambda}+(1\mp\lambda)\pi/6]} . \quad (3.2.88b)$$

Die komplexen Augenblickswerte der Ströme der beiden Teilwicklungen nach (3.2.88a,b), deren Summe den resultierenden komplexen Augenblickswert des Ankerstroms ergibt, besitzen also mit λ nach (3.2.87) die Phasendifferenz

$$\Delta\varphi = (1 \mp (6g \pm 1))\frac{\pi}{6} = \mp g\pi . \quad (3.2.89)$$

Ist g eine gerade Zahl, d. h. für $\lambda = 11, 13, 23, 25 \ldots$, sind die beiden Summanden des resultierenden komplexen Augenblickswerts also gerade gleichphasig; ist g ungerade, sind sie in Gegenphase und löschen sich aus. Für $\lambda = 5, 7, 17, 19 \ldots$ verschwindet also der komplexe Augenblickswert des Ankerstroms. Damit verschwindet auch die resultierende Hauptwelle der Durchflutung, und die genannten Oberschwingungen bauen keine Hauptwelle der Induktion auf. Folglich entsteht nach (3.2.62), Seite 554, aus diesen Oberschwingungen auch kein Beitrag zum Drehmoment. Wie bereits beobachtet worden war, verdoppelt sich nach (3.2.63) die niedrigste Pendelmomentfrequenz auf $f_M = 12f$.

Um die durch die Maschinenspannung ausgelöste Kommutierung zu gewährleisten, muss der Steuerwinkel so groß gemacht werden, dass die Forderung $\varphi''_{up} - \varphi_{i,1} < 0$ auch im Fall des größten zugelassenen Ankerstroms erfüllt bleibt. Dabei ist es erforderlich, mit Rücksicht auf die endliche Kommutierungszeit (s. Abschn. 3.2.5.1) sowie die erforderliche Erholzeit der Thyristoren einen gewissen Sicherheitsabstand von dem Fall $\varrho - \delta' < 0$ zu halten. Außerdem erkennt man, dass unter dem Gesichtspunkt der Gewährleistung einer gewissen Überlastbarkeit ein Steuerwinkel eingestellt werden muss, der im Bemessungsbetrieb auf eine größere Phasenverschiebung zwischen $\underline{i}_{a,1}$ und $\underline{u}''_{pa}$ führt, als mit Rücksicht auf die oben genannten Einflüsse erforderlich wäre. Im Bild 3.2.20a ist das Zeigerbild für die Grundschwingungsgrößen dargestellt, bei dem im Fall eines Überstroms $\ddot{u}I_{\text{str N},1}$ gerade $\varphi' = 0$ wird. Wenn dabei Bemessungsspannung $U_{\text{str N}}$ herrscht, folgt für den Steuerwinkel

$$\tan\varrho = \frac{(X_d - X''_d)\ddot{u}I_{\text{str N},1}}{U_{\text{str N}}} = (x_d - x''_d)\ddot{u} ,$$

wobei x_d und x''_d die in üblicher Form bezogenen Reaktanzen sind. Bei Bemessungsstrom $I_{\text{str N},1}$ und ungeändertem Erregerstrom herrscht dann eine endliche Phasenverschiebung zwischen $\underline{u}''_{pa}$ und $\underline{i}_{a,1}$, d. h. ein endlicher Wert des Winkels φ'. Für diesen ergibt sich aus Bild 3.2.20b

$$\tan\varphi' = (x_d - x''_d)(\ddot{u} - 1) .$$

Der Winkel φ' im Bemessungsbetrieb bleibt offensichtlich bei gegebener Spannung umso kleiner, je niedriger die Reaktanz $x_d - x''_d$ bzw. die synchrone Reaktanz x_d allein

Bild 3.2.20 Einfluss der Gewährleistung einer Stromüberlastbarkeit.
a) Einfluss auf den erforderlichen Wert des Steuerwinkels;
b) Einfluss auf die dann im Bemessungsbetrieb vorliegende Phasenverschiebung φ' zwischen $\underline{u}''_{\mathrm{pa}}$ und $\underline{i}_{a,1}$

Bild 3.2.21 Zur Übereinstimmung der Ortskurve für $\underline{U}''_{\mathrm{pa}}(I_{a,1})$ aus der Sicht der Spannungsbereitstellung durch den Umrichter und aus dem Verhalten bei konstanter Drehzahl und konstantem Erregerstrom

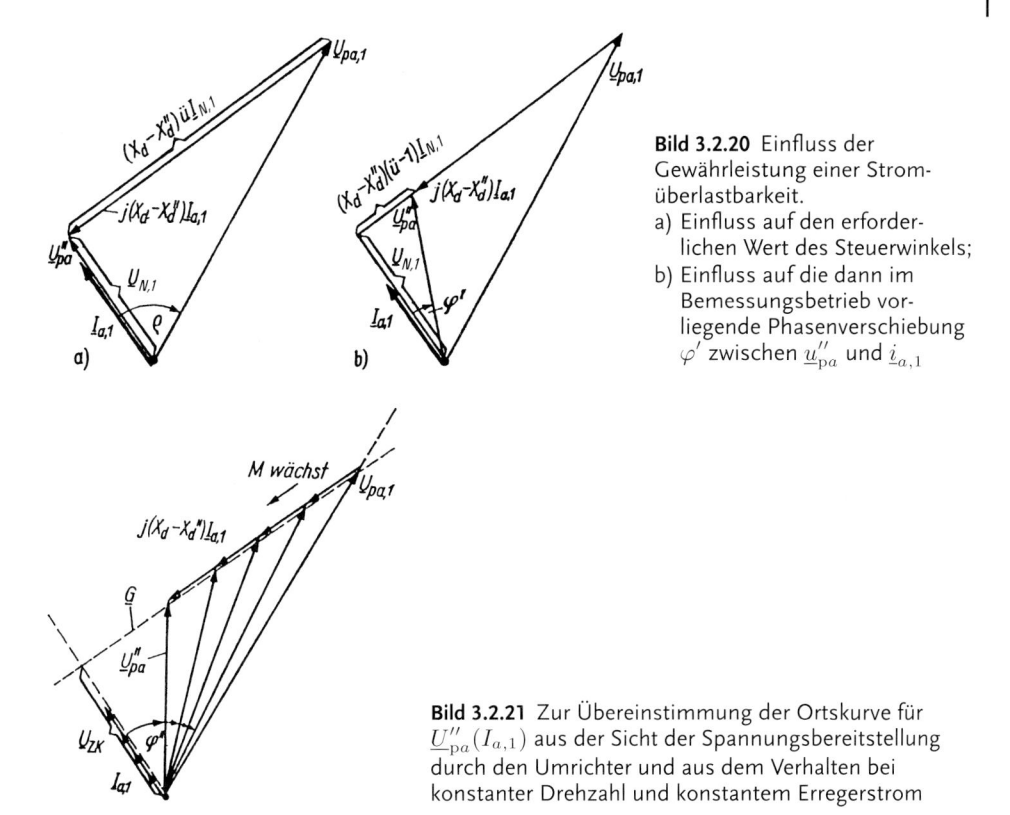

ist. Je kleiner aber der Winkel φ' ist, umso geringer sind die Pendelmomente. Es empfiehlt sich also, Stromrichtermotoren mit einem kleinen Wert der synchronen Reaktanz x_{d} auszuführen.

Das Verhalten des Stromrichtermotors bei Betrieb an konstanter Zwischenkreisspannung, bei konstantem Steuerwinkel und konstantem Erregerstrom lässt sich unmittelbar aus einer näheren Betrachtung des Zeigerbilds für die Grundschwingungsgrößen gewinnen. Wenn die Zwischenkreisspannung konstant ist, ändert sich die Spannung U''_{p} hinter der subtransienten Reaktanz entsprechend den Überlegungen im Abschnitt 3.2.5.1 unter Vernachlässigung der ohmschen Spannungsabfälle und der endlichen Kommutierungsdauer gemäß (3.2.74) nach $U''_{\mathrm{p}} \sim U_{\mathrm{ZK}}/\cos\alpha$. Unter Beachtung von $\alpha = \pi - \varphi'$ entsprechend Bild 3.2.11 folgt daraus $U''_{\mathrm{p}} = U_{\mathrm{ZK}}/\cos\varphi'$. Ausgehend von der Phasenlage des Stroms $\underline{i}_{a,1}$ bewegt sich der Zeiger $\underline{U}_{\mathrm{pa}}$ unter der Voraussetzung einer konstanten Zwischenkreisspannung auf einer Geraden G, die senkrecht auf der Phasenlage des Stroms steht (s. Bild 3.2.21). Wenn man den entsprechenden Wert der Zwischenkreisspannung einstellt, erhält man offensichtlich aus der Sicht der Bereitstellung der Spannung $\underline{U}''_{\mathrm{pa}}$ die gleiche Ortskurve für $\underline{U}''_{\mathrm{pa}}(I_{a,1})$, die sich ausgehend von einer konstanten Polradspannung $U''_{\mathrm{pa},1}$ ergibt. Einem festen Wert des Erregerstroms ist aber entsprechend (3.2.80) eine konstante Drehzahl zugeordnet. Das bedeutet, dass in allen Arbeitspunkten auf der Gerade $\underline{G}$ im Bild 3.2.21 dieselbe Drehzahl herrscht, die der Größe von $U_{pa,1}$ und dem eingestellten Erregerstrom zugeordnet ist. Man erhält auf der Basis der hier erfolgten vereinfachten Betrachtungsweise ein ideales Nebenschlussverhalten, wie es auch die Gleichstrom-Nebenschlussmaschine unter Vernachlässigung des Ankerwiderstands und der Ankerrückwirkung besitzt. Wie im Abschnitt 6.10.2 des Bands *Grundlagen elektrischer Maschinen* gezeigt wird, kommt es mit zunehmendem Drehmoment zu einer gewissen Absenkung der Drehzahl. Wenn die Zwischenkreisspannung geändert wird, muss sich entsprechend Bild 3.2.21 proportional zu ihr auch die Polradspannung $U_{pa,1}$ ändern bzw. bei konstant gehaltenem Erregerstrom entsprechend (3.2.80) die Drehzahl. Wenn man bei konstanter Zwischenkreisspannung den Erregerstrom verkleinert, erfordert (3.2.80), dass sich die Drehzahl in demselben Maß vergrößert, damit die gleiche Spannung $U_{pa,1}$ entsteht. Das Steuerverhalten entspricht also sowohl bezüglich der Ankerspannung als auch hinsichtlich des Erregerstroms dem der Gleichstrom-Nebenschlussmaschine. Der Stromrichtermotor verhält sich entsprechend den vorstehenden Überlegungen weitgehend wie eine Gleichstrommaschine. Wenn er in einem Antrieb mit Drehzahlregelung eingesetzt werden soll, wird man die Regelung analog zu der von Gleichstromantrieben als Drehzahlregelung mit unterlagerter Stromregelung aufbauen. Im Bild 3.2.22 ist die Prinzipanordnung einer derartigen Regelschaltung aufbauend auf Bild 3.2.8 dargestellt.

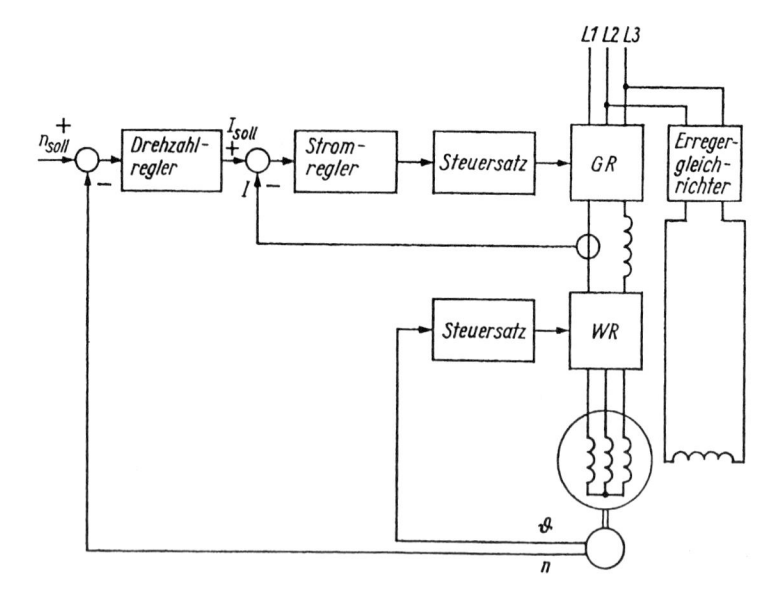

Bild 3.2.22 Prinzipanordnung einer Regelschaltung für einen Stromrichtermotor ausgehend von dessen Schaltung nach Bild 3.2.8

3.3
Oberwellenerscheinungen im stationären Betrieb

3.3.1
Oberwellenspektrum

Die Behandlung des stationären Betriebs der Synchronmaschine in den Abschnitten 3.1 und 3.2 erfolgte auf Basis der Hauptwellenverkettung, so dass es bisher nicht erforderlich war, die im stationären Betrieb auftretenden Oberwellen des Lufspaltfelds zu betrachten. Diese Vorgehensweise ist – wie schon bei Induktionsmaschinen – grundsätzlich gerechtfertigt. Allerdings werden Synchronmaschinen oft mit Bruchlochwicklungen ausgeführt, die eine höheren Anteil von Oberwellen erzeugen als die bei Induktionsmaschinen üblichen Ganzlochwicklungen (s. Bd. *Berechnung elektrischer Maschinen*, Abschn. 1.2.5.). Im Extremfall der bei permanenterregten Maschinen gerne ausgeführten *Zahnspulenwicklungen* übersteigt der Koeffizient der Oberwellenstreuung, der ein Maß für die Gesamtheit der von einer Wicklung erzeugten Oberwellenfelder ist (s. Bd. *Berechnung elektrischer Maschinen*, Abschn. 1.2.5 u. 3.7.3), den bei Ganzlochwicklungen auftretenden um mehr als das Einhundertfache. Aber auch die Pollücke von Schenkelpolmaschinen trägt zur Entstehung zusätzlicher Oberwellen des Luftspaltfelds bei.

Aufgrund der durch Bruchlochwicklungen i. Allg. hervorgerufenen Drehwellen mit Ordnungszahlen $\nu' < p$ empfiehlt es sich, die Koordinaten $\gamma_1' = \gamma_1/p$ und $\gamma_2' = \gamma_2/p$ zu verwenden. Wenn in der Erregerwicklung ein Gleichstrom fließt und die Ankerwicklung mit einem symmetrischen Dreiphasensystem sinusförmiger Ströme mit positiver Phasenfolge und der Kreisfrequenz ω gespeist wird, setzt sich das resultierende Luftspaltfeld im stationären synchronen Betrieb analog zur im Abschnitt 2.5.1, Seite 393, gewählten Darstellung für die Induktionsmaschine im Wesentlichen aus den im Folgenden zusammengestellten Drehwellen der Form

$$B_{\nu'}(\gamma_1', t) = \hat{B}_{\nu'} \cos(\tilde{\nu}'\gamma_1' - \omega_{\nu'}t - \varphi_{\nu'}) \tag{3.3.1}$$

zusammen:

1. *Resultierende Hauptwelle* mit

$$\tilde{\nu}' = p \, , \ \omega_{\nu'} = \omega \, , \tag{3.3.2}$$

die vor allem aus der Überlagerung der Hauptwelle des Polradfelds und der von der Durchflutungshauptwelle der Grundschwingung des Ankerstroms aufgebauten Induktionshauptwelle erzeugt wird. Sie wird von der Ankerspannung diktiert und ist dementsprechend weitgehend belastungsunabhängig. Dabei ist zu beachten, dass die Durchflutungshauptwelle des Ankers nicht nur im Zusammenwirken mit dem mittleren Luftspaltleitwert, sondern entsprechend (1.5.132), Seite 135, auch im Zusammenwirken mit der ersten Leitwertswelle des Polsystems der Ordnungszahl

$2p$, die vor allem bei Schenkelpolmaschinen sehr ausgeprägt ist, zur resultierenden Hauptwelle beiträgt.

2. *Wicklungsoberwellen der Grundschwingung des Ankerstroms* mit

$$\tilde{\nu}' = \tilde{\nu}'_1 = p\left(1 + \frac{2m}{n}g_1\right) \,,\; \omega_{\nu'} = \omega \,,\; \varphi_{\nu'} = \varphi_\mathrm{i} \; \text{mit}\; g_1 \in \mathbb{Z}\backslash\{0\} \qquad (3.3.3)$$

entsprechend (1.5.74c), die im Zusammenwirken mit dem mittleren Luftspaltleitwert entstehen. Besonders ausgeprägt innerhalb der Oberwellen der Ankerwicklung sind die Nutharmonischen mit

$$\tilde{\nu}' = \tilde{\nu}'_{1,\mathrm{NH}} = p + k_1 N_1 \; \text{mit}\; k_1 \in \mathbb{Z}\backslash\{0\} \,. \qquad (3.3.4)$$

Die Oberwellen der Ankerwicklung sind dem Ankerstrom proportional und damit belastungsabhängig.

3. *Nutungsoberwellen des Ankers* mit

$$\tilde{\nu}' = \tilde{\nu}'_1 = p + k_1 N_1 \,,\; \omega_{\nu'} = \omega \; \text{mit}\; k_1 \in \mathbb{Z}\backslash\{0\} \qquad (3.3.5)$$

entsprechend (1.5.130), Seite 133. Ebenso wie bei der Induktionsmaschine besitzen diese Nutungsoberwellen dieselben $\tilde{\nu}'$-Werte und dieselbe Kreisfrequenz wie die Nutharmonischen nach (3.3.4), jedoch eine von der resultierenen Hauptwelle der Induktion abhängige Phasenlage. Da die Größe der resultierenden Induktionshauptwelle von der Spannung diktiert wird, sind sie weitgehend belastungsunabhängig.

4. *Oberwellen des Polradfelds* hervorgerufen durch den Erregergleichstrom mit

$$\tilde{\nu}' = \tilde{\nu}'_2 = p(1 + 2k_2) \,,\; \omega_{\nu'} = \frac{\tilde{\nu}'_2}{p}\omega \; \text{mit}\; k_2 \in \mathbb{N} \,. \qquad (3.3.6)$$

Im Fall eines Vollpolläufers sind dies vor allem Wicklungsoberwellen aufgrund der Durchflutungsverteilung der Erregerwicklung am Umfang, wobei die Oberwellen mit $\nu' = 3pk$ aufgrund der i. Allg. 2/3 einer Polteilung umfassenden Zonenbreite der Erregerwicklung nicht entstehen. Die Nutungsoberwellen des Polsystems sind in diesem Spektrum bereits enthalten. Im Fall der Schenkelpolmaschine wird die Amplitude der Oberwellen vor allem durch die Form des Polschuhs bestimmt; es handelt sich also um parametrische Felder, die den Nutungsoberwellen des Läufers einer Induktionsmaschine entsprechen. Die Oberwellen des Polradfelds sind dem Erregerstrom proportional und damit abhängig vom Arbeitspunkt der Maschine.

5. *Oberwellen Nutung des Polsystems und durch gegenseitige Nutung* mit

$$\tilde{\nu}' = p + k_1 N_1 + k_2 2p \,,\; \omega_{\nu'} = (1 + 2k_2)\omega \; \text{mit}\; k_1 \in \mathbb{Z}, k_2 \in \mathbb{Z}\backslash\{0\} \,, \qquad (3.3.7)$$

die für $k_1 \neq 0$ aus dem Zusammenwirken der Durchflutungshauptwelle und der Leitwertswellen der gegenseitigen Nutung nach (1.5.93), Seite 122, entstehen, wobei anstelle der Läufernutzahl N_2 die Polzahl $2p$ als Zahl der Symmetrieeinheiten des Polsystems einzusetzen ist. Sie entstehen also unter dem Einfluss sowohl der Ankernutung als auch der Pollücke auf das Feld der resultierenden Durchflutungshauptwelle und sind mit der Durchflutungshauptwelle belastungsunabhängig. Ihre Phasenlage folgt der resultierenden Hauptwelle der Induktion. Der Fall $k_1 = 0$ entspricht dem von der Ankerdurchflutung hervorgerufenen Beitrag zu den Nutungsharmonischen des Polsystems, der sich den Oberwellen des Polradfelds nach Ziffer 4. überlagert. Wie unter Ziffer 1. bereits erwähnt, ergibt sich für $k_1 = 0$ und $k_2 = -1$ ein Beitrag zur resultierenden Hauptwelle der Induktion.

Aufgrund der großen Amplitude der durch die Pollücken hervorgerufenen Leitwertswellen besitzen die Oberwellen durch gegenseitige Nutung bei Schenkelpolmaschinen eine größere Bedeutung als bei Induktionsmaschinen. Gegebenenfalls müssen auch die durch das Zusammenwirken der Durchflutungsoberwellen der Ankerwicklung und der Leitwertswellen des Polsystems hervorgerufenen parametrischen Felder mit

$$\tilde{\nu}' = p\left(1 + \frac{2m}{n}g_1\right) + k_2 2p \,, \quad \omega_{\nu'} = (1 + 2k_2)\omega \quad \text{mit } g_1, k_2 \in \mathbb{Z}\setminus\{0\} \quad (3.3.8)$$

in die Betrachtung einbezogen werden.

6. *Exzentrizitätsoberwellen* nach Abschnitt 1.5.7.4, Seite 135, unter denen wie schon bei Induktionsmaschinen die Induktionsdrehwellen mit

$$\tilde{\nu}' = p \pm 1 \,, \quad \omega_{\nu'} = \omega \pm \omega_\varepsilon \quad (3.3.9)$$

entsprechend (1.5.136) dominieren. Dabei gilt nach (1.5.139) bei statischer Exzentrizität $\omega \pm \omega_\varepsilon = \omega$ und bei dynamischer Exzentrizität $\omega \pm \omega_\varepsilon = \omega(1 \pm 1/p)$. Die Exzentrizitätsoberwellen entstehen unter dem Einfluss der Exzentrizität des Luftspalts auf das Feld der resultierenden Durchflutungshauptwelle und sind mit dieser belastungsunabhängig. Aufgrund des großen Luftspalts von Synchronmaschinen sind die praktisch auftretenden relativen Exzentrizitäten und damit die Amplituden der Exzentrizitätsoberwellen aber meist sehr gering.

7. *Restfelder des Polsystems* aus der Abdämpfung der in den Ziffern 2., 3., 5. und 6. dieser Aufzählung genannten Feldanteile mit

$$\tilde{\nu}' = \tilde{\nu}'_2 = \tilde{\nu}'_1 + k_2 2p \,, \quad \omega_{\nu'} = \omega_{\nu'1} + 2k_2\omega \quad \text{mit } k_2 \in \mathbb{Z}\setminus\{0\} \quad (3.3.10)$$

entsprechend (2.5.19), Seite 397, mit $s = 0$ und $2p \mapsto N_2$, wobei $\tilde{\nu}'_1$ der Feldwellenparameter und $\omega_{\nu'1}$ die Kreisfrequenz der Drehwelle sind, die abgedämpft wird. Bei Vollpolmaschinen mit vollständigem Dämpferkäfig dominieren im Spektrum der Restfelder die Drehwellen mit $\tilde{\nu}' = \tilde{\nu}'_1 + k_2 N_\mathrm{D}$, die wegen $N_\mathrm{D}/2p \in \mathbb{N}$ in (3.3.10) enthalten sind.

Die Sättigung der Zähne und des Jochs führt bei Synchronmaschinen zu Sättigungsoberwellen nach Abschnitt 1.5.7.5, Seite 137, die dieselbe Ordnungszahl und Kreisfrequenz haben wie die Oberwellen des Polradfelds nach Ziffer 4. und sich diesen überlagern.

Falls der Grundschwingung des Ankerstroms Oberschwingungen der Kreisfrequenz ω_λ überlagert sind, baut jede dieser Oberschwingungen ein solches Feldspektrum – mit Ausnahme der Polradoberwellen nach Ziffer 4. – auf. Da die Amplitude der Oberschwingungsströme meist deutlich kleiner als die des Grundschwingungsstroms ist, bezieht man i. Allg. lediglich die von den Oberschwingungen aufgebauten Hauptwellenfelder in die Betrachtungen ein und vernachlässigt die in den Ziffern 2. bis 7. genannten Oberwellenfelder als Effekte zweiter Ordnung.

3.3.2
Asynchrone Oberwellenmomente

Wie bereits im Abschnitt 2.5.2, Seite 397, für die Induktionsmaschine erkannt wurde, ist die im Abschnitt 1.7.5, Seite 202, als (1.7.108) formulierte Frequenzbedingung

$$\frac{\omega_{\mu'}}{\tilde{\mu}'} = \frac{\omega_{\nu'}}{\tilde{\nu}'}$$

als Voraussetzung für das Auftreten eines asynchronen Oberwellenmoments im Fall der Abdämpfung einer Induktionsoberwelle der Ankerwicklung durch die Käfigwicklung des Polsystems für beliebige Drehzahlen erfüllt.

Im stationären synchronen Betrieb der Synchronmaschine haben asynchrone Oberwellenmomente aufgrund ihres dort nur geringen Beitrags zum resultierenden Drehmoment keine praktische Bedeutung. Für den Anlauf sind die in den Abschnitten 1.7.5 und 2.5.2 angestellten Überlegungen grundsätzlich auch auf die Synchronmaschine übertragbar, wobei für Schenkelpolmaschinen aufgrund des unsymmetrischen Dämpferkäfigs und der Pollücke keine überschaubaren geschlossenen Beziehungen zur Berechnung des Oberwellenkippmoments und -kippschlupfs angegeben werden können. Außerdem ist zu beachten, dass die Ankerwicklung bei Ausführung als Bruchlochwicklung zusätzliche Oberwellen erzeugt. Durch Drehwellen mit $\nu' < p$ entstehen somit auch asynchrone Oberwellensättel bei Drehzahlen mit $|n| = f/\nu' > n_0$, die jedoch i. Allg. keine praktische Bedeutung besitzen.

Eine Besonderheit bei Synchronmaschinen besteht in Form einer deutlichen Einsattelung der Drehzahl-Drehmoment-Kennlinie im asynchronen Betrieb bei halber synchroner Drehzahl, die als *Görgessattel* (s. Bild 3.4.2) bezeichnet wird. Hierauf wird im Abschnitt 3.4.2 näher eingegangen. Wenn dieser Görgessattel aufgrund einer stark unterschiedlichen Wirkung des Dämpferkäfigs in Längs- und in Querachse besonders ausgeprägt ist – z. B. bei Verzicht auf eine Ringverbindung von Pol zu Pol –, besteht die Gefahr, dass das resultierende asynchrone Drehmoment eines Synchronmotors im Bereich des Görgessattels geringer wird als das Drehmoment der Arbeitsmaschine und er nur bis zu seiner halben synchronen Drehzahl anläuft. Man bezeichnet dies als *Görgesphänomen*. Allerdings gehört der Görgessattel genau genommen nicht zu den asynchronen *Oberwellen*momenten, da er auf der Wechselwirkung von Drehwellen der Ordnungszahl p beruht.

3.3.3
Synchrone Oberwellenmomente

Synchrone Oberwellenmomente besitzen im stationären Betrieb von Synchronmaschinen generell eine größere Bedeutung als bei Induktionsmaschinen. Wie im Abschnitt 1.7.5, Seite 202, erläutert wird, entsteht ein synchrones Oberwellenmoment dann, wenn die Frequenzbedingung (1.7.108) nur für eine bestimmte Läuferdrehzahl erfüllt ist. Wenn die Frequenzbedingung nicht erfüllt ist, jedoch die Ordnungszahlen der beteiligten Drehwellen gleich sind, erhält man ein pulsierendes Drehmoment.

Das ist im stationären synchronen Betrieb von Synchronmaschinen für das Zusammenwirken von Oberwellen der Ankerwicklung nach Ziffer 2. der Aufzählung im Abschnitt 3.3.1, für die $\omega_{\nu'} = \omega$ gilt, und Oberwellen des Polradfelds nach Ziffer 4. der Aufzählung mit $\omega_{\nu'} = \omega \nu'/p$ der Fall. Die Frequenzen f_M der so entstehenden Drehmomentpendelungen sind entsprechend (1.7.107) mit $n_{\nu'} = \omega_{\nu'}/(2\pi\tilde{\nu}') = f_{\nu'}/\tilde{\nu}'$

$$f_\mathrm{M} = |\tilde{\nu}'(n_{\nu'} - n_{\mu'})| = \left| f\left(1 - \frac{\tilde{\nu}'}{p}\right) \right| . \qquad (3.3.11)$$

Eine weitere Besonderheit bei Synchronmaschinen gegenüber Induktionsmaschinen ist, dass ihr synchrones Drehmoment außerhalb des Synchronismus zu einem Pendelmoment der Frequenz sf und ihr Reluktanzmoment zu einem Pendelmoment der Frequenz $2sf$ wird. Hierauf wird bei der Behandlung des Anlaufs im Abschnitt 3.4.2 noch detailliert eingegangen. Da beide Drehmomentanteile aus Drehwellen der Ordnungszahl p resultieren, gehören sie genau genommen nicht zur Gruppe der synchronen *Oberwellen*momente.

3.3.4
Zusätzliche Verluste

Die Ursachen zusätzlicher Verluste und ihre rechnerische Ermittlung werden ausführlich im Abschnitt 6.5 des Bands *Berechnung elektrischer Maschinen* behandelt. Zu den zusätzlichen Verlusten zählen auch solche aufgrund von Oberwellenerscheinungen. Die messtechnische Ermittlung der zusätzlichen Verluste in Form der nach in Normen festgelegten Verfahren aufgenommenen Zusatzverluste ist bei Synchronmaschinen wesentlich einfacher als bei Induktionsmaschinen: Die lastunabhängigen Zusatzverluste sind in guter Näherung in den im Leerlaufversuch gemessenen Verlusten enthalten und die lastabhängigen Zusatzverluste in den im Kurzschlussversuch gemessenen.

Bei Synchronmaschinen entstehen zusätzliche Verluste durch Oberwellenerscheinungen im Polsystem vor allem durch die Abdämpfung von nicht synchron zum Polsystem umlaufenden Induktionsdrehwellen durch den Dämpferkäfig oder durch Wirbelströme, die sich an der Oberfläche des Polsystems z. B. im Fall massiver Polschuhe ausbilden können. Besonders empfindlich sind hier permanenterregte Maschinen, die oft ohne besondere Kühlung des Läufers ausgeführt werden, so dass bei temperaturempfindlichen Magnetwerkstoffen bereits relativ geringe Verluste zu einer deutlichen Verringerung des von den permanentmagnetischen Abschnitten erzeugten Flusses oder gar zu deren dauerhafter Entmagnetisierung führen können.

Zu den nicht synchron zum Polsystem umlaufenden Induktionsdrehwellen, die diese Verluste hervorrufen, gehören vor allem die Nutungsfelder und die Wicklungsoberwellenfelder der Ankerwicklung sowie die durch Oberschwingungen des Ankerstroms erzeugten Induktionsdrehwellen, insbesondere die Oberschwingungs-Hauptwellenfelder mit der Ordnungszahl p. Daher kann vor allem die Ausführung einer Zahnspulenwicklung aufgrund ihres im Vergleich zu einer verteilten Wicklung ca. einhundertmal größeren Koeffizienten der Oberwellenstreuung die zusätzlichen Verluste im Polsystem deutlich erhöhen. Dasselbe gilt für die Speisung von Synchronmaschinen mit blockförmigen Strömen, wie sie bei *Stromrichtermotoren* (s. Abschn. 3.2.5) oder *Elektronikmotoren* üblich ist.

Die im Abschnitt 2.5.4 für Induktionsmaschinen dargelegten Einflüsse der Schrägung und des Nutzahl- bzw. – treffender gesagt – Nutteilungsverhältnisses auf die zusätzlichen Verluste besitzen auch für Synchronmaschinen Gültigkeit. Minimale Verluste sind also zu erwarten, wenn die Nutteilung der Dämpfernuten der der Ankernuten entspricht. Im Gegensatz zu Induktionsmaschinen können Synchrongeneratoren durchaus so ausgeführt werden.

3.3.5
Magnetische Geräusche

Die grundsätzliche Entstehung magnetischer Geräusche wurde für den Fall des stationären Betriebs bereits im Abschnitt 1.7.6, Seite 206, behandelt: Aus jeweils zwei Drehwellen der Induktionsverteilung mit den Feldwellenparametern $\tilde{\nu}'_i$ und $\tilde{\nu}'_j$ und den Kreisfrequenzen $\omega_{\nu'i}$ und $\omega_{\nu'j}$ entstehen je zwei Zugspannungswellen mit den Ordnungszahlen $\nu'_\sigma = |\tilde{\nu}'_i \pm \tilde{\nu}'_j|$ und den Kreisfrequenzen $\omega_\sigma = |\omega_{\nu'i} \pm \omega_{\nu'j}|$. Diese regen vor allem das Ständerblechpaket zu Schwingungen an. Im Allgemeinen erzeugen Synchronmaschinen aufgrund ihres großen Luftspalts und der entsprechend kleineren Amplituden der Induktionsoberwellen weniger magnetische Geräusche als Induktionsmaschinen. Starke magnetische Geräusche entstehen vor allem dann, wenn eine Zugspannungswelle die entsprechende Eigenform des Ankerblechpakets in der Nähe ihrer Eigenfrequenz anregt.

Wie bereits im Abschnitt 2.5.5 für Induktionsmaschinen dargelegt wurde, interessieren vor allem Zugspannungswellen mit Ordnungszahlen $\nu'_\sigma < 12$ und Frequenzen $f_\sigma = \omega_\sigma/(2\pi)$ zwischen 300 Hz und 10 kHz. Bei am 50- bzw. 60-Hz-Netz betriebenen Maschinen spielen daher – wie schon bei Induktionsmaschinen – normalerweise weder Wechselwirkungen zwischen zwei Induktionswellen des Ankers eine Rolle, da die Frequenz der entstehenden Zugspannungswellen nur 0 oder $2f$ beträgt, noch Wechselwirkungen zwischen den Polradoberwellen, da die Frequenz der aus ihnen entstehenden Zugspannungswellen stets über den Zusammenhang $f_\sigma = f\nu'_\sigma/p$ von ihrer Ordnungszahl abhängt. Eine Zugspannungswelle mit lediglich 500 Hz würde also bei einer am 50-Hz-Netz betriebenen vierpoligen Maschine bereits eine Ordnungszahl von 20 besitzen.

Somit liefern nur jene doppelten Produkte in (1.7.114) im Sinne von (1.7.116) nennenswerte Beiträge zu den magnetischen Geräuschen, die aus je einer Oberwelle des Ankers nach (3.3.3) und einer Oberwelle des Polradfelds nach (3.3.6) bzw. Restfeldern nach (3.3.10) entstehen, wobei die Restfelder aufgrund des bereits erwähnten großen Luftspalts von Synchronmaschinen meist nur untergeordnete Bedeutung besitzen. Die aus dem Zusammenwirken je einer Oberwelle des Ankers und des Polradfelds entstehenden Zugspannungswellen besitzen die Parameter [vgl. (2.5.51a–d), S. 416]

$$\nu'_\sigma = |\tilde{\nu}'_2 + \tilde{\nu}'_1| \tag{3.3.12a}$$

$$\omega_\sigma = \left|\frac{\tilde{\nu}'_2}{p} + 1\right|\omega \tag{3.3.12b}$$

bzw.

$$\nu'_\sigma = |\tilde{\nu}'_2 - \tilde{\nu}'_1| \tag{3.3.12c}$$

$$\omega_\sigma = \left|\frac{\tilde{\nu}'_2}{p} - 1\right|\omega \,. \tag{3.3.12d}$$

Die Eisensättigung oder Exzentrizitäten haben bei Synchronmaschinen im Gegensatz zu Induktionsmaschinen i. Allg. keinen Einfluss auf die Entstehung magnetischer Geräusche, da einerseits die relative Exzentrizität in der Praxis aufgrund des großen Luftspalts nur gering ist und da andererseits Sättigungsoberwellen synchron zum Polsystem umlaufen und daher nicht bedämpft werden, sondern lediglich einen Beitrag zu den Oberwellen des Polradfelds liefern.

Bei aus Frequenzumrichtern gespeisten Maschinen treten zwei weitere Ursachen für magnetische Geräusche in Erscheinung: Zum einen liegt bei hoher Grundschwingungsfrequenz, wie sie vor allem bei den trotz mittlerer Drehzahl oft hochpolig ausgeführten permanenterregten Maschinen mit Zahnspulenwicklung erforderlich ist, bereits die Frequenz der aus der Hauptwelle selbst entstehenden Zugspannungswelle mit $\nu'_\sigma = 2p$ und $\omega_\sigma = 2\omega$ im akustisch interessierenden Frequenzbereich. Das verdient deswegen besondere Aufmerksamkeit, weil diese Zugspannungswelle die mit Abstand größte Amplitude aller Zugspannungswellen aufweist und die Hauptwelle als ihre Ursache nicht eliminiert werden kann. Zum anderen entstehen vor allem aus der Wechselwirkung der durch Stromoberschwingungen der Frequenzen λf hervorgerufenen Hauptwellen mit der Hauptwelle des Grundschwingungsstroms der Frequenz f oder auch untereinander Zugspannungswellen mit $\nu'_\sigma = 0$ bzw. $\nu'_\sigma = 2p$ und $\omega_\sigma = (\lambda \pm 1)\omega$ oder auch $\omega_\sigma = (\lambda_i \pm \lambda_j)\omega$. Diese können ebenfalls eine erhebliche Amplitude aufweisen.

3.4
Nichtstationäre Betriebszustände

3.4.1
Allgemeines zum Auftreten und zur Behandlung

Nichtstationäre Betriebsvorgänge treten bei der Synchronmaschine ebenso wie bei der Induktionsmaschine in Form von Einschalt- und Hochlaufvorgängen auf sowie als Folge von Kurzschlüssen im Netz. Dabei müssen einerseits die durch die Kurzschlussströme in der Maschine bedingten Kräfte beherrscht werden, die sowohl direkt aus den mit den Stoßströmen verbundenen Drehmomentstößen resultieren als auch als Stromkräfte im Wicklungskopf wirken. Andererseits bestimmen die Synchrongeneratoren in den Kraftwerken zusammen mit den Netzreaktanzen die Kurzschlussströme im Netz selbst, die die Grundlage der Beanspruchung der Betriebsmittel des Netzes sind und deren Bemessung wesentlich beeinflussen. Weitere nichtstationäre Betriebsvorgänge sind Belastungsstöße, Intrittfall- bzw. Synchronisationsvorgänge sowie Regelvorgänge, wie sie bei über Frequenzumrichter gespeisten Motoren oder bei der Regelung des Erregerstroms von Generatoren üblich sind. Die bei diesen Vorgängen entstehenden mechanischen Beanspruchungen sind allerdings – abgesehen von ausgesprochenen Fehlsynchronisationen – i. Allg. unkritisch. Bei Belastungsstößen intersssiert vor allem, ob die Maschine dabei dynamisch stabil ist oder die Gefahr des Außertrittfallens besteht.

Die Behandlung nichtstationärer Vorgänge erfordert die Anwendung der allgemeinen Gleichungssysteme, wie sie im Abschnitt 3.1 entwickelt wurden. Aufgrund der elektrischen und magnetischen Asymmetrie des Polsystems von Schenkelpolmaschinen und realen Vollpolmaschinen lassen sich die Ströme, Spannungen und Flussverkettungen im Gegensatz zur Induktionsmaschine aber nicht durchgängig als komplexe Augenblickswerte darstellen. Dies gab den Anstoß zur Entwicklung der Modellvorstellung einer vereinfachten Vollpolmaschine mit symmetrischem Polsystem.

Aufgrund ihrer i. Allg. großen Leistung liefert die Anwendung des Prinzips der Flusskonstanz (s. Abschn. 1.3.10, S. 60) durchweg gute Ergebnisse, und auch die für eine analytische Lösung des Gleichungssystems mittels der Laplace-Transformation meist erforderliche Annahme einer konstanten Drehzahl ist i. Allg. in guter Näherung erfüllt.

Hochlaufvorgänge von Synchronmotoren werden üblicherweise quasistationär betrachtet, da das Massenträgheitsmoment des gesamten Wellenstrangs i. Allg. so groß ist, dass die mechanischen Zeitkonstanten wesentlich größer sind als die elektromagnetischen. Dabei muss allerdings beachtet werden, dass eine Synchronmaschine aufgrund der elektrischen und magnetischen Asymmetrie des Polsystems beim Hochlauf – im Unterschied zu einer Induktionsmaschine – Drehmomentschwankungen mit meist erheblicher Amplitude erzeugt, die den Wellenstrang zu Torsionsschwingungen anregen.

Eine genauere Lösung des Gleichungssystems unter beliebigen Betriebsbedingungen ist durch numerische Simulation möglich, wobei auch die Nichtlinearität des magnetischen Kreises und die aufgrund von Stromverdrängungserscheinungen i. Allg. frequenzabhängige Impedanz des Dämpfer- bzw. Anlaufkäfigs (s. Abschn. 1.9.4, S. 268) berücksichtigt werden können.

3.4.2
Asynchroner Anlauf und Intrittfallen

Der Hochlauf von Synchronmotoren erfolgt i. Allg. mit Hilfe der asynchronen Drehmomente, die durch das Zusammenwirken der Ankerwicklung mit der Dämpferwicklung und der Erregerwicklung entstehen. Dabei wird die Erregerwicklung direkt oder über einen äußeren Widerstand kurzgeschlossen. Der äußere Widerstand kann als Vergrößerung von r_fd aufgefasst werden.

Die Vorgänge direkt nach dem Einschalten entsprechen den bei der Induktionsmaschine beobachteten (s. Abschn. 2.6.4 u. Bild 2.6.8, S. 436). Eine halbe Periode nach dem Einschalten tritt ein Stoßstrom auf, dessen Amplitude dem $2\sqrt{2}$fachen asynchronen Anzugsstrom entspricht. Bei hinreichend großem Massenträgheitsmoment der Gesamtheit der rotierenden Teile verläuft der anschließende Hochlaufvorgang quasistationär, d. h. es wirkt in jedem Augenblick jenes stationäre asynchrone Drehmoment, das bei der in diesem Augenblick herrschenden Drehzahl entwickelt wird. Von dieser Überlegung ausgehend leitet sich das Bedürfnis ab, das stationäre asynchrone Drehmoment der unerregten Synchronmaschine bei kurzgeschlossener Erregerwicklung zu kennen.

Im Bild 3.4.1 ist das Prinzipschaltbild des zu untersuchenden Betriebszustands dargestellt. Die Betriebsbedingungen dafür lauten in bezogener Darstellung bei Bemessungsfrequenz

$$u_a = \hat{u}\cos(t + \varphi_\mathrm{u})$$
$$u_b = \hat{u}\cos(t + \varphi_\mathrm{u} - 2\pi/3)$$
$$u_c = \hat{u}\cos(t + \varphi_\mathrm{u} - 4\pi/3)$$
$$u_\mathrm{fd} = 0$$
$$m_\mathrm{A} = M_\mathrm{A} \ .$$

Dabei ist M_A das als zeitlich konstant angenommene Drehmoment der Arbeitsmaschine. Da voraussetzungsgemäß ein großes Massenträgheitsmoment der Gesamtheit der rotierenden Teile vorliegen soll, kann von vornherein damit gerechnet werden, dass die Drehzahl zeitlich konstant ist bzw. keine Drehzahlpendelungen auftreten. Damit tritt an die Stelle der Betriebsbedingung $m_\mathrm{A} = M_\mathrm{A}$ die Aussage $n = \mathrm{d}\vartheta/\mathrm{d}t = 1 - s$ bzw. $\vartheta = (1-s)t + \vartheta_0$ als unmittelbar angebbare Lösung der Bewegungsgleichung. Das

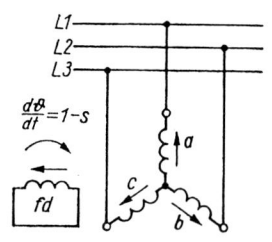

Bild 3.4.1 Betriebsbedingungen der Dreiphasen-Synchronmaschine im asynchronen Betrieb

wiederum ermöglicht es, die Transformation der Betriebsbedingungen in den Bereich der d-q-0-Komponenten ausgehend vom gegebenen symmetrischen Dreiphasensystem der Strangspannungen mit Hilfe von (3.1.72), Seite 486, vorzunehmen. Dabei tritt durch die Darstellung mit bezogenen Größen und den Betrieb mit Bemessungsfrequenz jetzt $t - \vartheta = st - \vartheta_0$ an die Stelle von $\omega t - \vartheta$, und man erhält

$$u_\mathrm{d} = \hat{u}\cos(st + \varphi_\mathrm{u} - \vartheta_0)$$
$$u_\mathrm{q} = \hat{u}\sin(st + \varphi_\mathrm{u} - \vartheta_0)$$
$$u_0 = 0$$
$$u_\mathrm{fd} = 0$$
$$\vartheta = (1-s)t + \vartheta_0 \ .$$

Die als Betriebsbedingungen im Bereich der d-q-0-Komponenten gegebenen Spannungen stellen Wechselgrößen der bezogenen Kreisfrequenz s dar. Da die Lösung des Gleichungssystems der Maschine unter diesen Betriebsbedingungen für den eingeschwungenen Zustand interessiert, empfiehlt sich der Übergang zur Darstellung der komplexen Wechselstromrechnung. Man erhält mit

$$\underline{u} = \hat{u}\mathrm{e}^{\mathrm{j}(\varphi_\mathrm{u} - \vartheta_0)} = \underline{u}_a \mathrm{e}^{-\mathrm{j}\vartheta_0} \qquad (3.4.1)$$

als Formulierung der Betriebsbedingungen

$$\underline{u}_\mathrm{d} = \underline{u} \qquad (3.4.2a)$$
$$\underline{u}_\mathrm{q} = -\mathrm{j}\underline{u} \qquad (3.4.2b)$$
$$\underline{u}_0 = 0 \qquad (3.4.2c)$$
$$\underline{u}_\mathrm{fd} = 0 \qquad (3.4.2d)$$
$$\vartheta = (1-s)t + \vartheta_0 \ . \qquad (3.4.2e)$$

Das Gleichungssystem für die komplexen Veränderlichen gewinnt man aus dem Gleichungssystem für beliebige Vorgänge bei konstanter Drehzahl, das in Tabelle 3.1.7, Seite 509, im Unterbereich der Laplace-Transformation zusammengestellt ist, durch die Übergänge $\underline{g} \mapsto g$, $\mathrm{j}s \mapsto \mathrm{p}$ und $0 \mapsto g(a)$. Damit erhält man unter Einführung der vorliegenden Betriebsbedingungen

$$\underline{u} = r\underline{i}_d + js\underline{\psi}_d - (1-s)\underline{\psi}_q \qquad (3.4.3a)$$

$$-j\underline{u} = r\underline{i}_q + js\underline{\psi}_q + (1-s)\underline{\psi}_d \qquad (3.4.3b)$$

$$\underline{i}_0 = 0 \qquad (3.4.3c)$$

$$\underline{\psi}_d = x_d(js)\underline{i}_d \qquad (3.4.3d)$$

$$\underline{\psi}_q = x_q(js)\underline{i}_q \, . \qquad (3.4.3e)$$

Die Operatorenkoeffizienten $x_d(js)$ und $x_q(js)$ werden komplexe Funktionen des Parameters s, wie sie bereits im Abschnitt 3.1.8.6, Seite 512, eingeführt und behandelt wurden.

Die Flussverkettungen und Ströme werden im Folgenden unter Vernachlässigung des Einflusses des ohmschen Widerstands der Ankerstränge, d. h. unter der Annahme $r = 0$, ermittelt. Damit erhält man aus (3.4.3a,b)

$$\underline{u} = js\underline{\psi}_d - (1-s)\underline{\psi}_q \qquad (3.4.4a)$$

$$\underline{u} = j(1-s)\underline{\psi}_d - s\underline{\psi}_q \qquad (3.4.4b)$$

und daraus

$$\underline{\psi}_d = -j\underline{u} \qquad (3.4.5a)$$

$$\underline{\psi}_q = -\underline{u} \, . \qquad (3.4.5b)$$

Die Spannungen diktieren in bekannter Weise die Flussverkettungen. Damit liefern (3.4.3d,e) für die Ströme

$$\underline{i}_d = -\frac{j\underline{u}}{x_d(js)} = \frac{\underline{u}}{|x_d(js)|} e^{-j(\varphi_{xd}+\pi/2)} \qquad (3.4.6a)$$

$$\underline{i}_q = -\frac{\underline{u}}{x_q(js)} = -\frac{\underline{u}}{|x_q(js)|} e^{-j\varphi_{xq}} \, . \qquad (3.4.6b)$$

Dabei sind φ_{xd} und φ_{xq} die Winkel von $x_d(js)$ und $x_q(js)$ beim jeweiligen Wert des Schlupfs s. Für die Rücktransformation in den Bereich der Stranggrößen und die Bestimmung des Drehmoments werden die Augenblickswerte der Flussverkettungen und Ströme benötigt. Man erhält sie als $g = \mathrm{Re}\{\underline{g}e^{jst}\}$ unter Beachtung von (3.4.1) zu

$$\psi_d = \hat{u}\cos\left(st + \varphi_u - \vartheta_0 - \frac{\pi}{2}\right) \qquad (3.4.7a)$$

$$\psi_q = -\hat{u}\cos\left(st + \varphi_u - \vartheta_0\right) \qquad (3.4.7b)$$

$$i_d = \frac{\hat{u}}{|x_d(js)|}\cos\left(st + \varphi_u - \varphi_{xd} - \vartheta_0 - \frac{\pi}{2}\right) \qquad (3.4.7c)$$

$$i_q = -\frac{\hat{u}}{|x_q(js)|}\cos\left(st + \varphi_u - \varphi_{xq} - \vartheta_0\right) \, . \qquad (3.4.7d)$$

Der Strom i_a im Strang a ergibt sich durch die Rücktransformation nach (3.1.42b), Seite 479, mit $\vartheta = (1-s)t + \vartheta_0$ zu

$$i_a = i_d \cos\vartheta - i_q \sin\vartheta$$
$$= \frac{\hat{u}}{|x_d(js)|} \cos\left[st + \varphi_u - \varphi_{xd} - \vartheta_0 - \frac{\pi}{2}\right] \cos[(1-s)t + \vartheta_0]$$
$$+ \frac{\hat{u}}{|x_q(js)|} \cos[st + \varphi_u - \varphi_{xq} - \vartheta_0] \cos\left[(1-s)t + \vartheta_0 - \frac{\pi}{2}\right] .$$

Daraus folgt durch Anwendung der entsprechenden trigonometrischen Umformungen (s. Anh. IV)

$$\boxed{\begin{aligned} i_a &= \frac{\hat{u}}{|x_d(js)|}\left\{\cos\left(t + \varphi_u - \varphi_{xd} - \frac{\pi}{2}\right) + \cos\left[(1-2s)t + 2\vartheta_0 - \varphi_u + \varphi_{xd} + \frac{\pi}{2}\right]\right\} \\ &+ \frac{\hat{u}}{|x_q(js)|}\left\{\cos\left(t + \varphi_u - \varphi_{xq} - \frac{\pi}{2}\right) - \cos\left[(1-2s)t + 2\vartheta_0 - \varphi_u + \varphi_{xq} + \frac{\pi}{2}\right]\right\} \\ &= \hat{i}_1 \cos(t + \varphi_{i,1}) + \hat{i}_{1-2s} \cos[(1-2s)t + \varphi_{i,1-2s}] \end{aligned}}.$$

Der Ankerstrom setzt sich aus zwei Anteilen zusammen. Der erste besitzt die Bemessungsfrequenz f_N, während der zweite die Frequenz $(1-2s)f_N$ aufweist. Ursache des zweiten Anteils ist offensichtlich die magnetische und elektrische Asymmetrie des Polsystems, denn er verschwindet für $x_q(js) = x_d(js)$. Man erhält eine anschauliche Interpretation dieser Ergebnisse, wenn man sich das Polsystem extrem unsymmetrisch vorstellt und nur in der Längsachse eine kurzgeschlossene Wicklung – die Erregerwicklung – annimmt. Das vom symmetrischen Dreiphasensystem der Strangspannungen diktierte Drehfeld läuft relativ zum Polsystem mit der bezogenen Geschwindigkeit $+s$ um, wenn der Läufer selbst die bezogene Geschwindigkeit $(1-s)$ hat. Dadurch wird in der kurzgeschlossenen Erregerwicklung eine Spannung der Frequenz sf_N induziert, die einen Strom gleicher Frequenz antreibt. Das Feld dieses Stroms ist relativ zum Polsystem selbst ein Wechselfeld. Es lässt sich in ein mit- und ein gegenlaufendes Drehfeld zerlegen. Das erste bewegt sich relativ zum Polsystem mit der bezogenen Geschwindigkeit $+s$ und das zweite mit $-s$. Vom Anker aus beobachtet man ein Drehfeld, das mit der bezogenen Geschwindigkeit $(1-s)+s=1$ umläuft, und ein zweites, das die bezogene Geschwindigkeit $(1-s)-s=1-2s$ besitzt. Das erste überlagert sich mit dem Drehfeld der Ankerströme der Frequenz f_N zum resultierenden Drehfeld, das von den Strangspannungen diktiert wird. Das zweite induziert in den Anksersträngen Spannungen der Frequenz $(1-2s)f_N$. Für diese Spannungen bildet das Netz einen Kurzschluss, so dass Strangströme gleicher Frequenz angetrieben werden. Da der Anker einen symmetrischen Aufbau mit drei Strängen aufweist, induziert das gegenlaufende Drehfeld des Polsystems in diesen Strängen Spannungen, die gegeneinander um $2\pi/3$ phasenverschoben sind und Ströme mit gleicher relativer Phasenlage antreiben. Dadurch rufen diese Strangströme ihrerseits ein Drehfeld der bezogenen Geschwindigkeit $1-2s$ hervor, das mit dem gegenlaufenden Drehfeld des Polsystems im Gleichgewicht steht. Die fremdfrequenten Anteile im Ankerstrom verschwinden bei $s=0$, $s=1$ und $s=0{,}5$. Im ersten Fall induziert das Ausgangsdrehfeld im Polsystem keine Spannungen; es liegt synchroner Betrieb vor. Im zweiten Fall laufen die

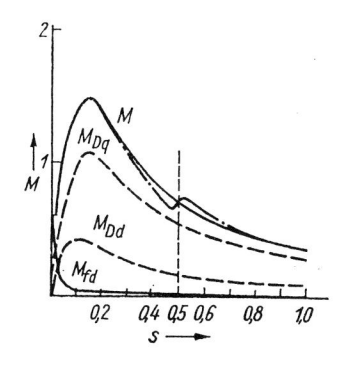

Bild 3.4.2 Drehmoment-Schlupf-Kennlinien des resultierenden mittleren Drehmoments und seiner Anteile für eine Synchronmaschine im asynchronen Betrieb mit den Daten $x_\mathrm{d} = 1{,}2$, $x'_\mathrm{d} = 0{,}3$, $x''_\mathrm{d} = 0{,}2$, $x_\mathrm{q} = 0{,}8$, $x''_\mathrm{q} = 0{,}18$, $T'_\mathrm{d} = 300 \,\widehat{=}\, 0{,}955\,\mathrm{s}$, $T''_\mathrm{d} = 10 \,\widehat{=}\, 0{,}0314\,\mathrm{s}$ und $T''_\mathrm{q} = 7{,}5 \,\widehat{=}\, 0{,}024\,\mathrm{s}$.
— · — · — Einfluss von $r \neq 0$ (Görgessattel)

beiden Drehfelder des Polsystems relativ zum Anker mit dem gleichen Betrag der Geschwindigkeit um und induzieren beide netzfrequente Spannungen. Im dritten Fall ist das gegenlaufende Drehfeld des Polsystems relativ zum Anker in Ruhe, so dass keine Spannungen in den Ankersträngen induziert werden können.

Wenn der Widerstand der Ankerstränge nicht vernachlässigt wird, entsteht aus dem Zusammenwirken des gegenlaufenden Drehfelds des Polsystems, das relativ zum Anker mit der bezogenen Geschwindigkeit $1 - 2s$ umläuft, mit den über das Netz kurzgeschlossenen Ankersträngen ein asynchrones Drehmoment. Es verschwindet offensichtlich für $s = 0{,}5$, da bei dieser Drehzahl der Mechanismus der Spannungsinduktion aussetzt. Entsprechend der Umlaufrichtung des Drehfelds wird im Bereich $s > 0{,}5$ ein positives und im Bereich $s < 0{,}5$ ein negatives Drehmoment erwartet. Man erhält eine Einsattelung in der Drehzahl-Drehmoment-Kennlinie, die als *Görgessattel* bezeichnet wird (s. Bild 3.4.2) und auf die bereits im Abschnitt 3.3.2 hingewiesen wurde.

Der netzfrequente Anteil des Stroms i_a im Strang a nach (3.4.8) kann in der Darstellung der komplexen Wechselstromrechnung auf die Form

$$\underline{i}_{a,1} = \hat{i}_1 \mathrm{e}^{\mathrm{j}\varphi_{\mathrm{i},1}} = \frac{\hat{u}}{2}\left(\frac{1}{x_\mathrm{d}(\mathrm{j}s)} + \frac{1}{x_\mathrm{q}(\mathrm{j}s)}\right)\mathrm{e}^{\mathrm{j}(\varphi_\mathrm{u}-\pi/2)} \tag{3.4.8a}$$

gebracht werden, wobei der Index 1 wiederum auf die Grundschwingung hinweist. Für den Anteil mit der Frequenz $(1-2s)f_\mathrm{Netz}$ erhält man analog

$$\underline{i}^*_{a,1-2s} = \hat{i}_{1-2s}\mathrm{e}^{-\mathrm{j}\varphi_{\mathrm{i},1-2s}} = \frac{\hat{u}}{2}\left(\frac{1}{x_\mathrm{d}(\mathrm{j}s)} - \frac{1}{x_\mathrm{q}(\mathrm{j}s)}\right)\mathrm{e}^{\mathrm{j}(\varphi_\mathrm{u}-2\vartheta_0-\pi/2)}. \tag{3.4.8b}$$

Damit lässt sich der Gesamtstrom i_a im Strang a nach (3.4.8) darstellen als

$$\boxed{\begin{aligned} i_a &= \frac{\hat{u}}{2}\left|\frac{1}{x_\mathrm{d}(\mathrm{j}s)} + \frac{1}{x_\mathrm{q}(\mathrm{j}s)}\right|\cos(t + \varphi_{\mathrm{i},1}) \\ &+ \frac{\hat{u}}{2}\left|\frac{1}{x_\mathrm{d}(\mathrm{j}s)} - \frac{1}{x_\mathrm{q}(\mathrm{j}s)}\right|\cos[(1-2s)t + \varphi_{\mathrm{i},1-2s}]. \end{aligned}} \tag{3.4.9}$$

Das *Drehmoment* m folgt aus $m = \psi_\mathrm{d} i_\mathrm{q} - \psi_\mathrm{q} i_\mathrm{d}$ nach Tabelle 3.1.4, Seite 483, durch Einführen von (3.4.7a–d) zu

$$\boxed{\begin{aligned}
m &= \frac{\hat{u}^2}{2|x_\mathrm{d}(\mathrm{j}s)|} \left[\cos\left(\varphi_\mathrm{xd} + \frac{\pi}{2}\right) + \cos\left(2st + 2\varphi_\mathrm{u} - 2\vartheta_0 - \varphi_\mathrm{xq} - \frac{\pi}{2}\right)\right] \\
&\quad - \frac{\hat{u}^2}{2|x_\mathrm{q}(\mathrm{j}s)|} \left[\cos\left(\varphi_\mathrm{xd} - \frac{\pi}{2}\right) + \cos\left(2st + 2\varphi_\mathrm{u} - 2\vartheta_0 - \varphi_\mathrm{xq} - \frac{\pi}{2}\right)\right] \\
&= M + \hat{m}\cos(2st + \varphi_\mathrm{m})
\end{aligned}} \quad (3.4.10)$$

Es tritt also außer dem konstanten Mittelwert M ein Pendelmoment mit doppelter Schlupffrequenz auf. Ursache des Pendelmoments ist wiederum die elektrische und magnetische Asymmetrie des Polsystems, denn es verschwindet für $x_\mathrm{q}(\mathrm{j}s) = x_\mathrm{d}(\mathrm{j}s)$. Das *mittlere Drehmoment* beträgt entsprechend (3.4.10)

$$M = \frac{\hat{u}^2}{2}\left\{\frac{\cos(\varphi_\mathrm{xd}+\pi/2)}{|x_\mathrm{d}(\mathrm{j}s)|} + \frac{\cos(\varphi_\mathrm{xq}+\pi/2)}{|x_\mathrm{q}(\mathrm{j}s)|}\right\} = \frac{\hat{u}^2}{2}\mathrm{Im}\left\{\frac{1}{x_\mathrm{d}(\mathrm{j}s)} + \frac{1}{x_\mathrm{q}(\mathrm{j}s)}\right\}. \quad (3.4.11)$$

Mit $1/x_\mathrm{d}(\mathrm{j}s)$ nach (3.1.151), Seite 513, und $1/x_\mathrm{q}(\mathrm{j}s)$ nach (3.1.153) erhält man aus (3.4.11) als geschlossenen Ausdruck für das mittlere Drehmoment der Synchronmaschine im asynchronen Betrieb

$$\boxed{\begin{aligned}
M &= \frac{\hat{u}^2}{4}\frac{1}{x'_\mathrm{d}}\left(1 - \frac{x'_\mathrm{d}}{x_\mathrm{d}}\right)\frac{2}{sT'_\mathrm{d} + \dfrac{1}{sT'_\mathrm{d}}} + \frac{\hat{u}^2}{4}\frac{1}{x''_\mathrm{d}}\left(1 - \frac{x''_\mathrm{d}}{x'_\mathrm{d}}\right)\frac{2}{sT''_\mathrm{d} + \dfrac{1}{sT''_\mathrm{d}}} \\
&\quad + \frac{\hat{u}^2}{4}\frac{1}{x''_\mathrm{q}}\left(1 - \frac{x''_\mathrm{q}}{x_\mathrm{q}}\right)\frac{2}{sT''_\mathrm{q} + \dfrac{1}{sT''_\mathrm{q}}}
\end{aligned}} \quad (3.4.12)$$

Der letzte Anteil stellt den Beitrag der Ersatzdämpferwicklung der Querachse zum mittleren Drehmoment dar, während die ersten beiden Anteile der gemeinsamen Wirkung der Erregerwicklung und der Ersatzdämpferwicklung der Längsachse zugeordnet sind. In Näherung ist der erste Anteil der Beitrag der Erregerwicklung und der zweite der der Ersatzdämpferwicklung der Längsachse. Jeder der drei Anteile des Drehmoments hat die allgemeine Form

$$M_j = M_{\mathrm{kipp}j}\frac{2}{\dfrac{s}{s_{\mathrm{kipp}j}} + \dfrac{s_{\mathrm{kipp}j}}{s}} \quad (3.4.13)$$

mit $s_{\mathrm{kipp}j} = 1/T_j$. Das ist die bekannte *Kloss'sche Gleichung*, die unter Vernachlässigung des Ständer- bzw. Ankerwiderstands für das Drehmoment der Induktionsmaschine gilt (s. Abschn. 2.3.1.4, S. 340). Dabei ergibt sich der Kippschlupf in (3.4.13) als Kehrwert der bezogenen Zeitkonstante. Diese ist entsprechend der Entwicklung im vorliegenden Abschnitt auf den Bezugswert $T_{\mathrm{bez}} = 1/\omega_\mathrm{N}$ für die Zeit bezogen. Im Bild 3.4.2 sind die einzelnen Anteile und das resultierende Drehmoment für eine bestimmte Maschine

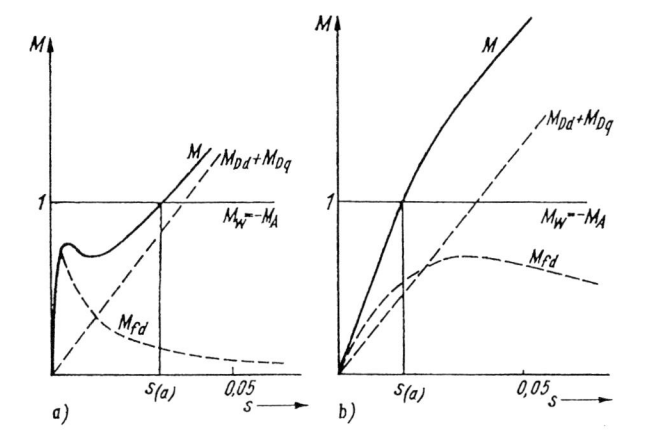

Bild 3.4.3 Einfluss eines äußeren Widerstands im Erregerkreis auf den Anfangsschlupf $s_{(a)}$ für den Intrittfallvorgang. a) Ohne äußeren Widerstand; b) mit äußerem Widerstand. $M_{Dd} + M_{Dq}$ Drehmoment des Dämpferkäfigs M_{fd} Drehmoment der Erregerwicklung

als Beispiel dargestellt. Man erkennt daraus, dass die Erregerwicklung nur im Gebiet sehr kleiner Werte des Schlupfs merkliche Beiträge zum resultierenden Drehmoment M liefert. Ursache dafür ist, dass der Kippschlupf dieses Anteils infolge der großen Zeitkonstante der Erregerwicklung einen sehr kleinen Wert besitzt.

Nach dem asynchronen Hochlauf soll die Maschine durch Einschalten der Erregung in den Synchronismus gezogen werden. Das gelingt umso sicherer, je kleiner der Schlupf $s_{(a)}$ ist, der nach dem Hochlauf im stationären asynchronen Betrieb als Anfangswert für den nachfolgenden Intrittfallvorgang vorliegt. Dieser Schlupf wird bei großem Widerstandsmoment $M_W = -M_A$ der Arbeitsmaschine fast ausschließlich durch die Drehmomentanteile der Dämpferwicklung bestimmt. Um die Erregerwicklung an seiner Verkleinerung mitwirken zu lassen, muss der Kippschlupf ihres Drehmomentanteils vergrößert werden, d. h. T'_d muss verkleinert werden. Das geschieht mit Hilfe eines Vorwiderstands im Erregerkreis, der üblicherweise bis zum Neunfachen des Wicklungswiderstands gewählt wird.[9] Dadurch wird unmittelbar T_{fd0} verkleinert und entsprechend den Näherungsbeziehungen (3.1.117), Seite 504, mittelbar T'_d, während T''_d praktisch unbeeinflusst bleibt. Im Bild 3.4.3 werden die vorstehenden Überlegungen erläutert. Dabei ist jeweils nur der Anfangsverlauf der Kennlinie $M(s)$ im Bereich kleiner Werte des Schlupfs s dargestellt worden. Man erkennt, wie der Anfangsschlupf $s_{(a)}$ für den Intrittfallvorgang unter dem Einfluss der Vergrößerung des Widerstands im Erregerkreis verkleinert wird. Es ist jedoch auch ersichtlich, dass diese Maßnahme sinnlos wird, wenn das Intrittfallen gegen kleine Werte des Widerstandsmoments erfolgen soll.

Der Beitrag der Dämpferwicklung zum mittleren Drehmoment M ist – wie bereits dargelegt – näherungsweise durch die letzten beiden Anteile in (3.4.12) gegeben. Diese

---

[9] Größere Werte des Vorwiderstands können i. Allg. nicht zugelassen werden, da mit dem Vorwiderstand auch die Spannung wächst, die über den Klemmen der Erregerwicklung auftritt.

lassen sich für kleine Werte des Schlupfs s zusammenfassen zu

$$\boxed{M_\mathrm{D} = \frac{\hat{u}^2}{2}\left\{\frac{x'_\mathrm{d} - x''_\mathrm{d}}{x'_\mathrm{d} x''_\mathrm{d}} T''_\mathrm{d} + \frac{x_\mathrm{q} - x''_\mathrm{q}}{x_\mathrm{q} x''_\mathrm{q}} T''_\mathrm{q}\right\} s = K_\mathrm{D} s} \;. \qquad (3.4.14)$$

Dabei wird der Proportionalitätsfaktor zwischen Drehmoment und Schlupf als *Dämpfungskonstante* K_D bezeichnet (vgl. Abschn. 3.2.2, S. 544). K_D ist das bezogene Drehmoment auf Basis des linearen Anfangsverlaufs von $M_\mathrm{D}(s)$ nach (3.4.14). Die Größe von K_D ist ein Maß für die Güte des Dämpferkäfigs hinsichtlich seiner Wirkung auf Vorgänge in der Nähe des Synchronismus. In Tabelle 3.4.1 sind für die grundsätzlichen Ausführungsformen des Polsystems Wertebereiche der Dämpfungskonstante angegeben.

Tabelle 3.4.1 Werte der Dämpfungskonstante K_D in Abhängigkeit von der Ausführung des Polsystems

Ausführung des Polsystems	K_D
Geblechte Pole ohne Dämpferkäfig	$K_\mathrm{D} < 2$
Massive Pole ohne Stirnringe	$3 < K_\mathrm{D} < 5$
Massive Pole mit Stirnringen	$5 < K_\mathrm{D} < 15$
Dämpferkäfig mit Stirnverbindungen nur im Bereich der Polschuhe (Polgitter)	$5 < K_\mathrm{D} < 25$
Dämpferkäfig mit Stirnringen	$20 < K_\mathrm{D} < 50$

Ausgehend von (3.4.11) kann das mittlere Drehmoment über die Summe der zum jeweiligen Schlupf gehörenden Imaginärteile aus den Ortskurven $1/x_\mathrm{d}(\mathrm{j}s)$ und $1/x_\mathrm{q}(\mathrm{j}s)$ entnommen werden. Zur Demonstration dieser Überlegung sind im Bild 3.1.11, Seite 515, zu einem Wert des Schlupfs von $s_1 = 0{,}05$ die beiden Imaginärteile eingetragen. Man erkennt, dass die Ersatzdämpferwicklung der Querachse im gesamten Schlupfbereich den größeren Beitrag zum Drehmoment liefert. Auf das gleiche Ergebnis hatte die Darstellung der einzelnen Anteile des asynchronen Drehmoments nach (3.4.12) im Bild 3.4.2 geführt.

Der *pulsierende Anteil des Drehmoments* in (3.4.10) lässt sich in der Darstellung der komplexen Wechselstromrechnung formulieren als

$$\begin{aligned}\underline{m} &= \frac{\hat{u}^2}{2}\frac{1}{|x_\mathrm{d}(\mathrm{j}s)|}\mathrm{e}^{\mathrm{j}(2\varphi_\mathrm{u} - 2\vartheta_0 - \varphi_{x\mathrm{d}} - \pi/2)} + \frac{\hat{u}^2}{2}\frac{1}{|x_\mathrm{q}(\mathrm{j}s)|}\mathrm{e}^{\mathrm{j}(2\varphi_\mathrm{u} - 2\vartheta_0 - \varphi_{x\mathrm{q}} + \pi/2)}\\ &= \frac{\hat{u}^2}{2}\left(\frac{1}{x_\mathrm{d}(\mathrm{j}s)} - \frac{1}{x_\mathrm{q}(\mathrm{j}s)}\right)\mathrm{e}^{\mathrm{j}(2\varphi_\mathrm{u} - 2\vartheta_0 - \pi/2)} \;.\end{aligned}$$

Daraus entnimmt man für die Amplitude des Pendelmoments

$$\hat{m} = \frac{\hat{u}^2}{2} \left| \frac{1}{x_\mathrm{d}(\mathrm{j}s)} - \frac{1}{x_\mathrm{q}(\mathrm{j}s)} \right|. \qquad (3.4.15)$$

Ursache des Pendelmoments ist offensichtlich wiederum die Asymmetrie des Polsystems, denn es verschwindet für $x_\mathrm{q}(\mathrm{j}s) = x_\mathrm{d}(\mathrm{j}s)$. Seine Amplitude $\hat{m}$ geht für $s = 0$ nach (3.4.15) über in $\hat{m} = (\hat{u}^2/2)\,|1/x_\mathrm{d} - 1/x_\mathrm{q}|$. Das ist der Maximalwert des Reluktanzmoments in (3.1.171), Seite 520. Sein Auftreten erklärt sich dadurch, dass die Rückwirkung der Polradkreise bei sehr kleinem Schlupf – und damit sehr kleiner Frequenz der Größen des Polsystems – verschwindet. Das Polsystem bewegt sich in diesem Fall relativ zum Drehfeld, ohne dass merkliche Spannungen in den Wicklungen des Polsystems induziert werden. Die Maschine entwickelt in jeder Lage, die das Polsystem relativ zum Drehfeld einnimmt, das zugehörige Reluktanzmoment, dessen Ursache allein die magnetische Asymmetrie des Polsystems ist.

Das Pendelmoment hat zur Folge, dass mit Pendelungen der Drehzahl gerechnet werden muss. Die vorausgesetzte Konstanz der Drehzahl gilt also streng genommen nur bei unendlich großem Massenträgheitsmoment der Gesamtheit der rotierenden Teile. Gewisse Drehzahlpendelungen sind besonders im Gebiet sehr kleiner Werte des Schlupfs, d. h. in der Nähe des Synchronismus, nicht zu vermeiden. Die Frequenz des Pendelmoments ist dort so klein, dass auch bei großem Massenträgheitsmoment merkliche Drehzahlpendelungen auftreten können.

Im Sonderfall der *vereinfachten Vollpolmaschine* ist $x_\mathrm{q}(\mathrm{j}s) = x_\mathrm{d}(\mathrm{j}s)$, d. h. es existiert keine elektrische und magnetische Asymmetrie des Polsystems. Damit verschwinden laut (3.4.9) die Komponenten der Strangströme mit der Frequenz $(1 - 2s)f_\mathrm{N}$, und für den netzfrequenten Anteil gilt

$$\underline{i}_a = \underline{i}_{a,1} = \frac{\underline{u}}{\mathrm{j}x_\mathrm{d}(\mathrm{j}s)}. \qquad (3.4.16)$$

Die Ortskurve $1/x_\mathrm{d}(\mathrm{j}s)$ ist ein Kreis, wie er im Bild 3.1.11, Seite 515, für $1/x_\mathrm{q}(\mathrm{j}s)$ dargestellt ist. Die Ortskurve für den Strangstrom $\underline{i}_a$ nach (3.4.16) stellt wiederum einen Kreis dar, der im Fall $\underline{u}_a = \hat{u}$ gegenüber dem Kreis $1/x_\mathrm{d}(\mathrm{j}s)$ um $-90°$ gedreht ist, wie Bild 3.4.4 zeigt. Die gleiche Ortskurve gewinnt man aus dem Ossanna-Kreis, wenn auch dort der Ständerwiderstand zu Null gesetzt wird. Damit ist die Verbindung zum stationären Betriebsverhalten der Induktionsmaschine hergestellt.

Für das mittlere Drehmoment erhält man im Fall der vereinfachten Vollpolmaschine ausgehend von (3.4.11)

$$M = \hat{u}^2 \mathrm{Im}\left\{ \frac{1}{x_\mathrm{d}(\mathrm{j}s)} \right\}. \qquad (3.4.17)$$

Daraus folgt mit (3.4.16)

$$M = \hat{u}^2 \mathrm{Re}\left\{ \frac{1}{\mathrm{j}x_\mathrm{d}(\mathrm{j}s)} \right\} = \hat{u}\,\mathrm{Re}\left\{ \frac{\hat{u}}{\mathrm{j}x_\mathrm{d}(\mathrm{j}s)} \right\} = \hat{u}\,\mathrm{Re}\{\underline{i}_a\}.$$

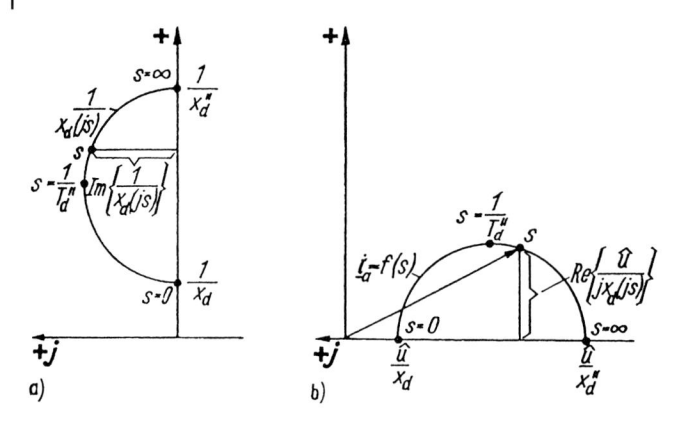

Bild 3.4.4 Ortskurven und Entnahme des Drehmoments aus diesen Ortskurven für eine vereinfachte Vollpolmaschine mit $x_\mathrm{d}(\mathrm{j}s) = x_\mathrm{q}(\mathrm{j}s)$.
a) Ortskurve von $1/x_\mathrm{d}(\mathrm{j}s)$;
b) Ortskurve von $\underline{i}_a = \hat{u}/\mathrm{j}x_\mathrm{d}(\mathrm{j}s)$

Das sind die von der Induktionsmaschine her bekannten Aussagen über die Entnehmbarkeit des Drehmoments aus der Ortskurve $\underline{i}_a(s)$. Das Pendelmoment verschwindet im Fall der vereinfachten Vollpolmaschine mit der elektrischen und magnetischen Asymmetrie.

Der *quasistationäre Hochlauf* kann entsprechend den Überlegungen am Anfang dieses Abschnitts näherungsweise auf der Grundlage des mittleren Drehmoments M untersucht werden. In diesem Fall wird mit $n = \mathrm{d}\vartheta/\mathrm{d}t = 1 - s$ und $M_\mathrm{W} = -M_\mathrm{A}$

$$\frac{\mathrm{d}n}{\mathrm{d}t} = \frac{\mathrm{d}^2\vartheta}{\mathrm{d}t^2} = -\frac{\mathrm{d}s}{\mathrm{d}t} = \frac{1}{T_\mathrm{m}}(M - M_\mathrm{W}).$$

Umgekehrt liefert die Auswertung einer experimentell aufgenommenen Hochlaufkurve $n = f(t)$ bei $M_\mathrm{W} = 0$ die Drehzahl-Drehmoment-Kennlinie der Synchronmaschine im asynchronen Betrieb. Als Voraussetzung für die Gültigkeit der quasistationären Betrachtungsweise war bereits im Abschnitt 1.3.5.3, Seite 51, erkannt worden, dass die Hochlaufzeit groß gegenüber der größten elektromagnetischen Zeitkonstante sein muss, die zur Wirkung kommt.

Bild 3.4.5 zeigt die durch eine numerische Integration des Differentialgleichungssystems ermittelten tatsächlichen Verläufe des Anker- und des Erregerstroms sowie des Drehmoments beim Anlauf eines vierpoligen Synchronmotors, der eine Arbeitsmaschine antreibt. Das mechanische System ist als Zwei-Massen-Schwinger (s. Abschn. 1.7.7.1, S. 209) modelliert, dessen Torsionseigenfrequenz bei 30 Hz liegt. Im Verlauf des Drehmoments im Bild 3.4.5c ist zu erkennen, dass dem mittleren Drehmoment während des gesamten Anlaufs Pendelungen überlagert sind. Die dem Einschalten folgenden netzfrequenten Drehmomentpendelungen, die bereits im Abschnitt 2.6.4, Seite 430, für die Induktionsmaschine behandelt wurden, klingen schnell ab und ge-

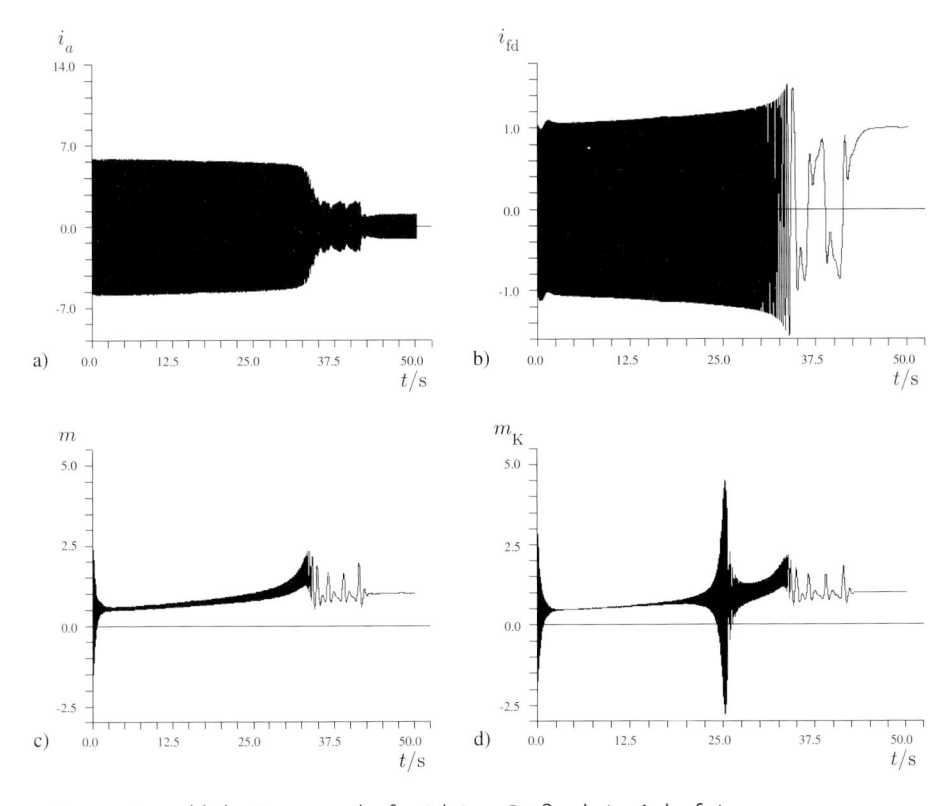

Bild 3.4.5 Tatsächliche Gesamtverläufe wichtiger Größen beim Anlauf eines vierpoligen 2,5-MW-Synchronmotors mit anschließendem Intrittfallen bei Modellierung als Zwei-Massen-Schwinger mit $f_{d1} = 30$ Hz und $D = 0{,}01$ [75].
a) Strom $i_a(t)$ im Strang a;
b) Erregerstrom $i_{fd}(t)$;
c) Drehmoment $m(t)$ des Motors;
d) Drehmoment $m_K(t)$ in der Kupplung

hen gemäß (3.4.10) über in Pendelmomente doppelter Schlupffrequenz $f_M = 2sf$. Dies führt beim Durchfahren der sog. *torsionskritischen Drehzahl*, bei der die Frequenz der Drehmomentpendelung gerade mit der Torsionseigenfrequenz f_{d1} des Wellenstrangs übereinstimmt, zu einer starken Drehmomentüberhöhung in der Kupplung zwischen Motor und Arbeitsmaschine (s. Bild 3.4.5d). Aus $f_M = f_{d1}$ folgt $s_{krit} = f_{d1}/(2f)$. Daraus ergibt sich die torsionskritische Drehzahl zu

$$n_{krit} = (1 - s_{krit})n_0 = \left(1 - \frac{f_{d1}}{2f}\right)n_0 = n_0 - \frac{f_{d1}}{2p} \ . \tag{3.4.18}$$

Das beim Durchfahren der torsionskritischen Drehzahl auftretende maximale Kupplungsmoment und die Zahl der zum Durchfahren erforderlichen Pendelungszyklen bestimmen die Lebensdauer der Kupplung und sind damit von entscheidender Bedeutung für deren Dimensionierung.

Knapp unterhalb der synchronen Drehzahl geht der Anlauf in den stationären Asynchronbetrieb über. Dabei ist der Strom der Erregerwicklung, wie Bild 3.4.5b zeigt, schlupffrequent, aber i. Allg. nicht sinusförmig, da die weiterhin vorhandenen Drehmomentpendelungen doppelter Schlupffrequenz aufgrund des endlichen Massenträgheitsmoments zur Folge haben, dass auch die Drehzahl mit doppelter Schlupffrequenz schwankt. Im Ankerstrom ist infolge der Überlagerung der Stromanteile der Frequenzen f und $(1-2s)f$ eine Schwebung doppelter Schlupffrequenz erkennbar.

Am Ende des asynchronen Anlaufs wird der Kurzschluss der Erregerwicklung aufgetrennt und eine Gleichspannung angelegt, so dass die Maschine in Tritt fällt. Dabei treten i. Allg. keine besonderen Drehmoment- oder Strombeanspruchungen auf.

3.4.3
Synchronisation

Synchrongeneratoren werden meist im stromlosen Zustand durch das gekuppelte Antriebsaggregat auf ihre synchrone Drehzahl beschleunigt und dann mit dem Netz unter Einhalten der Synchronisationsbedingungen – d. h. der Übereinstimmung von Polradspannung und Netzspannung nach Betrag, Frequenz, Phasenfolge und Phasenlage – verbunden (s. Bd. *Grundlagen elektrischer Maschinen*, Abschn. 6.3.2). Bei ideal eingehaltenen Synchronisationsbedingungen entstehen dabei keine Ausgleichsvorgänge, und der Strom in der Ankerwicklung ist auch nach der Synchronisation Null.

Die ersten drei der genannten Synchronisationsbedingungen lassen sich in der Regel sehr genau einhalten. Da die Frequenzen von Polradspannung und Netzspannung jedoch nie exakt gleich sind, ändert sich die Abweichung der Phasenlage der beiden Spannungen periodisch mit sehr niedriger Frequenz. Die Übereinstimmung der Phasenlage im Zuschaltaugenblick wird meist durch eine Synchronisiervorrichtung überprüft. Durch die Zeitkonstanten der Leistungsschalter kommt es i. Allg. trotzdem zu einer gewissen Abweichung der Phasenlage zwischen Polradspannung und Netzspannung im Zuschaltaugenblick, dem sog. *Fehlwinkel*. Bei größeren Beträgen des Fehlwinkels spricht man von einer Fehlsynchronisation.

Bild 3.4.6 zeigt die durch numerische Integration des Differentialgleichungssystems ermittelten Gesamtverläufe wichtiger Größen bei einer Fehlsynchronisation eines vierpoligen 3,2-MVA-Synchrongenerators mit $\varphi_{\text{up}(a)} - \varphi_{\text{Netz}(a)} = 30°$, d. h. für den Fall einer gegenüber der Polradspannung nacheilenden Netzspannung. Der Maximalwert des Drehmoments ist in diesem Fall in etwa so groß wie bei einem dreipoligen Stoßkurzschluss (s. Abschn. 3.4.5.4). Im Fall einer voreilenden Phasenlage der Netzspannung entstehen etwas geringere Stoßmomente. Dies entspricht den Verhältnissen bei der Netzumschaltung eines Induktionsmotors (s. Abschn. 2.6.8, S. 447).

Neben den schnell abklingenden netzfrequenten Pendelungen der Ströme und des Drehmoments ist in den Verläufen auch ein niederfrequenter Anteil erkennbar. Dieser

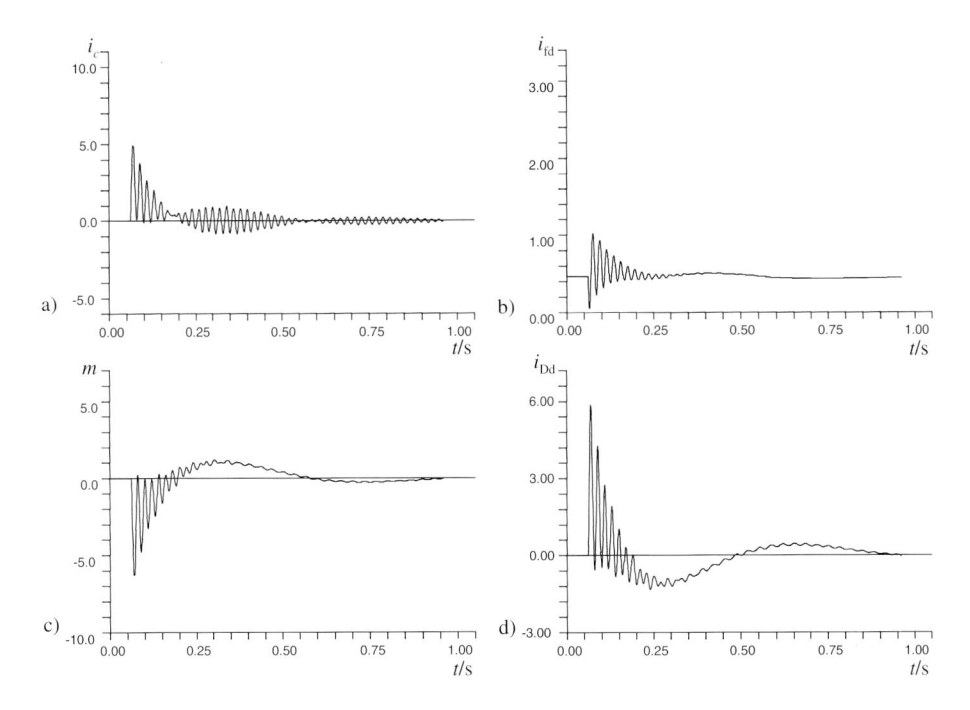

Bild 3.4.6 Tatsächliche Gesamtverläufe wichtiger Größen bei einer Fehlsynchronisation eines vierpoligen 3,2-MVA-Synchrongenerators [75].
a) Strom $i_c(t)$ im Strang c;
b) Erregerstrom $i_{\mathrm{fd}}(t)$;
c) Drehmoment $m(t)$ des Generators;
d) Strom $i_{\mathrm{Dq}}(t)$ in der Dämpferwicklung

besitzt die Eigenfrequenz λ_d der Synchronmaschine, die im Abschnitt 3.2.2 als (3.2.39), Seite 547, abgeleitet wurde.

Bei einer Fehlsynchronisation in Phasenopposition wäre der Stoßstrom in der Ankerwicklung maximal und in etwa doppelt so groß wie im Beispiel nach Bild 3.4.6. Das entspricht näherungsweise den Verhältnissen bei der Netzumschaltung einer Induktionsmaschine mit Wiederzuschalten in Phasenopposition. Im Gegensatz zu Induktionsmaschinen werden Synchronmaschinen jedoch praktisch nie für die resultierenden hohen Stromkräfte dimensioniert, da eine Fehlsynchronisation in Phasenopposition leicht vermeidbar ist.

3.4.4
Übergangsvorgänge in der Nähe des Synchronismus

Wenn die Drehzahl der Maschine nicht konstant ist bzw. nicht als konstant angesehen werden kann und einzelne Variablen große Änderungen durchlaufen, lassen sich weder das Gleichungssystem nach Tabelle 3.1.7, Seite 509, noch das linearisierte Gleichungssystem (3.1.180a) bis (3.1.182), Seite 524, anwenden. Es muss das allgemeine, nichtlineare Gleichungssystem herangezogen werden, wie es in Tabelle 3.1.1, Seite 468, bzw. nach Einführung der d-q-0-Komponenten und bezogener Größen in Tabelle 3.1.3 bzw. Tabelle 3.1.4, Seite 483, zusammengefasst wurde. Seine Lösung für ein spezielles Problem ist deshalb nur mit Hilfe der Rechentechnik möglich. Überschaubare geschlossene Lösungen erfordern einschneidende Näherungen. Der Kreis der im Folgenden zu betrachtenden Probleme soll deshalb von vornherein auf solche beschränkt werden, bei denen die Maschine an einem starren, symmetrischen Netz mit Bemessungsfrequenz arbeitet. In diesem Fall lassen sich die Betriebsbedingungen für die Ankerstränge mit Hilfe von (3.1.72), Seite 486, unmittelbar in den Bereich der d-q-0-Komponenten transformieren. Man erhält ausgehend von $u_\mathrm{a} = \hat{u}\cos(t + \varphi_\mathrm{u})$ (vgl. (3.1.158a–e), S. 517), d. h. mit der bezogenen Kreisfrequenz $\omega = 1$, $u_\mathrm{d} + \mathrm{j}u_\mathrm{q} = \underline{u}\mathrm{e}^{\mathrm{j}(t-\vartheta)} = \hat{u}\mathrm{e}^{\mathrm{j}(t-\vartheta+\varphi_\mathrm{u})}$ und damit

$$u_\mathrm{d} = \hat{u}\cos(t - \vartheta + \varphi_\mathrm{u}) \tag{3.4.19a}$$
$$u_\mathrm{q} = \hat{u}\sin(t - \vartheta + \varphi_\mathrm{u}) \,. \tag{3.4.19b}$$

Die Analyse kann unmittelbar unter Verwendung der d-q-0-Komponenten durchgeführt werden, d. h. auf der Grundlage des Gleichungssystems nach Tabelle 3.1.3 bzw. Tabelle 3.1.4. Dabei kommen allerdings nunmehr die Nichtlinearitäten $n\psi_\mathrm{q}$, $n\psi_\mathrm{d}$, $\psi_\mathrm{d}i_\mathrm{q}$ und $\psi_\mathrm{q}i_\mathrm{d}$ zur Wirkung, so dass die Integration des Gleichungssystems nach wie vor Schwierigkeiten bereitet und letztlich die Rechentechnik herangezogen werden muss. Auf der Grundlage einiger Vereinfachungen lässt sich aber ein Apparat zur Verfügung stellen, der eine Reihe von speziellen Vorgängen einer überschaubaren und anschaulichen Analyse zugänglich macht. Dieser Apparat wird in den folgenden Abschnitten entwickelt und angewendet.

3.4.4.1 Entwicklung eines Modells bei Betrieb am starren Netz

Aus der Sicht des Betriebs am starren, symmetrischen Netz mit Bemessungsfrequenz, d. h. einem Netz, dessen Spannungen ein symmetrisches Dreiphasensystem positiver Phasenfolge bilden, und bei Drehzahlen, die in der Nähe der synchronen Drehzahl n_0 liegen, bietet sich eine Darstellung in Netzkoordinaten an. Dabei gilt für die komplexen Ankergrößen in bezogener Darstellung mit $\vartheta_\mathrm{K} = \vartheta_\mathrm{Netz} = t$ ausgehend von (2.1.30a,b), Seite 290,

$$\vec{g}_1^\mathrm{N} = \vec{g}_1^\mathrm{S}\mathrm{e}^{-\mathrm{j}t} \,. \tag{3.4.20}$$

Insbesondere erhält man für das symmetrische Dreiphasensystem der Strangspannungen aus (2.1.71), Seite 303,

$$\vec{u}_1^\mathrm{N} = \underline{u} = \underline{u}_a \,. \tag{3.4.21}$$

Der komplexe Augenblickswert der Ankerspannung ist im Netzkoordinatensystem zeitlich konstant und identisch der Spannung des Strangs a in der Darstellung der

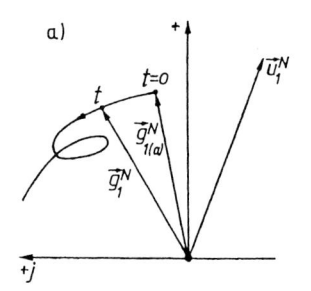

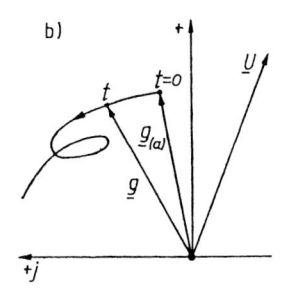

Bild 3.4.7 Darstellung der Ankerspannung und einer anderen Ankergröße für Vorgänge in der Nähe des Synchronismus bei Betrieb am starren, symmetrischen Netz.
a) Als komplexe Augenblickswerte in Netzkoordinaten;
b) als quasisinusförmige Größen in der Darstellung der komplexen Wechselstromrechnung

komplexen Wechselstromrechnung. Die anderen komplexen Variablen ändern sich nach Maßgabe des Zeitverhaltens der zugeordneten Augenblickswerte und der Abweichung der augenblicklichen Läuferdrehzahl $n = (1-s)n_0$ von der synchronen Drehzahl n_0. Letzteres wirkt unmittelbar auf die Winkelgeschwindigkeit der Darstellung der komplexen Variablen im Netzkoordinatensystem. Im Bild 3.4.7a ist ein Verlauf $\vec{g}_1^N(t)$ zusammen mit der konstanten Ankerspannung $\vec{u}_1^N$ als Beispiel dargestellt. Im Verein mit der Voraussetzung $s \ll 1$ sind die Änderungen der komplexen Variablen so hinreichend langsam, dass man das Glied $d\vec{\psi}_1^N/dt$ in der komplexen Spannungsgleichung nach (2.1.32a,b) gegenüber dem Glied $j(d\vartheta_{\text{Netz}}/dt)\vec{\psi}_1^N$ vernachlässigen kann. Der Zeitverlauf einer beliebigen Veränderlichen $\vec{g}_1^N(t)$ lässt sich formulieren als

$$\vec{g}_1^N(t) = \hat{g}_{\text{Netz}}(t)e^{j\varphi_{g\,\text{Netz}}(t)} \ . \tag{3.4.22}$$

Mit $\vec{g}_1^S(t) = \vec{g}_1^N e^{jt}$ und (1.8.38a,b,c), Seite 233, folgt daraus, dass die zugehörigen Augenblickswerte der Stranggrößen ein symmetrisches Dreiphasensystem mit positiver Phasenfolge bilden, bei dem sich die Amplituden und Phasenlagen als Funktion der Zeit ändern. Sie bilden also quasisinusförmige Größen. Insbesondere gilt für den Strang a in der Darstellung der komplexen Wechselstromrechnung mit (2.1.71), Seite 303,

$$\underline{g} = \hat{g}(t)e^{j\varphi_g(t)} \tag{3.4.23}$$

mit
$$\hat{g}(t) = \hat{g}_{\text{Netz}}(t) \tag{3.4.24}$$

$$\varphi_g(t) = \varphi_{g\,\text{Netz}}(t) \ . \tag{3.4.25}$$

Die komplexen Augenblickswerte der Ankergrößen im Netzkoordinatensystem sind also auch während der zu betrachtenden Übergangsvorgänge den quasisinusförmigen Größen des Strangs a in der Darstellung der komplexen Wechselstromrechnung identisch. Um diese Identität zu demonstrieren, ist im Bild 3.4.7b das Zeigerbild dieser Größen des Strangs a dargestellt, das der Darstellung des komplexen Augenblickswerts in

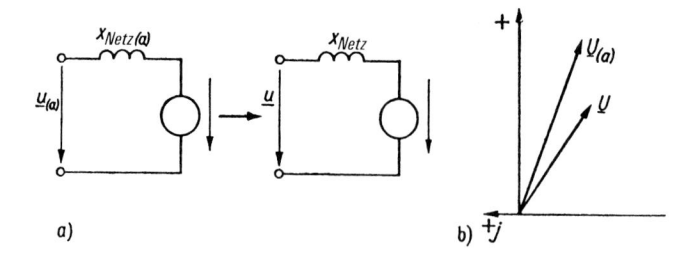

Bild 3.4.8 Einfluss von Schalthandlungen im vorgeschalteten Netz.
a) Parameter der Ersatzschaltung des Netzes;
b) Änderung der Spannung des Netzes von $\underline{U}_{(a)}$ vor der Störung
auf $\underline{U}$ zum Zeitpunkt des Einsatzes der Störung

Netzkoordinaten nach Bild 3.4.7a entspricht. Aufgrund der großen Vertrautheit im Umgang mit der Darstellung der komplexen Wechselstromrechnung wird im Folgenden stets diese gewählt. Die Ableitungen selbst werden im Bereich der d-q-0-Komponenten durchgeführt, d. h. im Koordinatensystem des Polsystems. Das geschieht, um die elektrische und magnetische Asymmetrie des Polsystems berücksichtigen zu können und die Anwendung des Prinzips der Flusskonstanz auf die Kreise des Polsystems bequem zu ermöglichen.

Das Netz, das der zu untersuchenden Synchronmaschine vorgeschaltet ist, lässt sich als Reihenschaltung der starren Netzspannung und einer Reaktanz x_{Netz} darstellen.

Der Kreis zu behandelnder Übergangsvorgänge soll solche einschließen, bei denen Schalthandlungen im vorgeschalteten Netz stattfinden. Dadurch ändert sich zur Zeit $t = 0$ die Spannung von einem Anfangswert $\underline{u}_{(a)}$ auf $\underline{u}$ und unabhängig davon die innere Reaktanz des Netzes von $x_{\text{Netz}(a)}$ auf x_{Netz}. Im Bild 3.4.8 werden die Verhältnisse erläutert.

Da die innere Reaktanz des Netzes dadurch zu berücksichtigen ist, dass man alle vom Anker der Maschine aus gesehenen Reaktanzen x_d, x'_d, x''_d, x_q und x''_q um ihren Wert erhöht, d. h. $x_d + x_{\text{Netz}} \mapsto x_d$ usw. einführt, ändern sich die wirksamen Maschinenreaktanzen durch die Schalthandlung im Netz von $x_{(a)}$ auf x. Im Zuge der weiteren Analyse ist zu beachten, dass für die Untersuchung des stationären Ausgangszustands die Spannung $\underline{u}_{1(a)}$ und die Reaktanzen $x_{j(a)}$ maßgebend sind, während der Übergangsvorgang an der Spannung $\underline{u}_1$ und mit den Reaktanzen x_j stattfindet.

Zwischen der Darstellung der Ankerflussverkettung in Netzkoordinaten und der in Läuferkoordinaten vermittelt entsprechend (2.1.30a,b), Seite 290, mit $\vartheta - \vartheta_K = \vartheta - t$

$$\vec{\psi}_1^N = \vec{\psi}_1^L e^{j(\vartheta - t)} .$$

Daraus folgt für den transformatorischen Anteil $d\vec{\psi}_1^N/dt$ in der komplexen Spannungsgleichung in Netzkoordinaten

$$\frac{d\vec{\psi}_1^N}{dt} = \frac{d\vec{\psi}_1^L}{dt} e^{j(\vartheta - t)} + j\left(\frac{d\vartheta}{dt} - 1\right) \vec{\psi}_1^L e^{j(\vartheta - t)} . \qquad (3.4.26)$$

Der Vernachlässigung des Anteils $\mathrm{d}\vec{\psi}_1^{\mathrm{N}}/\mathrm{d}t$ gegenüber dem Anteil $\mathrm{j}(\mathrm{d}\vartheta_{\mathrm{Netz}}/\mathrm{d}t)\vec{\psi}_1^{\mathrm{N}}$ – wie sie bereits eingangs des vorliegenden Abschnitts ausgehend von der Darstellung in Netzkoordinaten als möglich erkannt wurde – entspricht also für die Darstellung in Läuferkoordinaten, dass $\mathrm{d}\vec{\psi}_1^{\mathrm{L}}/\mathrm{d}t = 0$ und $\mathrm{d}\vartheta/\mathrm{d}t = n = (1-s) = 1$ gesetzt wird. Dementsprechend verschwinden in den Spannungsgleichungen für u_{d} und u_{q} (s. Tab. 3.1.4, S. 483) als zugeordnete Komponentendarstellung die Anteile $\mathrm{d}\psi_{\mathrm{d}}/\mathrm{d}t$ sowie $\mathrm{d}\psi_{\mathrm{q}}/\mathrm{d}t$; außerdem ist auch dort $n = (1-s) = 1$ zu setzen. Wenn man ferner die ohmschen Spannungsabfälle vernachlässigt, gehen diese Spannungsgleichungen über in

$$u_{\mathrm{d}} = -\psi_{\mathrm{q}} \tag{3.4.27a}$$

$$u_{\mathrm{q}} = \psi_{\mathrm{d}} \;. \tag{3.4.27b}$$

Das Nullsystem existiert entsprechend dem vorausgesetzten Betrieb am symmetrischen Netz nicht. Wie die Untersuchung des dreipoligen Stoßkurzschlusses im Abschnitt 3.4.5.2, Seite 621, zeigen wird, treten unter den vorgenommenen Vereinfachungen insbesondere die asymmetrischen Komponenten der Ankerströme nicht in Erscheinung. Da diese schnell gegenüber den transienten Komponenten sowie sicher auch gegenüber den zu erwartenden mechanischen Vorgängen abklingen, ist ihre Vernachlässigung gerechtfertigt. Aus dem gleichen Grund sollen auch die subtransienten Komponenten der Ankerströme bei den folgenden Betrachtungen außer Acht gelassen werden. Dem entspricht, dass im Fall der Schenkelpolmaschine eine Ausführung betrachtet wird, die keinen Dämpferkäfig besitzt. Das Polsystem trägt nur die Erregerwicklung fd (s. Abschn. 3.1.8.4, S. 509). Gegebenenfalls muss die Wirkung eines massiven Läuferballens oder Polschuhs berücksichtigt werden. Wenn man von vornherein eine vereinfachte Vollpolmaschine betrachtet, wie sie in den Abschnitten 3.1.4, Seite 485, und 3.1.6, Seite 489, eingeführt wurde, trägt das Polsystem eine symmetrische zweisträngige Wicklung mit den Strängen fd und fq. Die eben angestellten Überlegungen zeigen, dass eine getrennte Behandlung der Schenkelpol- und der Vollpolmaschine erforderlich ist.

Als weitere Vereinfachung wird auf die Kreise des Polsystems das Prinzip der Flusskonstanz angewendet. Das Drehmoment, das die Maschine entwickelt, wenn auf die Kreise des Polsystems das Prinzip der Flusskonstanz zur Anwendung kommt, wird als *dynamisches Drehmoment* m_{dyn} bezeichnet. Man erhält es entsprechend Tabelle 3.1.4, Seite 483, als

$$m_{\mathrm{dyn}} = (\psi_{\mathrm{d}} i_{\mathrm{q}} - \psi_{\mathrm{q}} i_{\mathrm{d}})_{\substack{\psi_{\mathrm{fd}}=\psi_{\mathrm{fd}(a)} \\ \psi_{\mathrm{fq}}=\psi_{\mathrm{fq}(a)}}} \;. \tag{3.4.28}$$

Die weiteren Untersuchungen werden zeigen, dass durch diese Annahme Komponenten des Drehmoments unterdrückt werden, die proportional zur Geschwindigkeit der Polradbewegung relativ zu einem synchron umlaufenden Koordinatensystem sind und damit Pendelungen bedämpfen. Es ist deshalb erforderlich, in der Bewegungsgleichung nachträglich ein entsprechendes *Dämpfungsmoment* m_{D} hinzuzufügen. Die

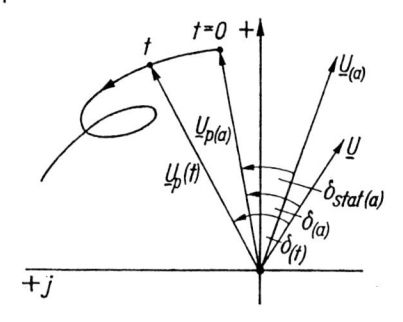

Bild 3.4.9 Erläuterung der Anfangswerte des Polradwinkels für den Fall, dass der Übergangsvorgang durch eine Schalthandlung im Netz ausgelöst wird und damit $\underline{U}_{(a)}$ sprunghaft übergeht in $\underline{U}$

Bewegungsgleichung lautet damit

$$m_{\mathrm{dyn}} + m_{\mathrm{D}} + m_{\mathrm{A}} = T_{\mathrm{m}} \frac{\mathrm{d}^2 \vartheta}{\mathrm{d}t^2} \;. \qquad (3.4.29)$$

Aufgrund der Vereinfachungen in den Spannungsgleichungen des Ankers nach (3.4.27a,b) sind diese nur noch über ϑ in den Beziehungen für u_{d} und u_{q} nach (3.4.19a,b) mit der Bewegungsgleichung verknüpft.

Die Bewegung des Polsystems relativ zu einem synchron umlaufenden Koordinatensystem kann durch den Polradwinkel $\delta = \varphi_{\mathrm{up}} - \varphi_{\mathrm{u}}$ beschrieben werden. Da $\varphi_{\mathrm{u}} = \mathrm{konst.}$ ist, wird das Zeitverhalten von δ allein durch das Zeitverhalten der Phasenlage φ_{up} der Polradspannung bestimmt. Die Polradspannung ist jene Spannung des Strangs a, die allein vom Erregerstrom herrührt. Sie folgt aus Tabelle 3.1.4 mit (3.4.27a,b) und der Rücktransformationsbeziehung (3.1.42b), Seite 479, zu

$$u_{\mathrm{p}} = -u_{\mathrm{q}} \sin \vartheta = -\psi_{\mathrm{d}} \sin \vartheta = -x_{\mathrm{afd}} i_{\mathrm{fd}} \sin \vartheta = \hat{u}_{\mathrm{p}} \cos \left(\vartheta + \frac{\pi}{2} \right)$$
$$= \hat{u}_{\mathrm{p}} \cos[t + \varphi_{\mathrm{up}}(t)] \;. \qquad (3.4.30)$$

Die Phasenlage der Polradspannung beträgt demnach

$$\varphi_{\mathrm{up}}(t) = \vartheta - t + \frac{\pi}{2} \;. \qquad (3.4.31)$$

Sie wird also allein durch die Polradbewegung gegenüber einem unveränderlich mit Netzfrequenz umlaufenden Koordinatensystem bestimmt und kann sich dementsprechend nicht sprunghaft ändern. Für den Polradwinkel gilt mit (3.4.31)

$$\delta(t) = \varphi_{\mathrm{up}}(t) - \varphi_{\mathrm{u}} = -(t - \vartheta + \varphi_{\mathrm{u}}) + \frac{\pi}{2} \;. \qquad (3.4.32)$$

Dabei ist die Phasenlage φ_{u} der Ankerspannung identisch zur Phasenlage der Netzspannung, die unmittelbar nach Eintritt der Störung wirkt. Wenn sich die Netzspannung und damit die Ankerspannung zur Zeit $t = 0$ sprunghaft von $\underline{u}_{(a)}$ auf $\underline{u}$ ändert, springt der Polradwinkel von $\delta_{\mathrm{stat}\,(a)} = \varphi_{\mathrm{up}(a)} - \varphi_{\mathrm{u}(a)}$ auf $\delta_{(a)} = \varphi_{\mathrm{up}(a)} - \varphi_{\mathrm{u}}$. Im Bild 3.4.9 werden diese Überlegungen veranschaulicht. Aus (3.4.32) folgt für die bezogene Geschwindigkeit $\mathrm{d}\vartheta/\mathrm{d}t = n = 1 - s$ des Polsystems

$$\frac{\mathrm{d}\vartheta}{\mathrm{d}t} = n = 1 - s = 1 + \frac{\mathrm{d}\delta}{\mathrm{d}t} \;;$$

es ist also
$$\frac{\mathrm{d}\delta}{\mathrm{d}t} = -s \; . \tag{3.4.33}$$

Damit erhält man für die bezogene Beschleunigung in der Bewegungsgleichung (3.4.29)
$$\frac{\mathrm{d}^2\vartheta}{\mathrm{d}t^2} = \frac{\mathrm{d}n}{\mathrm{d}t} = \frac{\mathrm{d}^2\delta}{\mathrm{d}t^2} = -\frac{\mathrm{d}s}{\mathrm{d}t} \; . \tag{3.4.34}$$

Zwischen den d-q-0-Komponenten der Stranggrößen und dem quasisinusförmigen Augenblickswert der Größen des Strangs a in der Darstellung $\underline{g}(t)$ der komplexen Wechselstromrechnung vermittelt (3.1.72), Seite 486, mit der bezogenen Kreisfrequenz $\omega = 1$ für den betrachteten Fall des Betriebs am starren Netz mit Bemessungsfrequenz. Unter Einführung der Phasenlage $\varphi_{\mathrm{up}}(t)$ der Polradspannung nach (3.4.31) bzw. des Polradwinkels $\delta(t)$ nach (3.4.32) erhält man für $\underline{g}(t)$

$$\underline{g}(t) = (g_\mathrm{d} + \mathrm{j}g_\mathrm{q})\mathrm{e}^{\mathrm{j}(\vartheta - t)} = (g_\mathrm{d} + \mathrm{j}g_\mathrm{q})\mathrm{e}^{\mathrm{j}(\varphi_{\mathrm{up}}(t) - \pi/2)} = (g_\mathrm{d} + \mathrm{j}g_\mathrm{q})\mathrm{e}^{\mathrm{j}(\delta(t) + \varphi_\mathrm{u} - \pi/2)} \; . \tag{3.4.35}$$

3.4.4.2 Dynamische Spannungsgleichung und dynamisches Drehmoment der Schenkelpolmaschine

Für die *Schenkelpolmaschine ohne Dämpferwicklung* gelten bei Anwendung des Prinzips der Flusskonstanz auf die Erregerwicklung die Flussverkettungsgleichungen

$$\psi_\mathrm{d} = x_\mathrm{d} i_\mathrm{d} + x_\mathrm{afd} i_\mathrm{fd} \tag{3.4.36a}$$
$$\psi_\mathrm{fd} = x_\mathrm{fad} i_\mathrm{d} + x_\mathrm{ffd} i_\mathrm{fd} = \psi_\mathrm{fd(a)} \tag{3.4.36b}$$
$$\psi_\mathrm{q} = x_\mathrm{q} i_\mathrm{q} \; . \tag{3.4.36c}$$

Aus (3.4.36b) folgt für den Erregerstrom
$$i_\mathrm{fd} = \frac{1}{x_\mathrm{ffd}} \psi_\mathrm{fd(a)} - \frac{x_\mathrm{afd}}{x_\mathrm{ffd}} i_\mathrm{d} \; ,$$

der sich damit in (3.4.36a) eliminieren lässt. Man erhält durch Einführen der transienten Reaktanz unter Beachtung von (3.1.98) bis (3.1.100), Seite 502, und (3.1.146), Seite 510,

$$\psi_\mathrm{d} = \left(x_\mathrm{d} - \frac{x_\mathrm{afd}^2}{x_\mathrm{ffd}}\right) i_\mathrm{d} + \frac{x_\mathrm{afd}}{x_\mathrm{ffd}} \psi_\mathrm{fd(a)} = x_\mathrm{d}' i_\mathrm{d} + \frac{x_\mathrm{afd}}{x_\mathrm{ffd}} \psi_\mathrm{fd(a)} \; . \tag{3.4.37}$$

Die Komponente $(x_\mathrm{afd}/x_\mathrm{ffd})\psi_\mathrm{fd(a)}$ in (3.4.37) liefert nach Einsetzen in (3.4.27b) einen Beitrag zur Spannung u_q, der zeitlich konstant ist und durch jenen Wert der Flussverkettung $\psi_\mathrm{fd(a)}$ bestimmt wird, den die Erregerwicklung unmittelbar vor Beginn des Übergangsvorgangs besitzt. Diese Komponente der Spannung soll als $u_\mathrm{q(a)}' = (x_\mathrm{afd}/x_\mathrm{ffd})\psi_\mathrm{fd(a)}$ bezeichnet werden.

Aus (3.4.19a,b) mit (3.4.32) sowie (3.4.27a,b), (3.4.29), (3.4.36c) und (3.4.37) erhält man als Gleichungssystem der Schenkelpolmaschine

$$u_\mathrm{d} = \hat{u}\sin\delta = -\psi_\mathrm{q} = -x_\mathrm{q} i_\mathrm{q} \tag{3.4.38a}$$

$$u_\mathrm{q} = \hat{u}\cos\delta = \psi_\mathrm{d} = x'_\mathrm{d} i_\mathrm{d} + u'_\mathrm{q(a)} \tag{3.4.38b}$$

$$(\psi_\mathrm{d} i_\mathrm{q} - \psi_\mathrm{q} i_\mathrm{d}) + m_\mathrm{D} + m_\mathrm{A} = T_\mathrm{m}\frac{\mathrm{d}^2\delta}{\mathrm{d}t^2} \ . \tag{3.4.38c}$$

Dabei folgt $u'_\mathrm{q(a)}$ aus dem vorangehenden stationären Ausgangszustand zu

$$u'_\mathrm{q(a)} = u_\mathrm{q(a)} - x'_\mathrm{d} i_\mathrm{d(a)} \ . \tag{3.4.39}$$

Aus (3.4.38a,b) erhält man die Ströme i_d und i_q als Funktion des Polradwinkels δ zu

$$i_\mathrm{d} = \frac{\hat{u}\cos\delta - u'_\mathrm{q(a)}}{x'_\mathrm{d}} \tag{3.4.40a}$$

$$i_\mathrm{q} = -\frac{\hat{u}\sin\delta}{x_\mathrm{q}} \ . \tag{3.4.40b}$$

Der Strom i_a im Strang a ist wie alle Stranggrößen quasisinusförmig. Man erhält ihn in der Darstellung der komplexen Wechselstromrechnung unmittelbar mit Hilfe von (3.4.35) zu

$$\underline{i}_a = \underline{i} = (i_\mathrm{d} + \mathrm{j}i_\mathrm{q})\mathrm{e}^{\mathrm{j}(\varphi_\mathrm{up}-\pi/2)} = i_\mathrm{d}\mathrm{e}^{\mathrm{j}(\varphi_\mathrm{up}-\pi/2)} + i_\mathrm{q}\mathrm{e}^{\mathrm{j}\varphi_\mathrm{up}} = \underline{i}_\mathrm{d} + \underline{i}_\mathrm{q} \ . \tag{3.4.41}$$

Die Ströme i_d und i_q im Bereich der d-q-0-Komponenten stellen also ebenso wie im stationären Betrieb die Amplituden der Komponenten von $\underline{i}$ bezüglich der Phasenlage φ_up der Polradspannung $\underline{u}_\mathrm{p}$ dar (s. Abschn. 3.1.8.7, S. 516). Es ist allerdings zu beachten, dass sich jetzt sowohl φ_up als auch $\underline{i}$ als Funktion der Zeit ändern, so dass die Zerlegung von $\underline{i}$ in seine Komponenten $\underline{i}_\mathrm{d}$ und $\underline{i}_\mathrm{q}$ in jedem Augenblick des Übergangsvorgangs ein anderes Bild liefert. Im Bild 3.4.10 wird diese Überlegung erläutert.

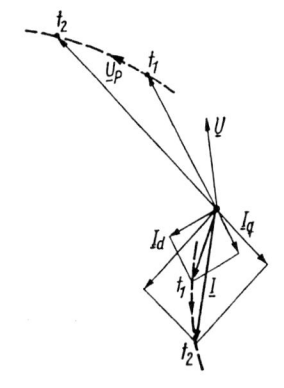

Bild 3.4.10 Zerlegung des Ankerstroms $\underline{I} = \underline{I}_\mathrm{a}$ in seine Komponenten $\underline{I}_\mathrm{d}$ und $\underline{I}_\mathrm{q}$ bezüglich der Phasenlage der Polradspannung für zwei Zeitpunkte t_1 und t_2 eines Übergangsvorgangs

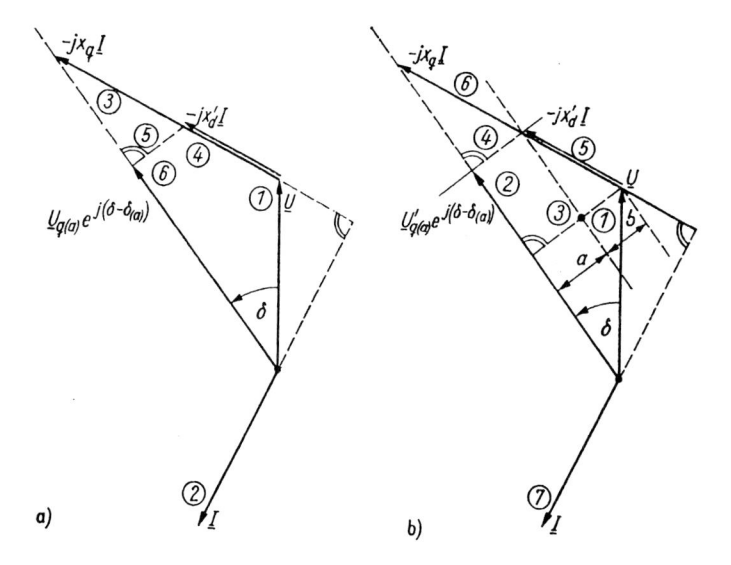

Bild 3.4.11 Konstruktion des dynamischen Zeigerbilds der Schenkelpolmaschine.
a) Bei Vorgabe von $\underline{U}$ und $\underline{I}$;
b) bei Vorgabe von $\underline{U}$ und $\underline{U}'_{q(a)} e^{j(\delta - \delta_{(a)})}$ mit $a/(a+b) = (x_q - x'_d)/x_q$.
①② ... Reihenfolge der Konstruktionsschritte

Die *Spannungsgleichung* in der Darstellung der komplexen Wechselstromrechnung erhält man, indem u_d und u_q aus (3.4.38a,b) in (3.4.35) eingesetzt und dabei $\underline{i}_d$ und $\underline{i}_q$ aus (3.4.41) eingeführt werden, zu

$$\boxed{\underline{u} = (u_d + ju_q)e^{j(\varphi_{up} - \pi/2)} = jx'_d \underline{i}_d + jx_q \underline{i}_q + u'_{q(a)} e^{j\varphi_{up}}} . \tag{3.4.42}$$

Die Spannung $u'_{q(a)}$, die von der konstanten Flussverkettung $\psi_{fd(a)}$ herrührt, folgt aus dem stationären Ausgangszustand, der dem zu untersuchenden Übergangsvorgang vorausgeht, als

$$u'_{q(a)} e^{j\varphi_{up(a)}} = \underline{u}'_{q(a)} = \underline{u}_{(a)} - jx'_d \underline{i}_{d(a)} - jx_q \underline{i}_{q(a)} . \tag{3.4.43}$$

Die Spannung $u'_{q(a)} e^{j\varphi_{up}}$ in (3.4.42) kann mit

$$\varphi_{up} - \varphi_{up(a)} = (\varphi_u + \delta) - (\varphi_u + \delta_{(a)}) = \delta - \delta_{(a)}$$

ausgedrückt werden als

$$u'_{q(a)} e^{j\varphi_{up}} = \underline{u}'_{q(a)} e^{j(\delta - \delta_{(a)})} .$$

Damit erhält man aus (3.4.42) als sog. *dynamische Spannungsgleichung der Schenkelpolmaschine*

$$\boxed{\underline{u} = jx'_d \underline{i}_d + jx_q \underline{i}_q + \underline{u}'_{q(a)} e^{j(\delta - \delta_{(a)})}} . \tag{3.4.44}$$

Die dynamische Spannungsgleichung nach (3.4.44) tritt an die Stelle der Spannungsgleichung (3.1.167), Seite 519, für den stationären Betrieb. Ihre Darstellung in der komplexen Ebene bezeichnet man als *dynamisches Zeigerbild*. Wenn dieses Zeigerbild bei Vorgabe von $\underline{u}$ und $\underline{i}$ aufgezeichnet werden soll, muss man davon ausgehen, dass $\underline{u} - \mathrm{j}x_\mathrm{q}\underline{i} = -\mathrm{j}(x_\mathrm{q} - x'_\mathrm{d})\underline{i}_\mathrm{d} + u'_\mathrm{q(a)}\mathrm{e}^{\mathrm{j}\varphi_\mathrm{up}}$ mit $\mathrm{j}\underline{i}_\mathrm{d} = i_\mathrm{d}\mathrm{e}^{\mathrm{j}\varphi_\mathrm{up}}$ entsprechend (3.4.41) in Phase mit $u'_\mathrm{q(a)}\mathrm{e}^{\mathrm{j}\varphi_\mathrm{up}} = \underline{u}'_\mathrm{q(a)}\mathrm{e}^{\mathrm{j}(\delta-\delta_\mathrm{(a)})}$ liegt und $\underline{u} - \mathrm{j}x'_\mathrm{d}\underline{i} = \mathrm{j}(x_\mathrm{q} - x'_\mathrm{d})\underline{i}_\mathrm{q} + u'_\mathrm{q(a)}\mathrm{e}^{\mathrm{j}\varphi_\mathrm{up}}$ mit $\mathrm{j}\underline{i}_\mathrm{q} = i_\mathrm{q}\mathrm{e}^{\mathrm{j}(\varphi_\mathrm{up}+\pi/2)}$ als Komponente bezüglich der Phasenlage φ_up die Spannung $u'_\mathrm{q(a)}\mathrm{e}^{\mathrm{j}\varphi_\mathrm{up}} = \underline{u}'_\mathrm{q(a)}\mathrm{e}^{\mathrm{j}(\delta-\delta_\mathrm{(a)})}$ selbst liefert. Diese Überlegungen werden im Bild 3.4.11 nochmals erläutert.[10] Man beachte dabei, dass i. Allg. $x'_\mathrm{d} < x_\mathrm{q}$ ist. Wenn das Zeigerbild bei Vorgabe von $\underline{u}$ und $\underline{u}'_\mathrm{q(a)}\mathrm{e}^{\mathrm{j}(\delta-\delta_\mathrm{(a)})}$ aufzubauen ist, geht man davon aus, dass die Senkrechte auf $\underline{u}'_\mathrm{q(a)}\mathrm{e}^{\mathrm{j}(\delta-\delta_\mathrm{(a)})}$ unabhängig von der Größe und der Phasenlage des Stroms $\underline{i}$ den Zeiger $-\mathrm{j}x_\mathrm{q}\underline{i}$ stets im Verhältnis $(x_\mathrm{q} - x'_\mathrm{d})/x'_\mathrm{d}$ teilt. Man erhält den Schnittpunkt offenbar ohne Kenntnis des Stroms, wenn entsprechend Bild 3.4.11b eine Parallele zu $\underline{u}'_\mathrm{q(a)}\mathrm{e}^{\mathrm{j}(\delta-\delta_\mathrm{(a)})}$ eingetragen wird, die die Senkrechte auf $\underline{u}'_\mathrm{q(a)}\mathrm{e}^{\mathrm{j}(\delta-\delta_\mathrm{(a)})}$ durch den Endpunkt des Zeigers $\underline{u}$ im Verhältnis $a/b = (x_\mathrm{q} - x'_\mathrm{d})/x'_\mathrm{d}$ bzw. $a/(a+b) = (x_\mathrm{q} - x'_\mathrm{d})/x_\mathrm{q}$ teilt.

Die Störung, die den Übergangsvorgang auslöst, kann darin bestehen, dass sich die Spannungen und die inneren Reaktanzen des Netzes durch Schalthandlungen im Netz plötzlich ändern (s. Bild 3.4.8). In diesem Fall sind zur Ermittlung von $\underline{u}'_\mathrm{q(a)}$ nach (3.4.43) die Werte der Spannung $\underline{u}_\mathrm{(a)}$ sowie der Reaktanzen x'_d und x_q einzusetzen, die vor der Störung existierten. Für alle Zeiten $t > 0$, d. h. nach Eintreten der Störung, gilt (3.4.42), wobei die Werte der Spannung $\underline{u}$ sowie der Reaktanzen x'_d und x_q zu verwenden sind, die dann wirken. Aufgrund der sprunghaften Änderung der Spannungen und der Reaktanzen erfolgt eine sprunghafte Änderung des Ankerstroms. Seine Komponenten i_d und i_q ergeben sich mit $\delta = \delta_\mathrm{(a)}$ aus (3.4.40a,b). Entsprechend der Änderung der Ströme entwickelt die Maschine mit Beginn des Übergangsvorgangs ein anderes Drehmoment als vor der Schalthandlung. Da sich das Drehmoment der Arbeitsmaschine nicht ändert, weicht die Summe $m + m_\mathrm{A}$ in der allgemeinen Bewegungsgleichung vom Zeitpunkt $t = 0$ an von Null ab, und damit wird ein Bewegungsvorgang $\delta(t)$ des Polsystems relativ zum Netzkoordinatensystem eingeleitet. Dabei ändern sich die Ströme i_d und i_q nach (3.4.40a,b) wiederum, jetzt allerdings stetig nach Maßgabe von $\delta(t)$.

Die Störung, die den Übergangsvorgang auslöst, kann auch von der mechanischen Seite herrühren, indem sich das Drehmoment der Arbeitsmaschine zur Zeit $t = 0$ z. B. sprunghaft ändert. Dabei erfahren die Spannungen und die inneren Reaktanzen des Netzes keine Änderung, so dass unmittelbar nach Einsetzen der Störung dieselben Ströme fließen wie davor. Die Synchronmaschine entwickelt dann auch dasselbe Drehmoment, aber die Summe $m + m_\mathrm{A}$ ist nach Maßgabe der Änderung des Drehmoments m_A der Arbeitsmaschine von Null verschieden, und es wird ein Bewegungsvorgang $\delta(t)$ des Polsystems eingeleitet. Mit der Änderung des Polradwinkels $\delta(t)$ erhält man

---

[10] Die Entwicklung des Zeigerbilds der Schenkelpolmaschine im stationären Betrieb wurde ausgehend von $\underline{U}$ und $\underline{I}$ in analoger Weise im Abschnitt 6.4.2.2 des Bands *Grundlagen elektrischer Maschinen* hergeleitet.

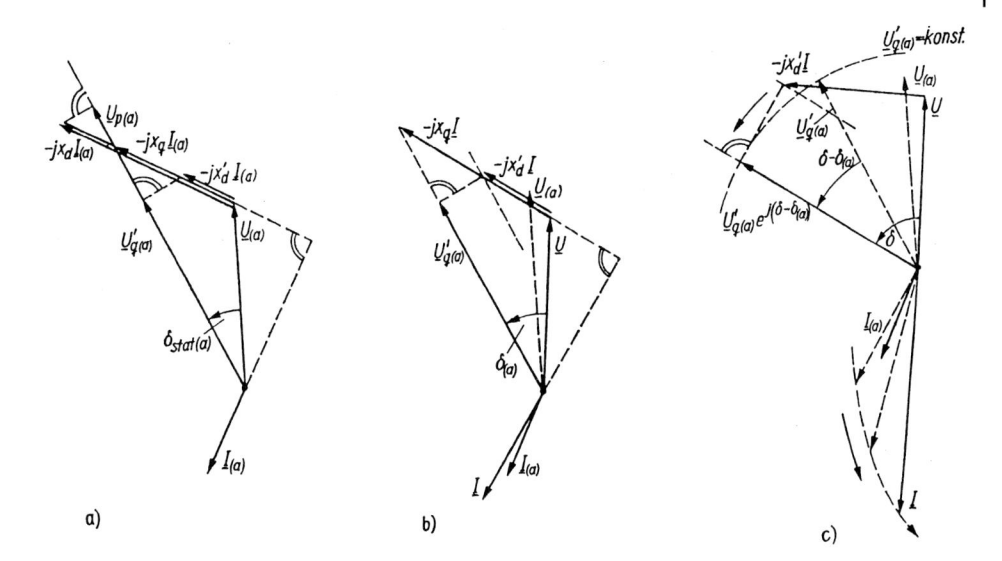

Bild 3.4.12 Dynamisches Zeigerbild der Schenkelpolmaschine während eines Übergangsvorgangs.
a) Zeitpunkt $t = 0$ vor der Schalthandlung im Netz – Bestimmung von $\underline{U}'_{q(a)}$ bei Vorgabe von $\underline{U}_{(a)}$ und $\underline{I}_{(a)}$;
b) Zeitpunkt $t = 0$ unmittelbar nach der Schalthandlung im Netz, durch die der Übergang $\underline{U} \mapsto \underline{U}_{(a)}$ erfolgt;
c) Zeitpunkt $t > 0$ mit $\delta > \delta_{(a)}$, wenn sich das Polsystem unter dem Einfluss von $m_{\mathrm{dyn}} + m_\mathrm{A} \neq 0$ aus der Lage nach Bild 3.4.12b herausbewegt hat

andere Werte für die Ströme i_d und i_q nach (3.4.40a,b) und damit auch für das Drehmoment m. Der Zusammenhang zwischen den Spannungen und Strömen einerseits und dem jeweiligen Polradwinkel $\delta(t)$ andererseits lässt sich anschaulich mit Hilfe des dynamischen Zeigerbilds verfolgen. Dieses liefert insbesondere auch die Spannung $\underline{u}'_{(a)}$ nach (3.4.43).

Im Bild 3.4.12a ist die Bestimmung von $\underline{u}'_{q(a)}$ bei Vorgabe von $\underline{u}_{(a)}$ und $\underline{i}_{(a)}$ entsprechend (3.4.43) dargestellt. Bild 3.4.12b zeigt das dynamische Zeigerbild für den Zeitpunkt unmittelbar nach der Schalthandlung im Netz, durch die sich die Spannung von $\underline{u}_{(a)}$ auf $\underline{u}$ ändern soll. Im Bild 3.4.12c schließlich hat sich das Polsystem unter dem Einfluss von $m + m_\mathrm{A} \neq 0$ aus der stationären Ausgangslage um $\delta - \delta_{(a)}$ herausbewegt.

Als Drehmoment der Synchronmaschine wirkt, solange das Prinzip der Flusskonstanz als erfüllt angesehen werden kann, das *dynamische Drehmoment* nach (3.4.28). Es lässt sich mit i_d und i_q nach (3.4.40a,b) und ψ_d und ψ_q nach (3.4.36c) und (3.4.37) im

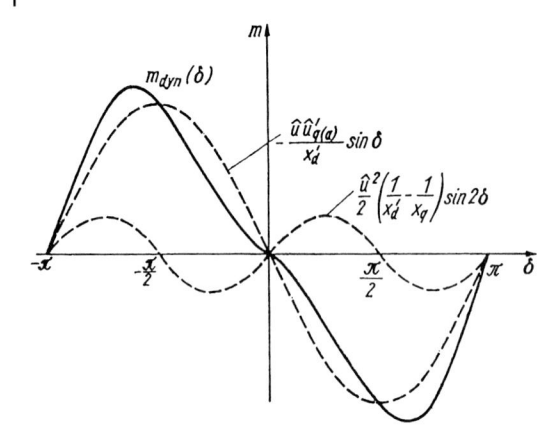

Bild 3.4.13 Dynamisches Drehmoment der Schenkelpolmaschine und seine Komponenten für einen gegebenen Wert der Spannung $\hat{u}'_{q(a)}$ in Abhängigkeit vom Polradwinkel δ

Fall der betrachteten Schenkelpolmaschine darstellen als

$$m_{\mathrm{dyn}} = -\frac{\hat{u}\hat{u}'_{q(a)}}{x'_d} \sin\delta + \frac{\hat{u}^2}{2}\left(\frac{1}{x'_d} - \frac{1}{x_q}\right)\sin 2\delta \,. \qquad (3.4.45)$$

Die Beziehung für das dynamische Drehmoment ist also ähnlich aufgebaut wie die für das statische nach (3.1.171), Seite 520. An die Stelle von $\hat{u}_p$ tritt $\hat{u}'_{q(a)}$, und x_d ist ersetzt durch x'_d.

Unter dem Einfluss von $\hat{u}'_{q(a)}$ wird das dynamische Drehmoment eine Funktion des vorangehenden stationären Betriebszustands. Es kann ohne die Kenntnis dieses Betriebszustands nicht angegeben werden. Dadurch, dass x'_d an die Stelle von x_d tritt, wird m_{dyn} für einen gegebenen Wert des Polradwinkels i. Allg. wesentlich größer als m_{stat}. Die Maschine ist deshalb gegen kurzzeitige Störungen unempfindlicher, als aus einer quasistationären Betrachtung heraus zu erwarten wäre. Eine weitere Abweichung vom statischen Drehmoment besteht darin, dass der Anteil, der im Fall der betrachteten Schenkelpolmaschine von der Asymmetrie des Polsystems herrührt, das Vorzeichen wechselt, da $x'_d < x_q$, aber $x_d > x_q$ ist. Bild 3.4.13 zeigt den Verlauf $m_{\mathrm{dyn}} = f(\delta)$ und den seiner beiden Anteile (vgl. Bild 3.1.15a, S. 521).

3.4.4.3 Dynamische Spannungsgleichung und dynamisches Drehmoment der vereinfachten Vollpolmaschine

Für die vereinfachte Vollpolmaschine, d. h. die Vollpolmaschine mit einer symmetrischen zweisträngigen Wicklung im Polsystem (s. Abschn. 3.1.6, S. 489), gelten für die Längsachse die gleichen Flussverkettungsgleichungen wie für die Schenkelpolmaschine ohne Dämpferwicklung, aus denen durch Eliminieren von i_{fd} wiederum (3.4.37) folgt. Für die Querachse gelten entsprechend Abschnitt 3.1.6 die analogen

Beziehungen

$$\psi_q = x_d i_q + x_{afd} i_{fq} \tag{3.4.46a}$$

$$\psi_{fq} = x_{fad} i_q + x_{ffd} i_{fq} = \psi_{fq(a)}, \tag{3.4.46b}$$

und man erhält durch Eliminieren von i_{fq}

$$\psi_q = \left(x_d - \frac{x_{afd}^2}{x_{ffd}}\right) i_q + \frac{x_{afd}}{x_{ffd}} \psi_{fq(a)} = x'_d i_q + \frac{x_{afd}}{x_{ffd}} \psi_{fq(a)}. \tag{3.4.47}$$

Die zweite Komponente in (3.4.47) liefert mit (3.4.27a,b) einen Beitrag $u'_{d(a)} = -(x_{afd}/x_{ffd})\psi_{fq(a)}$ zur Spannung u_d. Dabei ist $u'_{d(a)}$ der Flussverkettung zugeordnet, die der kurzgeschlossene Wicklungsstrang fq des Polsystems unmittelbar vor Beginn des Übergangsvorgangs besitzt und die danach festgehalten wird. Man erhält als Gleichungssystem der vereinfachten Vollpolmaschine ausgehend von (3.4.19a,b), (3.4.27a,b), (3.4.28), (3.4.29), (3.4.32), (3.4.38a,b) und (3.4.47)

$$u_d = \hat{u} \sin \delta = -\psi_q = -x'_d i_q + u'_{d(a)} \tag{3.4.48a}$$

$$u_q = \hat{u} \cos \delta = \psi_d = x'_d i_d + u'_{q(a)} \tag{3.4.48b}$$

$$(\psi_d i_q - \psi_q i_d) + m_D + m_A = T_m \frac{d^2 \delta}{dt^2}. \tag{3.4.48c}$$

Dabei ergeben sich $u'_{d(a)}$ und $u'_{q(a)}$ aus dem stationären Ausgangszustand zu

$$u'_{d(a)} = u_{d(a)} + x'_d i_{q(a)} \tag{3.4.49a}$$

$$u'_{q(a)} = u_{q(a)} - x'_d i_{d(a)}. \tag{3.4.49b}$$

Die Spannungsgleichungen in der Darstellung der komplexen Wechselstromrechnung erhält man ausgehend von den Beziehungen für u_d und u_q nach (3.4.48a,b) mit Hilfe von (3.4.35) zu

$$\underline{u} = jx'_d \underline{i} + \left(u'_{d(a)} + ju'_{q(a)}\right) e^{j(\vartheta - t)}. \tag{3.4.50}$$

Dabei ist mit (3.4.31) $\vartheta - t = \varphi_{up} - \pi/2$, wobei φ_{up} entsprechend (3.4.30) die Phasenlage der vom Erregerstrom hervorgerufenen Polradspannung ist. Für den stationären Ausgangszustand, der dem zu untersuchenden Übergangsvorgang vorausgeht, liefert (3.4.49a,b) mit (3.4.35)

$$\underline{u}_{(a)} = jx'_d \underline{i}_{(a)} + \left(u'_{d(a)} + ju'_{q(a)}\right) e^{j\vartheta_{(a)}} = jx'_d \underline{i}_{(a)} + \underline{u}'_{p(a)}. \tag{3.4.51}$$

Dabei gilt für die Spannung $\underline{u}'_{p(a)}$ hinter der transienten Reaktanz, die hier auch als *Hauptfeldspannung* bezeichnet wird,

$$\underline{u}'_{p(a)} = \left(u'_{d(a)} + ju'_{q(a)}\right) e^{j\vartheta_{(a)}} = \hat{u}'_{p(a)} e^{j\varphi_{up(a)}}. \tag{3.4.52}$$

Sie lässt sich aus dem Zeigerbild des stationären Ausgangszustands ermitteln, wie Bild 3.4.14a zeigt. Wenn man die Spannung $\hat{u}'_{p(a)}$ nach (3.4.52) in (3.4.51) einführt und dabei beachtet, dass $\vartheta - t = \varphi_{up} - \pi/2$ und damit $\vartheta_{(a)} = \varphi_{up(a)} - \pi/2$ ist, so wird

$$\underline{u} = jx'_d \underline{i} + \underline{u}'_{p(a)} e^{j(\varphi_{up} - \varphi_{up(a)})}.$$

Daraus folgt unter Einführung des Polradwinkels δ bezüglich der Spannung $\underline{u}$, die nach Eintritt der Störung wirkt, mit $\varphi_{up} = \varphi_u + \delta$ und $\varphi_{up(a)} = \varphi_u + \delta_{(a)}$, d. h. mit $\varphi_{up} - \varphi_{up(a)} = \delta - \delta_{(a)}$, die Beziehung

$$\boxed{\underline{u} = jx'_d \underline{i} + \underline{u}'_{p(a)} e^{j(\delta - \delta_{(a)})} = jx'_d \underline{i} + \underline{u}'_p}. \tag{3.4.53}$$

Das ist die *dynamische Spannungsgleichung der vereinfachten Vollpolmaschine*. Ihre Darstellung in der komplexen Ebene liefert das *dynamische Zeigerbild*. Im Bild 3.4.14 sind analog zu Bild 3.4.12 die dynamischen Zeigerbilder für einige Zeitpunkte eines Übergangsvorgangs dargestellt. Dabei wurde wiederum von dem Fall ausgegangen, dass sich die Spannung des starren Netzes an den Klemmen der Maschine durch Schalthandlungen im Netz zur Zeit $t = 0$ sprunghaft von $\underline{u}_{(a)}$ auf $\underline{u}$ ändert. In diesem Zusammenhang wirkt im allgemeinen Fall nach der Schalthandlung auch ein anderer Wert der inneren Reaktanz des Netzes als vorher (vgl. Bild 3.4.8). Aus (3.4.52) folgt für die

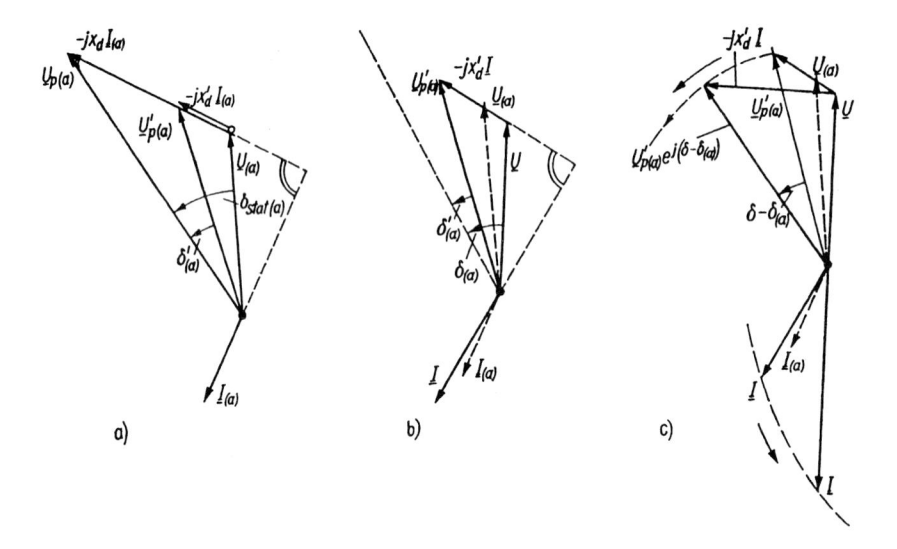

Bild 3.4.14 Dynamisches Zeigerbild der vereinfachten Vollpolmaschine während eines Übergangsvorgangs.
a) Zeitpunkt $t = 0$ vor der Schalthandlung im Netz – Bestimmung von $\underline{U}'_{p(a)}$ bei Vorgabe von $\underline{U}_{(a)}$ und $\underline{I}_{(a)}$;
b) Zeitpunkt $t = 0$ unmittelbar nach der Schalthandlung im Netz, durch die der Übergang $\underline{U} \mapsto \underline{U}_{(a)}$ erfolgt;
c) Zeitpunkt $t > 0$ mit $\delta > \delta_{(a)}$, wenn sich das Polsystem unter dem Einfluss von $m_{dyn} + m_A \neq 0$ aus der Lage nach Bild 3.4.14b herausbewegt hat

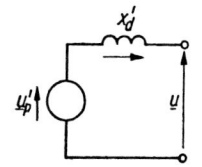

Bild 3.4.15 Dynamisches Ersatzschaltbild der vereinfachten Vollpolmaschine mit $\hat{u}'_p = \hat{u}'_{p(a)}$ und $\varphi'_{up} = \varphi'_{up(a)} + (\delta - \delta_{(a)})$

Komponenten der Spannung hinter der transienten Reaktanz mit $\vartheta_{(a)} = \varphi_{up(a)} - \pi/2$ entsprechend (3.4.31)

$$u'_{d(a)} + j u'_{q(a)} = \hat{u}'_{p(a)} e^{-j(\varphi_{up(a)} - \varphi'_{up(a)} - \pi/2)}.$$

Daraus erhält man durch Einführen von

$$\delta_{(a)} = \varphi_{up(a)} - \varphi'_{up(a)} \tag{3.4.54}$$

die Beziehungen

$$u'_{d(a)} = \hat{u}'_{p(a)} \sin \delta'_{(a)} \tag{3.4.55a}$$
$$u'_{q(a)} = \hat{u}'_{p(a)} \cos \delta'_{(a)}. \tag{3.4.55b}$$

Der Winkel $\delta'_{(a)}$ zwischen $\underline{u}_{p(a)}$ und $\underline{u}'_{p(a)}$ ist im Bild 3.4.14a eingetragen.

Der dynamischen Spannungsgleichung der vereinfachten Vollpolmaschine nach (3.4.53) lässt sich ein *dynamisches Ersatzschaltbild* zuordnen, das im Bild 3.4.15 dargestellt ist. Dabei hat die Spannung $\underline{u}'_p$ eine konstante Amplitude, während sich ihre Phasenlage φ'_{up} nach (3.4.53) entsprechend der Bewegung $\delta = \delta(t)$ des Polsystems ändert. Die Form dieser Bewegung kann erst im Zusammenhang mit der Untersuchung der Bewegungsgleichung angegeben werden. Das dynamische Ersatzschaltbild wird zur Untersuchung von Maschinensystemen eingesetzt. Dabei muss die Bewegungsgleichung jeder einzelnen Maschine mitgeführt und schrittweise integriert werden, um die Phasenlagen der Spannungen $\underline{u}'_p$ nach Maßgabe von $\delta = \delta(t)$ nachstellen zu können. Näherungsweise lässt sich das dynamische Ersatzschaltbild auch für Schenkelpolmaschinen anwenden.

Der Ankerstrom $\underline{i}$ der vereinfachten Vollpolmaschine kann unmittelbar aus der dynamischen Spannungsgleichung zu

$$\underline{i} = \frac{\underline{u} - \underline{u}_{p(a)} e^{j(\delta - \delta_{(a)})}}{j x'_d} \tag{3.4.56}$$

bestimmt werden. Das *dynamische Drehmoment* der vereinfachten Vollpolmaschine folgt aus (3.4.28) mit ψ_d und ψ_q sowie i_d und i_q aus (3.4.48a,b) zu

$$m_{\text{dyn}} = -u_q \frac{u_d - u'_{d(a)}}{x'_d} + u_d \frac{u_q - u'_{q(a)}}{x'_d} = \frac{1}{x'_d} \left(u_q u'_{d(a)} - u_d u'_{q(a)} \right).$$

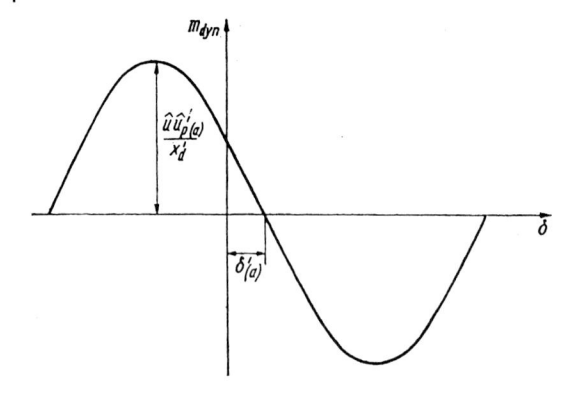

Bild 3.4.16 Dynamisches Drehmoment der vereinfachten Vollpolmaschine für gegebene Werte $\hat{u}'_{p(a)}$ und $\delta'_{(a)}$ in Abhängigkeit vom Polradwinkel

Daraus erhält man mit $u_d = \hat{u}\sin\delta$ und $u_q = \hat{u}\cos\delta$ aus (3.4.48a,b) sowie $u'_{d(a)}$ und $u'_{q(a)}$ aus (3.4.55a,b)

$$m_{\mathrm{dyn}} = -\frac{\hat{u}\hat{u}_{p(a)}}{x'_d}\sin\left(\delta - \delta'_{(a)}\right). \tag{3.4.57}$$

Der Verlauf $m_{\mathrm{dyn}} = f(\delta)$ ist im Bild 3.4.16 dargestellt. Er ist sowohl hinsichtlich seiner Amplitude als auch hinsichtlich seiner Lage zu $\delta = 0$ vom vorangehenden stationären Betriebszustand abhängig. Der Maximalwert des dynamischen Drehmoments der vereinfachten Vollpolmaschine beträgt $\hat{u}\hat{u}'_{p(a)}/x'_d$. Er ist wegen $x'_d < x_d$ i. Allg. größer als der des statischen Drehmoments. Das ist die gleiche Erscheinung, die schon bei der Untersuchung des dynamischen Drehmoments der Schenkelpolmaschine beobachtet wurde.

3.4.4.4 Behandlung von Belastungsstößen

Es existieren zwei Formen von Belastungsstößen, elektrische und mechanische. Beide wurden in den Abschnitten 3.4.4.2 und 3.4.4.3 im Zusammenhang mit der Aufstellung der dynamischen Zeigerbilder bereits erläutert. Im Folgenden ist lediglich der Einfluss der Bewegungsgleichung auf diese Vorgänge näher zu untersuchen.

Der *elektrische Laststoß* entsteht durch Schalthandlungen im vorgeschalteten Netz und äußert sich in einer plötzlichen Änderung der Netzparameter. Für die Maschine bedeutet dies eine Änderung der Spannung des starren Netzes an den Anschlussklemmen sowie sämtlicher Reaktanzen (s. Bild 3.4.8).

Wenn man das Einschalten der leerlaufenden Maschine in die Betrachtungen einbezieht, kann sich durch diese Schalthandlung auch die Frequenz der Netzspannung plötzlich ändern. Aus der Analyse des vorangehenden stationären Betriebszustands sowie der Phasenlage der Netzspannung nach der Schalthandlung erhält man bei der Schenkelpolmaschine $\underline{u}'_{q(a)}$ und $\delta_{(a)}$ (s. Bild 3.4.12) und bei der Vollpolmaschine $\underline{u}'_{p(a)}$, $\delta_{(a)}$ und $\delta'_{(a)}$. Unmittelbar nach der Störung ist $\delta = \delta_{(a)}$, da sich der Läufer aufgrund der Massenträgheit zunächst mit konstanter Drehzahl weiterbewegt, d. h. relativ zum

Netzkoordinatensystem bezüglich des vorangehenden stationären Zustands in Ruhe ist. Außerdem bleiben die Beträge $\hat{u}'_{q(a)}$ bzw. $\hat{u}'_{p(a)}$ der Spannungen $\underline{u}'_{q(a)} e^{j(\delta - \delta_{(a)})}$ in (3.4.44) bzw. $\underline{u}'_{p(a)} e^{j(\delta - \delta_{(a)})}$ in (3.4.53) für alle Zeiten nach der Störung konstant, solange das Prinzip der Flusskonstanz als gültig angesehen werden kann. Die Anfangswerte $u'_{q(a)}$ und $u'_{p(a)}$ liefern zusammen mit der Netzspannung, die unmittelbar nach der Störung herrscht, die Ankerströme unmittelbar nach der Schalthandlung (s. Bilder 3.4.12b u. 3.4.14b). Sie haben einen anderen Wert als vor der Störung, da sich sowohl die Netzspannung als auch die Reaktanzen geändert haben. Dadurch entwickelt die Maschine jedoch auch ein anderes Drehmoment. Für die Zeit der Gültigkeit des Prinzips der Flusskonstanz ist dieses das dynamische Drehmoment nach (3.4.45) bzw. (3.4.57), zu dem entsprechend der allgemeinen Bewegungsgleichung (3.4.29) noch ein Dämpfungsmoment m_D hinzukommt, das proportional zur Geschwindigkeit des Läufers gegenüber dem synchron umlaufenden Koordinatensystem ist. Der Verlauf des dynamischen Drehmoments als Funktion des Polradwinkels δ ist durch die Anfangswerte $\hat{u}'_{q(a)}$ bzw. $\hat{u}'_{p(a)}$ und $\delta_{(a)}$ sowie die Spannung $\hat{u}$ und die Reaktanzen gegeben, die nach der Schalthandlung wirken. Es wird $m_{dyn}(\delta_{(a)}) \neq -m_{stat}(\delta_{(a)})$, so dass bei unverändertem Drehmoment $m_{A(a)}$ der Arbeitsmaschine $m_{dyn}(\delta_{(a)}) + m_{A(a)} \neq 0$ ist und ein Bewegungsvorgang $\delta(t)$ einsetzt. Er wird durch die Bewegungsgleichung (3.4.29) beschrieben.

Auf die Lösungsformen dieser Gleichung wird im folgenden Abschnitt eingegangen. Vorläufig genügt die Erkenntnis, dass $\delta = \delta(t)$ wird. Damit ändern sich die Phasenlagen der Spannungen $\underline{u}'_{q(a)} e^{j(\delta - \delta_{(a)})}$ bei der Schenkelpolmaschine bzw. $\underline{u}'_{p(a)} e^{j(\delta - \delta_{(a)})}$ bei der Vollpolmaschine. Die Folge davon ist eine erneute Änderung des Ankerstroms, die allerdings nunmehr stetig in Abhängigkeit von $\delta(t)$ erfolgt (s. Bild 3.4.12c bzw. 3.4.14c). Der Bewegungsvorgang $\delta(t)$, der dadurch ausgelöst wird, dass sich das dynamische Drehmoment der Maschine und das Drehmoment der Arbeitsmaschine nicht im Gleichgewicht befinden, wird durch das Dämpfungsmoment m_D bedämpft.

Abweichend von den bisherigen Betrachtungen ändern sich die Flussverkettungen der Erregerwicklung bzw. der beiden fiktiven Kurzschlusskreise der Vollpolmaschine allmählich nach Maßgabe der Zeitkonstanten dieser Kreise auf einen Wert, der dem neuen stationären Wert des Ankerstroms und dem stationären Wert des Erregerstroms zugeordnet ist. Dieser Prozess entspricht dem Übergang vom dynamischen Drehmoment zum statischen. Die Untersuchungen auf der Grundlage des dynamischen Drehmoments können deshalb nur zum Ziel haben, die Ströme unmittelbar nach der Störung zu bestimmen und zu beurteilen, ob unmittelbar nach der Störung gefährliche Pendelungen des Polradwinkels auftreten und die Maschine überhaupt im Tritt bleibt.

Der *mechanische Laststoß* besteht aus einer sprunghaften Änderung des Drehmoments m_A der Arbeitsmaschine. Der zeitliche Verlauf dieses Drehmoments kann auch impulsartig sein. Der Bewegungsvorgang $\delta = \delta(t)$ wird in diesem Fall durch die Änderung von m_A eingeleitet. Dabei wirkt von der Maschine her für die erste Zeit nach der Störung das dynamische Drehmoment m_dyn. Es ist bestimmt durch die Anfangswerte $\hat{u}'_{\text{q(a)}}$ bzw. $\hat{u}'_{\text{p(a)}}$ und $\delta'_{(\text{a})}$. Im ersten Augenblick nach der Störung, d. h. bevor der Bewegungsvorgang eingesetzt hat, fließen die gleichen Ankerströme, die vor der Störung vorhanden waren; es ist also $\underline{i} = \underline{i}_{(\text{a})}$. Damit bleiben die Flussverkettungen der Polradkreise konstant, ohne dass zunächst irgendwelche Ausgleichsströme in diesen Kreisen fließen. Es liegen unmittelbar nach dem Einsetzen der Störung noch die gleichen Strom- und Feldverhältnisse in der Maschine vor wie im vorangehenden stationären Betrieb. Damit wird auch das gleiche Drehmoment entwickelt, d. h. es ist $m_\text{dyn}(\delta_{(\text{a})}) = m_\text{stat}(\delta_{(\text{a})})$. Unter dem Einfluss der Änderung des Drehmoments m_A der Arbeitsmaschine wird $m_{\text{dyn(a)}} + m_{\text{A(a)}} \neq 0$, und es setzt ein Bewegungsvorgang $\delta = \delta(t)$ ein. Nach Maßgabe dieses Bewegungsvorgangs ändert sich der Ankerstrom stetig. Nach einer gewissen Zeit tritt an die Stelle des dynamischen Drehmoments wieder das statische. Die Betrachtungen auf der Grundlage des dynamischen Drehmoments liefern also nur eine Aussage über die Ströme und Polradwinkel unmittelbar nach der Störung. Sie erlauben vor allem zu entscheiden, ob die Maschine überhaupt im Tritt bleibt. Die Frage, ob die Maschine bei einem elektrischen oder mechanischen Laststoß unter dem Einfluss des dynamischen Drehmoments im Tritt bleibt, wird auch als Frage nach der dynamischen Stabilität bezeichnet. Ihre Untersuchung erfolgt im Abschnitt 3.4.4.6.

3.4.4.5 Bewegungsvorgänge $\delta(t)$

In der Bewegungsgleichung (3.4.29) ist nach den Untersuchungen in den Abschnitten 3.4.4.2 und 3.4.4.3 $m_\text{dyn} = m_\text{dyn}(\delta)$ entsprechend (3.4.45) bzw. (3.4.57) eine nichtlineare Funktion des Polradwinkels δ. Das Dämpfungsmoment m_D ist proportional zum Schlupf s des Polsystems gegenüber dem synchron umlaufenden Feld. Näherungsweise kann angenommen werden, dass als Dämpfungsmoment das asynchrone Drehmoment der Dämpferwicklung wirkt, das im Abschnitt 3.4.2, Seite 579, für kleine Werte des Schlupfs als (3.4.14) entwickelt wurde. Unter Einführung der *Dämpfungskonstante* K_D und mit (3.4.33) erhält man dann

$$m_\text{D} = K_\text{D} s = -K_\text{D} \frac{\text{d}\delta}{\text{d}t} \,. \tag{3.4.58}$$

Zahlenwerte für die Dämpfungskonstante in Abhängigkeit von der Ausführung des Polsystems wurden in Tabelle 3.4.1, Seite 586, zusammengestellt.

Die Winkelbeschleunigung $\text{d}n/\text{d}t = \text{d}^2\vartheta/\text{d}t^2$ lässt sich entsprechend (3.4.34) durch $\text{d}^2\delta/\text{d}t^2$ ersetzen. Damit nimmt die Bewegungsgleichung (3.4.29) die Form

$$\boxed{m_\text{dyn}(\delta) - K_\text{D} \frac{\text{d}\delta}{\text{d}t} + m_\text{A} = T_\text{m} \frac{\text{d}^2\delta}{\text{d}t^2}} \tag{3.4.59}$$

an. Das ist eine nichtlineare Schwingungsgleichung. Die Nichtlinearität äußert sich in der Abweichung des dynamischen Drehmoments von einem Verlauf $m_\text{dyn} \sim \delta$.

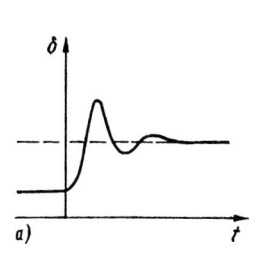

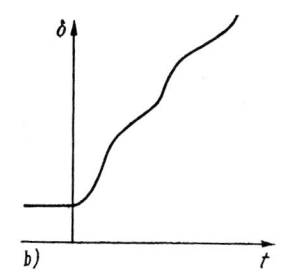

Bild 3.4.17 Erläuterung der beiden prinzipiellen Formen von Bewegungsvorgängen $\delta = \delta(t)$.
a) Die dynamische Stabilität ist gewahrt;
b) die dynamische Stabilität ist nicht gewahrt

Diese Abweichung ist umso ausgeprägter, je größer δ wird. Man vergleiche dazu die beiden Kennlinien $m_{\mathrm{dyn}} = f(\delta)$ in den Bildern 3.4.13 und 3.4.16. Mit wachsendem Polradwinkel durchläuft $m_{\mathrm{dyn}} = f(\delta)$ einen Maximalwert und wechselt schließlich sogar das Vorzeichen. Diesem Verlauf des dynamischen Drehmoments entsprechend sind zwei prinzipielle Formen von Bewegungsvorgängen zu erwarten.

Bei kleinen Störungen werden nur kleine Abschnitte der Kennlinie $m_{\mathrm{dyn}} = f(\delta)$ durchlaufen. Es kommt zu keinem Vorzeichenwechsel. Man erhält eine gedämpfte Schwingung, die je nach Aussteuerung der nichtlinearen Kennlinie $m_{\mathrm{dyn}} = m_{\mathrm{dyn}}(\delta)$ mehr oder weniger sinusförmig ist. Nach Abklingen der Schwingung wird ein neuer konstanter Wert des Polradwinkels nach Maßgabe des entwickelten dynamischen Drehmoments erreicht. Die Maschine bleibt im Tritt. Sie ist gegenüber der betrachteten Störung dynamisch stabil.

Bei großen Störungen wird δ während der ersten Auslenkung sehr groß. Das Drehmoment $m_{\mathrm{dyn}}(\delta) + m_{\mathrm{A}}$, das die Bewegung $\delta = \delta(t)$ zunächst zu verzögern sucht, wechselt sein Vorzeichen und wirkt dadurch wieder beschleunigend auf $\delta = \delta(t)$. Dadurch wächst der Polradwinkel weiter an. Er erreicht keinen neuen konstanten Wert; die Maschine fällt außer Tritt. Sie ist gegenüber der betrachteten Störung dynamisch nicht stabil.

Im Bild 3.4.17 sind die beiden prinzipiellen Formen der Bewegungsvorgänge dargestellt. Da die geschlossene Lösung der Bewegungsgleichung (3.4.59) Schwierigkeiten bereitet, muss versucht werden, die Frage nach der dynamischen Stabilität ohne diese Lösung zu beantworten. Dazu wird im Abschnitt 3.4.4.6 ein geeignetes Stabilitätskriterium entwickelt.

Die Lösung der Bewegungsgleichung (3.4.59) erfordert im allgemeinen Fall den Einsatz der Rechentechnik. Dabei kann natürlich auf dem Weg der numerischen Simulation darauf verzichtet werden, das Prinzip der Flusskonstanz auf die Kreise des Polsystems anzuwenden und damit unter Verwendung des dynamischen Drehmoments zu rechnen. Es kann vielmehr vom allgemeinen Gleichungssystem ausgegangen und der gesamte Übergangsvorgang bis zum Erreichen des stationären Arbeitspunkts betrachtet werden. Wenn allerdings ein System aus mehreren Maschinen in einem größeren Netz zu betrachten ist, kann es zur Senkung des Rechenaufwands nach wie vor vorteilhaft sein, den Anfangsverlauf der Vorgänge mit dem dynamischen Drehmoment zu betrachten und die Frage der Stabilität auf dieser Basis zu entscheiden.

Im Sonderfall kleiner Änderungen $\Delta\delta$ des Polradwinkels lässt sich der Vorgang durch Linearisierung von (3.4.59) geschlossen betrachten. Die Linearisierung liefert

$$T_\mathrm{m}\frac{\mathrm{d}^2\Delta\delta}{\mathrm{d}t^2} + K_\mathrm{D}\frac{\mathrm{d}\Delta\delta}{\mathrm{d}t} + K_\mathrm{S}(\delta_{(\mathrm{a})})\Delta\delta = \Delta m_\mathrm{A}, \qquad (3.4.60)$$

wobei das *dynamische synchronisierende Drehmoment*

$$K_\mathrm{S}(\delta_{(\mathrm{a})})\Delta\delta = -\left(\frac{\partial m_\mathrm{dyn}}{\partial \delta}\right)_{\delta_{(\mathrm{a})}}\Delta\delta \qquad (3.4.61)$$

eingeführt wurde. Die Beziehung (3.4.60) stellt die bekannte Differentialgleichung der linearen, gedämpften Schwingung dar. Sie liefert als Lösung der homogenen Gleichung Eigenvorgänge der Form

$$\Delta\delta = \Delta\delta_0 \mathrm{e}^{-\varrho t}\cos(\lambda_\mathrm{d} t + \varphi_\delta),$$

wobei die bezogene *Eigenkreisfrequenz* λ_d der freien Schwingung gegeben ist als

$$\lambda_\mathrm{d} = \sqrt{\frac{K_\mathrm{S}(\delta_{(\mathrm{a})})}{T_\mathrm{m}}} \qquad (3.4.62)$$

und ihr *Dämpfungsdekrement* ϱ als

$$\varrho = \frac{K_\mathrm{D}}{2T_\mathrm{m}\lambda_\mathrm{d}} = \frac{K_\mathrm{D}}{2K_\mathrm{S}(\delta_{(\mathrm{a})})}\lambda_\mathrm{d}. \qquad (3.4.63)$$

3.4.4.6 Kriterium der dynamischen Stabilität

Wenn sich das Polrad, das unter dem Einfluss des dynamischen Drehmoments $m_\mathrm{dyn}(\delta)$ und des äußeren Drehmoments m_A der Arbeitsmaschine steht bei Vernachlässigung des Dämpfungsmoments aus einer Anfangslage $\delta_{(\mathrm{a})}$ in eine beliebige Lage bewegt, wird ihm relativ zum synchron umlaufenden Koordinatensystem die Energie

$$W = \int_{\delta_{(\mathrm{a})}}^{\delta}[m_\mathrm{dyn}(\delta) + m_\mathrm{A}]\frac{1}{p}\,\mathrm{d}\delta$$

zugeführt. Diese Energie bewirkt eine Erhöhung seiner Drehzahl, d. h. es findet eine beschleunigte Bewegung $\delta(t)$ statt. Der Verlauf $\delta = \delta(t)$ wird demnach dann einem neuen konstanten Wert zustreben, wenn ein Wert δ_max existiert, für den gilt

$$\int_{\delta_{(\mathrm{a})}}^{\delta_\mathrm{max}}[m_\mathrm{dyn}(\delta) + m_\mathrm{A}]\frac{1}{p}\,\mathrm{d}\delta = 0. \qquad (3.4.64)$$

In diesem Fall hat das Polrad nach vorübergehender Erhöhung seiner Drehzahl bei $\delta = \delta_{\max}$ wieder die synchrone Drehzahl erreicht. Im Punkt $\delta = \delta_{\max}$ ist also $\mathrm{d}\delta/\mathrm{d}t = 0$, d. h. $\delta = \delta(t)$ durchläuft einen Extremwert; es schließt sich eine rückläufige Bewegung des Polrads an. Die Maschine ist gegenüber der betrachteten Störung dynamisch stabil. Das Einlaufen in den neuen Arbeitspunkt geschieht als Schwingung, die durch das vorhandene Dämpfungsmoment zum Abklingen kommt. Wenn ein Polradwinkel $\delta'_{(e)}$ eingeführt wird, der dem dynamischen Gleichgewicht zugeordnet ist, gilt $m_{\mathrm{dyn}}(\delta_{(e)}) + m_A = 0$. Das Stabilitätskriterium (3.4.64) geht dann über in

$$\boxed{\int_{\delta_{(a)}}^{\delta'_{(e)}} [m_{\mathrm{dyn}}(\delta) + m_A]\,\mathrm{d}\delta = -\int_{\delta'_{(e)}}^{\delta_{\max}} [m_{\mathrm{dyn}}(\delta) + m_A]\,\mathrm{d}\delta} \,. \qquad (3.4.65)$$

In der m-δ-Ebene stellt $\int m\,\mathrm{d}\delta$ die Fläche dar, die innerhalb der Integrationsgrenzen unter der Kurve $m = f(\delta)$ liegt. Das Stabilitätskriterium nach (3.4.65) sagt demnach aus, dass die Fläche unter $m_{\mathrm{dyn}}(\delta) + m_A$ zwischen $\delta_{(a)}$ und $\delta'_{(e)}$ vom Betrag her gleich der zwischen $\delta'_{(e)}$ und $\delta_{\max}$ sein muss. Das Stabilitätskriterium wird deshalb oft als das *Kriterium der gleichen Flächen* bezeichnet.

Die Anwendung des Kriteriums wird im Bild 3.4.18 gezeigt. Das Belastungsmoment eines Synchronmotors soll sich zur Zeit $t = 0$ von $m_{A(a)}$ auf $m_{A(e)}$ ändern. Das für die Bewegung des Polrads verantwortliche Drehmoment ist also $m_{\mathrm{dyn}} + m_{A(e)}$. Für $m_{A(e)}$ wurde im Bild 3.4.18a ein Wert gewählt, der zur dynamischen Stabilität führt, während der Wert von $m_{A(e)}$ im Bild 3.4.18b zu groß ist, um die dynamische Stabilität aufrechtzuerhalten.

Es muss darauf hingewiesen werden, dass bei Vorhandensein der dynamischen Stabilität durchaus noch nicht gesichert ist, dass statische Stabilität vorliegt. Die Alleinbetrachtung der dynamischen Stabilität im Beispiel von Bild 3.4.18 ist gerechtfertigt, wenn das Drehmoment $m_{A(e)}$ nur sehr kurze Zeit als Impuls ansteht. Wenn es für alle Zeiten $t > 0$ vorhanden sein soll, entscheidet schließlich das statische Drehmoment über die Stabilität.

Das statische Drehmoment wäre allerdings bei großen Werten von $m_{A(e)}$ nicht in der Lage, das Überschwingen des Polrads abzufangen. Wenn das statische Drehmoment zunächst zu klein ist, lässt es sich durch eine sofort mit der Störung eingeleitete Erhöhung der Erregung vergrößern. Diese *Stoßerregung* kann die Stabilität insgesamt sichern, falls die dynamische Stabilität gewahrt ist, d. h. falls das dynamische Drehmoment die Maschine zunächst im Tritt hält.

3.4.5
Dreipoliger Stoßkurzschluss

Der dreipolige Stoßkurzschluss ist eine der Störungen, mit denen während des Betriebs der Synchronmaschine gerechnet werden muss. Er tritt allerdings in der Praxis gewöhnlich nicht von vornherein auf. In den meisten Fällen entsteht zunächst ein einpoliger Kurzschluss zwischen einem Außenleiter und der Erde oder ein zweipoliger Kurzschluss zwischen zwei Außenleitern des speisenden Netzes. Diese Kurzschlüsse werden i. Allg. durch einen Lichtbogen gebildet, der dann schließlich zu einem dreipoligen Kurzschluss zwischen den drei Außenleitern überleitet. Trotzdem wird im Folgenden zunächst der ideale dreipolige Kurzschluss behandelt, bei dem die drei Außenleiter in einem betrachteten Zeitpunkt widerstandslos kurzgeschlossen werden. Das geschieht einerseits, weil die Behandlung des dreipoligen Kurzschlusses noch relativ einfach ist, und andererseits, weil er als Messverfahren zur Bestimmung verschiedener Parameter der Synchronmaschine Anwendung findet. Die Analyse wird für die speziellen Betriebsbedingungen dieses sog. *Stoßkurzschlussversuchs* durchgeführt. Dabei befindet sich die Maschine vor dem Kurzschluss im Leerlauf. Sie wird von außen her mit synchroner Drehzahl angetrieben. Der Antrieb sei so hinreichend starr und das Massenträgheitsmoment der Gesamtheit der rotierenden Teile so groß, dass die

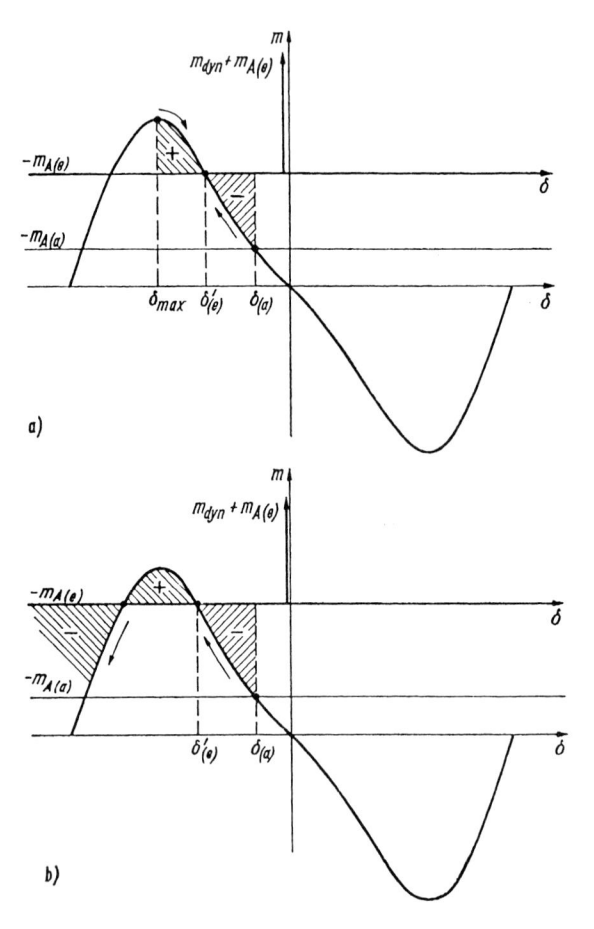

Bild 3.4.18 Anwendung des Kriteriums der dynamischen Stabilität nach (3.4.65) auf einen Synchronmotor in Schenkelpolausführung, dessen Belastungsmoment sich zur Zeit $t = 0$ von $m_{A(a)}$ auf $m_{A(e)}$ ändert.
a) Dynamisch stabiler Fall;
b) dynamisch instabiler Fall

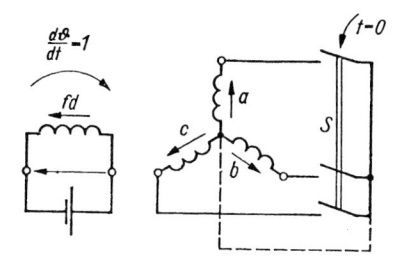

Bild 3.4.19 Prinzipschaltbild zum dreipoligen Stoßkurzschluss

Drehzahl innerhalb der zu betrachtenden Kurzschlussdauer als konstant angesehen werden kann. Damit ist während des gesamten Vorgangs in bezogener Darstellung $n = \mathrm{d}\vartheta/\mathrm{d}t = 1$ bzw. $\vartheta = t + \vartheta_0$. Die analytische Behandlung lässt sich also auf der Grundlage der Ergebnisse durchführen, die im Abschnitt 3.1.8, Seite 496, bei der allgemeinen Untersuchung von Vorgängen mit konstanter Drehzahl erhalten wurden. Bild 3.4.19 zeigt die Prinzipschaltung, aus der sich die Betriebsbedingungen entnehmen lassen.

3.4.5.1 Analytische Behandlungen des dreipoligen Stoßkurzschlusses

Um die Anfangsbedingungen für den Ausgleichsvorgang zu kennen, den der Kurzschlussvorgang darstellt, muss zunächst der stationäre *Ausgangszustand* untersucht werden, in dem sich die Maschine vor Eintritt des Kurzschlusses befindet. Seine Betriebsbedingungen lauten in bezogener Darstellung $i_a = 0$, $i_b = 0$, $i_c = 0$, $u_{\mathrm{fd}} = U_{\mathrm{fd}}$ und $n = \mathrm{d}\vartheta/\mathrm{d}t = 1$. Ihre Transformation in den Bereich der d-q-0-Komponenten liefert mit (3.1.42a), Seite 479, unmittelbar

$$i_{\mathrm{d}(a)} = 0 \tag{3.4.66a}$$

$$i_{\mathrm{q}(a)} = 0 \tag{3.4.66b}$$

$$i_{0(a)} = 0 \tag{3.4.66c}$$

$$U_{\mathrm{fd}(a)} = U_{\mathrm{fd}} \tag{3.4.66d}$$

$$n = \frac{\mathrm{d}\vartheta}{\mathrm{d}t} = 1 \ . \tag{3.4.66e}$$

Durch Einführen in das allgemeine Gleichungssystem nach Tabelle 3.1.4, Seite 483, erhält man weiterhin (vgl. auch Abschn. 3.1.8.7, S. 516)

$$u_{\mathrm{d}(a)} = -\psi_{\mathrm{q}(a)} = 0 \tag{3.4.67a}$$

$$u_{\mathrm{q}(a)} = \psi_{\mathrm{d}(a)} = x_{\mathrm{afd}} i_{\mathrm{fd}(a)} \tag{3.4.67b}$$

mit $i_{\mathrm{fd}(a)} = U_{\mathrm{fd}}/r_{\mathrm{fd}}$. Die Rücktransformation dieser Beziehungen in den Bereich der Stranggrößen liefert nach (3.1.42b) mit $\vartheta = t + \vartheta_0$ für die Spannung des Strangs a

$$u_a = x_{\mathrm{afd}} i_{\mathrm{fd}(a)} \cos(t + \vartheta_0 + \pi/2) \ .$$

Es ist also
$$\hat{u}_{(a)} = x_{\text{afd}} i_{\text{fd}(a)} = \psi_{\text{d}(a)} \,. \tag{3.4.68}$$

Der *Kurzschlussvorgang* wird zur Zeit $t = 0$ durch Schließen des Schalters S eingeleitet. Die Betriebsbedingungen folgen aus Bild 3.4.19 zu

$$u_a - u_b = 0$$
$$u_b - u_c = 0$$
$$i_a + i_b + i_c = 0$$
$$u_{\text{fd}} = U_{\text{fd}}$$
$$\vartheta = t + \vartheta_0 \,.$$

Mit den ersten beiden Bedingungen ist natürlich auch $u_c - u_a = 0$. Im Augenblick des Kurzschlusses, d. h. zum Zeitpunkt $t = 0$, hat die Längsachse des Polsystems relativ zur Achse des Strangs a die Lage $\vartheta = \vartheta_0$.

Aus $i_a + i_b + i_c = 0$ folgt unmittelbar $i_0 = 0$. Damit muss für alle Zeiten nach Eintritt des Kurzschlusses $u_0 = 1/3\,(u_a + u_b + u_c) = 0$ sein. Mit $u_a + u_b + u_c = 0$ lassen sich die ersten beiden Betriebsbedingungen auch formulieren als $u_a = 0$, $u_b = 0$ und $u_c = 0$. Diese Betriebsbedingungen entsprechen einer Schaltung, bei der die Kurzschlussbrücke jenseits des Schalters mit dem Maschinensternpunkt verbunden ist. Für den Kurzschlussvorgang spielt es demnach keine Rolle, ob eine derartige Schaltverbindung besteht oder nicht.[11] Die Betriebsbedingungen im Bereich der d-q-0-Komponenten erhält man mit Hilfe der Transformationsbeziehungen (3.1.42a) zu $u_{\text{d}} = 0$, $u_{\text{q}} = 0$, $u_0 = 0$, $u_{\text{fd}} = U_{\text{fd}}$ und $\vartheta = t + \vartheta_0$. Sie nehmen im Unterbereich der Laplace-Transformation die Form

$$u_{\text{d}} = 0$$
$$u_{\text{q}} = 0$$
$$u_0 = 0$$
$$u_{\text{fd}} = \frac{U_{\text{fd}}}{\text{p}}$$
$$\vartheta = t + \vartheta_0$$

an. Diese Betriebsbedingungen sind nunmehr in das Gleichungssystem nach Tabelle 3.1.7, Seite 509, einzuführen. Man erhält unter Beachtung der Anfangsbedingungen nach (3.4.66a–e) und (3.4.67a,b) als spezielle Form der Beziehungen

$$0 = r i_{\text{d}} + \text{p}\left(\psi_{\text{d}} - \frac{\psi_{\text{d}(a)}}{\text{p}}\right) - \psi_{\text{q}} \tag{3.4.69a}$$

$$0 = r i_{\text{q}} + \text{p}\psi_{\text{q}} + \psi_{\text{d}} \tag{3.4.69b}$$

$$\tag{3.4.69c}$$

---

[11] Das gilt unter Voraussetzung der Gültigkeit des Prinzips der Hauptwellenverkettung. Unter dem Einfluss der Oberwellen des Luftspaltfelds treten zusätzliche Erscheinungen auf, die wesentlich davon abhängen, ob die Verbindung zwischen Kurzschlussbrücke und Maschinensternpunkt besteht oder nicht.

$$\left(\psi_d - \frac{\psi_{d(a)}}{p}\right) = x_d(p)i_d \tag{3.4.69d}$$

$$\psi_q = x_q(p)i_q \tag{3.4.69e}$$

$$\left(i_{fd} - \frac{i_{fd(a)}}{p}\right) = -pG_{fd}(p)i_d \,. \tag{3.4.69f}$$

Ferner ist, wie bereits weiter oben vorweggenommen wurde, $i_0 = 0$. Die Bestimmung von i_d und i_q erfolgt, indem man die Flussverkettungen ψ_d und ψ_q in (3.4.69a,b) mit Hilfe von (3.4.69d,d) eliminiert. Man erhält unter Einführung von $\psi_{d(a)} = \hat{u}_{(a)}$ nach (3.4.68)

$$[r + px_d(p)]i_d - x_q(p)i_q = 0 \tag{3.4.70a}$$

$$x_d(p)i_d - [r + px_q(p)]i_q = -\frac{\hat{u}_{(a)}}{p} \,. \tag{3.4.70b}$$

Aus diesen beiden Beziehungen für i_d und i_q folgt

$$i_d(p) = -\hat{u}_{(a)} \frac{1}{p} \frac{x_q(p)}{N(p)} \tag{3.4.71a}$$

$$i_q(p) = -\hat{u}_{(a)} \frac{1}{p} \frac{r + px_d(p)}{N(p)} \,, \tag{3.4.71b}$$

wobei $N(p)$ als Abkürzung für

$$N(p) = [px_d(p) + r][px_q(p) + r] + x_d(p)x_q(p) \tag{3.4.72}$$

eingeführt wurde. Mit $x_d(p)$ nach (3.1.126), Seite 505, und $x_q(p)$ nach (3.1.141), Seite 508, wird $N(p)$ eine gebrochene rationale Funktion fünften Grades. Damit können die Wurzeln dieser Funktion nicht ohne Weiteres bestimmt werden, so dass die Rücktransformation von (3.4.71a,b) in den Zeitbereich auf Schwierigkeiten stößt. Für die weiteren Untersuchungen muss also zunächst eine zweckmäßige Näherung gefunden werden. Unter der extremen Vereinfachung, dass der Ankerwiderstand r zu Null gesetzt wird, geht (3.4.72) über in

$$N(p) = x_d(p)x_q(p)(p^2 + 1) \,. \tag{3.4.73}$$

Mit dieser Funktion $N(p)$ wäre die Rücktransformation von (3.4.71a,b) ohne Weiteres möglich. Es muss jedoch damit gerechnet werden, dass asymmetrische Anteile der Strangströme nicht abklingen, da die kurzgeschlossenen Stränge mit $r = 0$ ihre Flussverkettungen für alle Zeiten nach Eintritt des Kurzschlusses beibehalten und dazu entsprechende Ströme erforderlich sind. Es ist deshalb eine wenigstens genäherte Berücksichtigung des Ankerwiderstands r anzustreben. Zu diesem Zweck wird aus (3.4.72) wie in (3.4.73) zunächst $x_d(p)x_q(p)$ ausgeklammert. Man erhält

$$N(p) = x_d(p)x_q(p)\left\{p^2 + pr\left[\frac{1}{x_d(p)} + \frac{1}{x_q(p)}\right] + 1 + \frac{r^2}{x_d(p)x_q(p)}\right\} \,. \tag{3.4.74}$$

Da $r \ll 1$ ist, kann das Glied mit r^2 vernachlässigt werden. Damit unterscheidet sich (3.4.74) von (3.4.73) nur noch um das Glied $pr[1/x_d(p) + 1/x_q(p)]$. Dieses Glied wird demnach für das Abklingen asymmetrischer Komponenten der Ankerströme verantwortlich sein. In Näherung kann angenommen werden, dass während des Abklingens dieser Komponenten noch die Anfangswerte von $x_d(p)$ und $x_q(p)$, d. h. die subtransienten Reaktanzen x_d'' und x_q'' wirken. Damit geht (3.4.74) über in

$$N(p) = x_d(p)x_q(p)\left[p^2 + p\frac{2}{T_a} + 1\right], \qquad (3.4.75)$$

wobei die *Ankerzeitkonstante*

$$T_a = \frac{2x_d'' x_q''}{r(x_d'' + x_q'')} \qquad (3.4.76)$$

eingeführt wurde. Mit $N(p)$ nach (3.4.75) nimmt $i_d(p)$ nach (3.4.71a) die Form

$$i_d(p) = -\hat{u}_{(a)} \frac{1}{p x_d(p)} \frac{1}{p^2 + p\frac{2}{T_a} + 1} \qquad (3.4.77)$$

an. Für die Rücktransformation dieses Ausdrucks in den Zeitbereich bietet sich die Anwendung der Faltungsregel an. Man erhält

$$i_d(t) = -\hat{u}_a \mathcal{L}^{-1}\left\{\frac{1}{p x_d(p)}\right\} * \mathcal{L}^{-1}\left\{\frac{1}{p^2 + p\frac{2}{T_a} + 1}\right\}.$$

Die Rücktransformation des ersten Faktors liefert ausgehend von (3.1.132), Seite 507, mit Hilfe von Anhang V

$$\mathcal{L}^{-1}\left\{\frac{1}{p x_d(p)}\right\} = \frac{1}{x_d} + \left(\frac{1}{x_d'} - \frac{1}{x_d}\right)e^{-t/T_d'} + \left(\frac{1}{x_d''} - \frac{1}{x_d'}\right)e^{-t/T_d''}, \qquad (3.4.78)$$

und für den zweiten Faktor erhält man

$$\mathcal{L}^{-1}\left\{\frac{1}{p^2 + p\frac{2}{T_a} + 1}\right\} \approx e^{-t/T_a} \sin t.$$

Die benötigten Faltungsintegrale sind im Anhang VI angegeben. Sie liefern, da für sämtliche bezogenen Zeitkonstanten $1/T_j \ll 1$ gilt,

$$i_d(t) = -\hat{u}_{(a)}\left[\frac{1}{x_d} - \left(\frac{1}{x_d'} - \frac{1}{x_d}\right)e^{-t/T_d'} + \left(\frac{1}{x_d''} - \frac{1}{x_d'}\right)e^{-t/T_d''} - \frac{1}{x_d''}e^{-t/T_a}\cos t\right]. \qquad (3.4.79)$$

Für $i_q(p)$ nach (3.4.71b) erhält man mit der Näherungsfunktion für $N(p)$ nach (3.4.75), wenn r im Zähler von vornherein vernachlässigt wird,

$$i_q(p) = -\hat{u}_{(a)} \frac{1}{p x_q(p)} \frac{p}{p^2 + p\dfrac{2}{T_a} + 1} \ .$$

Die Rücktransformation dieses Ausdrucks in den Zeitbereich erfolgt analog zu der von $i_d(p)$ nach (3.4.77). Man erhält unter Anwendung der Faltungsregel

$$i_q(t) = -\hat{u}_{(a)} \mathcal{L}^{-1}\left\{\frac{1}{p x_q(p)}\right\} * \mathcal{L}^{-1}\left\{\frac{p}{p^2 + p\dfrac{2}{T_a} + 1}\right\} \ .$$

Dabei liefert Anhang V für den ersten Faktor ausgehend von (3.1.142), Seite 508,

$$\mathcal{L}^{-1}\left\{\frac{1}{p x_q(p)}\right\} = \frac{1}{x_q} + \left(\frac{1}{x_q''} - \frac{1}{x_q}\right) e^{-t/T_q''}$$

und für den zweiten unter Berücksichtigung von $1/T_a \ll 1$

$$\mathcal{L}^{-1}\left\{\frac{p}{p^2 + p\dfrac{2}{T_a} + 1}\right\} \approx e^{-t/T_a} \cos t \ .$$

Die erforderlichen Faltungsintegrale sind im Anhang VI angegeben. Sie führen, da wiederum für alle Zeitkonstanten $1/T_j \ll 1$ gilt, auf

$$i_q(t) = -\hat{u}_{(a)} \frac{1}{x_q''} e^{-t/T_a} \sin t \ . \tag{3.4.80}$$

Der Ankerstrom i_a des Strangs a folgt über die Rücktransformationsbeziehungen (3.1.42b), Seite 479, mit i_d nach (3.4.79) und i_q nach (3.4.80) sowie unter Beachtung von $i_0 = 0$ zu

$$i_a = -\hat{u}_{(a)} \left[\underbrace{\frac{1}{x_d}}_{\text{stationärer}} + \underbrace{\left(\frac{1}{x_d'} - \frac{1}{x_d}\right) e^{-t/T_d'}}_{\text{transienter}} + \underbrace{\left(\frac{1}{x_d''} - \frac{1}{x_d'}\right) e^{-t/T_d''}}_{\text{subtransienter Anteil}} \right] \cos(t + \vartheta_0)$$

$$+ \underbrace{\frac{\hat{u}_{(a)}}{2}\left(\frac{1}{x_d''} + \frac{1}{x_q''}\right) e^{-t/T_a} \cos\vartheta_0}_{\text{asymmetrischer Anteil}} + \underbrace{\frac{\hat{u}_{(a)}}{2}\left(\frac{1}{x_d''} - \frac{1}{x_q''}\right) e^{-t/T_a} \cos(2t + \vartheta_0)}_{\text{doppeltfrequenter Anteil}} \ . \tag{3.4.81}$$

Die üblichen Bezeichnungen der einzelnen Anteile sind in (3.4.81) angegeben.

Der Stromverlauf im betrachteten Ankerstrang ist hinsichtlich der Größe des asymmetrischen Anteils abhängig von ϑ_0, d. h. von der Lage der Längsachse des Polsystems relativ zur Achse des Strangs a im Augenblick des Kurzschlusseintritts. Für $\vartheta_0 = \pi/2$ bzw. $\vartheta_0 = 3\pi/2$ verschwindet der asymmetrische Anteil im Ankerstrom des Strangs a. Für $\vartheta_0 = 0$ bzw. π hat er seinen größten Wert. Er klingt nach der Ankerzeitkonstante T_a ab. In den Strängen b und c treten diese Extremfälle dann auf, wenn das Polsystem im Augenblick des Kurzschlusseintritts relativ zu ihnen die entsprechende Lage einnimmt.

Bei den folgenden Angaben charakteristischer Werte des Stromverlaufs wird zur Darstellung mit physikalischen Größen zurückgekehrt. Der grundfrequente Anteil hat einen Anfangswert, dessen Effektivwert als *Stoßkurzschlusswechselstrom*

$$I_k'' = \frac{U_{(a)}}{X_d''} \qquad (3.4.82)$$

bezeichnet wird. Den Anfangswert, der ohne den Einfluss des subtransienten Anteils vorhanden wäre, nennt man *Übergangskurzschlussstrom*

$$I_k' = \frac{U_{(a)}}{X_d'} \; . \qquad (3.4.83)$$

Von diesem Wert ausgehend klingt der grundfrequente Anteil nach der transienten Kurzschlusszeitkonstante T_d' auf den *Dauerkurzschlussstrom*

$$I_k = \frac{U_{(a)}}{X_d} \qquad (3.4.84)$$

ab. Die Differenz zum tatsächlichen Anfangsverlauf des grundfrequenten Anteils verschwindet nach Maßgabe der subtransienten Kurzschlusszeitkonstante T_d''.

Die letzte Komponente des Ankerstroms ist ein Glied mit doppelter Netzfrequenz, das nach der gleichen Zeitkonstante abklingt wie der asymmetrische Anteil. Es tritt praktisch kaum in Erscheinung, da sich x_d'' und x_q'' meist nur wenig unterscheiden. Im Fall der vereinfachten Vollpolmaschine ist es gar nicht vorhanden.

Der Verlauf des Ankerstroms i_a des Strangs a ist im Bild 3.4.20 für die beiden Extremfälle der größten Asymmetrie (s. Bild 3.4.20a) und der vollständigen Symmetrie (s. Bild 3.4.20b) dargestellt.

Der größte Augenblickswert des Kurzschlussstroms, der überhaupt auftreten kann, wird als Stoßkurzschlussstrom I_s bezeichnet. Er tritt in Erscheinung, wenn für einen der drei Stränge der Extremfall größter Asymmetrie vorliegt, und beträgt ohne Beeinträchtigung durch das Abklingen der einzelnen Komponenten in bezogener Darstellung $2\hat{u}_{(a)}/x_d''$ und damit in der Darstellung mit physikalischen Größen

$$I_s = 2\sqrt{2}\frac{U_{(a)}}{X_d''} = 2\sqrt{2}I_k'' \; .$$

Davon ausgehend wird allgemein formuliert

$$I_{\mathrm{s}} = \kappa\sqrt{2}I_{\mathrm{k}}'' , \qquad (3.4.85)$$

wobei der *Stoßfaktor* κ eingeführt wurde, für den unter Berücksichtigung der Dämpfung $\kappa < 2$ gilt.

Der *Erregerstrom* i_{fd} ergibt sich aus der allgemeinen Beziehung nach Tabelle 3.1.7, Seite 509, [s. auch (3.1.95b), S. 500] mit $(u_{\mathrm{fd}} - u_{\mathrm{fd(a)}}/\mathrm{p}) = 0$ unter Einführung der Näherungsbeziehung für $i_{\mathrm{d}}(\mathrm{p})$ nach (3.4.77) sowie mit $G_{\mathrm{fd}}(\mathrm{p})$ nach (3.1.133a), Seite 507, und $x_{\mathrm{d}}(\mathrm{p})$ nach (3.1.126) mit $\hat{u}_{(\mathrm{a})} = x_{\mathrm{afd}}i_{\mathrm{fd(a)}}$ nach (3.4.68) zu

$$\left(i_{\mathrm{fd}} - \frac{i_{\mathrm{fd(a)}}}{\mathrm{p}}\right) = i_{\mathrm{fd(a)}}\frac{x_{\mathrm{afd}}^2}{x_{\mathrm{ffd}}x_{\mathrm{d}}}T_{\mathrm{fd0}}\frac{1 + \mathrm{p}T_{\mathrm{DD0}}\left(1 - \frac{x_{\mathrm{Dfd}}x_{\mathrm{Dad}}}{x_{\mathrm{DDd}}x_{\mathrm{fad}}}\right)}{(1+\mathrm{p}T_{\mathrm{d}}')(1+\mathrm{p}T_{\mathrm{d}}'')}\frac{1}{\mathrm{p}^2 + \mathrm{p}\frac{2}{T_{\mathrm{a}}} + 1} .$$

Für die Schenkelpolmaschine lassen sich entsprechend (3.1.109) (3.1.117) und (3.1.131), Seite 506, sowie mit σ_{afd} nach (3.1.99) die Näherungen

$$\frac{x_{\mathrm{afd}}^2}{x_{\mathrm{ffd}}x_{\mathrm{d}}} \approx 1 - \frac{x_{\mathrm{d}}'}{x_{\mathrm{d}}}$$

und

$$\frac{T_{\mathrm{fd0}}}{T_{\mathrm{d}}'} \approx \frac{x_{\mathrm{d}}}{x_{\mathrm{d}}'}$$

einführen. Ferner soll

$$T_{\mathrm{Dd0}}\left(1 - \frac{x_{\mathrm{Dfd}}x_{\mathrm{Dad}}}{x_{\mathrm{DDd}}x_{\mathrm{fad}}}\right) \approx T_{\mathrm{d}}''$$

angenommen werden, so dass der subtransiente Anteil verschwindet. Damit wird

$$\left(i_{\mathrm{fd}} - \frac{i_{\mathrm{fd(a)}}}{\mathrm{p}}\right) = i_{\mathrm{fd(a)}}\left(\frac{x_{\mathrm{d}}}{x_{\mathrm{d}}'} - 1\right)\frac{1}{\mathrm{p} + \frac{1}{T_{\mathrm{d}}'}}\frac{1}{\mathrm{p}^2 + \mathrm{p}\frac{2}{T_{\mathrm{a}}} + 1} . \qquad (3.4.86)$$

Die Rücktransformation dieser Beziehung in den Zeitbereich liefert unter Nutzung der Faltungsregel sowie der korrespondierenden Funktionen nach Anhang V

$$i_{\mathrm{fd}} - i_{\mathrm{fd(a)}} = i_{\mathrm{fd(a)}}\left(\frac{x_{\mathrm{d}}}{x_{\mathrm{d}}'} - 1\right)\mathrm{e}^{-t/T_{\mathrm{d}}'} * \mathrm{e}^{-t/T_{\mathrm{a}}}\sin t .$$

Da für beide Zeitkonstanten $1/T_j \ll 1$ gilt, liefert die Durchführung der Faltung entsprechend Anhang VI

$$\boxed{i_{\mathrm{fd}} = i_{\mathrm{fd(a)}}\left[1 + \left(\frac{x_{\mathrm{d}}}{x_{\mathrm{d}}'} - 1\right)\mathrm{e}^{-t/T_{\mathrm{d}}'} - \left(\frac{x_{\mathrm{d}}}{x_{\mathrm{d}}'} - 1\right)\mathrm{e}^{-t/T_{\mathrm{a}}}\cos t\right]} . \qquad (3.4.87)$$

Der Verlauf ist unabhängig von ϑ_0, d. h. unabhängig von der Lage des Polsystems relativ zu den Ankersträngen im Augenblick $t = 0$ des Kurzschlusseintritts. Er ist

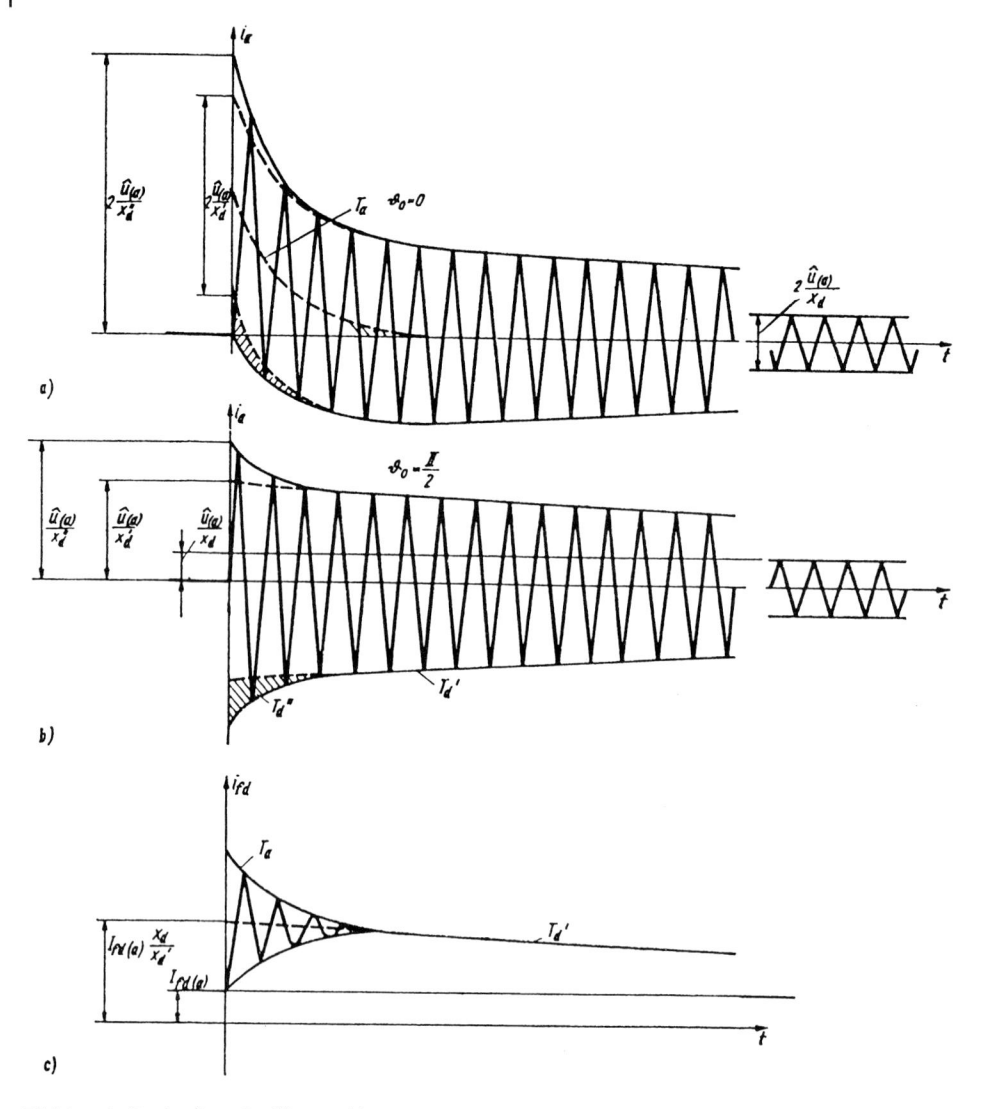

Bild 3.4.20 Dreipoliger Stoßkurzschluss.
a) Ankerstrom i_a im Strang a für den Fall größter Asymmetrie,
d. h. für $\vartheta_0 = 0$ bzw. π;
b) Ankerstrom i_a im Strang a für den Fall vollständiger
Symmetrie, d. h. für $\vartheta_0 = \pi/2$ bzw. $3\pi/2$;
c) Erregerstrom

im Bild 3.4.20 zusammen mit den Extremfällen des Verlaufs des Ankerstroms i_a dargestellt. Dabei erkennt man folgende Zuordnung: Dem asymmetrischen Anteil im Erregerstrom, der mit der Zeitkonstante T'_d abklingt, ist ein grundfrequenter Wechselanteil im Ankerstrom zugeordnet. Umgekehrt entspricht dem asymmetrischen Anteil des Ankerstroms, der die Zeitkonstante T_a besitzt, ein grundfrequenter Wechselanteil im Erregerstrom. Auf diese Zuordnung wird im Abschnitt 3.4.5.3 bei der physikalischen Interpretation des Kurzschlussvorgangs noch einmal zurückgekommen. Als Vorbereitung darauf werden im Folgenden zunächst die Anfangsverläufe der Ströme betrachtet, d. h. jene Verläufe, die sich einstellen, wenn keinerlei Dämpfung vorhanden ist.

3.4.5.2 Näherungsbetrachtungen

Der Anfangsverlauf der Ströme kann ermittelt werden, indem man sämtliche Widerstände gegen Null bzw. sämtliche Zeitkonstanten gegen Unendlich gehen lässt. Diese Übergänge lassen sich bereits in den Ausgangsgleichungen (3.4.69a–e) vornehmen. Dabei wird nach (3.1.126), Seite 505, $x_\mathrm{d}(\mathrm{p}) = x_\mathrm{d}''$ und nach (3.1.141), Seite 508, $x_\mathrm{q}(\mathrm{p}) = x_\mathrm{q}''$. Für die Ströme $i_\mathrm{d}(\mathrm{p})$ und $i_\mathrm{q}(\mathrm{p})$ liefert die Auflösung der (3.4.70a,b) entsprechenden Beziehungen

$$i_\mathrm{d}(\mathrm{p}) = -x_\mathrm{afd} i_\mathrm{fd(a)} \frac{1}{x_\mathrm{d}''} \frac{1}{\mathrm{p}(\mathrm{p}^2+1)}$$

$$i_\mathrm{q}(\mathrm{p}) = -x_\mathrm{afd} i_\mathrm{fd(a)} \frac{1}{x_\mathrm{q}''} \frac{1}{\mathrm{p}^2+1} \ .$$

Die zugehörigen Zeitverläufe erhält man unmittelbar mit Hilfe der korrespondierenden Funktionen nach Anhang V sowie mit $\hat{u}_{(\mathrm{a})} = x_\mathrm{afd} i_\mathrm{fd(a)}$ nach (3.4.68) zu

$$i_\mathrm{d}(t) = -\frac{\hat{u}_{(\mathrm{a})}}{x_\mathrm{d}''}(1-\cos t) \tag{3.4.88a}$$

$$i_\mathrm{q}(t) = -\frac{\hat{u}_{(\mathrm{a})}}{x_\mathrm{q}''}\sin t \ . \tag{3.4.88b}$$

Damit liefert die Rücktransformation nach (3.1.42b), Seite 479, für den Strom i_a im Ankerstrang a mit $\vartheta = t + \vartheta_0$

$$i_a = -\hat{u}_{(\mathrm{a})}\left[\frac{1}{x_\mathrm{d}''}\cos(t+\vartheta_0) - \frac{1}{2}\left(\frac{1}{x_\mathrm{d}''}+\frac{1}{x_\mathrm{q}''}\right)\cos\vartheta_0 - \frac{1}{2}\left(\frac{1}{x_\mathrm{d}''}-\frac{1}{x_\mathrm{q}''}\right)\cos(2t+\vartheta_0)\right] . \tag{3.4.89}$$

Im Gegensatz zur Entwicklung des Verlaufs nach (3.4.81), der die Dämpfung der einzelnen Komponenten zum Ausdruck bringt, erforderte die Ableitung von (3.4.89) keinerlei zusätzliche Annahmen, wie sie durch die Verwendung von $N(\mathrm{p})$ nach (3.4.75) anstelle von (3.4.74), die Vernachlässigung von r im Zähler von $i_\mathrm{q}(\mathrm{p})$ sowie die Benutzung der Näherungsbeziehungen für die Faltungsintegrale bei der Entwicklung von (3.4.81) getroffen werden mussten. Andererseits geht (3.4.81) in (3.4.89) über, wenn alle Zeitkonstanten unendlich gesetzt werden. Daraus folgt die wichtige Erkenntnis, dass die oben nochmals genannten zusätzlichen Annahmen nur die Art des Abklingens der einzelnen Komponenten beeinflussen, aber nicht ihre Anfangswerte.

Auf dem soeben beschrittenen Weg zur Bestimmung des Anfangsverlaufs des Kurzschlussstroms lassen sich auch die unsymmetrischen Kurzschlüsse behandeln (s. Abschn. 3.4.6), während die Bestimmung des vollständigen Verlaufs unter Berücksichtigung der Dämpfung der einzelnen Komponenten dort beträchtliche Schwierigkeiten bereitet. Dabei wird das Prinzip der Flusskonstanz angewendet, das bereits im Abschnitt 1.3.10, Seite 60, als eines der Hilfsmittel zur Entwicklung anwendungsfreundlicher Modelle eingeführt wurde.

Um eine weitere Näherungsmöglichkeit zur Behandlung von nichtstationären Vorgängen am Beispiel des dreipoligen Stoßkurzschlusses zu demonstrieren, wird im Folgenden untersucht, welchen Einfluss die Transformationsspannungen $\mathrm{d}\psi_\mathrm{d}/\mathrm{d}t$ und $\mathrm{d}\psi_\mathrm{q}/\mathrm{d}t$ in den allgemeinen Spannungsgleichungen für u_d und u_q nach Tabelle 3.1.4, Seite 483, ausüben, indem diese bei dem vorliegenden Betrieb mit synchroner Drehzahl vernachlässigt werden. Dabei sollen zur zusätzlichen Vereinfachung auch die ohmschen Spannungsabfälle in den Ankersträngen unberücksichtigt bleiben. Damit erhält man aus den Betriebsbedingungen $u_\mathrm{d} = 0$ und $u_\mathrm{q} = 0$ für die Flussverkettungen unmittelbar $\psi_\mathrm{q} = 0$ und $\psi_\mathrm{d} = 0$. Daraus folgt mit $\psi_{\mathrm{d}(a)} = x_\mathrm{afd} i_{\mathrm{fd}(a)} = \hat{u}_{(a)}$ ausgehend von (3.4.69d,d) für die Ströme

$$i_\mathrm{d}(\mathrm{p}) = -\frac{\hat{u}_{(a)}}{\mathrm{p} x_\mathrm{d}(\mathrm{p})}$$
$$i_\mathrm{q}(\mathrm{p}) = 0 \ .$$

Die Rücktransformation von $i_\mathrm{d}(\mathrm{p})$ in den Zeitbereich kann unmittelbar mit Hilfe von (3.4.78) erfolgen und liefert

$$i_\mathrm{d}(t) = -\hat{u}_{(a)} \left[\frac{1}{x_\mathrm{d}} + \left(\frac{1}{x'_\mathrm{d}} - \frac{1}{x_\mathrm{d}}\right) \mathrm{e}^{-t/T'_\mathrm{d}} + \left(\frac{1}{x''_\mathrm{d}} - \frac{1}{x'_\mathrm{d}}\right) \mathrm{e}^{-t/T''_\mathrm{d}} \right] \ .$$

Durch Rücktransformation in den Bereich der Stranggrößen mit Hilfe von (3.1.42b) erhält man als Ankerstrom i_a im Strang a

$$i_\mathrm{a}(t) = -\hat{u}_{(a)} \left[\frac{1}{x_\mathrm{d}} + \left(\frac{1}{x'_\mathrm{d}} - \frac{1}{x_\mathrm{d}}\right) \mathrm{e}^{-t/T'_\mathrm{d}} + \left(\frac{1}{x''_\mathrm{d}} - \frac{1}{x'_\mathrm{d}}\right) \mathrm{e}^{-t/T''_\mathrm{d}} \right] \cos(t + \vartheta_0) \ .$$

Ein Vergleich mit (3.4.81) und (3.4.89) zeigt, dass unter Vernachlässigung der transformatorischen Spannungen in den Beziehungen für u_d und u_q der asymmetrische und der doppeltfrequente Anteil verschwinden. Wenn andere nichtstationäre Betriebszustände in der Nähe der synchronen Drehzahl von vornherein mit dieser Vereinfachung analysiert werden, ist also mit Ergebnissen zu rechnen, denen vor allem die asymmetrischen Anteile in den Ankerströmen fehlen.

Das *Drehmoment* während des Kurzschlussvorgangs ergibt sich allgemein entsprechend (3.1.55), Seite 481, aus $m = \psi_\mathrm{d} i_\mathrm{q} - \psi_\mathrm{q} i_\mathrm{d}$. Wenn man sich auf den Anfangsverlauf beschränkt, d. h. die Dämpfung der einzelnen Komponenten der Ströme vernachlässigt, und eine vereinfachte Vollpolmaschine mit $x''_\mathrm{q} = x''_\mathrm{d}$ voraussetzt, erhält man ausgehend von (3.4.73) mit $x_d(p) = x_d''$ und $x_q(p) = x_q'' = x_d''$ die Ausdrücke $\psi_d = \psi_{d(a)} + x_d'' i_d = \hat{u}_{(a)} + x_d'' i_d$ und $\psi_q = x_d'' i_q$ sowie mit i_q nach (3.4.88b)

$$\boxed{m = \hat{u}_{(a)} i_q = -\frac{\hat{u}_{(a)}^2}{x_d''} \sin t} \, . \tag{3.4.90}$$

Der Maximalwert des Drehmoments wird als Stoßkurzschlussdrehmoment oder kurz Stoßmoment bezeichnet und beträgt nach (3.4.90)

$$m_{\max} = \frac{\hat{u}_{(a)}^2}{x_d''} \, . \tag{3.4.91}$$

3.4.5.3 Physikalische Interpretation des Kurzschlussvorgangs

Die physikalische Interpretation des Kurzschlussvorgangs erfolgt – wie bereits angedeutet – zweckmäßig mit Hilfe des Prinzips der Flusskonstanz (s. auch Abschn. 1.3.10, S. 60). Durch den Kurzschluss der drei Ankerstränge zur Zeit $t = 0$ müssen deren Flussverkettungen für alle Zeiten t > 0 jene Werte beibehalten, die sie im Augenblick des Kurzschlusses besaßen. Das gleiche gilt für die Polradkreise, die von vornherein direkt oder über die Erregerspannungsquelle kurzgeschlossen sind. Um die Anfangsflussverkettungen der Ankerstränge aufrechtzuerhalten, sind Ankergleichströme erforderlich. Sie rufen relativ zum Anker ein Gleichfeld hervor, das vom Polsystem aus als Drehfeld beobachtet wird. Es würde die Polradkreise mit einem Wechselfluss der Frequenz $f = pn$ durchsetzen und damit dort die Flusskonstanz stören. Deshalb müssen in den Polradkreisen durch Induktionswirkung hervorgerufene Wechselströme dieser Frequenz fließen, die das Feld der Ankergleichströme kompensieren. Aufgrund der Unsymmetrie des Polsystems kann jedoch von ihm kein reines Drehfeld aufgebaut werden. Das ist am leichtesten einzusehen, wenn man sich das Polsystem extrem unsymmetrisch, d. h. nur mit einer Erregerwicklung ausgerüstet, vorstellt. In diesem Fall baut das Polsystem ein reines Wechselfeld auf. Dieses Wechselfeld lässt sich in zwei gegenläufige Drehfelder zerlegen. Das erste läuft entgegengesetzt zur Drehrichtung des Läufers um. Es befindet sich relativ zum Anker in Ruhe und kompensiert das Feld der Ankergleichströme. Das zweite bewegt sich relativ zum Polsystem in Richtung der Läuferbewegung. Es hat also gegenüber dem Anker die Drehzahl $2n$ und würde die Ankerstränge mit Wechselflüssen der Frequenz $2f$ durchsetzen. Deshalb müssen in den Ankerströmen durch Induktionswirkung hervorgerufene Komponenten mit der Frequenz $2f$ auftreten, die dieses Feld kompensieren. Da die Ankerwicklung eine symmetrische mehrsträngige Wicklung darstellt, reagiert sie auf das gegenlaufende Drehfeld des Polsystems mit einem reinen Drehfeld. Diese Kette einander bedingender Felder und Ströme ist damit abgeschlossen. Sie wird gebildet von den Ankergleichströmen, den Wechselströmen im Polsystem mit der Frequenz f und den Ankerströmen mit der Frequenz $2f$. Damit ist einleuchtend, dass die Wechselströme im Polsystem mit der Frequenz f und die Ankerströme mit der Frequenz $2f$ im gleichen Maß abklingen wie

```
Ankergleichströme ─────────→ Gleichfeld relativ zum Anker bzw. Drehfeld mit    0
                              = Drehfeld relativ zum Polsystem mit            −n    } Gleichgewicht
         Ströme im Polsystem mit f
                              ↘ Wechselfelder der Ströme im Polsystem
                                                              mit f
                                Drehfelder der Ströme im Polsystem
                                relativ zum Polsystem mit    } +n und −n
                                relativ zum Anker mit         +2n und 0
Ankerströme mit 2f ←──────────────────────────────────────                    } Gleichgewicht
                              ↘ Drehfeld der Ankerströme mit 2f
                                relativ zum Anker mit        +2n
```

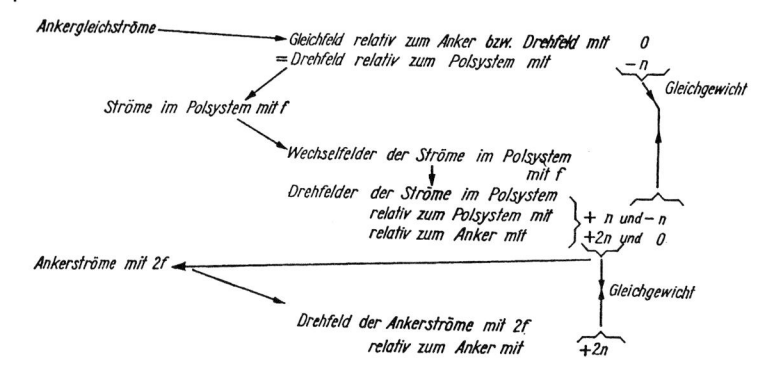

Bild 3.4.21 Einander bedingende Ströme und Felder beim dreipoligen Stoßkurzschluss ausgehend von den Ankergleichströmen zur Aufrechterhaltung der Anfangsflussverkettungen der Ankerstränge

die Anfangsflussverkettungen der Ankerstränge und die durch sie bedingten Ankergleichströme. Im Bild 3.4.21 ist der Mechanismus einander bedingender Ströme und Felder ausgehend von den Ankergleichströmen zur Aufrechterhaltung der Anfangsflussverkettungen in den Ankersträngen nochmals schematisch dargestellt.

Um die Flussverkettungen der Kreise des Polsystems aufrechtzuerhalten, sind dort Gleichströme erforderlich. Sie rufen relativ zum Polsystem ein Gleichfeld hervor, das vom Anker aus als Drehfeld beobachtet wird. Es würde die Ankerstränge mit Wechselflüssen der Frequenz f durchsetzen. Um das zu vermeiden, müssen Ankerströme gleicher Frequenz fließen, die das Drehfeld der Gleichströme des Polsystems kompensieren. Da die Ankerwicklung ein symmetrisches, mehrsträngiges Wicklungssystem darstellt, ist dies möglich, ohne dass neue, zusätzliche Felder entstehen. Den Gleichströmen des Polsystems sind also lediglich die grundfrequenten Ströme der Ankerstränge zugeordnet. Im gleichen Maß, wie die Gleichströme des Polsystems abklingen, werden auch die grundfrequenten Ankerwechselströme kleiner. Die schematische Darstellung des Mechanismus einander bedingender Ströme und Felder zeigt Bild 3.4.22.

```
         Gleichströme im Polsystem
                       ↘ Gleichfeld relativ zum Polsystem
                         = Drehfeld relativ zum Anker mit +n
Ankerströme mit f ←──────                                      } Gleichgewicht
                       ↘ Drehfeld der Ankerströme mit f
                         relativ zum Anker mit +n
```

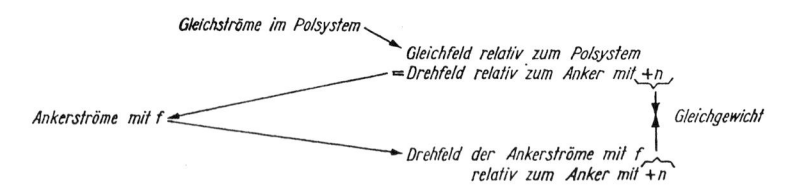

Bild 3.4.22 Einander bedingende Ströme und Felder beim dreipoligen Stoßkurzschluss ausgehend von den Gleichströmen im Polsystem zur Aufrechterhaltung der Anfangsflussverkettungen der Polradkreise

3.4.5.4 Tatsächlicher Gesamtverlauf

Wenn die in den vorstehenden Abschnitten verwendeten Näherungen wie $n =$ konst. nicht zulässig sind oder aus anderen Gründen nicht genutzt werden sollen – z. B. um die im Wellenstrang auftretenden Drehmomentbelastungen zu erhalten –, lässt sich der Verlauf der Ströme und des Drehmoments nicht mehr mit vertretbarem Aufwand analytisch ermitteln, sondern das Differentialgleichungssystem muss numerisch integriert werden.

Bild 3.4.23 zeigt beispielhaft die so berechneten tatsächlichen Zeitverläufe der Ströme in den verschiedenen Wicklungen und des Drehmoments für den Fall eines dreipoligen Stoßkurzschlusses aus dem vorangegangenen Leerlauf. Der Kurzschluss wurde zum Zeitpunkt $t = t_0 = 65$ ms im Nulldurchgang der Spannung u_{bc} eingeleitet. Die Spannung der Erregerwicklung blieb während des gesamten Vorgangs konstant. In den Zeitverläufen sind die transienten und die subtransienten Anteile leicht voneinander zu unterscheiden: Bereits nach wenigen Perioden verschwindet der Strom in der Dämpferwicklung und mit ihm die subtransienten Anteile des Anker- und des

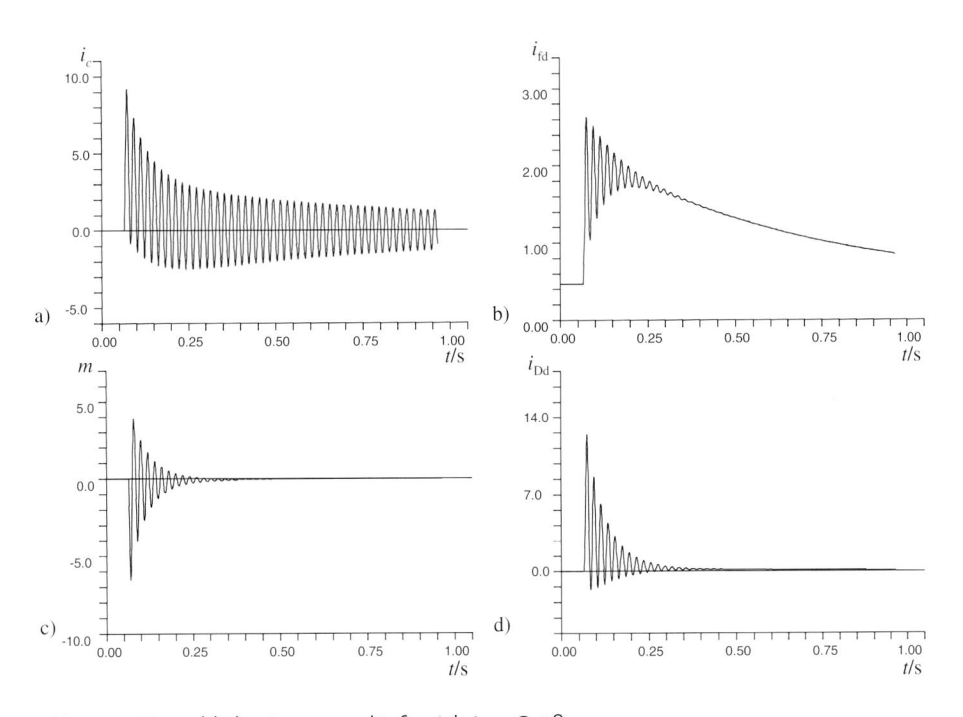

Bild 3.4.23 Tatsächliche Gesamtverläufe wichtiger Größen beim dreipoligen Stoßkurzschluss eines vierpoligen 3,2-MVA-Synchrongenerators aus dem Leerlauf [75].
a) Strom $i_c(t)$ im Strang c;
b) Erregerstrom $i_{fd}(t)$;
c) Drehmoment $m(t)$ des Generators;
d) Strom $i_{Dd}(t)$ in der Dämpferwicklung

Erregerstroms und damit auch das Drehmoment. Die transienten Anteile des Anker- und des Erregerstroms nähern sich mit einer Zeitkonstante im Sekundenbereich ihren Endwerten, d. h. dem Dauerkurzschlussstrom bzw. dem Leerlauferregerstrom, an.

Der Drehmomentstoß erreicht das 6,5fache Bemessungsmoment. Die Drehmomentbelastung im Wellenstrang hängt wesentlich vom Verhältnis der Massenträgheitsmomente der Synchronmaschine und der mit ihr gekuppelten Massen sowie vom Abstand der Torsionseigenfrequenzen von der Speisefrequenz der Maschine ab. Es gilt das im Abschnitt 2.6.6, Seite 438, für die Induktionsmaschine Gesagte.

3.4.5.5 Stoßkurzschlussversuch

Der Stoßkurzschlussversuch als Messverfahren wird bei verminderter Spannung durchgeführt, um Sättigungserscheinungen auszuschalten und die mechanische Beanspruchung der Wicklungen klein zu halten. Der Verlauf des Ankerstroms wird dabei aufgezeichnet. Von diesem Verlauf spaltet man zunächst den asymmetrischen Anteil ab. Seine Auswertung liefert die Ankerzeitkonstante T_a. Der verbleibende Amplitudengang des Wechselanteils wird um den stationären Anteil vermindert. Unter Vernachlässigung des doppeltfrequenten Anteils gewinnt man einen Amplitudengang, der sich aus dem transienten und dem subtransienten Anteil zusammensetzt.

Die Auswertung erfolgt konventionell dadurch, dass man den Ankerstrom oszillographiert und den asymmetrischen Anteil sowie den Amplitudengang des um den stationären Anteil verminderten Wechselanteils halblogarithmisch darstellt. Dabei gelingt zunächst die Trennung der beiden Exponentialfunktionen, indem der lineare Verlauf, der nach Abklingen des subtransienten Anteils auftritt, zu kleinen Zeiten hin extrapoliert wird.

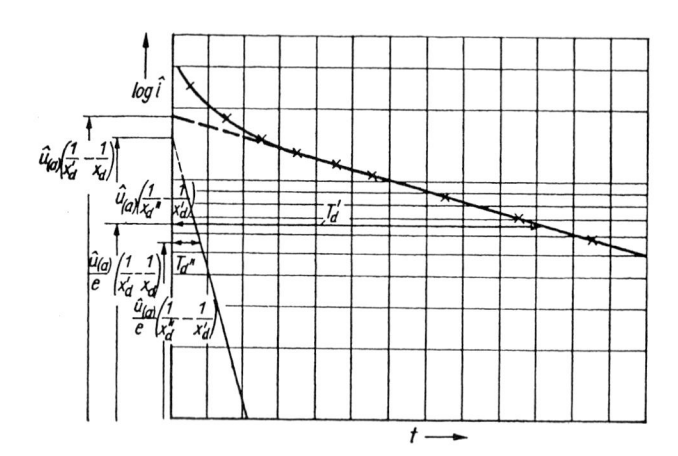

Bild 3.4.24 Ermittlung der Zeitkonstanten und Reaktanzen durch Auswertung des Ankerstromverlaufs beim Stoßkurzschlussversuch.
× × × × Amplitudenwerte aus dem Oszillogramm;
——— extrapolierter Verlauf

Die Extrapolation der Verläufe auf den Zeitpunkt $t = 0$ liefert die Anfangswerte der einzelnen Komponenten, aus denen sich die Reaktanzen x_d'' und x_d' berechnen lassen. Die Zeitkonstanten T_d'' und T_d' erhält man als jene Zeit, in der die jeweilige Komponente auf den e. Teil des Anfangswerts abgeklungen ist. Bild 3.4.24 zeigt die Auswertung des Amplitudengangs der Wechselanteile. Die routinemäßige Auswertung wird man mit Hilfe der modernen Rechentechnik vornehmen.

3.4.6
Unsymmetrische Stoßkurzschlüsse

Die stationären Kurzschlussströme bei unsymmetrischen Kurzschlüssen sind im Abschnitt 3.2.1.2, Seite 539, als Sonderfälle des Betriebs der Synchronmaschine unter unsymmetrischen Betriebsbedingungen ermittelt worden. Die Übergangsvorgänge unmittelbar nach Eintritt des symmetrischen dreipoligen Kurzschlusses wurden im vorangegangenen Abschnitt behandelt. Im Folgenden sollen nunmehr die Übergangsvorgänge beim plötzlichen Auftreten eines unsymmetrischen Kurzschlusses untersucht werden. Dabei bereitet die analytische Ermittlung des vollständigen Verlaufs der Ströme beträchtliche Schwierigkeiten. Es wird deshalb von vornherein darauf abgezielt, nur die Anfangsverläufe analytisch zu bestimmen, d. h. jene Verläufe, die im Fall des Fehlens jeglicher Dämpfung auftreten würden. Das geschieht auf der Grundlage der Anwendung des Prinzips der Flusskonstanz, das im Abschnitt 1.3.10, Seite 60, allgemein als Hilfsmittel zur Entwicklung anwendungsfreundlicher Modelle eingeführt und im Abschnitt 3.4.5.2 auch auf den dreipoligen Kurzschluss angewendet wurde. Die Drehzahl wird als konstant vorausgesetzt und gleich der synchronen Drehzahl bei Bemessungsfrequenz angenommen; es ist also in bezogener Darstellung $n = \mathrm{d}\vartheta/\mathrm{d}t = 1$. Als Hilfsmittel für die Analyse werden die α-β-0-Komponenten herangezogen (s. Abschn. 3.1.5, Seite 487).

3.4.6.1 Allgemeine Analyse des Anfangsverlaufs

Auf der Grundlage der Anwendung des Prinzips der Flusskonstanz, d. h. für $T_j \to \infty$, erhält man aus (3.1.126), Seite 505, $x_\mathrm{d}(\mathrm{p}) = x_\mathrm{d}''$ und aus (3.1.141), Seite 508, $x_\mathrm{q}(\mathrm{p}) = x_\mathrm{q}''$. Die Erregerwicklung liegt während des Kurzschlussvorgangs an der konstanten Spannung $u_\mathrm{fd} = u_\mathrm{fd(a)} = U_\mathrm{fd}$. Damit gehen die beiden Flussverkettungsgleichungen in Tabelle 3.1.7, Seite 509, [s. auch (3.1.95a), S. 500, u. (3.1.135), S. 507] bei Darstellung im Zeitbereich über in

$$\psi_\mathrm{d} = x_\mathrm{d}'' i_\mathrm{d} + \left(\psi_\mathrm{d(a)} - x_\mathrm{d}'' i_\mathrm{d(a)}\right) \tag{3.4.92a}$$

$$\psi_\mathrm{q} = x_\mathrm{q}'' i_\mathrm{q} + \left(\psi_\mathrm{q(a)} - x_\mathrm{q}'' i_\mathrm{q(a)}\right) \;. \tag{3.4.92b}$$

Von diesen Beziehungen ausgehend sollen die Flussverkettungsgleichungen im Bereich der α-β-0-Komponenten ermittelt werden. Das lässt sich mit Hilfe der Transformationsbeziehungen (3.1.78a,b), Seite 488, erreichen, die zwischen den d-q-0- und den

α-β-0-Komponenten vermitteln. Dabei ist zu beachten, dass diese Beziehungen auch für die Anfangswerte gelten. Damit erhält man

$$\psi_\alpha = \psi_d \cos\vartheta - \psi_q \sin\vartheta \qquad (3.4.93a)$$
$$= [x_d''(i_\alpha \cos\vartheta + i_\beta \sin\vartheta) + (\psi_{\alpha(a)} - x_d'' i_{\alpha(a)}) \cos\vartheta_{(a)}$$
$$+ (\psi_{\beta(a)} - x_d'' i_{\beta(a)}) \sin\vartheta_{(a)}] \cos\vartheta$$
$$+ [x_q''(i_\alpha \sin\vartheta - i_\beta \cos\vartheta) + (\psi_{\alpha(a)} - x_q'' i_{\alpha(a)}) \sin\vartheta_{(a)}$$
$$- (\psi_{\beta(a)} - x_q'' i_{\beta(a)}) \cos\vartheta_{(a)}] \sin\vartheta$$

$$\psi_\beta = \psi_d \sin\vartheta + \psi_q \cos\vartheta \qquad (3.4.93b)$$
$$= [x_d''(i_\alpha \cos\vartheta + i_\beta \sin\vartheta) + (\psi_{\alpha(a)} - x_d'' i_{\alpha(a)}) \cos\vartheta_{(a)}$$
$$+ (\psi_{\beta(a)} - x_d'' i_{\beta(a)}) \sin\vartheta_{(a)}] \sin\vartheta$$
$$- [x_q''(i_\alpha \sin\vartheta - i_\beta \cos\vartheta) + (\psi_{\alpha(a)} - x_q'' i_{\alpha(a)}) \sin\vartheta_{(a)}$$
$$- (\psi_{\beta(a)} - x_q'' i_{\beta(a)}) \cos\vartheta_{(a)}] \cos\vartheta$$

$$\psi_0 = x_0 i_0 \ . \qquad (3.4.93c)$$

Außerdem gelten die Spannungsgleichungen (3.1.79) des Ankers im Bereich der α-β-0-Komponenten, wobei entsprechend der Absicht, den Anfangsverlauf zu ermitteln, $r = 0$ zu setzen ist. Damit liefert das Prinzip der Flusskonstanz für eine Betriebsbedingung $u_j = 0$ die Aussage $\psi_j = \psi_{j(a)}$. Die Anfangswerte der Ströme und Flussverkettungen erhält man aus dem vorangehenden stationären Ausgangszustand. Die Betriebsbedingungen des Ausgleichsvorgangs müssen in den Bereich der α-β-0-Komponenten transformiert werden. Damit lassen sich dann (3.4.93a,b,c) unter Hinzuziehen der Spannungsgleichungen (3.1.79) lösen. Das Drehmoment erhält man über (3.1.80). Zur Demonstration des Vorgehens wird im folgenden Abschnitt der zweipolige Kurzschluss bei vorangehendem Leerlauf untersucht.

3.4.6.2 Anfangsverlauf des zweipoligen Stoßkurzschlusses

Die Betriebsbedingungen des Ausgleichsvorgangs wurden bereits im Abschnitt 3.1.7.1, Seite 493, anhand von Bild 3.1.5 zur Veranschaulichung der Vorgehensweise bei der Anwendung der α-β-0-Komponenten formuliert. Der Kurzschluss wird durch das Schließen des Schalters S zur Zeit $t = 0$ mit $\vartheta = \vartheta_{(a)} = \vartheta_0$ eingeleitet. Die Betriebsbedingungen des vorangehenden Leerlaufs als stationärer Ausgangszustand sind in bezogener Darstellung gegeben als

$$i_a = 0$$
$$i_b = 0$$
$$i_c = 0$$
$$u_{fd} = u_{fd(a)} = U_{fd}$$
$$n = \frac{d\vartheta}{dt} = 1 \ .$$

Sie liefern mit Hilfe von (3.1.76a), Seite 487, unmittelbar die Anfangswerte der Ströme im Bereich der α-β-0-Komponenten zu

$$i_{\alpha(a)} = 0 \tag{3.4.94a}$$
$$i_{\beta(a)} = 0 \tag{3.4.94b}$$
$$i_{0(a)} = 0 \,. \tag{3.4.94c}$$

Die Anfangswerte der Flussverkettungen im Bereich der d-q-0-Komponenten können aus den entsprechenden Untersuchungen des dreipoligen Kurzschlusses im Abschnitt 3.4.5 übernommen werden. Sie ergeben sich natürlich auch aus der Analyse des stationären Betriebs im Abschnitt 3.1.8.7, Seite 516. Man erhält aus (3.4.67a,b) und (3.4.68)

$$\psi_{d(a)} = x_{afd} i_{fd(a)} = x_{afd} \frac{U_{fd}}{r_{fd}} = \hat{u}_{(a)}$$
$$\psi_{q(a)} = 0 \,.$$

Die Anfangswerte der Flussverkettungen im Bereich der α-β-0-Komponenten folgen daraus mit Hilfe der Transformationsbeziehungen (3.1.78a), Seite 488, und $\vartheta_{(a)} = \vartheta_0$ zu

$$\psi_{\alpha(a)} = \hat{u}_{(a)} \cos \vartheta_0 \tag{3.4.95a}$$
$$\psi_{\beta(a)} = \hat{u}_{(a)} \sin \vartheta_0 \,. \tag{3.4.95b}$$

Die Betriebsbedingungen für den Ausgleichsvorgang sind mit Bild 3.1.5 gegeben als

$$u_b - u_c = 0$$
$$i_a = 0$$
$$i_b = -i_c$$
$$u_{fd} = u_{fd(a)} = U_{fd}$$
$$\vartheta = t + \vartheta_0$$

(s. auch Abschn. 3.1.7.1, S. 493). Sie nehmen unter Anwendung der Transformationsbeziehungen (3.1.76a) im Bereich der α-β-0-Komponenten die Form

$$u_\beta = 0 \tag{3.4.96a}$$
$$i_\alpha = 0 \tag{3.4.96b}$$
$$i_0 = 0 \tag{3.4.96c}$$
$$u_{fd} = u_{fd(a)} = U_{fd} \tag{3.4.96d}$$
$$\vartheta = t + \vartheta_0 \tag{3.4.96e}$$

an. Aus $u_\beta = 0$ folgt unter Anwendung des Prinzips der Flusskonstanz mit (3.4.95b)

$$\psi_\beta = \psi_{\beta(a)} = \hat{u}_{(a)} \sin \vartheta_0 \,. \tag{3.4.97}$$

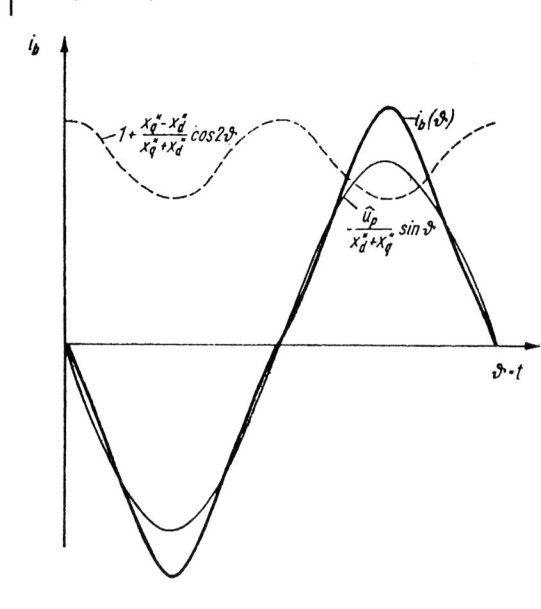

Bild 3.4.25 Anfangsverlauf des Ankerstroms beim zweipoligen Stoßkurzschluss für $\vartheta_0 = 0$, $x_d'' = 0{,}2$ und $x_q'' = 0{,}25$

Damit erhält man aus (3.4.93b) unter Beachtung der übrigen Betriebsbedingungen nach (3.4.96a–e) und der Anfangsbedingungen nach (3.4.94a,b,c)

$$\hat{u}_{(a)} \sin \vartheta_0 = x_d'' i_\beta \sin^2 \vartheta + \hat{u}_{(a)} \sin \vartheta + x_q'' i_\beta \cos^2 \vartheta \ .$$

Daraus folgt unmittelbar

$$i_\beta = -\hat{u}_{(a)} \frac{\sin \vartheta - \sin \vartheta_0}{\dfrac{x_d'' + x_q''}{2} + \dfrac{x_q'' - x_d''}{2} \cos 2\vartheta} \ . \tag{3.4.98}$$

Die Rücktransformation in den Bereich der Stranggrößen entsprechend (3.1.76b), Seite 488, liefert für die Strangströme unter Beachtung von $i_\alpha = i_0 = 0$ nach (3.4.96b,c)

$$\boxed{i_b = -i_c = \frac{1}{2}\sqrt{3} i_\beta = -\frac{\hat{u}_{(a)} \sqrt{3}(\sin \vartheta - \sin \vartheta_0)}{(x_d + x_q'') + (x_q'' - x_d'') \cos 2\vartheta}} \ . \tag{3.4.99}$$

Der Ankerstrom setzt sich aus einem konstanten Anteil i_{b0} und einem periodischen Anteil $i_{b\mathrm{per}}(t)$ zusammen. Der periodische Anteil ist nicht rein sinusförmig, sondern stellt neben der Grundschwingung eine unendliche Folge von Oberschwingungen dar. Im Bild 3.4.25 ist der Verlauf $i_b = f(t)$ dargestellt. Dabei wurde mit $\vartheta_0 = 0$ gerechnet, so dass der Gleichanteil verschwindet. Man erkennt, dass der Stromverlauf beträchtlich von der Sinusform abweicht und alle Oberschwingungen ungerader Ordnungszahl enthält, da $i_b(\vartheta + \pi) = -i_b(\vartheta)$ ist. Wenn $\vartheta_0 \neq 0$ ist, treten neben dem Gleichanteil auch die Oberschwingungen mit gerader Ordnungszahl auf.

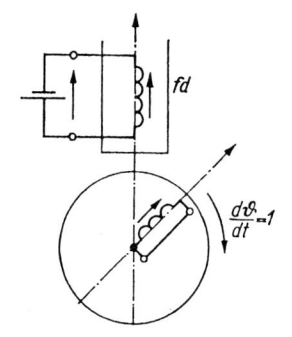

Bild 3.4.26 Schematische Darstellung einer Synchronmaschine im zweipoligen Kurzschluss, wenn im Polsystem nur die Erregerwicklung vorhanden ist

Die Entstehung der Oberschwingungen, die außer der Grundschwingung im Verlauf nach (3.4.99) existieren, lässt sich mit Hilfe des Prinzips der Flusskonstanz verfolgen. Dabei soll zur Vereinfachung wiederum ein extrem unsymmetrisches Polsystem angenommen werden, das nur die Erregerwicklung aufweist. Die wirksame Ankerwicklung besteht aus der Hintereinanderschaltung der beiden Stränge b und c. Sie stellt demnach ebenfalls eine einachsige Wicklung dar und kann durch einen Wicklungsstrang ersetzt werden. Man erhält die schematische Darstellung der zu betrachtenden Anordnung nach Bild 3.4.26.

Das Prinzip der Flusskonstanz fordert eine zeitlich konstante Flussverkettung der Erregerwicklung, die durch einen Gleichstrom aufrechterhalten wird. Das Feld dieses Gleichstroms beobachtet man vom Anker her als Drehfeld.[12] Es würde die Ankerwicklung mit einem Wechselfluss der Frequenz $f = pn$ durchsetzen. Um das zu vermeiden, muss in der Ankerwicklung durch Induktionswirkung hervorgerufen ein Wechselstrom dieser Frequenz fließen, der das Feld des Gleichstroms im Polsystem kompensiert. Da die Ankerwicklung nur einen Strang hat, wird jedoch anstelle des erforderlichen Drehfelds ein Wechselfeld erzeugt. Seine mitlaufende Komponente in Bezug auf das Polsystem kompensiert das Feld des Gleichstroms. Die gegenlaufende Komponente läuft mit der Drehzahl $-n$ um, d. h. entgegengesetzt zur Bewegung des Polsystems. Sie wird vom Polsystem aus als Drehfeld beobachtet, das sich mit der doppelten Drehzahl entgegengesetzt zum Umlaufsinn des Polsystems bewegt. Es würde die Erregerwicklung mit Wechselflüssen der Frequenz $2f$ durchsetzen. Daher muss im Polsystem durch Induktionswirkung hervorgerufen ein Wechselstrom dieser Frequenz fließen, dessen gegenlaufendes Drehfeld das Ursachenfeld des Ankers kompensiert. Sein mitlaufendes Feld bewegt sich mit der dreifachen Drehzahl relativ zum Anker und hat dort einen Strom der Frequenz $3f$ zur Folge. Das Feld dieses Stroms kompensiert zunächst sein Ursachenfeld, besteht aber andererseits wiederum aus einer weiteren Komponente, die sich nunmehr mit der dreifachen Drehzahl entgegengesetzt zum Umlaufsinn des Polsystems bewegt. Sie hat relativ zum Polsystem die

---

[12]) Die folgenden Betrachtungen gehen im Gegensatz zu Bild 3.4.26 von der üblichen Anordnung aus, bei der die Ankerwicklung im Ständer untergebracht ist.

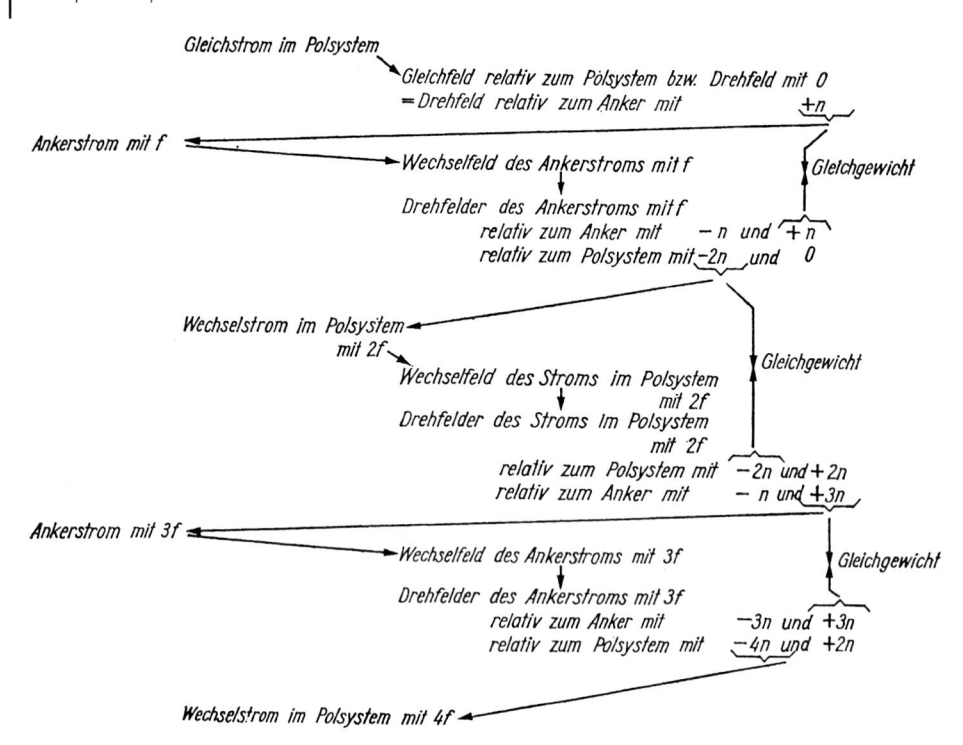

```
Gleichstrom im Polsystem
                    ↘ Gleichfeld relativ zum Polsystem bzw. Drehfeld mit 0
                      = Drehfeld relativ zum Anker mit           +n ⎫
Ankerstrom mit f ⇐                                                  ⎬ Gleichgewicht
                    → Wechselfeld des Ankerstroms mit f          −n ⎭
                      Drehfelder des Ankerstroms mit f
                         relativ zum Anker mit       −n  und  +n ⎫
                         relativ zum Polsystem mit  −2n  und   0 ⎭
       Wechselstrom im Polsystem
                   mit 2f
                    ↘ Wechselfeld des Stroms im Polsystem
                                                  mit 2f            ⎫ Gleichgewicht
                      Drehfelder des Stroms im Polsystem
                                                  mit 2f
                         relativ zum Polsystem mit  −2n und +2n ⎫
                         relativ zum Anker mit       −n und +3n ⎭
Ankerstrom mit 3f ⇐
                    → Wechselfeld des Ankerstroms mit 3f            ⎫ Gleichgewicht
                      Drehfelder des Ankerstroms mit 3f
                         relativ zum Anker mit       −3n und +3n ⎫
                         relativ zum Polsystem mit   −4n und +2n ⎭
       Wechselstrom im Polsystem mit 4f ⇐
```

Bild 3.4.27 Einander bedingende Ströme und Felder beim zweipoligen
Kurzschluss, ausgehend vom Gleichstrom im Polsystem
zur Aufrechterhaltung der Anfangsflussverkettung

vierfache Drehzahl und damit einen Strom der Frequenz $4f$ zur Folge. Auf diese Weise entsteht eine Folge einander bedingender Komponenten der Ströme im Anker- und im Polsystem. Sie gehen vom Gleichstrom im Polsystem aus und bestehen aus sämtlichen Oberschwingungen mit gerader Ordnungszahl im Strom des Polsystems sowie sämtlichen Oberschwingungen mit ungerader Ordnungszahl im Ankerstrom. Diese Komponenten klingen in demselben Maß wie der Gleichstrom des Polsystems auf den stationären Endwert ab. Der Mechanismus der Entstehung einander bedingender Ströme und Felder ausgehend vom Gleichstrom im Polsystem zur Aufrechterhaltung der Anfangsflussverkettung ist im Bild 3.4.27 nochmals schematisch dargestellt.

Um die Flussverkettung der Ankerwicklung aufrechtzuerhalten, die im Schaltaugenblick vorhanden war, fließt dort ein Gleichstrom. Sein Feld löst einen analogen Mechanismus aus wie der Gleichstrom im Polsystem. Es sind lediglich die Rollen von Ständer und Läufer vertauscht. Man erhält eine zweite Folge einander bedingender Ströme. Sie besteht aus dem Ankergleichstrom sowie sämtlichen Oberschwingungen mit gerader Ordnungszahl im Ankerstrom und sämtlichen mit ungerader Ordnungszahl im Strom des Polsystems. Diese Komponenten treten nach Maßgabe der Größe der Flussverkettung auf, die der Anker im Schaltaugenblick besitzt. Sie existieren also nicht, wenn die Ankerflussverkettung im Schaltaugenblick Null ist, wie für den im Bild 3.4.25 dargestellten Stromverlauf. Außerdem verschwindet diese gesamte Folge von Strömen mit dem Abklingen des Ankergleichstroms, so dass die entsprechenden Oberschwingungen im stationären Kurzschlussstrom fehlen.

Im Sonderfall der *vereinfachten Vollpolmaschine* mit $x_q'' = x_d''$ geht (3.4.99) über in

$$i_b = -i_c = \frac{1}{2}\sqrt{3}i_\beta = -\frac{\hat{u}_{(a)}\sqrt{3}}{2x_d''}(\sin\vartheta - \sin\vartheta_0). \qquad (3.4.100)$$

Es verschwinden also sämtliche Oberschwingungen, deren Ursache also die elektrische und magnetische Asymmetrie des Polsystems ist. Für ψ_α erhält man in diesem Fall aus (3.4.93a)

$$\psi_\alpha = \hat{u}_{(a)}\cos\vartheta.$$

Damit wird das Drehmoment nach (3.1.80), Seite 489, unter Beachtung von $i_\alpha = 0$

$$m = \psi_\alpha i_\beta = -\frac{\hat{u}_{(a)}^2}{x_d''}\left[\frac{1}{2}\sin 2\vartheta - \sin\vartheta_0\cos\vartheta\right]. \qquad (3.4.101)$$

Die zweite Komponente des Drehmoments wird am größten, wenn $\vartheta_0 = +\pi/2$ oder $\vartheta_0 = -\pi/2$ ist. Aus $\partial m/\partial\vartheta = 0$ erhält man für die Lage des Drehmomentmaximums im ersten Fall $\vartheta = \pi/6$ und im zweiten $\vartheta = 7\pi/6$. Damit liefert (3.4.101) für das *Stoßkurzschlussdrehmoment*

$$m_{\max} = \frac{3}{4}\sqrt{3}\frac{\hat{u}_{(a)}^2}{x_d''}. \qquad (3.4.102)$$

Ein Vergleich mit (3.4.91) zeigt, dass das Stoßkurzschlussdrehmoment um den Faktor $3/4\sqrt{3}$ und damit um etwa 30% größer wird als beim dreipoligen Kurzschluss.

3.4.6.3 Modell zur Behandlung unsymmetrischer Kurzschlüsse

Die routinemäßige Behandlung unsymmetrischer Kurzschlüsse im Netz geht von folgenden, aus den bisherigen Untersuchungen spezieller Kurzschlussfälle einer einzelnen Synchronmaschine ableitbaren Überlegungen aus:

– Um die Beanspruchung der Betriebsmittel durch den Kurzschlussstrom zu kennen, genügt es, den Anfangsverlauf des Kurzschlussstroms zur ermitteln, d. h. den Verlauf ohne Berücksichtigung der Dämpfung der einzelnen Anteile.
– Wenn die Synchronmaschine als vereinfachte Vollpolmaschine betrachtet wird, besteht der Anfangsverlauf aus einem Gleichanteil, der vom Schaltaugenblick abhängt, und einem grundfrequenten Wechselanteil, dem Stoßkurzschlusswechselstrom I_k''.
– Man erhält den grundfrequenten Anteil allein, wenn in den Spannungsgleichungen im Bereich der d-q-0-Komponenten die transformatorische Spannung gegenüber der rotatorischen vernachlässigt wird.

Es liegt der Gedanke nahe, den Stoßkurzschlusswechselstrom eines beliebigen Kurzschlussfalls in einem Netz mit Hilfe der Theorie der symmetrischen Komponenten zu berechnen und davon ausgehend den Stoßstrom I_s mit Hilfe eines Stoßfaktors $\kappa < 2$ als

$$I_s = \sqrt{2}\kappa I_k''$$

zu bestimmen (vgl. (3.4.85), S. 619). Dazu ist es erforderlich, ein Modell für das Verhalten der Synchronmaschine gegenüber den symmetrischen Komponenten des Stoßkurzschlusswechselstroms zu entwickeln. Natürlich ist es jetzt unerlässlich zu berücksichtigen, dass vor Eintritt des Kurzschlusses endliche Ströme in der Maschine fließen.

Das Verhalten der vereinfachten Vollpolmaschine gegenüber dem Mitsystem des Stoßkurzschlusswechselstroms erhält man nach den vorstehenden Überlegungen, indem das Prinzip der Flusskonstanz vorausgesetzt und in den Spannungsgleichungen für u_d und u_q zusätzlich der transformatorische Anteil vernachlässigt wird. Dann ist entsprechend Tabelle 3.1.4, Seite 483, mit $n = d\vartheta/dt = 1$

$$u_d = -\psi_q$$
$$u_q = \psi_d \,.$$

Für die Flussverkettungen gelten entsprechend den eingangs zum Abschnitt 3.4.6.1 angestellten Überlegungen die Beziehungen (3.4.92a,b) mit $x_q'' = x_d''$. Damit erhält man in der Darstellung mit komplexen Augenblickswerten

$$u_d + ju_q = jx_d''(i_d + ji_q) + j\left[\left(\psi_{d(a)} - x_d'' i_{d(a)}\right) + j\left(\psi_{q(a)} - x_d'' i_{q(a)}\right)\right] \,. \quad (3.4.103)$$

Da die Stranggrößen des Stoßkurzschlusswechselstroms eingeschwungene Sinusgrößen sind, gilt für die Beziehung zwischen $g_d + jg_q$ und der Darstellung $\underline{g} = \underline{g}_a$ der komplexen Wechselstromrechnung für diese eingeschwungenen Sinusgrößen des Strangs a die Beziehung (3.1.72), Seite 486, mit $\vartheta = t + \vartheta_0$. Damit erhält man, wenn gleichzeitig nunmehr die Kennzeichnung als Mitsystem vorgenommen wird,

$$\boxed{\underline{u}_m = jx_d''\underline{i}_m + \underline{u}_{p(a)}''} \,. \quad (3.4.104)$$

Dabei steht $\underline{u}_{p(a)}''$ als Abkürzung für den Ausdruck, der sich aus dem zweiten Glied der rechten Seite von (3.4.103) ergibt. Er braucht explizit gar nicht ausgerechnet zu werden, da ohnehin $\underline{u}_{p(a)}''$ mit Hilfe von (3.4.104) aus dem stationären Ausgangszustand als

$$\boxed{\underline{u}_{p(a)}'' = \underline{u}_{m(a)} - jx_d''\underline{i}_{m(a)}} \quad (3.4.105)$$

ermittelt wird. In dem im Bild 3.4.28 dargestellten Zeigerbild wird dies demonstriert. Die Spannung $\underline{u}_{p(a)}''$ wird als *Spannung hinter der subtransienten Reaktanz* oder auch als *treibende Spannung* bezeichnet.

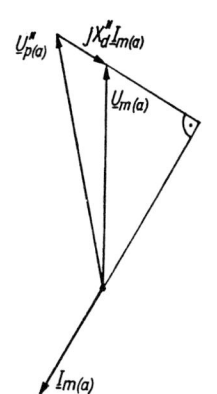

Bild 3.4.28 Ermittlung der Spannung hinter der subtransienten Reaktanz aus dem Zeigerbild des dem Kurzschluss vorangehenden stationären Betriebszustands

Das Verhalten der vereinfachten Vollpolmaschine gegenüber einem Gegensystem des Stoßkurzschlusswechselstroms erhält man unmittelbar als

$$\boxed{\underline{u}_\mathrm{g} = \mathrm{j}x_2 \underline{i}_\mathrm{g}} \;. \tag{3.4.106}$$

Es gilt die gleiche Beziehung (3.2.11), Seite 536, mit $x_2 \approx x_\mathrm{d}''$ entsprechend der vorausgesetzten vereinfachten Vollpolmaschine wie gegenüber einem Gegensystem im Fall des stationären Betriebs. Eine von den Feldern des vorangehenden stationären Betriebs herrührende *treibende Spannung*, die das Polsystem entsprechend dem Prinzip der Flusskonstanz festhält, existiert nicht. Für das Nullsystem gilt unverändert nach (3.2.17)

$$\boxed{\underline{u}_0 = \mathrm{j}x_0 \underline{i}_0} \;. \tag{3.4.107}$$

Die Betriebsbedingungen für die symmetrischen Komponenten des zweipoligen Kurzschlusses waren im Abschnitt 3.2.1.2, Seite 539, entwickelt worden. Durch Einführen der Spannungsgleichungen (3.4.104) und (3.4.106) folgt aus der dort gewonnenen Beziehung $\underline{u}_\mathrm{m} - \underline{u}_\mathrm{g} = 0$

$$\mathrm{j}x_\mathrm{d}'' \underline{i}_\mathrm{m} + \underline{u}_{\mathrm{p}(a)}'' - \mathrm{j}x_2 \underline{i}_\mathrm{g} = 0$$

und damit wegen $\underline{i}_\mathrm{m} = -\underline{i}_\mathrm{g} = \mathrm{j}i_b/\sqrt{3}$

$$\underline{i}_b = -\mathrm{j}\sqrt{3}\underline{i}_\mathrm{m} = \mathrm{j}\sqrt{3}\underline{i}_\mathrm{g} = \frac{\sqrt{3}}{x_\mathrm{d}'' + x_2} \underline{u}_{\mathrm{p}(a)}'' \;.$$

Mit $x_2 = x_\mathrm{d}''$ und für den Fall des vorangehenden Leerlaufs, d. h. für $\hat{u}_{(a)}'' = \hat{u}_{(a)}$, erhält man also den gleichen Betrag des Stoßkurzschlusswechselstroms wie in (3.4.100).

3.4.6.4 Tatsächlicher Gesamtverlauf

Bild 3.4.29 zeigt die durch eine numerische Integration des Differentialgleichungssystems ermittelten Zeitverläufe der Ströme in den verschiedenen Wicklungen und des erzeugten Drehmoments für den Fall eines zweipoligen Stoßkurzschlusses aus dem

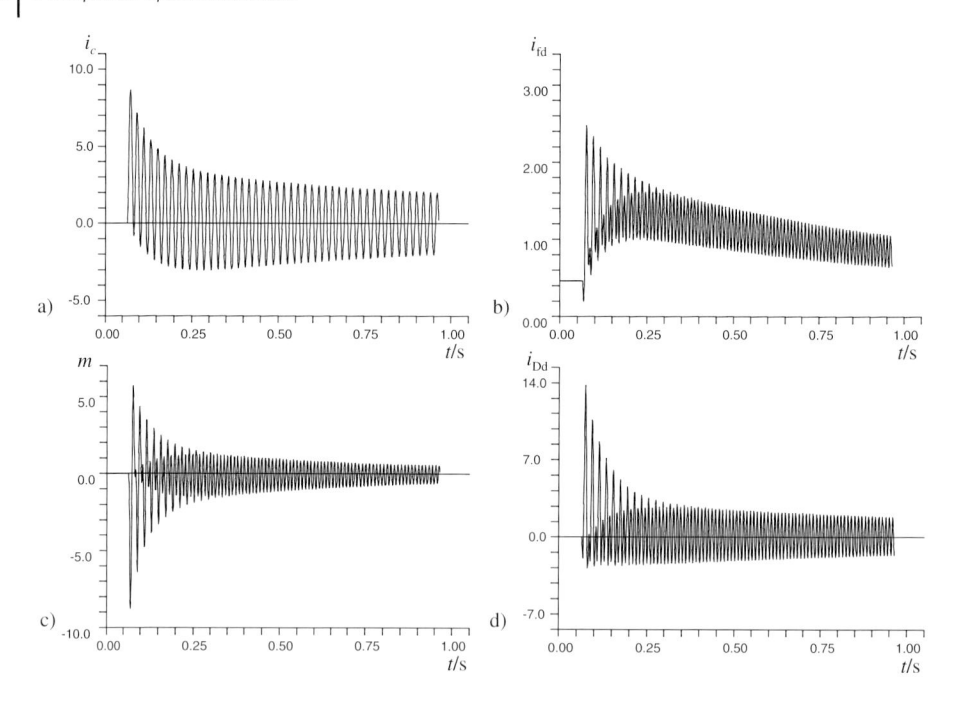

Bild 3.4.29 Tatsächliche Gesamtverläufe wichtiger Größen beim zweipoligen Stoßkurzschluss eines vom Netz getrennten vierpoligen 3,2-MVA-Synchrongenerators aus dem Leerlauf [75].
a) Strom $i_c(t)$ im Strang c;
b) Erregerstrom $i_{\mathrm{fd}}(t)$;
c) Drehmoment $m(t)$ des Generators;
d) Strom $i_{\mathrm{Dd}}(t)$ in der Dämpferwicklung

vorangegangenen Leerlauf. Der Kurzschluss wird zum Zeitpunkt $t = t_0 = 65$ ms im Nulldurchgang der Spannung u_{bc} zwischen den Strängen b und c eingeleitet. Die Maschine ist dabei vom Netz getrennt, so dass während des gesamten Vorgangs kein Strom im Strang a fließt.

Der Vergleich mit den im Bild 3.4.23 dargestellten Verläufen für den dreipoligen Stoßkurzschluss zeigt, dass der Stoßstrom in beiden Fällen ungefähr gleich groß ist und dass das Stoßmoment beim zweipoligen Stoßkurzschluss, wie durch (3.4.102) vorausgesagt, um ca. 30% größer ist als beim dreipoligen. Wie im Abschnitt 3.4.6.2 nachgewiesen wurde und auch bereits im Abschnitt 2.6.7, Seite 443, für den zweipoligen Kurzschluss der Induktionsmaschine beobachtet wurde, enthalten die Ströme der Erreger- und der Dämpferwicklung ebenso wie das Drehmoment zusätzliche Frequenzanteile der Frequenz $2pn$, d. h. bei synchroner Drehzahl von doppelter Netzfrequenz. Die in diesen Größen ebenfalls enthaltenen subtransienten Anteile einfacher Netzfrequenz klingen wie schon beim dreipoligen Kurzschluss innerhalb weniger Perioden ab.

Ebenso wie bei Induktionsmaschinen müssen auch bei Synchronmaschinen zweipolige Kurzschlüsse mit und ohne Trennung vom Versorgungsnetz voneinander unterschieden werden. Ohne Trennung vom Netz wären die Amplituden der doppelt netzfrequenten Anteile im Drehmoment und in den Strömen der Wicklungen des Polsystems deutlich größer. Die bei den Induktionsmaschinen gewonnenen Erkenntnisse sind übertragbar.

3.4.7
Feldorientierte Regelung

Das Prinzip der feldorientierten Regelung[13] wurde im Zusammenhang mit der Betrachtung der umrichtergespeisten Induktionsmaschine bereits im Abschnitt 2.6.9, Seite 450, dargestellt. Der entscheidende Gedanke dieses Prinzips ist, dass man, ausgehend von der allgemeinen Beziehung

$$m = -\frac{3}{2}p\,\mathrm{Im}\left\{\vec{\psi}_1^K \vec{i}_1^{K*}\right\}$$

für das Drehmoment nach (2.1.34), Seite 291, auf der Grundlage physikalischer Größen und komplexer Augenblickswerte der Ständerflussverkettung $\vec{\psi}_1^K$ und des Ständerstroms $\vec{i}_1^{K*}$ in einem beliebigen Koordinatensystem K, die Komponenten des komplexen Ständerstroms $\vec{i}_1^K$ bezüglich der komplexen Ständerflussverkettung $\vec{\psi}_1^K$ regelt. Dazu wurden im Abschnitt 2.6.9.1 die feldorientierte Beschreibung des Ständerstroms eingeführt und im Abschnitt 2.6.9.2 beispielhaft eine Ausführungsmöglichkeit einer feldorientierten Regelung für die Induktionsmaschine auf Basis der Ständerflussorientierung entwickelt (s. Bilder 2.6.23 u. 2.6.24, S. 462).

Regelschaltungen, die für die Induktionsmaschine konzipiert wurden, können unmittelbar für die Synchronmaschine übernommen werden, wenn nicht beabsichtigt ist, den Erregerstrom i_{fd} in die Regelung einzubeziehen. Dabei kann nicht damit gerechnet werden, dass zu jedem Zeitpunkt und unter allen äußeren Bedingungen die Voraussetzungen für eine durch die Maschinenspannungen ausgelöste Kommutierung des maschinenseitigen Stromrichters erfüllt sind, wie sie im Abschnitt 3.2.5, Seite 555, für den Stromrichtermotor hergeleitet wurden. Es ist deshalb erforderlich, einen sog. selbstgeführten Stromrichter einzusetzen, wie er im Fall der Induktionsmaschine a priori als erforderlich erkannt wurde. Insbesondere ergibt sich bei Einsatz eines Pulsumrichters und Regelung der Strangströme die Möglichkeit, zu jedem Zeitpunkt die erforderlichen Augenblickswerte der Strangströme einzustellen.

Wenn die Synchronmaschine nicht mit Permanenterregung ausgeführt ist, besteht die Möglichkeit, den Erregerstrom in die Regelung einzubeziehen. Es bietet sich an, diese Regelung des Erregerstroms so zu gestalten, dass der Aufbau des Magnetfelds im stationären Betrieb allein durch den Erregerstrom erfolgt. Unter diesem Gesichts-

---

[13] ausführliche Behandlung s. [5, 6, 7, 8, 19, 48, 72]

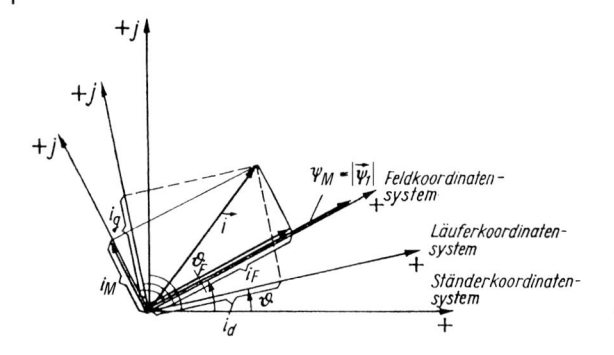

Bild 3.4.30 Beobachtung des komplexen Augenblickswerts des Ankerstroms in verschiedenen Koordinatensystemen

punkt wird im Folgenden eine Prinzipschaltung für die feldorientierte Regelung einer Synchronmaschine entwickelt.

Der Erregerstrom baut ein Feld auf, das fest mit dem Läuferkoordinatensystem verbunden ist und in der Längsachse des Polsystems liegt. Es ist deshalb erforderlich, das Läuferkoordinatensystem in die Betrachtungen einzubeziehen. Im Bild 3.4.30 ist dies in Erweiterung von Bild 2.6.22, Seite 455, für einen beliebigen Zeitpunkt eines beliebigen Vorgangs geschehen. Entsprechend der allgemeinen Verfahrensweise bei der Behandlung der Synchronmaschine wurde dabei im Vergleich zu den entsprechenden Untersuchungen bei der Induktionsmaschine auf den zusätzlichen Index 1 zur Kennzeichnung der Zugehörigkeit zum Ständer verzichtet. Das Läuferkoordinatensystem ist gegenüber dem Ständerkoordinatensystem um den Winkel $\vartheta = \vartheta(t)$ gedreht, wobei ϑ die bezogene Verschiebung zwischen der Achse des Stängerstrangs a und der Längsachse des Polsystems ist und unmittelbar mit Hilfe eines entsprechenden Lagegebers gemessen oder auf andere Weise – z. B. durch Auswertung der in der Ankerwicklung induzierten Spannung – ermittelt werden kann.

Um überschaubare Verhältnisse zu erhalten, wird im Folgenden eine vereinfachte Vollpolmaschine vorausgesetzt. Da die Regelung der Erregung aus Sicht des stationären Betriebs erfolgt, genügt es, die Verhältnisse unter diesen Bedingungen zu betrachten. Die komplexe Ankerflussverkettung in Ständerkoordinaten folgt aus (3.1.162a,b), Seite 518, mit (3.1.70), Seite 485, zu

$$\vec{\psi}^S = (\psi_d + j\psi_q)e^{j\vartheta} = [x_d(i_d + ji_q) + x_{afd}i_{fd}]e^{j\vartheta} . \qquad (3.4.108)$$

Zum Aufbau des Prinzipschaltbilds der Regelung sollen Ströme eingeführt werden, die im Anker fließend die entsprechende Flussverkettung hervorrufen. Man erhält mit $\vec{i}^S_\psi = \vec{\psi}^S/x_d$ und $i_{fd\psi} = (x_{afd}/x_d)i_{fd}$ unter Beachtung von $\vec{\psi}^S = |\vec{\psi}^S|e^{j\vartheta_F}$ und mit Einführung der Komponenten i_F und i_M bei Darstellung des Ankerstroms in Feldkoordinaten entsprechend

$$\vec{i}^S = (i_d + ji_q)e^{j\vartheta} = (i_F + ji_M)e^{j\vartheta_F}$$

aus (3.4.108)

$$\left|\vec{i}_\psi^S\right| = i_F + ji_M + i_{fd\psi}e^{j(\vartheta-\vartheta_F)}$$
$$= i_F + i_{fd\psi}\cos(\vartheta_F - \vartheta) + j[i_M - i_{fd\psi}\sin(\vartheta_F - \vartheta)] \,.$$

Daraus folgen als Beziehungen zwischen den Realteilen bzw. zwischen den Imaginärteilen

$$\left|\vec{i}_\psi^S\right| = i_F + i_{fd\psi}\cos(\vartheta_F - \vartheta) \tag{3.4.109a}$$

$$i_M = i_{fd\psi}\sin(\vartheta_F - \vartheta) \,. \tag{3.4.109b}$$

Die dem Erregerstrom zugeordnete Größe $i_{fd\psi}$ ergibt sich damit zu

$$i_{fd\psi} = \sqrt{\left(\left|\vec{i}_\psi^S\right| - i_F\right)^2 + i_M^2} \,. \tag{3.4.110}$$

Unter dem Gesichtspunkt, die Regelung so aufzubauen, dass im dynamischen Betrieb vom Anker her ggf. ein zusätzlicher Beitrag zur Erregung in Form einer entsprechenden Komponente i_F des Ankerstroms zur Verfügung gestellt wird, erhält man aus

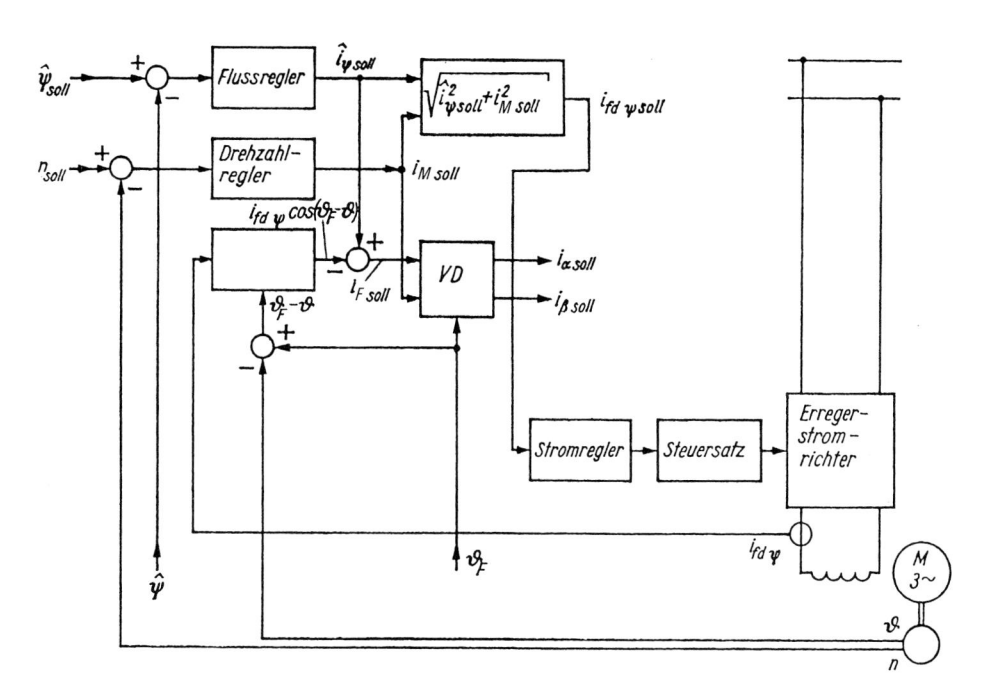

Bild 3.4.31 Prinzipschaltbild einer feldorientierten Regelung der Synchronmaschine als Ergänzung zu entsprechenden Regelschaltungen für Induktionsmaschinen nach den Bildern 2.6.23 und 2.6.24

(3.4.109a) als Sollwert für i_F

$$i_\mathrm{F\,soll} = \left|\vec{i}^{\,\mathrm{S}}_{\psi\mathrm{soll}}\right| - i_{\mathrm{fd}\psi} \cos(\vartheta_\mathrm{F} - \vartheta) \;. \tag{3.4.111}$$

Der Erregerstrom selbst soll so geregelt werden, dass er den Feldaufbau im stationären Betrieb voll übernimmt. Damit erhält man den Sollwert aus (3.4.110) mit $i_\mathrm{F\,soll} = 0$ zu

$$i_{\mathrm{fd}\psi\mathrm{soll}} = \sqrt{\left|\vec{i}^{\,\mathrm{S}}_{\psi\mathrm{soll}}\right|^2 + i^2_{\mathrm{M\,soll}}} \;. \tag{3.4.112}$$

Im Bild 3.4.31 ist die entsprechende Ergänzung zur Prinzipanordnung einer Regelschaltung für Induktionsmaschinen nach den Bildern 2.6.23 und 2.6.24, Seite 462, dargestellt. Dabei wurde auf die Darstellung der Entkopplung des Drehmoments verzichtet. Die Entkopplung der Flussverkettung ist durch die Bedingung $i_\mathrm{F} = 0$ für die Regelung des Erregerstroms ohnehin gewährleistet.

4
Gleichstrommaschine

4.1
Allgemeines Gleichungssystem und Betriebsverhalten

4.1.1
Allgemeines Gleichungssystem

In Analogie zum Vorgehen bei der Behandlung der Drehfeldmaschinen wird im Folgenden zunächst das allgemeine Gleichungssystem der Gleichstrommaschine entwickelt, auf dem dann die weiteren Untersuchungen aufbauen. Diesem Gleichungssystem liegen eine Reihe von Annahmen zugrunde, die zunächst aufgezeigt werden.

Die Ableitung setzt lineare magnetische Verhältnisse voraus. Dadurch wird der quantitative Anwendungsbereich des Gleichungssystems eingeengt. Es lässt sich jedoch in vielen Fällen durch Einführung zweckmäßig modifizierter Parameter auch bei Vorhandensein nichtlinearer magnetischer Verhältnisse anwenden. Die folgenden Betrachtungen setzen weiterhin voraus, dass in den Leitern keine Stromverdrängungserscheinungen auftreten und dass der magnetische Kreis wirbelstromfrei ist. Es wird ferner angenommen, dass zwischen der Ankerwicklung a[1] und der Erregerwicklung e keine transformatorische Kopplung besteht. Die Bürsten sind also genau in der neutralen Zone angeordnet, und es wird eine lineare Stromwendung vorausgesetzt. Der Bürstenspannungsabfall soll zum Spannungsabfall über dem Wicklungswiderstand geschlagen werden; er wird demnach als ohmscher Spannungsabfall angesehen.

Bild 4.1.1 zeigt die schematische Darstellung der zu behandelnden Gleichstrommaschine. Dabei sind die Wendepol- und die Kompensationswicklung nicht dargestellt, da sie lediglich auf die Größe des Ankerfelds und damit die diesem Feld zugeordnete Induktivität einwirken, aber keinen unmittelbaren Einfluss auf das Betriebsverhalten ausüben. Im Sonderfall der permanenterregten Maschine entfällt die Erregerwicklung und wird durch einen permanentmagnetischen Abschnitt im magnetischen Kreis ersetzt.

---

[1] Im Folgenden wird auf den Index a zur Kennzeichnung der Ankerwicklung weitgehend verzichtet.

Theorie elektrischer Maschinen, Germar Müller und Bernd Ponick
Copyright © 2009 WILEY-VCH Verlag GmbH & Co. KGaA, Weinheim
ISBN: 978-3-527-40526-8

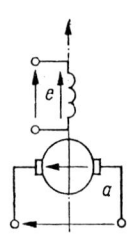

Bild 4.1.1 Schematische Darstellung der Gleichstrommaschine

Die *Spannungsgleichung der Erregerwicklung* ist unmittelbar durch (1.6.1), Seite 138, gegeben als

$$u_\mathrm{e} = R_\mathrm{e} i_\mathrm{e} + \frac{\mathrm{d}\psi_\mathrm{e}}{\mathrm{d}t} \ . \qquad (4.1.1)$$

Dabei besteht die Flussverkettung ψ_e entsprechend (1.6.3) aus einem Anteil $\psi_{\delta\mathrm{e}}$ herrührend vom Luftspaltfeld und einem Streuanteil $\psi_{\sigma\mathrm{e}} = L_{\sigma\mathrm{e}} i_\mathrm{e}$. Der vom Luftspaltfeld herrührende Anteil beträgt

$$\psi_{\delta\mathrm{e}} = w_\mathrm{e} \Phi_\mathrm{B} = 2 p w_\mathrm{p} \Phi_\mathrm{B} \ , \qquad (4.1.2)$$

wenn w_p die Windungszahl einer der $2p$ hintereinandergeschalteten Polspulen der Erregerwicklung mit der Gesamtwindungszahl w_e darstellt und Φ_B der Fluss durch die Bürstenebene ist, wie er im Abschnitt 1.6.5, Seite 150, bei der Ermittlung der im Kommentatoranker induzierten Spannung eingeführt wurde (s. Bild 1.6.6). Man erhält den Fluss Φ_B für den vorliegenden Sonderfall, dass die Bürstenweite gleich der Polteilung ist und die Bürstenachse mit der Symmetrieachse des Polsystems zusammenfällt, ausgehend von den Beziehungen in Tabelle 1.5.2, Seite 127, mit $\mu_\mathrm{Fe} \to \infty$, d. h. $V_\mathrm{Fe} = 0$, zu

$$\boxed{\Phi_\mathrm{B} = \alpha_\mathrm{i} \tau_\mathrm{p} l_\mathrm{i} \frac{\mu_0}{\delta_{\mathrm{i}0}''} w_\mathrm{p} i_\mathrm{e} = \Lambda_\delta w_\mathrm{p} i_\mathrm{e}} \ . \qquad (4.1.3)$$

Dabei wurden der ideelle Polbedeckungsfaktor α_i (vgl. Bd. *Grundlagen elektrischer Maschinen*, Abschn. 2.4.3 u. 3.3.1) als Verhältnis des Mittelwerts der Induktion über die Polteilung zum Maximalwert in Polmitte und der magnetische Leitwert

$$\Lambda_\delta = \frac{\mu_0}{\delta_{\mathrm{i}0}''} \tau_\mathrm{p} l_\mathrm{i} \alpha_\mathrm{i} \qquad (4.1.4)$$

für das Luftspaltfeld eingeführt. Mit (4.1.3) folgt aus (4.1.2)

$$\psi_{\delta\mathrm{e}} = \frac{\mu_0}{\delta_{\mathrm{i}0}''} \alpha_\mathrm{i} \tau_\mathrm{p} l_\mathrm{i} 2 p w_\mathrm{p}^2 i_\mathrm{e} = L_{\delta\mathrm{e}} i_\mathrm{e} \ , \qquad (4.1.5)$$

und es wird

$$\psi_\mathrm{e} = \psi_{\sigma\mathrm{e}} + \psi_{\delta\mathrm{e}} = (L_{\sigma\mathrm{e}} + L_{\delta\mathrm{e}}) i_\mathrm{e} = L_\mathrm{e} i_\mathrm{e} \ . \qquad (4.1.6)$$

Damit geht die Spannungsgleichung (4.1.1) der Erregerwicklung über in

$$\boxed{u_\mathrm{e} = R_\mathrm{e} i_\mathrm{e} + L_\mathrm{e} \frac{\mathrm{d}i_\mathrm{e}}{\mathrm{d}t}} \ . \qquad (4.1.7)$$

Die *Spannungsgleichung des Ankerkreises* lautet allgemein

$$u = Ri - (e_\delta + e_\sigma). \qquad (4.1.8)$$

Die herrührend vom Luftspaltfeld induzierte Spannung e_δ ist entsprechend (1.6.49), Seite 153, gegeben als

$$e_\delta = e_{\delta\text{tr}} + e_{\delta\text{r}} = -\frac{\partial \psi_\text{B}}{\partial t} - 2\frac{w}{\pi}\Phi_\text{B}\frac{d\vartheta}{dt}, \qquad (4.1.9)$$

und für die von den Streufeldern herrührende Spannung e_σ gilt aufgrund der getroffenen Voraussetzungen hinsichtlich der Lage der Bürsten und der Kommutierung (vgl. (1.6.64), S. 160)

$$e_\sigma = -\frac{d\psi_\sigma}{dt}. \qquad (4.1.10)$$

Der Fluss Φ_B in (4.1.9) rührt allein vom Erregerstrom her und ist durch (4.1.3) gegeben. Die Flussverkettungen ψ_B und ψ_σ andererseits werden allein vom Ankerstrom hervorgerufen. Da lineare magnetische Verhältnisse vorausgesetzt werden, kann beiden Anteilen eine gemeinsame *Ankerinduktivität L* als

$$\psi_\text{B} + \psi_\sigma = Li \qquad (4.1.11)$$

zugeordnet werden. Ihre Größe hängt von der Baugröße und der Bemessungsspannung der Maschine ab, aber vor allem auch davon, ob eine Kompensationswicklung vorgesehen ist oder nicht. Die Kompensationswicklung hebt zusammen mit der Wendepolwicklung das Luftspaltfeld der Ankerwicklung weitgehend auf, so dass die Ankerinduktivität in diesem Fall in erster Linie nur den Streufeldern zugeordnet ist.

Die Rotationsspannung $e_{\delta\text{r}}$ in (4.1.9) kann unter Einführung der Drehzahl n mit (1.5.15c), Seite 82, als

$$e_{\delta\text{r}} = -4wp\Phi_\text{B}n = -c\Phi_\text{B}n \qquad (4.1.12)$$

formuliert werden (vgl. Bd. *Grundlagen elektrischer Maschinen*, Abschn. 3.3.2).

Die Spannungsgleichung (4.1.8) des Ankerkreises geht unter Einführung von (4.1.9) bis (4.1.12) über in

$$\boxed{u = Ri + L\frac{di}{dt} + c\Phi_\text{B}n}. \qquad (4.1.13)$$

Die *Bewegungsgleichung der Gleichstrommaschine* ist allgemein durch (1.7.120), Seite 210, gegeben, wobei das von der Maschine entwickelte innere Drehmoment m aus (1.7.77), Seite 184, für den vorliegenden Sonderfall, dass nur ein Ankerkreis j vorhanden ist, zu

$$m = pw\frac{2}{\pi}\Phi_\text{B}i = \frac{c}{2\pi}\Phi_\text{B}i \qquad (4.1.14)$$

folgt. Das ist die gleiche Beziehung, die auch im stationären Betrieb gilt. Damit erhält man für die Bewegungsgleichung ausgehend von (1.7.120)

$$\boxed{2\pi J\frac{dn}{dt} = m + m_\text{A} = \frac{2}{\pi}\Phi_\text{B}i + m_\text{A} = \frac{c}{2\pi}\Phi_\text{B}i - m_\text{W}}, \qquad (4.1.15)$$

wobei mit Rücksicht auf den bevorzugten Einsatz der Gleichstrommaschine als Motor in drehzahlvariablen Antrieben entsprechend Abschnitt 1.7.7.3, Seite 213, das Widerstandsmoment $m_W = -m_A$ eingeführt wurde, das auch ein ggf. vorhandenes Reibungsmoment des Motors einschließen soll.

4.1.2
Klassifizierung der Betriebszustände

Das System der Gleichungen (4.1.3), (4.1.7), (4.1.13) und (4.1.15) beschreibt die betrachtete Ausführungsform einer Gleichstrommaschine unter den getroffenen Voraussetzungen vollständig. Aufgrund der Produkte $\Phi_B n$ in der Spannungsgleichung (4.1.13) des Ankers und $\Phi_B i$ in der Bewegungsgleichung (4.1.15) ist dieses Gleichungssystem im allgemeinen Fall nichtlinear. Dadurch wird die Lösung erschwert, und es ist sinnvoll, eine Klassifizierung der Probleme unter dem Gesichtspunkt des Wirksamwerdens der Nichtlinearitäten vorzunehmen.

a) Betriebszustände mit $n = $ konst.

Eine erste Gruppe von ausgezeichneten Betriebszuständen ist dadurch gekennzeichnet, dass eine konstante Drehzahl vorliegt. Dazu denkt man sich eine Arbeitsmaschine gekuppelt, deren Drehzahl keine Funktion des Drehmoments ist. Wenn man diese Drehzahl als Parameter einführt, können die Ströme und Spannungen sowie der Fluss Φ_B ohne Verwendung der nach wie vor nichtlinearen Bewegungsgleichung (4.1.15) ermittelt werden. Diese Beziehung dient jetzt lediglich dazu, das von der Maschine entwickelte Drehmoment mit Hilfe der bereits gewonnenen Größen Φ_B und i über $m = (c/2\pi)\Phi_B i$ als Funktion des Parameters n zu ermitteln. Die übrigen Beziehungen sind linear.

In die betrachtete Gruppe von Betriebszuständen gehören jene, bei denen die Maschine als Generator arbeitet, z. B. in Form einer Erregermaschine.

b) Betriebszustände mit $\Phi_B = $ konst.

Eine zweite Gruppe von ausgezeichneten Betriebszuständen wird von solchen gebildet, bei denen der Fluss Φ_B konstant ist. Das ist der Fall, wenn die Erregerwicklung an einer konstanten Gleichspannung liegt bzw. eine permanenterregte Maschine vorliegt. Dabei werden entsprechend dem vorausgesetzten Modell Einflüsse des Ankerstroms auf den Fluss Φ_B vernachlässigt. Wenn der Fluss Φ_B konstant ist, wird das Verhalten der Maschine allein durch die Beziehungen (4.1.13) und (4.1.15) beschrieben, die außerdem linear werden. Sie lassen sich darstellen als

$$u = Ri + L\frac{\mathrm{d}i}{\mathrm{d}t} + (c\Phi_\mathrm{B})n \quad (4.1.16a)$$

$$2\pi J \frac{\mathrm{d}n}{\mathrm{d}t} = \frac{1}{2\pi}(c\Phi_\mathrm{B})i - m_\mathrm{W} \quad . \quad (4.1.16b)$$

Dabei wurde der Ausdruck $(c\Phi_\mathrm{B})$ in Klammern gesetzt, um anzudeuten, dass jetzt außer c auch Φ_B konstant ist. Die Lösung des Gleichungssystems (4.1.16a,b) erfolgt zweckmäßig mit Hilfe der Laplace-Transformation.

c) Betriebszustände bei kleinen Änderungen sämtlicher Größen

Eine dritte Gruppe von ausgezeichneten Betriebszuständen hat weder konstante Drehzahl n noch konstanten Fluss Φ_B. Sämtliche Veränderlichen sollen jedoch nur kleine Änderungen Δg gegenüber den stationären Ausgangsgrößen $g_{(\mathrm{a})}$ durchlaufen. Hierzu gehören alle Stell- und Regelvorgänge, bei denen in die Erregung der Maschine eingegriffen wird. Wenn die Veränderlichen als $g = g_{(\mathrm{a})} + \Delta g$ geschrieben werden, zerfällt jede Gleichung des Systems in zwei Beziehungen. Die erste vermittelt zwischen den stationären Ausgangswerten und die zweite zwischen den Änderungen. Dabei lässt sich die zweite Beziehung linearisieren, wenn die Produkte der Änderungen als klein vernachlässigt werden.[2] Man erhält aus (4.1.3), (4.1.7), (4.1.13) und (4.1.15) als linearisiertes Gleichungssystem für die Änderungen der Variablen

$$\Delta\Phi_\mathrm{B} = \Lambda_\delta w_\mathrm{p} \Delta i_\mathrm{e} \quad (4.1.17a)$$

$$\Delta u_\mathrm{e} = R_\mathrm{e} \Delta i_\mathrm{e} + L_\mathrm{e}\frac{\mathrm{d}\Delta i_\mathrm{e}}{\mathrm{d}t} \quad (4.1.17b)$$

$$\Delta u = R\Delta i + L\frac{\mathrm{d}\Delta i}{\mathrm{d}t} + c\Phi_{\mathrm{B}(\mathrm{a})}\Delta n + cn_{(\mathrm{a})}\Delta\Phi_\mathrm{B} \quad (4.1.17c)$$

$$2\pi J \frac{\mathrm{d}\Delta n}{\mathrm{d}t} = \frac{c}{2\pi}\Phi_{\mathrm{B}(\mathrm{a})}\Delta i + \frac{c}{2\pi}i_{(\mathrm{a})}\Delta\Phi_\mathrm{B} - \Delta m_\mathrm{W} \quad . \quad (4.1.17d)$$

Zur Lösung dieses Gleichungssystems bietet sich wiederum die Laplace-Transformation an.

d) Betriebszustände bei großen Änderungen einzelner Größen

Die vierte und letzte Gruppe von Betriebszuständen wird von solchen gebildet, in denen weder n noch Φ_B konstant sind und einzelne Veränderliche große Änderungen durchlaufen. In diesem Fall müssen die ursprünglichen Beziehungen (4.1.3), (4.1.7), (4.1.13) und (4.1.15) verwendet werden. Es lässt sich jedoch i. Allg. keine geschlossene

---

[2] Analog dazu wurde im Abschnitt 3.1.9, Seite 521, zur Linearisierung des Gleichungssystems der Synchronmaschine im Bereich der d-q-0-Komponenten vorgegangen.

Lösung angeben. Zur quantitativen Behandlung entsprechender Probleme bietet sich die numerische Simulation an.

e) Sonderfall des stationären Betriebs

Im stationären Betrieb sind alle Größen der Erregerwicklung und des Ankerkreises sowie die Drehzahl zeitlich konstant. Die allgemeinen Ausgangsgleichungen gehen damit über in

$$\Phi_B = \Lambda_\delta w_p I_e \tag{4.1.18a}$$

$$U_e = R_e I_e \tag{4.1.18b}$$

$$U = RI + c\Phi_B n \tag{4.1.18c}$$

$$M = M_W = \frac{c}{2\pi}\Phi_B I \,. \tag{4.1.18d}$$

4.1.3
Vereinfachte Behandlung des stationären Betriebs bei konstantem Fluss

Im z. B. bei hochwertigen Ausführungen permanenterregter Gleichstrommaschinen vorliegenden Sonderfall, dass der Fluss Φ_B konstant ist und Reibungs- sowie Ummagnetisierungsverluste durch ein konstantes Reibungsmoment M_{rb} berücksichtigt werden dürfen, ist eine Behandlung des stationären Betriebs möglich und sinnvoll, die von der der konventionellen Gleichstrommaschine abweicht.[3] Insbesondere gelten (4.1.18c,d) mit großer Genauigkeit.

Im Stillstand mit $n = 0$ folgt aus (4.1.18c) für den *Anzugsstrom*

$$I = I_a = \frac{U}{R} \tag{4.1.19}$$

und aus (4.1.18d) für das *Anzugsmoment* M_a

$$M + M_{rb} = M_a + M_{rb} = \frac{k}{2\pi} I_a \,. \tag{4.1.20}$$

Dabei wurde das am Wellenende der Maschine wirksame Drehmoment M eingeführt, das um das Reibungsmoment M_{rb} kleiner ist als das elektromagnetisch erzeugte Drehmoment $(c/2\pi)\Phi_B I$.

Im Leerlauf mit $M = 0$ fließt der *Leerlaufstrom* I_0, und es gilt entsprechend (4.1.18d)

$$M_{rb} = \frac{(c\Phi_B)}{2\pi} I_0 \,. \tag{4.1.21}$$

[3] Eine ausführliche Behandlung findet sich in [37].

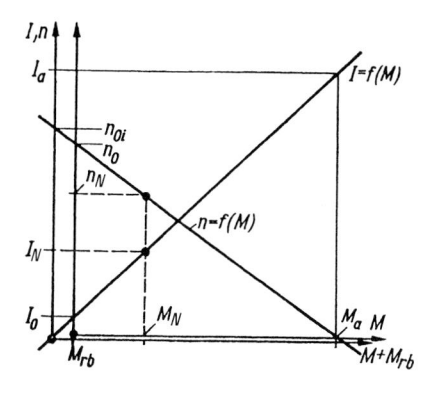

Bild 4.1.2 Strom-Drehmoment-Kennlinie $I = f(M)$ und Drehzahl-Drehmoment-Kennlinie $n = f(M)$ eines Gleichstrommotors mit $\Phi_B = $ konst.

Aus (4.1.18d), (4.1.20) und (4.1.21) erhält man die Beziehungen

$$M = \frac{(c\Phi_B)}{2\pi}(I - I_0) \tag{4.1.22}$$

$$M_a = \frac{(c\Phi_B)}{2\pi}(I_a - I_0) \tag{4.1.23}$$

$$M_a - M = \frac{(c\Phi_B)}{2\pi}(I_a - I) . \tag{4.1.24}$$

Die *Strom-Drehmoment-Kennlinie* $I = f(M)$ verläuft streng linear. Sie ist im Bild 4.1.2 dargestellt. Aus dieser Darstellung lassen sich die Aussagen von (4.1.20) bis (4.1.24) nochmals unmittelbar ablesen.

Die *Drehzahl-Drehmoment-Kennlinie* folgt aus (4.1.18c,d) zu

$$\begin{aligned}
n &= \frac{U}{(c\Phi_B)} - \frac{R}{(c\Phi_B)}I = n_{0i} - \frac{2\pi R}{(c\Phi_B)^2}(M + M_{rb}) = n_0 - \frac{2\pi R}{(c\Phi_B)^2}M \\
&= n_0\left(1 - \frac{M}{M_a}\right) = \frac{n_0}{M_a}(M_a - M)
\end{aligned} \tag{4.1.25}$$

Dabei ist $n_{0i} = U/(c\Phi_B)$ die *ideelle Leerlaufdrehzahl*, die sich bei $M_{rb} = 0$ einstellen würde, und $n_0 = n_{0i} - (2\pi R/(c\Phi_B)^2)M_{rb}$ die tatsächliche Leerlaufdrehzahl. Den Verlauf $n = f(M)$ nach (4.1.25) zeigt Bild 4.1.2.

Die *mechanische Leistung* P_{mech} lässt sich mit Hilfe von (4.1.25) ausdrücken als

$$P_{mech} = 2\pi n M = \frac{2\pi n_0}{M_a}M(M_a - M) . \tag{4.1.26}$$

Sie verschwindet im Leerlauf wegen $M = 0$ und im Stillstand wegen $n = 0$ bzw. $M = M_a$. Dazwischen durchläuft sie ein Maximum, dessen Lage sich über $dP_{mech}/dM = M_a - 2M = 0$ zu

$$M = \frac{M_a}{2}$$

ergibt, und das unter Beachtung von (4.1.23) und mit $n_0/M_a = 2\pi R/(c\Phi_B)^2$, wie aus der ersten Beziehung (4.1.25) folgt, den Wert

$$P_{\text{mech max}} = \left(\frac{2\pi}{(c\Phi_B)}\right)^2 R \frac{M_a^2}{4} = \frac{R}{4}(I_a - I_0)^2 \tag{4.1.27}$$

annimmt. Die elektrisch aufgenommene Leistung bei $n = 0$, d. h. $I = I_a$, ergibt sich zu

$$P_{\text{el a}} = U I_a = R I_a^2 \,. \tag{4.1.28}$$

Damit lässt sich die maximal abgebbare mechanische Leistung nach (4.1.27) darstellen als

$$P_{\text{mech max}} = \frac{P_{\text{el a}}}{4}\left(1 - \frac{I_0}{I_a}\right)^2, \tag{4.1.29}$$

d. h. sie ist etwas kleiner als ein Viertel der im Stillstand aufgenommenen elektrischen Leistung. Der Verlauf $P_{\text{mech}} = f(M)$ ist parabolisch. Er ist zusammen mit dem Verlauf $P_{\text{el}} = f(M)$ im Bild 4.1.3 dargestellt.

Der *Wirkungsgrad* η lässt sich mit P_{mech} nach (4.1.26) unter Einführung von (4.1.22) und (4.1.24) sowie mit $P_{\text{el}} = UI = RI_aI$ ausdrücken als

$$\eta = \frac{P_{\text{mech}}}{P_{\text{el}}} = \left(1 - \frac{I_0}{I}\right)\left(1 - \frac{I}{I_a}\right) = 1 - \frac{I_0}{I} - \frac{I}{I_a} + \frac{I_0}{I_a}\,. \tag{4.1.30}$$

Der Wirkungsgrad verschwindet für $I = I_0$, d. h. im Leerlauf, und für $I = I_a$, d. h. im Stillstand. Dazwischen durchläuft er ein Maximum, dessen Lage sich aus $d\eta/dI = I_0/I^2 - 1/I_a = 0$ zu

$$I = \sqrt{I_0 I_a}$$

ergibt und das den Wert

$$\eta_{\max} = \left(1 - \sqrt{\frac{I_0}{I_a}}\right)^2$$

besitzt. Im Bild 4.1.3 ist eine typische Kennlinie $\eta = f(M)$ dargestellt.

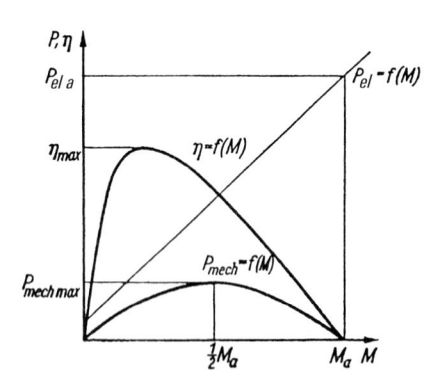

Bild 4.1.3 Kennlinien $P_{\text{el}} = f(M)$, $P_{\text{mech}} = f(M)$ und $\eta = f(M)$ eines Gleichstrommotors mit $\Phi_B = $ konst.

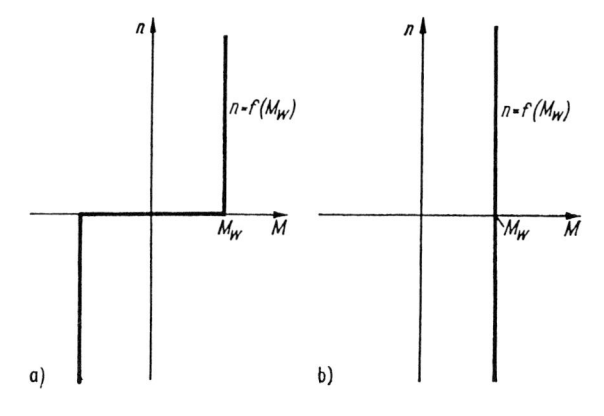

Bild 4.2.1 Drehzahl-Drehmoment-Kennlinie der Arbeitsmaschine mit konstantem Widerstandsmoment M_W.
a) Als passive Last (Reibungslast);
b) als aktive Last (durchziehende Last)

4.2
Spezielle nichtstationäre Betriebszustände

4.2.1
Allgemeine Behandlung von Vorgängen mit $\Phi_\mathrm{B} = $ konst.

Entsprechend den Überlegungen im Unterabschnitt 4.1.2b wird das Verhalten der Gleichstrommaschine bei $\Phi_\mathrm{B} = $ konst. durch die Beziehungen (4.1.16a,b) beschrieben. Da diese linear sind, bietet es sich an, die Laplace-Transformation als Lösungshilfsmittel heranzuziehen. Man erhält unter Benutzung der Beziehungen nach Anhang V im Laplace-Unterbereich

$$u = Ri + \mathrm{p}L\left(i - \frac{i_{(\mathrm{a})}}{\mathrm{p}}\right) + (c\Phi_\mathrm{B})n \qquad (4.2.1\mathrm{a})$$

$$2\pi J\mathrm{p}\left(n - \frac{n_{(\mathrm{a})}}{\mathrm{p}}\right) = \frac{1}{2\pi}(c\Phi_\mathrm{B})i - m_\mathrm{W}\;. \qquad (4.2.1\mathrm{b})$$

Dabei wurde stillschweigend vorausgesetzt, dass m_W keine Funktion der Drehzahl ist, d. h. die Arbeitsmaschine hat Drehzahl-Drehmoment-Kennlinien, wie sie im Bild 4.2.1 dargestellt sind. Selbstverständlich ist in die Betrachtungen eingeschlossen, dass sich das Widerstandsmoment m_W zeitlich ändern kann. Im Fall einer Kennlinie der Arbeitsmaschine nach Bild 4.2.1a ist darauf zu achten, dass für positive und negative Drehzahlen getrennte Gleichungen mit unterschiedlichen Vorzeichen des konstanten Widerstandsmoments in der Form $m_\mathrm{W} = +M_\mathrm{W}$ und $m_\mathrm{W} = -M_\mathrm{W}$ gelten. Wenn man einfach $m_\mathrm{W} = M_\mathrm{W}$ setzt, wird der Fall der durchziehenden Last betrachtet.

Meist geht dem Übergangsvorgang ein stationärer Betriebszustand voraus, und es interessieren die Änderungen aller Größen gegenüber diesem stationären Ausgangszustand. Diese Änderungen betragen $\Delta g = g - g_{(\mathrm{a})}$ und nehmen im Laplace-Unterbereich die Form $\mathcal{L}\{\Delta g\} = \mathcal{L}\{g - g_{(\mathrm{a})}\} = g - g_{(\mathrm{a})}/\mathrm{p}$ an. Um alle Veränderlichen von (4.2.1a,b) in dieser Form erscheinen zu lassen, werden die Beziehungen zwischen den stationären Ausgangsgrößen

$$U_{(a)} = RI_{(a)} + (c\Phi_B)n_{(a)} \quad (4.2.2a)$$

$$0 = \frac{1}{2\pi}(c\Phi_B)I_{(a)} - M_{W(a)}, \quad (4.2.2b)$$

die unmittelbar aus (4.1.18c-d) folgen, von (4.2.1a,b) abgezogen. Man erhält

$$\Delta u = (R + pL)\Delta i + (c\Phi_B)\Delta n \quad (4.2.3a)$$

$$2\pi J p \Delta n = \frac{1}{2\pi}(c\Phi_B)\Delta i - \Delta m_W . \quad (4.2.3b)$$

Aus (4.2.3b) folgt für den Strom Δi

$$\Delta i = \frac{(2\pi)^2 J}{(c\Phi_B)}p\Delta n + \frac{2\pi}{(c\Phi_B)}\Delta m_W . \quad (4.2.4)$$

Wenn dieser Ausdruck in (4.2.3a) eingeführt wird, gewinnt man eine Beziehung für Δn, denn Δm_W und Δu sind gegebene Betriebsbedingungen. Unter Einführung der *Ankerzeitkonstante* $T_a = L/R$ liefert diese Operation

$$\Delta u = \left[R(1+pT_a)p\frac{(2\pi)^2 J}{(c\Phi_B)} + (c\Phi_B)\right]\Delta n + \frac{2\pi R}{(c\Phi_B)}(1+pT_a)\Delta m_W .$$

Daraus folgt

$$\boxed{\Delta n = \frac{1}{(c\Phi_B)}\frac{\Delta u - \frac{2\pi R}{(c\Phi_B)}(1+pT_a)\Delta m_W}{p^2 T_a T_m + p T_m + 1}} \quad (4.2.5)$$

mit der *elektromechanischen Zeitkonstante*

$$T_m = \frac{(2\pi)^2 JR}{(c\Phi_B)^2} . \quad (4.2.6)$$

Mit (4.2.5) erhält man aus (4.2.4) für den Strom

$$\boxed{\Delta i = \frac{1}{R}\frac{pT_m\Delta u + \frac{2\pi R}{(c\Phi_B)}\Delta m_W}{p^2 T_a T_m + p T_m + 1}} . \quad (4.2.7)$$

Das Nennerpolynom in (4.2.5) und (4.2.7) bildet die charakteristische Gleichung

$$p^2 T_a T_m + p T_m + 1 = 0 . \quad (4.2.8)$$

Ihre Wurzeln bestimmen den Charakter der Zeitverläufe $n = f(t)$ sowie $i = f(t)$ und lauten

$$p_{1,2} = -\frac{1}{2T_a}\left[1 \pm \sqrt{1 - 4\frac{T_a}{T_m}}\right] . \quad (4.2.9)$$

Man erhält reelle Wurzeln und damit aperiodisch abklingende Vorgänge, wenn $T_a < T_m/4$ bleibt. Diese Bedingung ist praktisch stets erfüllt, so dass im Folgenden nur dieser Fall betrachtet wird. Die Rücktransformation führt dann auf zwei Exponentialfunktionen der Form $e^{p_1 t}$ und $e^{p_2 t}$. Da die Wurzeln p_1 und p_2 entsprechend (4.2.9) kleiner als Null sind, liegt es nahe, ihre negativen Reziprokwerte als Zeitkonstanten $T_1 = -1/p_1$ und $T_2 = -1/p_2$ einzuführen. Diese Zeitkonstanten können auch direkt bestimmt werden, wenn in die charakteristische Gleichung (4.2.8) $p = -1/T$ eingeführt wird. Man erhält

$$T^2 - T T_m + T_a T_m = (T - T_1)(T - T_2) = 0 \quad (4.2.10)$$

und daraus

$$T_{1,2} = \frac{T_m}{2} \left[1 \pm \sqrt{1 - 4 \frac{T_a}{T_m}} \right] . \quad (4.2.11)$$

Aus (4.2.10) folgen ferner die Beziehungen

$$T_1 T_2 = T_a T_m \quad (4.2.12)$$
$$T_1 + T_2 = T_m . \quad (4.2.13)$$

Wenn die Maschine mit einem großen Ankerkreiswiderstand betrieben wird oder mit einer großen Schwungmasse gekuppelt ist, wird $T_a \ll T_m/4$. In diesem Fall lässt sich (4.2.11) annähern durch

$$T_{1,2} \approx \frac{T_m}{2} \left[1 \pm \left(1 - 2 \frac{T_a}{T_m} \right) \right] ,$$

und man erhält die Näherungswurzeln

$$T_1 \approx T_m \quad (4.2.14)$$
$$T_2 \approx T_a . \quad (4.2.15)$$

Schließlich kann der Einfluss der Ankerinduktivität L in erster Näherung ganz vernachlässigt werden. Dann wird $T_a = 0$, und (4.2.5) und (4.2.7) gehen in die Näherungsbeziehungen

$$\Delta n = \frac{1}{(c\Phi_B)} \frac{\Delta u - \dfrac{2\pi R}{(c\Phi_B)} \Delta m_W}{1 + p T_m} \quad (4.2.16)$$

$$\Delta i = \frac{1}{R} \frac{p T_m \Delta u + \dfrac{2\pi R}{(c\Phi_B)} \Delta m_W}{1 + p T_m} \quad (4.2.17)$$

über. In diesen Beziehungen tritt die Trägheit der magnetischen Felder der Maschine gar nicht in Erscheinung; sie entsprechen damit der quasistationären Betrachtungsweise.

4.2.2
Vorgänge bei Änderung der Ankerspannung

Die Änderung der Ankerspannung ist der bevorzugte und vorteilhafteste Weg, um die Drehzahl der Gleichstrommaschine zu stellen (s. Bd. *Grundlagen elektrischer Maschinen*, Abschn. 3.4.3.2). Dabei ändert sich die stationäre Drehzahl bekanntlich proportional zur Ankerspannung. Im Folgenden wird untersucht, wie dieser Vorgang der Drehzahländerung bei sprunghafter Änderung der Ankerspannung um $\Delta u = \Delta U$ zeitlich abläuft. Die Maschine soll dabei auf ein konstantes Widerstandsmoment arbeiten; es ist also $\Delta m_W = 0$.

Für den Fall, dass der Einfluss der Ankerinduktivität zunächst vernachlässigbar ist, erhält man aus (4.2.16) mit $\Delta u = \Delta U/\mathrm{p}$ für die Drehzahländerung

$$\Delta n = \frac{\Delta U}{(c\Phi_B)} \frac{1}{\mathrm{p}T_m \left(\mathrm{p} + \dfrac{1}{T_m}\right)}$$

und aus (4.2.17) für den Ankerstrom

$$\Delta i = \frac{\Delta U}{R} \frac{1}{\mathrm{p} + \dfrac{1}{T_m}} .$$

Die Rücktransformation dieser Beziehungen in den Zeitbereich liefert entsprechend der Tabelle korrespondierender Funktionen im Anhang V

$$\Delta n = \frac{\Delta U}{(c\Phi_B)}(1 - \mathrm{e}^{-t/T_m}) = \Delta n_{(e)}(1 - \mathrm{e}^{-t/T_m}) \qquad (4.2.18)$$

$$\Delta i = \frac{\Delta U}{R}\mathrm{e}^{-t/T_m} = \Delta i_0 \mathrm{e}^{-t/T_m} \qquad (4.2.19)$$

mit
$$\Delta n_{(e)} = \frac{\Delta U}{(c\Phi_B)} \qquad (4.2.20)$$

$$\Delta i_0 = \frac{\Delta U}{R} . \qquad (4.2.21)$$

Die Verläufe $n = f(t)$ und $i = f(t)$ sind im Bild 4.2.2 dargestellt. Dabei wurde $\Delta U > 0$ gewählt, d. h. die Drehzahl soll nach größeren Werten hin verstellt werden. Die Anfangswerte $I_{(a)}$ und $n_{(a)}$ sind willkürlich festgelegt worden. Die Drehzahl ändert sich nach einer Exponentialfunktion mit der Zeitkonstante T_m von ihrem stationären Anfangswert $n_{(a)}$ auf den stationären Endwert $n_{(e)}$. Der Strom springt zur Zeit $t = 0$ um Δi_0 und klingt anschließend nach der gleichen Exponentialfunktion wie die Drehzahl wieder auf den Anfangswert ab. Die sprunghafte Änderung zur Zeit $t = 0$ ist möglich, weil keine Ankerinduktivität vorhanden ist. Sie tritt auf, weil mit der Drehzahl auch die induzierte Spannung des Ankers zunächst konstant bleibt, so dass die zusätzliche Spannung ΔU im ersten Augenblick nur als erhöhter Spannungabfall über dem Wicklungswiderstand bei entsprechend erhöhtem Ankerstrom gedeckt werden kann. Nach

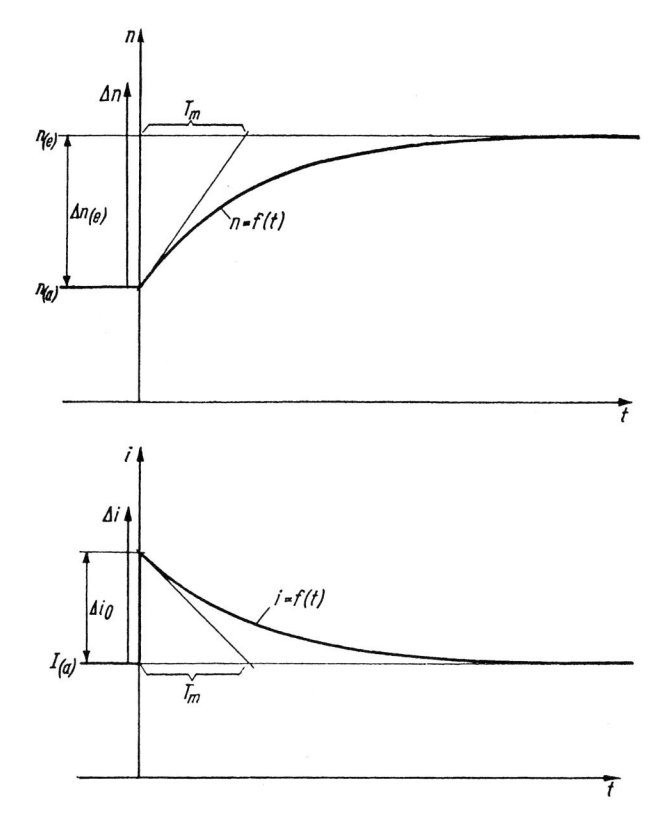

Bild 4.2.2 Verläufe $n = f(t)$ und $i = f(t)$ bei sprunghafter Änderung der Ankerspannung um $\Delta U > 0$ und bei $\Delta m_\mathrm{W} = 0$ unter Vernachlässigung des Einflusses der Ankerinduktivität

Abklingen des Übergangsvorgangs erreicht der Strom wieder seinen Anfangswert, da die Maschine das gleiche Drehmoment entwickeln muss. Es fließt also nur ein Stromimpuls. Seine Lage zum stationären Ausgangsstrom ist durch das Vorzeichen von ΔU gegeben. Bei positiven Werten von ΔU liegt er oberhalb und bei negativen unterhalb von $I_\mathrm{(a)}$. Darin spiegelt sich der Sachverhalt wider, dass der Läufer im ersten Fall beschleunigt und im zweiten verzögert werden muss. Dazu ist von der Maschine her im ersten Fall ein positives und im zweiten ein negatives Drehmoment aufzubringen.

Unter dem Einfluss der Induktivität des Ankerkreises, die außer der Ankerinduktivität selbst auch die Induktivität eventuell vorgeschalteter Glättungsdrosseln enthält, kann sich der Ankerstrom nicht mehr sprunghaft ändern. Er hat unmittelbar nach der Änderung der Ankerspannung den gleichen Wert wie unmittelbar vorher. Dementsprechend wird von der Maschine auch das gleiche Drehmoment entwickelt, so dass unmittelbar nach dem Schaltvorgang noch keine Beschleunigung auftreten kann. Es ist ein stetiger Verlauf der Beschleunigung, d. h. ein knickfreier Drehzahlverlauf, zu erwarten. Quantitativ erhält man ausgehend von (4.2.5) und (4.2.7) im Unterbereich der Laplace-Transformation unter Einführung der Zeitkonstanten T_1 und T_2 nach (4.2.10) und Beachtung von (4.2.12) und (4.2.13)

$$\Delta n = \frac{\Delta U}{(c\Phi_\mathrm{B})} \frac{1}{T_1 T_2 \mathrm{p} \left(\mathrm{p} + \frac{1}{T_1}\right)\left(\mathrm{p} + \frac{1}{T_2}\right)}$$

$$\Delta i = \frac{\Delta U}{R} \frac{T_1 + T_2}{T_1 T_2 \mathrm{p} \left(\mathrm{p} + \frac{1}{T_1}\right)\left(\mathrm{p} + \frac{1}{T_2}\right)} \, .$$

Die Rücktransformation in den Zeitbereich liefert unter Verwendung der korrespondierenden Funktionen nach Anhang V

$$\Delta n = \Delta n_\mathrm{(e)} \left[1 - \frac{T_1}{T_1 - T_2} \mathrm{e}^{-t/T_1} + \frac{T_2}{T_1 - T_2} \mathrm{e}^{-t/T_2}\right] \quad (4.2.22)$$

$$\Delta i = \Delta i_0 \frac{T_1 + T_2}{T_1 - T_2} \left[\mathrm{e}^{-t/T_1} - \mathrm{e}^{-t/T_2}\right] \quad (4.2.23)$$

mit $\Delta n_\mathrm{(e)}$ nach (4.2.20) und Δi_0 nach (4.2.21).

Die Verläufe $n = n(t)$ und $i = i(t)$ sind im Bild 4.2.3 dargestellt. Dabei wurden dieselben Werte für $n_\mathrm{(a)}$, $I_\mathrm{(a)}$, $\Delta n_\mathrm{(e)}$, Δi_0 und T_m verwendet wie im Bild 4.2.2 und für $T_\mathrm{a}/T_\mathrm{m}$ der Wert $T_\mathrm{a}/T_\mathrm{m} = 0{,}2$ gewählt. Damit wird entsprechend (4.2.11) $T_1/T_\mathrm{m} = 0{,}72$ und $T_2/T_\mathrm{m} = 0{,}28$.

Der Anfangsanstieg der Drehzahl folgt aus (4.2.22) erwartungsgemäß zu $(\mathrm{d}\Delta n/\mathrm{d}t)_{t=0} = 0$. Der Anfangsanstieg des Ankerstroms ergibt sich aus (4.2.23) mit (4.2.12) und (4.2.13) zu

$$\left(\frac{\mathrm{d}\Delta i}{\mathrm{d}t}\right)_{t=0} = \Delta i_0 \frac{T_1 + T_2}{T_1 T_2} = \frac{\Delta i_0}{T_\mathrm{a}} = \frac{\Delta U}{L} \, . \quad (4.2.24)$$

Er wird allein durch die Größe der Induktivität L des Ankerkreises bestimmt. Um Lage und Größe des Strommaximums zu ermitteln, muss (4.2.23) nach der Zeit differenziert und zu Null gesetzt werden. Man erhält als Bestimmungsgleichung für den Zeitpunkt des Strommaximums

$$\frac{1}{T_2} \mathrm{e}^{-t/T_2} - \frac{1}{T_1} \mathrm{e}^{-t/T_1} = 0$$

und daraus

$$t = \frac{T_1 T_2}{T_1 - T_2} \ln \frac{T_1}{T_2} \, . \quad (4.2.25)$$

Damit liefert (4.2.23) für den Maximalwert des Ankerstroms

$$\Delta i_\mathrm{max} = \Delta i_0 \frac{T_1 + T_2}{T_1} \left(\frac{T_1}{T_2}\right)^{-T_2/(T_1 - T_2)} \, . \quad (4.2.26)$$

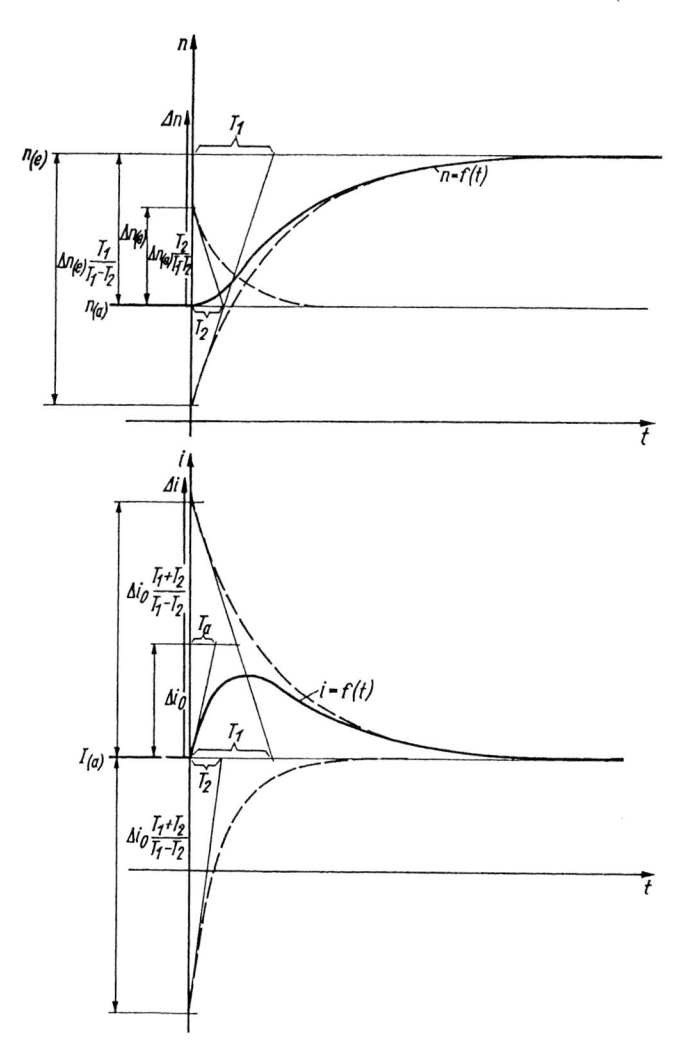

Bild 4.2.3 Verläufe $n = f(t)$ und $i = f(t)$ bei sprunghafter Änderung der Ankerspannung um $\Delta U > 0$ und bei $\Delta m_\mathrm{W} = 0$ unter Berücksichtigung der Induktivität des Ankerkreises für $T_\mathrm{a}/T_\mathrm{m} = 0{,}2$, d. h. $T_1/T_\mathrm{m} = 0{,}72$ und $T_2/T_\mathrm{m} = 0{,}28$, und bei gleichen Werten von $n_{(\mathrm{a})}$, $I_{(\mathrm{a})}$, $\Delta n_{(\mathrm{e})}$, Δi_0 und T_m wie im Bild 4.2.2.

4.2.3
Vorgänge bei Änderung des Widerstands im Ankerkreis

Eine zweite Möglichkeit der Drehzahlstellung der Gleichstrommaschine besteht bekanntlich darin, in den Ankerkreis bei Betrieb an konstanter Spannung einen äußeren Widerstand zu schalten und damit den Widerstand des Ankerkreises zu ändern. Im

Allgemeinen geschieht diese Änderung stufenweise. Dabei wird der Widerstand des Ankerkreises sprunghaft um ΔR_v geändert. Ein derartiger Vorgang soll im Folgenden untersucht werden. Es wird sich zeigen, dass dieses Problem auf die Spannungsänderung zurückführbar ist.

Eine *sprunghafte Verkleinerung des Ankerkreiswiderstands* kann man sich dadurch entstanden denken, dass ein Vorwiderstand ΔR_v im Ankerkreis zur Zeit $t = 0$ kurzgeschlossen wird. Im Bild 4.2.4a ist die entsprechende Anordnung dargestellt. Man entnimmt ihr

$$U_\mathrm{Netz} = u + u_\mathrm{R} \; ,$$

wobei U_Netz die konstante Spannung der Speisequelle ist. Vor dem Kurzschluss, also für Zeiten $t < 0$, gilt

$$U_{(\mathrm{a})} = U_\mathrm{Netz} - U_{\mathrm{R}(\mathrm{a})} = U_\mathrm{Netz} - \Delta R_\mathrm{v} I_{(\mathrm{a})} \; ,$$

während nach dem Kurzschließen des Widerstands, also für Zeiten $t > 0$,

$$u = U_\mathrm{Netz}$$

ist. Daraus folgt für die Änderung der Ankerspannung

$$u - U_{(\mathrm{a})} = \Delta U = \Delta R_\mathrm{v} I_{(\mathrm{a})} \; . \tag{4.2.27}$$

Die sprunghafte Verkleinerung des Ankerkreiswiderstands um ΔR_v wirkt wie eine sprunghafte Vergrößerung der Ankerspannung um den Spannungsabfall $\Delta U = R_\mathrm{v} I_{(\mathrm{a})}$ über dem Widerstand ΔR_v. Der Ankerkreiswiderstand R, der in die Beziehungen der Maschine für die Vorgänge nach der sprunghaften Verkleinerung des Ankerkreiswiderstands eingeht, enthält dann alle Widerstände, die nach dem Kurzschließen von ΔR_v noch im Kreis liegen.

Eine *sprunghafte Vergrößerung des Ankerkreiswiderstands* erhält man, wenn der Kurzschluss eines Vorwiderstands ΔR_v im Ankerkreis zur Zeit $t = 0$ plötzlich aufgehoben wird. Im Bild 4.2.4b ist die entsprechende Anordnung dargestellt. Aus ihr entnimmt man wiederum

$$U_\mathrm{Netz} = u + u_\mathrm{R} \; .$$

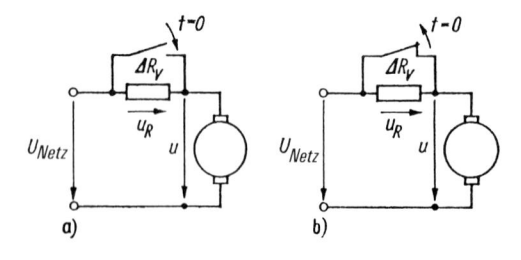

Bild 4.2.4 Zur Ermittlung des Einflusses einer sprunghaften Änderung des Widerstands im Ankerkreis.
a) Verkleinerung um ΔR_v;
b) Vergrößerung um ΔR_v

Dabei gilt jedoch vor dem Schaltvorgang $U_{(a)} = U_{\text{Netz}}$, während nach dem Schaltvorgang $u = U_{\text{Netz}} - u_R = U_{\text{Netz}} - \Delta R_v i$ ist. Daraus folgt mit $i = I_{(a)} + \Delta i$ für die Spannungsänderung

$$u - U_{(a)} = -\Delta R_v i = -\Delta R_v I_{(a)} - \Delta R_v \Delta i . \quad (4.2.28)$$

Wenn diese Beziehung in die allgemeine Spannungsgleichung (4.2.1a,b) des Ankers für $\Phi_B = $ konst. eingeführt wird, vergrößert $\Delta R_v \Delta i$ den ohmschen Spannungsabfall des Ankerkreises, während $\Delta U = -\Delta R_v I_{(a)}$ die eigentliche Störgröße darstellt. Die sprunghafte Vergrößerung des Ankerkreiswiderstands um ΔR_v wirkt also wie eine sprunghafte Verkleinerung der Ankerspannung um $\Delta R_v I_{(a)}$. Der Ankerkreiswiderstand R, der in die Beziehungen der Maschine für die Vorgänge nach Änderung des Ankerkreiswiderstands eingeht, enthält dann außer den bereits vorhandenen Vorwiderständen auch den Widerstand ΔR_v.

4.2.4
Vorgänge bei Änderung der Erregerspannung

Neben der Drehzahlstellung durch Ankerspannungsänderung und durch Änderung des Ankerkreiswiderstands besteht eine Möglichkeit der Drehzahlstellung in der Änderung des Erregerstroms. Im Folgenden soll deshalb untersucht werden, mit welchen Ausgleichsvorgängen sich der neue stationäre Betriebszustand einstellt, wenn man die Erregerspannung sprunghaft um ΔU_e ändert. Damit wird ein Ausgleichsvorgang im Erregerkreis eingeleitet. Er bewirkt, dass sich der Erregerstrom i_e und damit der Fluss Φ_B ändern. Da die Ankerspannung konstant ist, muss sich als Folge dessen eine andere Drehzahl einstellen. Andererseits erfordert das konstant gebliebene Widerstandsmoment der Arbeitsmaschine, dass sich mit Φ_B auch der Ankerstrom ändert. Damit werden die allgemeinen Beziehungen der Maschine nichtlinear. Ihre geschlossene Lösung ist für beliebige Änderungen der Erregerspannung schwierig. Wenn man sich auf kleine Änderungen beschränkt, kann das linearisierte Gleichungssystem (4.1.17a–d) verwendet werden. Die Maschine soll – wie bereits erwähnt – an einer konstanten Ankerspannung arbeiten und mit einer Arbeitsmaschine gekuppelt sein, die ein konstantes Widerstandsmoment besitzt. Die Erregerspannung wird zur Zeit $t = 0$ um ΔU_e geändert. Die Betriebsbedingungen des interessierenden Ausgleichsvorgangs lassen sich demnach formulieren als

$$\Delta u_e = \Delta U_e$$
$$\Delta u = 0$$
$$\Delta m_W = 0 .$$

Damit nimmt das Gleichungssystem (4.1.17a–d), wenn man gleichzeitig in den Laplace-Unterbereich übergeht sowie die elektrischen Eigenzeitkonstanten $T_e =$

$L_\mathrm{e}/R_\mathrm{e}$ des Erregerkreises und $T_\mathrm{a} = L/R$ des Ankerkreises einführt, die Form

$$\Delta\Phi_\mathrm{B} = \Lambda_\delta w_\mathrm{p} \Delta i_\mathrm{e} \tag{4.2.29a}$$

$$\frac{\Delta U_\mathrm{e}}{\mathrm{p}} = R_\mathrm{e}(1 + \mathrm{p}T_\mathrm{e})\Delta i_\mathrm{e} \tag{4.2.29b}$$

$$0 = R(1+\mathrm{p}T_\mathrm{a})\Delta i + c\Phi_{\mathrm{B(a)}}\Delta n + cn_{(\mathrm{a})}\Delta\Phi_\mathrm{B} \tag{4.2.29c}$$

$$2\pi J \mathrm{p}\Delta n = \frac{c}{2\pi}\Phi_{\mathrm{B(a)}}\Delta i + \frac{c}{2\pi}I_{(\mathrm{a})}\Delta\Phi_\mathrm{B} \tag{4.2.29d}$$

an. Da der Ankerkreis voraussetzungsgemäß nicht auf den Erregerkreis zurückwirkt, kann der Erregerstrom Δi_e unmittelbar aus (4.2.29b) und damit der Fluss $\Delta\Phi_\mathrm{B}$ aus (4.2.29a) bestimmt werden. Man erhält

$$\Delta\Phi_\mathrm{B} = \frac{\Lambda_\delta w_\mathrm{p}}{R_\mathrm{e}} \frac{1}{\mathrm{p}T_\mathrm{e}\left(\mathrm{p} + \frac{1}{T_\mathrm{e}}\right)} \Delta U_\mathrm{e} \tag{4.2.30}$$

und daraus durch Rücktransformation in den Zeitbereich mit Hilfe der korrespondierenden Funktionen nach Anhang V

$$\Delta\Phi_\mathrm{B} = \frac{\Lambda_\delta w_\mathrm{p}\Delta U_\mathrm{e}}{R_\mathrm{e}}(1 - \mathrm{e}^{-t/T_\mathrm{e}}) . \tag{4.2.31}$$

Der Fluss Φ_B ändert sich nach einer Exponentialfunktion mit der Eigenzeitkonstante T_e des Erregerkreises.

Um überschaubare Ergebnisse zu erhalten, wird für die weitere Untersuchung die Induktivität L des Ankerkreises vernachlässigt. Das ist dadurch berechtigt, dass i. Allg. sowohl die Erregerzeitkonstante als auch die elektromechanische Zeitkonstante wesentlich größer als die Ankerzeitkonstante sind. Man erhält aus (4.2.29d) für den Ankerstrom

$$\Delta i = \frac{(2\pi)^2 J}{\left(c\Phi_{\mathrm{B(a)}}\right)} \mathrm{p}\Delta n - \frac{I_{(\mathrm{a})}}{\Phi_{\mathrm{B(a)}}}\Delta\Phi_\mathrm{B} . \tag{4.2.32}$$

Mit Hilfe dieser Beziehung lässt sich Δi in (4.2.29c) eliminieren. Man erhält unter Beachtung von $T_\mathrm{a} = 0$ entsprechend der Annahme $L = 0$

$$\Delta n = -\left[n_{(\mathrm{a})} - \frac{I_{(\mathrm{a})}R}{\left(c\Phi_{\mathrm{B(a)}}\right)}\right]\frac{1}{1+\mathrm{p}T_\mathrm{m}}\frac{\Delta\Phi_\mathrm{B}}{\Phi_{\mathrm{B(a)}}} . \tag{4.2.33}$$

Dabei wurde – angepasst an (4.2.6) – die elektromechanische Zeitkonstante

$$T_\mathrm{m} = \frac{(2\pi)^2 JR}{\left(c\Phi_{\mathrm{B(a)}}\right)^2}$$

eingeführt. Mit $\Delta\Phi_\mathrm{B}$ nach (4.2.30) geht (4.2.33) über in

$$\Delta n = -\left[n_{(\mathrm{a})} - \frac{I_{(\mathrm{a})}R}{\left(c\Phi_{\mathrm{B(a)}}\right)}\right]\frac{\Lambda_\delta w_\mathrm{p}}{R_\mathrm{e}\Phi_{\mathrm{B(a)}}}\frac{1}{\mathrm{p}(1+\mathrm{p}T_\mathrm{e})(1+\mathrm{p}T_\mathrm{m})}\Delta U_\mathrm{e} . \tag{4.2.34}$$

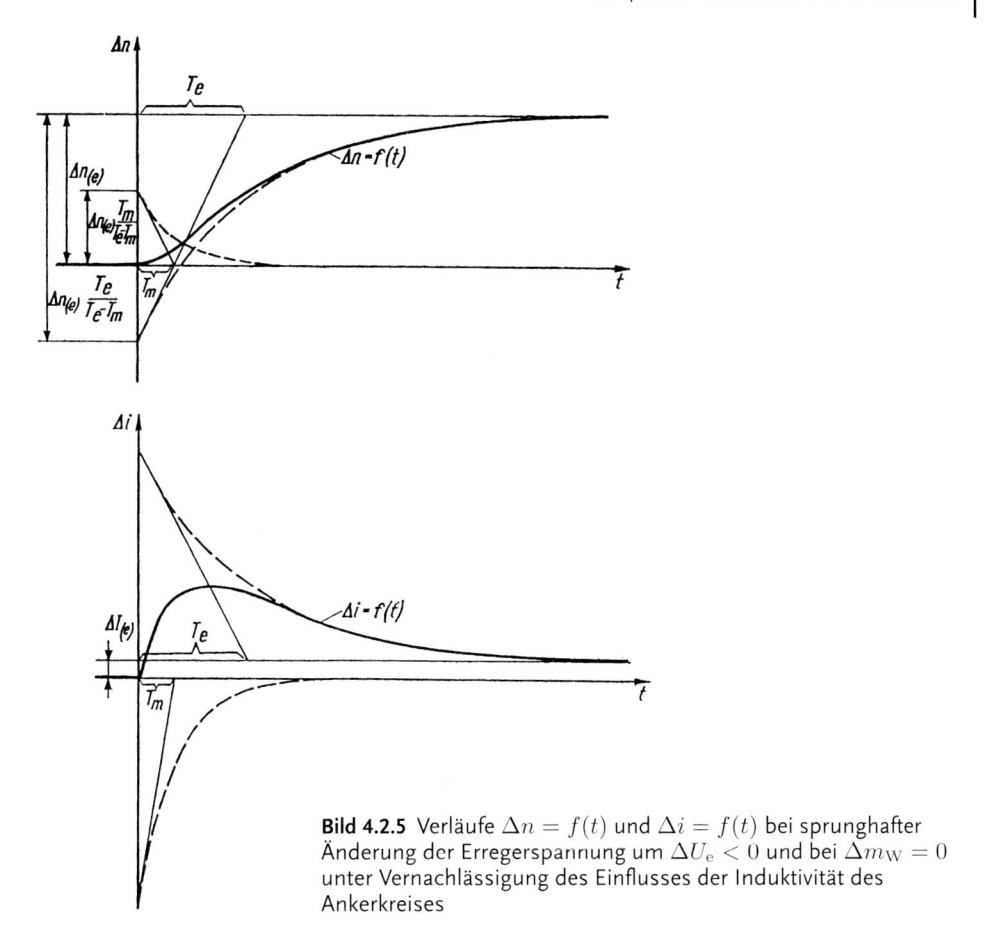

Bild 4.2.5 Verläufe $\Delta n = f(t)$ und $\Delta i = f(t)$ bei sprunghafter Änderung der Erregerspannung um $\Delta U_e < 0$ und bei $\Delta m_W = 0$ unter Vernachlässigung des Einflusses der Induktivität des Ankerkreises

Die Rücktransformation dieser Beziehung in den Zeitbereich liefert unter Verwendung der korrespondierenden Funktionen nach Anhang V

$$\Delta n = \Delta n_{(e)} \left[1 - \frac{T_e}{T_e - T_m} e^{-t/T_e} + \frac{T_m}{T_e - T_m} e^{-t/T_m} \right] \quad (4.2.35)$$

mit
$$\Delta n_{(e)} = - \left[n_{(a)} - \frac{I_{(a)} R}{\left(c \Phi_{B(a)}\right)} \right] \frac{\Lambda_\delta w_p}{R_e \Phi_{B(a)}} \Delta U_e$$

$$= - \left[1 - \frac{I_{(a)} R}{n_{(a)} \left(c \Phi_{B(a)}\right)} \right] n_{(a)} \frac{\Delta \Phi_{B(e)}}{\Phi_{B(a)}} , \quad (4.2.36)$$

wobei berücksichtigt wurde, dass nach (4.2.31) $\Delta \Phi_{B(e)} = \Lambda_\delta w_p \Delta U_e / R_e$ gilt. Das negative Vorzeichen in (4.2.36) bringt zum Ausdruck, dass die Drehzahl bei Vergrößerung der Erregerspannung verkleinert wird. Der Verlauf $\Delta n = f(t)$ ist im Bild 4.2.5 für $\Delta U_e < 0$ und $T_e/T_m = 2$ dargestellt. Da sich der Fluss nicht sprunghaft ändern kann, findet unmittelbar nach der Störung noch keine Verzögerung bzw. Beschleunigung statt. Man erhält einen stetigen Verlauf der Beschleunigung und damit einen knickfreien Drehzahlverlauf, d. h. es ist $(\mathrm{d}\Delta n/\mathrm{d}t)_{t=0} = 0$. Der Gesamtverlauf wird wesentlich durch die große Zeitkonstante T_e der Erregerwicklung bestimmt.

Für den Ankerstrom liefert (4.2.32), wenn Δn nach (4.2.33) und $\Delta \Phi_\mathrm{B}$ nach (4.2.30) eingesetzt werden,

$$\Delta i = -\left\{\left[n_{(\mathrm{a})} - \frac{I_{(\mathrm{a})}R}{(c\Phi_{\mathrm{B}(\mathrm{a})})}\right]\frac{(c\Phi_{\mathrm{B}(\mathrm{a})})}{R}\frac{\mathrm{p}T_\mathrm{m}}{1+\mathrm{p}T_\mathrm{m}} + I_{(\mathrm{a})}\right\}\frac{\Lambda_\delta w_\mathrm{p}}{R_\mathrm{e}\Phi_{\mathrm{B}(\mathrm{a})}}\frac{\Delta U_\mathrm{e}}{\mathrm{p}(1+\mathrm{p}T_\mathrm{e})}.$$

Die Rücktransformation dieser Beziehung in den Zeitbereich führt unter Verwendung der korrespondierenden Funktionen nach Anhang V auf

$$\Delta i = -\left[n_{(\mathrm{a})} - \frac{I_{(\mathrm{a})}R}{(c\Phi_{\mathrm{B}(\mathrm{a})})}\right]\frac{c\Lambda_\delta w_\mathrm{p}}{RR_\mathrm{e}}\frac{T_\mathrm{m}}{T_\mathrm{e}-T_\mathrm{m}}\left[\mathrm{e}^{-t/T_\mathrm{e}} - \mathrm{e}^{-t/T_\mathrm{m}}\right]\Delta U_\mathrm{e}$$

$$-\frac{I_{(\mathrm{a})}\Lambda_\delta w_\mathrm{p}}{\Phi_{\mathrm{B}(\mathrm{a})}}\frac{\Delta U_\mathrm{e}}{R_\mathrm{e}}\left[1 - \mathrm{e}^{-t/T_\mathrm{e}}\right]. \tag{4.2.37}$$

Daraus folgt mit $\Delta\Phi_{\mathrm{B}(\mathrm{e})} = \Lambda_\delta w_\mathrm{p}\Delta U_\mathrm{e}/R_\mathrm{e}$ nach (4.2.31)

$$\Delta i = -\left[\frac{n_{(\mathrm{a})}(c\Phi_{\mathrm{B}(\mathrm{a})})}{RI_{(\mathrm{a})}} - 1\right]\frac{\Delta\Phi_{\mathrm{B}(\mathrm{e})}}{\Phi_{\mathrm{B}(\mathrm{a})}}I_{(\mathrm{a})}\frac{T_\mathrm{m}}{T_\mathrm{e}-T_\mathrm{m}}\left(\mathrm{e}^{-t/T_\mathrm{e}} - \mathrm{e}^{-t/T_\mathrm{m}}\right)$$

$$-\frac{\Delta\Phi_{\mathrm{B}(\mathrm{e})}}{\Phi_{\mathrm{B}(\mathrm{a})}}I_{(\mathrm{a})}\left(1 - \mathrm{e}^{-t/T_\mathrm{e}}\right). \tag{4.2.38}$$

Der erste Anteil des Stroms nach (4.2.38) ist erforderlich, um das Verzögerungs- bzw. Beschleunigungsmoment aufzubringen. Der zweite Anteil stellt die Änderung des Ankerstroms dar, die aufgrund der Änderung des Flusses eintreten muss, um ein konstantes Drehmoment $M = M_\mathrm{W}$ zu entwickeln. Der Verlauf des Ankerstroms $\Delta i = f(t)$ ist im Bild 4.2.5 zusammen mit dem der Drehzahl dargestellt.

4.2.5
Belastungsstoß

Als letzter spezieller nichtstationärer Betriebszustand der Gleichstrommaschine soll der Belastungsstoß untersucht werden. Die Maschine arbeitet dabei sowohl mit dem Anker als auch mit der Erregerwicklung an konstanten Spannungen; es ist also sowohl $\Delta u = 0$ als auch $\Delta u_\mathrm{e} = 0$. Zur Zeit $t = 0$ soll sich das drehzahlunabhängige Widerstandsmoment der Arbeitsmaschine um $\Delta m_\mathrm{W} = \Delta M_\mathrm{W}$ ändern. Bei $\Delta M_\mathrm{W} > 0$ wird also ein größeres und bei $\Delta M_\mathrm{W} < 0$ ein kleineres motorisches Drehmoment von der Gleichstrommaschine verlangt als im vorangehenden stationären Zustand. In einer ersten Stufe der Untersuchungen soll die Ankerinduktivität vernachlässigt werden,

d. h. es wird mit $T_\mathrm{a} = 0$ gerechnet. In diesem Fall gelten die Beziehungen (4.2.16) und (4.2.17). Sie nehmen mit $\Delta u = 0$ und $\Delta m_\mathrm{W} = \Delta M_\mathrm{W}/\mathrm{p}$ die spezielle Form

$$\Delta n = -\frac{2\pi R}{(c\Phi_\mathrm{B})^2} \frac{1}{\mathrm{p}T_\mathrm{m}\left(\mathrm{p} + \dfrac{1}{T_\mathrm{m}}\right)} \Delta M_\mathrm{W}$$

$$\Delta i = \frac{2\pi}{(c\Phi_\mathrm{B})} \frac{1}{\mathrm{p}T_\mathrm{m}\left(\mathrm{p} + \dfrac{1}{T_\mathrm{m}}\right)} \Delta M_\mathrm{W}$$

an. Die Rücktransformation dieser Beziehungen in den Zeitbereich liefert mit Anhang V

$$\Delta n = \Delta n_{(\mathrm{e})} \left(1 - \mathrm{e}^{-t/T_\mathrm{m}}\right) \tag{4.2.39}$$

$$\Delta i = \Delta I_{(\mathrm{e})} \left(1 - \mathrm{e}^{-t/T_\mathrm{m}}\right). \tag{4.2.40}$$

Dabei sind

$$\Delta n_{(\mathrm{e})} = -\frac{2\pi R}{(c\Phi_\mathrm{B})^2} \Delta M_\mathrm{W} \tag{4.2.41}$$

$$\Delta I_{(\mathrm{e})} = \frac{2\pi}{(c\Phi_\mathrm{B})} \Delta M_\mathrm{W} \tag{4.2.42}$$

die stationären Änderungen, die sich nach Abklingen der Ausgleichsvorgänge einstellen.

Aufgrund der quasistationären Betrachtungsweise verlaufen Strom und Drehzahl nach je einer Exponentialfunktion mit der Zeitkonstante T_m (vgl. Abschn. 1.7.7.4, S. 214). Im Bild 4.2.6 sind die Verläufe $n = f(t)$ und $i = f(t)$ für den Fall $\Delta M_\mathrm{W} > 0$ dargestellt; die Maschine wird also stärker motorisch belastet. Die Anfangswerte $n_{(\mathrm{a})}$ und $I_{(\mathrm{a})}$ wurden willkürlich festgelegt. Man erkennt, dass die Vergrößerung des geforderten Drehmoments einen Verzögerungsvorgang einleitet. Mit dem Absinken der Drehzahl wächst der Ankerstrom und damit das von der Maschine entwickelte Drehmoment. Dadurch wird der Drehzahlabfall verlangsamt. Schließlich ist die Drehzahl so weit gesunken, dass ein Strom fließt, dessen Drehmoment dem geforderten Drehmoment das Gleichgewicht hält. Die Verzögerung wird zu Null; die Drehzahl erreicht einen konstanten Wert; es hat sich ein neuer stationärer Arbeitspunkt eingestellt.

Unter Berücksichtigung der Induktivität des Ankerkreises und damit einer endlichen Ankerzeitkonstante T_a erhält man aus (4.2.5) und (4.2.7) mit $\Delta u = 0$ und $\Delta m_\mathrm{W} = \Delta M_\mathrm{w}/\mathrm{p}$

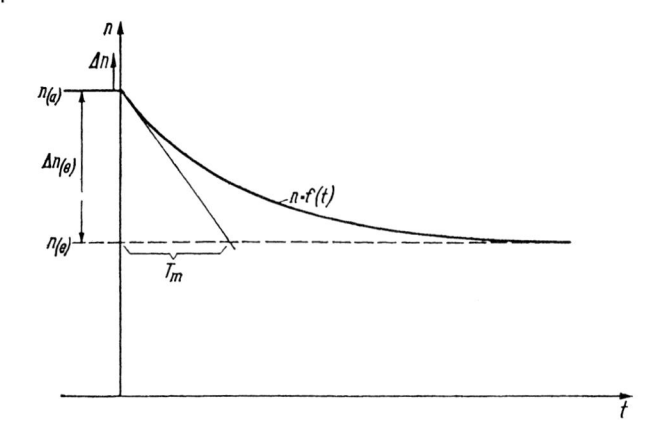

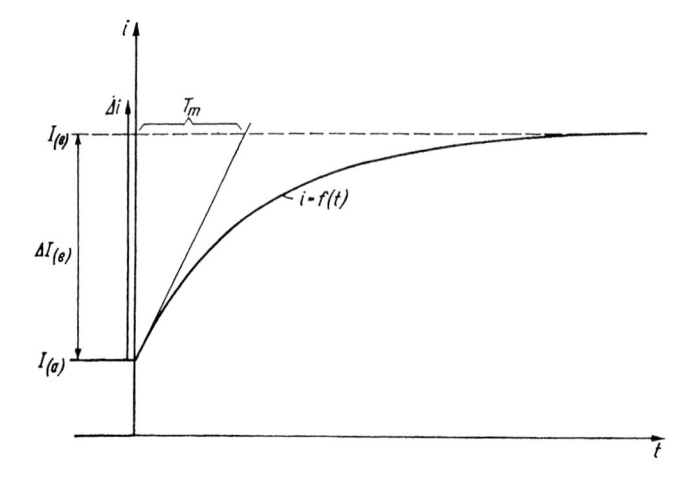

Bild 4.2.6 Verläufe $n = f(t)$ und $i = f(t)$ bei sprunghafter Änderung des drehzahlunabhängigen Widerstandsmoments der Arbeitsmaschine um $\Delta M_\mathrm{W} > 0$ unter Vernachlässigung des Einflusses der Induktivität des Ankerkreises

$$\Delta n = -\frac{2\pi R}{(c\Phi_\mathrm{B})^2} \frac{1+\mathrm{p}T_\mathrm{a}}{\mathrm{p}(\mathrm{p}^2 T_\mathrm{a} T_\mathrm{m} + \mathrm{p}T_\mathrm{m} + 1)} \Delta M_\mathrm{W} \qquad (4.2.43)$$

$$\Delta i = \frac{2\pi}{(c\Phi_\mathrm{B})} \frac{1}{\mathrm{p}(\mathrm{p}^2 T_\mathrm{a} T_\mathrm{m} + \mathrm{p}T_\mathrm{m} + 1)} \Delta M_\mathrm{W} \ . \qquad (4.2.44)$$

Aus (4.2.44) folgt für den Ankerstrom Δi, wenn man die Zeitkonstanten T_1 und T_2 nach (4.2.10) bzw. (4.2.11) und $\Delta I_\mathrm{(e)}$ nach (4.2.42) einführt,

$$\Delta i = \frac{\Delta I_\mathrm{(e)}}{T_\mathrm{a} T_\mathrm{m}} \frac{1}{\mathrm{p}\left(\mathrm{p}+\dfrac{1}{T_1}\right)\left(\mathrm{p}+\dfrac{1}{T_2}\right)} \ .$$

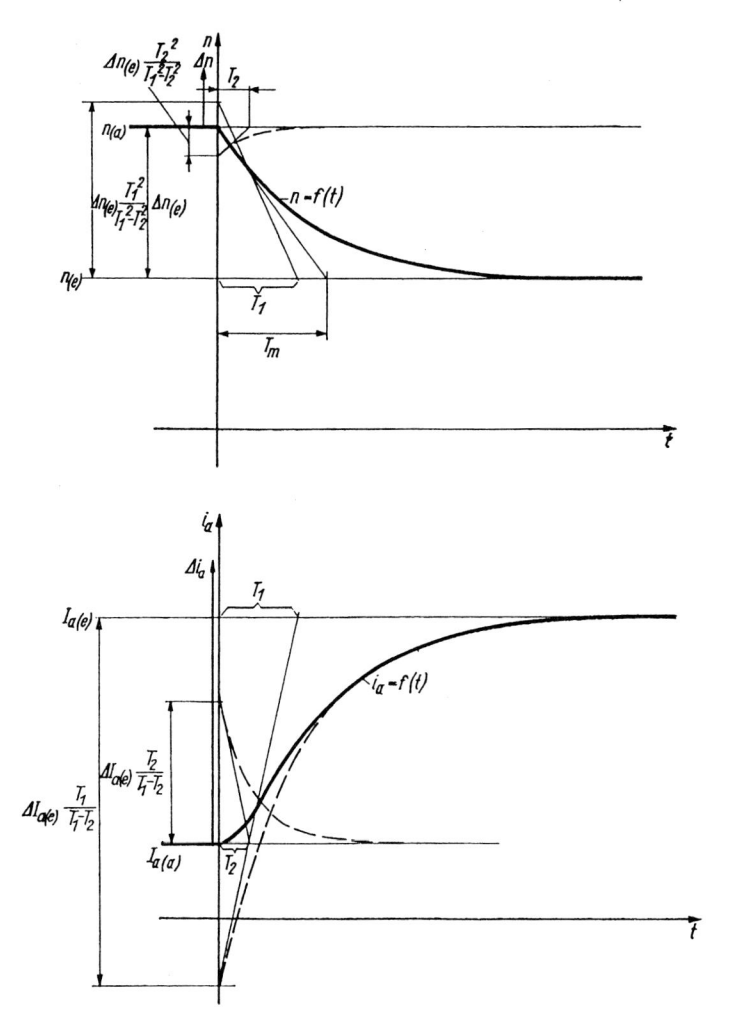

Bild 4.2.7 Verläufe $n = f(t)$ und $i = f(t)$ bei sprunghafter Änderung des drehzahlunabhängigen Widerstandsmoments der Arbeitsmaschine um $\Delta M_\mathrm{W} > 0$ unter Berücksichtigung der Induktivität des Ankerkreises für $T_\mathrm{a}/T_\mathrm{m} = 0{,}2$, d. h. $T_1/T_\mathrm{m} = 0{,}72$ und $T_2/T_\mathrm{m} = 0{,}28$, sowie bei gleichen Werten von $n_{(\mathrm{a})}$, $I_{(\mathrm{a})}$, $\Delta n_{(\mathrm{e})}$, $\Delta I_{(\mathrm{e})}$ und T_m wie im Bild 4.2.6

Die Rücktransformation dieser Beziehung in den Zeitbereich liefert mit den korrespondierenden Funktionen nach Anhang V unter Beachtung von (4.2.12)

$$\Delta i = \Delta I_{(\mathrm{e})} \left[1 + \frac{T_2}{T_1 - T_2} \mathrm{e}^{-t/T_2} - \frac{T_1}{T_1 - T_2} \mathrm{e}^{-t/T_1} \right] . \tag{4.2.45}$$

Im Bild 4.2.7 ist der Verlauf $i = f(t)$ dargestellt. Dabei sind dieselben Werte für T_m, $\Delta I_{(\mathrm{e})}$ und $I_{(\mathrm{a})}$ verwendet worden wie im Bild 4.2.6. Das Verhältnis $T_\mathrm{a}/T_\mathrm{m}$ wurde zu

$T_\mathrm{a}/T_\mathrm{m} = 0{,}2$ gewählt. Damit erhält man aus (4.2.11) $T_1/T_\mathrm{m} = 0{,}72$ und $T_2/T_\mathrm{m} = 0{,}28$. Die Ankerinduktivität bewirkt, dass der Stromverlauf bei $t = 0$ stetig wird. Das folgt unmittelbar aus (4.2.45) als $(\mathrm{d}i/\mathrm{d}t)_{t=0} = 0$; es ergibt sich jedoch auch aus der Lage der Anfangstangenten im Bild 4.2.7.

Für die Drehzahl Δn folgt aus (4.2.43) unter Einführung der Zeitkonstanten T_1 und T_2 nach (4.2.10) und mit $\Delta n_{(\mathrm{e})}$ nach (4.2.41)

$$\Delta n = \frac{\Delta n_{(\mathrm{e})}}{T_\mathrm{a} T_\mathrm{m}} \frac{1}{\mathrm{p}\left(\mathrm{p}+\dfrac{1}{T_1}\right)\left(\mathrm{p}+\dfrac{1}{T_2}\right)} + \frac{\Delta n_{(\mathrm{e})}}{T_\mathrm{m}} \frac{1}{\left(\mathrm{p}+\dfrac{1}{T_1}\right)\left(\mathrm{p}+\dfrac{1}{T_2}\right)}.$$

Die Rücktransformation dieser Beziehung in den Zeitbereich liefert nach Anhang V unter Beachtung von (4.2.12) und (4.2.13)

$$\Delta n = \Delta n_{(\mathrm{e})} \left[1 - \frac{T_1^2}{T_1^2 - T_2^2}\mathrm{e}^{-t/T_1} + \frac{T_2^2}{T_1^2 - T_2^2}\mathrm{e}^{-t/T_2}\right]. \qquad (4.2.46)$$

Der Verlauf $n = f(t)$ ist im Bild 4.2.7 zusammen mit dem des Ankerstroms dargestellt. Die zweite Exponentialfunktion in (4.2.46) mit der Zeitkonstante T_2 macht sich nur wenig bemerkbar. Sie sorgt dafür, dass die Drehzahländerung zur Zeit $t = 0$ wieder die gleiche wird wie im Bild 4.2.6. Man erhält sie aus (4.2.46) zu

$$\left(\frac{\mathrm{d}n}{\mathrm{d}t}\right)_{t=0} = \frac{\Delta n_{(\mathrm{e})}}{T_1 + T_2} = \frac{\Delta n_{(\mathrm{e})}}{T_\mathrm{m}}.$$

Das ist die Verzögerung, die der Läufer erfährt, wenn nur das Widerstandsmoment der Arbeitsmaschine wirkt. Diese Verzögerung muss im ersten Augenblick auftreten, da der elektromechanische Mechanismus in der Maschine erst einsetzt, wenn die Drehzahl sich bereits geändert hat.

5
Maschinen für Betrieb am Einphasennetz

5.1
Einphasen-Induktionsmaschine

Das Betriebsverhalten der Dreiphasen-Induktionsmaschine am Einphasennetz ist bereits im Abschnitt 2.4.4, Seite 379, behandelt worden. Dabei wurde davon ausgegangen, dass eine Dreiphasen-Induktionsmaschine aufgrund ihrer bekannten Vorzüge hinsichtlich Anschaffungskosten und Wartungsaufwand zum Einsatz kommen soll, aber nur ein Einphasennetz zur Verfügung steht. Wenn ein Motor von vornherein für den Betrieb am Einphasennetz auszuführen ist, liegt es nahe, ihn mit einer diesem Einsatz angepassten Ständerwicklung auszurüsten. Im einfachsten Fall wird man also nur einen Wicklungsstrang vorsehen und erhält eine Maschine, die analog zur Dreiphasen-Induktionsmaschine im reinen Einphasenbetrieb, wie er im Abschnitt 2.4.4.1 behandelt wurde, kein Anzugsmoment entwickelt. Um analog zu Abschnitt 2.4.4.2 eine zusätzliche Einspeisung über ein äußeres Schaltelement zu ermöglichen und damit vor allem das Anlaufverhalten zu verbessern, wird außer dem *Hauptstrang* ein *Hilfsstrang* vorgesehen. Seine Wicklungsachse ist gegenüber der des Hauptstrangs um eine halbe Polteilung versetzt (s. Bild 1.4.5c, S. 68). Es werden Maschinen mit abschaltbarem und solche mit nicht abschaltbarem Hilfsstrang ausgeführt. Im ersten Fall dient der Hilfsstrang nur zur Erzeugung eines Anzugsmoments; im zweiten hat er in erster Linie die Aufgabe, das Verhalten im Bereich des Bemessungsbetriebs zu verbessern. In manchen Fällen bleibt der Hilfsstrang zwar ständig in Funktion, wird aber im Bereich des Bemessungsbetriebs über ein Schaltelement mit anderen Parametern eingespeist als beim Anlauf. Die folgende Analyse ist als Beispiel für die Entwicklung eines Maschinenmodells auf Basis der Hauptwellenverkettung unter Verwendung der allgemeinen Überlegungen in den Abschnitten 1.8.1, Seite 219, und 1.8.2, Seite 236, zu sehen.

Der Läufer der Einphasen-Induktionsmaschine ist meist ein stromverdrängungsarmer Käfigläufer; nur in sehr seltenen Fällen setzt man einen dreisträngigen Schleifringläufer ein. Für die analytische Behandlung wird die Käfigwicklung entsprechend den

666 | 5 Maschinen für Betrieb am Einphasennetz

Überlegungen im Abschnitt 1.8.2.3, Seite 245, durch eine dreisträngige Wicklung ersetzt, deren Parameter in Tabelle 1.8.1 zusammengestellt wurden. Die weiteren Untersuchungen sind deshalb auf eine Maschine zu erstrecken, die zwei unterschiedliche Stränge im Ständer und eine symmetrische dreisträngige Wicklung im Läufer aufweist. Die allgemeine Behandlung einer derartigen Maschine auf Basis der Hauptwellenverkettung wurde bereits im Abschnitt 1.8.1.3, Seite 225, vorgenommen.

5.1.1
Allgemeine Behandlung des stationären Betriebs

Die zu betrachtende Anordnung ist im Bild 5.1.1 schematisch dargestellt (vgl. Bild 1.8.3, S. 226). Dabei ist zu beachten, dass Hauptstrang a und Hilfsstrang b unterschiedlich ausgeführt sind. Es gelten die Flussverkettungsgleichungen (1.8.14a,b), Seite 226. Deren Betrachtung zeigt, dass es sich anbietet, die Induktivitäten

$$L_{11a} = L_{\sigma 1a} + L_{h1a} \qquad (5.1.1a)$$

$$L_{11b} = L_{\sigma 1b} + \frac{1}{\ddot{u}_{ab}^2} L_{h1a} \qquad (5.1.1b)$$

$$L_{12a} = \frac{1}{\ddot{u}_h} \xi_{\text{schr,p}} L_{h1a} \qquad (5.1.1c)$$

$$L_{12b} = \frac{1}{\ddot{u}_{ab}} \frac{1}{\ddot{u}_h} \xi_{\text{schr,p}} L_{h1a} \qquad (5.1.1d)$$

$$L_{22} = L_{\sigma 2} + \frac{3}{2} \frac{1}{\ddot{u}_h^2} L_{h1a} \qquad (5.1.1e)$$

einzuführen. Dabei ist mit (1.8.5), Seite 222, bzw. (1.8.10)

$$L_{h1a} = \frac{\mu_0}{\delta_i''} \frac{4}{\pi} \frac{2}{\pi} \tau_p l_i \frac{(w\xi_p)_{1a}^2}{2p} \qquad (5.1.2)$$

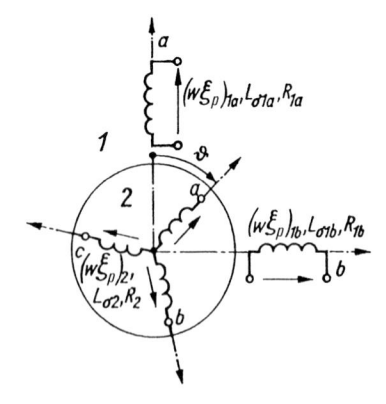

Bild 5.1.1 Schematische Darstellung der Einphasen-Induktionsmaschine mit Hauptstrang a und Hilfsstrang b

die dem Luftspaltfeld zugeordnete Selbstinduktivität des Hauptstrangs $a^{1)}$, und für die Übersetzungsverhältnisse $\ddot{u}_h$ und $\ddot{u}_{ab}$ gilt entsprechend (1.8.8c) und (1.8.15)

$$\ddot{u}_h = \frac{(w\xi_p)_{1a}}{(w\xi_p)_2} \tag{5.1.3}$$

$$\ddot{u}_{ab} = \frac{(w\xi_p)_{1a}}{(w\xi_p)_{1b}} . \tag{5.1.4}$$

Damit ergeben sich die im Folgenden zusammengestellten Ausgangsgleichungen:

– Spannungsgleichungen der Ständerstränge

Hauptstrang $\qquad u_{1a} = R_{1a}i_{1a} + \dfrac{\mathrm{d}\psi_{1a}}{\mathrm{d}t}$ (5.1.5a)

Hilfsstrang $\qquad u_{1b} = R_{1b}i_{1b} + \dfrac{\mathrm{d}\psi_{1b}}{\mathrm{d}t}$, (5.1.5b)

– Spannungsgleichungen der Läuferstränge $j = a, b, c$

$$0 = R_2 i_{2j} + \frac{\mathrm{d}\psi_{2j}}{\mathrm{d}t} , \tag{5.1.5c}$$

– Flussverkettungsgleichungen der Ständerstränge

$$\psi_{1a} = L_{11a}i_{1a} + L_{12a}\left[i_{2a}\cos\vartheta + i_{2b}\cos\left(\vartheta + \frac{2\pi}{3}\right) + i_{2c}\cos\left(\vartheta - \frac{2\pi}{3}\right)\right] \tag{5.1.6a}$$

$$\psi_{1b} = L_{11b}i_{1b} + L_{12b}\left[i_{2a}\cos\left(\vartheta - \frac{\pi}{2}\right) + i_{2b}\cos\left(\vartheta + \frac{2\pi}{3} - \frac{\pi}{2}\right)\right.$$
$$\left. + i_{2c}\cos\left(\vartheta - \frac{2\pi}{3} - \frac{\pi}{2}\right)\right] , \tag{5.1.6b}$$

– Flussverkettungsgleichungen der Läuferstränge

$$\psi_{2a} = L_{22}i_{2a} + L_{12a}\cos\vartheta\, i_{1a} + L_{12b}\cos\left(\vartheta - \frac{\pi}{2}\right)i_{1b} \tag{5.1.7a}$$

$$\psi_{2b} = L_{22}i_{2b} + L_{12a}\cos\left(\vartheta + \frac{2\pi}{3}\right)i_{1a} + L_{12b}\cos\left(\vartheta + \frac{2\pi}{3} - \frac{\pi}{2}\right)i_{1b} \tag{5.1.7b}$$

$$\psi_{2c} = L_{22}i_{2c} + L_{12a}\cos\left(\vartheta - \frac{2\pi}{3}\right)i_{1a} + L_{12b}\cos\left(\vartheta - \frac{2\pi}{3} - \frac{\pi}{2}\right)i_{1b} . \tag{5.1.7c}$$

Dabei muss zunächst von einem beliebigen Zeitverhalten der Variablen ausgegangen werden, da zwar nur der stationäre Betrieb betrachtet werden soll, aber noch keine

---

1) Die dem Luftspaltfeld zugeordnete Selbstinduktivität L eines Strangs nach (5.1.2) steht zur Hauptinduktivität L_h einer zugeordneten symmetrischen dreisträngigen Wicklung nach (1.8.10) in der Beziehung $L_h = 3/2\, L$.

Aussage darüber gemacht werden kann, ob sich einzelne Variablen aus Komponenten unterschiedlicher Frequenz zusammensetzen.

Aufgrund der Symmetrie des Läufers bietet es sich an, komplexe Augenblickswerte für die Läufergrößen einzuführen, wie sie im Abschnitt 1.8.1.5, Seite 232, definiert wurden. Mit

$$\vec{\psi}_2^{\mathrm{L}} = \frac{2}{3}(\psi_{2a} + \underline{a}\psi_{2b} + \underline{a}^2\psi_{2c}) \tag{5.1.8}$$

$$\vec{i}_2^{\mathrm{L}} = \frac{2}{3}(i_{2a} + \underline{a}i_{2b} + \underline{a}^2 i_{2c}) \tag{5.1.9}$$

nach (1.8.36b) folgt aus (5.1.5c) bis (5.1.7c) unter Beachtung von $\cos\alpha = 1/2\,(\mathrm{e}^{\mathrm{j}\alpha}+\mathrm{e}^{-\mathrm{j}\alpha})$

$$0 = R_2 \vec{i}_2^{\mathrm{L}} + \frac{\mathrm{d}\vec{\psi}_2^{\mathrm{L}}}{\mathrm{d}t} \tag{5.1.10}$$

$$\psi_{1a} = L_{11a} i_{1a} + \frac{3}{2} L_{12a} \operatorname{Re}\left\{\vec{i}_2^{\mathrm{L}} \mathrm{e}^{\mathrm{j}\vartheta}\right\} \tag{5.1.11a}$$

$$\psi_{1b} = L_{11b} i_{1b} + \frac{3}{2} L_{12b} \operatorname{Re}\left\{\vec{i}_2^{\mathrm{L}} \mathrm{e}^{\mathrm{j}(\vartheta - \pi/2)}\right\} \tag{5.1.11b}$$

$$\vec{\psi}_2^{\mathrm{L}} = L_{22} \vec{i}_2^{\mathrm{L}} + L_{12a} i_{1a} \mathrm{e}^{-\mathrm{j}\vartheta} + L_{12b} i_{1b} \mathrm{e}^{-\mathrm{j}(\vartheta-\pi/2)} \,. \tag{5.1.11c}$$

Es ist zu erwarten, dass das Drehmoment entsprechend der Eigenart von Einphasenmaschinen außer dem zeitlich konstanten Mittelwert ein Pendelmoment enthält, das mit der doppelten Frequenz des speisenden Netzes pulsiert. Auf die Rotationsbewegung des Läufers hat dieses Pendelmoment aufgrund der Höhe seiner Frequenz praktisch keinen Einfluss. Dementsprechend wird für die weiteren Betrachtungen vorausgesetzt, dass die Drehzahl konstant ist. Unter Einführung des Schlupfs s gegenüber dem mitlaufenden Drehfeld – d. h. gegenüber jenem Drehfeld, das sich in Richtung der positiven Drehrichtung des Läufers, also in Richtung der Läuferbewegung mit $\mathrm{d}\vartheta/\mathrm{d}t > 0$ bewegt – erhält man

$$\frac{\mathrm{d}\vartheta}{\mathrm{d}t} = (1-s)\omega_1 \tag{5.1.12}$$

und daraus, wenn $\vartheta_0 = 0$ gesetzt wird, da die Läuferkreise nicht auf elektrischem Weg mit den Ständerkreisen in Verbindung stehen,

$$\vartheta = (1-s)\omega_1 t \,. \tag{5.1.13}$$

Die elektrische und magnetische Symmetrie des Läufers bewirkt, dass er auf jede Feldkomponente des Ständers mit einer gleichartigen Feldkomponente reagiert. Daraus folgt die wichtige Erkenntnis, dass bei sinusförmigen Strömen in den Ständersträngen als Rückwirkung des Läufers in den Ständersträngen wiederum nur sinusförmige Spannungen der gleichen Frequenz induziert werden. Damit sind als weitere

Schlussfolgerungen bei sinusförmiger Netzspannung die Ströme und Flussverkettungen der Ständerstränge sinusförmig und weisen Netzfrequenz auf. Ausgehend von den Formulierungen

$$i_{1a} = \hat{i}_{1a} \cos(\omega_1 t + \varphi_{i1a}) \tag{5.1.14a}$$

$$i_{1b} = \hat{i}_{1b} \cos(\omega_1 t + \varphi_{i1b}) \tag{5.1.14b}$$

erhält man mit $\cos\alpha = 1/2\,(e^{j\alpha}+e^{-j\alpha})$ für die Ausdrücke $i_{1a}e^{-j\vartheta}$ und $i_{1b}e^{-j(\vartheta-\pi/2)}$, die in (5.1.11c) für den komplexen Augenblickswert der Läuferflussverkettung auftreten,

$$i_{1a}e^{-j\vartheta} = \frac{\hat{i}_{1a}}{2}\left\{e^{j(s\omega_1 t+\varphi_{i1a})} + e^{-j[(2-s)\omega_1 t+\varphi_{i1a}]}\right\} \tag{5.1.15a}$$

$$i_{1b}e^{-j(\vartheta-\pi/2)} = \frac{\hat{i}_{1b}}{2}\left\{e^{j(s\omega_1 t+\varphi_{i1b}+\pi/2)} + e^{-j[(2-s)\omega_1 t+\varphi_{i1b}-\pi/2]}\right\}. \tag{5.1.15b}$$

Die Ständerströme rufen ein mitlaufendes und ein gegenlaufendes Drehfeld bezüglich der positiven Drehrichtung des Läufers hervor. Ersteres führt zu Läufergrößen g_{2m} mit der Kreisfrequenz $s\omega_1$ und letzteres zu Läufergrößen g_{2g} mit der Kreisfrequenz $(2-s)\omega_1$. Der komplexe Augenblickswert der Läuferflussverkettung nach (5.1.11c) muss die gleichen Komponenten aufweisen, wie unter dem Einfluss der Ständerströme nach (5.1.15a,b) entstehen. Das gleiche gilt dann entsprechend (5.1.10) für den komplexen Augenblickswert des Läuferstroms. Dieser lässt sich demnach formulieren als

$$\vec{i}_2^{\,L} = \vec{i}_{2m}^{\,L} + \vec{i}_{2g}^{\,L} = \hat{i}_{2m}e^{j(s\omega_1 t+\varphi_{i2m})} + \hat{i}_{2g}e^{-j[(2-s)\omega_1 t+\varphi_{i2g}]}. \tag{5.1.16}$$

Für die in den Flussverkettungsgleichungen (5.1.11a,b) der Ständerstränge auftretenden Ausdrücke $\vec{i}_2^{\,L}e^{j\vartheta}$ und $\vec{i}_2^{\,L}e^{j(\vartheta-\pi/2)}$ erhält man damit unter Beachtung von (5.1.13)

$$\vec{i}_2^{\,L}e^{j\vartheta} = \hat{i}_{2m}e^{j(\omega_1 t+\varphi_{i2m})} + \hat{i}_{2g}e^{-j(\omega_1 t+\varphi_{i2g})} \tag{5.1.17a}$$

$$\vec{i}_2^{\,L}e^{j\vartheta-\pi/2} = \hat{i}_{2m}e^{j(\omega_1 t+\varphi_{i2m}-\pi/2)} + \hat{i}_{2g}e^{-j(\omega_1 t+\varphi_{i2g}+\pi/2)}. \tag{5.1.17b}$$

Die Flussverkettungsgleichungen (5.1.11a,b) der Ständerstränge nehmen damit unter Berücksichtigung von (5.1.14a,b) die Form

$$\psi_{1a} = L_{11a}\hat{i}_{1a}\cos(\omega_1 t+\varphi_{i1a}) + \frac{3}{2}L_{12a}\hat{i}_{2m}\cos(\omega_1 t+\varphi_{i2m})$$
$$+ \frac{3}{2}L_{12a}\hat{i}_{2g}\cos(\omega_1 t+\varphi_{i2g}) \tag{5.1.18a}$$

$$\psi_{1b} = L_{11b}\hat{i}_{1b}\cos(\omega_1 t+\varphi_{i1b}) + \frac{3}{2}L_{12b}\hat{i}_{2m}\cos(\omega_1 t+\varphi_{i2m}-\frac{\pi}{2})$$
$$+ \frac{3}{2}L_{12b}\hat{i}_{2g}\cos(\omega_1 t+\varphi_{i2g}+\frac{\pi}{2}) \tag{5.1.18b}$$

an. Die Flussverkettungsgleichung (5.1.11c) des Läufers geht mit (5.1.15a,b) und (5.1.16) über in

$$\vec{\psi}_2^{\mathrm{L}} = \vec{\psi}_{2\mathrm{m}}^{\mathrm{L}} + \vec{\psi}_{2\mathrm{g}}^{\mathrm{L}}$$

$$= L_{22}\hat{i}_{2\mathrm{m}}\mathrm{e}^{\mathrm{j}(s\omega_1 t + \varphi_{i2\mathrm{m}})} + L_{12a}\frac{\hat{i}_{1a}}{2}\mathrm{e}^{\mathrm{j}(s\omega_1 t + \varphi_{i1a})}$$

$$+ L_{12b}\frac{\hat{i}_{1b}}{2}\mathrm{e}^{\mathrm{j}(s\omega_1 t + \varphi_{i1b} + \pi/2)} + L_{22}\hat{i}_{2\mathrm{g}}\mathrm{e}^{-\mathrm{j}[(2-s)\omega_1 t + \varphi_{i2\mathrm{g}}]}$$

$$+ L_{12a}\frac{\hat{i}_{1a}}{2}\mathrm{e}^{-\mathrm{j}[(2-s)\omega_1 t + \varphi_{i1a}]} + L_{12b}\frac{\hat{i}_{1b}}{2}\mathrm{e}^{-\mathrm{j}[(2-s)\omega_1 t + \varphi_{i1b} - \pi/2]} \ . \quad (5.1.18\mathrm{c})$$

Damit erhält man aus der Spannungsgleichung (5.1.10) des Läufers

$$0 = R_2\vec{i}_{2\mathrm{m}}^{\mathrm{L}} + \mathrm{j}s\omega_1\vec{\psi}_{2\mathrm{m}}^{\mathrm{L}} + R_2\vec{i}_{2\mathrm{g}}^{\mathrm{L}} - \mathrm{j}(2-s)\omega_1\vec{\psi}_{2\mathrm{g}}^{\mathrm{L}}$$

$$= R_2\hat{i}_{2\mathrm{m}}\mathrm{e}^{\mathrm{j}(s\omega_1 t + \varphi_{i2\mathrm{m}})} + \mathrm{j}s\omega_1 L_{22}\hat{i}_{2\mathrm{m}}\mathrm{e}^{\mathrm{j}(s\omega_1 t + \varphi_{i2\mathrm{m}})} + \mathrm{j}s\omega_1 L_{12a}\frac{\hat{i}_{1a}}{2}\mathrm{e}^{\mathrm{j}(s\omega_1 t + \varphi_{i1a})}$$

$$+ \mathrm{j}s\omega_1 L_{12b}\frac{\hat{i}_{1b}}{2}\mathrm{e}^{\mathrm{j}(s\omega_1 t + \varphi_{i1b} + \pi/2)} + R_2\hat{i}_{2\mathrm{g}}\mathrm{e}^{-\mathrm{j}[(2-s)\omega_1 t + \varphi_{i2\mathrm{g}}]}$$

$$- \mathrm{j}(2-s)\omega_1 L_{22}\hat{i}_{2\mathrm{g}}\mathrm{e}^{-\mathrm{j}[(2-s)\omega_1 t + \varphi_{i2\mathrm{g}}]} - \mathrm{j}(2-s)\omega_1 L_{12a}\frac{\hat{i}_{1a}}{2}\mathrm{e}^{-\mathrm{j}[(2-s)\omega_1 t + \varphi_{i1a}]}$$

$$- \mathrm{j}(2-s)\omega_1 L_{12b}\frac{\hat{i}_{1b}}{2}\mathrm{e}^{-\mathrm{j}[(2-s)\omega_1 t + \varphi_{i1b} - \pi/2]} \ . \quad (5.1.19)$$

Sie zerfällt in zwei Beziehungen für die beiden Komponenten hinsichtlich des Zeitverhaltens.

Die vorstehende Analyse weist aus, dass in den Ständersträngen eingeschwungene Sinusgrößen der Kreisfrequenz ω_1 herrschen und in den Läufersträngen jeweils zwei eingeschwungene Sinusgrößen mit den Kreisfrequenzen $s\omega_1$ und $(2-s)\omega_1$ auftreten. Damit kann nunmehr zur Darstellung der komplexen Wechselstromrechnung übergegangen werden, wobei im Ständer die beiden unterschiedlichen Stränge betrachtet werden müssen, während es im Läufer aufgrund seiner Symmetrie wiederum genügt, sich auf den Bezugsstrang a zu beschränken, da die Größen in den anderen Strängen entsprechend (1.8.38a,b,c), Seite 233, gegenüber denen des Strangs a lediglich phasenverschoben sind. Es existieren allerdings ausgehend von (5.1.19) für den Läuferstrang a zwei Spannungsgleichungen, eine für die Größe mit der Kreisfrequenz $s\omega_1$ und eine zweite für jene mit der Kreisfrequenz $(2-s)\omega_1$.

Die beiden Ständerstränge werden entsprechend Bild 5.1.2 an der gleichen Spannung $\underline{u}_1$ betrieben, wobei dem Hilfsstrang lediglich ein äußeres Schaltelement $\underline{Z}_\mathrm{v}$ vorgeschaltet ist. Es gilt also mit Bild 5.1.2

$$\underline{u}_{1a} = \underline{u}_1 \quad (5.1.20\mathrm{a})$$

$$\underline{u}_{1b} = \underline{u}_1 - \underline{Z}_\mathrm{v}\underline{i}_{1b} \ . \quad (5.1.20\mathrm{b})$$

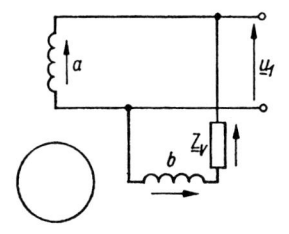

Bild 5.1.2 Schaltung der Ständerstränge

Damit erhält man ausgehend von (5.1.5a,b), (5.1.18a,b) und (5.1.19) in der Darstellung der komplexen Wechselstromrechnung als System der Spannungsgleichungen

$$\underline{u}_1 = \underline{u}_{1a} = R_{1a}\underline{i}_{1a} + jX_{11a}\underline{i}_{1a} + j\frac{3}{2}X_{12a}\underline{i}_{2m} + j\frac{3}{2}X_{12a}\underline{i}_{2g} \qquad (5.1.21a)$$

$$\underline{u}_1 = \underline{u}_{1b} + \underline{Z}_v\underline{i}_{1b}$$
$$= \underline{Z}_v\underline{i}_{1b} + R_{1b}\underline{i}_{1b} + jX_{11b}\underline{i}_{1b} + j\frac{3}{2}X_{12b}\underline{i}_{2m}e^{-j(\pi/2)} + j\frac{3}{2}X_{12b}\underline{i}_{2g}e^{j(\pi/2)} \qquad (5.1.21b)$$

$$0 = \frac{R_2}{s}\underline{i}_{2m} + jX_{22}\underline{i}_{2m} + j\frac{1}{2}X_{12a}\underline{i}_{1a} + j\frac{1}{2}X_{12b}\underline{i}_{1b}e^{j(\pi/2)} \qquad (5.1.21c)$$

$$0 = \frac{R_2}{2-s}\underline{i}_{2g} + jX_{22}\underline{i}_{2g} + j\frac{1}{2}X_{12a}\underline{i}_{1a} + j\frac{1}{2}X_{12b}\underline{i}_{1b}e^{-j(\pi/2)} . \qquad (5.1.21d)$$

Dabei sind alle Variablen in der üblichen Form als $\underline{g} = \hat{g}e^{j\varphi_g}$ eingeführt worden. Besonders gilt also für die beiden Komponenten des Läuferstroms $\underline{i}_{2m} = \hat{i}_{2m}e^{j\varphi_{i2m}}$ und $\underline{i}_{2g} = \hat{i}_{2g}e^{j\varphi_{i2g}}$. Alle Reaktanzen ergeben sich als $X_j = \omega_1 L_j$ aus den zugeordneten Induktivitäten nach (5.1.1a–e).

Zur praktischen Anwendung des Systems der Gleichungen (5.1.21a–d) empfiehlt es sich, in Analogie zum Vorgehen bei der Dreiphasen-Induktionsmaschine im Abschnitt 2.1.7, Seite 309, transformierte Läufergrößen sowie hier zusätzlich transformierte Größen des Hilfsstrangs einzuführen. Dies soll hinsichtlich der transformierten Läufergrößen auf Basis des reellen Übersetzungsverhältnisses $\ddot{u}_h$ nach (5.1.3) erfolgen. Es ist dementsprechend ähnlich vorzugehen wie im Abschnitt 2.1.7.1. Dabei sind dann auch ähnlich zusammengesetzte Ausdrücke für die auftretenden Reaktanzen zu erwarten. Man erhält aus (5.1.21a–d) unter Beachtung der (5.1.1a–e) entsprechenden Beziehungen für die zugeordneten Reaktanzen

$$\underline{u}_1 = \underline{u}_{1a} = (R_{1a} + j\tilde{X}_{\sigma 1a})\underline{i}_{1a} + j\tilde{X}_{h1a}\left[\underline{i}_{1a} + \frac{1}{2}(\underline{i}'_{2m} + \underline{i}'_{2g})\right] \qquad (5.1.22a)$$

$$\underline{u}'_1 = \underline{u}'_{1b} + \underline{Z}'_v\underline{i}'_{1b} = (R'_{1b} + j\tilde{X}'_{\sigma 1b} + \underline{Z}'_v)\underline{i}'_{1b} + j\tilde{X}_{h1a}\left[\underline{i}'_{1b} + \frac{1}{2}(\underline{i}'_{2m} - \underline{i}'_{2g})\right] \qquad (5.1.22b)$$

$$0 = \left(\frac{R'_2}{s} + j\tilde{X}'_{\sigma 2}\right)\underline{i}'_{2m} + j\frac{1}{2}\tilde{X}_{h1a}[\underline{i}_{1a} + \underline{i}'_{1b} + \underline{i}'_{2m}] \qquad (5.1.22c)$$

$$0 = \left(\frac{R'_2}{2-s} + j\tilde{X}'_{\sigma 2}\right)\underline{i}'_{2g} + j\frac{1}{2}\tilde{X}_{h1a}[\underline{i}_{1a} - \underline{i}'_{1b} + \underline{i}'_{2g}] . \qquad (5.1.22d)$$

Dabei ist unter Beachtung von (5.1.3) und (5.1.4)

$$\underline{i}'_{2m} = \frac{3}{\ddot{u}_h} \underline{i}_{2m} \qquad (5.1.23a)$$

$$\underline{i}'_{2g} = \frac{3}{\ddot{u}_h} \underline{i}_{2g} \qquad (5.1.23b)$$

$$\underline{u}'_{1b} = j\ddot{u}_{ab}\underline{u}_{1b} \qquad (5.1.23c)$$

$$\underline{u}'_1 = j\ddot{u}_{ab}\underline{u}_1 \qquad (5.1.23d)$$

$$\underline{i}'_{1b} = j\frac{1}{\ddot{u}_{ab}} \underline{i}_{1b} \,, \qquad (5.1.23e)$$

und für die Widerstände und Reaktanzen gilt

$$\tilde{X}_{\sigma 1a} = X_{\sigma 1a} + (1 - \xi_{\text{schr,p}})X_{h1a} \qquad (5.1.24a)$$

$$\tilde{X}_{h1a} = \xi_{\text{schr,p}}X_{h1a} \qquad (5.1.24b)$$

$$R'_{1b} = \ddot{u}_{ab}^2 R_{1b} \qquad (5.1.24c)$$

$$X'_{\sigma 1b} = \ddot{u}_{ab}^2 X_{\sigma 1b} \qquad (5.1.24d)$$

$$\tilde{X}'_{\sigma 1b} = X'_{\sigma 1b} + (1 - \xi_{\text{schr,p}})X_{h1a} \qquad (5.1.24e)$$

$$R'_2 = \frac{\ddot{u}_h^2}{3} R_2 \qquad (5.1.24f)$$

$$X'_{\sigma 2} = \frac{\ddot{u}_h^2}{3} X_{\sigma 2} \qquad (5.1.24g)$$

$$\tilde{X}'_{\sigma 2} = X'_{\sigma 2} + (1 - \xi_{\text{schr,p}})\frac{1}{2}X_{h1a} \qquad (5.1.24h)$$

sowie
$$\underline{Z}'_v = \ddot{u}_{ab}^2 \underline{Z}_v \,. \qquad (5.1.24i)$$

Für den allgemeinen Fall, dass sowohl der Hauptstrang als auch der Hilfsstrang in Funktion sind, empfiehlt es sich, entsprechend dem Auftreten der beiden Komponenten des Läuferstroms in (5.1.22a,b) neue Variablen in der Form

$$\underline{i}'_{2,a} = \frac{1}{2}(\underline{i}'_{2m} + \underline{i}'_{2g}) \qquad (5.1.25a)$$

$$\underline{i}'_{2,b} = \frac{1}{2}(\underline{i}'_{2m} - \underline{i}'_{2g}) \qquad (5.1.25b)$$

einzuführen. Dabei wird $\underline{i}'_{2,a}$ entsprechend (5.1.22a) durch die Größen des Ständerstrangs a und $\underline{i}'_{2,b}$ entsprechend (5.1.22b) durch die des Ständerstrangs b bestimmt. Aus (5.1.25a,b) folgt als umgekehrte Zuordnung

$$\underline{i}'_{2m} = \underline{i}'_{2,a} + \underline{i}'_{2,b} \qquad (5.1.26a)$$

$$\underline{i}'_{2g} = \underline{i}'_{2,a} - \underline{i}'_{2,b} \,. \qquad (5.1.26b)$$

Die Beziehungen (5.1.22a,b) gehen mit (5.1.25a,b) über in

$$\boxed{\begin{aligned}\underline{u}_1 &= \underline{u}_{1a} = (R_{1a} + j\tilde{X}_{\sigma 1a})\underline{i}_{1a} + j\tilde{X}_{h1a}(\underline{i}_{1a} + \underline{i}'_{2,a}) \\ \underline{u}'_1 &= \underline{u}'_{1b} + \underline{Z}'_v\underline{i}'_{1b} = (R'_{1b} + j\tilde{X}'_{\sigma 1b} + \underline{Z}'_v)\underline{i}'_{1b} + j\tilde{X}_{h1a}(\underline{i}'_{1b} + \underline{i}'_{2,b}) \end{aligned}} \begin{aligned}(5.1.27a)\\(5.1.27b)\end{aligned}$$

Um eine Läuferspannungsgleichung zu erhalten, in der das Glied $j\tilde{X}_{h1a}(\underline{i}_{1a} + \underline{i}'_{2,a})$ auftritt, ist es erforderlich, (5.1.22c,d) zu addieren und (5.1.25a,b) bzw. (5.1.26a,b) einzuführen. Analog dazu erfordert das Auftreten eines Gliedes $j\tilde{X}_{h1a}(\underline{i}_{1b}+\underline{i}'_{2,b})$, dass man (5.1.22c,d) voneinander subtrahiert. Die Durchführung dieser Operationen liefert

$$\left(\frac{2R'_2}{2-s} + j2\tilde{X}'_{\sigma2}\right)\underline{i}'_{2,a} + 2R'_2\frac{1-s}{s(2-s)}(\underline{i}'_{2,a} + \underline{i}'_{2,b}) + j\tilde{X}_{h1a}(\underline{i}_{1a} + \underline{i}'_{2,a}) = 0 \quad (5.1.27c)$$

$$\left(\frac{2R'_2}{2-s} + j2\tilde{X}'_{\sigma2}\right)\underline{i}'_{2,b} + 2R'_2\frac{1-s}{s(2-s)}(\underline{i}'_{2,a} + \underline{i}'_{2,b}) + j\tilde{X}_{h1a}(\underline{i}'_{1b} + \underline{i}'_{2,b}) = 0 \quad . \; (5.1.27d)$$

Die Beziehungen (5.1.27a–d) befriedigen das Ersatzschaltbild nach Bild 5.1.3.

Das *Drehmoment* erhält man unter der gegebenen Voraussetzung linearer magnetischer Verhältnisse aus Tabelle (1.7.60b), Seite 177, mit $\vartheta = p\vartheta'$ allgemein als

$$m = \frac{p}{2}\sum_{j=1}^{n} i_j \frac{\partial \psi_j}{\partial \vartheta} \; .$$

Dabei ist die Summe über alle elektrischen Kreise der Maschine zu erstrecken, im vorliegenden Fall also über Haupt- und Hilfsstrang des Ständers sowie die drei Läuferstränge. Man erhält durch Einführen von (5.1.11a,b,c)

$$m = \frac{3}{2}p\,\mathrm{Re}\{i_{1a}L_{12a}j\vec{i}_2^{\mathrm{L}}e^{j\vartheta} + i_{1b}L_{12b}\vec{i}_2^{\mathrm{L}}e^{j\vartheta}\} = \frac{3}{2}p\,\mathrm{Re}\{j(L_{12a}i_{1a} - jL_{12b}i_{1b})e^{j\vartheta}\vec{i}_2^{\mathrm{L}}\}$$

und daraus mit $\vec{\psi}_2^{\mathrm{L}} - L_{22}\vec{i}_2^{\mathrm{L}} = (L_{12a}i_{1a} + jL_{12b}i_{1b})e^{-j\vartheta}$ nach (5.1.11c) unter Beachtung von $\mathrm{Re}\{j\vec{g}\} = -\mathrm{Im}\{\vec{g}\}$ und $\mathrm{Im}\{\vec{g}_1\vec{g}_2^*\} = -\mathrm{Im}\{\vec{g}_1^*\vec{g}_2\}$

$$m = \frac{3}{2}p\,\mathrm{Im}\{\vec{\psi}_2^{\mathrm{L}}\vec{i}_2^{\mathrm{L}*}\} \; . \tag{5.1.28}$$

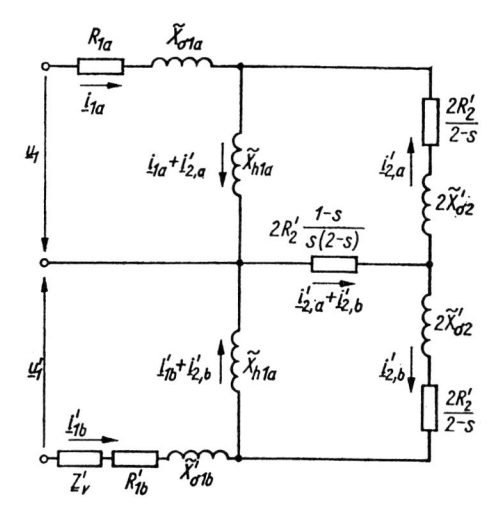

Bild 5.1.3 Ersatzschaltbild der Einphasen-Induktionsmaschine mit Haupt- und Hilfsstrang

Daraus folgt für den hier zu betrachtenden stationären Betrieb mit $\vec{\psi}_2^{\mathrm{L}} = \vec{\psi}_{2\mathrm{m}}^{\mathrm{L}} + \vec{\psi}_{2\mathrm{g}}^{\mathrm{L}}$ nach (5.1.18c) und $\vec{i}_2^{\mathrm{L}} = \vec{i}_{2\mathrm{m}}^{\mathrm{L}} + \vec{i}_{2\mathrm{g}}^{\mathrm{L}}$ nach (5.1.16) sowie mit

$$\vec{\psi}_{2\mathrm{m}}^{\mathrm{L}} = -\frac{R_2}{\mathrm{j}s\omega_1}\vec{i}_{2\mathrm{m}}^{\mathrm{L}}$$

$$\vec{\psi}_{2\mathrm{g}}^{\mathrm{L}} = \frac{R_2}{\mathrm{j}(2-s)\omega_1}\vec{i}_{2\mathrm{g}}^{\mathrm{L}}$$

als Aussagen der beiden Beziehungen, in die (5.1.19) zerfällt,

$$\begin{aligned}
m &= \frac{3p}{2\omega_1}\left(\frac{R_2}{s}\hat{i}_{2\mathrm{m}}^2 - \frac{R_2}{2-s}\hat{i}_{2\mathrm{g}}^2\right) + \frac{3p}{2\omega_1}\,\mathrm{Im}\left\{\mathrm{j}\left(\frac{R_2}{s} + \frac{R_2}{2-s}\right)\vec{i}_{2\mathrm{m}}^{\mathrm{L}}\vec{i}_{2\mathrm{g}}^{\mathrm{L}*}\right\} \\
&= \frac{3p}{2\omega_1}\left(\frac{R_2}{s}\hat{i}_{2\mathrm{m}}^2 - \frac{R_2}{2-s}\hat{i}_{2\mathrm{g}}^2\right) + \frac{3p}{\omega_1}\frac{R_2}{s(2-s)}\hat{i}_{2\mathrm{m}}\hat{i}_{2\mathrm{g}}\cos(2\omega_1 t + \varphi_{\mathrm{i}2\mathrm{m}} + \varphi_{\mathrm{i}2\mathrm{g}}) \\
&= M + \hat{m}\cos(2\omega_1 t + \varphi_{\mathrm{m}})
\end{aligned}$$

(5.1.29)

Das Drehmoment besteht, wie zu erwarten war, aus einem zeitlich konstanten Mittelwert sowie einem pulsierenden Anteil, der die doppelte Netzfrequenz besitzt. Der pulsierende Anteil verschwindet, wenn kein Anteil des Läuferstroms mit der Frequenz $(2-s)f_1$ vorhanden ist, d. h. $\hat{i}_{2\mathrm{g}}$ nicht existiert. Der zeitlich konstante Mittelwert des Drehmoments ist unter Einführung von Effektivwerten für die Ströme gegeben als

$$M = \frac{3p}{\omega_1}\left(\frac{R_2}{s}I_{2\mathrm{m}}^2 - \frac{R_2}{2-s}I_{2\mathrm{g}}^2\right).$$

(5.1.30)

Er setzt sich aus zwei Anteilen zusammen, von denen in Übereinstimmung mit den Ergebnissen von Abschnitt 2.4.1, Seite 356, der erste von den Läuferströmen mit Schlupffrequenz sf_1 und der zweite von den Läuferströmen mit der Frequenz $(2-s)f_1$ herrührt [vgl. (2.4.15)]. Im normalen Arbeitsbereich des Motors, d. h. bei kleinen positiven Schlupfwerten, liefern die schlupffrequenten Läuferströme einen positiven Beitrag, der durch das negative Drehmoment der Läuferströme mit der Frequenz $(2-s)f_1$ verkleinert wird. Durch Übergang auf transformierte Läufergrößen auf der Grundlage des reellen Übersetzungsverhältnisses $\ddot{u}_{\mathrm{h}}$ erhält man mit (5.1.23a–e) und (5.1.24a–h)

$$M = \frac{p}{\omega_1}\left(\frac{R_2'}{s}I_{2\mathrm{m}}'^2 - \frac{R_2'}{2-s}I_{2\mathrm{g}}'^2\right).$$

(5.1.31)

Unter Einführung der Variablen $\underline{i}_{2,a}'$ und $\underline{i}_{2,b}'$ folgt mit (5.1.26a,b) durch Bilden von $\hat{i}_{2\mathrm{m}}'^2 = \underline{i}_{2\mathrm{m}}'\underline{i}_{2\mathrm{m}}'^*$ bzw. $\hat{i}_{2\mathrm{g}}'^2 = \underline{i}_{2\mathrm{g}}'\underline{i}_{2\mathrm{g}}'^*$

$$\begin{aligned}
M &= \frac{p}{\omega_1}\frac{R_2'}{s}[I_{2,a}'^2 + I_{2,b}'^2 + 2I_{2,a}'I_{2,b}'\cos(\varphi_{\mathrm{i}2a} - \varphi_{\mathrm{i}2b})] \\
&\quad -\frac{p}{\omega_1}\frac{R_2'}{2-s}[I_{2,a}'^2 + I_{2,b}'^2 - 2I_{2,a}'I_{2,b}'\cos(\varphi_{\mathrm{i}2a} - \varphi_{\mathrm{i}2b})].
\end{aligned}$$

(5.1.32)

Insbesondere erhält man das *Anzugsmoment* als Sonderfall mit $s = 1$ zu

$$M_\mathrm{a} = \frac{4p}{\omega_1} R'_2 I'_{2,a} I'_{2,b} \cos(\varphi_{\mathrm{i}2a} - \varphi_{\mathrm{i}2b}) = \frac{2p}{\omega_1} R'_2 \operatorname{Re}\left\{\underline{i}'_{2,a} \underline{i}'^{*}_{2,b}\right\}. \qquad (5.1.33)$$

5.1.2
Sonderfall der Einphasen-Induktionsmaschine ohne Hilfsstrang

Das Gleichungssystem der Einphasen-Induktionsmaschine ohne Hilfsstrang unter Verwendung der transformierten Läuferströme $\underline{i}'_{2\mathrm{m}}$ und $\underline{i}'_{2\mathrm{g}}$ auf Basis des reellen Übersetzungsverhältnisses $\ddot{u}_\mathrm{h}$ erhält man aus den allgemeinen Beziehungen (5.1.22a–d) als Sonderfall mit $\underline{i}'_{1b} = 0$ zu

$$\underline{u}_1 = (R_{1a} + \mathrm{j}\tilde{X}_{\sigma 1a})\underline{i}_{1a} + \mathrm{j}\frac{1}{2}\tilde{X}_{\mathrm{h}1a}(\underline{i}_{1a} + \underline{i}'_{2\mathrm{m}}) + \mathrm{j}\frac{1}{2}\tilde{X}_{\mathrm{h}1a}(\underline{i}_{1a} + \underline{i}'_{2\mathrm{g}}) \quad (5.1.34\mathrm{a})$$

$$0 = \left(\frac{R'_2}{s} + \mathrm{j}\tilde{X}'_{\sigma 2}\right)\underline{i}'_{2\mathrm{m}} + \mathrm{j}\frac{1}{2}\tilde{X}_{\mathrm{h}1a}(\underline{i}_{1a} + \underline{i}'_{2\mathrm{m}}) \quad (5.1.34\mathrm{b})$$

$$0 = \left(\frac{R'_2}{2-s} + \mathrm{j}\tilde{X}'_{\sigma 2}\right)\underline{i}'_{2\mathrm{g}} + \mathrm{j}\frac{1}{2}\tilde{X}_{\mathrm{h}1a}(\underline{i}_{1a} + \underline{i}'_{2\mathrm{g}}). \quad (5.1.34\mathrm{c})$$

Diesem Gleichungssystem ist das Ersatzschaltbild nach Bild 5.1.4 zugeordnet. Wenn der Schlupf s nicht zu kleine Werte annimmt, d. h. für $s > 0{,}1$, können die Unterschiede zwischen $\underline{i}'_{2\mathrm{m}}$ und $\underline{i}'_{2\mathrm{g}}$ vernachlässigt werden. Man erhält dann das genäherte Ersatzschaltbild nach Bild 5.1.4b. Auf das gleiche Ersatzschaltbild gelangt

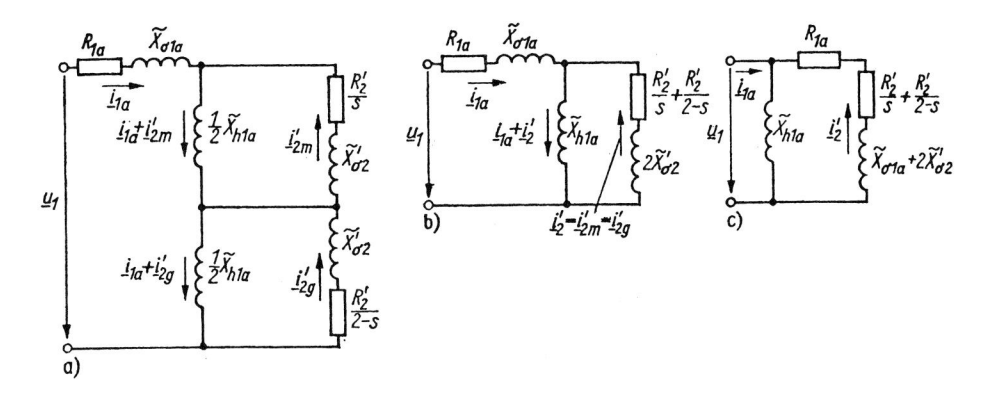

Bild 5.1.4 Ersatzschaltbild der Einphasen-Induktionsmaschine ohne Hilfsstrang für transformierte Läufergrößen auf Basis des reellen Übersetzungsverhältnisses $\ddot{u}_\mathrm{h}$ entsprechend den Spannungsgleichungen (5.1.34a,b,c).
a) Exakte Form;
b) genäherte Form für $s > 0{,}1$ mit $\underline{i}'_{2\mathrm{m}} \approx \underline{i}'_{2\mathrm{g}}$;
c) genäherte Form für $s > 0{,}1$ mit $\underline{i}'_{2\mathrm{m}} \approx \underline{i}'_{2\mathrm{g}}$ und Anordnung des Querzweigs unmittelbar an den Klemmen

man ausgehend von dem nach Bild 5.1.3, wenn der Parallelzweig zum Schaltelement $2R'_2(1-s)/(2s-s^2)$, in den der untere Teil der Schaltung mit $\underline{i}'_{1b} = 0$ entartet, vernachlässigt wird. In einer weiteren Näherungsstufe kann schließlich der Querzweig entsprechend Bild 5.1.4c unmittelbar an den Klemmen angeordnet werden.

Die Einphasenmaschine ohne Hilfsstrang entspricht dem reinen Einphasenbetrieb der Dreiphasen-Induktionsmaschine, wie er im Abschnitt 2.4.4.1, Seite 380, behandelt wurde. Diese Behandlung hatte auf die Spannungsgleichungen (2.4.56) und (2.4.58a,b) geführt. Aus dem Vergleich dieser Spannungsgleichungen mit (5.1.34a,b,c) folgt die Zuordnung der Parameter nach Tabelle 5.1.1. Für den prinzipiellen Verlauf der Drehzahl-Drehmoment- bzw. Schlupf-Drehmoment-Kennlinie gelten die Überlegungen, die im Abschnitt 2.4.4.1 zum reinen Einphasenbetrieb der Dreiphasen-Induktionsmaschine angestellt wurden. Insbesondere erkennt man aus (5.1.34a,b,c) bzw. aus dem Ersatzschaltbild 5.1.4a, dass für $s=1$ $\underline{i}'_{2m} = \underline{i}'_{2g}$ ist und damit entsprechend (5.1.31) kein Anzugsmoment entwickelt wird.

Tabelle 5.1.1 Zuordnung der Parameter der Dreiphasenmaschine im Einphasenbetrieb und der der Einphasenmaschine

Dreiphasenmaschine		Einphasenmaschine
im Dreiphasenbetrieb für einen Strang	im Einphasenbetrieb über zwei Stränge	
R_1	$2R_1$	R_{1a}
$\tilde{X}_{\sigma 1}$ bzw. $X_{\sigma 1}$	$2\tilde{X}_{\sigma 1}$ bzw. $2X_{\sigma 1}$	$\tilde{X}_{\sigma 1a}$ bzw. $X_{\sigma 1a}$
$\tilde{X}_h$ bzw. X_h	$2\tilde{X}_h$ bzw. $2X_h$	$\tilde{X}_{h1a}$ bzw. X_{h1a}
R'_2	R'_2	R'_2
$\tilde{X}'_{\sigma 2}$ bzw. $X'_{\sigma 2}$	$\tilde{X}'_{\sigma 2}$ bzw. $X'_{\sigma 2}$	$\tilde{X}'_{\sigma 2}$ bzw. $X'_{\sigma 2}$

Im Synchronismus mit dem mitlaufenden Feld verschwindet entsprechend (5.1.34b) mit $s=0$ der Strom $\underline{i}'_{2m}$, und man erhält ein negatives Drehmoment herrührend vom Strom $\underline{i}'_{2g}$. Der Leerlaufpunkt mit $M=0$ muss demnach bei einem kleinen positiven Wert des Schlupfs s liegen. Man erhält einen Verlauf, wie er im Bild 5.1.5 nochmals dargestellt ist. Seine quantitative Bestimmung kann punktweise mit Hilfe des Gleichungssystems (5.1.34a,b,c) bzw. des Ersatzschaltbilds 5.1.4 sowie (5.1.31) erfolgen. Prinzipiell ist auch der Weg gangbar, dass man $\underline{Z}_m(s)$ und $\underline{Z}_g(s)$ der zugeordneten Dreiphasenmaschine über die Zuordnung der Parameter nach Tabelle 5.1.1 und mit Hilfe der Überlegungen im Abschnitt 2.4.1.1, Seite 357, gewinnt und davon ausgehend das Drehmoment über (2.4.61) unter Verwendung der Schlupf-Drehmoment-Kennlinie der zugeordneten Dreiphasenmaschine nach Abschnitt 2.3.1.4, Seite 340, bestimmt.

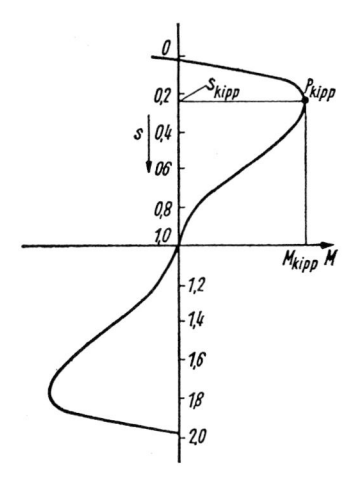

Bild 5.1.5 Schlupf-Drehmoment-Kennlinie der reinen Einphasenmaschine

5.1.3
Anzugsverhalten der Einphasen-Induktionsmaschine mit Hilfsstrang

Zur Ermittlung der Ströme für einen beliebigen Arbeitspunkt mit dem Schlupf s muss das System der Spannungsgleichungen (5.1.22a–d) oder (5.1.27a–d) punktweise gelöst werden. Als elegantes Hilfsmittel dafür steht im zweiten Fall das Ersatzschaltbild 5.1.3 zur Verfügung. Das Drehmoment erhält man mit Hilfe der Ströme über (5.1.31) oder (5.1.32). Geschlossene Beziehungen lassen sich nicht ohne Weiteres herleiten.

Im Sonderfall $s = 1$, d. h. für den Anzugspunkt, bleiben die Spannungsgleichungen (5.1.27a,b) der Ständerkreise erhalten, während die Beziehungen (5.1.27c,d) übergehen in

$$0 = 2(R'_2 + j\tilde{X}'_{\sigma 2})\underline{i}'_{2,a} + j\tilde{X}_{h1a}(\underline{i}_{1a} + \underline{i}'_{2,a}) \tag{5.1.35a}$$

$$0 = 2(R'_2 + j\tilde{X}'_{\sigma 2})\underline{i}'_{2,b} + j\tilde{X}_{h1a}(\underline{i}'_{1b} + \underline{i}'_{2,b}) . \tag{5.1.35b}$$

Man erhält zwei voneinander entkoppelte Gleichungspaare. Den Beziehungen (5.1.27a) und (5.1.35a) ist das Ersatzschaltbild 5.1.6a und den Beziehungen (5.1.27b)

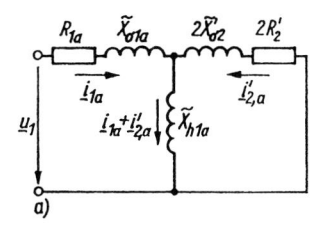

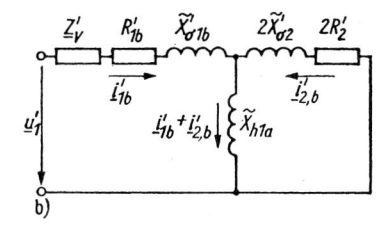

Bild 5.1.6 Ersatzschaltbilder für $s = 1$.
a) Hauptstrang;
b) Hilfsstrang

und (5.1.35b) das Ersatzschaltbild 5.1.6b zugeordnet. Zum gleichen Ergebnis kommt man ausgehend vom Ersatzschaltbild 5.1.3, da der Koppelwiderstand $2R'_2(1-s)/(2s-s^2)$ für $s = 1$ verschwindet. Im Stillstand gilt in guter Näherung $\underline{i}_{1a} + \underline{i}'_{2,a} = 0$ und damit $\underline{i}_{1a} = -\underline{i}'_{2,a}$ sowie $\underline{i}'_{1b} + \underline{i}'_{2,b} = 0$ und damit $\underline{i}'_{1b} = -\underline{i}'_{2,b}$. Dem entspricht, dass in den Ersatzschaltbildern 5.1.6 der Querzweig verschwindet. Damit lassen sich unmittelbar die Ströme $\underline{i}'_{2,a}$ und $\underline{i}'_{2,b}$ ermitteln als

$$\underline{i}'_{2,a} = -\frac{\underline{u}_1}{R_{1a} + 2R'_2 + jX_{ia}} = -\frac{R_{1a} + 2R'_2 - jX_{ia}}{(R_{1a} + 2R'_2)^2 + X_{ia}^2}\underline{u}_1 = -\frac{R_{1a} + 2R'_2 - jX_{ia}}{Z_{ka}^2}\underline{u}_1 \tag{5.1.36a}$$

$$\underline{i}'_{2,b} = \frac{-j\ddot{u}_{ab}\underline{u}_1}{R_{1b} + 2R'_2 + R'_v + j(X_{ib} \pm X'_v)} = -j\frac{(R_{1b} + 2R'_2 + R'_v) - j(X'_{ib} \pm X'_v)}{(R_{1b} + 2R'_2 + R'_v)^2 + (X'_{ib} \pm X'_v)^2}\ddot{u}_{ab}\underline{u}_1. \tag{5.1.36b}$$

Dabei wurden die Gesamtstreureaktanzen $X_{ia} = \tilde{X}_{\sigma 1a} + 2\tilde{X}'_{2\sigma}$ und $\tilde{X}'_{ib} = \tilde{X}'_{\sigma 1b} + 2\tilde{X}'_{\sigma 2}$ sowie $\underline{Z}_v = R_v \pm jX_v$ eingeführt, wobei das negative Vorzeichen für den Fall gilt, dass $\underline{Z}_v$ einen Kondensator darstellt, während im anderen Fall eine Drossel vorliegt. In (5.1.36a) ist außerdem Z_{ka} definiert worden als

$$Z_{ka} = (R_{1a} + 2R'_2)^2 + X_{ia}^2 \ . \tag{5.1.37}$$

In Näherung gilt $X'_{\sigma 1b} = X_{\sigma 1a}$ und damit $X'_{ib} = X_{ia}$, so dass der konjugiert komplexe Wert von $\underline{i}'_{2b}$ aus (5.1.36b) zu

$$\underline{i}'^*_{2,b} = j\frac{(R'_{1b} + 2R'_2 + R'_v) + j(X_{ia} \pm X'_v)}{(R'_{1b} + 2R'_2 + R'_v)^2 + (X_{ia} \pm X'_v)^2}\ddot{u}_{ab}\underline{u}^*_1 \tag{5.1.38}$$

folgt. Für das Anzugsmoment erhält man nunmehr ausgehend von (5.1.33) durch Einführen von (5.1.36a) und (5.1.38)

$$\boxed{M_a = \frac{4p}{\omega_1}\frac{R'_2\ddot{u}_{ab}U_1^2}{Z_{ka}^2}\frac{-X_{ia}(R'_{1b} - R_{1a} + R'_v) \pm X'_v(R_{1a} + 2R'_2)}{(R'_{1b} + 2R'_2 + R'_v)^2 + (X_{ia} \pm X'_v)^2}} \ . \tag{5.1.39}$$

Wenn das äußere Schaltelement im Kreis des Hilfsstrangs als ohmscher Widerstand ausgeführt ist, geht (5.1.39) über in

$$\boxed{M_a = -\frac{4p}{\omega_1}\frac{R'_2\ddot{u}_{ab}U_1^2}{Z_{ka}^2}\frac{X_{ia}(R'_{1b} - R_{1a} + R'_v)}{(R'_{1b} + 2R'_2 + R'_v)^2 + X_{ia}^2}} \ . \tag{5.1.40}$$

Da $R'_{1b} \approx R_{1a}$ ist, folgt aus (5.1.40), dass für $R'_v = 0$ praktisch kein Anzugsmoment entwickelt wird. In diesem Fall stehen die Widerstände und Reaktanzen der beiden Ständerkreise im gleichen Verhältnis zueinander. Der Strom hat in beiden die gleiche Phasenlage, so dass keine Drehfeldkomponente des Luftspaltfelds entsteht. Für $R'_v \to \infty$ wird der Hilfsstrang stromlos, und man erhält wiederum kein Anzugsmoment. Es muss also in Abhängigkeit von R'_v ein Maximalwert des Anzugsmoments existieren. Um den zugehörigen Wert von $R'_{1b} + R'_v$ zu bestimmen, wird (5.1.40) nach $R'_{1b} + R'_v$ abgeleitet und zu Null gesetzt. Man erhält

$$(R'_{1b} + R'_v)_{\text{Ma max}} = R_{1a} + Z_{ka} \,. \tag{5.1.41}$$

Das Anzugsmoment beträgt für diesen Wert des Widerstands im Kreis des Hilfsstrangs

$$M_{a\,\text{max}} = -\frac{2p}{\omega_1} \frac{R'_2 \ddot{u}_{ab} U_1^2}{Z_{ka}^2} \frac{X_{ia}}{2R'_2 + R_{1a} + Z_{ka}} \,. \tag{5.1.42}$$

Praktisch wird R'_v oft dadurch realisiert, dass man den Hilfsstrang aus Widerstandsdraht herstellt.

Wenn man das äußere Schaltelement im Kreis des Hilfsstrangs als ideale Drosselspule ausführt, wird $Z'_v = jX'_v$, und im Fall der Ausführung als Kondensator gilt $Z'_v = -jX'_v$. Das Anzugsmoment nach (5.1.39) geht dann unter Beachtung der Vereinfachungsmöglichkeit $R'_{1b} \approx R_{1a}$ über in

$$M_a = \pm \frac{4p}{\omega_1} \frac{R'_2 \ddot{u}_{ab} U_1^2}{Z_{ka}^2} \frac{X'_v(R_{1a} + 2R'_2)}{(R_{1a} + 2R'_2)^2 + (X_{ia} \pm X'_v)^2} \,. \tag{5.1.43}$$

Dabei gilt das negative Vorzeichen wiederum für den Fall der Verwendung eines Kondensators. Man erkennt, dass M_a in Abhängigkeit von X'_v ein Maximum durchläuft. Es herrscht bei

$$X'_{v\text{Ma max}} = Z_{ka} \tag{5.1.44}$$

und beträgt

$$M_{a\,\text{max}} = \pm \frac{2p}{\omega_1} \frac{R'_2 \ddot{u}_{ab} U_1^2}{Z_{ka}^2} \frac{(R_{1a} + 2R'_2)}{Z_{ka} \pm X_{ia}} \,. \tag{5.1.45}$$

Während der Strom im Hilfsstrang beim Vorschalten eines Widerstands und erst recht eines Kondensators gegenüber dem im Hauptstrang vorauseilt, ist er bei Verwendung einer Induktivität nacheilend. Damit kehrt sich im Fall der Verwendung einer Induktivität die Drehrichtung der Drehfeldkomponente des Luftspaltfelds um, so dass sich auch das Vorzeichen des Anzugsmoments ändert. Aus (5.1.42) und (5.1.45) erhält man als Verhältnis der Beträge der maximalen Anzugsmomente

$$|M_{a\,\text{max}}|_R : |M_{a\,\text{max}}|_L : |M_{a\,\text{max}}|_C = \frac{X_{ia}}{2R'_2 + R_{1a} + Z_{ka}} : \frac{R_{1a} + 2R'_2}{Z_{ka} + X_{ia}} : \frac{R_{1a} + 2R'_2}{Z_{ka} - X_{ia}} \,.$$

5.1.4
Symmetrischer Betrieb

Bei Einphasenmaschinen mit nicht abschaltbarem Hilfsstrang hat dieser in erster Linie die Aufgabe, das Betriebsverhalten im stationären Betrieb bei einer bestimmten Belastung zu verbessern. Er wird entsprechend Bild 5.1.7 in Reihe mit einem Kondensator

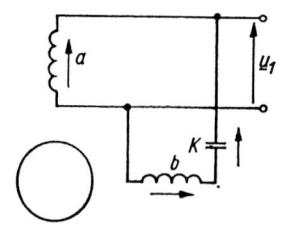

Bild 5.1.7 Einphasen-Induktionsmaschine mit nicht abschaltbarem Hilfsstrang (Kondensatormotor).
a Hauptstrang
b Hilfsstrang
K Kondensator

an dieselbe Spannung gelegt wie der Hauptstrang. Man bezeichnet die Einphasen-Induktionsmaschine mit nicht abschaltbarem Hilfsstrang auch als *Kondensatormotor*. Der Kondensator, hier als *Betriebskondensator* bezeichnet, wird so dimensioniert, dass für einen bestimmten Betriebszustand – z. B. 75% der Bemessungsleistung – nur ein mitlaufendes Drehfeld vorhanden ist. Dieser Betriebszustand wird als symmetrischer Betrieb bezeichnet. Er ist leicht überschaubar und wird im Folgenden behandelt. Für jeden anderen Betriebszustand, d. h. jeden anderen Belastungspunkt, muss auf die allgemeine Behandlung der Einphasenmaschine mit Hilfsstrang in den Abschnitten 5.1.2 und 5.1.3 zurückgegriffen werden.

Die beiden Ständerstränge bauen nur dann allein ein mitlaufendes Drehfeld auf, wenn ihre Durchflutungshauptwellen die gleiche Amplitude haben und zeitlich um $90°$ gegeneinander phasenverschoben sind. Es muss also

$$\frac{I_{1b}}{I_{1a}} = \frac{(w\xi_\mathrm{p})_{1a}}{(w\xi_\mathrm{p})_{1b}} = \ddot{u}_{ab}$$

und

$$\varphi_{\mathrm{i}1b} - \varphi_{\mathrm{i}1a} = \frac{\pi}{2}$$

bzw.

$$\frac{\underline{i}_{1b}}{\underline{i}_{1a}} = \mathrm{j}\ddot{u}_{ab} \tag{5.1.46}$$

sein. Auf das mitlaufende Drehfeld der Ständerströme wirkt der Läufer mit einem gleichartigen Drehfeld zurück, da er stets als symmetrische mehrsträngige Wicklung ausgebildet ist. Es existiert also auch als resultierendes Luftspaltfeld nur ein mitlaufendes Drehfeld. Dieses induziert in den beiden Ständersträngen Spannungen, deren Beträge der Beziehung

$$\frac{E_{1b}}{E_{1a}} = \frac{(w\xi_\mathrm{p})_{1b}}{(w\xi_\mathrm{p})_{1a}} = \frac{1}{\ddot{u}_{ab}}$$

gehorchen und die entsprechend dem räumlichen Versatz der beiden Strangachsen um $\varphi_{\mathrm{e}1b} - \varphi_{\mathrm{e}1a} = \pi/2$ gegeneinander phasenverschoben sind. Wenn die Spannungsabfälle $R\underline{i}$ und $\mathrm{j}X_\sigma\underline{i}$ in den beiden Ständersträngen näherungsweise vernachlässigt werden, gelten die gleichen Abhängigkeiten für die beiden Klemmenspannungen, d. h. es ist $U_{1b}/U_{1a} = 1/\ddot{u}_{ab}$ und $\varphi_{\mathrm{u}1b} - \varphi_{\mathrm{u}1a} = \pi/2$ bzw.

$$\frac{\underline{u}_{1b}}{\underline{u}_{1a}} = \mathrm{j}\frac{1}{\ddot{u}_{ab}}\ . \tag{5.1.47}$$

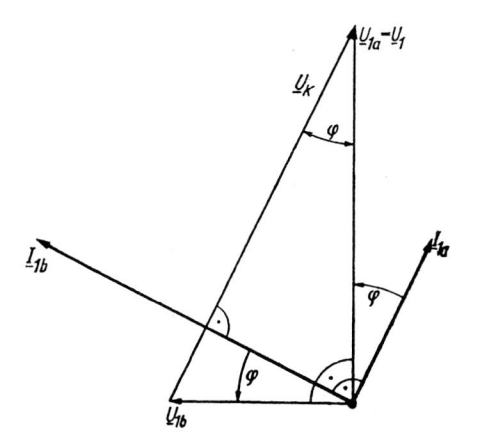

Bild 5.1.8 Zeigerbild der Ströme und Spannungen des Kondensatormotors

Die Spannungsgleichung des Kreises, der den Hilfsstrang enthält, folgt aus Bild 5.1.7 für den Betriebspunkt mit reinem Drehfeld zu

$$\underline{u}_{1b} + \underline{u}_{K} = \underline{u}_{1a} = \underline{u}_{1}, \tag{5.1.48}$$

wobei
$$\underline{u}_{K} = \frac{\underline{i}_{1b}}{j\omega_1 C} \tag{5.1.49}$$

ist. Im Bild 5.1.8 ist das Zeigerbild der Ströme und Spannungen des Kondensatormotors für den Betriebspunkt mit einem reinen Drehfeld dargestellt. Die erforderliche Kapazität des Kondensators folgt aus (5.1.49) zu

$$C = \frac{\underline{i}_{1b}}{j\omega_1 \underline{u}_{K}}. \tag{5.1.50}$$

Wenn $\underline{i}_{1b}$ mit Hilfe von (5.1.46) durch $\underline{i}_{1a}$ ersetzt und für $\underline{u}_{K}$ entsprechend (5.1.48) und (5.1.47) $\underline{u}_{K} = \underline{u}_{1a} - \underline{u}_{1b} = \underline{u}_{1a}(1 - j/\ddot{u}_{ab})$ eingeführt wird, erhält man aus (5.1.50)

$$C = \frac{\underline{i}_{1a}\ddot{u}_{ab}}{\omega_1 \underline{u}_{1a}(1 - j/\ddot{u}_{ab})} = \frac{U_{1a}I_{1a}\ddot{u}_{ab}}{\omega_1 U_{1a}^2 \sqrt{1 + (1/\ddot{u}_{ab}^2)}} \frac{e^{-j\varphi}}{e^{-j\arctan(1/\ddot{u}_{ab})}}$$

und $\varphi = \varphi_{u1a} - \varphi_{i1a}$. Daraus folgt für das zu realisierende Übersetzungsverhältnis

$$\boxed{\ddot{u}_{ab} = \frac{1}{\tan \varphi}} \tag{5.1.51}$$

und für die erforderliche Kapazität des Kondensators

$$C = \frac{U_{1a}I_{1a}\ddot{u}_{ab}}{\omega_1 U_{1a}^2 \sqrt{1 + (1/\ddot{u}_{ab}^2)}} = \frac{U_{1a}I_{1a}\cos^2 \varphi}{\omega_1 U_{1a}^2 \sin \varphi}.$$

Dabei ist $U_{1a}I_{1a}\cos\varphi$ die Wirkleistung des Hauptstrangs. Da mit (5.1.46) und (5.1.47) $\underline{u}_{1a}\underline{i}_{1a}^* = \underline{u}_{1b}\underline{i}_{1b}^*$ ist, gilt $U_{1a}I_{1a}\cos\varphi = P_{el}/2$. Damit erhält man endgültig

$$C = \frac{P_{el}}{\omega_1 U_1^2} \frac{\cos \varphi}{\sin \varphi} \tag{5.1.52}$$

oder unter Einführung der mechanischen Leistung $P_\mathrm{mech} = \eta P_\mathrm{el}$

$$\boxed{C = \frac{P_\mathrm{mech}}{2\omega_1 U_1^2 \eta} \frac{\cos\varphi}{\sin\varphi}} \;. \tag{5.1.53}$$

Die Werte von η und $\cos\varphi$ sind dabei jene, die in dem betrachteten Betriebspunkt vorliegen. Der so dimensionierte Kondensator ist klein gegenüber jenem nach (5.1.44), der ein maximales Anzugsmoment hervorrufen würde. Es wird deshalb mit dem Betriebskondensator nur ein Anzugsmoment von $0{,}2M_\mathrm{N} < M_\mathrm{a} < 0{,}4M_\mathrm{N}$ erzielt. Um ein größeres Anzugsmoment zu erhalten, kann während des Anlaufs zusätzlich ein Anlaufkondensator parallelgeschaltet werden. Mit $\eta \approx \cos\varphi \approx \sin\varphi \approx 1/2\sqrt{2}$, was im Bereich der für ausgeführte Einphasen-Induktionsmaschinen üblichen Werte liegt, folgt aus (5.1.53) bei $U_1 = 230\,\mathrm{V}$ als bezogene Größengleichung

$$\frac{C}{\mu\mathrm{F}} \approx 50 \frac{P_\mathrm{mech}}{\mathrm{kW}} \;.$$

Das sind nur ca. $2/3$ der Kapazität, die nach (2.4.79), Seite 388, für eine dreisträngige Induktionsmaschine bei Betrieb am Einphasennetz erforderlich ist.

5.2
Einphasen-Synchronmaschine

Einphasen-Synchronmaschinen im Bereich großer Leistungen werden vor allem als Generatoren für die Bahnstromversorgung eingesetzt. Dabei wird die Ankerwicklung so ausgeführt, dass ihr Wicklungsfaktor für die Harmonische mit der Ordnungszahl $\nu' = 3p$ verschwindet. Außerdem verzichtet man darauf, alle Nuten zu bewickeln, da sich die Durchflutungshauptwellen bzw. die Grundschwingungen der induzierten Spannungen von Spulen, die um mehr als $2\tau_\mathrm{p}/3$ gegeneinander versetzt sind, praktisch in Gegenphase befinden. Spulen des Wicklungsstrangs, die man jeweils außerhalb der Zonenbreite $\alpha'_\mathrm{ze} = 2\pi/(3p)$ im Bereich zwischen $2\pi/(3p)$ und π/p anordnet, liefern deshalb kaum einen Beitrag zur Durchflutungshauptwelle bzw. zur Grundschwingung der induzierten Spannung; sie erfordern aber entsprechendes Wicklungsmaterial. Aus der Sicht des Wicklungsfaktors ξ_p für die Hauptwelle ist dieser Sachverhalt dahingehend zu deuten, dass ξ_p bei Vergrößerung der Zonenbreite über $\alpha'_\mathrm{ze} = 2\pi/(3p)$ hinaus nahezu im gleichen Maß kleiner wird, wie die Windungszahl zunimmt. Um diese Überlegung zu quantifizieren, soll angenommen werden, dass die Zahl Q der Spulen je Spulengruppe hinreichend groß ist, um für $\nu'\alpha'_\mathrm{n} = \nu'\alpha'_\mathrm{ze}/Q$ mit $\sin\nu'\alpha'_\mathrm{n} \approx \nu'\alpha'_\mathrm{n}$ rechnen zu können. Man erhält dann aus (1.5.48a), Seite 103, für den Gruppenfaktor der Induktionsharmonischen mit der Ordnungszahl ν' (s. auch Bd. *Berechnung*

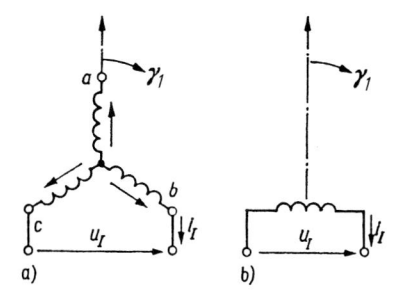

Bild 5.2.1 Zur Ermittlung der Beziehungen zwischen den Parametern.
a) Einphasig über zwei Stränge betriebene Dreiphasenmaschine;
b) Einphasenmaschine

elektrischer Maschinen, Abschn. 1.2.3.3)

$$\xi_{\mathrm{gr},\nu'} = \frac{\sin \nu' \frac{\alpha'_{\mathrm{ze}}}{2}}{Q \sin \nu' \frac{\alpha'_{\mathrm{n}}}{2}} = \frac{\sin \nu' \frac{\alpha'_{\mathrm{ze}}}{2}}{Q \sin \nu' \frac{\alpha'_{\mathrm{ze}}}{2Q}} \approx \frac{\sin \nu' \frac{\alpha'_{\mathrm{ze}}}{2}}{\nu' \frac{\alpha'_{\mathrm{ze}}}{2}}\ .$$

Das entspricht dem Verhältnis von Sehne zu Bogen eines Kreissegments mit dem Winkel $\nu' \alpha'_{\mathrm{ze}}$. Der Gruppenfaktor $\xi_{\mathrm{gr,p}\,1/1}$ für die Hauptwelle bei vollständiger Bewicklung verhält sich dann zum Gruppenfaktor $\xi_{\mathrm{gr,p}\,2/3}$, der bei einer Bewicklung von 2/3 der Nuten wirkt, wie

$$\frac{\xi_{\mathrm{gr,p}\,1/1}}{\xi_{\mathrm{gr,p}\,2/3}} = \frac{2}{\pi}\frac{2\pi}{3\sqrt{3}} = \frac{4}{3\sqrt{3}} = 0{,}77\ .$$

Für die Windungszahlen gilt dabei

$$\frac{w_{1/1}}{w_{2/3}} = \frac{3}{2} = 1{,}5\ ,$$

d. h. im Fall der vollständigen Bewicklung wird 50% mehr Wickelmaterial benötigt als bei der 2/3-Bewicklung. Dagegen verhalten sich die hinsichtlich der Hauptwelle wirksamen Windungszahlen wie

$$\frac{(w\xi_{\mathrm{p}})_{1/1}}{(w\xi_{\mathrm{p}})_{2/3}} = \frac{2}{3}\frac{4}{3\sqrt{3}} = \frac{2}{\sqrt{3}} = 1{,}15\ ,$$

d. h. sie wird nur um 15 % größer. Mit einer Zonenbreite von $\alpha'_{\mathrm{ze}} = 2\pi/(3p)$ wird außerdem erreicht, dass der Gruppenfaktor $\xi_{\mathrm{gr},3p}$ für die Harmonische mit $\nu' = 3p$ entsprechend (1.5.48a) wegen $\sin \nu' \alpha'_{\mathrm{ze}}/2 = \sin 3(2\pi/3)/2 = 0$ wird. Damit gewinnt man die Möglichkeit, mit Hilfe einer entsprechenden Sehnung der Einzelspulen Einfluss auf den Wicklungsfaktor der Harmonischen mit $\nu' = 5p$ und $7p$ zu nehmen (s. Abschn. 1.5.5, S. 92).

Die reale Ausführung der Ankerwicklung, die ein Drittel der Nuten unbewickelt lässt, führt offenbar auf die gleiche Verteilung stromdurchflossener Leiter und damit auf die gleichen Eigenschaften hinsichtlich Feldaufbau und Spannungsinduktion wie die Hintereinanderschaltung von zwei Strängen der dreisträngigen Wicklung, die der

Behandlung des Einphasenbetriebs der Dreiphasen-Synchronmaschine im Abschnitt 3.2.1.3 (s. Bild 3.2.3, S. 542) zugrunde lag. Dementsprechend kann das Verhalten der Einphasenmaschine aus dem Einphasenbetrieb der Dreiphasenmaschine abgeleitet werden. Um diese Erkenntnis auch quantitativ umsetzen zu können, ist es erforderlich, die Beziehungen zwischen den Parametern der beiden Maschinen herzuleiten. Dazu sind im Bild 5.2.1 die beiden Wicklungssysteme schematisch dargestellt. Die Spannungsgleichung der Einphasenmaschine lautet ausgehend von (1.6.1), Seite 138, unter Verwendung physikalischer Größen

$$u_\mathrm{I} = R_\mathrm{I} i_\mathrm{I} + L_{\sigma\mathrm{I}} \frac{di_\mathrm{I}}{dt} + (w\xi_\mathrm{p})_\mathrm{I} \frac{d\Phi_{\mathrm{h}\mathrm{I}}}{dt} \,, \tag{5.2.1}$$

wobei der Hauptfluss $\Phi_{\mathrm{h}\mathrm{I}}$ mit einer allgemeinen Induktionshauptwelle der Darstellung

$$B_\mathrm{p}(\gamma, t) = \hat{B}_\mathrm{p}(t) \cos[\gamma - \varphi_{B\mathrm{p}}(t)]$$

entsprechend auch (1.6.23), Seite 147, gegeben ist als

$$\Phi_{\mathrm{h}\mathrm{I}} = \hat{\Phi}_{\mathrm{h}\mathrm{I}} \cos[\varphi_{B\mathrm{p}}(t) - \gamma_{\mathrm{str\,I}}]$$

mit $\gamma_{\mathrm{str\,I}} = \pi/2$. Die allgemeine Induktionshauptwelle kann sich also zeitlich sowohl hinsichtlich ihrer Amplitude als auch hinsichtlich ihrer Lage im Koordinatensystem γ des Ständers beliebig ändern. Für eine Hintereinanderschaltung der Stränge b und c der über zwei Stränge betriebenen Dreiphasenmaschine nach Bild 5.2.1a erhält man dann mit $i_c = -i_b$

$$\begin{aligned} u_b - u_c &= 2R i_{1b} + 2L_\sigma \frac{di_b}{dt} \\ &\quad + (w\xi_\mathrm{p}) \frac{d}{dt} \hat{\Phi}_\mathrm{h}(t) \left[\cos\left(\varphi_{B\mathrm{p}}(t) - \frac{2\pi}{3}\right) - \cos\left(\varphi_{B\mathrm{p}}(t) + \frac{2\pi}{3}\right) \right] \\ &= 2R i_b + 2L_\sigma \frac{di_b}{dt} + \sqrt{3}(w\xi_\mathrm{p}) \frac{d}{dt} \hat{\Phi}_\mathrm{h}(t) \cos\left(\varphi_{B\mathrm{p}}(t) - \frac{\pi}{2}\right) \,. \end{aligned} \tag{5.2.2}$$

Dabei wurden die Parameter der Dreiphasenmaschine entsprechend der Vorgehensweise in den Abschnitten 3.1 bis 3.4 nicht besonders gekennzeichnet. Aus dem Vergleich von (5.2.1) und (5.2.2) ergeben sich als Beziehungen zwischen den Parametern

$$R = \frac{1}{2} R_\mathrm{I} \tag{5.2.3}$$

$$L_\sigma = \frac{1}{2} L_{\sigma\mathrm{I}} \tag{5.2.4}$$

$$(w\xi_\mathrm{p}) = \frac{1}{\sqrt{3}} (w\xi_\mathrm{p})_\mathrm{I} \,. \tag{5.2.5}$$

Die Beziehungen (5.2.3) bis (5.2.5) ordnen den Parametern des tatsächlichen Wicklungsstrangs I der Einphasenmaschine die Parameter einer äquivalenten dreisträngigen Wicklung zu, die über zwei Stränge einphasig betrieben wird. Damit lässt sich das gesamte Gleichungssystem, das im Abschnitt 3.1 für die Dreiphasen-Synchronmaschine zur Behandlung allgemeiner Betriebszustände hergeleitet wurde, auch für die Untersuchung von Betriebszuständen der Einphasenmaschine verwenden. Insbesondere kann das stationäre Betriebsverhalten unmittelbar aus dem Verhalten der einphasig über zwei Stränge stationär betriebenen Dreiphasenmaschine entwickelt werden. Die im Abschnitt 3.1 auftretenden Parameter wurden ausgehend von der allgemeinen Analyse der Dreiphasenmaschine im Abschnitt 1.8.3.2, Seite 253, eingeführt und sind über diesen Weg der Berechnung zugänglich. Das gilt dann auch für die Parameter der Einphasenmaschine, der mit Hilfe von (5.2.3) bis (5.2.5) eine äquivalente dreisträngige Wicklung zugeordnet wurde und deren Polsystem natürlich unverändert bleibt. Man erhält sämtliche Parameter unter Verwendung der zugeordneten dreisträngigen Wicklung und der tatsächlichen Ausführung des Polsystems.

Für den Wicklungsstrang der Einphasenmaschine lassen sich Induktivitäten bzw. Reaktanzen und auch Reaktanzoperatoren bzw. Induktivitätsoperatoren, die die Rückwirkung der Polradkreise mit erfassen, als $\psi = Li$ einführen. Wenn die Längsachse des Polsystems mit der Strangachse zusammenfällt, wird

$$\psi = L_{\mathrm{dI}}(\mathrm{p})i \;, \tag{5.2.6a}$$

und wenn die Querachse in der Strangachse liegt, wird

$$\psi = L_{\mathrm{qI}}(\mathrm{p})i \;. \tag{5.2.6b}$$

Die Induktivitätsoperatoren $L_{\mathrm{dI}}(\mathrm{p})$ und $L_{\mathrm{qI}}(\mathrm{p})$ lassen sich aus den gegebenen Geometrien der betrachteten Anordnung heraus berechnen; sie sind aber auch der Messung zugänglich. Um sie in das Gleichungssystem des Abschnitts 3.1 einzuführen, ist es erforderlich, ihre Beziehung zu den entsprechenden Parametern der Dreiphasenmaschine zu ermitteln. Der Zusammenhang zwischen Flussverkettung und Strom wurde bei der Dreiphasenmaschine entsprechend (3.1.95a), Seite 500, und (3.1.135), Seite 507, in bezogener Form als $\psi_\mathrm{d} = x_\mathrm{d}(\mathrm{p})i_\mathrm{d}$ und $\psi_\mathrm{q} = x_\mathrm{q}(\mathrm{p})i_\mathrm{q}$ eingeführt. Wenn man auf die bezogene Darstellung verzichtet, folgt aus Abschnitt 3.1.3, Seite 476, $\psi_\mathrm{d} = L_\mathrm{d}(\mathrm{p})i_\mathrm{d}$ und $\psi_\mathrm{q} = L_\mathrm{q}(\mathrm{p})i_\mathrm{q}$. Bei der Dreiphasenmaschine, die entsprechend Bild 5.2.1 über die Stränge b und c einphasig betrieben wird, herrscht Längsstellung des Polsystems im Fall $\vartheta = \pi/2$ und Querstellung im Fall $\vartheta = 0$ (vgl. Bild 3.1.2, S. 466). Mit $\vartheta = \pi/2$ und $i = i_b = -i_c$ erhält man aus (3.1.42a), Seite 479, $i_\mathrm{d} = 2/3\sqrt{3}i_\mathrm{q}$. Damit wird $\psi_\mathrm{d} = 2/3\sqrt{3}L_\mathrm{d}(\mathrm{p})i$, und mit (3.1.42b) folgt

$$\psi = \psi_b - \psi_c = \sqrt{3}\psi_\mathrm{d} = 2L_\mathrm{d}(\mathrm{p})i \;. \tag{5.2.7a}$$

Analog dazu ergibt sich für $\vartheta = 0$

$$\psi = \psi_b - \psi_c = \sqrt{3}\psi_\mathrm{q} = 2L_\mathrm{q}(\mathrm{p})i \;. \tag{5.2.7b}$$

Aus dem Vergleich zwischen (5.2.7a) und (5.2.6a) sowie zwischen (5.2.7b) und (5.2.6b) folgt

$$L_\mathrm{d}(\mathrm{p}) = \frac{1}{2}L_\mathrm{dI}(\mathrm{p}) \tag{5.2.8a}$$

$$L_\mathrm{q}(\mathrm{p}) = \frac{1}{2}L_\mathrm{qI}(\mathrm{p}) \, . \tag{5.2.8b}$$

Insbesondere erhält man für p $\to$ 0, d. h. bei Einspeisung von Gleichgrößen,

$$L_\mathrm{d} = \frac{1}{2}L_\mathrm{dI} \tag{5.2.9a}$$

$$L_\mathrm{q} = \frac{1}{2}L_\mathrm{qI} \tag{5.2.9b}$$

bzw.

$$X_\mathrm{d} = \frac{1}{2}X_\mathrm{dI} \tag{5.2.9c}$$

$$X_\mathrm{q} = \frac{1}{2}X_\mathrm{qI} \tag{5.2.9d}$$

sowie für p $\to \infty$, d. h. bei Einspeisung von Wechselgrößen hoher Frequenz,

$$L''_\mathrm{d} = \frac{1}{2}L''_\mathrm{dI} \tag{5.2.10a}$$

bzw.

$$X''_\mathrm{d} = \frac{1}{2}X''_\mathrm{dI} \tag{5.2.10b}$$

$$L''_\mathrm{q} = \frac{1}{2}L''_\mathrm{qI} \tag{5.2.10c}$$

bzw.

$$X''_\mathrm{q} = \frac{1}{2}X''_\mathrm{qI} \, . \tag{5.2.10d}$$

Bei der Behandlung der Einphasenmaschine empfiehlt es sich, auf die Anwendung bezogener Größen zu verzichten, um die Einführung von Bezugsgrößen ausgehend von den Bemessungsdaten der Einphasenmaschine zu vermeiden. Das ist im Zuge der bisherigen Betrachtungen auch geschehen. Im übrigen können alle Ergebnisse des Abschnitts 3.2.1.3, Seite 542, bzw. des gesamten Abschnitts 3.2.1 unter Beachtung der hier ermittelten Beziehungen zu den Parametern der Einphasenmaschine übernommen werden. Letztere wurden entsprechend (5.2.3) und (5.2.8a) bis (5.2.10d) als unmittelbar messbare Größen eingeführt. Dabei ist zu beachten, dass $R + R_2$ im Abschnitt 3.2.1 als bezogener Wert $r + r_2$ mit (5.2.3) sowie mit

$$\Delta R_\mathrm{I2} = -\frac{1}{4}\mathrm{Im}\{X_\mathrm{dI}(\mathrm{j}2\omega) + X_\mathrm{qI}(\mathrm{j}2\omega)\} \tag{5.2.11}$$

entsprechend (3.2.12) unter Beachtung von (5.2.8a,b) übergeht in

$$R + R_2 = R_\mathrm{I} + \Delta R_\mathrm{I2} \, , \tag{5.2.12}$$

wobei $\Delta R_\mathrm{I2} I^2$ den Verlusten im Polsystem zugeordnet ist, die durch das invers umlaufende Drehfeld hervorgerufen werden.

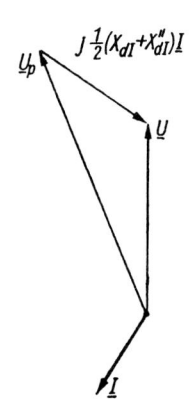

Bild 5.2.2 Zeigerbild der Einphasenmaschine als vereinfachte Vollpolmaschine bei Generatorbetrieb auf eine ohmsch-induktive Last unter Vernachlässigung des ohmschen Spannungsabfalls

Die Beziehungen zwischen der Klemmenspannung $\underline{u} = \underline{u}_b - \underline{u}_c$ sowie dem Strom $\underline{i} = \underline{i}_b = -\underline{i}_c$ und den symmetrischen Komponenten der Strangspannungen und Strangströme sind entsprechend Abschnitt 3.2.1.3 gegeben als

$$\underline{u} = -j\sqrt{3}\underline{u}_\mathrm{m} + j\sqrt{3}\underline{u}_\mathrm{g} \tag{5.2.13a}$$

$$\underline{i}_\mathrm{m} = -\underline{i}_\mathrm{g} = j\frac{1}{\sqrt{3}}\underline{i}. \tag{5.2.13b}$$

Die *Spannungsgleichungen der Grundschwingungsgrößen* erhält man für die Schenkelpolmaschine unmittelbar aus (3.2.28), Seite 543, mit X_2 entsprechend (3.2.14) zu

$$\boxed{\underline{u} = (R_\mathrm{I} + \Delta R_\mathrm{I2})\underline{i} + j\frac{1}{2}\left(X_\mathrm{dI} + \frac{X''_\mathrm{dI} + X''_\mathrm{qI}}{2}\right)\underline{i}_\mathrm{d} + j\frac{1}{2}\left(X_\mathrm{qI} + \frac{X''_\mathrm{dI} + X''_\mathrm{qI}}{2}\right)\underline{i}_\mathrm{q} + \underline{u}_\mathrm{p}} \tag{5.2.14}$$

und für die Vollpolmaschine aus (3.2.29) zu

$$\boxed{\underline{u} = (R_\mathrm{I} + \Delta R_\mathrm{I2})\underline{i} + j\frac{1}{2}(X_\mathrm{dI} + X''_\mathrm{dI})\underline{i} + \underline{u}_\mathrm{p}}. \tag{5.2.15}$$

Dabei wurde die Polradspannung $\underline{u}_\mathrm{p}$ nicht mehr besonders als zur Hintereinanderschaltung der Stränge b und c gehörig gekennzeichnet, da dies sofort daraus hervorgeht, dass im Fall des Leerlaufs $\underline{u} = \underline{u}_\mathrm{p}$ wird. Der Faktor $1/2$ vor den Reaktanzen kommt dadurch zustande, dass jeweils nur das mitlaufende oder das gegenlaufende Drehfeld im Sinne der Definition der Reaktanzen wirksam wird und deren Amplituden die Hälfte der Amplituden des Wechselfelds des Ankerstroms darstellen. Das (5.2.15) entsprechende Zeigerbild für den Fall ohmsch-induktiver Belastung ist im Bild 5.2.2 dargestellt (vgl. Bild 3.2.4, S. 544).

Mit Hilfe der Spannungsgleichungen (5.2.14) und (5.2.15) lassen sich $\underline{i}_\mathrm{d}$, $\underline{i}_\mathrm{q}$ und schließlich $\underline{i}$ bestimmen. Mit $\underline{i}$ liegen über (5.2.13b) $\underline{i}_\mathrm{m}$ und $\underline{i}_\mathrm{g}$ fest. Diese Größen sind deshalb als Grundlage weiterer Berechnungen zu verwenden.

Die Spannungsoberschwingung dreifacher Grundfrequenz, die als Folge der elektrischen und magnetischen Asymmetrie des Polysystems entsteht, erhält man ausgehend von (3.2.10), Seite 535, wenn man die entsprechenden Beziehungen für u_{bg} und u_{cg} ermittelt und $u_{bg} - u_{cg}$ bildet, mit $X_{dI}(j2\omega) = X_{dI}''$ und $X_{qI}(j2\omega) = X_{qI}''$ als

$$U_3 = \frac{3}{4}(X_{dI}'' - X_{qI}'')I \ . \tag{5.2.16}$$

Um die Spannungsoberschwingung dreifacher Grundfrequenz klein zu halten, ist es also erforderlich, die Asymmetrie des Polysystems, die bei großer Frequenz wirkt, klein zu halten.

Die einzelnen Komponenten des Drehmoments lassen sich aus Abschnitt 3.2.1.1, Seite 533, unter Einführung der für den Einphasenbetrieb gültigen Beziehungen für die symmetrischen Komponenten nach (5.2.13a,b) übernehmen. Dabei ist entsprechend der Vorgehensweise im vorliegenden Abschnitt zur Darstellung mit physikalischen Größen überzugehen. Die entsprechenden Beziehungen für die Bezugsgrößen finden sich im Abschnitt 3.1.3.1, Seite 476.

Das *Drehmoment des Mitsystems* nach (3.2.19), Seite 538, ergibt sich bei Übergang zu physikalischen Größen zu

$$m_m = M_m = \frac{p}{\omega_N}\frac{1}{2}(X_{dI} - X_{qI})I_d I_q + \frac{p}{\omega_N}U_p I_q \ . \tag{5.2.17}$$

Für das *Drehmoment des Gegensystems* erhält man aus (3.2.20) mit (5.2.11) sowie mit $X_{dI}(j2\omega) = X_{dI}''$ und $X_{qI}(j2\omega) = X_{qI}''$ entsprechend

$$m_g = \frac{p}{\omega_N}I^2 \Delta R_{I2} + \frac{p}{\omega_N}\frac{I^2}{2}(X_{dI}'' - X_{qI}'')\cos(4\omega_N t + \varphi_{mg}) \ . \tag{5.2.18}$$

Schließlich liefert (3.2.21) unter Beachtung von (3.2.22) und (5.2.13b) für das Drehmoment m_{mg}, das aus dem Zusammenwirken von Mit- und Gegensystem entsteht,

$$m_{mg} = \frac{p}{\omega_N}U''I\cos(2\omega_N t + \varphi_{mmg}) \ . \tag{5.2.19}$$

Bild 5.2.3 Ermittlung der Spannung $\underline{U}''$ entsprechend (5.2.20) aus dem Zeigerbild unter Vernachlässigung des ohmschen Spannungsabfalls

Dabei erhält man $\underline{u}'' = -\mathrm{j}\sqrt{3}\underline{u}''_\mathrm{m}$ aus (3.2.23) mit (3.2.11) für den Fall der vereinfachten Vollpolmaschine mit $X''_\mathrm{q} = X''_\mathrm{d}$ ausgehend von (5.2.12) und (5.2.13a) zu

$$\underline{u}'' = \underline{u} - (R_\mathrm{I} + \Delta R_\mathrm{I2})\underline{i} - \mathrm{j}\frac{1}{2}X''_\mathrm{dI}\underline{i} \,. \tag{5.2.20}$$

Im Bild 5.2.3 ist die Ermittlung von $\underline{u}''$ im Zeigerbild dargestellt.

Anhang

I
Integralsätze

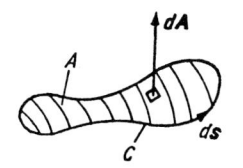

Integralsatz von *Stokes*: $\int_A \operatorname{rot} \boldsymbol{F} \cdot \mathrm{d}\boldsymbol{A} = \oint_C \boldsymbol{F} \cdot \mathrm{d}s$

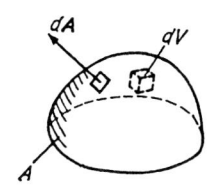

Integralsatz von *Gauß*: $\oint_A \boldsymbol{F} \cdot \mathrm{d}\boldsymbol{A} = \int_\mathcal{V} \operatorname{div} \boldsymbol{F} \, \mathrm{d}\mathcal{V}$

II
Beziehungen der Vektoranalysis

Nabla-Operator: $\nabla = \boldsymbol{e}_x \dfrac{\partial}{\partial x} + \boldsymbol{e}_y \dfrac{\partial}{\partial y} + \boldsymbol{e}_z \dfrac{\partial}{\partial z}$

Rechenregeln:

$$\nabla \varphi = \operatorname{grad} \varphi$$
$$\nabla \cdot \boldsymbol{F} = \operatorname{div} \boldsymbol{F}$$
$$\nabla \times \boldsymbol{F} = \operatorname{rot} \boldsymbol{F}$$
$$\nabla \cdot \varphi \boldsymbol{F} = \operatorname{div} \varphi \boldsymbol{F} = \boldsymbol{F} \nabla \cdot \varphi + \varphi \nabla \boldsymbol{F} = \boldsymbol{F} \operatorname{grad} \varphi + \varphi \operatorname{div} \boldsymbol{F}$$
$$\nabla \times \varphi \boldsymbol{F} = \operatorname{rot} \varphi \boldsymbol{F} = \varphi \nabla \times \boldsymbol{F} + \nabla \varphi \times \boldsymbol{F} = \varphi \operatorname{rot} \boldsymbol{F} - \boldsymbol{F} \times \operatorname{grad} \varphi$$
$$\nabla \nabla \times \boldsymbol{F} = \operatorname{div} \operatorname{rot} \boldsymbol{F} = 0$$
$$\nabla \times \nabla \varphi = \operatorname{rot} \operatorname{grad} \varphi = 0$$
$$\nabla \cdot \nabla \varphi = \operatorname{div} \operatorname{grad} \varphi = \Delta \varphi$$
$$\nabla \times \nabla \times \boldsymbol{F} = \operatorname{rot} \operatorname{rot} \boldsymbol{F} = \nabla \nabla \cdot \boldsymbol{F} - \Delta \boldsymbol{F} = \operatorname{grad} \operatorname{div} \boldsymbol{F} - \Delta \boldsymbol{F}$$
$$\nabla \cdot \boldsymbol{F}_1 \times \boldsymbol{F}_2 = \operatorname{div} \boldsymbol{F}_1 \times \boldsymbol{F}_2 = \boldsymbol{F}_2 \nabla \times \boldsymbol{F}_1 - \boldsymbol{F}_1 \nabla \times \boldsymbol{F}_2 = \boldsymbol{F}_2 \operatorname{rot} \boldsymbol{F}_1 - \boldsymbol{F}_1 \operatorname{rot} \boldsymbol{F}_2$$
$$\nabla \times \boldsymbol{F}_1 \times \boldsymbol{F}_2 = (\boldsymbol{F}_2 \cdot \nabla) \boldsymbol{F}_1 - (\boldsymbol{F}_1 \cdot \nabla) \boldsymbol{F}_2 + \boldsymbol{F}_1 (\nabla \cdot \boldsymbol{F}_2) - \boldsymbol{F}_2 (\nabla \cdot \boldsymbol{F}_1)$$
$$(\nabla \times \boldsymbol{F}) \times \boldsymbol{F} = (\boldsymbol{F} \cdot \nabla) \boldsymbol{F} - \frac{1}{2} \nabla (\boldsymbol{F} \cdot \boldsymbol{F})$$

III
Fourier-Koeffizienten

Allgemeine Definition

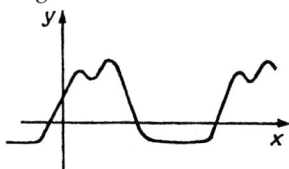

$$y = f(x) = \frac{a_0}{2} + a_1 \cos x + a_2 \cos 2x + \ldots + a_n \cos nx + \ldots$$
$$+ b_1 \sin x + b_2 \sin 2x + \ldots + b_n \sin nx + \ldots$$

$$a_n = \frac{1}{\pi} \int_0^{2\pi} f(x) \cos nx \, \mathrm{d}x \text{ mit } n \in \mathbb{N}_0$$

$$b_n = \frac{1}{\pi} \int_0^{2\pi} f(x) \sin nx \, \mathrm{d}x \text{ mit } n \in \mathbb{N}$$

Spezielle Funktionen

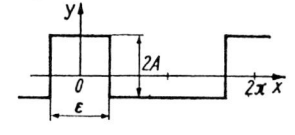

$$y = \frac{4}{\pi} A \left\{ \sin \frac{\varepsilon}{2} \cos x + \frac{1}{2} \sin 2\frac{\varepsilon}{2} \cos 2x \right.$$
$$\left. + \frac{1}{3} \sin 3\frac{\varepsilon}{2} \cos 3x + \ldots \right\}$$

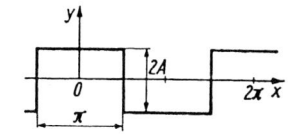

$$y = \frac{4}{\pi} A \left\{ \cos x - \frac{1}{3} \cos 3x \right.$$
$$\left. + \frac{1}{5} \cos 5x - \frac{1}{7} \cos 7x \pm \ldots \right\}$$

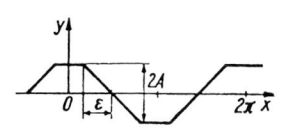

$$y = \frac{4}{\pi} \frac{A}{\varepsilon} \left\{ \sin \varepsilon \cos x - \frac{1}{3^2} \sin 3\varepsilon \cos 3x \right.$$
$$\left. + \frac{1}{5^2} \sin 5\varepsilon \cos 5x \mp \ldots \right\}$$

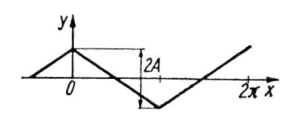

$$y = \frac{8}{\pi^2} A \left\{ \cos x + \frac{1}{3^2} \cos 3x + \frac{1}{5^2} \cos 5x + \ldots \right\}$$

IV
Trigonometrische Umformungen

$$\sin(\alpha \pm \beta) = \sin\alpha \cos\beta \pm \cos\alpha \sin\beta$$
$$\cos(\alpha \pm \beta) = \cos\alpha \cos\beta \mp \sin\alpha \sin\beta$$
$$\cos\alpha \cos\beta = \frac{1}{2}[\cos(\alpha - \beta) + \cos(\alpha + \beta)]$$
$$\sin\alpha \sin\beta = \frac{1}{2}[\cos(\alpha - \beta) - \cos(\alpha + \beta)]$$
$$\sin\alpha \cos\beta = \frac{1}{2}[\sin(\alpha - \beta) + \sin(\alpha + \beta)]$$
$$\cos\alpha + \cos\beta = 2\cos\frac{\alpha + \beta}{2} \cos\frac{\alpha - \beta}{2}$$
$$\cos\alpha - \cos\beta = -2\sin\frac{\alpha + \beta}{2} \sin\frac{\alpha - \beta}{2}$$
$$\sin\alpha + \sin\beta = 2\sin\frac{\alpha + \beta}{2} \cos\frac{\alpha - \beta}{2}$$
$$\sin\alpha - \sin\beta = 2\cos\frac{\alpha + \beta}{2} \sin\frac{\alpha - \beta}{2}$$
$$\cos^2\alpha = \frac{1}{2}(1 + \cos 2\alpha)$$
$$\sin^2\alpha = \frac{1}{2}(1 - \cos 2\alpha)$$
$$\cos^2\alpha + \sin^2\alpha = 1$$

V
Korrespondierende Funktionen der Laplace-Transformation

$f(p)$	$\mathcal{L}^{-1}\{f(p)\}$
$\dfrac{\text{konst.}}{p}$	konst.
$pg - g_{(a)}$	$\dfrac{dg}{dt}$
$\dfrac{1}{p} g$	$\displaystyle\int g\,dt$
$\dfrac{1}{p + \dfrac{1}{T}}$	$e^{-t/T}$
$\dfrac{1}{pT\left(p + \dfrac{1}{T}\right)}$	$1 - e^{-t/T}$
$\dfrac{1}{T_1 T_2 \left(p + \dfrac{1}{T_1}\right)\left(p + \dfrac{1}{T_2}\right)}$	$\dfrac{1}{T_1 - T_2}\left(e^{-t/T_1} - e^{-t/T_2}\right)$
$\dfrac{1}{T_1 T_2 p \left(p + \dfrac{1}{T_1}\right)\left(p + \dfrac{1}{T_2}\right)}$	$1 - \dfrac{T_1}{T_1 - T_2} e^{-t/T_1} + \dfrac{T_2}{T_1 - T_2} e^{-t/T_2}$
$\dfrac{1}{p^2 + 1}$	$\sin t$
$\dfrac{1}{p(p^2 + 1)}$	$1 - \cos t$
$\dfrac{1}{p^2 + p\dfrac{2}{T} + 1}$ für $T > 1$	$\dfrac{1}{\omega} e^{-t/T} \sin \omega t \;\; \text{mit}\;\; \omega = \sqrt{1 - \left(\dfrac{1}{T}\right)^2}$ für $T \gg 1 \Rightarrow e^{-t/T} \sin t$
$\dfrac{p}{p^2 + p\dfrac{2}{T} + 1}$ für $T > 1$	$\left(\cos \omega t - \dfrac{1}{\omega T} \sin \omega t\right) e^{-t/T} \;\; \text{mit}\;\; \omega = \sqrt{1 - \left(\dfrac{1}{T}\right)^2}$ für $T \gg 1 \Rightarrow e^{-t/T} \cos t$

VI
Faltungen

$$1 * e^{-t/T} \sin t = \frac{T^2}{1+T^2}\left[1 - e^{-t/T}\cos t - \frac{1}{T}e^{-t/T}\sin t\right]$$

$$\approx 1 - e^{-t/T}\cos t \text{ für } T \gg 1$$

$$e^{-t/T_1} * e^{-t/T_2} \sin t = \frac{1}{\left(\dfrac{1}{T_1} - \dfrac{1}{T_2}\right)^2 + 1}$$

$$\cdot \left[\left(\frac{1}{T_1} - \frac{1}{T_2}\right)e^{-t/T_2}\sin t - e^{-t/T_2}\cos t + e^{-t/T_1}\right]$$

$$\approx e^{-t/T_1} - e^{-t/T_2}\cos t \text{ für } T_j \gg 1$$

$$1 * e^{-t/T}\cos t = \frac{T^2}{1+T^2}\left[\frac{1}{T} - \frac{1}{T}e^{-t/T}\cos t + e^{-t/T}\sin t\right]$$

$$\approx e^{-t/T}\sin t \text{ für } T \gg 1$$

$$e^{-t/T_1} * e^{-t/T_2}\cos t = \frac{1}{\left(\dfrac{1}{T_1} - \dfrac{1}{T_2}\right)^2 + 1}$$

$$\cdot \left[\left(\frac{1}{T_1} - \frac{1}{T_2}\right)e^{-t/T_2}\cos t + e^{-t/T_2}\sin t + \left(\frac{1}{T_1} - \frac{1}{T_2}\right)e^{-t/T_1}\right]$$

$$\approx e^{-t/T_2}\sin t \text{ für } T_j \gg 1$$

Literaturverzeichnis

[1] Adkins, B.. The general theory of electrical machines. London: Chapman and Hall 1957
[2] Aichholzer, G.: Elektromagnetische Energiewandler. Wien, New York: Springer-Verlag 1975
[3] Alger, P.: The nature of polyphase induction machines. New York: J. Wiley 1951
[4] Bausch, H.: Die Feldverteilung in dreiphasigen Hysteresemotoren. Technische Rundschau (Bern) 58 (1966) 40, S. 17, 19, 21
[5] Bayer, K.-H.; Waldmann, H.; Weibelzahl, M.: Die Transvektor-Regelung für den feldorientierten Betrieb einer Synchronmaschine. Siemens-Z. 45 (1971) 10, S. 765–768
[6] Blaschke, F.: Das Verfahren der Feldorientierung zur Regelung der Drehfeldmaschine. Diss. Techn. Univers. Carola-Wilhelmina zu Braunschweig 1973
[7] Blaschke, F.; Böhm, K.: Verfahren zur Felderfassung bei der Regelung stromrichtergespeister Asynchronmaschinen. messen, steuern, regeln (ap) 18 (1975) 12, S. 278 – 280
[8] Blumenthal; M.: Die feldorientiert betriebene, umrichtergespeiste Asynchronmaschine mit Statorstromeinprägung. Diss. Universität Fridericiana Karlsruhe (Technische Hochschule) 1975
[9] Bödefeld, Th.; Sequenz, H.: Elektrische Maschinen. 8. Aufl. Wien, New York: Springer-Verlag 1971
[10] Boer, P.; Jordan, H.; Freise, W.: Wechselstrommaschinen. Braunschweig: Vieweg & Sohn 1968
[11] Bonfert, K.: Betriebsverhalten der Synchronmaschine. Berlin, Göttingen, Heidelberg: Springer-Verlag 1962
[12] Canay, I. M.: Verbesserte Theorie zur Behandlung des unterschiedlichen Stabilitätsverhaltens von Synchrongeneratoren und -motoren. Konferenzbericht *Ein Jahrhundert industrieller Elektromaschinenbau – 40 Jahre volkseigener Elektromaschinenbau*, S. 141. Dresden 1988
[13] Canders, W.-R.: Transversalflußmotor – Antrieb mit optimierter Kraft- und Leistungsdichte. Antriebstechnik 32 (1993), S. 62 – 66
[14] Čeřovsky, Z.: Die optimale Regelung der mittels Umrichter gespeisten Asynchronmaschine. Bulletin SEV (1978) 10, S. 510 – 512
[15] Concordia, Ch.: Synchronous machines. New York: J. Wiley 1951
[16] Crary, S.: Power system stability. Vol. I: Steady state stability, 1945: Vol. II: Transient stability, 1947. New York: J. Wiley
[17] Dempewolf, K.-H.; Ponick, B.: Modelling of permanent magnet synchronous machines for simulations of transient phenomena. European Conference on Power Electronics and Applications 2007
[18] Ecklebe, P.: Ein vereinfachtes Verfahren zur feldorientierten Regelung der Asynchronmaschine mit Kurzschlußläufer. Elektrie 32 (1978) 9, S. 465
[19] Eder, E.: Stromrichter zur Drehzahlsteuerung von Drehfeldmaschinen. Teil 3: Umrichter, Teil 4: Der Stromrichtermotor. Siemens AG 1975
[20] Frohne, H.: Über den einseitig magnetischen Zug in Drehfeldmaschinen. Archiv für Elektrotechnik 51 (1968), S. 300 – 308
[21] Gibbs, W.: Tensors in electric machine theory. London: Chapman and Hall 1952
[22] Habiger, E.: Two-phase servo motors. Berlin: VEB Verlag Technik 1973
[23] Heller, D.: Die Wahl der Nutenzahl bei Käfigankermotoren. IX. Internat. Wiss. Kolloquium der Technischen Hochschule Ilmenau, 1964. Elektromaschinenbau, S. 99 – 119

Theorie elektrischer Maschinen, Germar Müller und Bernd Ponick
Copyright © 2009 WILEY-VCH Verlag GmbH & Co. KGaA, Weinheim
ISBN: 978-3-527-40526-8

[24] Hochrainer, A.: Symmetrische Komponenten in Drehstromsystemen. Berlin, Göttingen, Heidelberg: Springer-Verlag 1957
[25] Huth, G.: Beschreibung der transienten Stromverdrängung in Käfigläuferstäben über numerisch bestimmte Ersatznetzwerke. Archiv für Elektrotechnik 70 (1987), S. 31 – 37
[26] IEC 60034-2-1 (DIN EN 60034-2-1): Standard methods for determining losses and efficiency from tests (excluding machines for traction vehicles)
[27] IEC 60034-4 (DIN EN 60034-4): Methods of determining synchronous machine quantities from tests
[28] Jones, Ch. V.: The unified theory of electrical machines. London: Butterworth 1967
[29] Jordan, H.: Drehmomentsättel bei Induktionsmotoren. Acta Technica CSVA 10 (1965) 2, S. 135 – 155
[30] Jordan, H.; Reismayer, P.; Weis, M.: Verminderung der Schrägungsstreuung bei Käfigläufermotoren infolge der mangelhaften Isolation der Läuferwicklung gegenüber dem Läufereisen. E u. M 84 (1967) 4, S. 143 – 148
[31] Jordan, H.; Weis, M.: Nutenschrägung und ihre Wirkung. ETZ-A 88 (1967) 21, S. 528
[32] Jordan, H.; Weis, M.: Asynchronmaschinen. Braunschweig: Vieweg & Sohn 1969
[33] Jordan, H.; Weis, M.: Synchronmaschinen I u. II. Braunschweig: Vieweg & Sohn 1970 u. 1971
[34] Jordan, H.; Klima, V.; Kovács, P.: Asynchronmaschinen – Funktion, Theorie, Technisches. Budapest: Akadémiai Kiadó 1975
[35] Jordan, H.; Frohne, H.: Ermittlung der Eigenfrequenz des Ständers von Drehstrommotoren. Lärmbekämpfung 1 (1957)
[36] Jordan, H.; Richter, E.; Röder, G.: Ein einfaches Verfahren zur Messung der Zusatzverluste in Asynchronmaschinen, ETZ-A 88 (1967), S. 577 – 583
[37] Jucker, E.: Über das physikalische Verhalten kleiner Gleichstrommotoren mit eisenlosem Läufer. Portescap, La Chaux-de-Fonds, Schweiz, 1974
[38] Justus, O.: Dynamisches Verhalten elektrischer Maschinen. Braunschweig, Wiesbaden: Vieweg & Sohn 1993
[39] Ketteler, K.-H.: Über die Wirkung von parallelen Wicklungszweigen auf das Oberfeldverhalten von Käfigläufern. Diss. Universität Hannover 1983
[40] Kleinrath, H.: Stromrichtergespeiste Drehfeldmaschinen. Wien, New York: Springer-Verlag 1980
[41] Kolbe, J.: Zur numerischen Berechnung und analytischen Nachbildung von Drehstrommaschinen. Diss. Hochschule der Bundeswehr Hamburg 1983
[42] Kovács, K. P.: Betriebsverhalten von Asynchronmaschinen. Berlin: VEB Verlag Technik 1957
[43] Kovács, K. P.; Rácz, I.: Transiente Vorgänge in Wechselstrommaschinen. Bd. I u. II. Budapest: Verlag der Ungarischen Akademie der Wissenschaften 1959
[44] Kovács, K. P.: Symmetrische Komponenten in Wechselstrommaschinen. Basel: Verlag Birkhäuser 1962
[45] Kremser, A.: Theorie der mehrsträngigen Bruchlochwicklungen und Berechnung der Zweigströme in Drehfeldmaschinen. Düsseldorf: VDI-Verlag 1988
[46] Laible, Th.. Die Theorie der Synchronmaschine im nichtstationären Betrieb. Berlin, Göttingen, Heidelberg: Springer-Verlag 1952
[47] Lăzăroiu, P. F.; Slaiher, S.: Elektrische Maschinen kleiner Leistung. Berlin: VEB Verlag Technik 1976
[48] Leonhard, W.: Regelung elektrischer Antriebe. Berlin, Heidelberg, New York: Springer-Verlag 2000
[49] Lyon, W. V.: Transient Analysis of Alternating-Current Machinery. New York: J. Wiley 1954
[50] Müller, G.: Die Komponenten der Stranggrößen dreisträngiger elektrischer Maschinen. Wiss. Z. Elektrotechnik 2 (1963) 1, S. 161 – 182
[51] Müller, G.: Über die Umformung mehrsträngiger Wicklungen in äquivalente zweisträngige. Wiss. Z. Elektrotechnik 3 (1964) 1/2, S. 34 – 79
[52] Müller, G.: Fehlerquellen bei der Bestimmung der Parameter von Synchronmaschinen aus der Auswertung des Stoßkurzschlußvorganges und des Vorganges bei der Aufhebung des Kurzschlusses. Wiss. Z. der Hochschule für Elektrotechnik Ilmenau 9 (1963) 2, S. 143 – 149
[53] Müller, G.: Eine Methode zur rechnerischen Vorausbestimmung der Reaktanzen und Zeitkonstanten von Synchronmaschinen. IX. Internat. Wiss. Kolloquium der Technischen Hochschule Ilmenau, 1974. Elektromaschinenbau, S. 39 – 55

[54] Müller, G.; Ponick, B.: Grundlagen elektrischer Maschinen, 9. Aufl. Weinheim, Berlin, New York, Tokyo: Wiley-VCH 2006
[55] Müller, G.; Vogt, K.; Ponick, B.: Berechnung elektrischer Maschinen, 6. Aufl. Weinheim, Berlin, New York, Tokyo: Wiley-VCH 2007
[56] Nasar, S. A.; Unnewehr, L. E.: Electromechanics and electric machines. New York, Santa Barbara, Chichester, Brisbane, Toronto: J. Wiley & Sons 1979
[57] Nguyen, P. Q.: Praxis der feldorientierten Drehstromantriebsregelungen. Ehningen: Expert 1993
[58] Nürnberg, W.: Die Asynchromaschine. Berlin, Göttingen, Heidelberg: Springer-Verlag 1952
[59] Paszek, W.: Transientes Verhalten der Induktionsmaschine mit Hochstabläufer, Archiv für Elektrotechnik 63 (1981), S. 77 – 86
[60] Polit, B. B.: Einheitliche Untersuchung der elektrischen Maschinen mit Hilfe des Poynting-Vektors und des elektromagnetischen Energieflusses im Luftspaltraum. Z. angewandte Mathematik und Physik 31 (1980) S. 384 – 412
[61] Ponick, B.: Fehlerdiagnose bei Synchronmaschinen. Düsseldorf: VDI-Verlag 1995
[62] Ponick, B.: Das Luftspaltmoment elektrischer Maschinen unter Berücksichtigung parametrischer Effekte. Archiv für Elektrotechnik 81 (1998), S. 291 – 296
[63] Ponick, B.: Einfluß der Nutschrägung auf die axiale Verteilung des Luftspaltfelds elektischer Maschinen, Elektrie 54 (2000), S. 248 – 252
[64] Purkermani, M.: Beitrag zur Erfassung der Sättigungsoberfelder in Drehstrom-Asynchronmaschinen. Diss. Technische Universität Hannover 1971
[65] Richter, C.: Servoantriebe kleiner Leistung. 1. Aufl. Weinheim, New York, Basel. Cambridge: VCH 1993
[66] Richter, R.: Elektrische Maschinen. Bd. I: Allgemeine Berechnungselemente – Die Gleichstrommaschinen. Basel: Verlag Birkhäuser 1951. Bd. II: Synchronmaschinen und Einankerumformer. Basel: Verlag Birkhäuser 1953. Bd. IV: Die Induktionsmaschinen. Basel: Verlag Birkhäuser 1954. Bd. V: Stromwendermaschinen für ein- und mehrphasigen Wechselstrom – Regelsätze. Berlin, Göttingen, Heidelberg: Springer-Verlag 1950
[67] Rießland, E.: Wirkungsweise und Betriebsverhalten des Hysteresemotors. Elektrie 16 (1962) 4, S. 123 – 128
[68] Rüdenberg. R.: Elektrische Schaltvorgänge in geschlossenen Stromkreisen von Starkstromanlagen. Berlin, Göttingen, Heidelberg: Springer-Verlag 1953
[69] Sarma, M.: Synchronous machines. New York, London, Paris: Gordon and Breach science publishers 1979
[70] Schuisky, W.: Elektromotoren. Wien: Springer-Verlag 1951
[71] Schuisky, W.: Induktionsmaschinen. Wien: Springer-Verlag 1957
[72] Schröder, D.: Elektrische Antriebe – Regelung von Antriebssystemen. Berlin, Heidelberg, New York: Springer-Verlag 2001
[73] Seefried, E.; Müller, G.: Frequenzgesteuerte Drehstrom-Asynchronantriebe. Berlin, München: Verlag Technik 1992
[74] Seinsch, H. O.: Oberfelderscheinungen in Drehfeldmaschinen. 1. Aufl. Stuttgart: Teubner 1991
[75] Seinsch, H. O.: Ausgleichsvorgänge bei elektrischen Antrieben. 1. Aufl. Stuttgart: Teubner 1991
[76] Simonyi, K.: Theoretische Elektrotechnik, 10. Aufl. Leipzig, Berlin, Heidelberg: Barth, Ed. Deutscher Verlag der Wissenschaften 1993
[77] Taegen, F.: Einführung in die Theorie der elektrischen Maschinen. Braunschweig: Vieweg & Sohn 1971
[78] Woodson, H. H.; Melcher, J. R.: Electromechanical dynamics, part I, II u. III. New York, London, Sydney: J. Wiley & Sons 1968

Sachverzeichnis

a
Abdämpfung 266
Abplattungsfaktor 354
Admittanzoperator 507, 508, 512, 513
Allgemeine Maschinentheorie 47
Ankerinduktivität 643
Ankerzeitkonstante 616, 650
Anlauf, asynchroner 579
Anlaufschaltung 389
Anlaufwärme 422
Anzugsmoment 363, 405, 435, 646, 675
Anzugsstrom 646
Augenblickswert, komplexer 232, 234, 302, 317, 374, 485
Ausgangszustand 613

b
Baugröße 31
Behandlungsebene 47
Belastungsstoß, Gleichstrommaschine 660
Betrieb, nichtstationärer 418, 578, 649
Betrieb, stationärer 180
Betrieb, symmetrischer 679
Betrieb, unsymmetrischer 361
Betriebsbedingungen 470, 493, 545
Betriebskondensator 680
Betriebskreis 341
Betriebszustand
– außerordentlicher stationärer 49
– nichtstationärer 50
Bewegungsgleichung 160, 209
– Gleichstrommaschine 643
– Induktionsmaschine 285
– Schenkelpolmaschine 481
– Stromverdrängungsläufer 315
Bewegungsspannung 163
Bewegungsvorgang 495
Bezugspolpaar 78
Bezugssystem 477

bizirkulare Quartik 344, 513
Bremsschaltung 389
Bruchlochwicklung 69

c
Carterscher Faktor 128

d
Dämpfungsdekrement 547, 610
Dämpfungskonstante 586, 608
Dämpfungsmoment 595
Dauerkurzschlussstrom 618
Doppelkäfigläufer 316, 343
Drehfeld 84
Drehfeld, elliptisches 88
Drehfeldtheorie 55, 88
Drehmoment 160, 428, 433, 469, 554, 584
– asynchrones 41
– aus Feldgrößen 21
– aus Spannungstensor 20
– Dämpfungs- 595
– dynamisches 595, 597, 601, 605
– dynamisches synchronisierendes 610
– Einphasen-Induktionsmaschine 673
– elektrodynamisches 41
– Ermittlung 177
– Gegensystem 688
– Gleichstrommaschine 193
– Hysterese- 42, 200
– Induktionsmaschine 195, 285
– Mitsystem 688
– mittleres 584
– Oberwellen- 397, 408, 574, 575
– pulsierendes 586
– Reaktions- 520
– Reluktanz- 42, 201, 520
– Schenkelpolmaschine 475, 481
– Stoßkurzschluss- 633
– Stromunsymmetrie 537
– Stromverdrängungsläufer 315

Theorie elektrischer Maschinen, Germar Müller und Bernd Ponick
Copyright © 2009 WILEY-VCH Verlag GmbH & Co. KGaA, Weinheim
ISBN: 978-3-527-40526-8

– synchrones 41, 520
– Synchronmaschine 196
– Widerstands- 213
Drehmomentbildung 27
Drehmomentmaßstab 339
Drehwelle 80
Drehzahl-Drehmoment-Kennlinie 340, 352, 647
Drehzahl-Drehmoment-Verhalten 32
Drehzahlstellung 214
Durchflutung, Stirnraum- 116
Durchflutungsgesetz 8
– Integralform 45
Durchflutungshauptwelle 251
– resultierende 221
Durchflutungsverteilung 92
– Einzelkäfig 236
Durchmesserreaktanz 312, 329
Durchmesserschritt 64
Durchmesserspule 96
dynamische Kennlinie 52

e
Eigenfrequenz 547
Eigenkreisfrequenz 610
Eigenzeitkonstante, Querdämpferwicklung 507
einachsiger Betrieb 380
Einphasen-Induktionsmaschine 665
Einphasen-Synchronmaschine 682
Einphasenbetrieb 362, 379, 542
Einschalten 430
Einzelkäfig 236
Elektronikmotor 42, 180, 576
Energiesatz 165
Energiesparmotor 33
Entkopplung 461
Erregerstrom, Kurzschluss 619
Ersatzanordnung 23
Ersatzdämpferwicklung 465
Ersatzschaltbild, dynamisches 605
Ersatzwicklung
– dreisträngige 245
– zweisträngige 241
Exzentrizität 124
Exzentrizitätsharmonische 136
Exzentrizitätsoberwelle 135

f
Fehlwinkel 590
Feldberechnung, numerische 77
Felddämpfungsfaktor 266
Felderregerkurve 92

Feldkurve 78
feldorientierte Regelung 450, 637
Feldorientierung 298
Feldschwächung 366
Feldwellenparameter 55
Flusskonstanz 60
Flussverdrängung 140
Flussverkettung 162, 220, 250
– Streufeld 158
– Wicklungsstrang 145
Flussverkettungsgleichung 291, 317, 497
– Doppelkäfigläufer 319
– Schenkelpolmaschine 473, 479
Formelzeichen XX
Frequenz, variable 365, 548
Frequenzstellung 365
Frequenzverhältnis 366, 548
Frohne 124

g
Görgessattel 574, 583
Gegenfeldreaktanz 536
Gegenfeldwiderstand 536
Gegensystem 303, 359, 534
Geräusche, magnetische 206, 415, 576
Gesamtstreuinduktivität 425
Gesamtstreureaktanz 328
Gleichfeld 84
Gleichstrommaschine, elektronisch kommutierte 42
Gleichungssystem
– Gleichstrommaschine 641
– Induktionsmaschine 285
– Synchronmaschine 524
Görges 118
Grundwelle 81
Gruppenfaktor 103

h
Harmonische 79
– Luftspaltfeld 82
Hauptelement 23
Hauptfeld 63
Hauptfeldspannung 603
Hauptfeldzeitkonstante 433
Hauptflussverkettung 139, 221, 251
– Einzelkäfig 239
Hauptstrang 665
Hauptwelle 55, 81
Hauptwellendrehfeld 87
Hauptwellenfeld 63
Hauptwellengleichfeld 84
Hauptwellenverkettung 56, 219, 465

Hauptwellenwechselfeld 84
heteropolares Feld 34
Hilfsstrang 665
Hochlauf
– quasistationärer 588
– Synchronmaschine 579
Hochstabläufer 341
homopolares Feld 37, 46
Hybridschrittmotor 38
Hysteresemotor 199

i
Induktion, unipolare 14
Induktionsgesetz 9
– Integralform 44
Induktionsverteilung 78, 126
– Hauptwelle 221
Induktivität, bezogene 476
Inversreaktanz 536
Inverswiderstand 536

j
Jordan 55, 134, 207

k
Kühlung 32
Kippmoment 340
Kippschlupf 340
Klauenpolprinzip 39
Kleben 409
Kloss'sche Gleichung 341, 584
Koenergie, magnetische 170, 184
Kolbe 122
komplexer Augenblickswert 232, 302, 374, 485
Kondensatormotor 680
Konstantspannungsgenerator 32
konstruktive Besonderheiten 33
Koordinatentransformation 458
Koordinatenwandlung 458
Kraft, Volumdichte 16
Kraft-Energie-Beziehung 168
Kraft-Koenergie-Beziehung 169
Kreisdiagramm, Auswertung 338
Kreisdrehfeld 84
Kremser 114
Kriterium gleicher Flächen 611
Kronecker-Symbol 18
Kurzschluss 355
– einpoliger 541
– zweipoliger 540
Kurzschlusskäfig 119
Kurzschlussstrom, idealer 328

Kurzschlussvorgang 614
– Betriebsbedingungen 439
Kurzschlusszeitkonstante 503
Kusa-Schaltung 390

l
Länge, ideelle 77
Längszug auf Flussröhre 20
Läuferart 31
Läuferrestfeld 263
Laplace-Transformation 497
Laststoß
– elektrischer 606
– mechanischer 607
Leerlauf 354
Leerlaufdrehzahl, ideelle 647
Leerlaufstrom
– Gleichstrommaschine 646
– ideeller 327
Leerlaufzeitkonstante 502
Leistung, mechanische 647
Leistungsfluss 32
Leistungsmaßstab 335
Lochzahl 63
Lorentz-Kraft 16
Luftspaltfeld 54, 77
– Harmonische 82
Luftspaltleitwert 121
Lyon 236

m
Magnetfeld, Aufbau 33
magnetische Geräusche 206, 415, 576
Maxwellscher Spannungstensor 16, 20
Mitsystem 303, 357, 533
Mittelfrequenzgenerator 38
Modellbildung 43

n
Netzbetrieb 517, 524
Netzkoordinaten 305
Netzumschaltung 447
nichtstationärer Betrieb 418, 578, 649
Normalanlaufzeit 217
Normmotor 33
Nürnberg 311
Nullinduktivität 256, 360
Nullsystem 360, 537
Nutenspannung 148
Nutenspannungsstern 147, 149
Nutenstellung 205, 409
Nutharmonische 105

Nutteilungswinkel 103, 237
Nutungsharmonische 91, 133

o
Oberfeld 56
Oberfeldmotor 205
Oberfeldschlupf 258
Oberschwingung 56
Oberwelle 56
Oberwellenerscheinung 571
Oberwellenmoment
– asynchrones 397, 574
– synchrones 408, 575
Oberwellenschlupf 258
Oberwellenspektrum 393, 571
Oberwellenstreuung 57
Operatorenkoeffizient 500, 507
Ordnungszahl, bezogene 79
Ossanna-Kreis 330

p
parallele Zweige 270
parametrische Felder 129
Park-Komponenten 466
Pendelung, erzwungene 544
Pol, Polpaar 34
Polradspannung 517
Polradwinkel 196, 518
Polteilung 64
Polumschaltung 423
Pulsbreitenmodulation 276

q
quasistationärer Betrieb 214
quasistationärer Hochlauf 588
quasistationäres Magnetfeld 3
Quellenfreiheit 8
Querdruck auf Flussröhre 20

r
Rücktransformationsbeziehung 473
Raumzeiger 83, 234, 236
Raumzeigermodulation 278
Reaktanz
– gesättigte 354
– subtransiente 508
– transiente 506
Reaktanzen, charakteristische 327
Reaktanzoperator 500, 508, 512
Reaktionsmoment 520
Regelung, feldorientierte 450, 637
Regelvorgang 524
Reluktanzmaschine 42

Reluktanzmoment 201, 520
Resonanzmodul 547
Restfeld 263
Restfeldspannung 449
Ringstrom 240
rotatorisch induzierte Spannung 142, 153

s
Sättigungseinfluss 353
Sättigungsharmonische 91, 137, 355
Sattelmoment 353
Schaltwärme 422
Schenkelpolmaschine 520
– Gleichungssystem 472
– ohne Dämpferwicklung 597
Schieflast, relative 542
Schleifenwicklung 63
Schrägung 154
Schrägungsfaktor 156
Schrittmotor 33
Schutzgrad 32
Sehnung 66
Sehnungsfaktor 95
Spannung
– hinter Gesamtstreureaktanz 426
– hinter Subtransientreaktanz 634
– induzierte 142
– nicht sinusförmige 551
– treibende 634, 635
Spannungsgleichung 162, 220, 291, 316, 599
– Anker 497, 522, 643
– Doppelkäfigläufer 319
– dynamische 599, 602, 604
– Einzelkäfig 240
– Erregerwicklung 642
– Gegensystem 536
– Grundschwingung 687
– Polsystem 480, 497
– Schenkelpolmaschine 474, 478
Spannungsinduktion 138
– Kommutatorwicklung 150, 159
– Streufeld 158
Spannungssystem, unsymmetrisches 356
Spannungssensor, Maxwellscher 16, 20
Spannungszwischenkreis-Umrichter 273
Spule 63
– pseudostationäre 71
Spulenfaktor 95
Spulengruppe 63
– geteilte 119
Spulenspannungsstern 149
Stabilität, dynamische 610

Stabwicklung 63
stationärer Betrieb 213, 455
– Gleichstrommaschine 646
– Induktionsmaschine 327, 355
– Synchronmaschine 516, 532
Steuerbedingung 366, 549
Steuerwinkel 562
Stillstand 430
Stirnraumdurchflutung 116
Stoßerregung 611
Stoßfaktor 619
Stoßkurzschluss
– dreipoliger 438, 611
– zweipoliger 443, 627
Stoßkurzschlussdrehmoment 633
Stoßkurzschlussversuch 612, 626
Stoßkurzschlusswechselstrom 618
Stranggrößen, α-β-0-Komponenten 232
Strangwindungszahl 106
Streufeld 54
– Flussverkettung 158
– Spannungsinduktion 158
Streufeldzeitkonstante 433
Streuflussverkettung 220
– Einzelkäfig 240
Streuinduktivität 139, 159
Streukoeffizient 502
– der Gesamtstreuung 328
– Oberwellenstreuung 240
Streuung, doppeltverkettete 57
Strom-Drehmoment-Kennlinie 647
Strombelag 23
Strommaßstab 334
Stromortskurve 329, 344
Stromrichtermotor 42, 180, 196, 555, 576
Stromverdrängung 140, 268, 341
Stromverdrängungsläufer 314
Stromwendespannung 160
Stromzwischenkreis-Umrichter 279
Subtransientreaktanz 501
symmetrische Komponenten 59, 356, 357, 533
symmetrischer Betrieb 679
Synchronisation 590
Synchronisierziffer, komplexe 546, 547

t
torsionskritische Drehzahl 589
Trägheitskonstante 301, 481
Transformationsmatrix 473
transformatorisch induzierte Spannung 142, 153
Transversalflussmaschine 38

u
Übergangskurzschlussstrom 618
Übersetzungsverhältnis 224, 477
– komplexes 310, 311, 324
– natürliches 312
– reelles 309, 322
Umkehrverbindung 69
Umrichterbetrieb 273
unipolare Induktion 14
Unipolarfeld 91
unsymmetrischer Betrieb 533, 542
Unterwelle 70, 79
Urwicklung 70, 99, 144

v
Verkürzungsschritt 101
Verluste, zusätzliche 414, 575
Verwendungszweck 33
Vollpolmaschine 520
– vereinfachte 466, 486, 489, 510, 587, 602, 633

w
Wechselfeld 84
Welle
– fortschreitende 84
– stehende 84
Wellenfluss 46, 91
Wellenwicklung 63, 69
Wicklung 62
– Bruchloch- 69
– Darstellungskonventionen 65
– doppelte Zonenbreite 66, 119
– einfache Zonenbreite 67
– eingängige 73
– Einschicht- 64
– Ganzloch- 64, 100
– Kommutator- 71
– mehrgängige 73
– Strang- 62
– Wellen- 69
– Zahnspulen- 71, 571
– Zweischicht- 66
Wicklungsfaktor 107, 147
Wicklungsfelder 129
Wicklungsschritt 64
Wicklungsstrang, Hauptflussverkettung 221
Wicklungszusammenschaltung 32
Widerstand, bezogener 476
Widerstandsläufer 422
Windungszahl, spannungshaltende 106
Winkel, elektrischer 81

Winkelkoordinate 79
Wirkungsgrad, Gleichstrommaschine 648

Z
Zahnspulenwicklung 71, 571
Zeigerbild, dynamisches 600, 604
Zeitkonstante
– Anker- 616, 650
– elektromechanische 215, 650
– Hauptfeld- 433
– Kurzschluss- 503
– Leerlauf- 502
– Streufeld- 433
Zonenbreite 103
– doppelte 66, 119
– einfache 67
Zonenfaktor 103
Zonenplan 65, 93
zusätzliche Verluste 414, 575
Zustandsgröße 166
Zweige, parallele 63
Zwischenkreisspannung 560